무료 동영상 강의 | 저자 블로그를 통한 실시간 질의응답

실내건축산업기사

작업형 실기

황두환 지음

BM (주)도서출판 성안당

"여러분의 꾸준한 노력과 도전이 결국 실력을 만들고,
그 실력이 여러분의 미래를 설계합니다."

필자 역시 여러분과 마찬가지로 실내건축을 공부하며 자격증 취득과정을 거쳐 온 사람입니다. 1998년 건축제도기능사를 시작으로 조적, 도장, 건축, 실내건축 등 다양한 자격을 취득하고, 관련 업무와 강의를 해오면서 느낀 점은 시공·설계 분야의 여러 자격이 실제 현장과는 다소 괴리가 있다는 사실이었습니다.

'실내건축산업기사'는 1990년대 실내 환경에 대한 관심이 높아지던 시기에, 1998년 '의장기사 2급'에서 명칭이 변경된 종목입니다. 그러나 당시의 검정 방식은 CAD 활용이 확산되던 산업 환경과는 달리, 삼각자·T자·제도기 등을 이용한 수작업 중심으로 운영되었습니다.

오늘날 실내건축 산업 현장에서는 컴퓨터를 활용한 2D 도면 작성과 3D 모델 기반의 시각화 자료 제작 능력이 무엇보다 중요해졌습니다. 이에 따라 산업 현장의 인력 수요, 설계 기술의 발전, 교육 환경의 변화를 반영하여 2026년 제1회 실기시험부터는 기존의 수작업 방식 대신 CAD 시스템 기반의 컴퓨터 활용 방식으로 전환되어 시행됩니다.

따라서 수험자에게는 평면도 등 2D 도면 작성 능력과 함께 투시도 작성을 위한 3D 모델링 프로그램 학습이 필수적으로 요구됩니다. 필자는 이러한 새로운 검정방식과 출제기준에 맞는 교재의 필요성을 절감하여 본서를 집필하게 되었습니다.

산업기사 시험은 필기와 실기를 준비하는 과정에서 많은 시간과 노력, 그리고 비용이 소요됩니다. 이 책이 수험생 여러분의 자격증 취득과 목표 달성에 작은 힘이 되고, 교사와 강사님들께는 지식전달을 위한 효과적인 참고 자료가 되기를 바랍니다.

끝으로, 부족한 필자의 원고를 적극 검토하고 출간을 이끌어주신 성안당 출판사 임직원 여러분께 감사드리며, 언제나 곁에서 응원과 힘이 되어준 영이, 재인, 지현에게도 깊은 고마움을 전합니다.

저자 황두환

차 례

Contents

PART 02 실내건축도면의 이해

Chapter 01. 실내건축도면과 표현

Chapter 02. AutoCAD 환경설정

Chapter 03. 주거공간 가구 그리기

Contents

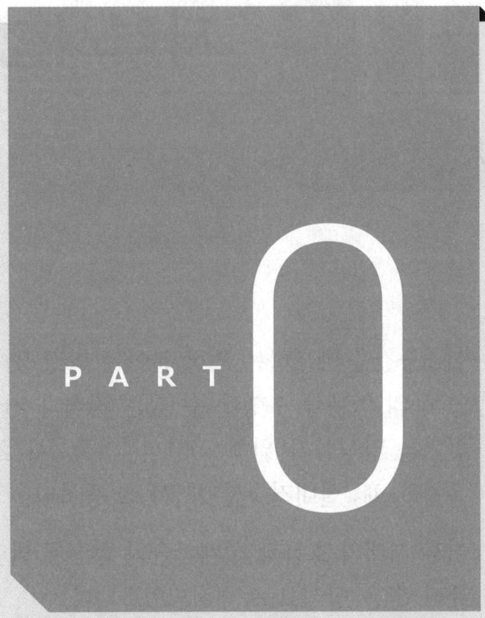

실내건축산업기사 실기 개요

자격시험의 응시

실내공간을 계획하는 의장 분야는 환경 및 건축에 대한 이해를 바탕으로 기능적이고 합리적인 시공 등의 업무를 수행할 수 있는 지식과 기술이 요구됩니다. 이에 따라 건축 의장 분야에 필요한 인력을 양성하기 위해 1991년 '의장기사 2급' 종목이 신설되었으며, 1998년에는 수작업 검정은 유지한 채 '실내건축산업기사'로 종목명을 변경하였습니다.

이후 시대의 흐름과 설계기술의 발전에 발맞추어, 2026년부터는 검정방식이 수작업 제도에서 컴퓨터 활용 방식으로 개정되었습니다.

Section **01**   응시자격

실내건축산업기사는 산업기사 등급으로, 다음 각 호의 어느 하나에 해당하는 사람만 응시가 가능합니다.

❶ 기능사 등급 이상의 자격을 취득한 후 응시하려는 종목이 속하는 동일 및 유사 직무분야에 1년 이상 실무에 종사한 자

❷ 응시하려는 종목이 속하는 동일 및 유사 직무분야의 다른 종목의 산업기사 등급 이상의 자격을 취득한 자

❸ 관련학과의 2년제 또는 3년제 전문대학 졸업자 등 또는 그 졸업예정자, 관련학과의 대학졸업자 등 또는 그 졸업예정자

❹ 동일 및 유사 직무분야의 산업기사 수준 기술훈련과정 이수자 또는 그 이수예정자

❺ 응시하려는 종목이 속하는 동일 및 유사 직무분야에서 2년 이상 실무에 종사한 자

❻ 고용노동부령으로 정하는 기능경기대회 입상자

❼ 외국에서 동일한 종목에 해당하는 자격을 취득한 자

＊ Q-net.or.kr에서 응시자격의 여부를 자가진단할 수 있습니다.

Section	02	자격검정 홈페이지 '큐넷'

한국산업인력공단에서 운영하는 '큐넷'은 국가기술자격의 정보제공은 물론 접수, 시행, 관리 등 다양한 업무를 지원합니다.

www.q-net.or.kr

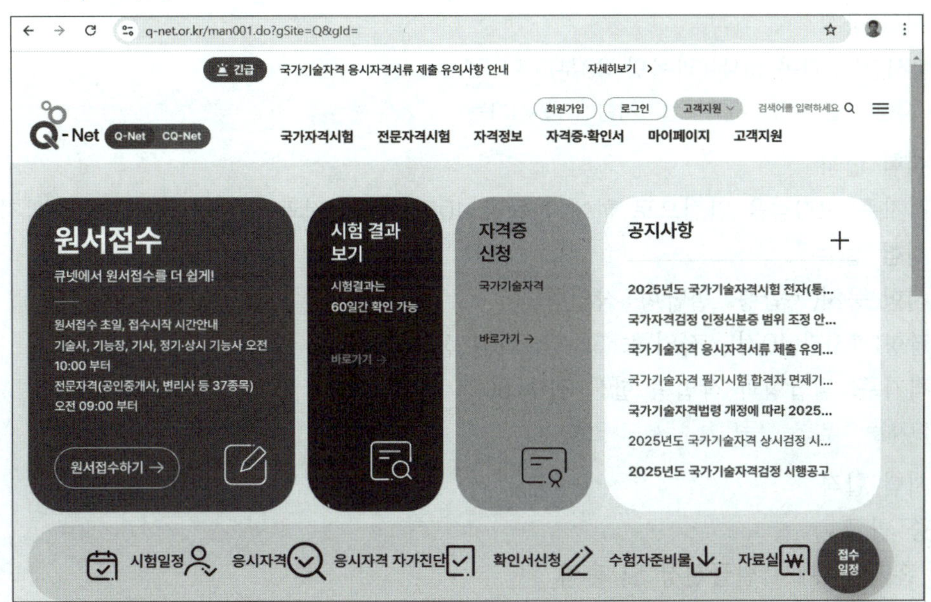

포털사이트에서 '큐넷'으로 검색

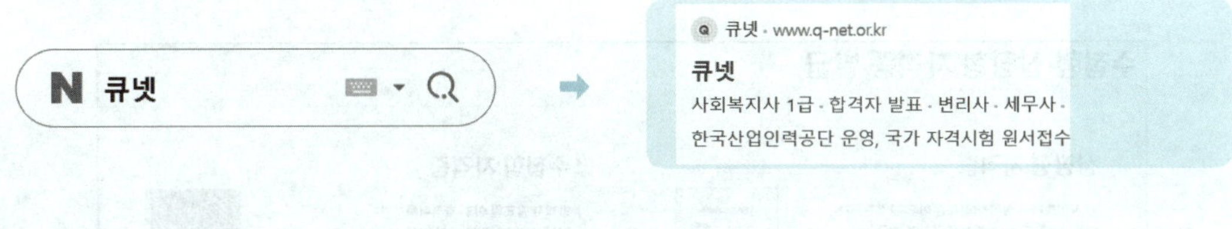

Section 03 자격증 취득 절차

큐넷 홈페이지에서 회원가입을 시작으로 필기시험과 실기시험으로 나누어 응시하게 됩니다.

1 큐넷의 회원가입

2 필기시험 접수

3 필기시험 응시
- 시험시간: 3과목 90분(과목당 30분)
  * 필기시험에 합격하면 2년간 실기시험에 응시 가능

4 필기시험 합격
- 합격기준: 100점을 만점으로 하여 과목당 40점 이상, 전과목 평균 60점 이상 합격

5 실기시험 접수

6 실기시험 응시(복합형: 필답형+작업형)
- 필답형: 1시간(40점), 작업형: 5시간 30분 정도(60점)
- 합격기준: 필답형과 작업형 합산 점수 60점 이상
  * 본 교재는 작업형 내용만을 다루고 있습니다.

7 실기시험 합격

8 자격증 발급
  큐넷 홈페이지에서 발급신청 및 출력
- 상장형 자격증(무료, 직접 출력)
- 수첩형 자격증(발급수수료+배송비)

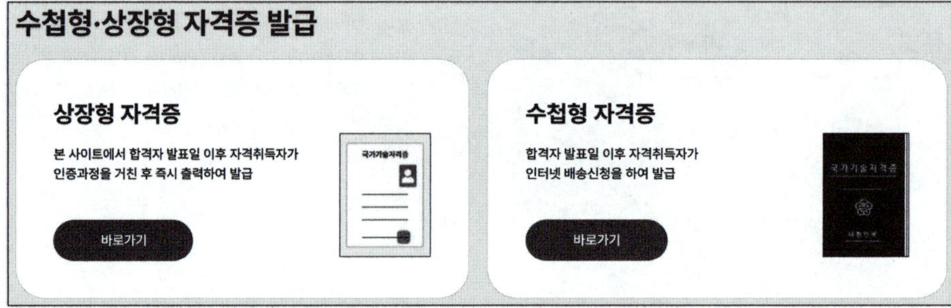

Section 04 실기시험 출제기준

직무분야	건설	중직무분야	건축	자격종목	실내건축산업기사	적용기간	2025. 01. 01.~ 2027. 12. 31.

○ **직무내용** : 기능적, 미적 요소를 고려하여 건축 실내공간을 계획하고, 제반 설계도서를 작성하며, 완료된 설계도서에 따라 시공 및 공정관리를 수행하는 직무이다.

○ **수행준거** : 1. 실내 공간 관계 법령 및 관련 자료에 대한 조사를 통해 전반적인 프로젝트의 성격을 규정할 수 있는 분석결과를 도출할 수 있다.
  2. 실내 공간 계획을 토대로 설계 개념에 부합하는 재료의 특성을 고려하고, 실내공간의 용도와 시공에 필요한 마감재료를 선별할 수 있다.
  3. 실내 공간 계획을 토대로 설계 개념에 부합하는 조형성, 사용자의 특성을 고려하고, 실내공간의 통합적 균형을 이루도록 색채계획을 수립할 수 있다.
  4. 실내공간의 용도와 사용자의 행태적·심리적 특성, 시공성, 기능성, 조형성 등을 고려하고 가구 안전기준을 적용한 가구계획을 수립할 수 있다.
  5. 실내공간의 용도와 사용자의 행태적·심리적 특성, 시공성 등을 고려하고, 전기안전기준을 적용한 조명계획을 수립하고 전기설비 및 조명분야와 공간계획안 구체화를 협의할 수 있다.
  6. 실내디자인 공간계획을 토대로 실내공간의 용도와 사용자의 특성, 시공성 등을 고려한 전기, 기계, 소방설비 분야의 적용 계획을 수행하여 협의할 수 있다.
  7. 공간의 성격 및 특징을 분석하여 공간 콘셉트를 설정하며 동선 및 조닝 등 실내공간을 계획하고 기본 계획을 수립하며 도면을 작성할 수 있다.
  8. 설계업무를 수행함에 있어 구상하거나 구체화한 결과물을 수작업과 컴퓨터를 이용하여 2D와 3D, 모형 등으로 제작하여 구현할 수 있다.

실기검정방법	복합형	시험시간	필답형: 1시간 작업형: 5시간 30분

※ 실내건축산업기사 실기시험은 복합형으로, 필답형과 작업형을 모두 응시해야 합니다.

[필답형]

실내디자인: 시공실무 주관식(10~12문항 정도) [총 40점]

*** 문제 예시**

[문제 1] 타일공사 시 동해방지법에 대하여 2가지 기술하시오. (2점)

  답 ① 타일은 소성온도가 높고, 흡수성이 낮은 것을 사용한다.
    ② 줄눈 누름을 충분히 하여 빗물의 침투를 방지한다.

[문제 2] 다음 설명하는 용어를 쓰시오. (3점)

기둥의 주두, 난간벽, 창대 등의 외관장식에 많이 쓰이는 속이 빈 형태의 점토제품으로, 구조용과 장식용이 있다.

  답 테라코타

[작업형]

실내디자인: 디자인실무 2D 도면작성, 3D 모델링 및 시각화(실내투시도) [총 60점]

* 문제 예시

요구사항, 요구조건에 따라 건축설계 프로그램을 사용하여 제시된 평면도, 내부 입면도, 천장도, 실내투시도를 작도

문제 도면	답안 도면			
	평면도	내부 입면도	천장도	실내투시도

Section 05 작업형 실기시험 채점기준(예상표)

시험구분	주요 항목	배점	감점 사항
작업형	도면 배치 및 미관	10	1. 도면의 배치가 중앙에 있지 않고 한쪽으로 치우친 경우 2. 지정된 테두리선을 작성하지 않거나 표제란이 틀린 경우 3. 도면요소 이외에 불필요한 요소가 남아 있는 경우 4. 도면명, 축척 표기 등 주요 기호를 누락하거나 틀린 경우
	선의 작도 및 구분		1. 도면요소에 따른 선의 두께 표현이 미숙한 경우 2. 선분이 교차되는 부분, 모서리 부분의 처리가 미흡한 경우 3. 치수선 및 인출선, 지시선의 각도 등 정렬 상태가 고르지 못한 경우 4. 지정된 선의 두께로 하지 않은 경우
	문자 내용의 표기		1. 문자의 크기와 간격이 적절하지 못하고, 일정치 않은 경우 2. 문자 내용의 표현, 위치가 적절하지 못한 경우 3. 문자를 표기해야 하는 곳에 표기하지 않은 경우 4. 문자 및 숫자에 오타가 있거나 표기방법이 잘못된 경우
	평면도	15	1. 도면요소의 크기 및 간격 등 형상 표현이 미흡한 경우 2. 재료의 표현이 누락되거나 미흡한 경우 3. 출입구, 단차의 표현, 입면기호 등 주요 기호가 누락된 경우 4. 개구부의 표현이 구조적으로 미흡한 경우 5. 가구, 집기가 누락되거나 미흡한 경우 6. 동선, 가구, 마감 계획이 미흡한 경우 7. 배치되는 가구 및 집기의 크기가 적절치 않은 경우 8. 디자인 의도가 누락된 경우

시험 구분	주요 항목	배점	감점 사항
작업형	내부 입면도	10	1. 벽면의 마감표기가 누락된 경우 2. 관련된 가구의 표현이 미흡한 경우 3. 문자, 치수의 표기가 미흡한 경우
	천장도	10	1. 평면도의 구조와 일치하지 않는 경우 2. 조명의 배치, 표현이 미흡한 경우 3. 환기 및 소방설비의 배치, 표현이 미흡한 경우 4. 천장의 마감표기가 누락된 경우 5. 커튼 박스가 누락된 경우
	투시도	15	1. 표현 방향 및 부분이 공간을 나타내는 데 있어 부족한 경우 2. 가구 및 집기의 배치가 누락된 경우 3. 가구 및 집기의 표현이 미흡한 경우 4. 걸레받이, 천장 몰딩 등 주요 마감재의 표현이 미흡한 경우 5. 적용된 재질이 디자인 의도와 일치하지 않은 경우 6. 재질 적용 및 표현이 미흡한 경우 7. 투시도의 전체적인 균형이 맞지 않는 경우
필답형	시공실무	40	1. 가설공사 2. 적산 3. 공정 4. 품질관리

Section 06 시험장소별 프로그램 버전(2026년 2월 기준)

공개된 프로그램의 버전은 '예정'된 현황으로 실제 접수 시 일부 변경이 있을 수 있으며, 실기시험 전에 배정된 시험장에 전화로 문의하여 확인하는 것이 좋습니다.

기관명	시험장소명	시설현황
서울	서울국가자격시험장(휘경동) [주차 협소]	AutoCAD 2024(한글) SketchUp Pro
서울 서부	서울중부기술교육원 창조관 [주차 불가]	AutoCAD LT 2024(한글) SketchUp 2024(영문)
서울 서부	종로산업정보학교	AutoCAD 2025(한글) SketchUp Studio 2025(한글)
부산	경남공업고등학교(후관동) [주차 절대 불가]	AutoCAD 2024 SketchUp 2024

기관명	시험장소명	시설현황
인천	인하공업전문대학 10호관 [유료 주차]	AutoCAD 2026(한글) [*개인 계정 필수]
광주	광주공업고등학교 [평일 주차 불가]	AutoCAD 2024(한글) SketchUp 2025
광주	광주디지털시험센터 2층 1실(한국산업단지공단 첨단)	AutoCAD 2023(한글) SketchUp Pro
서울 남부	유한공업고등학교 [주차 불가]	AutoCAD 2025 SketchUp 2019
충남	천안공업고등학교 3동 1층 1실	AutoCAD 2023(한글) SketchUp 2025
울산	울산공업고등학교 [주차 불가]	AutoCAD 2026 SketchUp 2025
경인	수원공업고등학교(본관) [주차 협소]	AutoCAD 2022(한글) SketchUp 2025(영문)
경인	수원디지털시험센터(장안구)[CBT1실] [주차 불가]	AutoCAD 2024(한글) SketchUp Pro
강원	춘천기계공업고등학교 [주차 불가]	AutoCAD 2025(한글) SketchUp 2025(한글)
대전	대전디지털시험센터(자양동)(6실)	AutoCAD 2020(한글) SketchUp Pro
전북	전주비전대학교 창조관 4층 1430호	AutoCAD 2019 SketchUp 2025
전남	순천디지털국가자격시험장(순천제일대학 도서관) [주차 불가]	AutoCAD 2024 SketchUp Pro
경남	창원디지털시험센터(마산대) 6층[9실]	AutoCAD 2020 SketchUp Pro
제주	제주관광대학교[미래관]	AutoCAD 2021(한글) SketchUp 2018(한글)
전남 서부	목포해양대학교(A9동 해양공학관)	AutoCAD 2025(한글) SketchUp Pro 2022
부산 남부	부산디지털국가자격시험센터(동래역 4호선)	AutoCAD 2024(한글) SketchUp Pro
경북 동부	경북직업전문학교(본관) [주차 불가]	AutoCAD 2014(한글) SketchUp 2025
경기 북부	신한대학교 의정부캠퍼스 에벤에셀관	AutoCAD 2025(영문) SketchUp 2025(영문)

기관명	시험장소명	시설현황
경기 동부	성남테크노과학고등학교(뒷건물) [주차 불가]	AutoCAD 2021 SketchUp 2026
경기 남부	평택디지털시험센터[6실](국제대 충효관) [유료 주차]	AutoCAD 2024(한글) SketchUp 2025 Pro
세종	한국영상대학교 웅진관	AutoCAD 2024(영문) SketchUp 2024(영문)
경기 서부	[광명]경기항공고등학교	AutoCAD 2020 SketchUP 2025/레이저프린터
서울 강남	서울특별시 기술교육원 동부캠퍼스 [주차 불가]	AutoCAD 2024(한글) Trimble SketchUP Studio 2024

작업형 실기시험은 문제 도면을 그대로 그리는 것이 아니라, 주어진 공간(평면도)과 제시된 요구조건에 맞춰 평면도, 내부 입면도, 천장도, 실내투시도를 작성하는 것입니다. 요구 도면을 작성하려면 먼저 제시된 요구조건과 주어진 공간(평면도)을 이해하는 것이 중요합니다.

Section 01 출제되는 시험 문제지와 도면

문제지는 총 4~5페이지입니다. 시험문제지의 요구사항, 요구조건, 유의사항 등은 변경될 수 있으므로 시험장에서 필히 확인 후 과제를 작성합니다.

<u>1페이지 : 요구사항과 조건</u>

국가기술자격 실기시험문제

자격종목	실내건축산업기사	과 제 명	카 페

※ 시험시간 : 5시간 30분 정도

1. 요구사항

요구조건에 따라 건축설계 프로그램을 사용하여 도면을 작도하고, PDF 파일로 변환하여 출력 후 작업물과 출력물을 제출하시오.

가. 요구조건

개요	용 도	• 근린생활시설(카페)
	인적 구성	• 상시 직원 2명, 아르바이트생 3명
제시도면 조건	설계면적	• 14,000mm×8,000mm×2,600mm(CH)
	출입문(강화유리)	• 1,800mm×2,100mm(H)

제시도면 조건	커튼월	• 커튼월 벽체[100×100 스틸바 + THK 24mm 로이유리]
	벽체	• 철근콘크리트 벽체[THK 200mm 철근콘크리트]
설계조건	천장	• 우물천장
	내벽체	• 경량 칸막이벽체
	바닥	• 수험자 임의 지정
	필요 공간 및 집기	• 서비스 카운터 & 계산대　　• 비품 및 저장창고 • 주방(주방기구 일체 계획)　　• 실내 조경 공간 • 손님용 테이블 및 좌석(6인용−1조), (4인용−3조), (2인용−4조), (1인용−6조)

※ 위에 제시된 조건은 필수조건이며, 이외에 필요한 조건은 수험자가 임의로 추가할 수 있음(주어지지 않은 치수는 수험자가 임의로 설정).

2페이지 : 요구 도면과 기타 사항

나. 요구 도면

❶ 평면도(1장, 가구배치 및 바닥마감재 표기) − S : 1/50
  - 평면도 주변의 여유공간에 설계(디자인)의도를 200자 이내로 서술

❷ 내부 입면도(총 2면, 1장) − S : 1/50
  - A방향 1면, B방향 1면(가구배치 및 벽면재료 표기)

❸ 천장도(1장) − S : 1/50
  - 설비, 조명기구 배치 및 범례표 작성/천장마감재 표기

❹ 실내투시도(1장) − S : N.S
  - 계획의 포인트가 좋은 지점에서 1소점 또는 2소점 투시법으로 작성

다. 기타 사항

❶ 도곽 작성
  - 아래 예시와 같이 도곽 및 표제란을 작성
  - 도곽 안에 요구 도면이 들어가도록 작업한 후 PDF 파일로 제출 및 출력(3D 작업 포함)

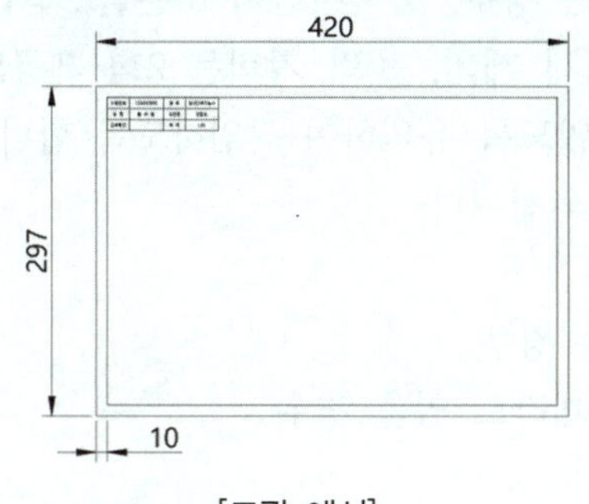

[도곽 예시]

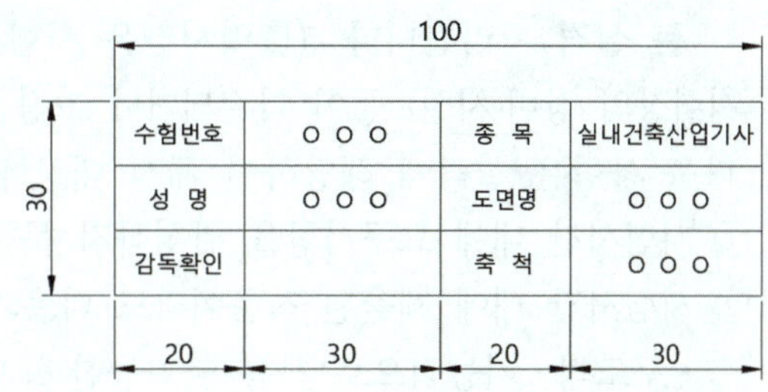

[표제란 예시]

❷ 도면 배치 순서

2D 작업(흑백)			3D 작업(컬러)
첫째 장	둘째 장	셋째 장	넷째 장
평면도	내부 입면도	천장도	실내투시도

❸ 2D 작업 선 두께

빨강(1)=0.05mm	노랑(2)=0.3mm	녹색(3)=0.25mm	하늘색(4)=0.2mm
파랑(5)=0.15mm	보라(6)=0.1mm	회색 1(8)=0.05mm	회색 2(9)=0.1mm

- 선의 통일을 위해 제시된 조건으로 검은색 선의 PDF 파일로 제출

3페이지 : 수험자 유의사항

2. 수험자 유의사항

※ 다음 유의사항을 고려하여 요구사항을 완성하시오.□

가. 명기되지 않은 조건은 건축법, 건축구조 및 건축제도 원칙에 따릅니다.

나. 시험 시작 후 제공된 폴더명을 본인 비번호로 바꾸고, 모든 파일은 해당 폴더 안에 저장하도록 합니다.

다. 정전 및 기계 고장 등에 의한 자료 손실을 방지하기 위하여 수시로 저장합니다.

라. 2D 작업이 완료되면 2D 제출용 폴더를 생성하여 해당 폴더 안에 PDF 파일로 저장 후 감독위원에게 제출합니다. (2D 작업 PDF 제출이 완료된 이후 3D 작업을 실시)

마. 3D 작업이 완료되면 3D 제출용 폴더를 생성하여 해당 폴더 안에 PDF 파일로 저장 후 감독위원에게 제출하고, 시험위원 입회하에 본인이 직접 A3 용지에 2D, 3D 도면을 출력하도록 합니다.

※ 2D 제출용 폴더명 예시: 1_홍길동_2D (비번호_이름_2D)

※ 3D 제출용 폴더명 예시: 1_홍길동_3D (비번호_이름_3D)

※ PDF 파일명 예시: 1_홍길동_평면도 (비번호_이름_도면명)

※ 출력작업 시 출력 관련된 설정 외의 도면 수정작업 등은 할 수 없으며, 수정작업 등을 한 경우 실격됩니다.

※ 수험자의 작도 잘못으로 도면이 출력이 안 되는 경우, 출력시간이 10분을 초과할 경우는 실격 처리됩니다. (출력시간은 시험시간에서 제외, 출력 기회는 2회 제공)

바. 시험장의 장비(시설) 등이 파손되거나 고장 나지 않도록 유의하여 작업하도록 합니다.

사. 다음 사항은 실격에 해당하여 채점 대상에서 제외됩니다.

① 시험시간 내에 요구사항을 완성하지 못한 경우

② 시험시간 내에 제출된 작품이라도 다음과 같은 경우

- 구조적 · 기능적으로 사용 불가능한 도면이 1개라도 있을 경우
- 주어진 조건을 지키지 않고 작도한 경우

③ 기타 채점대상에 제외되는 조건

- 지급된 재료 이외의 재료를 사용한 경우
- 제공된 자료 이외에 블록, 오브젝트, 프로그램(리습, 루비 등)을 별도로 사전에 지참하여 사용하는 경우
- 시험 중 시설·장비의 조작 또는 재료의 취급이 미숙하여 위해를 일으킬 것으로 시험위원 전원이 합의하여 판단한 경우

4페이지 : 문제 도면

3. 도 면

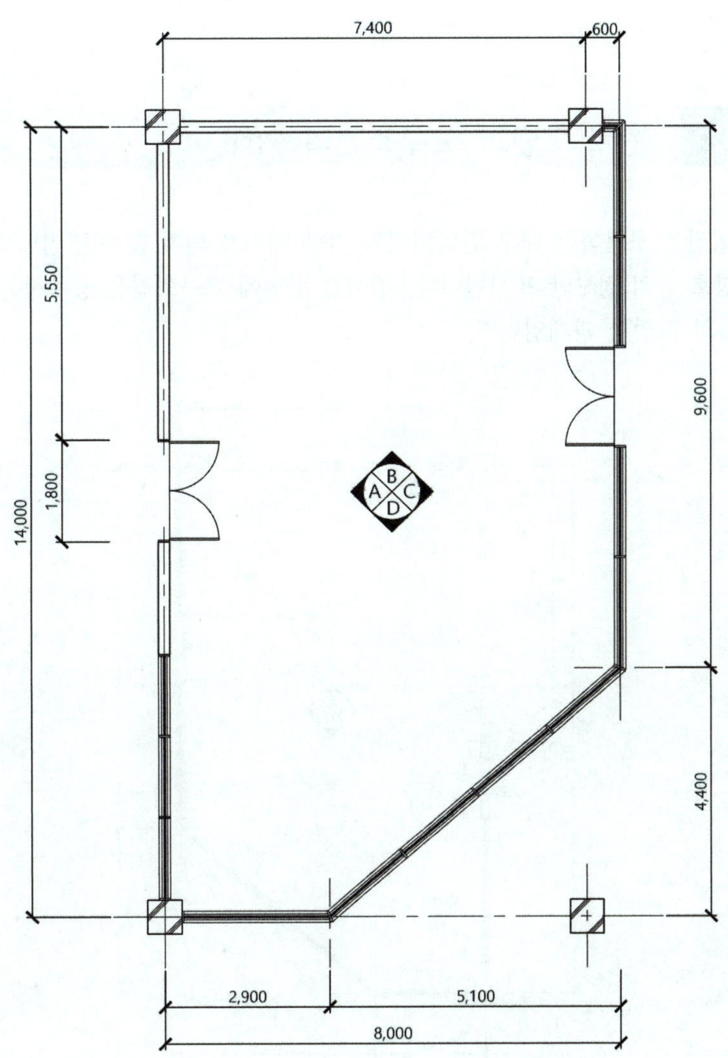

5페이지 : 지급재료 목록

4. 지급재료 목록

번호	재료명	규격	단위	수량	비고
1	AutoCAD(2D 설계 프로그램)	–	개	1	1인당
2	SketchUp-Pro(3D 설계 프로그램)	–	개	1	1인당
3	가구소스(CAD/SketchUp)	–	세트	1	1인당
4	출력용지	A3	장	8	1인당
5	USB 메모리	64GB	개	1	15인당
6	프린터 잉크	표준량	개	1	검정장당

Section 02   문제 도면과 요구조건의 이해

문제 도면은 공간을 구분하는 내부 칸막이벽과 가구 배치가 되지 않은 평면도로, 주로 외벽의 구조, 출입구, 창호 등의 정보만 표시됩니다. 주어진 평면에 요구조건을 충족하는 공간을 설계하는 것이 실기시험의 작업형 과제입니다.

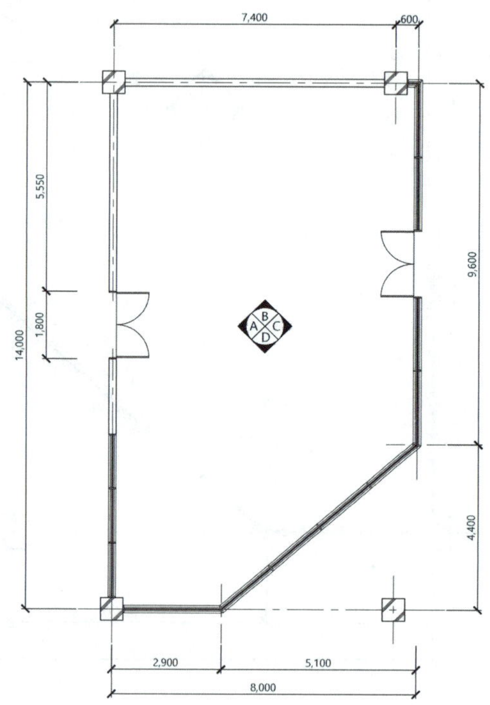

① 개요	용 도	• 근린생활시설(카페)	
	인적 구성	• 상시 직원 2명, 아르바이트생 3명	
② 제시도면 조건	설계면적	• 14,000mm×8,000mm×2,600mm(CH)	
	출입문 (강화유리)	• 1,800mm×2,100mm(H)	
	커튼월	• 커튼월 벽체 [100×100 스틸바 + THK 24mm 로이유리]	
	벽체	• 철근콘크리트 벽체 [THK 200mm 철근콘크리트]	
③ 설계조건	천장	• 우물천장	
	내벽체	• 경량 칸막이벽체	
	바닥	• 수험자 임의 지정	
	필요 공간	• 서비스 카운터 & 계산대 • 주방(주방기구 일체 계획) • 손님용 테이블 및 좌석 (6인용-1조), (4인용-3조), (2인용-4조), (1인용-6조)	• 비품 및 저장창고 • 실내 조경 공간

❶ 개요 확인

용 도	• 근린생활시설(카페)
인적 구성	• 상시 직원 2명, 아르바이트생 3명

근린생활시설 건축물 내 카페로, 상시 직원 2명과 아르바이트생 3명이 서비스를 제공할 수 있는 공간으로 디자인

❷ 도면 조건(구조) 확인

• 설계면적

설계면적	• 14,000mm×8,000mm×2,600mm(CH)

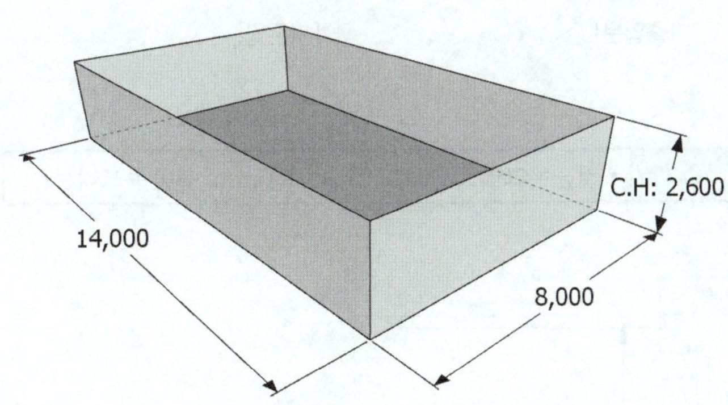

- **창호**

스틸바 멀리언과 같이 요구조건과 도면이 상이할 수 있으므로, 답안 작성 시 이를 확인하여 요구조건의 규격에 맞게 작성하도록 합니다.

출입문 (강화유리)	• 1,800mm × 2,100mm(H)
커튼월	• 커튼월 벽체 [100×100 스틸바 + THK 24mm 로이유리]

[평면]

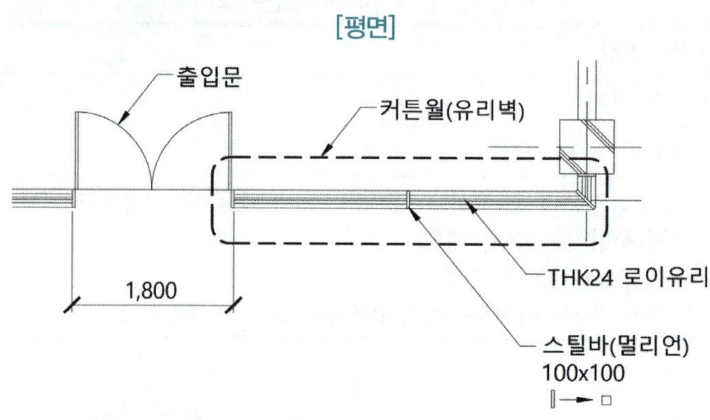

※ 도면에 표시된 치수는 실제 스틸바의 치수와 다를 수 있습니다.

[입면]

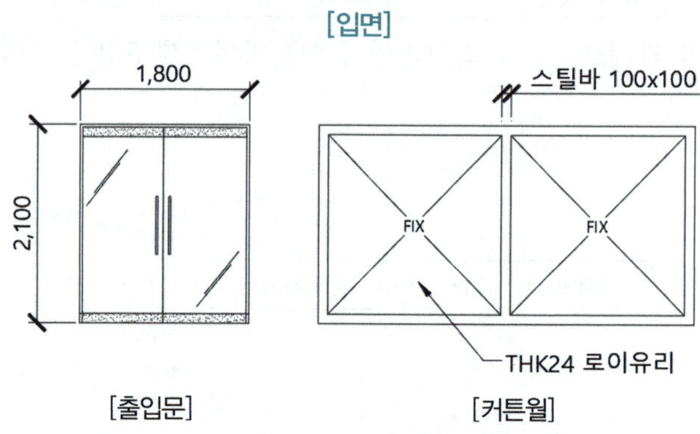

- **벽체**

벽체	• 철근콘크리트 벽체 [THK 200mm 철근콘크리트]

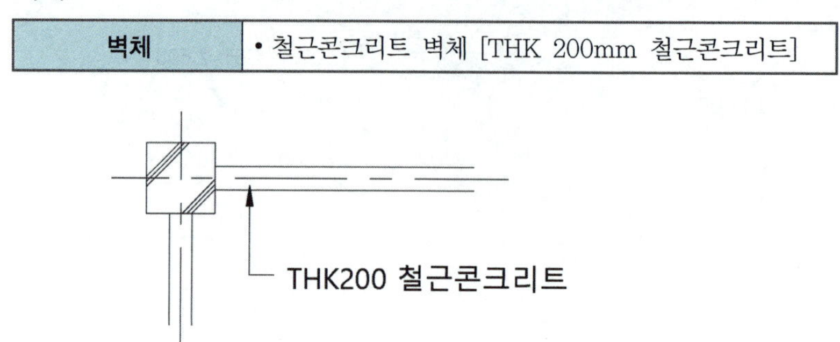

❸ 창호, 벽체 조건의 다른 예

• 창호

출입문	• 1,000mm×2,100mm(H)
화장실문	• 800mm×2,000mm(H)
이중창문	• 2,500mm×1,500mm(H)

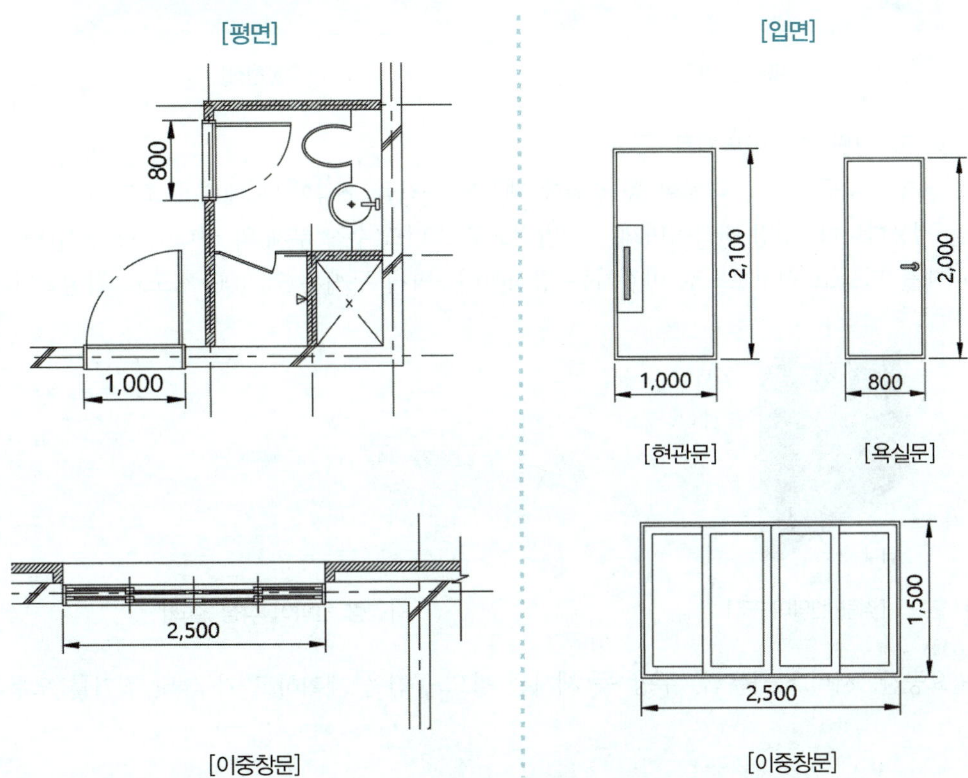

❹ 설계조건 확인

	천장	• 우물천장
	내벽체	• 경량 칸막이벽체
	바닥	• 수험자 임의 지정
③ 설계조건	필요 공간	• 서비스 카운터 & 계산대 • 비품 및 저장창고 • 주방(주방기구 일체 계획) • 실내 조경 공간 • 손님용 테이블 및 좌석 (6인용-1조), (4인용-3조), (2인용-4조), (1인용-6조)

- 천장: 우물천장으로 디자인

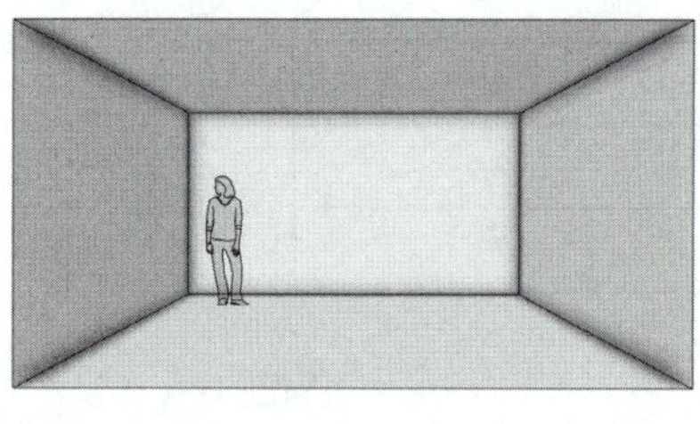

[일반 천장]

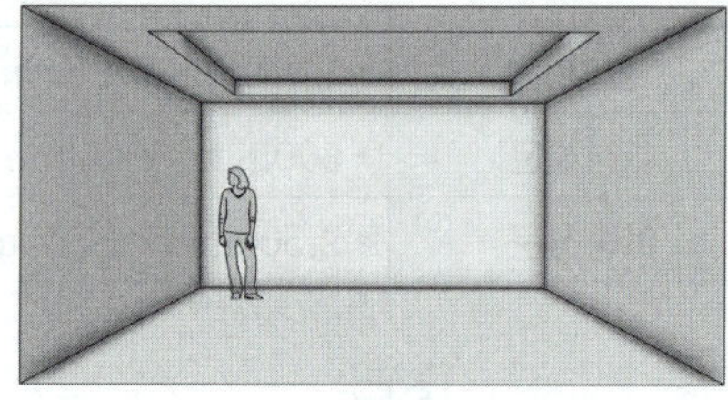

[우물천장]

- 내벽체: 경량 칸막이벽체로 구성

  수험자가 주방, 창고, 직원실 등 조건에 제시된 공간을 구성할 때 내벽체 조건(경량 칸막이벽)을 적용합니다. 경량 칸막이벽체는 일반적으로 스터드(수직 부재)와 러너(수평 부재)를 사용해 뼈대를 만들고 석고보드로 마감하는 방식이며, 벽체 두께는 약 100 정도로 작성합니다.

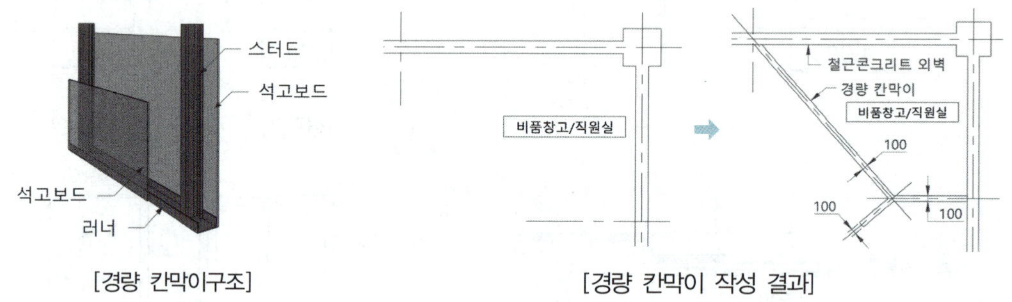

[경량 칸막이구조]   [경량 칸막이 작성 결과]

- 필요공간: 서비스 카운터, 주방 등 제시된 필요 공간을 계획하고 가구 및 집기를 모두 배치

Section 03   요구 도면(답안) 작성에 대한 이해

1) 2D 작업(AutoCAD) 선두께

제시된 색상과 선의 두께를 적용하여 도면을 작성합니다. 도면 표현의 다양성을 위해 총 8가지 색상이 주어지는 것으로, 도면요소에 따른 선의 사용은 수험자가 직접 정의하므로 작업자에 따라 차이가 날 수 있습니다.

※ 본 교재에서는 필자가 정의한 선을 사용합니다.

빨강(1)=0.05mm	노랑(2)=0.3mm	녹색(3)=0.25mm	하늘색(4)=0.2mm
파랑(5)=0.15mm	보라(6)=0.1mm	회색 1(8)=0.05mm	회색 2(9)=0.1mm

2) 평면도

문제지에 표기된 필요공간을 계획하고 가구와 집기를 배치해 축척 1/50로 작성합니다. 가구와 집기는 주어진 캐드 소스를 사용해 배치하되 주어지지 않은 것은 직접 작성합니다.

캐드로 도면을 작성하기 전 시험지의 평면도에 공간의 구성과 가구의 배치를 대략적으로 스케치한 다음 캐드로 도면을 작성하는 것이 유리합니다. 각 공간의 바닥마감재를 표기하고 디자인 의도를 200자 이내로 서술합니다. 되도록 제시된 도면의 방향을 유지해야 하지만 도면 크기에 따라 방향을 변경해도 됩니다.

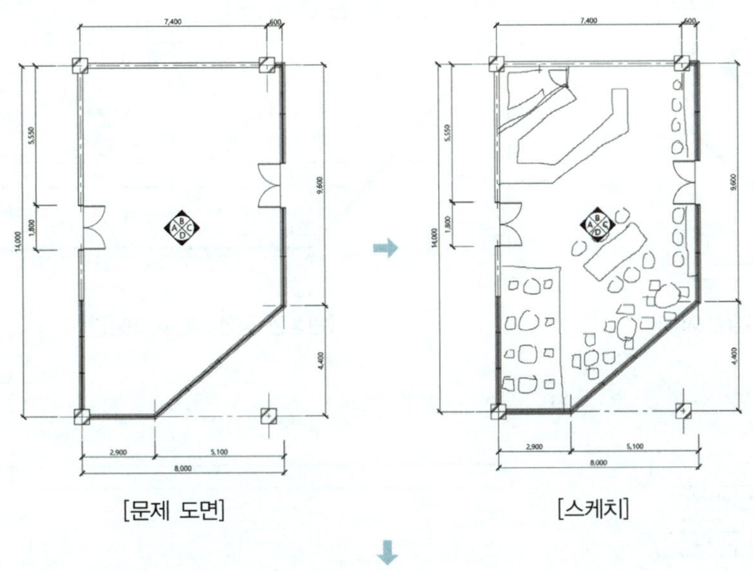

[문제 도면]　　　　　　[스케치]

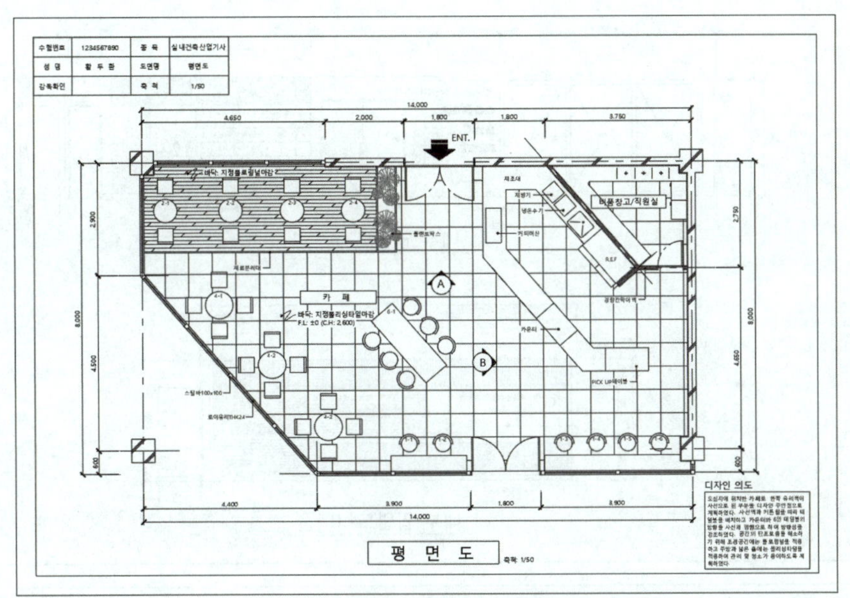

[평면도 완성 도면]

3) 내부 입면도

평면도를 완성한 후 제시된 입면기호의 방향과 일치하는 내부 입면(벽면)을 축척 1/50로 2개 면을 작성합니다. 내부 입면도는 2개 면 작성이 기준이지만 1개의 면이 제시될 수도 있습니다. 벽면에 배치된 가구나 집기는 필수적으로 표현합니다.

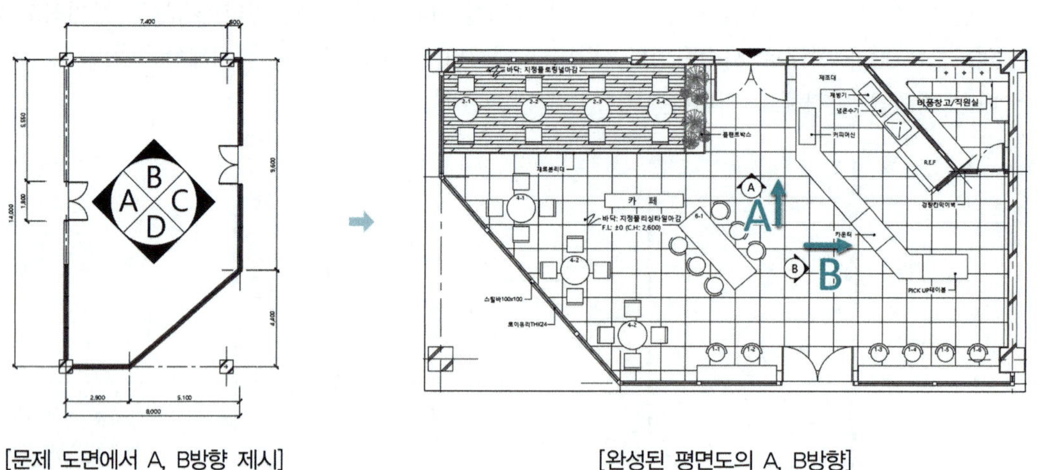

[문제 도면에서 A, B방향 제시]　　　　　　　　　[완성된 평면도의 A, B방향]

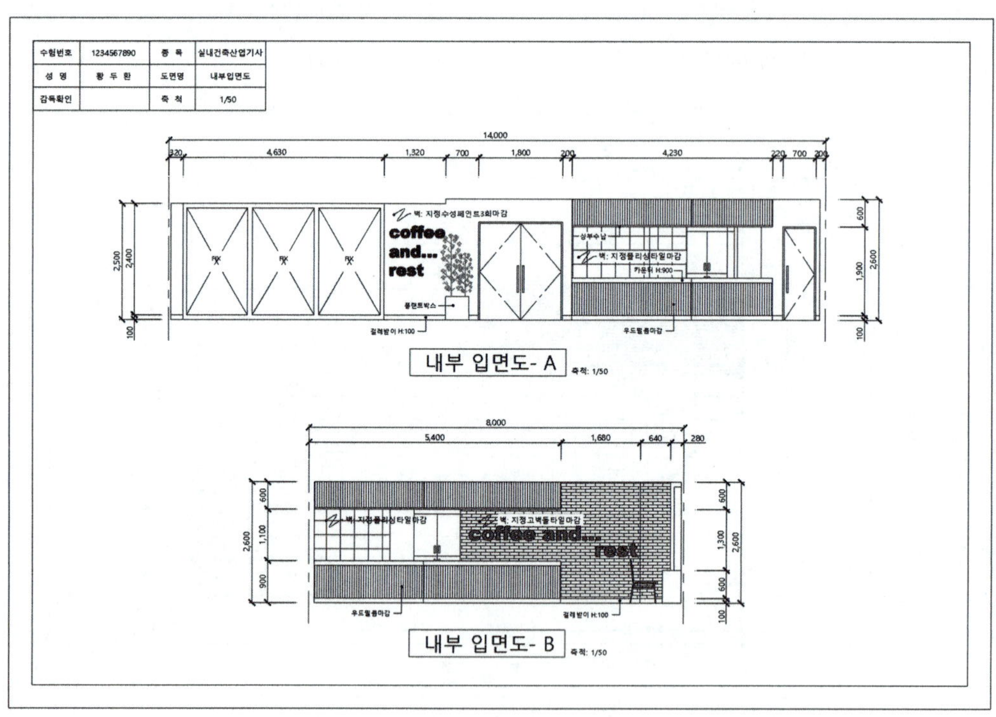

[완성된 내부 입면도 A, B]

4) 천장도

완성된 평면도를 복사해 수정하는 방법으로 축척 1/50로 작성합니다. 설비와 조명기구를 배치하고 각 공간의 천장마감재를 표기합니다. 천장도 작성 후 여백에 범례표를 작성합니다.

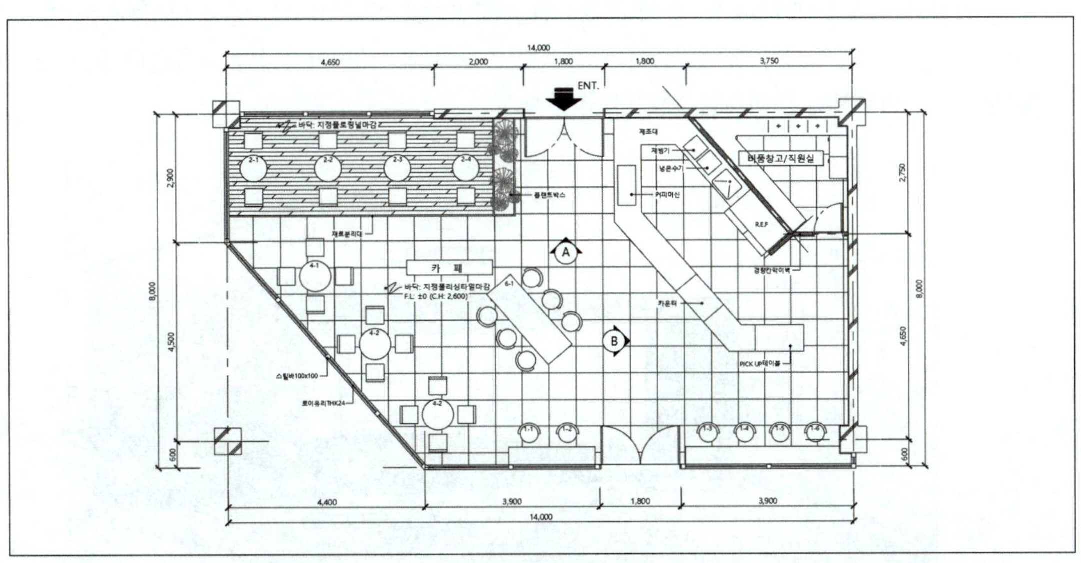

[완성된 평면도]

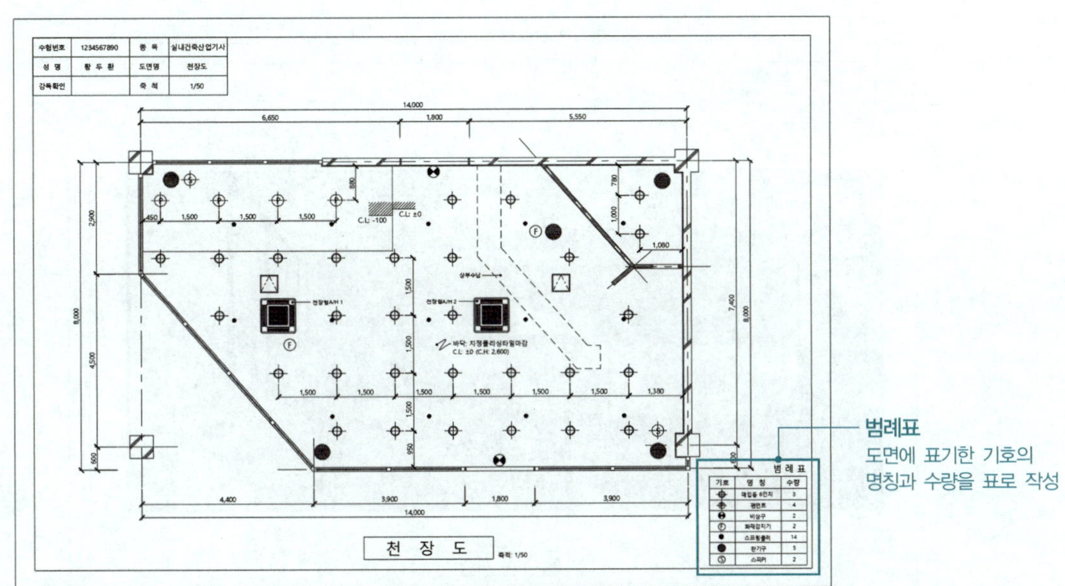

범례표
도면에 표기한 기호의
명칭과 수량을 표로 작성

[천장도 완성 도면]

5) 실내투시도

캐드를 활용한 2D 도면 작성을 모두 마친 후 주어진 3D 가구 소스를 사용해 실내투시도 작성에 필요한 모델링을 진행합니다. 주어지지 않은 가구 및 집기는 직접 모델링합니다. 계획의 포인트가 좋은 지점(수험자 선택)에서 1소점 또는 2소점 투시법으로 작성합니다. 앞서 완성한 평면도, 내부 입면도, 천장도를 스케치업으로 불러와 모델링 후 실내투시도 이미지를 추출합니다. 이후 캐드 도면에서 실내투시도 이미지를 배치합니다.

[스케치업에서 캐드 도면을 배치]

실 내 투 시 도

[실내투시도 완성 도면]

Section 04 · 시험문제 과제의 범위

실내공간의 유형은 크게 주거공간, 상업공간, 업무공간, 전시공간으로 구분됩니다. 산업기사 등급에서는 **주거공간, 상업공간, 업무공간**에 해당되는 공간이 문제 도면으로 제시됩니다.

등 급	기능사	산업기사	기 사
공간 범위	주거공간	주거공간 업무공간 상업공간	주거공간 업무공간 상업공간 전시공간
작성과제 (도면)	평면도 내부 입면도(1면) 천장도 실내투시도	평면도 내부 입면도(2면) 천장도 실내투시도	평면도 내부 입면도(2면) 천장도 실내투시도 상세단면도
시험시간	5시간 정도	5시간 30분 정도	6시간 30분 정도
과년도 출제문제 (2025년까지)	자녀방 주방 거실 원룸 주거용 오피스텔 독신자 아파트	독신자 APT 오피스텔 이동통신매장 의류매장 벤처사무실 커피숍 헤어숍 네일숍 패스트푸드점 안경점 약국 베이커리카페	홍보 부스 PC방 디자인사무소 사장실+비서실 커피숍 병원 한의원 귀금속전시장 웨딩숍 식료품점 약국 패스트푸드점 제과점 자동차판매대리점 의류매장 참치전문점 어린이도서관 이동통신매장

Industrial Engineer Interior Architecture

AutoCAD
실기 핵심 명령어 51

AutoCAD의 순수 명령어는 1,000개가 넘지만, 일반적으로 교육기관이나 AutoCAD 관련 서적에서는 300여 개 정도를 다룹니다. 그러나 실내건축산업기사 실기시험에서는 약 50여 개의 명령어만으로 충분합니다. 이 단원에서는 시험에 필요한 주요 명령어와 그 활용방법에 대해 알아보겠습니다.

AutoCAD 실기 핵심 명령어 51

그리기 명령어

01. NEW
02. LINE(L)
03. XLINE(XL)
04. CIRCLE(C)
05. ARC(A)
06. ELLIPSE(EL)
07. RECTANG(REC)
08. HATCH(H)
09. DONUT(DO)
10. SPLINE(SPL)
11. BOUNDARY(BO)
12. TCIRCLE(TCI)

편집 명령어

01. ERASE(E)
02. OFFSET(O)
03. TRIM(TR)
04. EXTEND(EX)
05. GRIP
06. MOVE(M)
07. COPY(CO, CP)
08. EXPLODE(X)
09. STRETCH(S)
10. FILLET(F)
11. BREAK(BR)
12. ROTATE(RO)
13. SCALE(SC)
14. MIRROR(MI)
15. ALIGN(AL)
16. BLOCK(B)
17. JOIN(J)

문자, 치수 관련 명령어

01. STYLE(ST)
02. DTEXT(DT)
03. MTEXT(T, MT)
04. DDEDIT(ED)
05. TXTEXP
06. DIMSTYLE(D)
07. DIMLINEAR(DLI)
08. QUICKDIM(QDIM)
09. QLEADER(LE)

출력 및 기타 명령어

01. OPTIONS(OP)
02. OSNAP(OS)
03. LAYER(LA)
04. LINETYPE(LT), LTSCALE(LTS)
05. 도면층 컨트롤
06. 특성의 Line Type(선 종류) 컨트롤
07. MATCHPROP(MA)
08. PROPERTIES
09. OPEN
10. SAVE
11. SAVEAS
12. ATTACH
13. PLOT

- 선, 원, 사각형 등을 그릴 때 사용하는 명령입니다. 기본적인 사용법과 주요 옵션을 확인합니다.
- 단축아이콘은 홈탭의 '그리기' 패널에서 사용할 수 있습니다.

> **학습파일** │ 실습파일 \ Part01 \ Ch01 \ 그리기 명령어.dwg
> ▶ 동영상 \ Part01 \ Ch01 \ 그리기 명령어.mp4

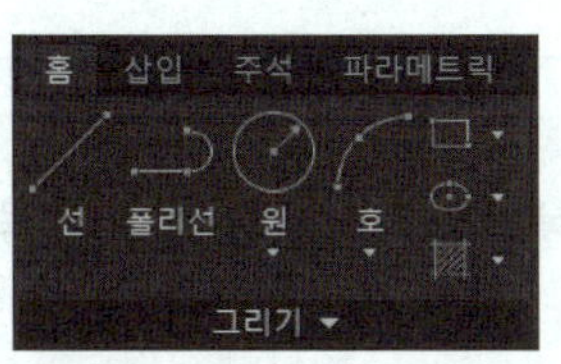

Section 01   새 도면 [New] 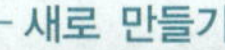

❶ AutoCAD 설치 ⇨ 실행 ⇨ '새로 만들기' 또는 단축아이콘(▢) 클릭

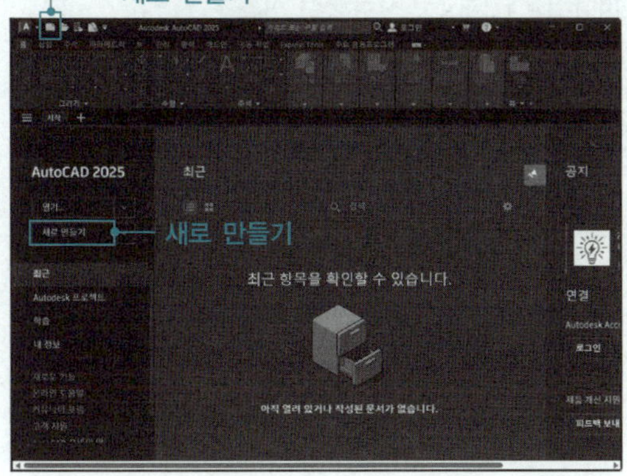

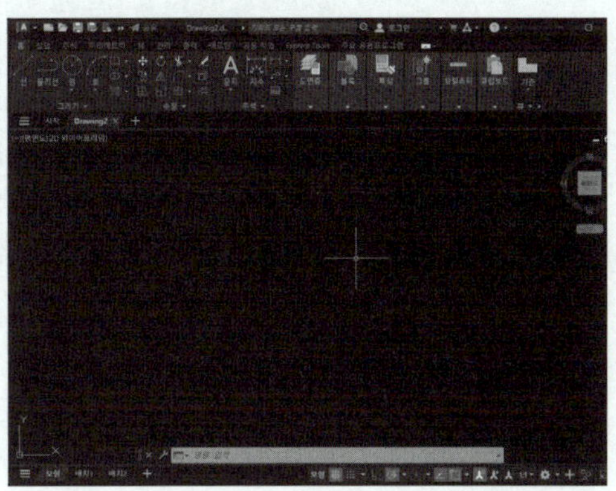

❷ 명령행 위쪽의 ①부분을 클릭한 후, 드래그하여 3~4줄이 되도록 합니다.

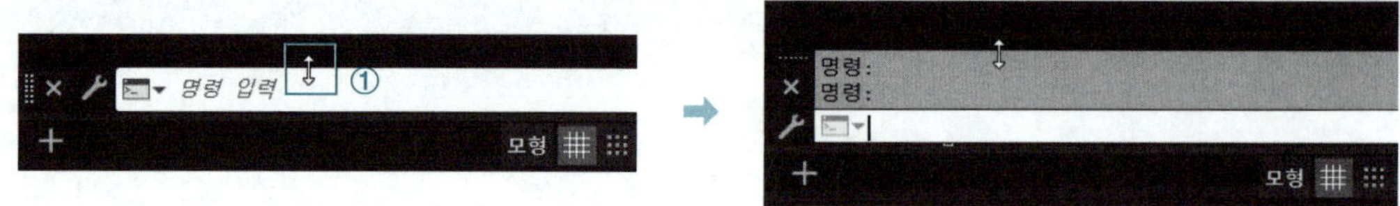

❸ 새 도면 설정

[STARTUP] Enter↵ ⇨ 1 Enter↵ (단위 선택으로 시작)

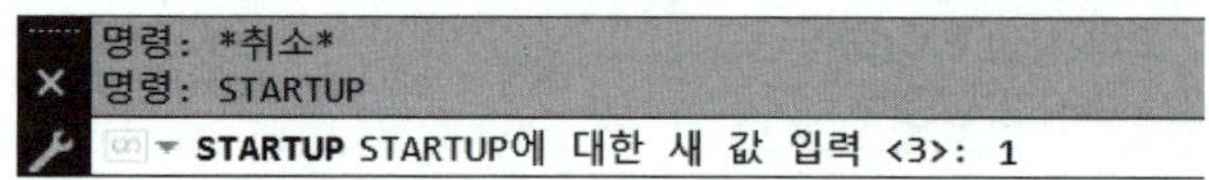

TIP **동적 입력 On/Off**

명령어 입력 시 커서 옆에 내용이 표시되면, F12를 눌러 동적 입력 기능을 Off합니다. 다시 한 번 누르면 동적 입력이 On으로 설정됩니다.

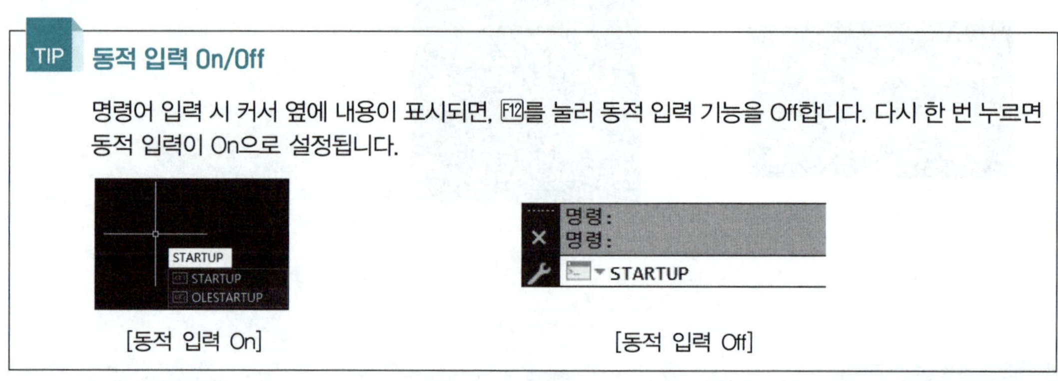

[동적 입력 On]　　　　　　　　　[동적 입력 Off]

---

❹ [NEW] Enter↵ ⇨ [확인] 버튼 클릭

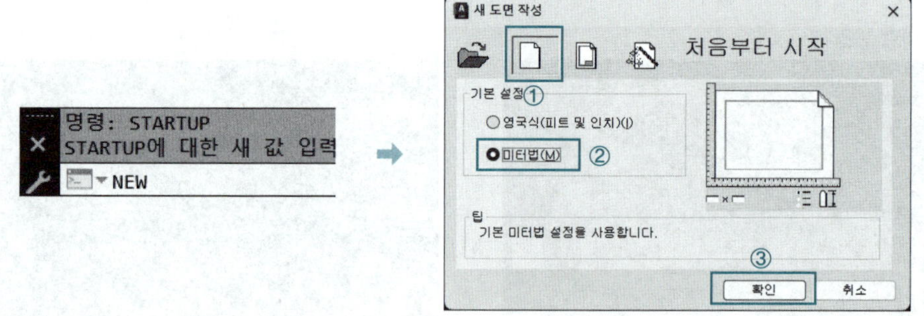

⑤ 배경색 설정

OP Enter↵ ⇨ [화면표시] 탭 클릭 ⇨ [색상] 버튼 클릭 ⇨ 검은색 클릭 ⇨ [적용 및 닫기]
클릭

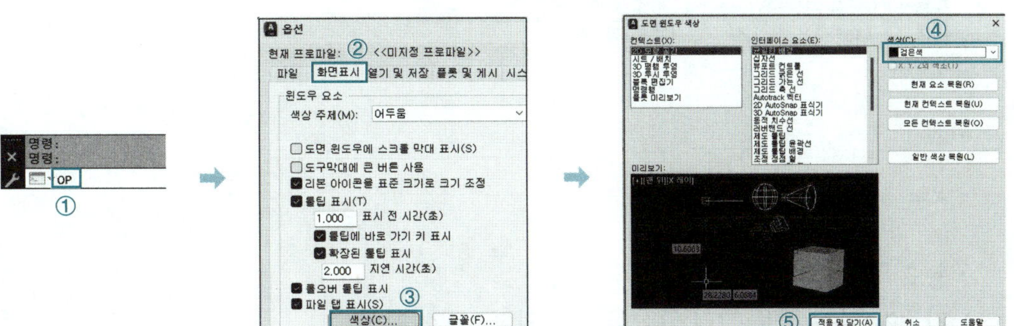

> **TIP** 실제 작업은 검은 바탕 화면에서 하지만, 본 교재에서는 시인성을 높이기 위해 흰색 바탕을 사용합니다.

⑥ 커서 크기 설정

- [제도] 탭 클릭 ⇨ [AutoSnap] 표식 크기 조절(중간보다 조금 작게)
- [선택] 탭 클릭 ⇨ [확인란 크기] 표식 크기 조절(중간보다 조금 작게) ⇨ [적용(A)] 클릭
  ⇨ [확인] 버튼 클릭

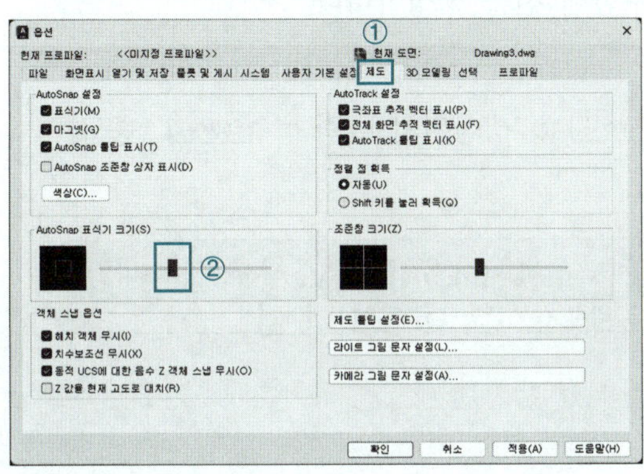 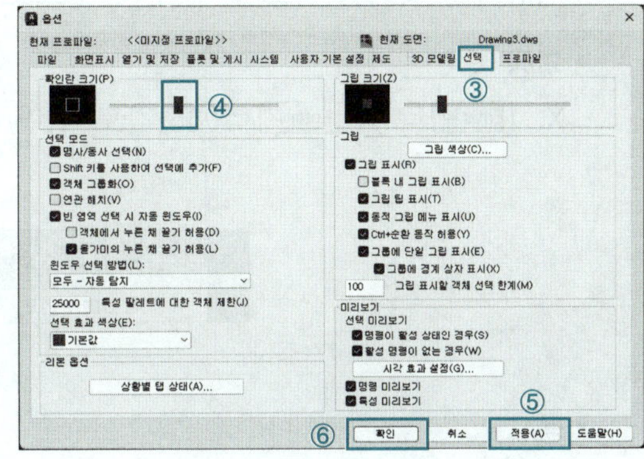

Section 02 선 [LINE(L)]

- **내용**

수평선, 수직선, 사선을 그리는 명령으로, 가장 많이 사용됩니다.

• 과정

L [Enter↵] ⇨ 선의 시작점(①) 클릭 ⇨ 다음 점(②) 클릭 ⇨ [Enter↵] (종료)

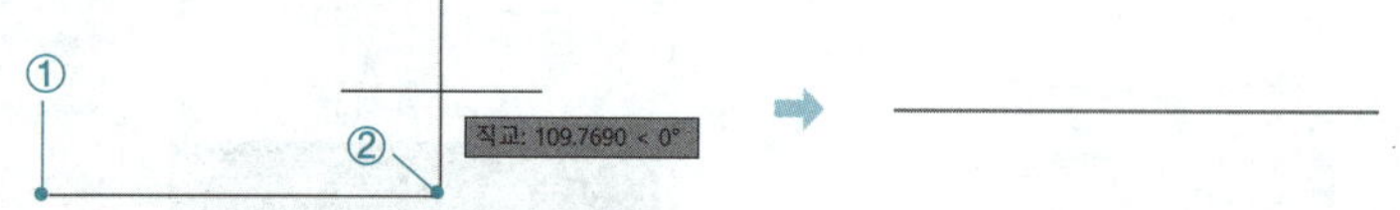

• 용도

기준이 되는 선을 그리거나 물체의 외형, 기호 등을
그릴 때 사용합니다.

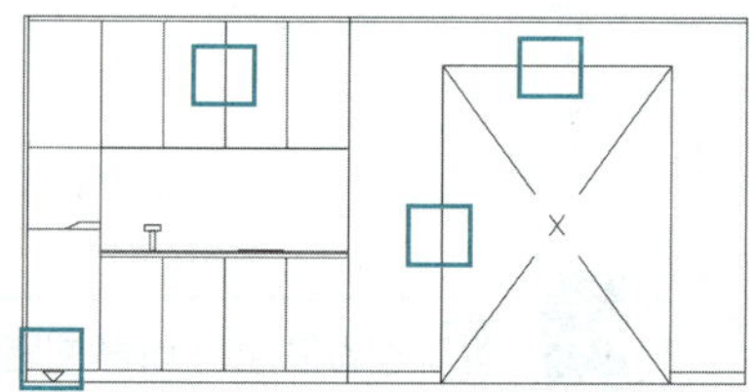

Section 03   구성선 [XLINE(XL)]

• 내용

사용자가 입력한 각도나 수직, 수평으로 무한대 선을 생성합니다.

• 과정

XL [Enter↵] ⇨ A [Enter↵] ⇨ 45(각도 입력) [Enter↵] ⇨ 생성위치 클릭 ⇨ [Enter↵] (종료)

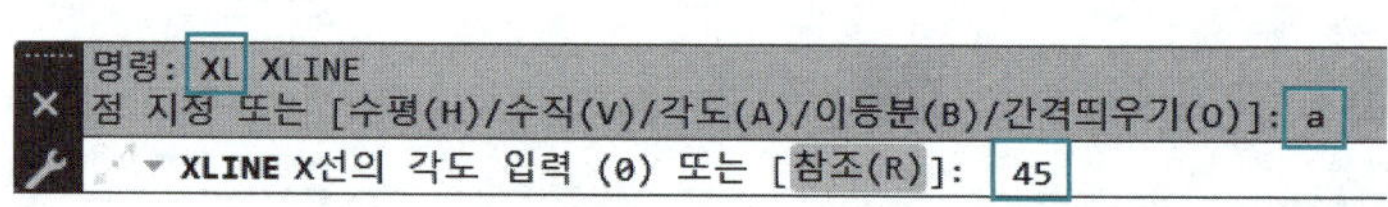

• 용도

수평(H) 및 수직(V) 옵션은 앞서 작성한 객체와 동일한 위치를 표시할 때 많이 사용됩니다.

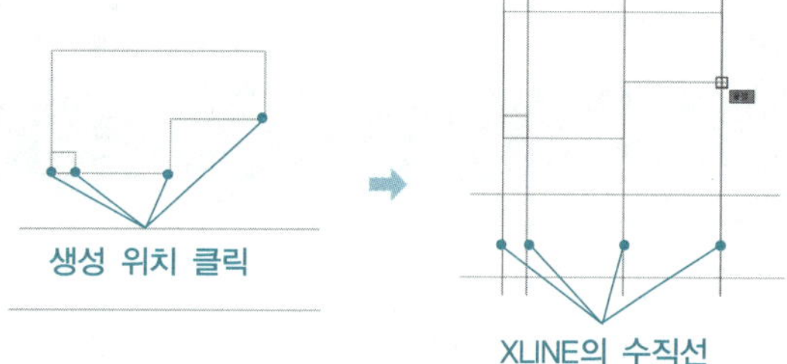

Section 04 원 [CIRCLE(C)] 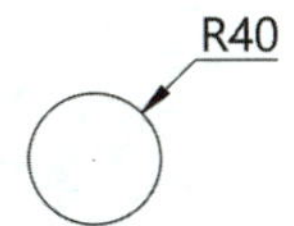

- **내용**

반지름(R)이나 지름(D)을 입력하여 원을 생성합니다.

- **과정**

C Enter↵ ⇨ 원의 중심점 클릭 ⇨ 40(반지름 입력) Enter↵ (종료)

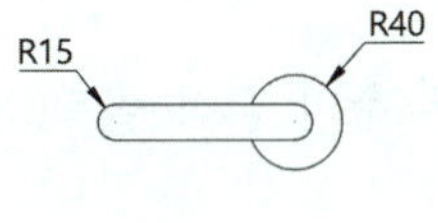

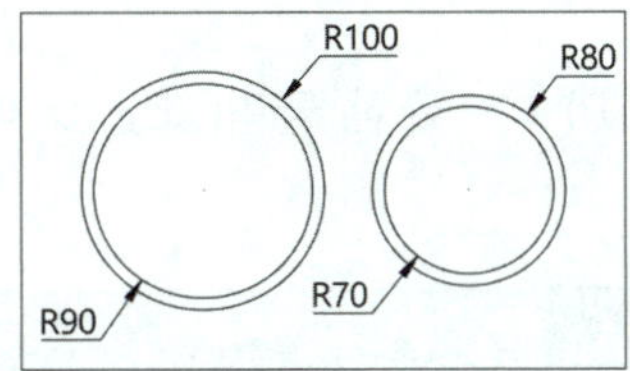

- **용도**

도어 핸들, 레인지의 화구, 원형 의자 등과 같은 둥근 형태의 객체를 그릴 때 사용합니다.

Section 05 호 [ARC(A)] 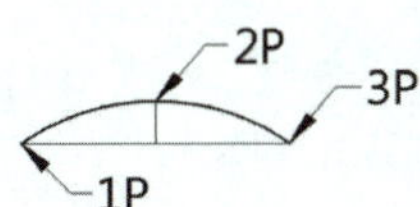

- **내용**

원의 일부인 호를 생성합니다.

- **과정**

A Enter↵ ⇨ 호의 시작점 클릭(1P) ⇨ 두 번째 점 클릭(2P) ⇨ 끝점 클릭(3P)

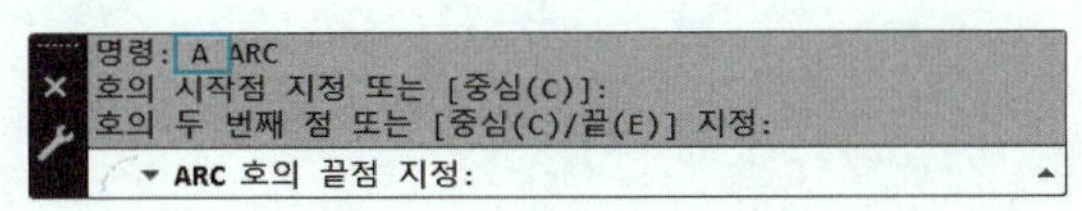

• 용도

해치(통로)의 상부 아치 등 모서리가 둥근 형상을 그릴 때 사용합니다.

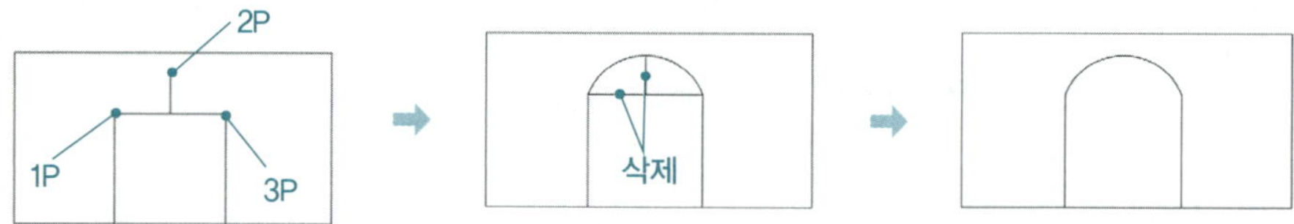

Section 06 타원 [ELLIPSE(EL)]

• 내용

타원을 생성합니다.

• 과정

EL [Enter↵] ⇨ 타원축의 시작점 클릭(1P) ⇨ 끝점 클릭(2P) ⇨ 다른 축의 끝점 클릭(3P)

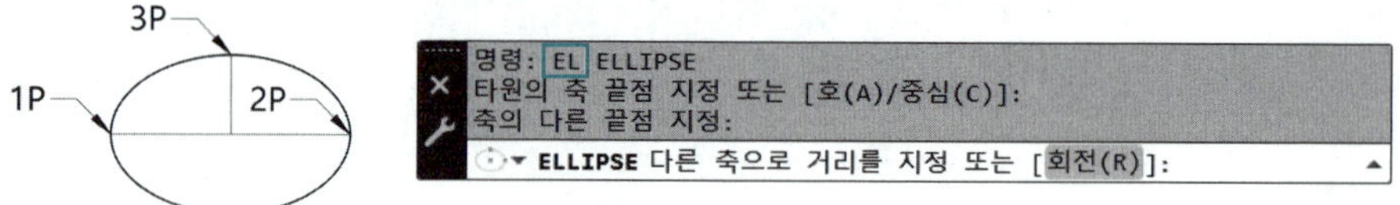

• 용도

세면대, 양변기 모양을 그릴 때 사용합니다.

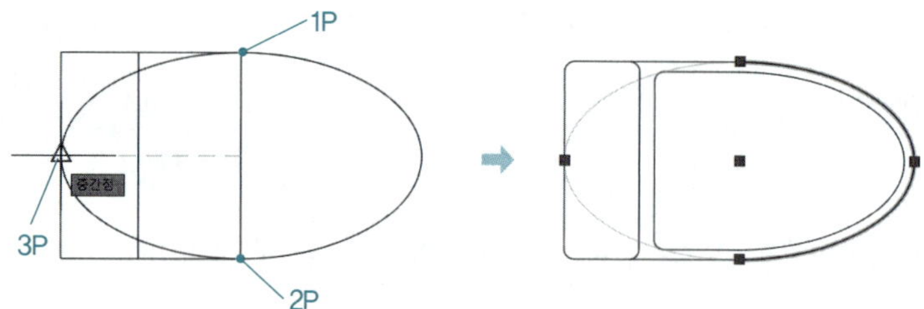

Section 07 직사각형 [RECTANG(REC)] 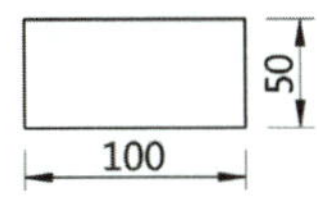

- 내용

  하나의 Polyline으로 구성된 직사각형을 생성합니다.

- 과정

  REC Enter↵ ⇨ 코너 점 클릭 ⇨ @100,50(크기 입력) Enter↵

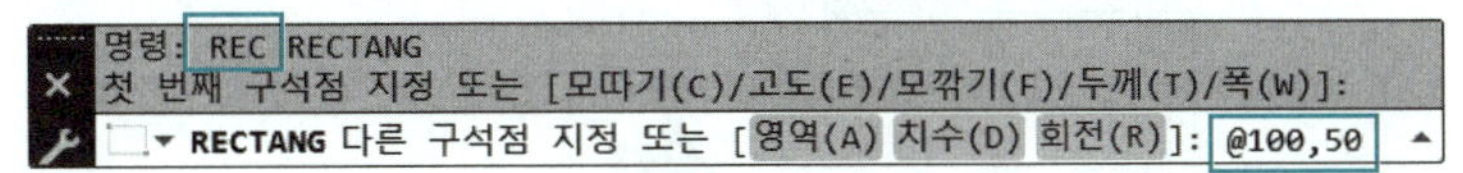

- 용도

  도면양식이나 사각형 모양의 가구 및 조명의 윤곽을 그릴 때 사용됩니다.

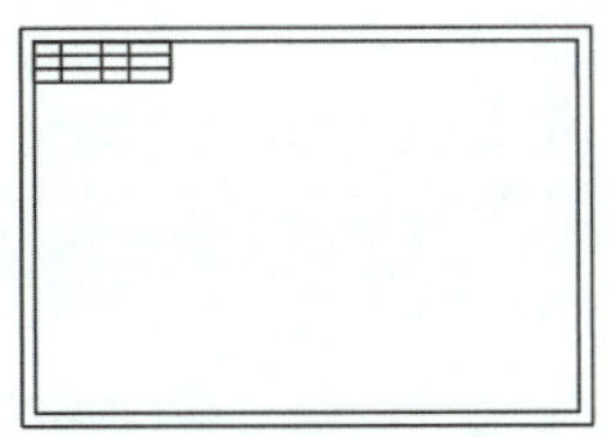 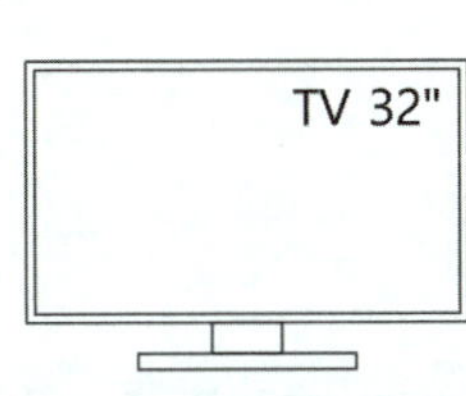 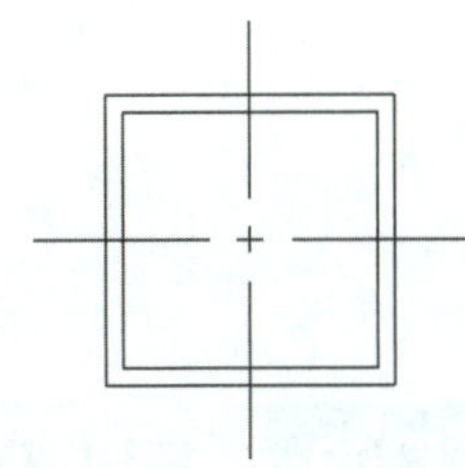

Section 08 해치 [HATCH(H)]

- 내용

  사용자가 지정한 영역에 패턴을 넣습니다.

- 과정

  H Enter↵ ⇨ 영역 클릭 ⇨ 패턴, 크기, 각도 설정 ⇨ Enter↵ 또는 [닫기] 클릭

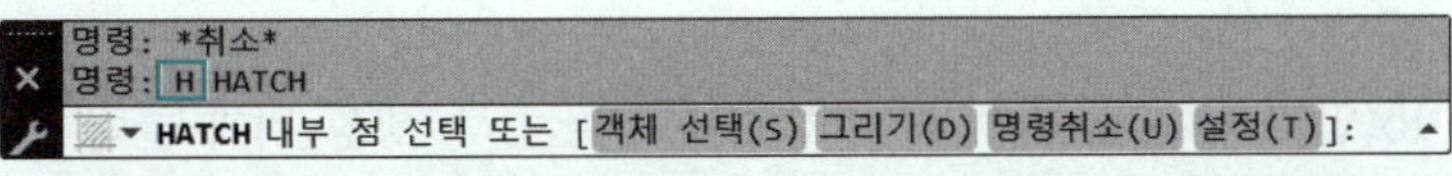

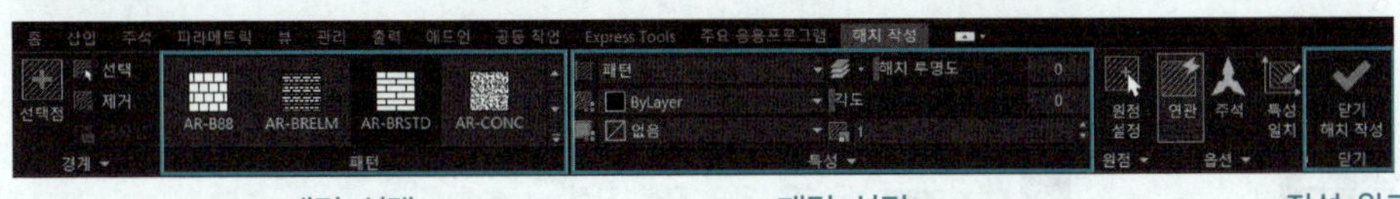

패턴 선택 · 패턴 설정 · 작성 완료

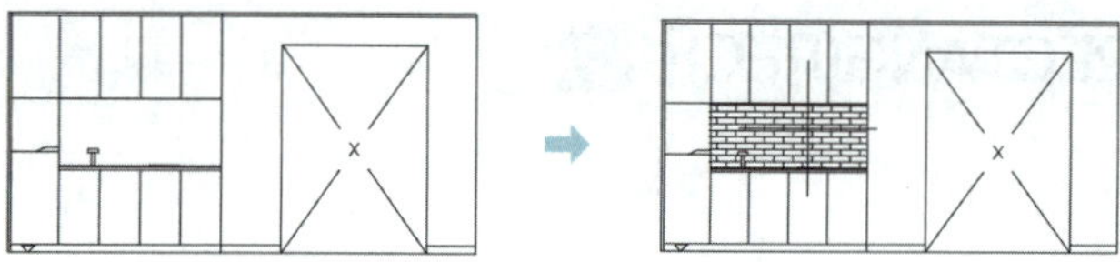

• 용도

색을 채우거나 타일, 벽지 등의 재료를 표현할 때 많이 사용됩니다.

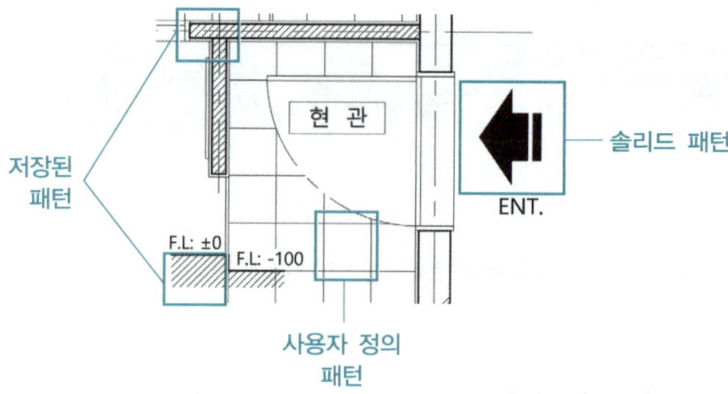

Section 09 도넛 [DONUT(DO)]

• 내용

크고 작은 점과 도넛 모양을 생성합니다.

• 과정

- 점: DO [Enter↵] ⇨ 0(안지름) [Enter↵] ⇨ 30(바깥지름) [Enter↵] ⇨ 생성 위치 클릭 ⇨ [Enter↵]
(종료)

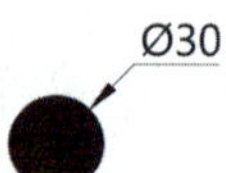

- 도넛: DO [Enter↵] ⇨ 15(안지름) [Enter↵] ⇨ 30(바깥지름) [Enter↵] ⇨ 생성 위치 클릭 ⇨ [Enter↵]
(종료)

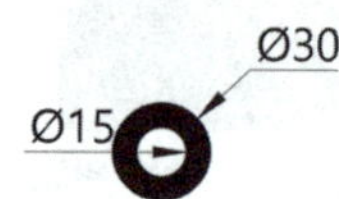
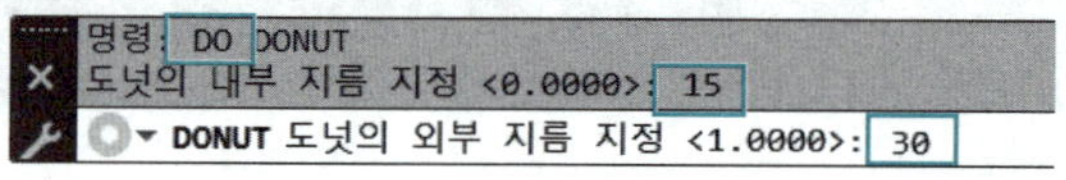

- 용도

문자를 작성할 때 지시선의 화살표 형태로 사용됩니다.

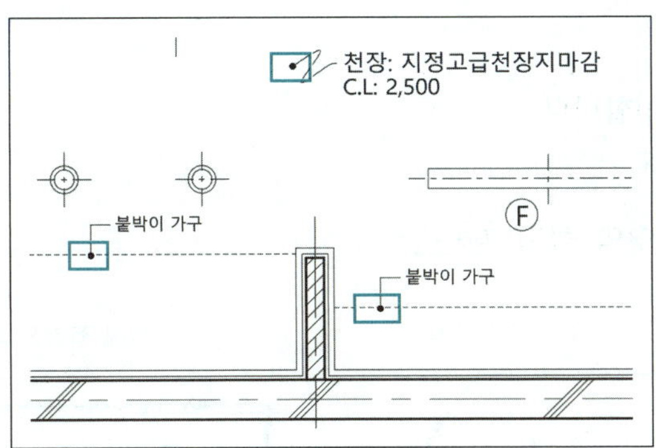

 스플라인 [SPLINE(SPL)]

- 내용

연속된 자유로운 곡선을 작성합니다.

- 과정

SPL `Enter↵` ⇨ 시작 점 클릭 ⇨ 다음 점 클릭 ⇨ 다음 점 클릭 ⇨ 끝점 클릭 `Enter↵`

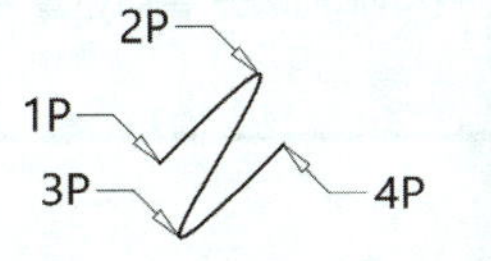

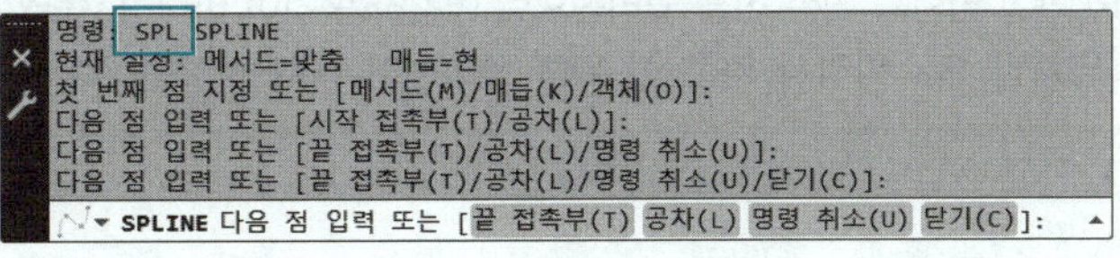

- 용도

파단선, 주요 마감재를 표기할 때 사용됩니다.

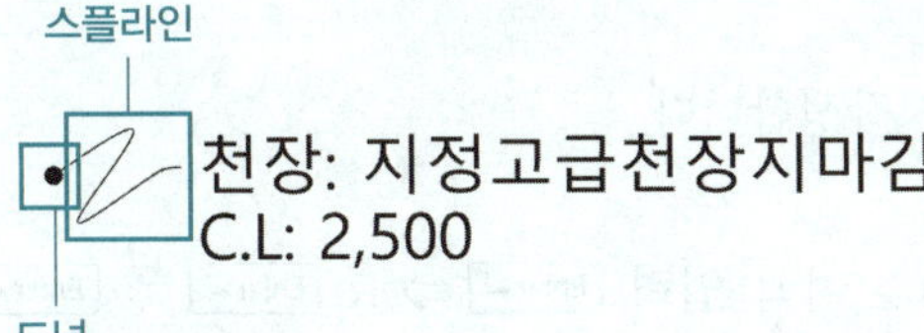

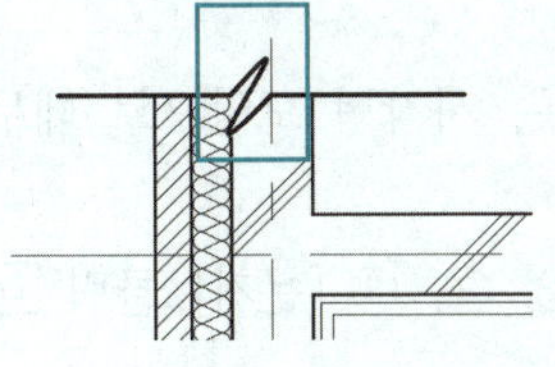

Section 11 영역 [BOUNDARY(BO)]

- **내용**

  닫힌 영역을 따라 동일한 폴리선을 작성합니다.

- **과정**

  BO `Enter↵` ⇨ ① [점 선택] 클릭 ⇨ ② 영역 클릭 `Enter↵`

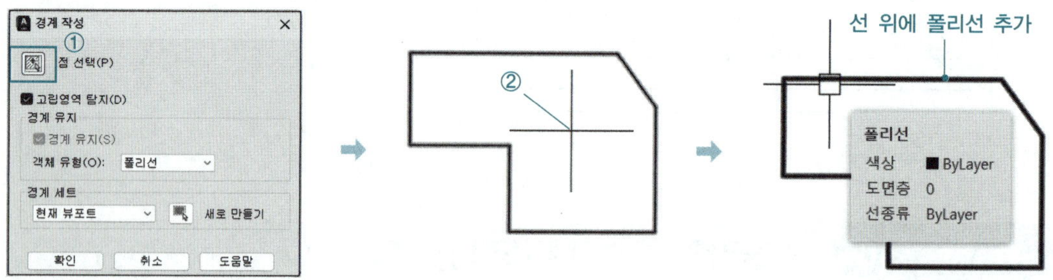

- **용도**

  선(Line)으로 작성한 영역을 폴리선(Polyline)으로 바꾸면, 벽체 두께선, 마감선, 몰딩선 등을 빠르게 작성할 수 있습니다.

> ☑ **참고**
>
> BOUNDARY(BO) 명령은 기존 선을 폴리선으로 변경하는 것이 아니라, 동일한 위치에 새로운 폴리선을 추가로 생성하는 명령입니다. 따라서 기존 선 위에 폴리선이 겹쳐 작성됩니다.

Section 12 텍스트 서클 [TCIRCLE(TCI)]

- **내용**

  문자에 원, 슬롯, 사각형 모양으로 테두리를 작성합니다.

- **과정**

  TCI `Enter↵` ⇨ ①, ②, ③ [문자] 클릭 `Enter↵` ⇨ 여백 입력 `Enter↵` ⇨ R `Enter↵` ⇨ `Enter↵`

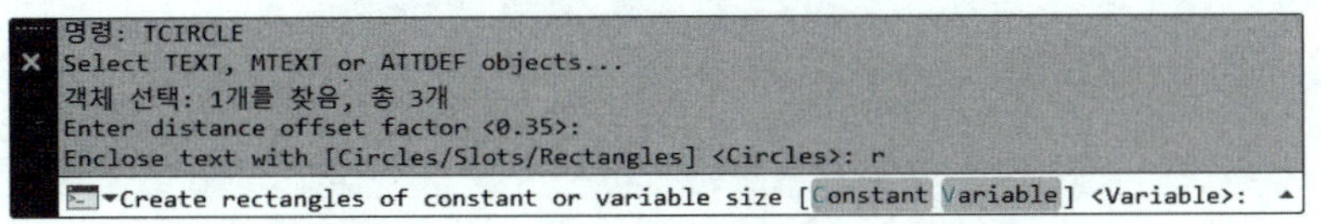

명령: TCIRCLE
Select TEXT, MTEXT or ATTDEF objects...
객체 선택: 1개를 찾음, 총 3개
Enter distance offset factor <0.35>:
Enclose text with [Circles/Slots/Rectangles] <Circles>: r
Create rectangles of constant or variable size [Constant Variable] <Variable>:

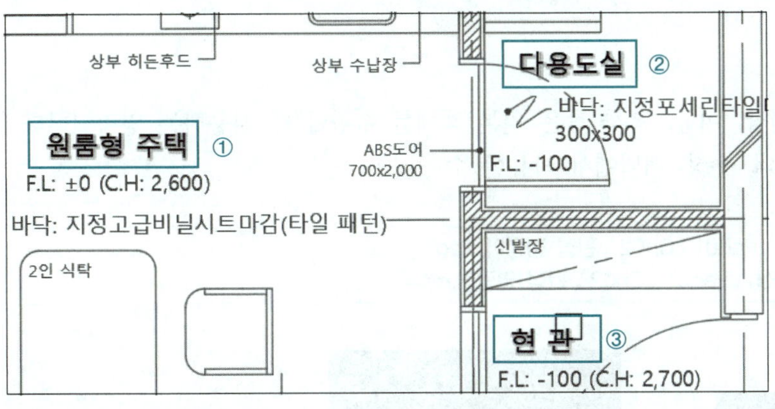

상부 히든후드
상부 수납장
다용도실 ②
바닥: 지정포세린타일
300x300
원룸형 주택 ①
F.L: ±0 (C.H: 2,600)
ABS도어
700x2,000
F.L: -100
바닥: 지정고급비닐시트마감(타일 패턴)
신발장
2인 식탁
현 관 ③
F.L: -100 (C.H: 2,700)

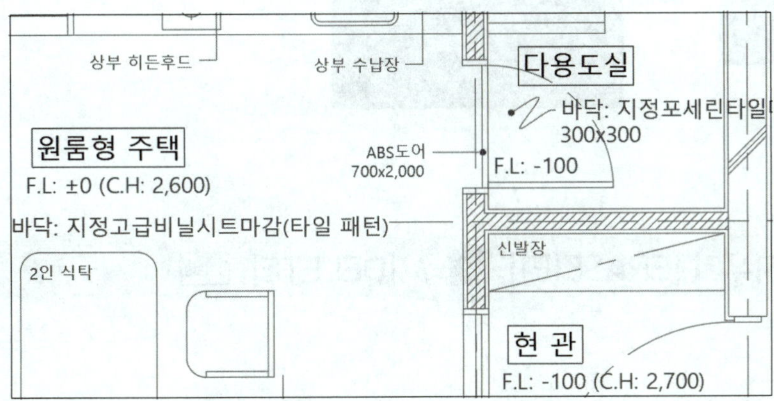

상부 히든후드
상부 수납장
다용도실
바닥: 지정포세린타일
300x300
원룸형 주택
F.L: ±0 (C.H: 2,600)
ABS도어
700x2,000
F.L: -100
바닥: 지정고급비닐시트마감(타일 패턴)
신발장
2인 식탁
현 관
F.L: -100 (C.H: 2,700)

편집 명령어

- 지우기, 자르기, 연장, 이동, 복사 등은 원본 객체를 수정할 때 사용하는 명령입니다.
- 단축아이콘은 홈탭의 '수정' 패널에서 사용할 수 있습니다.

> **학습파일** | 실습파일 \ Part01 \ Ch02 \ 편집 명령어.dwg
> ▶ 동영상 \ Part01 \ Ch02 \ 편집 명령어.mp4

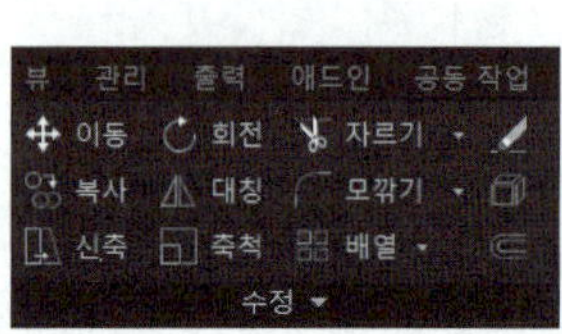

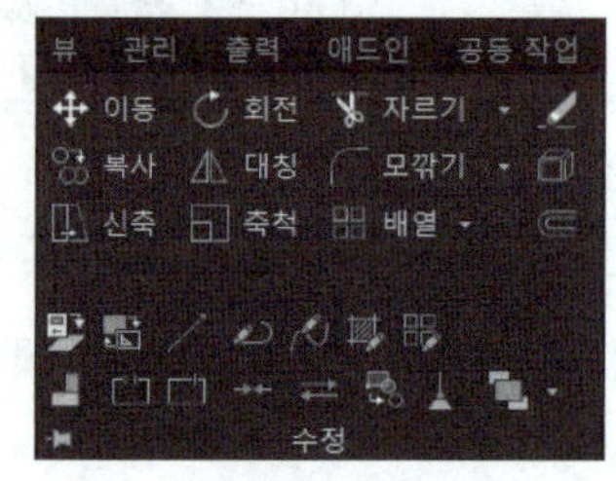

Section 01 지우기 [ERASE(E)] ✎ / [DELETE] Delete

- 내용

  작성된 요소를 삭제합니다. 객체를 선택한 후 키보드에서 Delete 키를 눌러도 삭제할 수 있습니다.

- 과정 A – ERASE(E) ✎

  E Enter⏎ ⇨ 삭제할 객체 클릭 ⇨ Enter⏎

- 과정 B – DELETE Delete

  삭제할 객체 클릭 ⇨ Delete

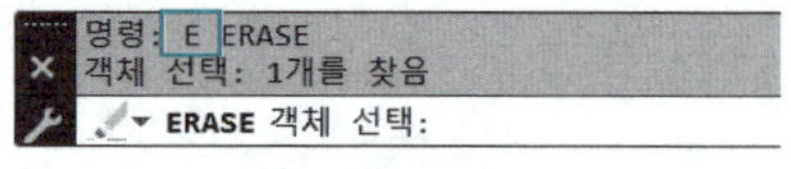

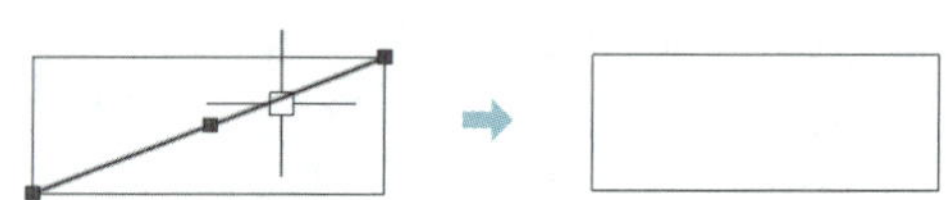

Section 02 간격 띄우기 [OFFSET(O)]

• **내용**

선, 호, 원 등을 입력한 간격으로 평행하게 복사합니다.

• **과정**

O Enter↵ ⇨ 30(거릿값 입력) Enter↵ ⇨ 복사할 대상 클릭 ⇨ 복사할 방향 클릭 ⇨ Enter↵ (종료)

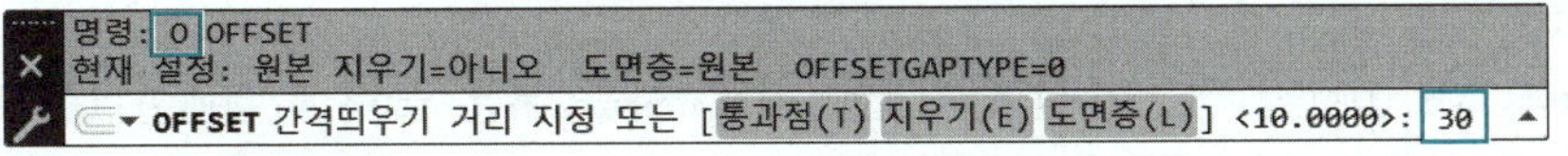

• **용도**

기준선을 복사하거나 재료의 두께, 가구의 폭, 깊이, 높이를 표시할 때 사용됩니다.

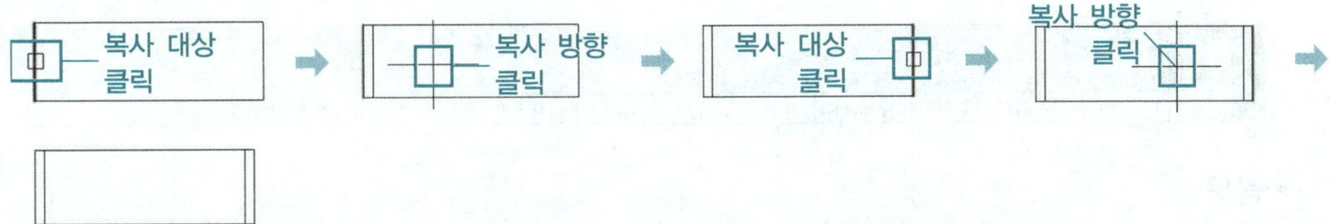

＊ Polyline을 Offset한 경우

Rectang(REC)과 같은 Polyline은 하나의 선으로 연결되어 있으므로 모든 선이 함께 복사됩니다.

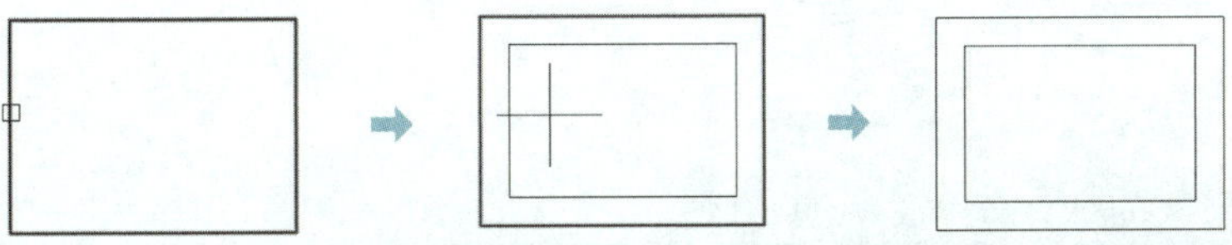

Section 03 자르기 [TRIM(TR)]

• **내용**

선, 원, 호 등의 경계를 기준으로 불필요한 부분을 잘라냅니다.

※ 본 교재에서는 Trim 명령의 S(표준) 모드를 기준으로 학습합니다.

- 과정 A – 빠른 모드(2021 버전 이상)
  - 기준선 사용: TR [Enter↵] ⇨ T [Enter↵] ⇨ 기준선 클릭 [Enter↵] ⇨ 자를 부분 클릭 ⇨ [Enter↵]
    (종료)
  - 모든 선 기준 사용: TR [Enter↵] ⇨ 자를 부분 클릭 ⇨ [Enter↵] (종료)

명령: TR TRIM
현재 설정: 투영=UCS, 모서리=없음, 모드=빠른 작업
자를 객체를 선택하거나 Shift 키를 누른 채로 선택하여 확장 또는
▼ TRIM [절단 모서리(T) 걸치기(C) 모드(O) 프로젝트(P) 지우기(R)]:

- 과정 B – 표준 모드
  - 기준선 사용: TR [Enter↵] ⇨ 기준선 클릭 [Enter↵] ⇨ 자를 부분 클릭 ⇨ [Enter↵] (종료)
  - 모든 선 기준 사용: TR [Enter↵] ⇨ [Enter↵] ⇨ 자를 부분 클릭 ⇨ [Enter↵] (종료)

- 모드 변경
  TR [Enter↵] ⇨ O [Enter↵] ⇨ S(표준)/Q(빠른 작업) [Enter↵]

명령: TR TRIM
현재 설정: 투영=UCS, 모서리=없음, 모드=빠른 작업
자를 객체를 선택하거나 Shift 키를 누른 채로 선택하여 확장 또는
▼ TRIM [절단 모서리(T)/걸치기(C)/모드(O)/프로젝트(P)/지우기(R)]: o 자르기 모드 옵션 입력 [빠른 작업(Q) 표준(S)] <빠른 작업(Q)>: s

- 용도
  도면작성 중 불필요한 선, 원, 호의 일부를 자를 때 사용됩니다.

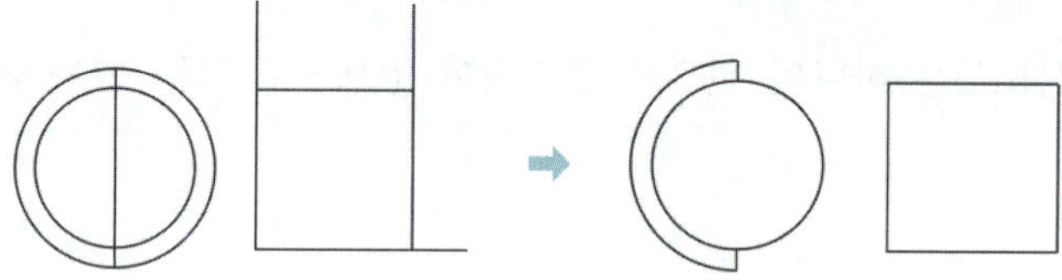

Section 04   연장 [EXTEND(EX)]

- 내용
  선이나 원, 호의 경계를 기준으로 선 또는 호의 길이를 연장합니다. 이 명령의 사용법과 원리
  는 [TRIM] 명령과 동일합니다.
  ※ 본 교재에서는 Extend 명령의 S(표준) 모드를 기준으로 학습합니다.

- 과정 A – 빠른 모드(2021 버전 이상)
  - 기준선 사용: EX [Enter↵] ⇨ B [Enter↵] ⇨ 기준선 클릭 [Enter↵] ⇨ 연장할 부분 클릭 ⇨ [Enter↵]
    (종료)

– 모든 선 기준 사용: EX [Enter↵] ⇨ 연장할 부분 클릭 ⇨ [Enter↵] (종료)

```
명령: EX EXTEND
현재 설정: 투영=UCS, 모서리=없음, 모드=빠른 작업
연장할 객체 선택 또는 Shift 키를 누른 채 선택하여 자르기 또는
▼ EXTEND  [경계 모서리(B) 걸치기(C) 모드(O) 프로젝트(P)]:
```

• 과정 B – 표준 모드

  – 기준선 사용: EX [Enter↵] ⇨ 기준선 클릭 [Enter↵] ⇨ 연장할 부분 클릭 ⇨ [Enter↵] (종료)
  – 모든 선 기준 사용: EX [Enter↵] ⇨ [Enter↵] ⇨ 연장할 부분 클릭 ⇨ [Enter↵] (종료)

• 모드 변경

  EX [Enter↵] ⇨ O [Enter↵] ⇨ S(표준)/Q(빠른 작업) [Enter↵]

```
명령: EX EXTEND
현재 설정: 투영=UCS, 모서리=없음, 모드=빠른 작업
연장할 객체 선택 또는 Shift 키를 누른 채 선택하여 자르기 또는
▼ EXTEND  [경계 모서리(B)/걸치기(C)/모드(O)/프로젝트(P)]: O 연장 모드 옵션 입력 [빠른 작업(Q) 표준(S)] <빠른 작업(Q)>: S
```

• 용도

도면작성 중 선의 길이가 짧아 연장하고자 할 경우 사용됩니다.

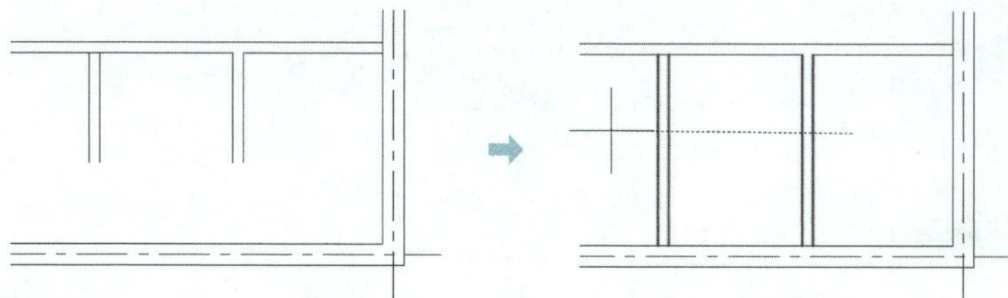

> ☑ **참고**
>
> 유사한 명령으로 길이조정 명령인 LENGTHEN(LEN)이 있습니다.
>
> • 과정
>
> LEN [Enter↵] ⇨ DE [Enter↵] ⇨ 100(추가 길이) [Enter↵] ⇨ 조정할 객체 클릭 ⇨ [Enter↵] (종료)
>
> ```
> 명령: LEN LENGTHEN
> 측정할 객체 또는 [증분(DE)/퍼센트(P)/합계(T)/동적(DY)] 선택 <증분(DE)>: de
> 증분 길이 또는 [각도(A)] 입력 <0.0000>: 100
> ▼ LENGTHEN 변경할 객체 선택 또는 [명령 취소(U)]:
> ```
>
> 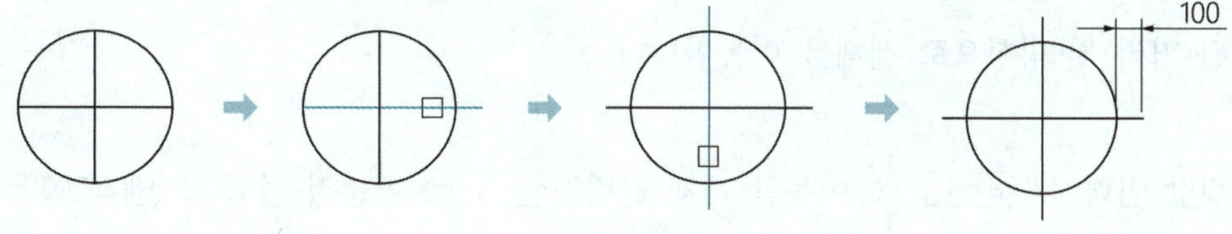

Section 05 그립 [GRIP]

- **내용**

  선택된 대상을 표시하고 편집명령을 실행합니다.

- **과정**

  – 객체 늘리고 줄이기: ① 대상 클릭 ⇨ ② Grip 클릭 ⇨ ③ 늘리거나 줄일 위치 클릭(F8=On)

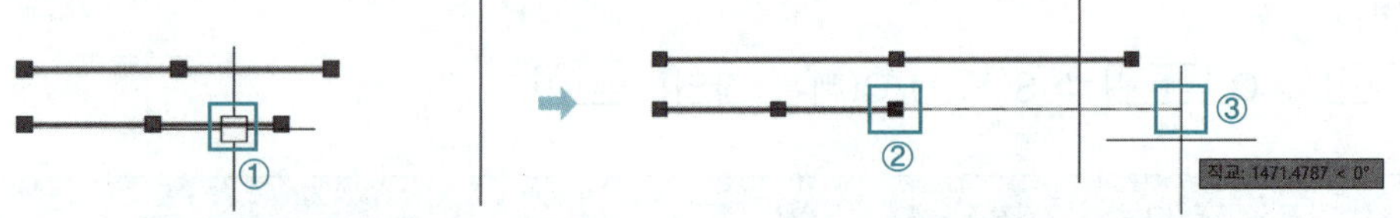

  – 편집명령 사용하기: ① 대상 클릭 ⇨ ② Grip 클릭 ⇨ ③ 마우스 오른쪽 클릭 ⇨ ④ 명령
  클릭(F8=Off)

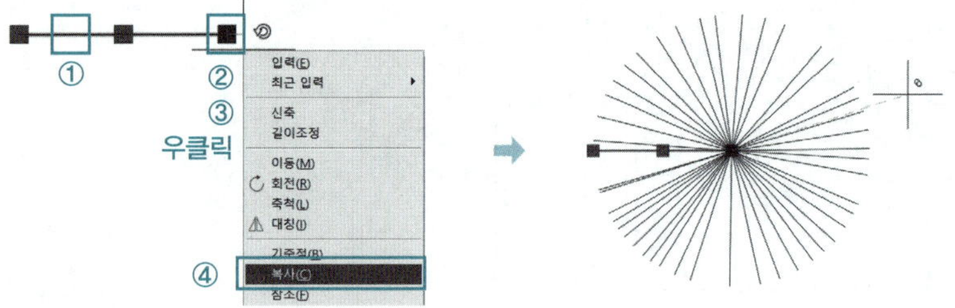

- **용도**

  선분의 길이를 조정한 후, 플랜트 박스(화분)를 표현할 때 [Rotate] 명령과 [Copy] 명령을
  동시에 사용합니다.

Section 06 이동 [MOVE(M)]

- **내용**

  지정된 거리 및 방향으로 객체를 이동합니다.

- **과정**

  – 거릿값 입력: M Enter↵ ⇨ 이동할 객체 클릭 Enter↵ ⇨ 기준점 클릭 ⇨ F8=ON ⇨ 방향
  지시 ⇨ 450(거릿값 입력) Enter↵

– 위치 지정: M `Enter↵` ⇨ 이동할 대상 클릭 `Enter↵` ⇨ 기준점 클릭 ⇨ 목적지 클릭

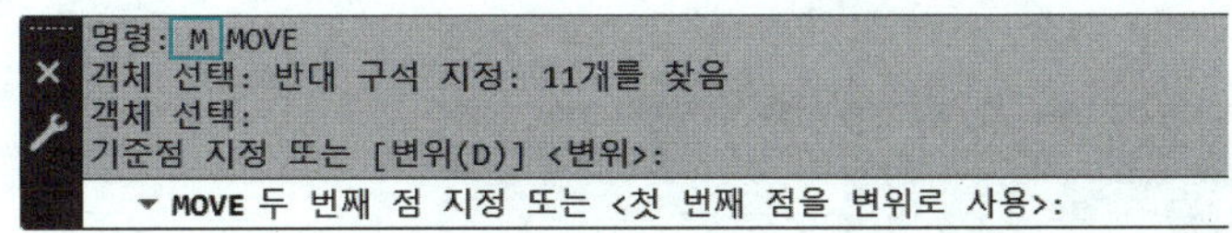

- 용도
  - 요소를 특정 거리만큼 이동하거나 위치를 조정할 경우 사용됩니다.
  - 거릿값 입력(F8 =ON)

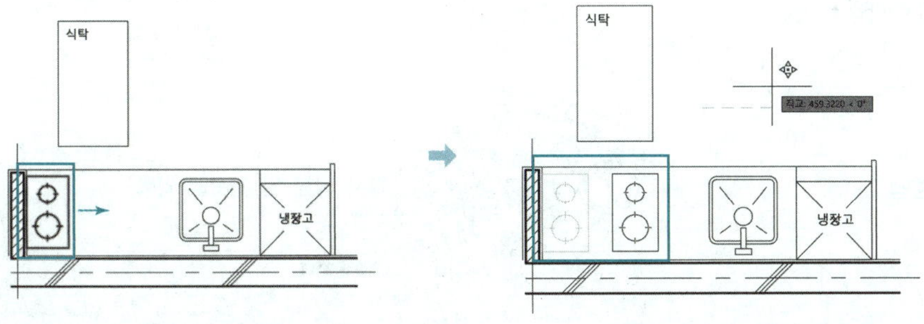

  – 목적지 지정

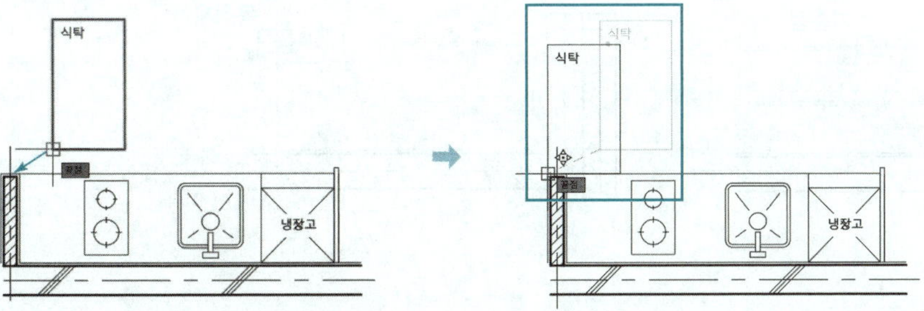

Section 07   **복사 [COPY(CO, CP)]**

- 내용

  지정된 거리 및 방향으로 객체를 복사합니다.

- 과정
  - 거릿값 입력: CO `Enter↵` ⇨ 복사할 객체 클릭 `Enter↵` ⇨ 기준점 클릭 ⇨ F8 = ON ⇨ 방향 지시 ⇨ 450(거릿값 입력) `Enter↵` ⇨ `Enter↵` (종료)

– 위치 지정: CO [Enter↵] ⇨ 복사할 대상 클릭 [Enter↵] ⇨ 기준점 클릭 ⇨ 목적지 클릭 ⇨ [Enter↵] (종료)

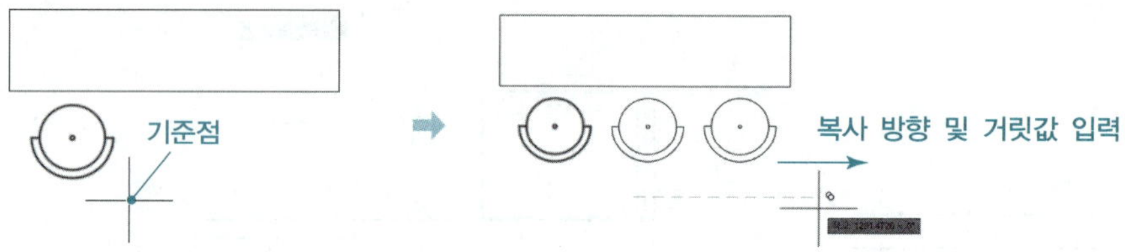

- 용도
  - 도면 요소를 특정 거리만큼 복사하거나 여러 개를 추가할 때 사용됩니다.
  - 거릿값 입력(F8=ON)

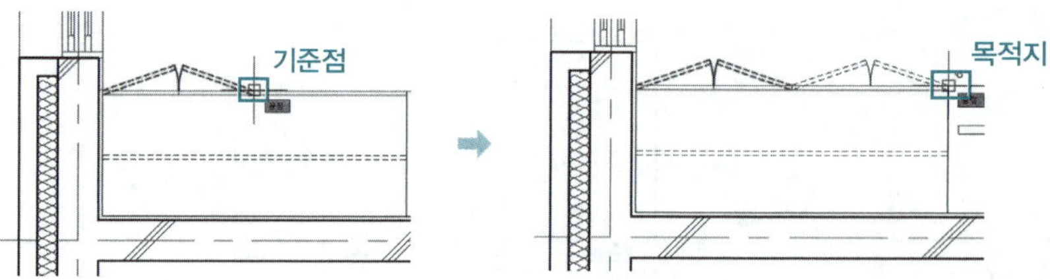

- 목적지 지정

Section 08 분해 [EXPLODE(X)]

- 내용

RECTANG(사각형), DONUT(도넛) 등 폴리선과 해치 패턴, 치수, 블록을 분해합니다.

- 과정

X [Enter↵] ⇨ 분해할 대상 클릭 ⇨ [Enter↵]

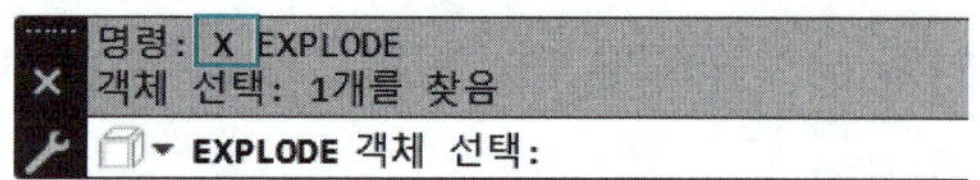

• 용도

RECTANG(사각형)이나 POLYLINE 요소를 하나씩 편집할 때 분해한 후 작업합니다.

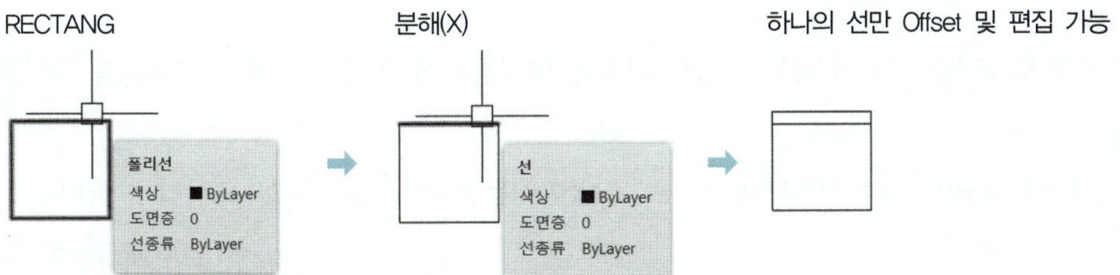

Section 09 · 신축 [STRETCH(S)]

• 내용

작성된 선분이나 도면 요소의 형태를 늘리거나 줄여 조정합니다.

• 과정
  - 신축값 입력: S `Enter↵` ⇨ 범위 지정(걸침 선택) `Enter↵` ⇨ 기준점 클릭 ⇨ 늘리거나 줄일 값 입력 `Enter↵`
  - 신축 위치 지정: S `Enter↵` ⇨ 범위 지정(걸침 선택) `Enter↵` ⇨ 기준점 클릭 ⇨ 신축 위치 클릭

```
명령: S STRETCH
걸침 윈도우 또는 걸침 폴리곤만큼 신축할 객체 선택...
객체 선택: 반대 구석 지정: 6개를 찾음
객체 선택:
기준점 지정 또는 [변위(D)] <변위>:
▼ STRETCH 두 번째 점 지정 또는 <첫 번째 점을 변위로 사용>: 1000
```

• 용도

도면 요소의 길이가 짧거나 길어 조정이 필요할 때 사용하는 명령입니다. 주로 벽체 간격이나 창호 크기를 조절할 때 활용됩니다.

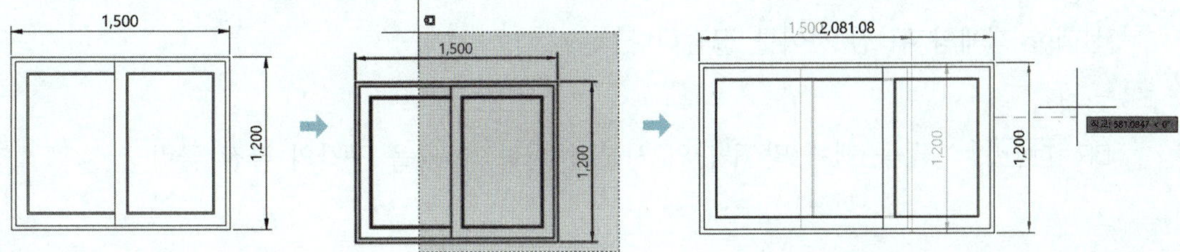

Section 10 모깎기 [FILLET(F)]

- **내용**

  객체의 모서리를 둥글게 다듬는 명령입니다. 반지름값이 '0'인 경우에는 모서리를 편집합니다.

- **과정**

  F [Enter↵] ⇨ R(반지름 설정) [Enter↵] ⇨ 200(반지름 입력) [Enter↵] ⇨ [모서리 1 클릭] ⇨
  [모서리 2 클릭]

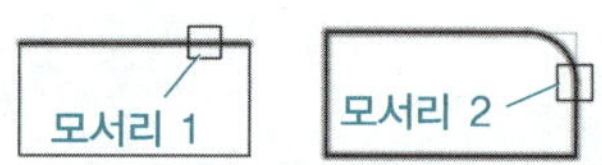

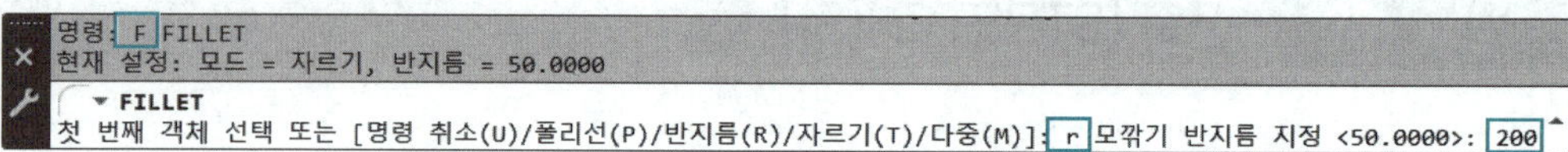

- **용도**

  반지름값을 '0'으로 설정하여 모서리를 잘라내거나 붙이는 데 많이 사용됩니다.
  TRIM이나 EXTEND보다 신속한 편집이 가능합니다.

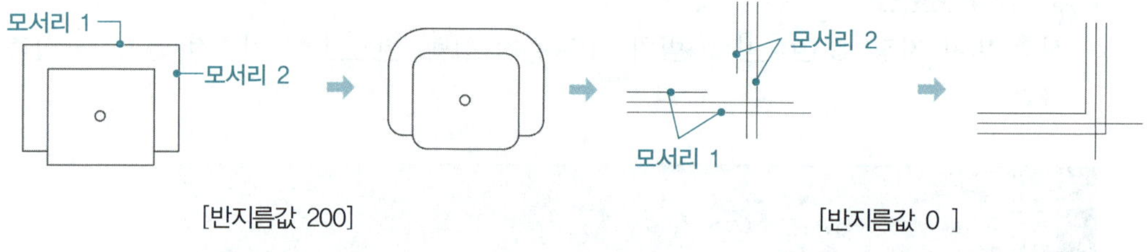

Section 11 끊기 [BREAK(BR)]

- **내용**

  선택한 객체의 두 점 사이를 끊습니다.

- **과정**

  BR [Enter↵] ⇨ 끊을 객체 및 구간의 시작점 클릭 ⇨ 끊을 구간의 끝점 클릭

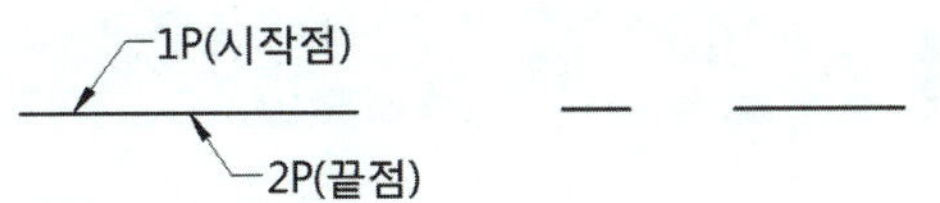

> 명령: BR BREAK
> ✕ 객체 선택:
> ⬚▾ **BREAK** 두 번째 끊기점을 지정 또는 [첫 번째 점(F)]:

- 용도

  경계가 없는 선분이나 원의 일부를 끊어낼 때 사용하며, 파단선 작성과정에서도 활용됩니다.

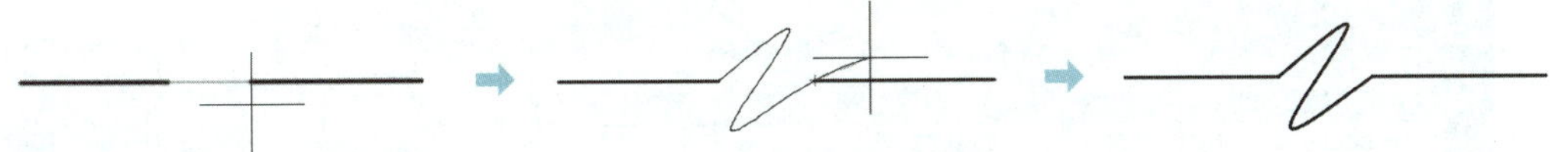

Section 12 회전 [ROTATE(RO)] ↻

- 내용

  지정한 기준점을 중심으로 객체를 회전시킵니다.

- 과정

  RO Enter↵ ⇨ 회전할 객체 클릭 Enter↵ ⇨ 회전 기준점 클릭 ⇨ 15(각도 입력) Enter↵

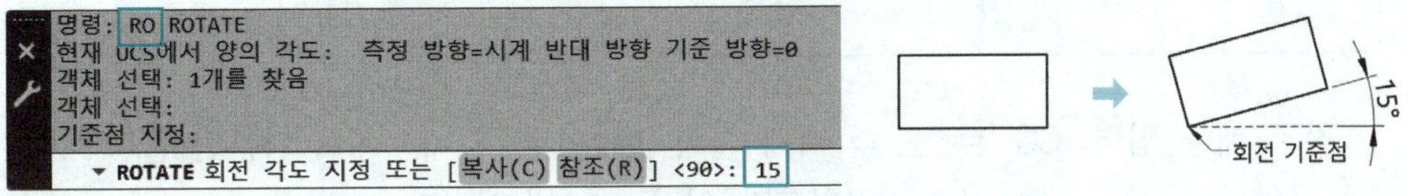

> 명령: RO ROTATE
> ✕ 현재 UCS에서 양의 각도: 측정 방향=시계 반대 방향 기준 방향=0
> 객체 선택: 1개를 찾음
> 객체 선택:
> 기준점 지정:
> ▾ **ROTATE** 회전 각도 지정 또는 [복사(C) 참조(R)] <90>: 15

- 용도

  의자와 같은 가구를 자연스럽게 배치하거나 도면요소를 회전시킬 때 사용됩니다.

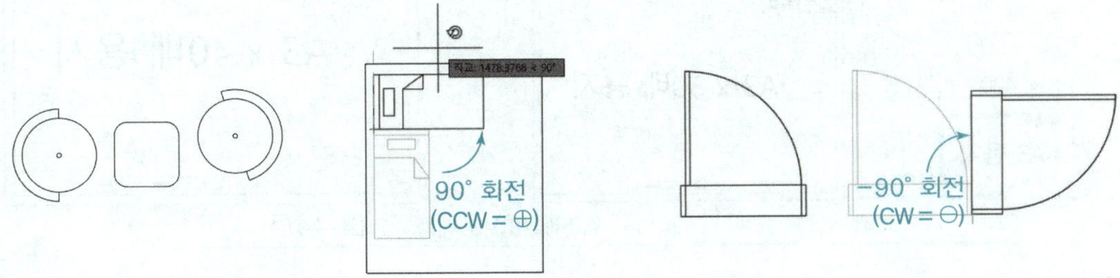

Section 13 축척 [SCALE(SC)]

- **내용**

객체의 크기 비율을 유지하면서 확대 또는 축소합니다.

- **과정**

  - 기본 배율 입력: SC `Enter↵` ⇨ 객체 클릭 `Enter↵` ⇨ 확대, 축소 기준점 클릭 ⇨ 0.5(배율 입력) `Enter↵`

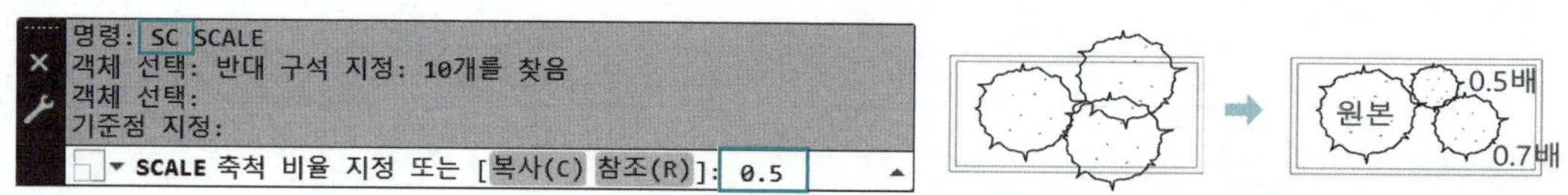

- **용도**

도면양식을 시험규격에 맞는 크기로 변경하고, 천장도에서는 조명기호의 크기를 조절할 때 사용됩니다.

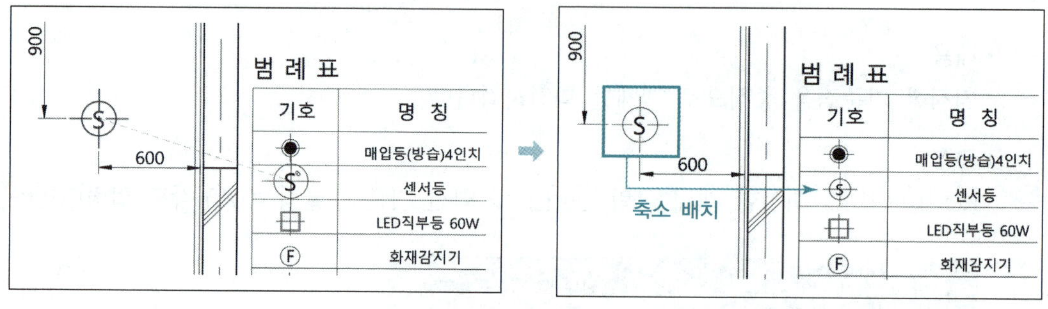

  - **참조 배율 입력**: SC `Enter↵` ⇨ 객체 클릭 `Enter↵` ⇨ 확대, 축소 기준점 클릭 ⇨ R(참조) `Enter↵` ⇨ 30(참조값 입력) ⇨ 40(신규값 입력)

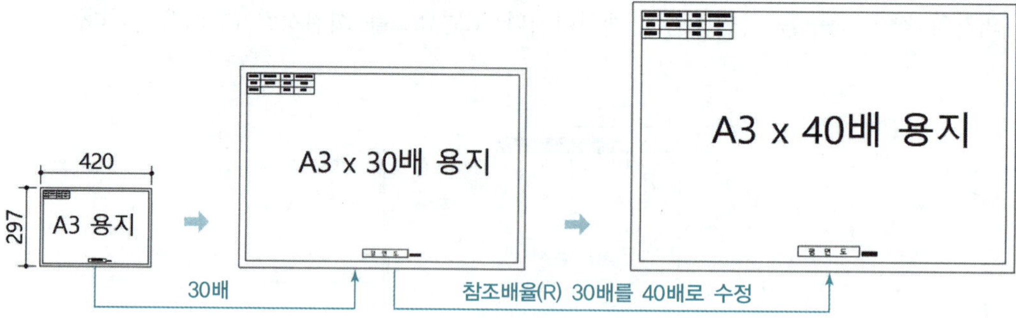

Section 14　대칭 [MIRROR(MI)]

- **내용**

  선택한 객체를 대칭으로 복사합니다.

- **과정**

  MI `Enter↵` ⇨ 대칭 복사할 객체 클릭 `Enter↵` ⇨ 축의 시작점 클릭 ⇨ 축의 끝점 클릭 ⇨ `Enter↵`

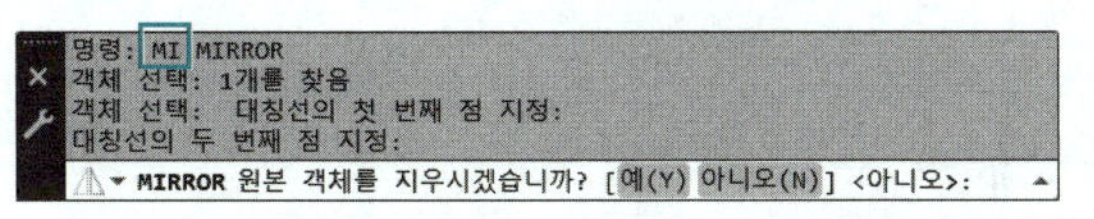

- **용도**

  도면요소가 대칭일 때 사용됩니다. 주로 테이블의 마주보는 의자나 수납장 도어를 대칭으로 복사할 때 활용됩니다.

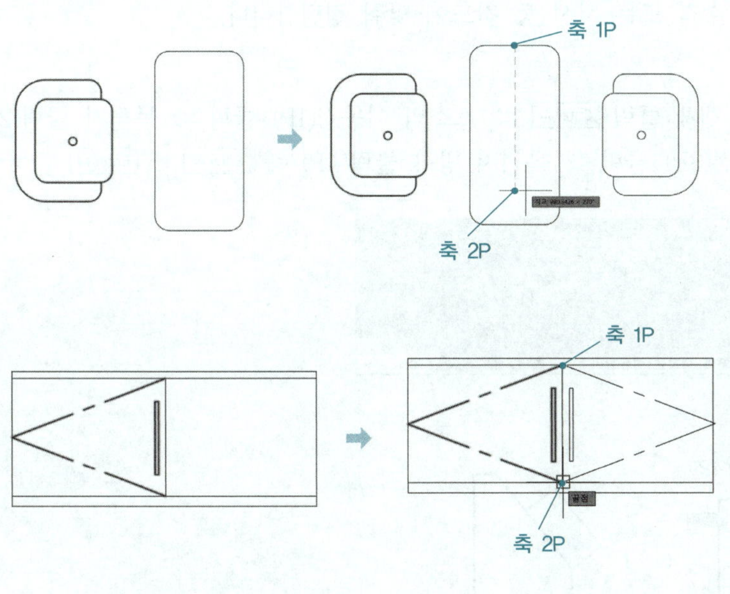

> **TIP** 대칭 이동
>
> 원본 객체가 필요 없는 경우 지우기 옵션에서 'Y'를 입력하면 대칭 이동으로 실행됩니다.

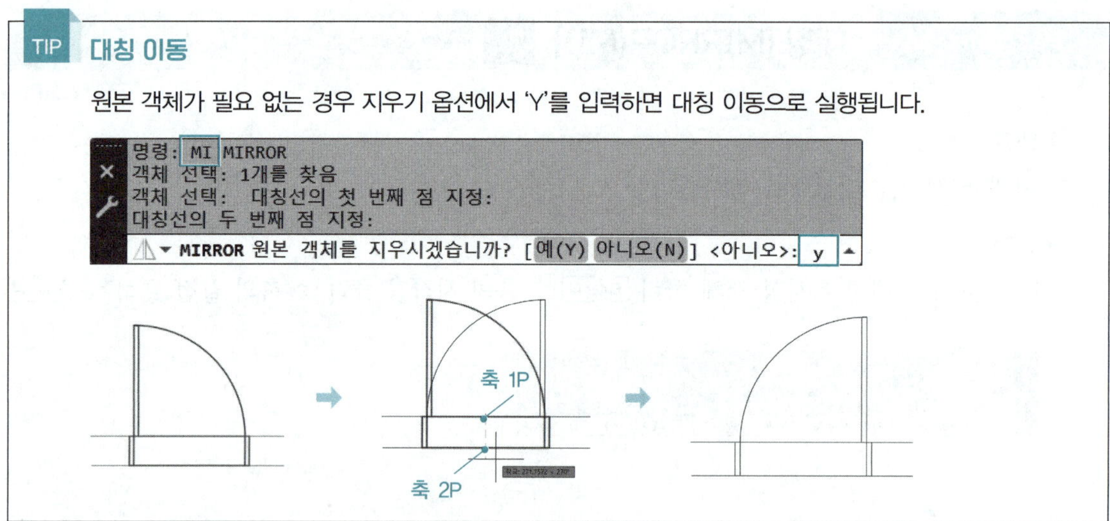

<table><tr><td>**Section 15**</td><td>**정렬 [ALIGN(AL)]**</td></tr></table>

- **내용**

선택한 객체를 수평, 수직 또는 사선 등 각도에 맞춰 정렬합니다.

- **과정**

AL `Enter↵` ⇨ 정렬할 객체 클릭 `Enter↵` ⇨ 소스의 이동점(1P) 클릭 ⇨ 목적지 클릭(2P) ⇨
소스의 두 번째 이동점(3P) 클릭 ⇨ 목적지 방향 클릭(4P) ⇨ `Enter↵` ⇨ `Enter↵`

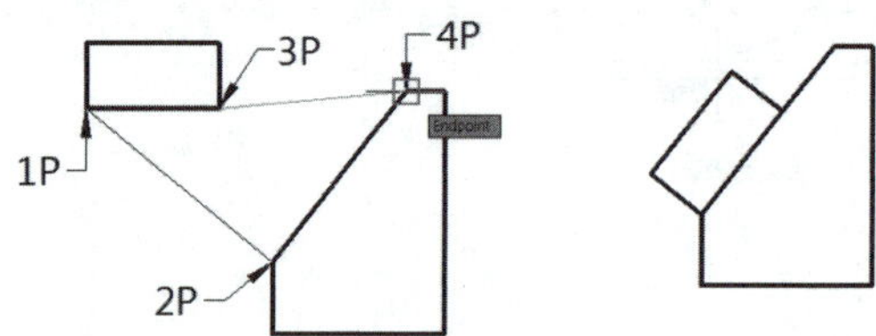

- 용도

  사선으로 꺾여 있는 벽에 가구를 정렬할 때 사용됩니다.

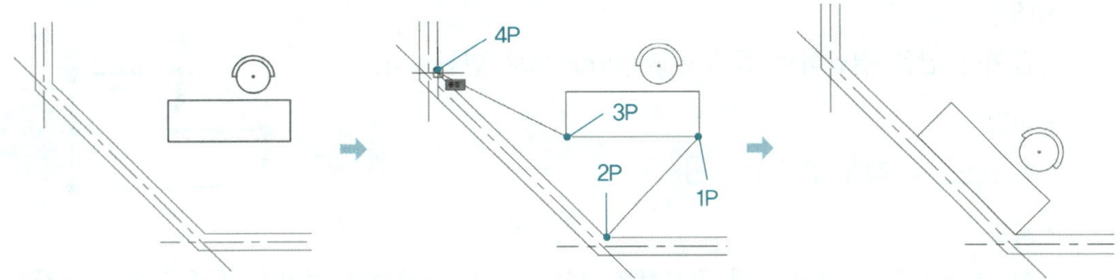

Section **16** **블록 [BLOCK(B)]**

- 내용

  선택한 객체들을 하나의 블록으로 묶어 단일 객체처럼 사용할 수 있도록 합니다.

- 과정

  B Enter⏎ ⇨ 블록 정의(이름, 선택점, 객체 선택) ⇨ [확인] 버튼 클릭

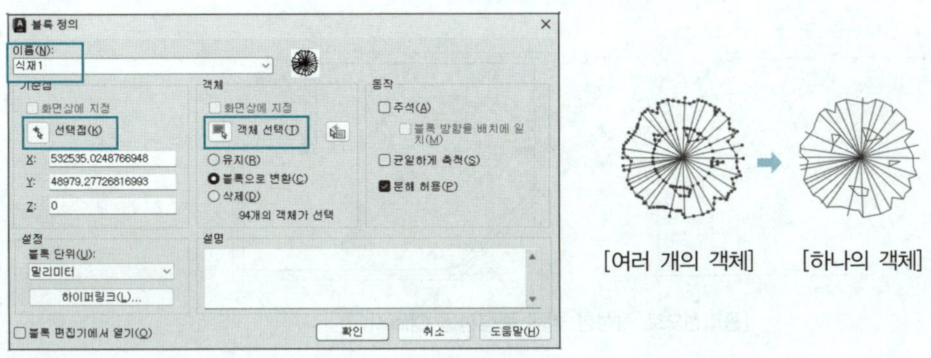

- 용도

  많은 선으로 구성된 도면 요소를 하나의 블록으로 만들어 관리할 수 있습니다.
  (작성된 블록은 [Explode(X)] 명령으로 분해할 수 있습니다.)

Section 17 결합 [JOIN(J)]

• 내용

끊어진 선을 결합하여 폴리선(Polyline)으로 만듭니다.

• 과정

J [Enter↵] ⇨ 객체 클릭 [Enter↵]

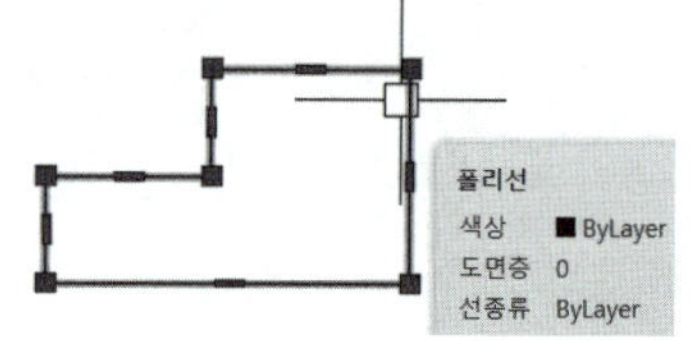

• 용도

선(Line)으로 작성된 벽체 중심선을 폴리선(Polyline)으로 변경해 벽체 두께나 마감선, 몰딩
선 등을 빠르게 작성할 수 있습니다.
(결합된 폴리선은 [Explode(X)] 명령으로 분해할 수 있습니다.)

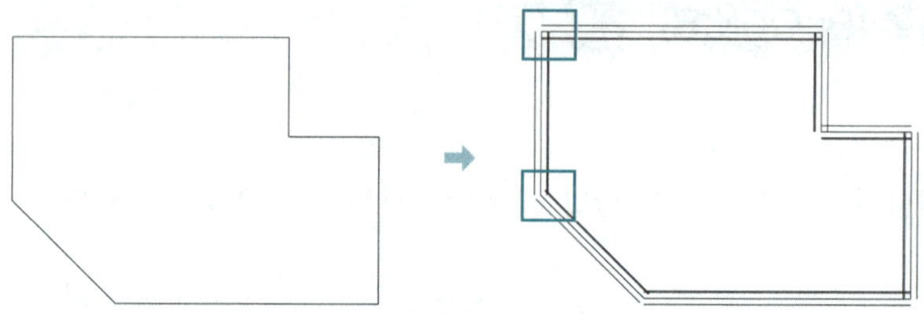

[선으로 작성한 벽체 중심선을 Offset]

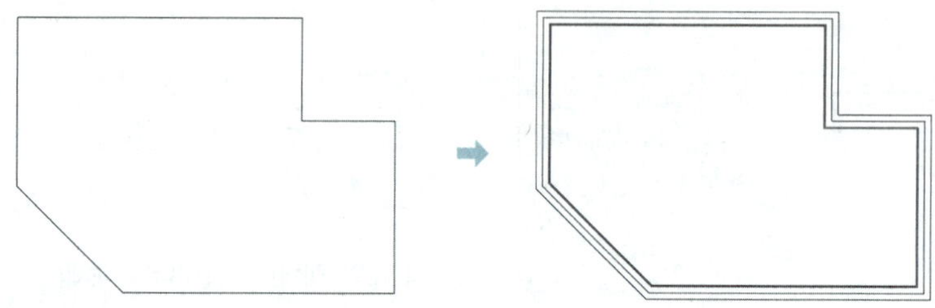

[폴리선으로 작성한 벽체 중심선을 Offset]

문자, 치수 관련 명령어

도면을 작성한 후 재료의 명칭, 규격, 실의 명칭 등 도면 내용을 표기하고 치수를 기입할 때 사용하는 명령입니다. 단축아이콘은 홈탭의 '주석' 패널에서 사용할 수 있습니다.

> **학습파일** │ 실습파일 \ Part01 \ Ch03 \ 문자, 치수 명령어.dwg
> ▶ 동영상 \ Part01 \ Ch03 \ 문자, 치수 명령어.mp4

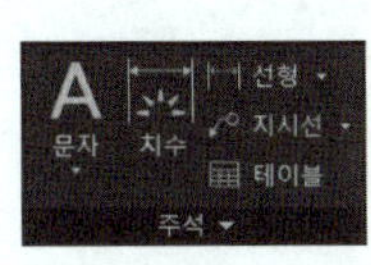
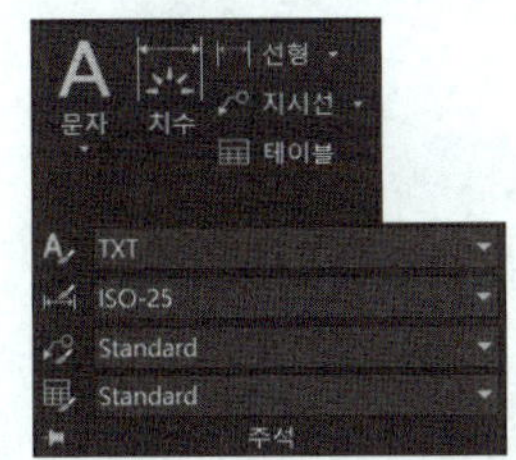

Section 01　스타일 [STYLE(ST)]

- **내용**

  문자의 유형 및 글꼴을 설정합니다.

- **과정**

  ST Enter↵ ⇨ 대화상자의 글꼴을 '맑은 고딕'으로 변경 ⇨ [적용] 클릭 ⇨ [닫기] 클릭

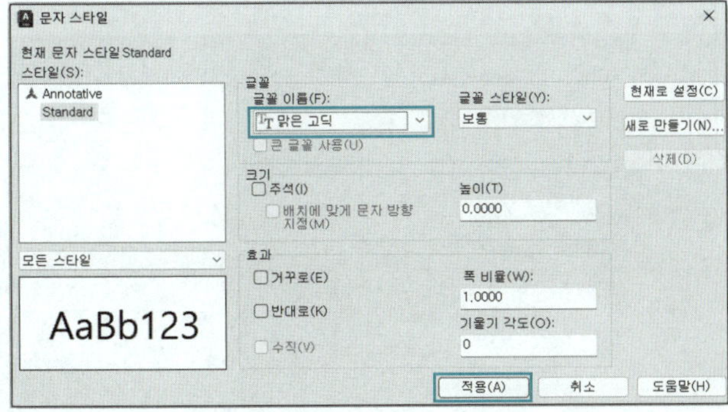

• 용도

문자와 치수문자에 사용될 글꼴을 설정합니다.

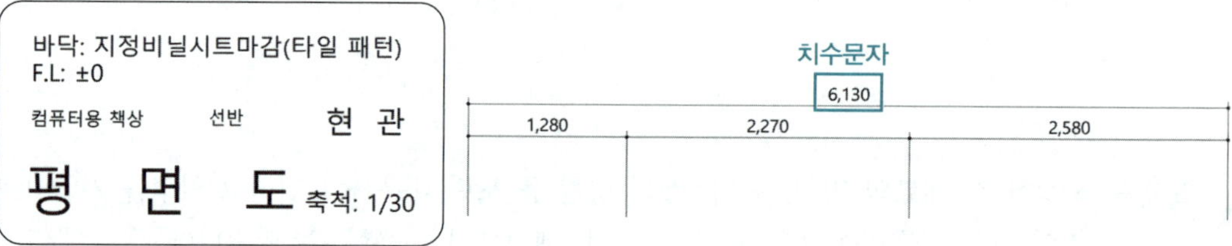

Section 02 단일 행 문자 [DTEXT(DT)] A

• 내용

설정한 Style(문자유형)로 동적 문자를 작성합니다.

• 과정

DT `Enter↵` ⇨ 문자의 시작 위치 클릭 ⇨ 60(문자 높이) `Enter↵` ⇨ 0(문자 각도) `Enter↵` ⇨ 내용
타이핑 `Enter↵` (행 변경) ⇨ `Enter↵` (종료)

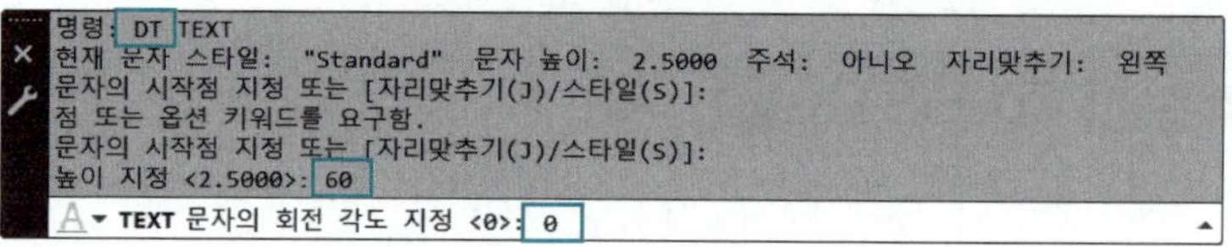

• 용도

도면에 필요한 각종 재료와 실명, 도면명 등을 표기합니다.

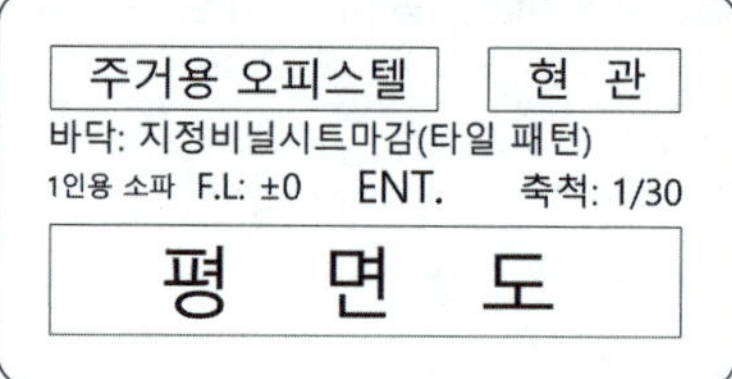

Section 03 여러 줄 문자 [MTEXT(T, MT)] A

- **내용**

  설정한 Style(문자유형)로 여러 줄(다중행)의 문자를 작성합니다. 문자의 영역을 지정한 후 리본 메뉴에서 문자 높이, 스타일 등을 설정합니다.

- **과정**

  T [Enter↵] ⇨ 시작 코너점 클릭 ⇨ 끝나는 코너점 클릭 ⇨ 타이핑 ⇨ [닫기] 클릭 (종료)

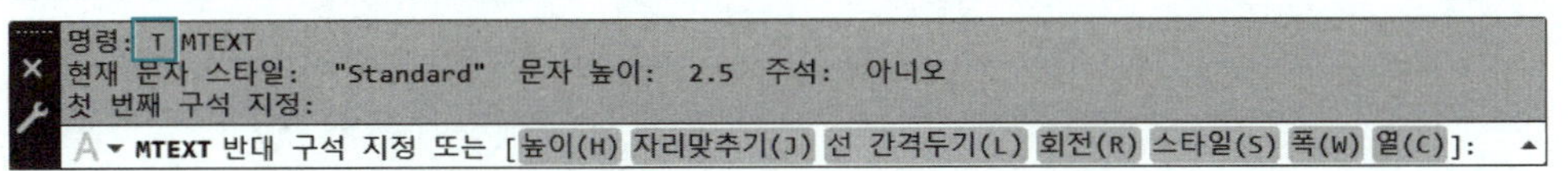

[영역 지정]   **[리본 메뉴]**

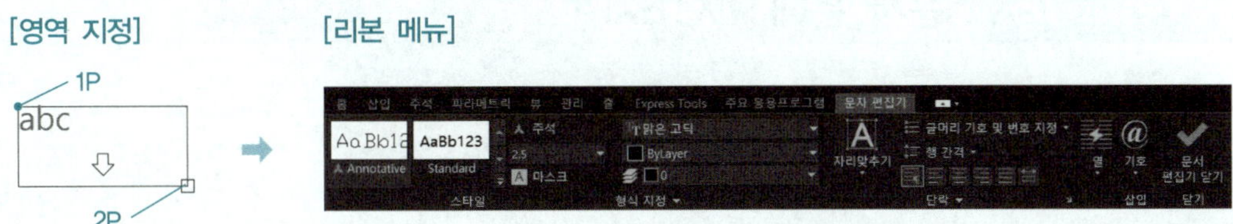

- **용도**

  평면도의 '디자인 의도'와 같이 여러 줄로 작성해야 하는 글을 입력할 때 사용합니다.

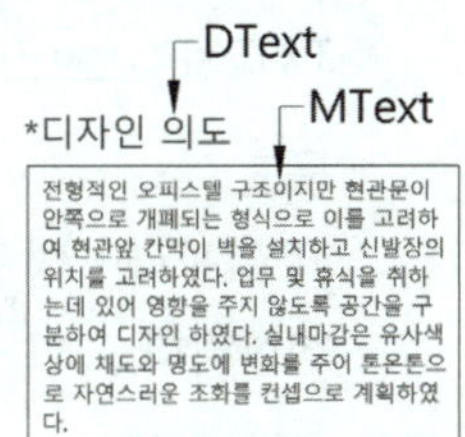

Section 04 문자 편집 [DDEDIT(ED)] A

- **내용**

  작성된 문자 및 치수문자의 내용을 수정합니다.

- **과정**

  ED [Enter↵] ⇨ 수정할 문자 클릭 ⇨ 수정 ⇨ [Enter↵] (문자 수정 종료) ⇨ [Enter↵] (종료)

  * 명령어를 입력해 사용할 수도 있지만, 대기 상태에서 문자나 치수문자를 더블클릭하면 바로 수정할 수 있습니다.

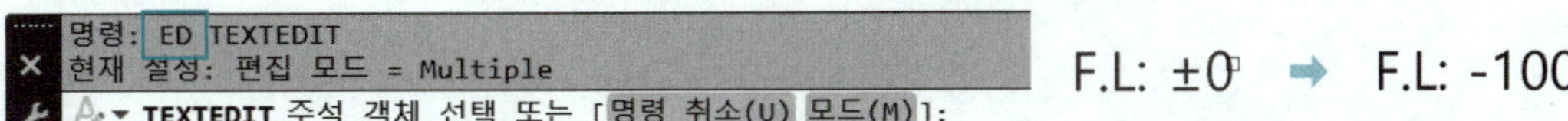

F.L: ±0° ⇨ F.L: -100

• 용도

동일한 문자를 복사한 후 위치에 맞게 문자를 수정합니다.

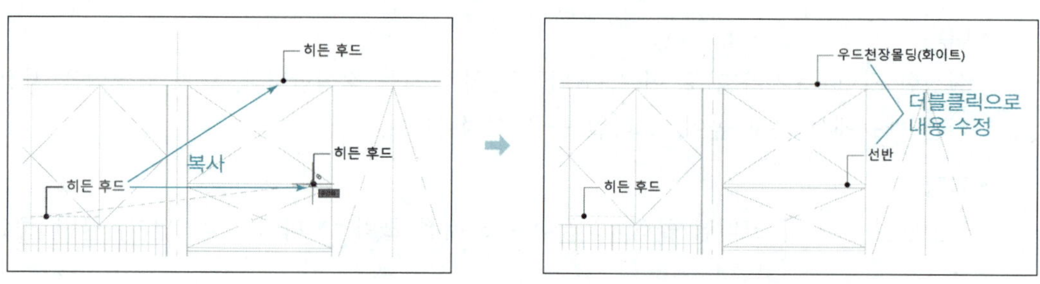

Section 05 — 문자 분해 [TXTEXP]

• 내용

문자 또는 여러 줄 문자 객체를 폴리선 객체로 분해합니다.

• 과정

TXTEXP [Enter↵] ▷ 분해할 문자 클릭 ▷ [Enter↵]

• 용도

[TXTEXP] 명령으로 문자를 분해한 후 모양을 수정하거나 해치 패턴을 적용해 사인물을 표현합니다.

[분해 전 문자]　　　[TXTEXP 문자 분해]　　　[Explode 분해 후 Trim 편집]　　　[편집 후 Hatch 적용]

Section 06 — 치수 스타일 [DIMSTYLE(D)]

• 내용

치수의 유형을 설정합니다.

• 과정

D [Enter↵] ⇨ [수정] 버튼 클릭 ⇨ 화살표, 단위 등 설정 ⇨ [확인] 버튼 클릭 ⇨ [닫기] 버튼 클릭

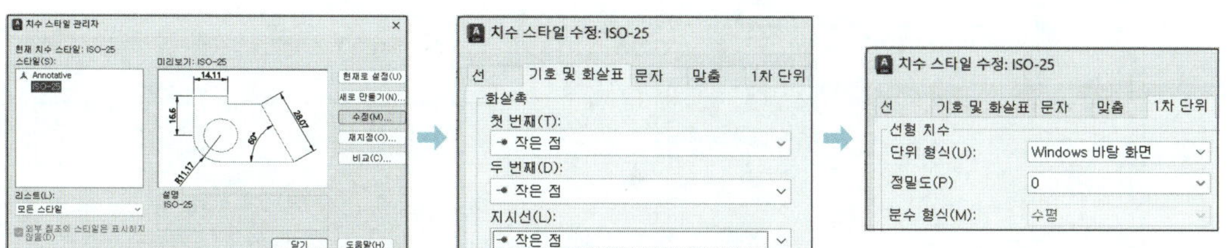

[수정 버튼 클릭]

• 용도

도면에 기입할 치수의 모양, 단위 등을 설정합니다.

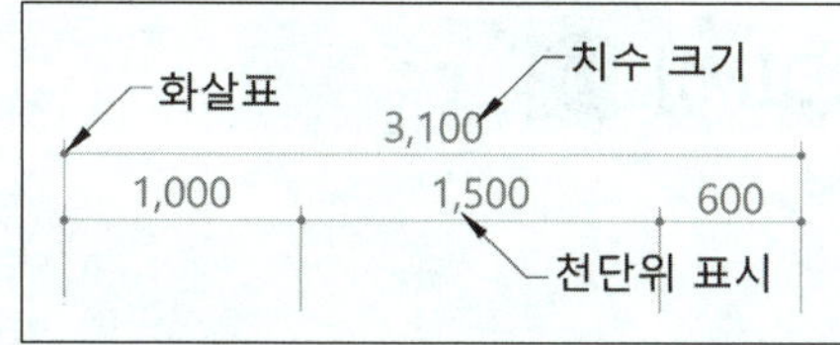

Section 07 선형치수 [DIMLINEAR(DLI)]

• 내용

선형치수를 작성합니다.

• 과정

DLI [Enter↵] ⇨ 치수의 시작 위치 클릭(1P) ⇨ 치수의 끝나는 위치 클릭(2P) ⇨ 치수선의 위치 클릭(3P)

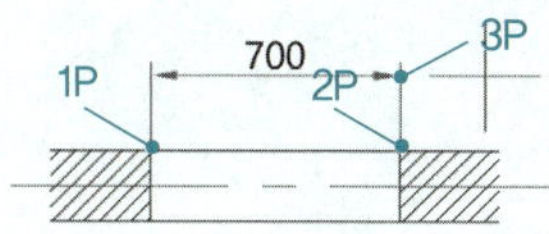


```
명령: DLI DIMLINEAR
첫 번째 치수보조선 원점 지정 또는 <객체 선택>:
두 번째 치수보조선 원점 지정:
치수선의 위치 지정 또는
DIMLINEAR [여러 줄 문자(M) 문자(T) 각도(A) 수평(H) 수직(V) 회전(R)]:
```

• 용도

작성된 평면도, 내부 입면도, 천장도에 치수를 기입합니다.

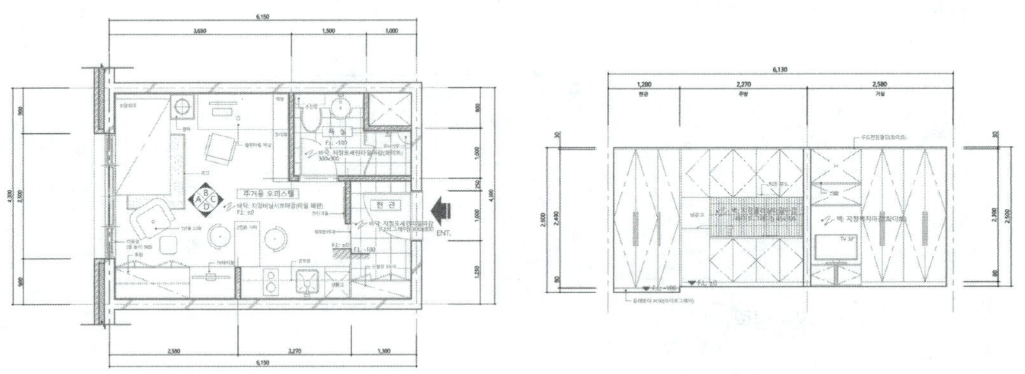

Section 08 빠른 작업 [QUICKDIM(QDIM)]

• 내용

치수를 신속하게 기입합니다.

• 과정

QDIM [Enter↵] ⇨ 치수를 기입할 객체 클릭 [Enter↵] ⇨ 치수선의 위치 클릭

* QD를 입력해도 실행 가능합니다.

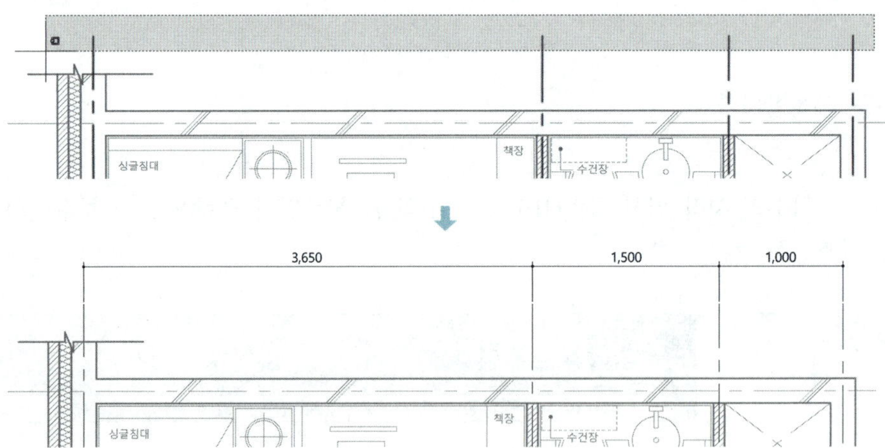

• 용도

작성된 평면도, 내부 입면도, 천장도 등의 도면에 빠르게 치수를 입력할 수 있습니다.

Section 09 빠른 지시선 [QLEADER(LE)]

- **내용**

  지시선을 신속하게 기입합니다.

- **과정**

  LE Enter↵ ⇨ 화살표의 시작 위치 클릭(1P) ⇨ 지시선이 꺾이는 위치 클릭(2P) ⇨ 지시선이 끝나는 위치 클릭(3P) ⇨ Esc (명령 종료)

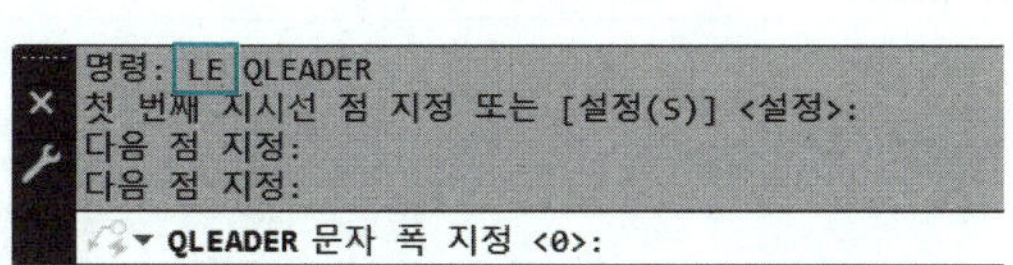

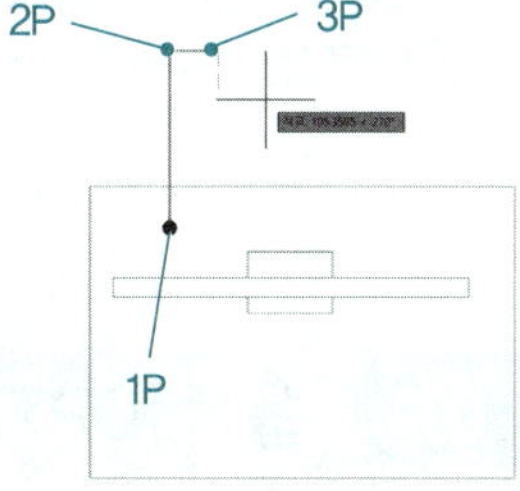

- **용도**

  지시선은 [LINE] 명령과 [DONUT] 명령을 사용해 작성하지만, [QLEADER] 명령으로 지시선을 작성할 경우 화살표 모양을 점으로 설정하고 DimScale값을 80 정도로 설정합니다(문자는 별도로 입력합니다).

Chapter 04

출력 및 기타 명령어

도면 출력, 도면층 관리, 환경설정 등 도면작성과 프로그램 운영에 필요한 다양한 명령어입니다.

> **학습파일** 실습파일 \ Part01 \ Ch04 \ 기타 명령어.dwg
> ▶ 동영상 \ Part01 \ Ch04 \ 기타 명령어.mp4

Section 01 옵션 [OPTIONS(OP)] 옵션

- 내용

  AutoCAD의 사용자 환경을 설정합니다.

- 과정

  OP [Enter↵] ⇨ 환경설정 ⇨ [확인] 버튼 클릭

  * 자세한 내용은 Part 01, Chapter 01의 Section 01 '새 도면'을 참고할 것.

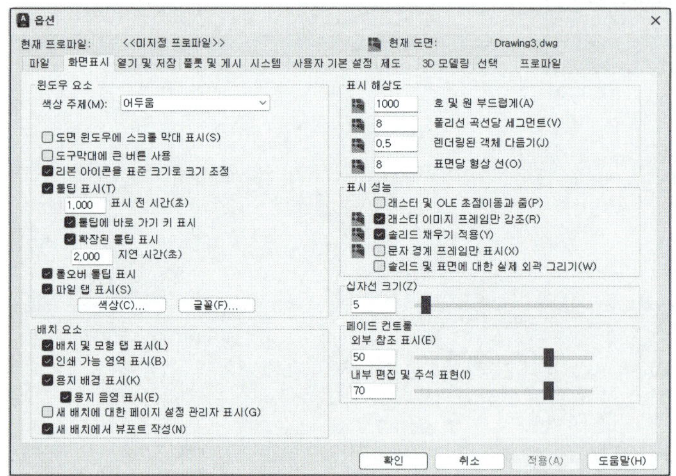

- 용도

  실내건축 도면작성에 적합한 작업환경을 설정합니다.

Section 02　객체 스냅 [OSNAP(OS)]

- **내용**

  정확한 위치를 추적하는 객체 스냅을 설정합니다.

- **과정**

  OS Enter↵ ⇨ 객체 스냅 설정 ⇨ [확인] 버튼 클릭

  * OSNAP 설정 후 활성화 여부는 상태막대에서 🔲▾ 로 확인합니다(단축키 F3).

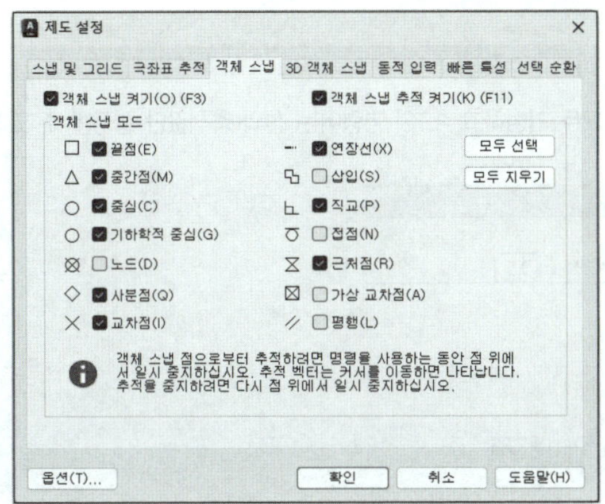

- **용도**

  끝점, 중간점, 중심 등의 위치를 추적해 정확한 도면을 작성할 수 있습니다.

Section 03　선 종류 [LINETYPE(LT)], 선 축척 [LTSCALE(LTS)]

- **내용**

  필요한 선 종류를 로드하고, 도면 크기에 맞는 적절한 선의 축척값을 설정합니다.

- **과정**

  LT Enter↵ ⇨ 설정창 우측 하단의 '전역 축척 비율'에 '15' 입력 ⇨ [확인] 버튼 클릭

  * 설정창 하단의 상세 메뉴가 보이지 않을 경우, 우측 상단의 [자세히] 메뉴를 클릭합니다.

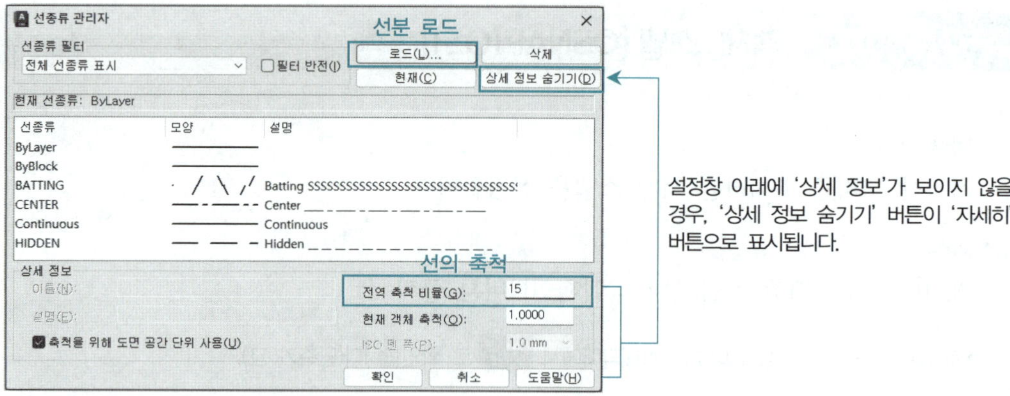

설정창 아래에 '상세 정보'가 보이지 않을 경우, '상세 정보 숨기기' 버튼이 '자세히' 버튼으로 표시됩니다.

LTS [Enter↵] ⇨ 15(축척값) [Enter↵]

* 'LT' 명령어는 선 종류의 로드와 선의 축척 설정이 모두 가능하고, 'LTS' 명령어는 선의 축척값만 설정할 수 있습니다.

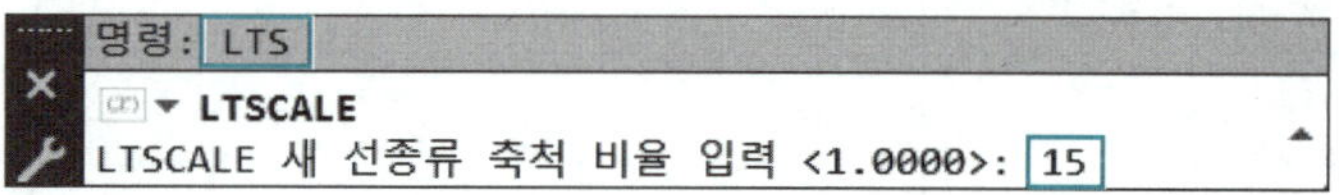

Section 04 — 도면층 [LAYER(LA)]

- **내용**

  도면 작성에 필요한 도면층(Layer)을 생성합니다.

- **과정**

  LA [Enter↵] ⇨ 도면층 설정(이름, 색상, 선의 유형) ⇨ [닫기×] 버튼 클릭

* 다음 그림과 같이 실기시험 조건에 맞춰 8개의 도면층을 구성하고, Center, Hidden, Batting선을 로드합니다.

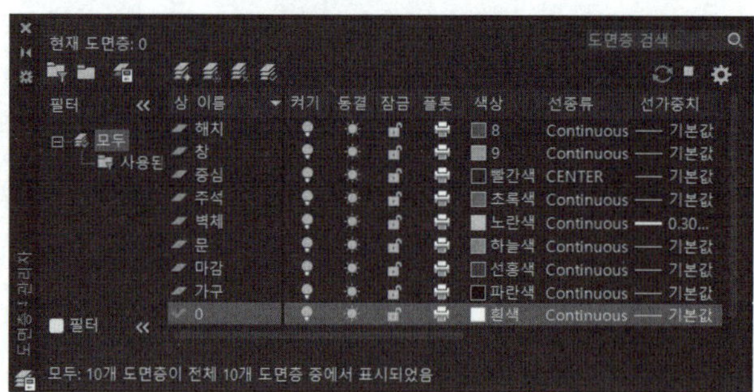

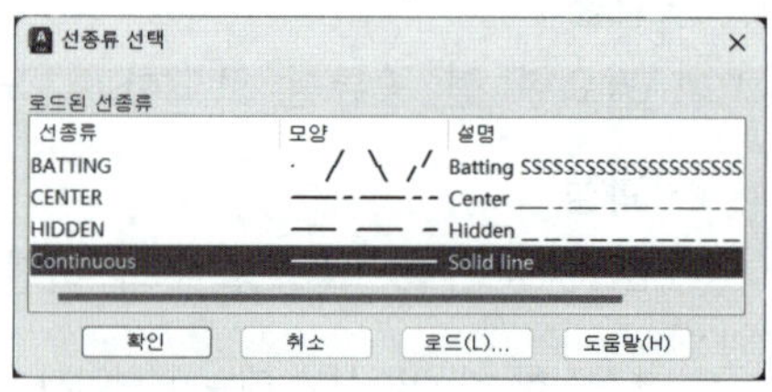

- 용도

  도면층별로 선의 색상, 종류, 가중치를 설정하여 도면 요소를 관리하고, 보기 좋은 도면을 작성합니다.

Section 05 도면층 컨트롤

- 내용

  도면층 변경 및 On/Off를 설정합니다.

- 과정

  – 도면층 변경 시

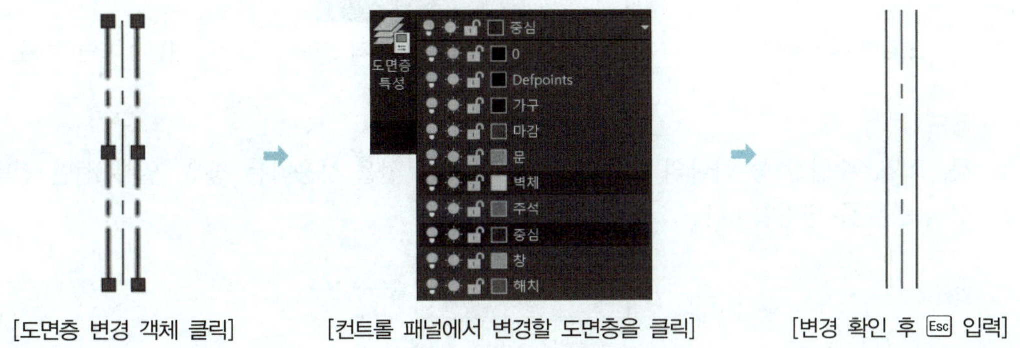

[도면층 변경 객체 클릭]　　　　[컨트롤 패널에서 변경할 도면층을 클릭]　　　　[변경 확인 후 Esc 입력]

  – 도면층 Off 시

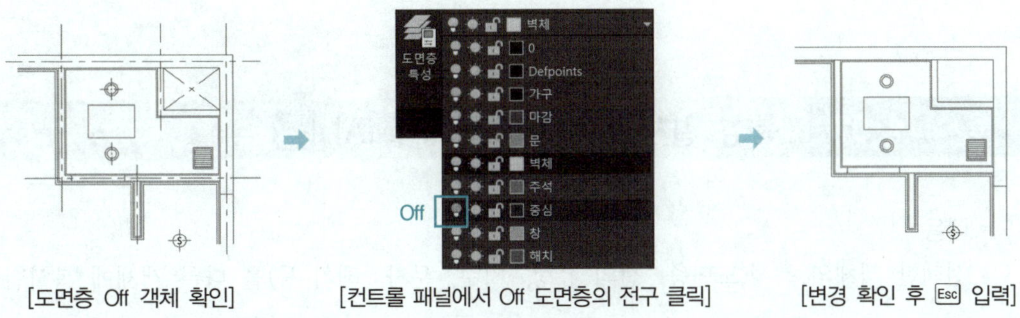

[도면층 Off 객체 확인]　　　　[컨트롤 패널에서 Off 도면층의 전구 클릭]　　　　[변경 확인 후 Esc 입력]

- 용도

  작성되는 객체의 도면층을 변경하고, 객체의 화면 출력 여부를 설정합니다.

Section 06 특성의 Line Type(선 종류) 컨트롤

- **내용**

  도면층은 유지하고 선의 종류만 변경합니다.

- **과정**

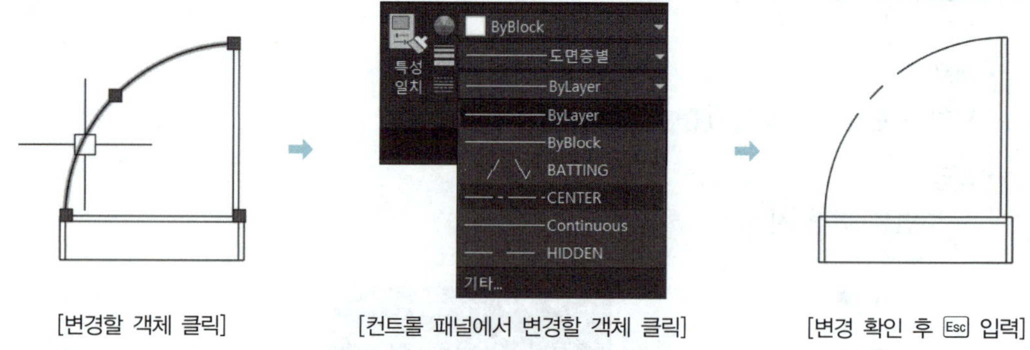

[변경할 객체 클릭] [컨트롤 패널에서 변경할 객체 클릭] [변경 확인 후 Esc 입력]

- **용도**

  문, 조명, 수납장 등 하나의 도면 요소에 두 가지 선을 사용하는 경우, 일부 선만 선택하여
  선의 종류를 변경합니다.

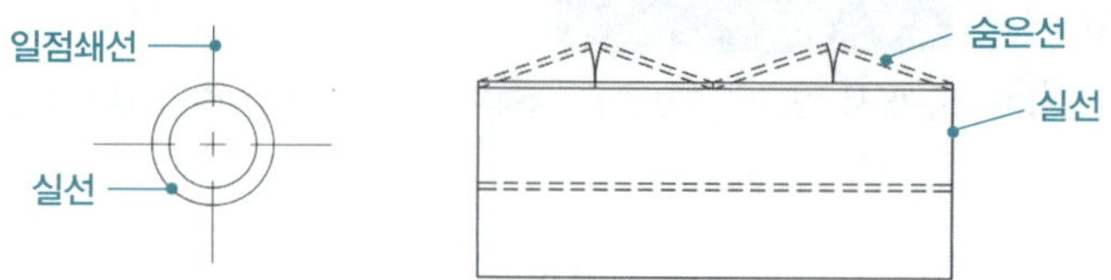

Section 07 특성 일치 [MATCHPROP(MA)]

- **내용**

  선택한 객체의 특성(도면층, 선의 유형, 치수, 문자, 해치 등)을 다른 객체에 복사합니다.

- **과정**

  MA Enter ⇨ 특성을 복사할 원본 객체 클릭 ⇨ 특성을 적용할 객체 클릭 ⇨ Enter (종료)

- 용도

도면에서 Hatch, LineType, LTscale을 동일하게 적용하거나, 변경하고자 하는 도면층 (Layer)과 같은 요소가 주변에 있을 경우 Layer 컨트롤 패널을 사용하지 않고 MATCHPROP 를 사용해 도면층을 변경합니다.

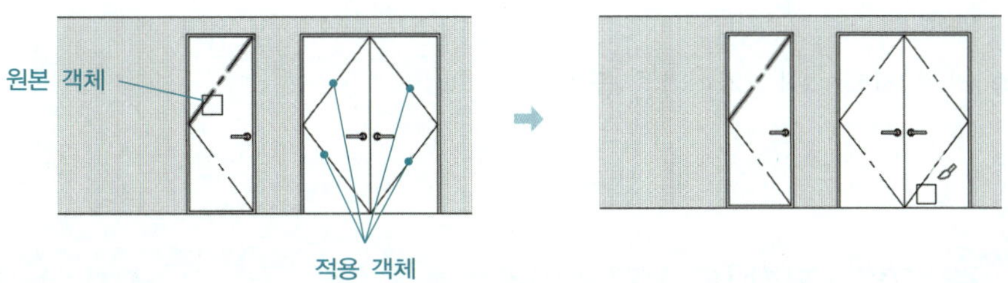

Section 08 특성 [PROPERTIES(Ctrl + 1, CH)]

- 내용

선택한 객체의 특성을 확인하고 수정합니다.

- 과정

객체 클릭 ⇨ Ctrl + 1 ⇨ 특성값 수정 Enter↵ ⇨ Esc (선택 해제) ⇨ [닫기(×)] 버튼 클릭

* Esc 로 선택 해제 시 커서를 특성창이 아닌 작업화면으로 이동한 후 Esc 를 누릅니다.

- 용도

선의 종류, 축척, 문자 스타일, 높이 등을 수정할 때 사용합니다.

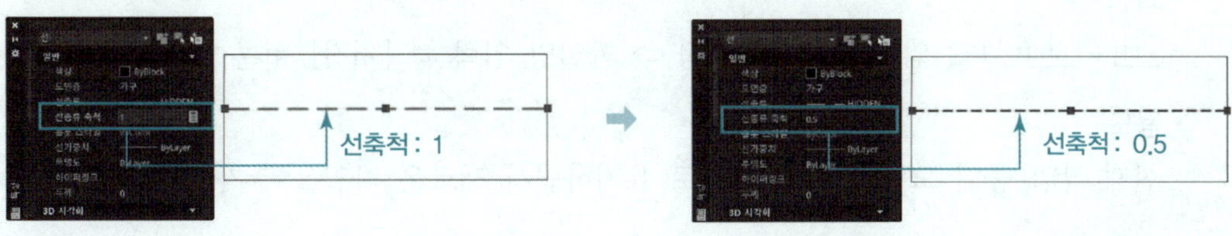

Section 09 파일 열기 [OPEN(Ctrl+O)]

- 내용

  작성된 도면 파일을 엽니다.

- 과정

  Ctrl+O ⇨ 파일 선택 ⇨ [열기] 버튼 클릭

Section 10 파일 저장 [SAVE(Ctrl+S)]

- 내용

  작성된 도면 파일을 저장합니다.

- 과정

  Ctrl+S ⇨ 경로 지정 ⇨ 파일명 입력 ⇨ [저장] 버튼 클릭

Section 11 다른 이름으로 저장 [SAVEAS(Ctrl+Shift+S)]

- 내용

  작성된 도면 파일을 다른 이름으로 저장합니다.

- 과정

  Ctrl+Shift+S 입력 ⇨ 경로 지정 ⇨ 파일명 입력 ⇨ [저장] 버튼 클릭

- 용도

  현재 작업 중인 도면 파일은 그대로 유지하면서 새로운 파일을 추가로 저장합니다.

Section 12 파일 부착 [ATTACH]

- **내용**

  현재 도면에 다른 도면 파일이나 이미지 파일(jpg, png, tif)을 불러와 부착합니다.

- **과정**

  ATTACH Enter↵ ⇨ 부착할 파일 클릭 ⇨ [열기] 버튼 클릭 ⇨ [확인] 버튼 클릭 ⇨ 삽입점 클릭
  ⇨ 축척값 또는 위치 클릭

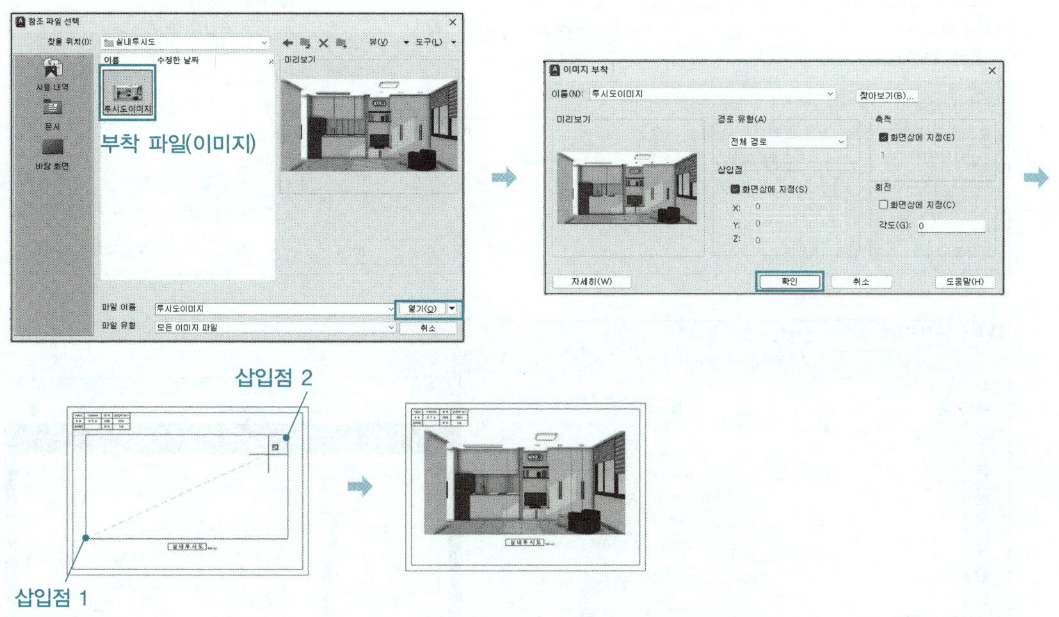

- **용도**

  스케치업에서 작성한 실내투시도 이미지를 오토캐드 도면에 부착할 때 사용합니다.

Section 13 플롯 [PLOT(Ctrl+P)]

- **내용**

  작성한 도면을 출력합니다.

- **과정**

  Ctrl+P ⇨ 출력 설정 ⇨ ctb(컬러 테이블) 설정 ⇨ [확인] 버튼 클릭

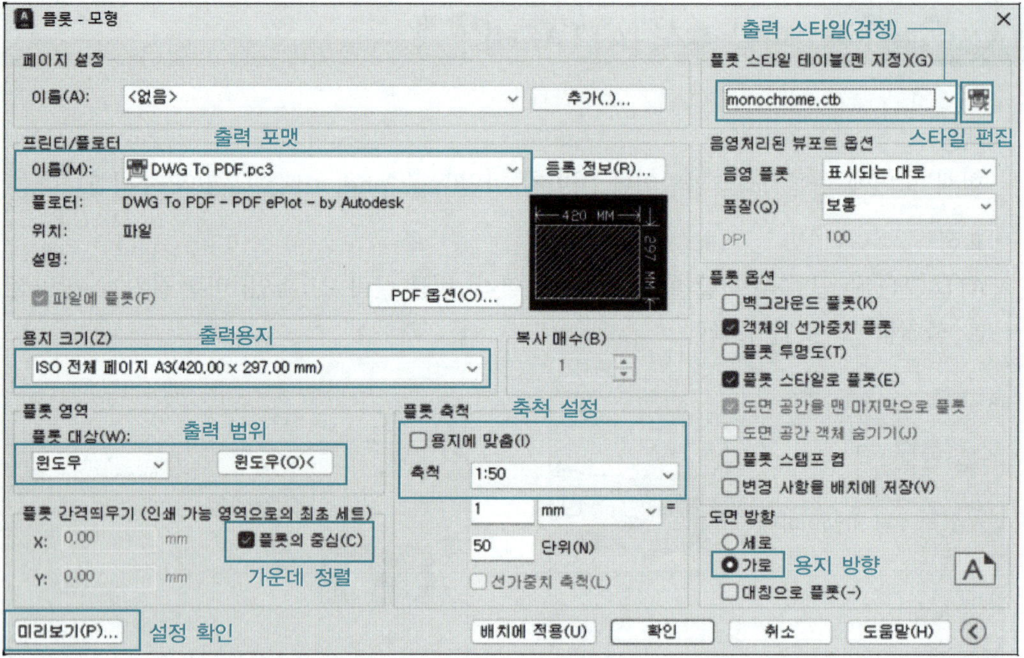
출력 스타일(검정)
플롯 - 모형
페이지 설정
이름(A): <없음>
추가(.)...
출력 포맷
프린터/플로터
이름(M): DWG To PDF.pc3
등록 정보(R)...
플로터: DWG To PDF - PDF ePlot - by Autodesk
위치: 파일
설명:
파일에 플롯(F)
PDF 옵션(O)...
용지 크기(Z) 출력용지
ISO 전체 페이지 A3(420.00 x 297.00 mm)
복사 매수(B)
1
플롯 영역
플롯 대상(W): 출력 범위
윈도우
윈도우(O)<
플롯 간격띄우기 (인쇄 가능 영역으로의 최초 세트)
X: 0.00 mm 플롯의 중심(C)
Y: 0.00 mm 가운데 정렬
미리보기(P)... 설정 확인
플롯 스타일 테이블(펜 지정)(G)
monochrome.ctb
스타일 편집
음영처리된 뷰포트 옵션
음영 플롯 표시되는 대로
품질(Q) 보통
DPI 100
플롯 옵션
백그라운드 플롯(K)
객체의 선가중치 플롯
플롯 투명도(T)
플롯 스타일로 플롯(E)
도면 공간을 맨 마지막으로 플롯
도면 공간 객체 숨기기(J)
플롯 스탬프 컴
변경 사항을 배치에 저장(V)
플롯 축척 축척 설정
용지에 맞춤(I)
축척 1:50
1 mm
50 단위(N)
선가중치 축척(L)
도면 방향
세로
가로 용지 방향
대칭으로 플롯(-)
배치에 적용(U) 확인 취소 도움말(H)

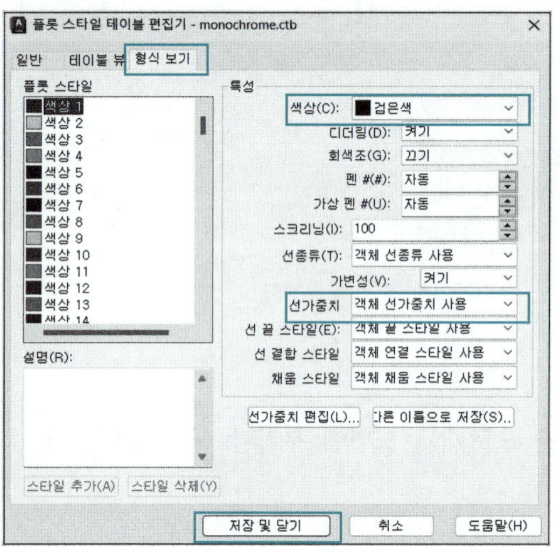
플롯 스타일 테이블 편집기 - monochrome.ctb
일반 테이블 뷰 형식 보기
플롯 스타일
색상 1
색상 2
색상 3
색상 4
색상 5
색상 6
색상 7
색상 8
색상 9
색상 10
색상 11
색상 12
색상 13
색상 14
설명(R):
특성
색상(C): 검은색
디더링(D): 켜기
회색조(G): 끄기
펜 #(#): 자동
가상 펜 #(U): 자동
스크리닝(I): 100
선종류(T): 객체 선종류 사용
가변성(V): 켜기
선가중치 객체 선가중치 사용
선 끝 스타일(E): 객체 끝 스타일 사용
선 결합 스타일 객체 연결 스타일 사용
채움 스타일 객체 채움 스타일 사용
선가중치 편집(L)... 다른 이름으로 저장(S)..
스타일 추가(A) 스타일 삭제(Y)
저장 및 닫기 취소 도움말(H)

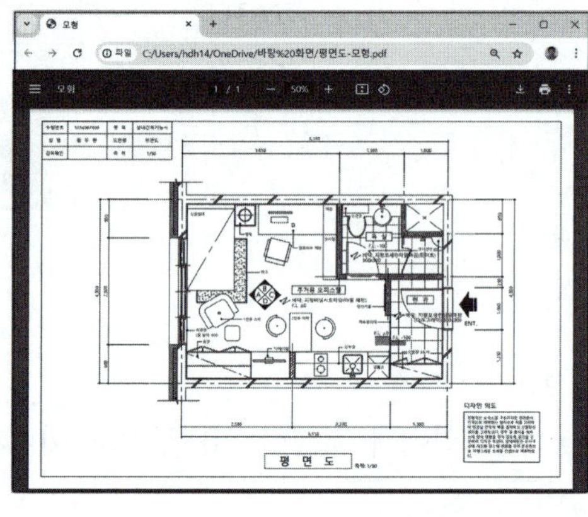
평 면 도

실내건축도면의 이해

실내건축도면과 표현

실내건축공사 및 실내건축산업기사 시험에서 요구되는 2D 도면은 주어진 공간의 평면도, 내부 입면도(전개도), 천장도 등 총 3종의 도면을 작성해야 합니다.

1) 평면도

평면도는 일반적으로 해당 층의 바닥면에서 1.2~1.5m 높이에서 수평으로 절단한 후 위에서 내려 다본 모습을 나타낸 도면입니다. 이는 건축설계 및 실내건축설계에서 기준이 되는 도면으로, 작업 형 실기시험에서는 평면도와 함께 디자인 의도도 함께 작성해야 합니다.

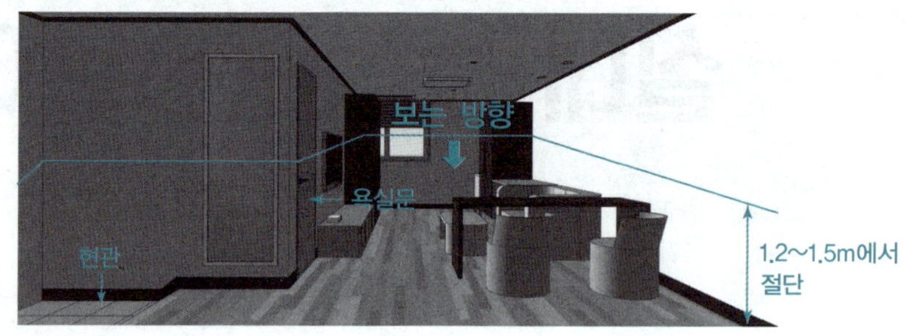

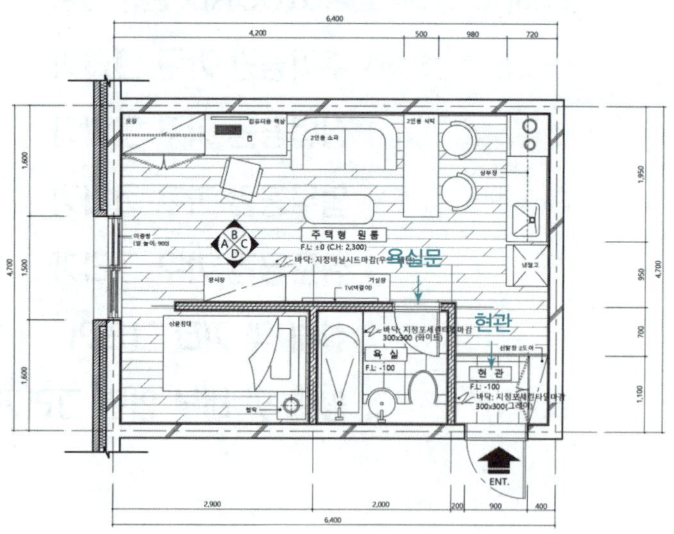

디자인 의도

전형적인 원룸형 구조이지만 욕실이 중간에 돌출된 구조로 이를 고려하여 욕실 좌측으로 벽을 연장하여 독립적인 침실을 구성하였고, 업무 및 휴식을 취하는 데 있어 영향을 주지 않도록 가구를 사용해 공간을 구분하여 디자인하였다. 실내마감은 밝은 색상에 채도와 명도에 변화를 주어 톤인톤으로 세련되고 발랄한 느낌으로 계획하였다.

2) 내부 입면도

실내공간의 디자인을 나타내기 위하여 사방의 벽을 수평으로 투시하여 전개한 도면으로, 벽면의 형상, 설치된 집기나 가구, 마감재료 등을 나타냅니다. 건축설계에서는 전개도, 실내건축설계에서는 '내부 입면도' 또는 '실내 입면도'라고 합니다.

산업기사 실기시험에서는 일반적으로 2개 면을 작성하는 것이 기준이지만 공간의 규모 및 난이도에 따라 1개 면만 작성할 수도 있습니다.

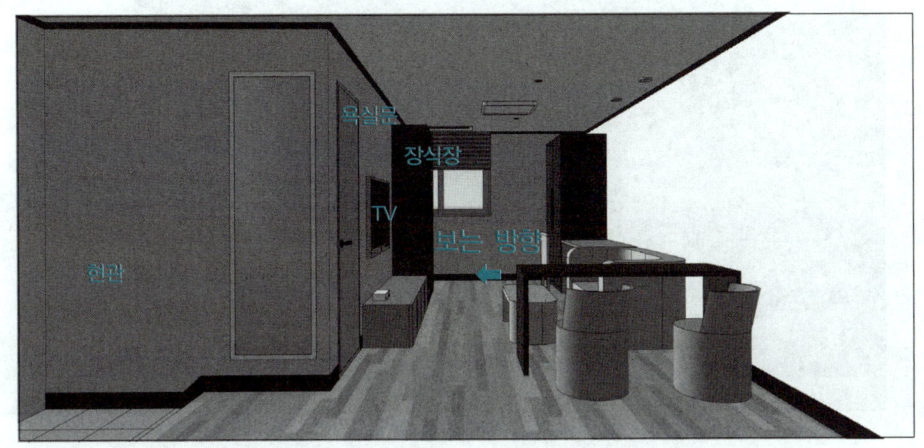

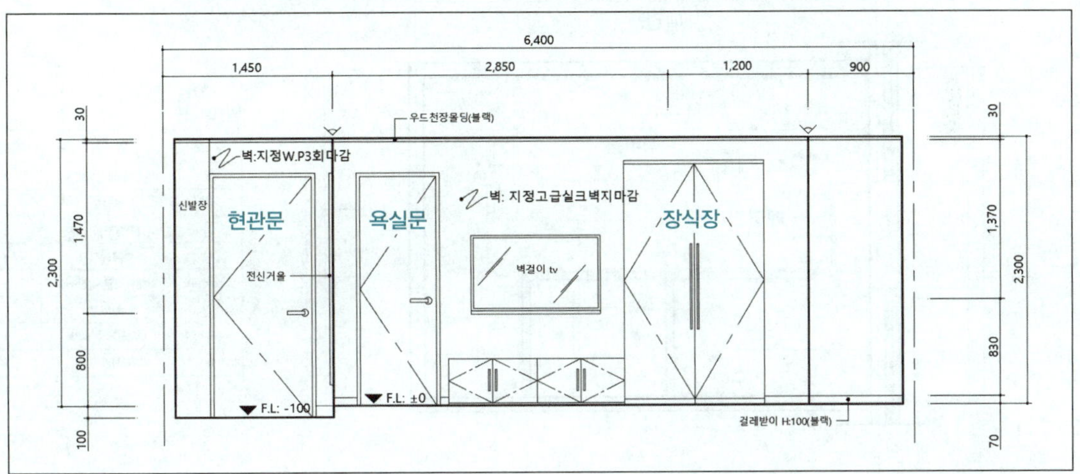

3) 천장도

천장면을 천장 위에서 투영해 내려다본 도면으로, 천장면에 설치된 조명, 공조설비, 소방설비, 천장면의 마감재를 표시합니다. 천장도는 도면에 표시한 각종 기호를 확인할 수 있도록 범례를 함께 작성합니다.

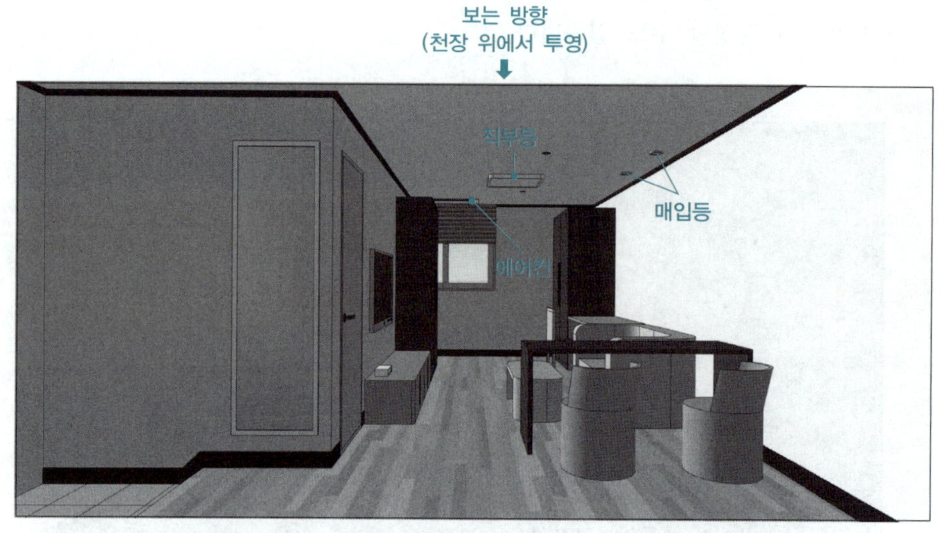

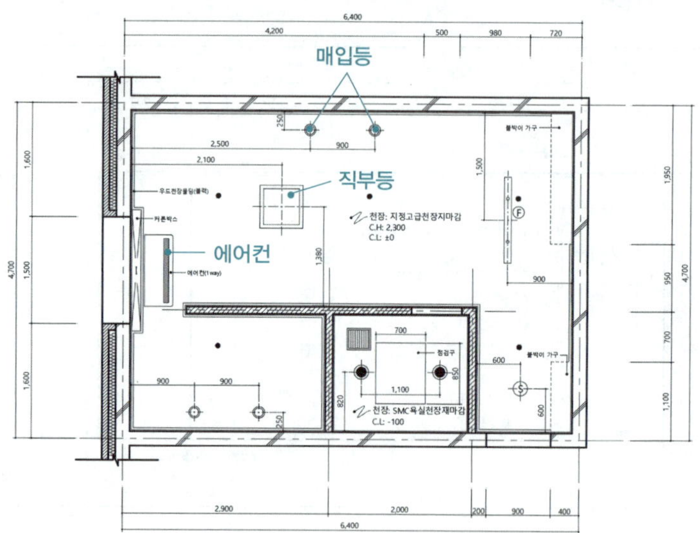

범례표

기호	명 칭	수량
	매입등(방습)4인치	2
	센서등	1
	LED직부등 60W	1
	화재감지기	1
	매입등 2인치(전구색)	4
	환기구	1
	LED주방등 40W	1
	화재감지기	5

| Section **02** | **주거공간의 구조(기둥, 벽, 덕트)** |

1) 문제 도면의 구조 해석

출제되는 평면도를 이해하려면, 공간을 구성하는 건축구조를 정확히 파악하고 해석할 수 있어야 합니다.

① 외벽 구조의 유형

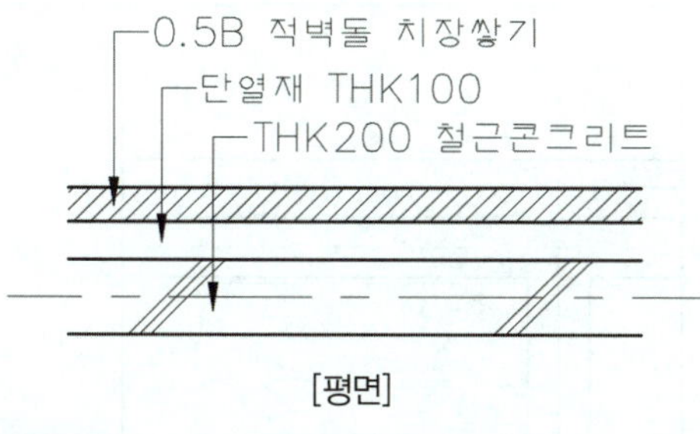

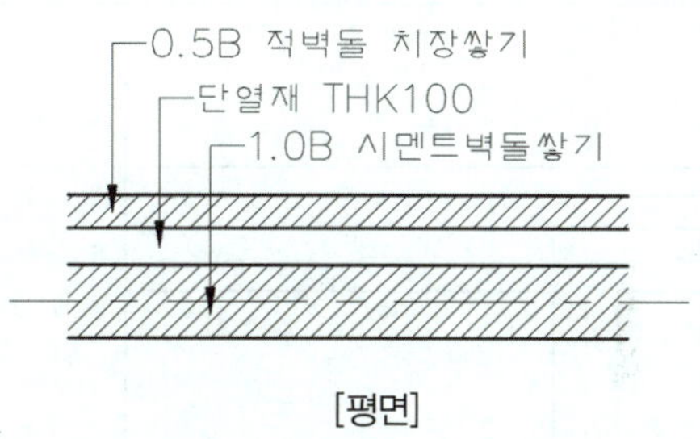

② 내벽(칸막이) 구조의 유형

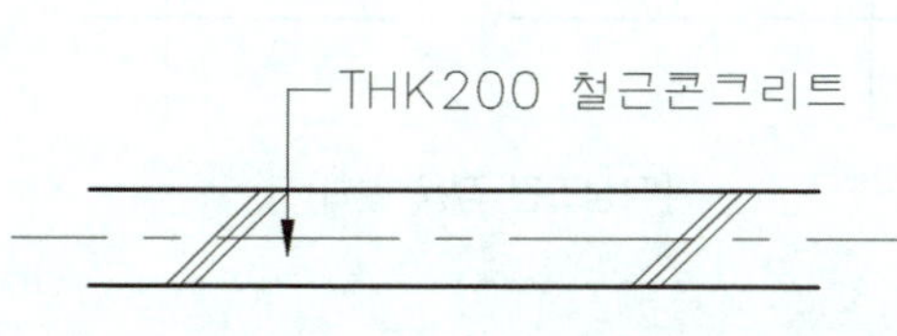

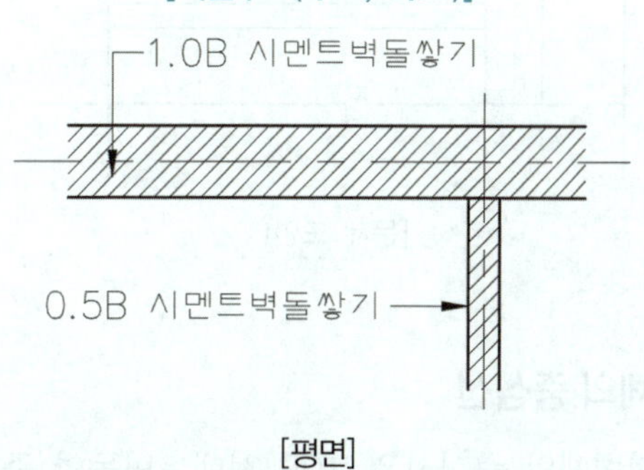

> **✓ 참고**
>
> 0.5B에서 'B'는 Brick의 약자로, 벽돌을 의미한다. 0.5B는 벽돌 두께의 반 장 두께 또는 마구리 부분의 두께로 90mm이며, 1.0B는 벽돌 한 장의 두께로 190mm이다.
>
> THK는 thickness의 약자로, 두께(mm)를 의미한다.

2) 문제지에 제시되는 도면과 벽체 조건을 적용한 예시

* 아래 예시는 문제 도면에 벽체 재료가 표시되지 않은 경우입니다. 도면에 따라 벽체의 재료가 표시되어 있는 경우도 있습니다.

[벽체 작성조건]

외벽체	• 콘크리트 벽체/붉은벽돌 치장마감 [내부 마감재 임의 + THK 200mm 철근콘크리트 + THK 100mm 단열재 + 0.5B 붉은 벽돌 마감]
내벽체	• 콘크리트 벽체: [THK 200mm 철근콘크리트] • 화장실 벽체: [1.0B 벽돌 쌓기]

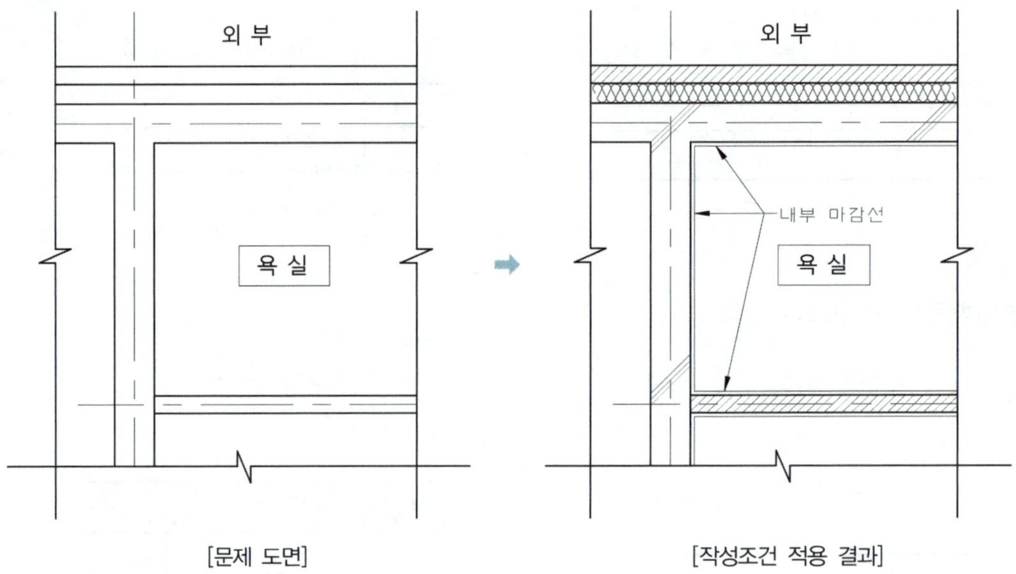

3) 벽체의 중심선

조적벽체의 중심선은 1.0B 시멘트벽돌의 중심을 기준으로 할 수도 있고, 벽체 총두께의 중심을 기준으로 할 수도 있습니다. 따라서 문제 도면에서 기준이 되는 중심선의 위치를 확인한 후 도면 작성을 시작해야 합니다.

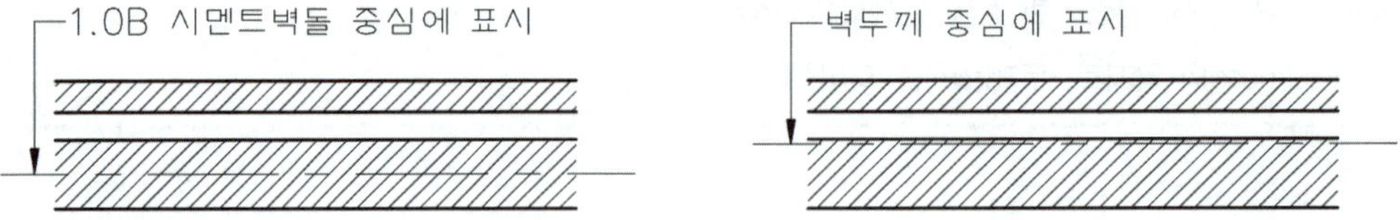

4) 기둥

소규모 건축물의 철근콘크리트 기둥은 일반적으로 400×400, 500×500, 600×600, 400×600 등 다양한 크기가 사용되며, 보통 400~600mm 범위 내에서 사용됩니다. 요구조건에 기둥의 단면 크기가 제시되지 않은 경우, 평면도에 표시된 벽체 두께를 참고하여 그 치수를 가늠해야 합니다.

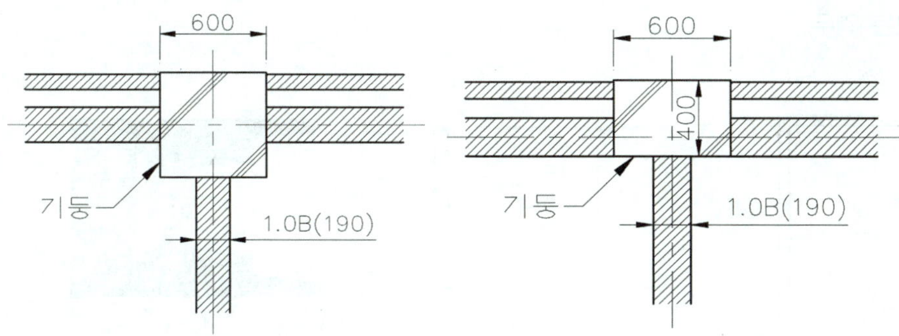

[철근콘크리트 기둥]

5) 덕트(AD/PD)

덕트는 주로 현관, 욕실, 주방 옆에 있는 설비공간으로, 도면에서는 '×(void)'로 표시됩니다. 덕트 내부에 파이프 등 설비는 작성하지 않습니다.

- AD(Air Duct): 배기설비, 환기설비 등 공기가 지나는 통로
- PD(Pipe Duct): 급수 및 배수 설비 등 배관이 지나는 통로

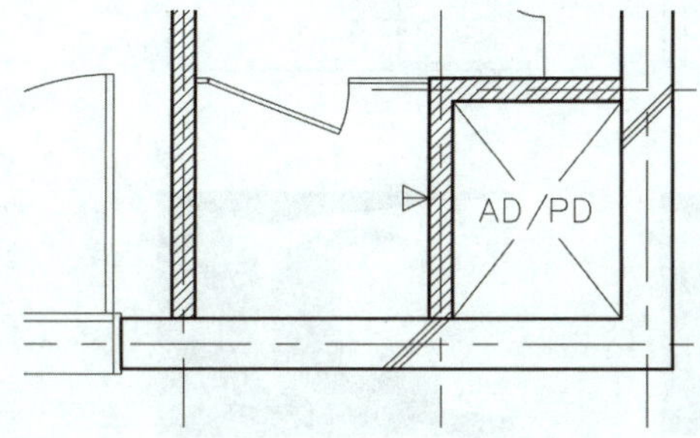

6) 해치(출입 개구부)

해치는 주로 거실과 주방이 분리된 구조에서 표시됩니다. 공간을 연결하는 개구부 상부는 헤더의 유무에 따라 파선(————)으로 구분합니다. 헤더의 형상은 일자형, 아치형 등으로 디자인할 수 있습니다.

① 헤더가 없는 경우

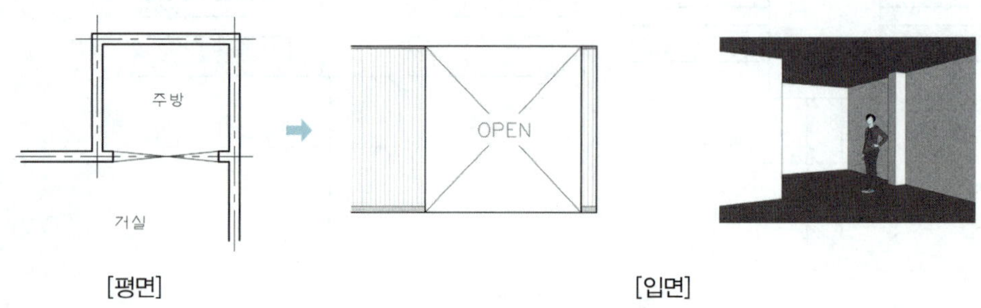

② 헤더가 있는 경우

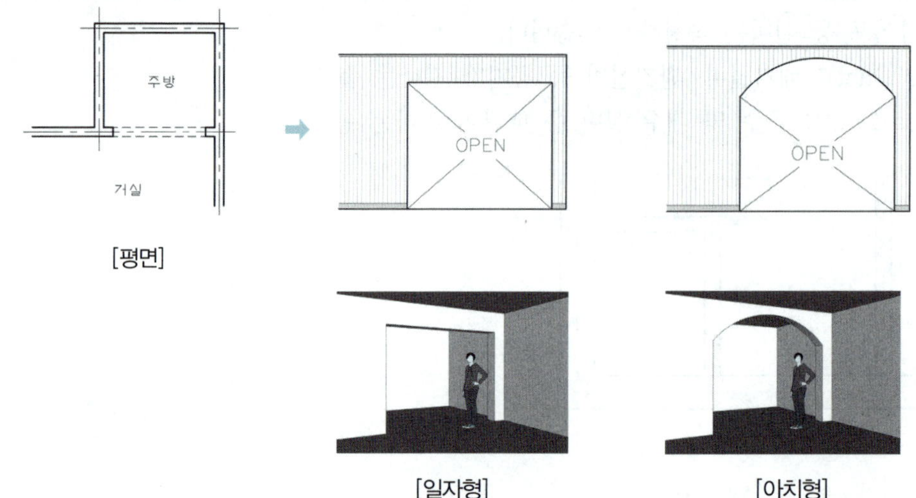

7) 문

공간의 문과 가구의 문은 주로 여닫이문이 사용됩니다. 입면도에서는 평면도의 개폐 방향과 일치
하도록 화살표와 손잡이를 정확하게 표현해야 합니다.

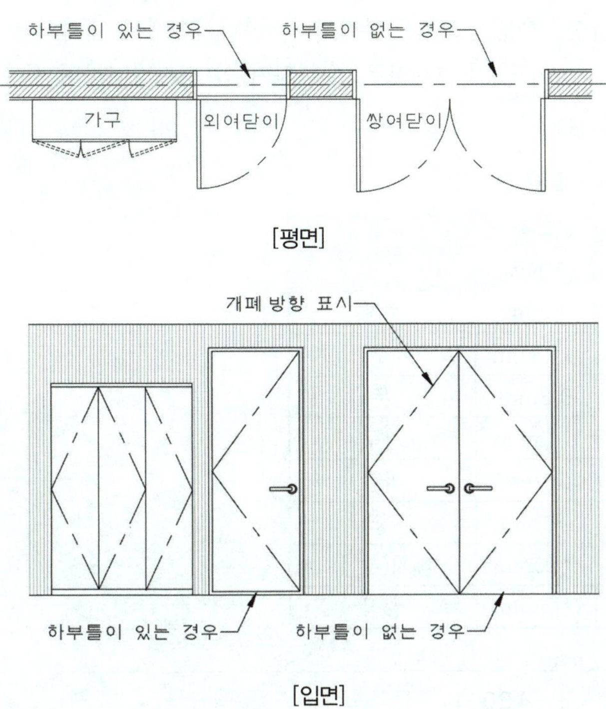

8) 창문

창문은 주로 미서기창이 사용되며 단창과 이중창으로 구분됩니다. 공간 유형에 따라 고정창(FIX)
이 설치되기도 하며, 고정창, 이중창, 커튼월이 주로 출제됩니다.

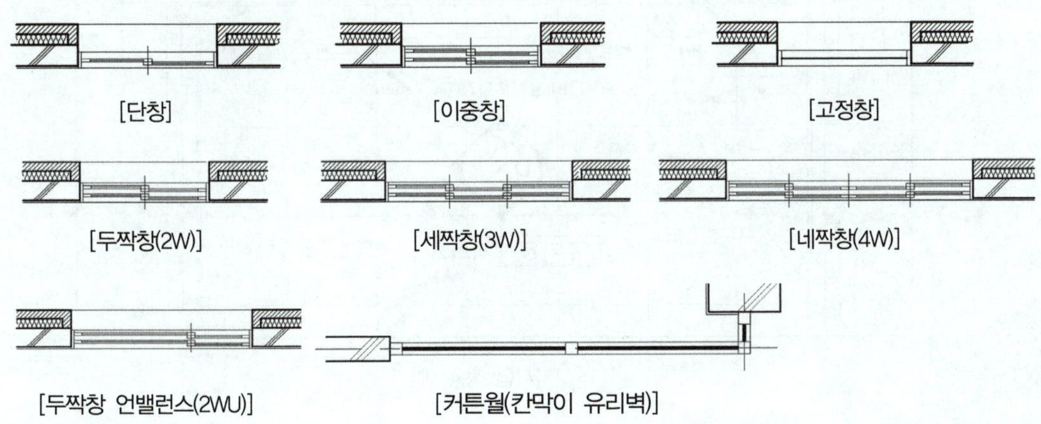

Section　03　선, 문자, 치수의 표현

1) 선 두께(가중치)

실내건축제도에서는 선을 굵은선, 중간선, 가는선으로 구분합니다. 실기시험에서 제시되는 선의 두께는 0.05, 0.1, 0.15, 0.2, 0.25, 0.3mm 등 총 6가지로, 수험자가 임의로 지정하여 사용하면 됩니다. 정해진 정답은 없습니다.

[선의 두께(가중치)와 용도]

색상	두께 (가중치)	용도
노랑	0.3mm	벽체
녹색	0.25mm	주석(치수, 문자)
하늘색	0.2mm	문
파랑	0.15mm	가구
보라	0.1mm	마감
회색 2	0.1mm	창
회색 1	0.05mm	해치(패턴)
빨강	0.05mm	중심

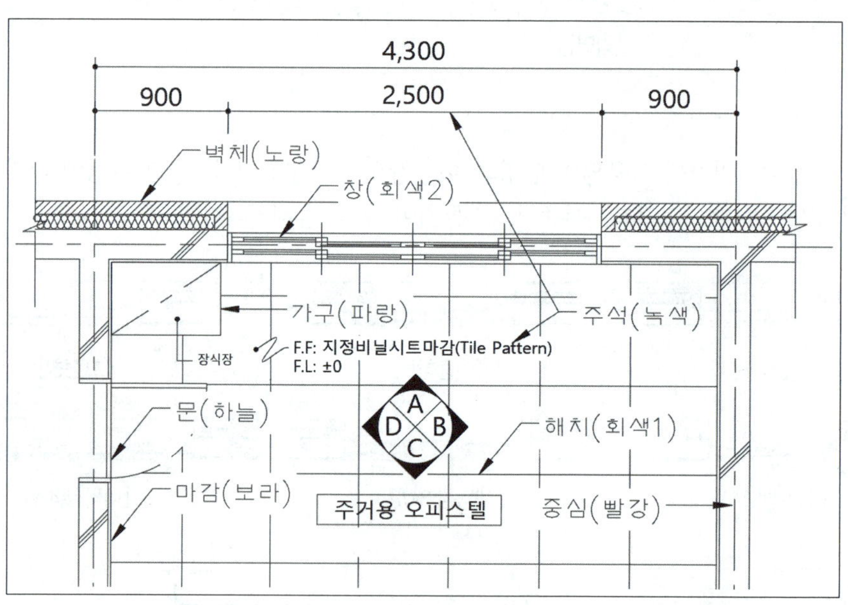

[실기시험 적용 예]

※ 선 두께는 예고 없이 변경될 수 있으므로 시험장에서 제시된 두께를 반드시 확인한 후 적용해야 합니다.

2) 문자

작성 도면의 축척은 일반적으로 1 : 50이며, 이 경우 1 : 1 축척 기준 2mm를 적용해 가구 및 집기는 100mm, 마감 표기는 120mm, 실명은 150mm, 도면명은 300mm로 기입하며, 글꼴은 '맑은 고딕'을 사용합니다

*축척이 1 : 50이 아닌 경우 문자높이 2mm를 기준으로 축척값에 곱하여 작성합니다.

[예시] 축척 1:40 도면
  • 가구 및 집기: 2mm×40(축척)을 적용하여 80mm 정도로 작성
  • 마감 표기: 100, 실명: 130, 도면명: 240 정도로 작성

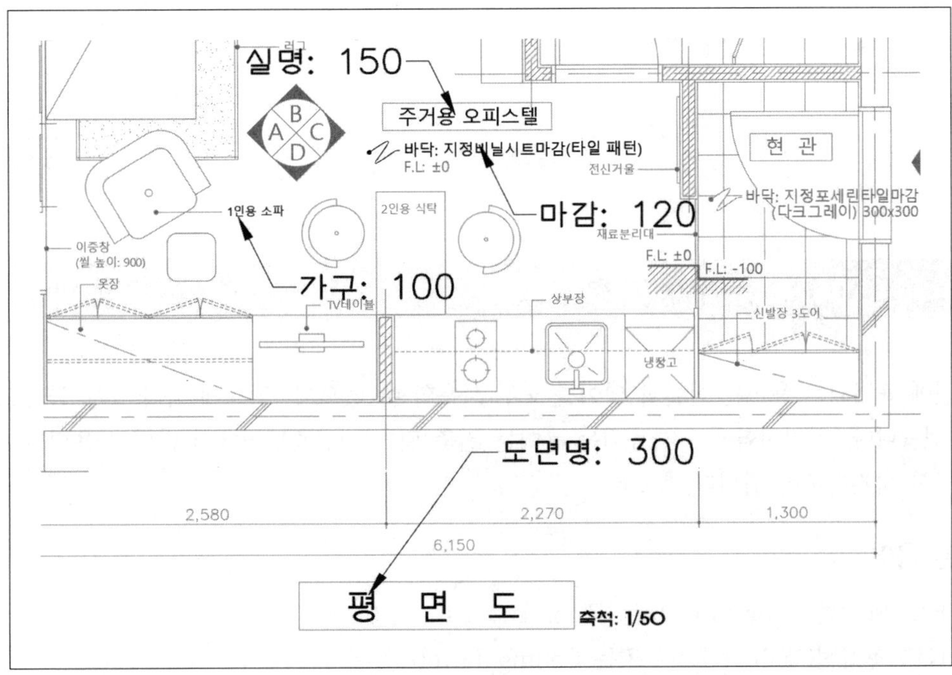

[축척 1 : 50 도면의 문자크기]

3) 치수

치수는 기본적으로 부분 치수와 전체 치수로 구분하여 각 부분과 전체 합을 쉽게 확인할 수 있도록 표시합니다. 또한 치수문자의 글꼴은 '맑은 고딕'을 사용하고 헤드를 점(Dot small) 또는 건축 눈금(Architectural tick)으로 설정해 기입합니다.

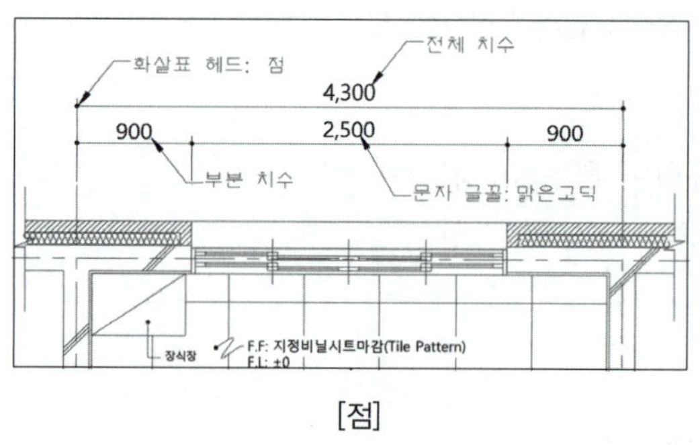

[점]

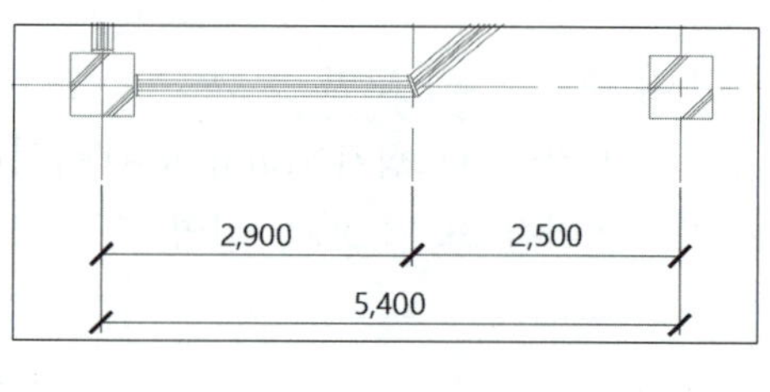

[건축 눈금]

Section 04 용어와 기호

도면에 표기되는 용어는 한글과 영어를 모두 사용할 수 있으며, 필요에 따라 영문 약자도 사용할 수 있습니다. 실기시험에서 사용되는 용어는 건축 및 실내건축도면에서 많이 사용되는 용어들로 반드시 숙지하도록 합니다.

1) 기본 용어

① F.L: 바닥선(Floor Line 또는 Floor Level)
② C.L: 천장선(Ceiling Line 또는 Ceiling Level)
③ C.H: 천장높이(Ceiling Height)
④ ENT.: 출입구(Entrance)
⑤ AD: 에어 덕트(Air Duct)
⑥ PD: 파이프 덕트(Pipe Duct)

2) 기호

① ▽ , ▼ : 벽 모서리(90° 꺾이는 벽의 끝)
② ▽ , ▼ : 마감면
③ ⬆ : 주출입구

④ 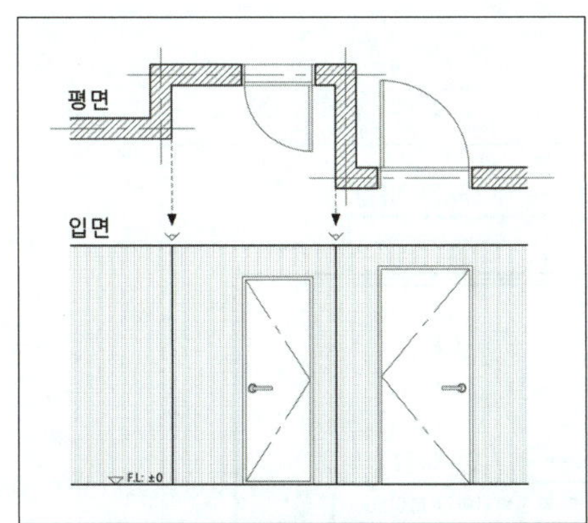 : 내부 전개(입면) 방향 (4면)

⑤ : 내부 전개(입면) 방향 (1면)

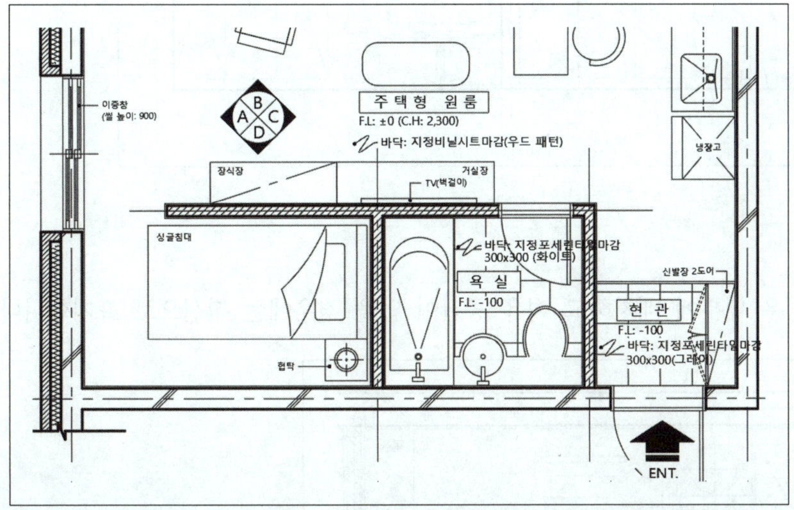

Section 05   마감재와 명칭의 표현

1) 면의 마감

벽면, 바닥면, 천장면은 주요 마감재로, 곡선 지시선을 사용하여 다른 표기와 구분합니다.

> 벽: 지정벽지마감(화이트)

2) 부분의 마감

모서리나 특정 위치의 마감은 직선으로 표기합니다.

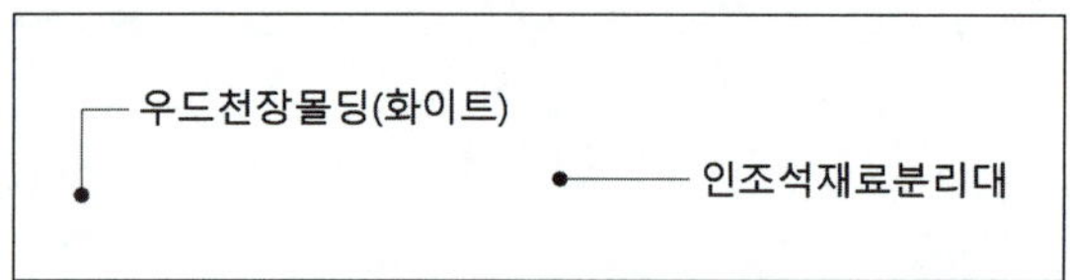

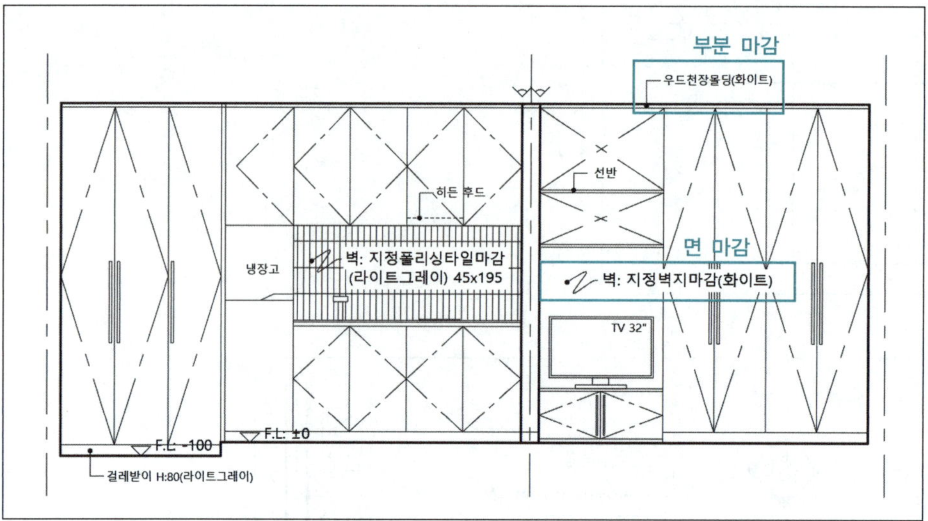

3) 가구 및 집기 등

내부에 공간이 있을 경우 내부에 배치하고 여유 공간이 없을 경우에는 직선으로 표기합니다.

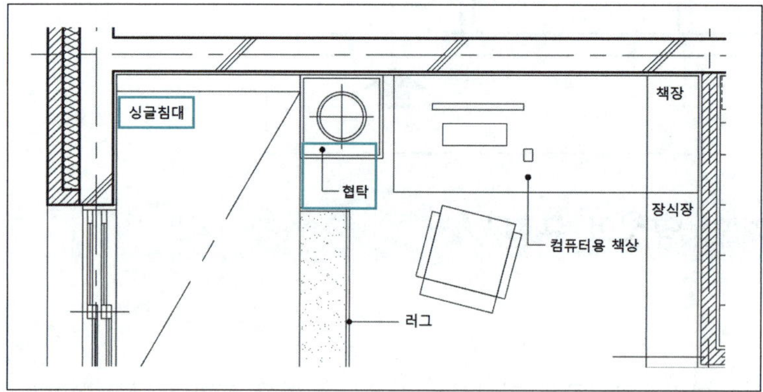

AutoCAD 환경설정

AutoCAD 사용 환경은 사용자, 직종, 업무 내용에 따라 다를 수 있습니다. 본 교재에서는 프로그램 설치 후를 기준으로 실내건축산업기사 작업형 실기시험에 적합한 환경으로 설정하겠습니다. 또한 AutoCAD 2025(한글) 버전을 기준으로 차이점을 비교하면서 학습내용을 설명합니다.

> **학습파일** | 완성파일 \ Part02 \ Ch02 \ 도면양식.dwg
> ▶ 동영상 \ Part02 \ Ch02 \ 환경설정 및 양식작성.mp4

Part 2

Section 01 객체 스냅 및 상태막대 설정

2D 도면 작성에 적용할 객체 스냅을 변경합니다.

* 프로그램 설치 직후의 초기 환경 설정 및 옵션(Options) 설정에 대해서는 Part 01의 Chapter 01을 참고하기 바랍니다.

① AutoCAD 실행 ⇨ 새도면(미터법) ⇨ OS Enter↵ ⇨ 그림과 같이 체크 ⇨ [확인] 버튼 클릭

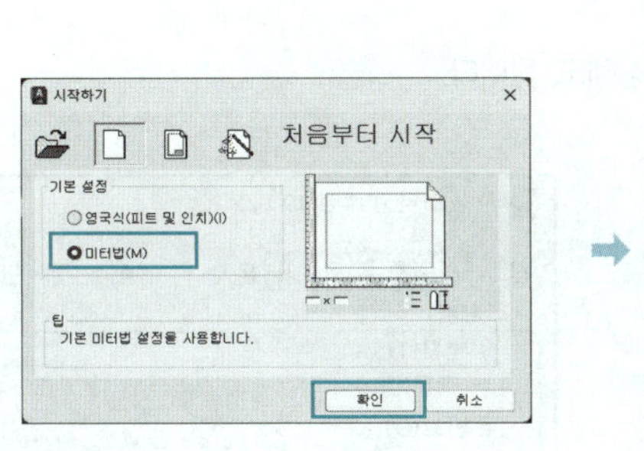
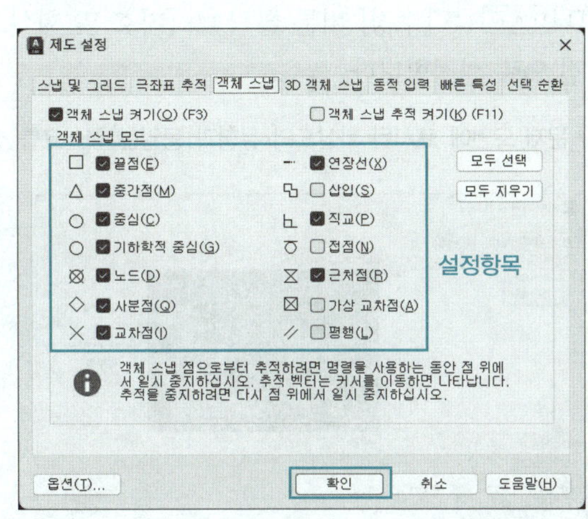

② AutoCAD 화면 우측 하단 상태막대에서 객체 스냅(F3), 주석 표시가 켜져 있는지 확인합니다.

Section **02** 문자 설정(style)

기본으로 설정된 글꼴은 한글을 지원하지 않으므로 다음과 같이 '맑은 고딕'으로 변경합니다.

❶ ST Enter↵ ⇨ 글꼴을 '맑은 고딕'으로 설정 ⇨ [적용] 버튼 클릭 ⇨ [닫기] 버튼 클릭

* 이때 @맑은고딕(T_T @맑은 고딕)이 아닌 맑은고딕(T_T 맑은 고딕)으로 설정해야 합니다.

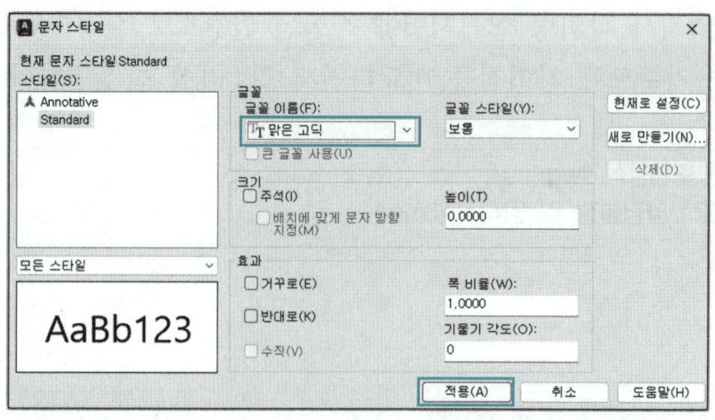

Section **03** 치수 설정(Dimstyle)

❶ D Enter↵ ⇨ [수정] 버튼 클릭 ⇨ [기호 및 화살표] 탭 클릭 ⇨ 화살표촉, 지시선 모양을 '작은 점'으로 설정합니다.

* 문제 도면에 표시된 화살표의 유형과 동일한 화살표를 설정해도 됩니다.

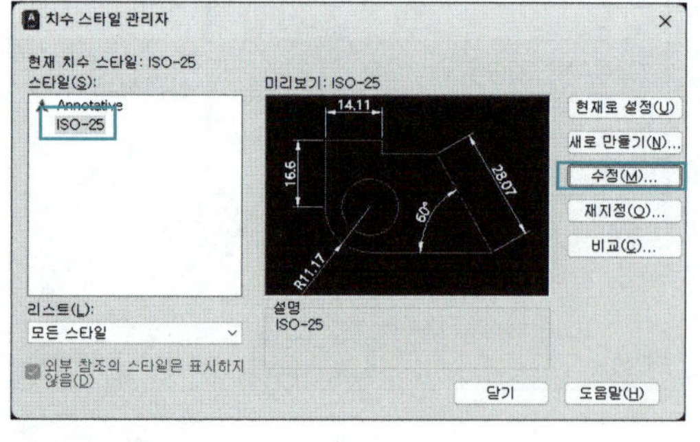
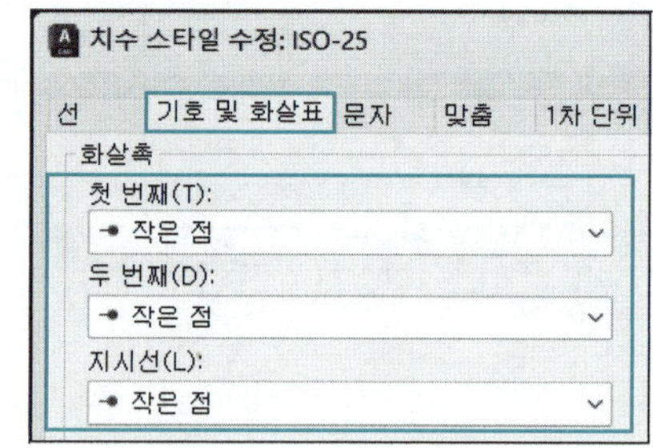

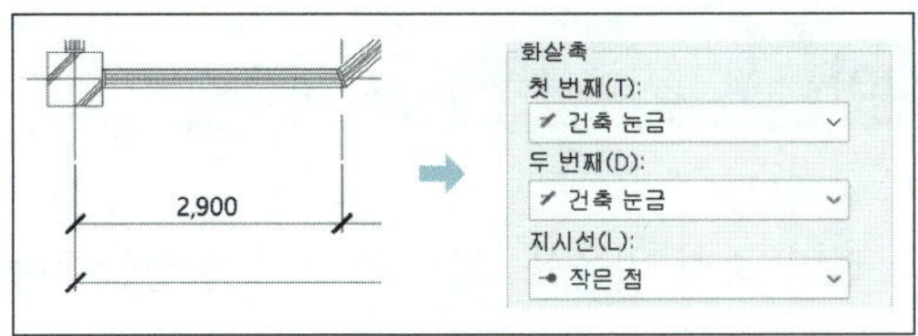

[화살표 유형 1]

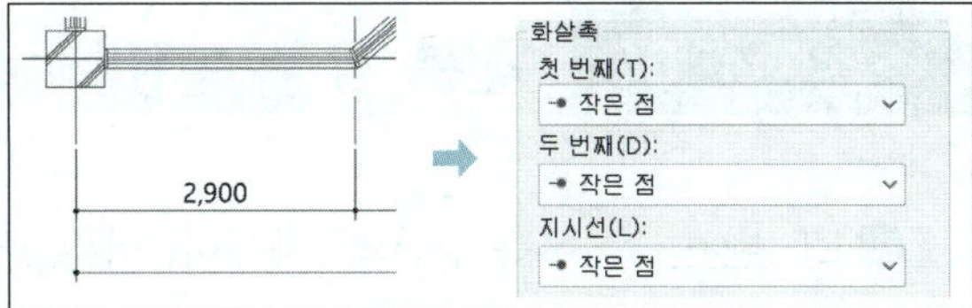

[화살표 유형 2]

❷ [맞춤] 탭 클릭 ⇨ '전체 축척 사용'값을 '50'으로 설정합니다.
(요구 도면의 축척은 변경될 수 있으므로 문제지의 요구 도면 축척을 확인하고 설정합니다.
요구 도면의 축척이 1/40이면 '전체 축척 사용'의 값은 40이 됩니다.)

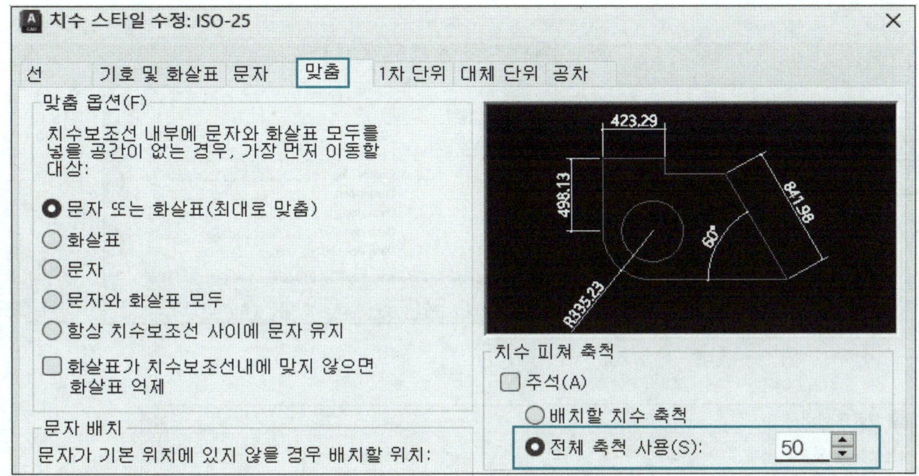

❸ [1차 단위] 탭 클릭 ⇨ '단위 형식'을 'Windows 바탕화면', '정밀도'는 '0'으로 설정 ⇨ [확인]
버튼 클릭 ⇨ [닫기] 버튼 클릭

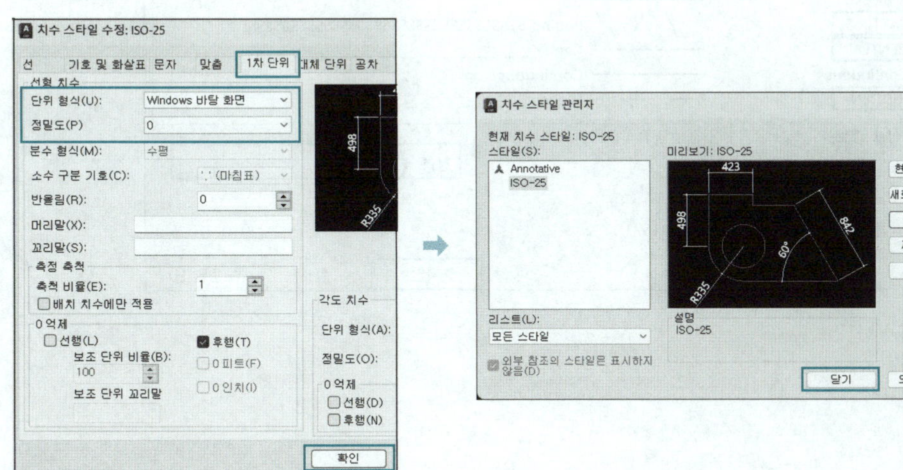

Section 04 선분 유형 설정(Linetype)

❶ LT `Enter↵` ⇨ 우측 상단의 [자세히] 버튼 클릭 ⇨ 전역 축척 비율을 '25~30'으로 설정합니다.

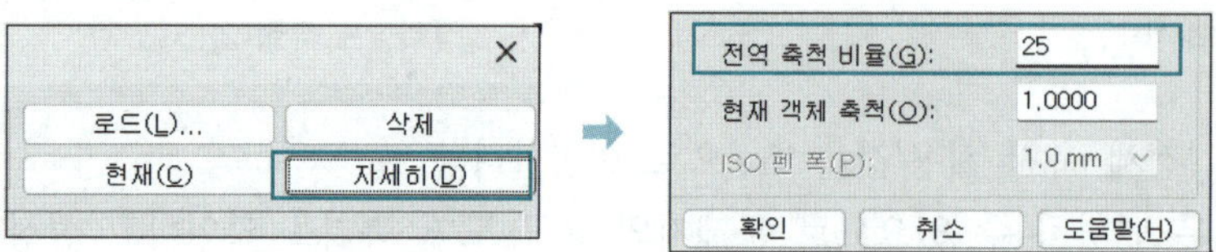

❷ [로드] 버튼 클릭 ⇨ Center, Hidden, Batting 선을 불러옴 ⇨ [확인] 버튼 클릭

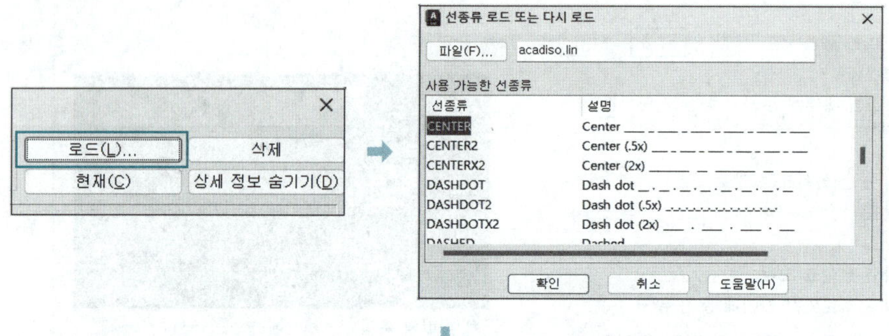

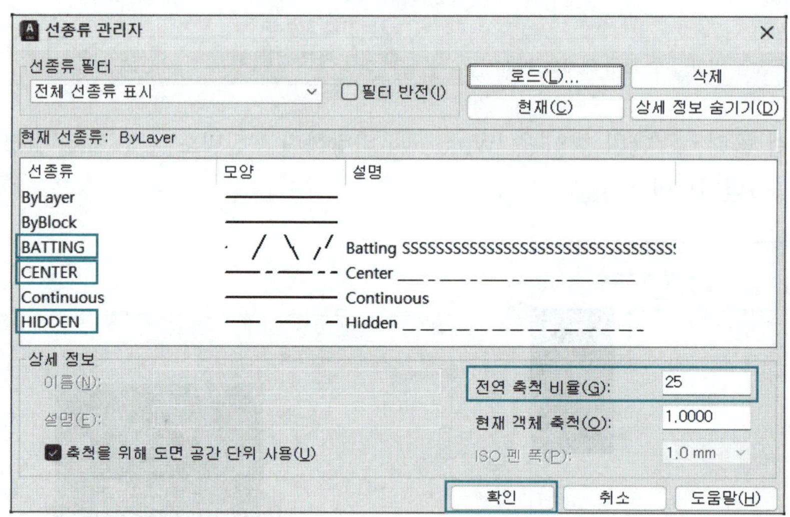

Section	05	도면층 구성(Layer)

[2D 도면의 도면층 조건]

빨강(1)=0.05mm	노랑(2)=0.3mm	녹색(3)=0.25mm	하늘색(4)=0.2mm
파랑(5)=0.15mm	보라(6)=0.1mm	회색 1(8)=0.05mm	회색 2(9)=0.1mm

❶ LA `Enter↵` ⇨ 도면층 추가 클릭 ⇨ 도면층의 이름, 색상, 선 종류를 설정 ⇨ ❌ 버튼 클릭

* 선의 가중치(두께)는 출력 설정에서 CTB를 추가하여 적용합니다. (Part 04의 Chapter 07)

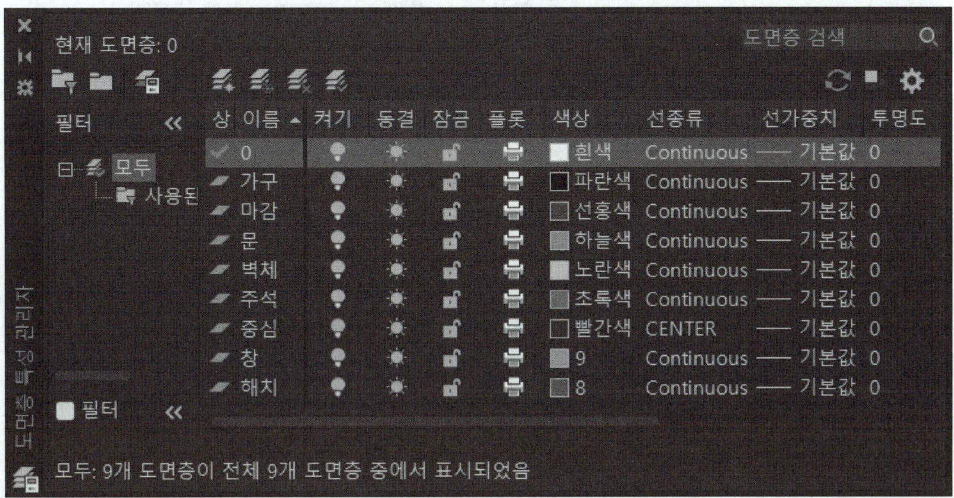

❷ 리본메뉴 도면층 패널에서 현재 도면층을 '벽체' 도면층으로 설정합니다.

Section 06 도면양식 및 표제란 작성

2D 작성 도면인 평면도, 내부 입면도, 천장도는 A3 용지에 출력합니다. 모든 도면은 1/50 축척으로 출력해야 하므로 이에 맞는 양식을 작성합니다. 도면양식, 표제란, 테두리선 간격, 도면의 축척은 변경될 수 있으므로 시험장에서 다시 한 번 확인하고 작성해야 합니다.

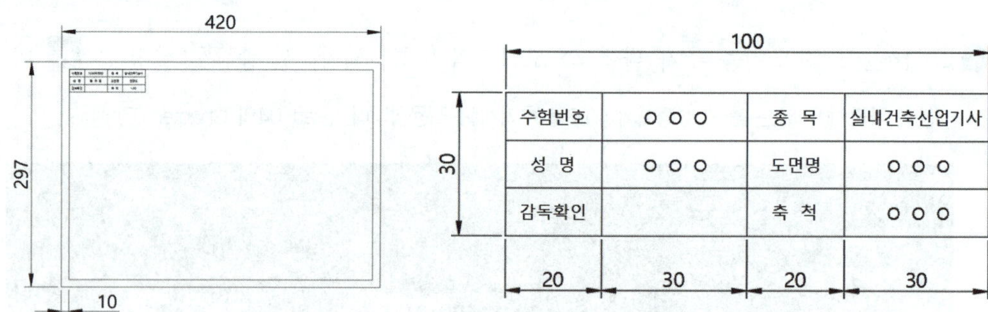

[공개문제의 용지 규격 및 표제란]

❶ 빈 공간에 [Rectang(REC)] 명령으로 가로 420, 세로 297 사각형을 그립니다.

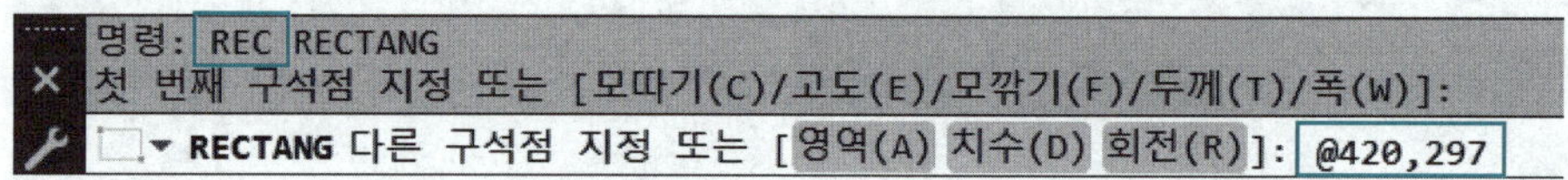

❷ [Offset(O)] 명령을 실행하여 안쪽으로 10 간격만큼 복사하여 테두리선을 그립니다.

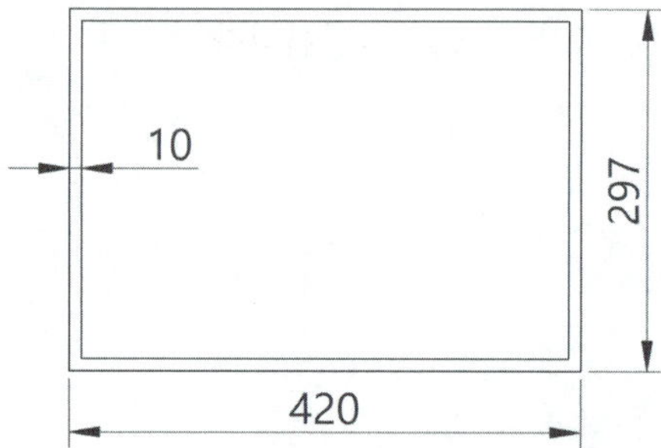

❸ 빈 공간에 [Rectang(REC)], [Explode(X)], [Offset(O)] 명령을 사용하여 다음과 같은 표제란을 그립니다.

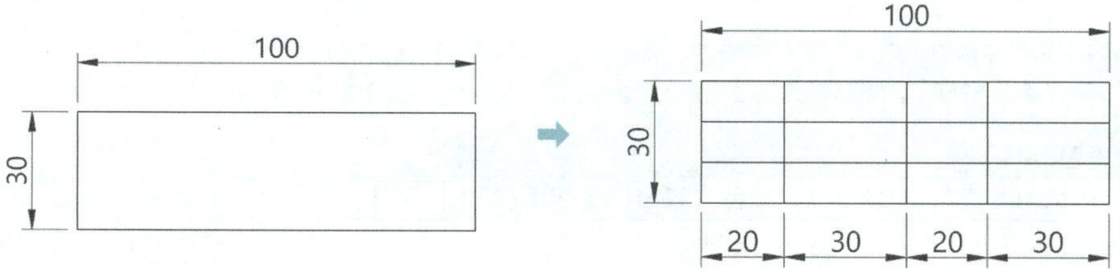

❹ 작성한 표제란을 [Move(M)] 명령으로 테두리선의 좌측 상단으로 이동합니다.

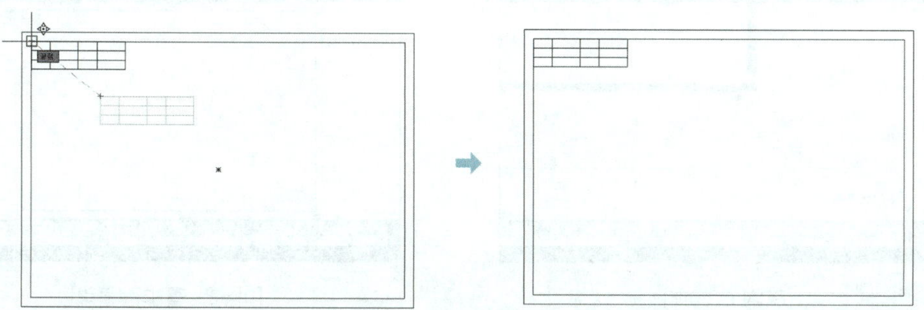

❺ [PEDIT(PE)] 명령을 실행한 후, 폭(W) 옵션을 사용하여 테두리선의 두께를 '1'로 변경합니다.

* 테두리선의 두께 변경은 필수사항이 아니므로 생략해도 무방합니다.

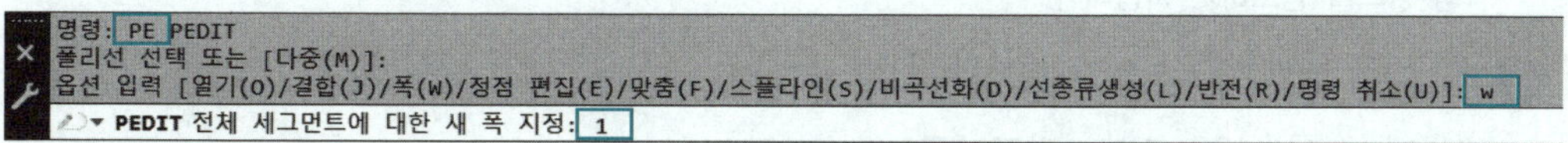

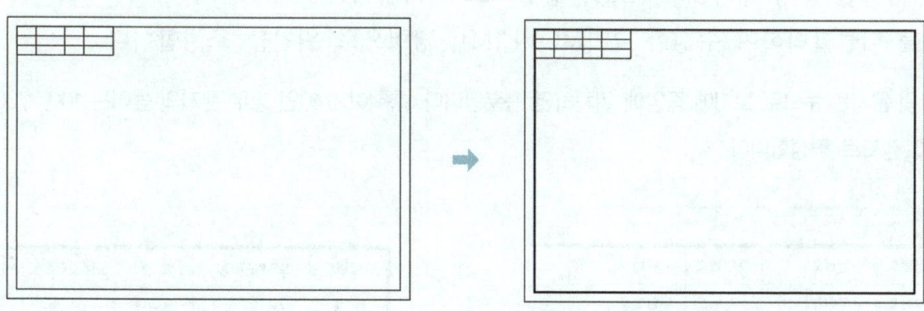

❻ [SCALE(SC)] 명령을 실행하여 작성한 도면양식을 50배 확대합니다.

＊50배로 확대한 후 양식이 화면 밖으로 벗어날 경우 마우스 휠을 더블클릭하거나 'Z' [Enter↵] ➩ 'E' [Enter↵] 합니다. 여기서 50배는 요구조건에 제시된 축척값이며, 만일 요구조건의 축척이 1/40이면 40을 입력해야 합니다.

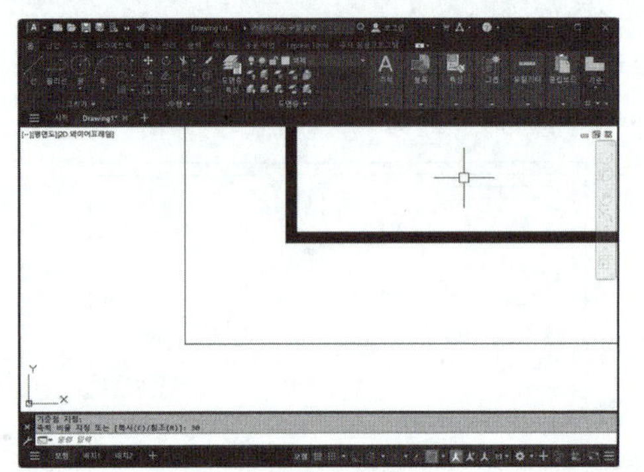

```
명령: SC SCALE
객체 선택: 반대 구석 지정: 11개를 찾음
객체 선택:
기준점 지정:
▼ SCALE 축척 비율 지정 또는 [복사(C) 참조(R)]: 50
```

[SCALE 50배]   [마우스 휠 더블클릭]

❼ 작성된 도면양식이 '벽체' 도면층(노랑)으로 작성되었는지 확인합니다.

＊본 교재는 가독성을 높이기 위해 흰색 배경에 검정색 선을 사용합니다. 도면층의 정확한 확인은 답안 파일과 동영상 강의를 참고하기 바랍니다.

❽ [DTEXT(DT)] 명령을 실행하여 다음과 같이 표제란 내용을 작성합니다.
- 문자 높이: 120~125, 각도: 0
- 문자 하나만 작성 후 [Copy(CO)] 명령으로 복사합니다.
- 문자를 더블클릭하여 수정한 후 [MOVE(M)] 명령으로 위치를 조정합니다.

＊표제란의 문자는 눈으로 보기에 중앙에 위치하면 충분합니다. 축척이 1/40인 경우 문자의 높이는 100, 1/30인 경우 75~80 정도로 작성합니다.

수험번호	수험번호	수험번호	수험번호
수험번호	수험번호	수험번호	수험번호
수험번호		수험번호	수험번호

수험번호	1234567890	종 목	실내건축산업기사
성 명	황 두 환	도면명	평면도
감독확인		축 척	1/50

❾ 작성한 문자를 모두 선택하여 '주석' 도면층(녹색)으로 변경한 뒤, 파일 이름을 '2D 도면'으로
지정하여 저장합니다.

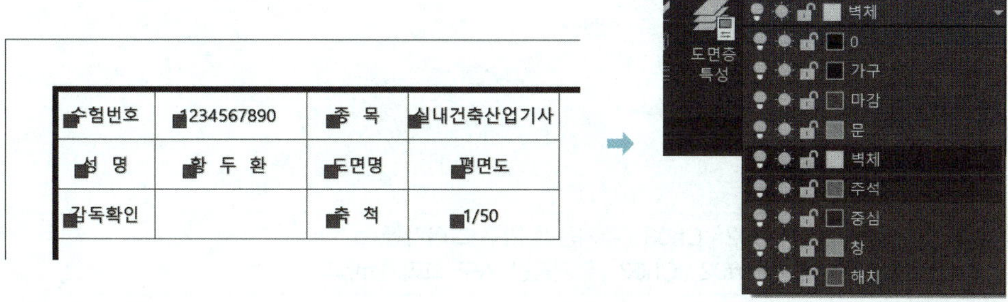

[완성된 실기시험 도면양식]

Chapter 03

주거공간 가구 그리기

학습파일 | 실습파일 \ Part02 \ Ch03 \ 주거공간 가구 그리기.dwg
     | ▶ 동영상 \ Part02 \ Ch03 \ 주거공간 가구 그리기.mp4

주거공간의 가구는 사용목적에 따라 배치하되, 일반적으로는 벽에 붙여서 배치합니다. 배치되는 공간에서 시각적·기능적·심미적 균형을 고려해야 하지만, 그중에서도 기능적 요소가 가장 중요합니다. 또한 가구 배치는 공간의 규모와 형태, 개구부의 위치와 크기에 유의해야 하며, 사용자의 성향에 맞출 수 있도록 계획해야 합니다.

[실습파일\Part02\Ch03\주거공간 가구 그리기.dwg] 파일을 열어 Chapter 03의 '도면요소 그리기' 실습을 진행합니다.

* 가구의 크기는 대략적인 폭(W), 깊이(D), 높이(H)를 숙지하고, 틀(프레임)의 두께, 손잡이 등은 20~30mm 범위에서 자유롭게 작성합니다.

Section 01 | 침대

원룸이나 독신자 아파트에 많이 사용되는 싱글과 슈퍼싱글 침대를 그려보고, 해당 치수를 익힙니다.

(단위: mm)

규격	폭(W)	깊이(D)	높이(H) * 매트리스 포함	헤드 높이(HH)
싱글(S)	1,000	2,000		
슈퍼싱글(SS)	1,100	2,000		
더블(D)	1,400	2,000	450 내외	900 내외
퀸(Q)	1,500	2,000		
킹(K)	1,600	2,000		

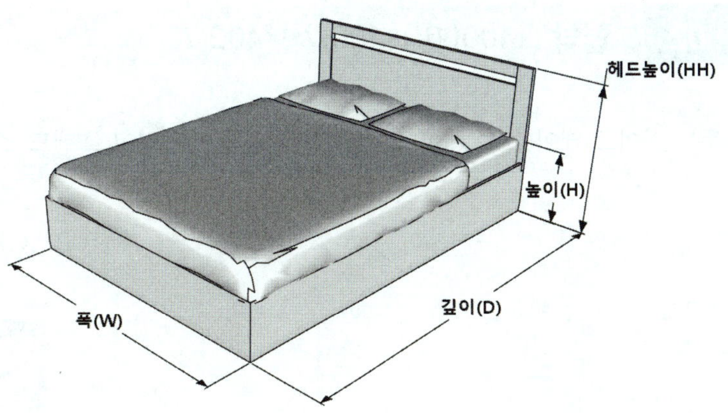

Part 2

① 평면 표현의 예

AutoCAD 활용능력이 다소 부족하거나 작업속도가 빠르지 않다면 '표현 1'의 방식으로 도면을 작성합니다.

• 표현1   • 표현2

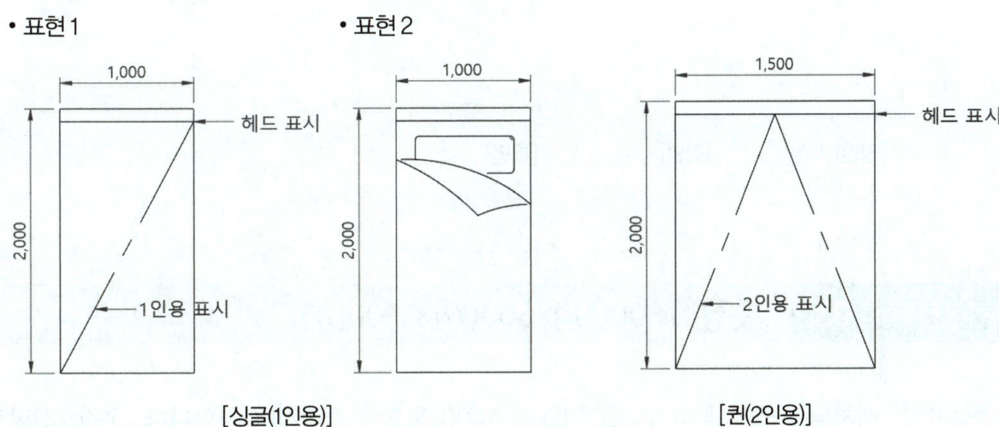

② 입면 표현의 예

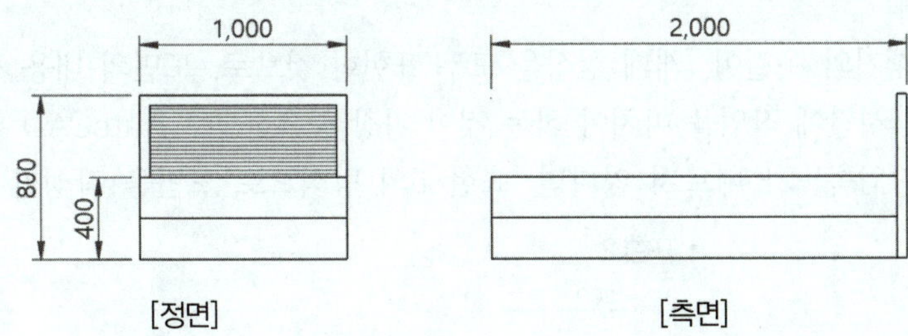

Section 02 협탁 : 400(W)×400(D)×400(H)

침대 옆에 두는 사이드 테이블로, 책이나 작은 물품 등을 수납하고 스탠드 조명을 올려 둘 수 있습니다.

• 표현 1

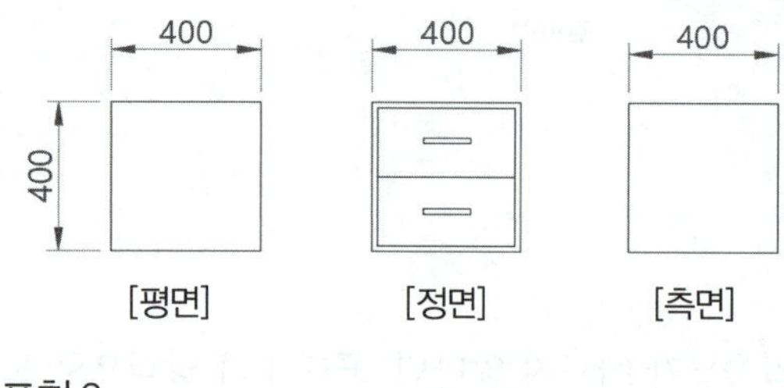

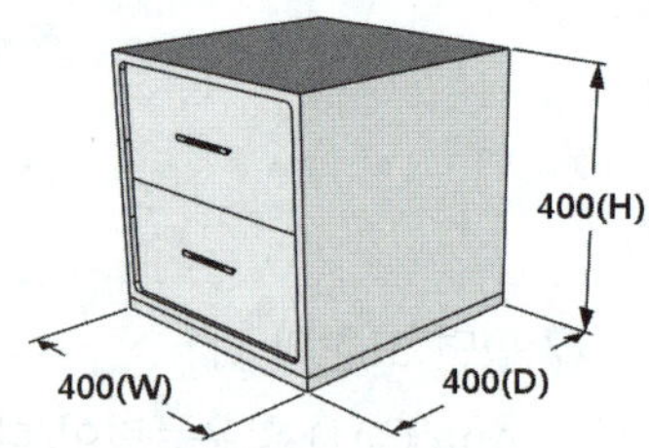

• 표현 2

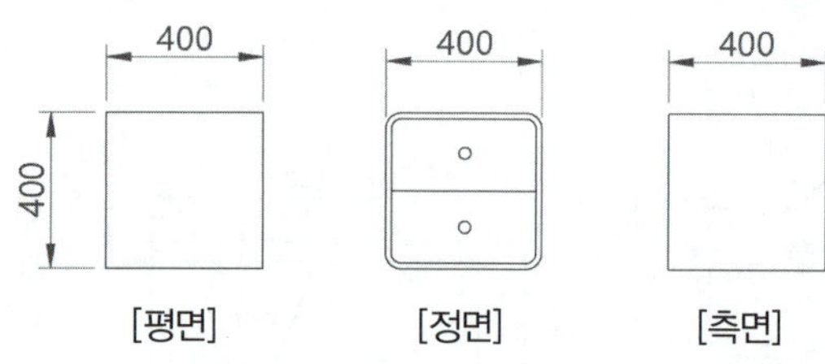

Section 03 옷장 : 800(W)×600(D)×1800(H)

폭(W)은 배치되는 공간에 따라 900, 1200, 1500 등으로 늘려서 작성합니다. 옷장, 신발장, 붙박이장 등 키가 높은 가구는 평면 표현에 사선(일점쇄선)을 그려서 구분합니다.

❶ 평면 표현의 예

'표현 2'는 옷장 내부의 행거와 옷걸이, 개폐 형식을 모두 표현한 것으로, 도면의 내용 전달에는 좋은 방법이나 주어진 시간에 작업을 마쳐야 하는 것이 가장 중요하므로 AutoCAD 활용능력이 다소 부족하거나 작업속도가 빠르지 않다면 '표현 1'의 방식으로 도면을 작성합니다.

• 표현 1

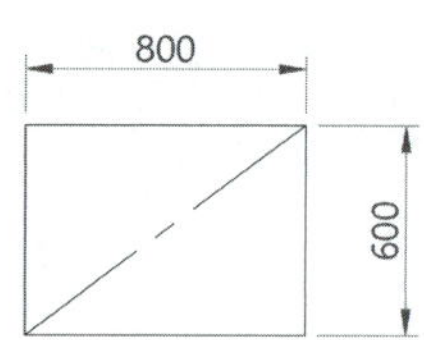

• 표현 2

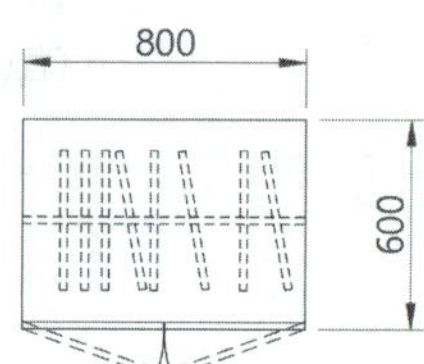

❷ 입면 표현의 예

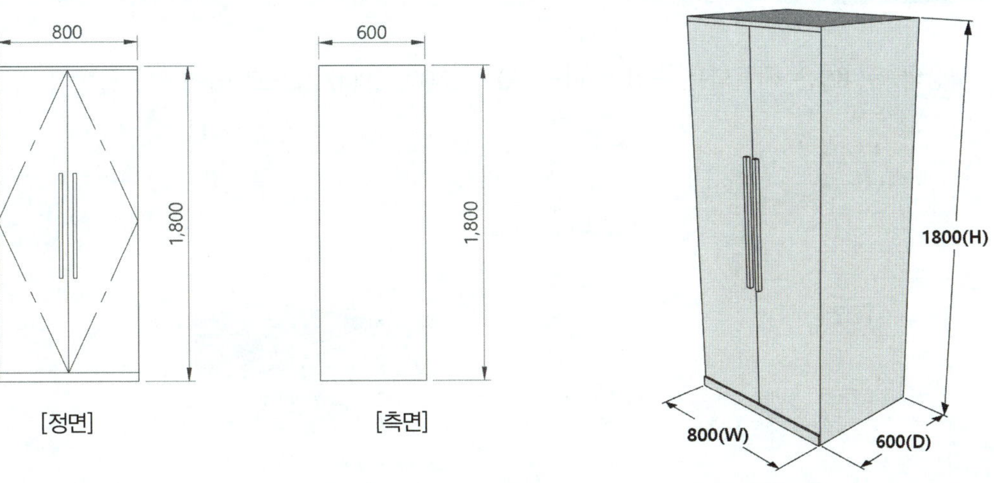

Section 04   **책장 및 장식장 : 600(W)×300(D)×1800(H)**

책장의 폭(W)은 배치되는 공간에 따라 900, 1200, 1500 등으로 늘려서 작성합니다. 옷장처럼 키가 높은 가구는 평면 표현에는 사선(일점쇄선)을 그려서 구분합니다. 선반 형식으로만 구성하는 것보다는, 상단에는 선반 4~5단을 배치하고 하단에는 도어로 구성하는 것이 더 간편합니다. 장식장은 책장과 동일한 방법으로 작성하고 선반 부분에 유리문을 달아 구성합니다.

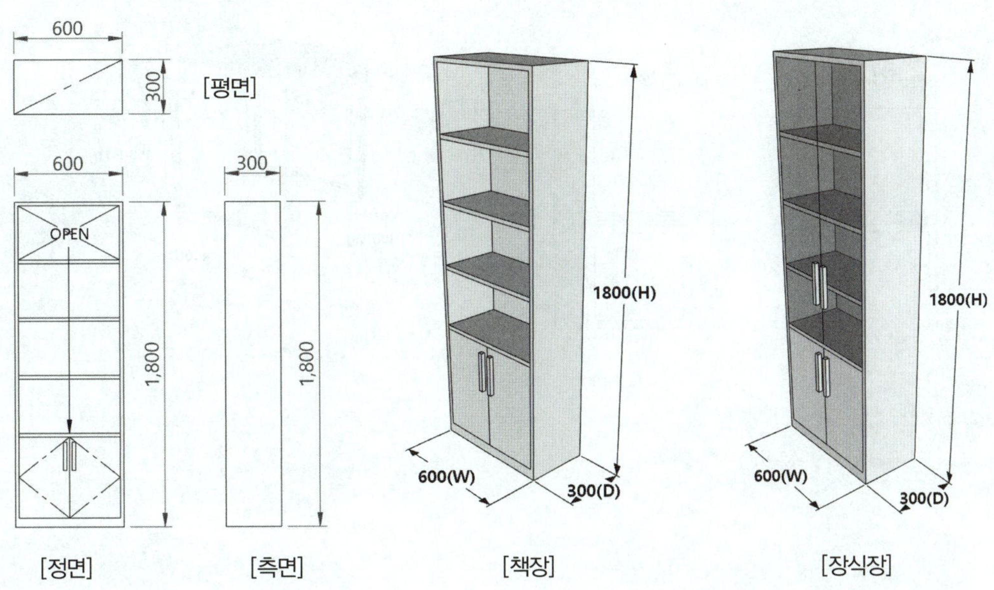

Section 05 책상 : 1200(W)×600(D)×750(H), 의자 : 400(W)×400(D)

책상의 폭(W)은 배치되는 공간에 따라 900, 1500, 1800 등으로 늘리거나 줄여서 작성합니다.

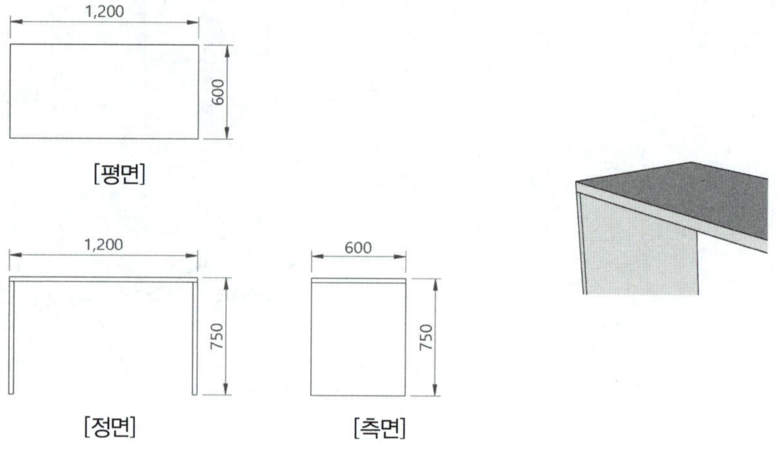

의자는 다른 가구에 비해 구조가 복잡하므로, 단순한 형태로 좌방석 정도만 표현합니다. 시간적으로 여유가 있다면 팔걸이와 등받이의 각도까지 표현합니다.

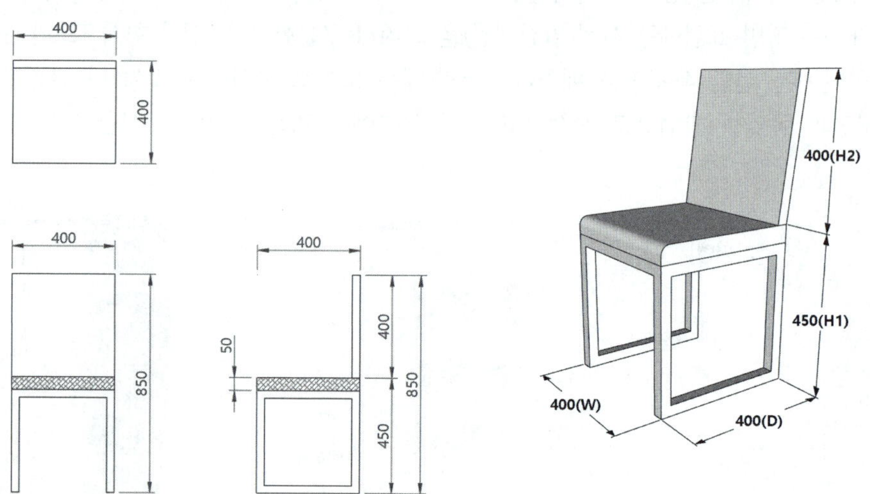

<table>
<tr><td>Section 06</td><td>식탁(1~2인용) : 동향형 1500(W)×400(D)×750(H),
대향형　900(W)×700(D)×750(H)</td></tr>
</table>

주방 공간의 형태에 따라 대향형과 동향형으로 구분하여 배치합니다. 배치 공간에 여유가 있다면 폭(W)과 깊이(D)를 늘려서 작성할 수 있으며, 디자인 의도에 따라 반원형 식탁을 사용해도 좋습니다.

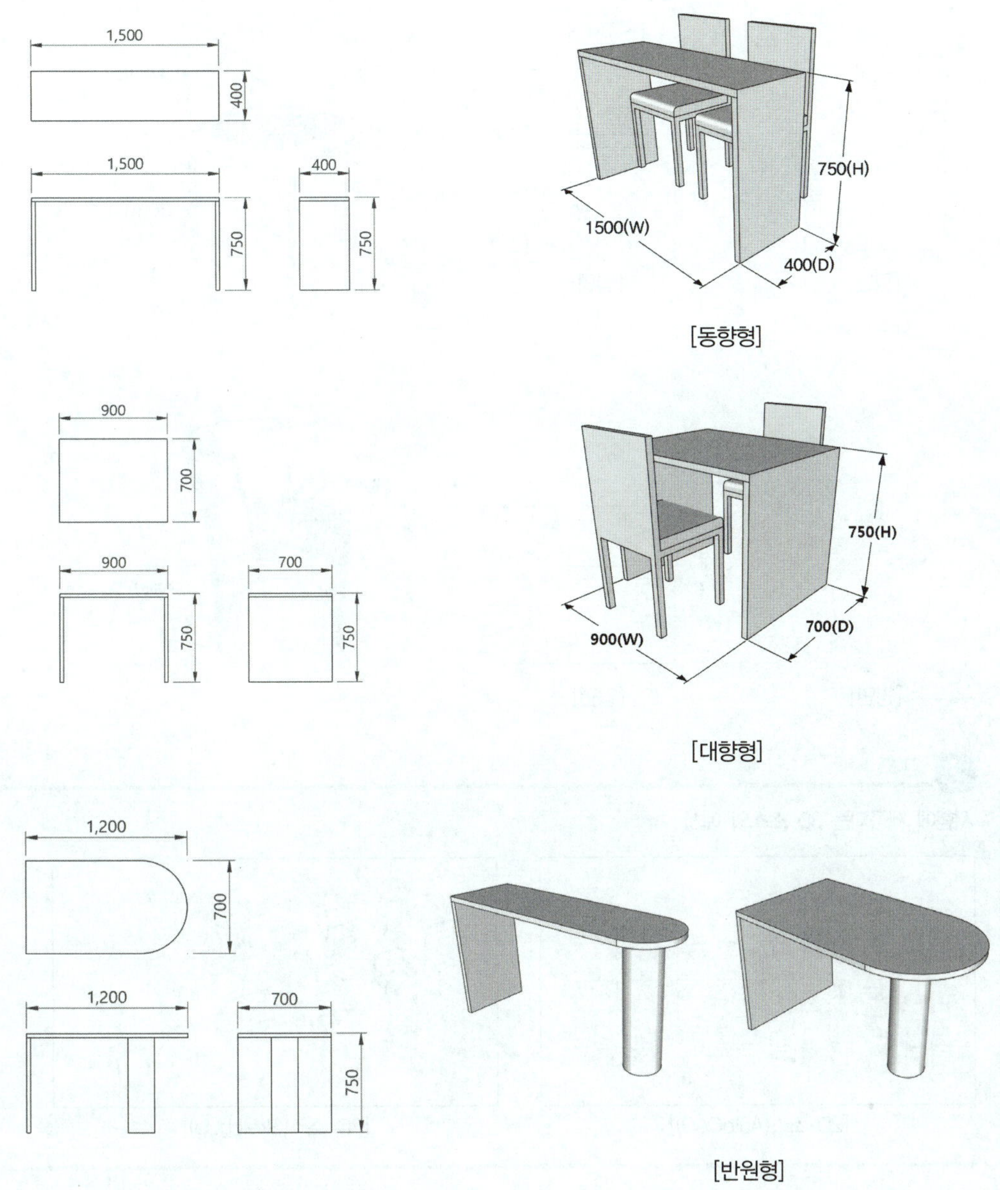

Section 07   식탁용 의자

식탁에 사용되는 의자는 책상의 의자를 그대로 복사하거나 재질이나 일부 형태만 변경하여 사용합니다. 새로 작성할 경우 단순한 형태로 좌방석과 등받이 정도만 표현합니다. 작업에 사용할 의자가 제공된 3D 소스에 없는 경우에는 아래와 같은 단순한 디자인으로 만들어 사용합니다.

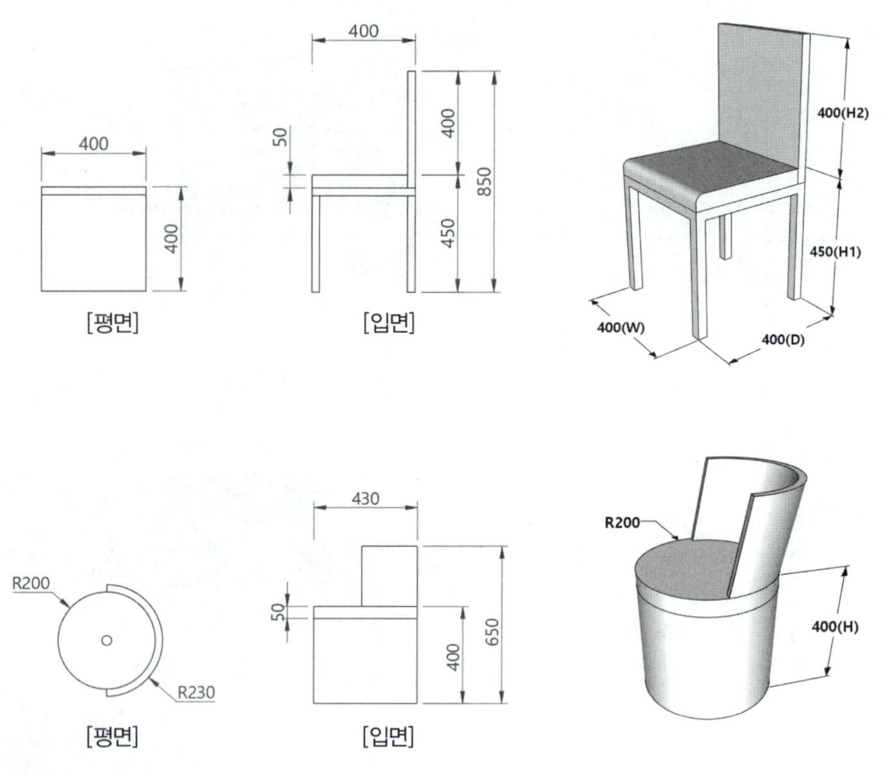

✓ 참고

시험에 제공되는 3D 소스의 예시

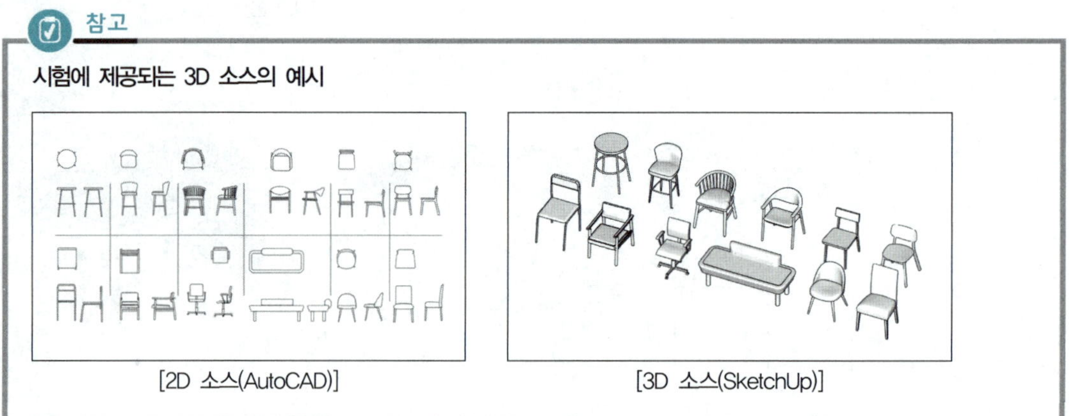

[2D 소스(AutoCAD)]   [3D 소스(SketchUp)]

Section 08 소파 : 1인용 750(W)×650(D), 2인용 1300(W)×650(D)

소파를 각지게 디자인하면 딱딱한 인상을 줄 수 있으므로 모서리 부분을 둥글게 하여 부드럽고 편안한 느낌을 주는 것이 좋습니다.

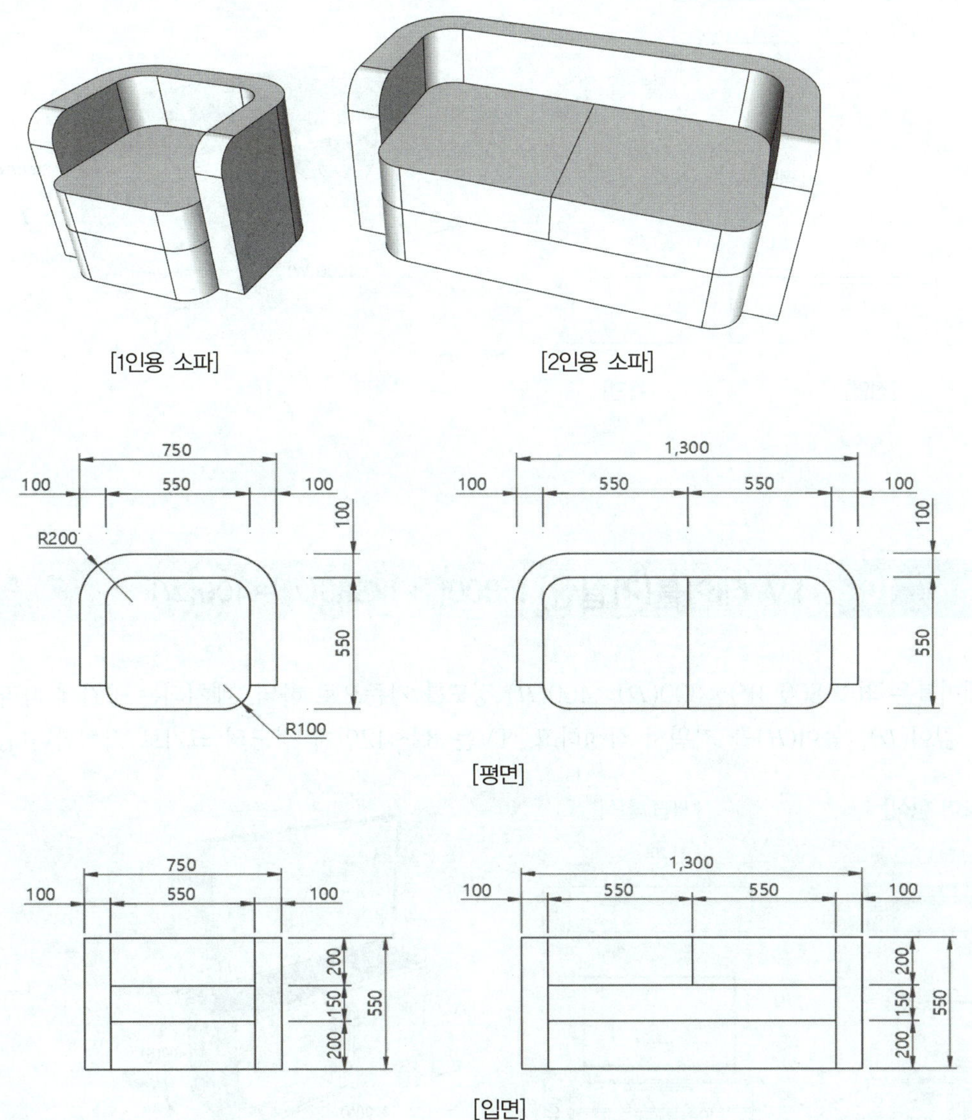

[1인용 소파]　　　　[2인용 소파]

[평면]

[입면]

Section 09 소파용 테이블

소파용 테이블은 높이(H)를 300~350 정도로 하여 소파와 테이블이 세트처럼 보이도록 구성하는 것이 좋습니다. 작업시간이 부족하여 소파를 각지게 디자인했다면 테이블도 각지게 디자인합니다.

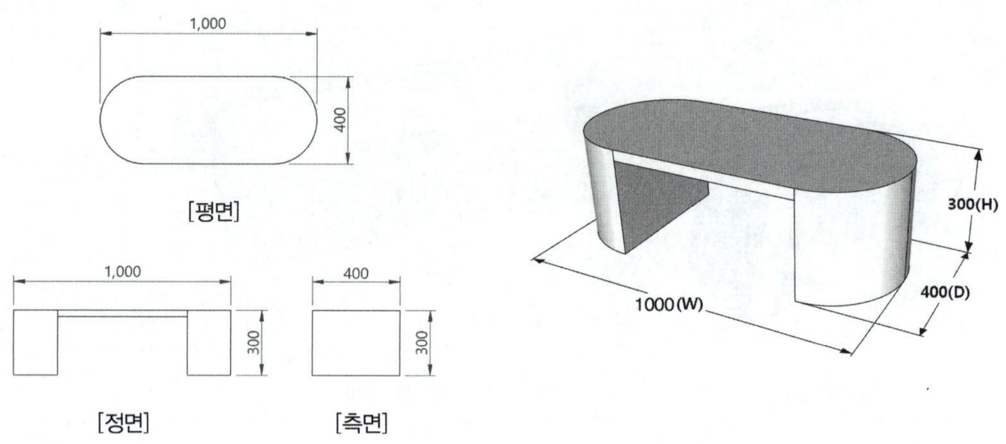

Section 10 TV 테이블(거실장) : 800(W)×300(D)×400(H)

TV 테이블은 최소 800(W)×300(D)×400(H) 정도를 기준으로 하되, 배치되는 공간에 따라 폭(W), 깊이(D), 높이(H)를 키워서 작성하고, TV는 32~42인치 정도의 크기로 작성합니다.

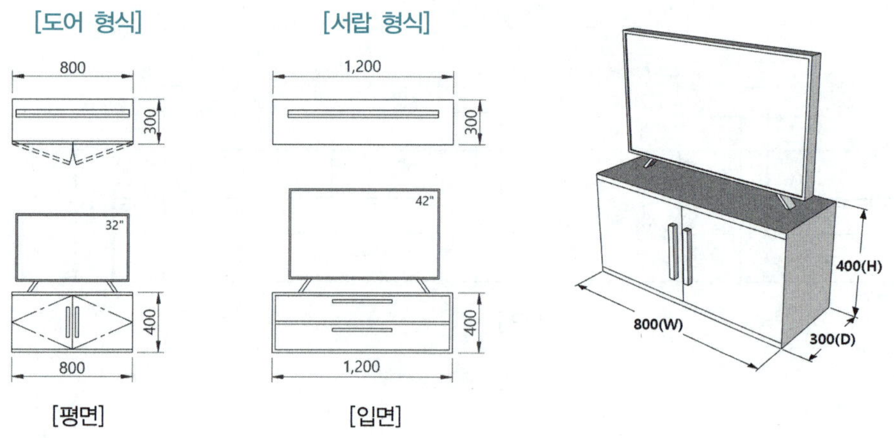

* 32인치: 750(W)×450(H), 42인치: 1000(W)×600(H)

Section **11**	신발장 : 현관 폭(W)×300~350(D)×천장높이(H)

신발장의 폭(W)과 높이(H)는 배치되는 공간에 맞추고 깊이(D)는 300~350 정도로 작성합니다.
폭이 900 정도면 2도어로, 1000 이상이면 3도어로 작성합니다. 신발장의 하부는 바닥 끌림을 방
지하기 위해 100 정도 간격을 둡니다.

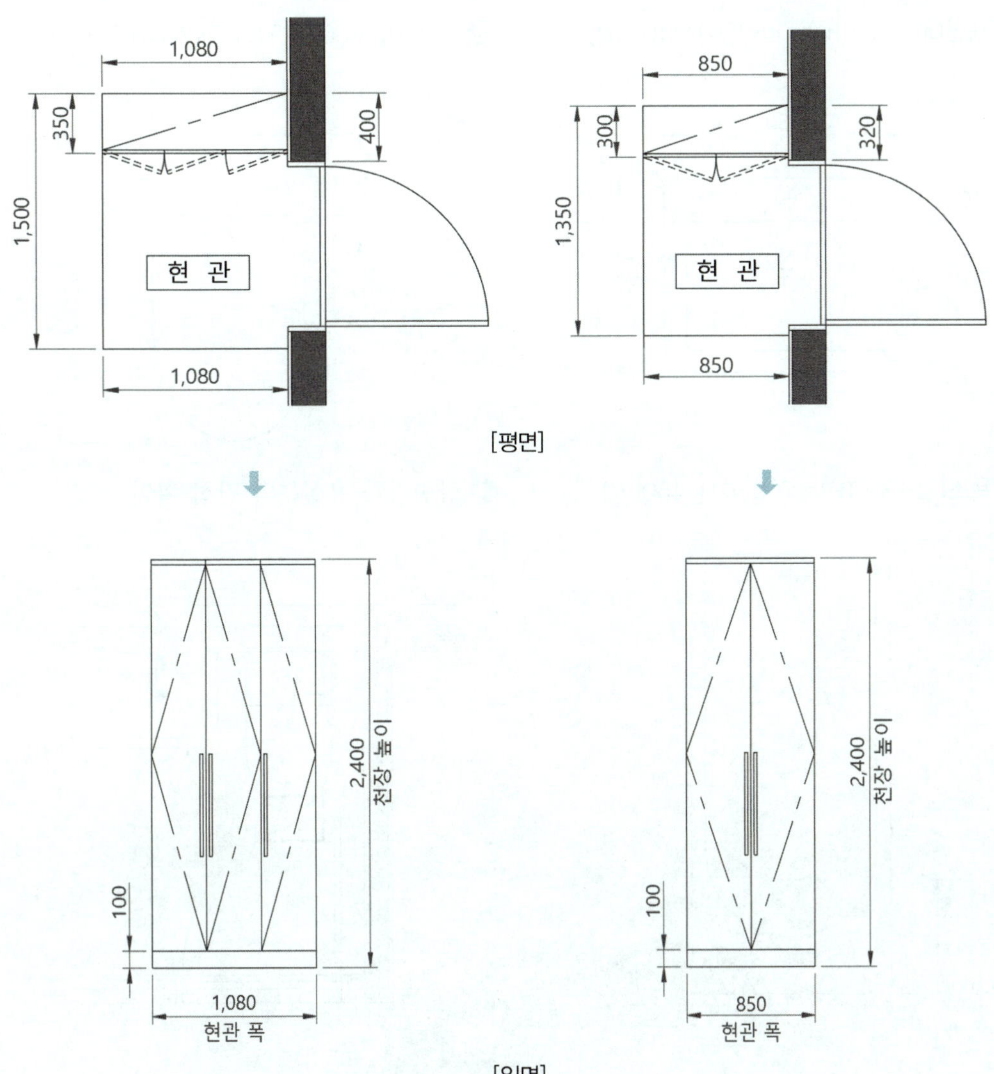

Section 12 위생도기와 욕조 그리기

욕실(화장실)은 내부 입면도 범위에 포함되지 않으므로 평면 중심으로 연습합니다. 양변기 덮개의
곡선은 [타원(EL)] 명령을 사용해야 자연스럽게 표현됩니다. 양변기 끝이 욕실문에 걸릴 경우 물
탱크(200)를 150 정도로 줄여서 작성합니다.

❶ 세면대: $550(W) \times 450(D) \times 400(H)$

❷ 양변기: $400(W) \times 750(D) \times 650(H)$

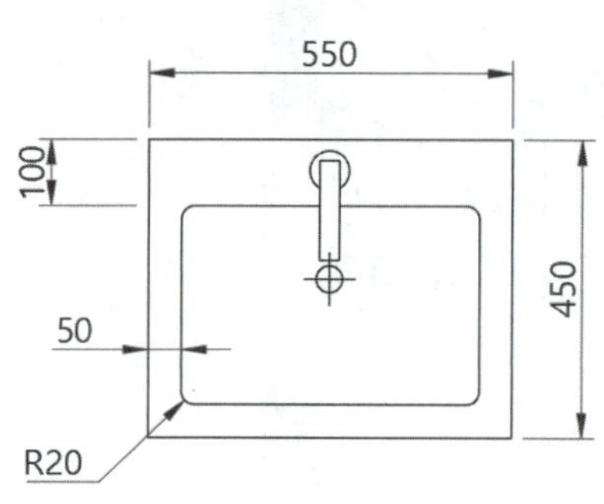

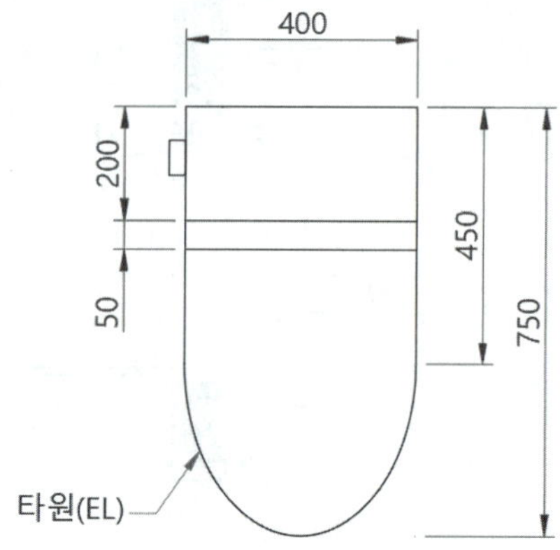

❸ 욕조: $1600(W) \times 700(D) \times 450(H)$

❹ 양변기와 욕실문의 간섭 확인

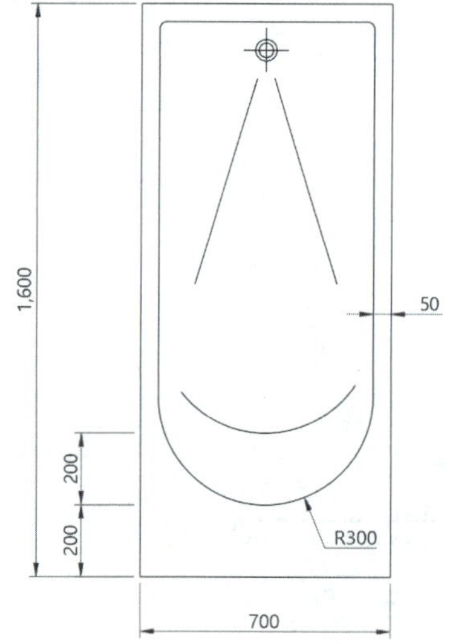

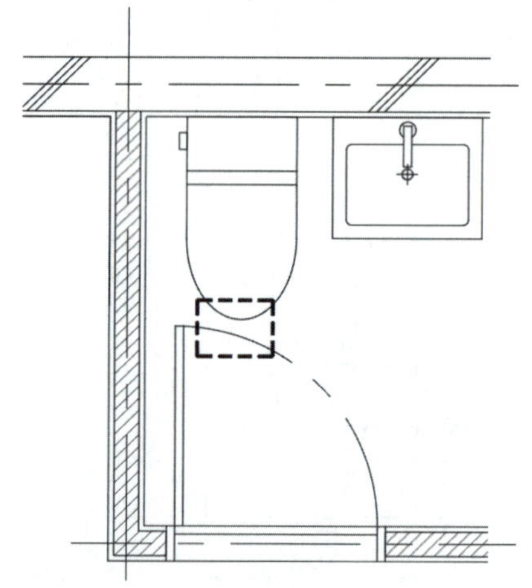

<table><tr><td>Section **13**</td><td># 주방기구(싱크 및 냉장고)</td></tr></table>

싱크대는 하부장과 중간(midway) 높이를 먼저 표시하고, 나머지 부분을 상부장 높이로 합니다.
배치 공간에 따라 도어의 폭과 개수를 조정합니다.

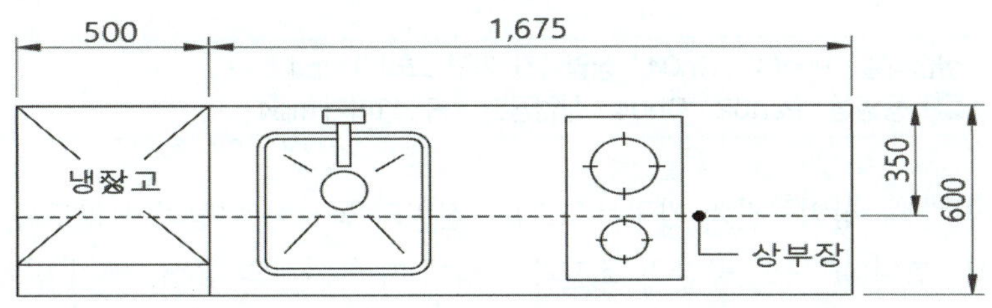

[평면]

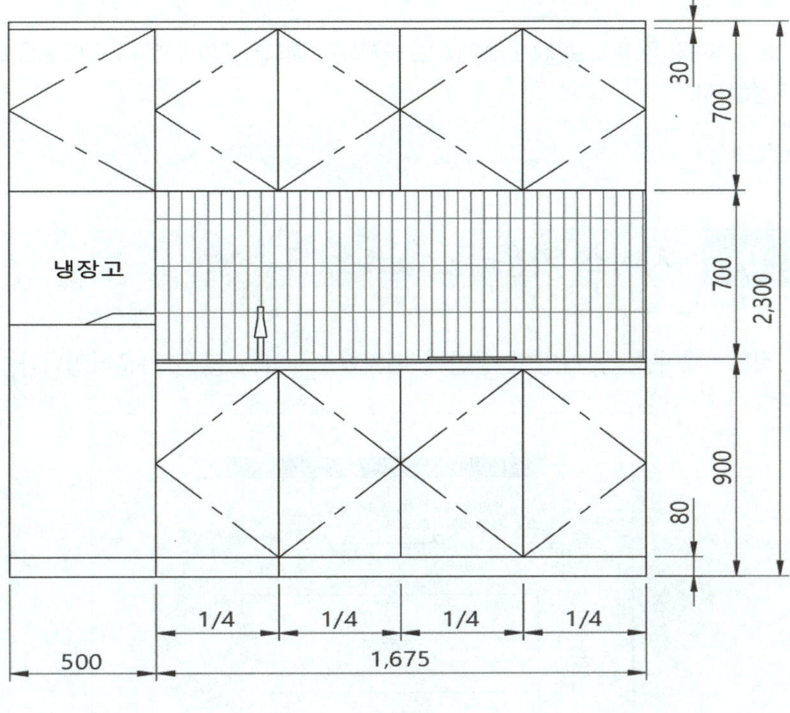

[입면]

04 상업공간 가구 그리기

> **학습파일** │ 실습파일 \ Part02 \ Ch04 \ 상업공간 가구 그리기.mp4
> │ ▶ 동영상 \ Part02 \ Ch04 \ 상업공간 가구 그리기.mp4

식음, 판매 공간 등 상업공간의 가구는 고객과 점원의 동선이 뒤엉키지 않도록 쾌적한 이동 흐름을 고려해 배치합니다. 또한 공간의 조건과 특성에 따라 가구의 유형, 배치 방식, 크기 등을 결정합니다.

[실습파일\Part02\Ch04\상업공간 가구 그리기.dwg] 파일을 열어 Chapter 04의 도면요소 그리기를 실습합니다.

* 가구의 크기는 대략적인 폭(W), 깊이(D), 높이(H)를 숙지하고, 틀(프레임)의 두께와 손잡이 등은 20~30mm 범위에서 자유롭게 작성합니다.

Section 01 서비스 카운터(counter) 1

의류매장, 식당, 헤어숍 등 다양한 공간에 배치할 수 있는 짧은 카운터입니다.

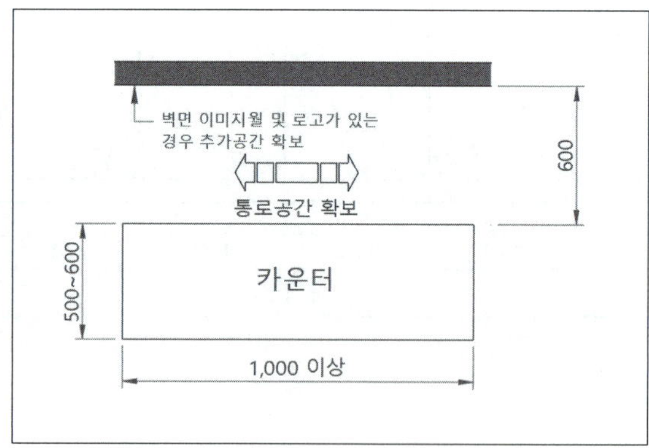

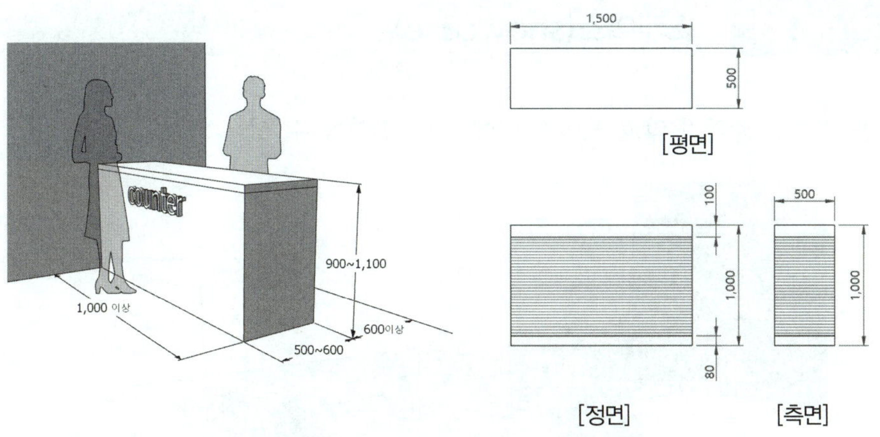

Part
2

Section 02 서비스 카운터(counter) 2

커피숍, 통신매장, 안경점, 약국 등에서 판매대를 겸해 사용하는 길이가 긴 형태의 카운터입니다.

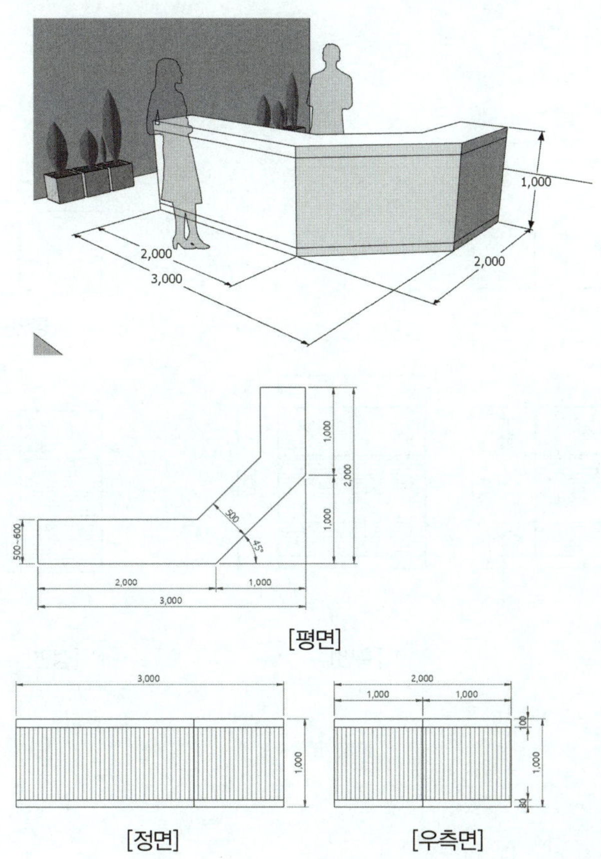

Section **03** 쇼케이스(showcase)

상품을 직접 노출하지 않고 케이스 안에 넣어 진열할 수 있는 가구입니다.

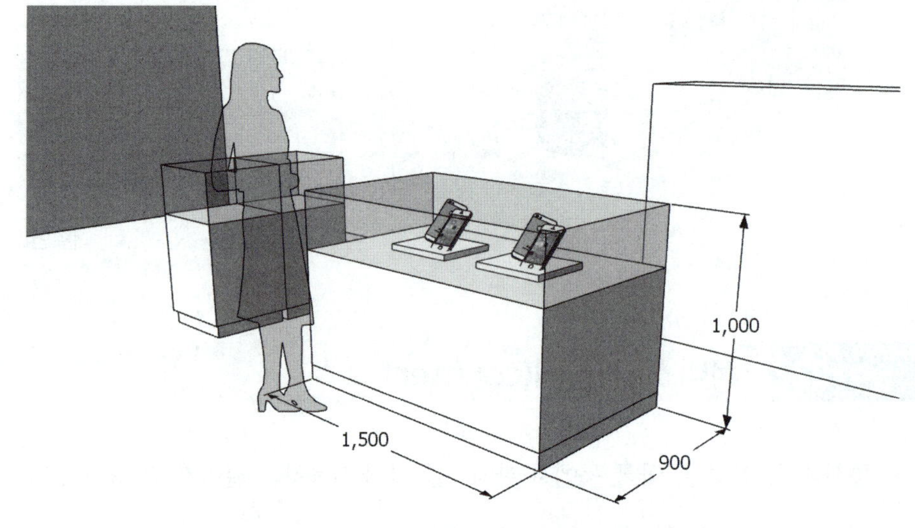

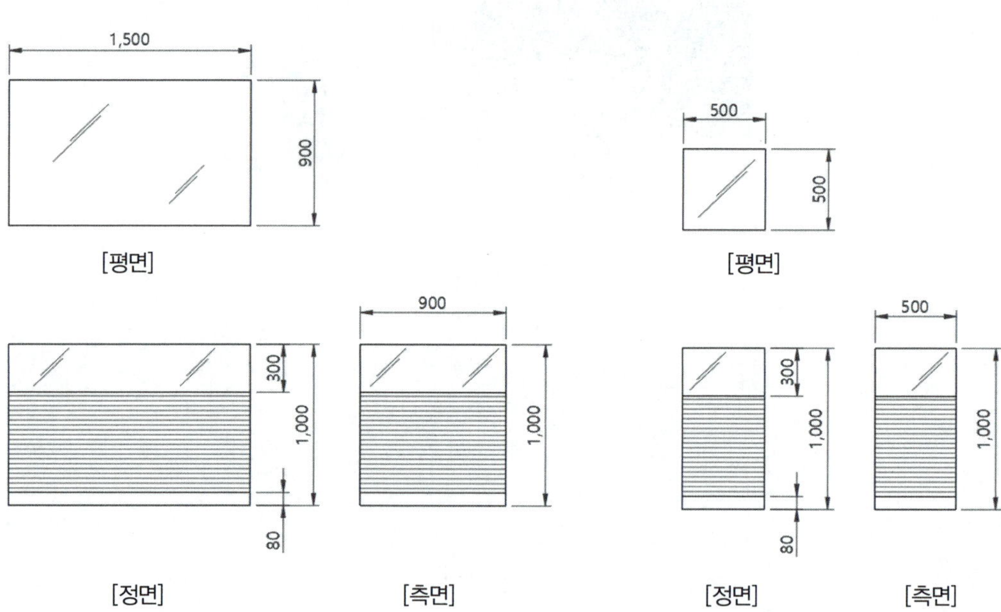

[평면] [평면]

[정면] [측면] [정면] [측면]

Section 04 행거(hanger, clothes rack)

의류 매장에서 여러 벌의 의류를 걸어 둘 수 있는 가구입니다.

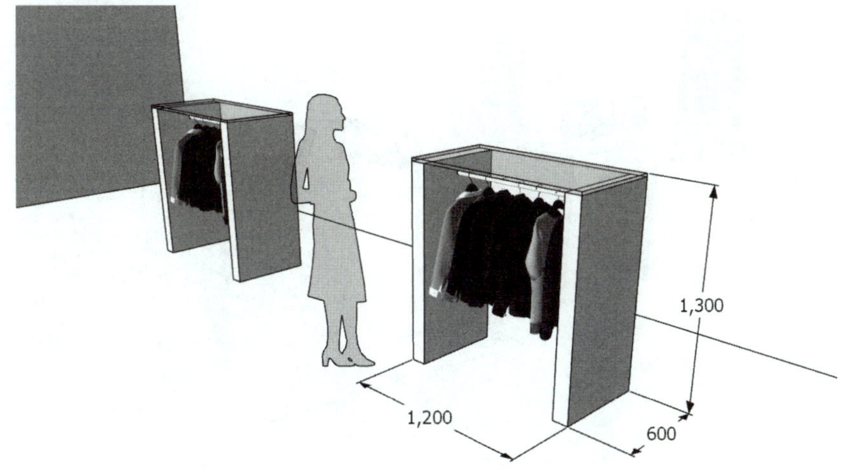

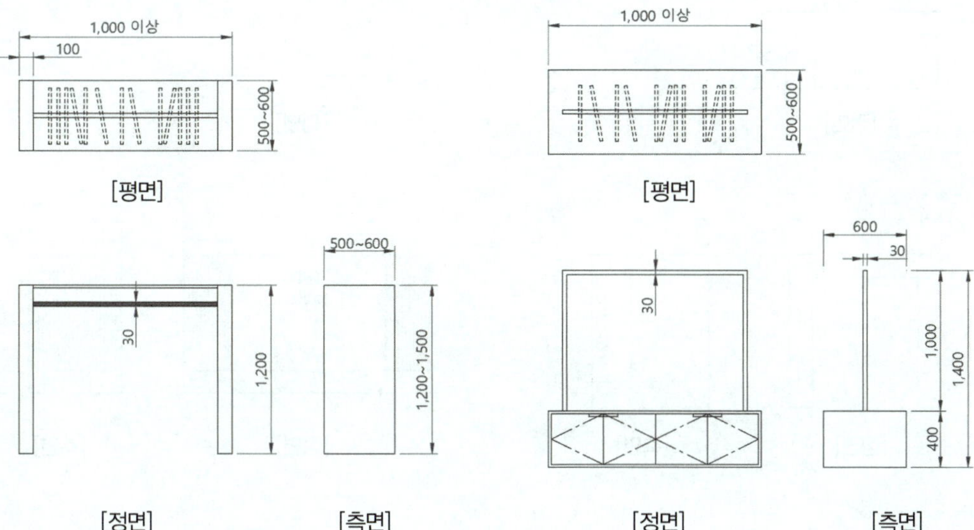

Section 05 디스플레이 테이블(display table)

상품을 전시 · 진열하는 가구로, 고객이 직접 상품을 만져보며 체험할 수 있습니다.

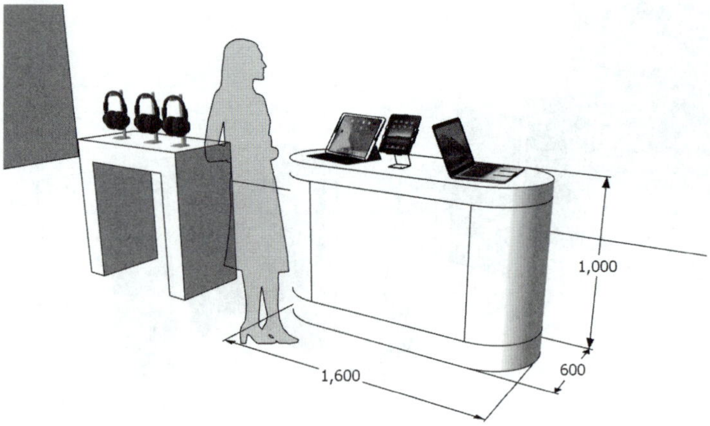

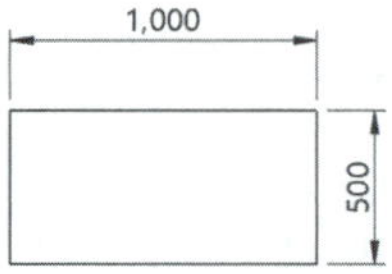

[평면]

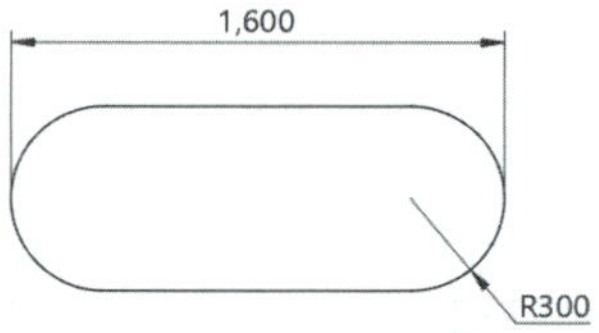

[평면]

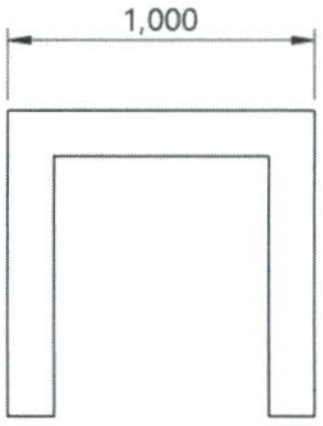

[정면]

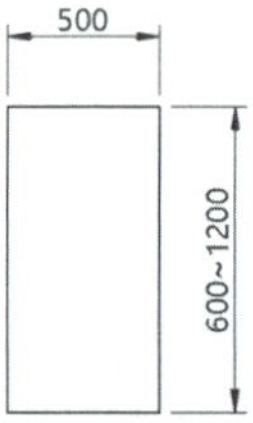

[측면]

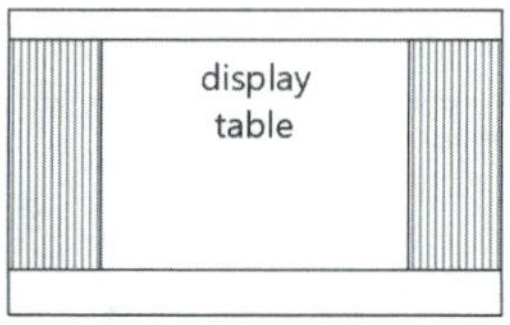

[정면]

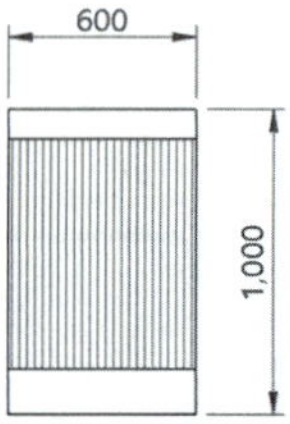

[측면]

<table><tr><td>Section **06**</td><td># 디스플레이 선반(display shelf)</td></tr></table>

다양한 종류의 상품을 진열할 수 있는 다단 선반형 가구입니다.

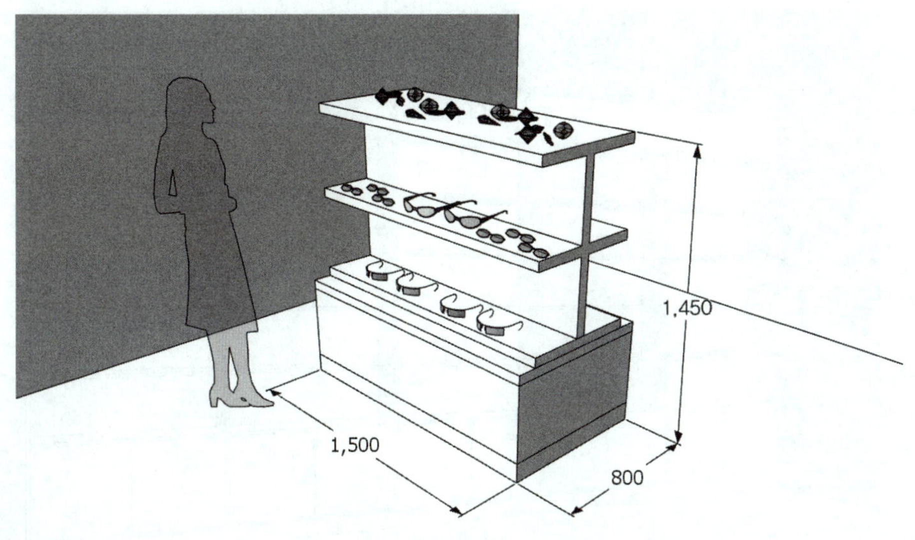

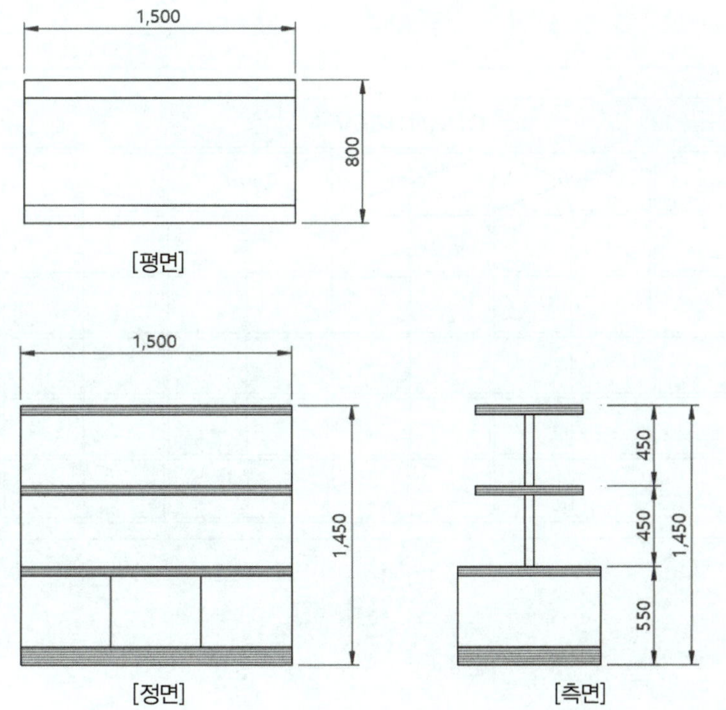

[평면]

[정면]　　[측면]

Section 07 제작가구(벽장) 예시

약국, 서점, 안경점 등에서 주로 사용되는 벽장의 예시입니다.

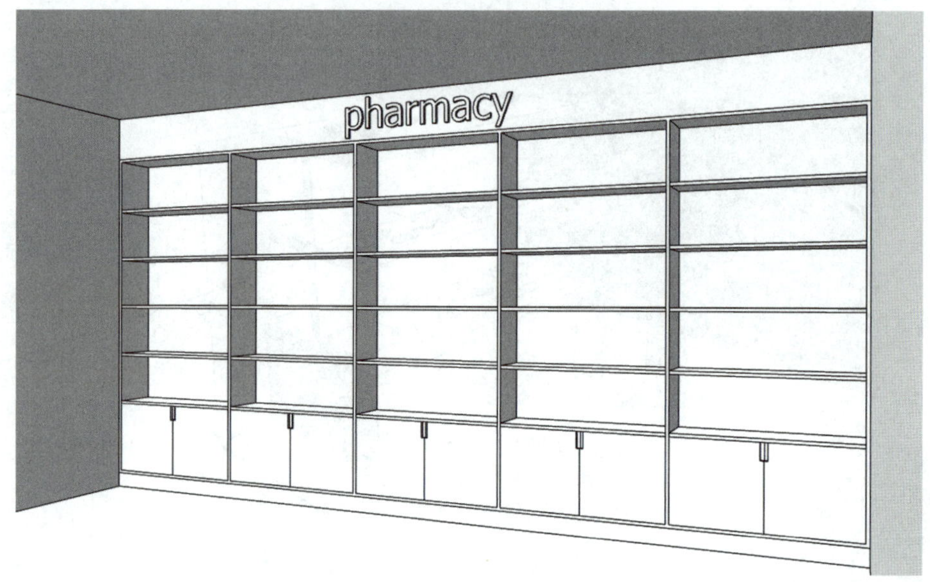

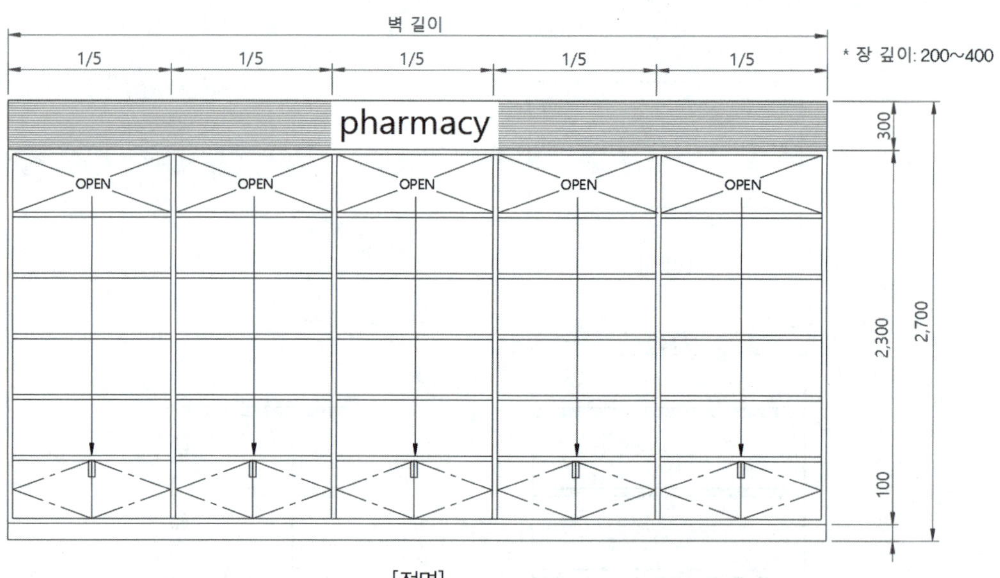

[정면]

Section 08 피팅룸(fitting room)

의류매장에서 사용하는 피팅룸은 문이 안쪽으로 열리도록 하여 외부 고객의 동선과의 간섭을 피하는 것이 좋습니다.

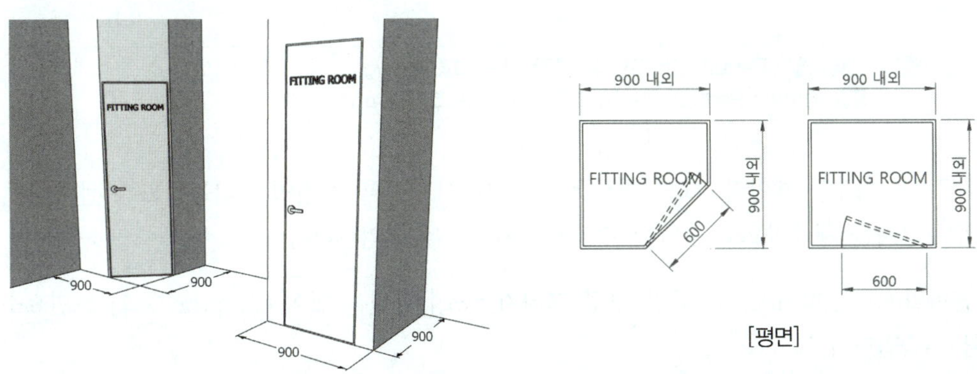

Section 09 식물 표현(플랜트 박스)

주요 가구나 필수 가구로 제시되는 경우는 많지 않지만, 비어 있는 공간이 있거나 작업시간에 여유가 있는 경우 식물을 배치하여 표현합니다. 2D/3D 소스가 제공되는 경우 소스를 사용합니다.

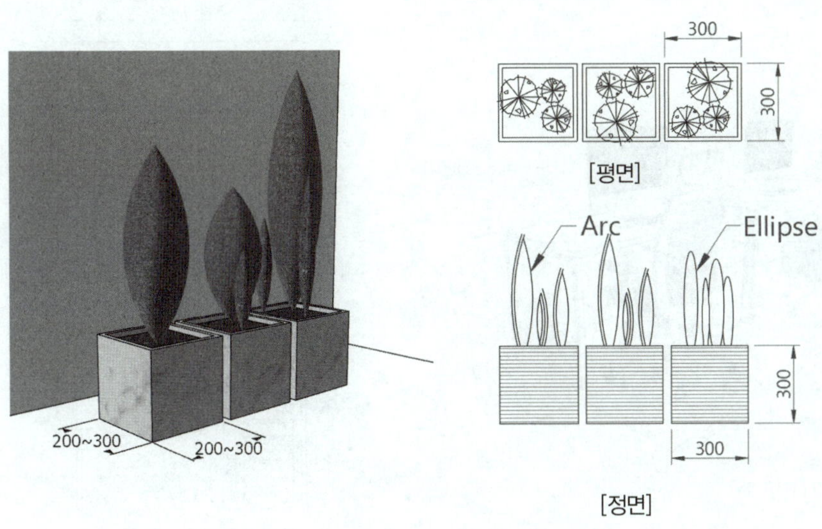

업무공간 가구 그리기

업무공간의 가구는 개인의 프라이버시를 보호하면서도 원활한 협업이 가능하도록 선택하며, 개인 및 업무문서를 체계적으로 수납할 수 있는 편의성을 고려합니다.

[실습파일\Part02\Ch05\업무공간 가구 그리기.dwg] 파일을 열어 Chapter 05의 도면요소 그리기를 실습합니다.

* 가구의 크기는 대략적인 폭(W), 깊이(D), 높이(H)를 숙지하고, 틀(프레임)의 두께와 손잡이 등은 20~30mm 범위에서 자유롭게 작성합니다.

Section 01 사무용 데스크

업무공간의 대표적인 가구로, 공간의 크기와 업무의 성격에 따라 동향형, 대향형, 자유형 등 다양한 방식으로 배치할 수 있습니다.

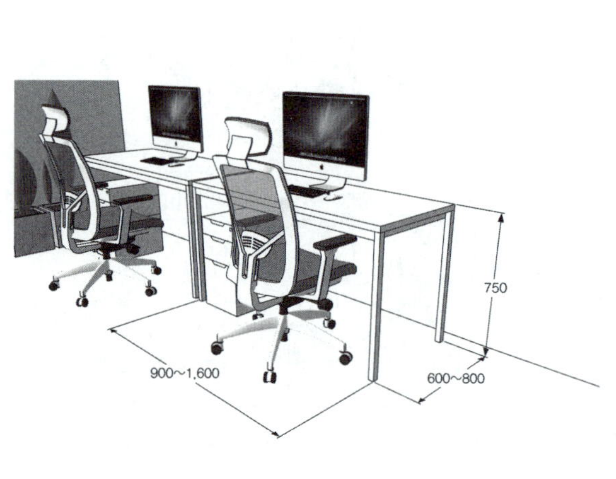

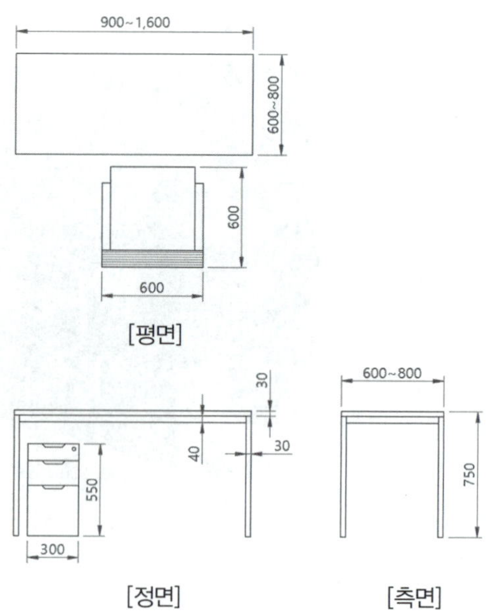

Section 02 회의 테이블

회의에 참석하는 모든 구성원이 사용할 수 있도록 적절한 크기와 형태의 테이블을 작성합니다.

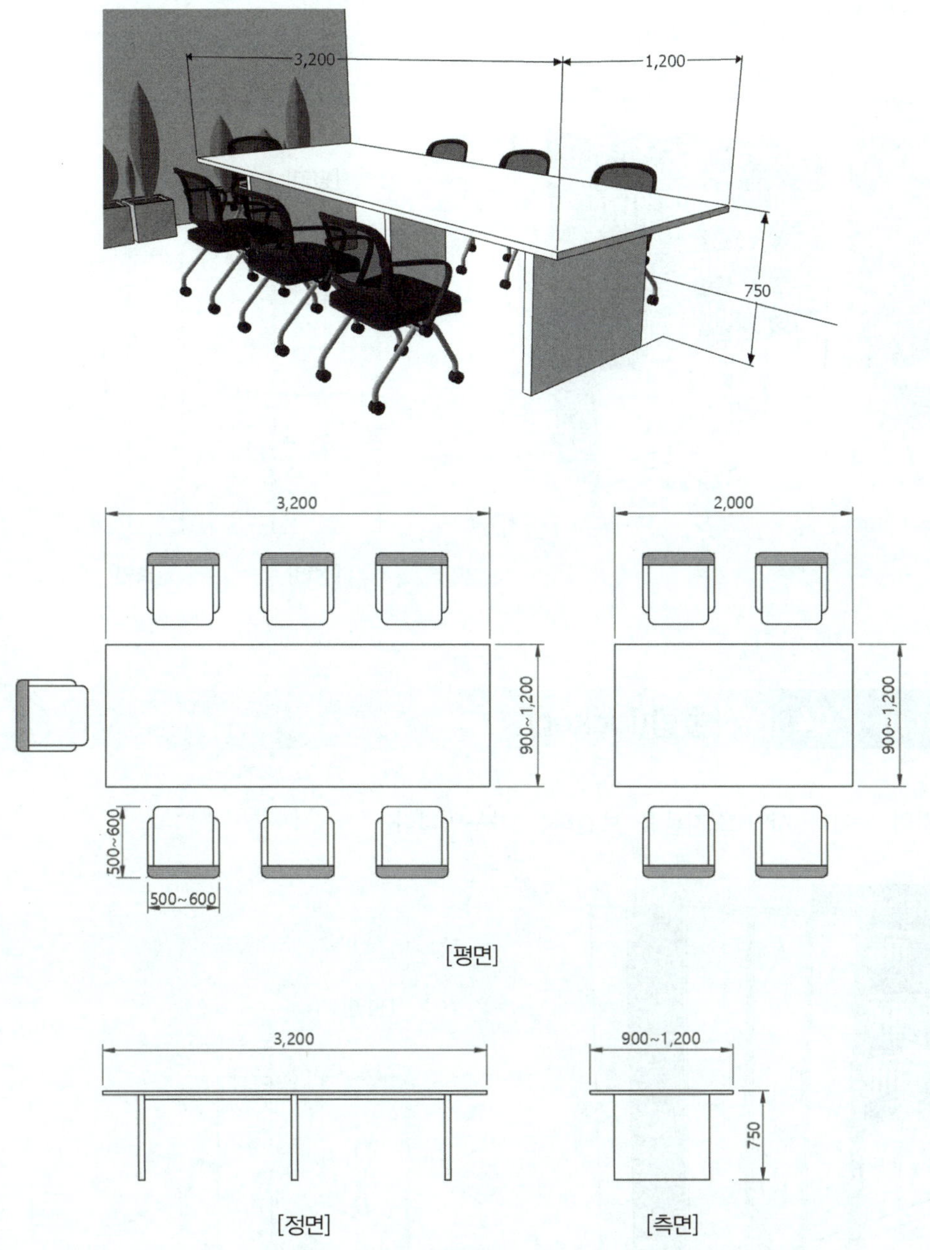

Section 03 캐비닛(cabinet)

서류나 물품 따위를 넣어 보관하는 사무용 가구로, 업무 성격에 따라 도어가 있는 장으로 사용할 수 있습니다.

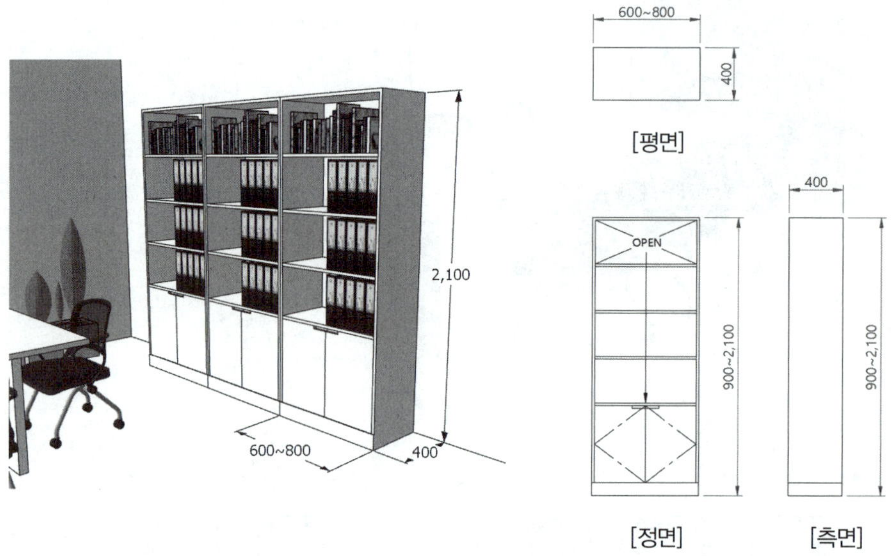

Section 04 사물함(locker)

직원의 옷이나 개인 소지품을 보관하는 가구입니다.

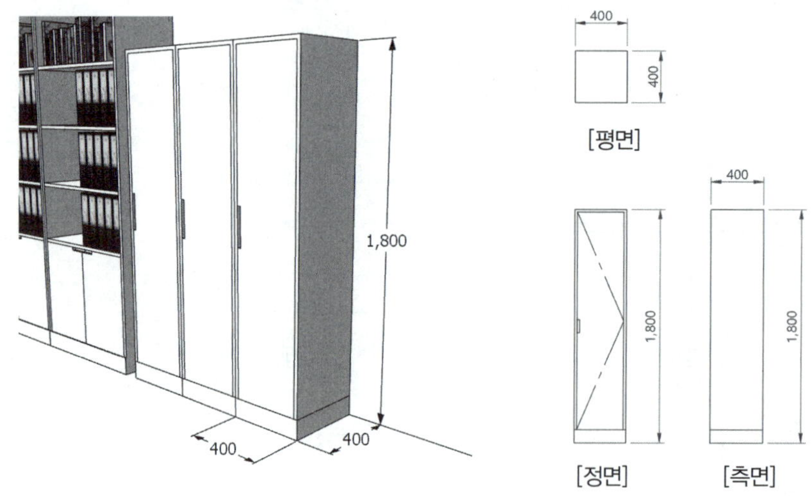

Chapter 06

창호 그리기

학습파일 | 실습파일 \ Part02 \ Ch06 \ 창호 그리기.dwg
▶ 동영상 \ Part02 \ Ch06 \ 창호 그리기.mp4

[실습파일\Part02\Ch06\창호 그리기.dwg] 파일을 열어 Chapter 06의 도면요소 그리기를 실습합니다.

Section 01 주거 공간

창호(창과 문)의 치수는 요구조건에 제시되어 있으며, 개폐 형식은 문제 도면(평면도)을 통해 확인할 수 있습니다. 따라서 창틀, 문틀, 핸들 등 세부 치수를 숙지하고 있어야 합니다.

[요구조건에 주어지는 치수]

출입문	화장실문	이중창문
1,000mm×2,100mm(H)	700mm×2,000mm(H)	1,500mm×1,200mm(H)

① 창

창의 높이, 출입 여부에 따라 전창, 반창으로 구분됩니다. 문제 도면에서 발코니와 같은 외부 공간과 연결되는 부분은 전창으로 작성합니다.

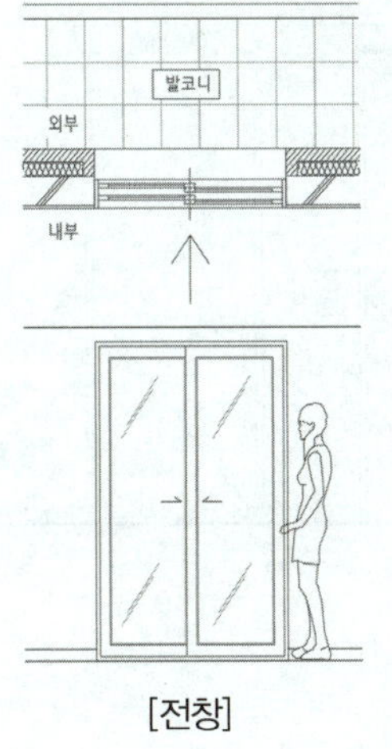

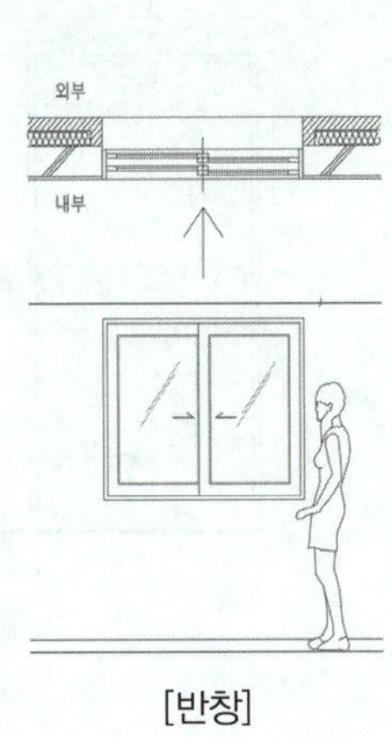

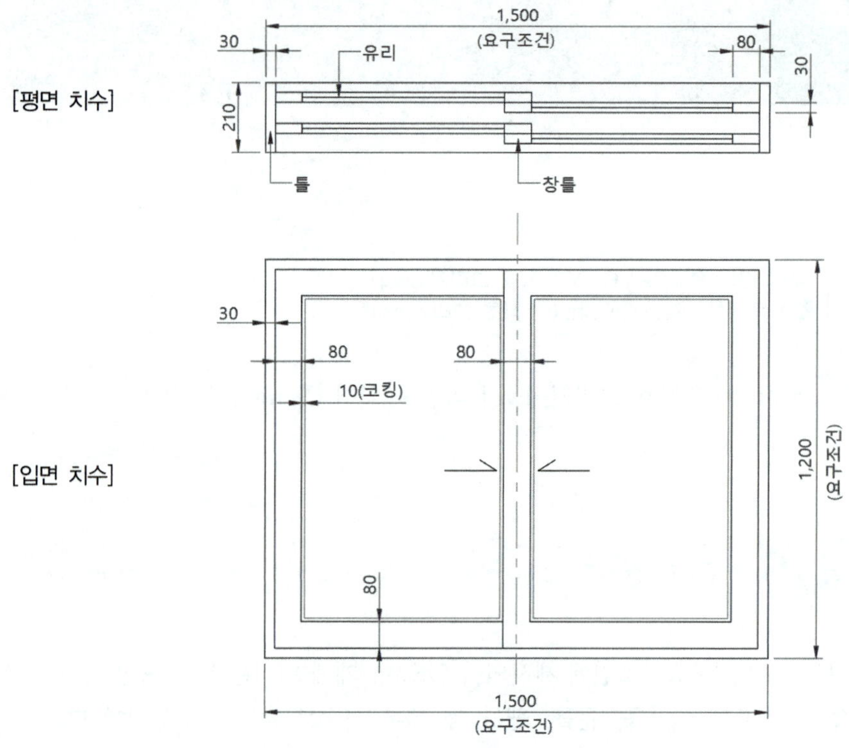

❷ 문

문의 크기는 요구조건을 참고해 작성하고 핸들은 바닥에서 900~1000 높이에 배치합니다. 현관문의 하부틀은 바닥에 묻혀 표현되지 않고, 방문이나 욕실문은 하부틀이 있는 문도 있고 없는 문도 있습니다. 한 가지 유형을 정해 연습합니다. 하부틀이 없는 경우 바닥마감의 연속성 및 디자인이 우수하며, 하부틀이 있는 경우 바람이나 이물질의 유입을 막고 내구성이 우수합니다.

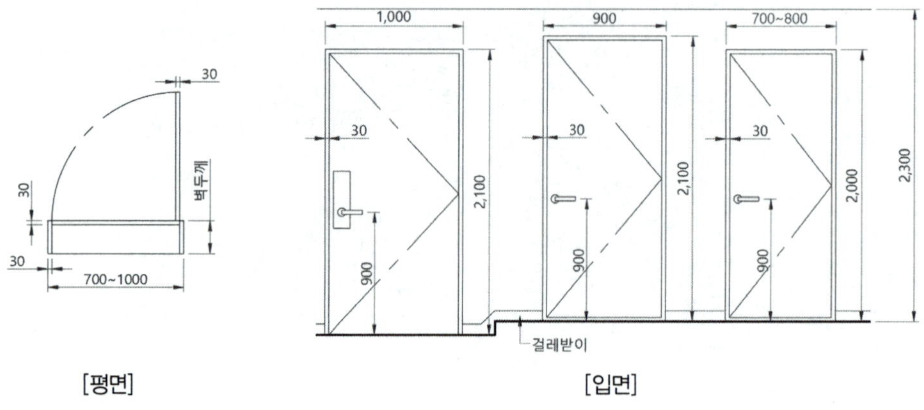

Section 02　상업공간 및 업무공간

❶ 문

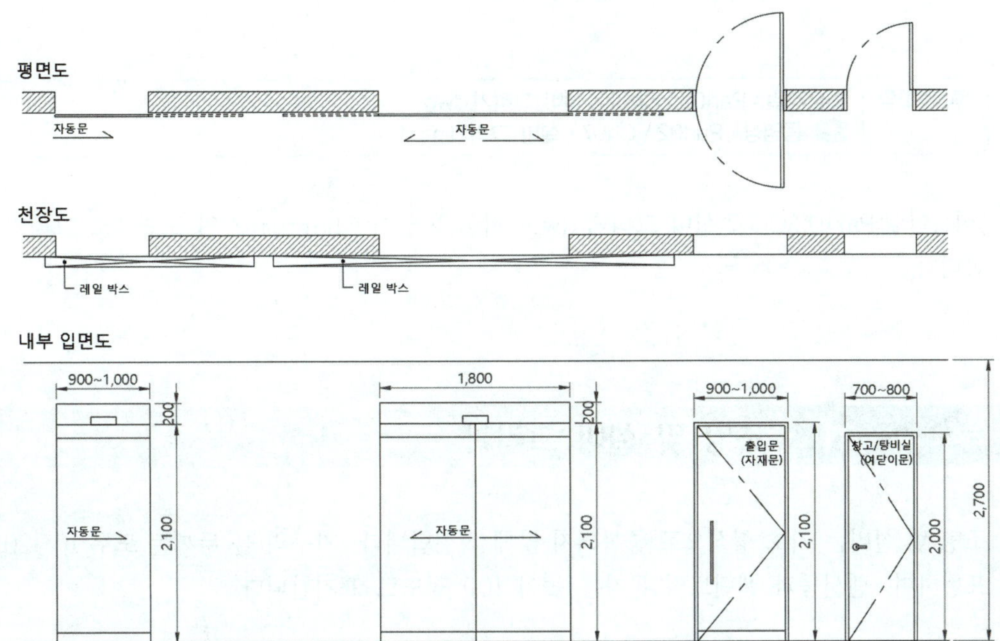

❷ 고정창, 미들창, 커튼월

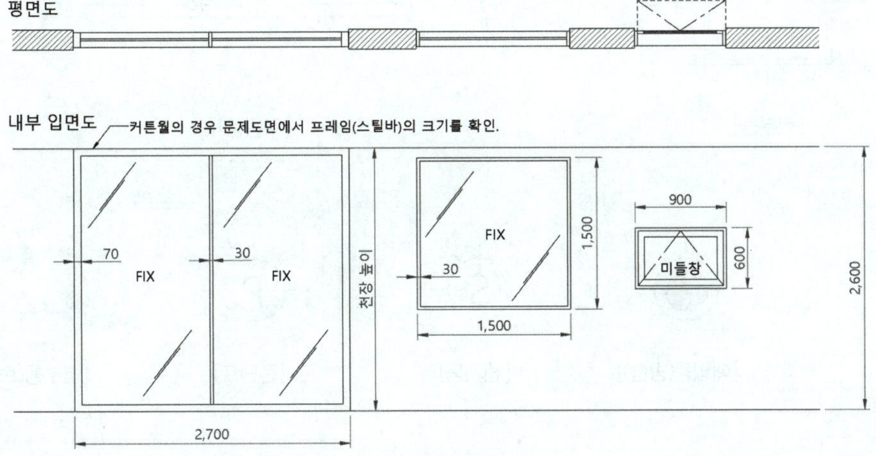

[실습파일\Part02\Ch07\설비 그리기.dwg] 파일을 열어 Chapter 07의 도면요소 그리기를 실습합니다.

Section 01　조명 및 설비 그리기

조명 및 설비는 기호 형식으로 중복되지 않게 작성합니다. 기구의 틀 두께는 모두 10~20 정도로 표현하며, 센서등과 펜던트의 문자는 높이 100 정도로 표기합니다.

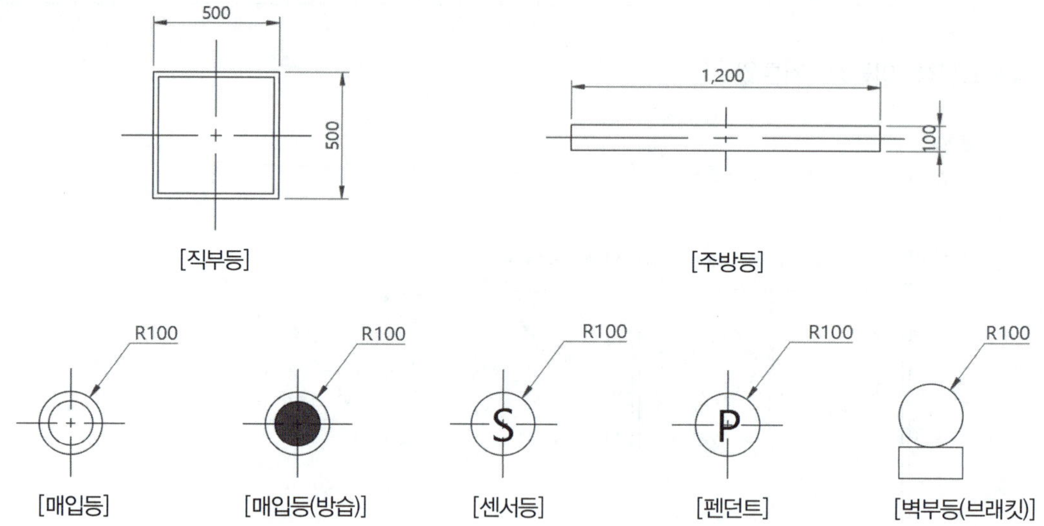

Section 02　소방, 공조 및 기타

소방, 공조 및 기타 기구의 틀 두께는 모두 약 10~20으로 표현합니다. 화재감지기의 문자는 높이 약 100으로 표기합니다.

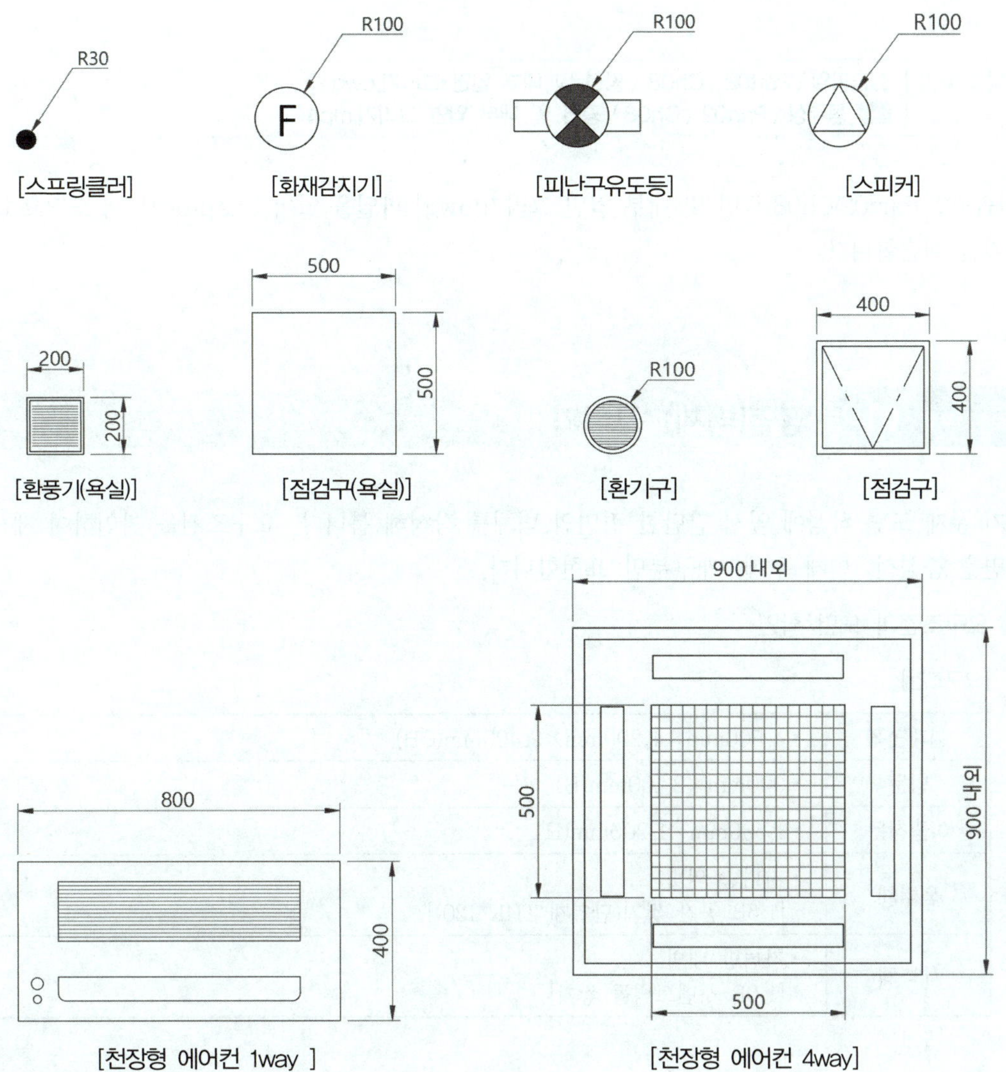

Chapter 08

평면 및 내부 입면 그리기

> **학습파일** │ 실습파일 \ Part02 \ Ch08 \ 평면 및 내부 입면 그리기.dwg
> ▶ 동영상 \ Part02 \ Ch08 \ 평면 및 내부 입면 그리기.mp4

[실습파일\Part02\Ch08\평면 및 내부 입면 그리기.dwg] 파일을 열어 Chapter 08의 도면요소 그리기를 실습합니다.

Section 01 평면(벽체) 그리기

실기 문제 도면 작성에 앞서 간단한 평면의 벽체를 작성해 봅니다. 요구조건을 확인하여 제시된 도면을 중심선, 벽체 두께, 개구부만 표현합니다.

❶ 요구조건과 도면 확인

[요구조건]

설계면적	• 4,500mm×4,200mm×2,400mm(CH)
방문	• 900mm×2,100mm(H)
이중창문	• 1,500mm×1,200mm(H)
외벽체	• 자녀방 외벽 [1.5B 공간 쌓기(단열재 THK 120)]
내벽체	• 자녀방 내벽 [1.0B 시멘트벽돌 쌓기]

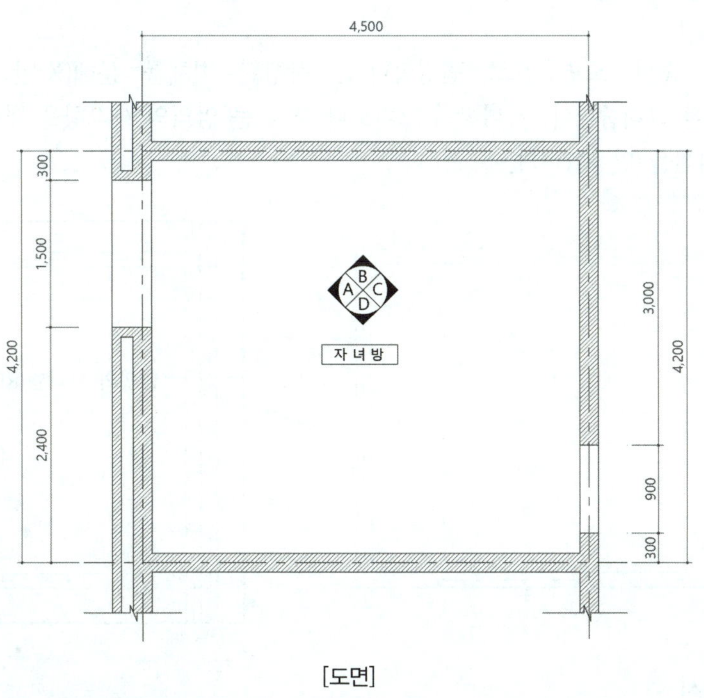

[도면]

❷ 중심선과 내벽 그리기

현재 도면층을 '벽체'로 변경합니다. 사각형 모양의 공간으로 치수를 확인한 후, [직사각형 (Rec)] 명령으로 작성하고, [간격띄우기(O)] 명령을 사용하여 벽의 두께를 표현합니다. 중심선을 기준으로 1.0B(190)의 1/2인 95씩 복사합니다.

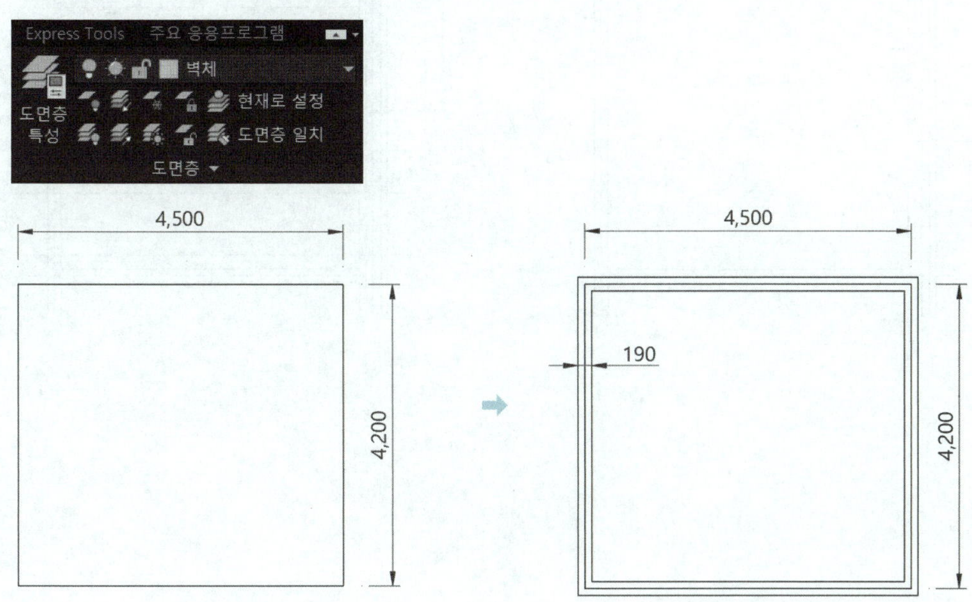

❸ 외벽 그리기

중심선은 '중심' 도면층으로 변경합니다. 작성된 벽체를 분해(X)한 뒤, 단열재(120)와 0.5B(90)를 그려줍니다. 자녀방의 크기보다 조금 큰 임의의 사각형을 대략 그린 후 중심선과 일부 벽체선을 연장합니다.

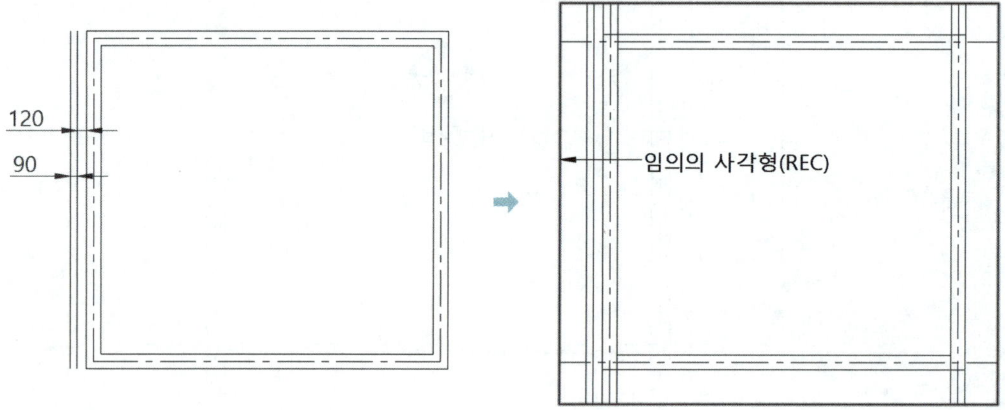

❹ 개구부 표시

임의의 사각형을 삭제하고 1.0B 벽돌이 교차하는 부분을 [자르기(TR)] 명령으로 편집합니다. 창과 문의 위치는 [간격띄우기(O)] 명령으로 표시합니다.

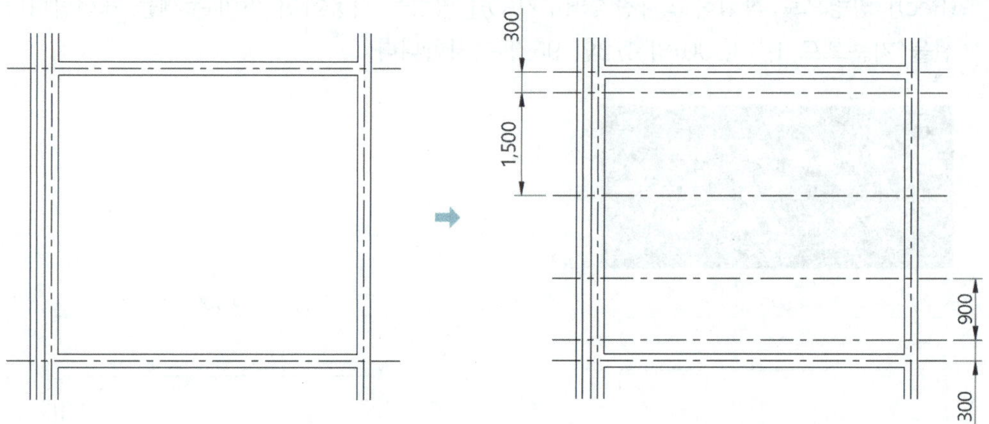

❺ 벽체선 편집

[자르기(TR)] 명령으로 편집하고 창 부분을 확대하여 단열재 부분을 그려줍니다.

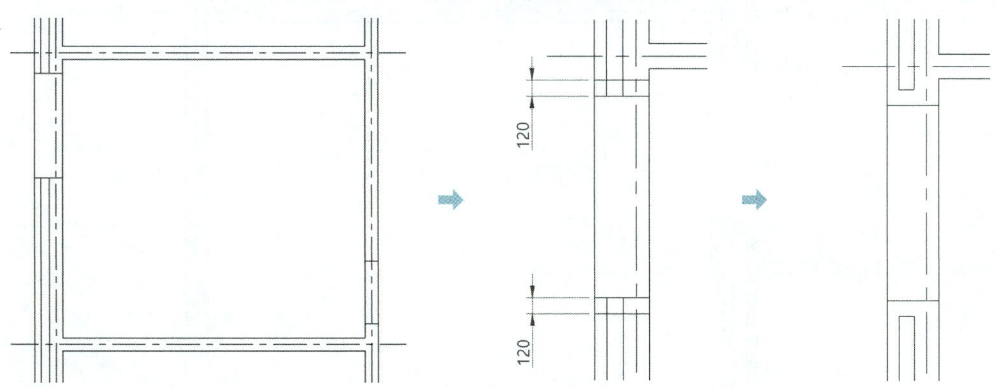

❻ 파단선 작성

파단선을 그려 벽체가 생략되는 지점에 배치합니다. 벽체 끝에 파단선을 배치한 후 틈이 생기지 않도록 편집하고 중심선을 늘려줍니다.

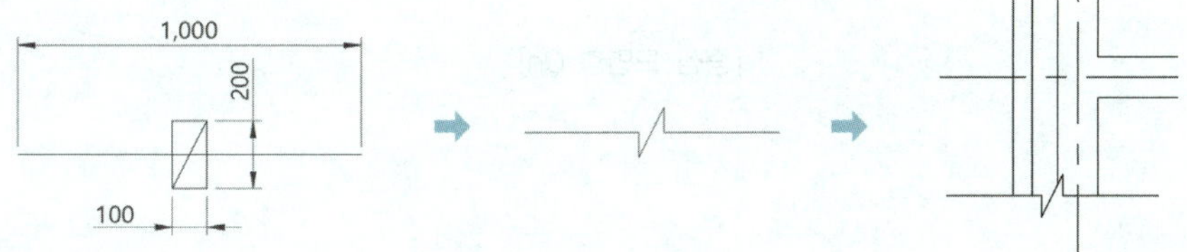

❼ 패턴 넣기

'중심'(빨강) 도면층을 Off한 뒤 [해치(H)] 명령을 사용하여 벽체의 재료 표시를 넣습니다. 해치의 패턴은 'ANSI31', 축척은 10으로 설정합니다. 해치 적용 후 '중심' 도면층을 다시 On으로 전환합니다.

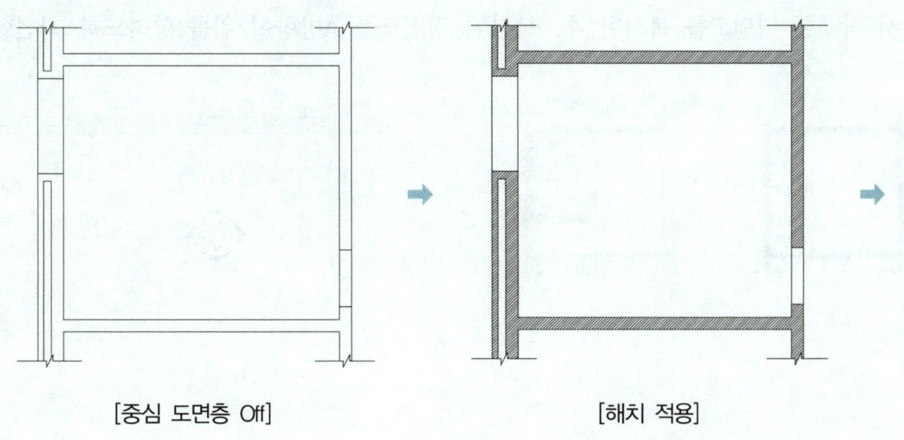

[중심 도면층 Off] [해치 적용]

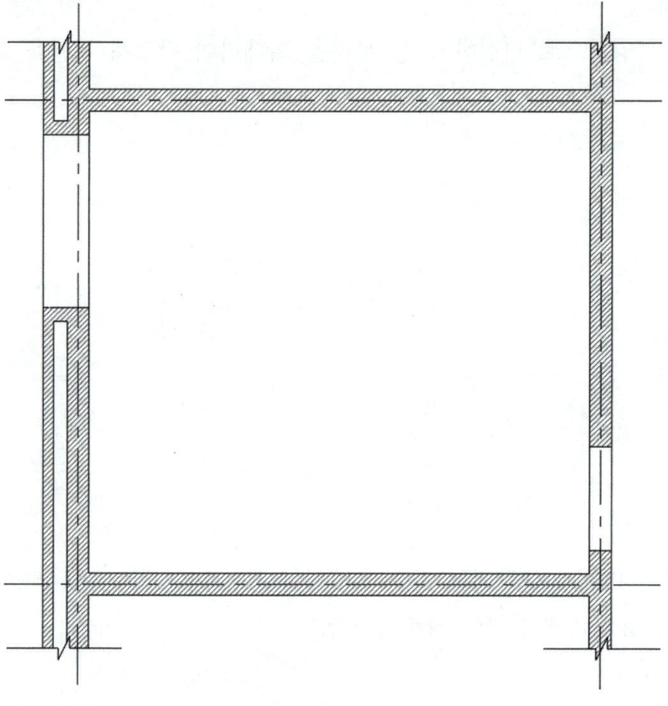

[중심 도면층 On]

Section 02   내부 입면 그리기

작성된 자녀방의 평면도를 활용하여 A방향과 C방향의 내부 입면을 작성합니다.

❶ 내부 입면 A방향 확인

앞서 작성한 평면도를 복사한 후, 복사된 평면도를 A방향이 위를 향하도록 회전합니다.

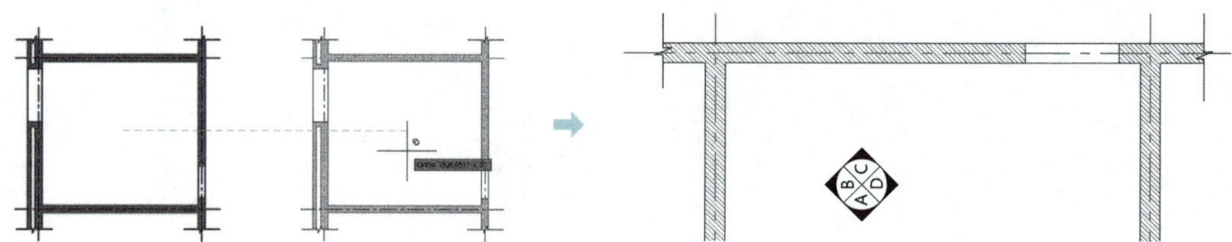

② 입면 그리기

[구성선(XL)] 명령의 수직(V) 옵션을 사용하여 중심선과 모서리 위치를 표시하고 임의의 가로
선을 그려 천장높이인 2400을 표시합니다. 중심선의 도면층을 변경하고 벽면을 편집합니다.

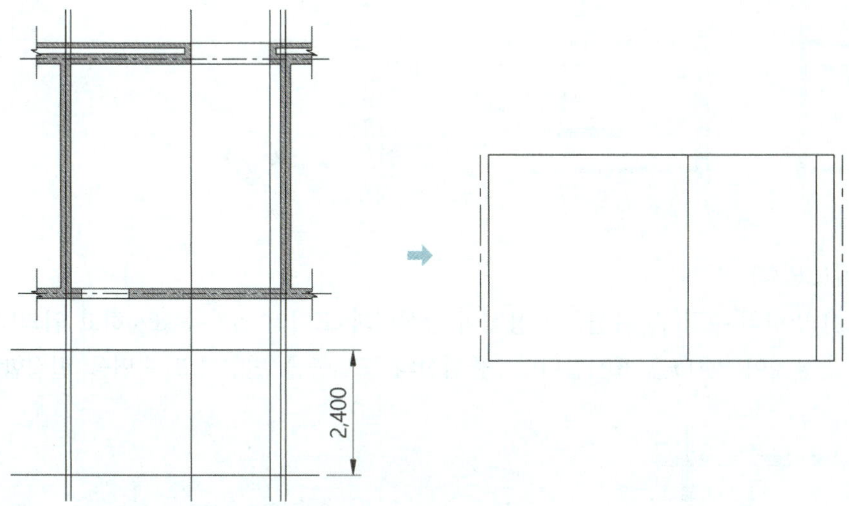

③ 창문과 몰딩 그리기

[간격띄우기(O)] 명령을 사용하여 걸레받이, 창문, 천장몰딩을 표시하고 편집합니다. 창문은
천장에서 100만큼 거리를 두고 그려줍니다.

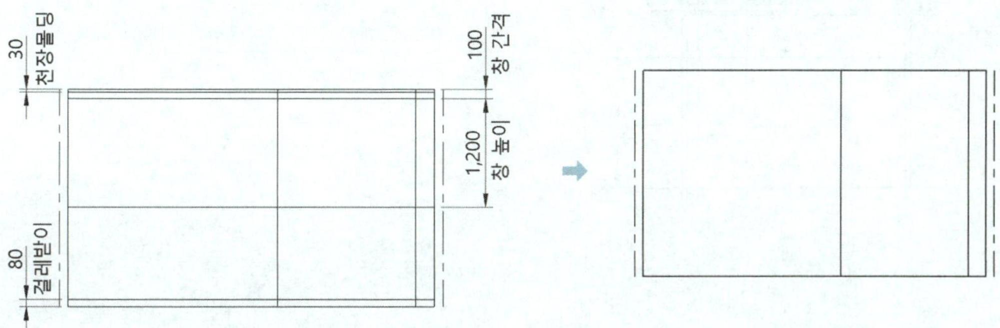

❹ 내부 입면 C방향 확인

앞서 작성한 평면도를 하나 더 복사합니다. 복사된 평면도를 C방향이 위를 향하도록 90° 회전합니다.

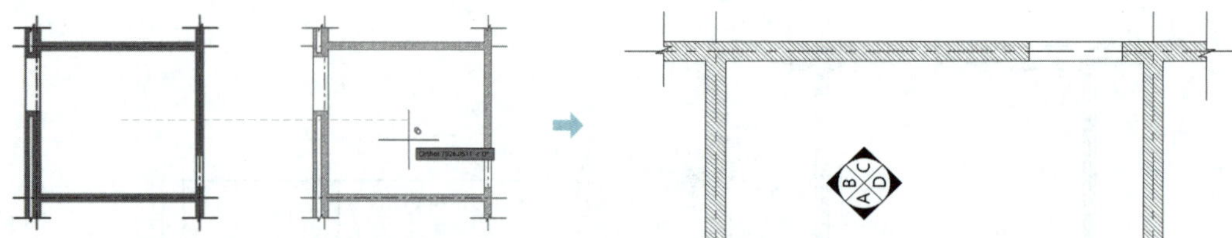

❺ 입면 그리기 (C방향)

[구성선(XL)] 명령의 수직(V) 옵션을 사용하여 중심선과 모서리 위치를 표시하고 임의의 가로선을 그려 천장높이 2400을 표시합니다. 중심선의 도면층을 변경하고 벽면을 편집합니다.

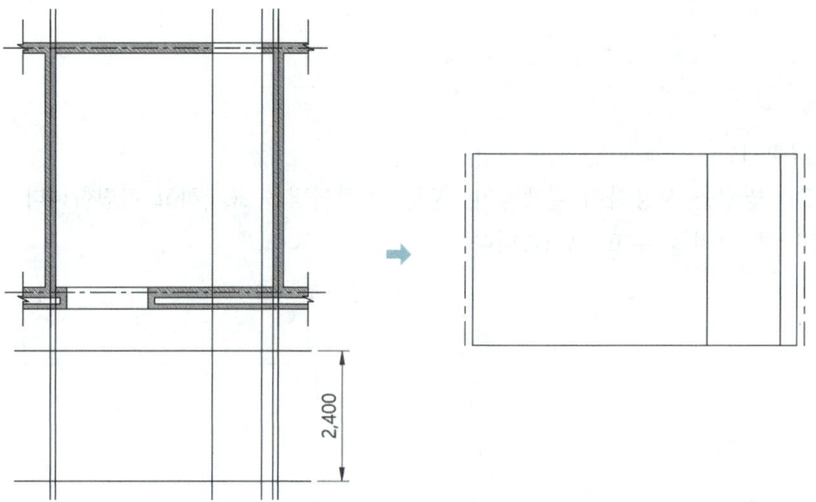

❻ 문과 몰딩 그리기

[간격띄우기(O)] 명령을 사용하여 걸레받이, 문, 천장몰딩을 표시하고 편집합니다.

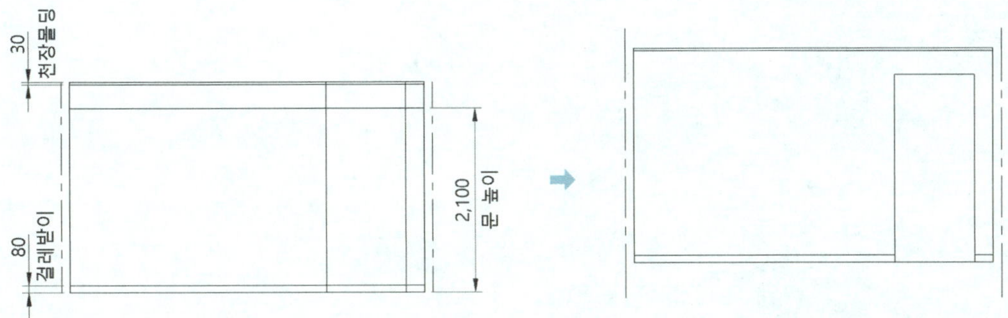

❼ 누락 요소 확인

완성된 평면과 입면에서 누락 요소나 편집 상태를 확인합니다.

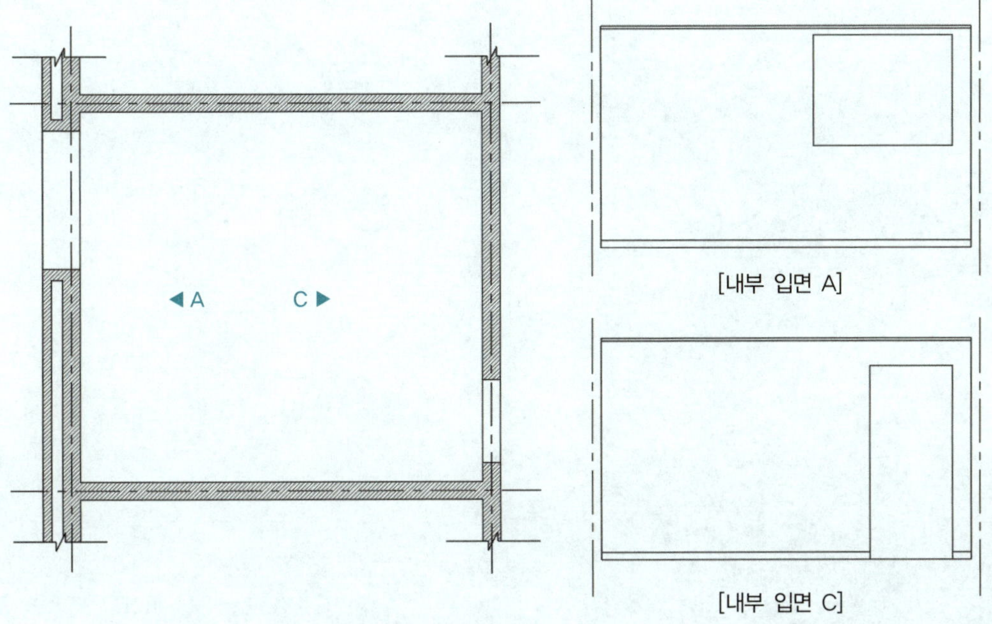

Industrial Engineer Interior Architecture

2D 도면 과제 작성

원룸형 오피스텔

Section 01 요구조건과 문제 도면 확인

① 요구조건

개 요	용 도	• 회사원을 위한 오피스텔
	인적 구성	• 30대 남성 1명
제시도면 조건	설계면적	• 4,300mm×6,500mm×2,400mm(CH)
	PVC 이중창문	• 2,500mm×1,200mm(H)
	현관문	• 900mm×2,100mm(H)
	욕실문	• 700mm×2,000mm(H)
	외벽체	• 시멘트벽돌 벽체/붉은벽돌 치장마감 [내부 마감재 임의＋1.0B 시멘트벽돌＋THK 100mm 단열재 ＋0.5B 붉은벽돌 마감]
	내벽체	• 벽돌벽체[1.0B 시멘트벽돌 쌓기]
설계조건	필요 공간 및 집기	• 싱글침대　　　　　　　• 오디오, TV • 1인용 소파　　　　　　• 컴퓨터 및 책상, 의자 • 옷장, 책장　　　　　　• 싱크대 세트 ＊그 외 가구 및 집기는 수검자가 임의로 더 추가해도 되며, 명기되지 않은 내장재는 실의 기능에 맞게 표기한다.

❷ 문제 도면

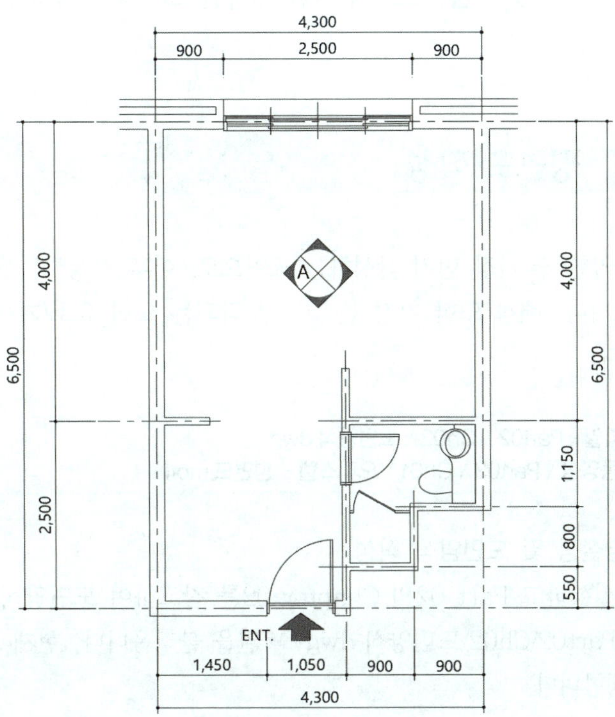

❸ 요구 도면

도면의 배치 순서는 평면도, 내부 입면도, 천장도, 실내투시도(3D)의 순으로 정리하여 제출합니다.

• 평면도(1장, 가구배치 및 바닥마감재 표기) – S: 1/30
  평면도 주변의 여유공간에 설계(디자인) 의도를 200자 이내로 서술
• 내부 입면도(1장) – S: 1/30
  A방향 1면(가구 배치 및 벽면재료 표기)
• 천장도(1장) – S: 1/30
  설비, 조명기구 배치 및 범례표 작성/천장마감재 표기

❹ 주안점

• 욕실을 포함한 원룸 형식이므로, 비교적 복잡한 벽체 구성을 충분히 고려해야 합니다.
• 다소 협소한 단일 공간이지만 취침, 취사, 위생, 활동 공간 등으로 기능을 구분하고, 평면과 입면 계획은 단순하고 간결하게 구성하는 것이 좋습니다.
• 원룸 및 오피스텔의 싱크대는 2m 이내의 키친네트 형태로 간단하게 구성합니다.
• 바닥은 마루 또는 장판(비닐시트)으로 마감하고, 싱크대 전면 벽(미드웨이)은 타일로, 천장은 천장지로 마감합니다.

- 산업기사/기사 등급 시험에서는 2D(CAD), 3D(SketchUp)용 가구 소스가 제공되지만, 주거 공간 관련 소스는 많지 않으므로 간단한 디자인으로 직접 작성해보는 것이 좋습니다.

Section 02 평면도 작성

공간의 조건을 파악한 후 가장 먼저 작성하는 도면으로, 이후 작성하는 모든 도면은 완성된 평면도의 영향을 받습니다. 배점 또한 가장 높으며, 누락되는 도면 요소(가구, 기호, 마감표기 등)가 없도록 주의합니다.

> **학습파일** | 실습파일 \ Part02 \ Ch02 \ 도면양식.dwg
> ▶ 동영상 \ Part03 \ Ch01 \ 오피스텔 – 평면도.mp4

❶ AutoCAD 환경설정 및 도면양식 작성

AutoCAD를 실행하고 Part 02의 Chapter 02를 참고하여 도면양식(축척 1/30)을 준비하거나 [실습파일\Part02\Ch02\도면양식.dwg] 파일을 불러옵니다. 현재 도면층은 '벽체'(노랑) 도면층으로 진행합니다.

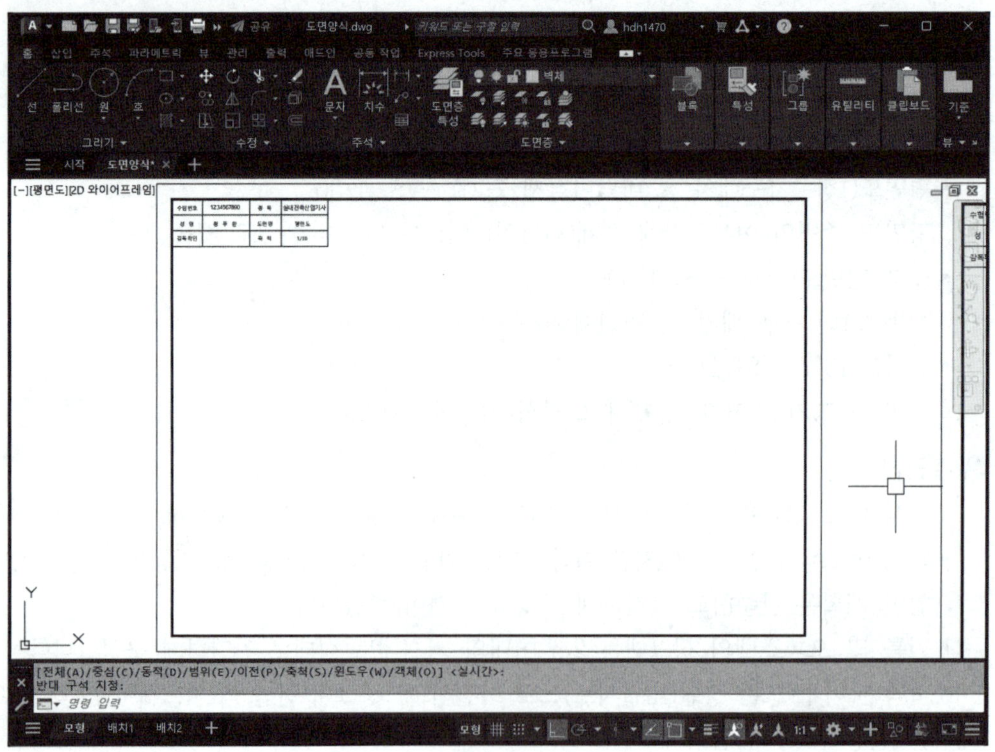

❷ 설계공간의 작성조건 및 문제 도면의 치수를 확인합니다.

[작성조건]
- 설계면적: 4,300mm×6,500mm×2,400mm(CH)
- 이중창문: 2,500mm×1,200mm(H)
- 현 관 문: 900mm×2,100mm(H)
- 욕 실 문: 700mm×2,000mm(H)
- 외 벽 체: 1.0B 시멘트벽돌＋THK 100mm 단열재＋0.5B 붉은벽돌 마감(1.5B 공간쌓기)
- 내 벽 체: 1.0B 시멘트벽돌 쌓기

[문제 도면]

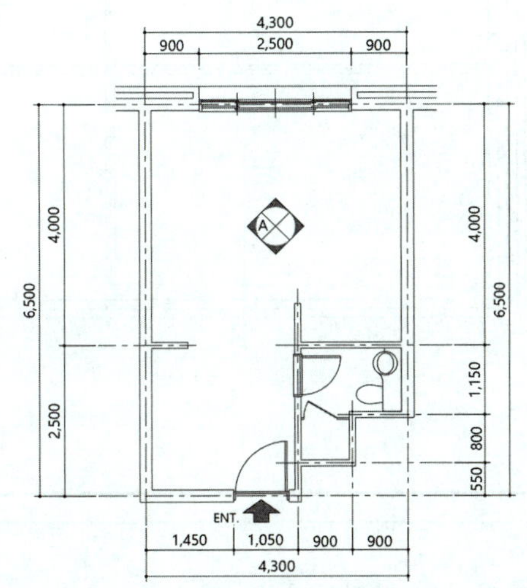

❸ 제시된 문제 도면은 세로로 길게 구성되어 있어 A3 용지에 배치하기 어렵습니다. 따라서 도면을 90° 회전하여 작성하는 것이 좋습니다.

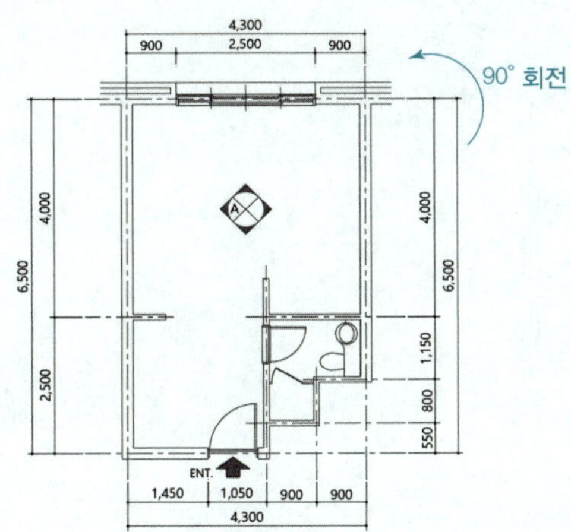

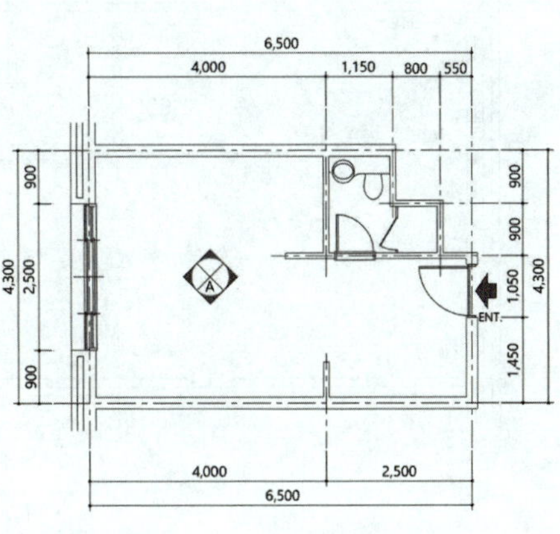

❹ 공간 전체의 치수를 기준으로 중심선과 벽체 두께를 표시하고, 중심선은 '중심' 도면층으로 변경합니다. 제시되지 않은 욕실 칸막이벽은 0.5B(90)로 작성합니다. (제시되지 않은 조건은 주변 치수와 비교하여 수험자가 판단합니다.)

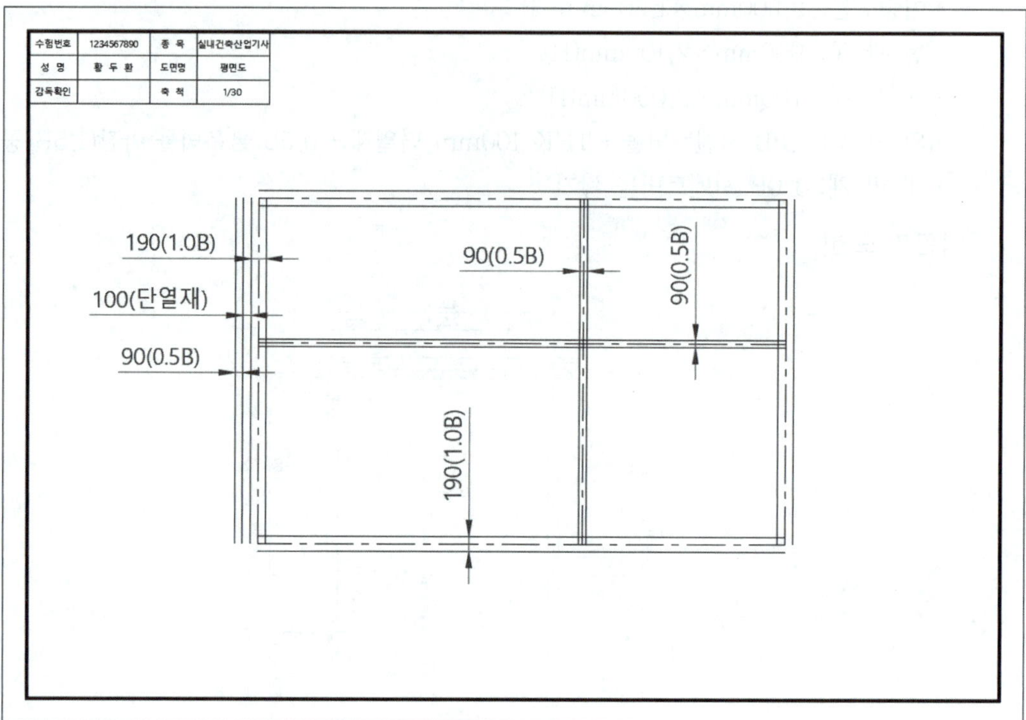

❺ 나머지 욕실벽 및 칸막이벽을 작성합니다.

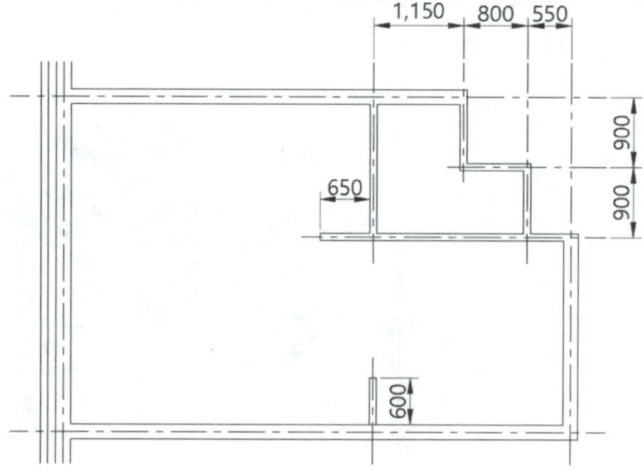

❻ 창과 문, 출입구의 위치를 표시하고 벽체의 단열재 부분을 편집합니다. 벽체 끝부분에는 파단선을 작성합니다. 중심선을 제외한 모든 선은 '벽체' 도면층으로 변경합니다.

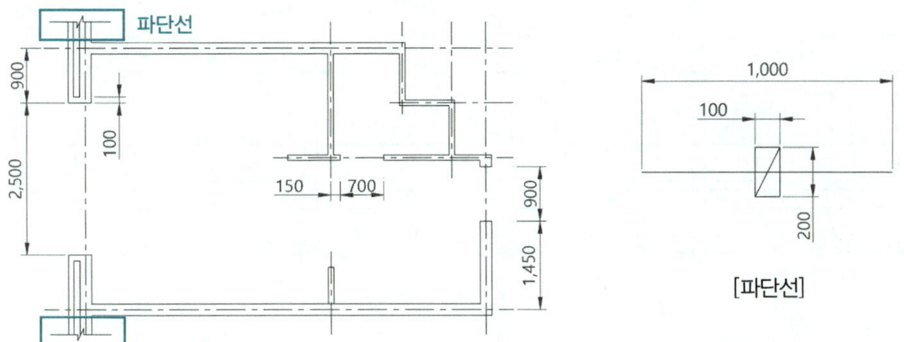

❼ 빈 공간에 욕실문과 현관문을 그립니다.

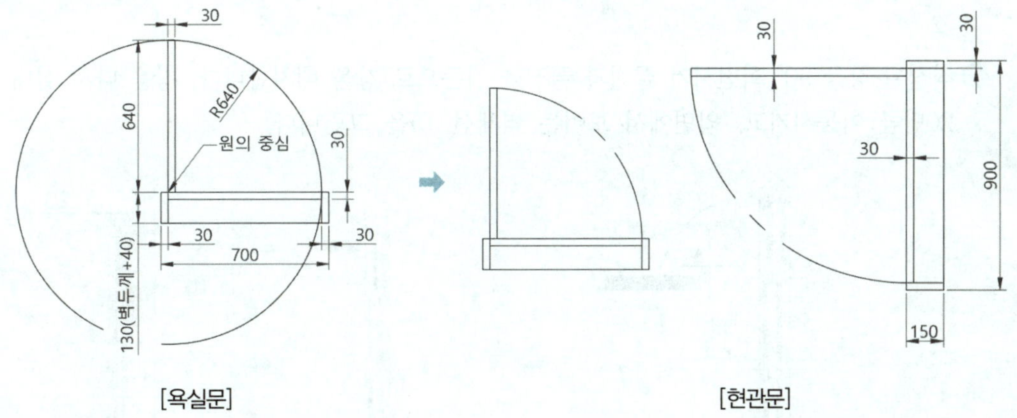

❽ 개폐 범위 호는 '중심'(빨강) 도면층으로, 나머지는 '문'(하늘색) 도면층으로 변경하고 벽체와 문틀의 중간점을 기준으로 배치합니다.

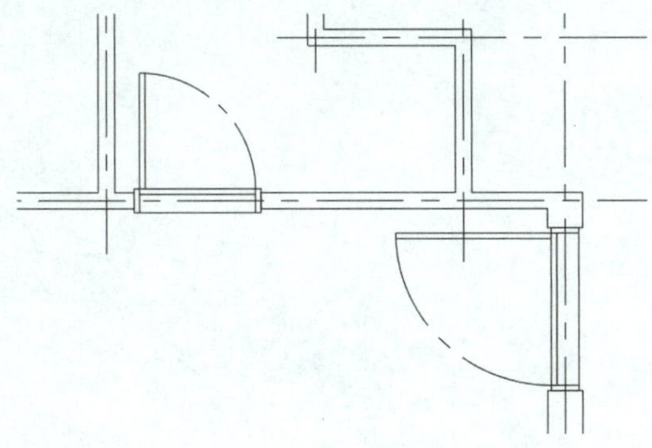

❾ 빈 공간에 창을 그립니다. 중심선 ①, ②, ③은 '중심'(빨강) 도면층으로, 나머지는 '창'(회색 2) 도면층으로 변경합니다. 이중창의 경우 단창을 90 간격으로 복사하여 작성합니다.

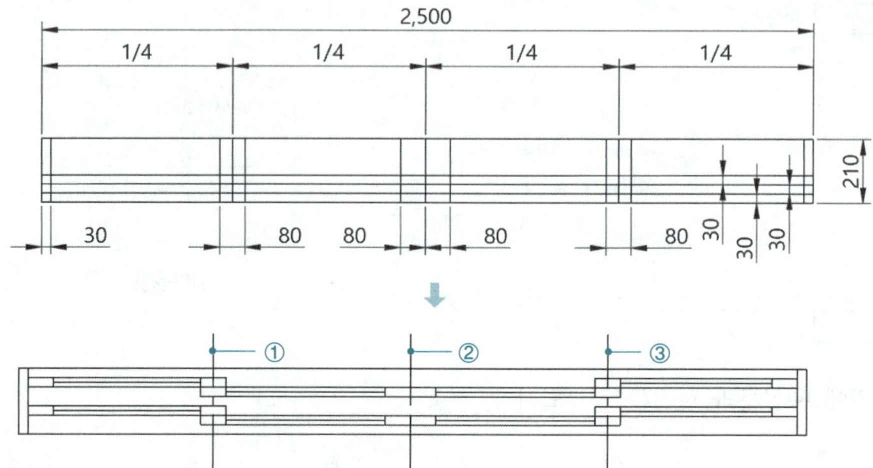

❿ 작성된 창을 90° 회전시켜 끝점과 끝점을 기준으로 창을 배치합니다. 창을 다시 실내 쪽으로 20만큼 이동시키고, 입면에서 보이는 벽체선(①)을 그립니다.

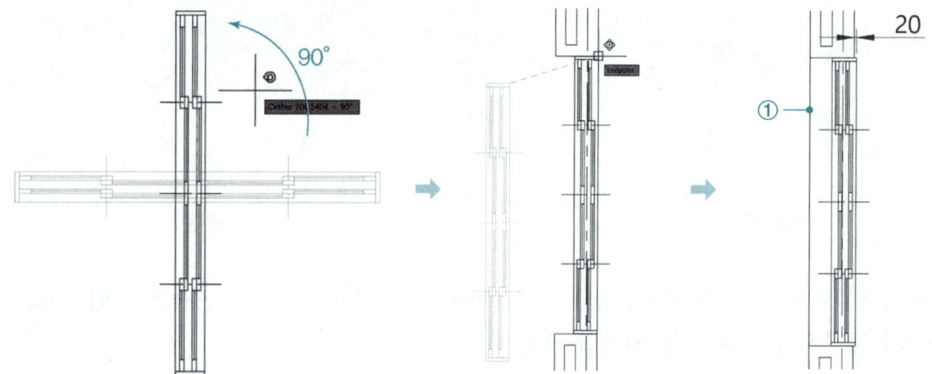

⓫ 욕실을 포함한 각 실은 [Offset(O)] 명령을 사용하여 모르타르 위 벽지마감을 두께 20으로 그립니다. 코너 부분은 [Trim(TR)] 또는 [Fillet(F)] 명령으로 편집하고, '마감'(선홍색) 도면 층으로 변경합니다.

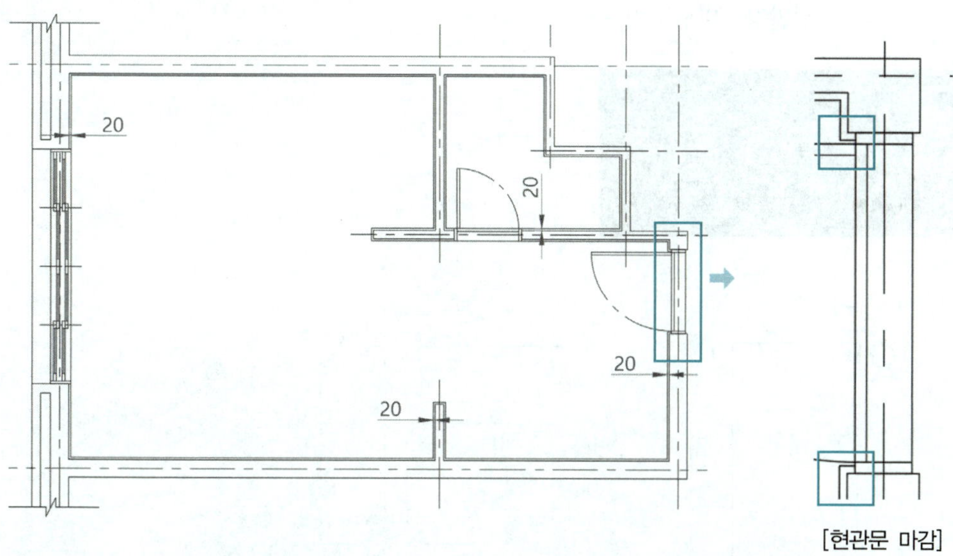

[현관문 마감]

⓬ 교재의 문제 도면이나 노트에 원룸 공간을 간단히 구상하며 스케치합니다.

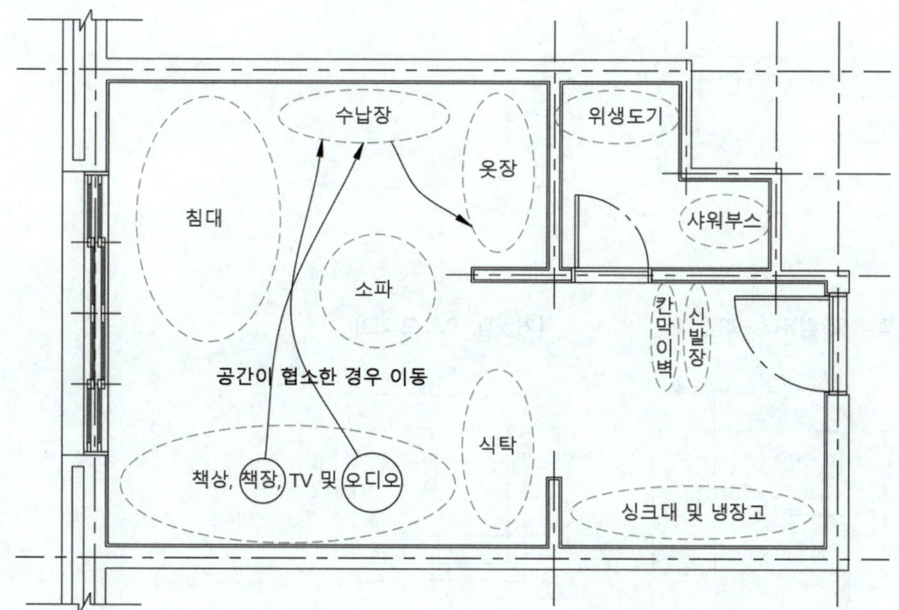

⑬ 현재 도면층을 '가구'(파랑) 도면층으로 변경하고, 빈 공간에 요구조건에 주어진 필요한 가구를 모두 작성합니다. 싱크대, 식탁, 신발장, 옷장은 기성 가구를 참고하여 도면에 직접 작성합니다.

작성할 가구: 싱글침대, 1인용 소파, 옷장, 수납장, 책상(컴퓨터), 책장, TV, 오디오, 냉장고, 신발장, 위생도기 등

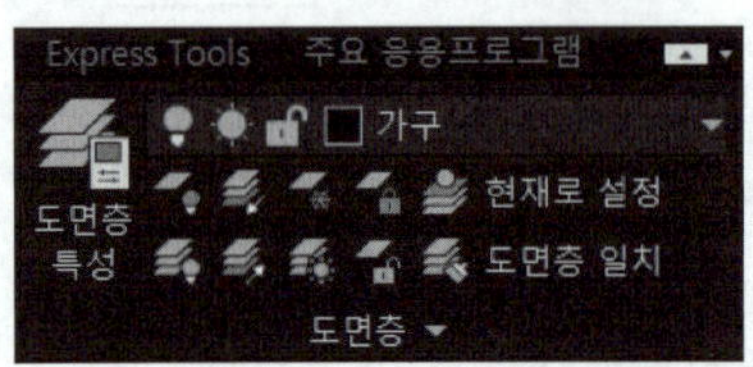

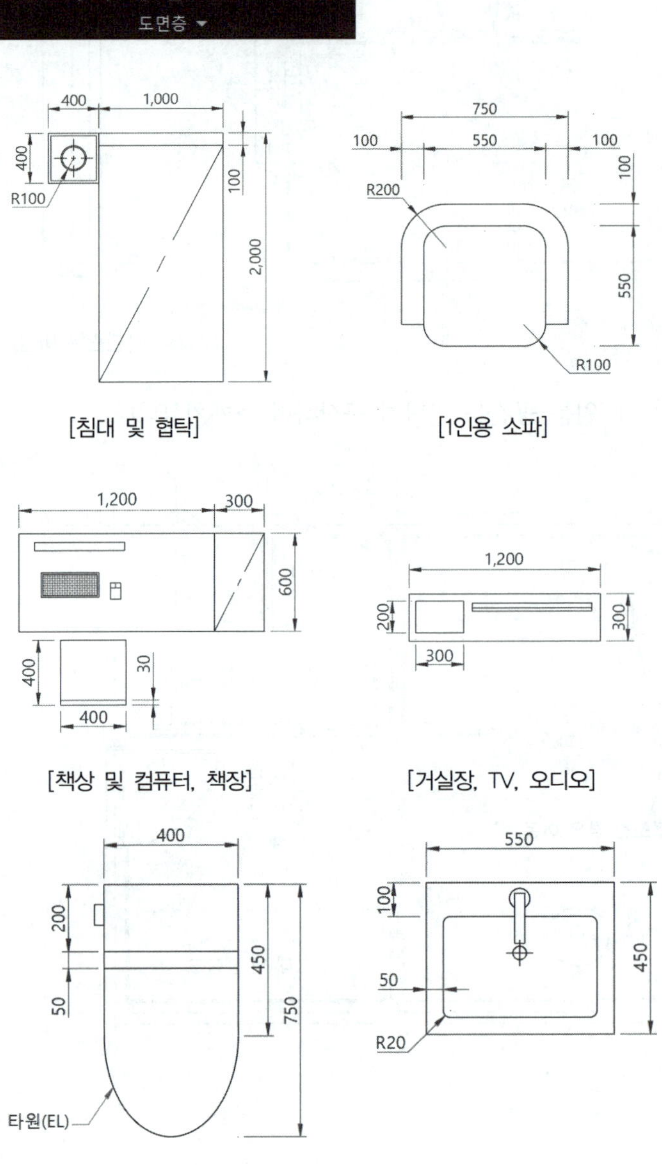

⑭ 배치장소가 정해진 옷장, 싱크대, 신발장, 위생도기, 샤워부스를 먼저 배치합니다.

• 옷장(붙박이), 욕실

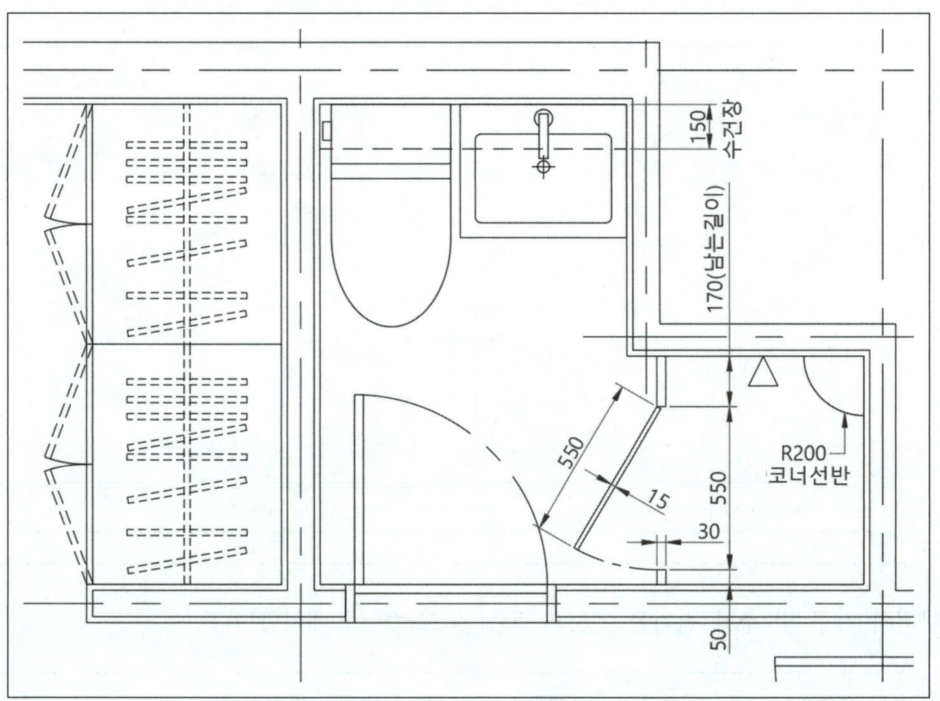

• 현관

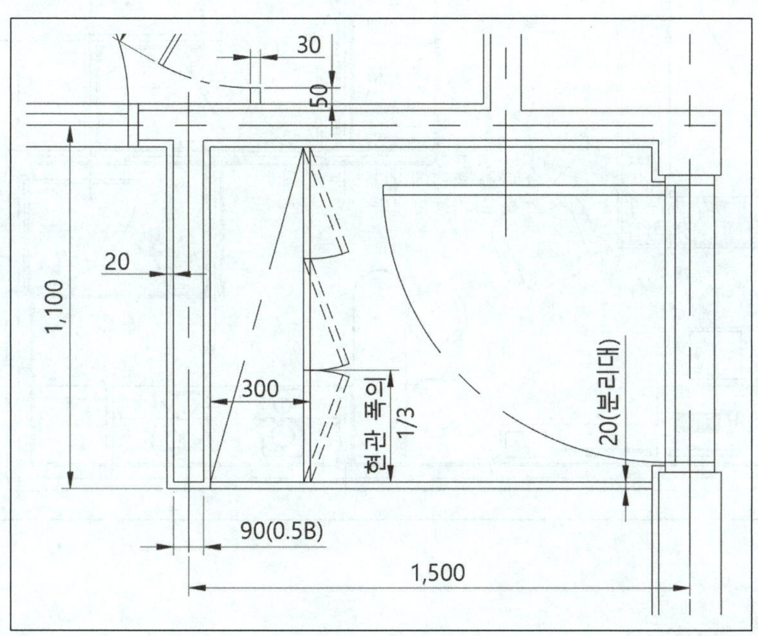

- 싱크대, 식탁

냉장고가 배치될 공간은 여유 공간을 두거나 조금 더 크게 작성합니다. 싱크대의 개수대,
가열대, 후드의 치수는 대략적으로 비율만 맞춰 작성해도 무방합니다.

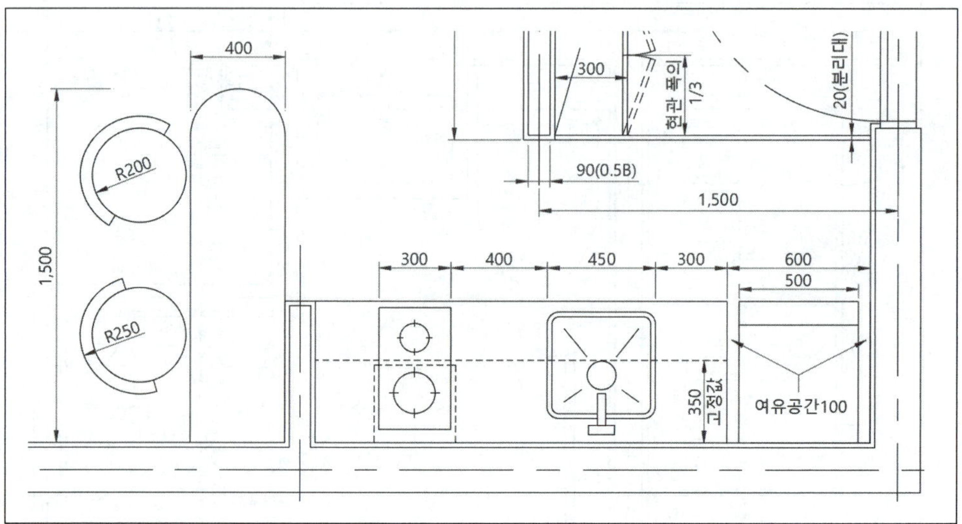

⑮ 나머지 가구 및 추가 집기를 기능과 동선을 고려하여 배치합니다.

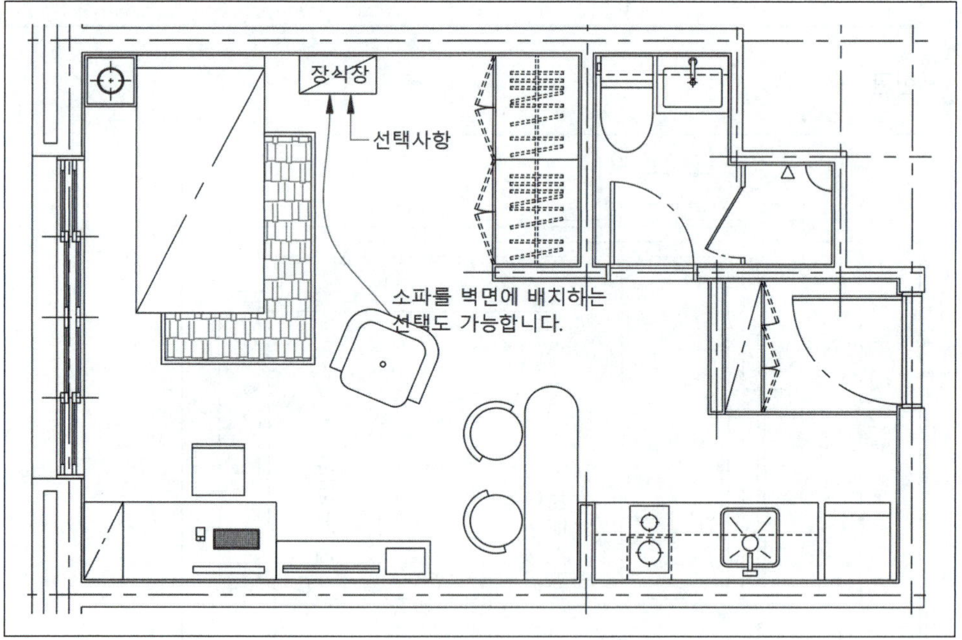

⑯ 현재 도면층을 '주석'(녹색) 도면층으로 변경하고 나머지 문자와 기호를 작성합니다. 지시선의 선은 [Line(L)], 점은 [DOnut(DO, D30)] 명령을 사용하여 작성합니다.

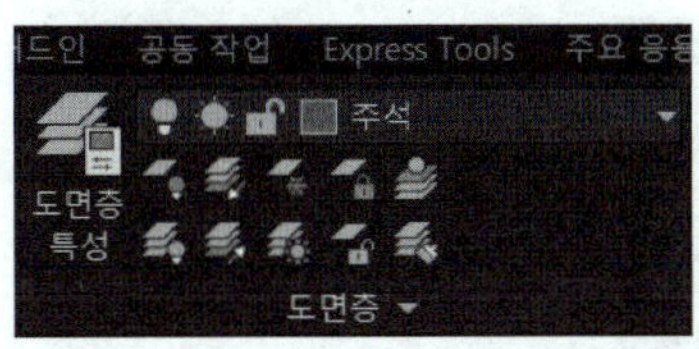

[문자 높이]

가구 및 집기: 60, 바닥마감재, 바닥레벨: 80, 실명: 100, 출입구 ENT.: 100, 도면명 평면도: 180, 축척: 80, 입면기호 문자: 100

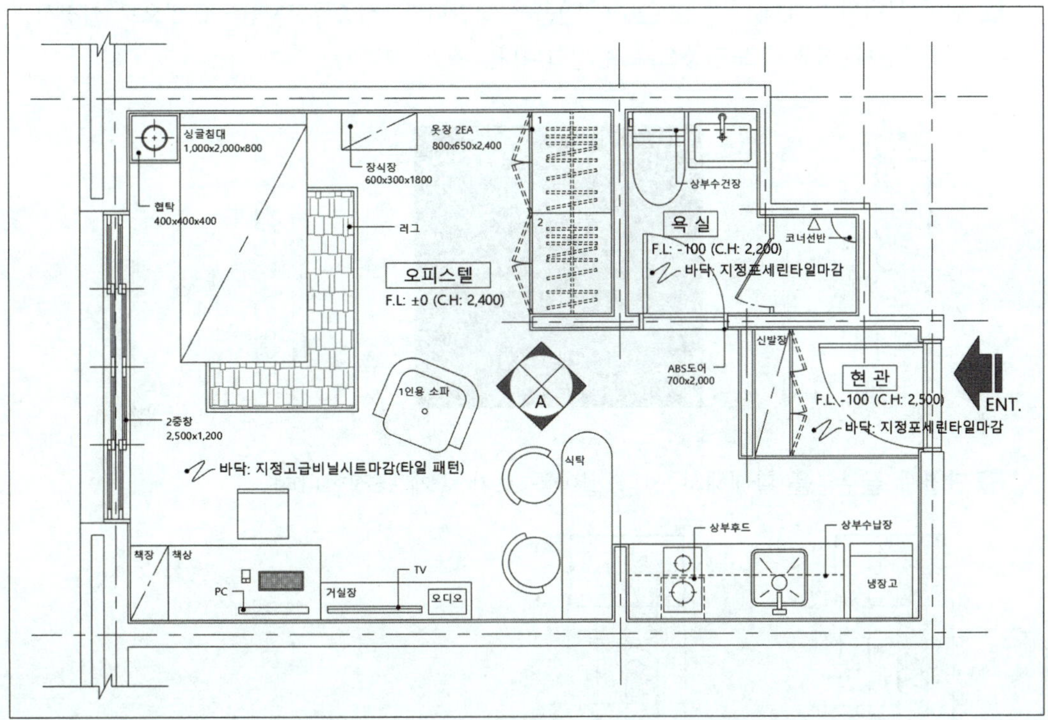

⑰ 외벽 부분을 확대하고 단열재 두께(100)의 1/2(50)을 [Offset(O)]합니다. 복사된 선을 대기상태의 커서로 선택하고 특성 패널에서 선 종류를 'BATTING'으로 변경합니다.

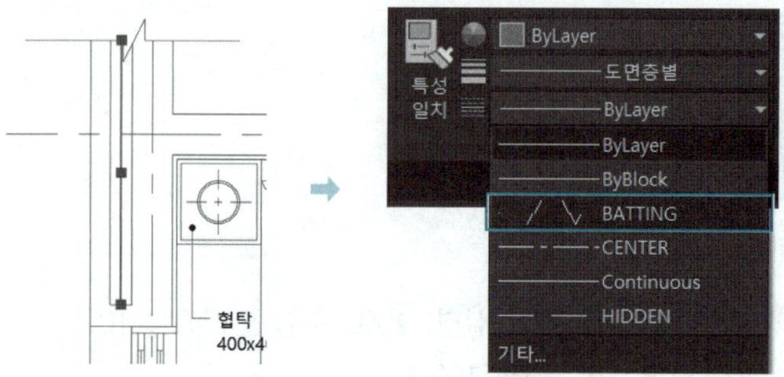

⑱ 선이 선택된 상태에서 특성(Ctrl + 1)을 실행합니다. 선종류 축척을 '0.3'으로 설정하고, 단열재는 '해치'(회색1) 도면층으로 변경합니다.

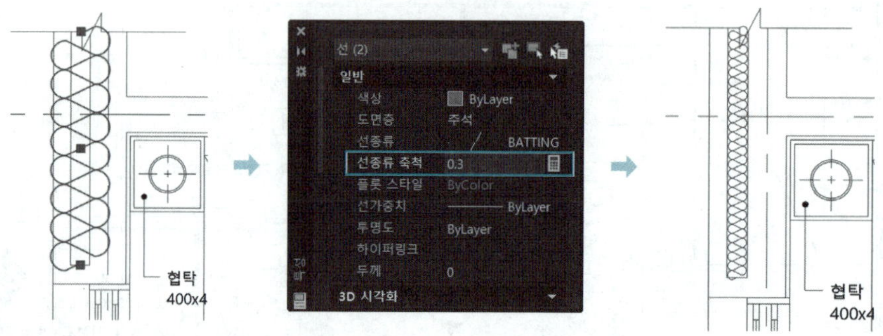

⑲ 단열재 끝부분을 확대해서 선의 길이를 보기 좋게 조정합니다.

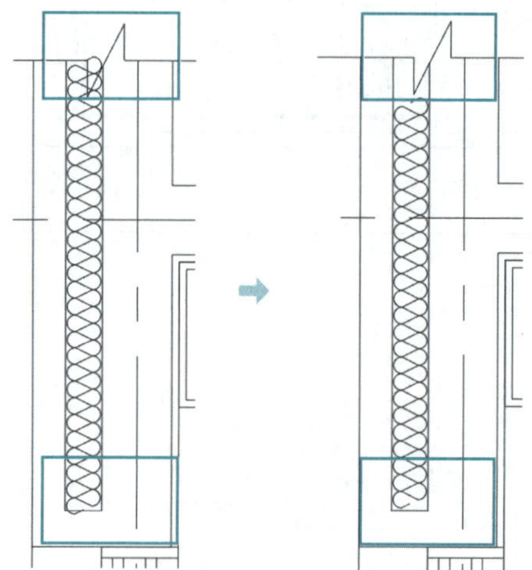

⑳ [해치(H)] 명령을 사용하여 바닥 패턴을 넣습니다. 패턴 형식은 '사용자 정의', 간격은 600(욕실, 현관: 300)으로 하고 '이중' 옵션을 적용합니다.

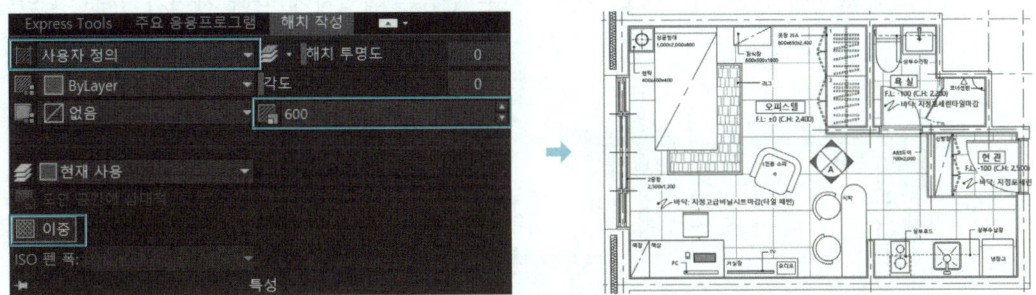

㉑ 벽체의 재료 표시를 위한 패턴을 넣기 위해 현재 도면층을 '해치'(회색 1) 도면층으로 변경하고, '중심'(빨강) 도면층은 Off합니다. 해치의 패턴은 'ANSI31'로, 축척은 10~15로 설정합니다. 해치 적용 후 '중심' 도면층은 다시 On으로 전환합니다.

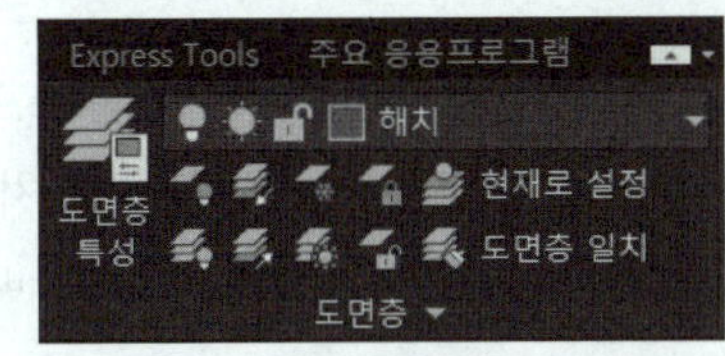

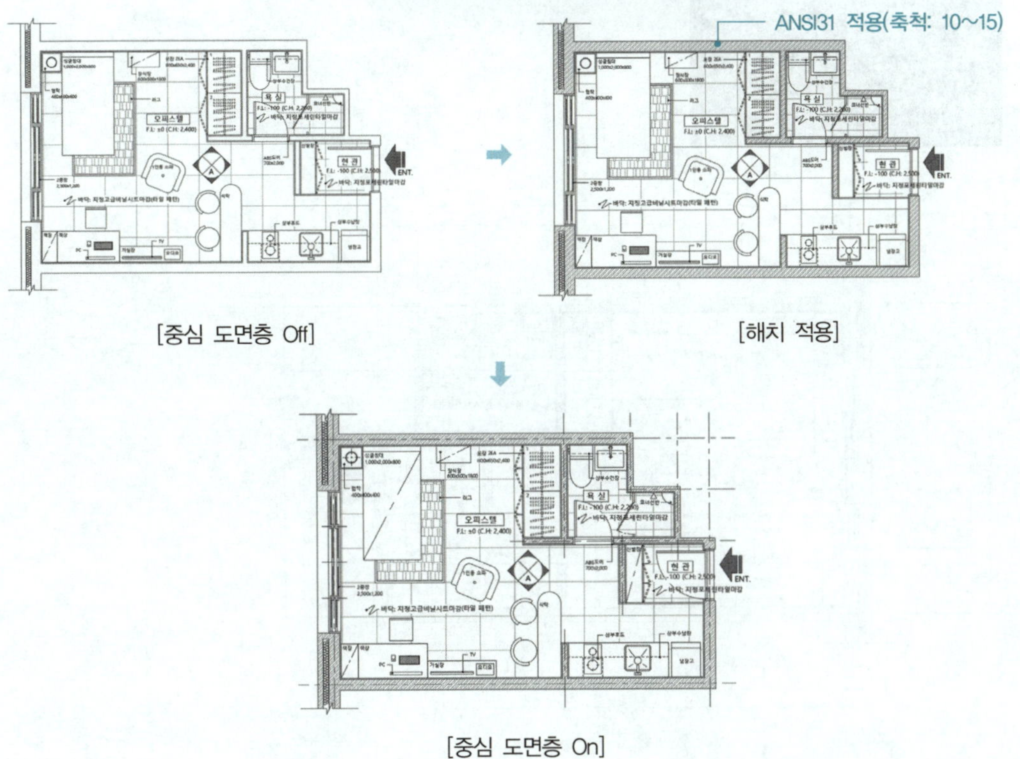

[중심 도면층 Off]

[해치 적용]

[중심 도면층 On]

㉒ 치수를 기입하기 위해 각 구간(벽, 창호, 주요 가구)에 보조선을 그려줍니다. 보조선은 치수 기입 후 삭제하므로 선의 종류나 유형은 제한이 없으며, 아래 그림에서는 시인성을 높이기 위해 파선으로 표시하였습니다. 주요 가구의 치수 구간은 작업자에 따라 차이가 있을 수 있습니다.

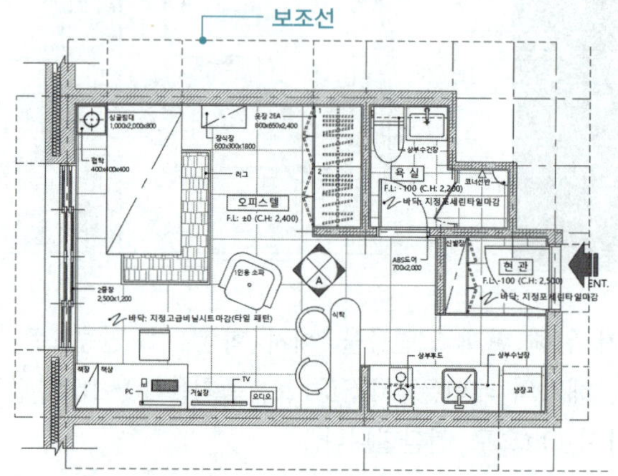

㉓ 치수를 기입하기 위해 현재 도면층을 '주석'(녹색) 도면층으로 변경합니다. [선형치수(DLI)], [연속치수(DCO)], [신속치수(QDIM)] 명령 등을 사용해 치수를 기입하고 보조선은 삭제합니다. 치수의 값과 구간은 작업자의 기준 및 마감 두께에 따라 달라질 수 있습니다.

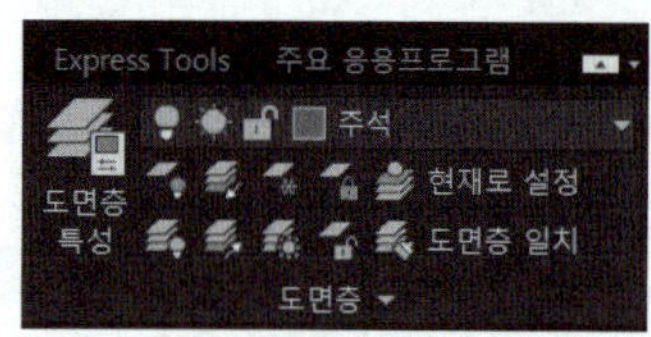

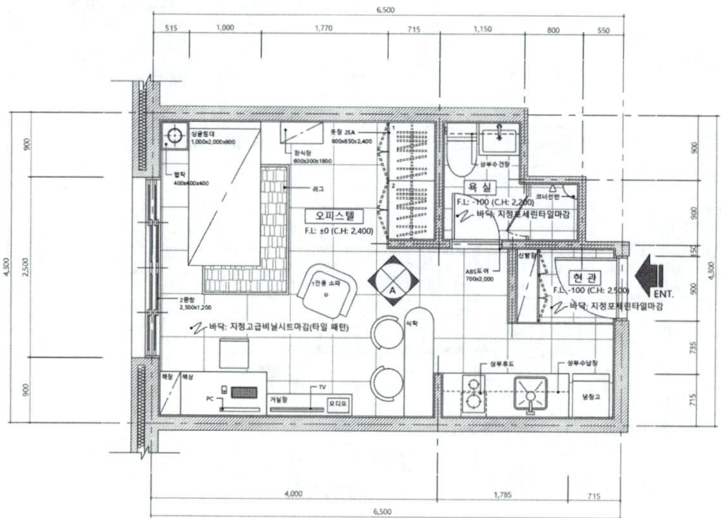

㉔ 도면 하단의 빈 공간에 '디자인 의도'를 작성합니다. '디자인 의도'라는 제목은 문자 높이 100, 내용은 높이 60으로 작성하여 평면도를 완성합니다. 디자인 의도의 내용은 [Mtext(T)] 명령을 사용하여 장문 형식으로 입력합니다.

학습파일 | 완성파일 \ Part03 \ Ch01 \ 오피스텔 – 2D 도면.dwg

디자인 의도 작성

디자인 의도는 200자 이내로 서술합니다. 작업자가 계획한 마감재, 동선, 가구배치, 색상, 조명, 디자인 콘셉트 등의 내용을 포함합니다.

1. 공간의 유형과 구조
2. 실내마감재의 종류
3. 가구 배치의 형식이나 특징
4. 공간 구성과 동선의 특징
5. 조명 및 전체적인 분위기, 콘셉트

***디자인 의도**

30대 회사원 1인이 거주하는 원룸형 구조의 오피스텔로, 하나의 공간에 취침, 학습, 휴식공간을 분리하여 배치하였다. 현관문 밖에서 내부 공간이 보이지 않도록 칸막이 벽을 추가로 구성하였다. 바닥은 타일패턴의 장판, 벽과 천장은 밝은 느낌의 화이트 색상으로 적용하였다. 천장에는 밝은 직부등과 매입등을 설치하고 식탁 위로는 펜던트를 설치하여 아늑한 분위기와 멋을 낼 수 있도록 계획하였다.

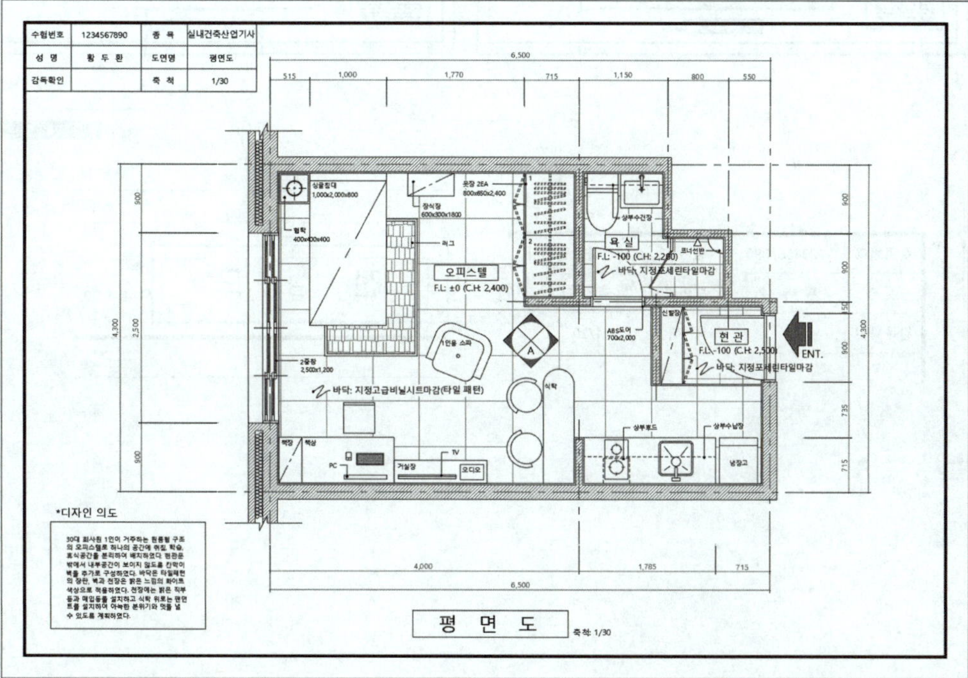

Section 03 천장도 작성

천장도는 평면도의 공간을 그대로 활용하므로 완성된 평면도를 복사해 불필요한 부분을 삭제하고 조명 및 설비를 배치하여 완성합니다.

학습파일 | ▶ 동영상 \ Part03 \ Ch01 \ 오피스텔 – 천장도.mp4

❶ 완성된 평면도를 우측에 그대로 복사한 후 표제란의 도면명과 도면 하단의 도면명을 천장도로 수정합니다.

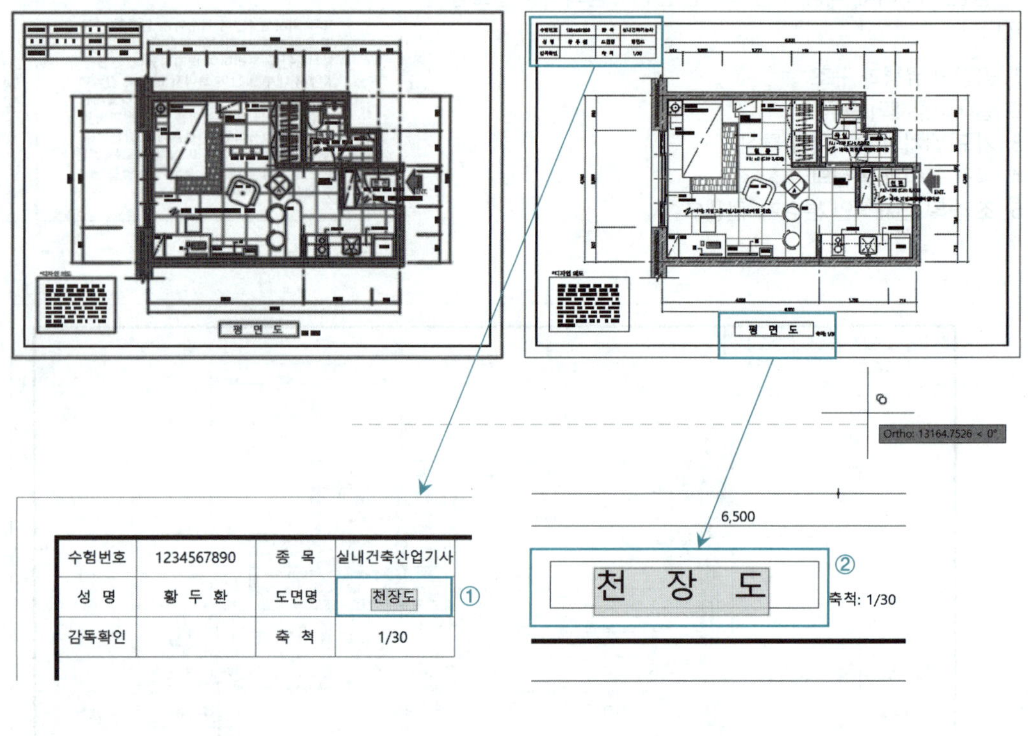

❷ '디자인 의도'를 범례표로 수정합니다. '디자인 의도'의 테두리선을 분해(X)하여 [Offset(O)] 명령으로 복사하고 소제목 높이 는 80, 세부 내용은 60으로 작성합니다. 숫자 1 대신 다른 내용을 써도 무방합니다.

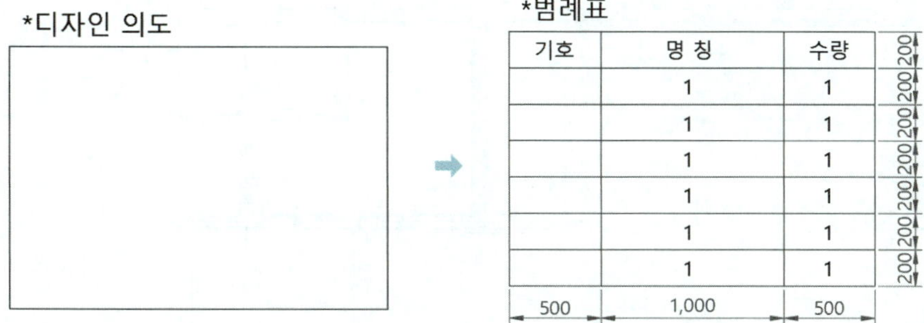

기호	명 칭	수량
	1	1
	1	1
	1	1
	1	1
	1	1
	1	1
500	1,000	500

❸ 천장도와 관련이 없는 부분적인 치수는 삭제합니다. 또한 천장면에 부착되는 붙박이가구인 상부 수납장과 벽면 수납장을 제외한 실내 공간의 모든 요소도 삭제합니다. 단, 식탁은 펜던트의 위치를 확인하기 위해 파선으로 남겨 둡니다.

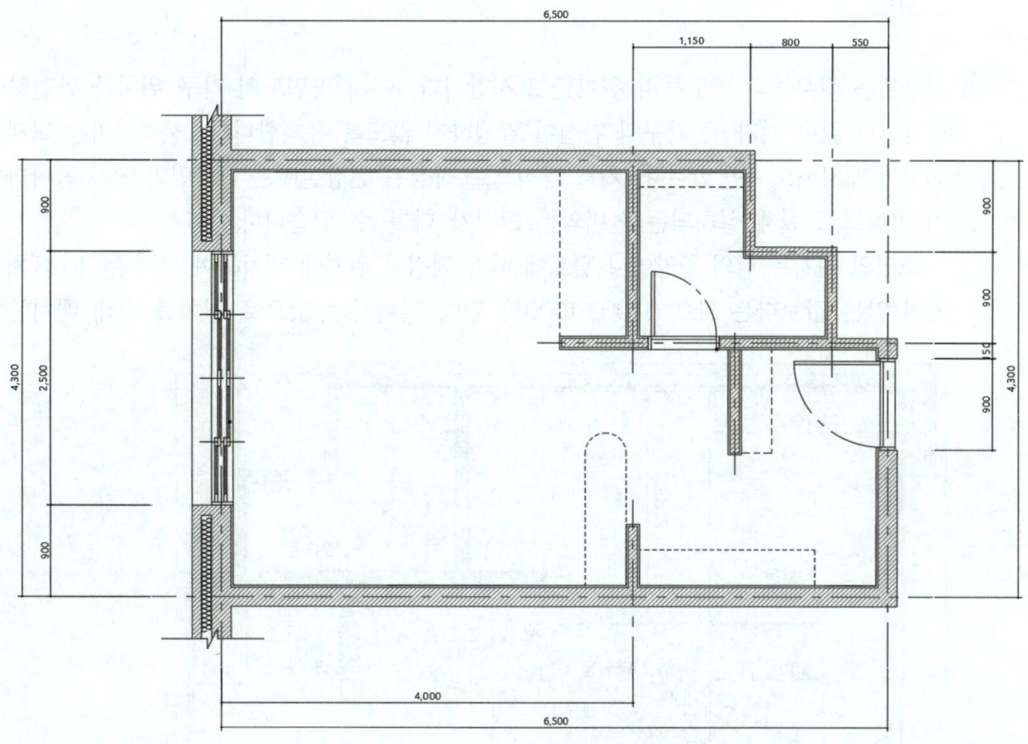

❹ 창과 문은 경계선을 제외한 나머지 요소를 삭제합니다. 천장몰딩(30)과 커튼박스(120)를 작성하고, 도면층은 '마감'(보라) 도면층을 적용합니다.

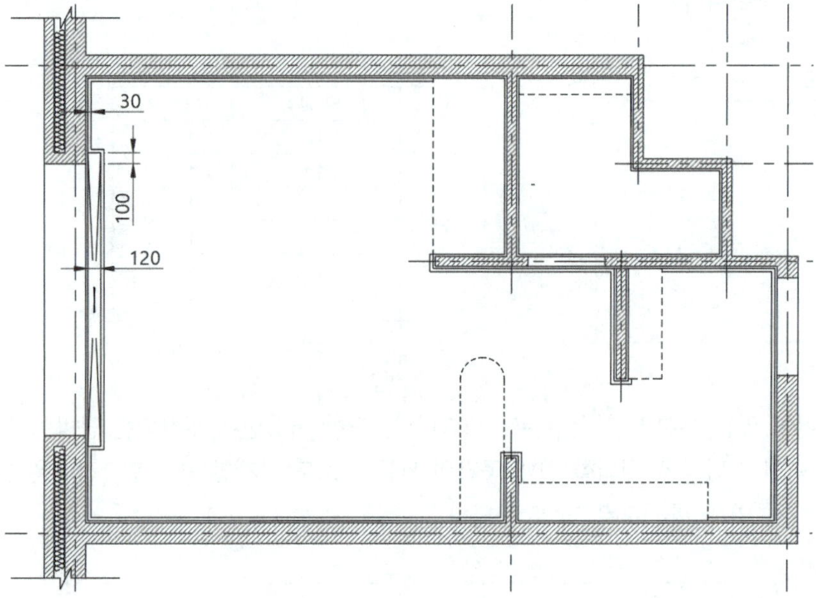

❺ 천장에는 직부등과 매입등의 위치를 표시합니다. 이때 평면도의 가구 위치를 확인하여 상부 수납장과 같은 키가 큰 가구와 간섭이 발생하지 않도록 유의합니다. 천장설비는 교재와 다른 위치에 배치해도 무방합니다. 기호 형식으로 작성된 천장설비는 디자인과 크기를 나타내는 것이 아니므로 실제 설치되는 설비와는 크기가 다를 수 있습니다.

조명의 위치는 실의 중앙이나 필요에 따라 적절한 위치에 배치하며, 치수는 '1023'처럼 떨어지지 않는 값보다는 550, 1100, 1500과 같이 떨어지는 값으로 위치를 정해 배치합니다.

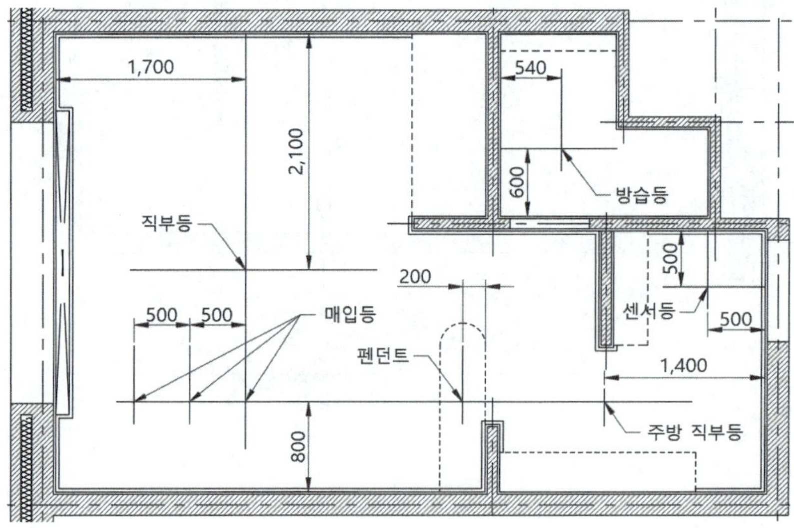

❻ 빈 공간에는 조명 및 설비를 '가구'(선홍색) 도면층에 작성합니다. 천장설비는 교재와 다른 위치에 배치해도 무방하며, 기호 형식으로 표시된 천장설비는 디자인과 크기를 나타내는 것이 아니므로 실제 설치되는 설비와는 크기가 다를 수 있습니다.

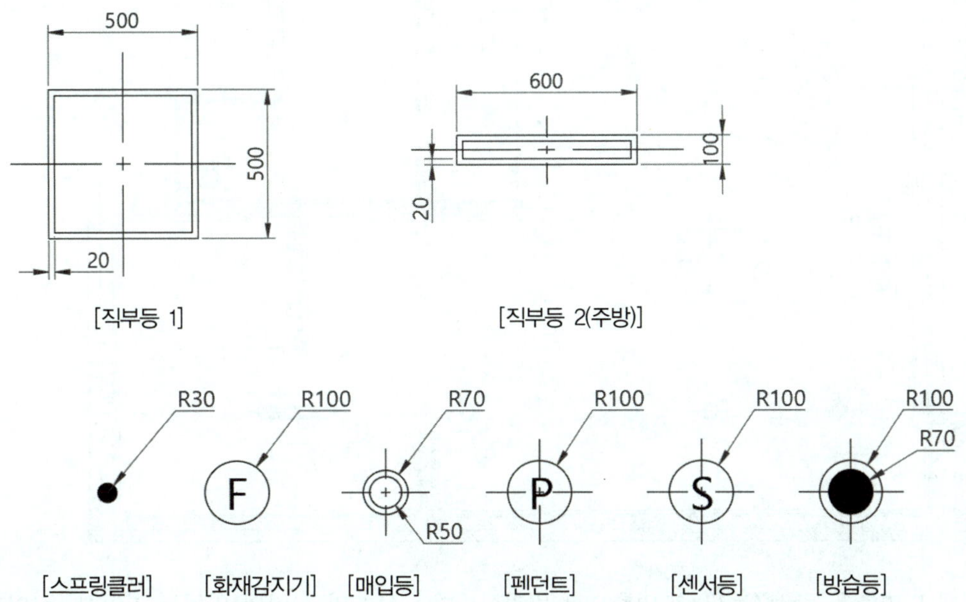

❼ 욕실에 점검구와 환풍기를 표시하고, 창 우측 중간에 에어컨을 배치합니다.

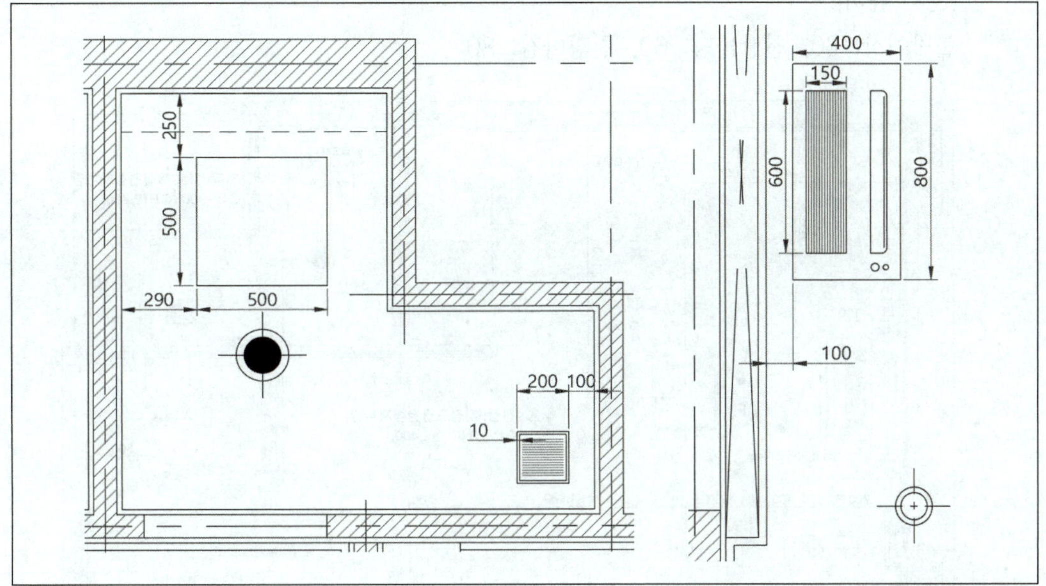

❽ 나머지 조명과 천장설비를 모두 배치한 후 보조선은 삭제합니다. 스프링클러와 화재감지기는
직부등 주변에 적절하게 배치합니다.

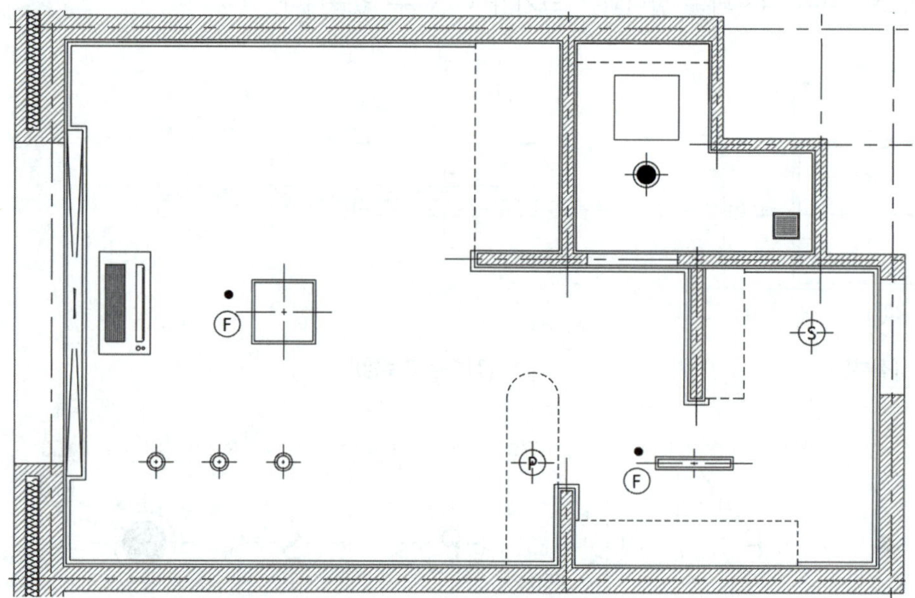

❾ 현재 도면층을 '주석'(녹색) 도면층으로 변경합니다. 조명 및 설비의 위치를 파악할 수 있도록
치수를 기입하고 문자를 작성합니다. 치수는 벽의 마감선(선홍색)을 기준으로 기입합니다.

[문자 높이]
붙박이장: 60, 천장몰딩: 60, 천장마감: 80

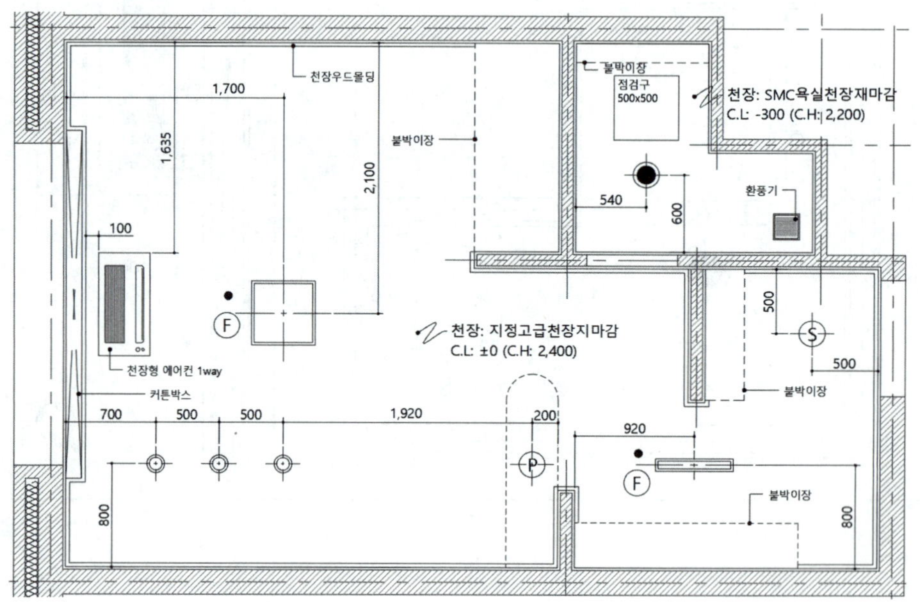

⑩ 범례표 기호란에 조명 및 설비 기호를 넣습니다. [축척(SC)] 명령을 사용해 크기를 줄여 배치합니다. 만약 범례의 기호란이 부족하면 [Offset(O)], [Extend(EX)] 명령을 사용하여 추가합니다.

*범례표

기호	명 칭	수량
	1	1
	1	1
	1	1
	1	1
	1	1
	1	1

*범례표

기호	명 칭	수량
	LED직부등 60W	1
	LED주방 직부등 60W	1
	LED매입등 2인치	3
P	LED펜던트	1
S	센서등	1
	매입등(방습) 4인치	1
F	화재감지기	2
●	스프링클러	2

⑪ 누락된 요소나 편집되지 않은 부분이 없는지 확인합니다.

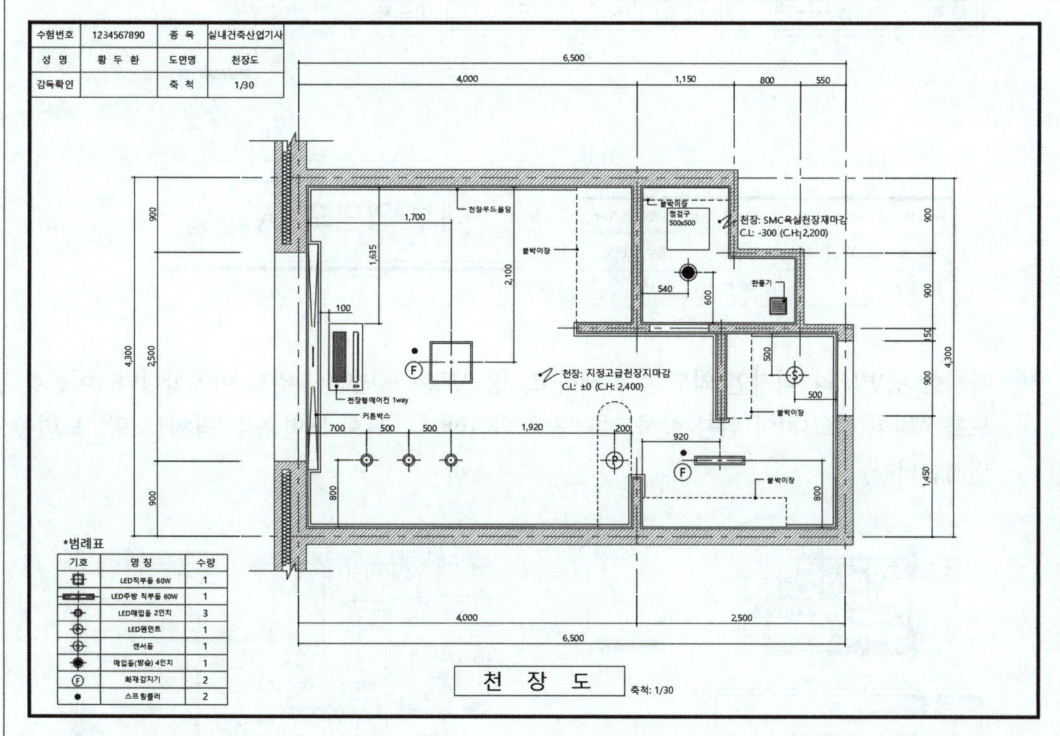

학습파일 | 완성파일 \ Part03\ Ch01\ 오피스텔 – 2D 도면.dwg

Section 04 내부 입면도 - A 작성

내부 입면도 또한 평면도를 참고하여 작성합니다. 완성된 평면도를 복사해 벽면의 폭, 중심선, 가구 위치 등 평면 정보를 활용합니다.

> **학습파일** | ▶ 동영상 \ Part03 \ Ch01 \ 오피스텔 – 내부 입면도.mp4

❶ 완성된 평면도를 천장도 우측에 그대로 복사하여 표제란의 도면명(①)과 도면 하단의 도면명 (②)을 '내부 입면도', '내부 입면도 – A'로 수정합니다.

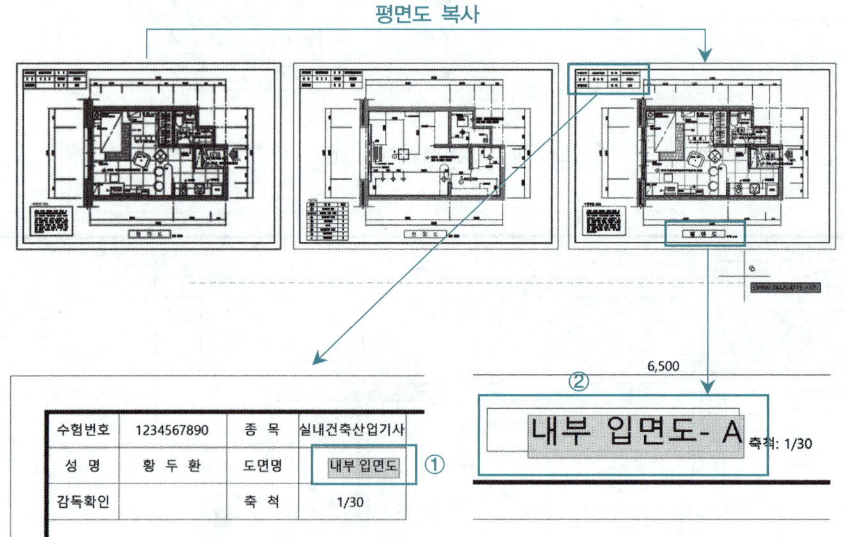

수험번호	1234567890	종 목	실내건축산업기사
성 명	황 두 환	도면명	내부 입면도 ①
감독확인		축 척	1/30

❷ 복사한 평면도의 '디자인 의도'는 삭제하고, 평면도는 도면양식 위로 이동합니다. 이동한 평면 도를 A방향(싱크대)이 위를 향하도록 180° 회전한 후, 현재 도면층을 '벽체'(노랑) 도면층으로 변경합니다.

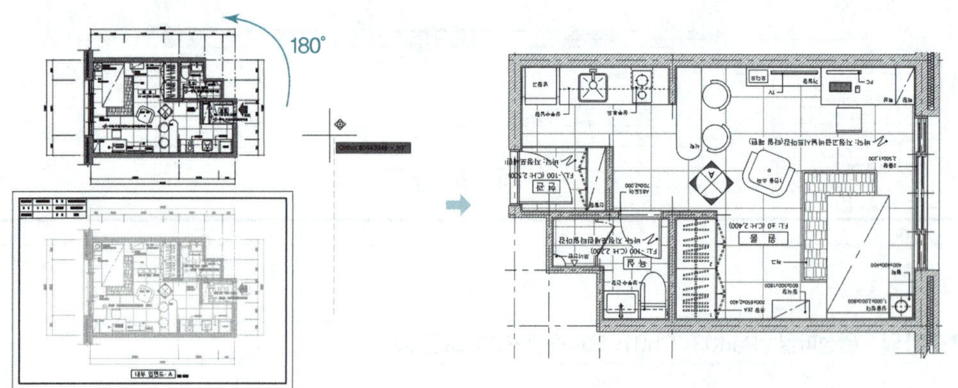

❸ [구성선(XL)] 명령의 [수직(V)] 옵션을 사용해 중심선, 마감 모서리, 가구의 위치를 표시합니다.

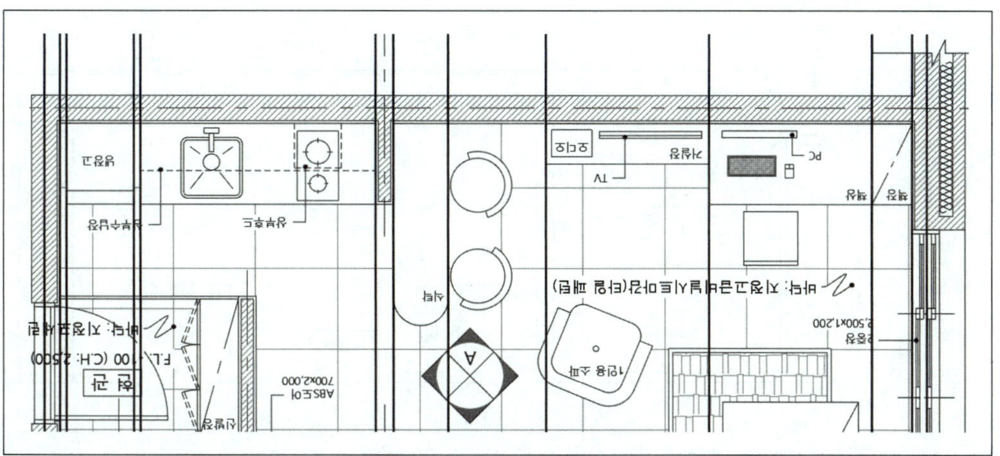

❹ 임의의 가로선(①)을 그려 천장높이 2,400을 표시합니다. 벽면을 편집하고 중심선 ②, ③의 도면층을 변경합니다.

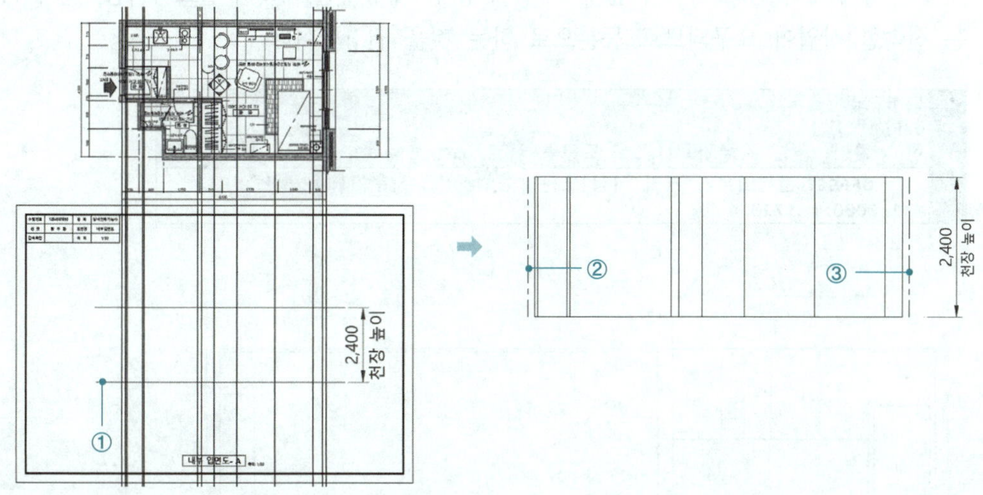

❺ 걸레받이(80), 천장몰딩(30), 싱크대, 냉장고(1,900) 등을 표시하고 편집합니다.

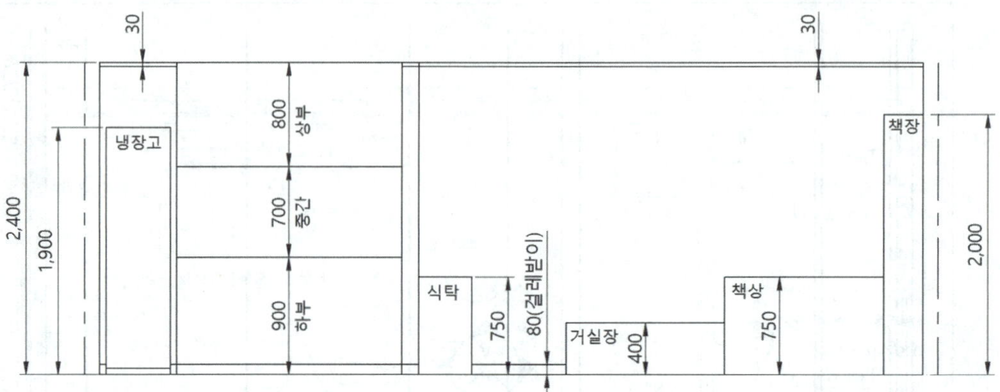

❻ 싱크대 상/하부장의 도어는 400 내외의 값으로 분할합니다. 작업대 전체 길이인 1,720을 4등
분으로 작성합니다. [Offset(O)] 명령을 실행해 '1720/4'를 입력합니다.

장의 구성은 사용자에 따라 다를 수 있습니다. 식기세척기, 후드, 전자레인지, 밥솥 등 주방
가전 배치에 따라 장의 폭이나 높이, 내부 구성 등 세부적인 계획이 필요하지만, 실기시험에서
는 신속한 작업이 요구되므로 등분으로 하는 것을 권장합니다.

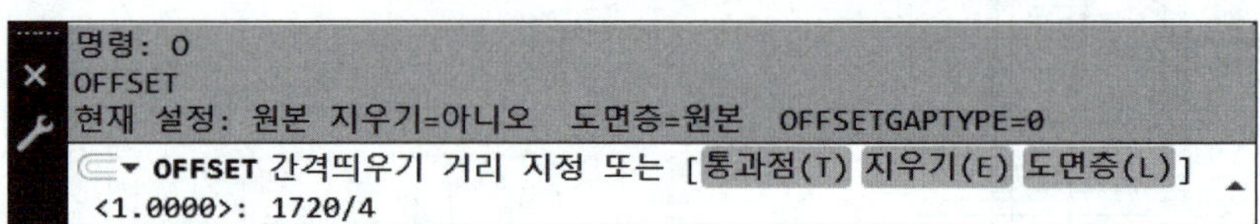

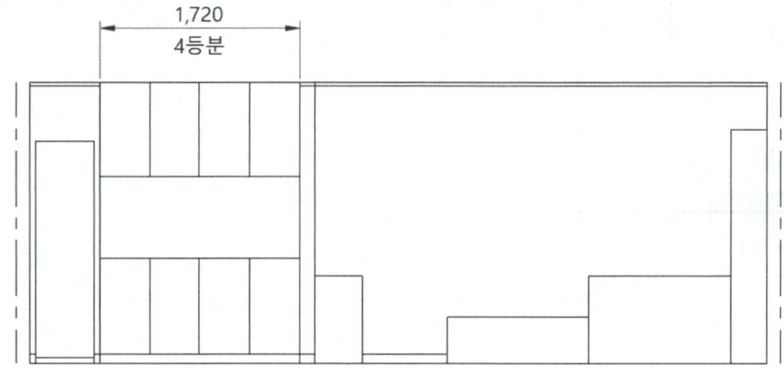

원룸, 오피스텔, 사무실의 탕비실에서 사용하는 소형 냉장고는 높이가 1,500 내외로, 싱크대 상부장 아래에 배치가 가능해 공간을 깔끔하게 정리할 수 있습니다.

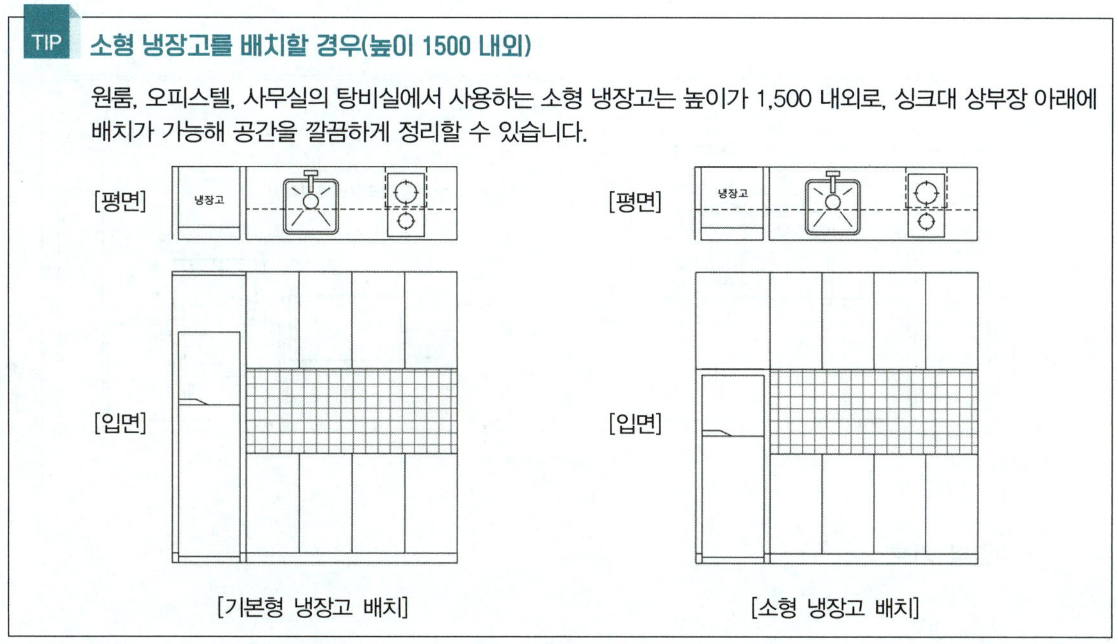

❼ 가구는 세부적으로 그려줍니다. 세부 치수의 정답은 없으므로 작업자가 직접 치수를 설정해 그려도 됩니다. 가구는 '가구'(파랑) 도면층으로, 천장몰딩과 걸레받이는 '마감'(선홍색) 도면층으로 변경합니다.

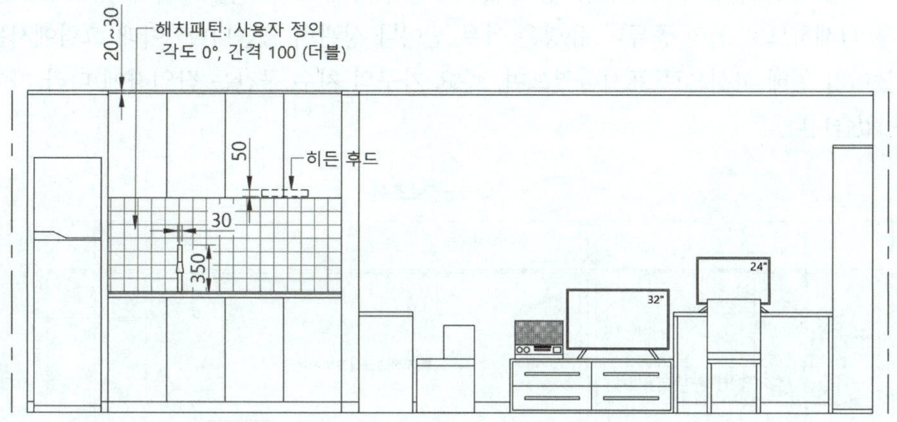

❽ 기호와 문자를 작성하고 '주석'(녹색) 도면층으로 변경합니다.

[문자 높이]
- 벽 마감, 레벨기호: 80
- 수전, 냉장고, 후드, 몰딩, 걸레받이: 60

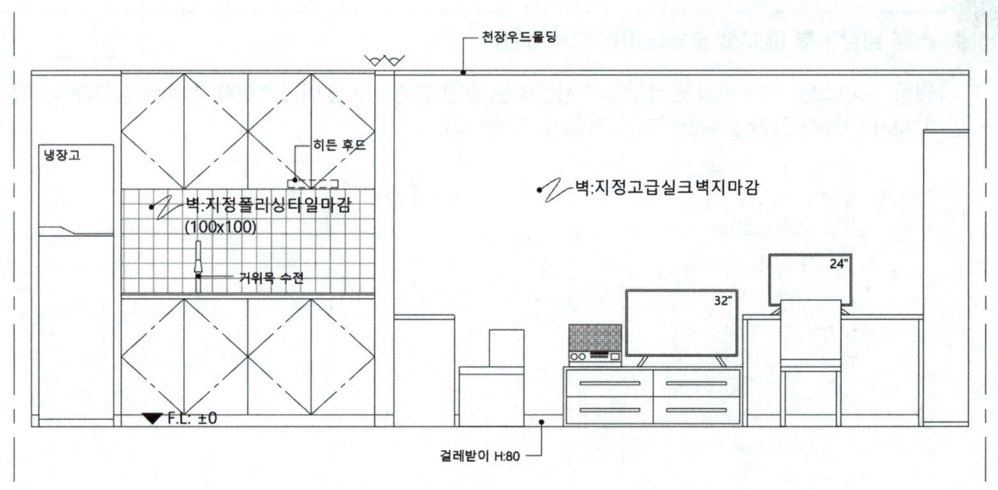

• 꺾임벽 기호

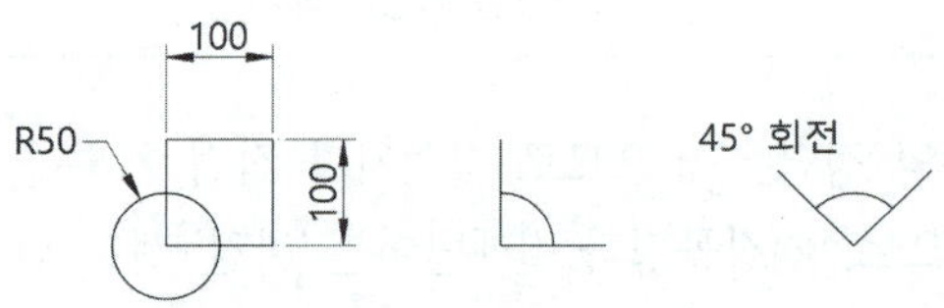

❾ 치수를 기입하기 위해 각 구간(벽, 싱크대, 주요 가구)에 보조선을 그립니다. 보조선은 치수 기입 후 삭제하므로 선의 종류나 유형은 아무 선이나 상관이 없습니다. 아래 그림에서는 시인성을 높이기 위해 파선으로 표시하였으며, 주요 가구의 치수 구간은 작업자에 따라 차이가 있을 수 있습니다.

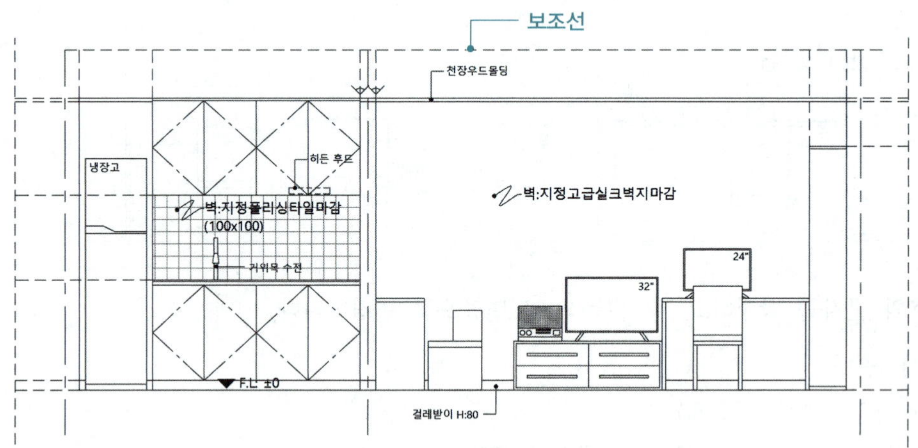

⑩ 치수를 기입하여 '내부 입면도-A'를 완성합니다. 완성된 오피스텔의 평면도, 천장도, 내부 입
면도는 답안 파일과 대조하여 누락 부분 및 각 부분의 도면층 적용 여부를 확인합니다.

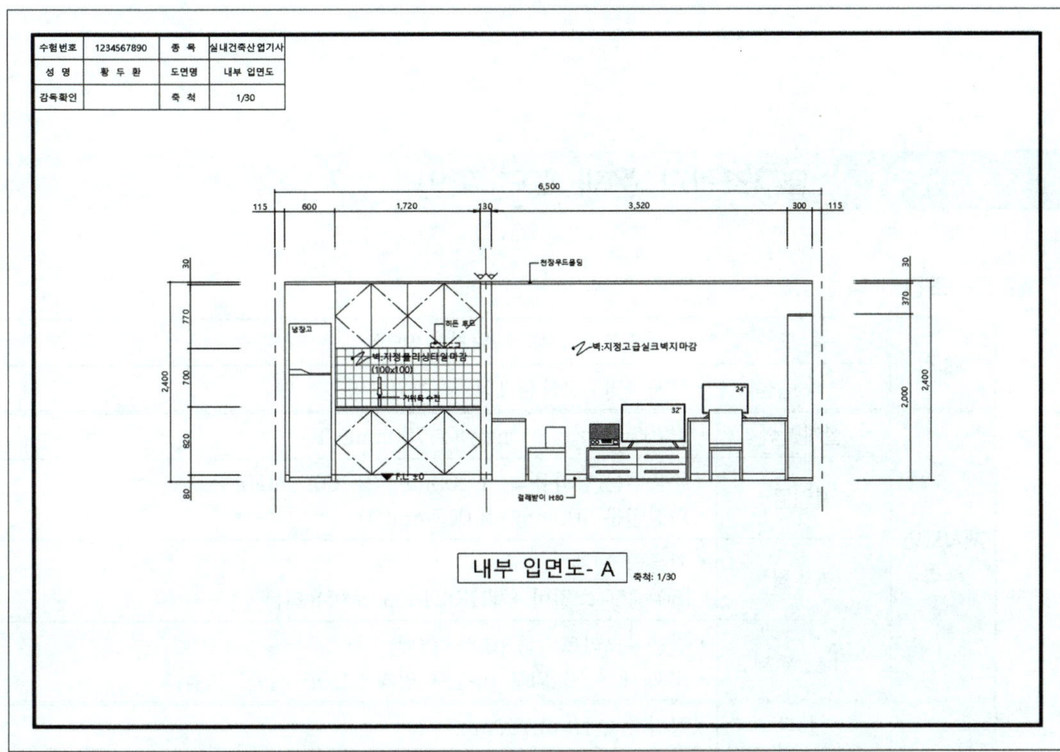

Chapter 02

약 국

Section 01 요구조건과 문제 도면 확인

1 요구조건

개요	용 도	• 상업중심지역 내에 위치한 약국
	인적 구성	• 약사 1명, 전산원 1명, 판매원 1명
제시도면 조건	설계면적	• 9,200mm×6,800mm×2,700mm(CH)
	출입문	• 주출입문(강화유리) 1,000mm×2,100mm(H) • 화장실문 700mm×2,000mm(H)
	커튼월	• 커튼월 벽체 [50×150 스틸바 + THK 24mm 로이유리]
	기둥, 벽체	• 철근콘크리트 기둥[600×600] • 벽체[내부 및 외부 마감재 임의 + 1.0B 시멘트벽돌]
설계조건	천 장	• 평천장 C.H: 2,700mm
	내벽체	• 경량 칸막이벽체 또는 0.5B 시멘트벽돌
	바 닥	수험자 임의 지정
	필요 공간	• 의약품 전시 및 판매공간 • 조제실(약품 진열장, 약포지 포장기) • 상담공간(테이블, 의자) • 화장실(세면대, 양변기) • 대기공간(소파)

※ 위에 제시된 조건은 필수 조건이며, 이외에 필요한 조건은 수험자가 임의로 추가할 수 있음(주어지지 않은 치수는 수험자가 임의로 설정).

❷ 문제 도면

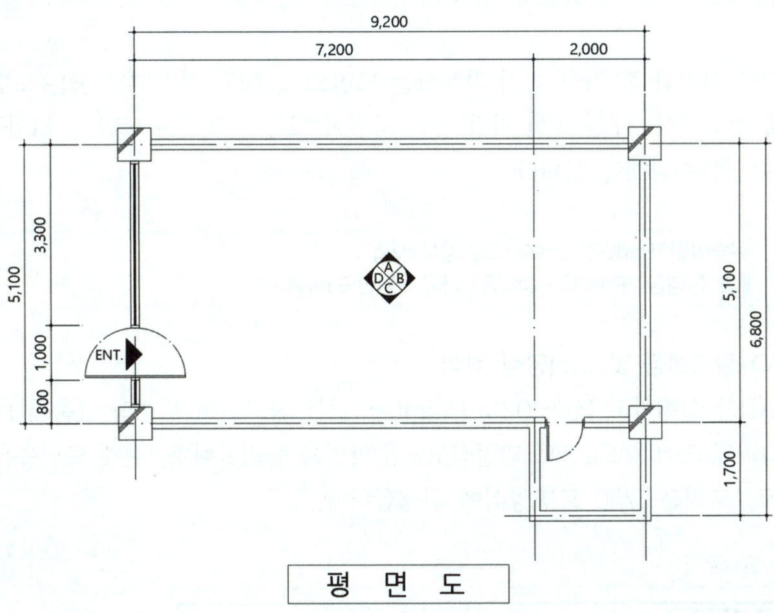

❸ 요구 도면

도면의 배치 순서는 평면도, 내부 입면도(2면), 천장도, 실내투시도(3D)의 순으로 정리하여
제출합니다.

① 평면도(1장, 가구 배치 및 바닥마감재 표기) – S: 1/50

  평면도 주변의 여유 공간에 설계(디자인)의도를 200자 이내로 서술

② 내부 입면도(2면, 1장) – S: 1/50

  A방향 1면, D방향 1면(가구 배치 및 벽면재료 표기)

③ 천장도(1장) – S: 1/50

  설비, 조명기구 배치 및 범례표 작성/천장마감재 표기

❹ 주안점

① 주출입구 가까이에 카운터를 배치하고 그 뒤쪽에 조제실을 둡니다. 이후 남은 창가 공간
  에는 전시 · 판매 공간을 마련하고, 출입구 우측 벽면에는 고객 대기공간을 배치합니다.

② 안쪽 작은 공간에는 화장실을 배치합니다.

③ 산업기사/기사 등급의 경우 2D(AutoCAD), 3D(SketchUp) 가구 소스가 제공되지만, 카
  운터 등 일부 제작가구는 직접 모델링합니다.

Section 02 평면도 작성

공간의 조건을 파악한 후 가장 먼저 작성하는 도면으로, 이후 작성되는 모든 도면은 완성된 평면도의 영향을 받습니다. 배점 또한 가장 높은 도면이므로, 누락되는 도면 요소(가구, 기호, 마감표기 등)가 없도록 주의해야 합니다.

> **학습파일** │ **실습파일** \Part02 \Ch02 \도면양식.dwg
> │ ▶ **동영상** \ Part03 \ Ch02 \ 약국 – 평면도.mp4

❶ AutoCAD 환경설정 및 도면양식 작성

AutoCAD를 실행하고 Part 02의 Chapter 02를 참고하여 도면양식(축척 1/50)을 준비하거나 [실습파일\Part02\Ch02\도면양식.dwg] 파일을 불러옵니다. 현재 도면층은 '벽체'(노랑) 도면층으로, 축척은 1/50 도면양식에 진행합니다.

축척 1/50 양식

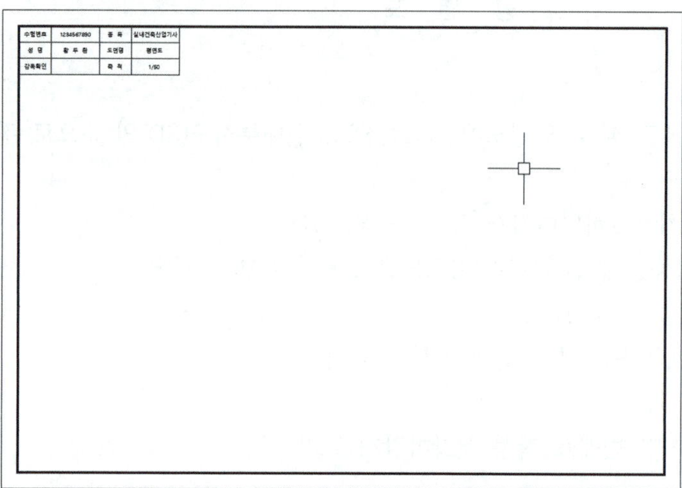

❷ 설계공간의 작성조건 및 문제 도면의 치수를 확인합니다.

[작성조건]

- 설계면적 : 9,200mm×6,800mm×2,700mm(CH)
- 주출입문 : 강화유리 1,000mm×2,100mm(H)
- 화장실문 : 700mm×2,000mm(H)
- 커 튼 월 : 50×150 스틸바 + THK 24mm 로이유리
- 기　　둥 : 600×600 철근콘크리트
- 벽　　체 : 1.0B 시멘트벽돌 쌓기

[문제 도면]

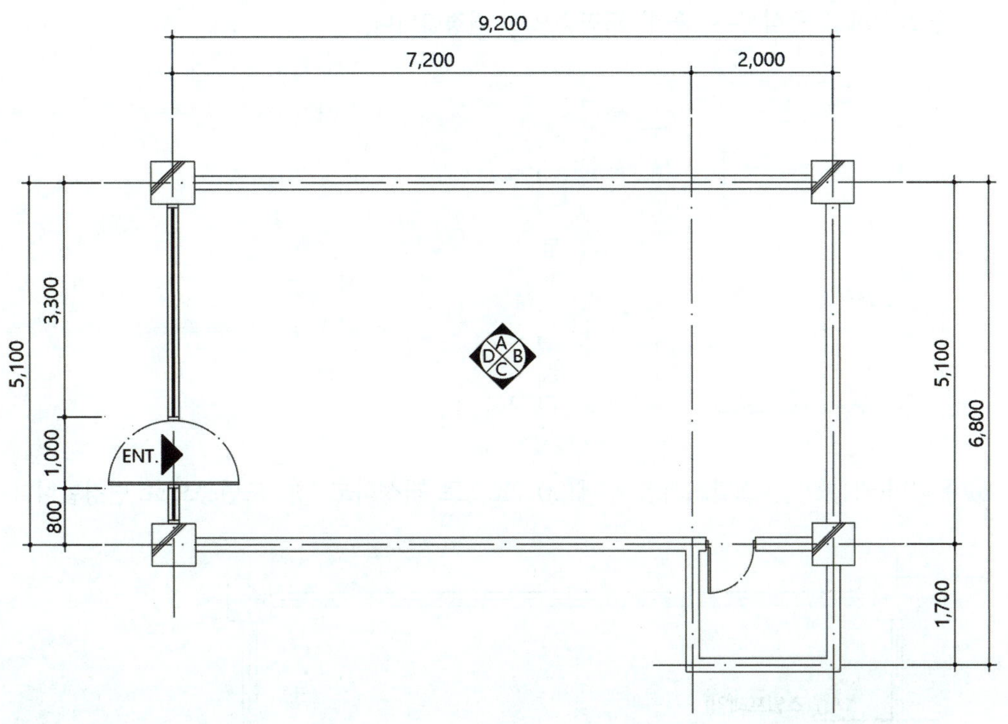

❸ 교재의 문제 도면이나 노트에 '약국' 공간을 구상하며 스케치합니다. 시험장에서는 시험문제지에 직접 스케치합니다. 설계조건에 제시된 공간과 집기가 빠짐없이 포함되도록 하며, 작성과정에서 각 공간의 성격에 맞게 배치를 조정합니다.

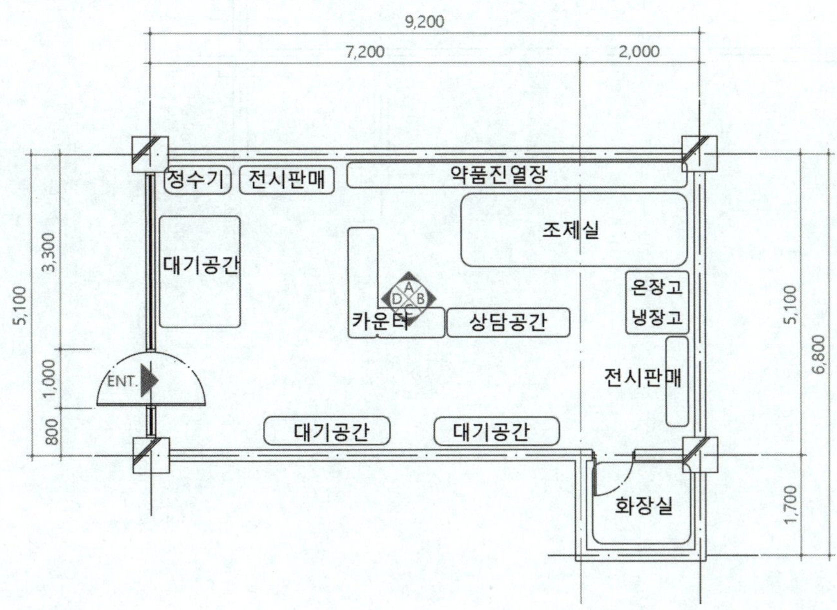

❹ 공간 전체 크기의 사각형(9,200×6,800)을 기준으로 중심선과 벽체(190~200), 기둥(600×600)을 표시하고 중심선은 '중심' 도면층으로 변경합니다.

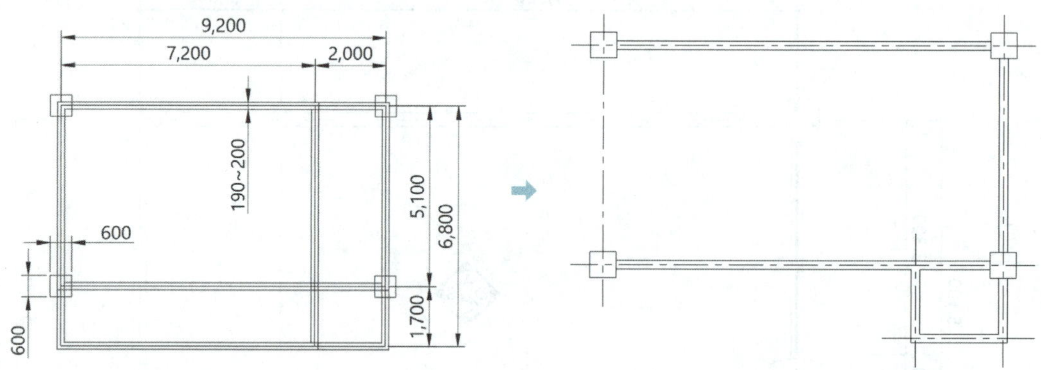

❺ 유리벽(커튼월)을 스틸프레임 두께(50×150)로 작성하고 '창' 도면층으로 변경합니다.

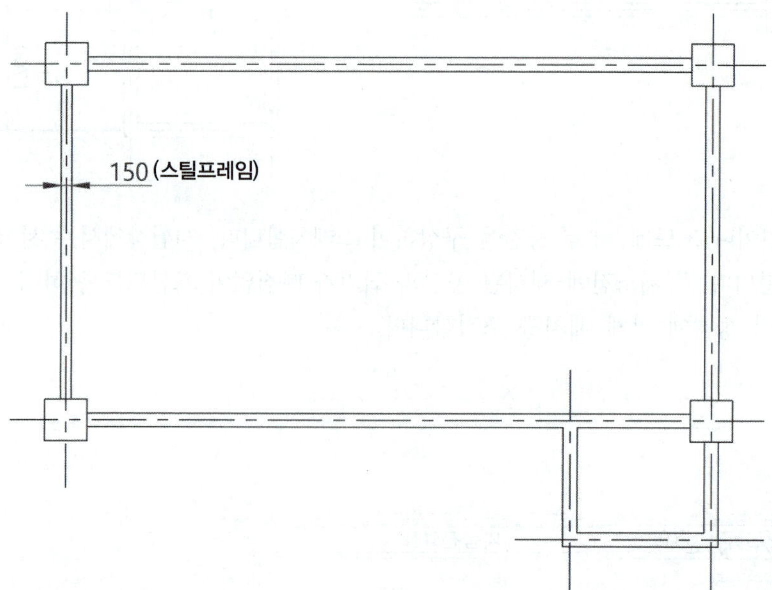

❻ 문제 도면의 치수를 확인하여 개구부(문, 창)의 위치를 표시합니다.
  • 출입문: 1,000mm × 2,100mm(H)
  • 화장실문: 700mm × 2,000mm(H)

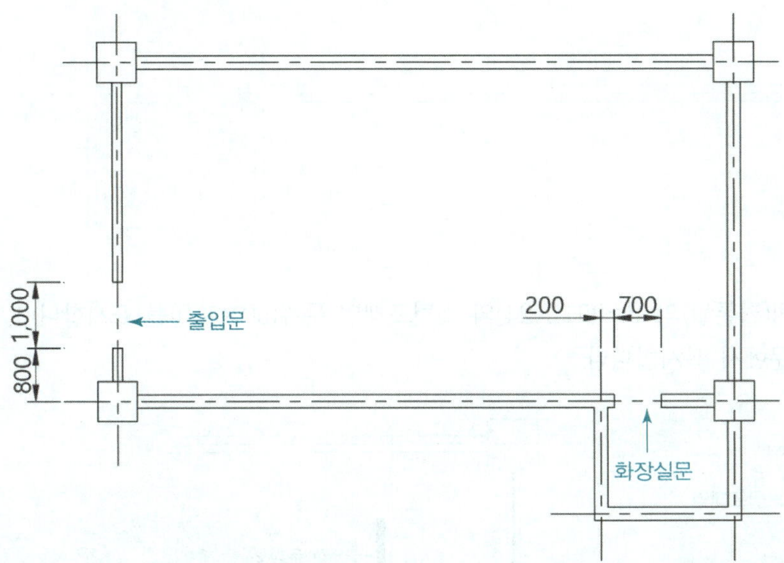

❼ 빈 공간에 출입문과 화장실문을 그립니다. 개폐 범위 호는 '중심'(빨강) 도면층, 나머지는 '문'
(하늘색) 도면층으로 변경합니다.

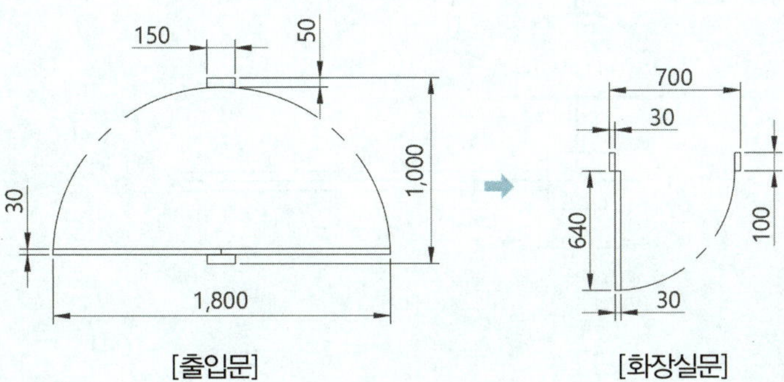

❽ 주출입문과 화장실문을 중간점 기준으로 배치합니다.

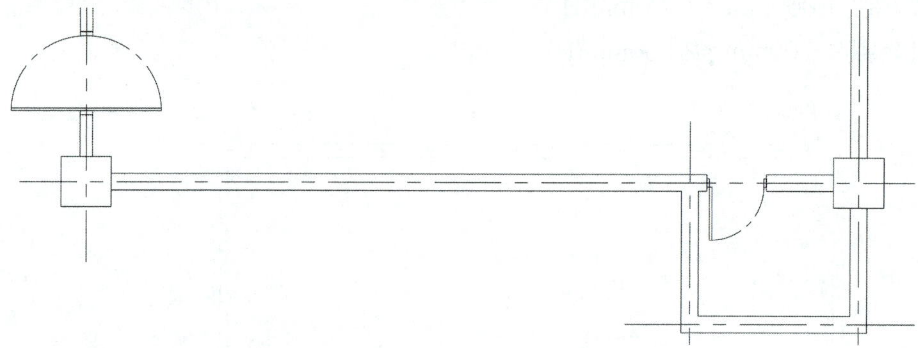

❾ 주출입문 유리벽(커튼월)의 유리(THK24)와 스틸프레임 두께(50×150)를 표시합니다. 스틸프레임은 주출입문에서 복사합니다.

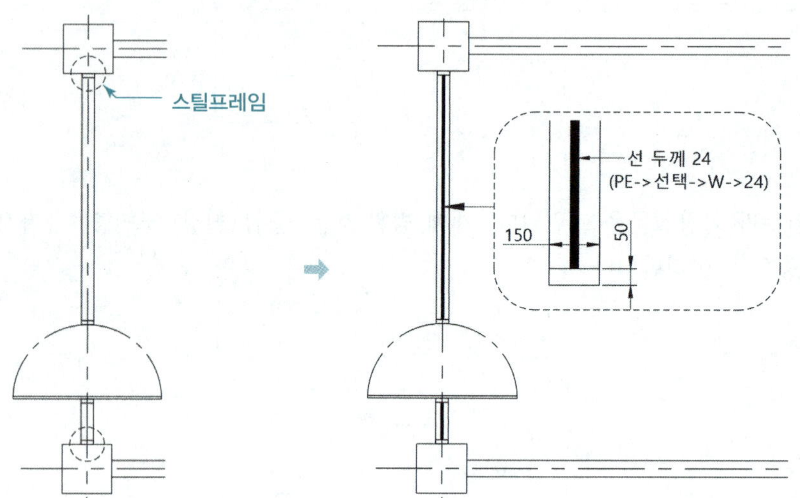

⑩ 철근콘크리트기둥과 조적벽 부분에 [Offset(O)] 명령을 사용해 내부 마감을 두께 20으로 그립니다. 마감선은 '마감'(선홍색) 도면층으로 변경합니다.

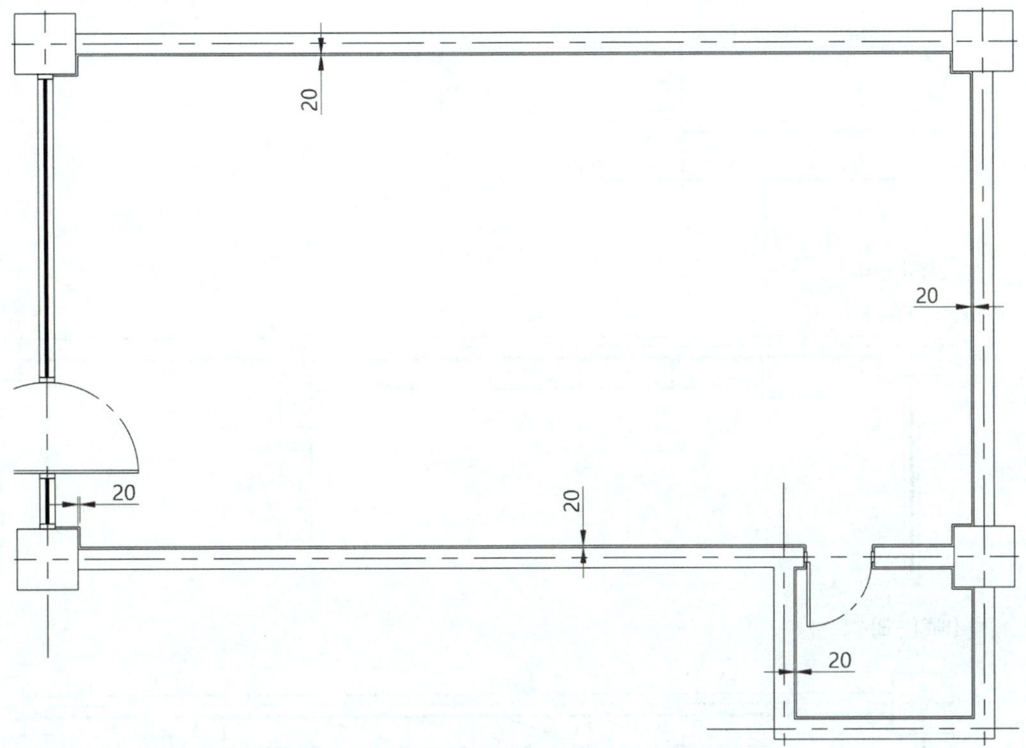

⑪ 정수기와 서비스 테이블의 공간 1500 정도를 확보하고 약품 진열용 벽장은 900 간격으로 표시합니다. 벽장을 최대한 많이 배치하되 조제실을 6번까지 넓게 계획하고자 한다면 벽장은 5번까지만 작성합니다.

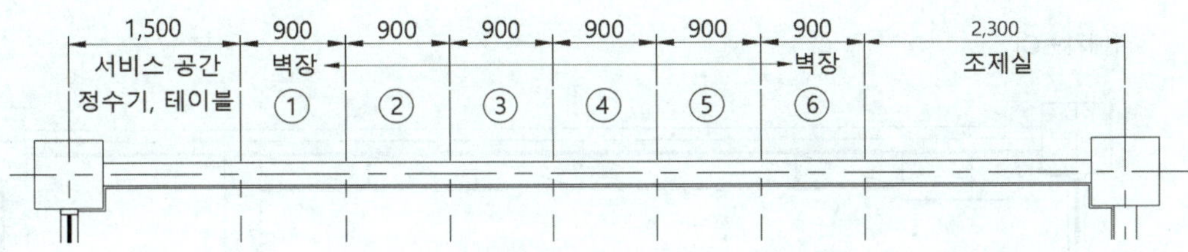

⑫ 정수기, 테이블, 벽장을 작성해 벽면에 배치하고, 조제실이 구분되도록 세로 방향으로 4개의 벽장을 추가합니다(파티션으로 계획해도 좋습니다).

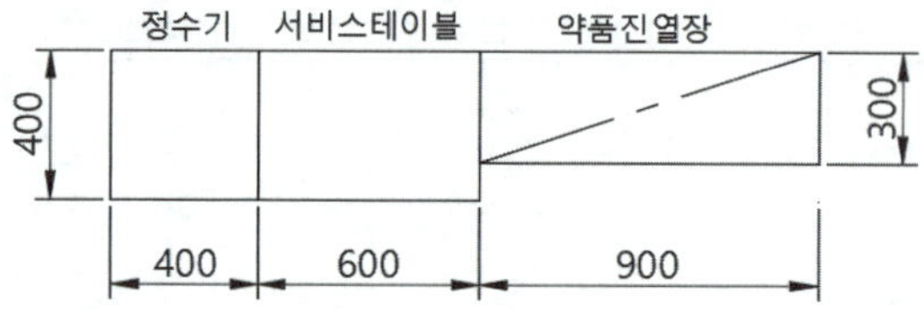

[배치 – A]

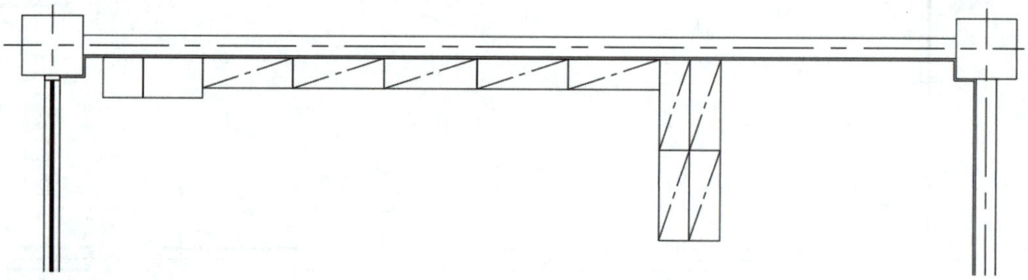

[배치 – B]

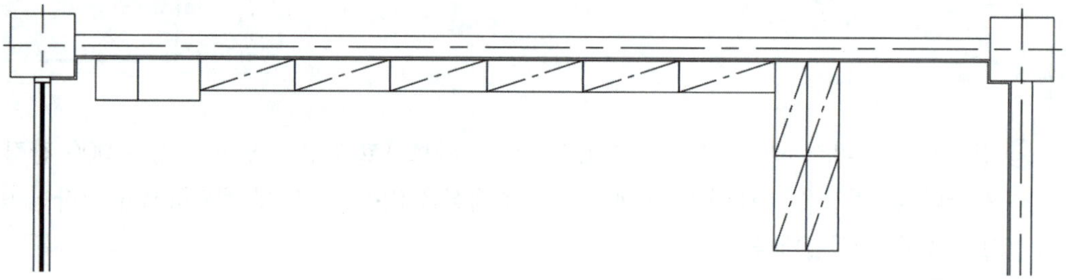

[배치 – C]

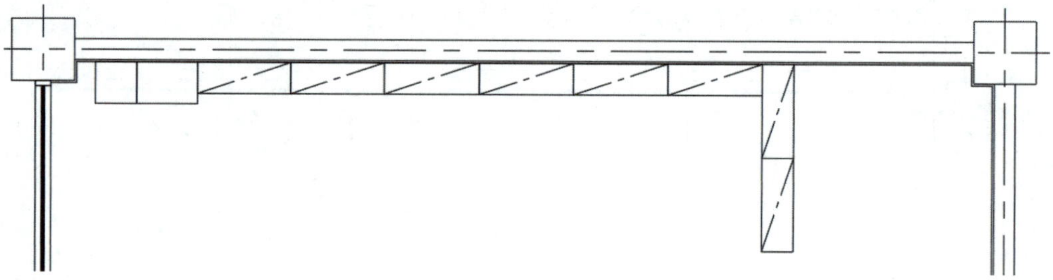

⑬ 화장실에서부터 약품 진열장을 900 간격으로 표시합니다. 진열장을 작성해 3개 정도만 배치합니다.

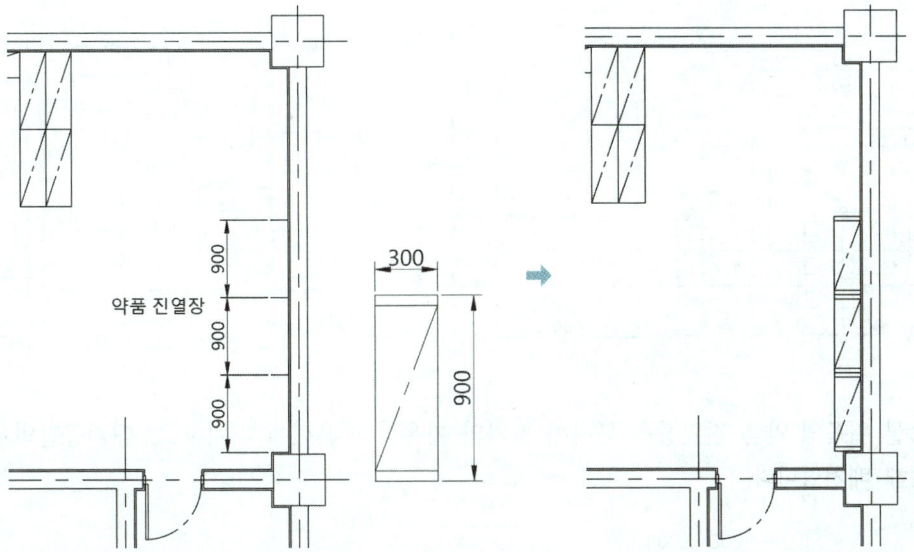

⑭ 동선과 통로폭을 고려하여 카운터 위치를 표시하고 세부 디자인을 적용합니다.

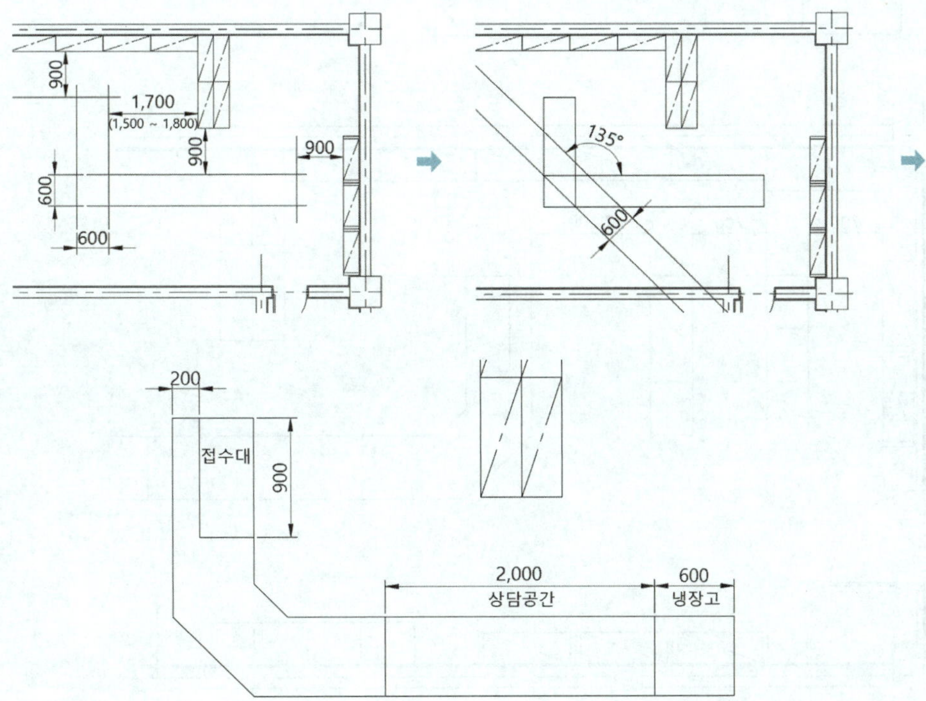

⑮ 화장실에 세면대와 양변기를 작성해서 배치합니다. ('2D 소스'의 제공 여부를 확인한 후 작성합니다.)

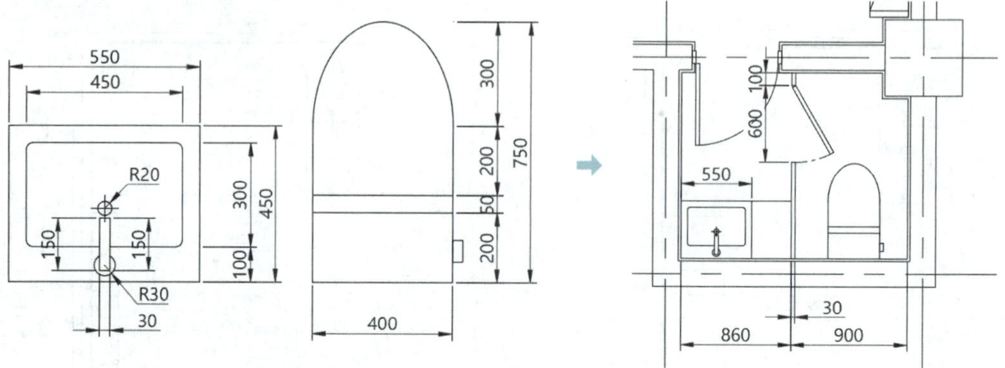

⑯ 화장실 위쪽의 약품 진열장을 복사해 창가와 카운터 맞은편에 배치하고, 대기공간의 소파를 작성해 배치합니다.

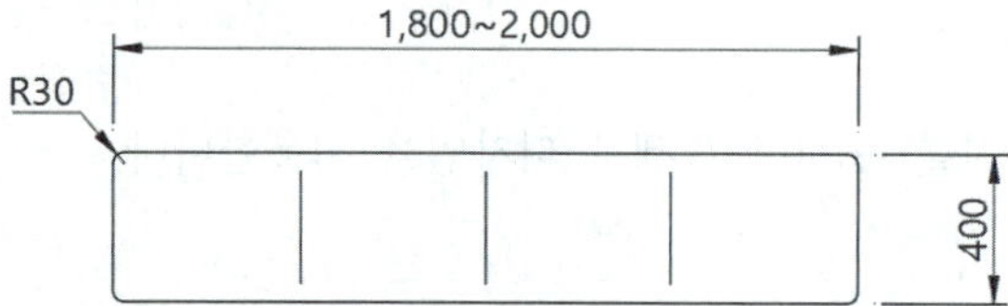

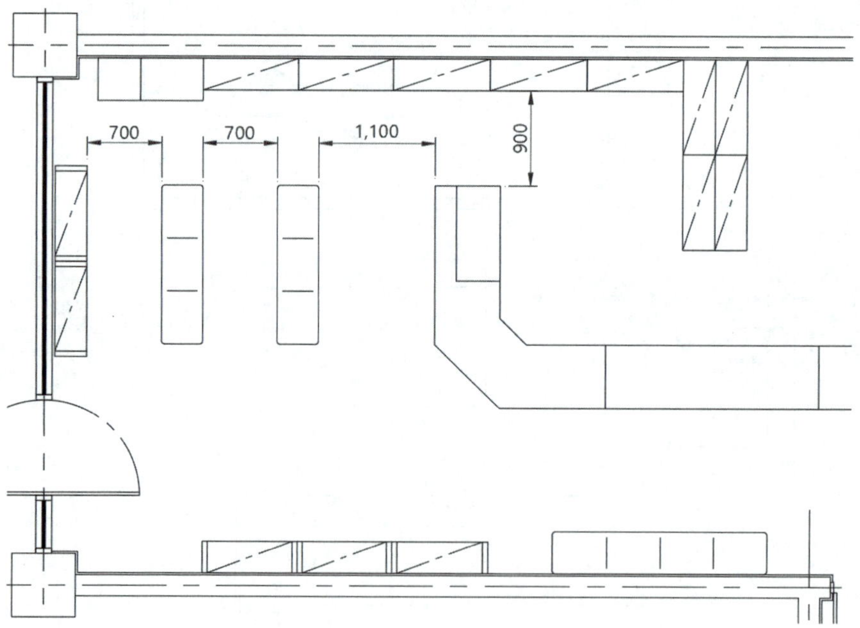

⑰ 제공된 '2D 소스 파일'을 더블클릭하여 실행합니다. 여러 가구 중 파티션, 두 종류의 의자, 식물 한 가지를 Ctrl + C로 복사한 뒤 작성 중인 도면에 Ctrl + V로 붙여 넣습니다. 2D 소스 파일을 복사해서 붙일 때는 각 가구 간 거리가 멀기 때문에 한 세트씩 여러 번 복사하는 것이 좋습니다. 복사 후에는 가급적 선택 및 관리가 용이하도록 블록(B)으로 변경합니다.

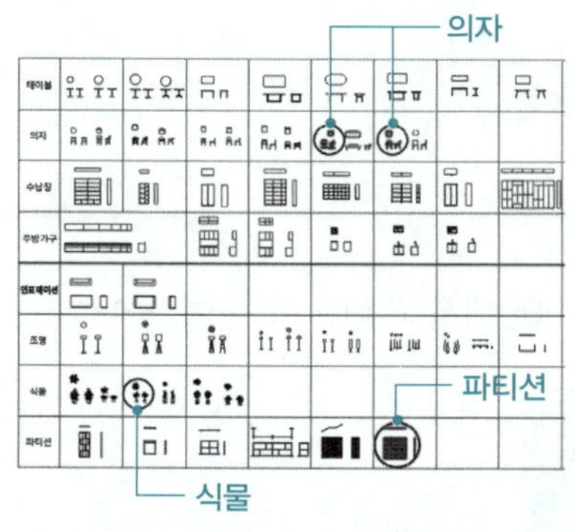

[2D 소스 파일]

⑱ 조제실에 파티션을 2칸만 배치하고 테이블(600)과 상부 선반(400)을 작성합니다. 식물의 크기를 축척 [SCALE(SC)] 명령으로 0.8배 정도로 줄여 대기공간에 배치합니다. 식물은 입면도에서도 사용될 수 있으니 평면과 입면 형태를 모두 조정해 놓습니다.

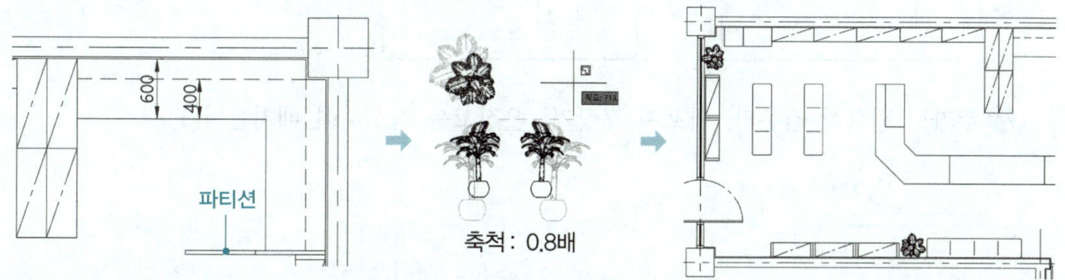

⑲ 가져온 상담용 의자의 폭을 측정해 보니 조금 큽니다. 따라서 폭 500을 400 정도로 줄여서 배치하겠습니다. 이를 위해 [SCALE(SC)] 명령을 실행하고 '참조(R)' 옵션을 적용합니다. 참조값 497을 입력한 후 400으로 변경합니다.

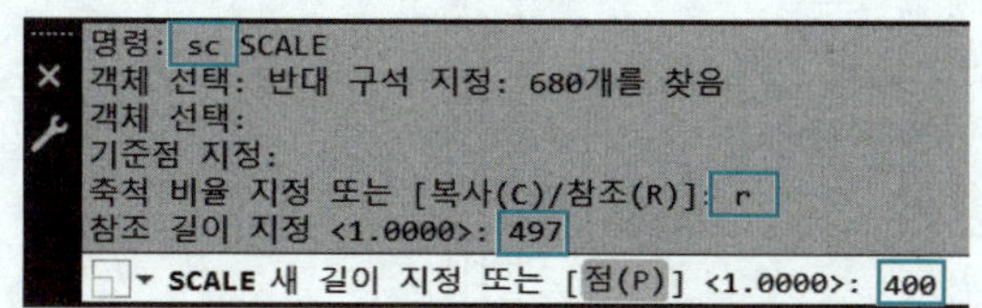

㉠ 크기를 변경한 상담용 의자와 사무용 의자를 배치합니다. 약품 진열대로 인해 조제실 출입이 불편해 보입니다.

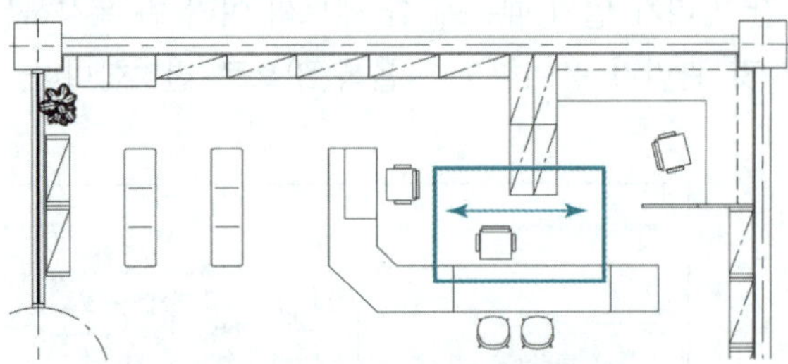

㉑ [Stretch(S)] 명령을 실행해 약품 진열대의 길이를 900에서 600으로 줄여 줍니다.

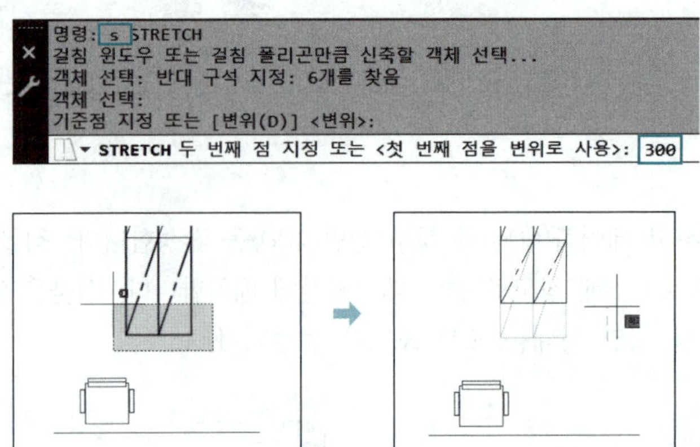

㉒ 추가로 필요한 컴퓨터, 약포지 포장기, 온장고를 작성하여 배치합니다.

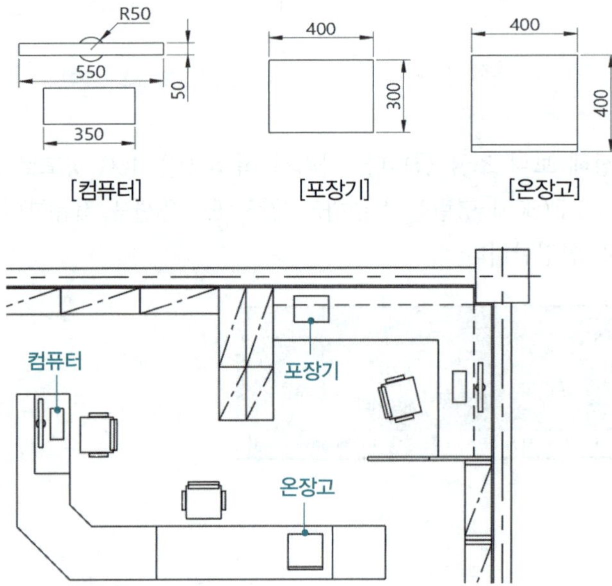

㉓ 출입구와 입면을 나타내는 기호를 작성하여 배치합니다. 내부 패턴은 해치 도면층으로 작성합니다.

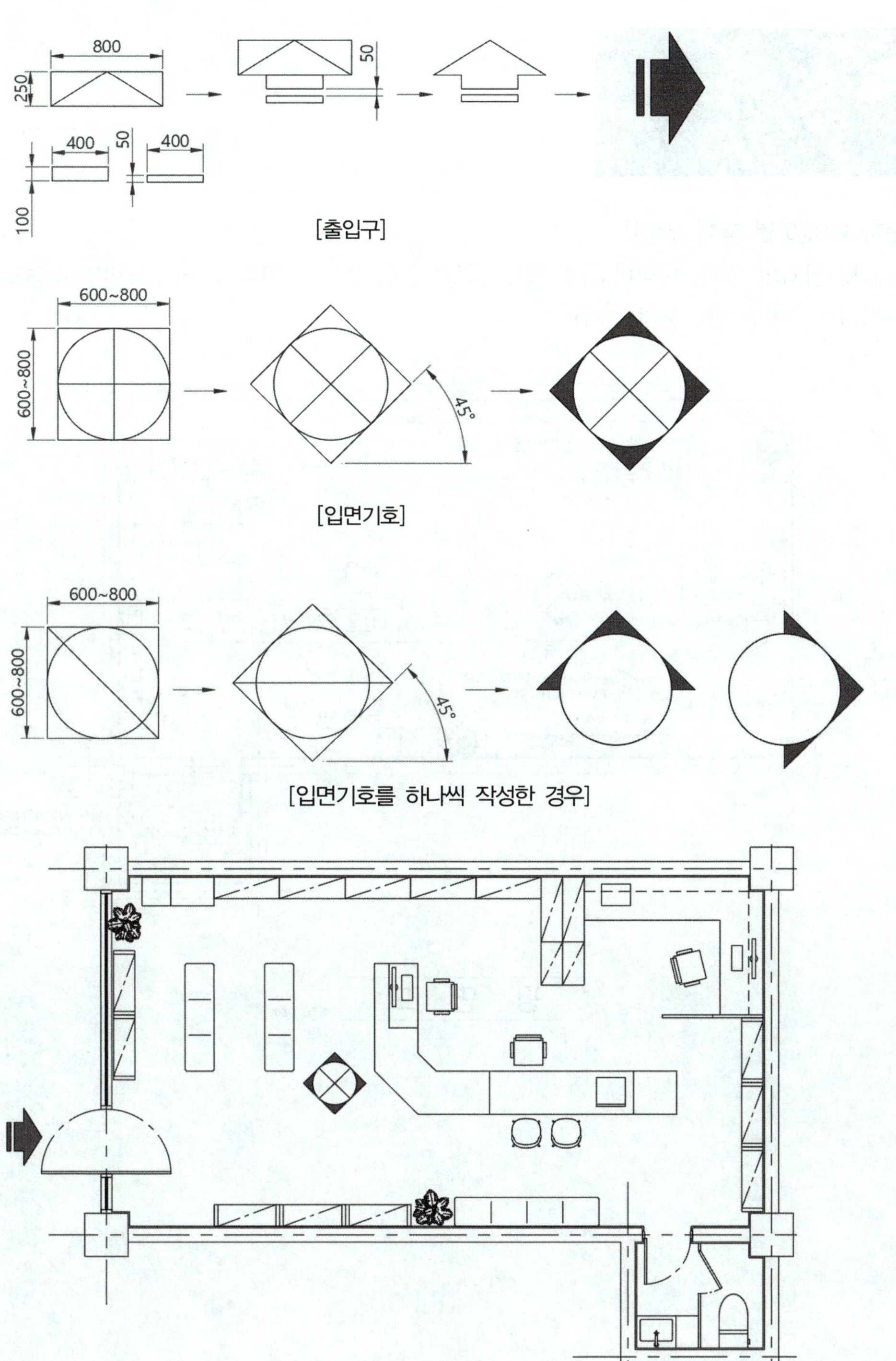

㉔ 현재 도면층을 '주석'(녹색) 도면층으로 변경하고 나머지 문자와 기호를 작성합니다. 지시선의 선은 [Line(L)] 명령, 점은 [Donut(DO)] 명령을 실행해 지름(*D*) 50으로 작성합니다.

[문자 높이(도면 축척 1/50)]

가구 및 집기의: 100, 바닥마감재: 120, 실명: 150, 출입구 ENT.: 150, 도면명 평면도: 300, 축척: 120, 입면기호 문자: 150

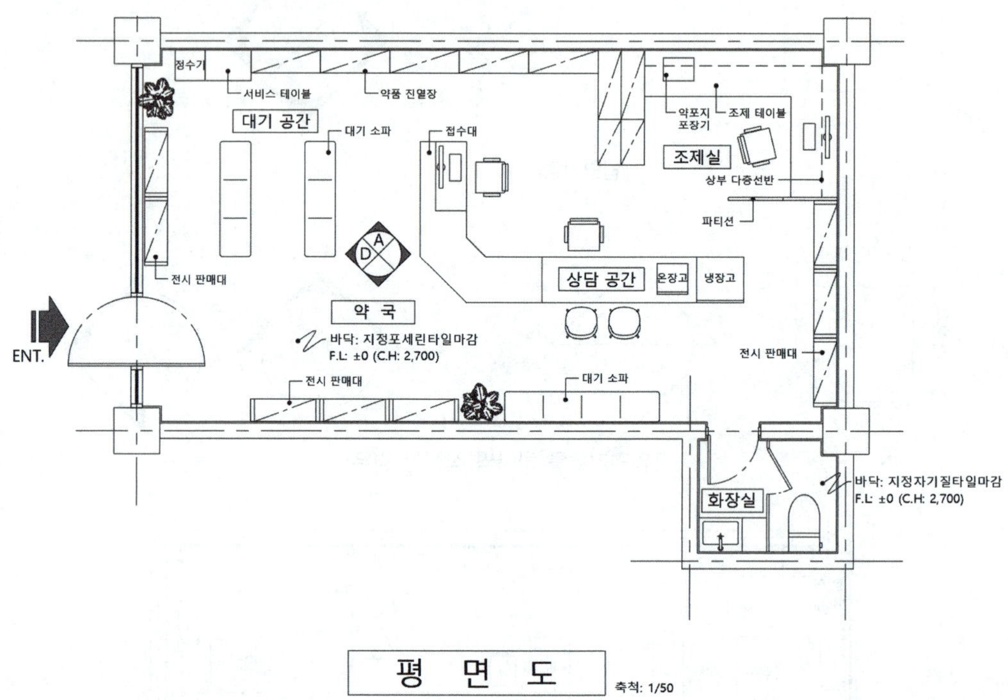

TIP **축척에 따른 문자 높이 및 점(Donut)의 크기 계산**

가장 작은 가구 및 집기의 문자 높이를 2mm 기준으로 계산(정답은 없음)
① 축척 1/30인 경우
  2mm에 축척값 30배 = 60. 나머지 문자의 높이는 조금씩 높여 작성
  예 가구 및 집기: 60, 바닥마감재, 바닥레벨, 축척: 80, 실명: 100
  출입구(ENT), 입면기호: 100, 도면명(평면도): 180

② 축척 1/40인 경우
  2mm에 축척값 40배 = 80. 나머지 문자의 높이는 조금씩 높여 작성
  예 가구 및 집기: 80, 바닥마감재, 바닥레벨, 축척: 100, 실명: 120
  출입구(ENT), 입면기호: 100~120, 도면명(평면도): 240

③ Donut의 지름은 축척값을 그대로 사용합니다. 축척이 1/30인 경우 도넛의 지름은 30, 축척이 1/40인 경우 도넛의 지름은 40, 축척이 1/50인 경우 도넛의 지름을 50으로 작성하면 됩니다.

㉕ [해치(H)] 명령을 사용해 바닥 패턴을 넣습니다. 작업 후 바닥 패턴을 해치 도면층으로 변경합니다. (해치 작업 전 저장은 필수입니다.)

[패턴 형식]

- 판매 및 대기 공간: '사용자 정의', 간격 600, 각도 0, '이중' 옵션 적용

- 화장실: '사용자 정의', 간격 300, 각도 0 '이중' 옵션 적용

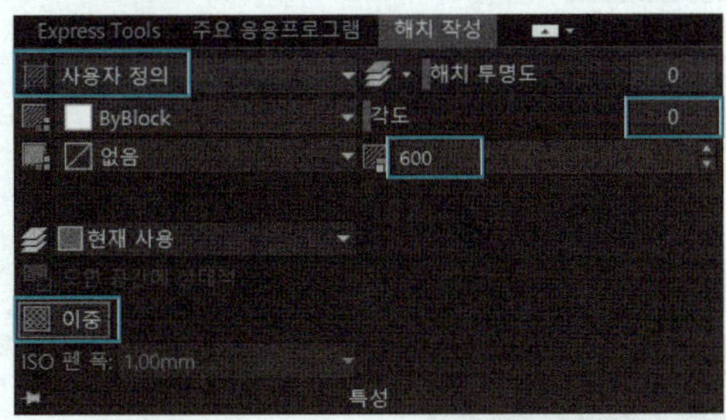

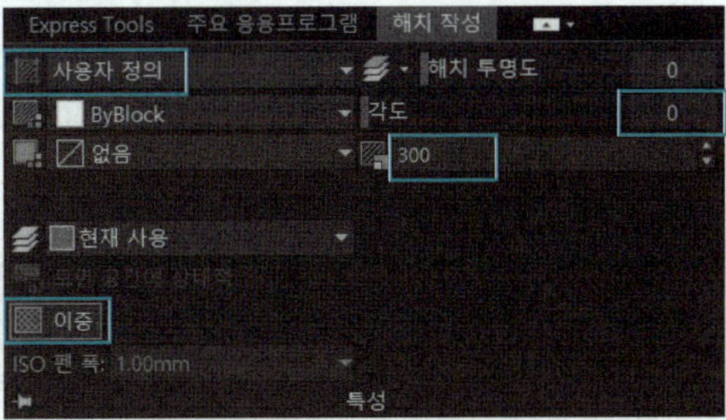

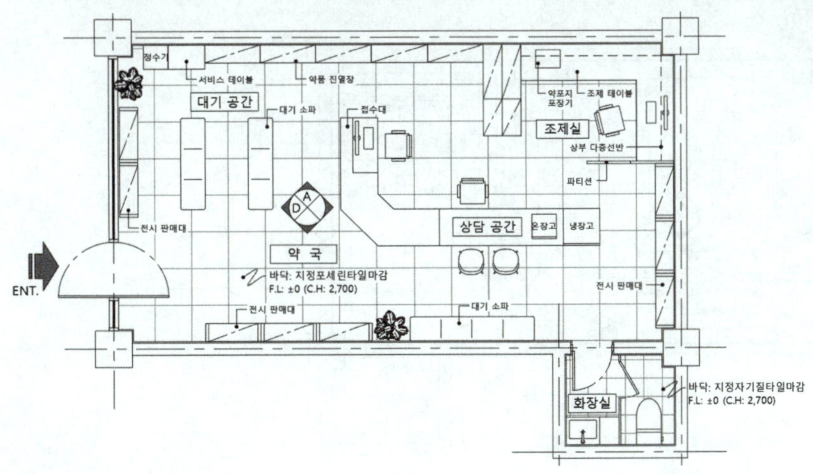

㉖ 벽체의 재료표시를 넣기 위해 현재 도면층을 '해치'(회색 1) 도면층으로 변경하고 '중심'(빨강) 도면층을 Off합니다.

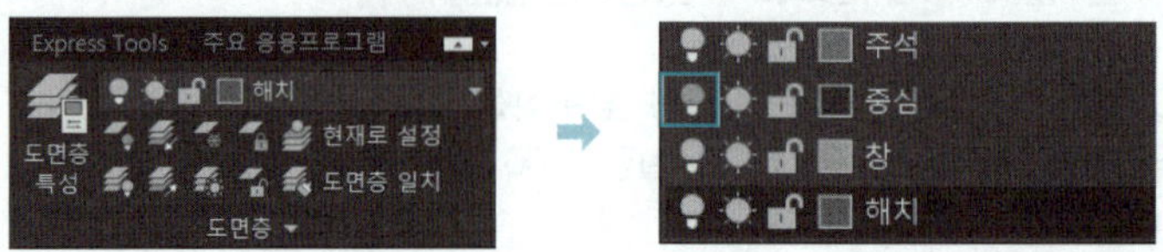

'중심'(빨강) 도면층을 Off한 상태

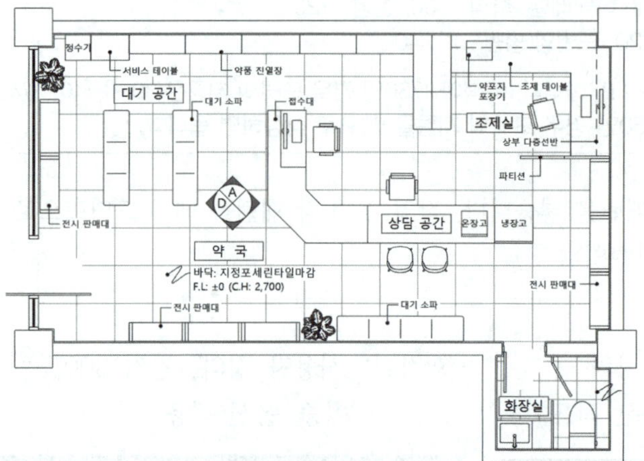

㉗ [해치(H)] 명령을 실행합니다. ANSI31 패턴을 선택하고 축척은 20으로 설정합니다. 벽체(조적벽) 부분에 패턴을 적용합니다.

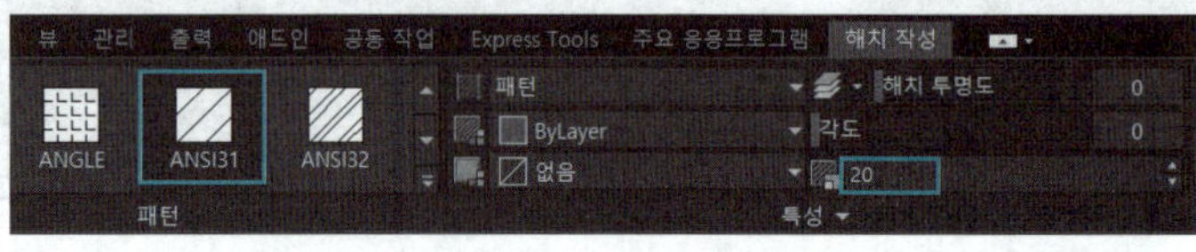

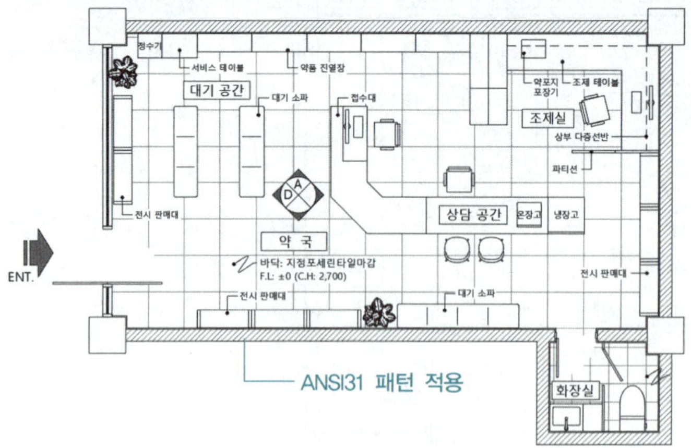

㉘ 철근콘크리트의 재료 표현은 [XLine(XL)] 명령을 실행해 45°선을 30 간격으로 복사해 표현합
니다. 기둥은 한 개만 표현한 후 나머지는 [Copy(CO)] 명령으로 복사합니다. 재료 표현이 완
료되면 '중심' 도면층을 다시 On으로 전환합니다.

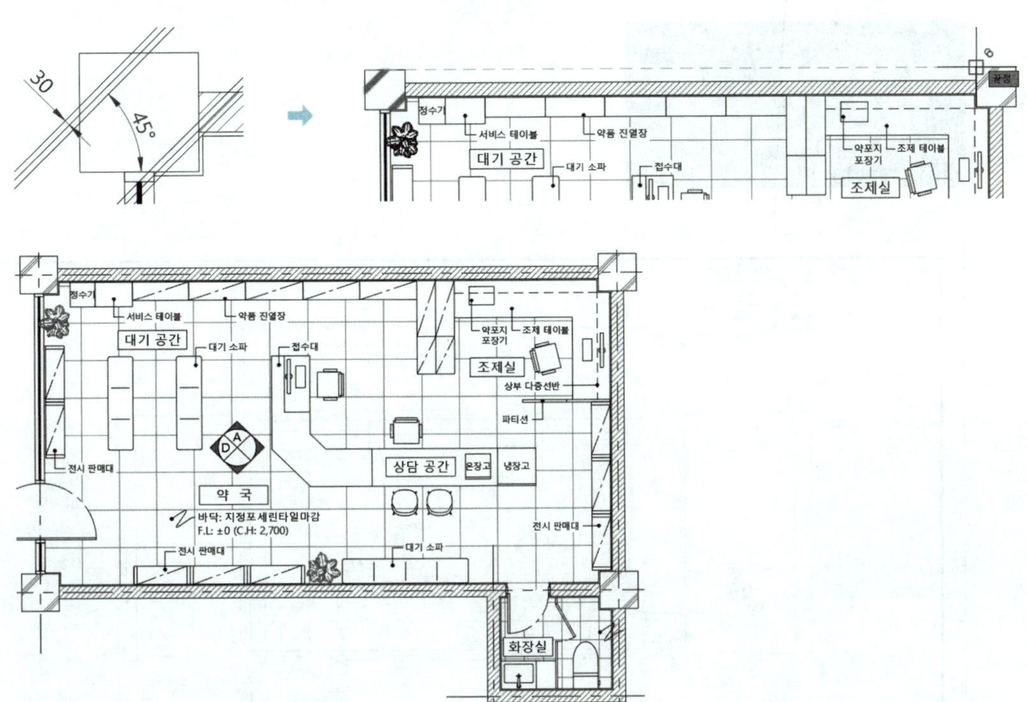

㉙ 치수를 기입하기 위해 현재 도면층을 '주석'(녹색) 도면층으로 변경하고 치수축척 'Dimscale'
은 도면 축척과 동일하게 '50'으로 설정합니다. [선형치수(DLI)], [연속치수(DCO)], [신속치수
(QDIM)] 명령 등을 사용해 치수를 기입하고 보조선은 삭제합니다. 기입된 치수의 값과 구간
은 작업자의 기준이나 마감 두께에 따라 달라질 수 있습니다.

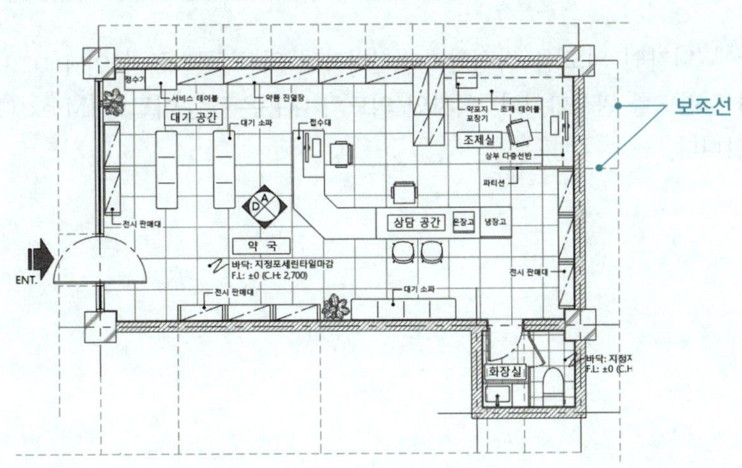

㉚ 치수를 기입하기 위해 현재 도면층을 '주석'(녹색) 도면층으로 변경합니다. [선형치수(DLI)], [연속치수(DCO)], [신속치수(QDIM)] 명령 등을 사용해 치수를 기입하고 보조선은 삭제합니다. 기입된 치수의 값과 구간은 작업자의 기준이나 마감 두께에 따라 달라질 수 있습니다.

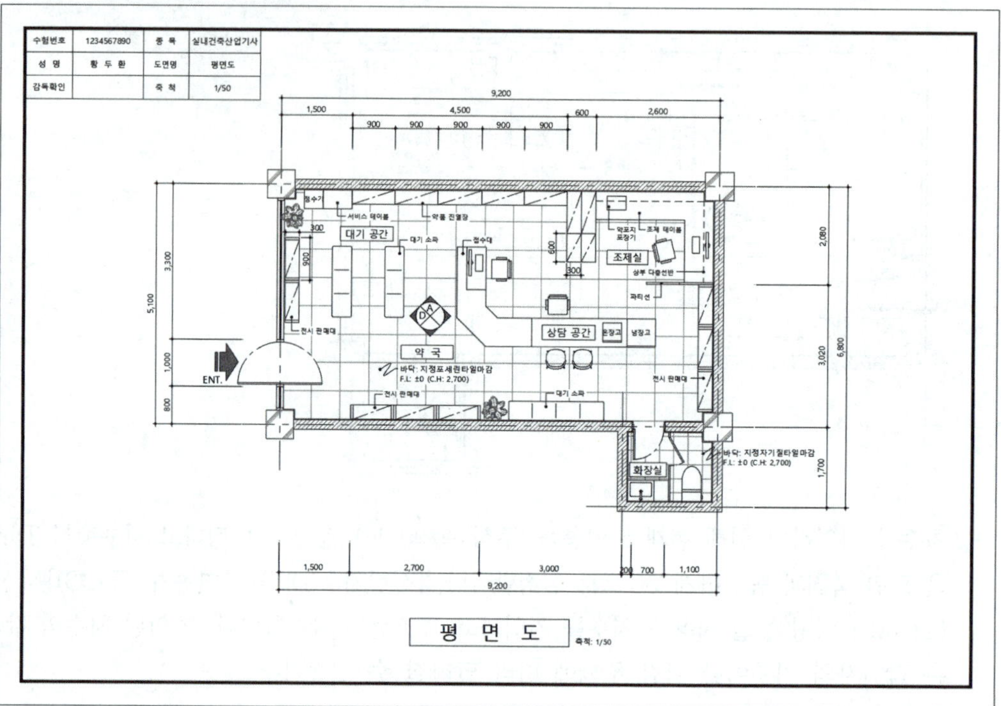

㉛ 도면 하단의 빈 공간에 '디자인 의도'를 작성합니다. '디자인 의도' 문자는 높이 150, 내용은 높이 100으로 작성해 평면도를 완성합니다. 디자인 의도의 내용은 장문이므로 [Mtext(T)] 명령을 사용하여 작성합니다.

디자인 의도 작성

디자인 의도는 200자 이내로 서술합니다. 작업자가 계획한 마감재, 동선, 가구배치 및 색상, 조명, 디자인 콘셉트 등의 내용을 포함합니다.

1. 공간의 유형과 구조
2. 실내마감재의 종류 및 특징
3. 가구 배치의 형식이나 특징
4. 공간 구성과 동선의 특징
5. 조명 및 전체적인 분위기, 콘셉트

***디자인 의도**

> 상업중심지역에 위치한 약국으로 한쪽 커튼월 부분의 출입구를 기준으로 계획하였다. 커튼월 출입구 앞으로 대기공간과 카운터 및 접수대를 배치하고 접수대부터 상담공간까지 길게 배치하여 좁은 공간을 활용하였다. 대기공간에는 고객 편의를 위해 식물, 정수기, 서비스 테이블을 배치하고 약품 진열대를 칸막이로 활용해 조제실 공간과 약품의 수납 공간을 충분히 확보하였다.

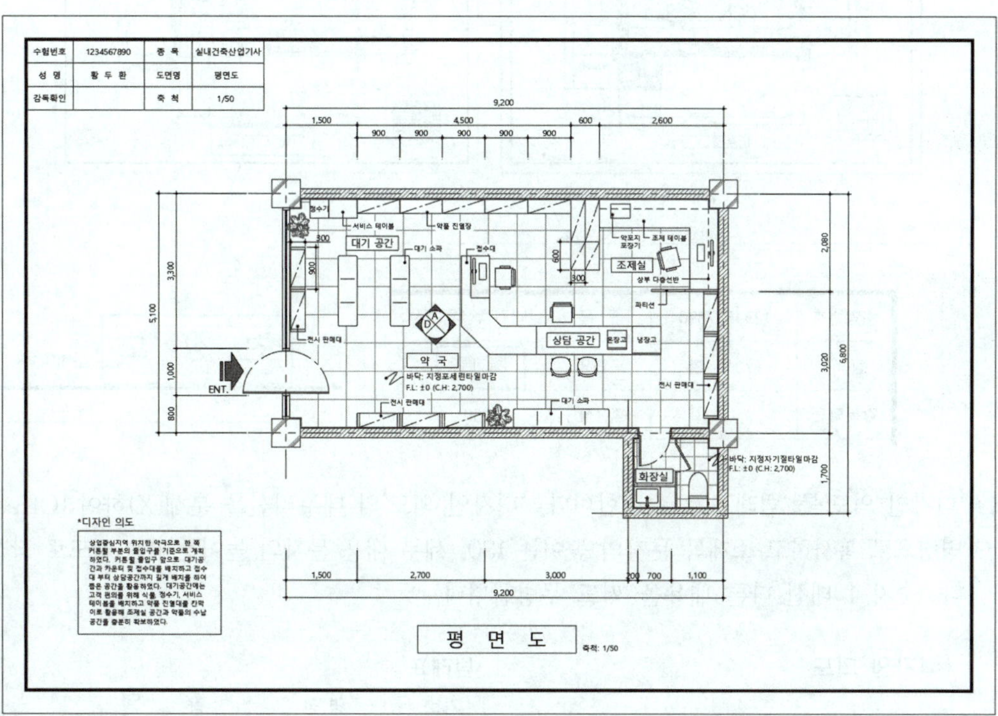

Section 03 천장도 작성

천장도는 평면도의 공간을 그대로 활용하므로 완성된 평면도를 복사한 후 불필요한 부분은 삭제하고 조명 및 설비를 배치하여 완성합니다.

> **학습파일** | ▶ 동영상\Part03\Ch02\약국 – 천장도.mp4

❶ 완성된 평면도를 우측에 그대로 복사한 후 표제란의 도면명과 도면 하단의 도면명을 천장도로 수정합니다.

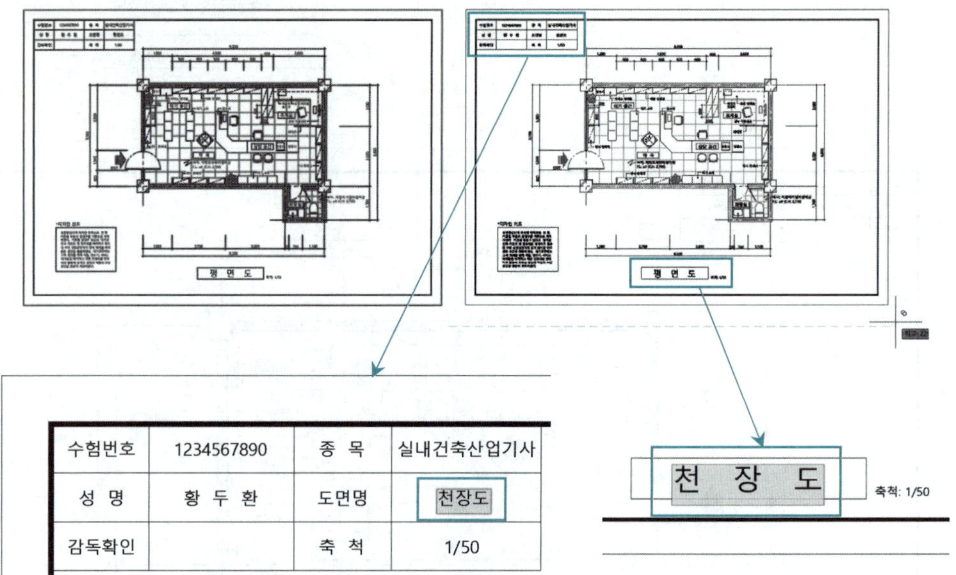

수험번호	1234567890	종 목	실내건축산업기사
성 명	황 두 환	도면명	천장도
감독확인		축 척	1/50

❷ '디자인 의도'를 '범례표'로 수정합니다. '디자인 의도'의 테두리선을 분해(X)하여 [Offset(O)] 명령으로 복사하고 소제목 문자의 높이는 130, 세부 내용 문자의 높이는 120 정도로 작성합니다. 숫자 1 대신 다른 내용을 써도 무방합니다.

***디자인 의도**

***범례표**

기호	명 칭	수량	
	1	1	350
	1	1	350
	1	1	350
	1	1	350
	1	1	350
800	1,400	800	

❸ 천장도와 관련 없는 부분적인 치수는 삭제합니다. 또한 천장면에 부착되는 붙박이가구인 진열장과 판매대를 제외한 실내 공간의 모든 요소를 삭제하고 문의 위치정보를 제외한 부분을 편집합니다.

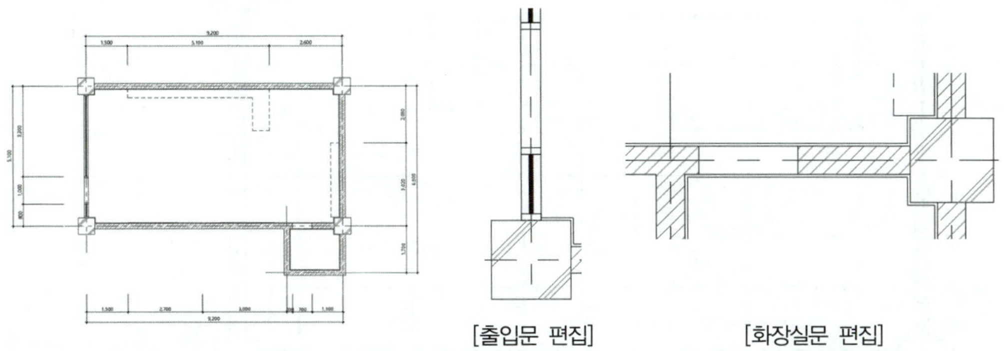

[출입문 편집]   [화장실문 편집]

❹ 천장몰딩선을 그리기 위해 경계 작성 [Boundary(BO)] 명령을 실행합니다. 점 선택(①)을 클릭한 후, 영역 ②, ③을 클릭하고 Enter⏎를 누릅니다.

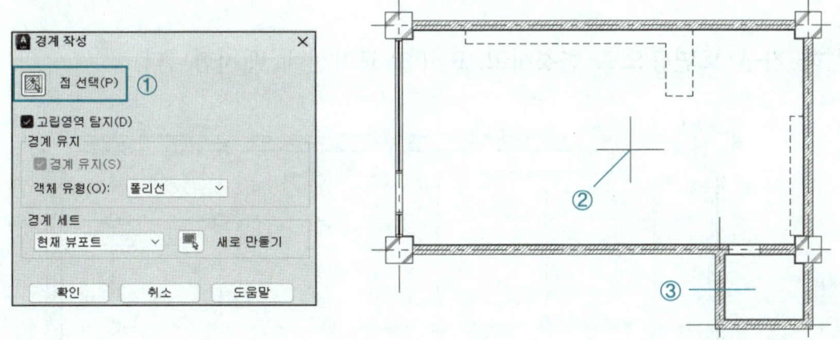

❺ 앞서 작성한 경계선을 [Offset(O)] 명령을 실행해 천장몰딩(40)을 작성하고 겹쳐진 경계선 ①, ②는 삭제합니다. 천장몰딩은 '마감'(보라) 도면층을 적용합니다.

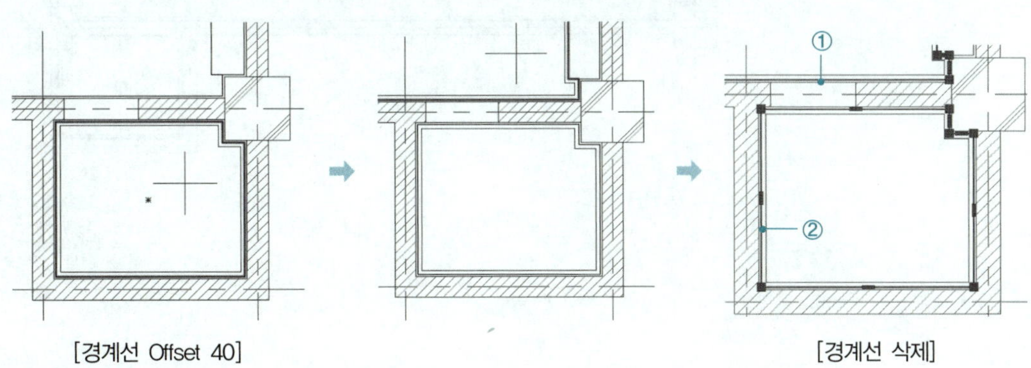

[경계선 Offset 40]   [경계선 삭제]

❻ 천장에 매입등의 위치를 마감선을 기준으로 1200~1500 간격으로 표시합니다. 화장실은 실의 중앙을 선으로 표시해 둡니다.

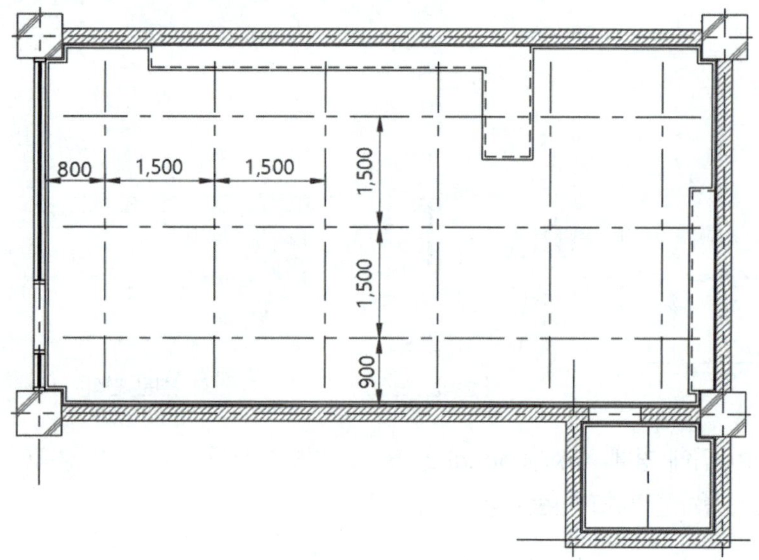

❼ 매입등을 작성해 가구 도면층으로 변경하고 표시한 교차선에 배치합니다.

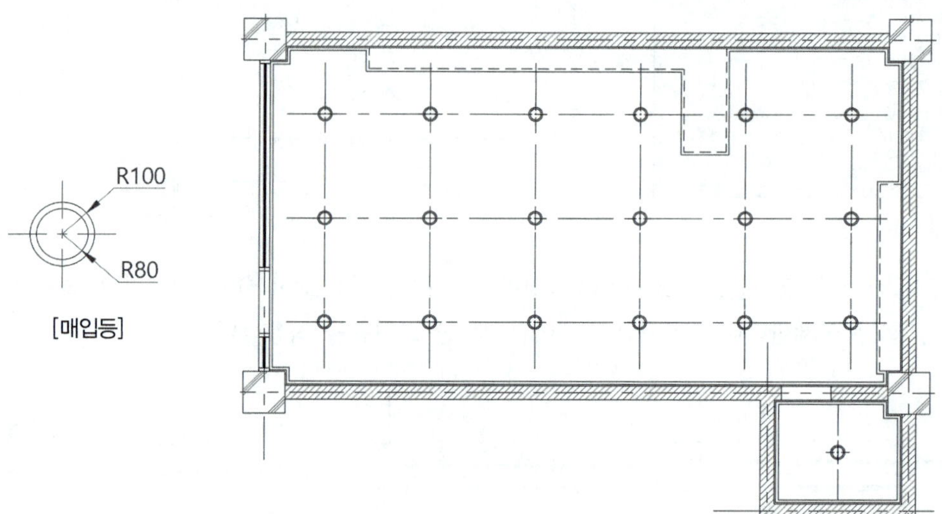

❽ 에어컨, 점검구, 환기구, 스프링클러, 화재감지기, 피난구유도등, 스피커를 빈 공간에 모두 작성합니다.

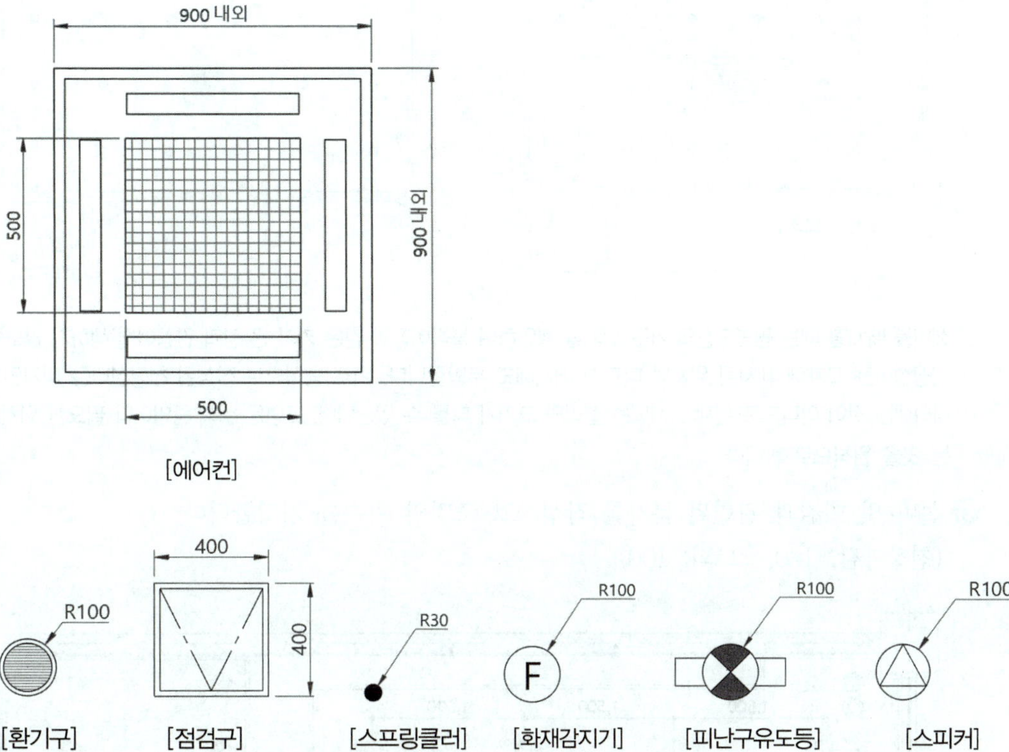

❾ 화재감지기와 스프링클러를 제외한 설비들을 적절한 위치에 배치하고 배치에 사용한 보조선을 모두 삭제합니다.

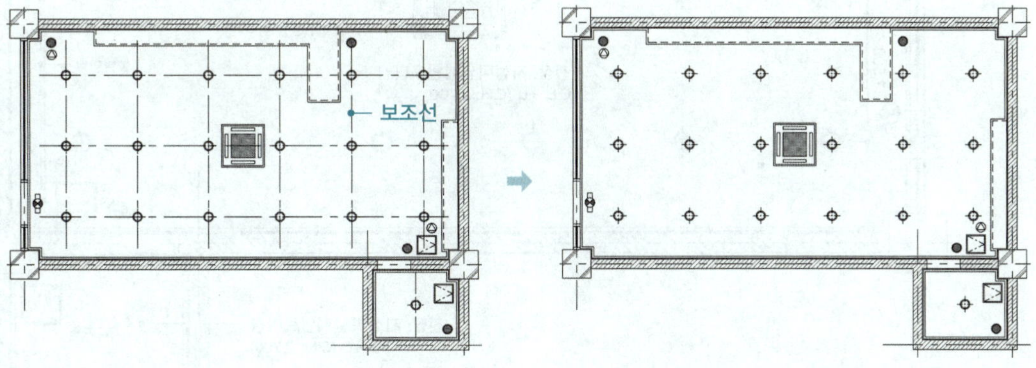

⑩ 화재감지기와 스프링클러를 3000 간격으로 배치하고 배치에 사용한 보조선을 모두 삭제합니다.

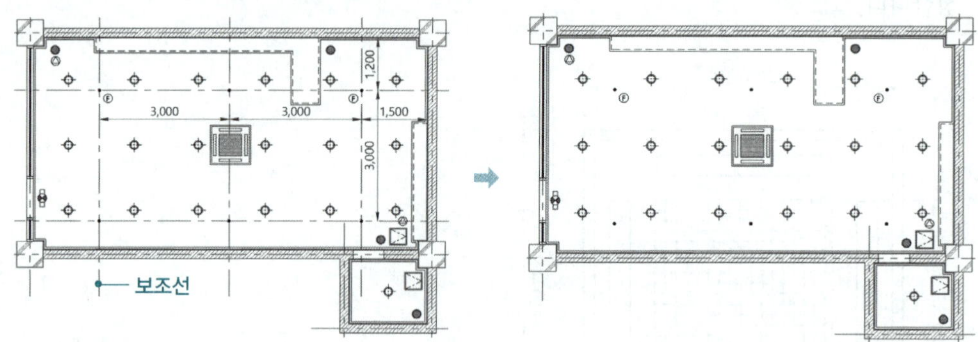

* 설비를 배치할 때는 평면도상의 가구 위치를 확인하여 붙박이장과 같은 키가 큰 장과 간섭이 발생하지 않도록 합니다. 천장설비는 교재에 제시된 위치와 다르게 배치해도 무방합니다. 기호 형식으로 작성된 천장설비는 디자인과 크기를 나타내는 것이 아니므로 실제 설치되는 설비와 크기가 다를 수 있습니다. 조명은 실의 중앙이나 필요한 위치에 배치하는 것을 원칙으로 합니다.

⑪ 설비 및 마감과 관련된 문자를 작성하고 조명의 치수를 기입합니다.
(천장마감: 120, 그 외: 100)

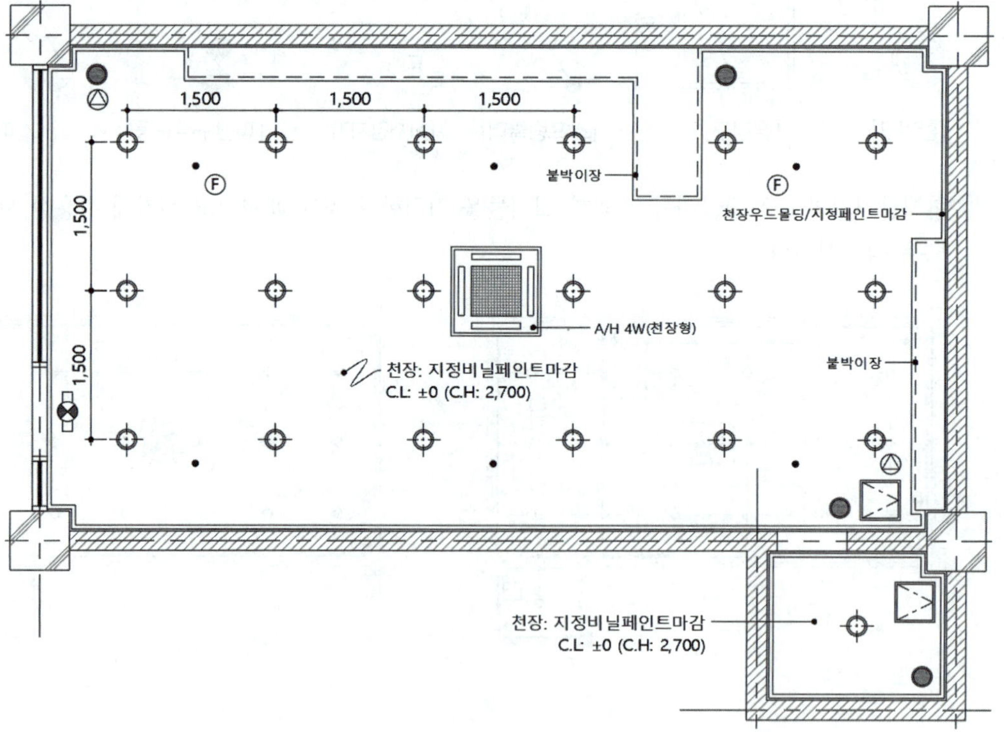

⑫ 범례표의 기호칸에 조명 및 설비 기호를 넣습니다. [축척(SC)] 명령을 사용하여 크기를 조정한 뒤 배치합니다. 범례표의 기호칸이 부족할 경우 [Offset(O)], [Extend(EX)] 명령으로 칸을 추가합니다.

*범례표

기호	명 칭	수량
	1	1
	1	1
	1	1
	1	1
	1	1

➡

*범례표

기호	명 칭	수량
⊕	매입등	19
⊏⊗⊐	피난구 유도등	1
Ⓕ	화재감지기	2
•	스프링클러	6
◿	점검구	2
⬤	환기구	4
△	스피커	2

⑬ 누락된 요소나 편집되지 않은 부분이 없는지 확인합니다.

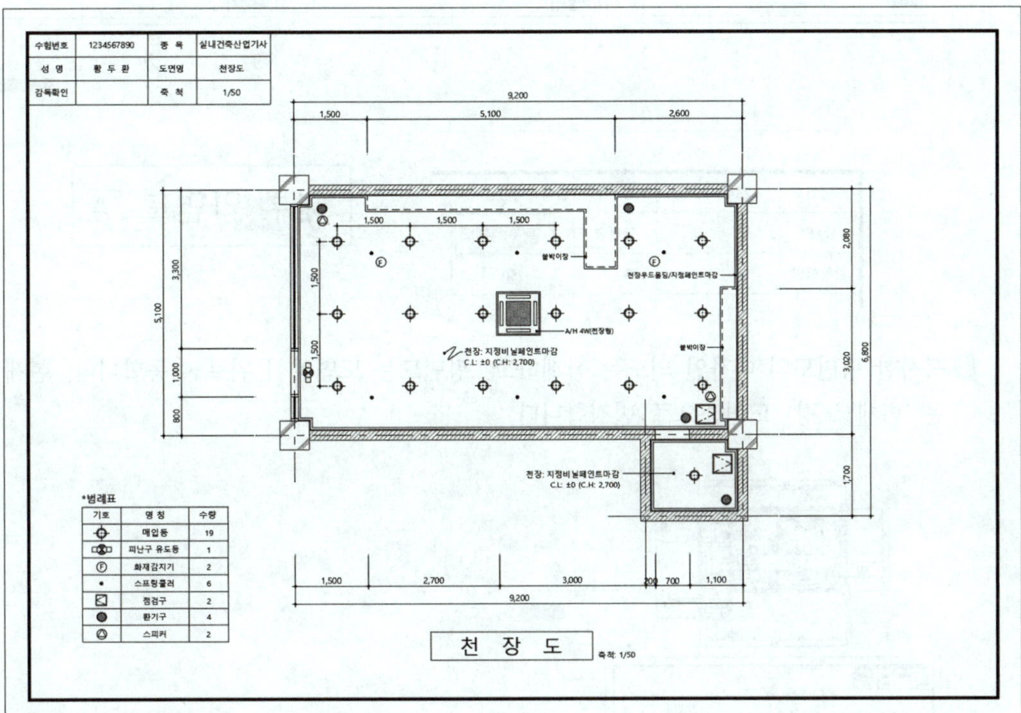

Part 3

학습파일 | 완성파일 \ Part03 \ Ch02 \ 약국 – 2D 도면.dwg

Section 04 내부 입면도 작성

내부 입면도 또한 평면도를 참고하여 작성합니다. 완성된 평면도를 복사해 벽면의 폭, 중심선, 가구 위치 등 평면 정보를 활용합니다.

> **학습파일** | ▶ 동영상\Part03\Ch02\약국 – 내부 입면도.mp4

❶ 완성된 평면도를 천장도 우측에 그대로 복사해 표제란의 도면명(①)과 도면 하단의 도면명(②)을 '내부 입면도', '내부 입면도 – A'로 수정합니다.

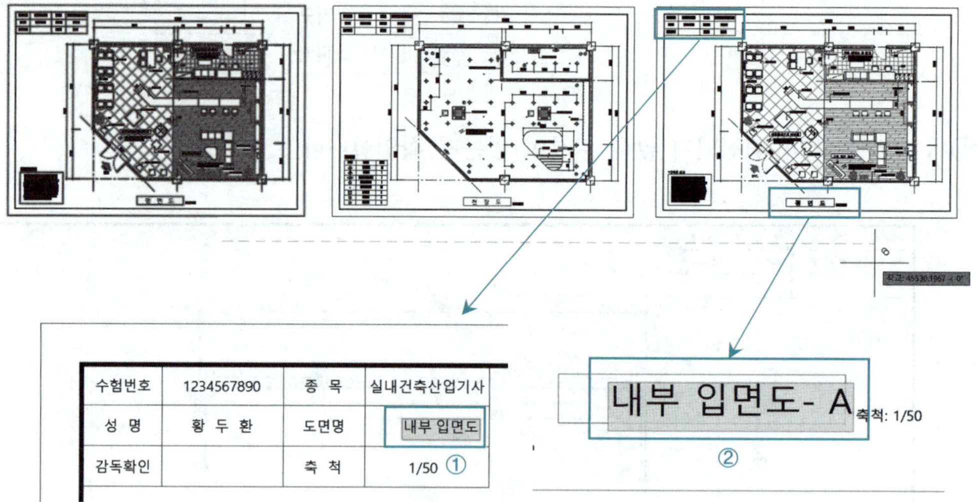

수험번호	1234567890	종 목	실내건축산업기사
성 명	황 두 환	도면명	내부 입면도
감독확인		축 척	1/50 ①

❷ 복사한 평면도의 디자인 의도는 삭제하고, 평면도는 도면양식 위로 이동합니다. 현재 도면층은 '벽체'(노랑) 도면층으로 변경합니다.

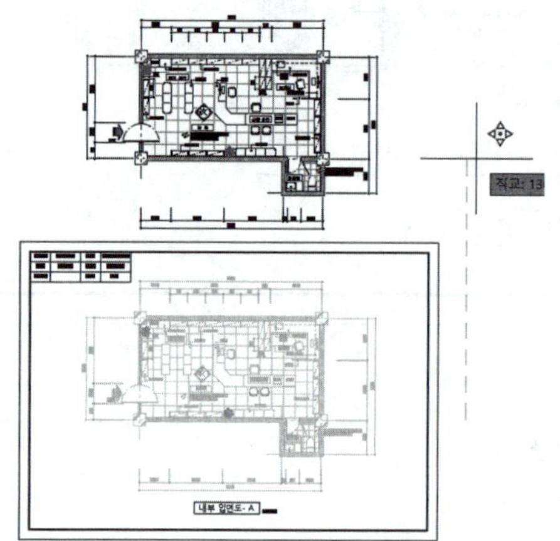

❸ [구성선(XL)] 명령의 수직(V)옵션을 사용해 중심선, 마감 모서리, 가구의 위치를 표시합니다.

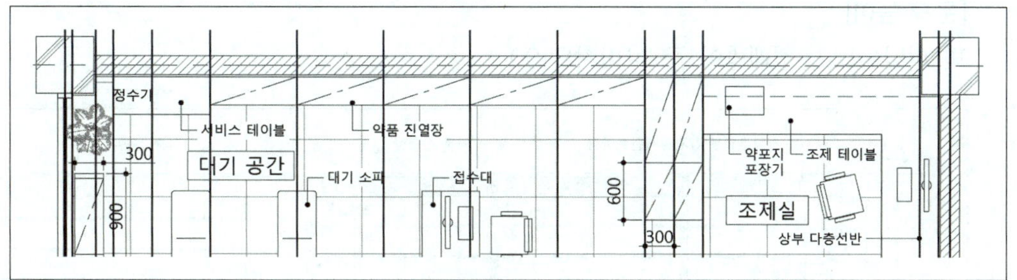

❹ 임의의 가로선(①)을 그려 천장높이 2,700을 표시합니다. 벽면을 편집하고 중심선 ②, ③의
도면층을 변경합니다.

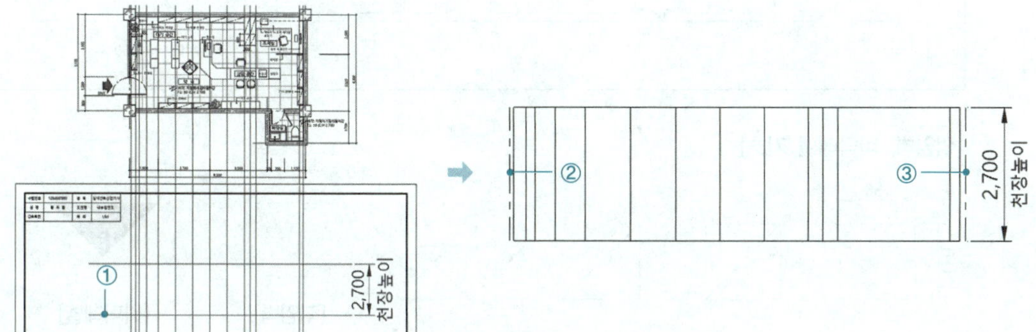

❺ 걸레받이(80), 천장몰딩(30), 정수기와 테이블(750~800), 붙박이장, 상부 선반을 표시하고
편집합니다. 책상도 평면도에서 위치를 표시해 그려줍니다.

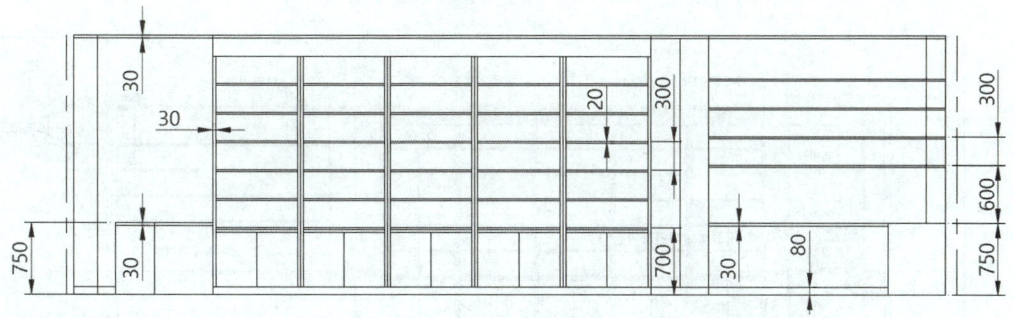

❻ 가구와 이미지보드는 '가구'(파랑) 도면층으로 변경하고, 천장몰딩과 걸레받이는 '마감'(선홍
색) 도면층으로 변경합니다.

❼ 기호와 문자를 작성하고 '주석'(녹색) 도면층으로 변경합니다. 식물은 2D 소스를 사용합니다.

[문자 높이]

벽 마감: 120, 걸레받이 등 나머지: 100

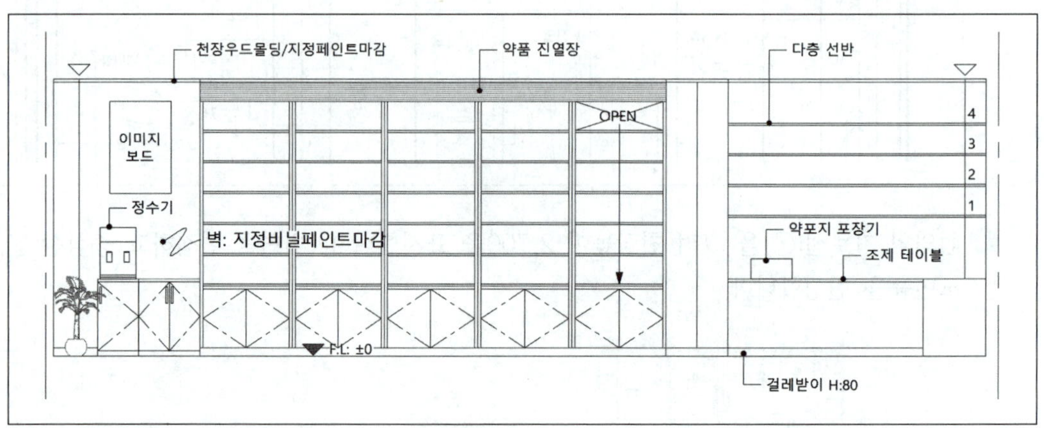

[꺾임벽, 바닥레벨 기호]

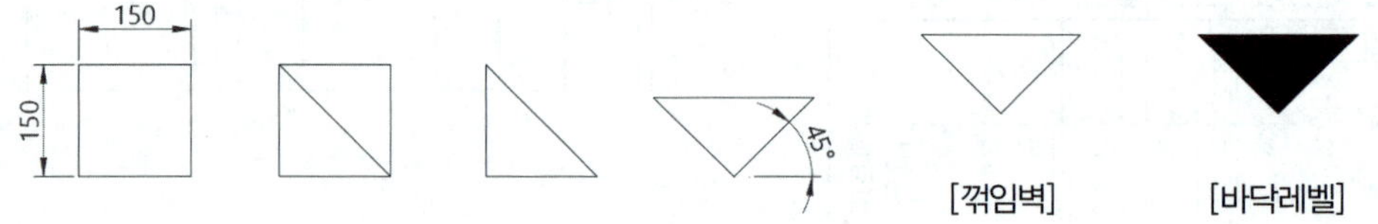

❽ 치수를 기입하기 위해 각 구간(벽, 창호, 주요 가구)에 보조선을 그립니다. 보조선은 치수 기입 후 삭제하므로 선의 종류나 유형은 아무 선이나 상관이 없습니다. 아래 그림은 시인성을 위해 파선으로 표시하였으며, 주요 가구의 치수 구간도 작업자에 따라 차이가 있을 수 있습니다.

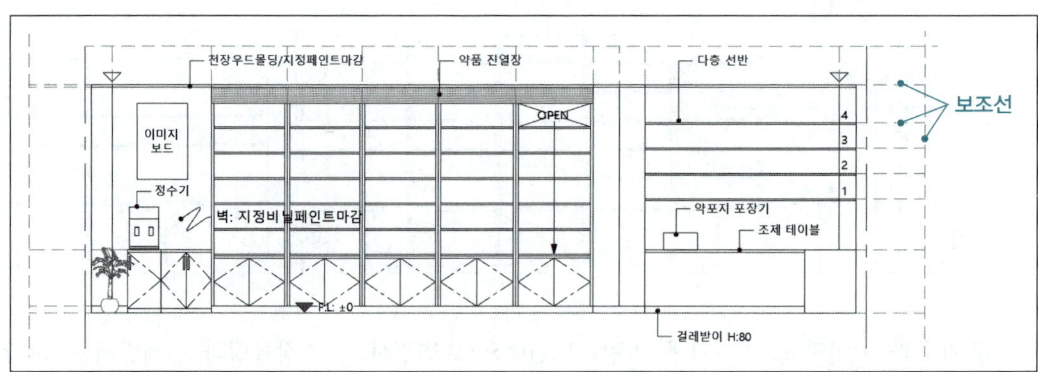

❾ 치수를 기입해 '내부 입면도-A'를 완성합니다.

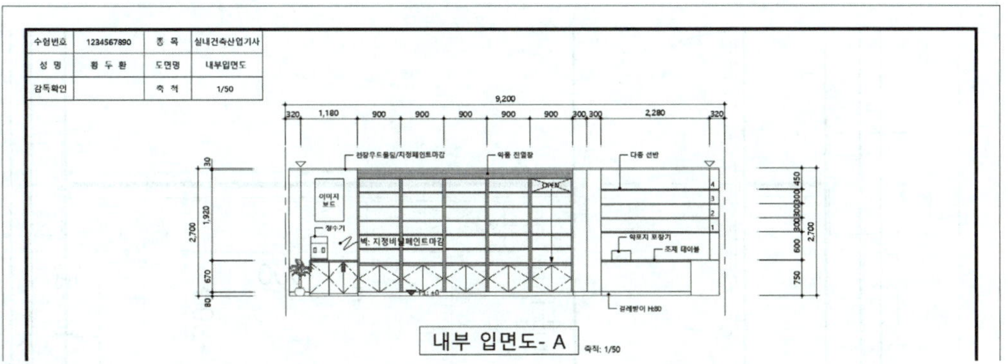

❿ 계속해서 '내부 입면도-A'와 동일한 방법으로 D방향 내부 입면도를 작성합니다. 다시 완성된 평면도를 복사해 도면양식 위로 이동하고 D방향이 위쪽을 향하도록 -90° 회전합니다.

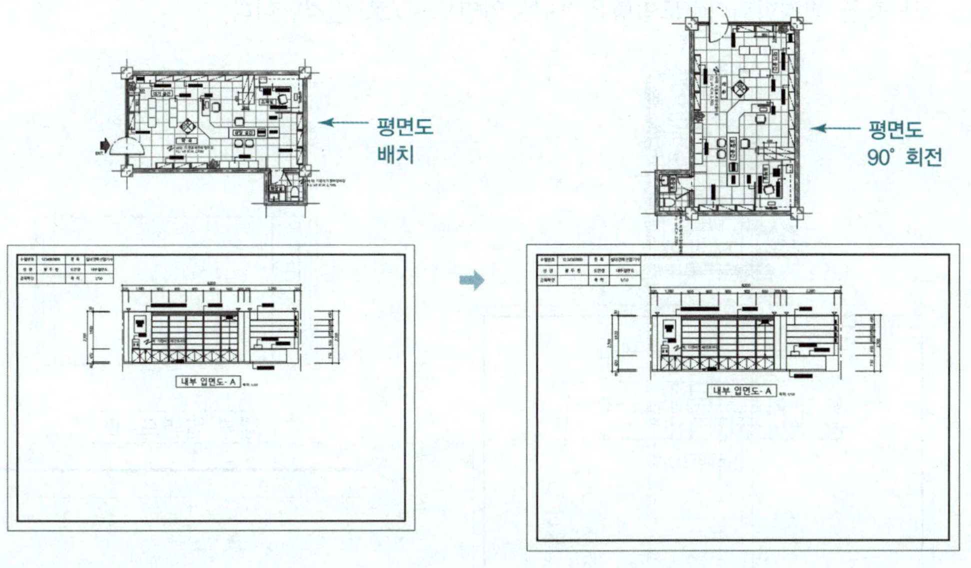

❶❶ [구성선(XL)] 명령의 수직(V)옵션을 사용해 중심선, 마감 모서리, 창호의 위치를 표시합니다.

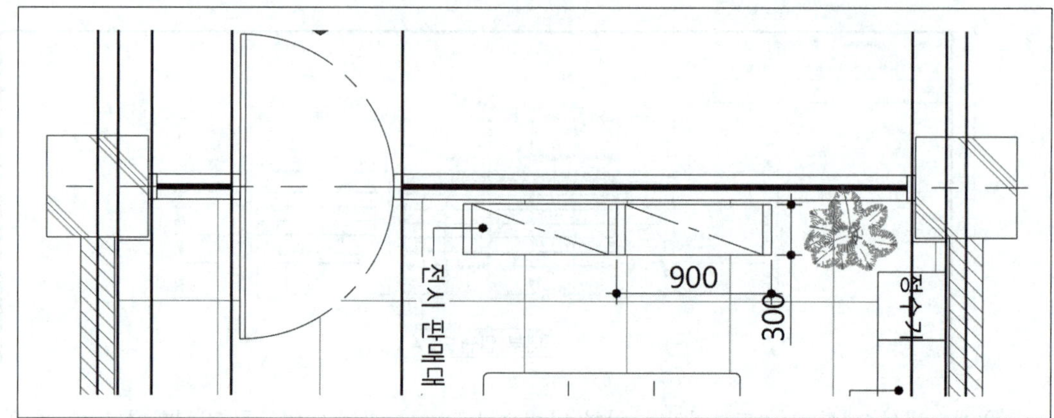

❶❷ 임의의 가로선(①)을 그려 천장높이 2,700을 표시합니다. 벽면을 편집하고 중심선 ②, ③의 도면층을 변경합니다. 도면명은 '내부 입면도–D'로 변경합니다.

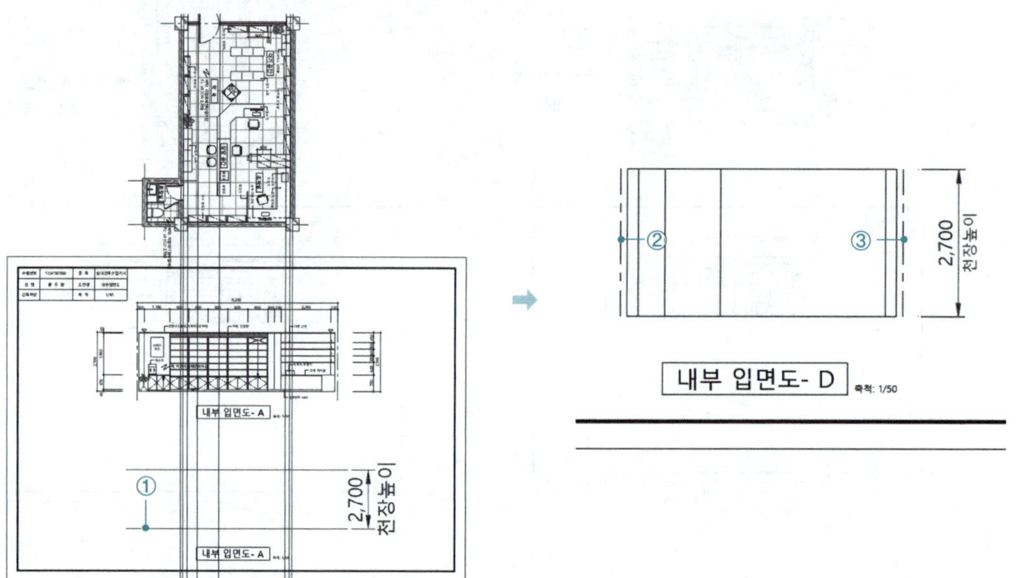

⑬ 걸레받이(80), 천장몰딩(30), 도어(2100), 커튼월 스틸바(50)를 표시하고 편집합니다.

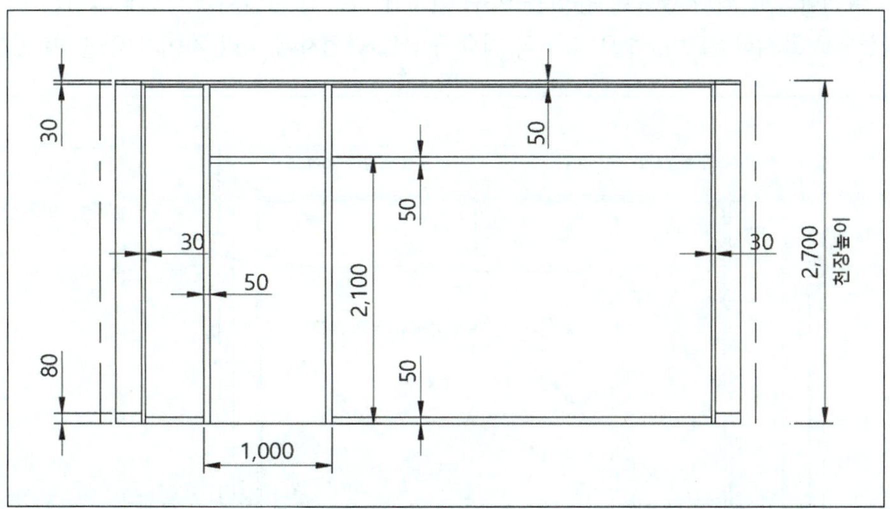

⑭ 스틸바는 '창'(회색 9) 도면층으로, 천장몰딩과 걸레받이는 '마감'(선홍색) 도면층으로 변경합니다. 기호와 문자를 작성하고 '주석'(녹색) 도면층으로 변경합니다. 유리의 반사 표현은 45°, 간격 20 정도로 작성합니다.

[문자 높이]
벽 마감: 120, 걸레받이 등 나머지: 100

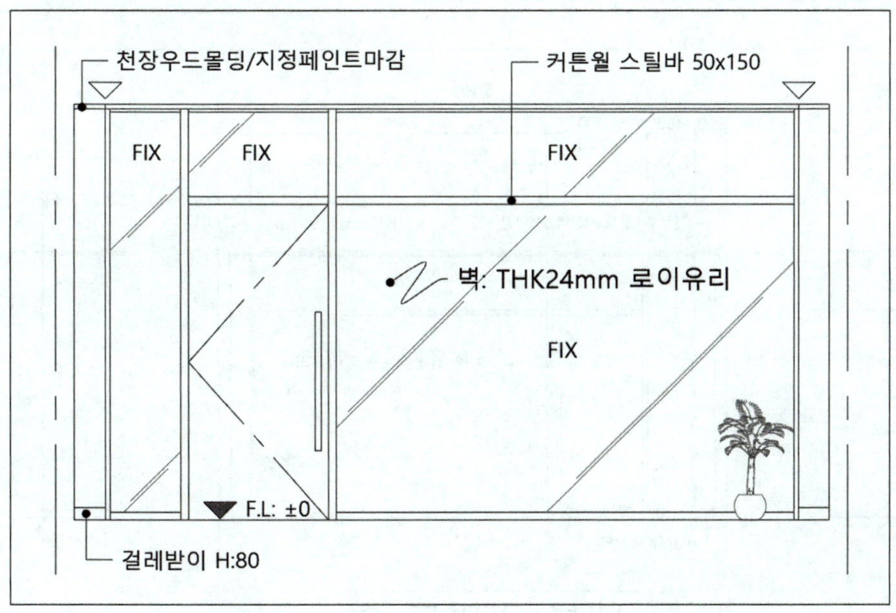

⑮ 치수를 기입하기 위해 각 구간(벽, 창호, 주요 가구)에 보조선을 그려줍니다. 보조선은 치수 기입 후 삭제하므로 선의 종류나 유형은 아무 선이나 상관이 없습니다. 아래 그림은 시인성을 위해 파선으로 표시하였으며, 주요 가구의 치수 구간도 작업자에 따라 차이가 있을 수 있습니다.

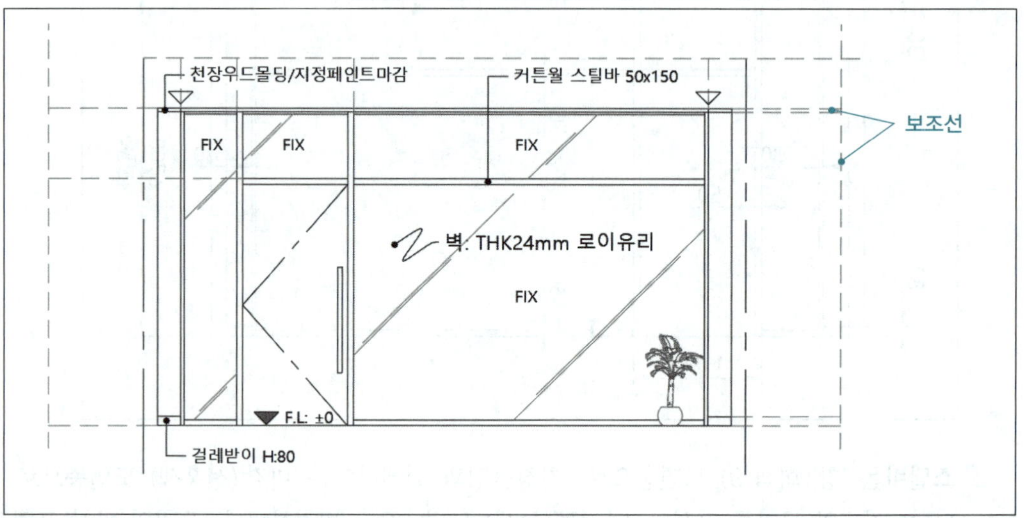

⑯ 치수를 기입하여 '내부 입면도-D'를 완성합니다. 완성된 약국의 평면도, 천장도, 내부 입면도 는 답안 파일과 대조하여 누락 부분 및 각 부분의 도면층 적용을 확인합니다.

학습파일 | 완성파일 \ Part03 \ Ch02 \ 약국 – 2D 도면.dwg

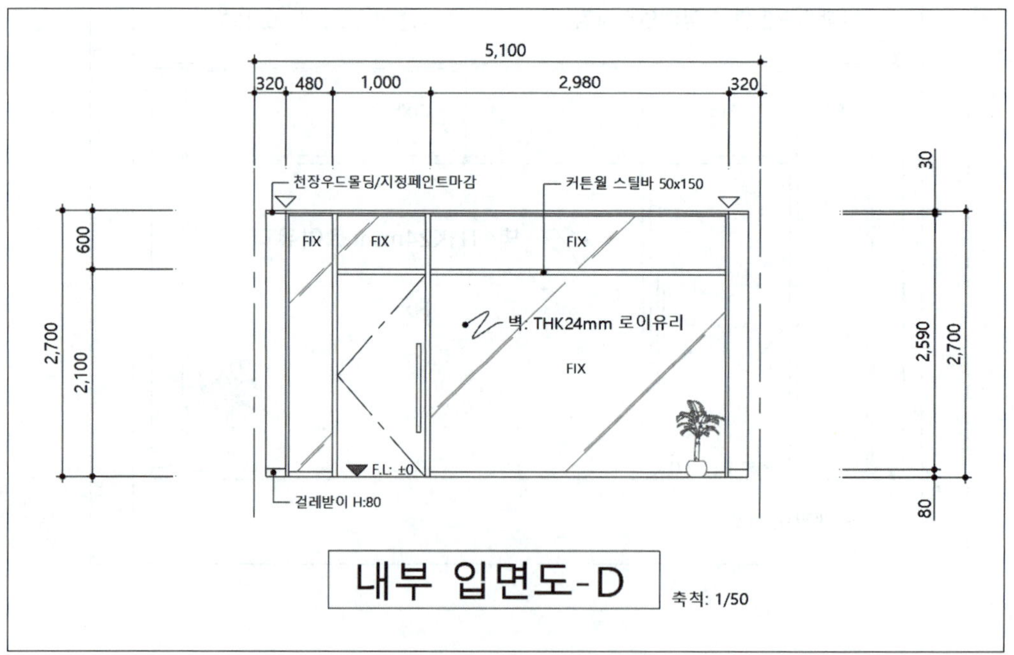

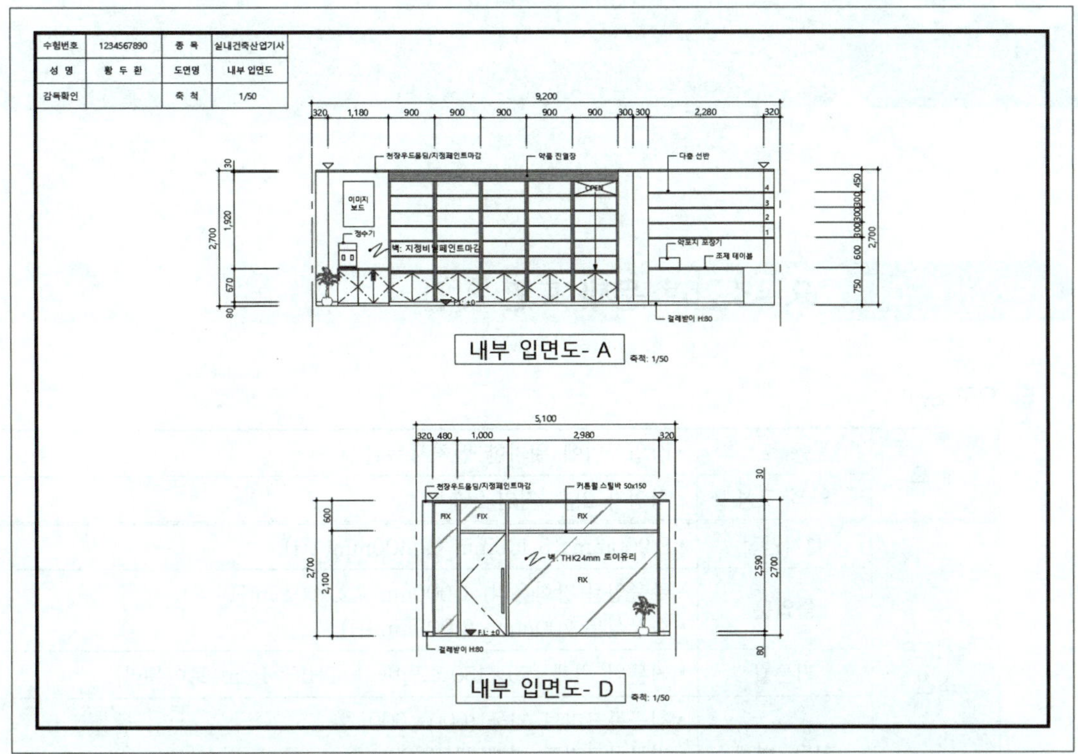

학습파일 | 완성파일 \ Part03 \ Ch02 \ 약국 – 2D 도면.dwg

Section 01 요구조건과 문제 도면 확인

❶ 요구조건

개 요	용 도	• 상업지역에 위치한 벤처사무실
	인적 구성	• 창업자 2명, 직원 2명
제시도면 조건	설계면적	• 8,900mm×5,100mm×2,400mm(CH)
	출입문	• 주출입문(강화유리) 1,000mm×2,100mm(H) • 화장실문 700mm×2,000mm(H)
	커튼월	• 커튼월 벽체 [50×150 스틸바 + THK 24mm 로이유리]
	기둥, 벽체	• 철근콘크리트 기둥 [600×600] • 철근콘크리트 벽체 THK200 [내부 및 외부 마감재 임의+0.5B 시멘트벽돌]
설계조건	천 장	• 평천장 C.H: 2,400
	내벽체	• 경량 칸막이벽체 또는 0.5B 시멘트벽돌
	바 닥	• 수험자 임의 지정
	필요 공간	• 사무용 테이블 세트(임의 수량)　• 탕비실 • 회의 테이블 세트　• 사무기기(프린터, 복사기) • 책장 및 수납장　• 화장실(세면대, 양변기)

※ 위에 제시된 조건은 필수조건이며, 이외에 필요한 조건은 수험자가 임의로 추가할 수 있음(주어지지 않은 치수는 수험자가 임의로 설정).

❷ 문제 도면

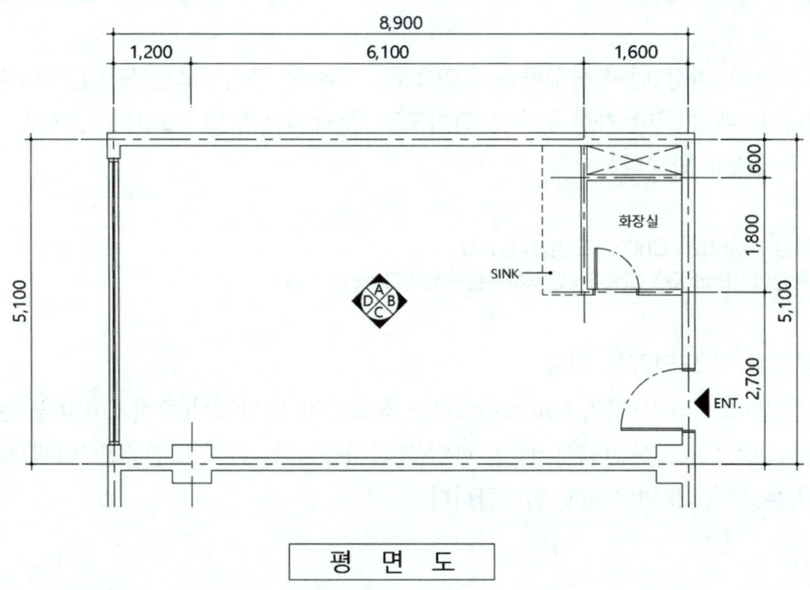

❸ 요구 도면

도면의 배치 순서는 평면도, 내부 입면도(2면), 천장도, 실내투시도(3D)의 순으로 정리하여 제출합니다.

① 평면도(1장, 가구/배치 및 바닥마감재 표기) – S: 1/40
   • 평면도 주변의 여유 공간에 설계(디자인)의도를 200자 이내로 서술
② 내부 입면도(2면, 1장) – S: 1/40
   • A방향 1면, B방향 1면(가구 배치 및 벽면재료 표기)
③ 천장도(1장) – S: 1/40
   • 설비, 조명기구 배치 및 범례표 작성/천장마감재 표기

❹ 주안점

① 도면에 표기된 화장실과 싱크의 위치는 변경하지 않습니다.
② 안쪽 창가로 창업자 업무공간을 배치하고 그 외 공간에 직원의 업무공간과 회의 테이블을 배치합니다.
③ 산업기사/기사 등급의 경우 2D(AutoCAD), 3D(SketchUp) 가구 소스가 제공되지만, 싱크 등 일부 제작가구는 직접 작성하거나 가구 소스를 수정해서 사용합니다.

Section 02 — 평면도 작성

공간의 조건을 파악한 후 가장 먼저 작성하는 도면으로, 이후 작성되는 모든 도면은 완성된 평면도의 영향을 받습니다. 배점 또한 가장 높은 도면이므로, 누락되는 도면 요소(가구, 기호, 마감표기 등)가 없도록 주의해야 합니다.

> **학습파일** | 실습파일 \ Part02 \ Ch02 \ 도면양식.dwg
> ▶ 동영상 \ Part03 \ Ch03 \ 벤처사무실 – 평면도.mp4

❶ AutoCAD 환경설정 및 도면양식 작성

AutoCAD를 실행하고 Part 02의 Chapter 02를 참고하여 도면양식(축척 1/40)을 준비하거나 [실습파일\Part02\Ch02\도면양식.dwg] 파일을 불러옵니다. 현재 도면층은 '벽체'(노랑) 도면층으로, 축척은 1/40 도면양식에 진행합니다.

축척 1/40 양식

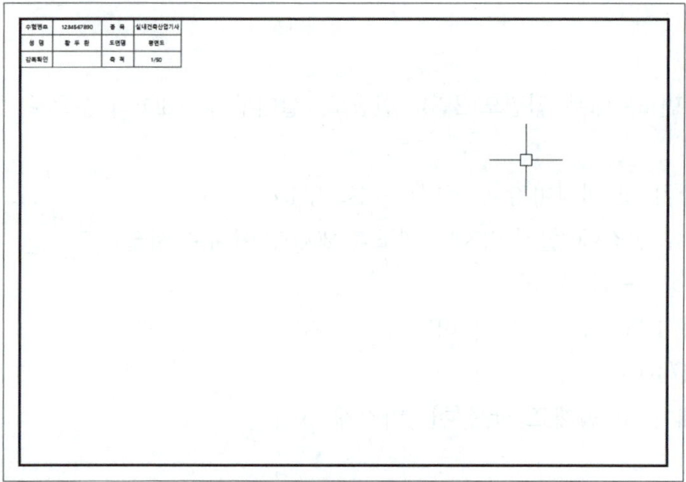

❷ 설계공간의 작성조건 및 문제 도면의 치수를 확인합니다.

[작성조건]
- 설계면적 : 8,900mm×5,100mm×2,400mm(CH)
- 주출입문 : 강화유리 1,000mm×2,100mm(H)
- 화장실문 : 700mm×2,000mm(H)
- 커 튼 월 : 50×150 스틸바 + THK 24mm 로이유리
- 기　　둥 : 600×600 철근콘크리트
- 벽　　체 : 0.5B 시멘트벽돌 쌓기

[문제 도면]

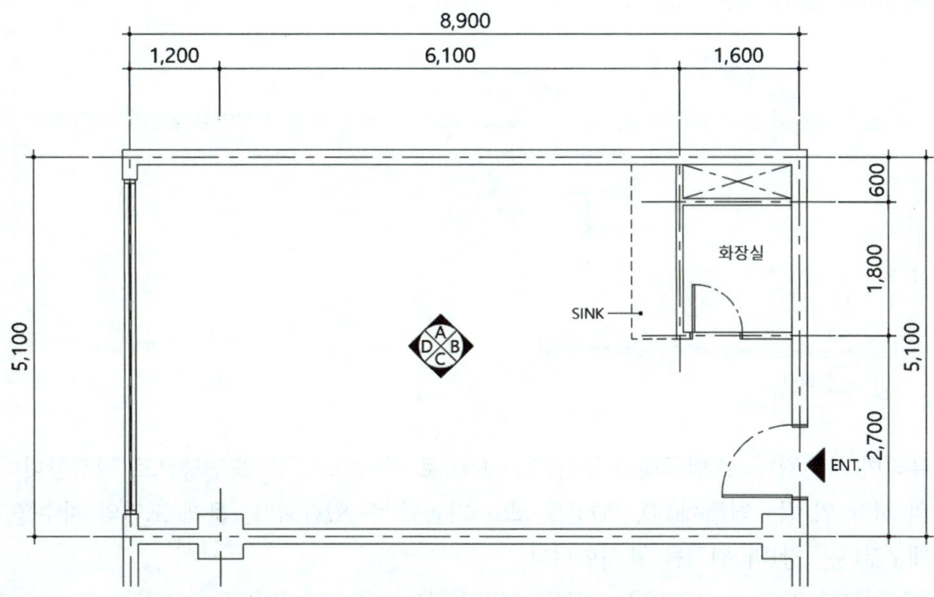

③ 교재의 문제 도면이나 노트에 '벤처사무실' 공간을 구상하며 스케치합니다. 시험장에서는 시험 문제지에 직접 스케치합니다. 설계조건에 제시된 공간과 집기가 빠짐없이 포함되도록 하며, 작성 과정에서 각 공간의 성격에 맞게 배치를 조정합니다.

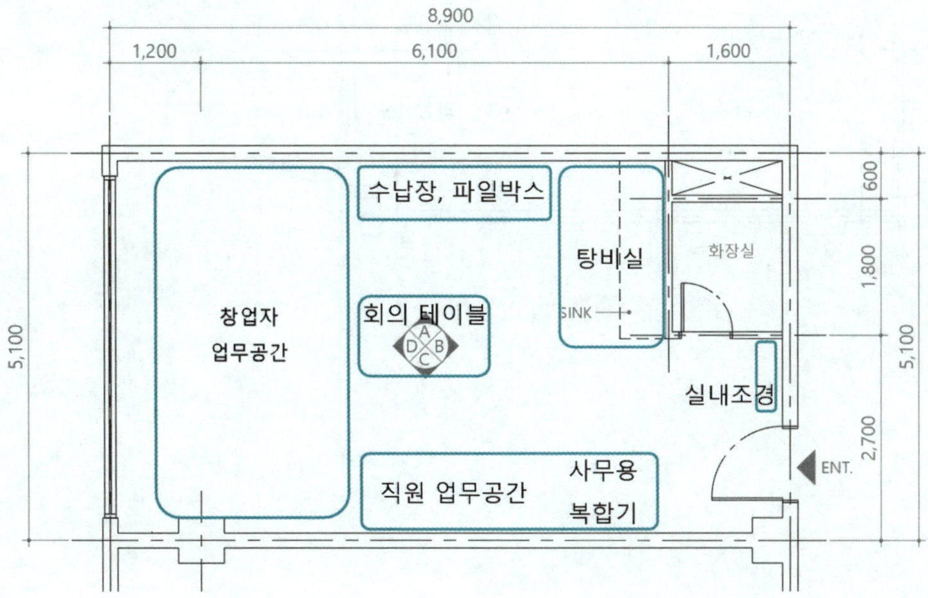

❹ 공간 전체 크기의 사각형(8,900×5,100)을 기준으로 중심선과 벽체(200, 90), 기둥(600×600)을 표시하고 중심선은 '중심' 도면층으로 변경합니다.

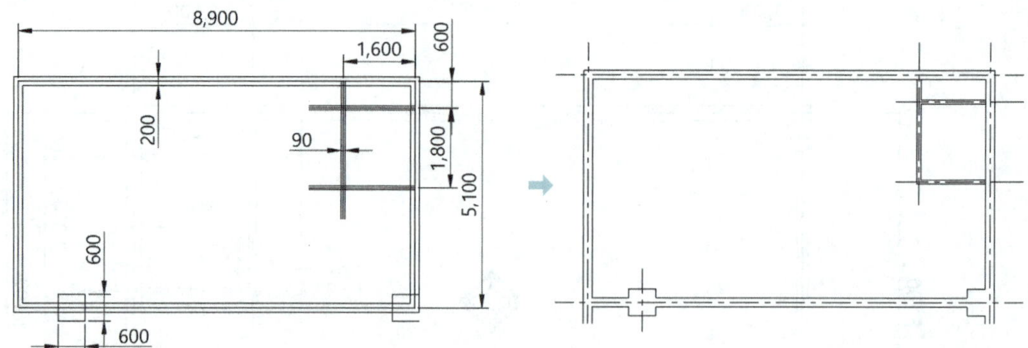

❺ 유리벽(커튼월)을 스틸프레임 두께(50×150)로 작성하고 '창' 도면층으로 변경합니다. 유리벽의 시작 위치는 벽두께(90, 200)를 보고 가늠할 수 있습니다. 문제 도면의 치수를 확인하여 개구부(문, 창)의 위치를 표시합니다.

[출입문: 1,000mm×2,100mm(H), 화장실문: 700mm×2,000mm(H)]

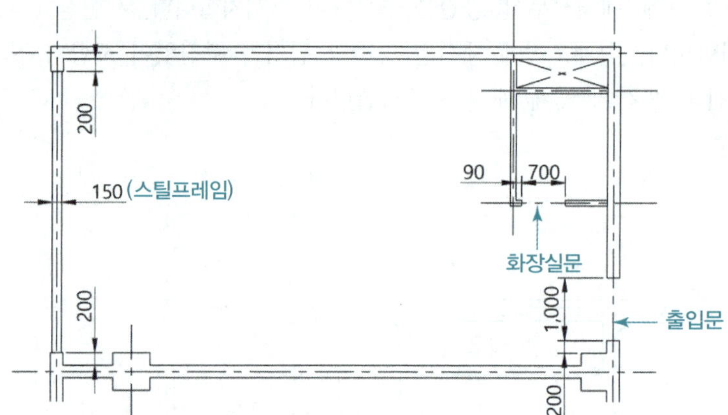

❻ 빈 공간에 출입문과 화장실문을 그립니다. 개폐 범위 호는 '중심'(빨강) 도면층, 나머지는 '문' (하늘색) 도면층으로 변경합니다.

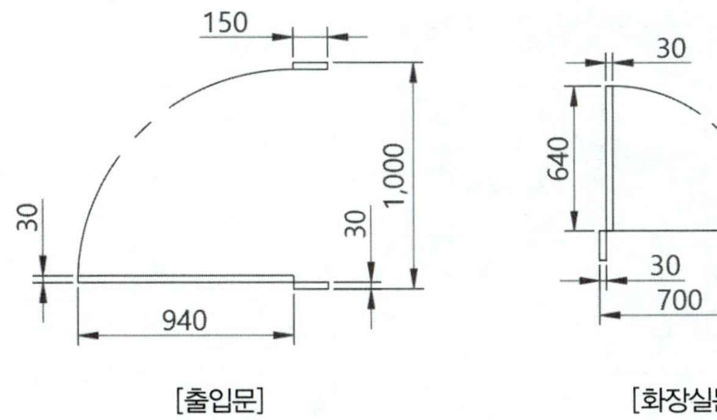

[출입문]　　　　　[화장실문]

❼ 출입문과 화장실문을 중간점 기준으로 배치합니다.

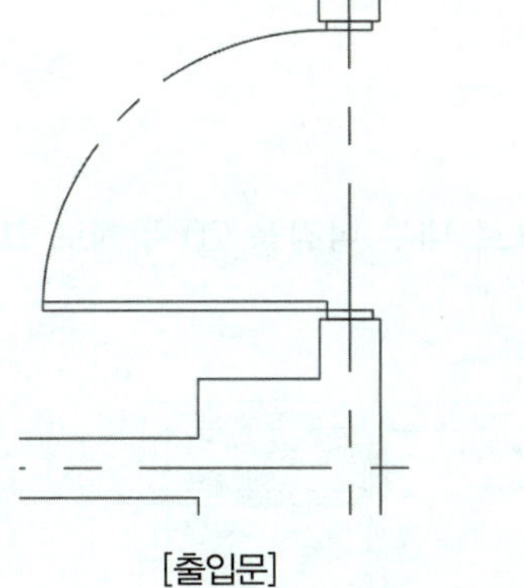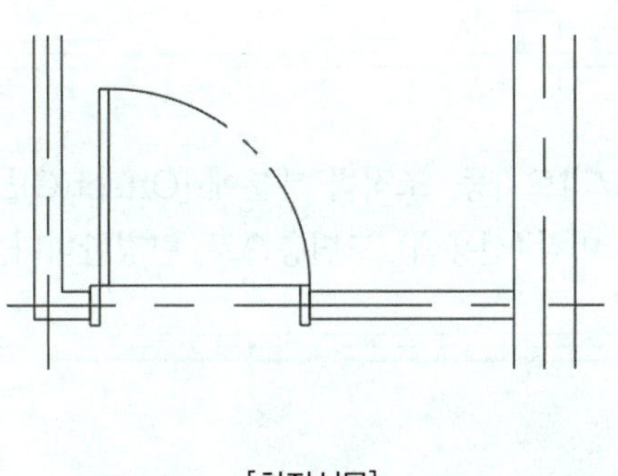

[출입문]　　　　　　　　　[화장실문]

❽ 안쪽 유리벽(커튼월)의 유리(THK24)와 스틸프레임 두께(50×150)를 표시합니다. 이때 문제 도면에는 중간 프레임이 없지만 유리판이 너무 크므로 추가합니다.

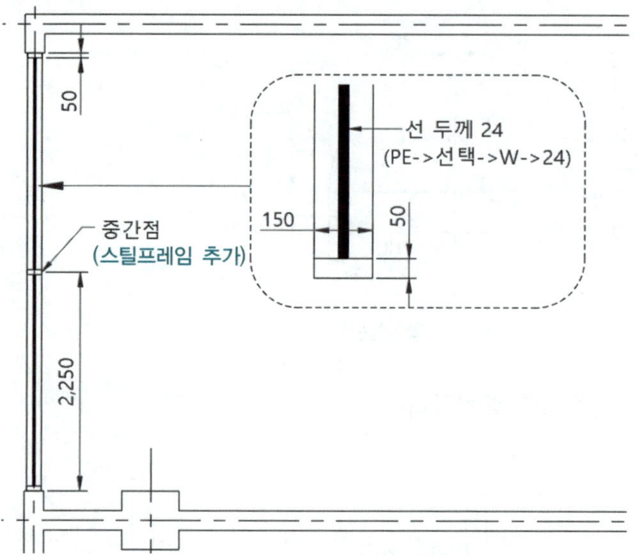

❾ 철근콘크리트기둥, 조적벽 부분에 [Offset(O)] 명령으로 내부 마감을 20 두께로 그립니다. 마감선은 '마감'(선홍색) 도면층으로 변경합니다.

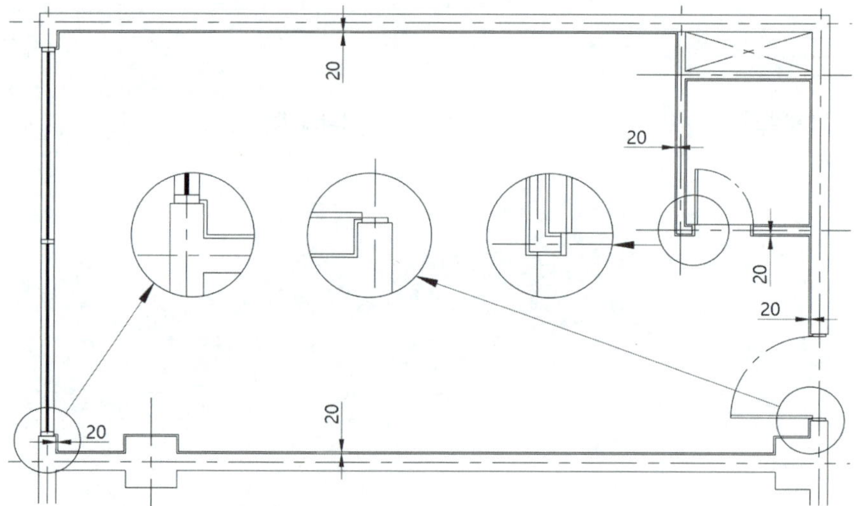

❿ 위치가 정해진 화장실에 세면대와 양변기를 작성하여 배치합니다. ('2D 소스' 제공 여부를 확
인한 후 작성합니다.)

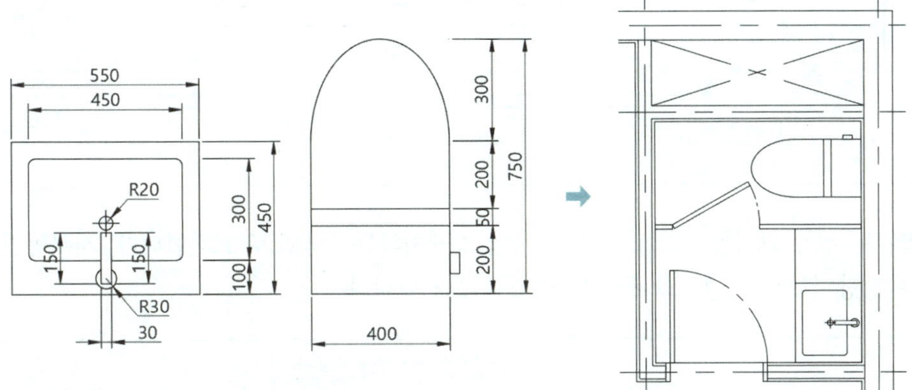

⓫ 탕비실의 싱크는 AutoCAD 소스를 사용하기 위해 제공된 '2D 소스 파일'을 더블클릭으로 실행합
니다. 여러 가구 중 개수대(1구)와 레인지를 Ctrl + C로 복사하고 작성 중인 도면에 Ctrl + V로
붙여 넣습니다. 2D 소스 파일을 복사해 붙일 때는 각 가구 간에 거리가 멀어 한 세트씩 여러
번 복사하는 것이 좋습니다. 복사 후 가급적 선택 및 관리가 용이하도록 블록(B)으로 변경합니다.

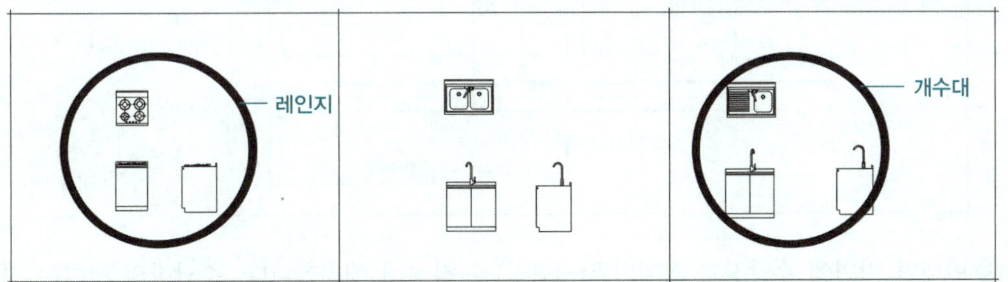

⓬ 레인지는 화구를 삭제해 준비대로 편집하고 냉장고를 작성해 탕비실에 배치합니다. 준비대의
크기는 커피포트, 토스트기 등 소가전을 올려둘 수 있도록 크기를 조정해도 됩니다.

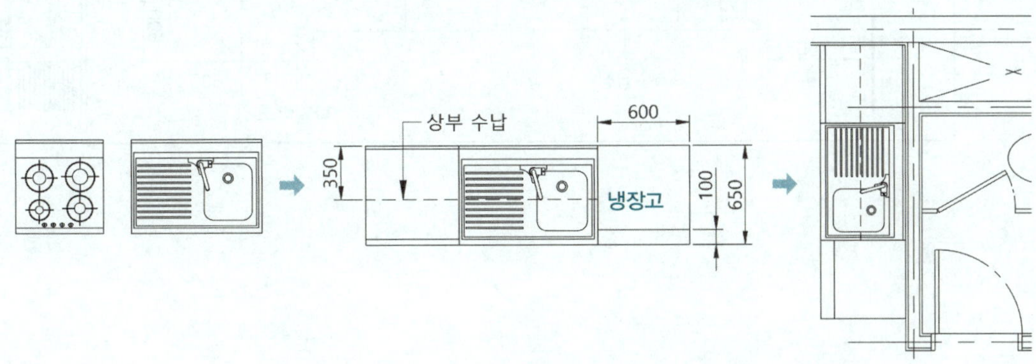

⑬ 기둥 사이의 틈새 공간에 맞는 수납장과 직원 책상을 작성해 배치합니다.

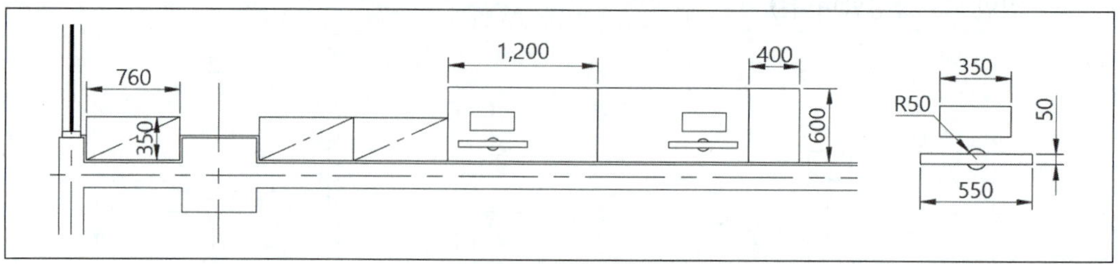

⑭ 복합기는 전체 크기를 그리고 대략 특징만 스케치하는 형식으로 표현합니다. 사무공간을 구분하는 경량벽체를 작성하고 플랜트 박스를 표시합니다.

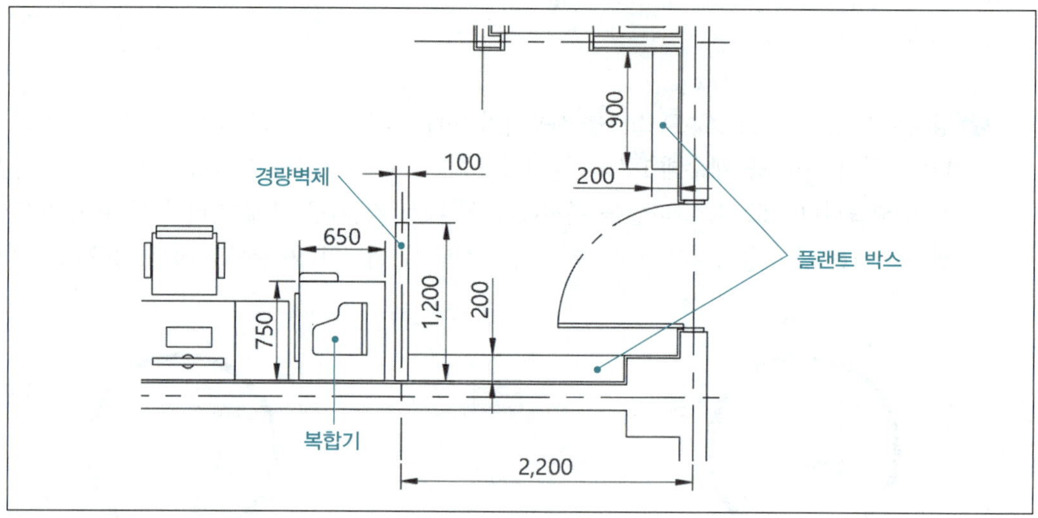

⑮ 반대편 벽면에 수납장과 파일박스(서랍장)를 작성해 배치합니다. 수납장의 크기는 작업자가 임의로 변경해도 됩니다.

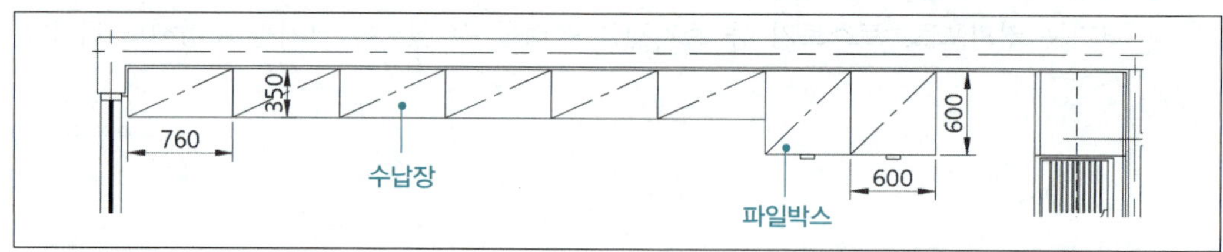

⑯ 창업자 책상, 보조책상, 프린터 테이블 등을 작성하여 배치합니다.

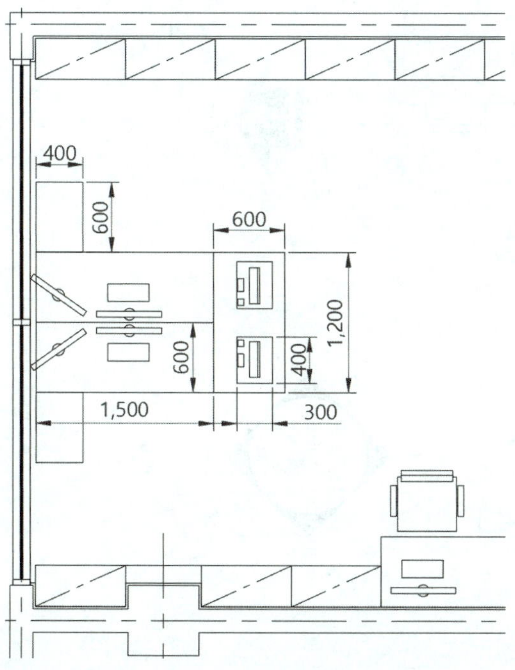

⑰ 제공된 '2D 소스 파일'에서 사무용 의자, 회의용 테이블 및 의자, 식물, 파티션을 복사하여 배치합니다. 회의용 의자는 공간이 답답해 보이지 않도록 테이블 안쪽으로 밀어 넣어 배치하고, 사무용 의자는 [Scale(SC)] 명령을 사용해 약간 크게 편집한 후 배치합니다. 식물은 선이 많은 객체이므로 블록으로 처리하는 것이 좋습니다. 파티션은 2칸만 사용합니다. (가구 및 집기의 선택과 배치는 작업자에 따라 다를 수 있습니다.)

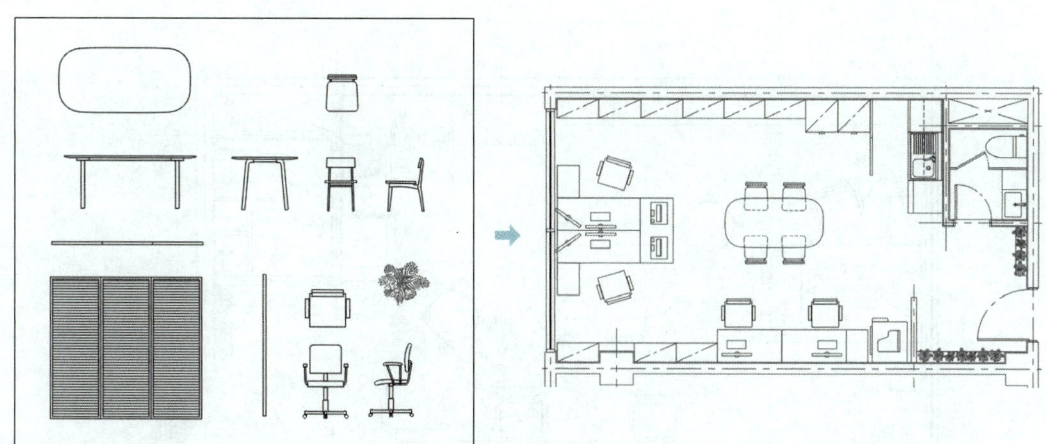

⓲ 출입구와 입면을 나타내는 기호를 작성해 배치합니다. 내부 패턴은 해치 도면층으로 작성합니다.

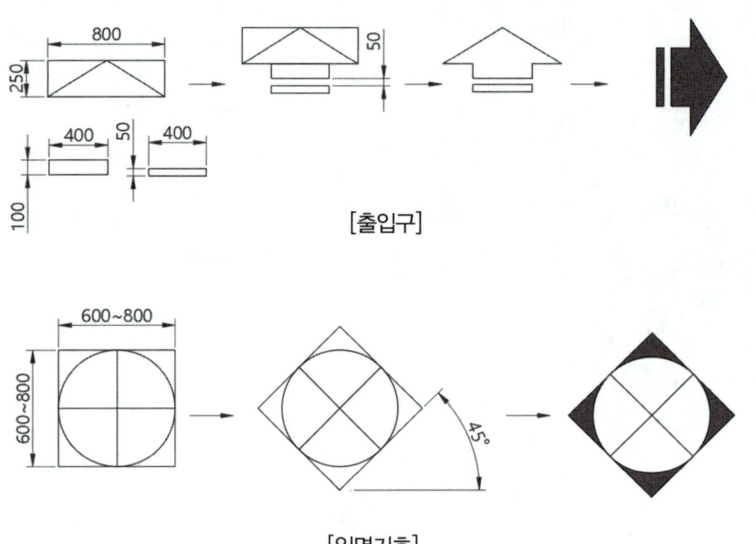

[출입구]

[입면기호]

[입면기호를 하나씩 작성한 경우]

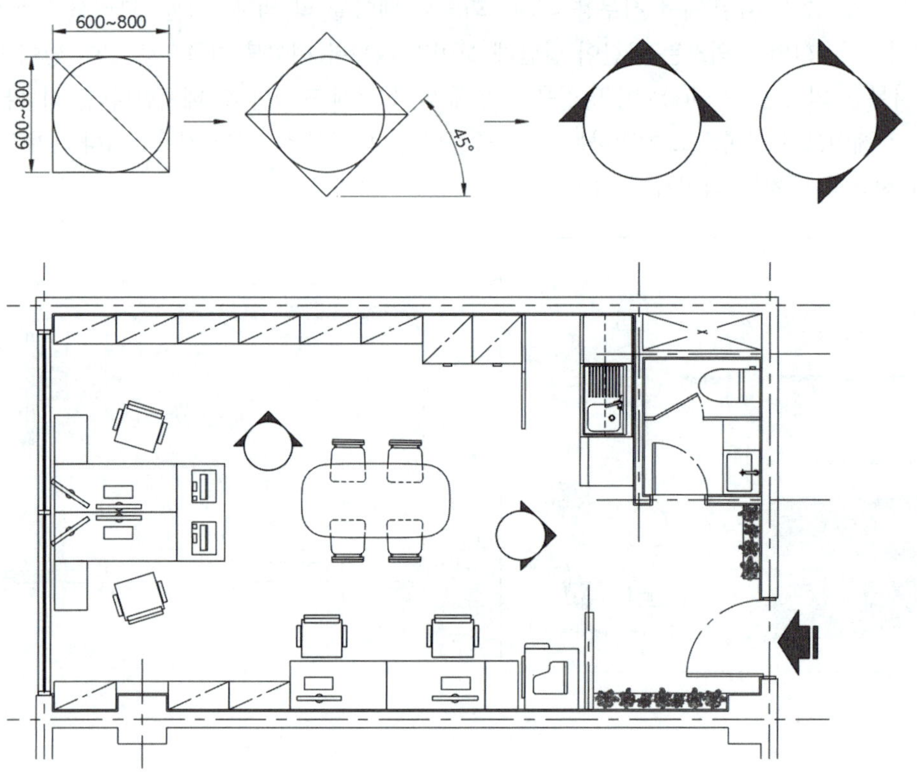

⑲ 현재 도면층을 '주석'(녹색) 도면층으로 변경하고, 나머지 문자와 기호를 작성합니다. 지시선의 선은 [Line(L)] 명령으로 작성하고, 점은 [Donut(DO)] 명령을 실행해 지름(D) 50으로 작성합니다.

[문자 높이(도면 축척 1/40)]
가구 및 집기의: 80, 바닥마감재: 100, 실명: 120, 출입구 ENT.: 120,
도면명 평면도: 240, 축척: 100, 입면기호 문자: 120

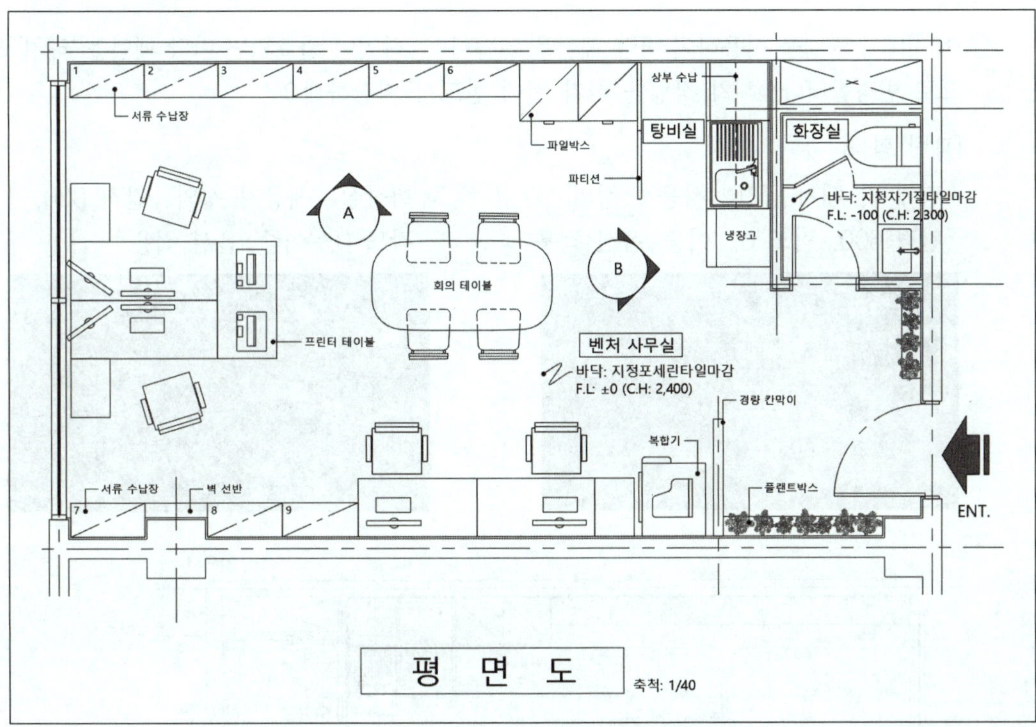

> **TIP** 축척에 따른 문자 높이 및 점(Donut)의 크기 계산
>
> 가장 작은 가구 및 집기의 문자 높이를 2mm 기준으로 계산(정답은 없음)
> ① 축척 1/30인 경우 2mm에 축척값 30배 = 60. 나머지 문자의 높이는 조금씩 높여 작성
>   예 가구 및 집기: 60. 바닥마감재, 바닥레벨, 축척: 80, 실명: 100
>   출입구 ENT, 입면기호: 100, 도면명 평면도: 180
>
> ② 축척 1/40인 경우 2mm×축척값 40배 = 80. 나머지 문자는 이를 기준으로 점차 크게 작성
>   예 가구 및 집기: 80. 바닥마감재, 바닥레벨, 축척: 100, 실명: 120
>   출입구 ENT, 입면기호: 100~120, 도면명 평면도: 240
>
> ③ Donut의 지름은 축척값을 그대로 적용합니다.
>   • 축척 1/30 → 지름 30
>   • 축척 1/40 → 지름 40
>   • 축척이 1/50 → 지름 50

⑳ [해치(H)] 명령을 사용하여 바닥 패턴을 넣습니다. 작업이 완료되면 바닥 패턴을 '해치' 도면층으로 변경합니다. 해치 작업을 하기 전에 반드시 저장하세요.

[패턴 형식]

• 판매 및 대기 공간: '사용자 정의'
  간격 600, 각도 0, '이중' 옵션 적용

• 화장실: '사용자 정의', 간격 300,
  각도 0, '이중' 옵션 적용

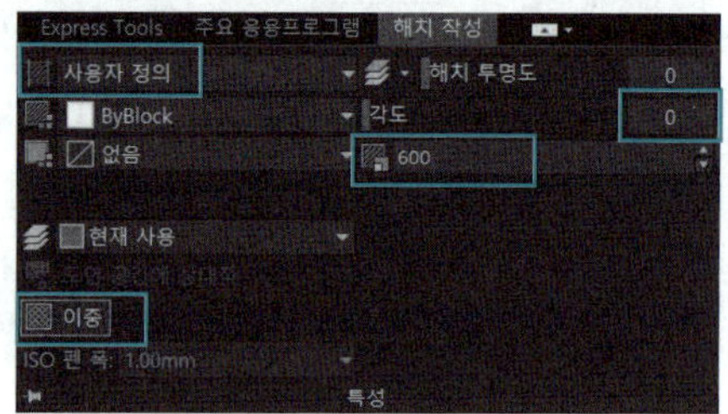

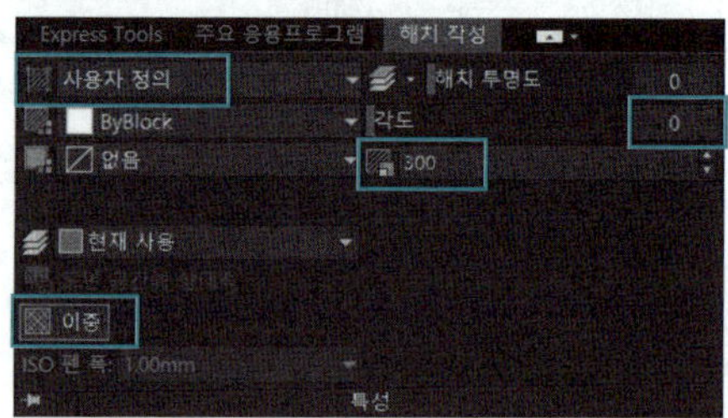

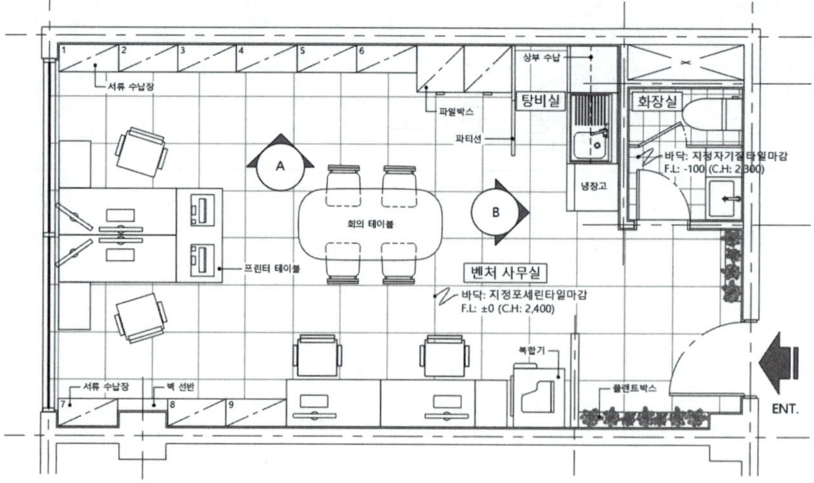

㉑ 벽체 양 끝부분에는 파단선을 작성합니다.

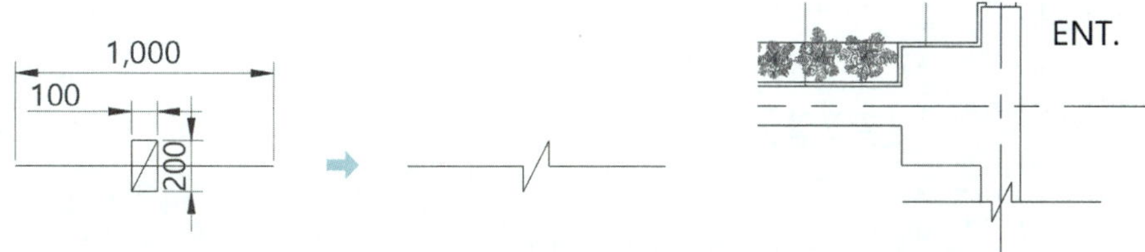

㉒ 벽체의 재료표시를 넣기 위해 현재 도면층을 '해치'(회색 1) 도면층으로 변경하고 '중심'(빨강)
도면층을 Off합니다.

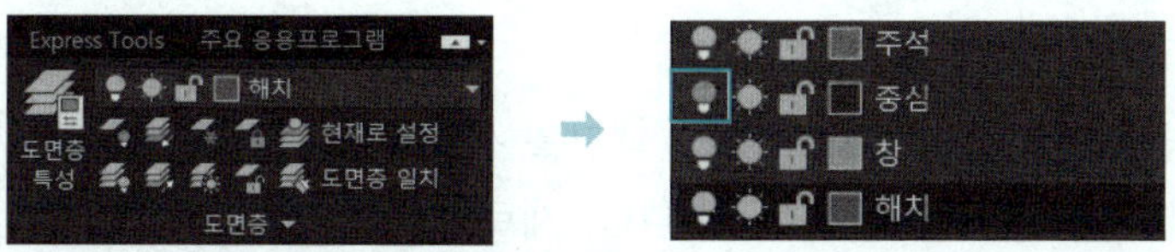

['중심'(빨강) 도면층을 Off한 상태]

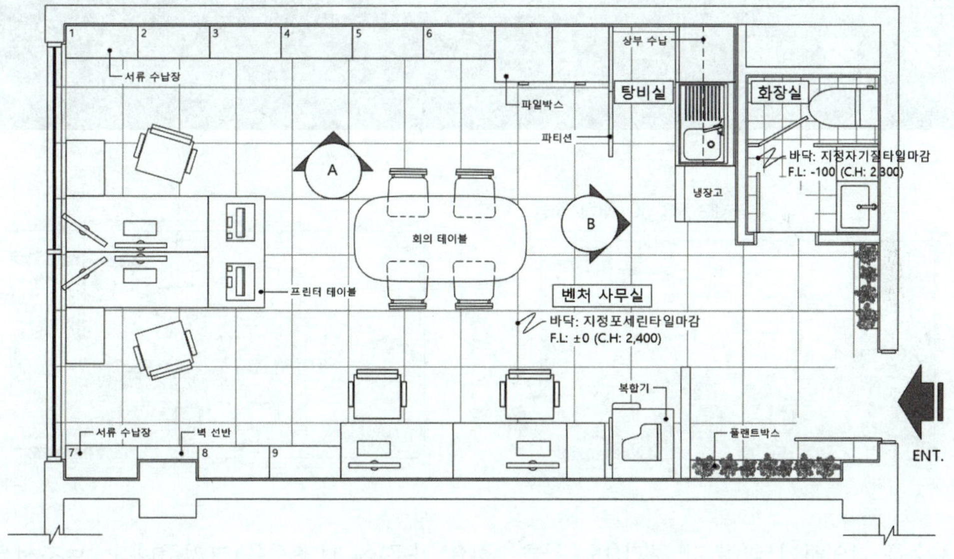

㉓ [해치(H)] 명령을 실행하여 ANSI31 패턴을 선택하고, 축척은 15~20으로 설정합니다. 해당
패턴은 화장실의 벽체(조적벽) 부분에 적용합니다.

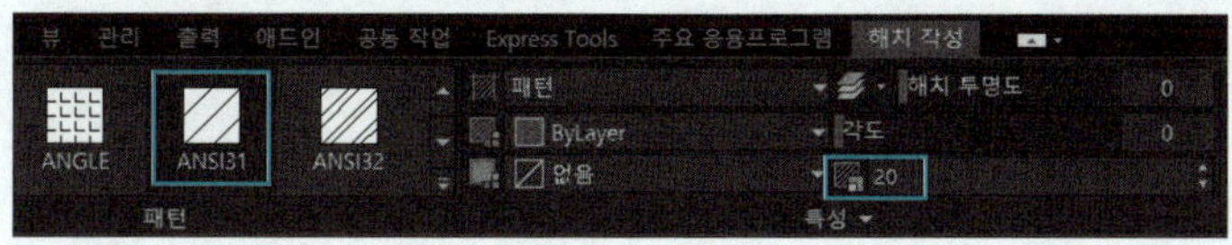

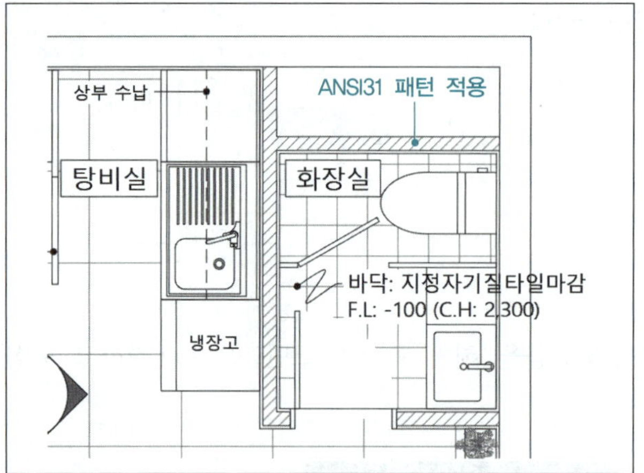

㉔ 이후 다시 [해치(H)] 명령을 실행하여 'JIS_RC_30' 패턴을 선택하고, 축척은 30~40 정도로 설정합니다. 이 패턴은 철근콘크리트 벽체에 적용합니다. 재료 표현을 마친 후에는 '중심' 도면 층을 다시 On으로 합니다. 참고로, 철근콘크리트 재료 표현은 [XLine(XL)] 명령을 실행해 45°선을 20~30 간격으로 복사해 표현할 수도 있습니다.

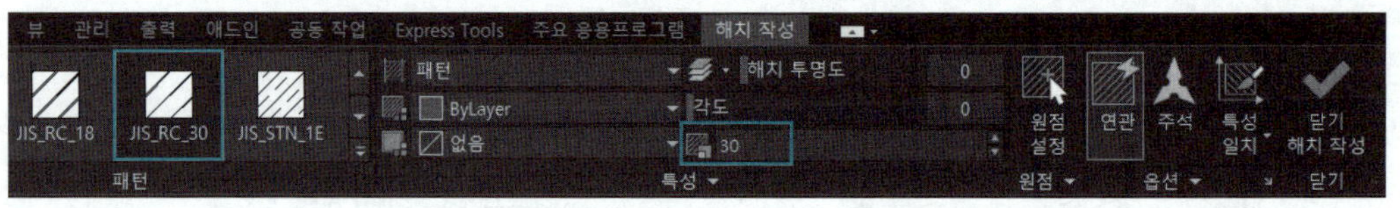

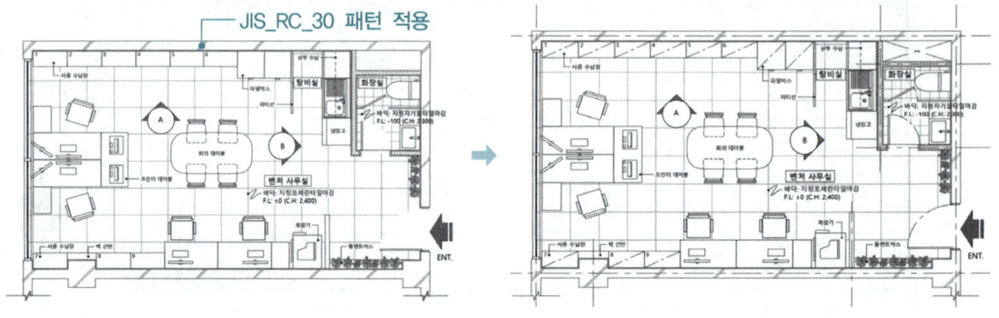

㉕ 치수를 기입하기 위해 각 구간(벽, 창호, 주요 가구)에 보조선을 그려줍니다. 보조선은 치수 기입 후 삭제하므로 선의 종류나 유형은 아무 선이나 사용해도 무방합니다. 아래 그림에서는 시인성을 높이기 위해 파선으로 표시하였으며, 주요 가구의 치수 구간은 작업자에 따라 다를 수 있습니다.

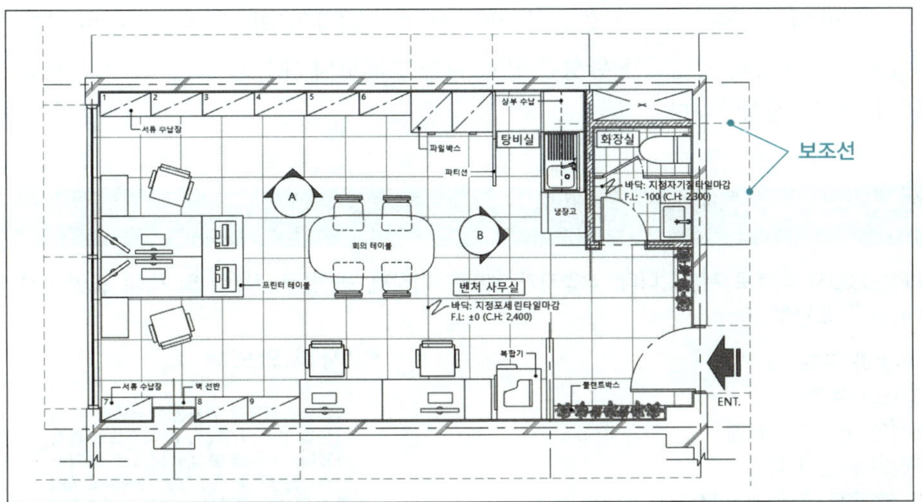

㉖ 치수를 기입하기 위해 현재 도면층을 '주석'(녹색) 도면층으로 변경하고 치수축척 'Dimscale' 은 도면 축척과 동일하게 '40'으로 설정합니다. [선형치수(DLI)], [연속치수(DCO)], [신속치수 (QDIM)] 명령 등을 사용해 치수를 기입하고 보조선은 삭제합니다. (기입된 치수의 값과 구간 은 작업자의 기준 및 마감 두께에 따라 다를 수 있습니다.)

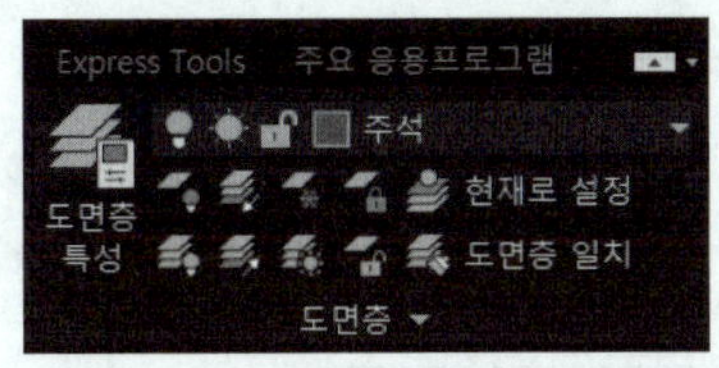

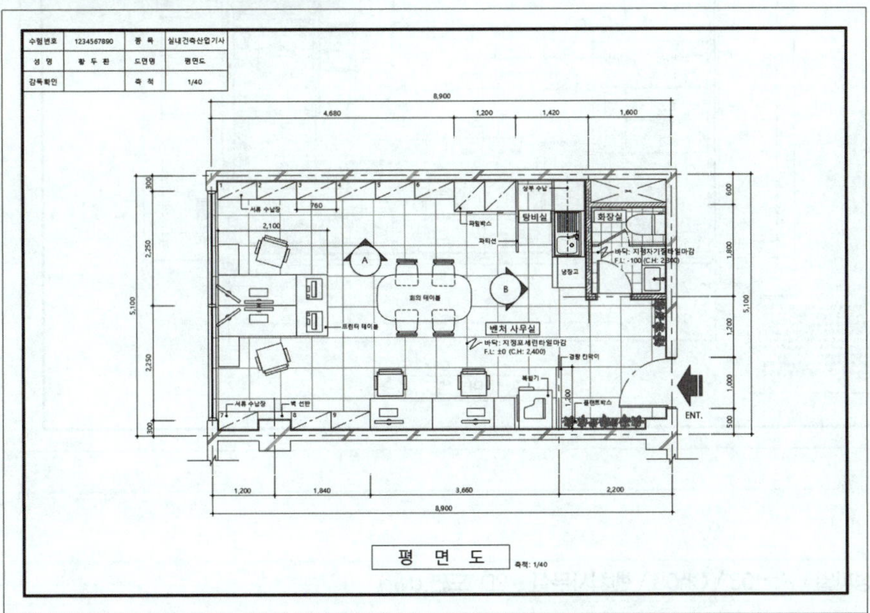

㉗ 도면 하단의 빈 공간에 '디자인 의도'를 작성합니다. '디자인 의도' 문자는 높이 150, 내용은 높이 100으로 작성해 평면도를 완성합니다. 디자인 의도의 내용은 장문이므로 [Mtext(T)] 명령을 사용하여 작성합니다.

디자인 의도 작성 

디자인 의도는 200자 이내로 서술합니다. 작업자가 계획한 마감재, 동선, 가구배치 및 색상, 조명, 디자인 콘셉트 등의 내용을 포함합니다.

1. 공간의 유형과 구조
2. 실내마감재의 종류
3. 가구 배치의 형식이나 특징
4. 공간 구성과 동선의 특징
5. 조명 및 전체적인 분위기, 콘셉트

***디자인 의도**

상업중심지역에 위치한 약국으로 한쪽 커튼월 부분의 출입구를 기준으로 계획하였다. 커튼월 출입구 앞으로 대기공간과 카운터 및 접수대를 배치하고 접수대 부터 상담공간까지 길게 배치를 하여 좁은 공간을 활용하였다. 대기공간에는 고객 편의를 위해 식물, 정수기, 서비스 테이블을 배치하고 약품 진열대를 칸막이로 활용해 조제실 공간과 약품의 수납 공간을 충분히 확보하였다.

2,200

3,000

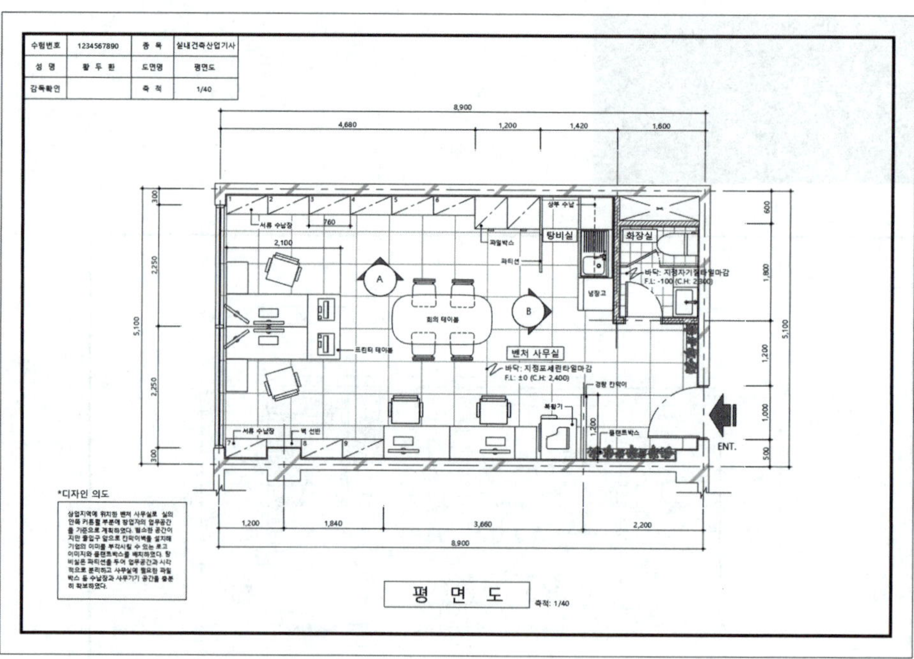

Section 03 **천장도 작성**

천장도는 평면도의 공간을 그대로 활용하므로 완성된 평면도를 복사한 후 불필요한 부분은 삭제하고 조명 및 설비를 배치하여 완성합니다.

> **학습파일** | ▶ 동영상 \ Part03 \ Ch03 \ 벤처사무실 – 천장도.mp4

① 완성된 평면도를 우측에 그대로 복사한 후 표제란의 도면명과 도면 하단의 도면명을 천장도로 수정합니다.

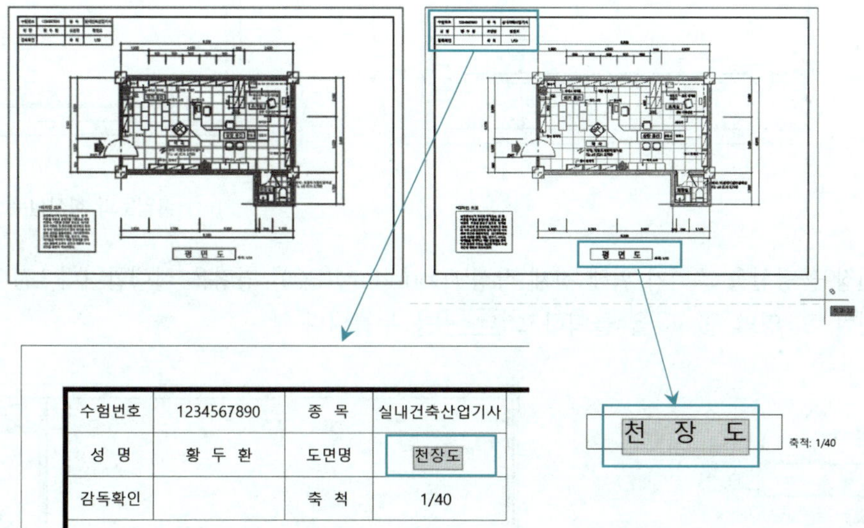

수험번호	1234567890	종 목	실내건축산업기사
성 명	황 두 환	도면명	천장도
감독확인		축 척	1/40

② '디자인 의도'를 '범례표'로 수정합니다. '디자인 의도'의 테두리선을 분해(X)하여 [Offset(O)] 명령으로 복사하고 소제목 문자의 높이는 130, 세부 내용 문자의 높이는 120 정도로 작성합니다. 숫자 1 대신 다른 내용을 써도 무방합니다.

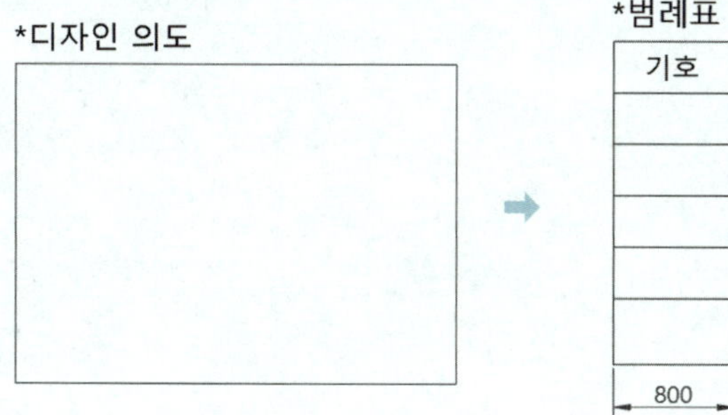

*디자인 의도

*범례표

기호	명 칭	수량	
	1	1	350
	1	1	350
	1	1	350
	1	1	350
	1	1	350
800	1,400	800	

❸ 천장도와 관련 없는 부분적인 치수는 삭제합니다. 또한 천장면에 부착되는 붙박이가구인 수납장과 탕비실의 상부 수납장을 제외한 실내 공간의 모든 요소를 삭제하고 문의 위치정보를 제외한 부분을 편집합니다.

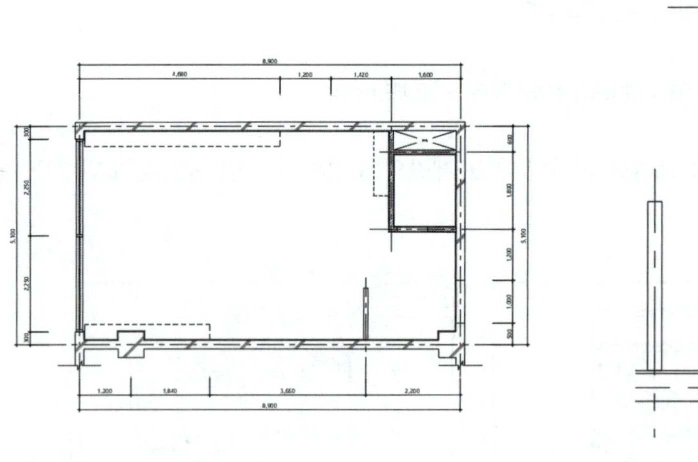

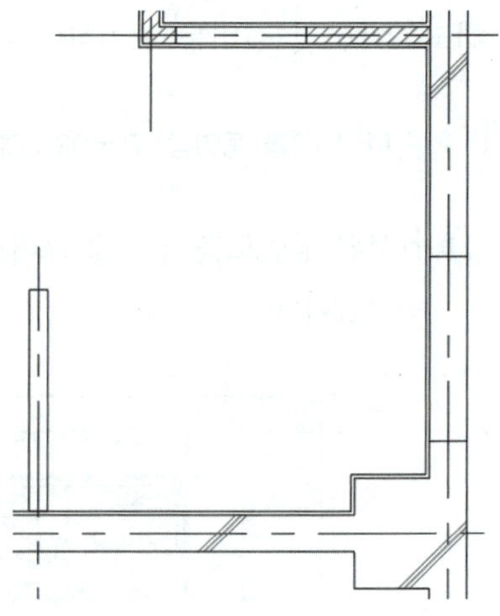

[출입문과 화장실문 편집]

❹ 천장 몰딩선을 그리기 위해 경계 작성 [Boundary(BO)] 명령을 실행합니다. 점 선택(①)을 클릭한 후 영역 ②, ③을 클릭하고 Enter↵를 누릅니다.

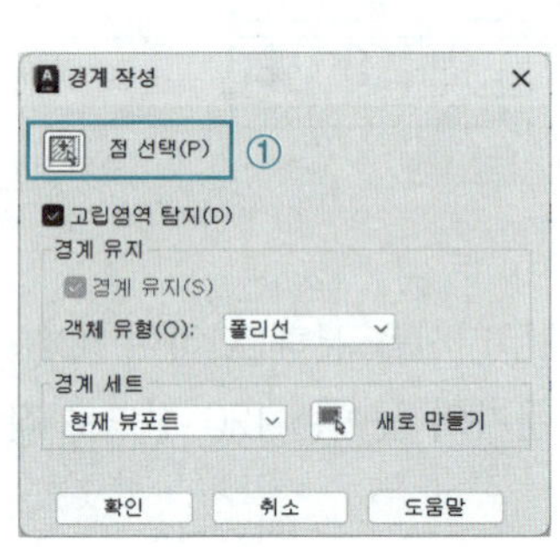

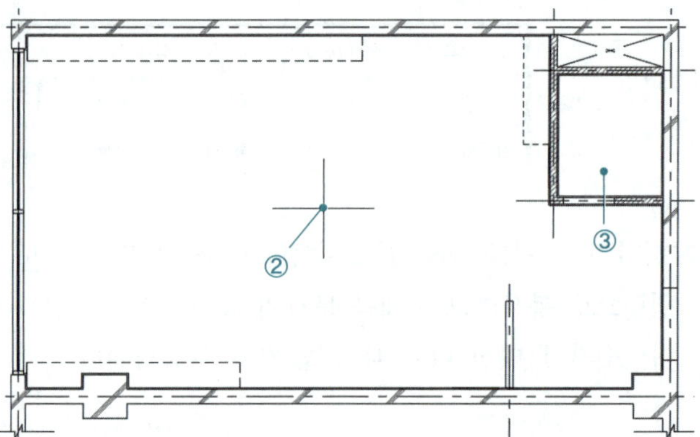

❺ 앞서 작성한 경계선을 [Offset(O)] 명령을 실행해 천장몰딩(40)을 작성하고 겹쳐진 경계선 ①, ②는 삭제합니다. 천장몰딩은 '마감'(보라) 도면층을 적용합니다.

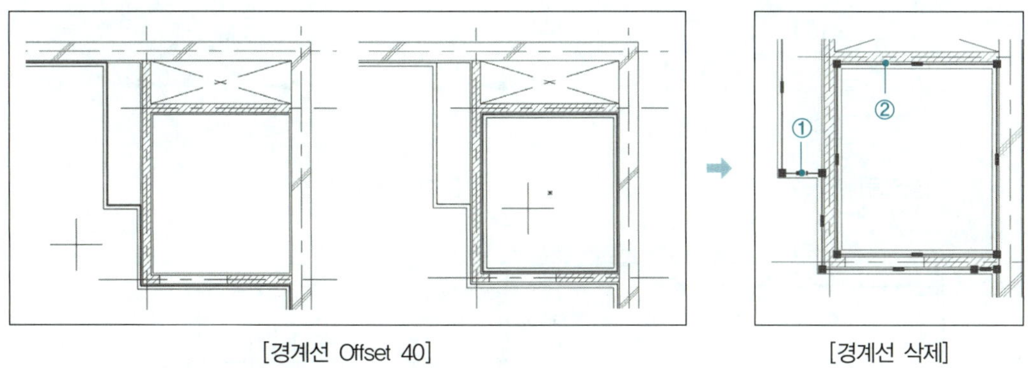

[경계선 Offset 40]　　　　　　　　　[경계선 삭제]

❻ 천장에 매입등의 위치를 마감선을 기준으로 1200~1500 간격으로 표시합니다. 화장실은 실의 중앙을 선으로 표시해 둡니다.

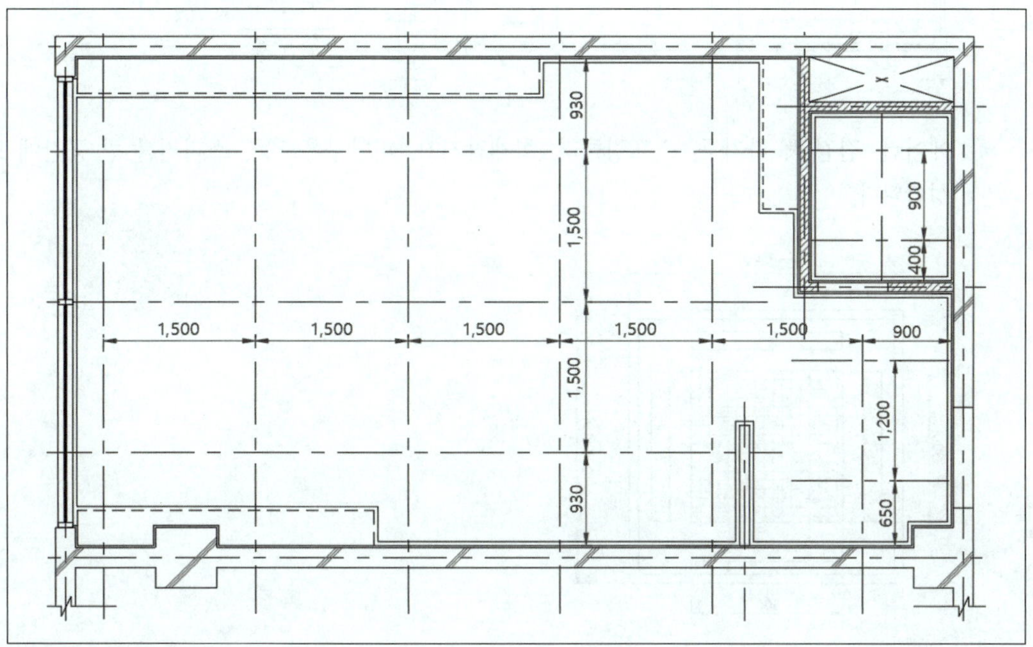

❼ 매입등과 스포트라이트(집중조명)를 작성해 가구 도면층으로 변경하고 표시한 교차선에 배치합니다.

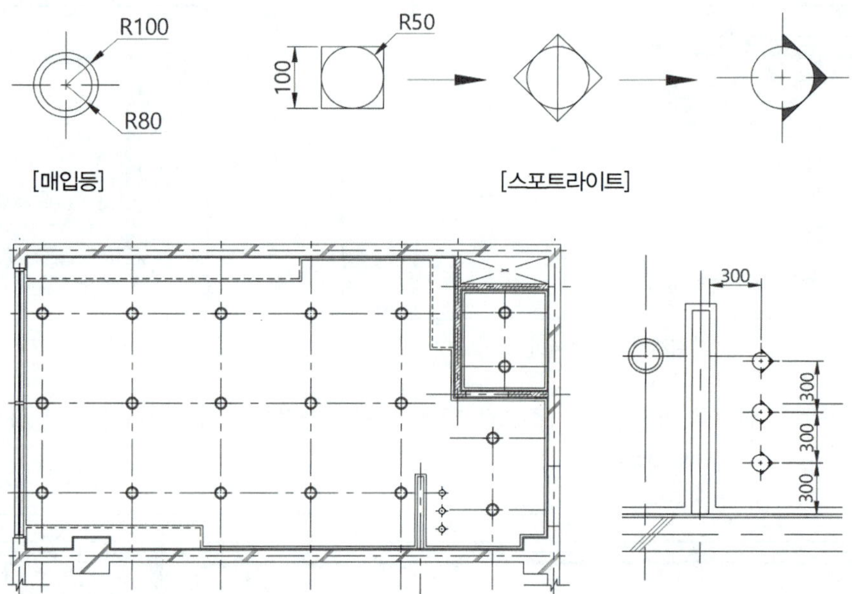

[매입등] [스포트라이트]

❽ 에어컨, 점검구, 환기구, 스프링클러, 화재감지기, 피난구유도등, 스피커를 빈 공간에 모두 작성합니다.

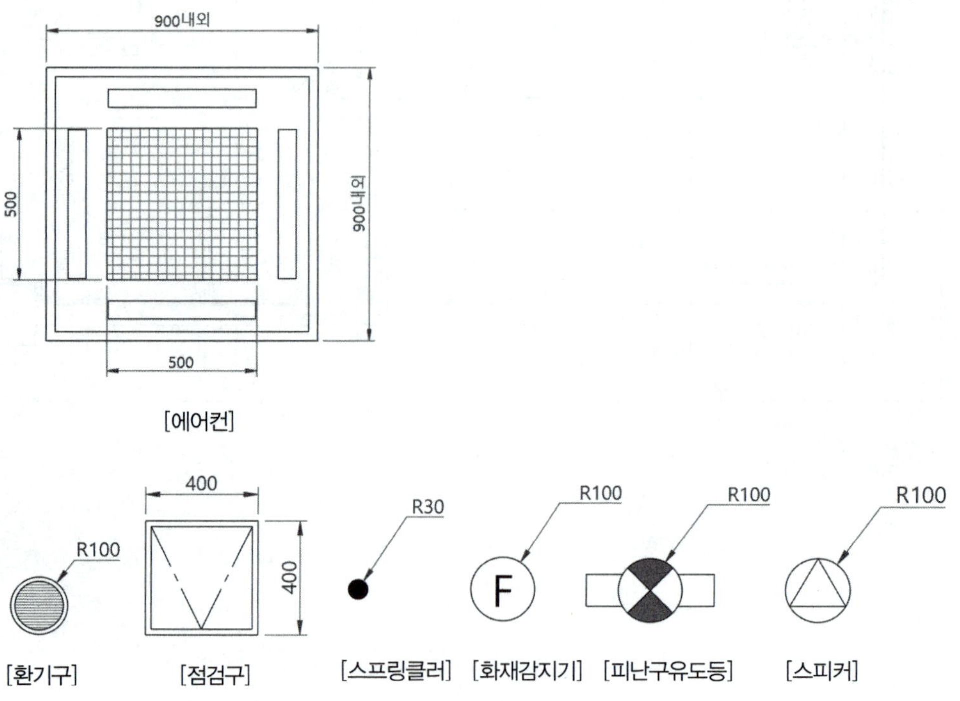

[에어컨]

[환기구] [점검구] [스프링클러] [화재감지기] [피난구유도등] [스피커]

❾ 화재감지기와 스프링클러를 제외한 설비들을 적절한 위치에 배치하고 배치에 사용된 보조선을 모두 삭제합니다.

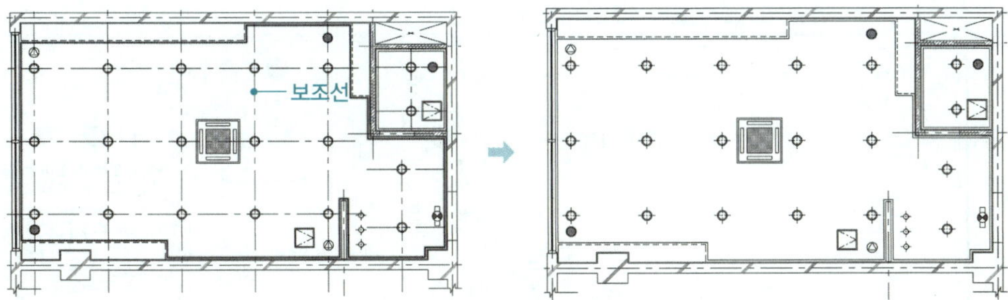

❿ 화재감지기와 스프링클러를 2500~3000 간격으로 배치하고 배치에 사용한 보조선을 모두 삭제합니다.

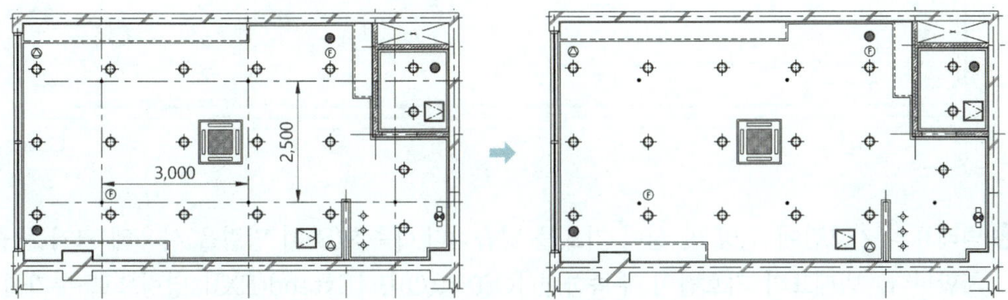

* 설비를 배치할 때는 평면도상의 가구 위치를 확인하여 붙박이장과 같은 키가 큰 장과 간섭이 발생하지 않도록 합니다. 천장설비는 교재에 제시된 위치와 다르게 배치해도 무방합니다. 기호 형식으로 작성된 천장설비는 디자인과 크기를 나타내는 것이 아니므로 실제 설치되는 설비와 크기가 다를 수 있습니다. 조명은 실의 중앙이나 필요한 위치에 배치하는 것을 원칙으로 합니다.

⑪ 설비 및 마감과 관련된 문자를 작성하고 조명의 치수를 기입합니다.
(천장마감: 100, 그 외 :80)

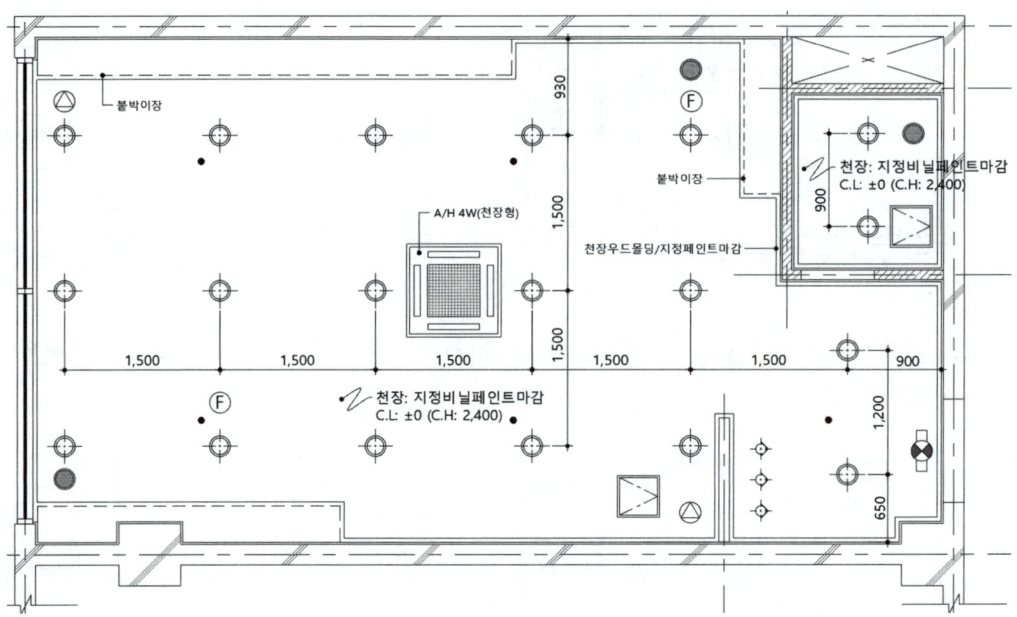

⑫ 범례표의 기호칸에 조명 및 설비 기호를 넣습니다. [축척(SC)] 명령을 사용해 크기를 줄여 배치합니다. 범례표의 기호칸이 부족하면 [Offset(O)], [Extend(EX)] 명령으로 추가합니다.

***범례표**

기호	명 칭	수량
	1	1
	1	1
	1	1
	1	1
	1	1

***범례표**

기호	명 칭	수량
매입등	매입등	19
스포트라이트	스포트라이트	3
피난구유도등	피난구유도등	1
F	화재감지기	2
스프링클러	스프링클러	5
점검구	점검구	2
환기구	환기구	3
스피커	스피커	2

⑬ 누락된 요소나 편집되지 않은 부분이 없는지 확인합니다.

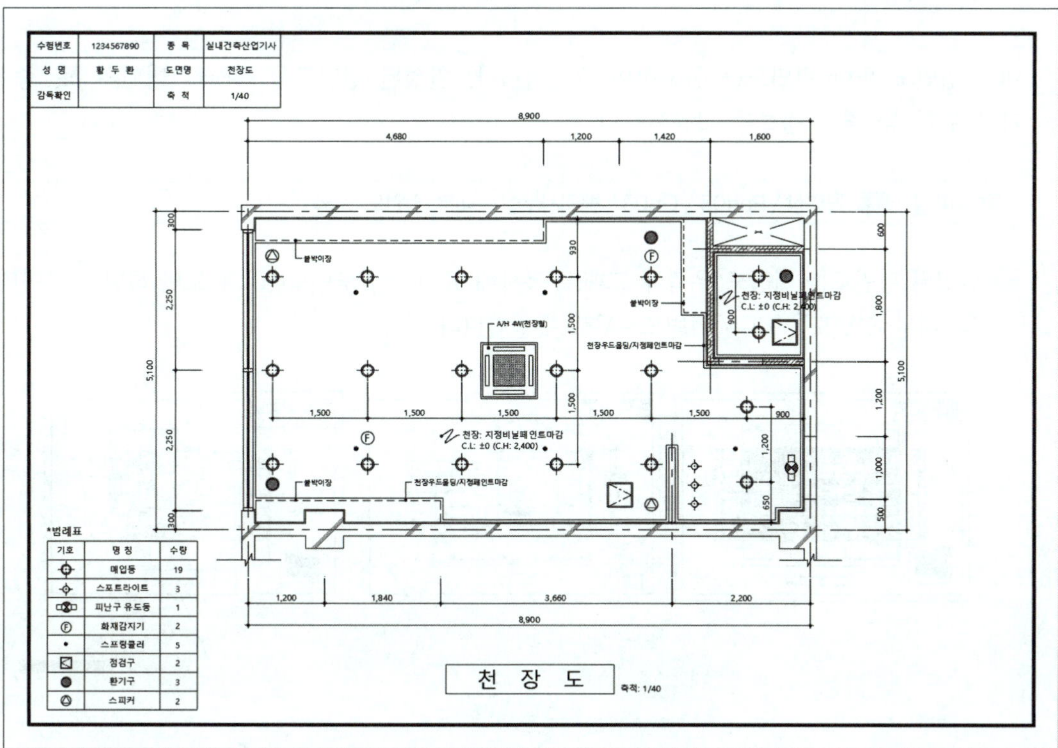

학습파일 | 완성파일 \ Part03 \ Ch03 \ 벤처사무실 – 2D 도면.dwg

Section 04 내부 입면도 작성

내부 입면도 또한 평면도를 참고하여 작성합니다. 완성된 평면도를 복사해 벽면의 폭, 중심선, 가구 위치 등 평면 정보를 활용합니다.

> 학습파일 | ▶ 동영상 \ Part03 \ Ch03 \ 벤처사무실 – 내부 입면도.mp4

❶ 완성된 평면도를 천장도 우측에 그대로 복사해 표제란의 도면명(①)과 도면 하단의 도면명(②)을 '내부 입면도', '내부 입면도-A'로 수정합니다.

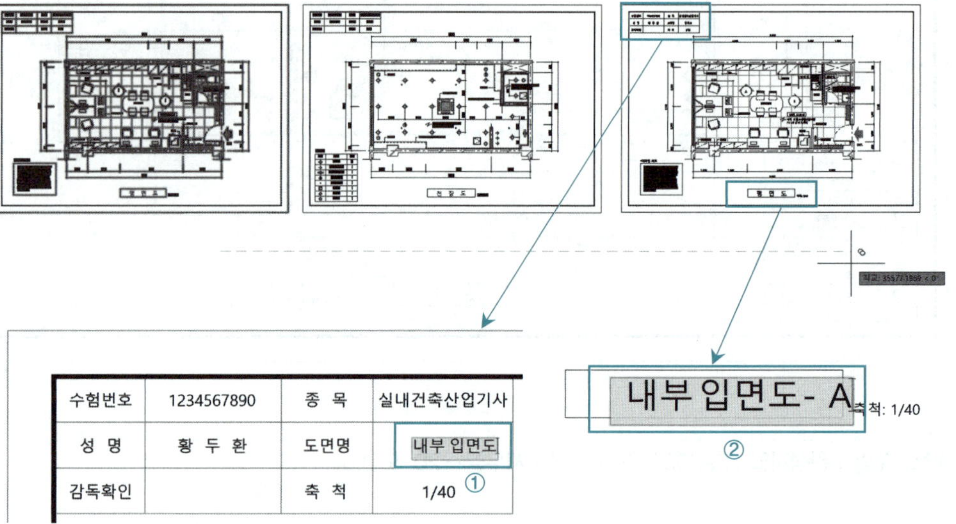

❷ 복사한 평면도의 디자인 의도는 삭제하고, 평면도는 도면양식 위로 이동합니다. 현재 도면층은 '벽체'(노랑) 도면층으로 변경합니다.

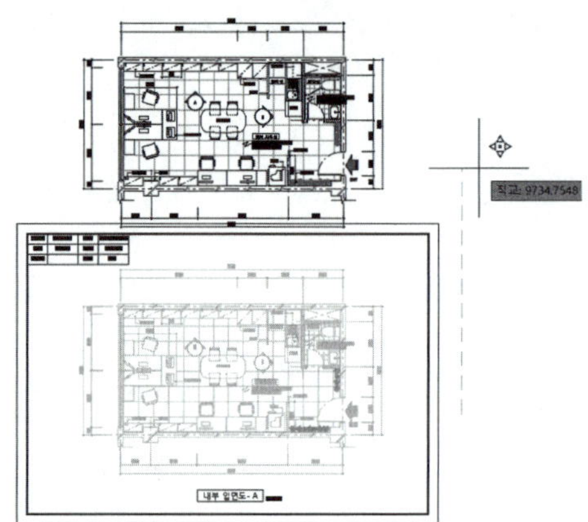

❸ [구성선(XL)] 명령의 수직(V)옵션을 사용해 중심선, 마감 모서리, 가구의 위치를 표시합니다.

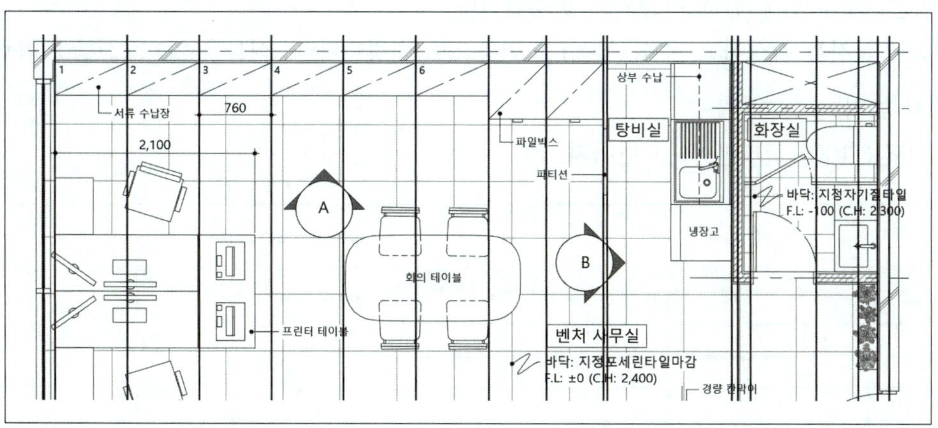

❹ 임의의 가로선(①)을 그려 천장높이 2,400을 표시합니다. 벽면을 편집하고 중심선 ②, ③, ④ 의 도면층을 변경합니다.

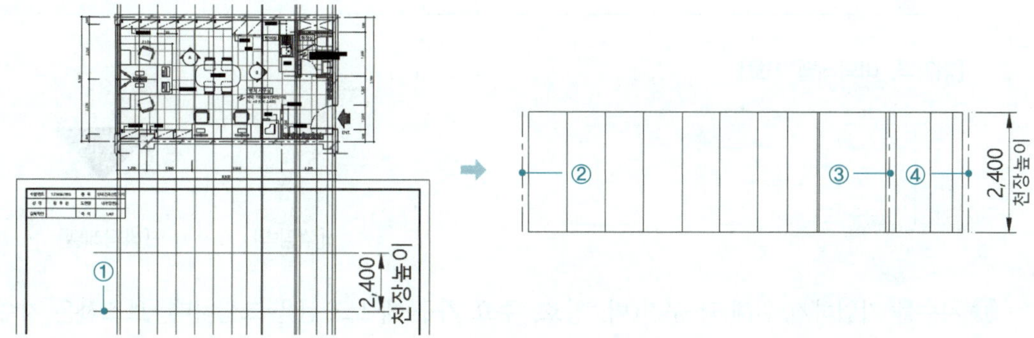

❺ 걸레받이(80), 천장몰딩(30), 파일박스(1600), 붙박이장, 싱크, 냉장고(1900), 화장실문(2000), 플랜트 박스(300~600), 파티션(2000)을 표시하고 편집합니다. 책상도 평면도에서 위치를 표시 하여 그려줍니다. (가구 및 집기는 작업자 의도대로 자유롭게 작성합니다.)

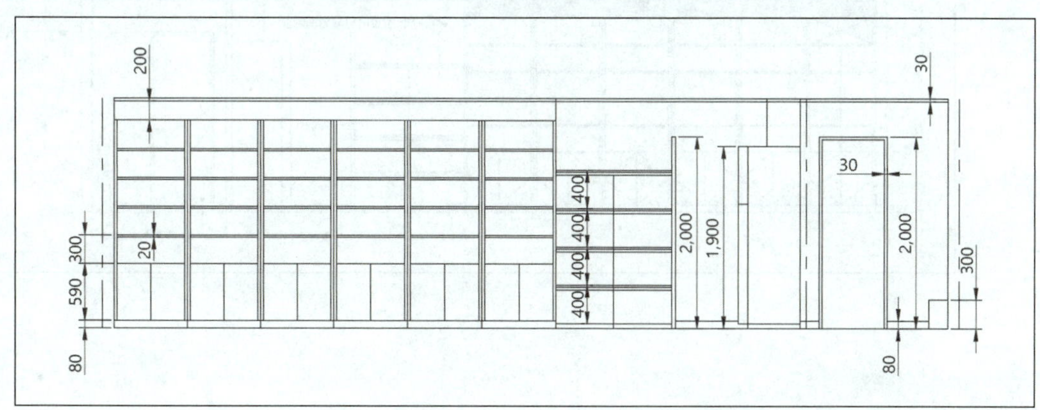

❻ 가구와 냉장고는 '가구'(파랑) 도면층, 문은 '문'(하늘색) 도면층으로 변경하고 천장몰딩과 걸레받이는 '마감'(선홍색) 도면층으로 변경합니다.

❼ 기호와 문자를 작성하고 '주석'(녹색) 도면층으로 변경합니다. 식물은 2D 소스를 사용합니다.

[문자 높이]

벽 마감: 100, 걸레받이 등 나머지: 80

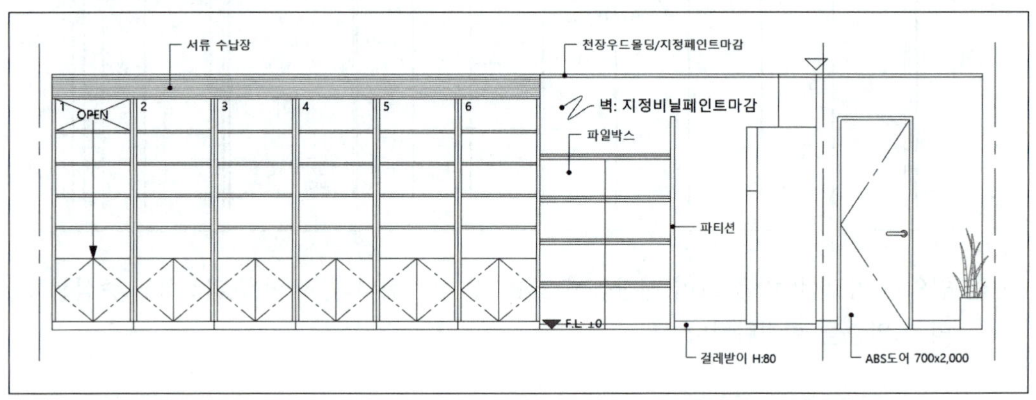

[꺾임벽, 바닥레벨 기호]

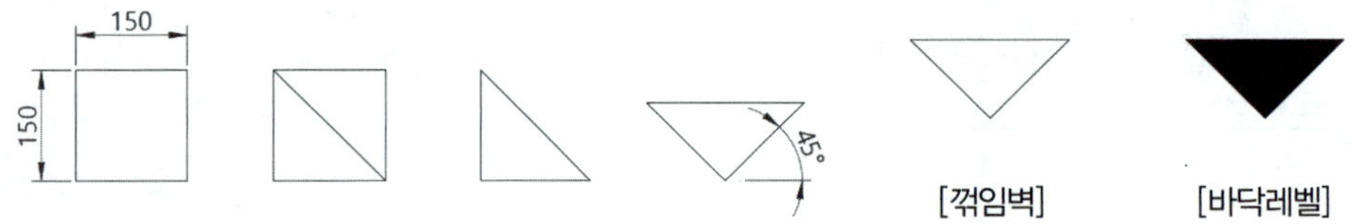

❽ 치수를 기입하기 위해 각 구간(벽, 창호, 주요 가구)에 보조선을 그립니다. 보조선은 치수 기입 후 삭제하므로 선의 종류나 유형은 아무 선이나 상관이 없습니다. 아래 그림은 시인성을 위해 파선으로 표시하였으며, 주요 가구의 치수 구간도 작업자에 따라 차이가 있을 수 있습니다.

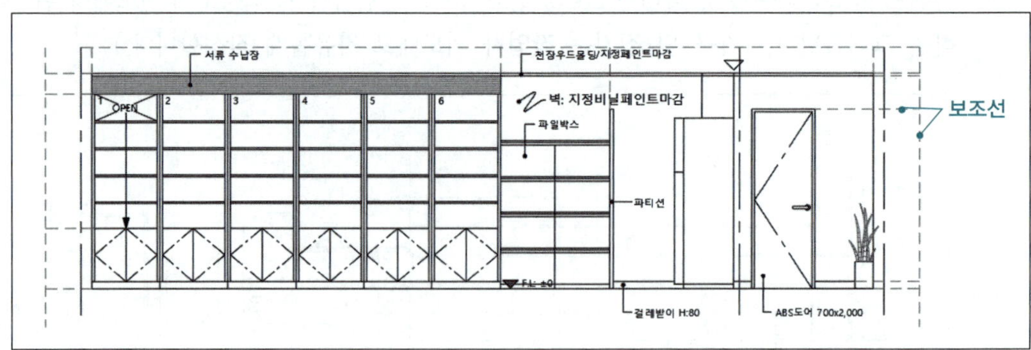

❾ 치수를 기입해 '내부 입면도−A'를 완성합니다.

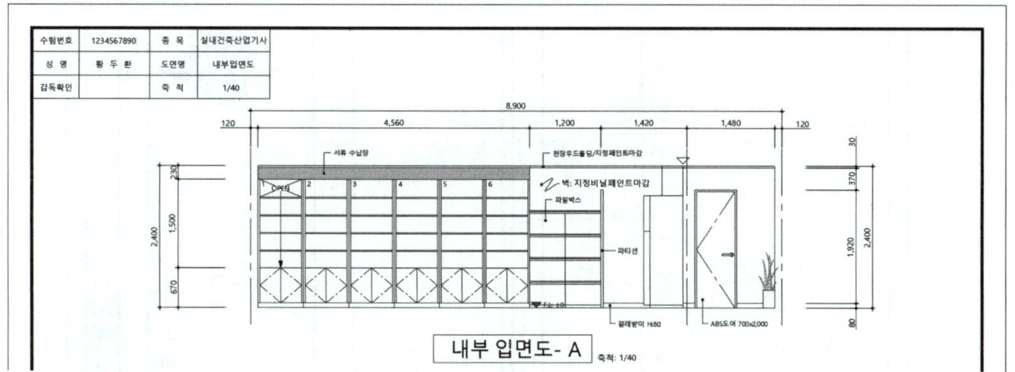

❿ 계속해서 '내부 입면도−A'와 동일한 방법으로 B방향 내부 입면도를 작성합니다. 다시 완성된
평면도를 복사해 도면양식 위로 이동하고 B방향이 위쪽을 향하도록 −90° 회전합니다.

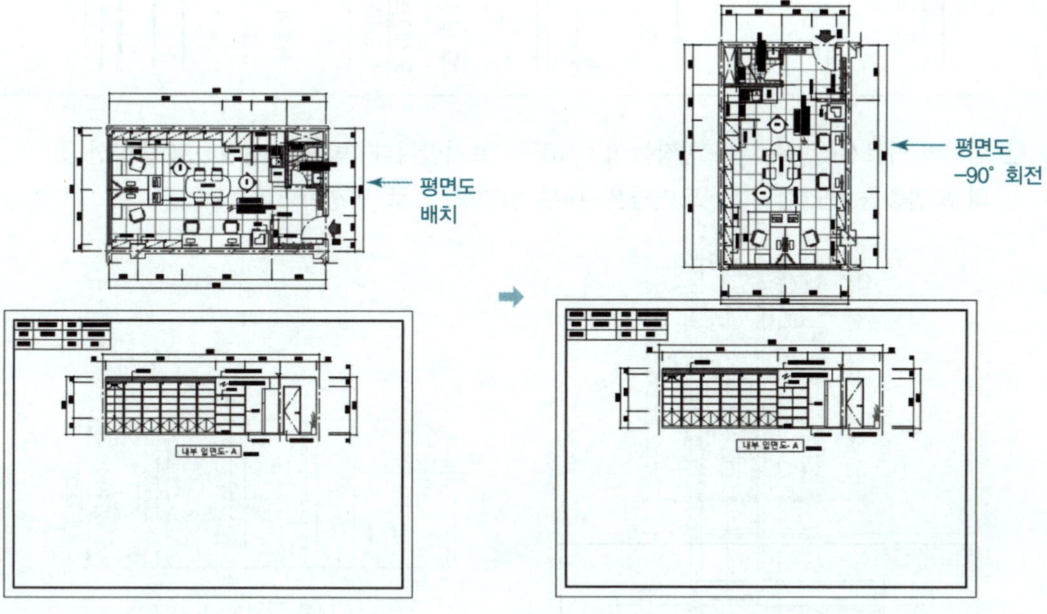

⓫ [구성선(XL)] 명령의 수직(V)옵션을 사용해 중심선, 마감 모서리, 가구, 창호의 위치를 표시합니다.

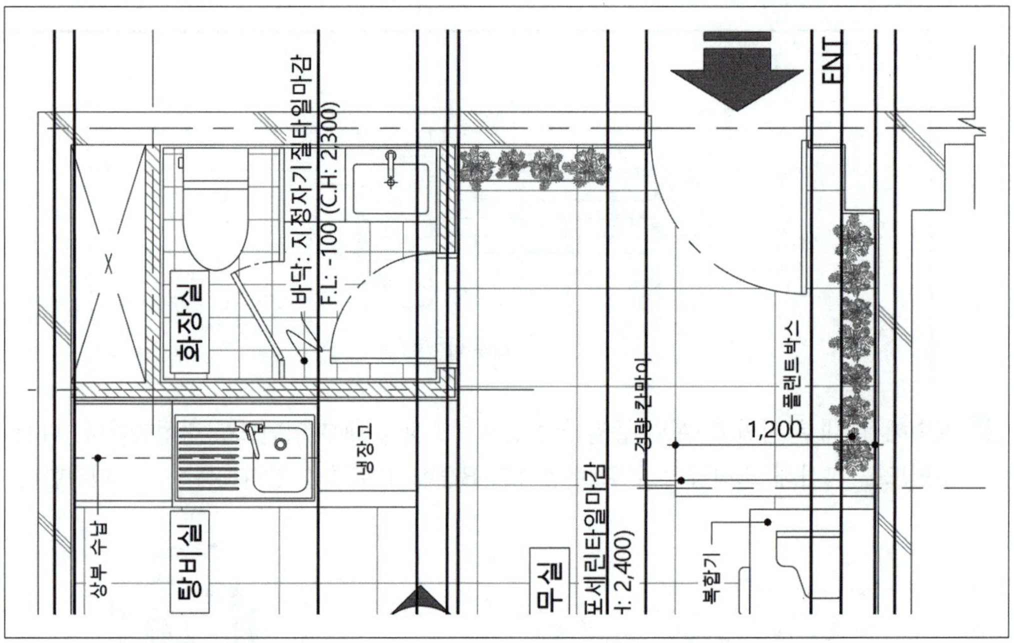

⓬ 임의의 가로선(①)을 그려 천장높이 2,400을 표시합니다. 벽면을 편집하고 중심선 ②, ③, ④
의 도면층을 변경합니다. 도면명은 '내부 입면도-B'로 변경합니다.

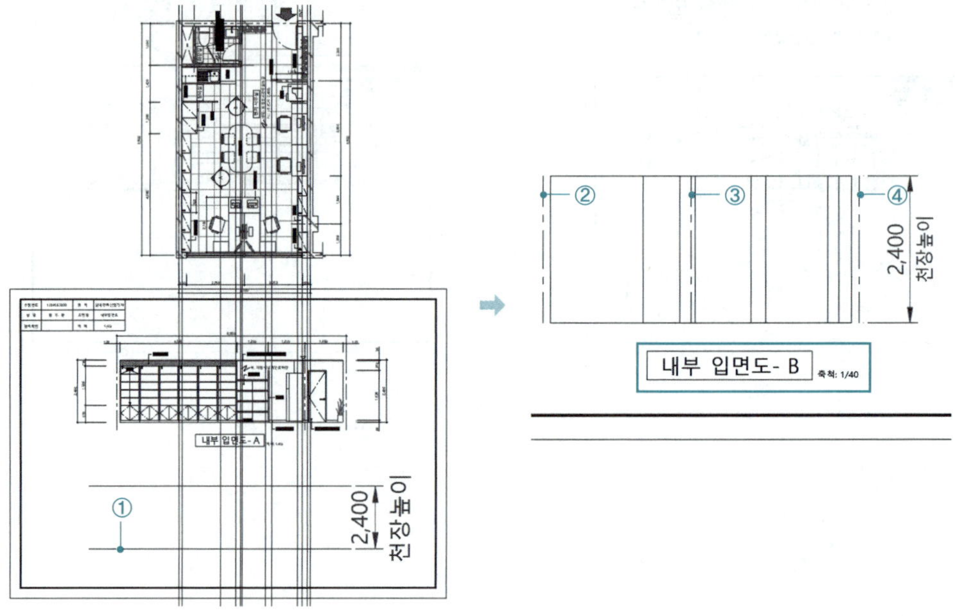

⓭ 걸레받이(80), 천장몰딩(30), 도어(2100), 싱크대, 냉장고, 플랜트 박스를 표시합니다. 싱크대는 직접 작성하거나 2D 소스를 편집해서 사용합니다.

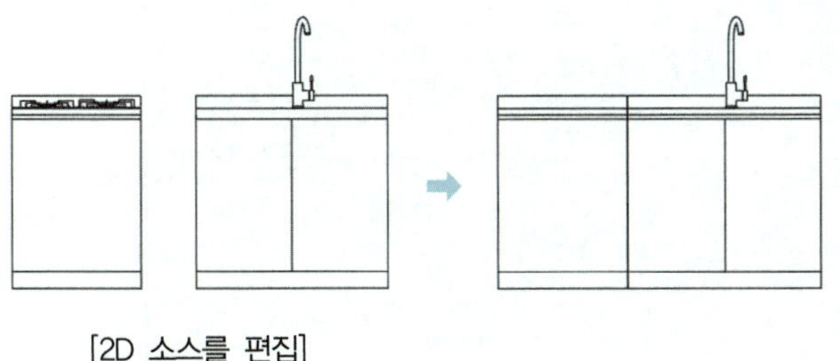

[2D 소스를 편집]

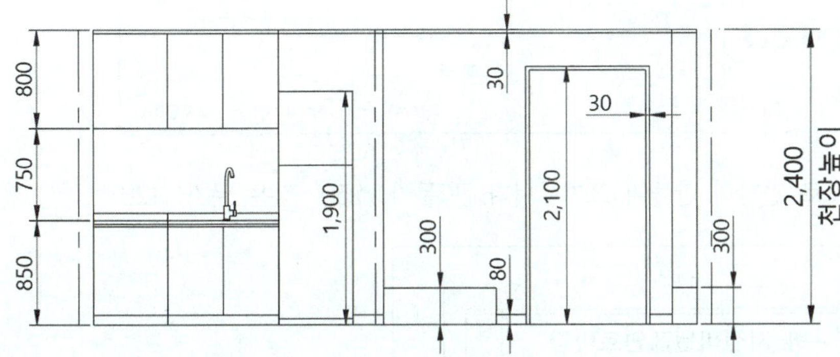

⓮ 싱크대, 냉장고, 플랜트 박스의 박스 부분은 '가구'(파랑) 도면층으로, 천장몰딩과 걸레받이는 '마감'(선홍색) 도면층으로 변경합니다. 타일 패턴과 식물은 '해치'(회색8) 도면층으로 변경하고, 기호와 문자를 작성해 '주석'(녹색) 도면층으로 변경합니다.

[문자 높이]
벽 마감: 100, 걸레받이 등 나머지: 80

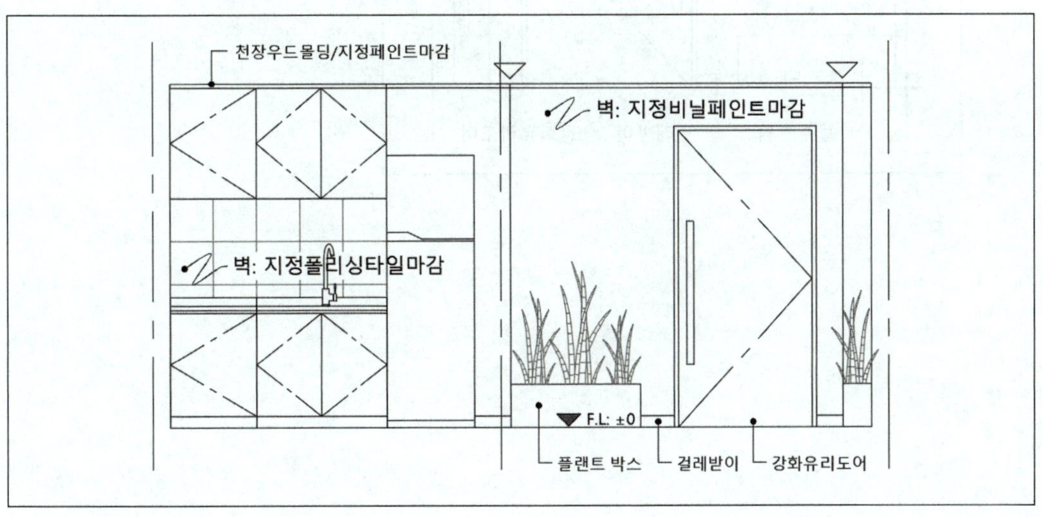

⑮ 기업의 로고를 작성하기 위해 굵은 글꼴을 신규로 추가합니다.

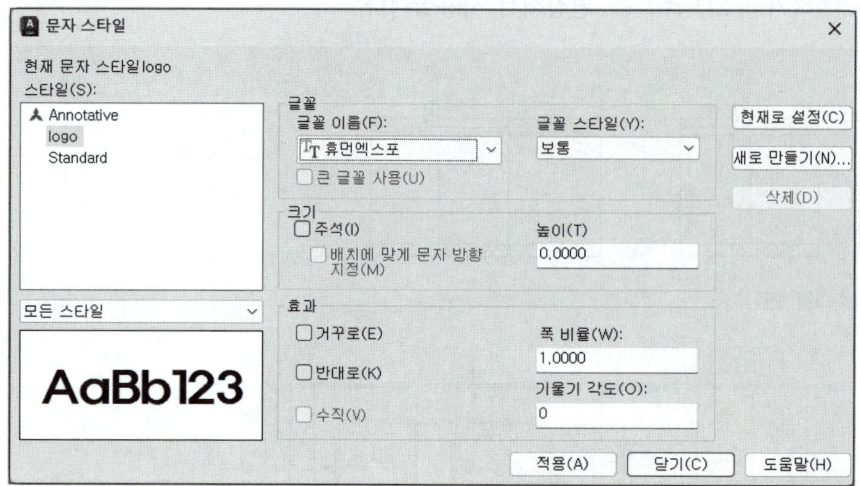

⑯ 텍스트 형식으로 간단히 만들어 표기합니다(큰 문자: 250, 작은 문자: 120).

TIP **문자 분해하기**

① 메뉴 [Express Tools]에서 Text의 Explode Text를 클릭합니다(명령어: TXTEXP).

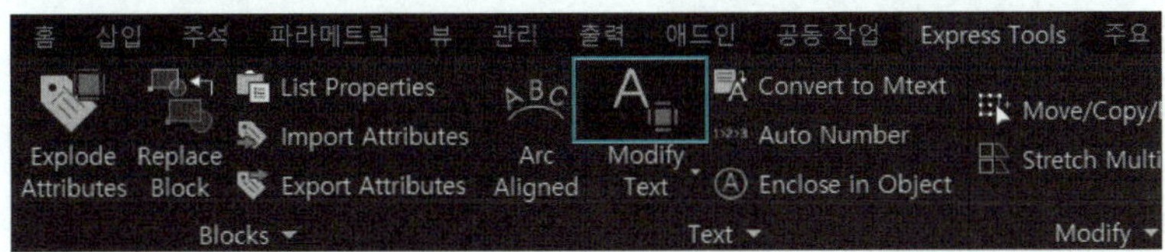

② 분해할 문자를 클릭하고 Enter↵를 누릅니다.

③ [분해(X)] 명령을 실행하여 다시 문자를 분해합니다.

④ 불필요한 부분을 걸침선택으로 삭제합니다.

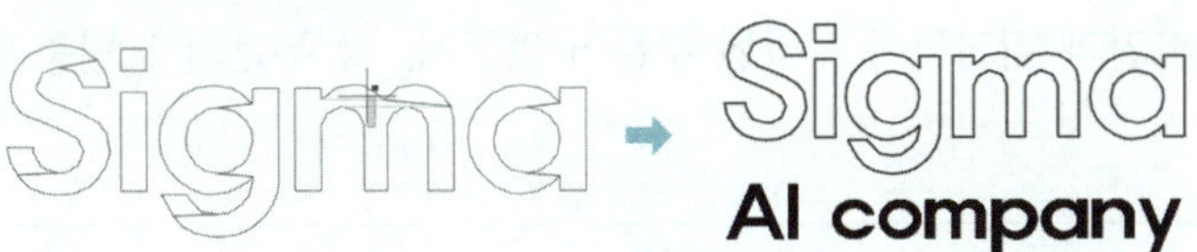

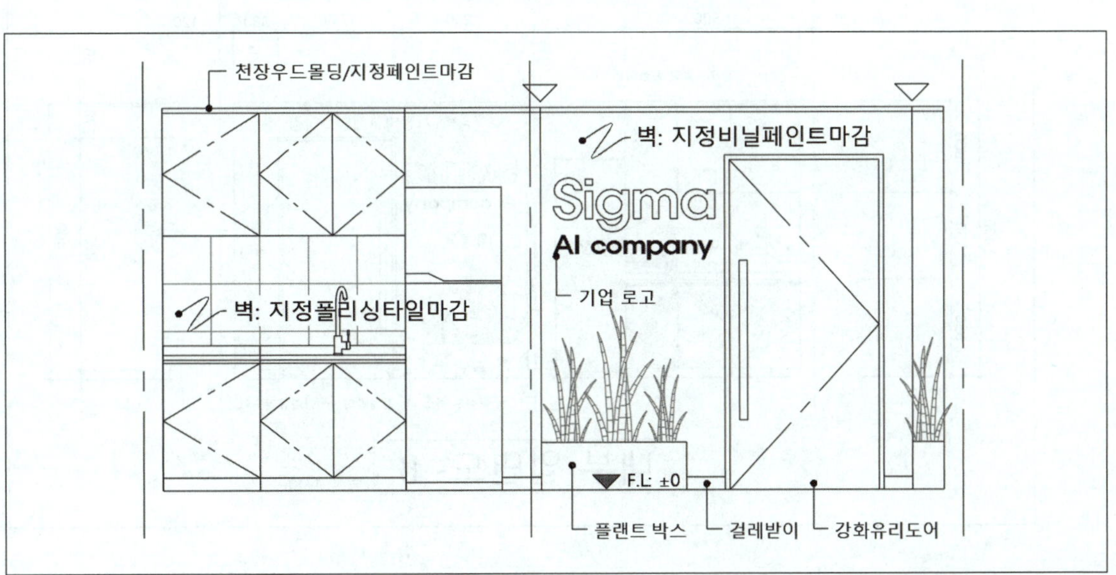

⓱ 치수를 기입하기 위해 각 구간(벽, 창호, 주요 가구)에 보조선을 그려줍니다. 보조선은 치수 기입 후 삭제하므로 선의 종류나 유형은 제한이 없으며, 아래 그림에서는 시인성을 높이기 위해 파선으로 표시하였습니다. 주요 가구의 치수 구간은 작업자에 따라 차이가 있을 수 있습니다.

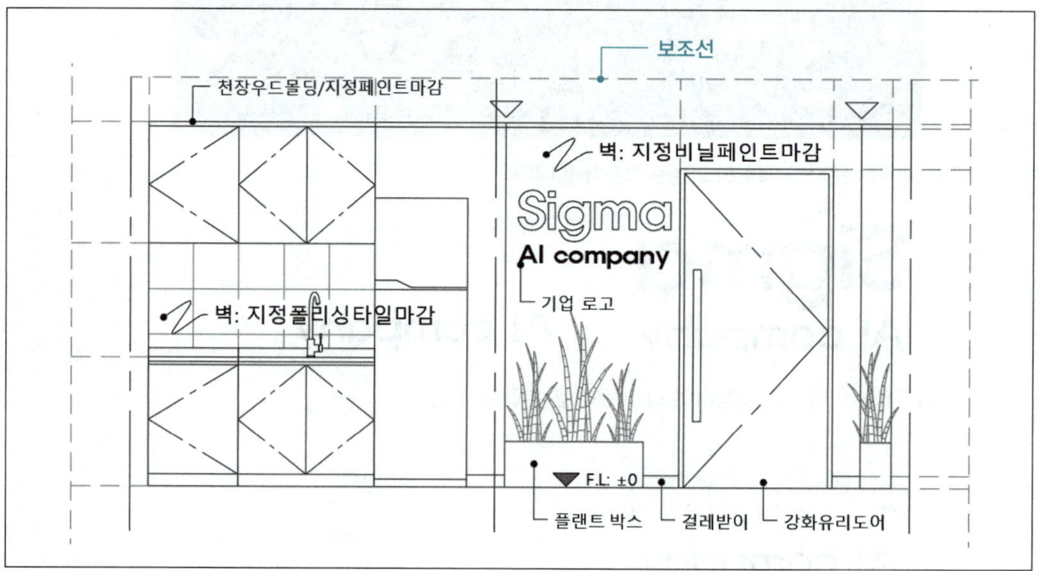

⓲ 치수를 기입하여 내부 입면도-B를 완성합니다. 완성된 이동통신기기 판매점의 평면도, 천장도, 내부 입면도를 답안 파일과 비교하여 누락된 부분이 없는지, 각 부분의 도면층이 적용되었는지를 확인합니다.

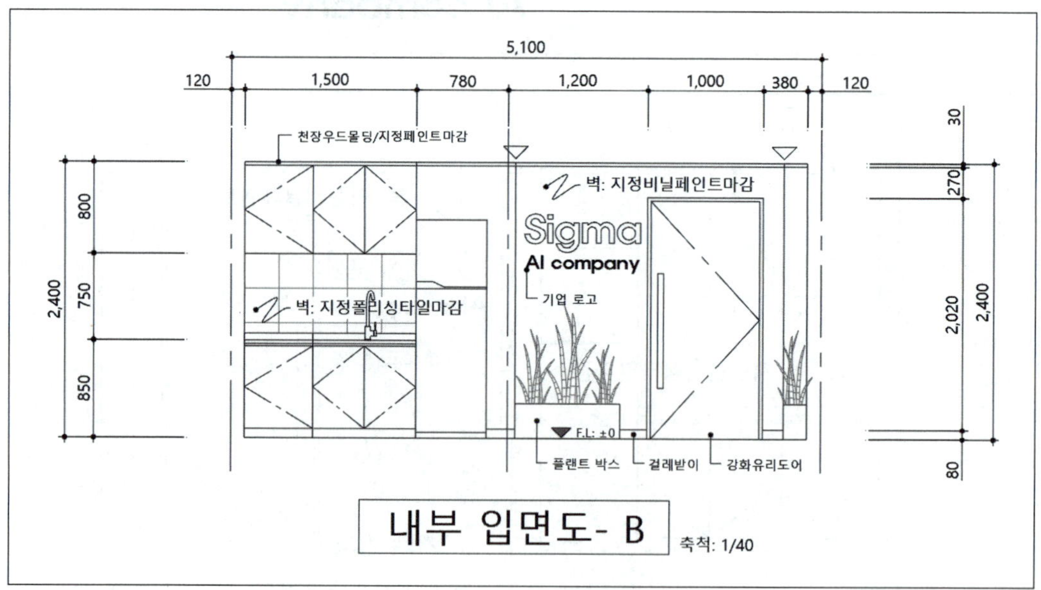

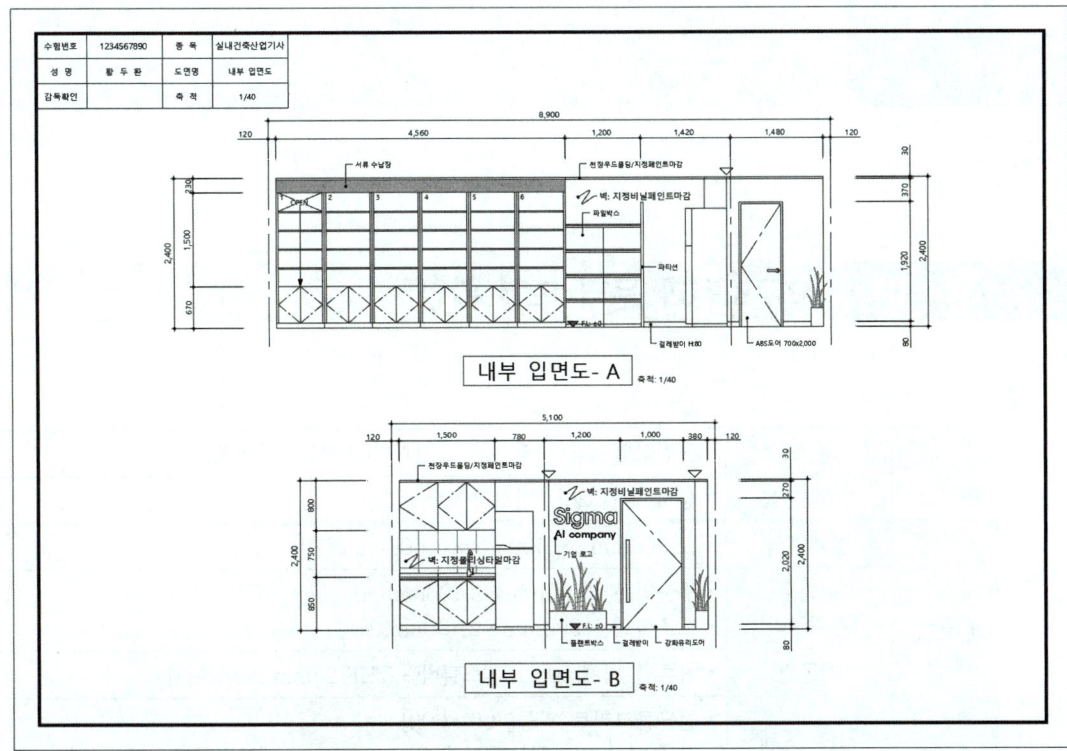

> **학습파일** | 완성파일 \ Part03 \ Ch01 \ 벤처사무실 – 2D 도면.dwg

Part
3

Chapter 04

이동통신기기 판매점

Section 01 요구조건과 문제 도면 확인

1 요구조건

개요	용 도	• 근린상업지역 내의 이동통신기기(휴대폰) 판매점
	인적 구성	• 상시 직원 2명, 아르바이트생 1명
제시도면 조건	설계면적	• 12,000mm×9,500mm×3,000mm(CH)
	출입문 (강화유리)	• 주출입문 1,800mm×2,100mm(H) • 보조출입문 900mm×2,100mm(H)
	커튼월	• 커튼월 벽체[50×150 스틸바 + THK 24mm 로이유리]
	기둥, 벽체	• 철근콘크리트 기둥[600×600] • 벽체[내부 및 외부 마감재 임의 + 1.0B 시멘트벽돌]
설계조건	천 장	• 평천장 C.H: 3,000
	내벽체	• 경량 칸막이벽체 또는 0.5B 시멘트벽돌
	바 닥	• 수험자 임의 지정
	필요 공간	• 휴대폰 판매공간(카운터 및 쇼케이스, 아일랜드형 쇼케이스 별도 구성) • 직원 휴게실 및 창고(락커, 진열장, 소파) • 휴대폰 전시공간(홍보용 사인물 계획, 디스플레이 테이블) • 고객 대기공간(커피 제조 가능한 음료집기, 소파, TV)

※ 위에 제시된 조건은 필수조건이며, 이외에 필요한 조건은 수험자가 임의로 추가할 수 있음. (주어지지 않은 치수는 수험자가 임의로 설정)

❷ 문제 도면

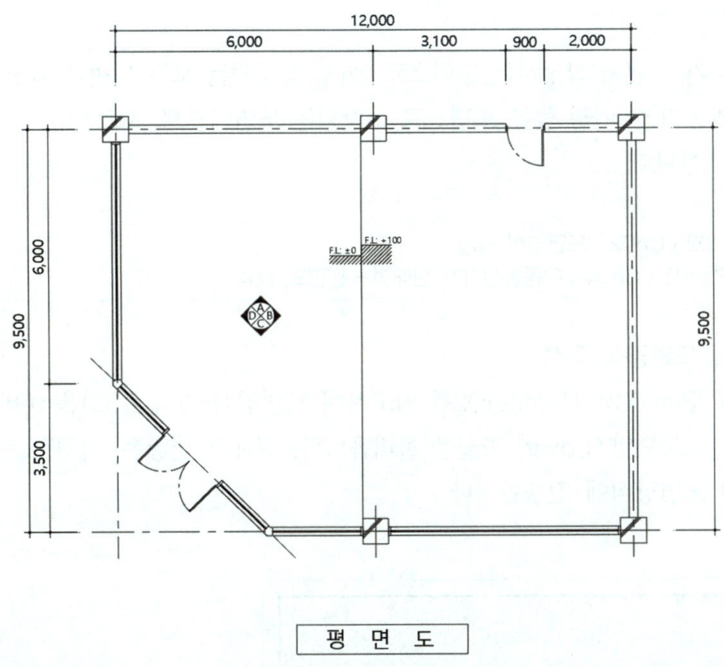

❸ 요구 도면

도면의 배치 순서는 평면도, 내부 입면도(2면), 천장도, 실내투시도(3D)의 순으로 정리하여
제출합니다.

① 평면도(1장, 가구 배치 및 바닥마감재 표기) – S: 1/50
  • 평면도 주변의 여유 공간에 설계(디자인)의도를 200자 이내로 서술
② 내부 입면도(2면, 1장) – S: 1/50
  • A방향 1면, B방향 1면(가구 배치 및 벽면재료 표기)
③ 천장도(1장) – S: 1/50
  • 설비, 조명기구 배치 및 범례표 작성/천장마감재 표기

❹ 주안점

① 문제 도면의 바닥레벨(단차)을 확인한 후 공간의 레이아웃을 진행합니다.
② 주출입구 정면에 카운터를 배치하고 카운터 뒤쪽에는 직원 휴게실과 창고를 배치합니다.
  이후 남은 공간에 전시공간과 고객 대기공간을 배치합니다.
③ 바닥의 단차를 기준으로 바닥마감재를 구분하여 적용하고, 보조출입구는 직원 휴게실과 연
  결되도록 계획합니다.
④ 산업기사/기사 등급의 경우 2D(AutoCAD), 3D(SketchUp) 가구 소스가 제공되지만, 카
  운터 등 일부 제작가구는 직접 모델링합니다.

Section **02** **평면도 작성**

공간의 조건을 파악한 후 가장 먼저 작성하는 도면으로, 이후 작성되는 모든 도면은 완성된 평면도의 영향을 받습니다. 배점 또한 가장 높은 도면으로 누락되는 도면이므로, 요소(가구, 기호, 마감표기 등)가 없도록 주의합니다.

> **학습파일** | 실습파일 \ Part02 \ Ch02 \ 도면양식.dwg
> | ▶ 동영상 \ Part03 \ Ch04 \ 이동통신기기 판매점 – 평면도.mp4

❶ AutoCAD 환경설정 및 도면양식 작성

AutoCAD를 실행하고 Part02의 Chapter02를 참고하여 도면양식(축척 1/50)을 준비하거나 [실습파일\Part02\Ch02\도면양식.dwg] 파일을 불러옵니다. 현재 도면층은 '벽체'(노랑) 도면층으로, 축척은 1/50 도면양식에 진행합니다.

축척 1/50 양식

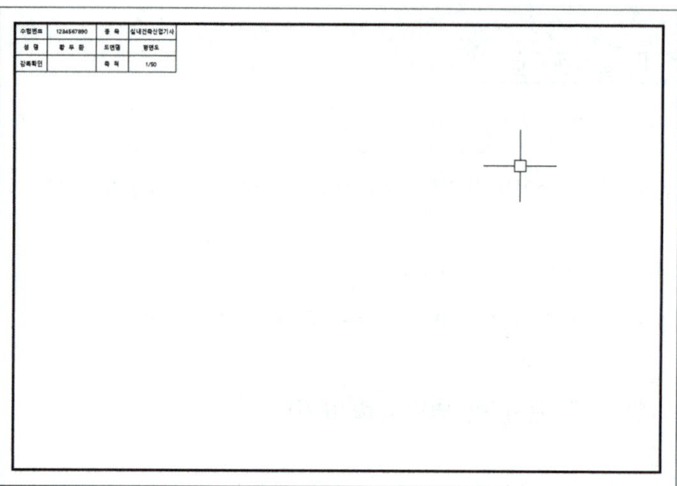

❷ 설계공간의 작성조건 및 문제 도면의 치수를 확인합니다.

[작성조건]

- 설계면적: 12,000mm × 9,500mm × 3,000mm(CH)
- 주출입문: 1,800mm × 2,100mm(H)
- 보조출입문: 900mm × 2,100mm(H)
- 커튼월: 50 × 150 스틸바 + THK 24mm 로이유리
- 기둥: 600 × 600 철근콘크리트
- 벽체: 1.0B 시멘트벽돌 쌓기

[문제 도면]

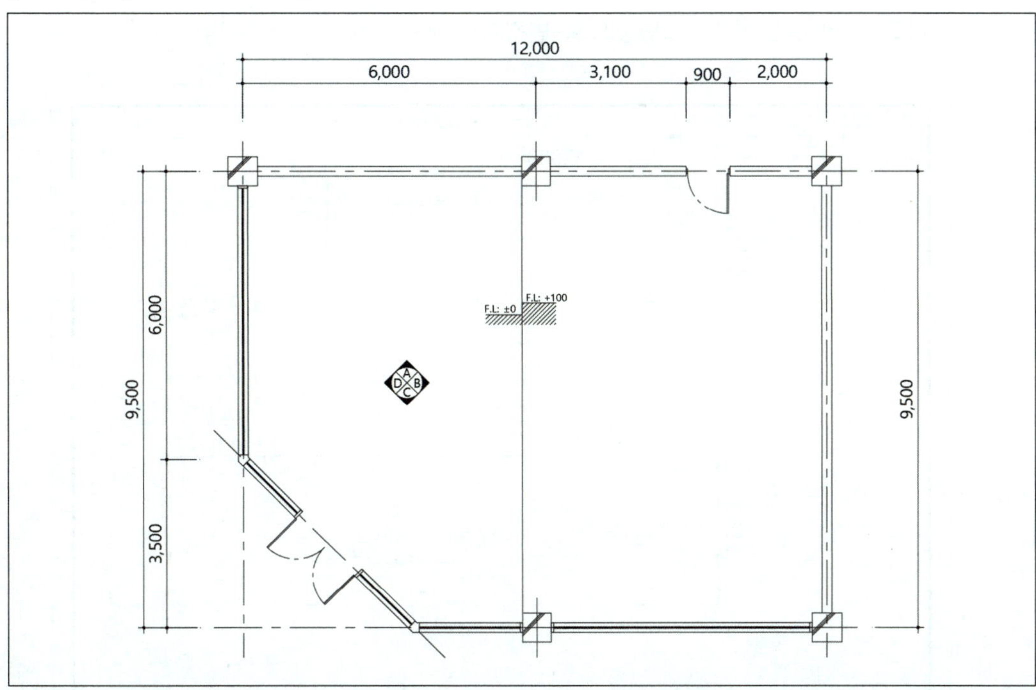

③ 교재의 문제 도면이나 노트에 '이동통신기기 판매점' 공간을 구상하며 스케치합니다. 설계조건에 제시된 공간과 집기가 빠짐없이 포함되도록 하며, 작성과정에서 각 공간의 성격에 맞게 배치를 조정합니다. 시험장에서는 시험문제지에 직접 스케치합니다.

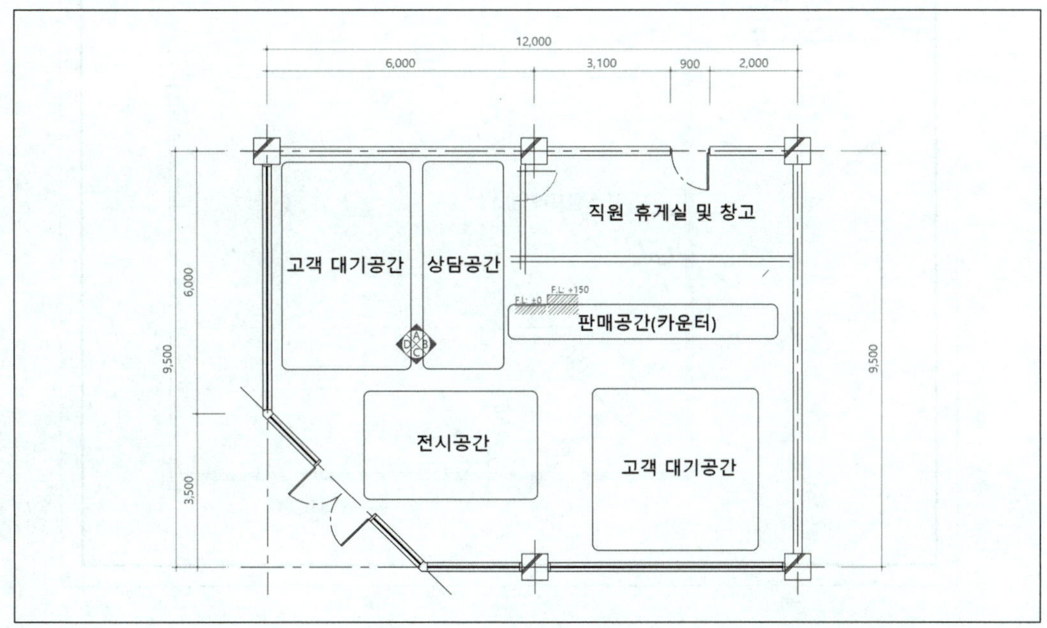

❹ 공간 전체 크기의 사각형(12,000×9,500)을 기준으로 중심선과 벽체, 기둥(600×600)을 표시하고 중심선은 '중심' 도면층으로 변경합니다.

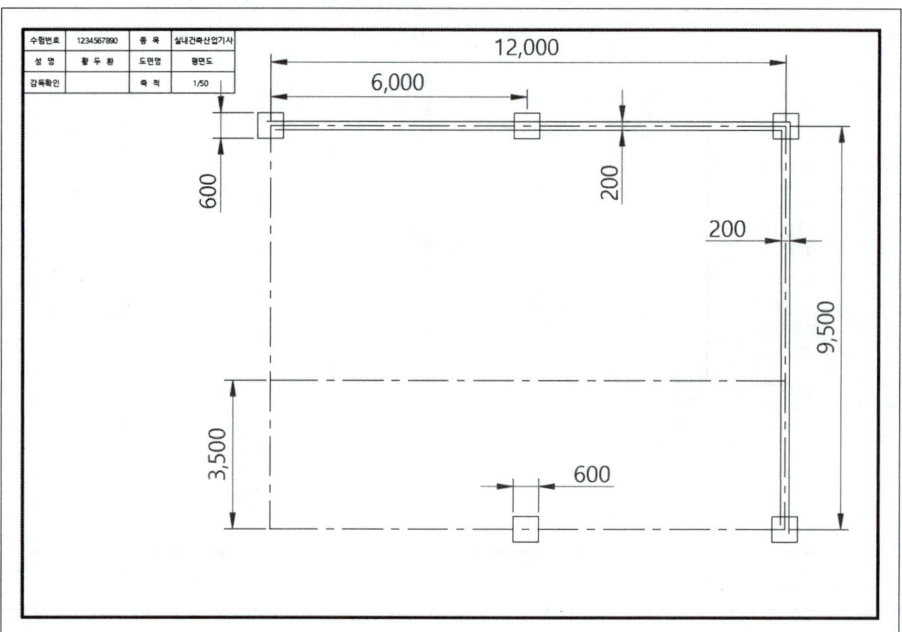

❺ 유리벽(커튼월)을 스틸프레임 두께(50×150)로 작성하고 '창' 도면층으로 변경합니다.

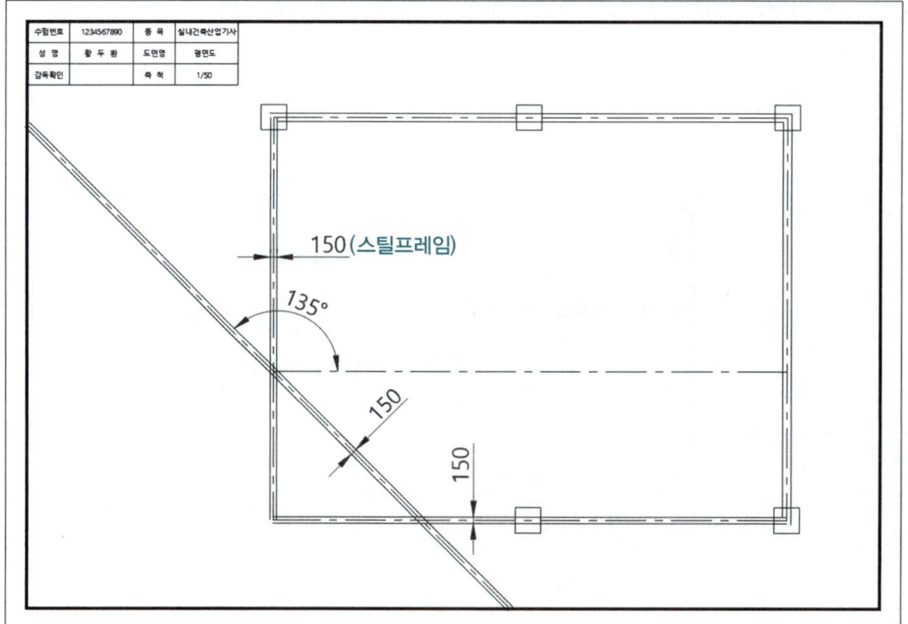

❻ 기둥과 벽의 경계를 [Fillet(F)]과 [Trim(TR)] 명령으로 편집하고 사각형을 그려 중심선의 길이를 보기 좋게 정리합니다.

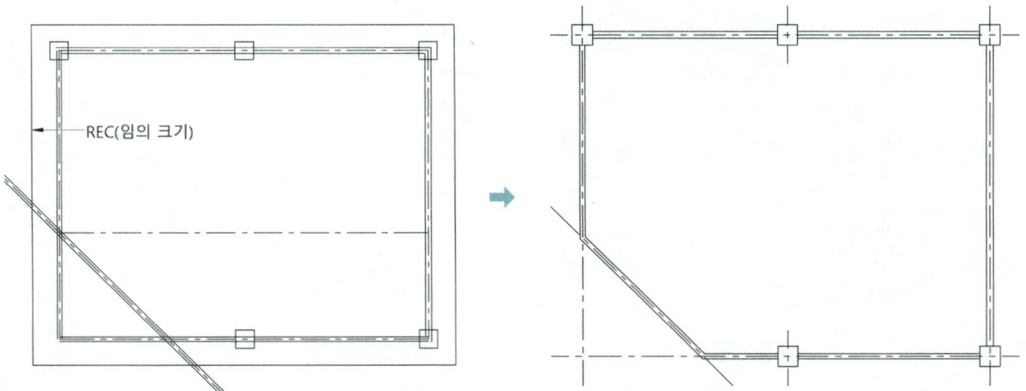

❼ 문제 도면의 치수를 확인해 개구부(문, 창)의 위치를 표시합니다.
- 주출입문: 1,800mm×2,100mm(H)
- 보조출입문: 900mm×2,100mm(H)

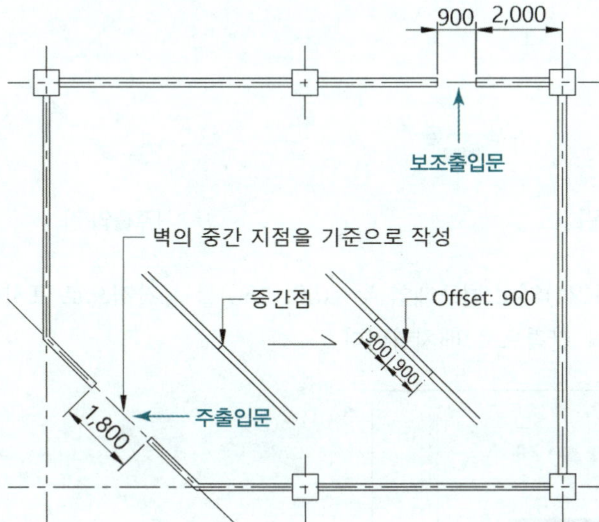

❽ 빈 공간에 주출입문과 보조출입문을 그립니다. 개폐 범위 호는 '중심'(빨강) 도면층으로, 나머지는 '문'(하늘색) 도면층으로 변경합니다.

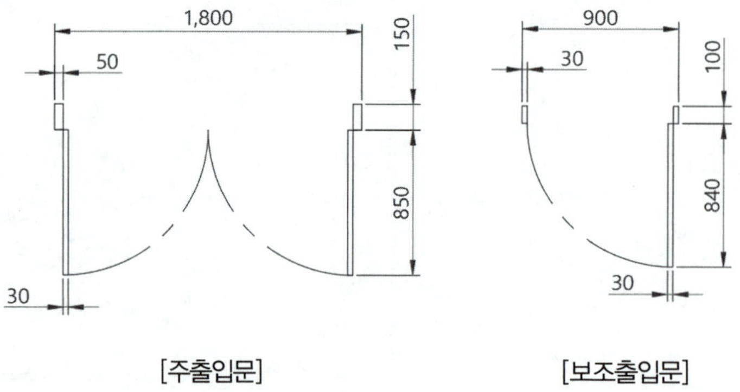

[주출입문]　　　　　　　[보조출입문]

❾ 보조출입문은 중간점을 기준으로 배치하고, 주출입문은 [Align(AL)] 정렬 명령을 사용해 배치합니다.

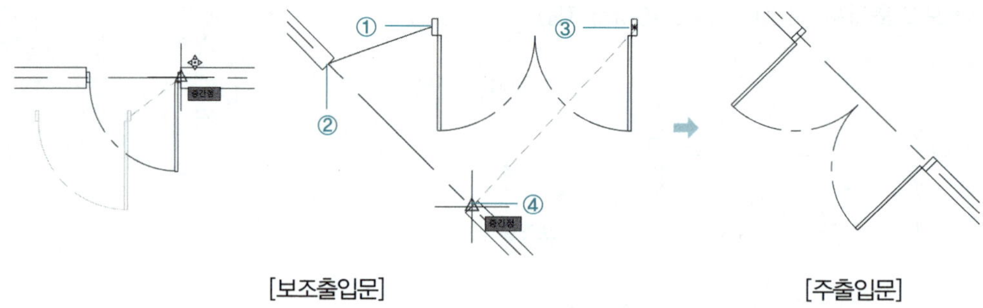

[보조출입문]　　　　　　　[주출입문]

❿ 우측 유리벽(커튼월)의 유리(THK24)와 스틸프레임 두께(50×150)를 등간격으로 표시합니다. 단, 창의 스틸프레임은 3m 내외 간격으로 배치합니다.

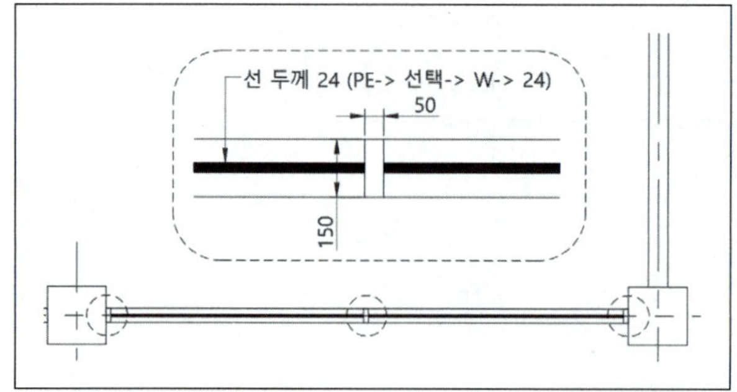

⑪ 좌측(사선) 유리벽(커튼월)의 스틸프레임은 Mirror(MI) 대칭복사를 활용해 그려줍니다.

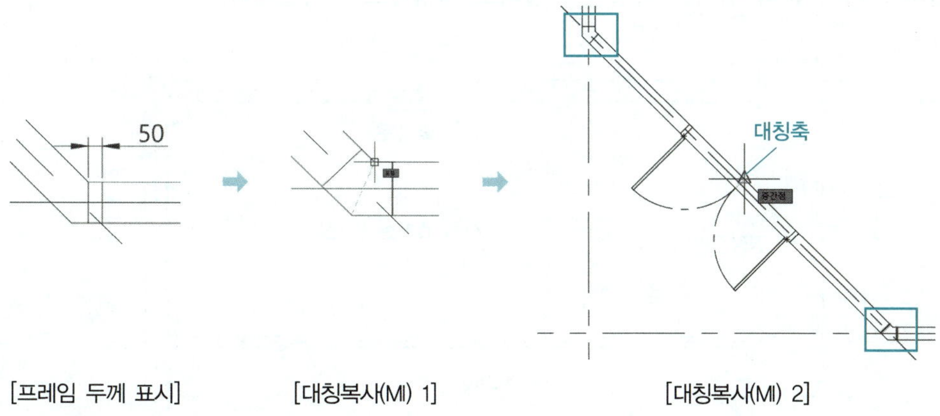

⑫ 나머지 유리벽(커튼월)의 유리(THK24)와 스틸프레임 두께(50×150)를 등간격으로 표시합니다.

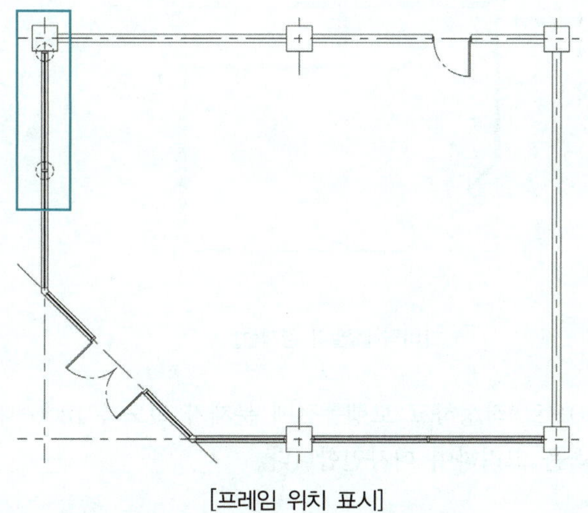

⑬ 철근콘크리트기둥과 조적벽 부분에 [Offset(O)] 명령을 사용하여 내부 마감을 두께 20으로 그립니다. 마감선은 '마감'(선홍색) 도면층으로 변경합니다.

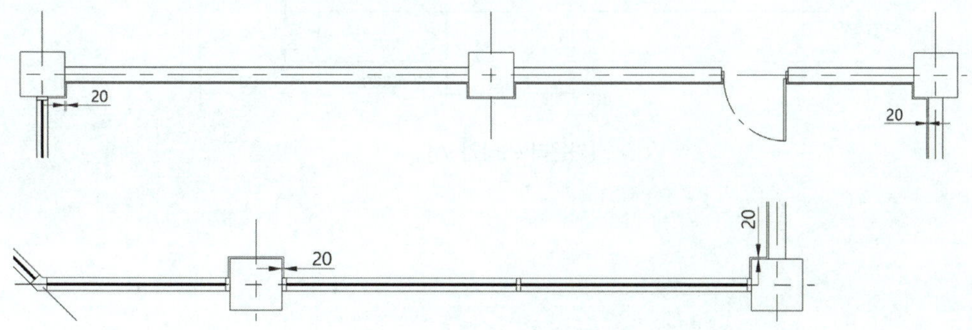

⓮ 보조출입문 부분에 '직원 휴게실 및 창고' 공간을 경량칸막이(100) 구조로 작성합니다. 단, 공간의 크기와 문의 위치는 작업자가 임의로 변경해도 무방합니다.

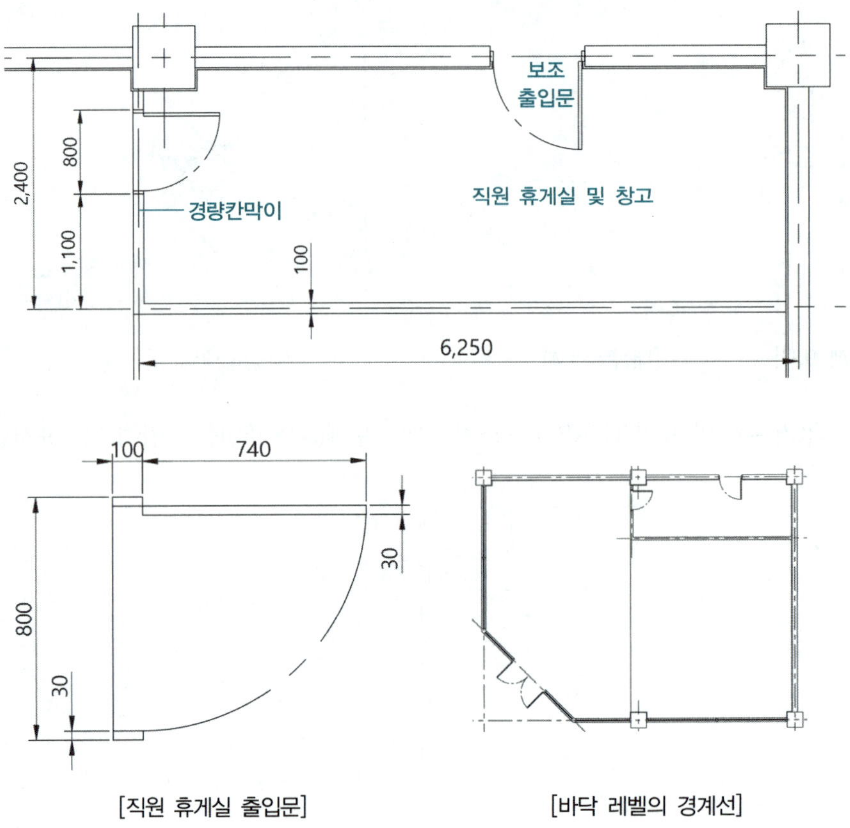

⓯ 카운터 및 디스플레이 테이블을 600으로 작성하고 보행동선에 문제가 없도록 1200 내외의 공간을 확보합니다. 가구는 작성능력을 고려하여 디자인합니다.

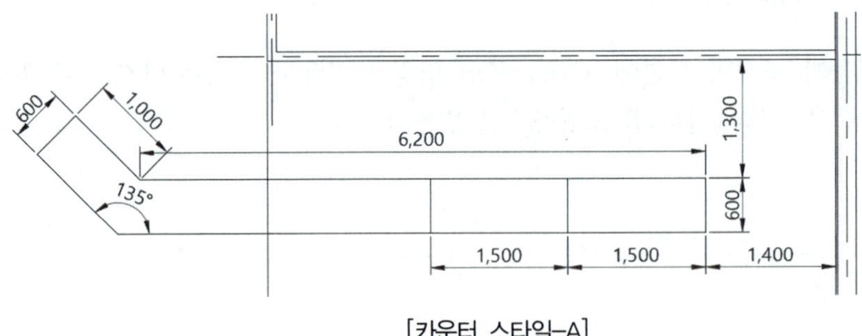

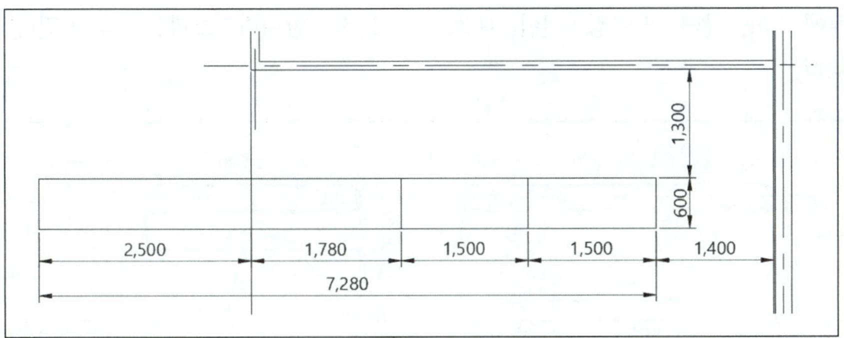

[카운터 스타일-B]

⑯ 우측 하단에 계획된 '대기공간'에 배치할 소파 세트와 TV(55~60인치 정도)를 작성합니다. 소파의 디자인은 작성자의 모델링 능력을 고려하여 결정합니다.

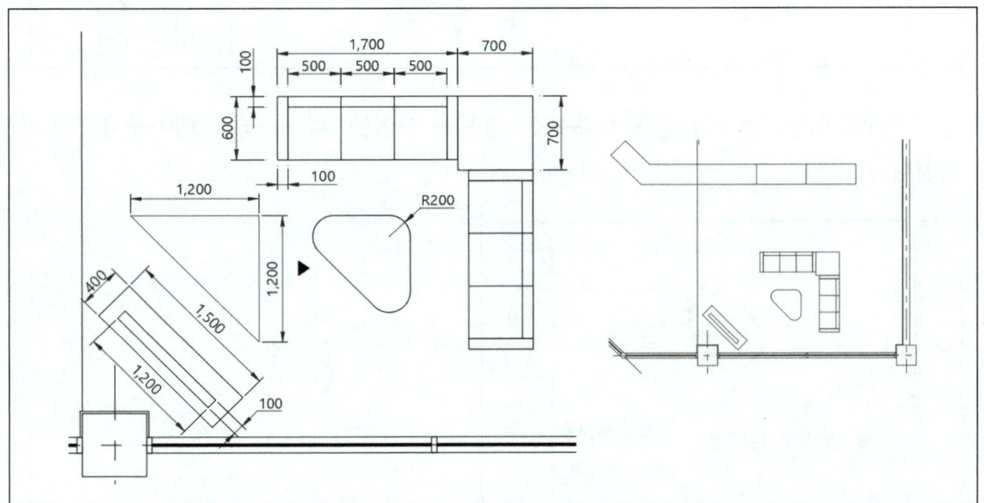

⑰ 우측 벽면에 '액세서리 랙' 3개를 작성하고 남는 공간에 '셀프 카페테리아' 테이블을 작성합니다. 카페테리아의 커피머신과 제빙기의 치수는 대략적으로 비율만 맞춰 작성해도 됩니다.

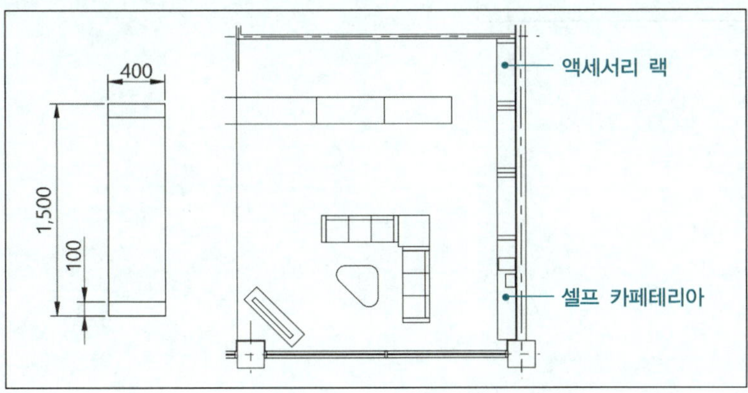

⑱ 직원 휴게실에 소파, 락커, 진열장, 선반, 데스크 등을 작성합니다. 소파는 대기공간에서 복사해 배치합니다.

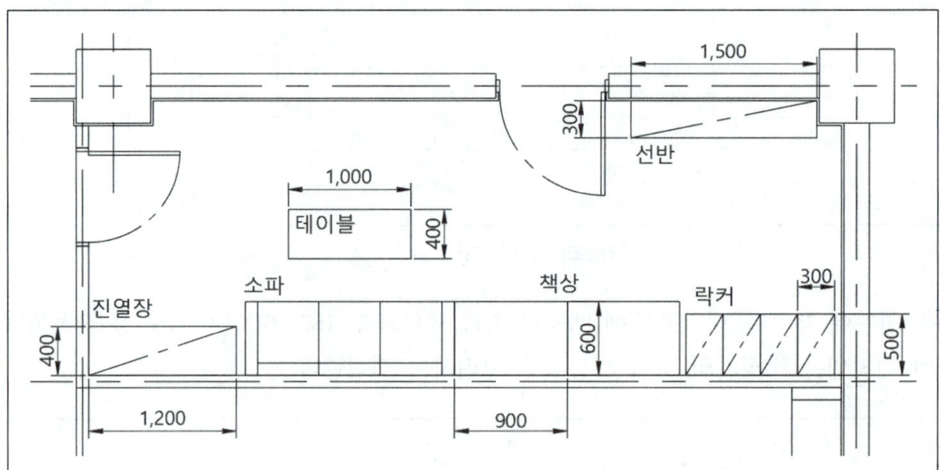

⑲ 설계조건에 해당되는 아일랜드 쇼케이스, 홍보용 사인물, 디스플레이 테이블 4개를 작성해 배치합니다.

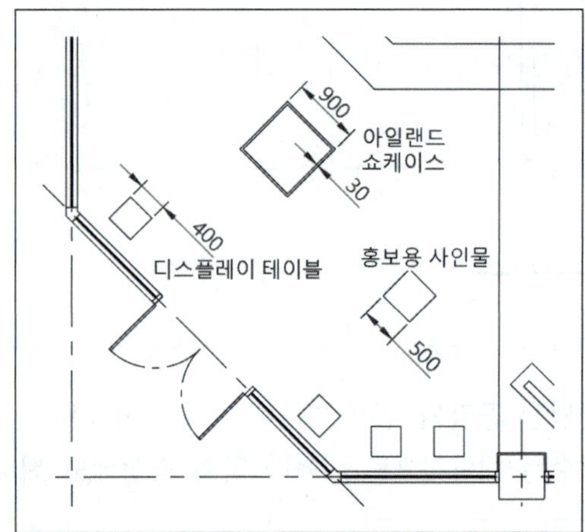

⑳ 제공된 '2D 소스 파일'을 더블클릭하여 실행합니다. 여러 가구 중 4인 테이블, 의자 3종류, 식물 2가지를 [Ctrl] + C로 복사하고 작성 중인 도면에 [Ctrl] + V로 붙여 넣습니다. 2D 소스 파일은 가구 간 거리가 멀어 한 세트씩 여러 번 복사하는 것이 좋습니다. 복사 후에는 가급적 선택 및 관리가 용이하도록 블록(B)으로 변경합니다.

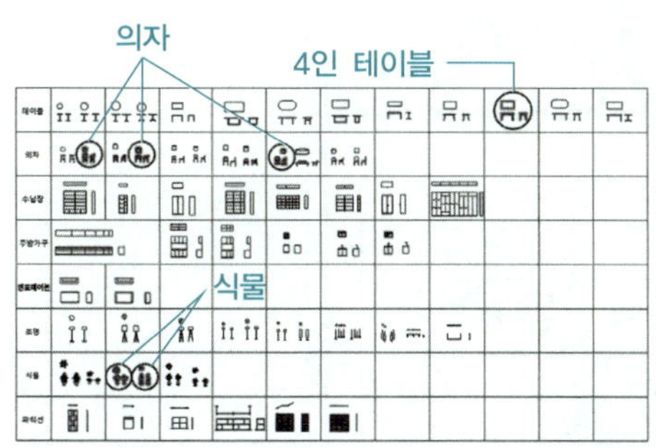

[2D 소스 파일]

㉑ 테이블의 크기를 [Stretch(S)] 명령으로 수정(1200×600)합니다.

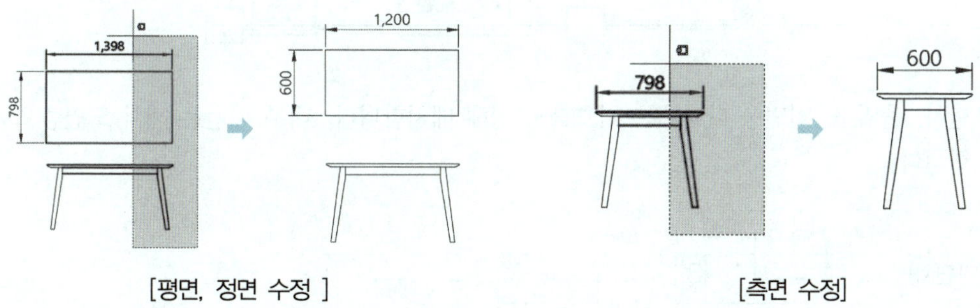

[평면, 정면 수정]　　　　　　　[측면 수정]

㉒ 평면 형태의 테이블과 의자를 조합하여 배치하고, 창가에는 POP 스탠드를 A3~A2 사이즈로 작성하여 배치합니다.

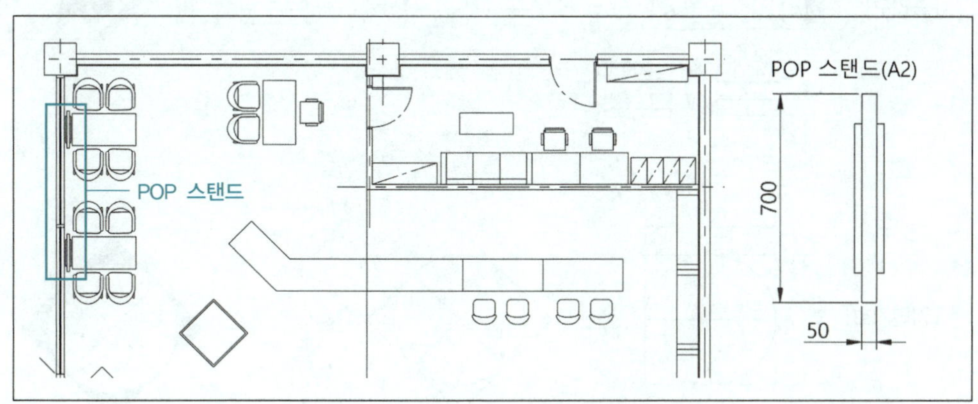

㉓ 코너 부분에 식물을 배치합니다. 가져온 식물이 블록으로 지정되어 있지 않은 경우, 블록으로
지정한 후 배치합니다. 식물은 '해치' 도면층으로 변경합니다.

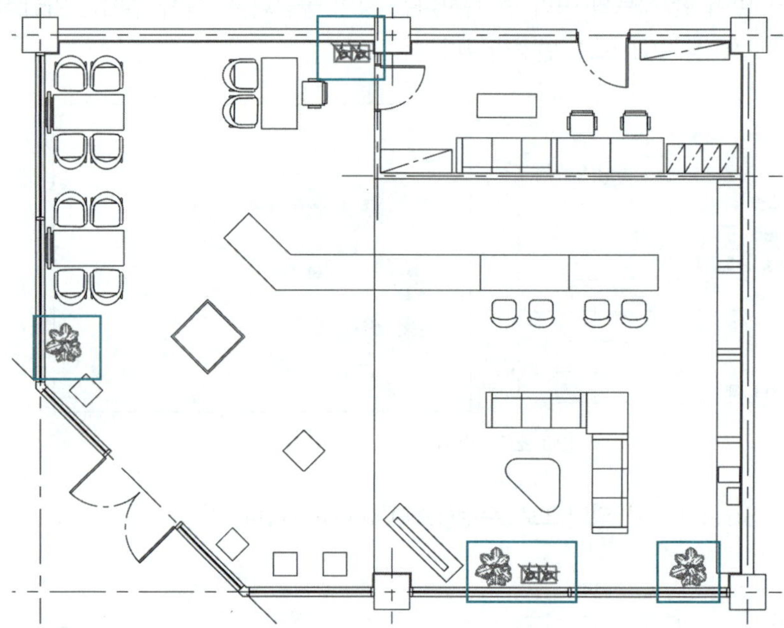

㉔ 단차, 출입구, 입면을 나타내는 기호를 작성해 배치합니다. 내부 패턴은 해치 도면층으로 작성
합니다.

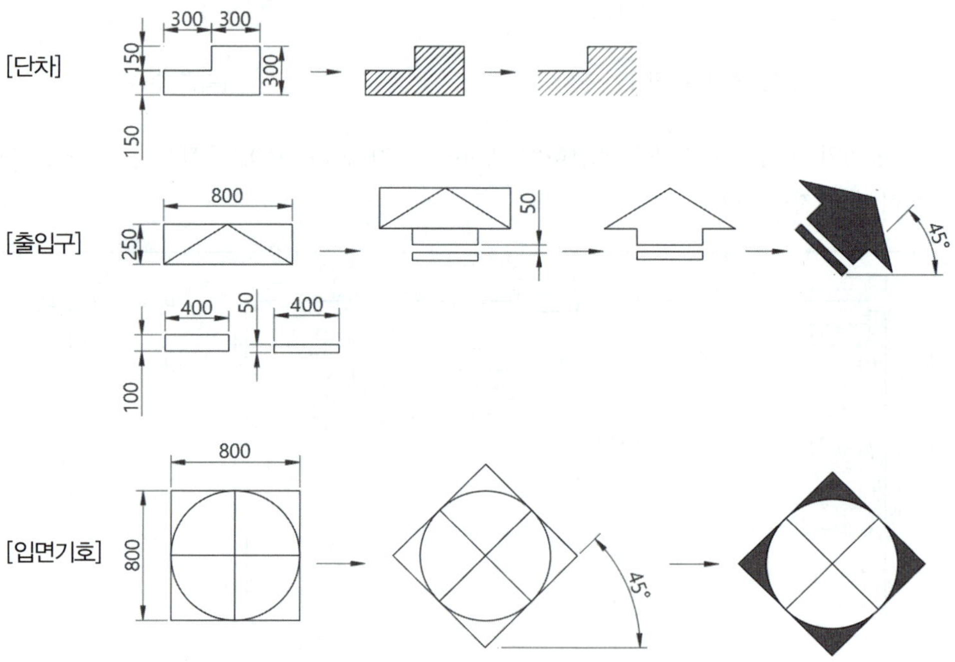

[입면기호를 하나씩 작성한 경우]

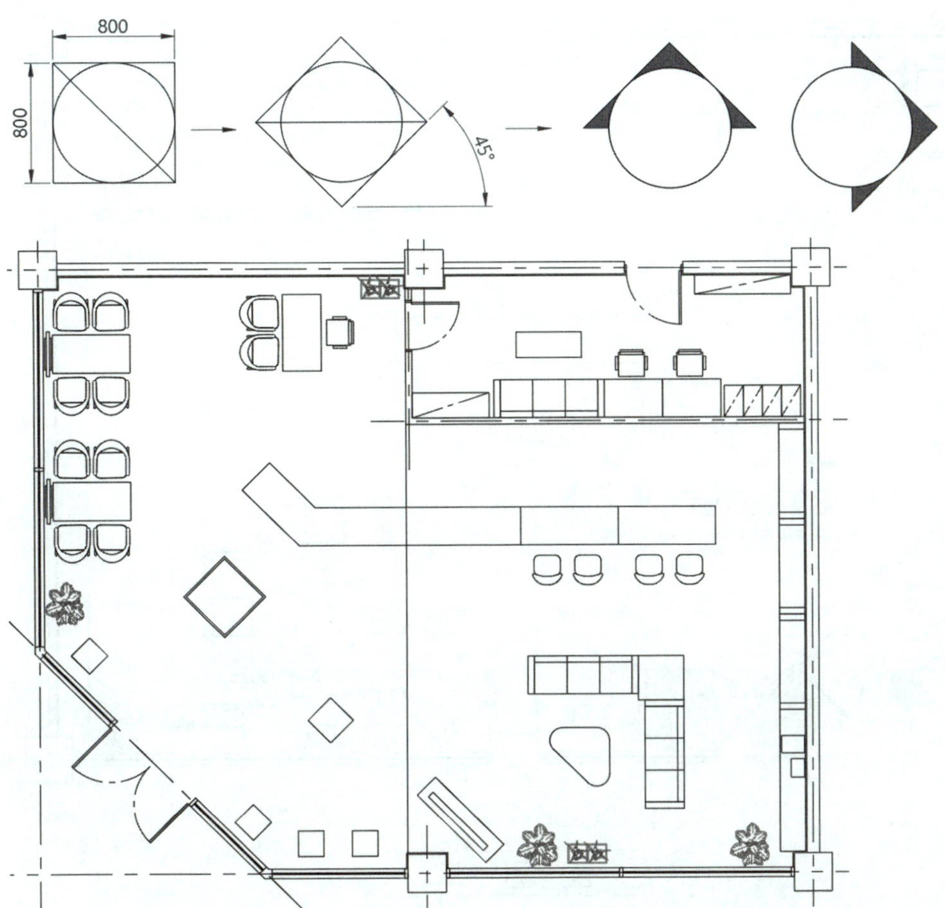

㉕ 현재 도면층을 '주석'(녹색) 도면층으로 변경한 후, 나머지 문자와 기호를 작성합니다. 지시선은 [Line(L)] 명령으로, 점은 [Donut(DO)] 명령을 사용하여 지름(D) 50으로 작성합니다.

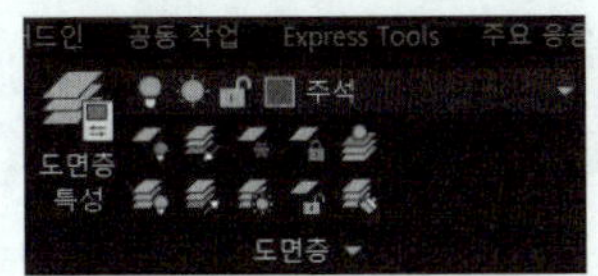

[문자 높이(도면 축척 1/50)]

가구 및 집기의: 100, 바닥마감재, 바닥레벨: 120, 실명: 150

출입구 ENT.: 150, 도면명 평면도: 300, 축척: 120, 입면기호 문자: 200

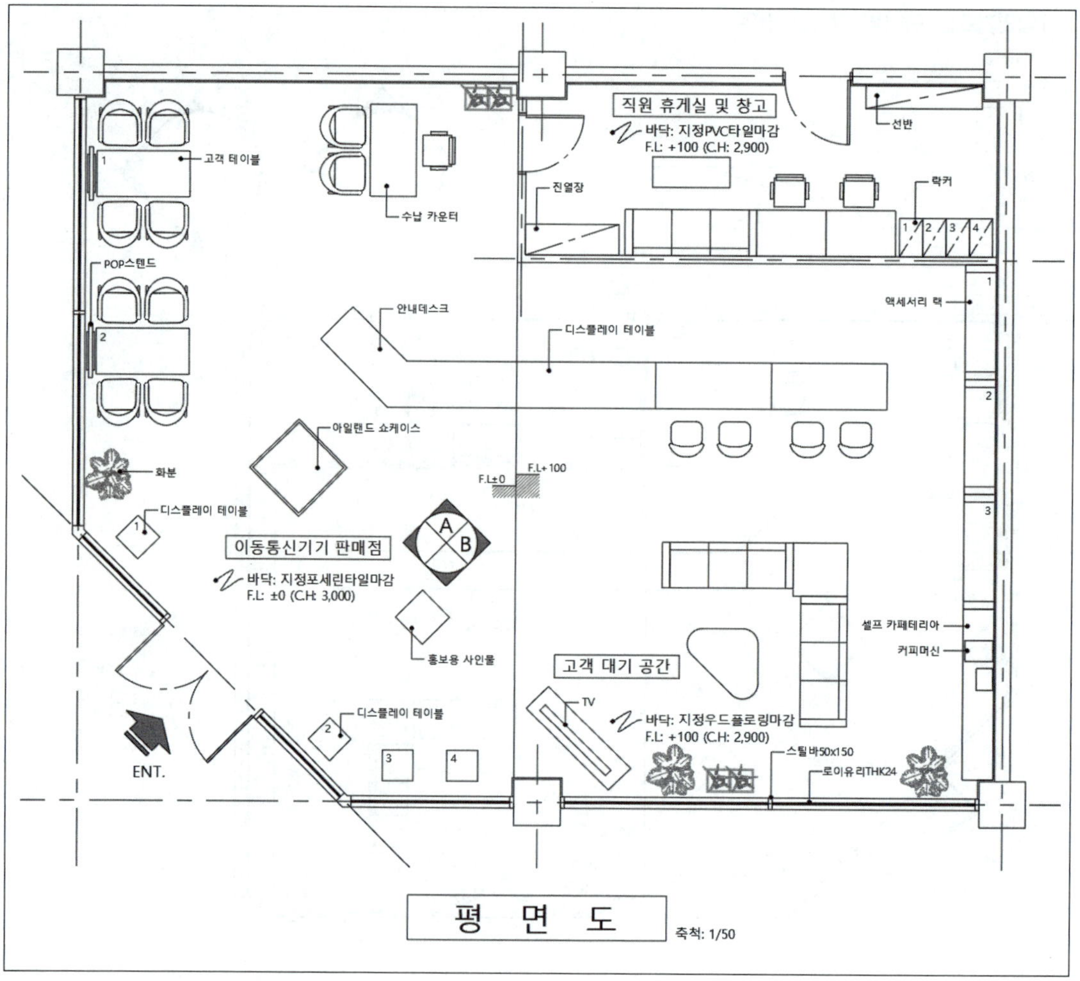

 축척에 따른 문자 높이 및 점(Donut)의 크기 계산

가장 작은 가구 및 집기의 문자 높이를 2mm 기준으로 계산(정답은 없음)

① 축척 1/30인 경우 2mm에 축척값 30배 = 60. 나머지 문자의 높이는 조금씩 높여 작성
   예 가구 및 집기: 60. 바닥마감재, 바닥레벨, 축척: 80, 실명: 100
      출입구 ENT, 입면기호: 100, 도면명 평면도: 180

② 축척 1/40인 경우 2mm×축척값 40배 = 80. 나머지 문자는 이를 기준으로 점차 크게 작성
   예 가구 및 집기: 80. 바닥마감재, 바닥레벨, 축척: 100, 실명: 120
      출입구 ENT, 입면기호: 100~120, 도면명 평면도: 240

③ Donut의 지름은 축척값을 그대로 적용합니다.
   • 축척 1/30 → 지름 30
   • 축척 1/40 → 지름 40
   • 축척 1/50 → 지름 50

㉖ 바닥 레벨 기호에 경계선을 작성한 후, [해치(H)] 명령을 사용하여 바닥 패턴을 넣습니다. 작업 후 바닥 레벨 기호에 작성한 경계선은 삭제하고, 바닥 패턴은 해치 도면층으로 변경합니다. 해치 작업 전에는 반드시 저장해야 합니다.

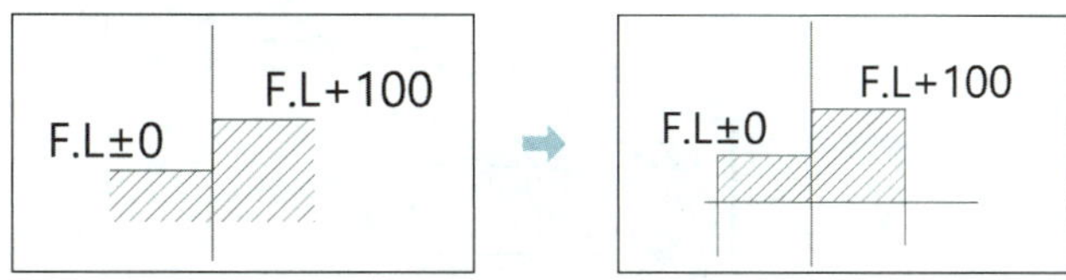

[패턴 형식]

직원휴게실: '사용자 정의',
간격 300, 각도 0, '이중' 옵션 적용

판매공간: '사용자 정의', 간격 600
각도 45, '이중' 옵션 적용

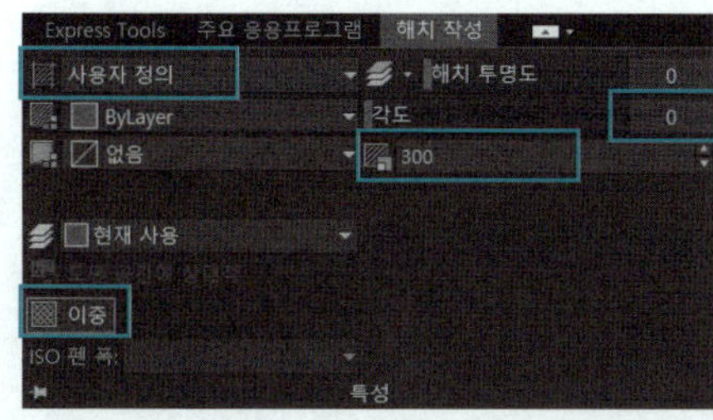
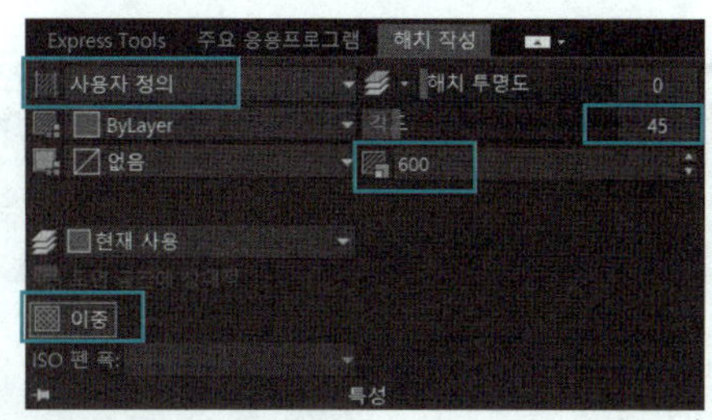

[대기공간: 패턴 DOLMIT, 축척 20, 각도 0]

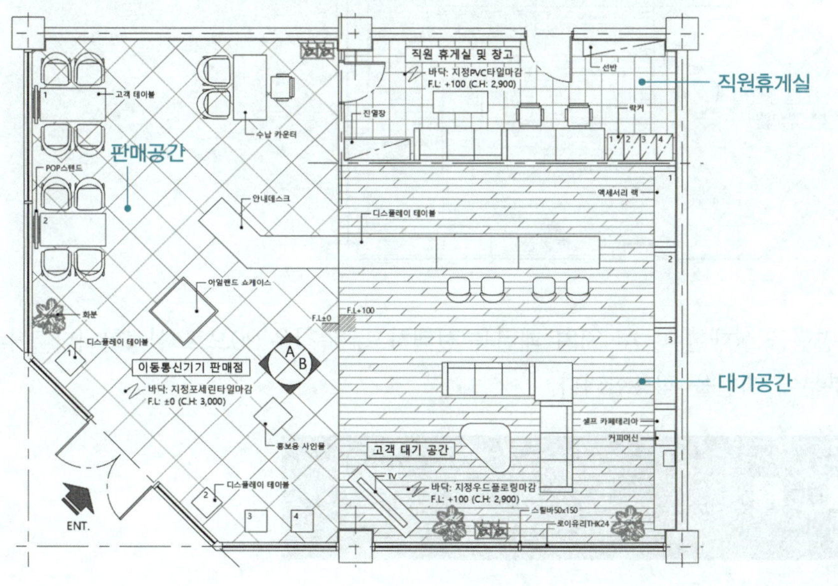

* 패턴이 불필요한 곳에 적용된 경우, 고립영역을 설정하는 방법도 있으나 시험에서는 [Trim(TR)] 명령에서 기준선을 지정하여 잘라내거나, 패턴을 분해(X)한 후 잘라냅니다.

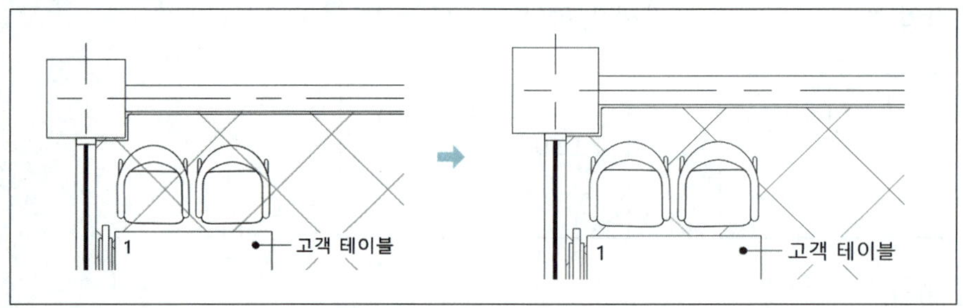

㉗ 벽체의 재료표시를 넣기 위해 현재 도면층을 '해치'(회색 1) 도면층으로 변경하고, '중심'(빨강) 도면층을 Off로 설정합니다.

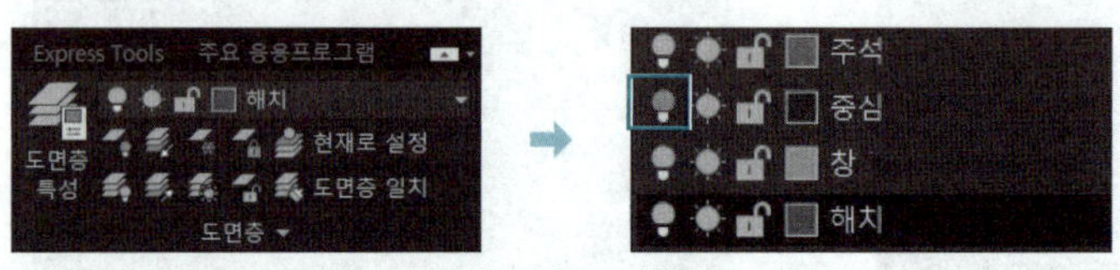

['중심'(빨강) 도면층을 Off한 상태]

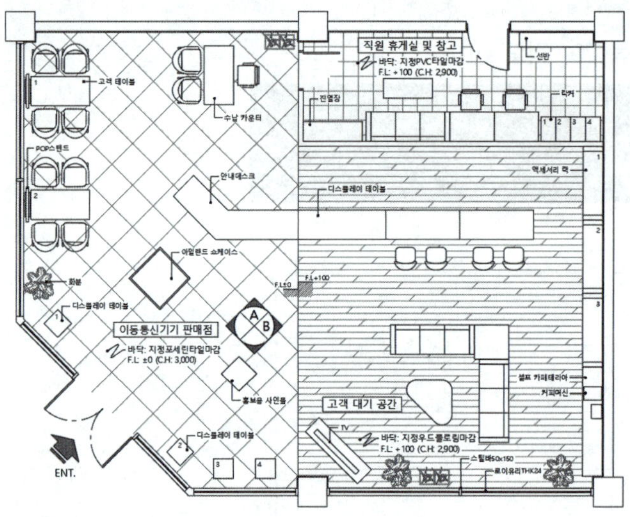

㉘ [해치(H)] 명령을 실행한 후 ANSI31 패턴을 선택하고, 축척은 20으로 설정합니다. 이후 벽체 (조적벽) 부분에 패턴을 적용합니다.

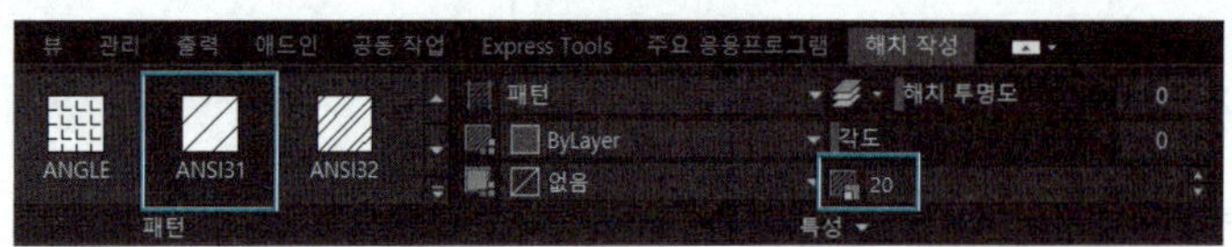

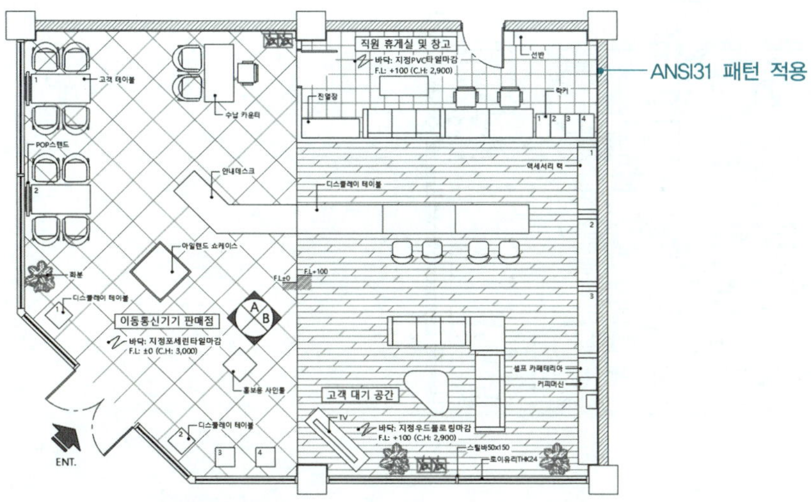

㉙ 철근콘크리트 재료 표현은 [XLine(XL)] 명령을 사용하여 45°선을 30 간격으로 복사해 표시합니다. 기둥은 한 개만 먼저 표현한 후 나머지는 [Copy(CO)] 명령으로 복사합니다. 재료 표현이 완료되면 '중심' 도면층은 다시 On으로 설정합니다.

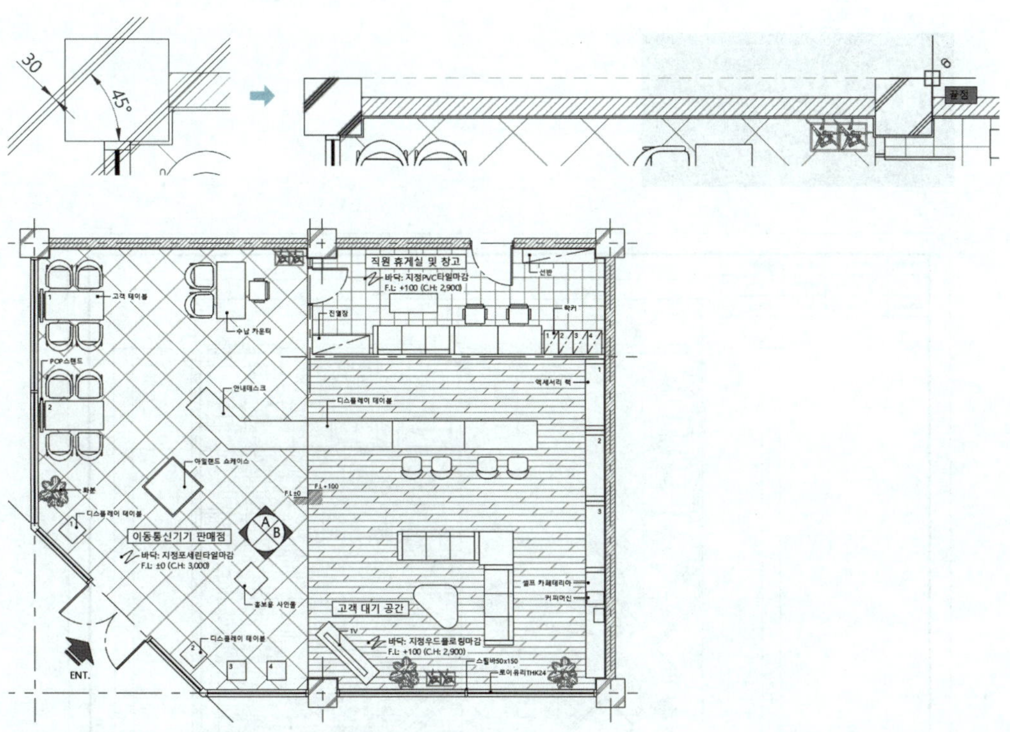

㉚ 치수를 기입하기 위해 각 구간(벽, 창호, 주요 가구)에 보조선을 그려줍니다. 보조선은 치수기입 후 삭제하므로 선의 종류나 유형은 아무 선이나 상관이 없습니다. 아래 그림에서는 시인성을 위해 파선으로 표시하였으며, 주요 가구의 치수 구간은 작업자에 따라 차이가 있을 수 있습니다.

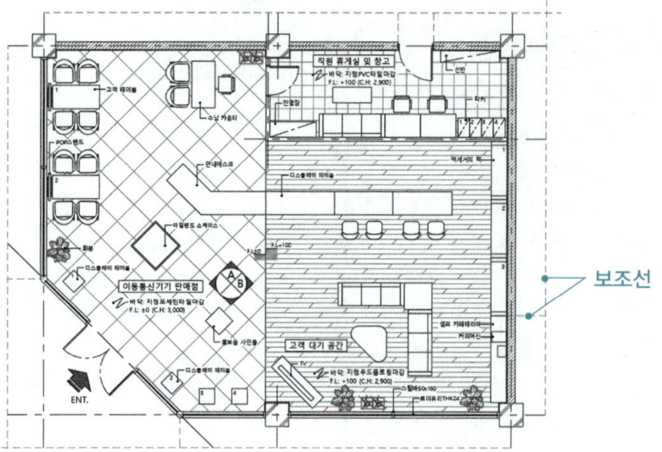

③ 치수를 기입하기 위해 현재 도면층을 '주석'(녹색) 도면층으로 변경하고, 치수 축척 'Dimscale' 은 도면 축척과 동일하게 '50'으로 설정합니다. [선형치수(DLI)], [연속치수(DCO)], [신속치수 (QDIM)] 명령 등을 사용해 치수를 기입한 후 보조선은 삭제합니다. 기입된 치수의 값과 치수 구간은 작업자의 기준 및 마감 두께에 따라 다를 수 있습니다.

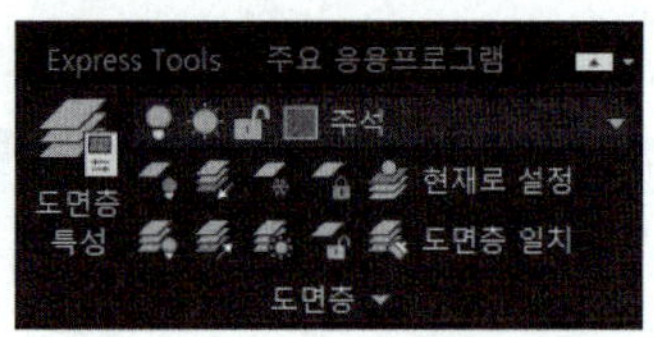

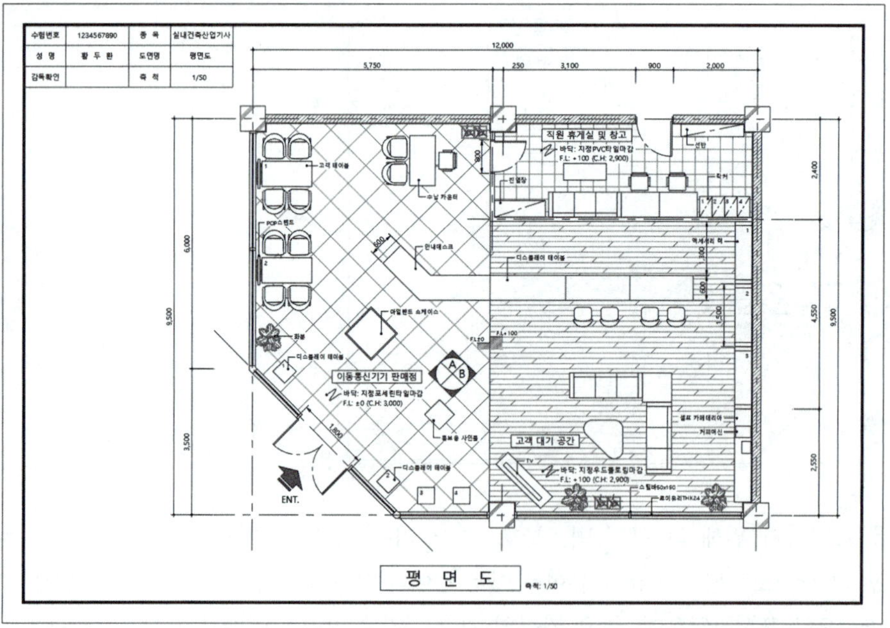

㉜ 도면 하단의 빈 공간에 '디자인 의도'를 작성합니다. '디자인 의도' 문자는 높이 150으로, 내용은 높이 100으로 작성해 평면도를 완성합니다. 디자인 의도 내용은 장문이므로 [Mtext(T)] 명령을 사용하여 작성합니다.

디자인 의도 작성

디자인 의도는 200자 이내로 서술합니다. 작업자가 계획한 마감재, 동선, 가구배치 및 색상, 조명, 디자인 콘셉트 등에 대한 내용을 서술합니다.

1. 공간의 유형이나 구조를 작성
2. 실내마감재의 종류, 특징을 작성
3. 가구 배치의 형식이나 특징을 작성
4. 공간과 동선의 특징을 작성
5. 조명 및 전체적인 분위기, 콘셉트를 작성

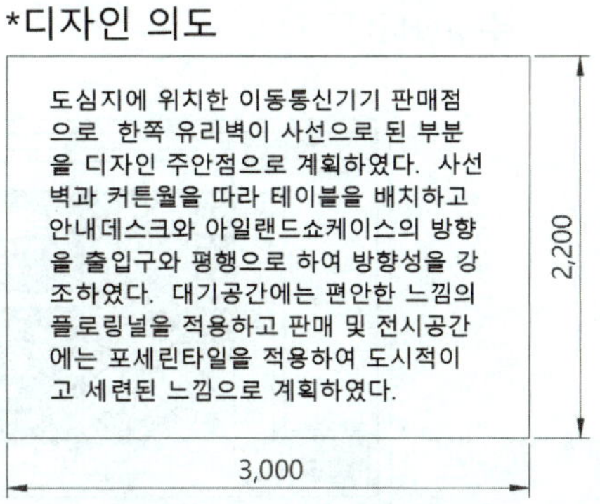
*디자인 의도
도심지에 위치한 이동통신기기 판매점으로 한쪽 유리벽이 사선으로 된 부분을 디자인 주안점으로 계획하였다. 사선벽과 커튼월을 따라 테이블을 배치하고 안내데스크와 아일랜드쇼케이스의 방향을 출입구와 평행으로 하여 방향성을 강조하였다. 대기공간에는 편안한 느낌의 플로링널을 적용하고 판매 및 전시공간에는 포세린타일을 적용하여 도시적이고 세련된 느낌으로 계획하였다.
2,200
3,000

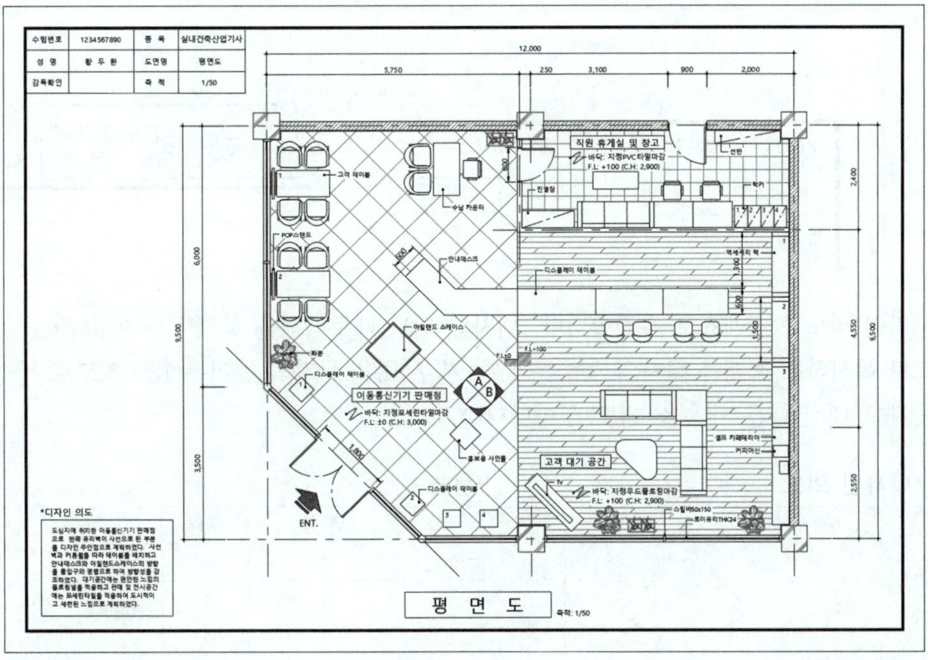
수험번호
1234567890
종 목
실내건축산업기사
성 명
황 두 환
도면명
평면도
감독확인
축 척
1/50
12,000
5,750
250
3,100
900
2,000
직원 휴게실 및 창고
이동통신기기 판매점
고객 대기 공간
ENT.
*디자인 의도
평 면 도
축척: 1/50

학습파일 | 완성파일 \ Part03 \ Ch04 \ 이동통신기기 판매점 – 2D 도면.dwg

Section 03 천장도 작성

천장도는 평면도의 공간을 그대로 사용하므로 완성된 평면도를 복사해 불필요한 부분을 삭제하고 조명 및 설비를 배치해 완성합니다.

학습파일 | ▶ 동영상 \ Part03 \ Ch04 \ 이동통신기기 판매점 – 천장도.mp4

❶ 완성된 평면도를 우측에 그대로 복사한 후 표제란의 도면명과 도면 하단의 도면명을 천장도로 수정합니다.

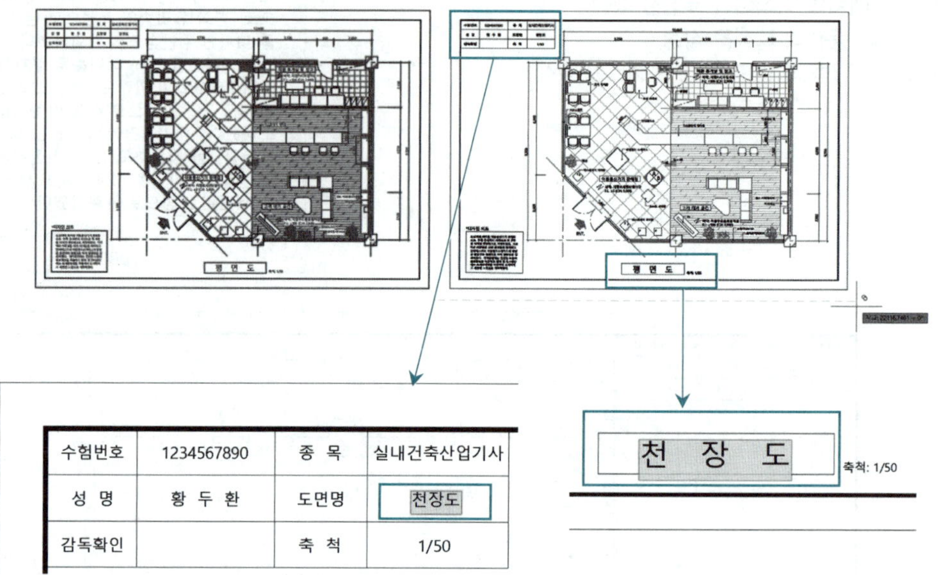

수험번호	1234567890	종 목	실내건축산업기사
성 명	황 두 환	도면명	천장도
감독확인		축 척	1/50

❷ 디자인 의도를 범례표로 수정합니다. 디자인 의도 테두리선을 분해(X)하여 [Offset(O)] 명령으로 복사하고 소제목 문자의 높이는 130, 세부 내용 문자의 높이는 120 정도로 작성합니다. 숫자 1 대신 다른 내용을 써도 무방합니다.

*디자인 의도

*범례표

기호	명 칭	수량	
	1	1	350
	1	1	350
	1	1	350
	1	1	350
	1	1	350
800	1,400	800	

❸ 천장도와 관련이 없는 부분적인 치수는 삭제합니다. 또한 천장면에 부착되는 붙박이 가구인
액세서리 랙을 제외한 실내 공간의 모든 요소를 삭제합니다.

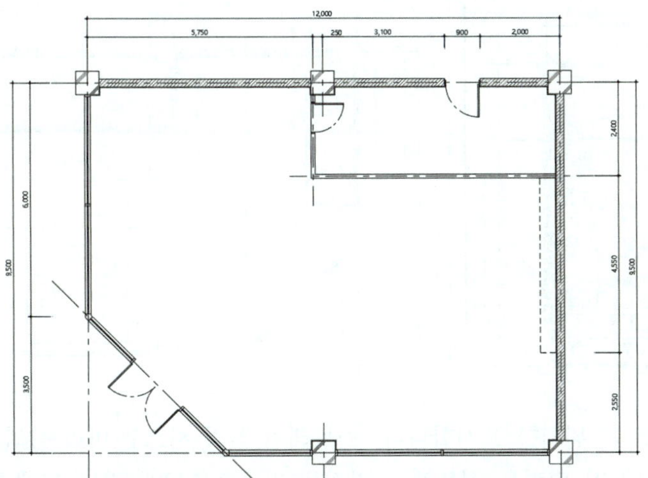

❹ 창과 문은 위치정보를 제외한 나머지 요소를 삭제하고, 천장 몰딩선을 그리기 위해 경계작성
[Boundary(BO)] 명령을 실행합니다. 점 선택(①)을 클릭한 후 영역 ②, ③을 클릭하고 Enter↵
를 누릅니다.

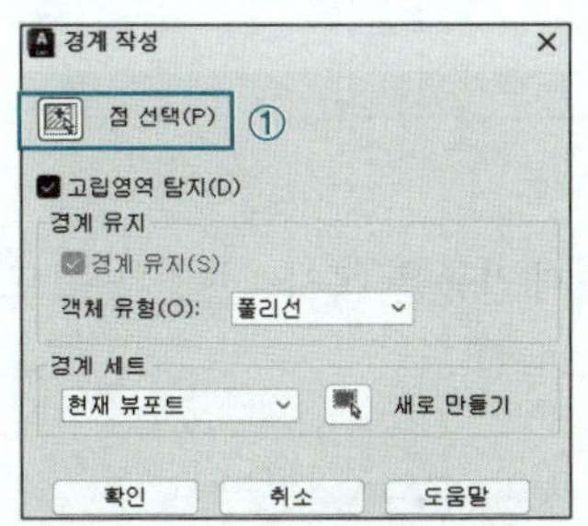

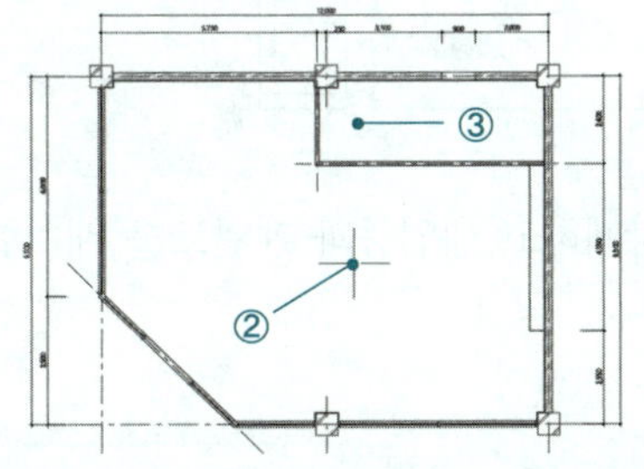

❺ 앞서 작성한 경계선을 기준으로 [Offset(O)] 명령을 실행하여 천장몰딩(40)을 작성하고, 겹쳐
진 경계선 ①, ②를 삭제합니다. 천장몰딩에는 '마감'(보라) 도면층을 적용합니다.

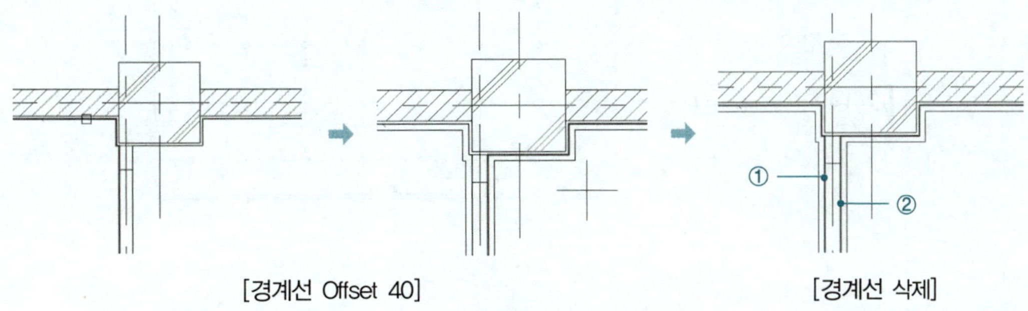

[경계선 Offset 40]   [경계선 삭제]

❻ 천장에 매입등의 위치를 1500 간격으로 표시하고, 조명 위치를 파악하기 위해 4인 테이블과 소파를 평면도에서 동일한 위치로 복사합니다.

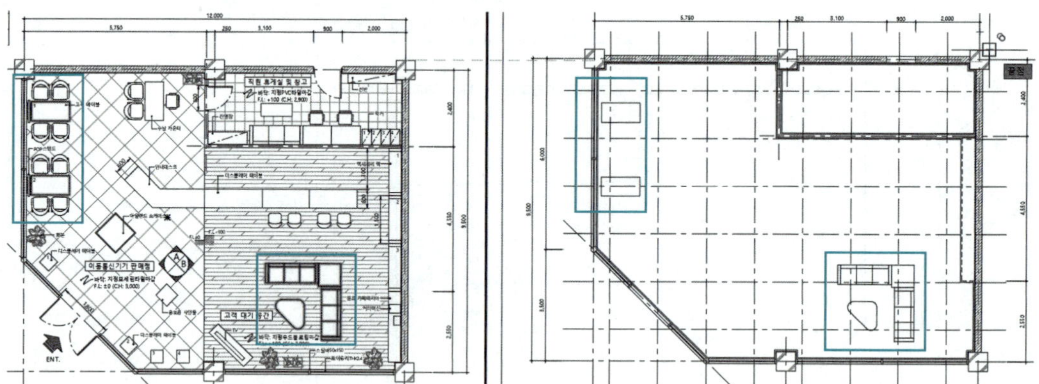

❼ 테이블에 사선을 그려 펜던트의 위치를 표시합니다. 스트레치 실링 시스템(바리솔)의 형태를 작성하기 위해 축척 [Scale(SC)] 명령을 실행해 ①지점을 기준으로 3배 정도 크게 합니다.

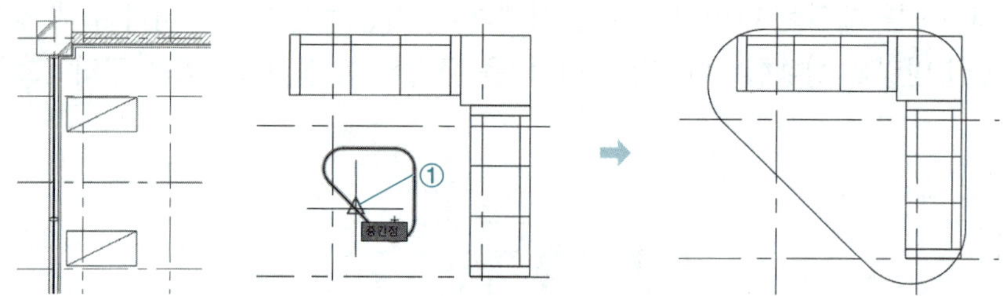

❽ 테이블과 소파를 삭제하고 매입등과 펜던트를 배치합니다. 매입등은 복사 전에 가구 도면층으로 변경합니다.

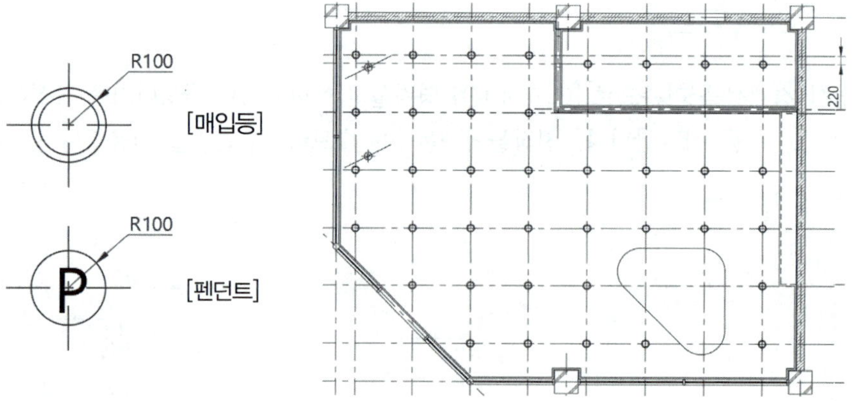

❾ 에어컨, 점검구, 환기구, 스프링클러, 화재감지기, 피난구유도등, 스피커를 작성합니다. 빈 공간에 모두 작성합니다.

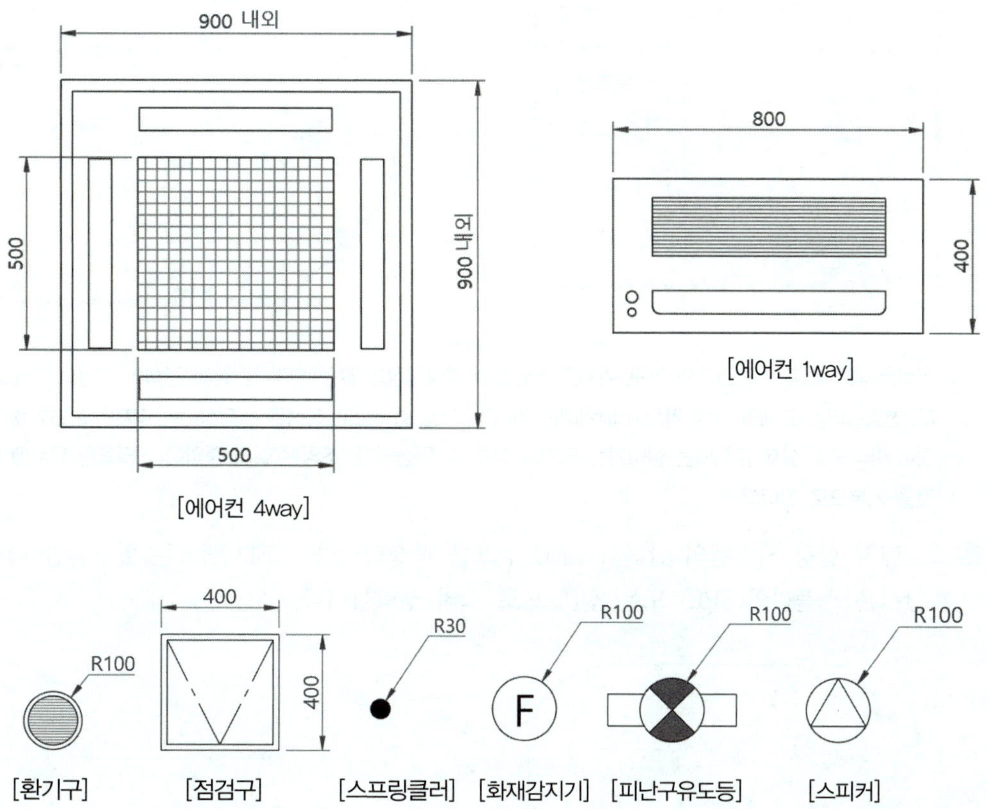

❿ 화재감지기와 스프링클러를 제외한 설비들을 적절한 위치에 배치하고, 배치에 사용된 보조선을 모두 삭제합니다.

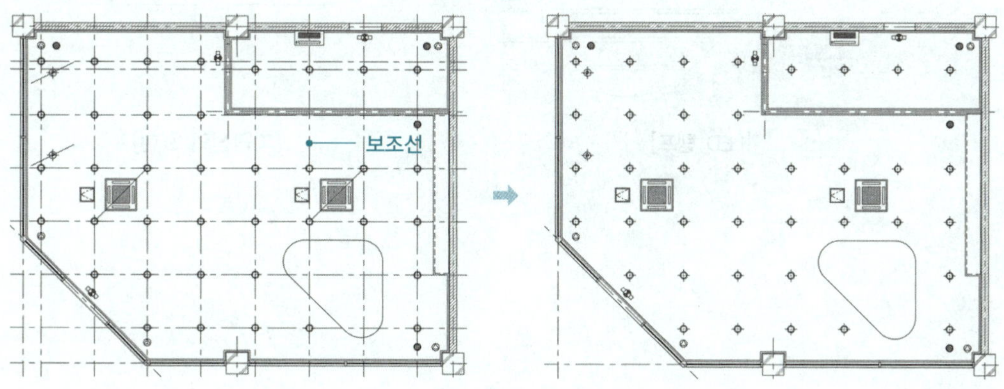

⓫ 화재감지기와 스프링클러를 3000 간격으로 배치하고, 배치에 사용한 보조선을 모두 삭제합니다.

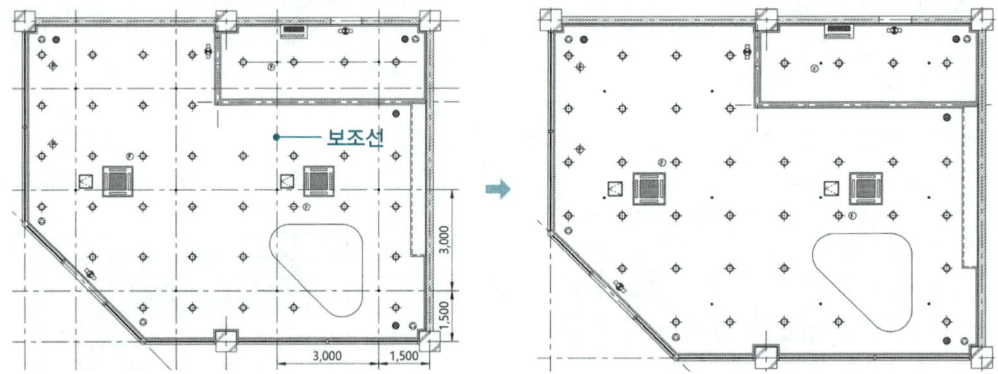

* 설비를 배치할 때는 평면도의 가구 위치를 확인하여 붙박이장과 같은 키가 큰 장과 간섭이 발생되지 않도록 합니다. 천장설비는 교재와 다른 위치에 배치해도 됩니다. 기호 형식으로 작성된 천장설비는 디자인과 크기를 나타내는 것이 아니므로 실제 설치되는 설비와는 크기가 다를 수 있습니다. 조명은 실의 중앙이나 필요한 위치에 배치하는 것을 기본으로 합니다.

⓬ 스트레치 실링 시스템의 단면과 LED 램프를 작성합니다. LED 램프는 일부분만 작성하고, 파단선은 스플라인(SPL) 또는 선(L)으로 그려 생략합니다.

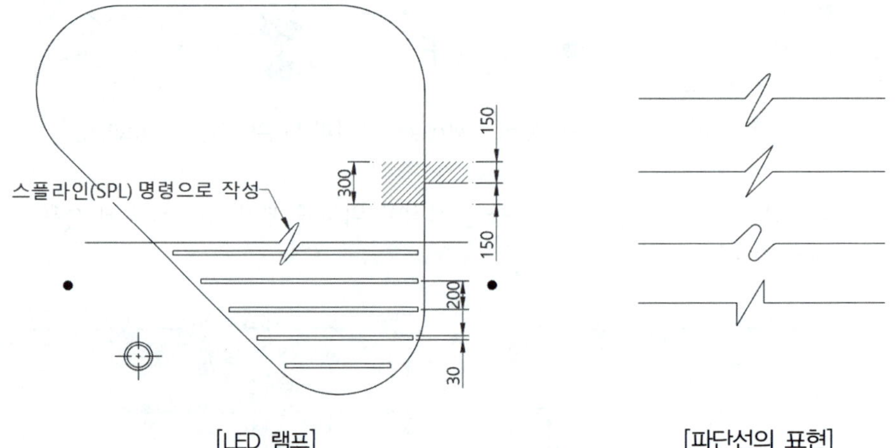

⑬ 현재 도면층을 '주석'(녹색) 도면층으로 변경합니다. 조명 및 설비의 위치를 파악할 수 있도록
마감선을 기준으로 치수를 기입합니다.

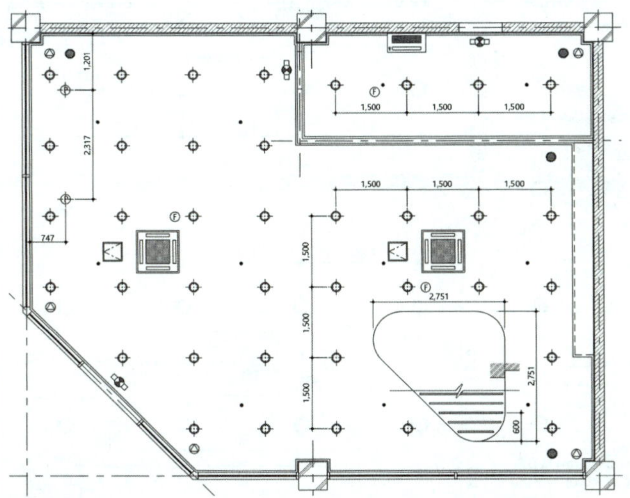

⑭ 치수를 더블클릭하여 값을 10 단위로 수정하거나, [신축(S)] 명령을 사용하여 설비의 위치를
조정합니다.

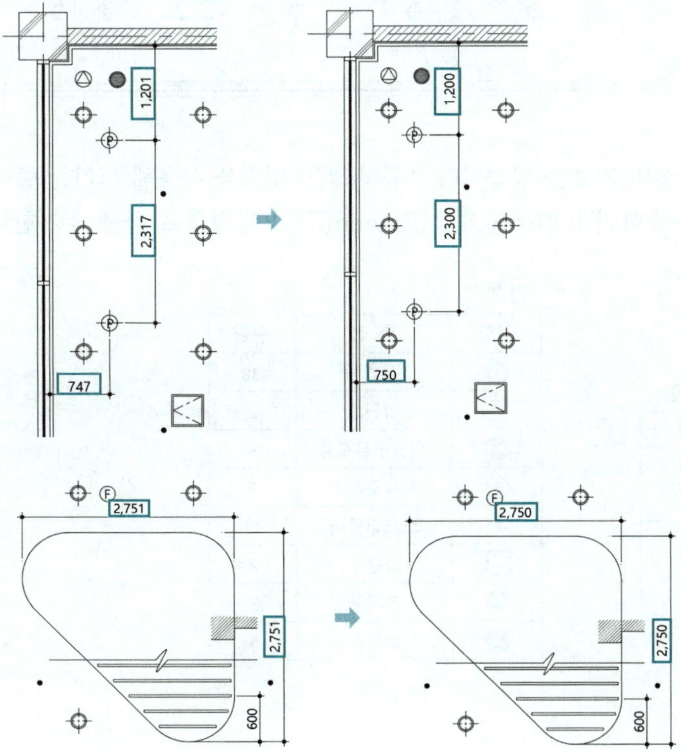

⑮ 설비와 관련된 문자를 작성합니다(천장마감: 120, 그 외: 100).

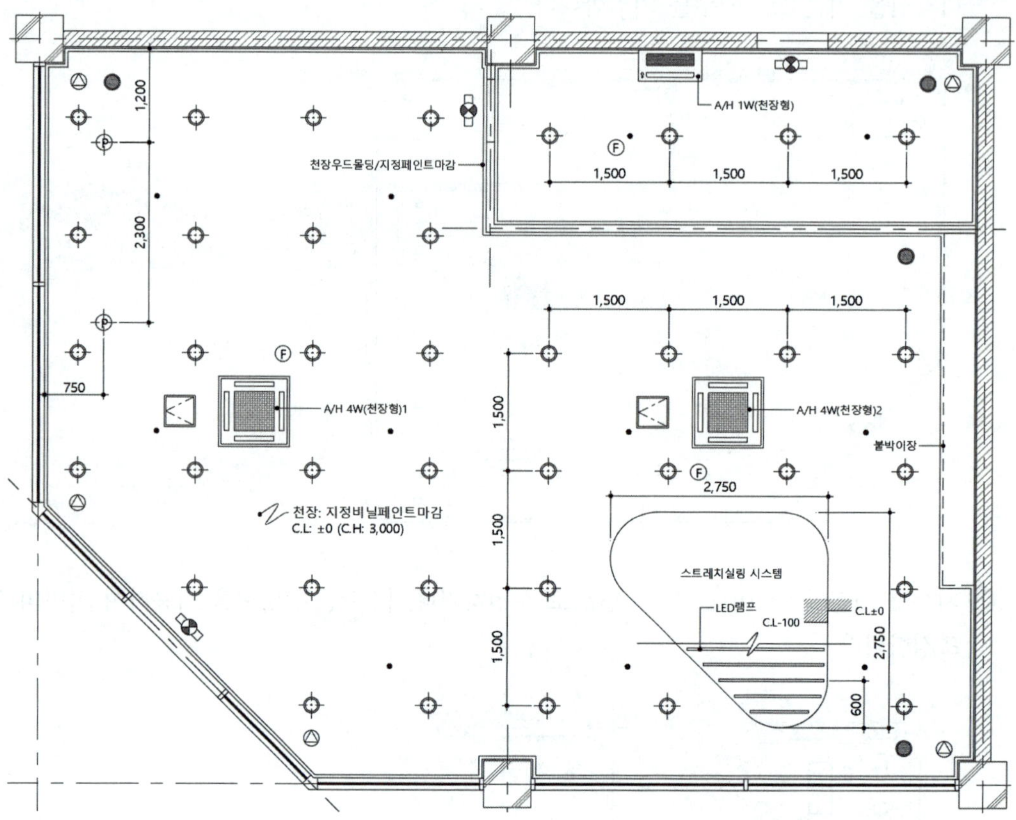

⑯ 범례표 기호칸에 조명 및 설비 기호를 넣습니다. [축척(SC)] 명령을 사용해 크기를 줄여 배치하며, 범례의 기호칸이 부족하면 [Offset(O)], [Extend(EX)] 명령으로 칸을 추가합니다.

*범례표

기호	명 칭	수량
	1	1
	1	1
	1	1
	1	1
	1	1

*범례표

기호	명 칭	수량
	매입등	38
	펜던트	2
	피난구유도등	3
	화재감지기	3
	스프링클러	11
	점검구	2
	환기구	3
	스피커	5

⑰ 누락 요소나 편집되지 않은 부분을 확인합니다.

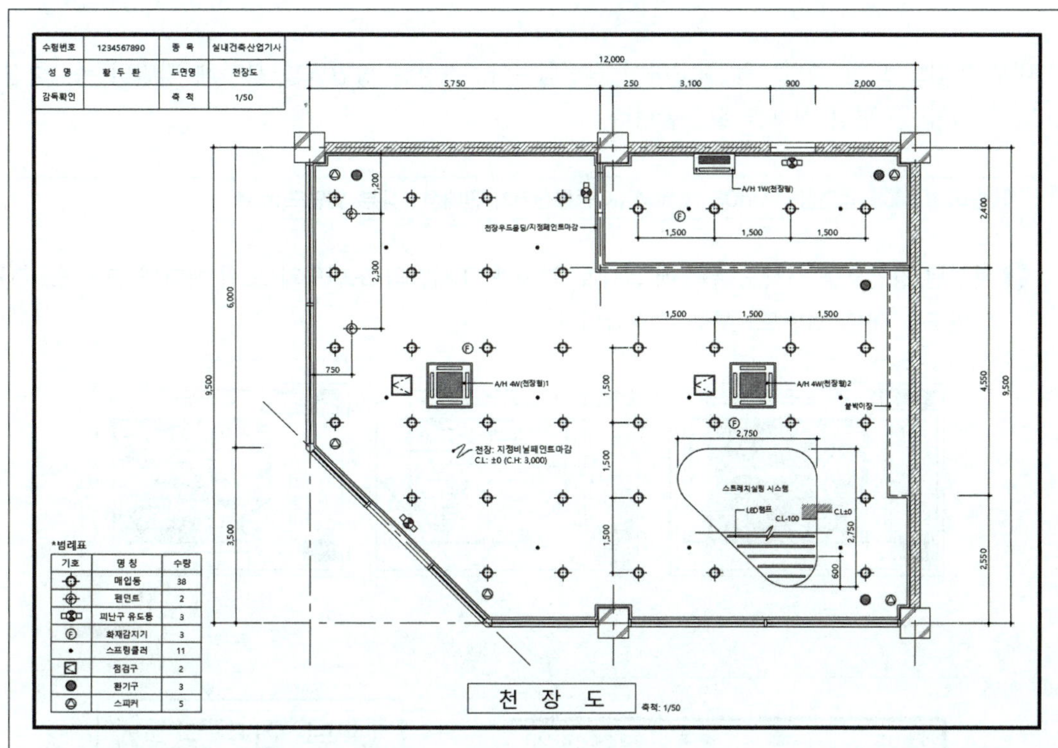

학습파일 | 완성파일 \ Part03 \ Ch04 \ 이동통신기기 판매점 – 2D 도면.dwg

Section 04 내부 입면도 작성

내부 입면도 또한 평면도를 참고하여 작성합니다. 완성된 평면도를 복사해 벽면의 폭, 중심선, 가구 위치 등 평면 정보를 활용합니다.

학습파일 | ▶ 동영상 \ Part03 \ Ch04 \ 이동통신기기 판매점 – 내부 입면도.mp4

❶ 완성된 평면도를 천장도 우측에 그대로 복사해 표제란의 도면명과 도면 하단의 도면명을 '내부 입면도', '내부 입면도–A'로 수정합니다.

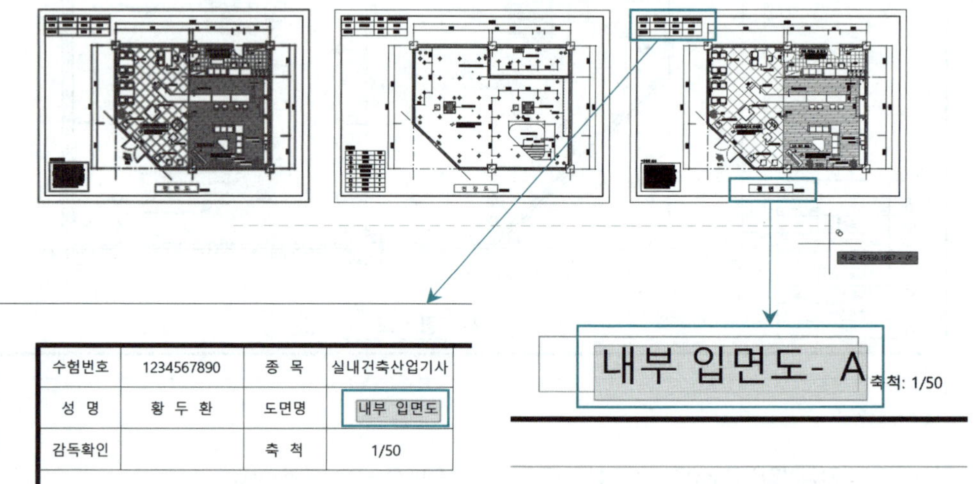

수험번호	1234567890	종 목	실내건축산업기사
성 명	황 두 환	도면명	내부 입면도
감독확인		축 척	1/50

❷ 복사한 평면도의 디자인 의도는 삭제하고 평면도는 도면양식 위로 이동합니다. 현재 도면층은 '벽체'(노랑) 도면층으로 변경합니다.

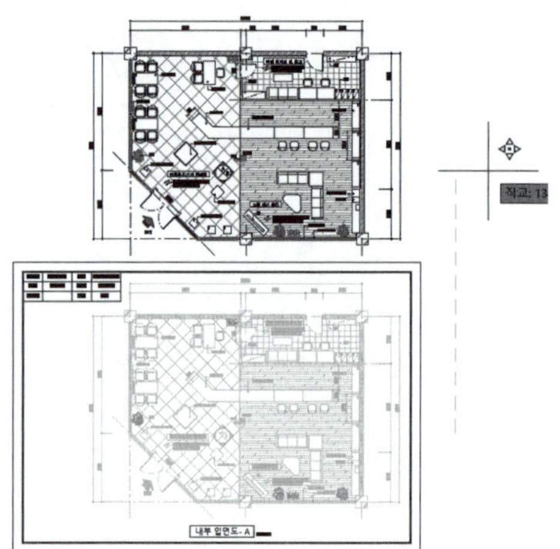

❸ [구성선(XL)] 명령의 수직(V) 옵션을 사용해 중심선, 마감 모서리, 가구의 위치를 표시합니다.

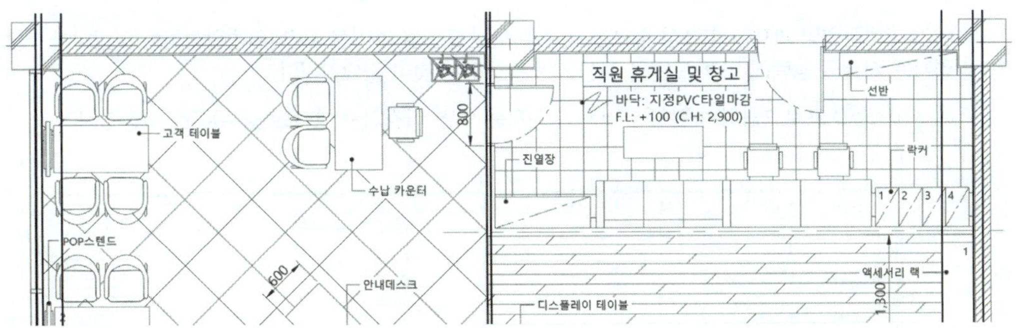

❹ 임의의 가로선(①)을 그려 천장높이 3,000을 표시합니다. 벽면을 편집하고 중심선 ②, ③, ④ 의 도면층을 변경합니다.

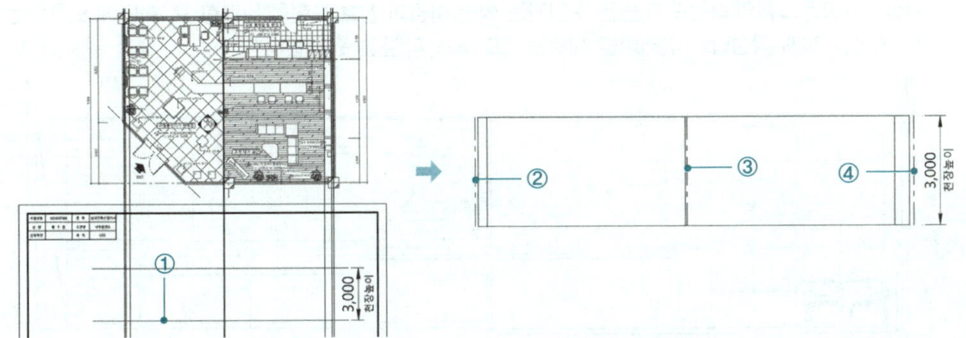

❺ 걸레받이(80), 천장몰딩(30), 단차(100), 브랜드 이미지보드, 붙박이장을 표시하고 편집합니다. 브랜드 이미지보드의 디자인과 위치는 작업자가 임의로 작성해도 무방합니다.

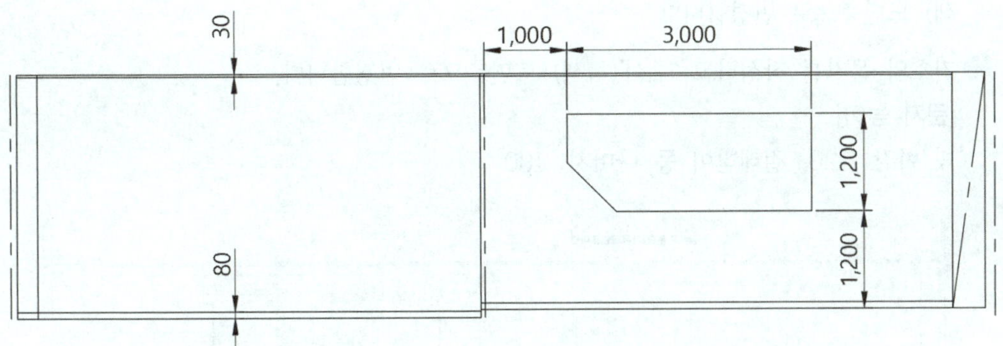

TIP **작업능력에 따른 내부 입면도의 표현**

실기시험 작업형 과제에서 가장 중요한 것은 제시된 도면을 주어진 시간 내에 완성하는 것입니다. 따라서 작업자는 자신의 능력에 맞게 도면을 작성하여 완성하는 것이 중요합니다.

① AutoCAD 프로그램의 숙련도가 낮은 수험자는 벽면 마감과 창호 표현을 위주로 작성합니다.

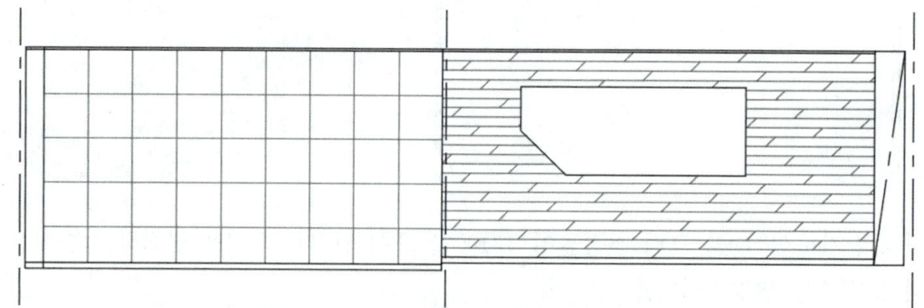

② AutoCAD 프로그램의 숙련도가 높은 수험자는 벽면 마감과 창호 표현을 완료한 후, 화면에 노출되는 주요 가구와 집기까지 작성합니다(테이블 세트는 '2D 소스 파일'을 활용합니다).

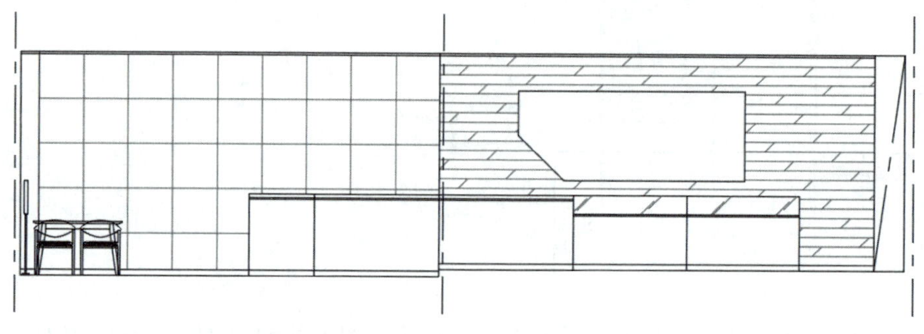

❻ 가구와 이미지보드는 '가구'(파랑) 도면층으로 변경하고, 천장몰딩과 걸레받이는 '마감'(선홍색) 도면층으로 변경합니다.

❼ 기호와 문자를 작성하고 '주석'(녹색) 도면층으로 변경합니다.

[문자 높이]

벽 마감: 120, 걸레받이 등 나머지: 100

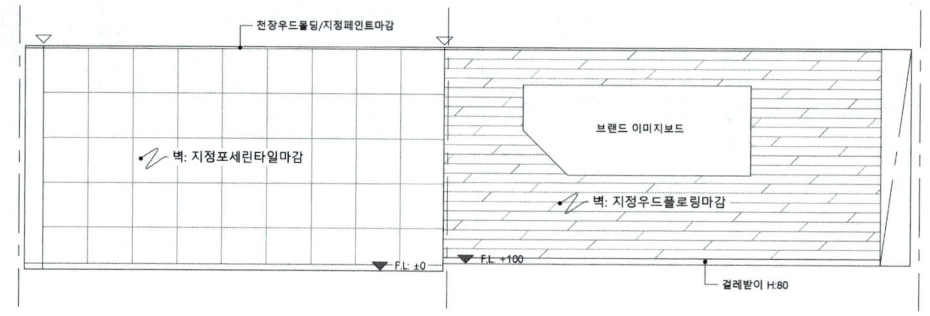

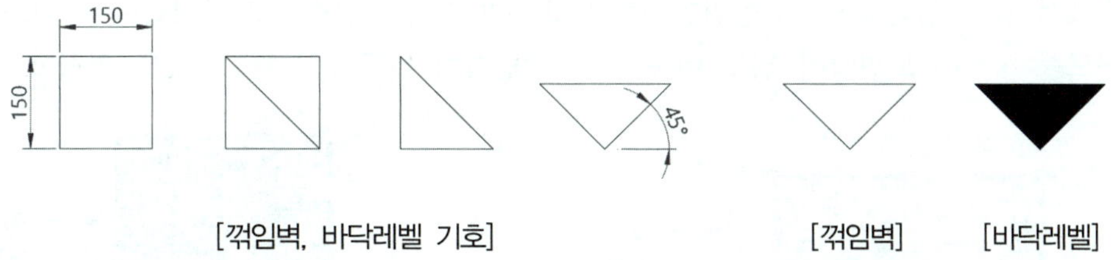

[꺾임벽, 바닥레벨 기호]   [꺾임벽]   [바닥레벨]

❽ 치수를 기입하기 위해 각 구간(벽, 창호, 주요 가구)에 보조선을 그려줍니다. 보조선은 치수 기입 후 삭제하므로 선의 종류나 유형은 아무 선이나 상관이 없습니다. 아래 그림에서는 시인성을 위해 파선으로 표시하였으며, 주요 가구의 치수 구간은 작업자에 따라 차이가 있을 수 있습니다.

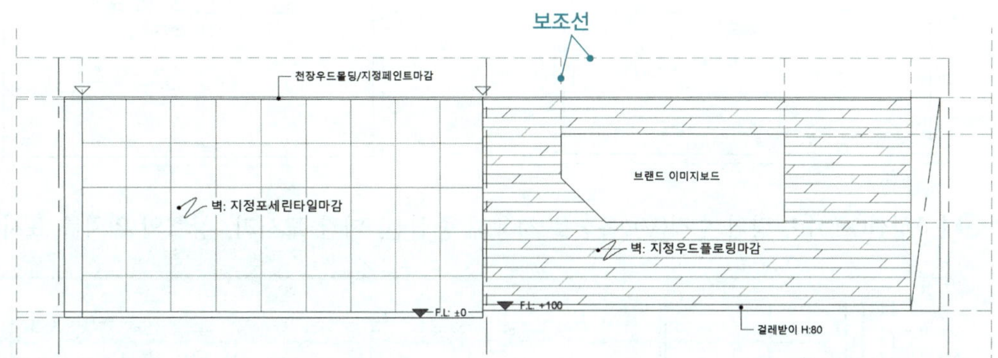

❾ 치수를 기입하여 '내부 입면도–A'를 완성합니다.

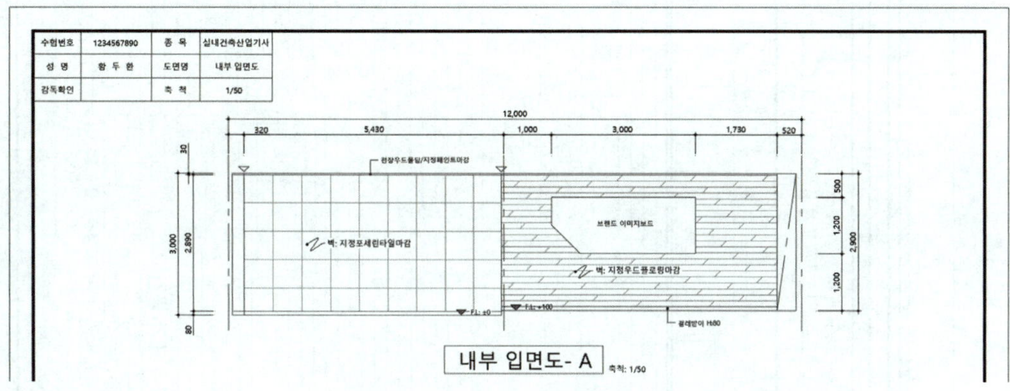

⑩ 계속해서 '내부 입면도-A'와 동일한 방법으로 B방향 내부 입면도를 작성합니다. 다시 완성된 평면도를 복사해 도면양식 위로 이동한 후, B방향이 위쪽을 향하도록 90° 회전합니다.

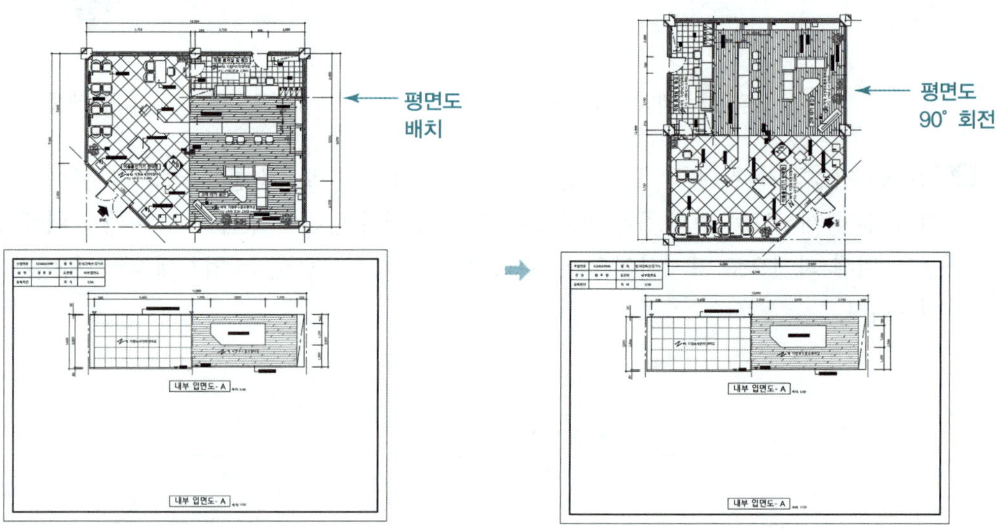

⑪ [구성선(XL)] 명령의 수직(V) 옵션을 사용해 중심선, 마감 모서리, 창호의 위치를 표시합니다.

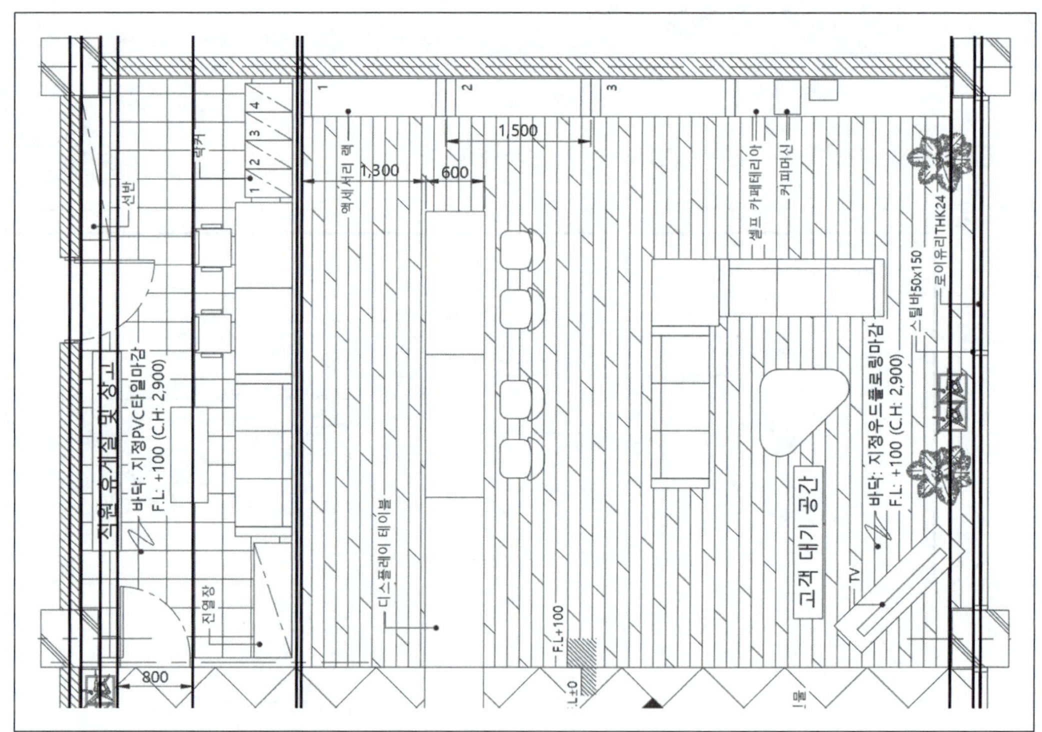

⓬ 임의의 가로선(①)을 그려 천장높이 3,000을 표시합니다. 벽면을 편집하고 중심선 ②, ③, ④ 의 도면층을 변경합니다. 도면명은 '내부 입면도-B'로 변경합니다.

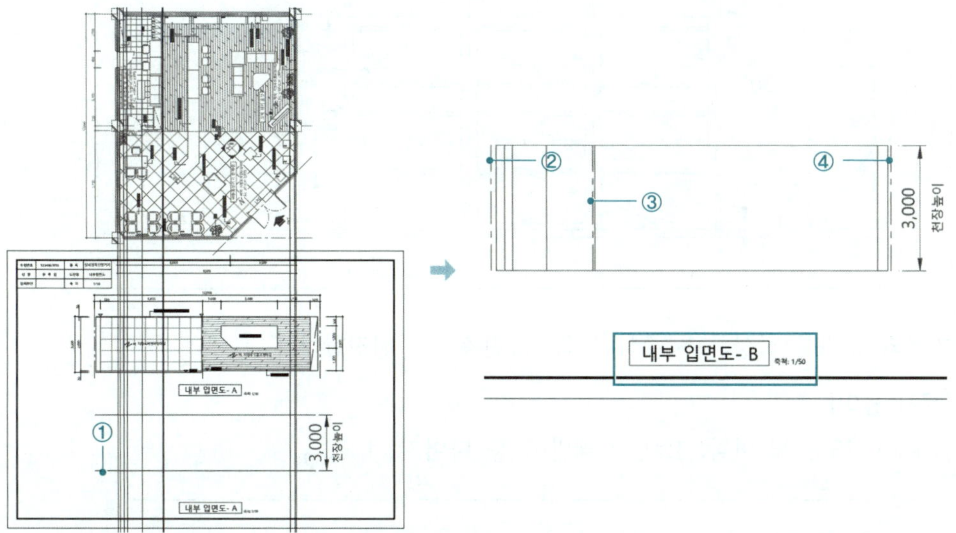

⓭ 걸레받이(80), 천장몰딩(30), 단차(100), 도어(2000), 붙박이장, 카페테리아 테이블(750~800) 을 표시하고 편집합니다. 이때 바닥 단차에 의한 천장높이에 주의합니다.

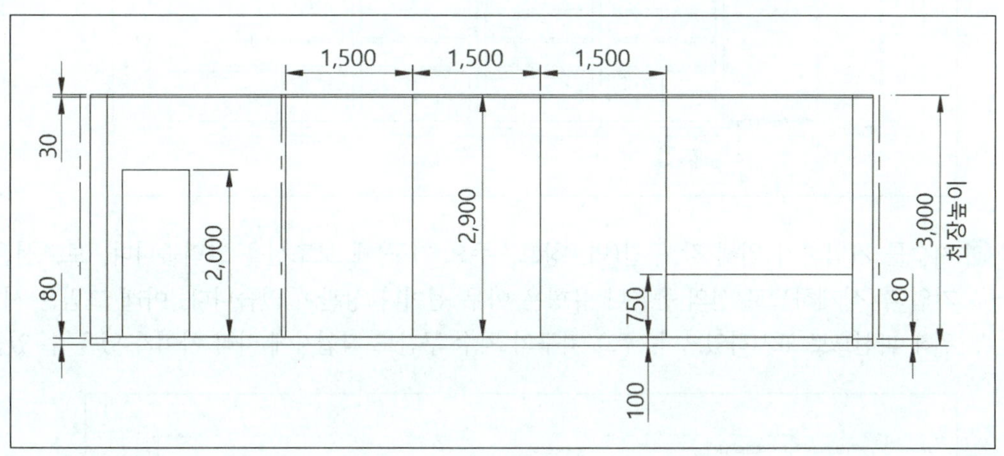

⓮ 가구와 이미지보드는 '가구'(파랑) 도면층으로 변경하고, 천장몰딩과 걸레받이는 '마감'(선홍 색) 도면층으로 변경합니다. 액세서리랙의 디자인은 작업자가 자유롭게 작성합니다.

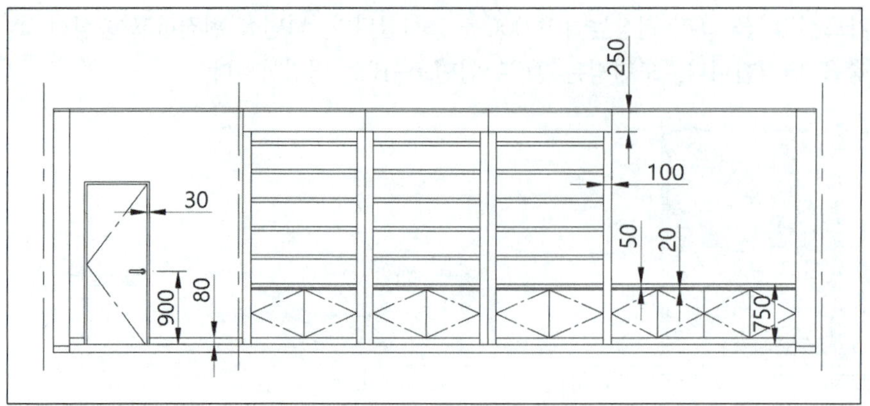

⑮ 기호와 문자를 작성하고 '주석'(녹색) 도면층으로 변경합니다.

[문자 높이]

LOGO: 150, 벽 마감: 120, 걸레받이 등 나머지: 100

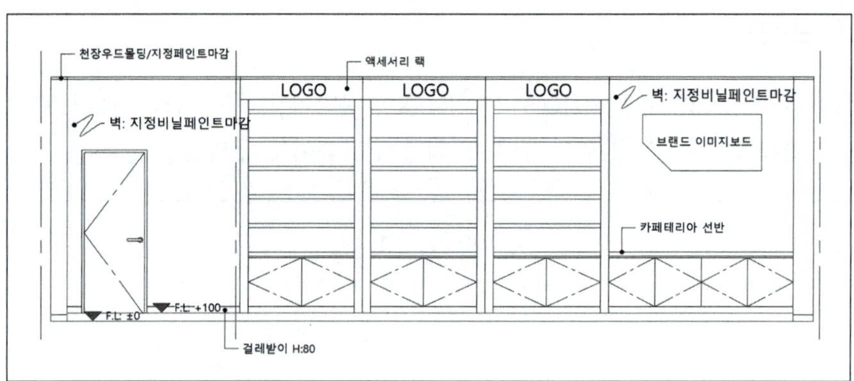

⑯ 치수를 기입하기 위해 각 구간(벽, 창호, 주요 가구)에 보조선을 그려줍니다. 보조선은 치수 기입 후 삭제하므로 선의 종류나 유형은 아무 선이나 상관이 없습니다. 아래 그림은 시인성을 위해 파선으로 표시하였으며, 주요 가구의 치수 구간도 작업자에 따라 차이가 있을 수 있습니다.

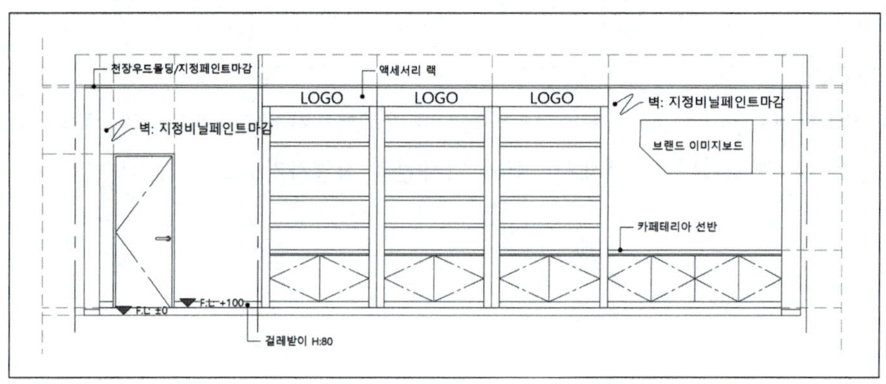

⑰ 치수를 기입해 내부 입면도-B를 완성합니다. 완성된 이동통신기기 판매점의 평면도, 천장도, 내부 입면도는 답안 파일과 대조하여 누락 부분 및 각 부분의 도면층 적용을 확인합니다.

학습파일 | 완성파일 \ Part03 \ Ch02 \ 이동통신기기 판매점 - 2D 도면.dwg

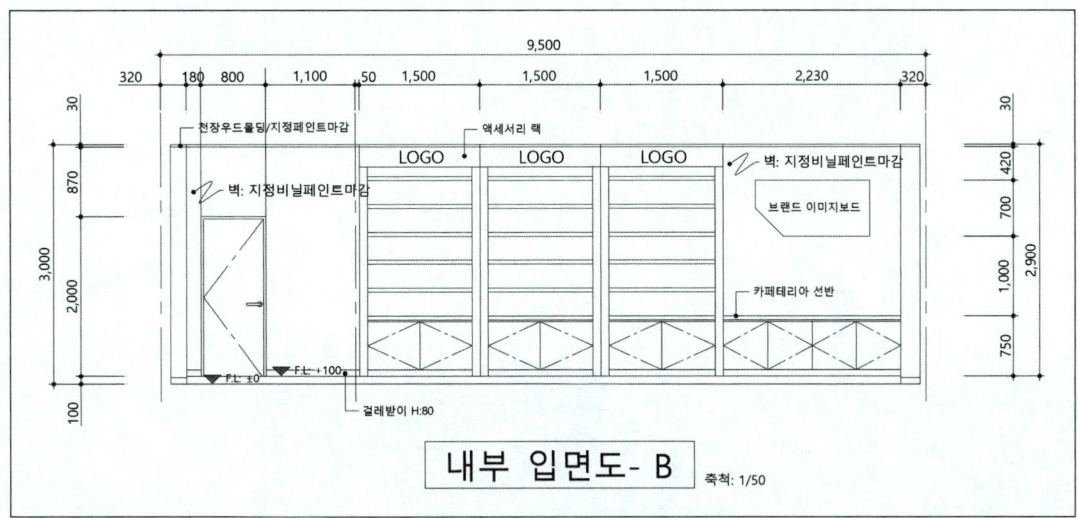

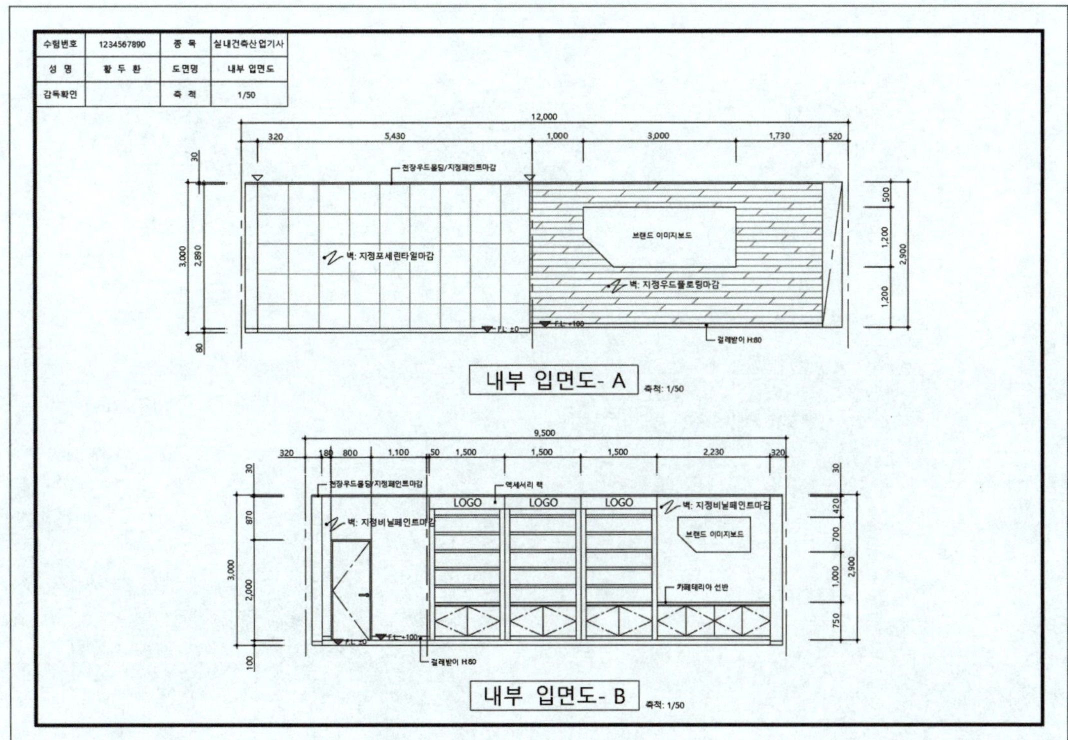

Industrial Engineer Interior Architecture

SketchUp에는 다양한 모델링 도구와 기능이 있으며, 실무작업에서는 추가 확장도구(루비)도 활용되고 있습니다. 그러나 실내건축산업기사 실기시험에서는 약 50여 가지의 기본 도구만으로도 충분하며, 확장도구(루비) 사용은 금지됩니다.

이 단원에서는 시험에 필요한 주요 모델링 도구와 그 기본적인 사용방법에 대해 알아보겠습니다.

Chapter 01

스케치업 시작하기

효율적인 학습과 모델링 작업을 위해 기본적인 운용방법과 작업환경을 설정합니다.

> **학습파일** | 실습파일 \ Part04 \ Ch01 \ 살펴보기.skp
> ▶ 동영상 \ Part04 \ Ch01 \ 스케치업 시작하기.mp4

Section 01 스케치업 작업환경 설정하기

❶ 템플릿 선택

SketchUp 설치 ⇨ SketchUp 실행 ⇨ [건축−mm] 템플릿 클릭

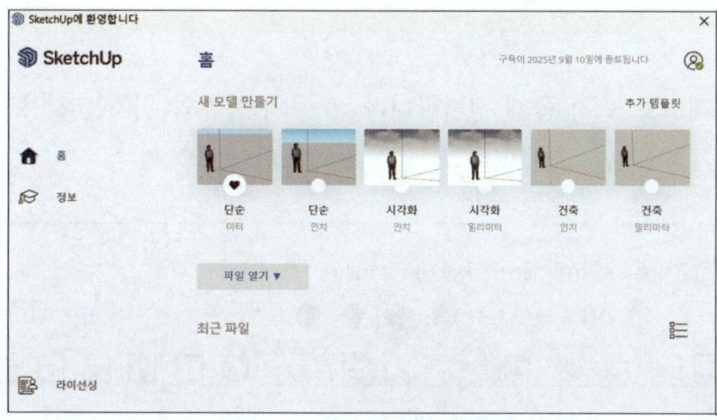

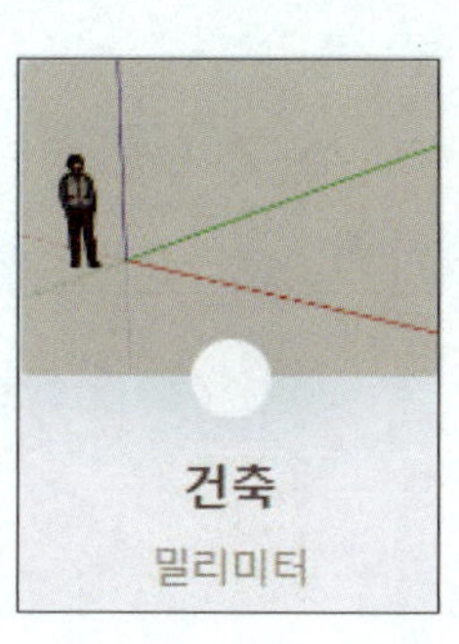

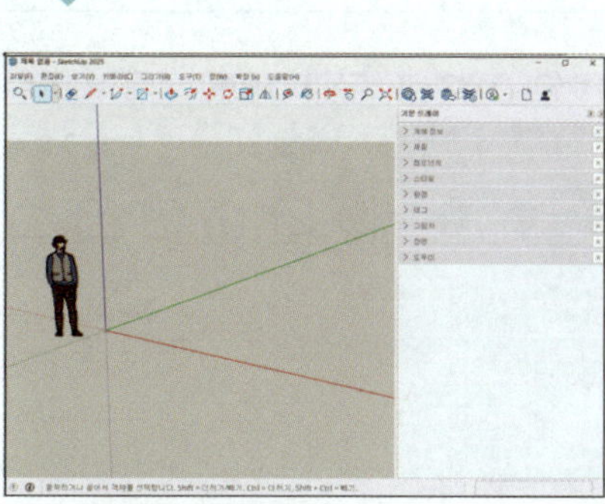

❷ 도구 모음 설정

메뉴 [보기] ⇨ [도구 모음]에서 단면, 뷰, 솔리드 도구, 스타일, 측정, 큰 도구 세트, 태그, 표준을 체크합니다.

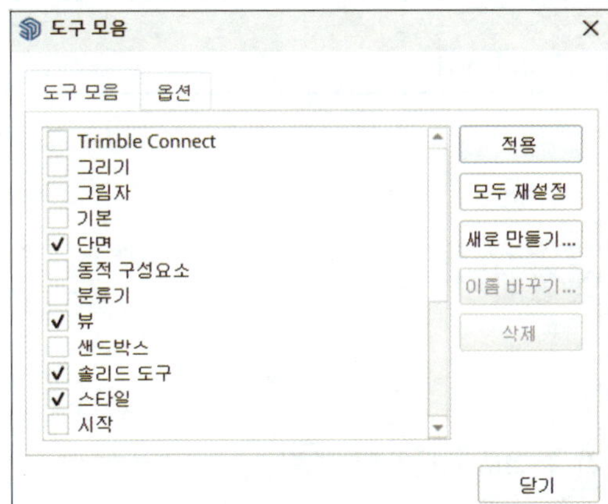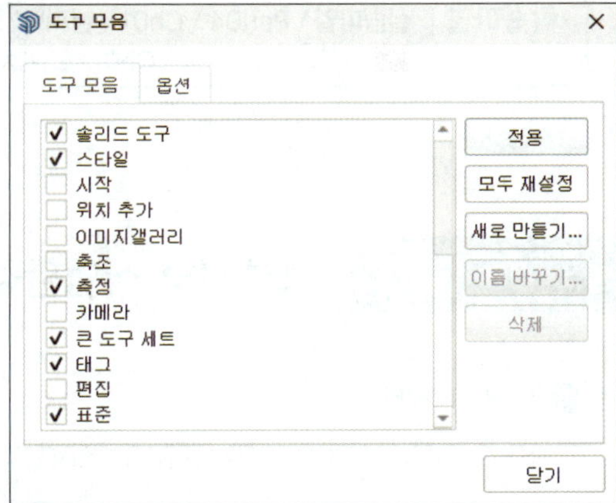

❸ 도구 정리

도구막대 끝을 클릭한 후 드래그로 보기 좋게 정렬합니다. 도구의 종류와 위치는 사용자에 따라 달라질 수 있습니다.

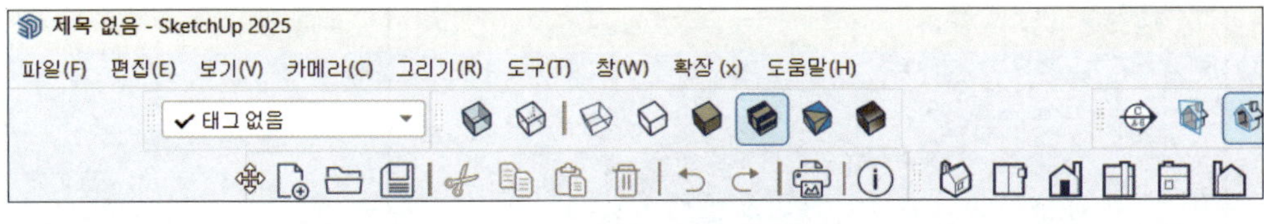

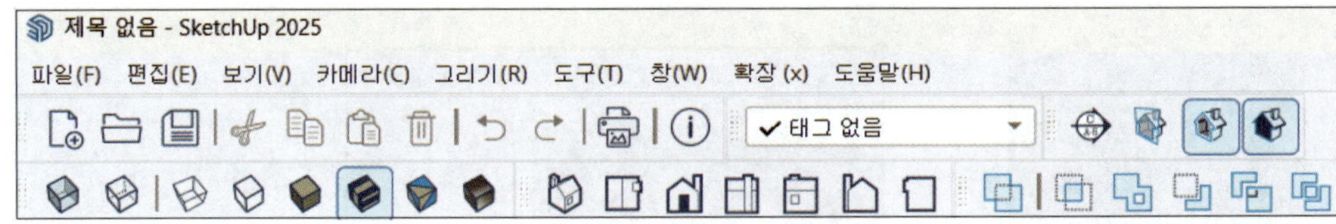

<table><tr><td>Section **02**</td><td># 모델 살펴보기(작업화면 컨트롤)</td></tr></table>

❶ 파일 열기

[실습파일\Part04\Ch01\살펴보기.skp] 파일을 더블클릭하여 스케치업을 실행합니다.

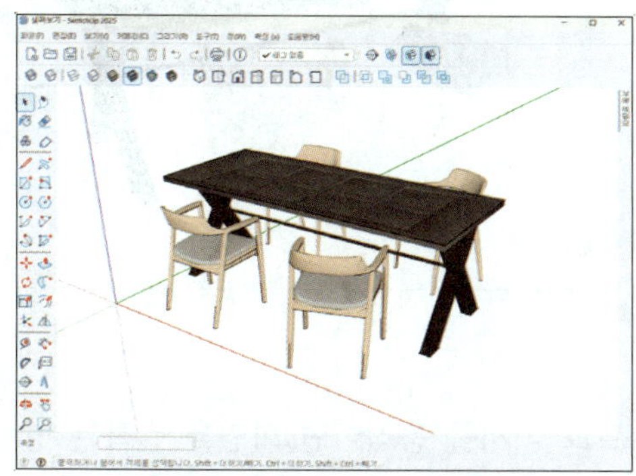

❷ 확대/축소

마우스 휠을 위로 돌리면 확대, 아래로 돌리면 축소됩니다. 이때 마우스 커서가 위치한 지점이 확대/축소의 기준이 됩니다. 커서를 의자 위에 두고 휠을 돌리면 의자가 확대되거나 축소됩니다.

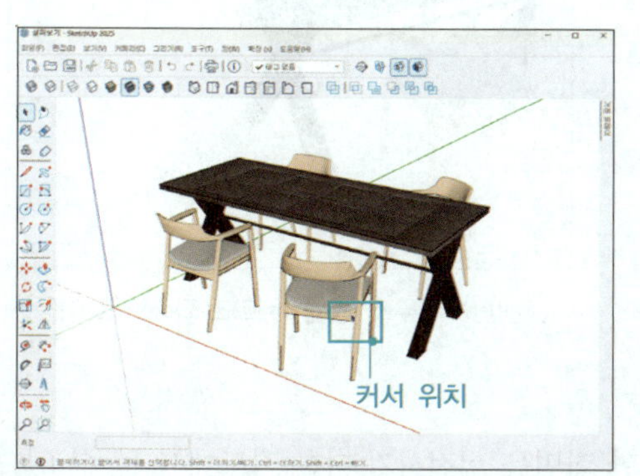

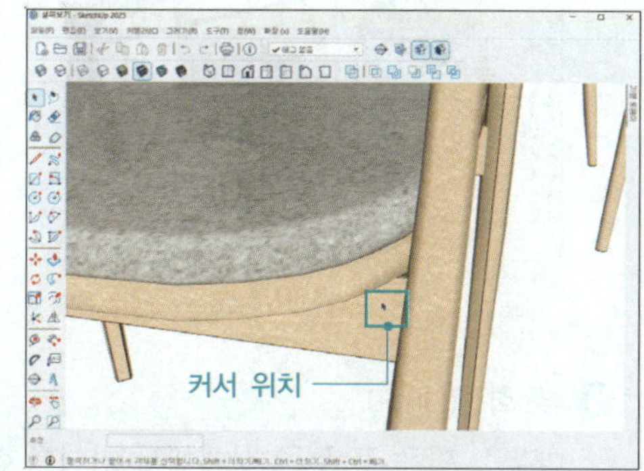

❸ 전체 보기(Zoom Extents)

Shift + Z를 입력하면 모든 객체가 화면 크기에 맞춰집니다.

 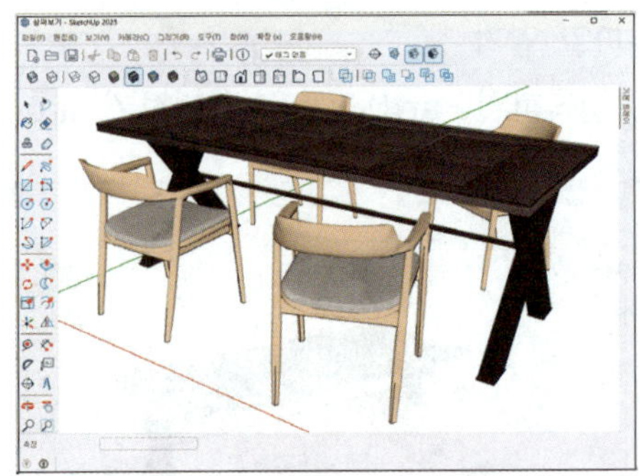

❹ 뷰 이동(Pan)

Shift 키를 누른 상태에서 마우스 휠을 꾹 누르고 커서를 움직이면 화면을 원하는 방향으로 이동할 수 있습니다.

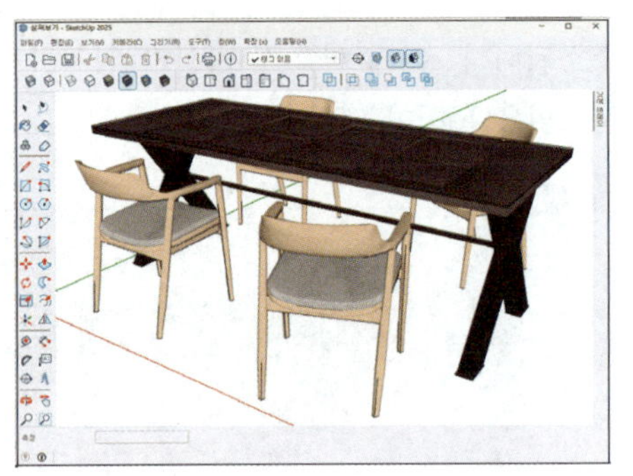 

[Shift + 마우스 휠을 누르고 좌측으로 이동]

❺ 뷰 회전(Orbit)

마우스 휠을 꾹 누른 상태에서 커서를 움직이면 화면을 회전시켜 다른 각도에서 볼 수 있습니다.

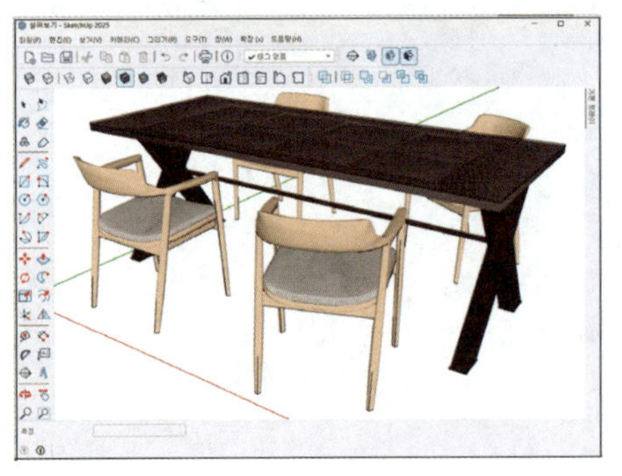 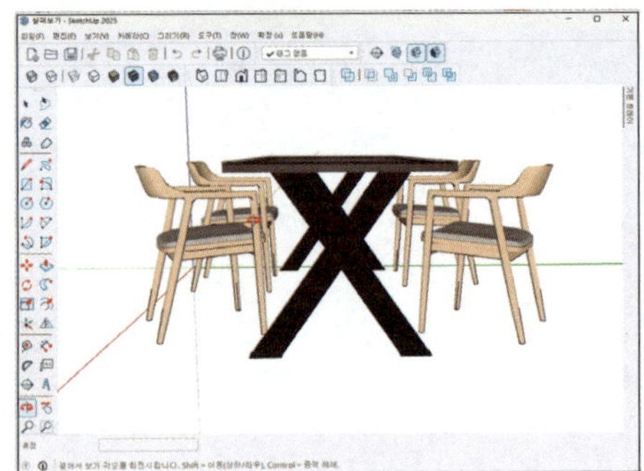

Section 03 뷰(View)

❶ 내용

좌표축을 기준으로 바라보는 방향을 설정합니다.

❷ 과정

도구막대 아이콘을 클릭합니다.

[아이소메트릭(ISO)]

[맨 위(Top)]

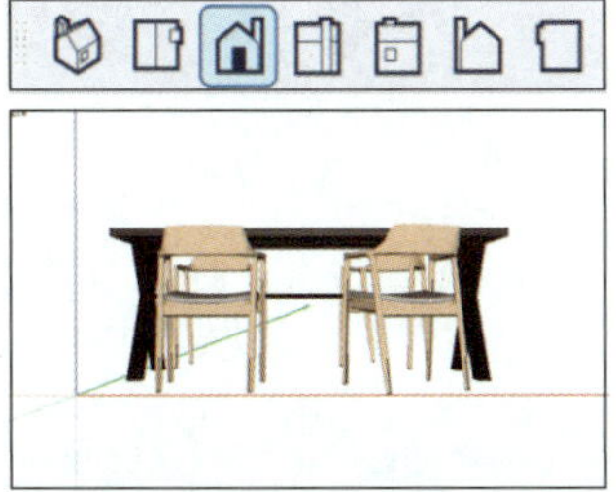

[앞(Front)]

Section 04 뷰 스타일(Style)

❶ 내용

- 화면에 출력되는 객체의 스타일을 설정합니다.
- 기본 설정(텍스처 사용) 상태를 기억해 둡니다.

❷ 과정

도구막대 아이콘을 클릭합니다.

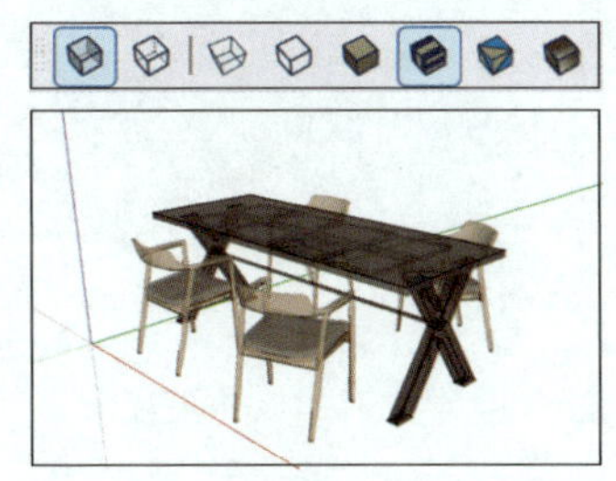

[엑스레이]

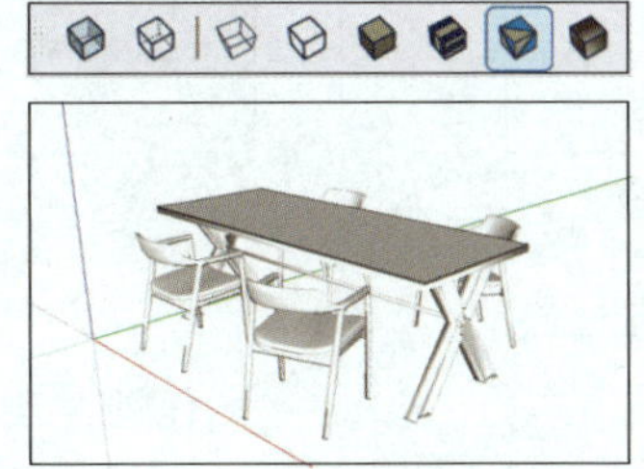

[음영 모드]

[포토리얼(2025 버전 이상)]

* 포토리얼 설정 후 기본 설정인 '텍스처 사용'으로 변경하려면 도구막대에서 '텍스처 사용' 아이콘(①)을 클릭합니다.
환경설정을 해제하려면 트레이 '환경'에서 선택 탭(②)을 클릭한 후 '모델 안'(③)을 클릭한 다음 '환경 없음'(④)을
클릭합니다.

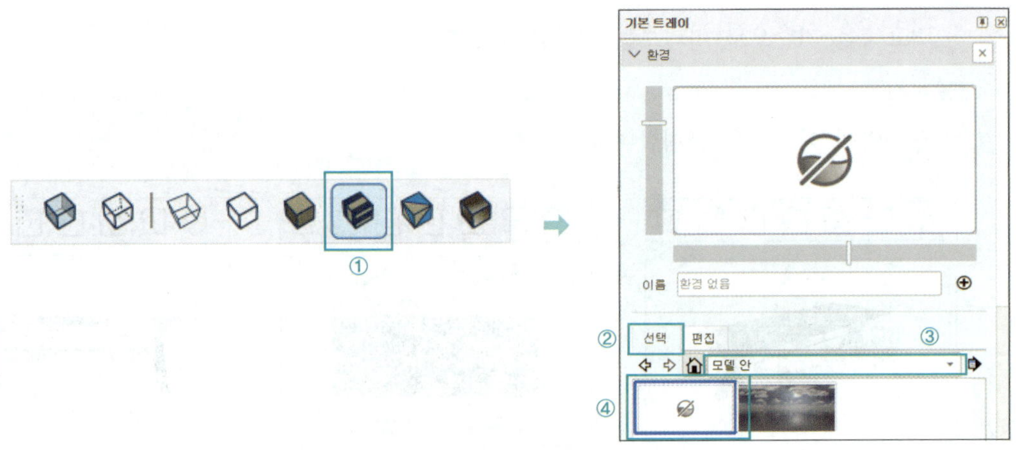

Section 05 투시도(카메라) 설정

❶ 내용

작업화면의 투시도 유형을 설정합니다.

❷ 과정

메뉴 [카메라]에서 '평행 투영', '원근감', '2점 투시' 중 하나를 선택합니다(기본값: 원근감).

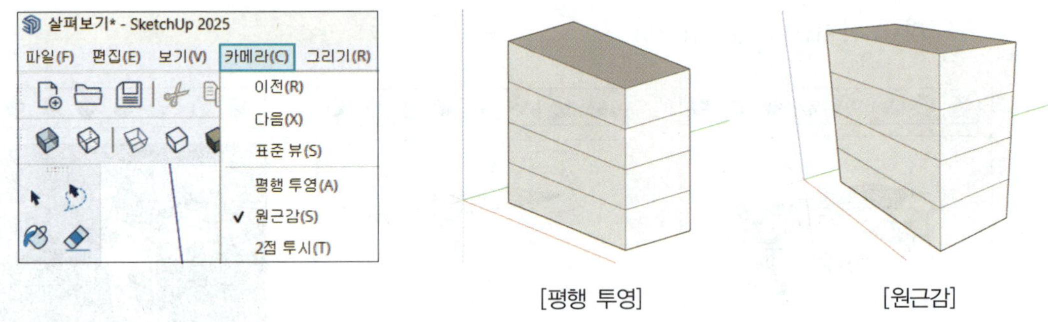

❸ 용도

건축 및 인테리어 분야에서는 일반적으로 원근감 모드로 작업한 후 결과물을 출력할 때는 안
정감을 주기 위해 2점 투시 모드로 설정합니다.

Section 06 기본 단축키

❶ 내용

신속한 모델링을 위한 기본 단축키

도구(단축키)	내용	도구(단축키)	내용
Line (L)	선	Select (Space Bar)	선택
Rectangle (R)	사각형	Eraser (E)	지우기
Circle (C)	원	Push/Pull (P)	밀기/끌기
2 Point Arc (A)	호(2Point)	Offset (F)	간격 띄우기
Move (M)	이동 및 복사	Search (Shift + S)	도구 검색
Rotate (Q)	회전 및 회전복사	Zoom Extents (Shift + Z)	전체 화면에 맞춤
Scale (S)	배율 및 신축	Tape Measure (T)	줄자(측정/보조선)
Paint Bucket (B)	페인트(재질)	Scroll Zoom Click—Drag Orbit Shift+Click—Drag Pan Double—Click re—center view	

* 스케치업 홈페이지(www.sketchup.com)의 'Help Center'에서 단축키가 정리된 PDF 파일(Quick Reference Card)을 다운로드할 수 있습니다.

Part
4

기본적인 그리기 도구인 선(L), 사각형(R), 원(C), 호(A)의 사용방법을 학습합니다.

학습파일 | ▶ 동영상 \ Part04 \ Ch02 \ 그리기 도구.mp4

Section 01 선 (L) 🖊

❶ 내용

수평선, 수직선, 사선 및 도형을 그립니다. 도형이 완전히 닫히면 내부에 면이 생성됩니다.

❷ 과정

L ⇨ 선의 시작점(①) 클릭 ⇨ 선의 끝점(②, ③) 클릭

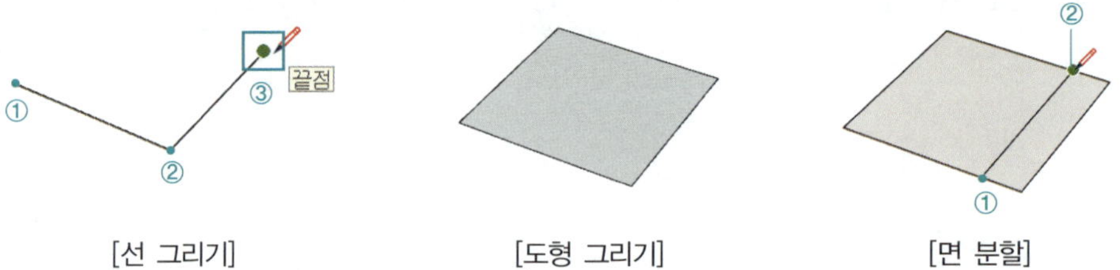

[선 그리기]　　　　[도형 그리기]　　　　[면 분할]

Section 02 사각형 (R) ▱

❶ 내용

사각형을 그립니다.

❷ 과정

• R ⇨ 첫 번째 모서리(①) 클릭 ⇨ 두 번째 모서리(②) 클릭

• R ⇨ 첫 번째 모서리 클릭 ⇨ 'x, y' 길이값 입력 후 [Enter↵]

* 가로(x), 세로(y)값을 입력하여 작성한 후 가로, 세로가 반대로 됐을 때 다시 입력하면 됩니다.

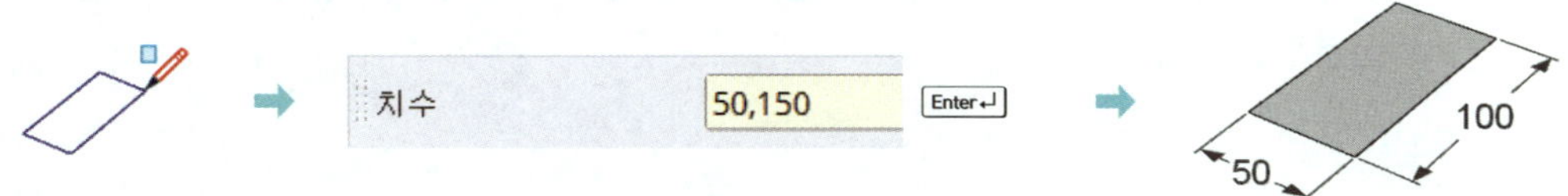

Section 03 　원 (C)

❶ 내용

원을 이루는 선(세그먼트)의 수량을 설정하여 원을 그립니다.

❷ 과정

• C ⇨ 선(세그먼트)의 수(50) 입력 [Enter↵] ⇨ 원의 중심점(①) 클릭 ⇨ 가장자리(통과점) 클릭

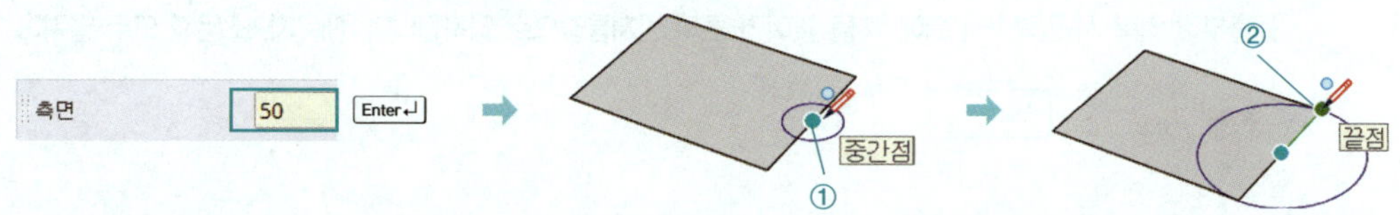

• C ⇨ 선(세그먼트)의 수(50) 입력 [Enter↵] ⇨ 원의 중심점(①) 클릭 ⇨ 반지름값(30) 입력 [Enter↵]

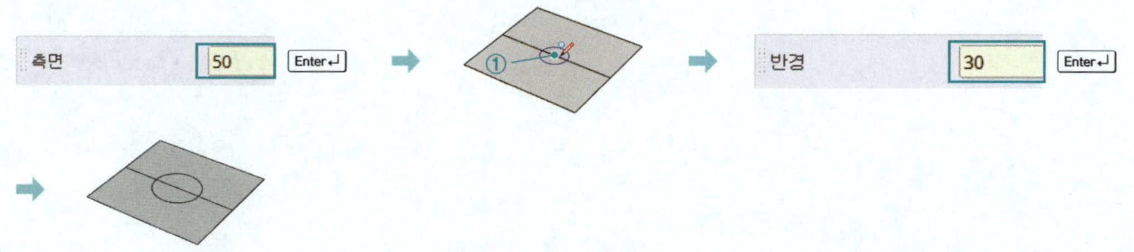

* 처음 입력한 세그먼트 수는 저장되므로, 이후에는 숫자 입력을 생략하고 바로 중심을 클릭합니다. 세그먼트 수를
　변경하고자 할 경우에는 새로 입력합니다.

Section 04 2점 호(A)

① 내용

호를 이루는 선(세그먼트)의 수량을 설정하여 호를 그립니다.

② 과정

- A ➡ 선(세그먼트)의 수(50) 입력 [Enter↵] ➡ 호의 시작점(①) 클릭 ➡ 호의 끝점(②) 클릭 ➡ 돌출부(③) 클릭

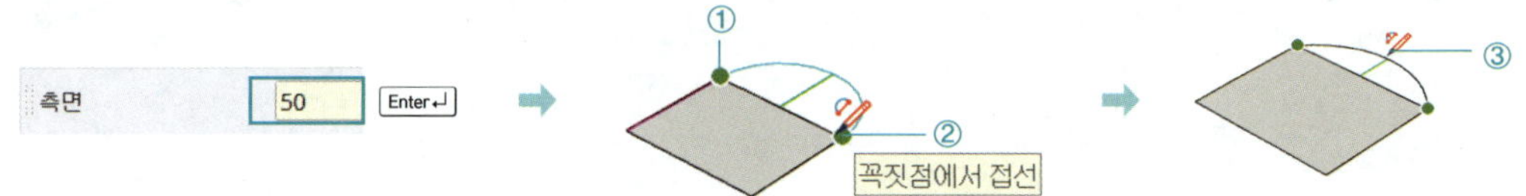

- A ➡ 선(세그먼트)의 수(50) 입력 [Enter↵] ➡ 호의 시작점(①) 클릭 ➡ 호의 끝점(②) 클릭 ➡ 돌출부 거릿값(60) 입력 [Enter↵]

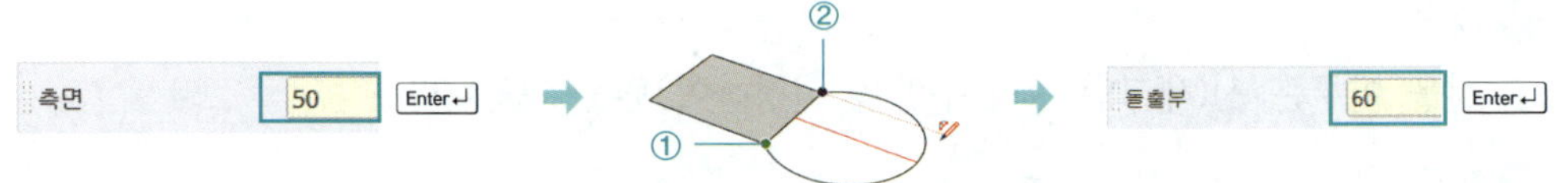

*큰 도구 세트에서 호, 3점 호, 파이 도구를 사용하면 다양한 방법으로 호를 그릴 수 있습니다.

돌출부값 입력 시 입력숫자 뒤에 'R'을 붙이면 호의 반지름값으로 입력됩니다. 대문자, 소문자 모두 입력이 가능합니다

03 편집 도구

편집의 시작 단계인 선택 도구를 비롯해 지우기, 밀기/끌기, 이동, 복사 등 원본 객체를 수정하는 도구를 학습합니다.

> **학습파일** | 실습파일 \ Part04 \ Ch03 \ 편집 도구.skp
> ▶ 동영상 \ Part04 \ Ch03 \ 편집 도구.mp4

Section 01 선택 (Space Bar) 

1) 내용

편집 대상을 선택합니다.

2) 과정

스케치업에서는 클릭, 더블클릭, 트리플클릭의 세 가지 방법의 클릭 선택과, 포함, 걸침의 두 가지 방법의 영역 선택으로 객체를 선택할 수 있습니다. 선택된 객체는 파란색으로 표시됩니다.

❶ 클릭

클릭한 선이나 면만 선택됩니다.

 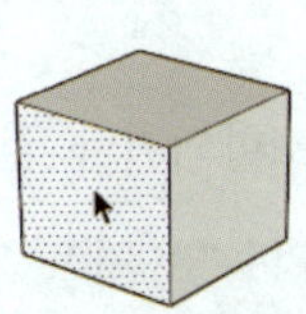

[모서리 클릭]　　　　[면 클릭]

❷ 더블클릭

선을 더블클릭하면 선과 접한 면까지 선택되고, 면을 더블클릭하면 면과 접한 선까지 선택됩니다.

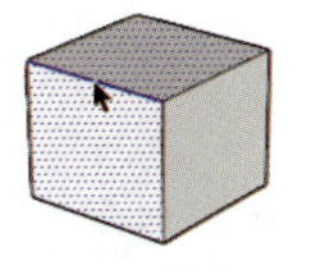
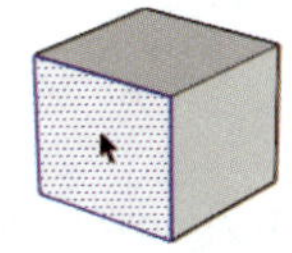

[모서리 더블클릭]   [면 더블클릭]

❸ 트리플클릭

선이나 면을 트리플클릭하면 연결된 모든 부분이 선택됩니다.

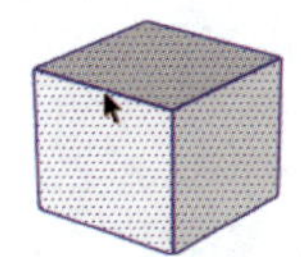
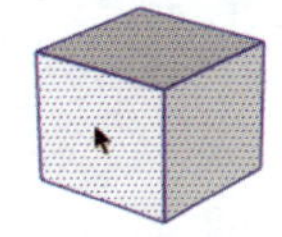

[모서리 트리플클릭]   [면 트리플클릭]

❹ 포함 선택, 걸침 선택

• 포함 선택 : 우측으로 클릭 드래그 ⇨ 영역에 포함되는 객체만 선택

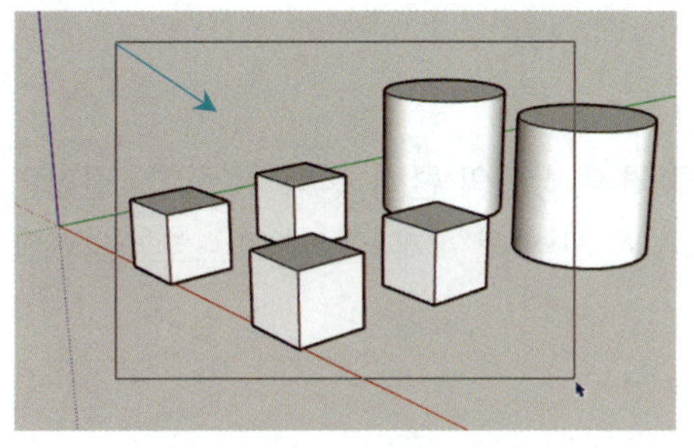
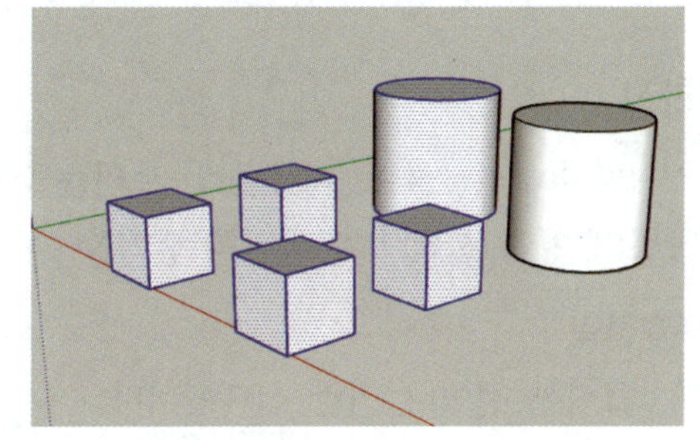

[우측 원통이 포함되지 않음]

• 걸침 선택 : 우측으로 클릭 드래그 ⇨ 영역에 포함되거나 걸쳐지는 객체를 모두 선택

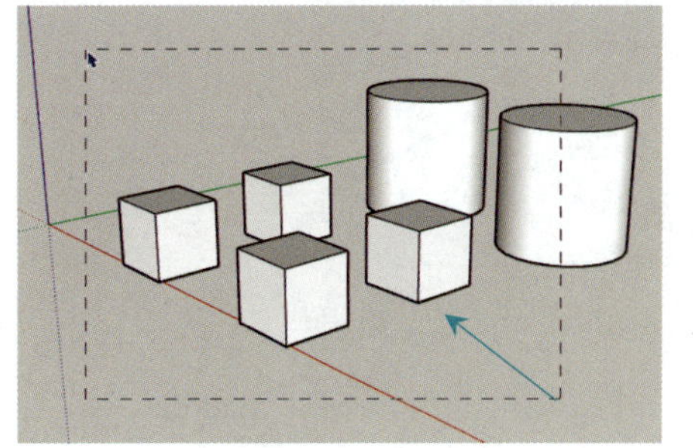
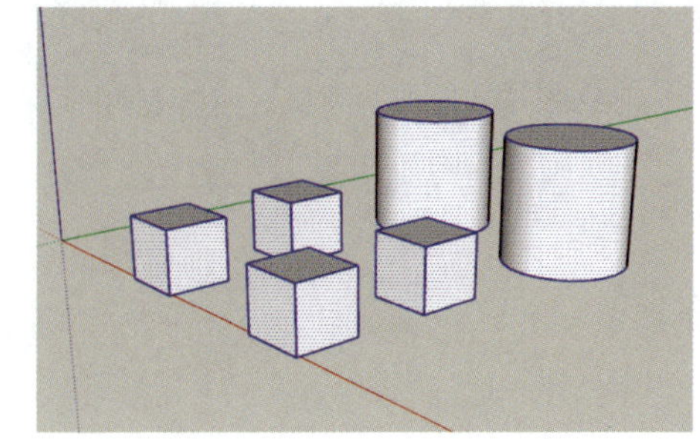

[우측 원통이 걸쳐짐]

❺ 선택 추가와 해제

- 전체 해제 : 빈 공간을 클릭하거나 Ctrl + T를 입력합니다.
- 선택 해제 : Ctrl + Shift + 클릭
- 선택 추가 : Ctrl + 클릭
- 선택 추가/해제 : Shift + 클릭

선택 이후 빈 공간을 클릭하면 선택이 해제됩니다.

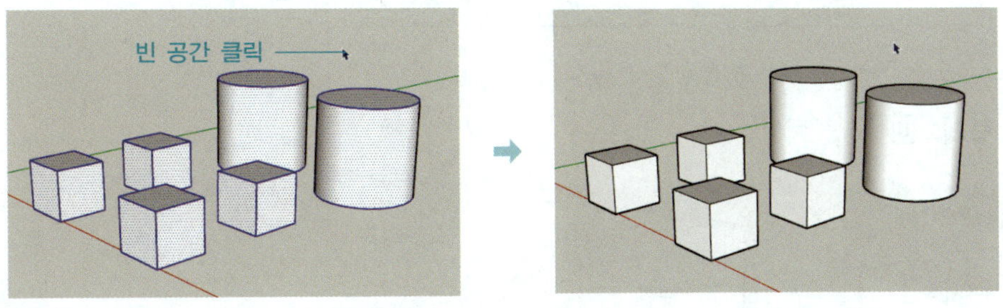

Section 02 지우개 (E)

1) 내용

객체를 삭제합니다.

2) 과정

❶ E ⇨ 객체 클릭[지우개 모서리의 작은 원(①)에 걸친 상태에서 클릭]

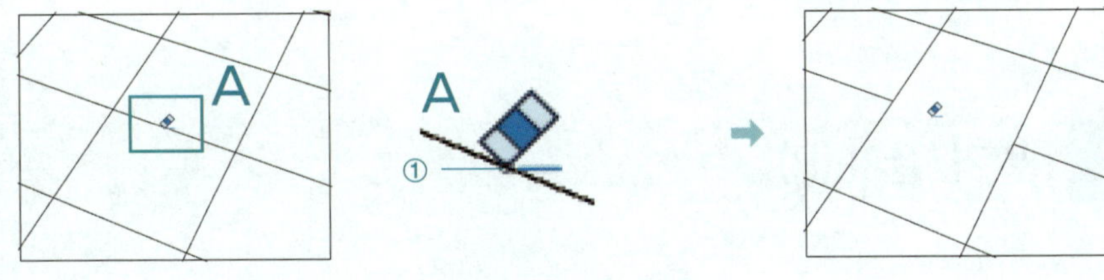

❷ E ⇨ 클릭 드래그로 삭제할 객체를 통과

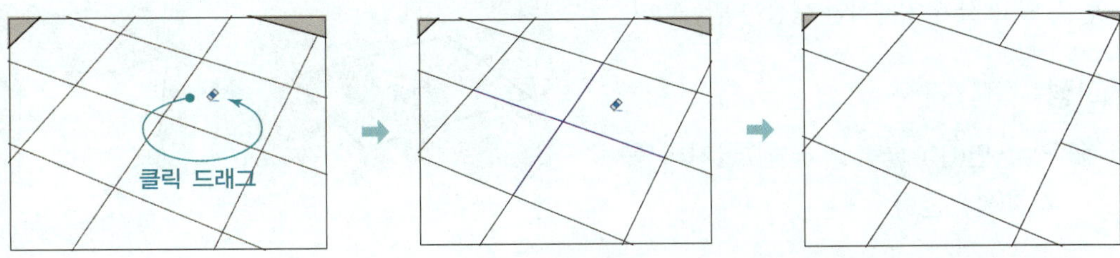

* Space Bar 를 누르고 객체를 선택한 후 Delete를 눌러도 삭제할 수 있습니다.

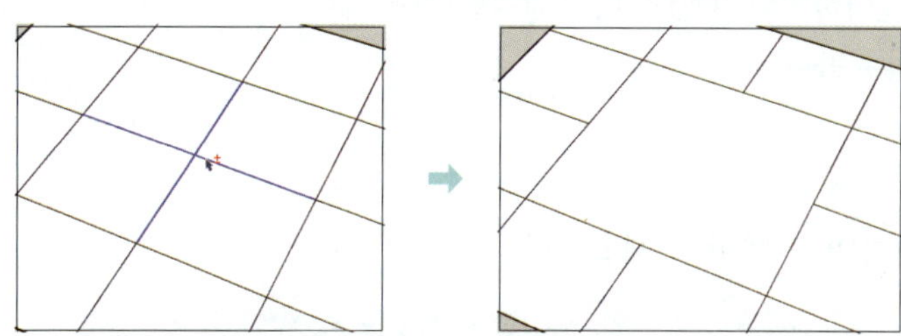

❸ 옵션

• 부드럽게: Ctrl + 클릭

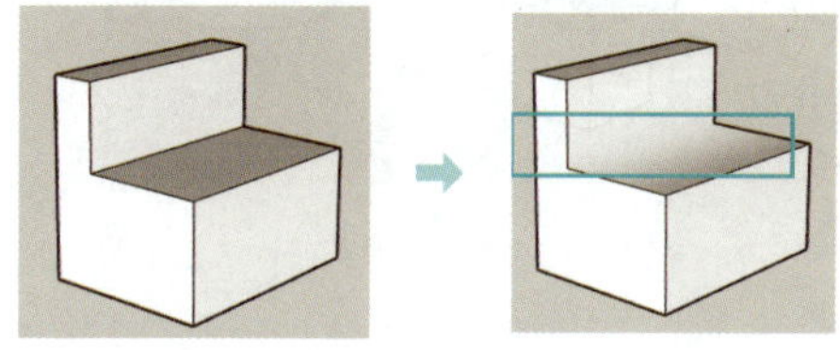

• 숨기기: Shift + 클릭

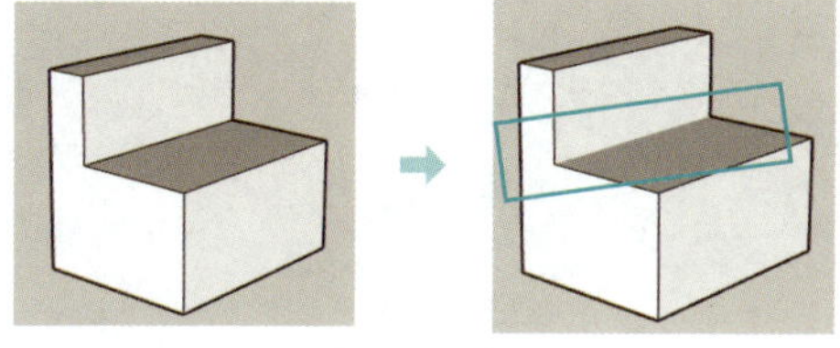

* 부드럽게/숨기기 취소: Alt + 클릭

Section 03 밀기/끌기 (P) 

1) 내용

면을 밀고 끌어 입체적인 형상을 만듭니다.

2) 과정

❶ P ⇨ 면(①) 클릭 ⇨ 밀기/끌기의 목
   적지(②) 클릭

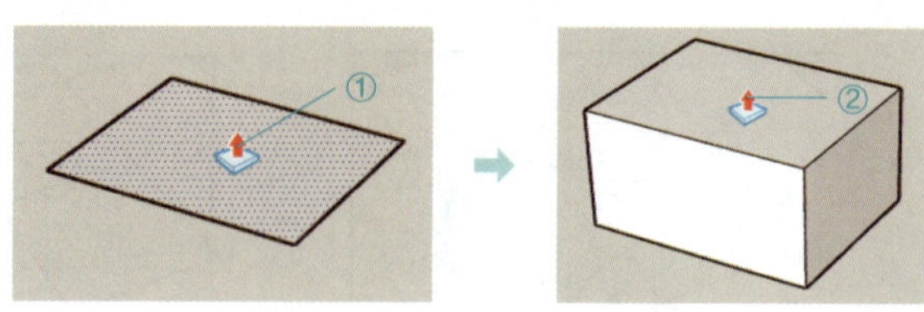

❷ P ⇨ 면(①) 클릭 ⇨ 밀기/끌기의 방향으로 커서 이동 ⇨ 거릿값(500) 입력 [Enter↵]

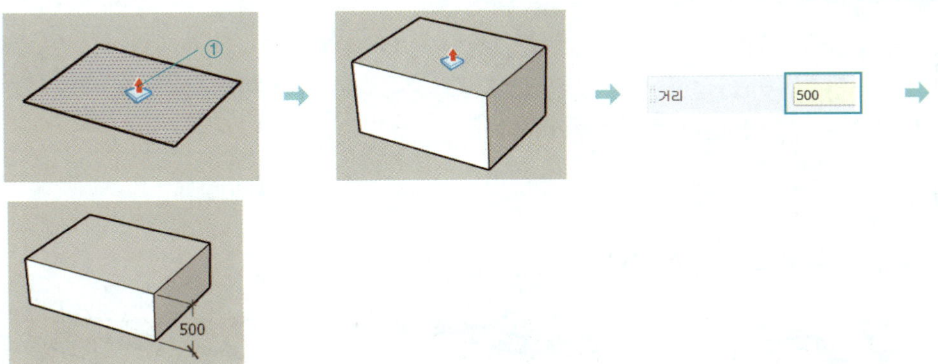

❸ 옵션

• 이전 값 반복 적용: 더블클릭

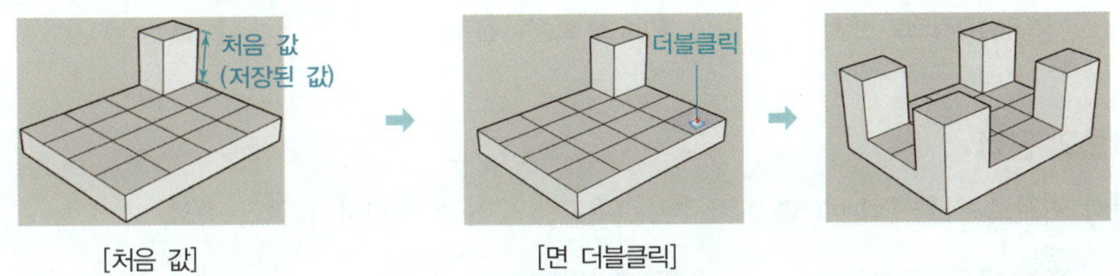

[처음 값]　　　　　　　[면 더블클릭]

• 시작 면 새로 적용: [Ctrl] + 클릭

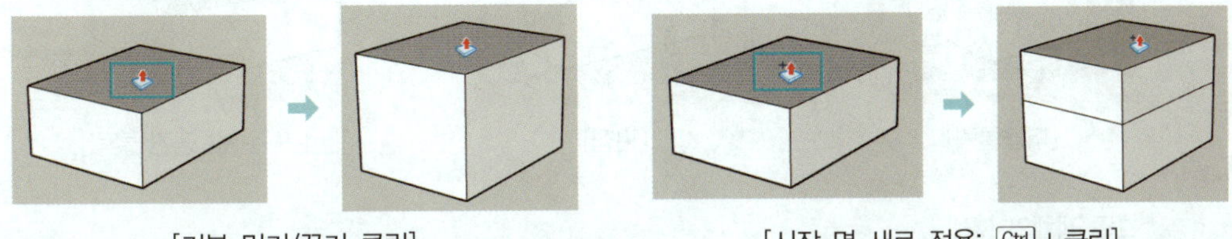

[기본 밀기/끌기 클릭]　　　　　　　[시작 면 새로 적용: [Ctrl] + 클릭]

Section 04 그 룹

1) 내용

선택한 여러 객체를 하나의 그룹으로 만듭니다.

2) 과정

객체 선택 ➭ 마우스 오른쪽 클릭 ➭ '그룹 만들기' 클릭

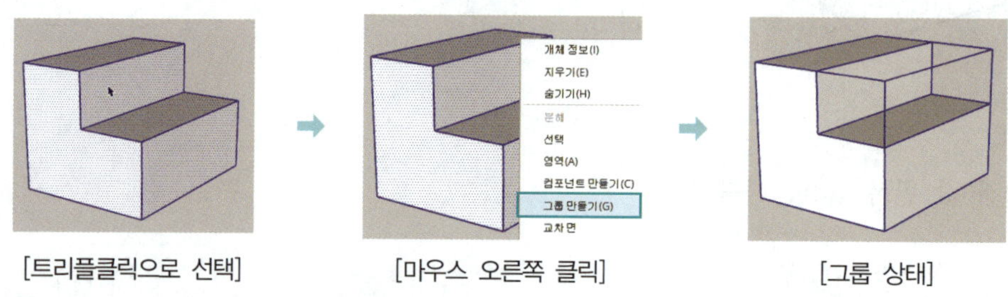

[트리플클릭으로 선택]　　　　[마우스 오른쪽 클릭]　　　　[그룹 상태]

3) 그룹의 편집

선택 커서로 더블클릭 ➭ 편집 ➭ Esc 또는 빈 공간을 클릭하여 편집 종료

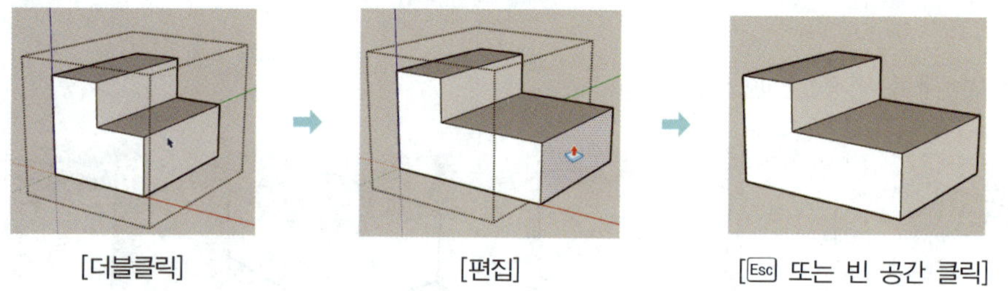

[더블클릭]　　　　[편집]　　　　[Esc 또는 빈 공간 클릭]

*그룹 객체의 분해

그룹 객체를 오른쪽 버튼으로 클릭 ➭ '분해' 클릭

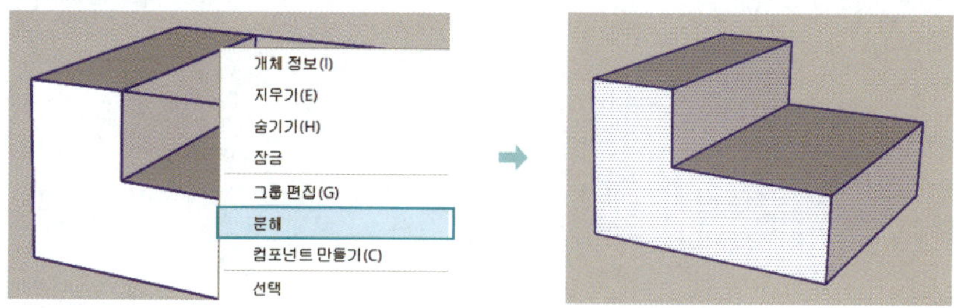

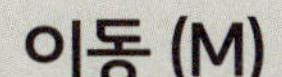

Section 05 이동 (M)

1) 내용

선택한 객체를 이동하거나 복사합니다.

2) 과정

❶ 객체 클릭 ⇨ M ⇨ 기준점(①) 클릭 ⇨ 목적지(②) 클릭

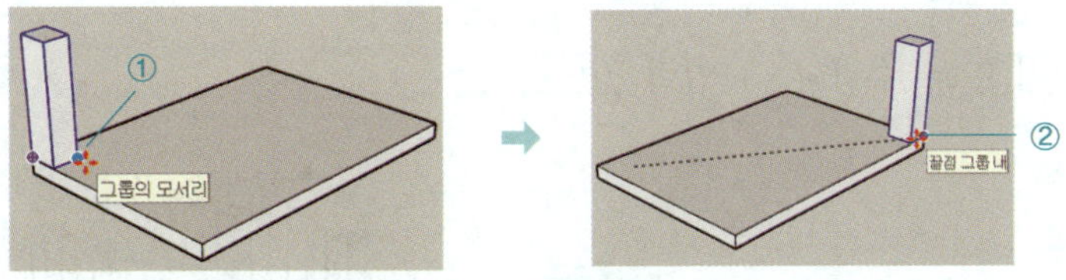

❷ 객체 클릭 ⇨ M ⇨ 기준점(①) 클릭 ⇨ 방향 지시 ⇨ 거릿값(1000) 입력 ⇨ Enter↵

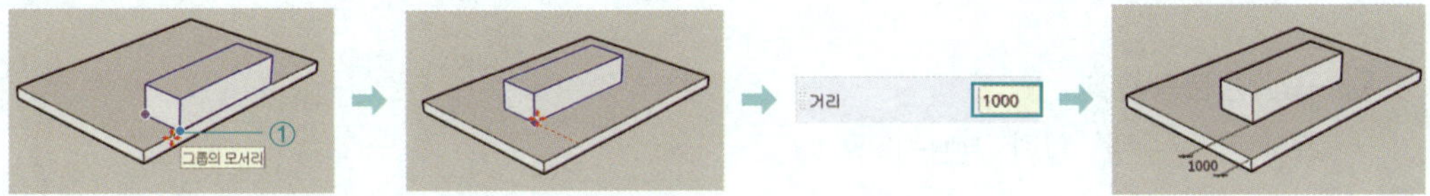

3) 옵션

❶ 늘리기

객체 클릭 ⇨ M ⇨ 기준점(①) 클릭 ⇨ 목적지(②) 클릭 또는 거릿값 입력 Enter↵

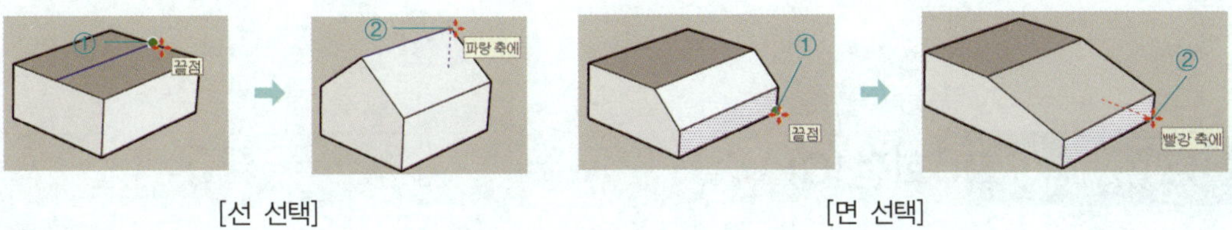

[선 선택]   [면 선택]

❷ 복사

객체 클릭 ⇨ M ⇨ Ctrl ⇨ 기준점(①) 클릭 ⇨ 목적지(②) 클릭 또는 거릿값 입력 Enter↵

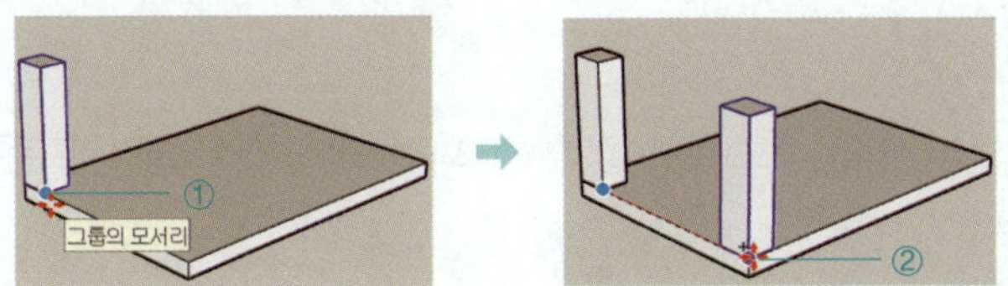

❸ 다중복사

객체를 선택한 후 ⇨ M ⇨ Ctrl ⇨ Ctrl ⇨ 기준점(①) 클릭 ⇨ 목적지(②, ③, ④) 클릭 또는 거릿값 입력 Enter↵

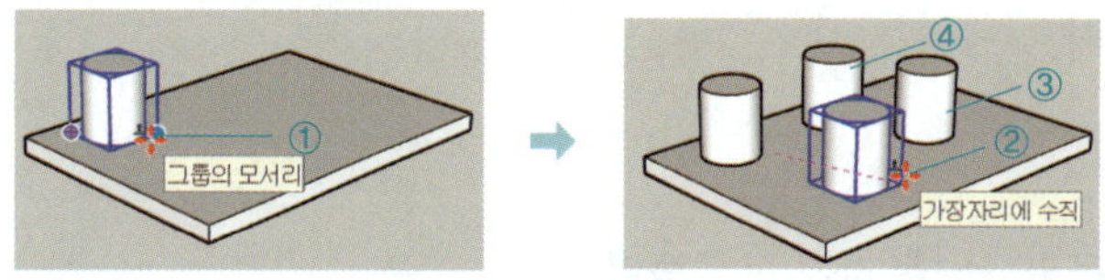

❹ 연속복사

복사 후 *수량 입력 Enter↵ 또는 수량*(×) 입력 Enter↵

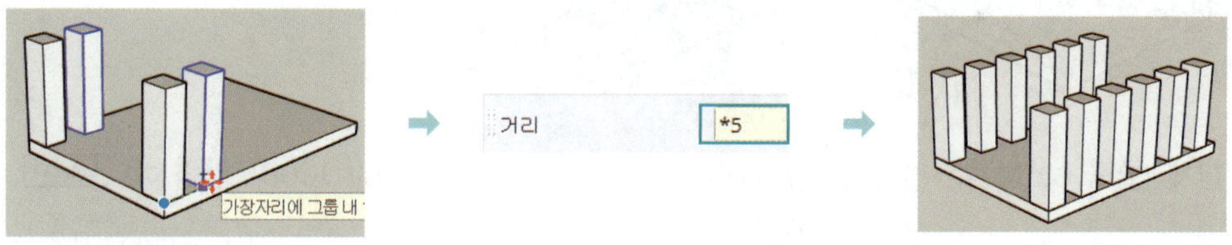

❺ 구간 등분복사

복사 후 '/수량' 입력 Enter↵

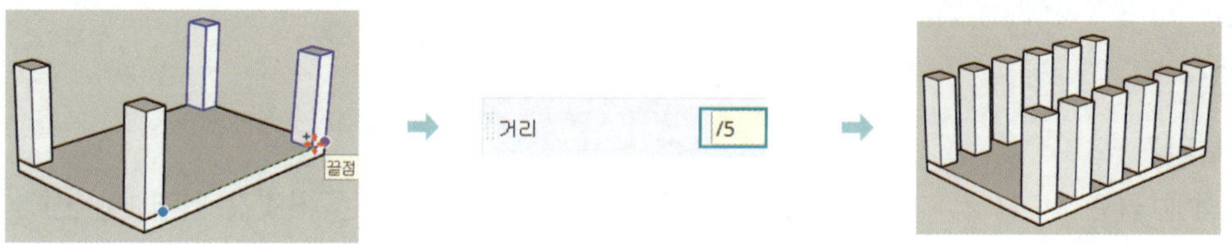

Section 06   회전 (Q)

1) 내용

선택한 객체를 회전하거나 복사합니다.

2) 과정

객체 클릭 ⇨ Q ⇨ 기준점(①) 클릭 ⇨ 시작 각도(②) 클릭 ⇨ 회전 각도(③) 클릭 또는 입력 Enter↵

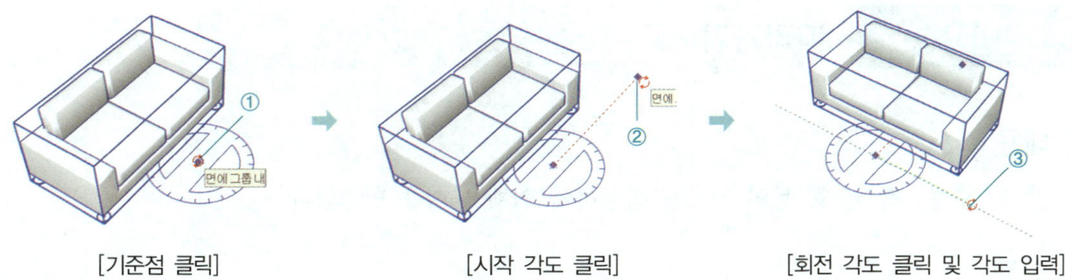

[기준점 클릭]　　　　　[시작 각도 클릭]　　　　　[회전 각도 클릭 및 각도 입력]

3) 옵션

① 복사

객체 클릭 ⇨ Q ⇨ Ctrl ⇨ 기준점(①) 클릭 ⇨ 시작 각도(②) 클릭 ⇨ 회전 각도(③) 클릭 또는 입력 Enter↵

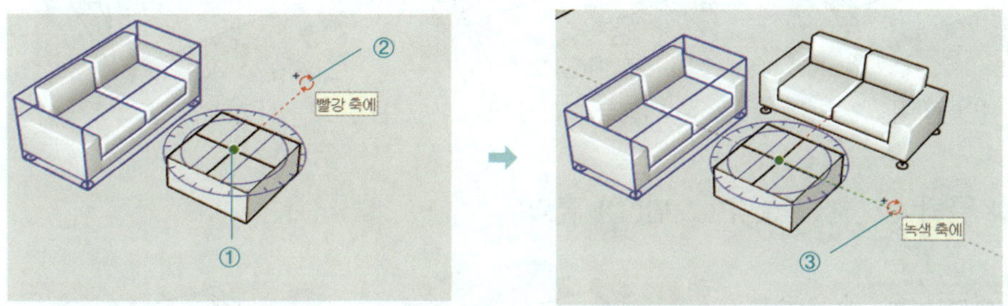

② 연속복사

복사 후 '*수량' 입력 Enter↵ 또는 수량*(×) 입력 Enter↵

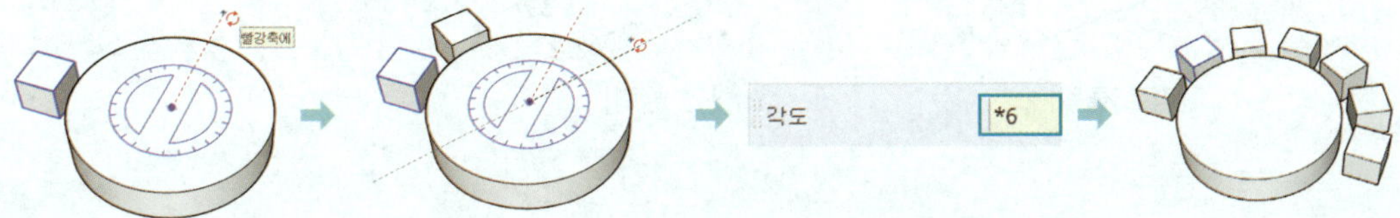

③ 구간 등분복사

복사 후 '/수량' 입력 Enter↵

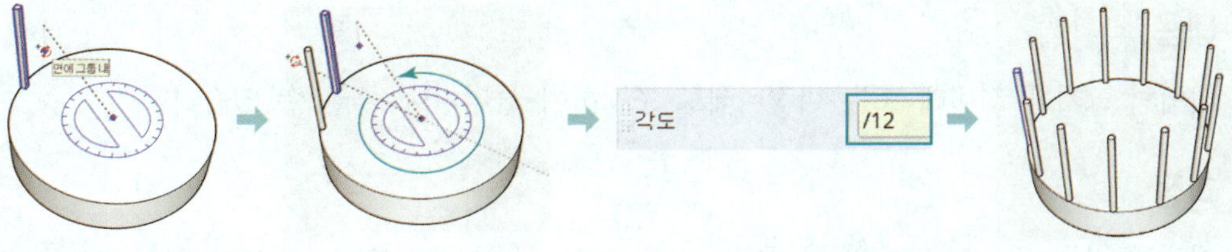

Section 07 따라가기 

1) 내용

2차원 도형, 직선, 호 등의 경로를 활용하여 입체 도형을 만듭니다.

2) 과정

❶ 클릭 ⇨ 따라갈 면(①) 클릭 ⇨ 경로를 따라 커서 이동 ⇨ 경로 끝(②) 클릭

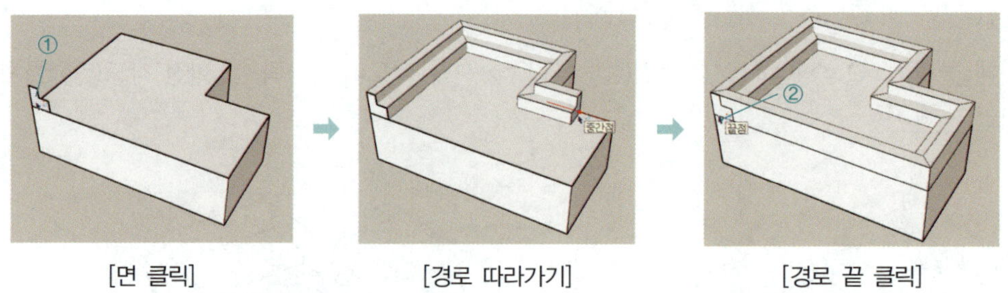

[면 클릭]　　　　　　[경로 따라가기]　　　　　　[경로 끝 클릭]

❷ 경로(①) 클릭 ⇨ 클릭 ⇨ 면(②) 클릭

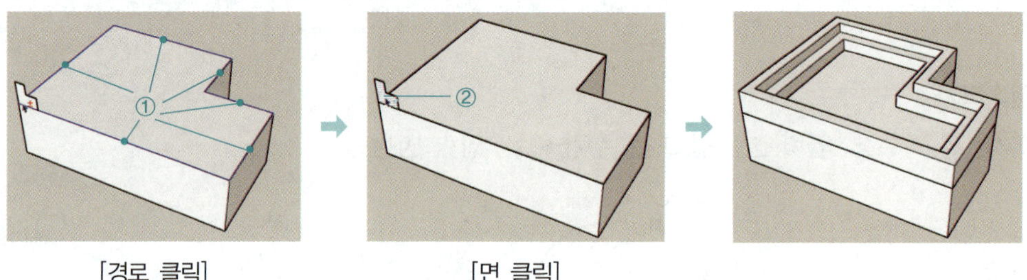

[경로 클릭]　　　　　　[면 클릭]

Section 08 배율 (S)

1) 내용

객체의 크기를 정비례 또는 비정비례로 조정하여 늘리거나 줄일 수 있습니다.

2) 과정

객체 클릭 ⇨ S ⇨ 조절점(①) 클릭 ⇨ 맞춤 위치(②) 클릭 또는 배율값 입력 Enter↵

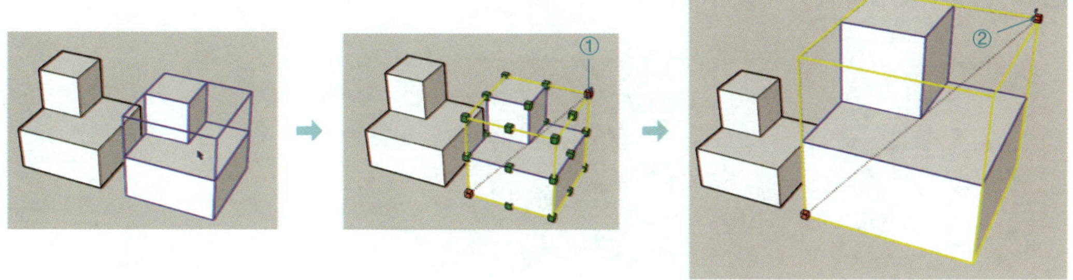

3) 옵션

❶ 정비례(3개 축 조정) : 코너 조절점 클릭

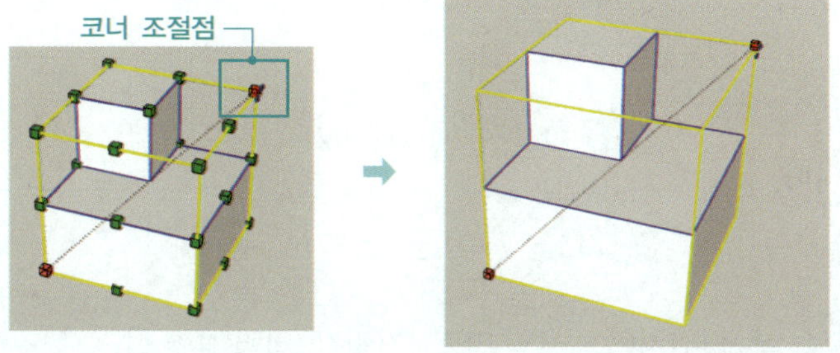

❷ 비정비례(2개 축 조정) : 모서리 조절점 클릭

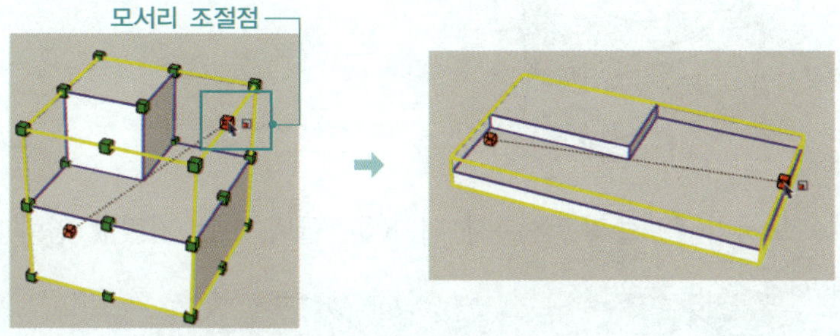

❸ 늘리기, 줄이기(1개 축 조정) : 면 조절점 클릭

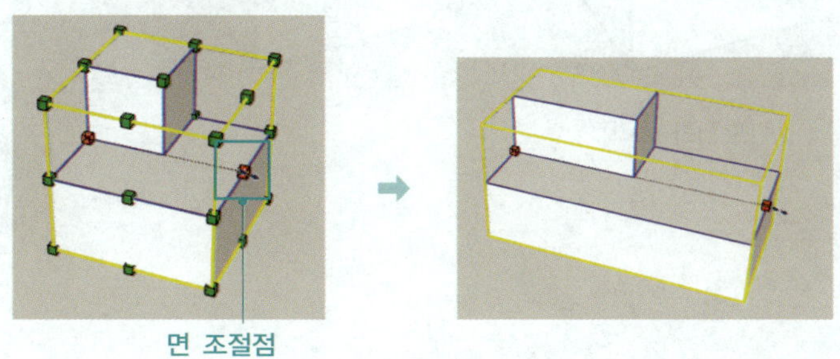

❹ 대칭 : 면 조절점(①)을 클릭하고 −1을 입력

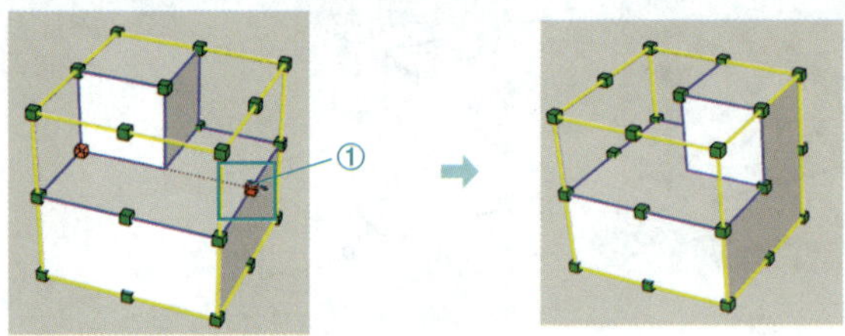

Section 09   오프셋 (F) 

1) 내용

2개 이상의 모서리선을 복사합니다.

2) 과정

❶ F ⇨ 면의 모서리(①) 클릭 ⇨ 복사 위치(②) 클릭 또는 거릿값 입력 [Enter↵]

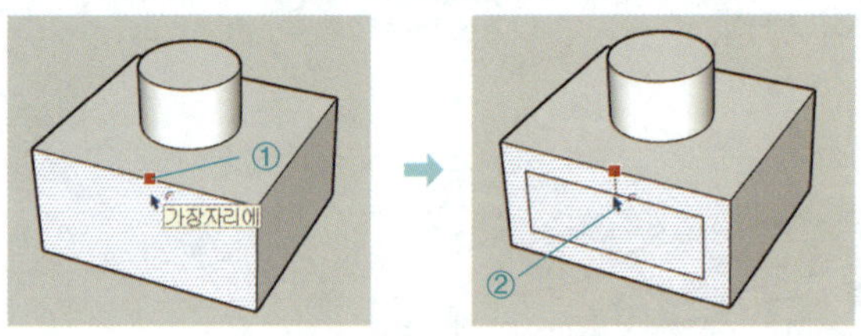

❷ 모서리(①) 클릭 ⇨ F ⇨ 모서리(②) 클릭 ⇨ 복사 위치(③) 클릭 또는 거릿값 입력 [Enter↵]

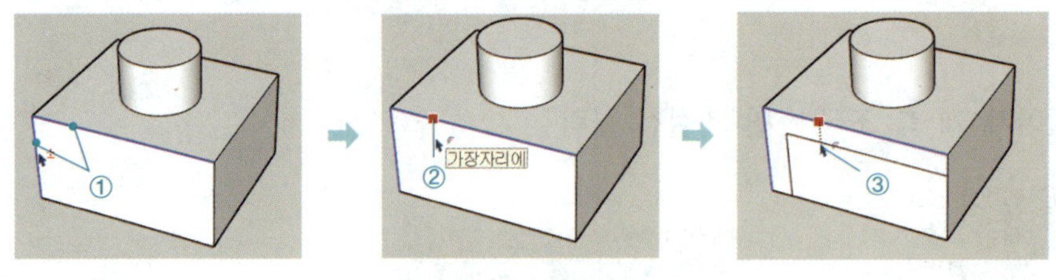

[모서리 클릭]

Section 10 대칭

1) 내용

객체를 대칭으로 이동하거나 복사합니다.

2) 과정

❶ 객체 클릭 ⇨ 클릭

❷ 대칭축 ①을 클릭 드래그로 ②지점까지 이동

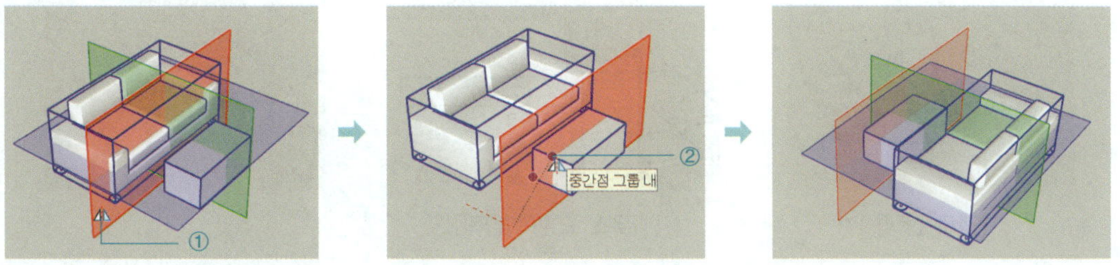

3) 옵션

❶ 복사

객체 클릭 ⇨ 클릭 ⇨ Ctrl ⇨ 대칭축 ①을 클릭 드래그로 ②지점까지 이동

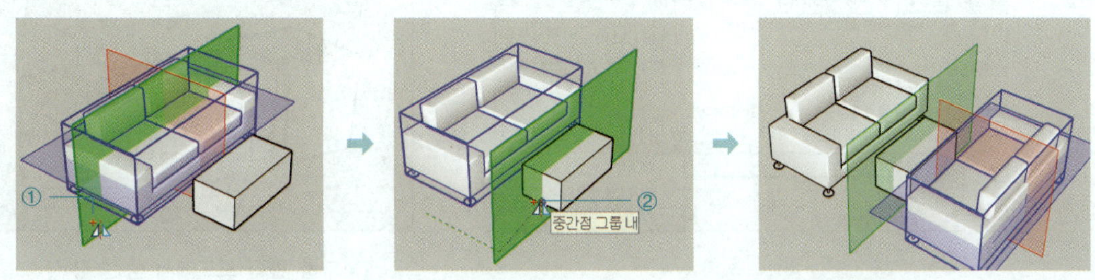

❷ 평면 중심 대칭

객체 클릭 ⇨ 클릭 ⇨ 방향키(↑, →, ←)

Section 11 — 기타 편집 도구

1) 내용

객체 숨기기, 좌표축 설정, 면 반전, 단면

❶ 객체 숨기기

선택한 객체를 숨겨 화면에 보이지 않게 합니다. 숨기기는 그룹/비그룹 상태를 구분합니다.

2) 과정

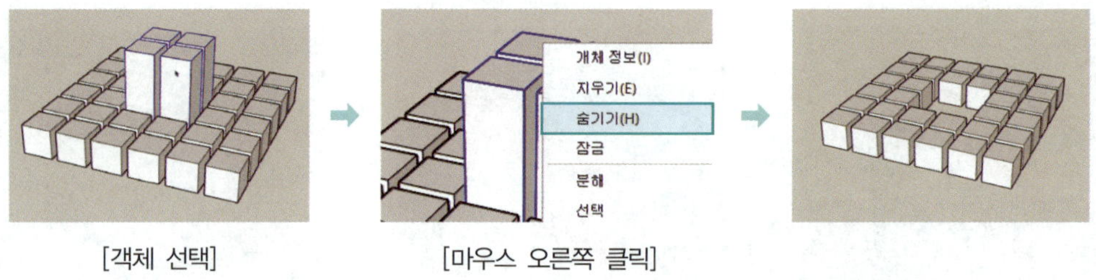

[객체 선택]　　　　[마우스 오른쪽 클릭]

❶ 숨기기 취소

숨기기 취소는 메뉴 [편집] ⇨ '숨기기 취소' 옵션을 사용합니다. 숨기기 기능은 그룹/비그룹 상태를 구분하여 적용되므로, 그룹 편집 모드에서 숨긴 객체는 해당 객체의 편집 모드에서 숨기기를 취소해야 합니다.

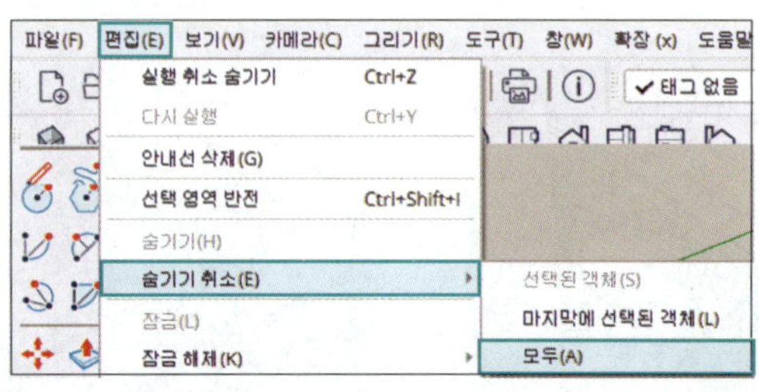

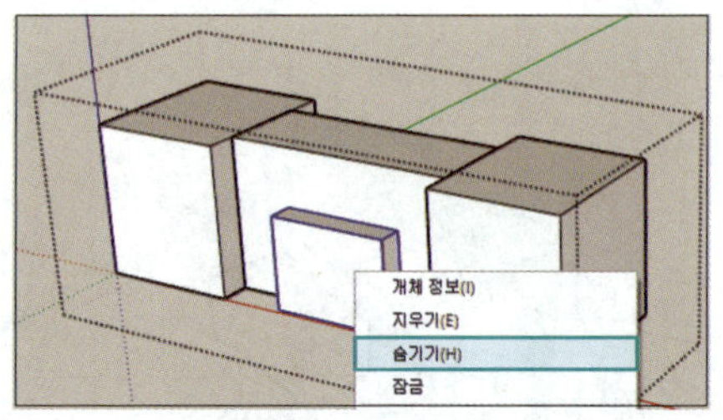

[그룹 편집 모드에서 숨긴 경우]

❷ 좌표축 설정

- x(빨강), y(녹색), z(파랑)축의 방향을 사용자가 설정합니다.
- 선이나 사각형을 그릴 때 설정된 축의 방향으로 그려지므로 축의 방향과 그릴 방향을 일치시켜야 할 때 사용됩니다.

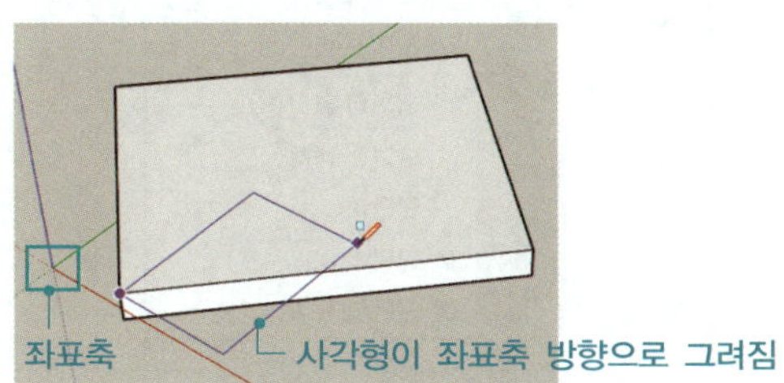

3) 과정

클릭 ⇨ 원점(①) 클릭 ⇨ x축 방향(②) 클릭 ⇨ y축 방향(③) 클릭

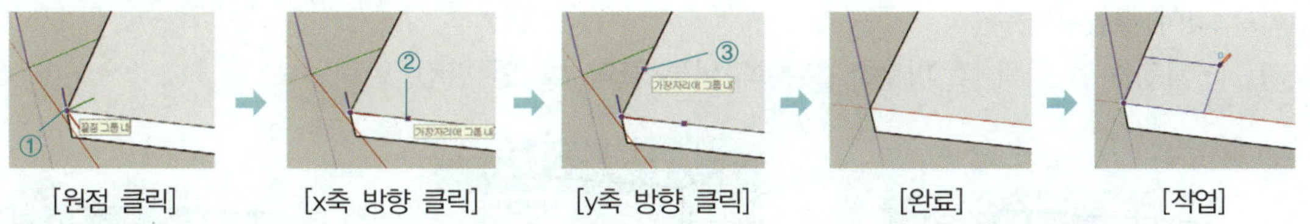

4) 옵션

❶ 처음 위치로 재설정하기

좌표축을 원래의 위치와 방향으로 다시 설정하려면 화면에서 좌표축을 마우스 오른쪽 버튼으로 클릭하고 '재설정'을 클릭합니다.

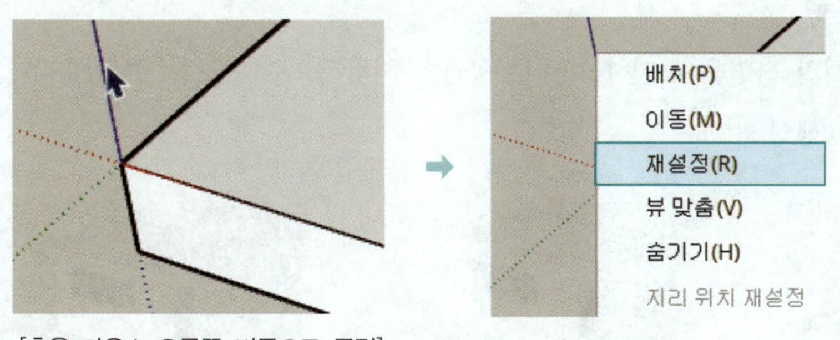

❷ 좌표축 숨기기

좌표축을 마우스 오른쪽 버튼으로 클릭하여 '숨기기'를 선택하면 화면에서 보이지 않게 할 수 있습니다. 다시 보이게 하려면 메뉴 [보기]에서 축을 클릭합니다.

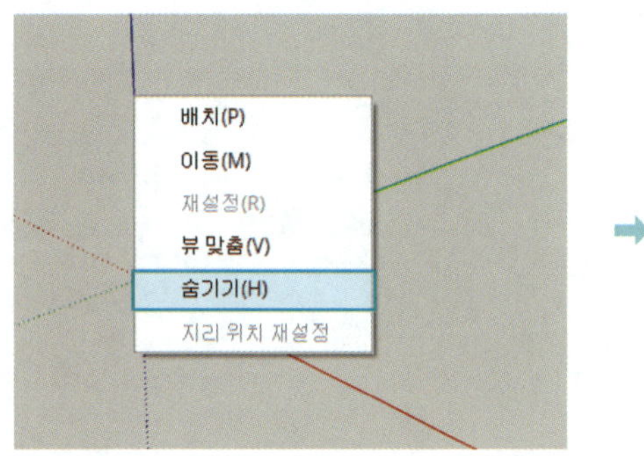
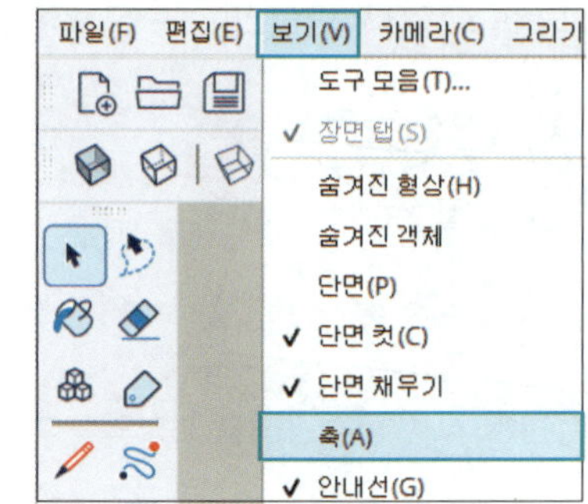

❸ 면 반전

스케치업은 앞면(흰색)과 뒷면(푸른색)으로 구분되어 있습니다. 기본적으로 겉으로 드러나는 부분을 앞면(흰색)으로 모델링합니다. 작업과정에서 뒷면이 드러나는 경우 앞면으로 변경하는 것이 좋습니다.

• 과정 : 면 클릭 ⇨ 마우스 오른쪽 버튼 클릭 ⇨ '면 반전' 클릭

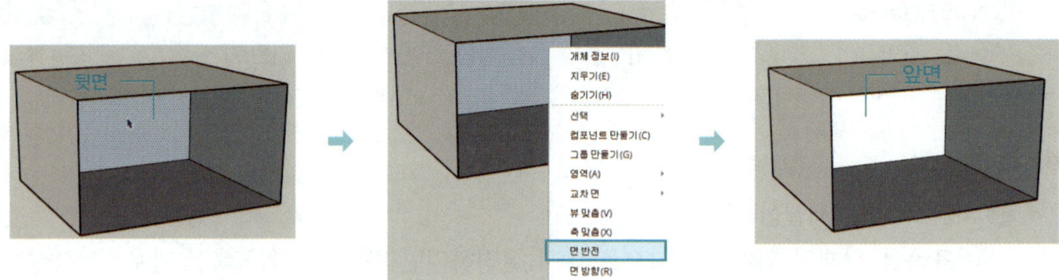

❹ 단면

단면 기호를 이동시켜 단면을 확인하고 내부 공간을 시각적으로 확보할 수 있습니다.

• 단면 : 단면 생성

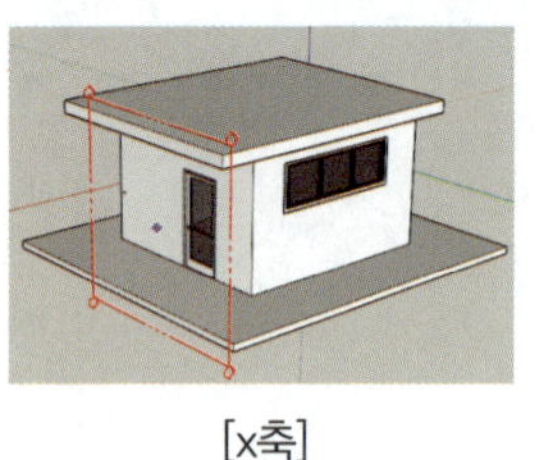
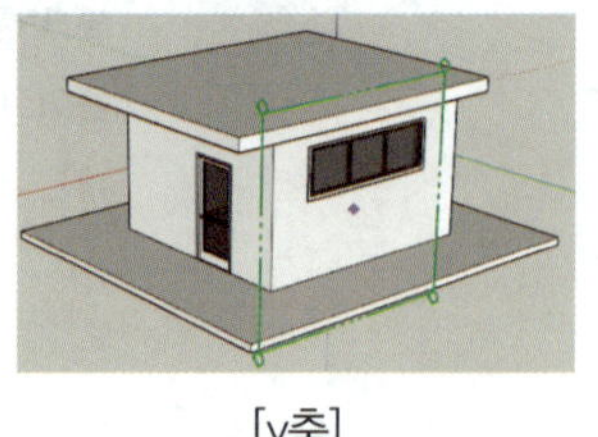
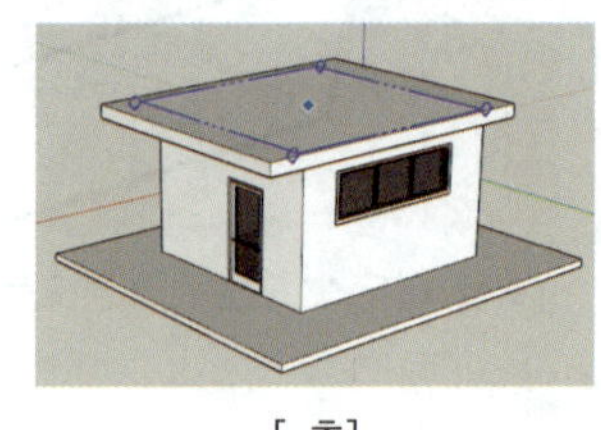

[x축] [y축] [z축]

• 단면 표시  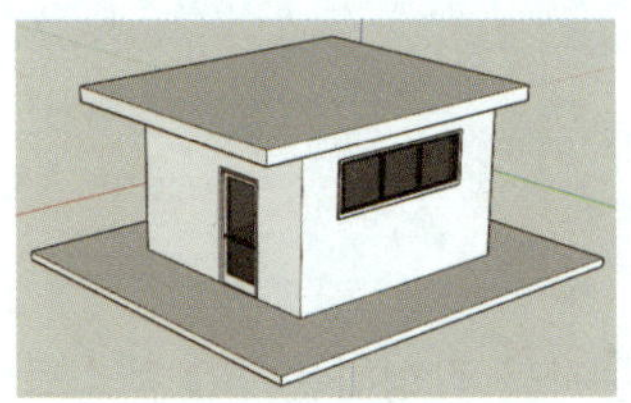 : 단면 기호의 표시 여부를 설정

[단면 표시 기호 Off]

[단면 표시 기호 On]

• 단면 컷 표시  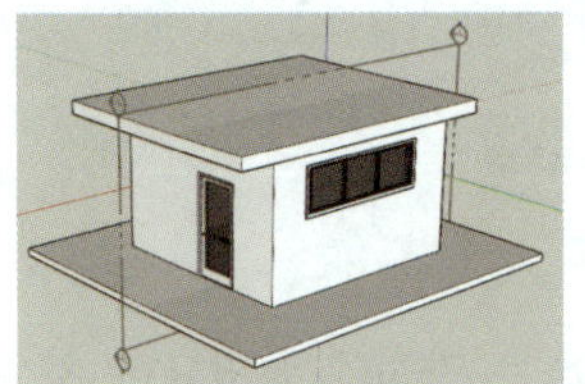 : 단면 컷의 표시 여부를 설정

[단면 표시 기호 Off, 단면 컷 표시 Off]

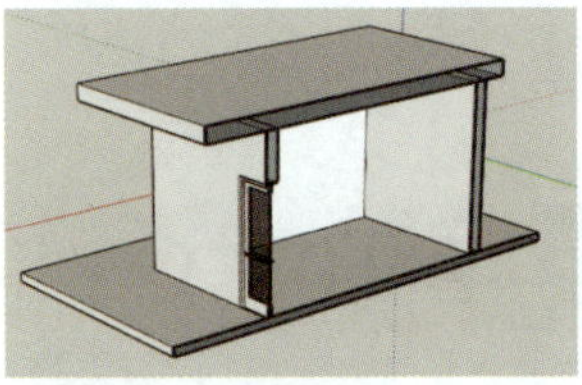

[단면 표시 기호 Off, 단면 컷 표시 On]

• 단면 채우기 표시  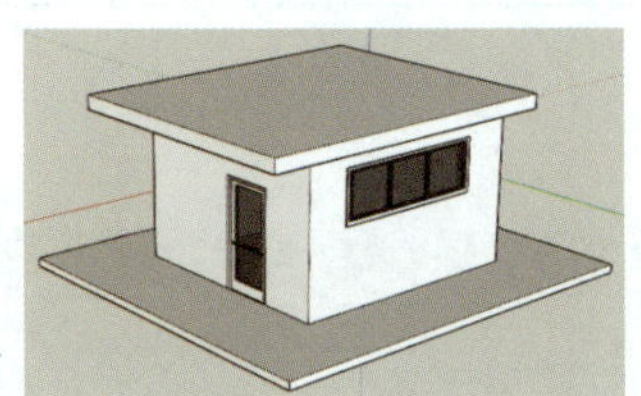 : 단면의 채움 여부를 설정

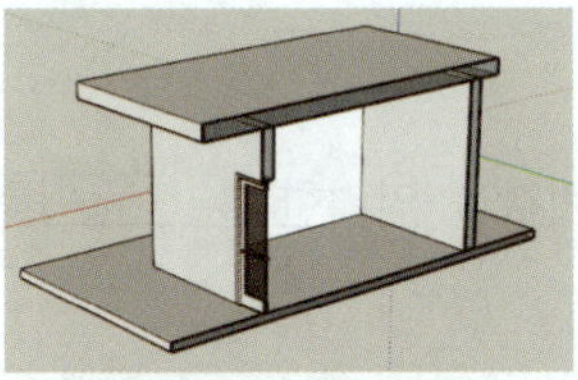

[단면 컷 표시 On, 단면 채우기 표시 Off]

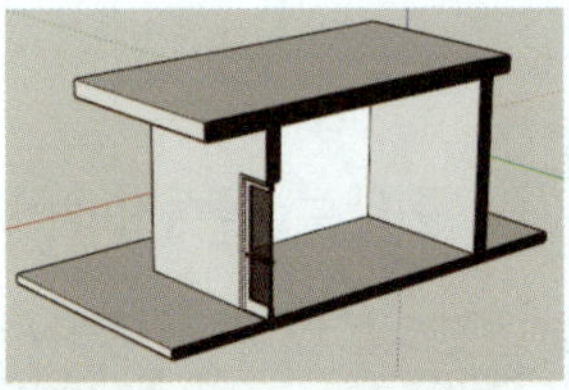

[단면 컷 표시 On, 단면 채우기 표시 On]

3D 객체를 작성하는 과정에서 필요한 치수 도구와 입체 문자를 작성하는 '3D 텍스트', 그리고 재질을 적용하는 페인트통 도구에 대해 학습합니다.

> **학습파일** | 실습파일 \ Part04 \ Ch04 \ Ch04,05.skp
> | ▶ 동영상 \ Part04 \ Ch04 \ Ch04,05.mp4

Section 01 줄자 (T)

1) 내용

거리를 측정하고 안내선(보조선)을 표시합니다.

2) 과정

❶ 긴 안내선

T ⇨ 모서리(①) 클릭 ⇨ 목적지(②)를 클릭하거나 거릿값을 입력한 후 Enter↵를 누릅니다.

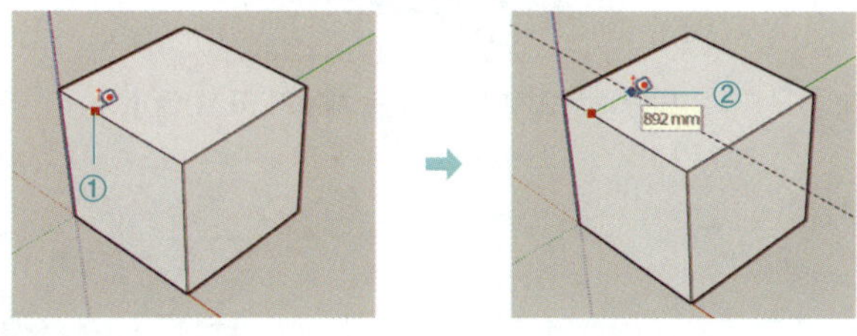

❷ 짧은 안내선

T ⇨ 꼭짓점(①) 클릭 ⇨ 목적지(②)를 클릭하거나 거릿값을 입력한 후 Enter↵를 누릅니다.

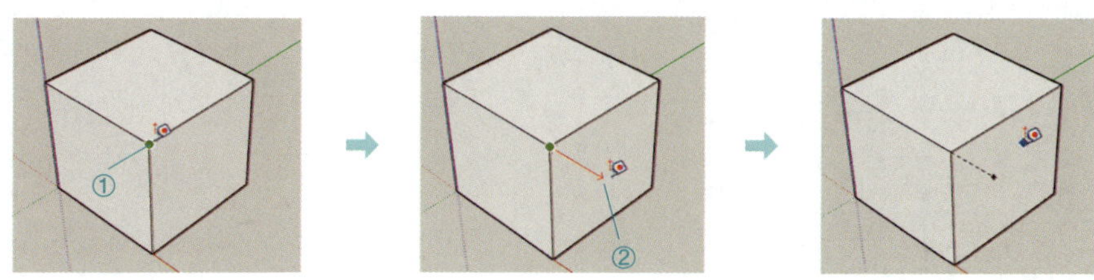

❸ 거리 측정
- T ⇨ 측정 시작점(①) 클릭 ⇨ 측정 끝점(②) 클릭
- 측정값은 화면과 VCB창에 표시됩니다.

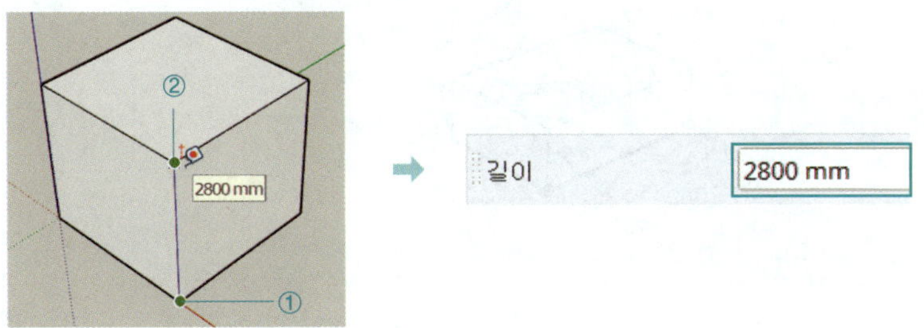

3) 옵션

❶ 안내선 삭제하기
메뉴에서 [편집] ⇨ [안내선 삭제]

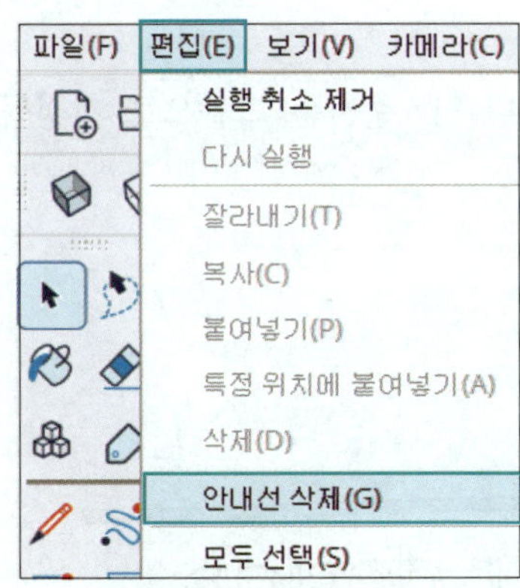

❷ 안내선 숨기기
메뉴에서 [보기] ⇨ [안내선]

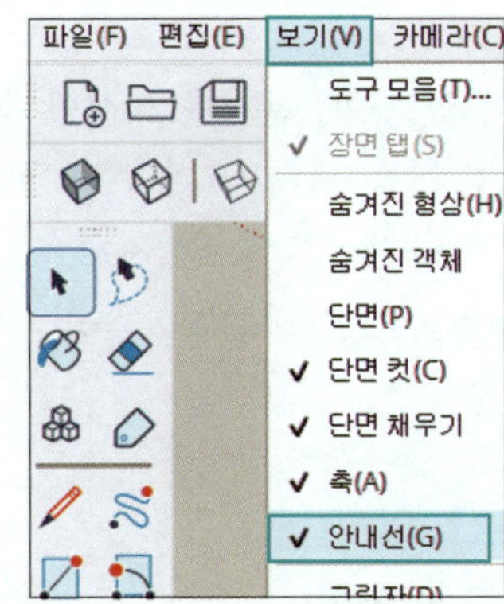

Section 02　　치수

1) 내용

두 지점을 클릭하여 치수를 기입합니다. 클릭한 위치나 객체에 따라 선형치수, 정렬치수, 반지름, 지름치수가 자동으로 표시됩니다.

2) 과정

 클릭 ⇨ 시작점(①) 클릭 ⇨ 끝점(②) 클릭 ⇨ 위치(③) 클릭

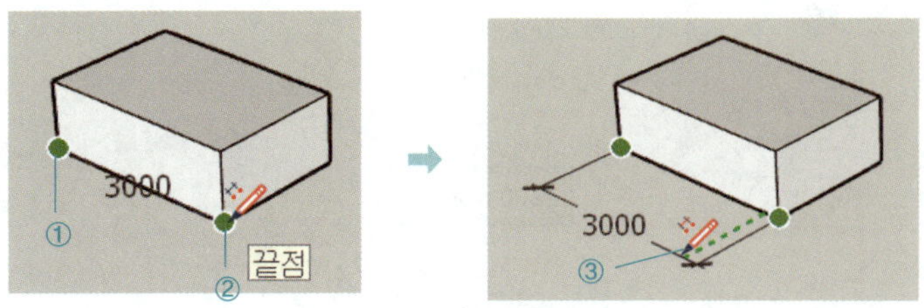

Section 03 3D 텍스트 A

1) 내용

3D 문자와 면이 있는 2D 문자를 작성할 수 있습니다. 작성된 3D 문자는 그룹으로 지정됩니다.

2) 과정

A 클릭 ⇨ 문자 작성 ⇨ 글꼴, 높이 등 설정 ⇨ 배치

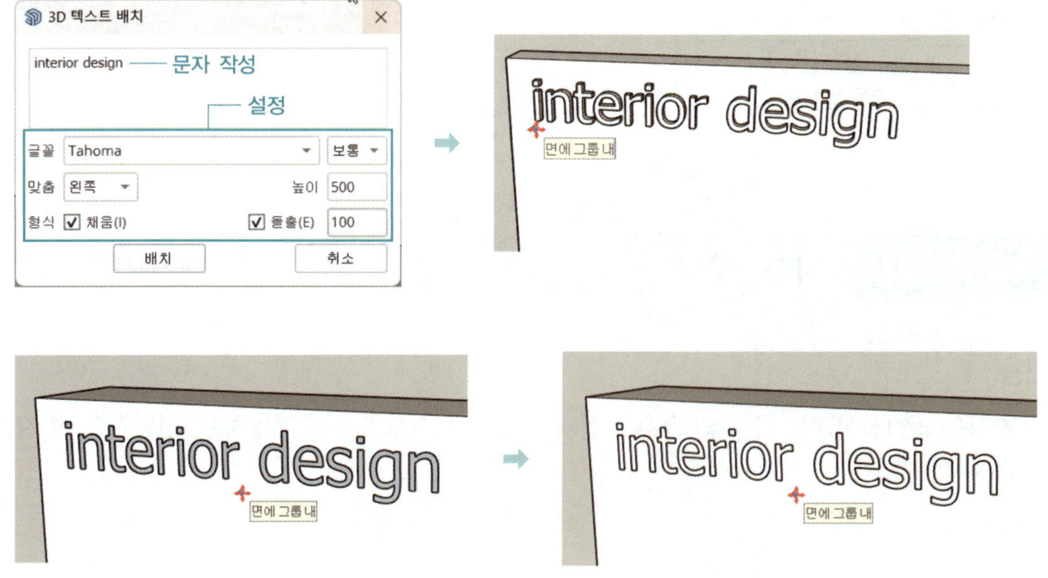

[돌출을 미적용한 경우]   [돌출, 채움을 미적용한 경우]

Section 04 페인트통 (B)

1) 내용

객체의 면에 재질과 색상을 적용합니다.

2) 과정

재질(①) 선택 ⇨ 적용할 면(②) 클릭

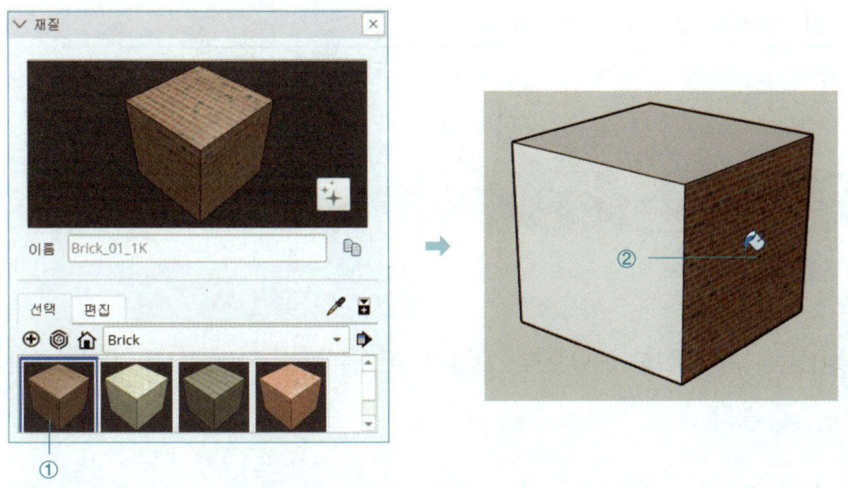

※ 재질 트레이의 표시 방식은 버전에 따라 차이가 있습니다.

3) 옵션

'편집' 탭에서 재질의 색상, 크기, 투명도 등의 속성을 설정할 수 있습니다.

Chapter 05 출력 및 기타 도구

그리기 및 편집 도구 외에도 출력 도구와 모델링에 필요한 다양한 설정에 대해 학습합니다.

학습파일	실습파일 \ Part04 \ Ch05 \ Ch04,05.skp 동영상 \ Part04 \ Ch05 \ Ch04,05.mp4

Section 01 태 그

1) 내용

AutoCAD의 도면층(Layer)과 동일한 개념으로, 모델링 요소를 구분하여 태그를 지정합니다.

2) 과정

태그 등록 ⇨ 객체 선택 ⇨ 태그 지정

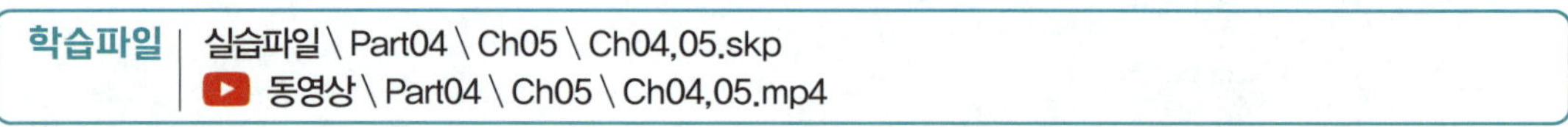

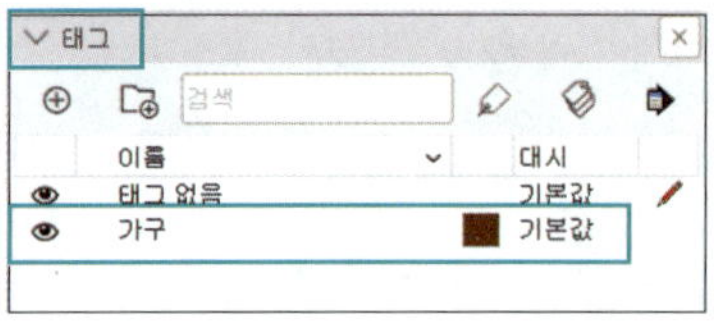

[태그 등록]

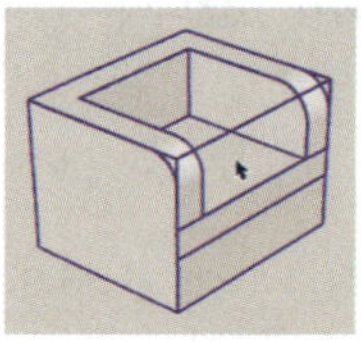
[객체 선택]

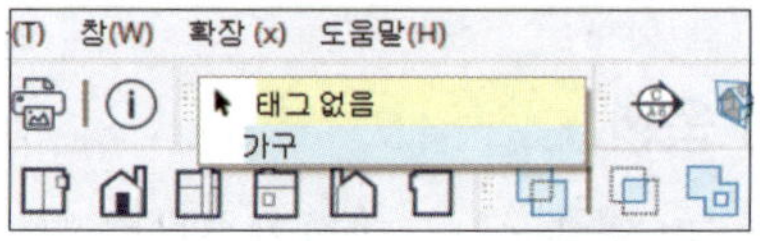

[태그 지정]

Section 02 스타일 설정

1) 내용

모델링 스타일에 영향을 주는 선 두께, 앰비언트, 배경을 설정합니다.

2) 과정

스타일(트레이) ⇨ 편집 탭 ⇨ 가장자리, 면, 배경 등을 설정합니다.

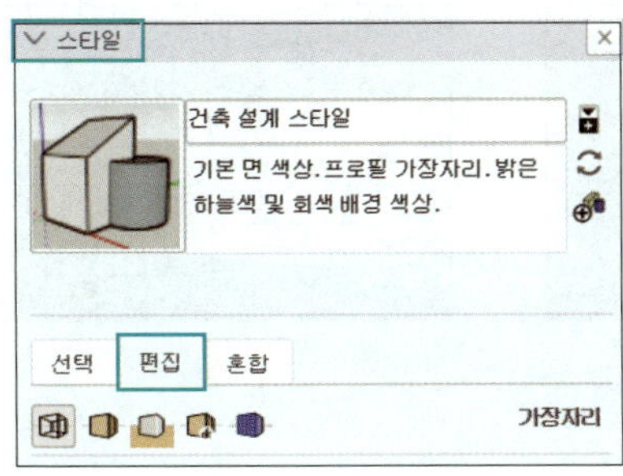

3) 옵션

❶ 프로필

윤곽을 나타내는 선의 두께로, 항목을 *끄거나* '1'로 설정해야 디테일한 표현이 가능합니다.

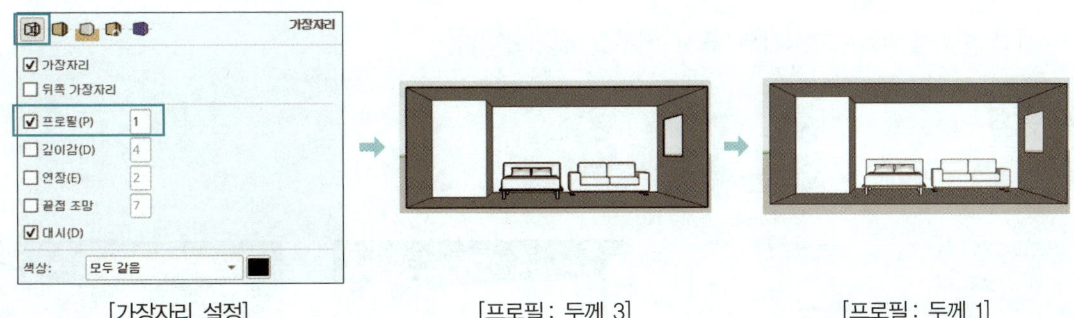

[가장자리 설정]　　　　　[프로필: 두께 3]　　　　　[프로필: 두께 1]

❷ 앰비언트 오클루전

음영을 적용하여 사실감을 높여줍니다(스케치업 2024 버전 이상).

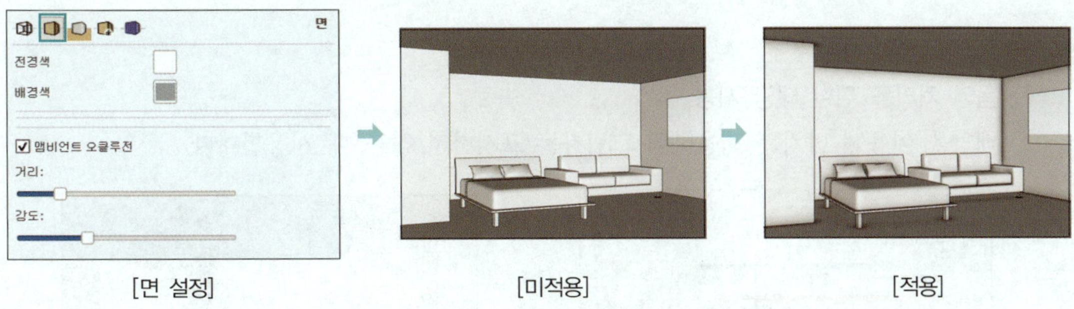

[면 설정]　　　　　[미적용]　　　　　[적용]

❸ 하늘

하늘의 색상과 표시 여부를 설정합니다.

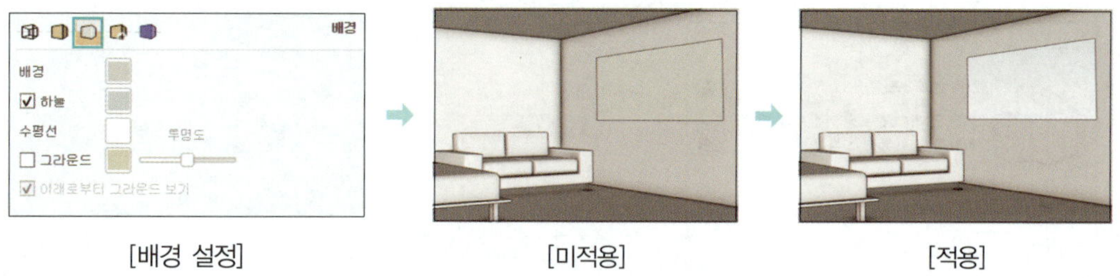

[배경 설정]　　　　[미적용]　　　　[적용]

Section　03　　그림자 설정 

1) 내용

시간 변화에 따른 그림자의 표시 여부를 설정합니다.

2) 과정

그림자(트레이) ⇨ 🔲 클릭

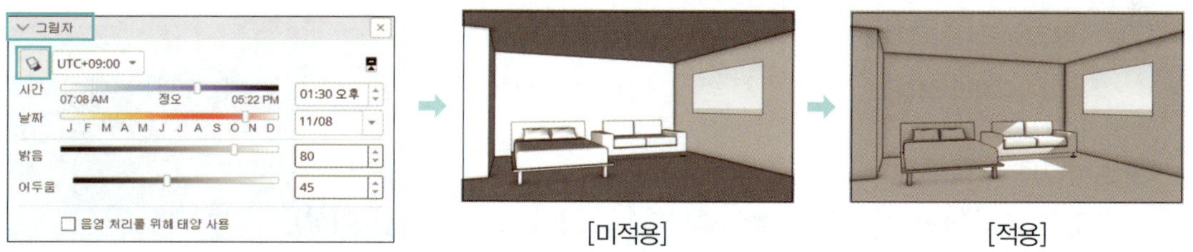

[미적용]　　　　[적용]

3) 옵션

❶ 음영 처리를 위한 태양 사용

태양을 이용해 밝기는 적용하되 그림자는 표시하지 않을 때 사용합니다.

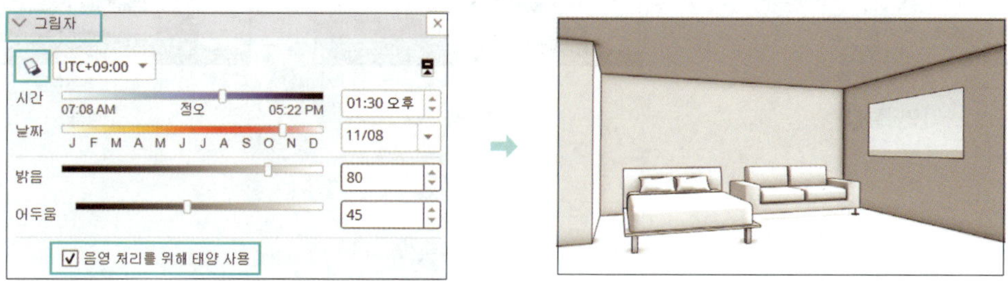

❷ 그림자 표시 설정
  • 면에 : 면에 그림자 표시 여부 설정
  • 바닥에 : 그라운드(지반면)에 그림자 표시 여부 설정
  • 가장자리에 : 선 그림자 표시 여부 설정

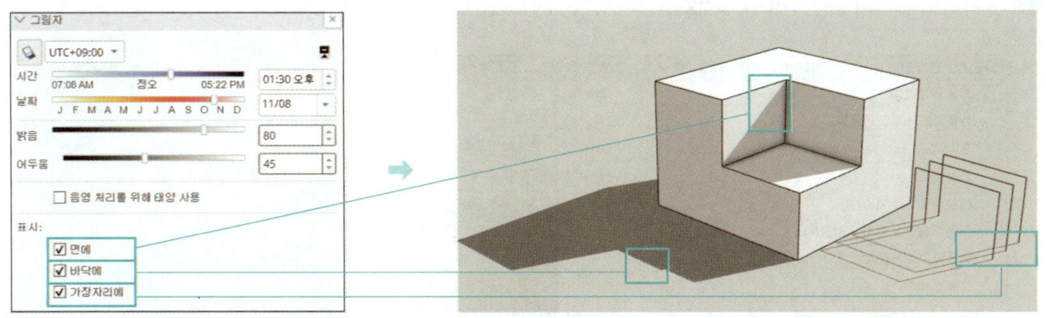

Section 04 카메라 설정

1) 내용

모델링을 완료한 후 투시도 이미지를 내보내기 전에 설정합니다. 수직선을 90°로 정렬하기 위해서는 카메라를 원근감에서 2점 투시로 변경한 후 이미지를 저장합니다.

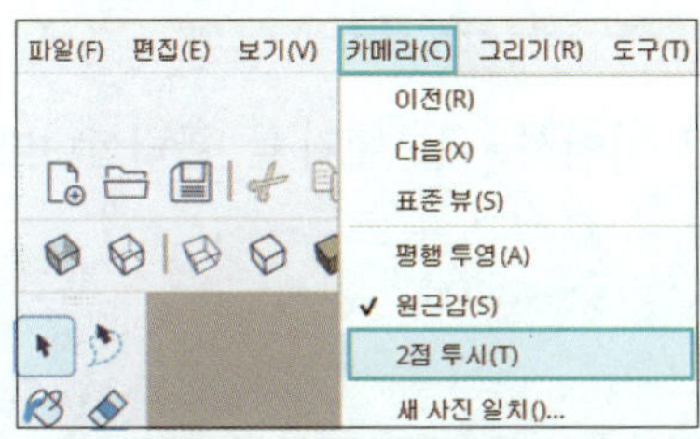

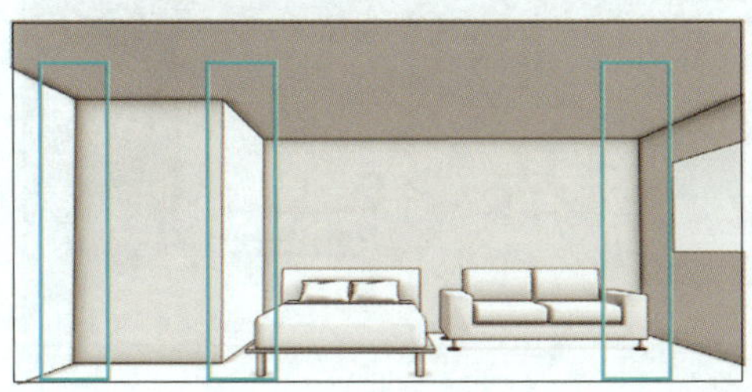

수직선이 살짝 기울어짐

[원근감]

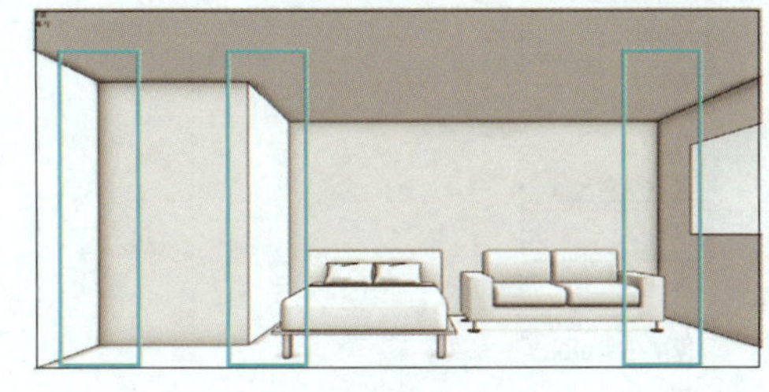

수직선이 90°로 정렬

[2점 투시]

Section 05 　이미지 내보내기

1) 내용

❶ 결과물을 고화질 이미지 포맷으로 저장합니다. 선 배율 승수는 0.5~1 정도로 설정합니다.

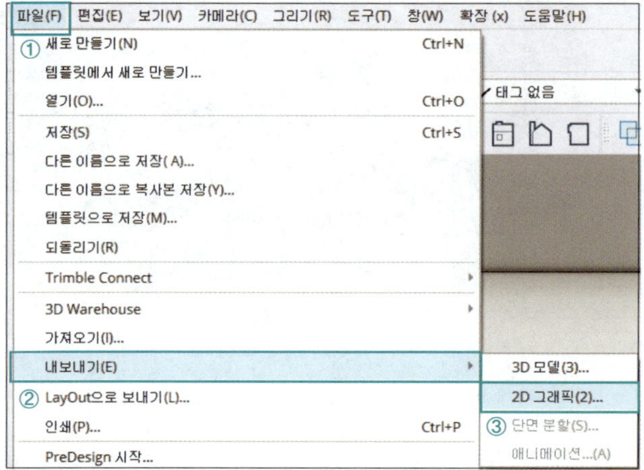

❷ 파일이름을 입력하고 '옵션'을 클릭합니다.

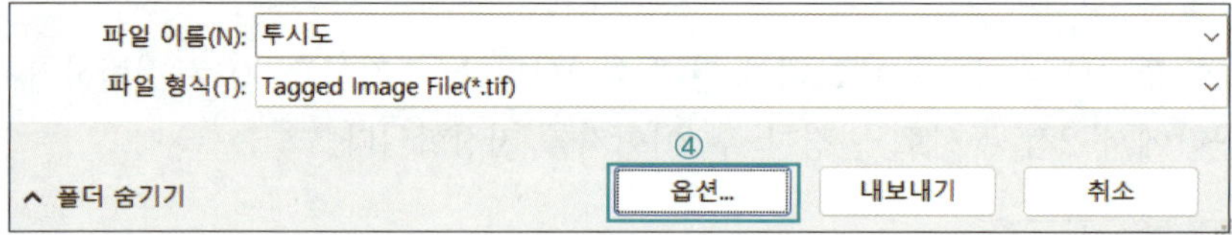

❸ '뷰 크기 사용'을 해제하고 설정합니다. '확인'을 클릭하고 이어서 '내보내기'를 클릭합니다.

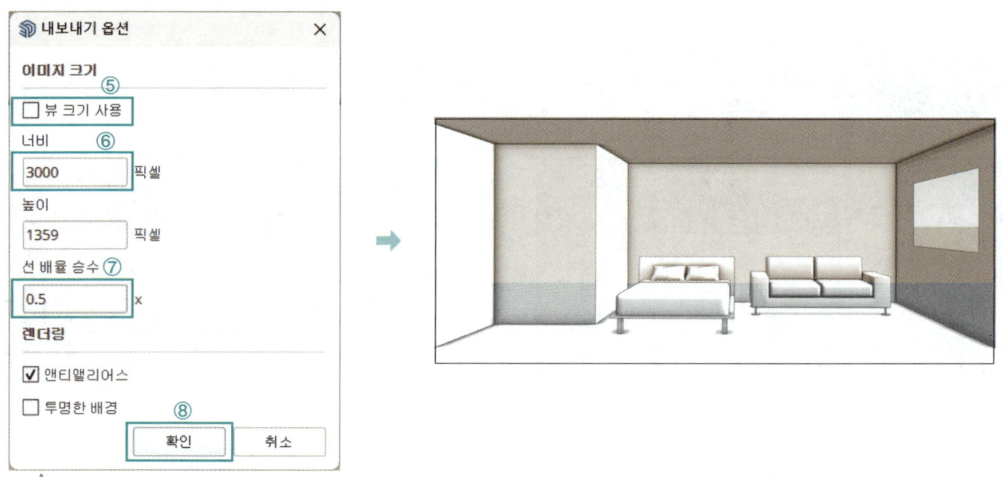

Section 06 파일 가져오기

1) 내용

외부 이미지 파일, AutoCAD 도면, 다양한 3D 포맷 등을 불러올 때 사용합니다. AutoCAD에서 2D 도면 작업을 마친 후 완성된 2D 도면을 스케치업으로 불러와 3D 모델링을 진행하게 됩니다.

[메뉴 파일에서 가져오기 클릭]

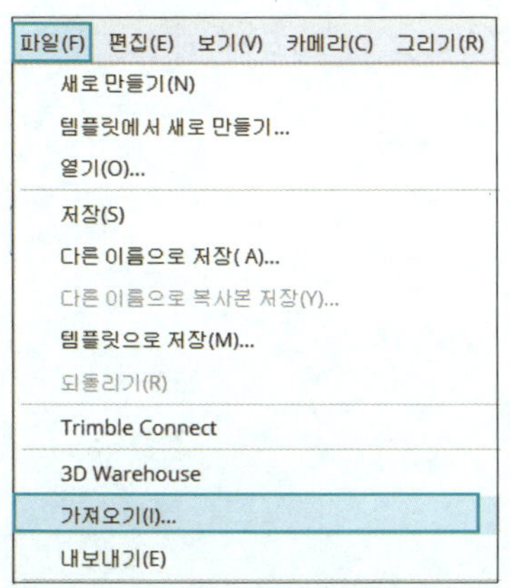

[AutoCAD 파일 클릭 후 가져오기 클릭]

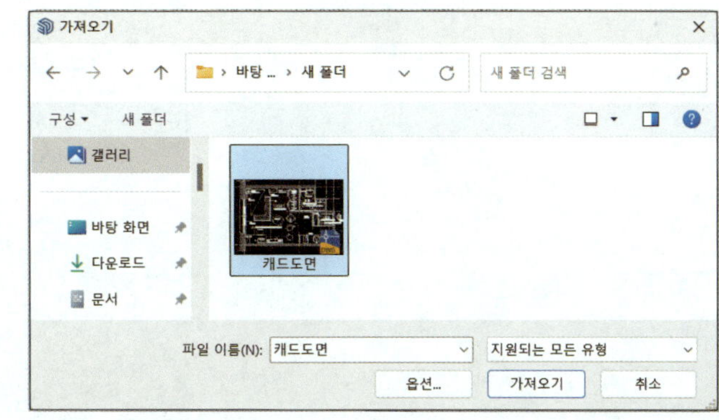

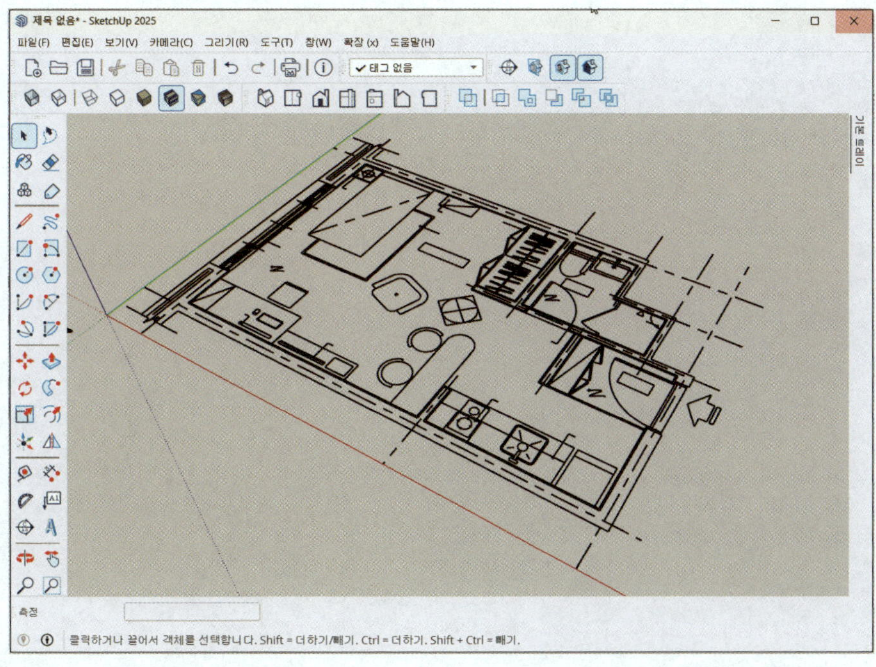

Industrial Engineer Interior Architecture

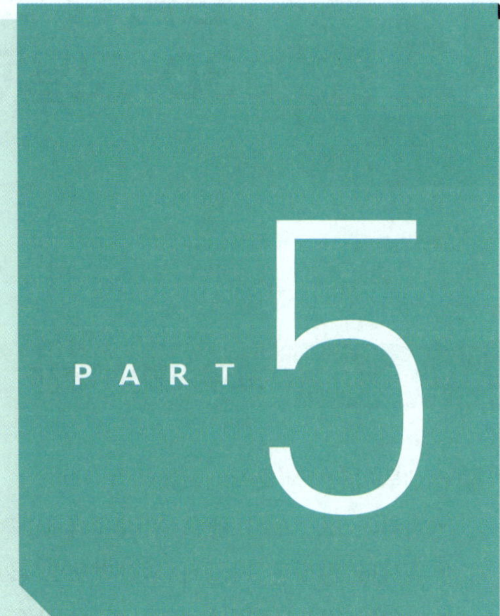

3D 모델링 과제 작성

원룸형 오피스텔:
3D 모델링 및 실내투시도

Section 01 요구 도면 확인

❶ 실내투시도 1장(축척: N.S)

- 계획의 포인트가 좋은 지점에서 1소점 또는 2소점 투시법으로 투시도를 작성합니다.
- 투시도 방향은 가급적 시간적으로 유리한 내부 입면도를 작성한 방향으로 설정합니다.
- 완성된 3D 모델링을 TIF 또는 PNG 형식의 고해상도 이미지로 출력합니다.

❷ 투시도 방향 설정

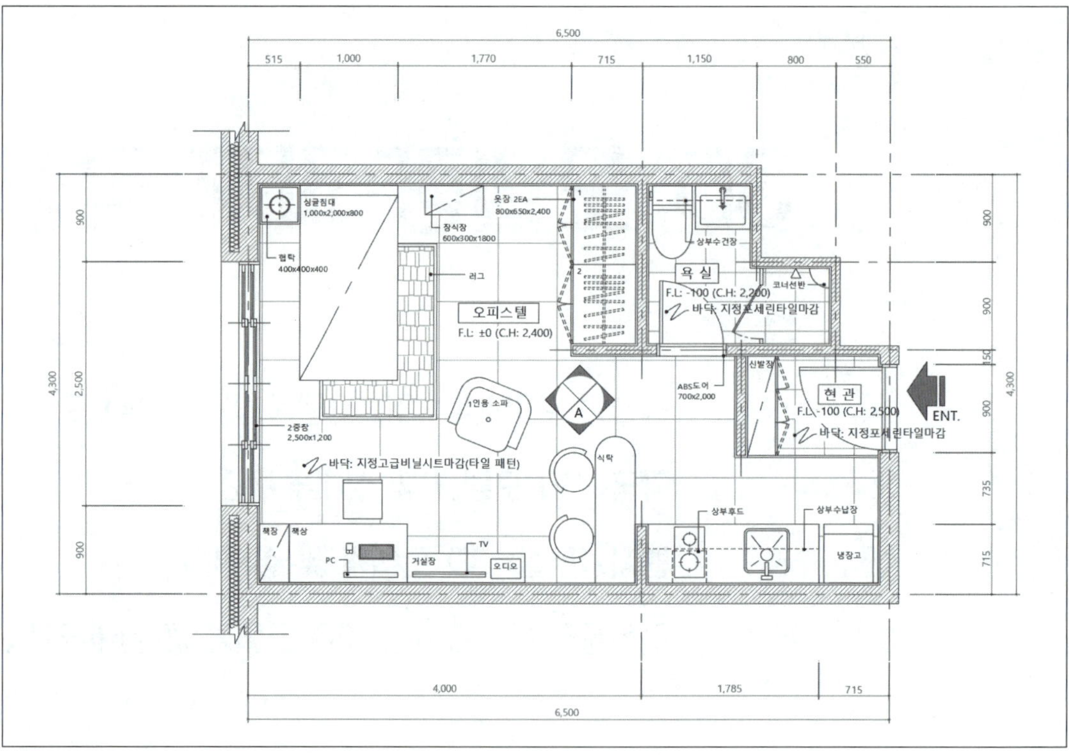

Section 02 　3D 모델링 과정

❶ 완성된 평면도, 내부 입면도, 천장도를 모델링 용도로 수정합니다

❷ 완성된 2D 도면을 스케치업으로 가져와서 배치합니다.

❸ 화면에 보여지는 부분을 중심으로 모델링을 진행합니다.

❹ 재질, 그림자, 앰비언트 등 사실적인 효과를 적용합니다.

❺ 실내투시도로 추출할 화면을 장면으로 등록합니다.

❻ 등록된 장면을 고해상도 이미지 파일로 출력합니다.

❼ AutoCAD 프로그램을 실행하여 [Attach] 명령으로 실내투시도 이미지를 부착합니다.

❽ 실내투시도를 A3 용지 규격의 PDF 파일로 출력합니다.

❾ 제출 및 용지 출력을 진행합니다.

Section 03 　2D 도면 수정

❶ Part 03의 Chapter 01에서 완성한 '오피스텔' 2D 도면을 준비합니다. 도면을 수정하기 위해 바탕화면에 임시 폴더를 만들어 완성된 2D 도면 파일을 복사합니다. 이때 원본 파일이 삭제되거나 수정되는 것에 주의하고, Part 03에서 완성한 파일이 없다면 Part 05의 실습파일을 사용합니다.

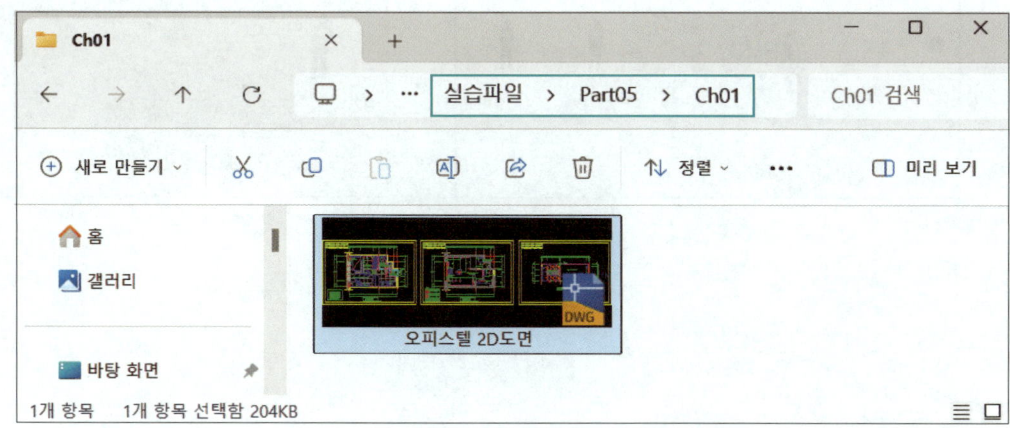

❷ AutoCAD에서 완성된 오피스텔 2D 도면 파일을 불러옵니다. 모델링에 불필요한 도면양식, 치수 등을 모두 삭제하고 저장합니다.

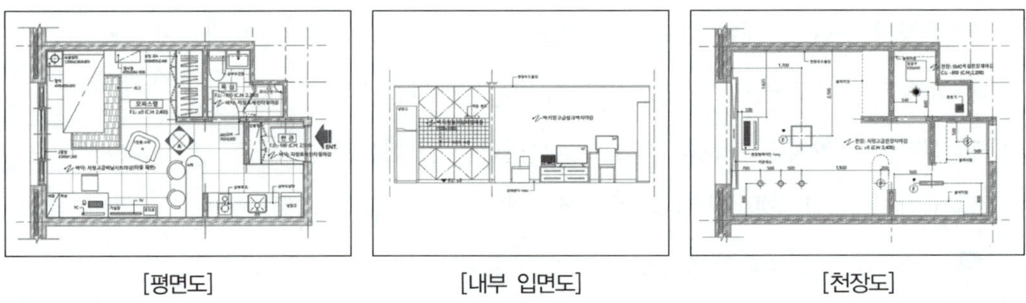

[평면도]　　　　　[내부 입면도]　　　　　[천장도]

* 위의 수정된 도면은 가시성을 고려해 검정 단색으로 변경한 이미지입니다.

Section 04　3D 모델링

학습파일 ▶ 동영상 \ Part05 \ Ch01 \ 원룸형 오피스텔.mp4

❶ SketchUp 환경설정 및 2D 도면 가져오기

SketchUp을 실행한 후 '건축–밀리미터' 템플릿을 선택하여 시작합니다.

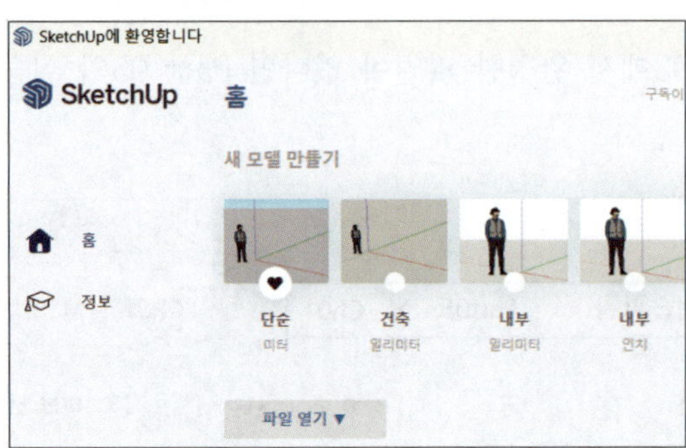
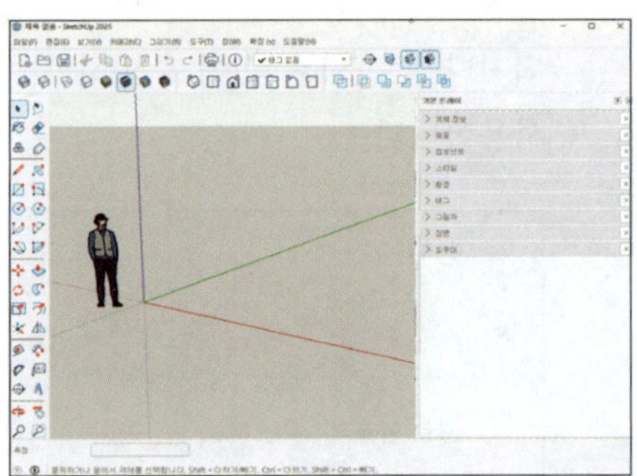

❷ 메뉴의 [파일](①)에서 '가져오기'(②)를 클릭한 뒤 수정된 평면도를 선택하고 '가져오기'를 클릭합니다. 결과 메시지창이 나오면 닫기를 클릭합니다.

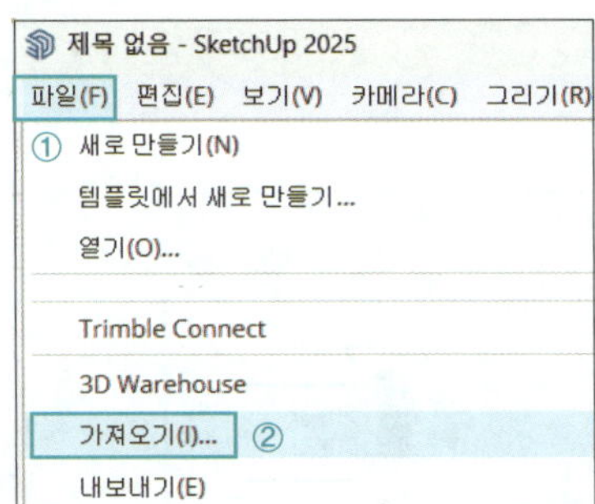
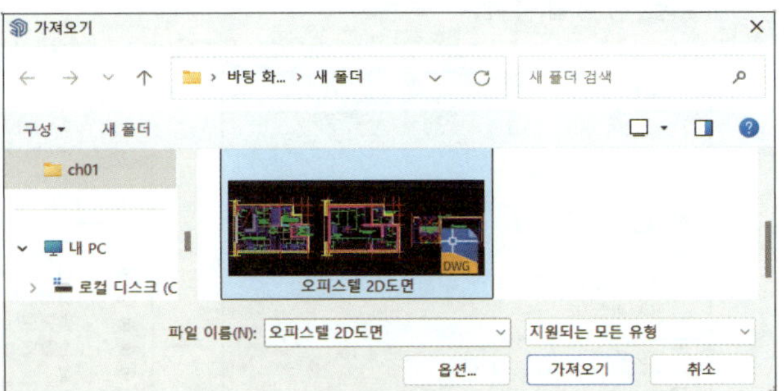

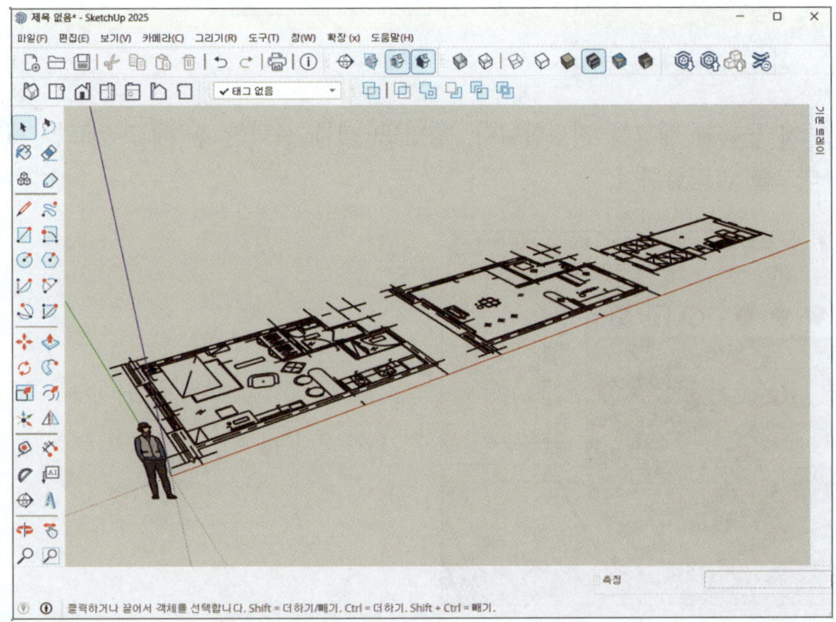

❸ 샘플 인물은 삭제하고 도면을 분해한 후 각 도면을 별도의 그룹으로 지정합니다.

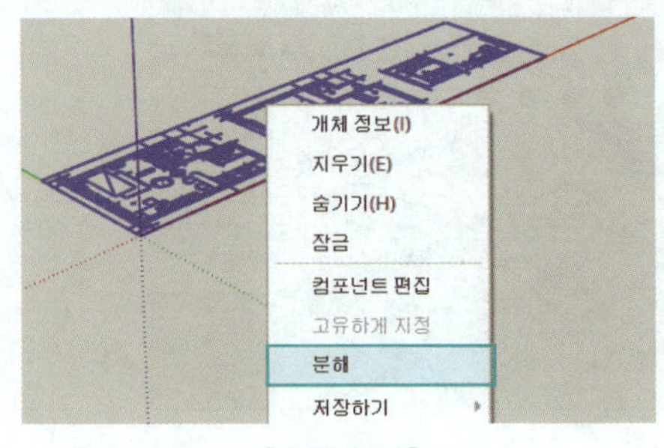

[도면 분해]

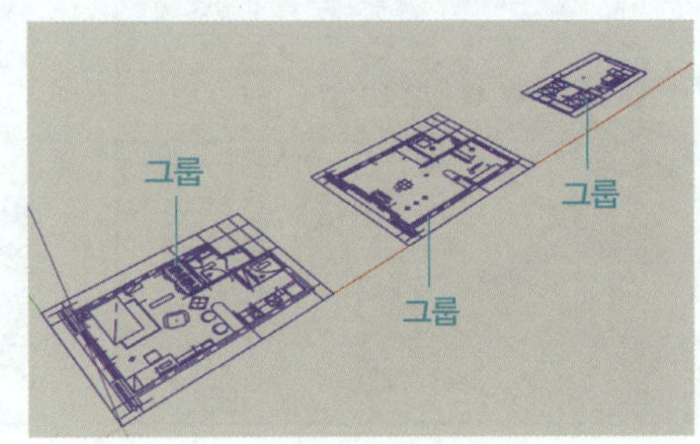

[각 도면별로 그룹 지정]

❹ 트레이 [스타일]에서 '편집'(①) 탭을 클릭한 뒤, '가장자리'(②) 항목을 선택하고 '프로필'(③)을 '1'로 설정합니다. 트레이의 '태그'에서 '추가(⊕)'(④)를 클릭하여 '평면도', '천장도', '입면도' 태그를 생성합니다.

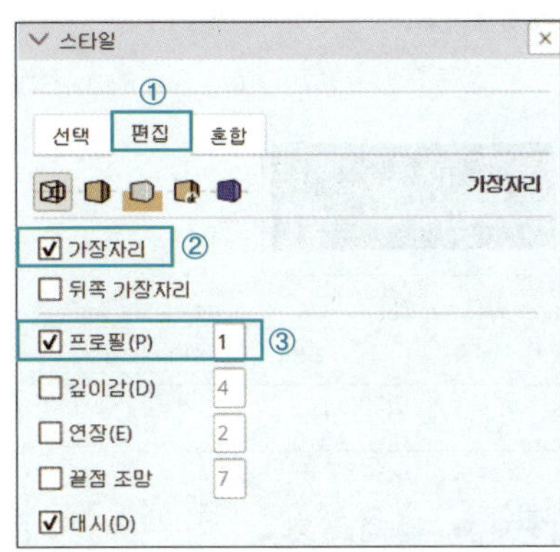

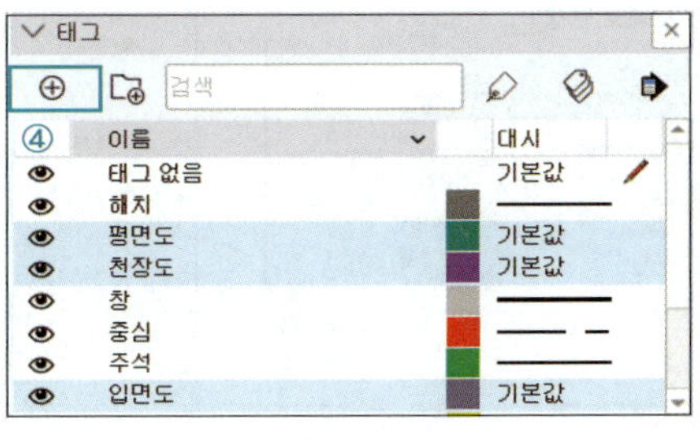

❺ 가져온 평면도에 등록한 태그를 지정합니다. 평면도(①)를 선택한 후 태그 컨트롤 패널에서 '평면도'(②) 태그를 클릭합니다.

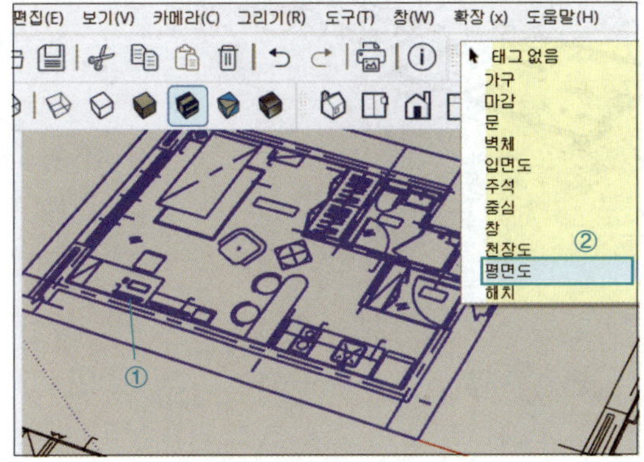

❻ 입면도와 천장도도 같은 방법으로 태그를 지정합니다.

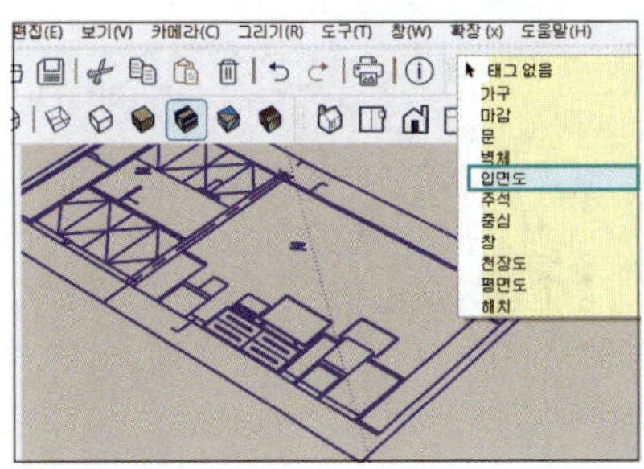

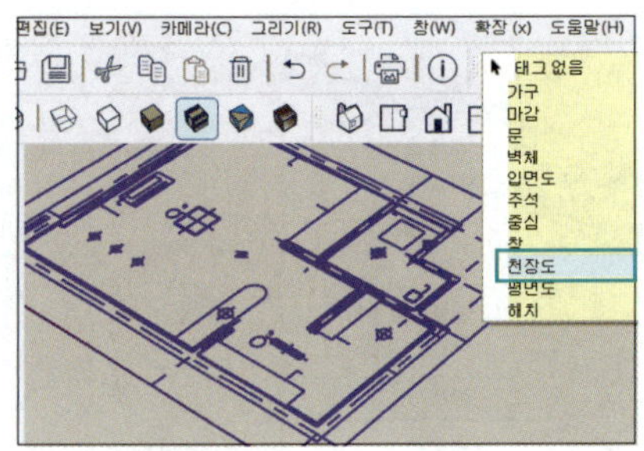

❼ 공간 구성

평면도를 확대한 후 실내 마감선의 ①, ②지점을 클릭해 사각형(R)을 그립니다.

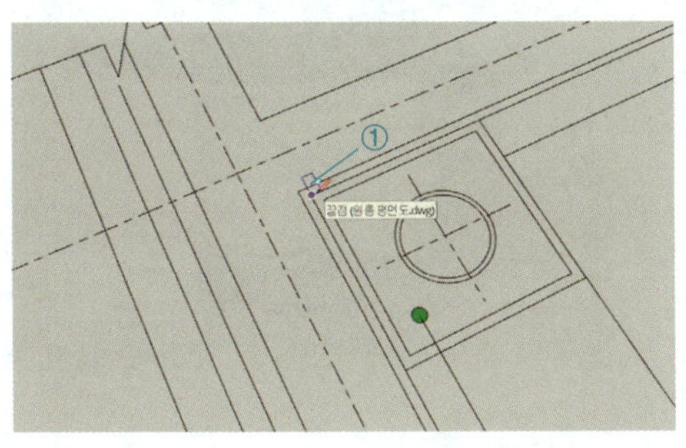 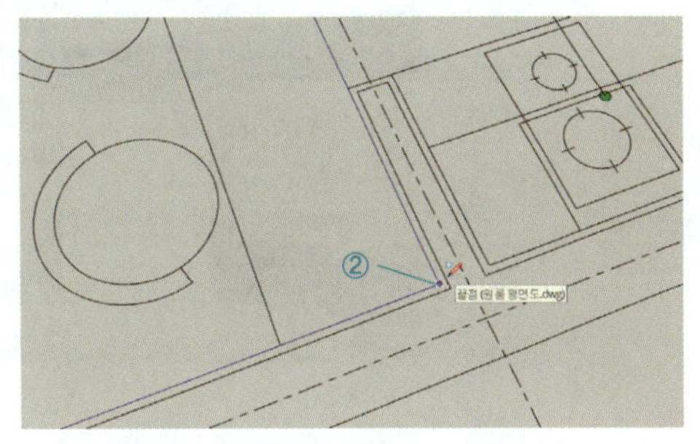

❽ 앞서 작성한 사각형을 '밀기/끌기(P)' 도구로 바닥면(①)을 '2400'만큼 올립니다.

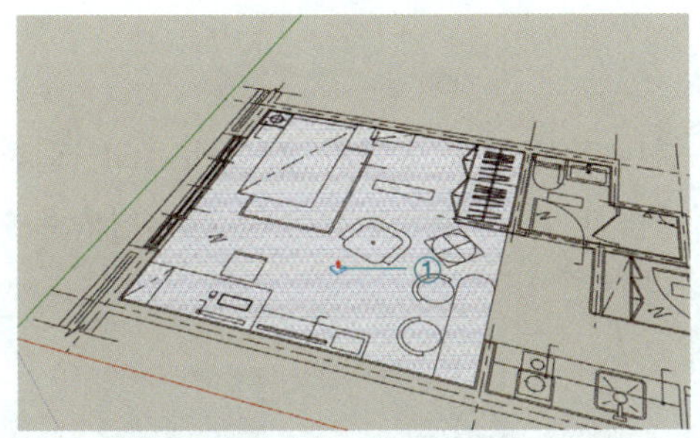 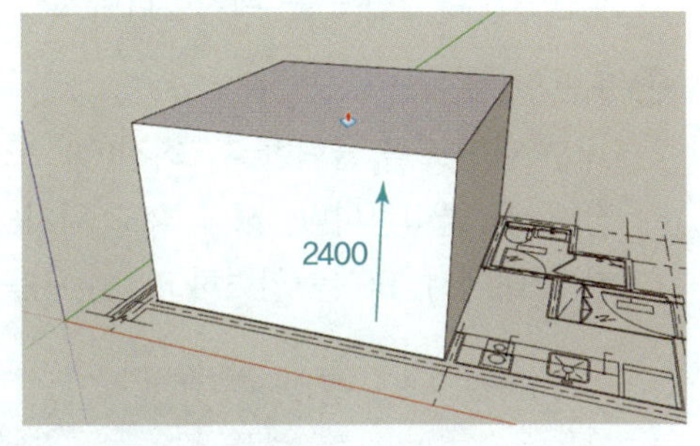

❾ 식탁과 주방이 위치한 벽면은 길이가 6500으로 작업범위가 넓고 가구가 많아 작업시간 관리에 부담이 될 수 있습니다. 창문을 정면으로 모델링하기 위해 벽면의 ①부분을 클릭하여 삭제합니다.

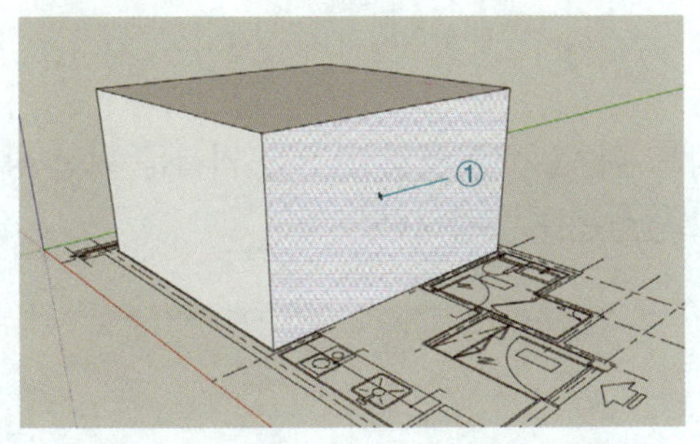 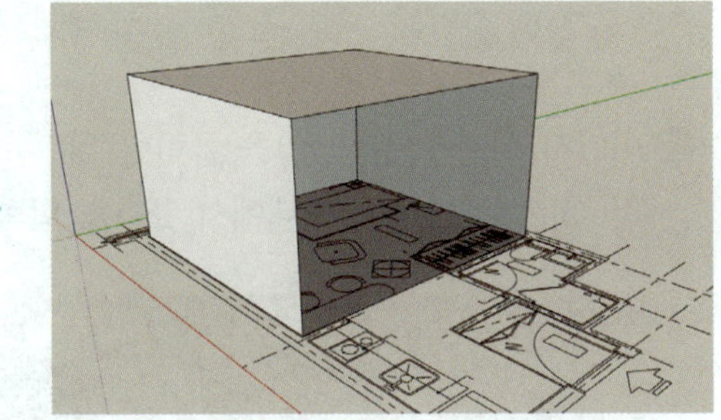

❿ 공간을 이루는 모든 면을 선택하여 반전시키고 그룹으로 지정합니다.

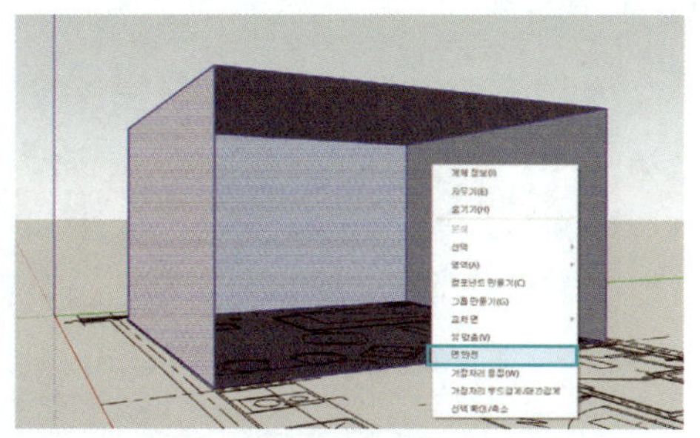 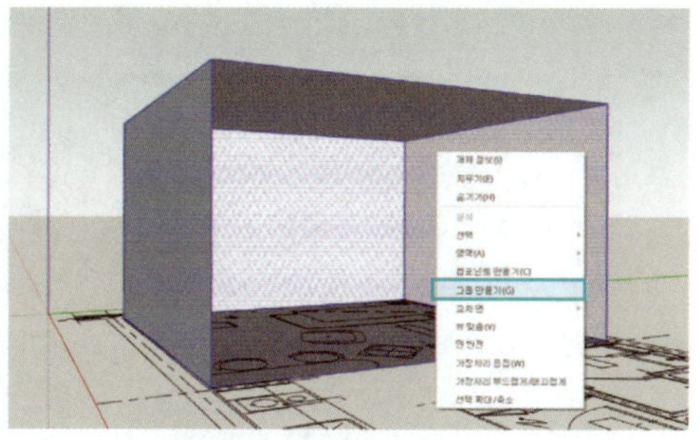

⓫ 공간 내부에 바닥 단차나 칸막이벽이 있는 경우, 단차를 맞추고 칸막이벽을 작성합니다. 본 공간에서는 현관에 단차, 주방에 칸막이벽이 있지만 작업영역에는 해당하지 않으므로 다음 단계인 '내부 입면도'를 배치합니다.

⓬ 도면 배치

'내부 입면도'를 클릭한 후 '회전(Q)' 도구를 누릅니다. 오른쪽 방향키(→)를 누르고, 회전 기준점(①)을 클릭합니다. 시작 각도 위치인 ②를 클릭한 뒤 커서를 회전 방향 ③지점으로 이동시킨 상태에서 '90'을 입력하고 Enter↵를 누릅니다.

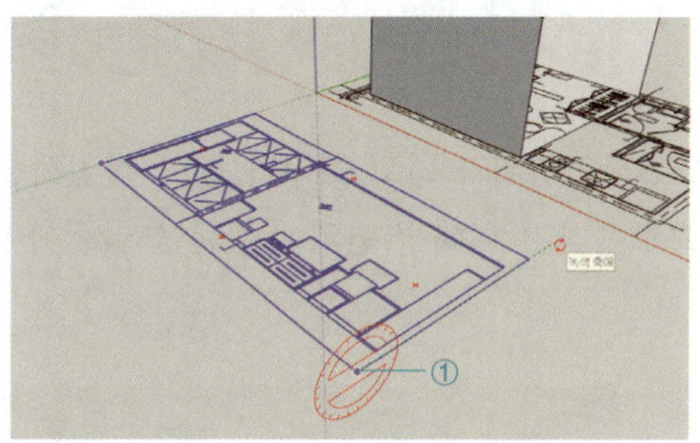 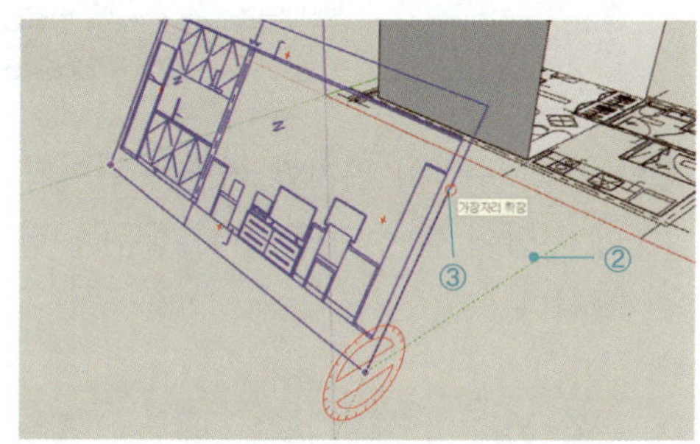

⓭ 이어서 회전 기준점(①)을 클릭한 뒤, 시작 각도 위치(②)를 클릭합니다. 커서를 회전 방향 지점(③)으로 이동한 상태에서 180을 입력하고 Enter↵를 누릅니다.

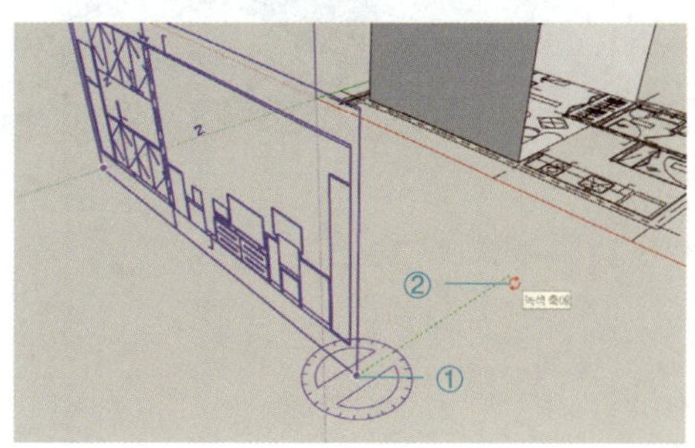 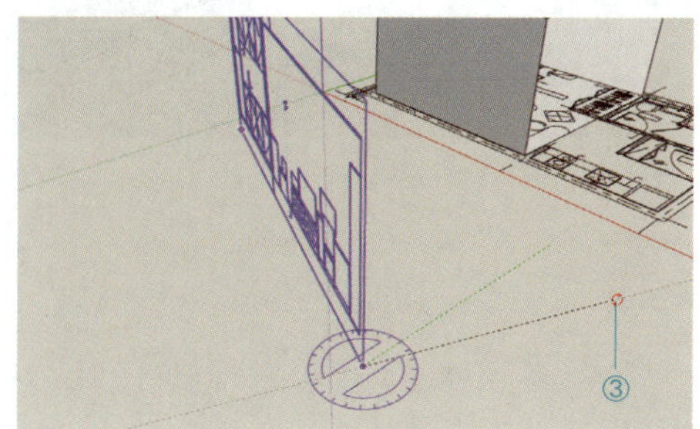

❹ 회전된 '내부 입면도'를 클릭한 후 '이동(M)' 도구를 누르고, Ctrl을 한 번 눌러 복사로 변경합니다. 복사 기준점(①)을 클릭하고 원룸 내부의 지점(②)을 클릭합니다(벽면에 배치하지 않은 입면도는 근처에 두고 삭제하지 않습니다).

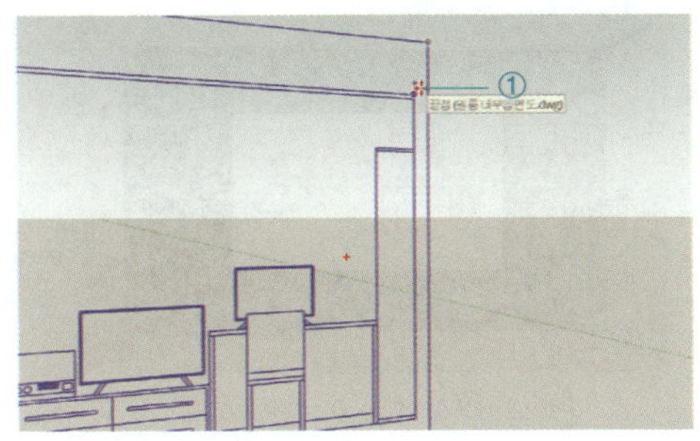
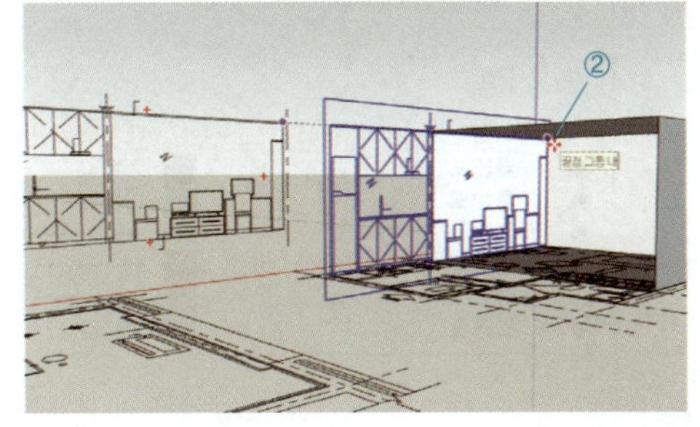

❺ 가져온 천장도를 클릭하고 '이동(M)' 도구를 누릅니다. 마감선(①)을 기준으로 하여 천장면 ② 지점에 배치합니다.

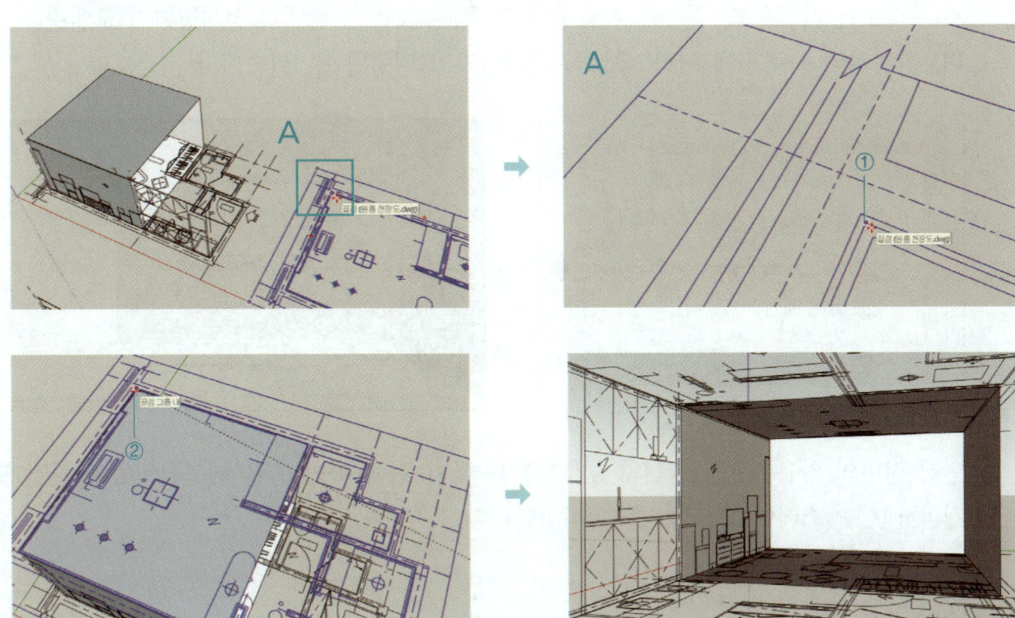

⑯ 현재 상태에서도 모델링은 가능하지만, 불필요한 중심선이나 기호가 보이지 않도록 태그를 설정하는 것이 좋습니다. 트레이의 '태그' 탭에서 '중심'과 '주석' 태그 옆의 눈 아이콘을 클릭하여 비활성화합니다.

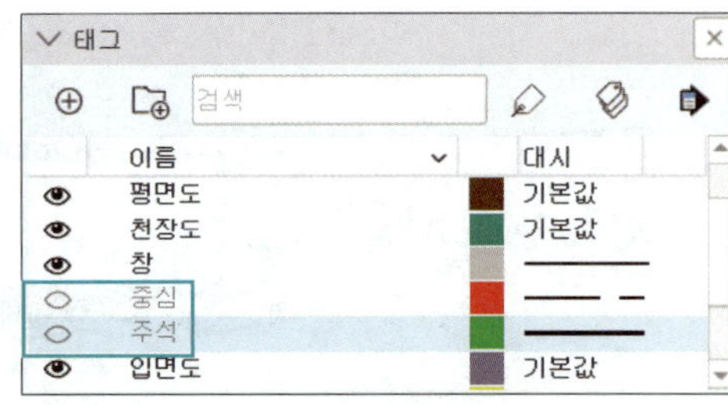

[중심, 주석 태그 Off]

[중심, 주석 요소를 숨긴 상태]

⑰ 내부 모델링

내부 모델링의 작업 범위는 사용자에 따라 다를 수 있습니다. 현재 원룸에서는 창문을 정면으로 바라보는 시점으로, 좌측에는 책상과 TV를, 우측에는 침대와 장식장까지 모델링을 진행하며, 작업자의 숙련도에 따라 중앙의 소파까지 모델링할 수 있습니다.

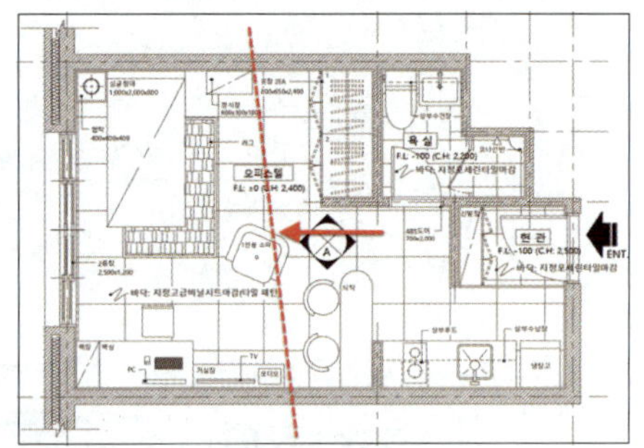

⑱ 먼저 정면의 창을 모델링합니다. 창 부분을 뚫기 위해 벽면 ①을 더블클릭하여 편집 모드로 전환하고, 엑스레이 모드(②)를 활성화합니다.

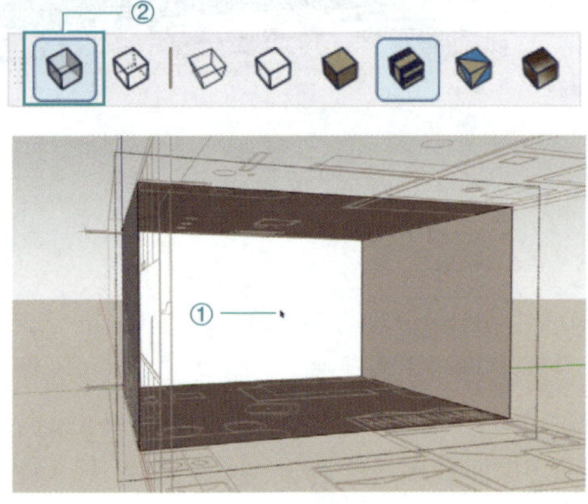

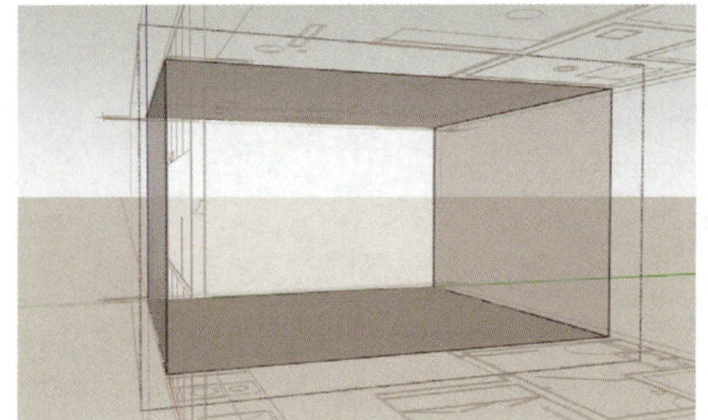

❶❾ '줄자(T)' 도구를 사용해 창의 크기를 측정하거나, 평면도 및 작성조건에서 창문의 가로·세로 크기를 확인합니다. (원룸창: 2500×1200)

'줄자' 도구로 공간의 모서리 ①지점을 클릭한 후, z축 아래쪽으로 커서를 이동시키고 100을 입력한 뒤 Enter↵를 누릅니다.

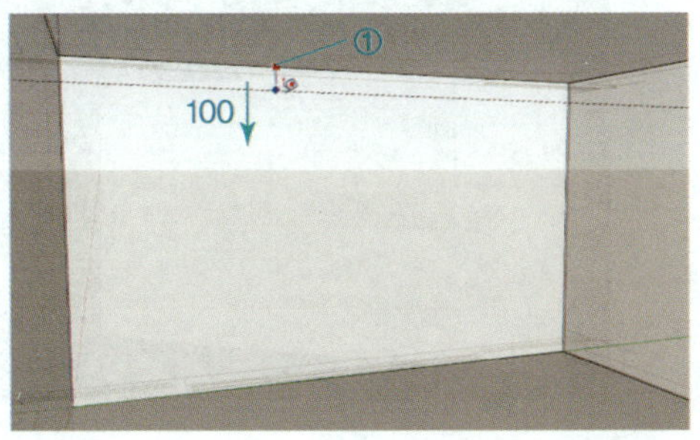

❷⓿ 이어서 '줄자(T)' 도구로 창문의 끝 지점(①)을 클릭하고 천장 끝 지점(②)을 클릭합니다.

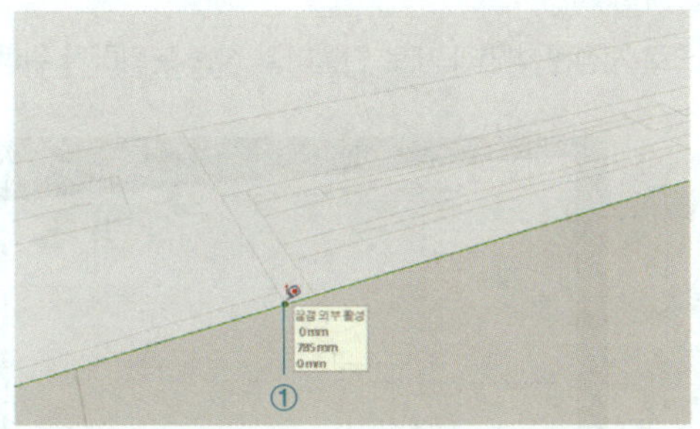
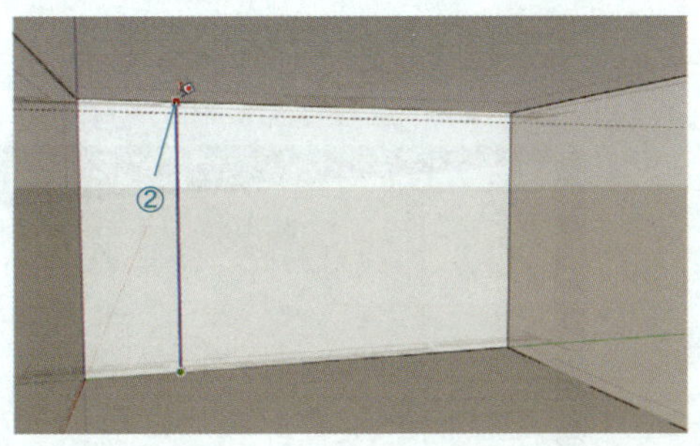

❷❶ '사각형(R)' 도구로 ①지점을 클릭한 후 가로 2500, 세로 1200을 입력하고 Enter↵를 누릅니다 (현재는 벽면의 편집 모드 상태입니다).

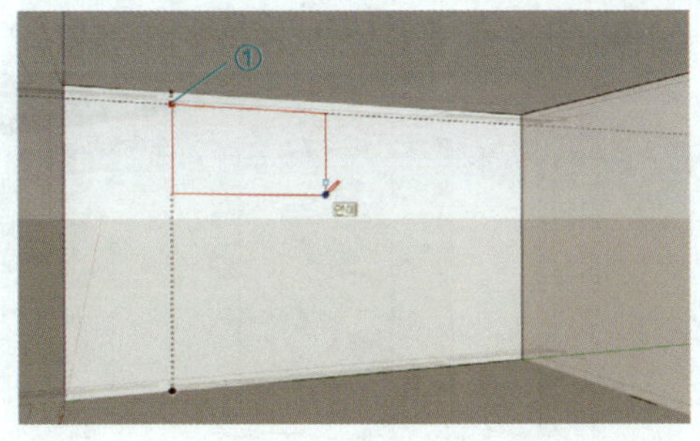
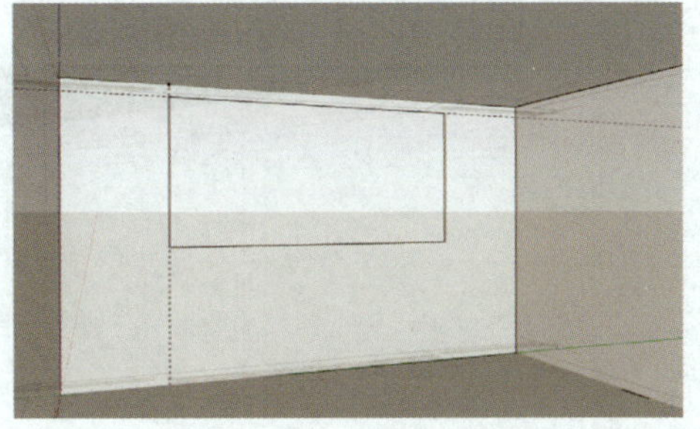

㉒ 면 ①과 안내선 ②, ③을 선택하여 삭제한 뒤, 엑스레이 모드(④)와 편집 모드를 해제(Esc)합니다.

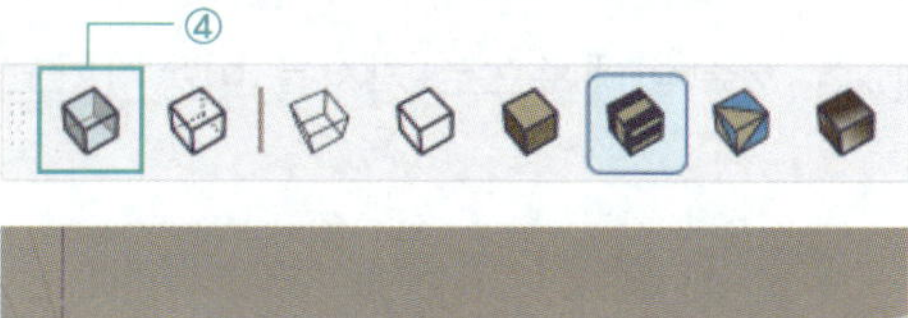

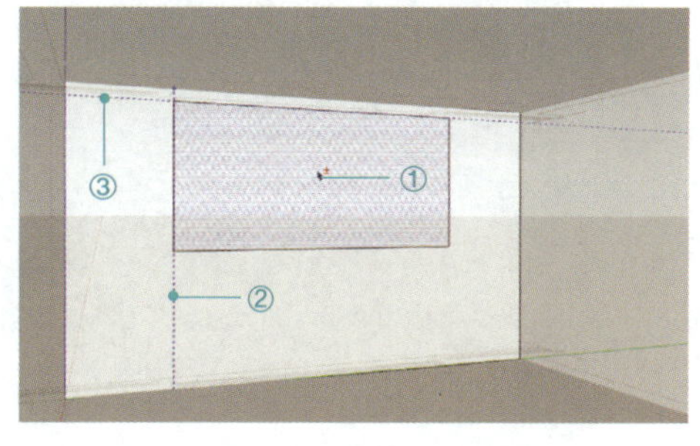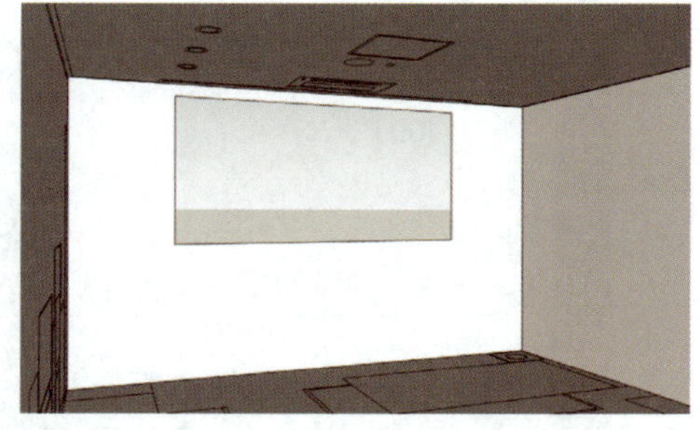

㉓ ①지점과 ②지점을 클릭해 사각형(R)을 그리고, '오프셋(F)' 도구를 사용해 틀 30, 창틀 80을 복사합니다.

* 창영역을 뚫어내고 다시 사각형을 작성한 이유는, 그룹으로 지정된 벽면과 새로 만들어질 창을 분리하기 위함입니다.

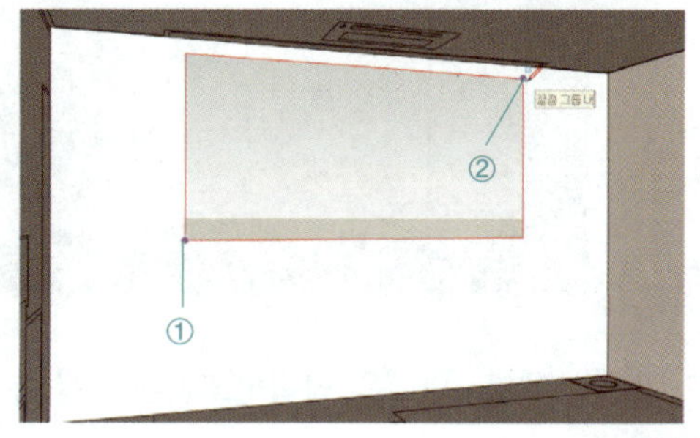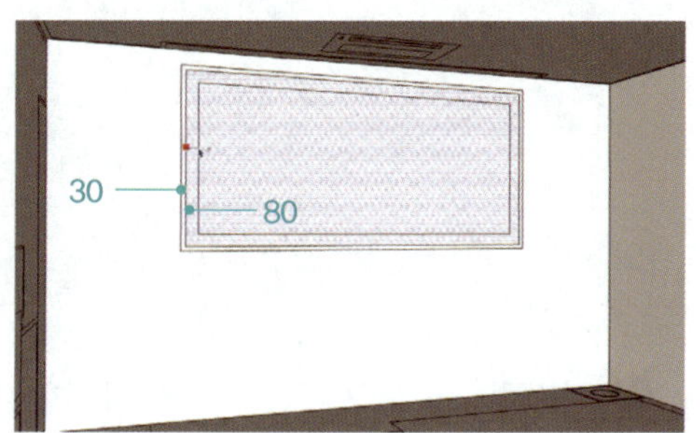

㉔ 중간점을 기준으로 선 ①을 그리고, 다시 중간점을 기준으로 선 ②, ③을 그립니다.

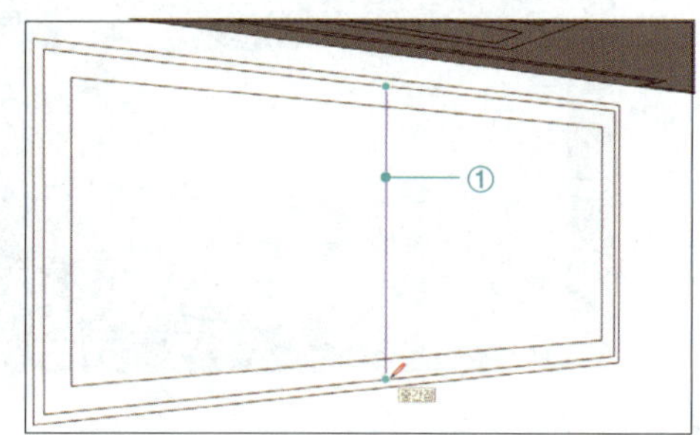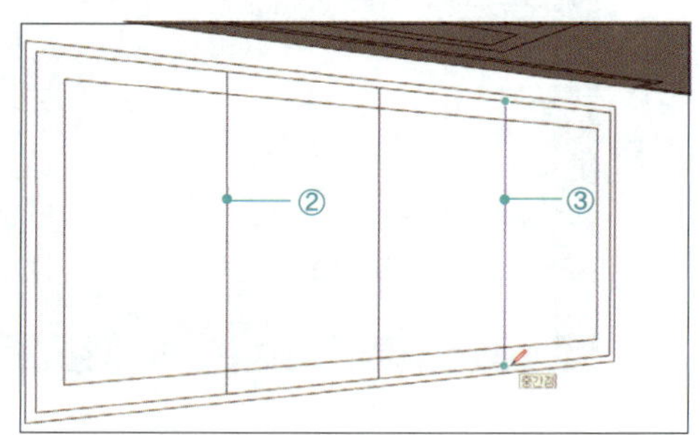

㉕ '이동(M)' 도구를 사용해 선을 복사한 후 편집합니다. 창의 프레임을 편집할 때는 평면도에서 그려진 창을 참고하여 안쪽과 바깥쪽의 위치를 확인합니다.

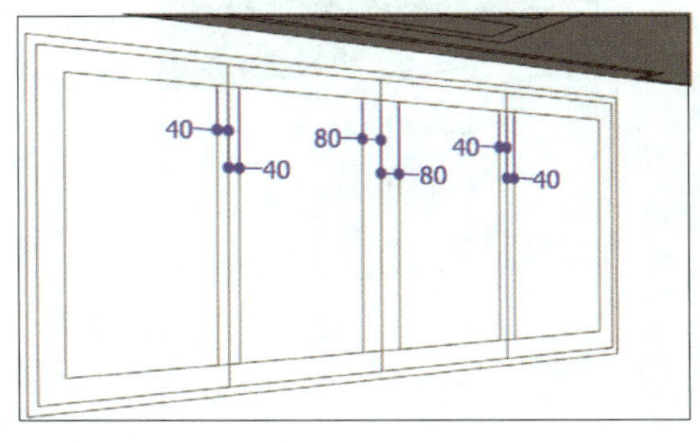

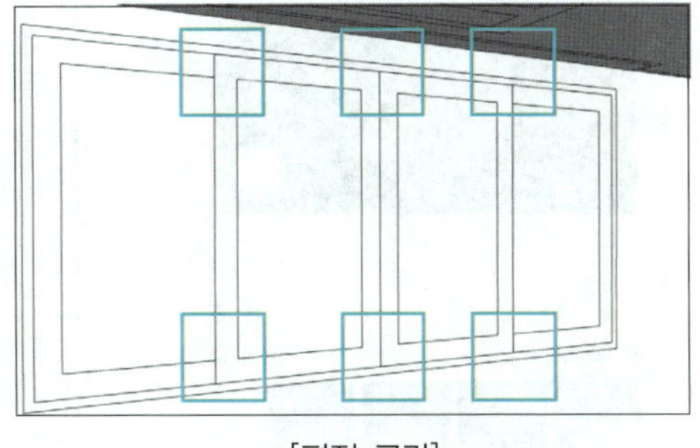

[편집 구간]

㉖ '밀기/끌기(P)' 도구를 사용해 틀 ①은 20, 창틀 ②와 ③은 안쪽으로 10만큼 끌어줍니다. 창틀 ④와 ⑤는 바깥쪽으로 20만큼 밀어내고, 유리 ⑥과 ⑦은 30만큼 밀어냅니다.

[틀 끌기 20]

[창틀 끌기 10]

[창틀 밀기 20]

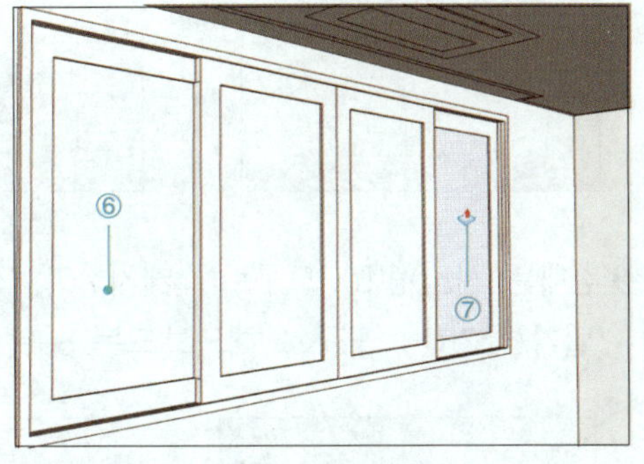

[유리 밀기 30]

㉗ 유리 부분에 재질을 넣고 그룹으로 지정합니다.

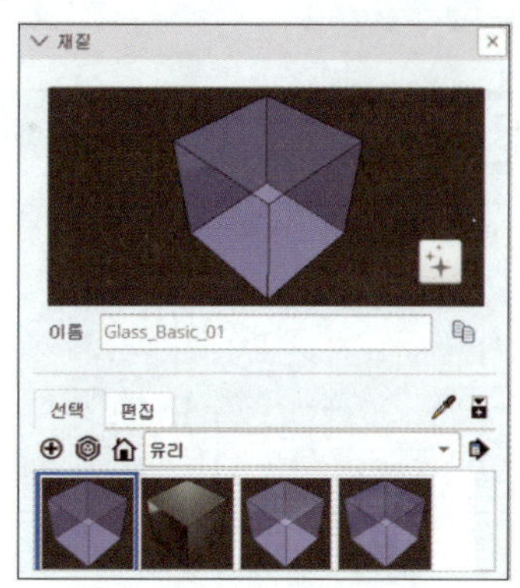

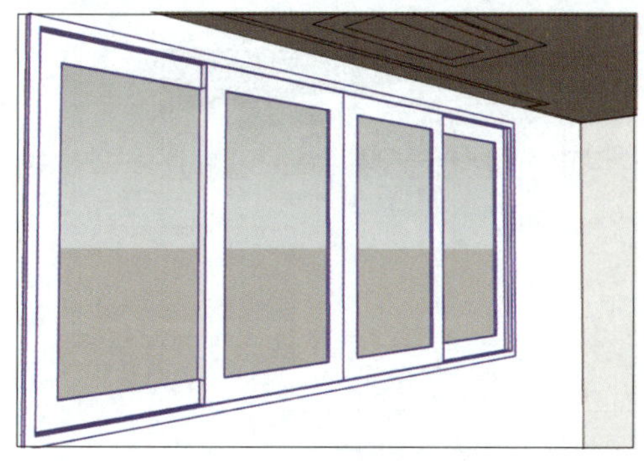

㉘ 협탁(①)은 높이 400으로 형태만 만들고 그룹으로 지정합니다. 위에 올릴 스탠드는 치수에 상관없이 자유롭게 원형이나 사각형으로 만들고 그룹으로 지정합니다.

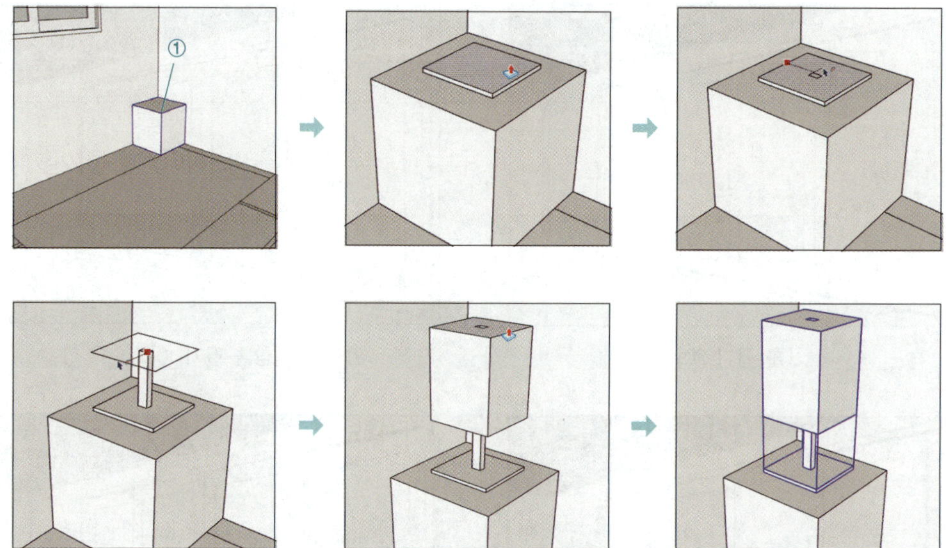

㉙ 침대는 '사각형(R)' 도구로 스케치하고, '선 그리기(L)' 도구로 헤드의 경계선(①)을 그려줍니다. '밀기/끌기(P)' 도구로 헤드보드는 800, 바닥틀은 200 정도 끌어주고 그룹으로 지정합니다.

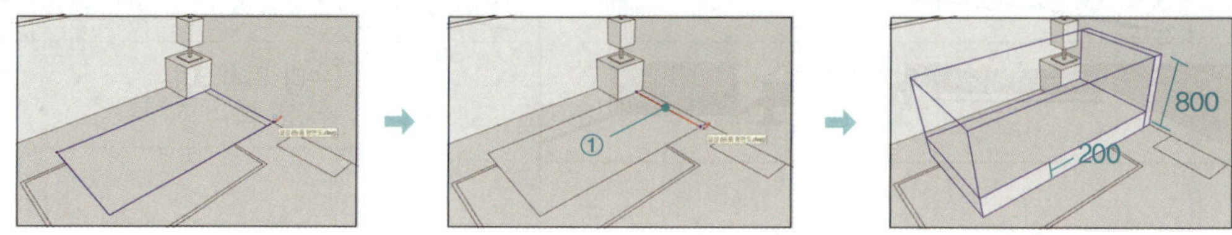

❸⓿ 바닥틀 모양에 맞춰 사각형을 덧그리고, '밀기/끌기(P)' 도구로 200만큼 끌어 그룹으로 지정합니다.

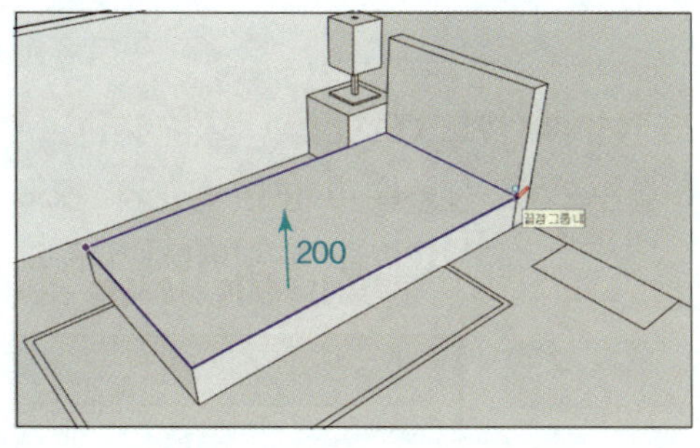
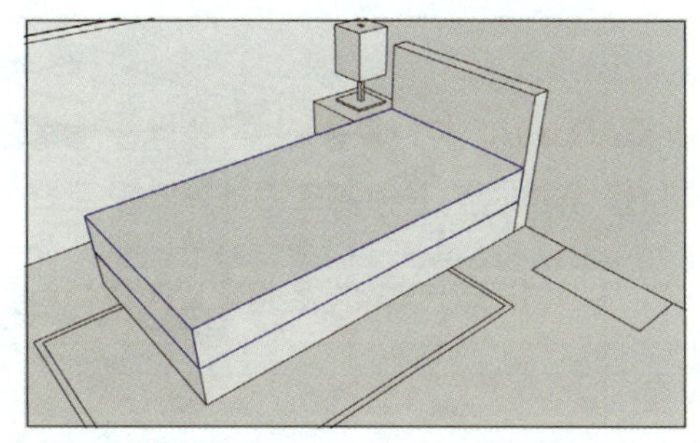

❸❶ 러그의 모양에 맞춰 사각형(①)을 그리고, '밀기/끌기(P)' 도구로 10 정도 끌고 그룹으로 지정합니다. 두께가 너무 얇으면 바닥면과 겹침 현상이 나타날 수 있습니다. 앞서 만든 침대는 z축 위로 10만큼 이동합니다.

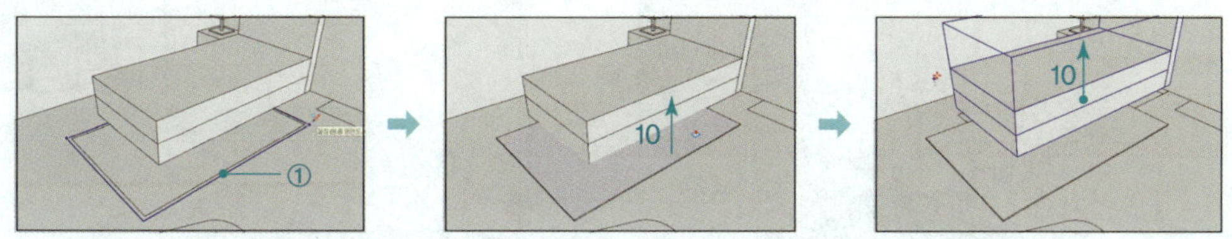

❸❷ 장식장은 입면도 정보가 없으므로 평면도를 참고해 사각형(①)을 그리고, 높이 1800으로 올려 줍니다.

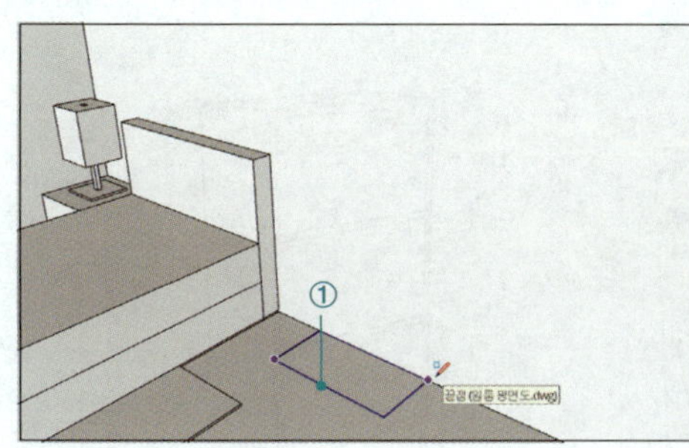
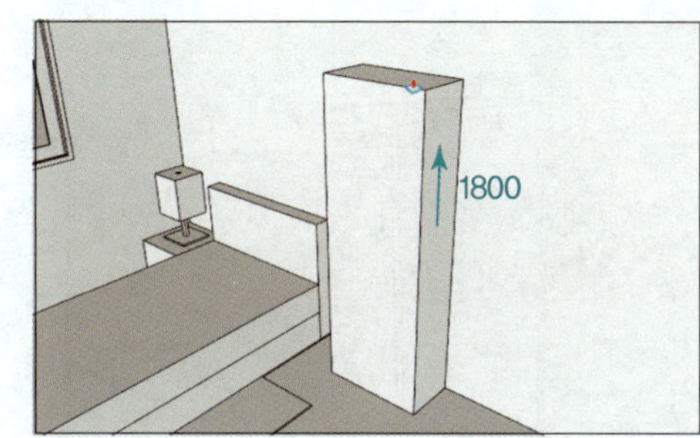

㉝ 입면도의 선을 사용하기 위해 근처에 복사해 둔 입면도를 분해합니다. 메시지가 나타나면 확인을 클릭합니다.

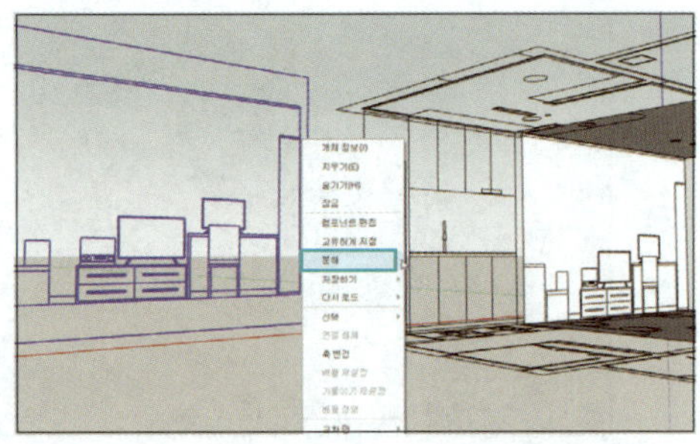

㉞ 평면도의 책장 위치에 맞춰 사각형을 그리고, 입면도의 높이로 끌어줍니다.

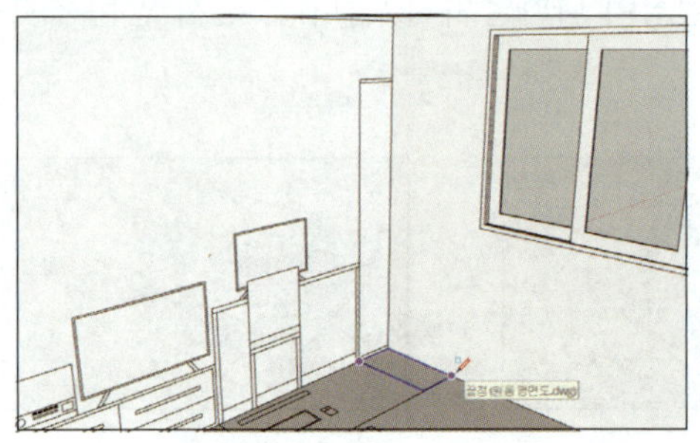 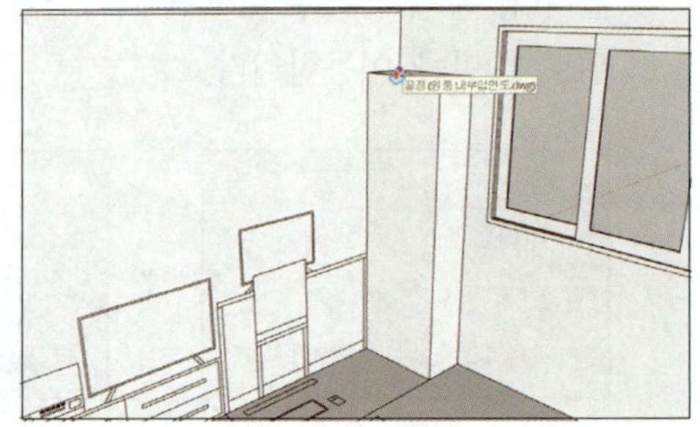

㉟ '오프셋(F)' 도구를 사용해 틀의 두께를 20으로 설정하고, 상단의 선 ①, ②를 선택해 320 간격으로 선반을 5개 복사합니다. 책장 선반의 높이는 300 내외로 자유롭게 구성하면 됩니다.

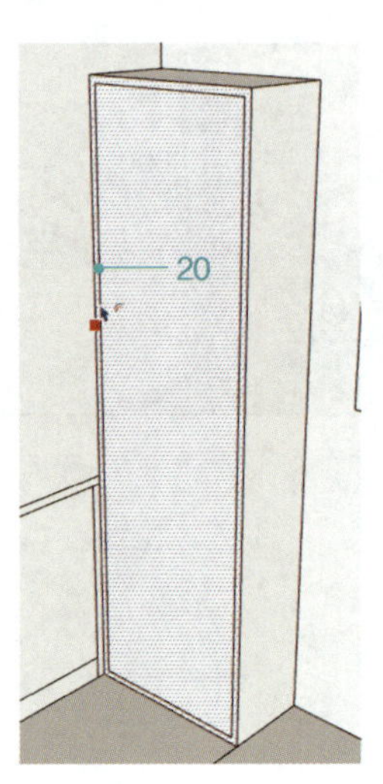 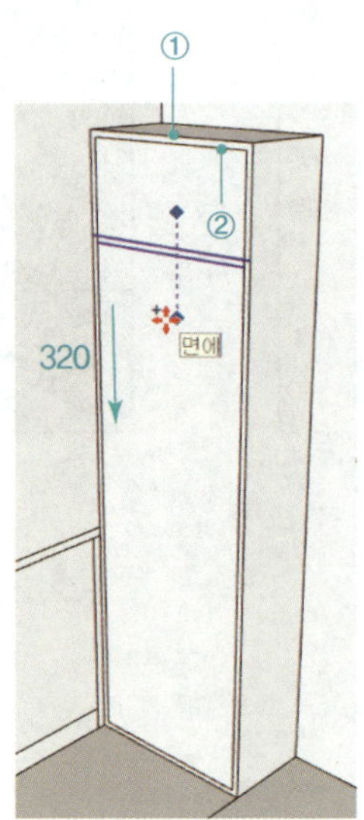 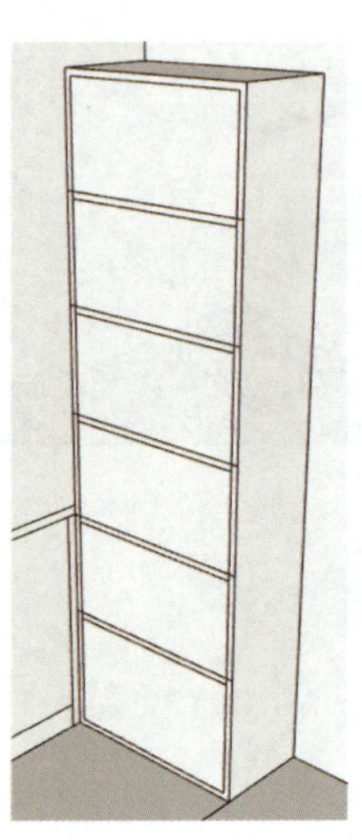

㊱ 교차된 선은 '지우개(E)' 도구로 삭제하고, 280만큼 밀어 수납공간을 만듭니다. 완성된 장식장은 그룹으로 지정합니다.

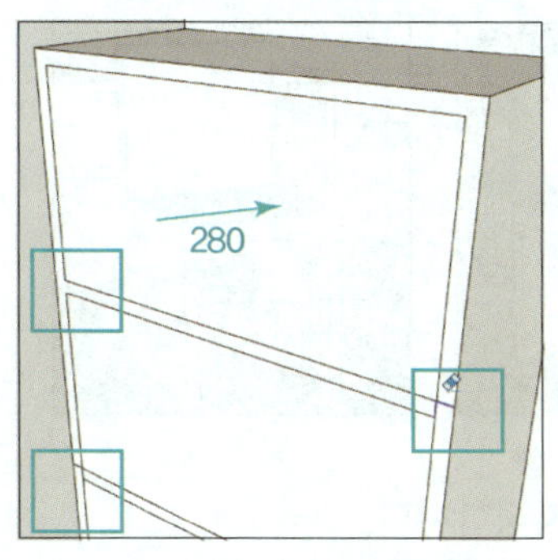

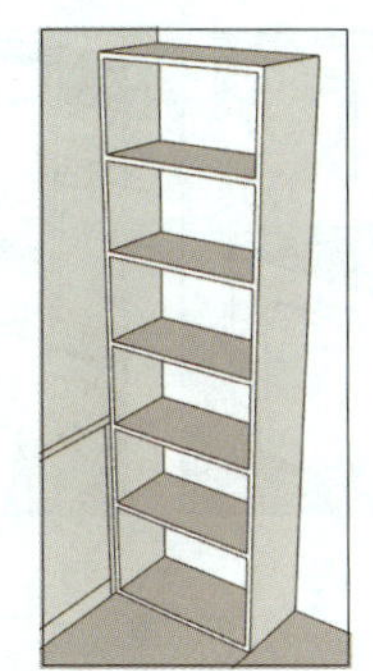

㊲ 입면도를 참고하여 책상의 상판과 다리의 형태를 사각형으로 덧그리고, 평면도에서의 위치만큼, 즉 ①지점까지 끌어줍니다. 완성된 책상은 그룹으로 지정합니다.

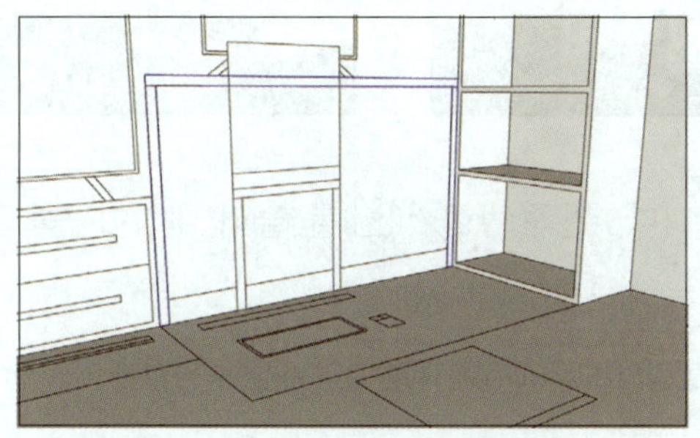

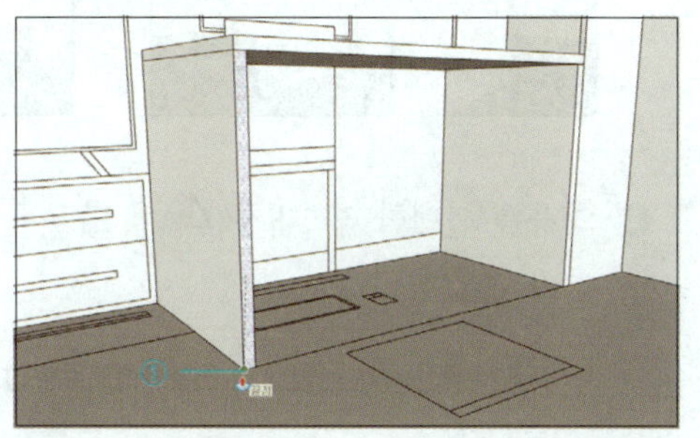

㊳ 평면도의 의자 위치에 맞춰 사각형(①)을 그리고, 입면도의 ②지점까지 끌어줍니다. 이때 그룹으로 지정하지 않습니다. 복사한 입면도(③)에서 의자의 선을 복사해 붙여 넣습니다.

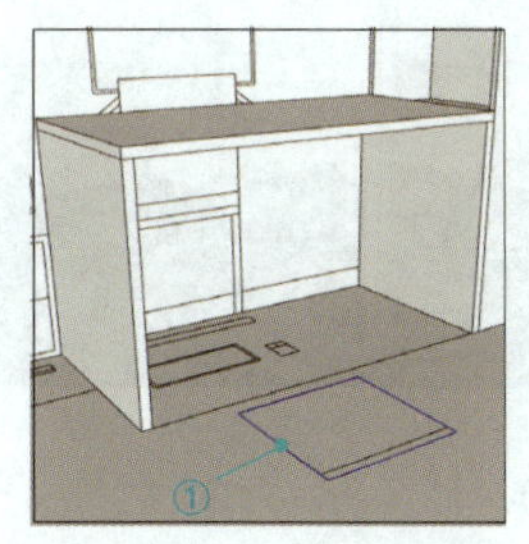

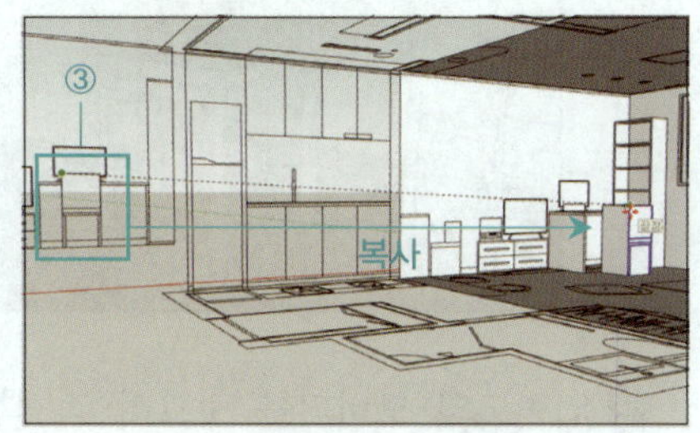

㉟ 면 ①은 등받이 두께를 남기고 370, 면 ②는 끝까지 밀어 의자의 형태를 만듭니다. 다리 부분에 있는 불필요한 선 ③, ④는 삭제합니다.

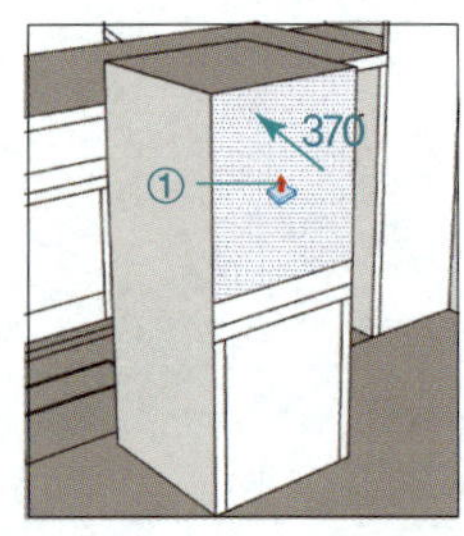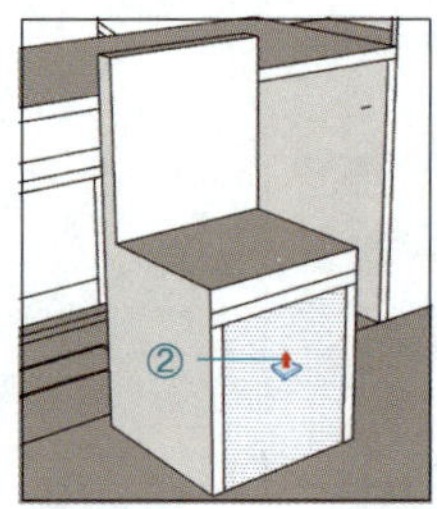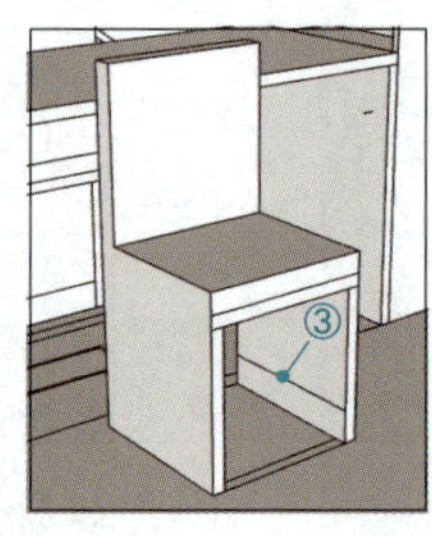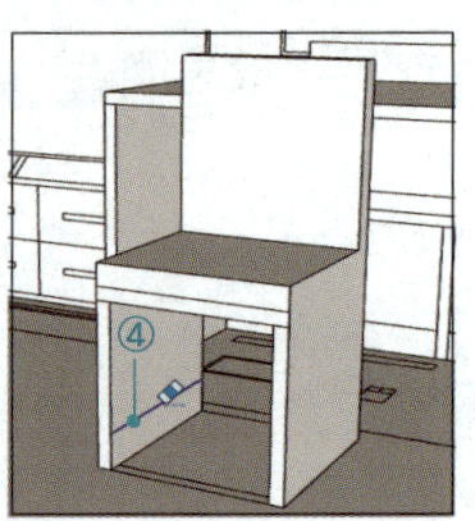

㊵ 의자 다리의 두께를 약 30 정도로 만든 후 그룹으로 지정합니다.

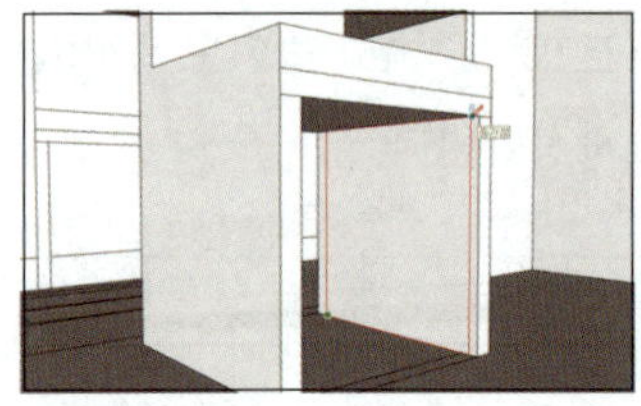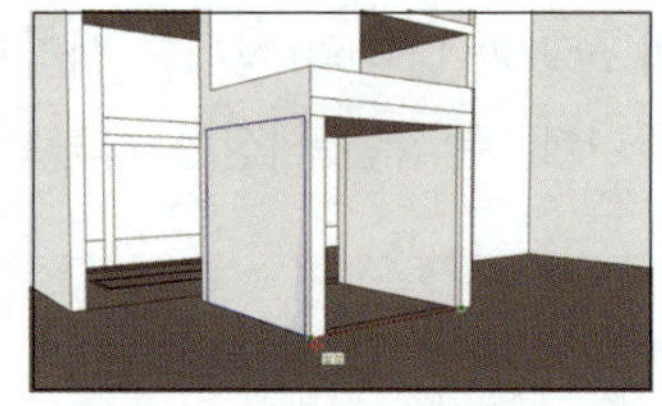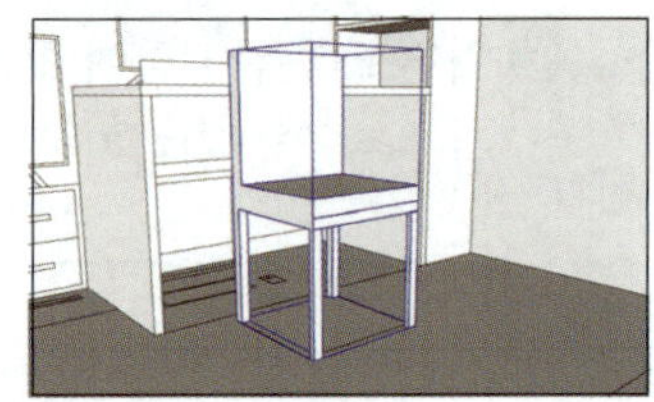

㊶ 의자를 선택한 후 '대칭(△)' 도구를 클릭합니다. 왼쪽 방향키(←)를 눌러 대칭이동하고 Esc 를 눌러 종료합니다.

  * 의자는 평면도의 선만으로 만들어도 무방합니다. 모델링의 모든 과정은 학습자의 취향과 경험에 따라 달라질 수 있습니다.

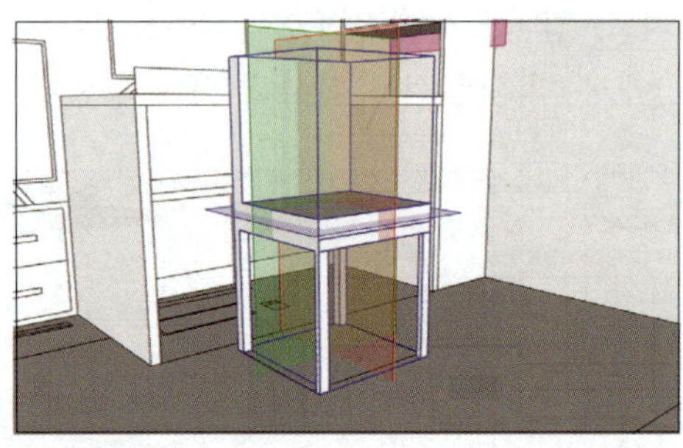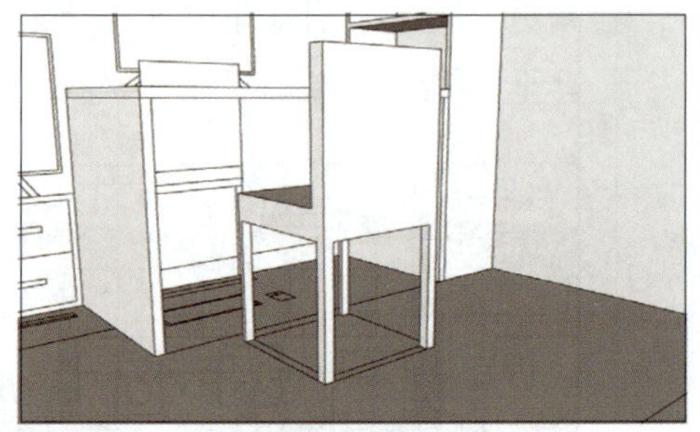

㊷ 입면도의 모니터를 덧그려 적절한 두께로 형태를 만들어줍니다.

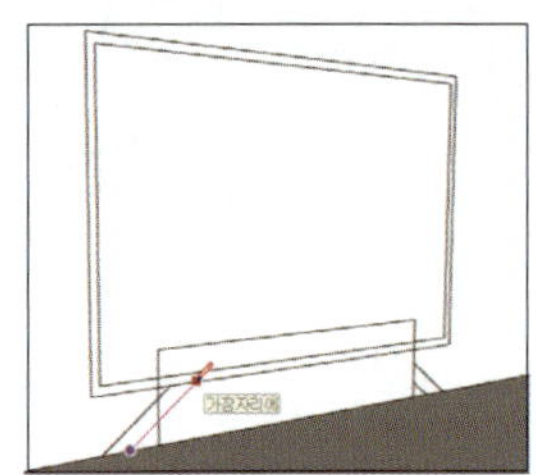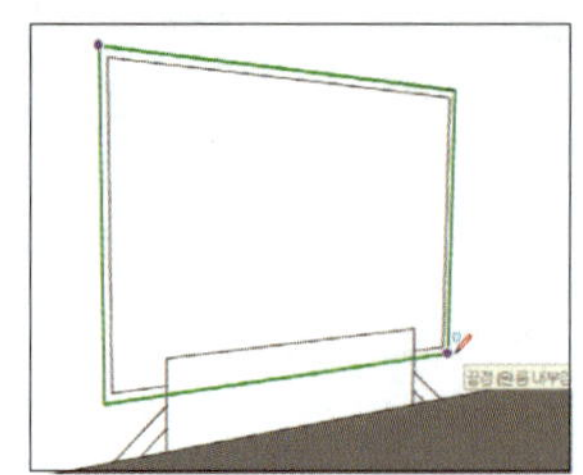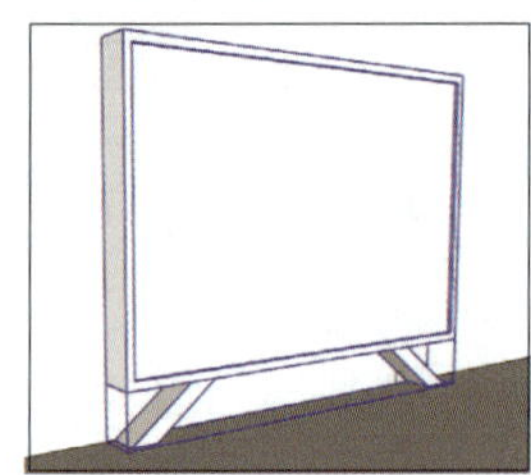

43 평면도에서 TV장 위치에 맞춰 사각형(①)을 그리고, 입면도의 높이 ②지점까지 끌어올립니다.

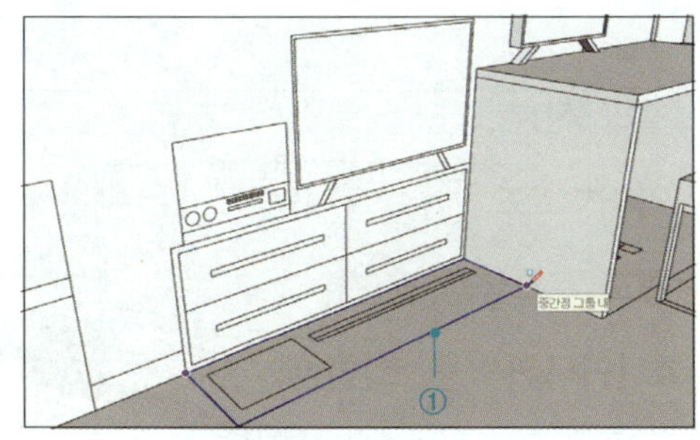
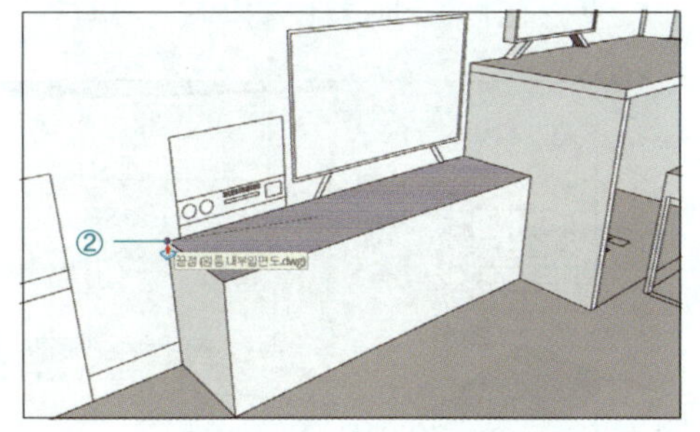

44 복사한 입면도에서 TV장의 선(①)을 복사해 붙여 넣습니다. 중간 홈(②) 부분만 사각형으로 한 번 더 덧그려 면을 만들고 20 정도 밀어 그룹으로 지정합니다.

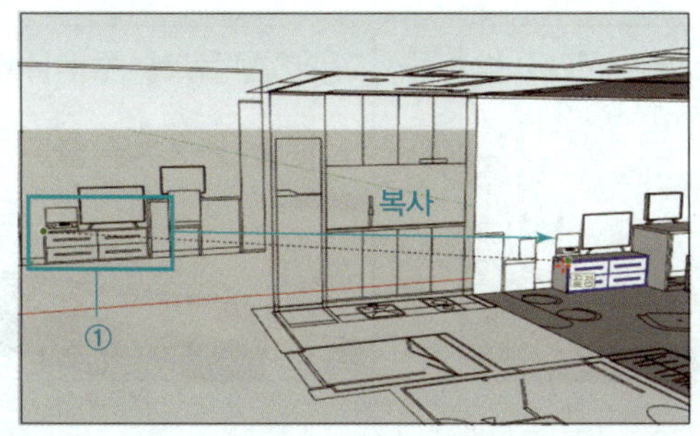

45 오디오와 TV도 동일한 과정으로 모델링합니다. 엑스레이 모드(①)를 활성화한 후, 입면도의 윤곽을 덧그리고 평면도에서의 크기로 밀고 끌어 형태를 만듭니다.

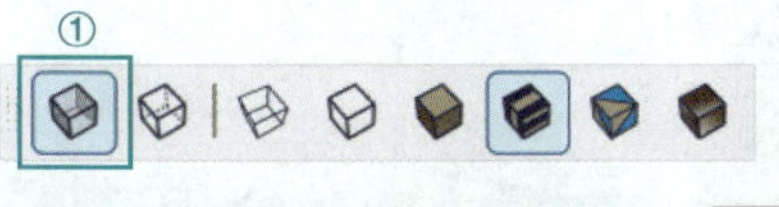

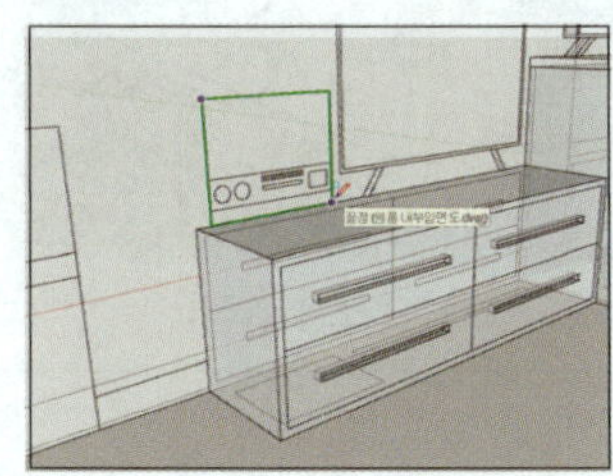

[입면도의 윤곽 그리기]

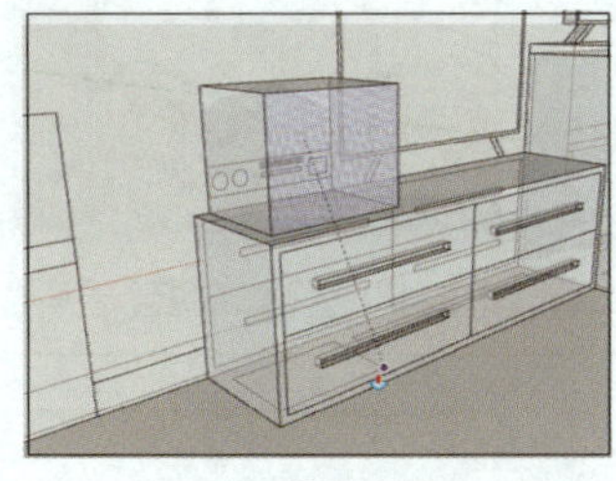

[앞부분까지 끌기]

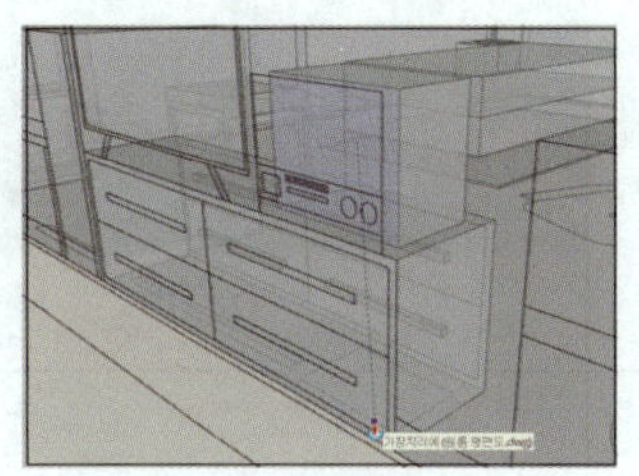

[뒤편까지 밀기]

㊻ 엑스레이 모드를 끄고 복사한 입면도에서 오디오의 선(①)을 복사해 붙여 넣습니다. 선을 추가로 그려 오디오를 표현하고 그룹으로 지정합니다.

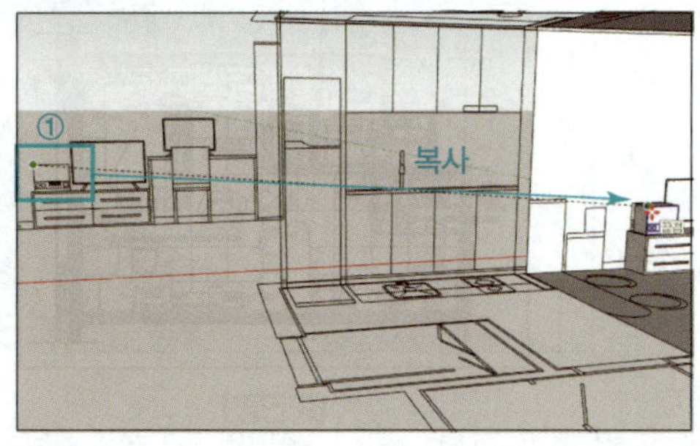
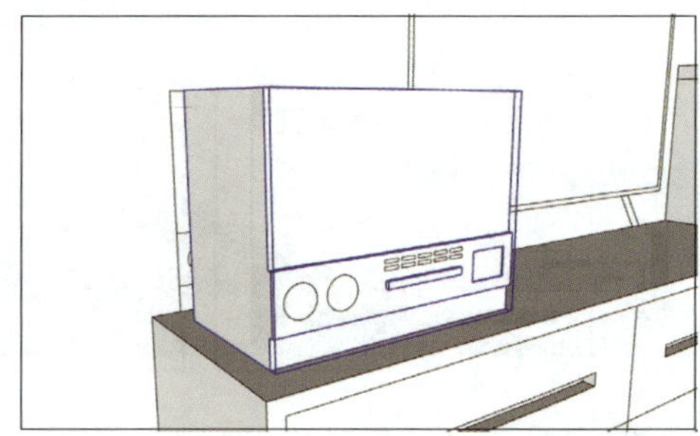

㊼ 입면도의 TV를 덧그려 적절한 두께로 형태를 만들어줍니다.

TIP TV는 앞서 만든 모니터를 '축척(S)' 도구를 사용해 편집해서 만들어도 됩니다.

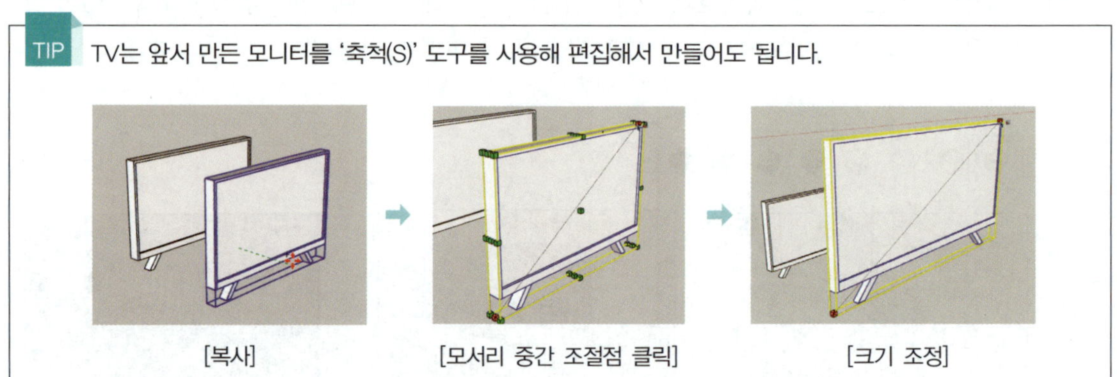

48 천장 모델링

천장의 조명과 설비는 도면의 모양을 그대로 사용할 수 있지만, 덧그려서 진행합니다. 매입등은 하나만 만들어서 복사하고 각각 그룹으로 지정합니다.
(끌기 두께 기준: 직부등 50, 매입등 10, 소방설비 20, 에어컨 10~20)

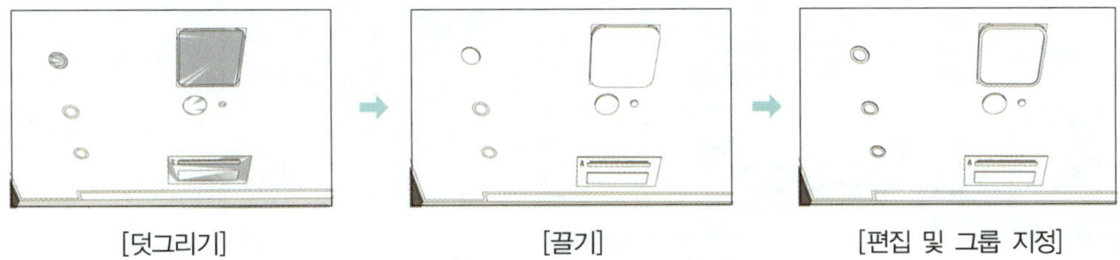

[덧그리기]　　　　　[끌기]　　　　　[편집 및 그룹 지정]

49 천장면(①)을 더블클릭해 편집모드로 전환합니다. 커튼박스 모양으로 사각형(②)을 그리고, '밀기/끌기(P)' 도구로 50~100만큼 밀어냅니다. 편집 모드 상태는 계속 유지합니다.

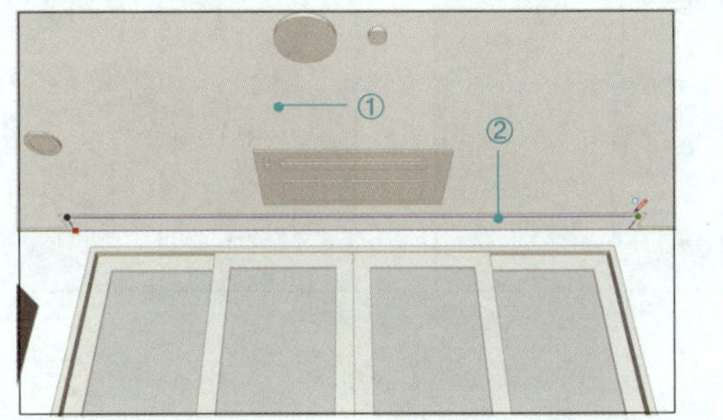

50 평면도(①)를 더블클릭하여 편집모드로 전환합니다. 소파의 원형 단추를 제외한 나머지 선을 선택한 후 Ctrl + C를 눌러 복사하고, Esc를 눌러 편집모드를 종료합니다.

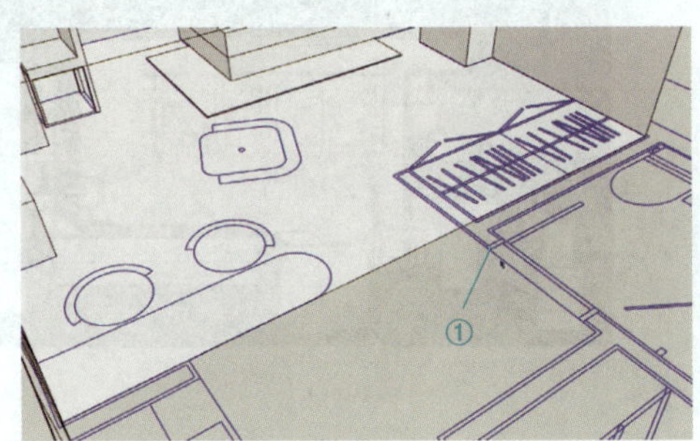
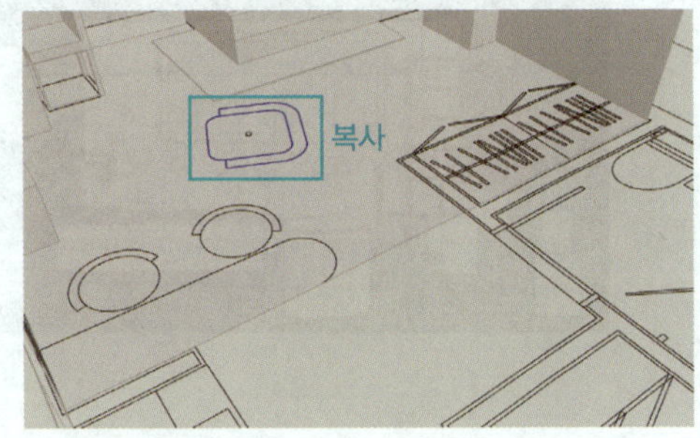

51 메뉴의 [편집](①)에서 '특정 위치에 붙여넣기'(②)를 클릭합니다. 면을 추가하기 위해 특정 부분에 선(③)을 덧그리고 면이 추가되는지 확인합니다. 이후 선 ③은 삭제합니다.

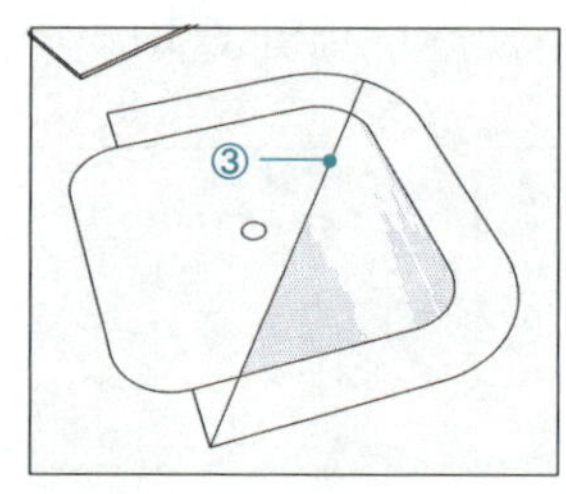

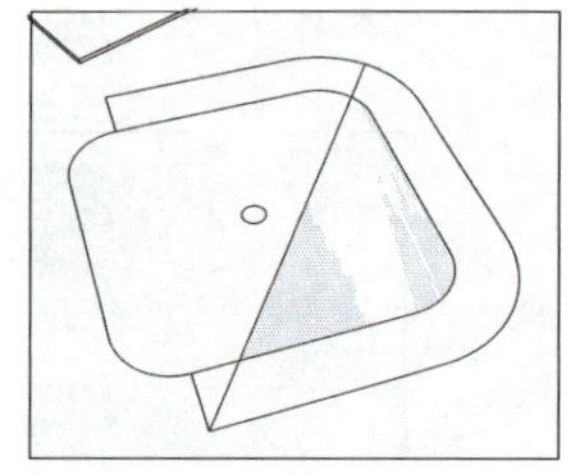

52 등받이는 550~600, 좌방석은 350~400 정도 올려 소파를 만들고 그룹으로 지정합니다.

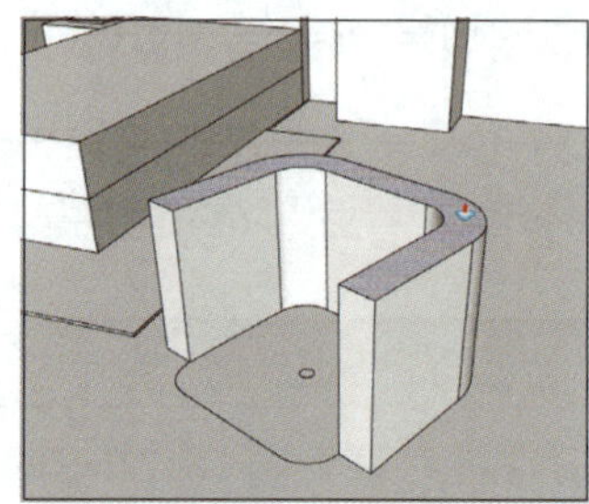

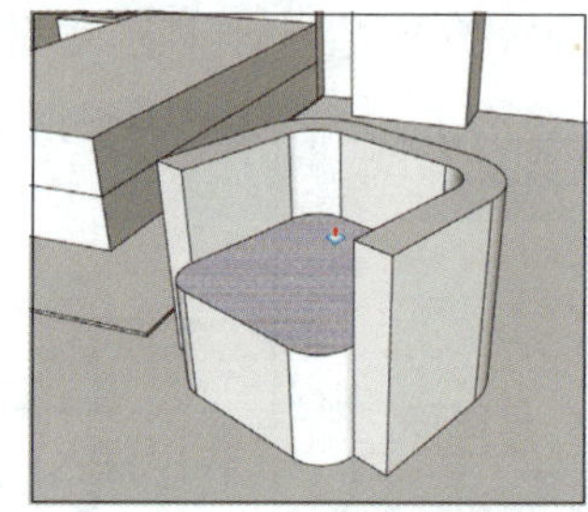

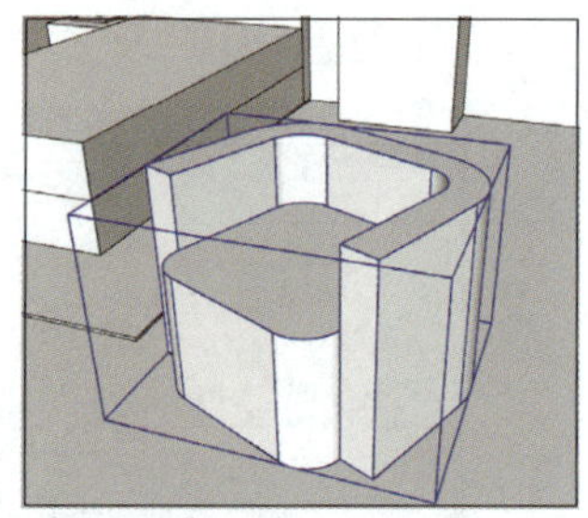

53 세부 모델링

대략적으로 완성된 모델은 남은 시간과 개인 역량에 따라 디테일을 보완하거나 장식장에 소품 등을 추가하는 것도 좋습니다. 가급적 디자인 의도와 연관되도록 수정합니다.

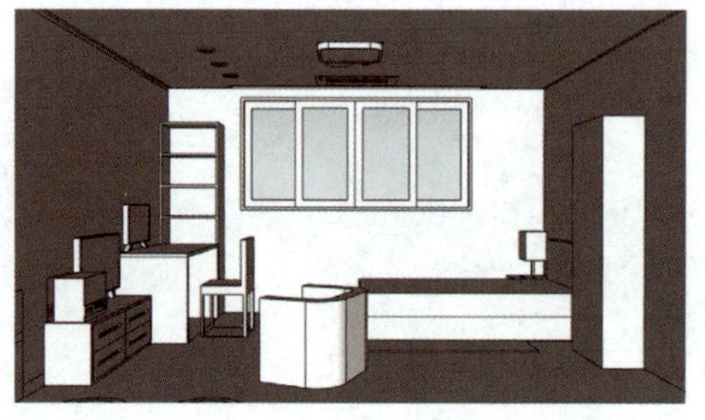

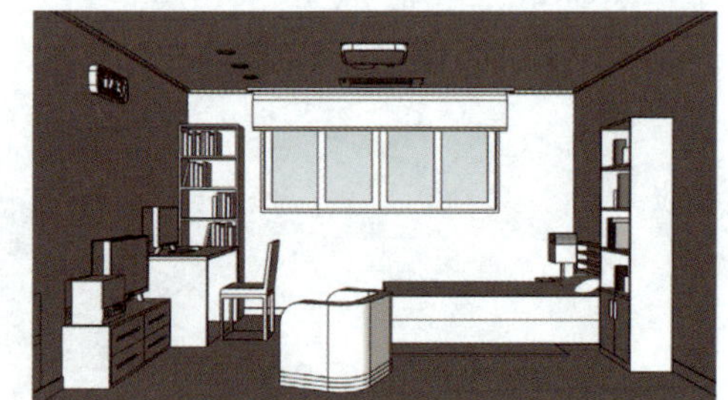

 블라인드/커튼/화분(플랜트 박스) 작성

1. 블라인드

커튼박스의 여유공간에서 ①지점부터 ②지점까지 사각형을 그리고, 두께를 10 정도 적용합니다. 이후 '이동(M)' 도구를 사용해 이동 및 복사로 표현합니다.

[벽면에 사각형 그리기]

[두께 10 적용]

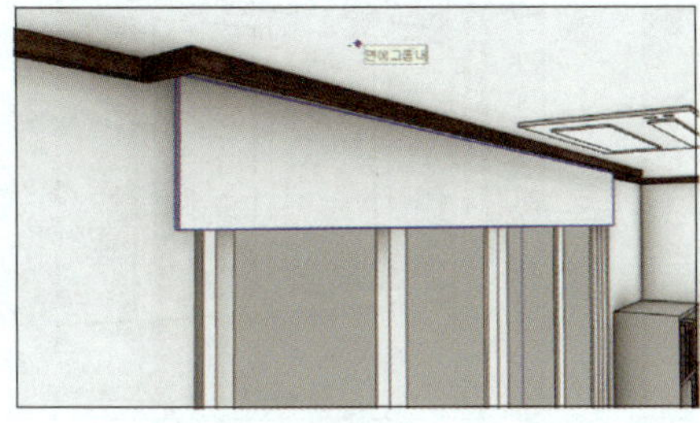

[안쪽으로 이동]

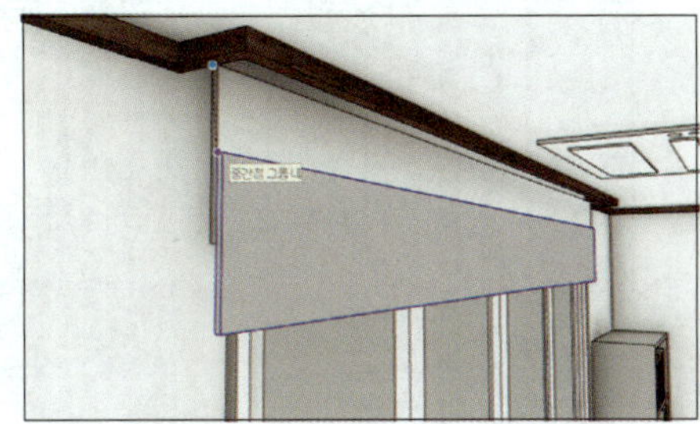

[복사]

2. 커튼

① 빈 공간의 바닥면에 R50의 원을 그립니다. 중심점을 기준으로 축방향으로 여유 있게 선 2개를 그리고 벗어난 부분은 삭제합니다.

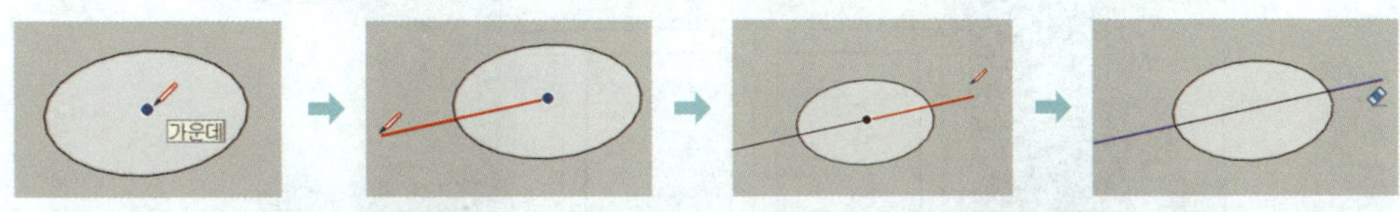

② 선의 끝점을 기준으로 4~5개 정도 복사하고, 반원을 교차하면서 삭제합니다. 남은 호를 모두 선택하여 '오프셋(F)' 도구로 간격 5 정도로 복사합니다.

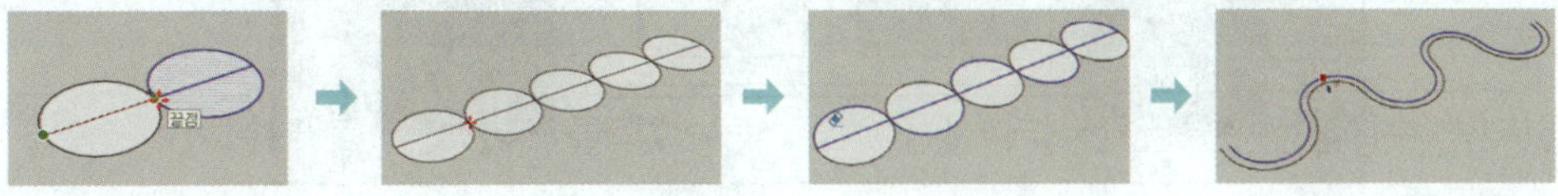

③ 양 끝을 확대해 선으로 닫아줍니다. 면이 만들어지면 창의 높이보다 200 정도 높게 끌고 그룹으로 지정합니다. 현재 작업 중인 창 높이가 15000이면, 커튼 높이는 1700으로 만들어줍니다.

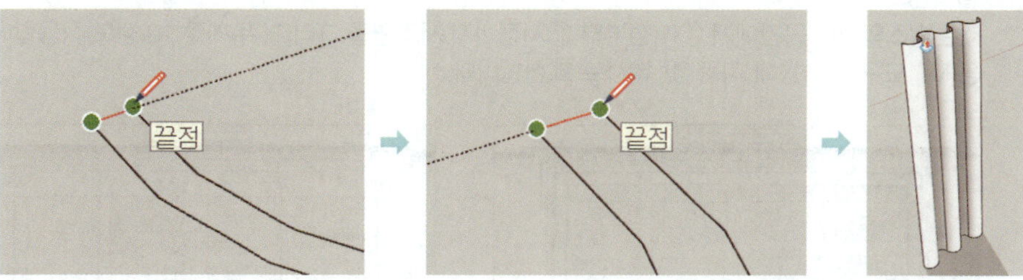

④ 커튼을 창의 한쪽 끝에 보기 좋게 배치한 후, '축척(S)' 도구로 중간 면의 그립을 밀어 좁게 만들어줍니다. 모양이 잡히면 반대편에도 복사하여 마무리합니다. 겹침 길이가 부족하면 '이동(M)' 도구로 복사합니다.

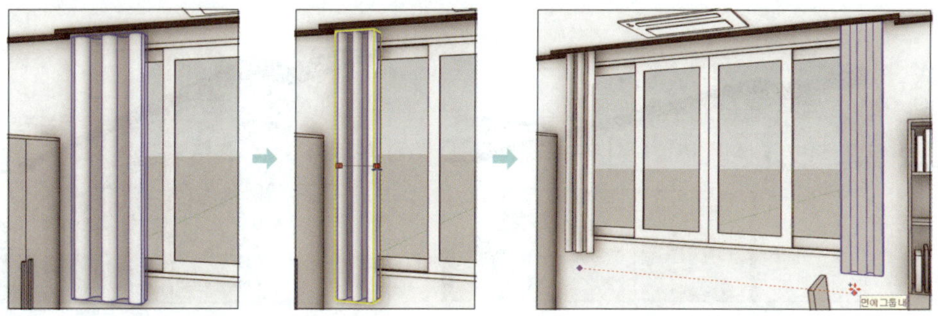

⑤ 동일한 커튼을 1개 더 복사한 후 패브릭 재질을 적용한 상태입니다.

3. 화분(플랜트 박스)

① 작성할 화분의 비율을 고려하여 박스를 만들고, 그룹으로 지정합니다.

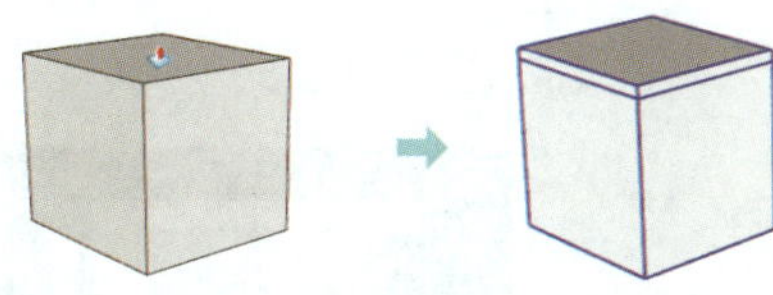

② 호와 선을 그려 면을 작성한 후 ①지점에 원을 그립니다.

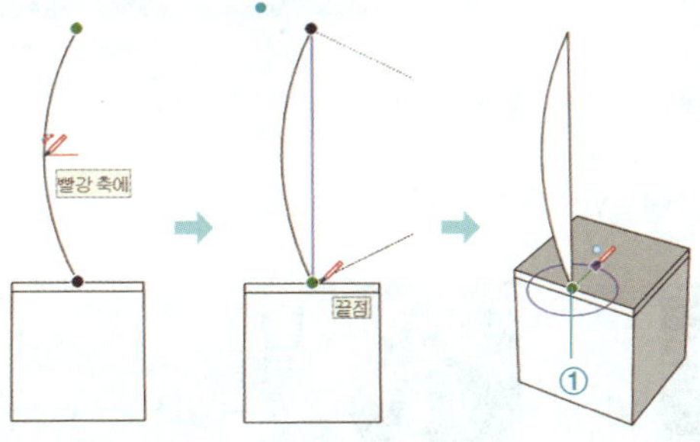

③ 경로가 될 원(①)을 클릭하고 '따라가기' 도구( )를 클릭합니다. 이후 면(②)을 클릭하면 회전체가 만들어집니다. 결과물은 그룹으로 작성합니다.

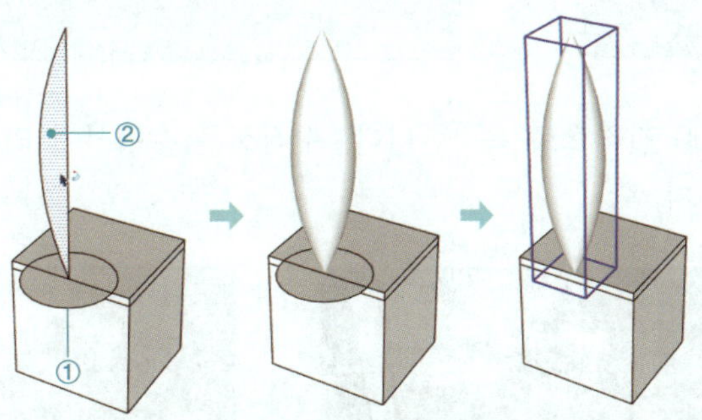

④ 회전체를 복사한 뒤 '배율(S)' 도구( )로 크기를 자연스럽게 수정합니다. 재질은 'Ground' 계열을 적용합니다.

[재질 – Soil_04_1K]

(54) 평면도, 내부 입면도, 천장도를 삭제하거나 태그를 모두 Off합니다. 참고 도면을 삭제하거나 태그 Off 시점은 사용자에 따라 다를 수 있습니다.

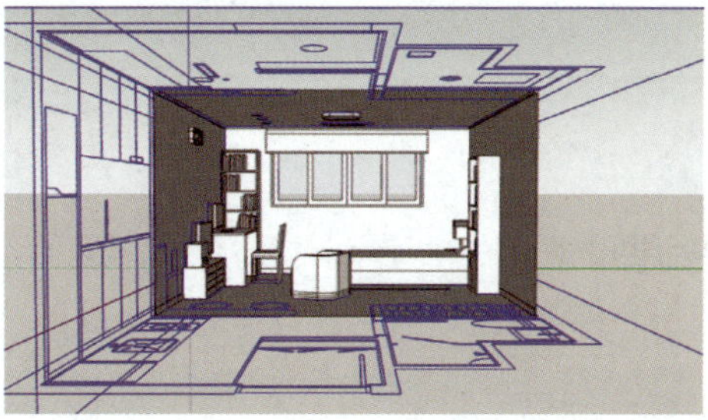

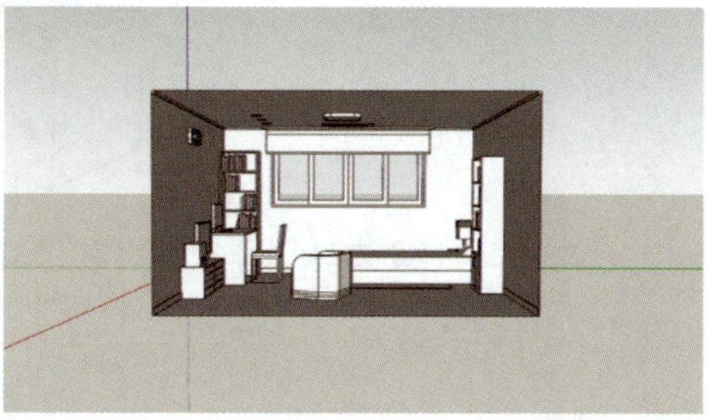

(55) 바닥에 패턴을 만들기 위해 선(①)을 그린 후, 600 간격으로 복사합니다.

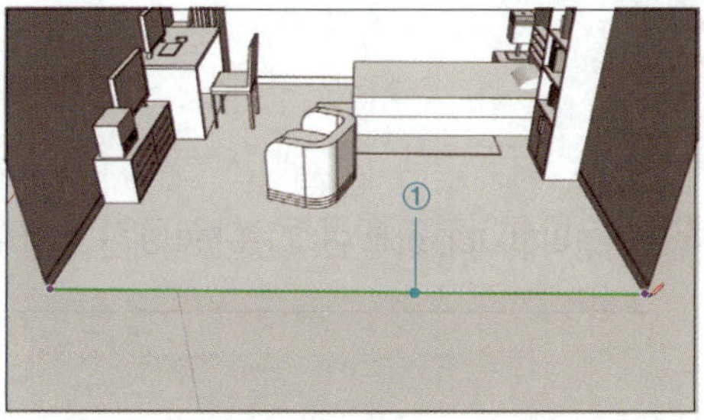

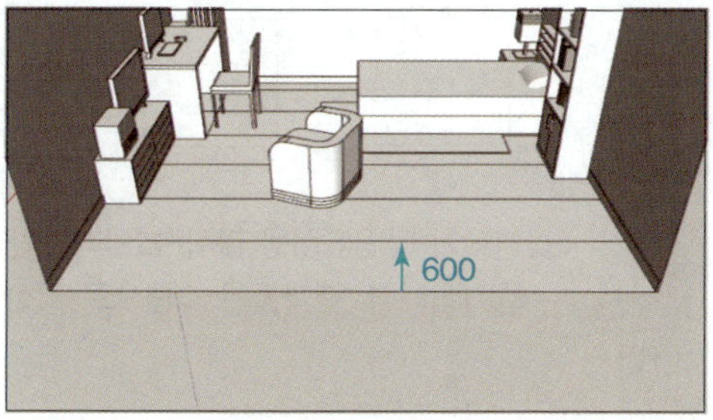

(56) 수직선(①)을 한 번 더 그리고 600 간격으로 복사합니다. 수직선은 수평선에 의해 분할되어 있으므로 Shift 를 눌러 선택합니다.

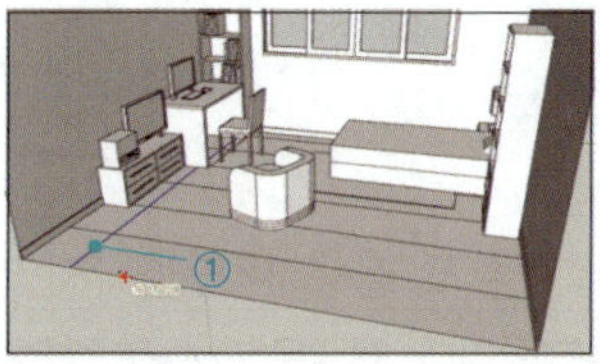

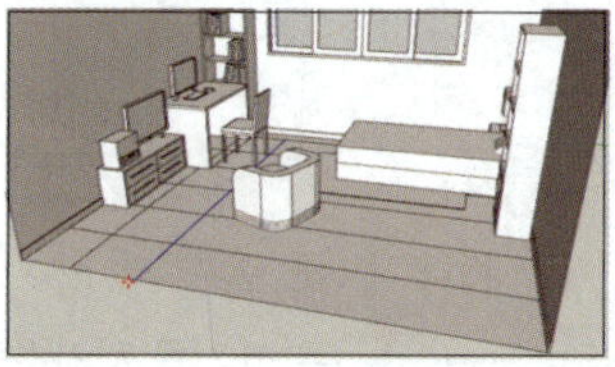

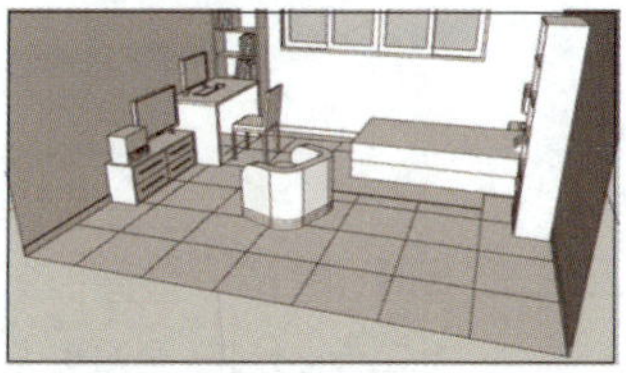

Section **05** **재질 및 환경요소 적용**

재질은 면적이 큰 천장, 벽, 바닥에 채도가 높지 않은 컬러를 우선 적용한 후 몰딩과 주요 가구순
으로 작업을 진행합니다.

* 재질을 적용하기 전 평면도의 '디자인 의도'를 한 번 더 확인하는 것이 좋습니다.

❶ 천장, 벽, 바닥 재질 적용의 예

[천장, 벽: M00_Soft_Cloud]

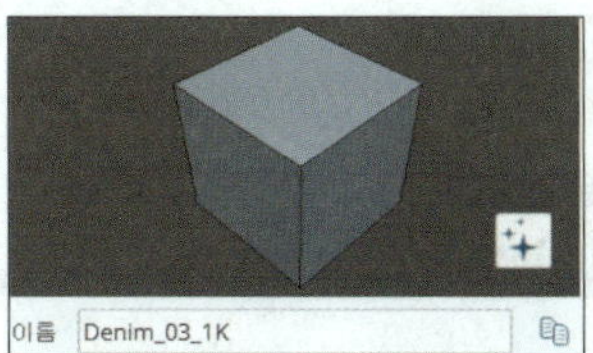

[바닥: Denim_03_1K]

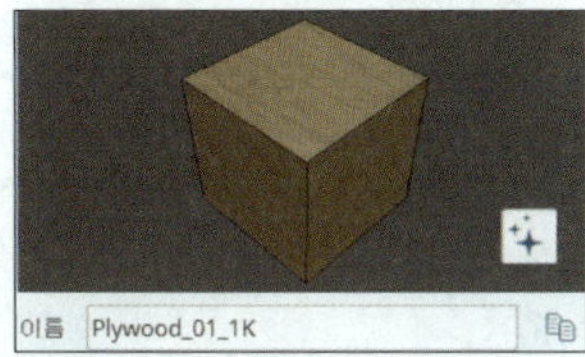

[걸레받이, 천장몰딩: Plywood_01_1K]

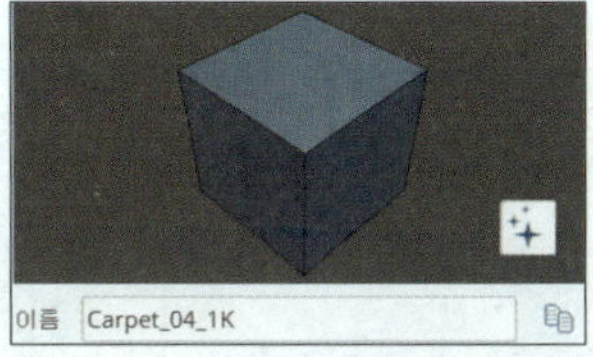

[러그: Carpet_04_1K]

3색 배색 견본(three-color combination)

세 가지 색상을 조화롭게 배합하여 다양한 이미지와 분위기를 표현한 예시이다. 색의 톤과 대비 관계를 통해 시각적 통일감과 변화를 학습하고, 배색의 원리를 이해하는 데 활용된다.

❶ 차분함, 안정감, 중후함

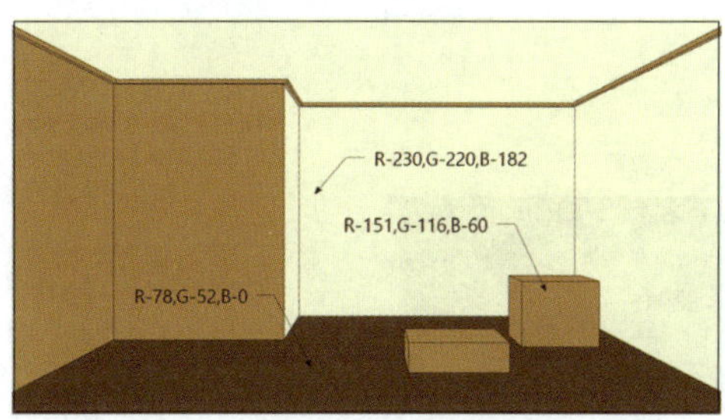

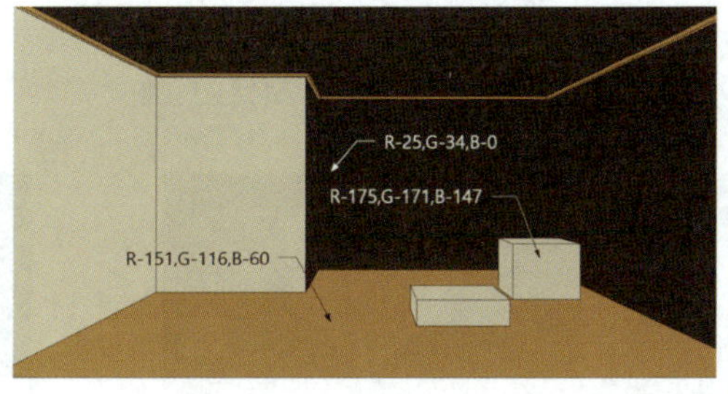

❷ 서늘한, 어두운, 미스테리한

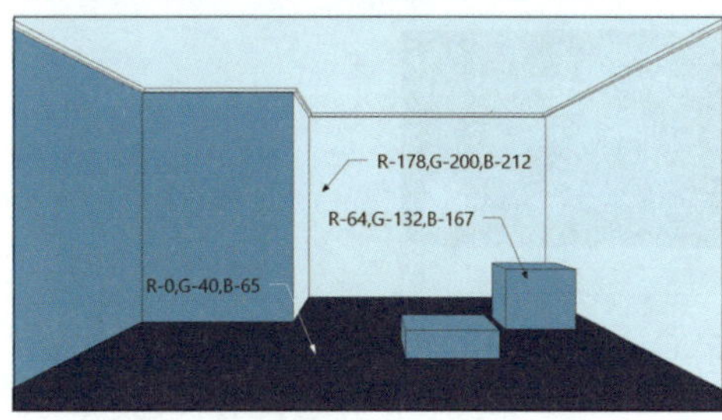

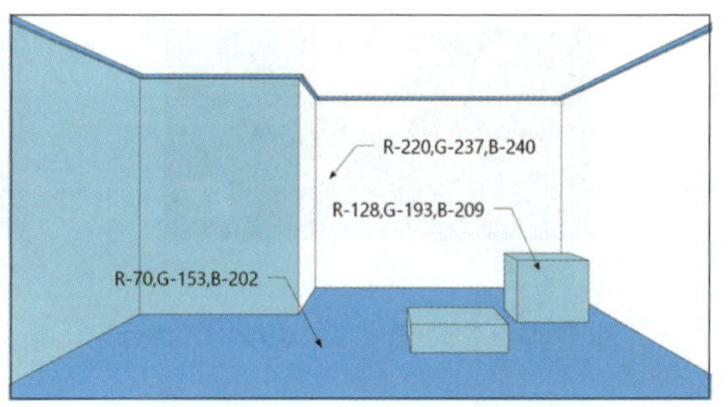

❸ 심플한, 모던한, 단정한

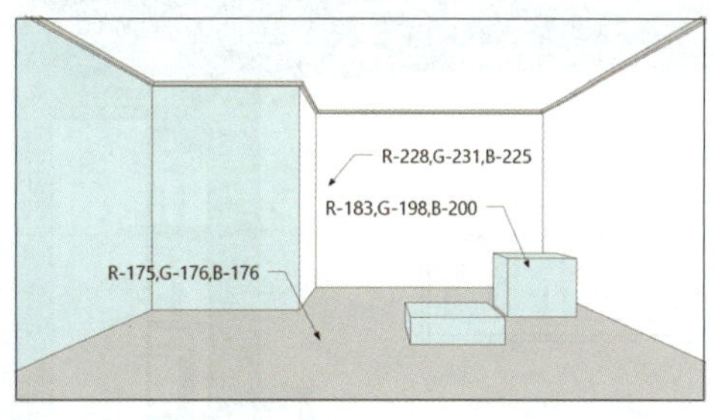

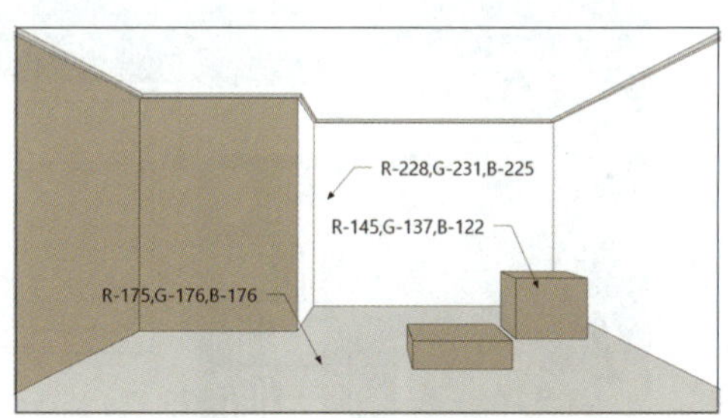

❹ 부드러운, 봄, 밝은

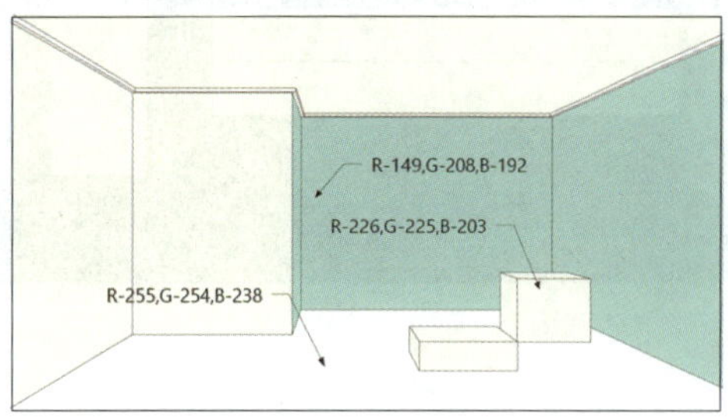

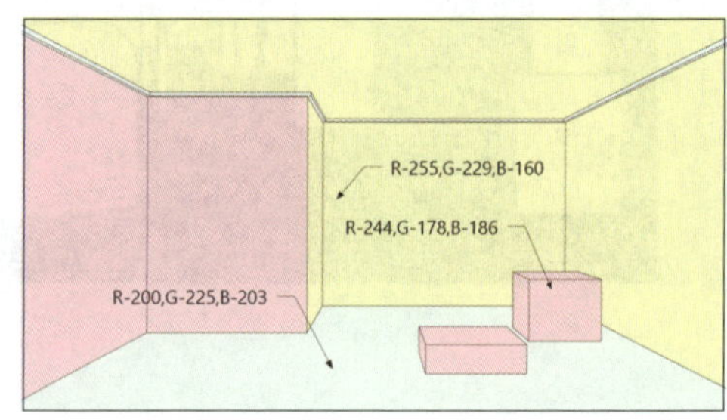

⑤ 강렬한, 경쾌한, 활발한

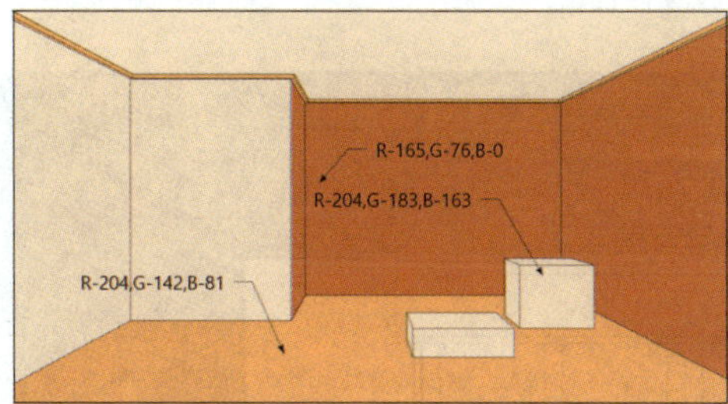

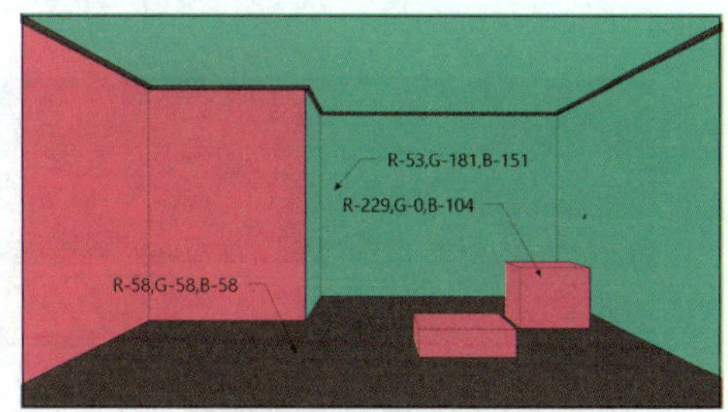

⑥ 모던한, 흑백, 단순한

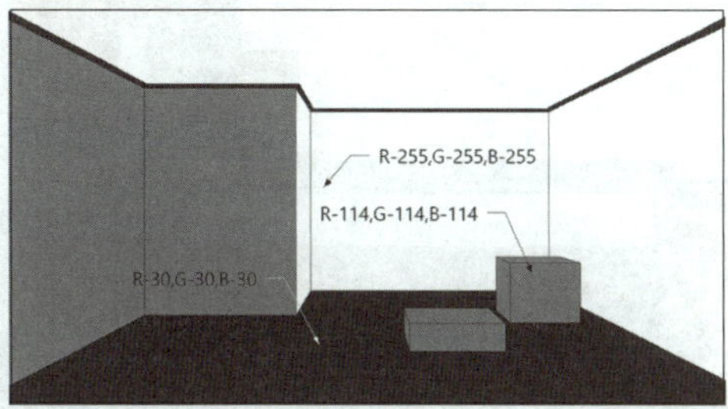

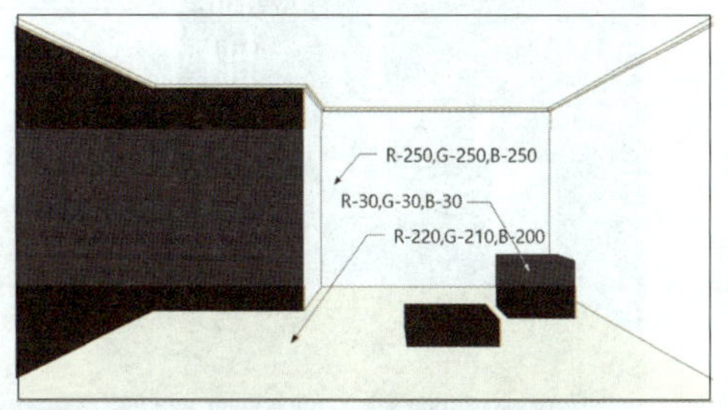

⑦ 색상(RGB) 재질 추가

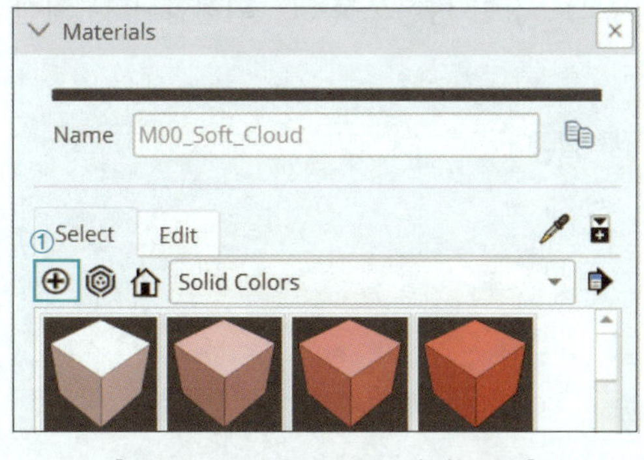

[Materials 패널에서 '추가(⊕)' 클릭]

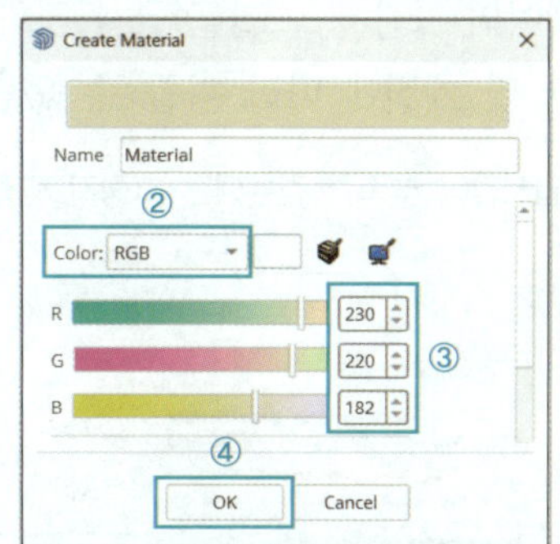

[RGB Color의 설정값 입력 후 'OK' 버튼 클릭]

❷ 주요 가구의 컬러는 2~3가지 정도만 사용합니다. 누락된 가구나 소품이 없는지 확인하고, 공간이 비어 보이는 곳은 액자나 거울로 보완합니다.

❸ 트레이의 그림자 모드(①)를 활성화하고 남쪽으로 창이 향하도록 90° 회전합니다. 회전 방향은 시간 및 계절에 따라 다를 수 있습니다.

＊작업시간이 부족한 경우에는 그림자 방향 설정은 생략합니다.

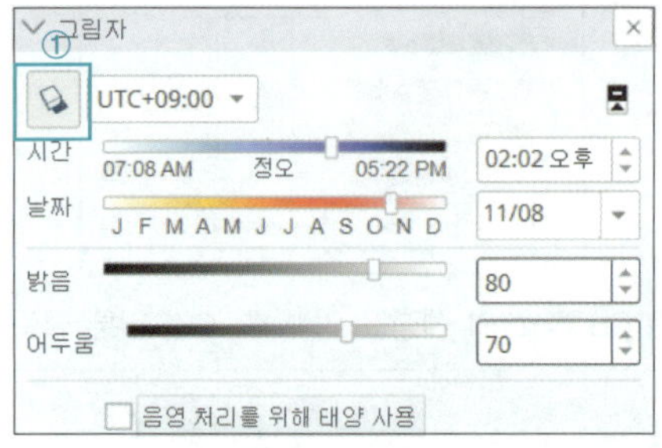

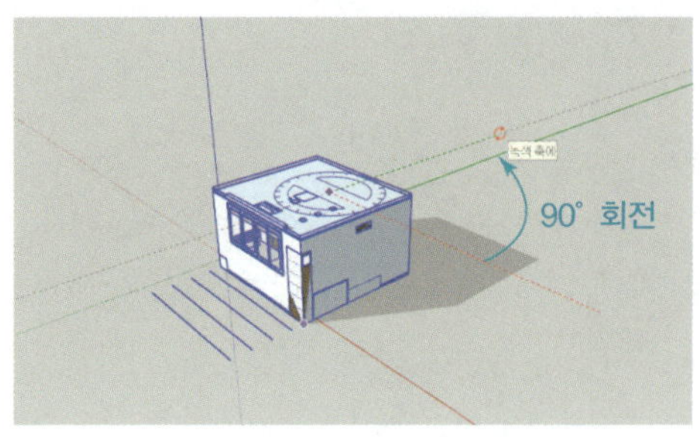

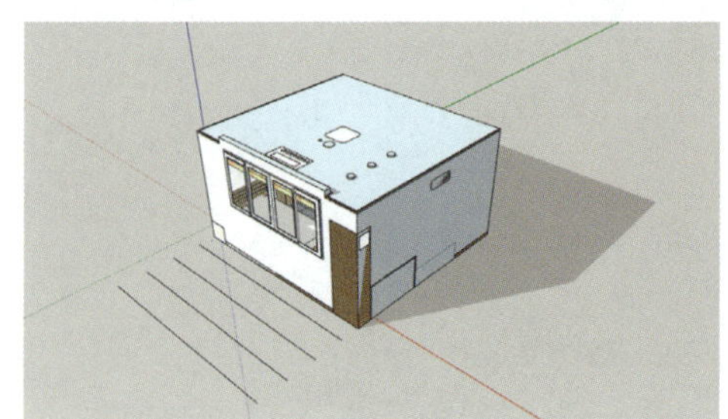

❹ 메뉴 [보기] ⇨ [면 스타일]에서 '앰비언트 오클루전'을 클릭하여 음영 효과를 적용합니다.

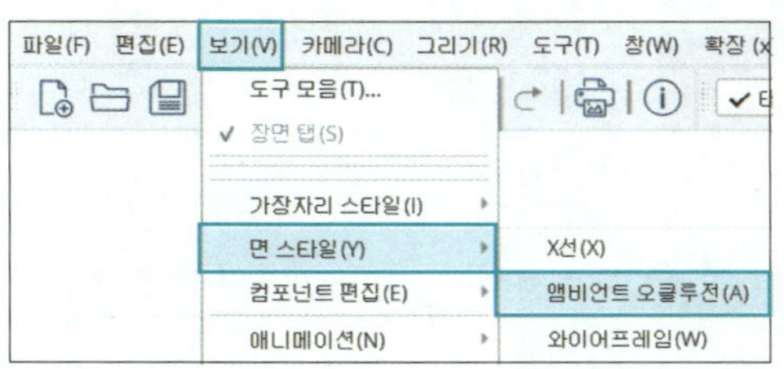 

Section 06 ## 실내투시도 이미지 추출 및 배치

실내투시도 장면을 저장하고 고해상도 이미지로 출력합니다.

❶ 완성된 실내 공간을 보기 좋은 시점으로 맞춘 후, 메뉴의 [카메라]에서 '2점 투시'를 클릭합니다. 이후 클릭 드래그로 한 번 더 화면을 조정합니다.

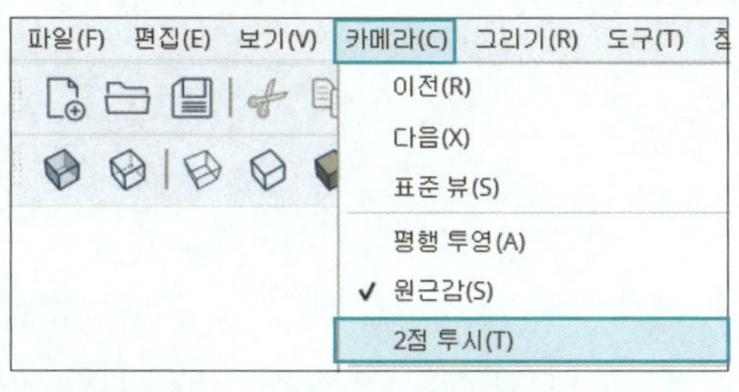 

❷ 트레이의 '장면' 탭에서 '장면 추가(⊕)'(①)를 클릭하여 현재 시점의 화면을 저장합니다. 장면을 저장한 후 시점이 흐트러지거나 다른 작업을 하더라도 장면 탭(③)을 클릭하면 저장된 시점으로 되돌아갑니다.

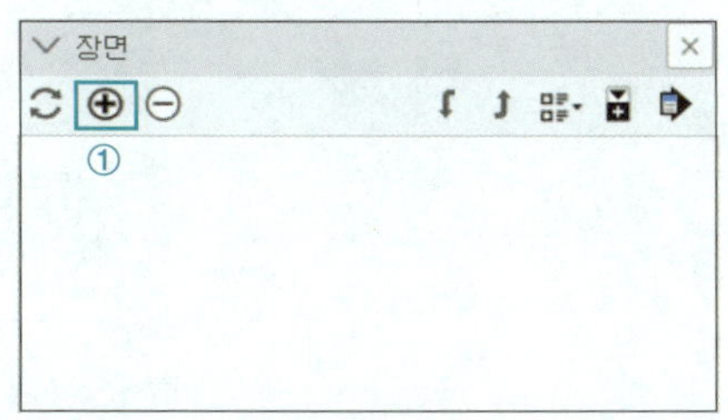 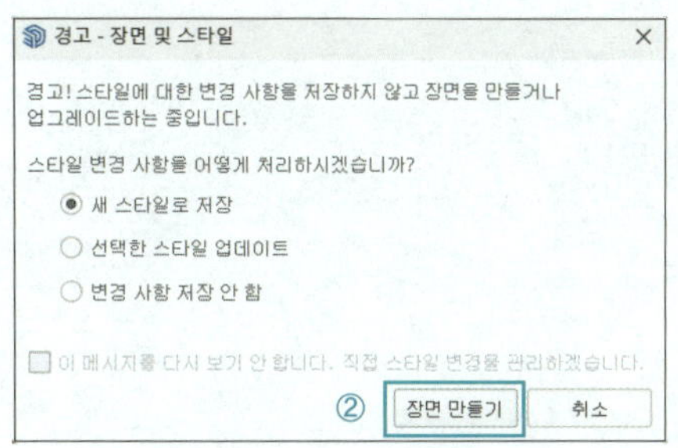

❸ 모델링에 부족한 부분이 없다면 스케치업 모델링 파일을 저장한 후, 설정한 장면을 출력하기 위해 메뉴의 [파일] ⇨ [내보내기]에서 '2D 그래픽'을 클릭합니다.

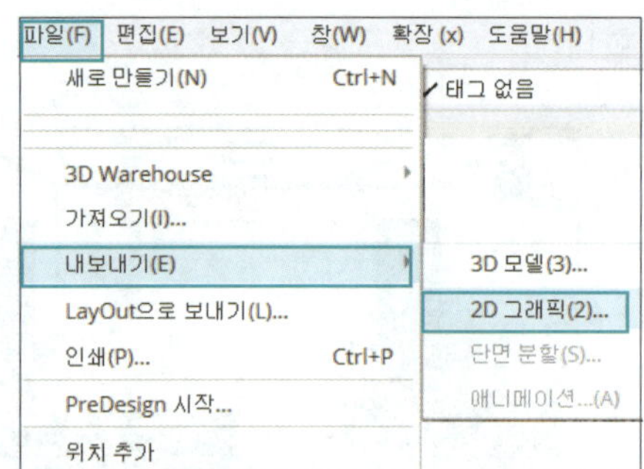

❹ 저장할 폴더를 지정한 후, 파일 이름을 '실내투시도'(①), 형식을 'tif'(②)로 설정합니다. '옵션' (③) 버튼을 클릭한 후, '뷰 크기 사용'(④)을 해제하고 픽셀값을 '3000'(⑤), 선 배율 승수를 '1'(⑥)로 설정합니다. 설정을 마친 후 확인을 클릭하고 내보내기 버튼을 누르면 실내투시도 이미지가 저장됩니다.

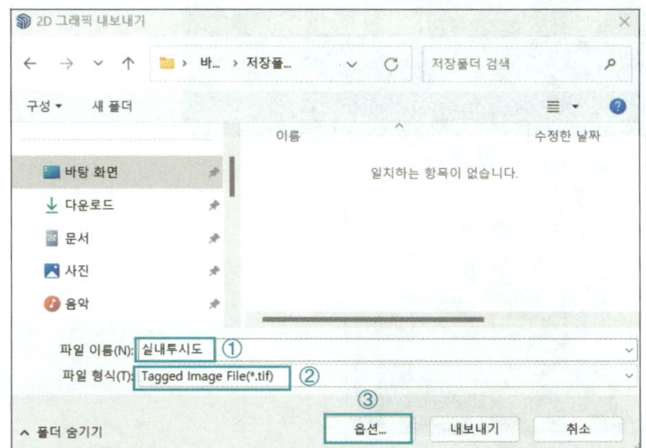
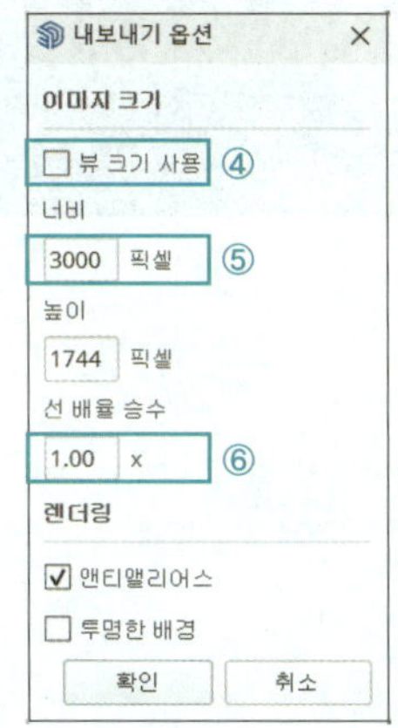

❺ 출력된 이미지의 품질을 확인한 후 캐드에서 2D 도면 작성 파일(평면도, 천장도, 내부 입면도) 을 실행합니다. 완성된 입면도의 도면 양식과 도면명을 우측으로 복사합니다.

[이미지 뷰어로 확인]

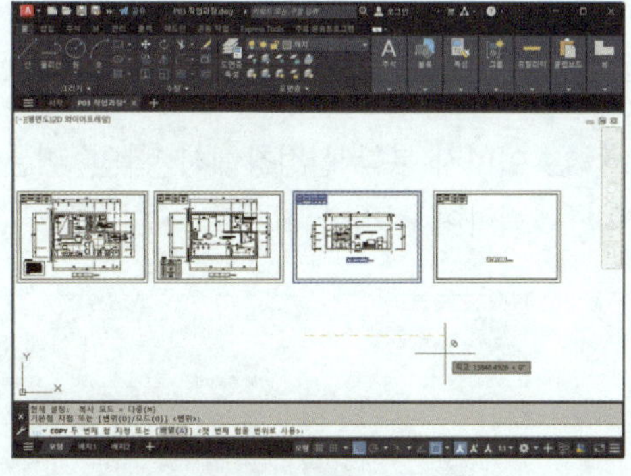

[도면 양식 복사]

❻ 표제란과 하단의 도면명 및 축척을 '실내투시도', 'N.S'로 수정합니다.

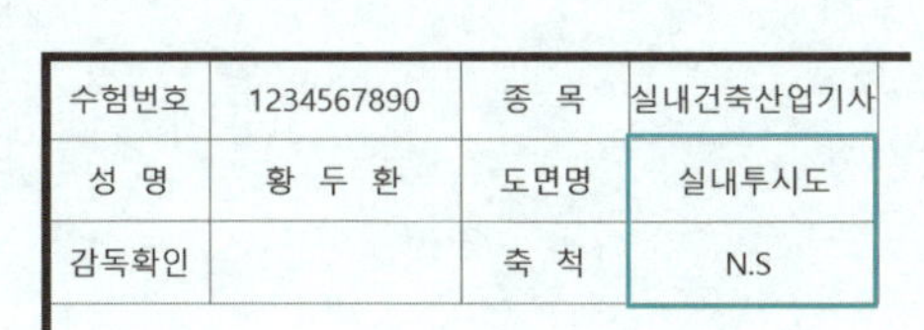

수험번호	1234567890	종 목	실내건축산업기사
성 명	황 두 환	도면명	실내투시도
감독확인		축 척	N.S

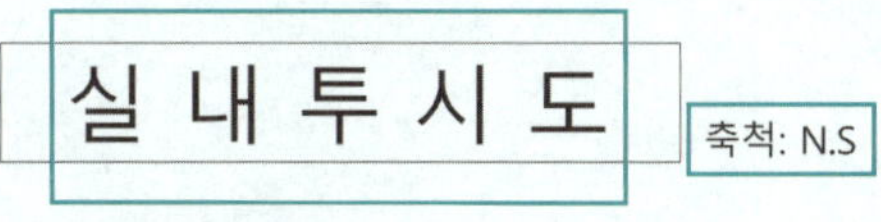

❼ 메뉴의 [삽입](①)에서 참조의 '부착'(②)을 클릭한 후, 저장한 실내투시도 이미지를 선택하고 열기 버튼을 클릭합니다(부착 명령어: attach).

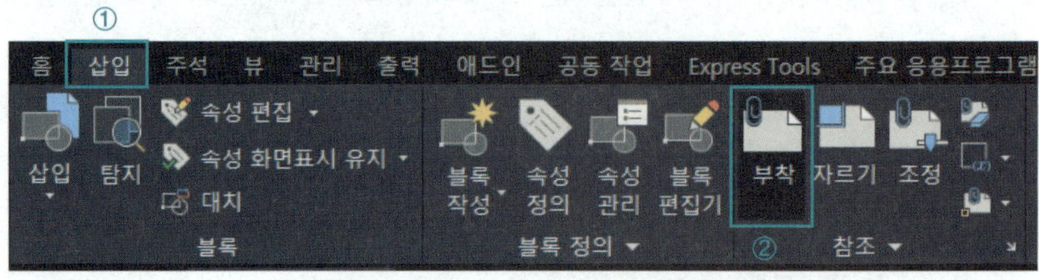

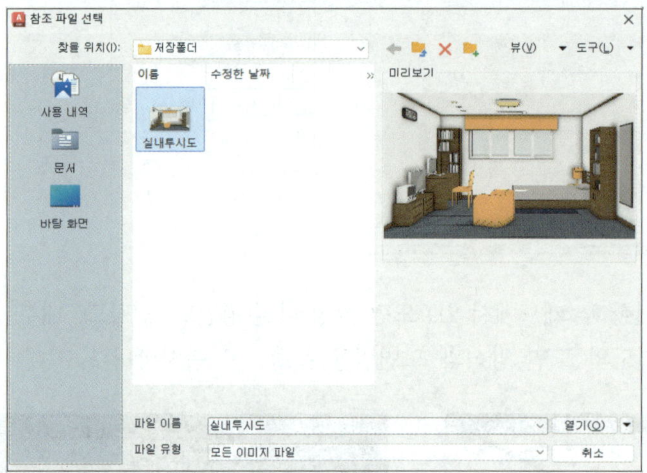

❽ 이미지 부착 설정창에서 '확인' 버튼(①)을 클릭합니다. ②지점을 클릭하고, ③지점 근처를 클릭하여 적절한 크기로 이미지를 부착합니다.

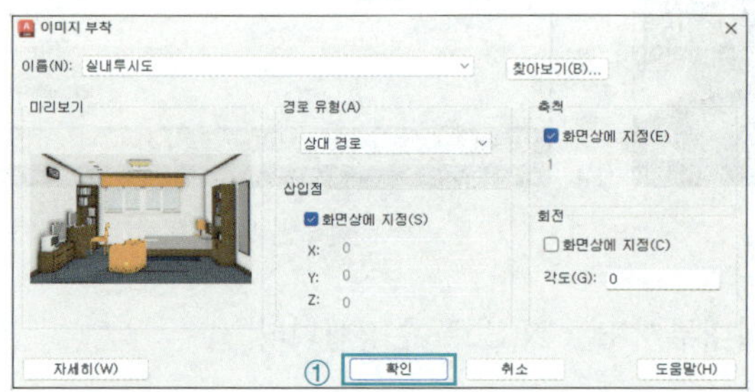

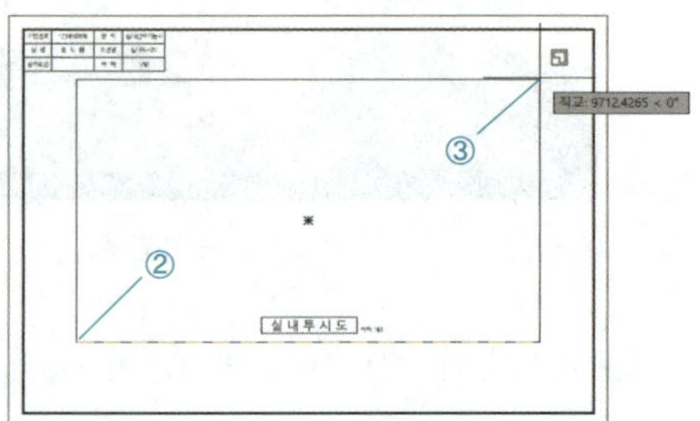

❾ 부착한 이미지와 제목을 보기 좋게 재배치하고 작업파일을 저장합니다.

> **학습파일** | 완성파일 \ Part05 \ Ch01 \ 원룸형 오피스텔 − 실내투시도.dwg

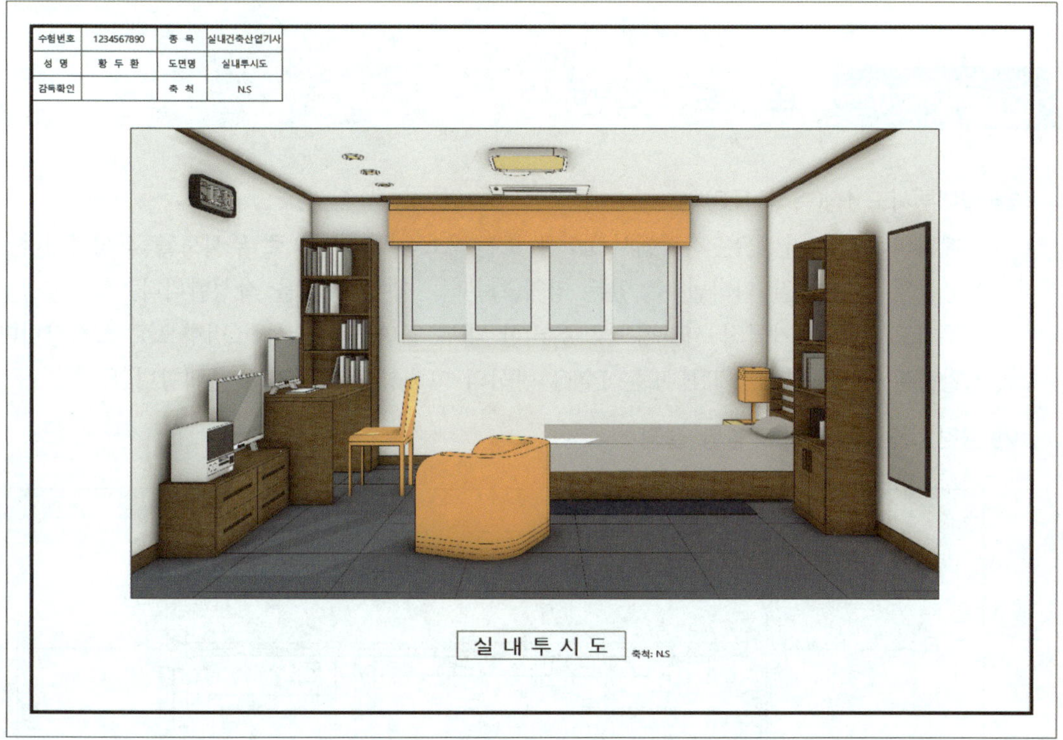

약국: 3D 모델링 및 실내투시도

 ## 요구 도면 확인

❶ 실내투시도 1장(축척: N.S)

- 계획의 포인트가 좋은 지점에서 1소점 또는 2소점 투시법으로 투시도를 작성합니다.
- 공간의 특징이 잘 나타날 수 있는 영역(카운터, 테이블 등)을 작성합니다.
- 투시도 방향은 가급적 시간적으로 유리한 내부 입면도를 작성한 방향으로 설정합니다.
- 완성된 3D 모델링을 TIF 또는 PNG 형식의 고해상도 이미지로 출력합니다.

❷ 공간 확인 및 투시도 방향 설정

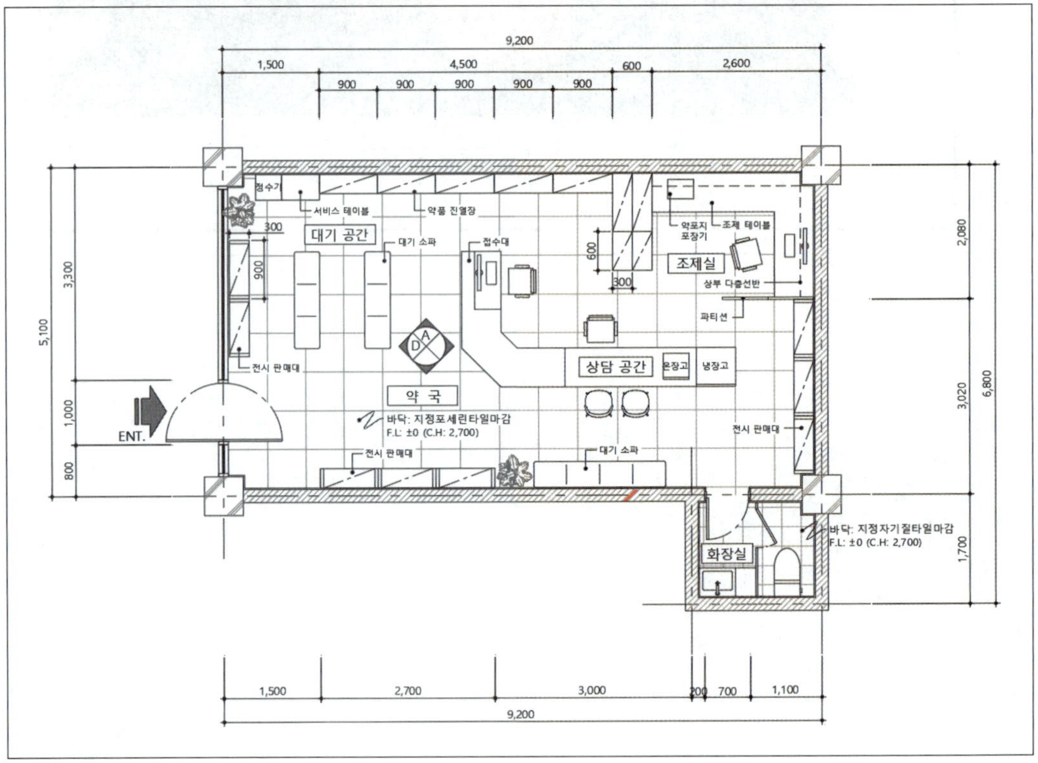

Section 02 · 3D 모델링 과정

① 완성된 평면도, 내부 입면도, 천장도를 모델링 용도로 수정합니다

② 완성된 2D 도면을 스케치업으로 가져와서 배치합니다.

③ 화면에 보여지는 부분을 중심으로 모델링을 진행합니다.

④ 재질, 그림자, 앰비언트 등 사실적인 효과를 적용합니다.

⑤ 실내투시도로 추출할 화면을 장면으로 등록합니다.

⑥ 등록된 장면을 고해상도 이미지 파일로 출력합니다.

⑦ AutoCAD 프로그램을 실행하여 [Attach] 명령으로 실내투시도 이미지를 부착합니다.

⑧ 실내투시도를 A3 용지 규격의 PDF 파일로 출력합니다.

⑨ 제출 및 용지 출력을 진행합니다.

Section 03 · 2D 도면 수정

① Part 03의 Chapter 02에서 완성한 '약국' 2D 도면을 준비합니다. 도면을 수정하기 위해 바탕화면에 임시 폴더를 만들어 완성된 2D 도면 파일을 복사합니다. 이때 원본 파일이 삭제되거나 수정되는 것에 주의하고, Part 03에서 완성한 파일이 없다면 Part 05의 실습파일을 사용합니다.

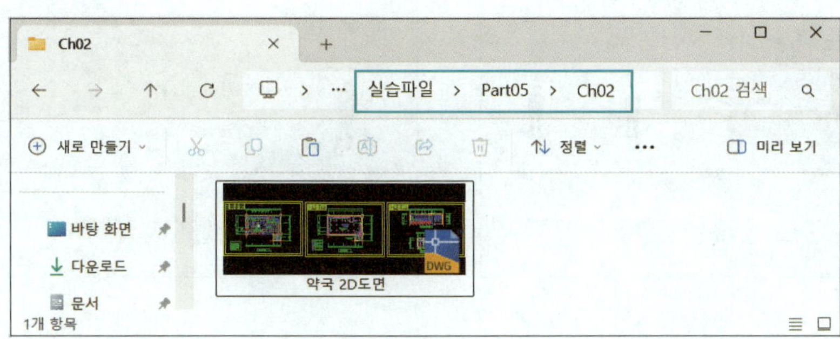

❷ AutoCAD에서 완성된 오피스텔 2D 도면 파일을 불러옵니다. 모델링에 불필요한 도면양식, 치수 등을 모두 삭제하고 저장합니다.

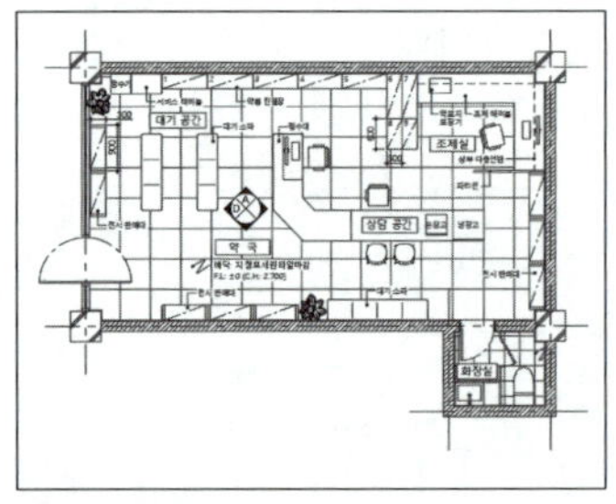

[평면도]

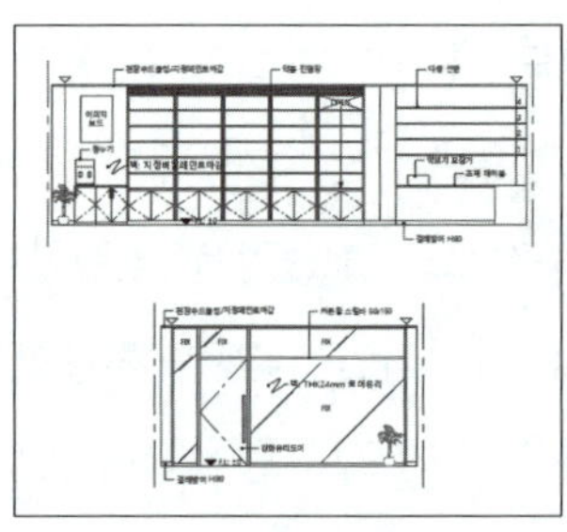

[내부 입면도]

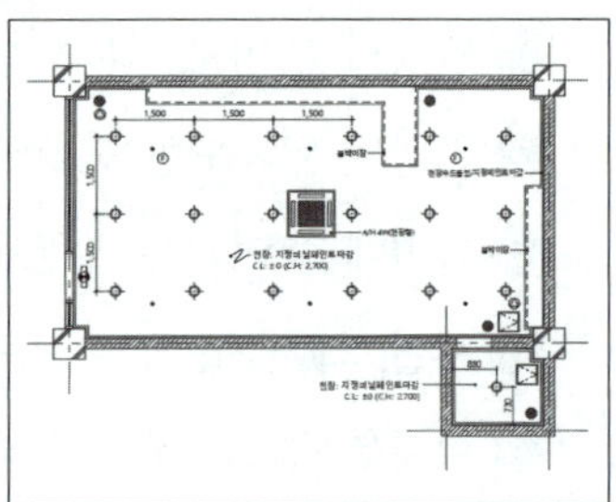

[천장도]

＊ 위의 수정된 도면은 가시성을 고려해 검정 단색으로 변경한 이미지입니다.

Section 04   3D 모델링

학습파일 | ▶ 동영상 \ Part05 \ Ch02 \ 약국.mp4

❶ SketchUp 환경설정 및 2D 도면 가져오기

SketchUp을 실행한 후 '건축-밀리미터' 템플릿을 선택하여 시작합니다.

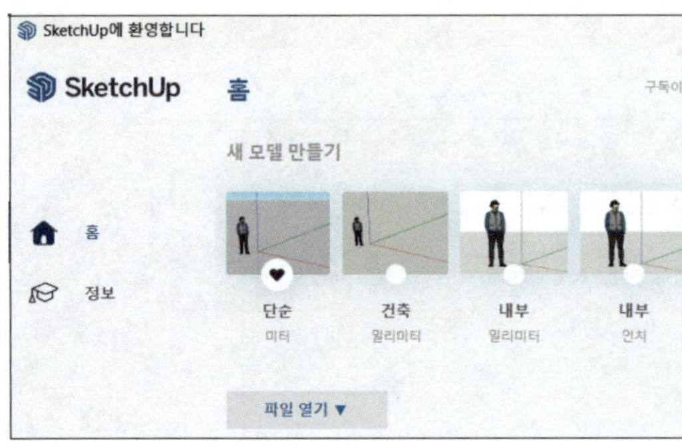

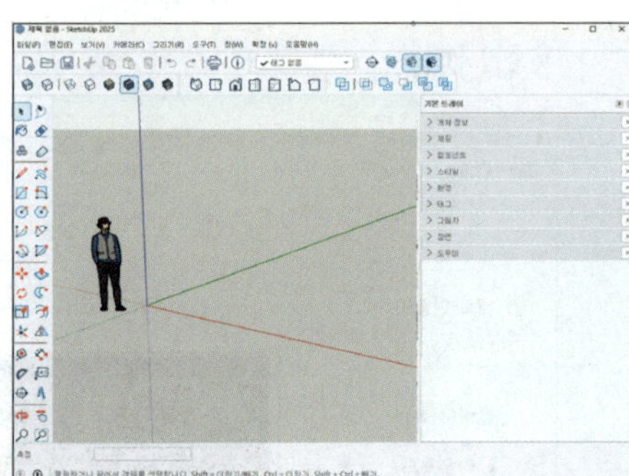

❷ 메뉴의 [파일](①)에서 '가져오기'(②)를 클릭한 뒤 수정된 평면도를 선택하고 '가져오기'를 클릭합니다. 결과 메시지창이 나오면 닫기를 클릭합니다.

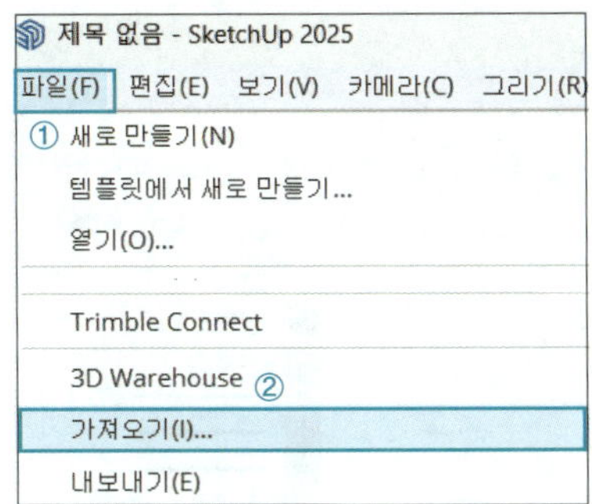
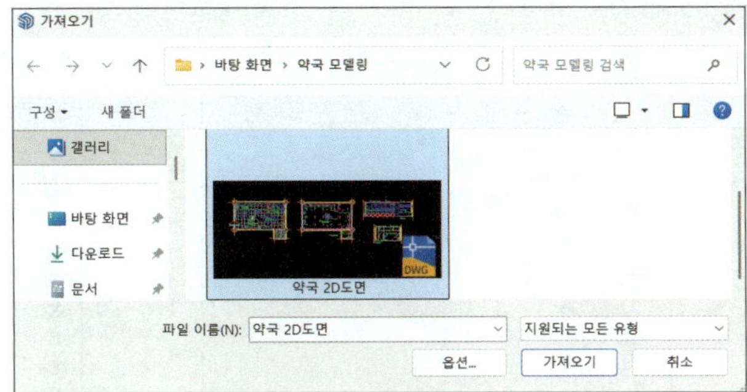

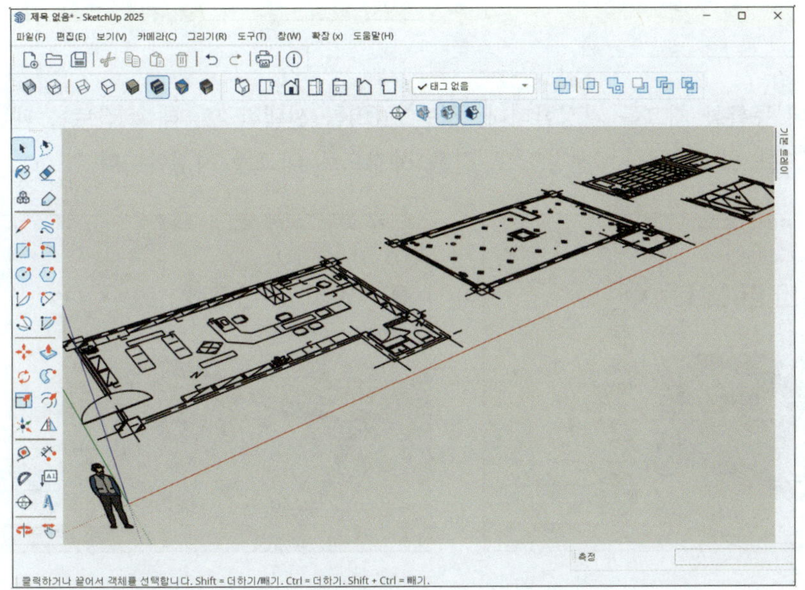

❸ 샘플 인물은 삭제하고 도면을 분해한 후 각 도면을 별도의 그룹으로 지정합니다.

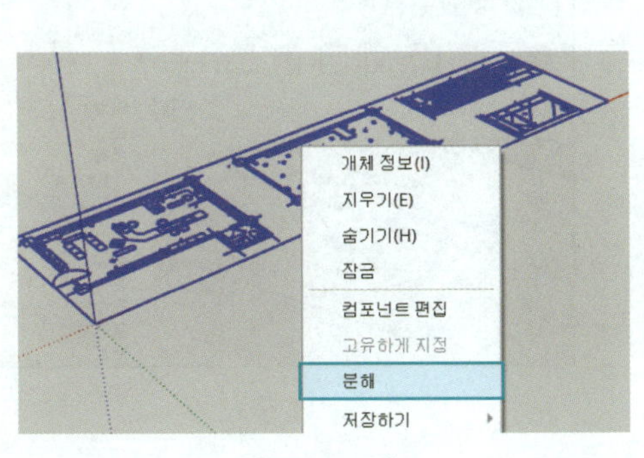

[도면 분해]

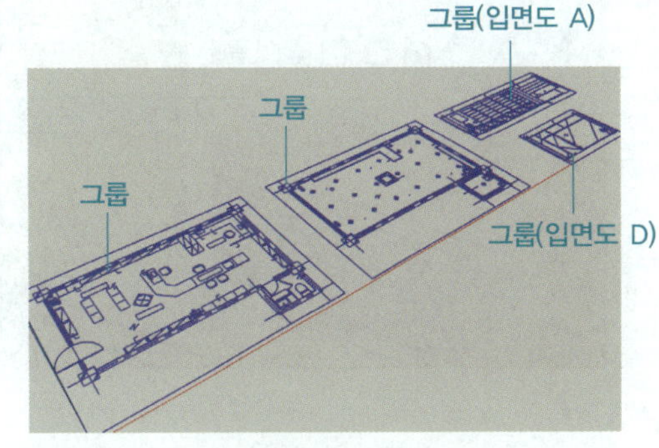

[각 도면별로 그룹 지정]

❹ 트레이 [스타일]에서 '편집'(①) 탭을 클릭한 뒤, '가장자리'(②) 항목을 선택하고 '프로필'(③)을 '1'로 설정합니다. 트레이의 '태그'에서 '추가(⊕)' 버튼(④)을 클릭하여 '평면도', '천장도', '입면도 A', '입면도 D' 태그를 생성합니다.

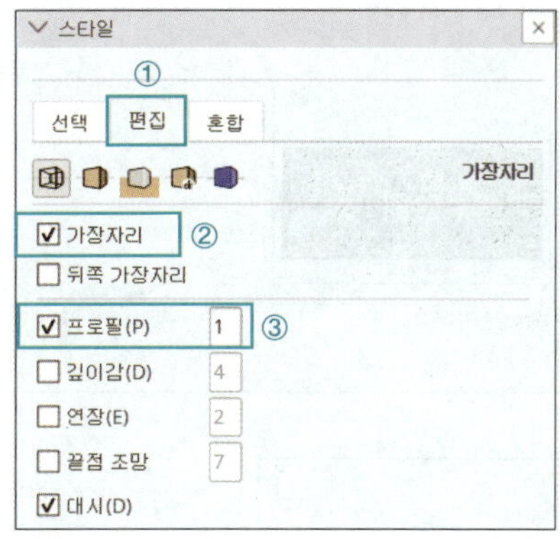

❺ 가져온 평면도에 등록한 태그를 지정합니다. 평면도(①)를 선택한 후, 태그 컨트롤 패널에서 '평면도'(②) 태그를 클릭합니다. '천장도'도 같은 방법으로 태그를 지정합니다.

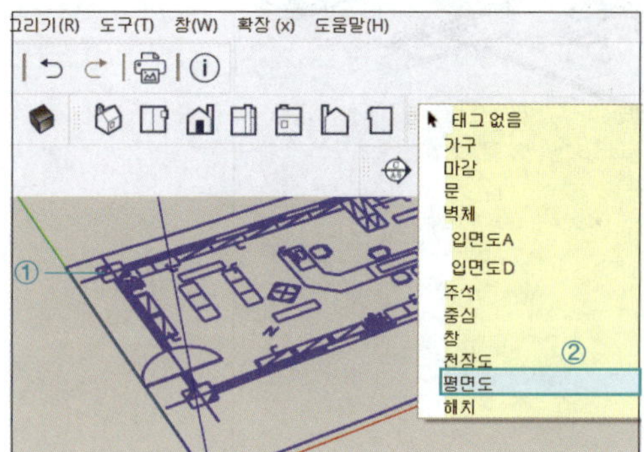
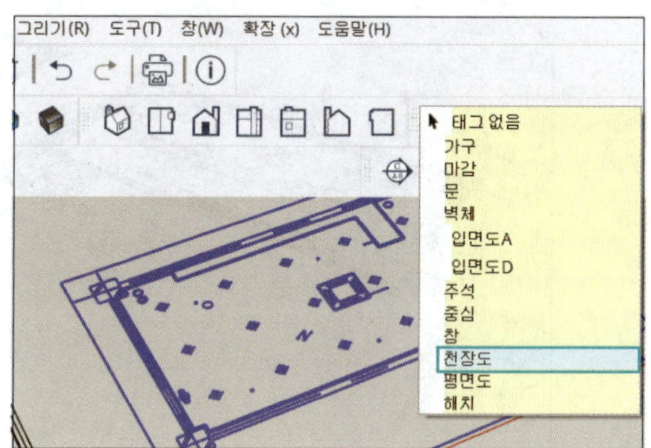

❻ 입면도 A와 D도 같은 방법으로 태그를 지정합니다.

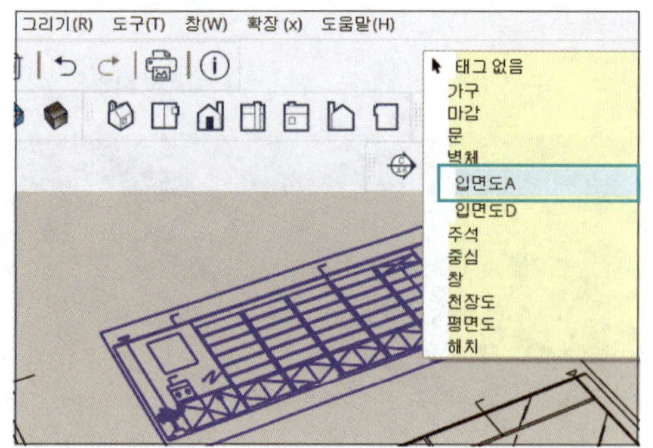
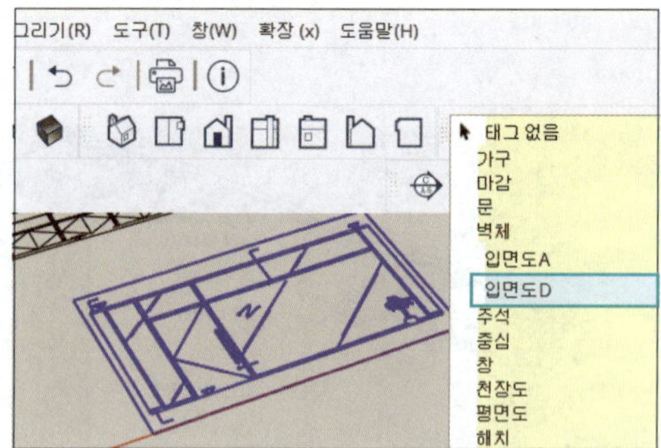

❼ 공간 구성

평면도를 확대한 후 실내 마감선의 ①(화분 쪽), ②지점(화장실 쪽)을 클릭해 사각형(R)을 그립니다. 남은 부분 ③, ④지점을 클릭해 한 번 더 사각형을 그립니다.

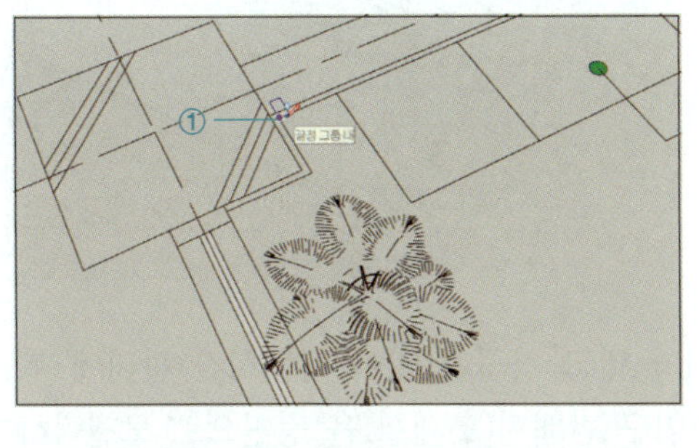 

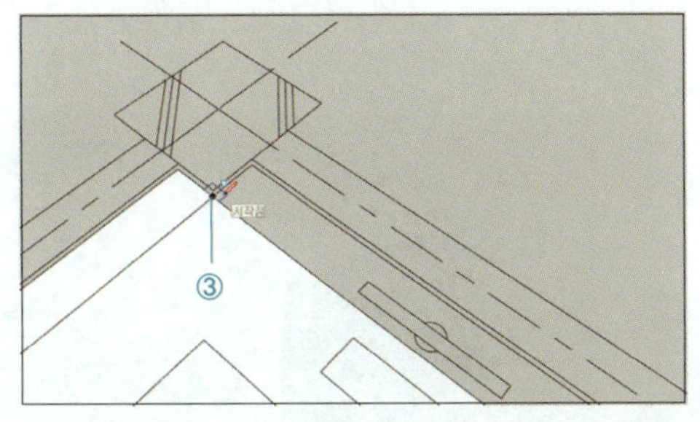 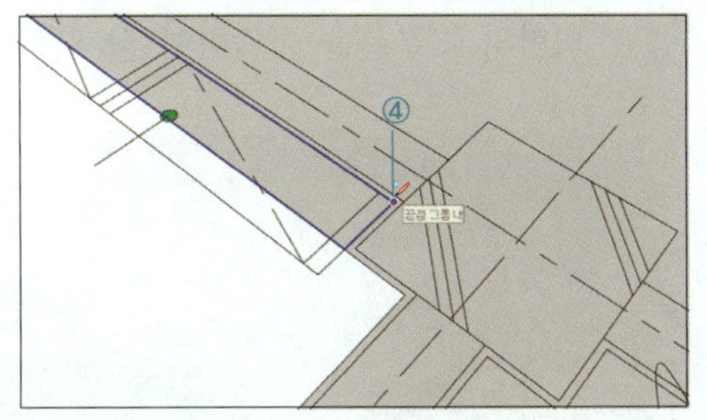

❽ 불필요한 경계선 ①을 클릭해 삭제한 후 바닥면 ②를 클릭해 하나로 되어 있는지 확인합니다.

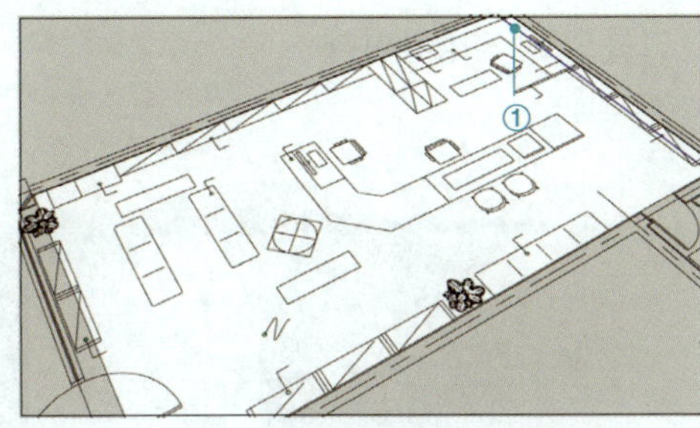 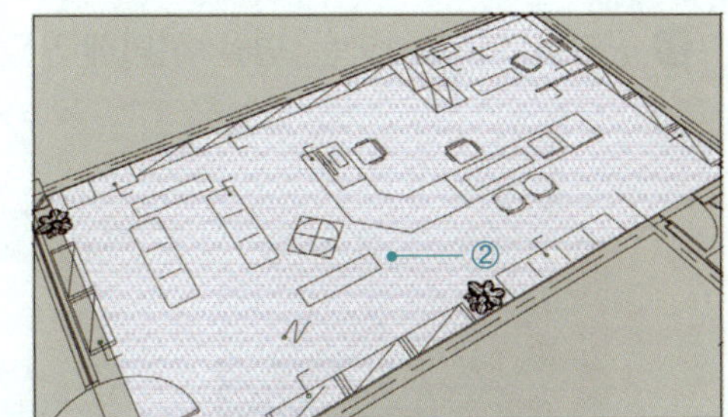

❾ 앞서 작성한 사각형을 '밀기/끌기(P)' 도구로 바닥면(①)을 '2700'만큼 올립니다.

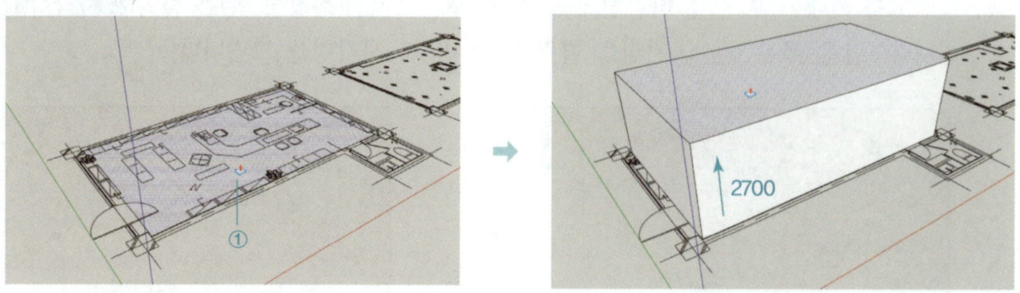

❿ A방향의 벽면은 길이가 9200으로 작업범위가 넓고 가구가 많아 작업시간 관리에 부담이 될 수 있습니다. 내부 입면도 자료는 없지만 출입구 반대편(조제실)을 정면으로 모델링하기 위해 벽면의 ①부분을 클릭하여 삭제합니다.

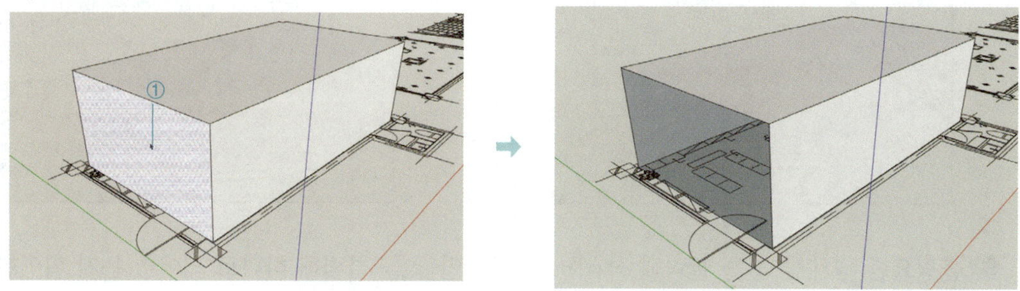

⓫ 공간을 이루는 모든 면을 선택해 반전시키고 그룹으로 지정합니다.

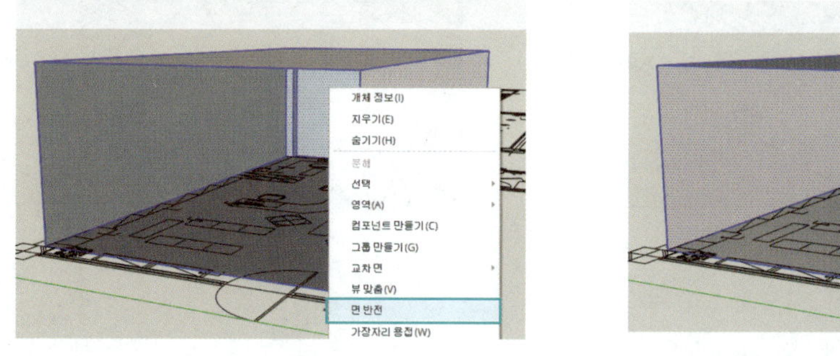

⓬ 공간 내부에 바닥 단차나 칸막이벽이 있는 경우, 단차를 맞추고 칸막이벽을 작성합니다. 화장실에 바닥 단차가 있지만 작업영역에 표현되지 않으므로 다음 단계인 '내부 입면도'를 배치합니다.

⑬ 도면 배치

내부 입면도 A를 클릭한 후 '회전(Q)' 도구를 누릅니다. 오른쪽 방향키(→)를 누르고, 회전 기준점(①)을 클릭합니다. 시작 각도 위치인 ②를 클릭한 뒤 커서를 회전 방향 ③지점으로 이동시킨 상태에서 '90'을 입력하고 Enter↵를 누릅니다.

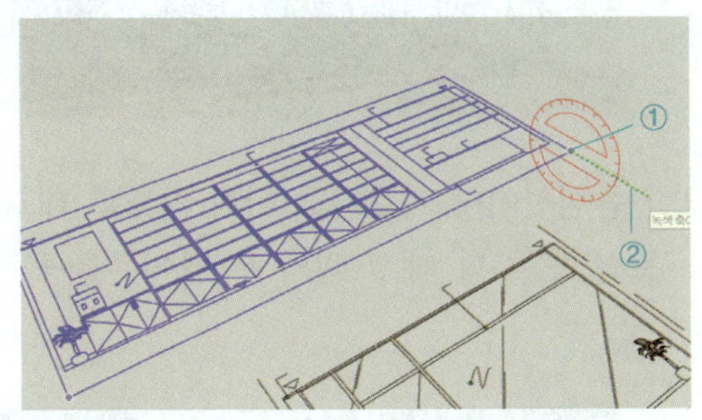
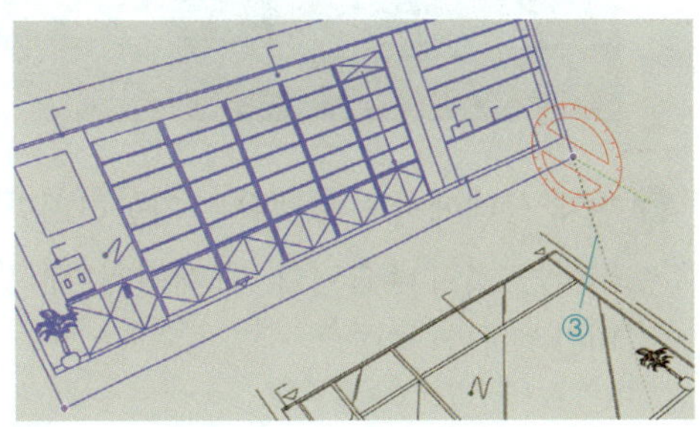

⑭ 회전된 '내부 입면도 A'를 클릭한 후 '이동(M)' 도구를 누르고, Ctrl을 한 번 눌러 복사로 변경합니다. 복사 기준점 ①을 클릭하고 공간 내부의 ②지점을 클릭합니다(벽면에 배치하지 않은 내부 입면도 A 원본 근처에 두고 삭제하지 않습니다).

* '내부 입면도 D'는 실제 모델링에 필요하지 않으므로 배치하지 않습니다.

⑮ 가져온 천장도를 클릭하고 '이동(M)' 도구를 누릅니다. 마감선(①)을 기준으로 하여 천장면 ② 지점에 배치합니다.

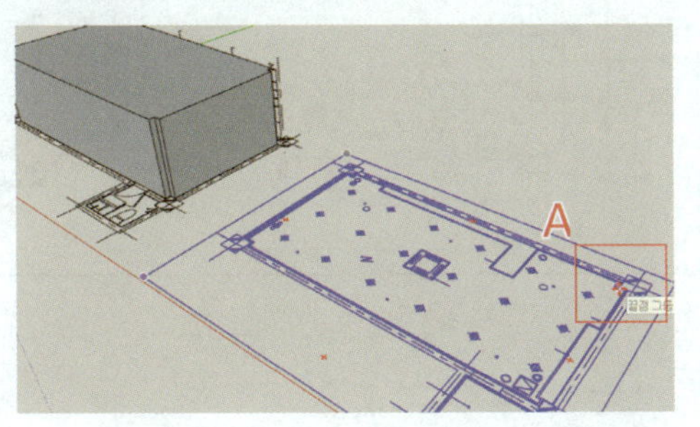

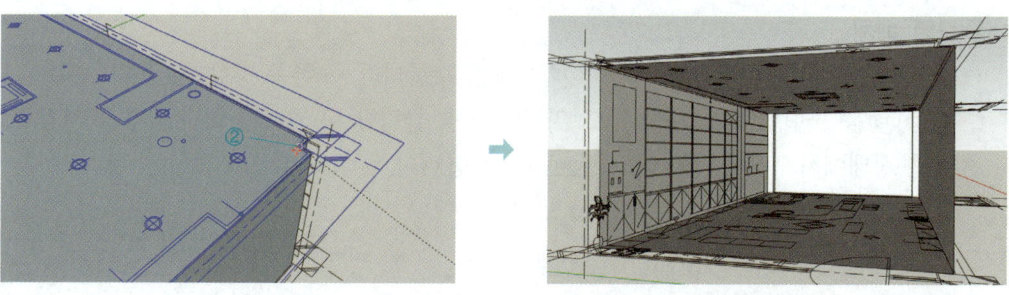

⑯ 현재 상태에서도 모델링은 가능하지만, 불필요한 중심선이나 기호가 보이지 않도록 태그를 설정하는 것이 좋습니다. 트레이의 '태그' 탭에서 '중심'과 '주석' 태그 옆의 눈 아이콘을 클릭하여 비활성화합니다.

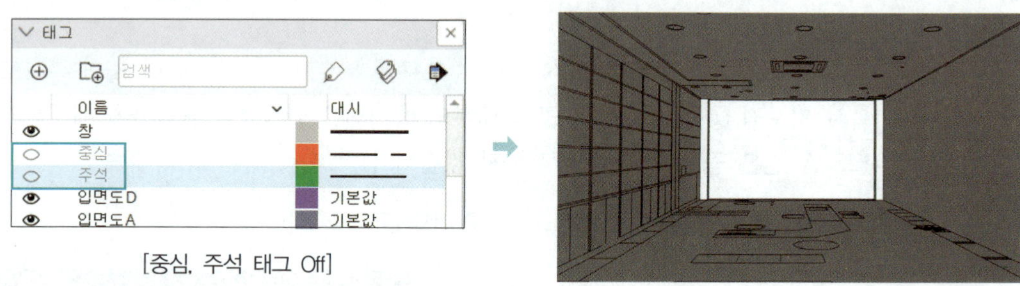

[중심. 주석 태그 Off]

⑰ 내부 모델링

내부 모델링의 작업 범위는 사용자에 따라 다를 수 있습니다. 현재 공간에서는 출입구에서 반대편 조제실을 정면으로 바라보는 시점으로, 좌측에는 조제실과 약품 진열장을, 중앙에는 접수대, 우측에는 고객용 소파와 판매대까지 모델링을 진행하며, 작업자의 숙련도에 따라 좌측의 정수기 및 서비스 테이블까지 모델링할 수 있습니다.

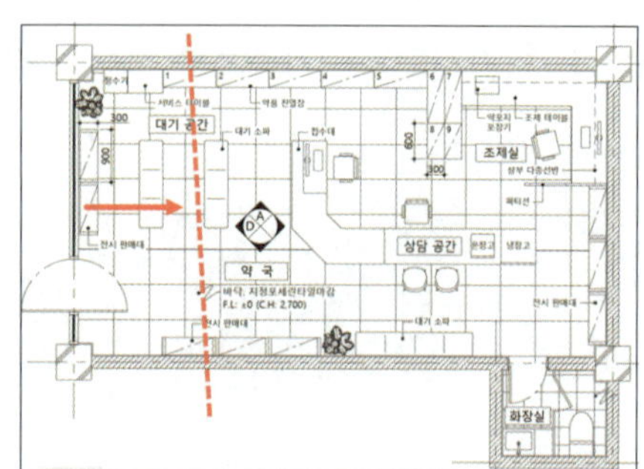

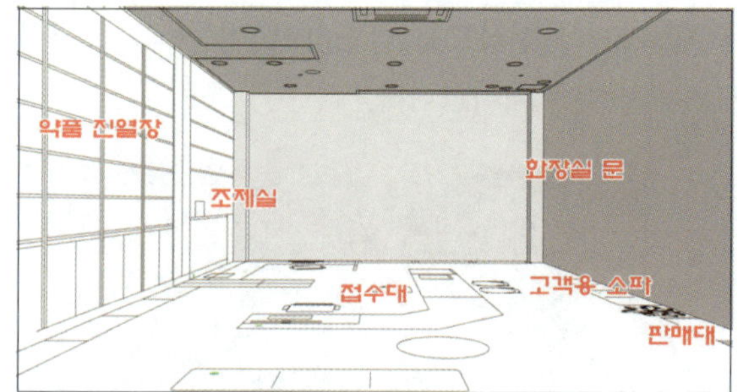

⓲ 먼저 시험용 '3D 가구 소스'를 준비합니다. 메뉴의 [파일](①)에서 '가져오기'(②)를 클릭한 뒤 '3D 가구 소스'를 선택하고 '가져오기'를 클릭합니다.

* 시험용 '3D 가구 소스'는 실제 시험장에서 제공되는 디자인과 다소 차이가 있을 수 있습니다.

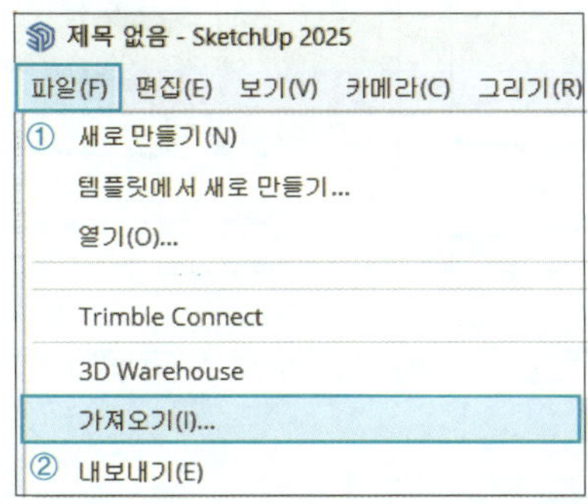
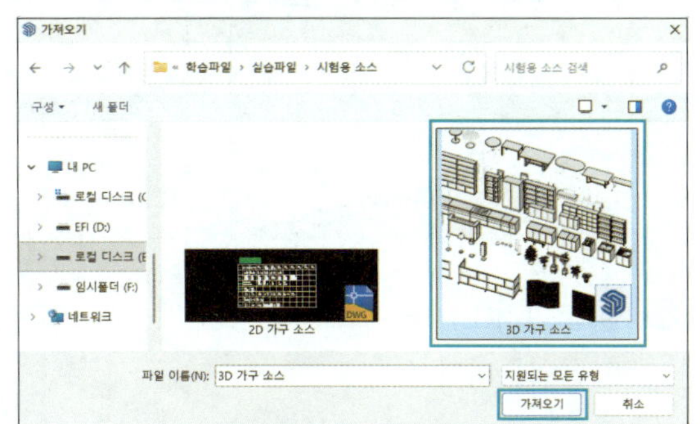

⓳ ①지점을 클릭해 배치한 후 하나씩 사용할 수 있도록 분해합니다.

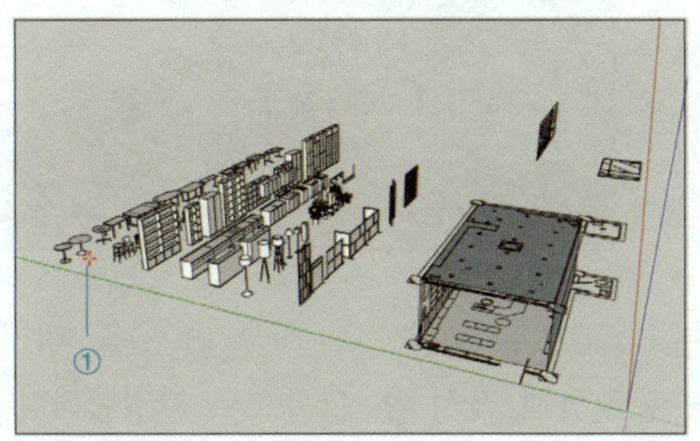
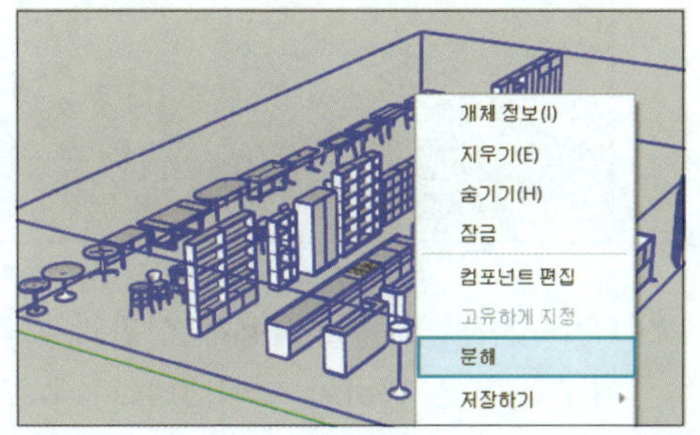

⓴ 조제실의 벽선반은 '사각형(R)' 도구로 스케치하고, '밀기/끌기(P)' 도구로 20 끌어주고 그룹으로 지정합니다.

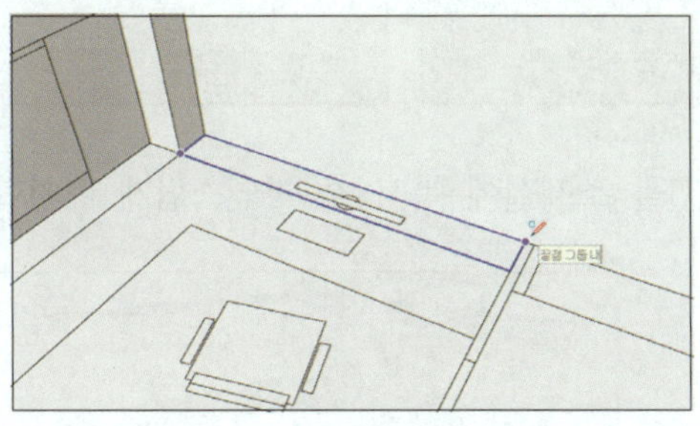
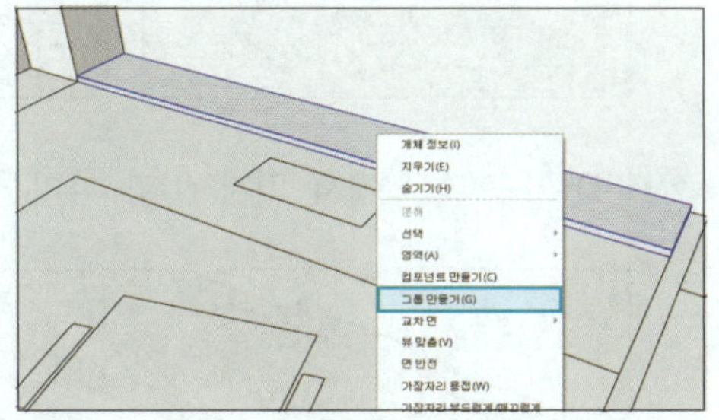

㉑ 선반을 선택합니다. '이동(M)' 도구로 기준점 ①을 클릭하고 ②지점을 클릭합니다. 배치된 선반을 내부 입면도를 기준으로 복사합니다. 복사 기준점 ③을 클릭하고 ④지점을 클릭한 후 '*3'을 입력합니다.

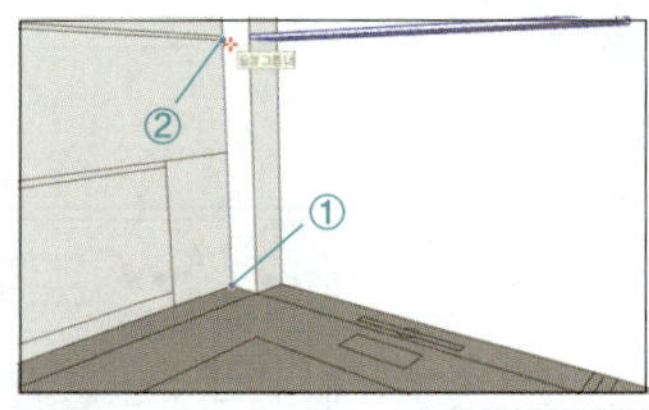
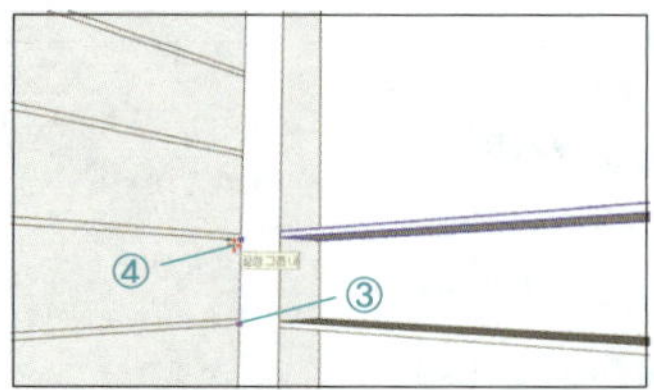
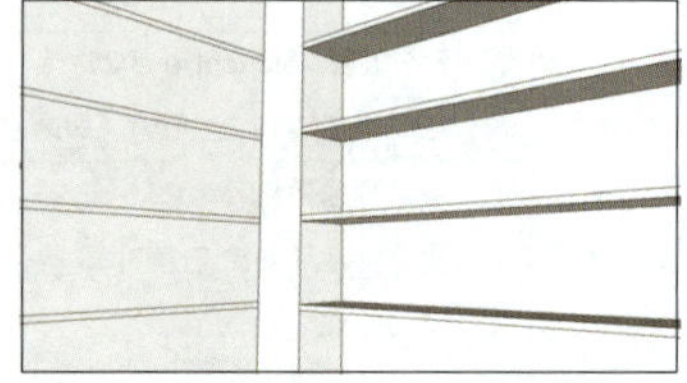

㉒ '선 그리기(L)' 도구로 책상의 경계선을 그려줍니다. '밀기/끌기(P)' 도구로 입면도의 ①지점까지 끌어줍니다.

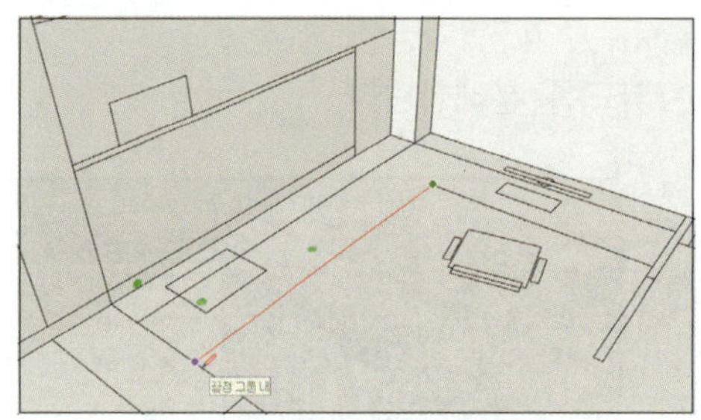
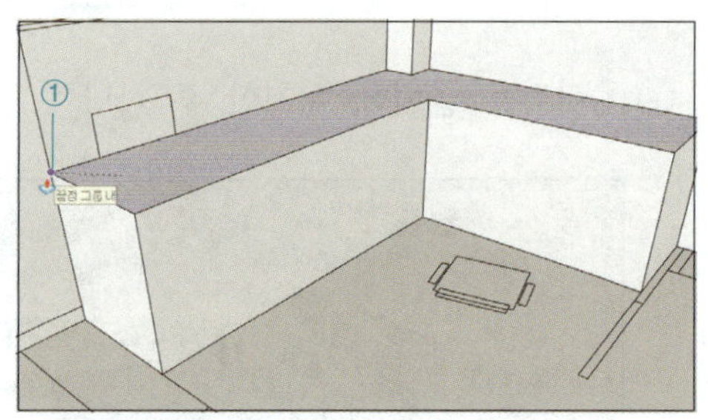

㉓ '오프셋(F)' 도구를 사용해 상판과 다리의 두께를 30으로 설정하고, 하부 면 ①을 '밀기/끌기(P)' 도구로 끝까지 밀어냅니다. 우측 책상도 동일하게 작성 후 그룹으로 지정합니다.

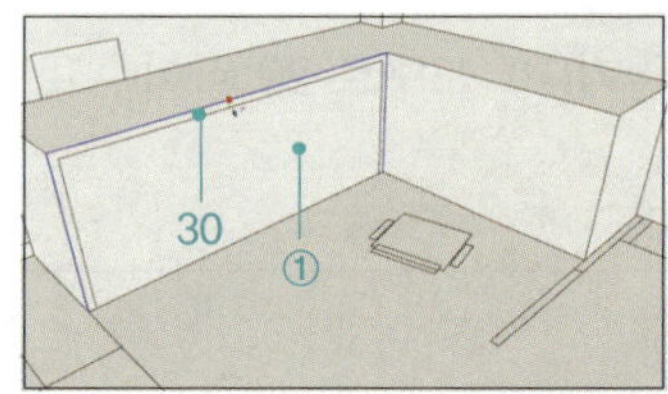
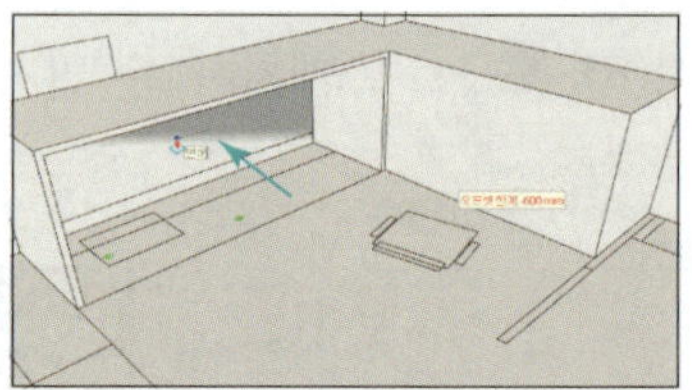
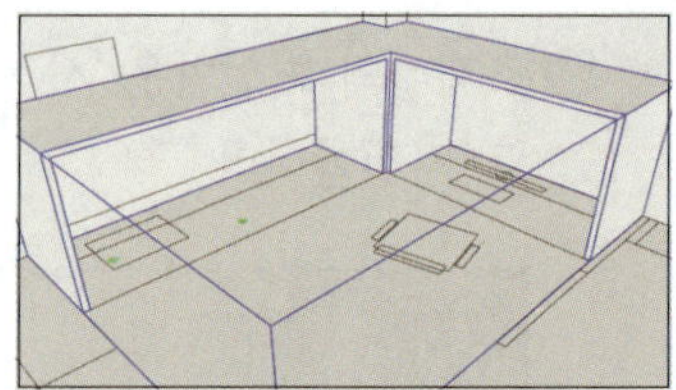

㉔ '3D 가구 소스'에서 의자 ①과 파티션 ②(2칸)를 조제실에 복사 후 자연스럽게 배치합니다.

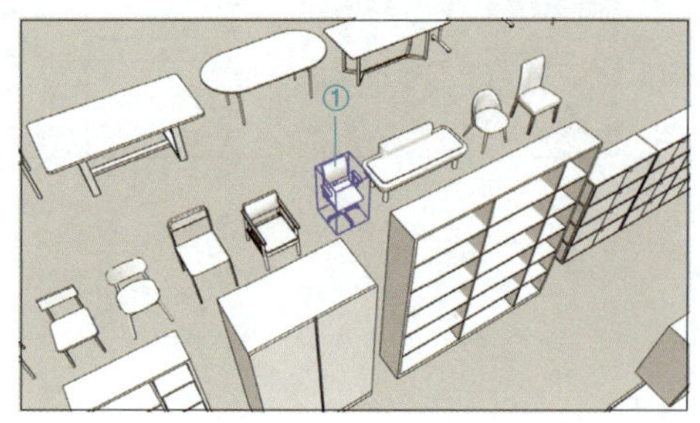
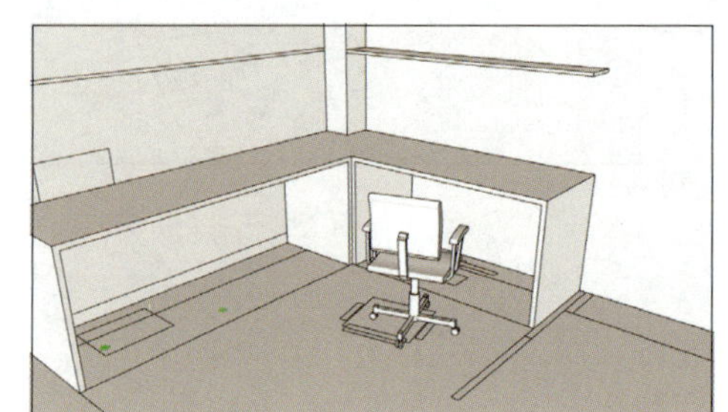

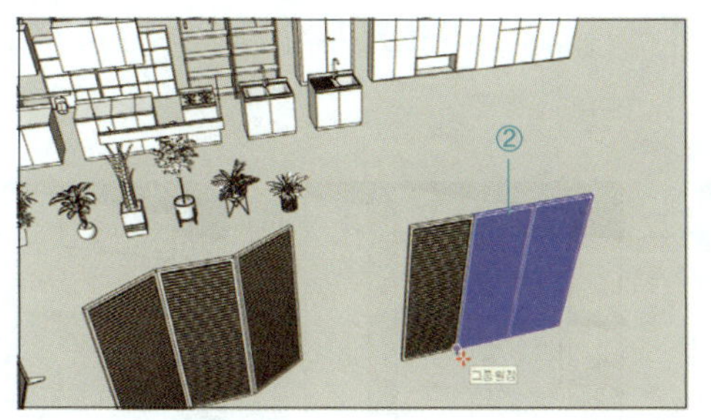

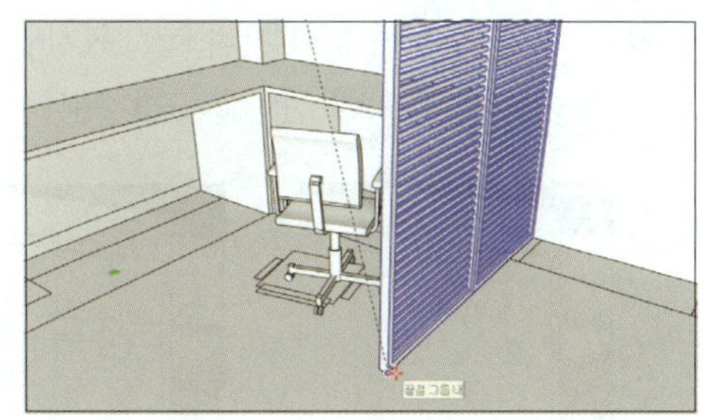

> **✔ 참고**
>
> **'3D 가구 소스'**
>
> 시험장에서 제공되는 3D 가구 소스의 디자인과 크기는 작업자가 임의로 수정하여 사용이 가능합니다. 디자인이 크게 다르지 않다면 그대로 사용하고 크기가 맞지 않는 경우 '축척(S)' 도구 등을 활용하여 편집 후 사용하면 됩니다. 작성된 평면도의 형상과 차이가 나도 무방합니다.

㉕ 평면도의 판매대 위치에 맞춰 사각형(①)을 그리고, 입면도의 높이로 끌어줍니다.

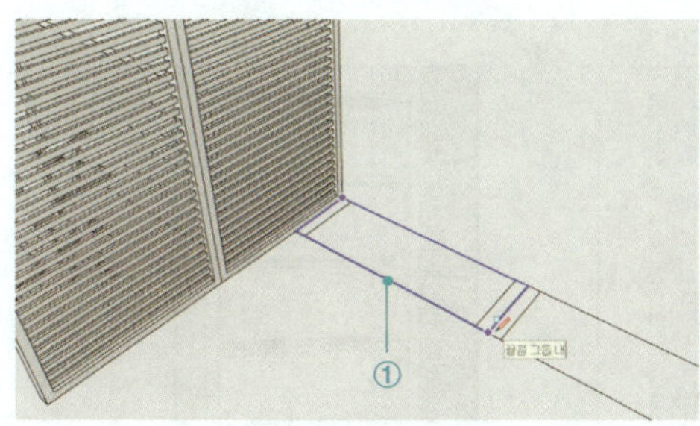

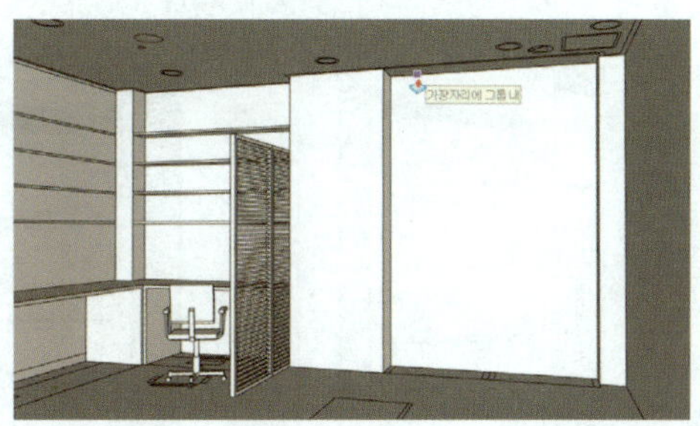

㉖ '오프셋(F)' 도구를 사용해 틀의 두께를 50으로 설정하고, 상단(220)과 하단(80)의 선을 편집합니다.

* 판매대의 프레임 두께는 작업자가 자유롭게 설정합니다.

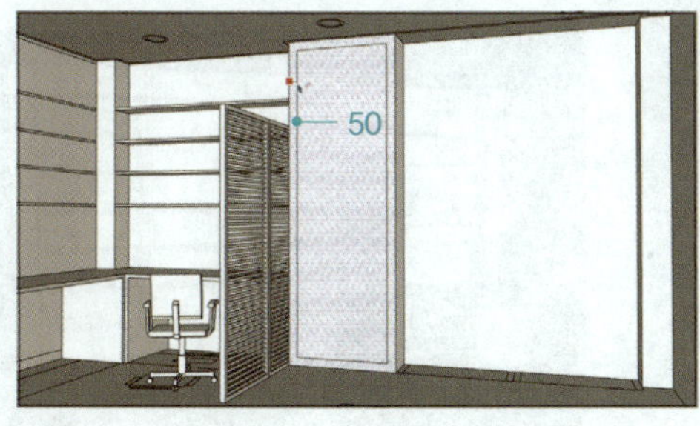

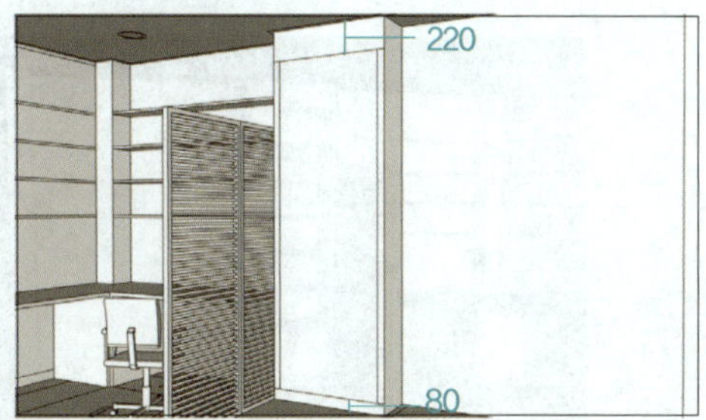

㉗ 선 ①을 선택해 300 간격으로 복사합니다. 선 ②를 20 간격으로 복사 후 다시 ②, ③을 선택해 320 간격으로 선반을 5개 복사합니다.

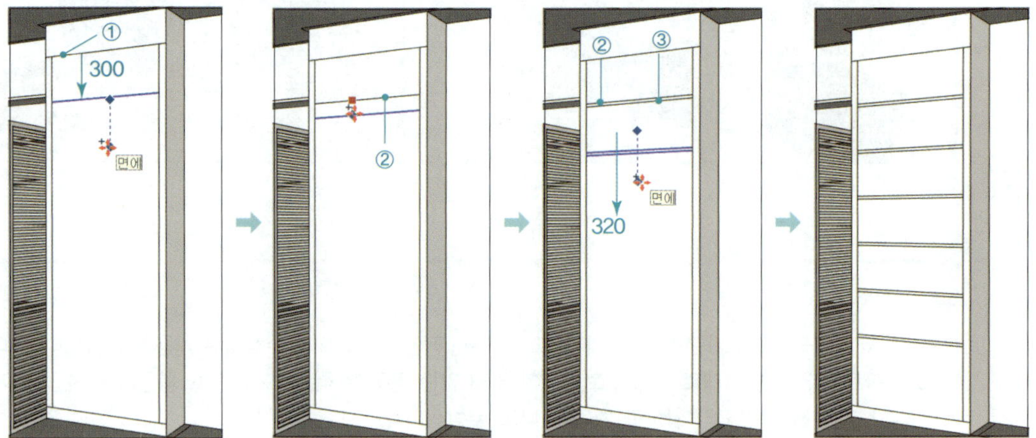

㉘ 하부에는 도어와 손잡이를 표현하고, 상부면은 280만큼 밀어 판매 선반을 만듭니다. 완성된 판매대는 그룹으로 지정합니다.

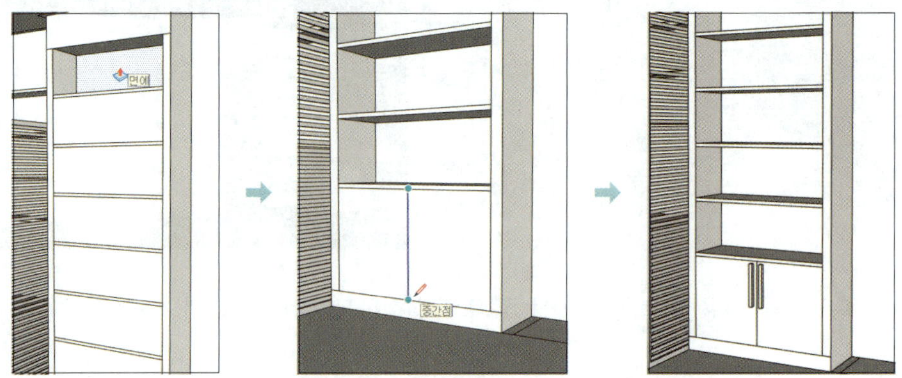

㉙ 평면도 도면을 참고하여 판매대를 복사합니다.

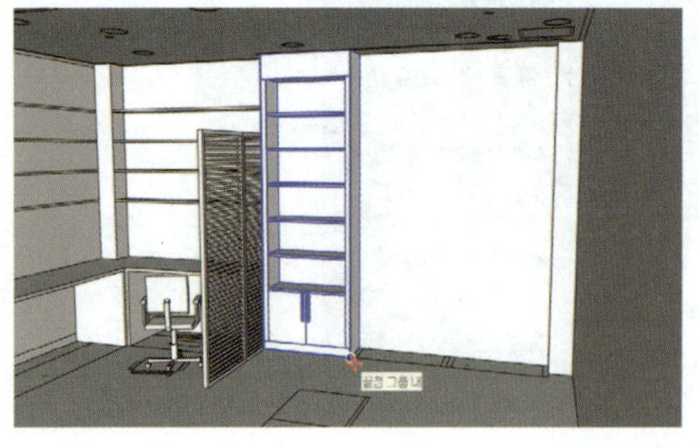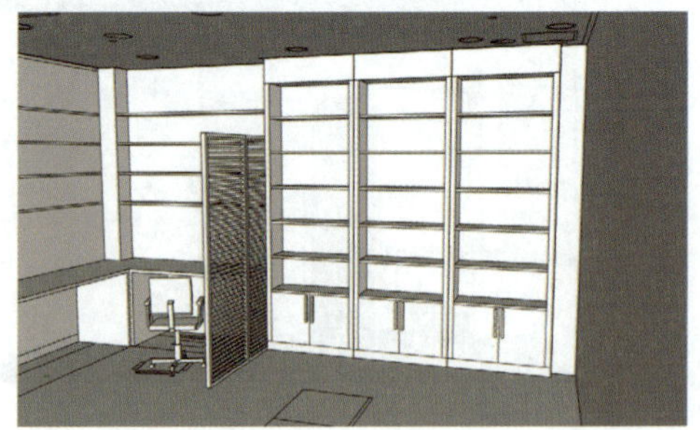

30 판매대 3개를 ①지점을 기준으로 우측 벽 ②지점에 복사합니다.

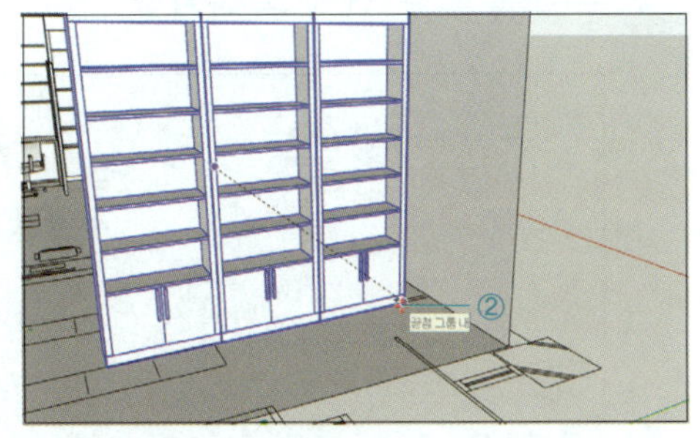

31 계속해서 판매대 3개를 ①지점을 기준으로 90° 회전합니다.

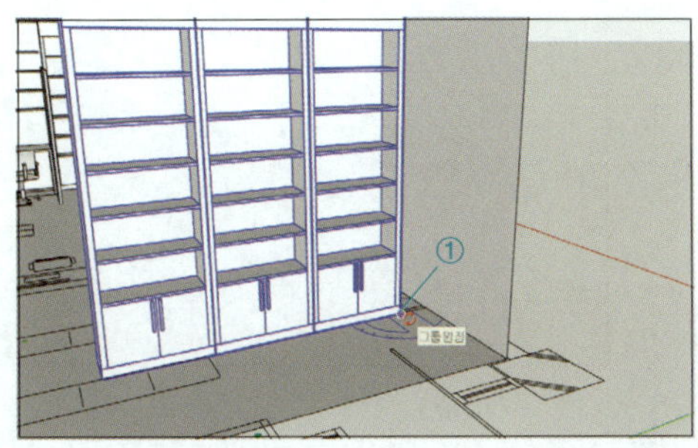

32 '3D 가구 소스'에서 소파 ①을 복사해 ②지점에 배치합니다.

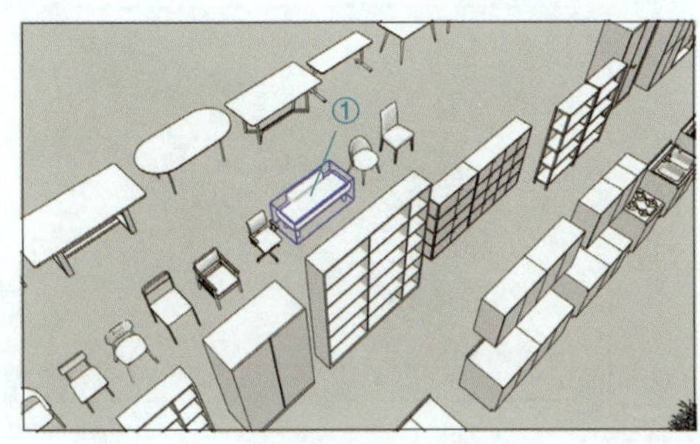
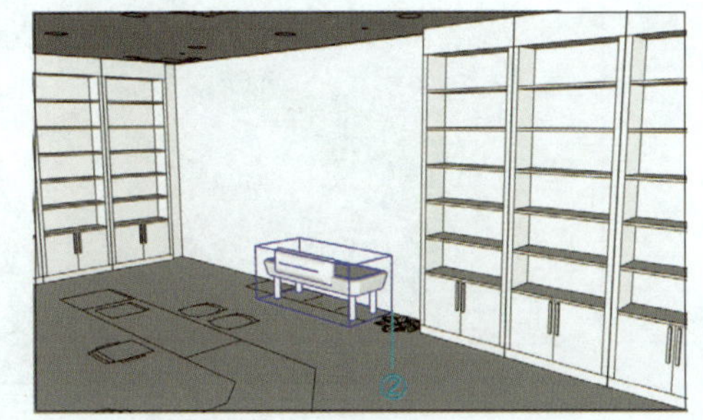

㉝ '축척(S)' 도구로 ①지점을 클릭하고 ②지점을 클릭합니다. 계속해서 ③지점을 클릭하고 ④지점(캐드 도면 위치)을 클릭합니다.

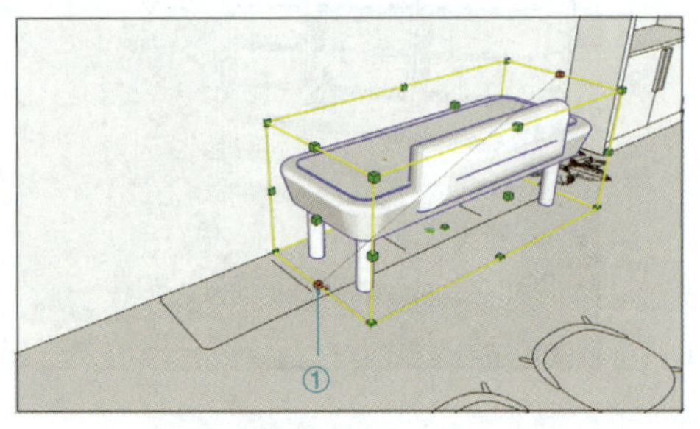
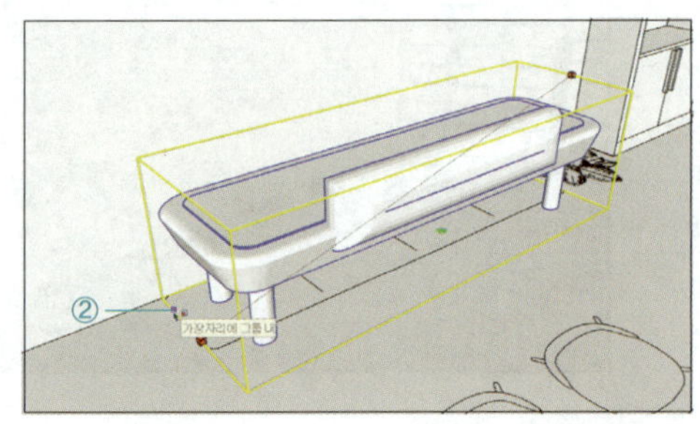
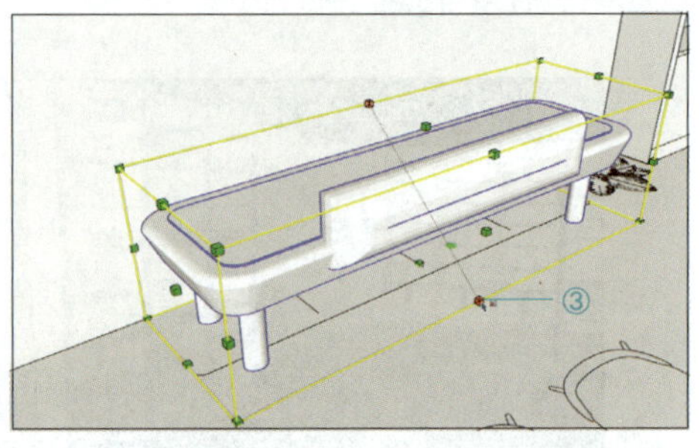
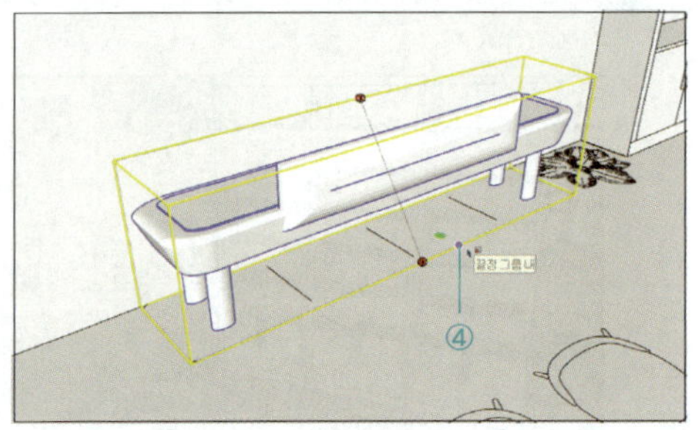

㉞ 소파를 선택하고 '대칭 이동' 도구를 클릭합니다. Y축(녹색) 면을 클릭해 대칭으로 이동하고 Space Bar 를 누릅니다.

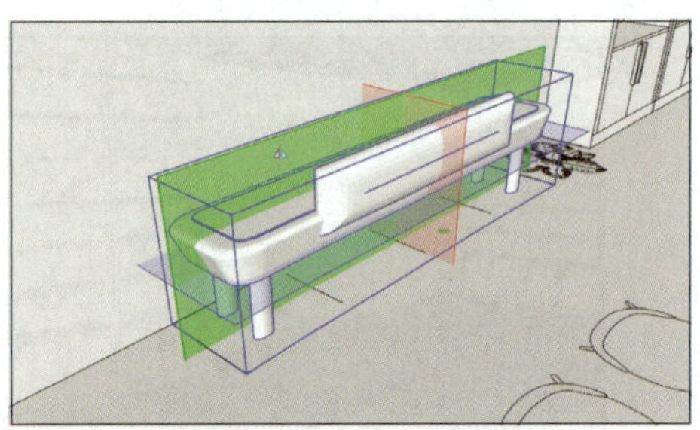
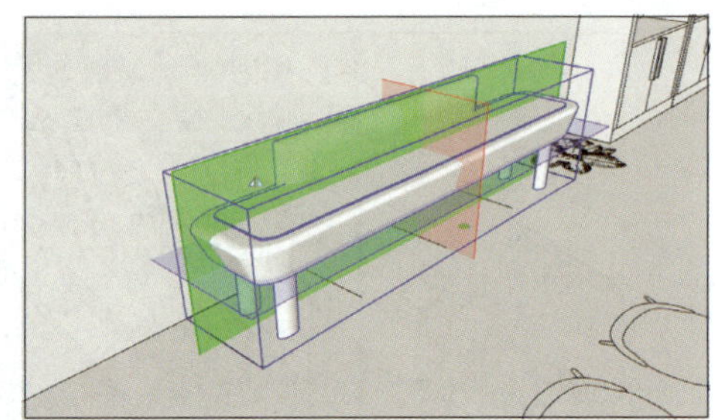

㉟ 화장실문을 표현하기 위해 벽면(①)을 더블클릭하여 편집모드로 전환하고 엑스레이 모드(②)를 활성화합니다.

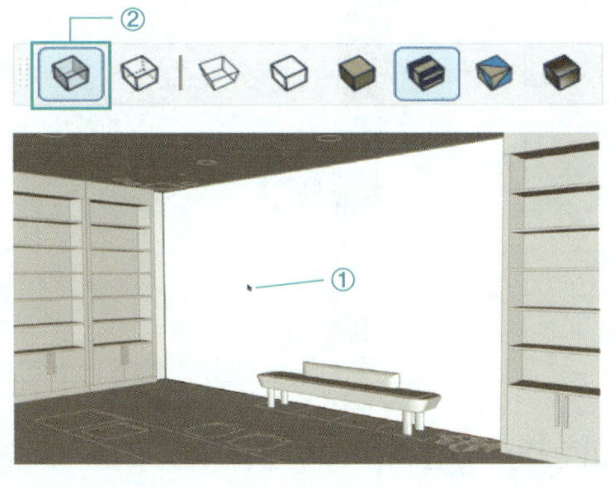

㊱ '사각형 그리기(R)'를 누르고 화장실문의 끝인 ①지점을 클릭합니다. 작성조건에 제시된 문의 크기 '700, 2000'을 입력해 사각형을 그립니다. '밀기/끌기(P)' 도구로 문틀 ②지점까지 밀어 냅니다.

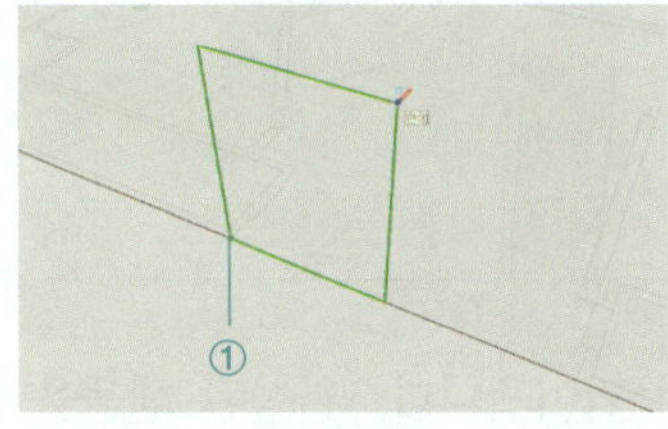

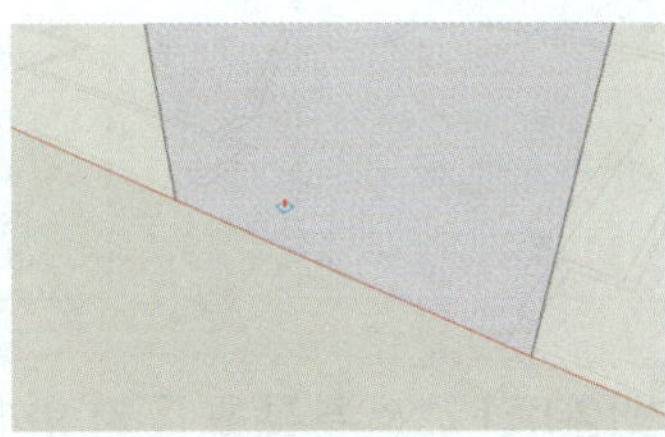

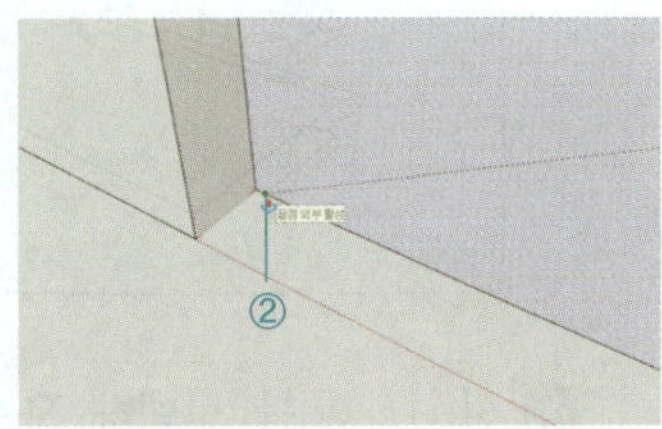

㊲ 문 상부를 확대합니다. 선 ①, ②, ③을 선택하여 ④지점까지 오프셋합니다. 엑스레이 모드를 끄고 Esc를 눌러 편집모드도 종료합니다.

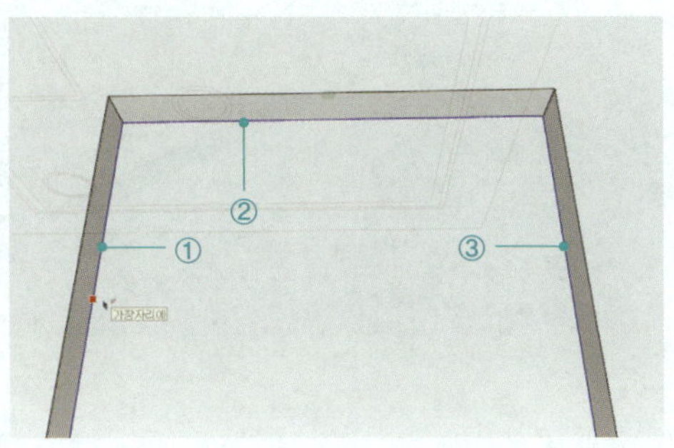

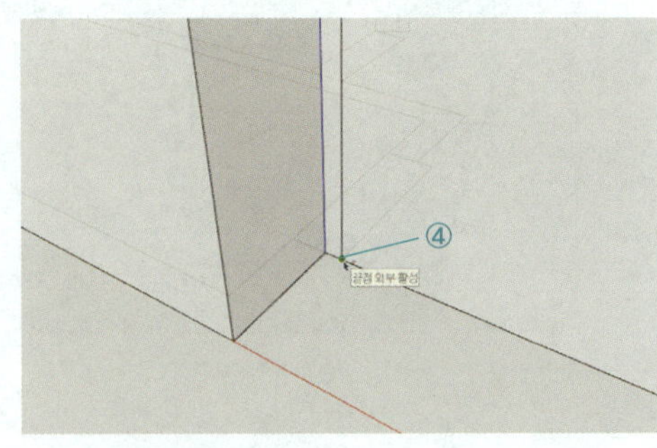

❸❽ '줄자(T)' 도구로 도어 핸들의 위치(900)를 표시합니다. 좌측에 핸들 소켓(R40)을 그리고 '밀기/끌기(P)' 도구로 10 정도 끌어 그룹으로 지정합니다.

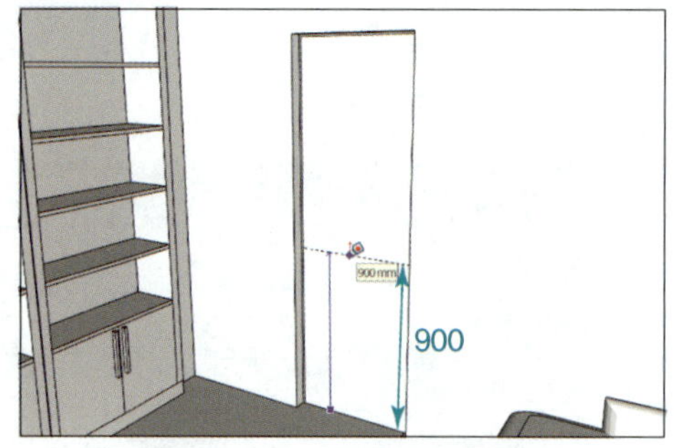

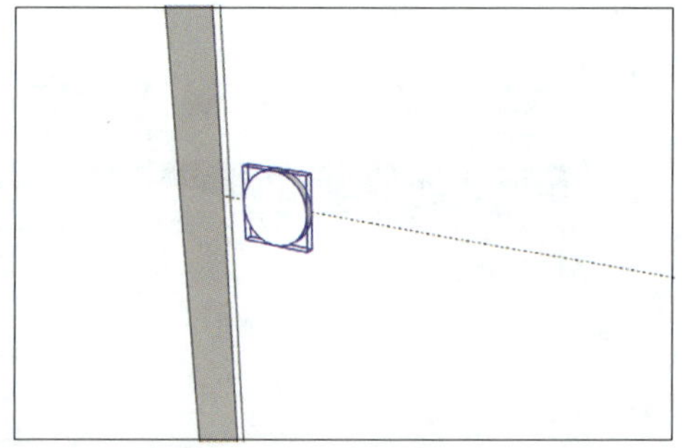

❸❾ 소켓 면(Y축)에 맞춰 사각형(150, 30)을 그리고 '밀기/끌기(P)' 도구로 60 정도 끌어줍니다.

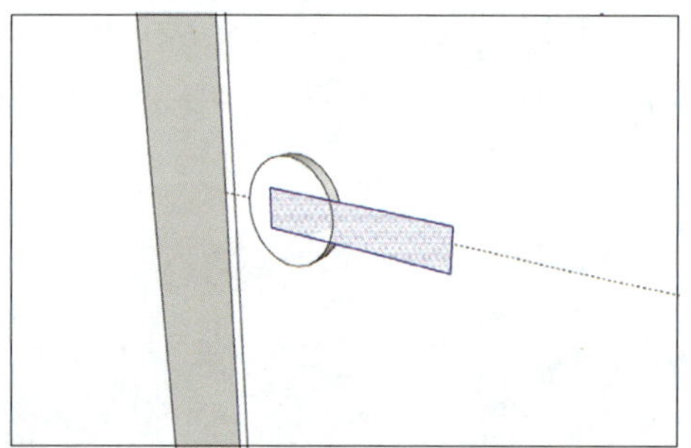

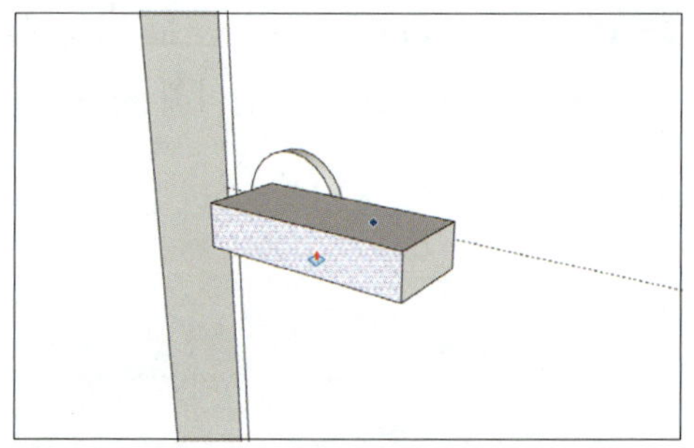

❹⓪ 선 ①, ②를 선택해 오프셋(20)하고 ③부분을 ④지점까지 밀어냅니다. 완성된 핸들을 그룹으로 지정합니다. 안내선은 삭제하고 핸들의 위치를 소켓 중앙으로 조정합니다.

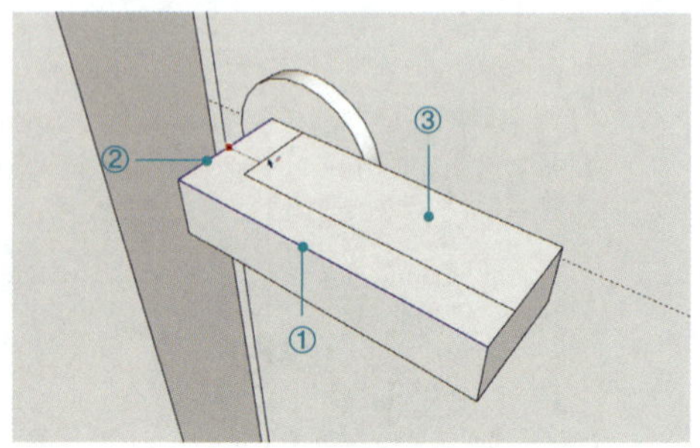

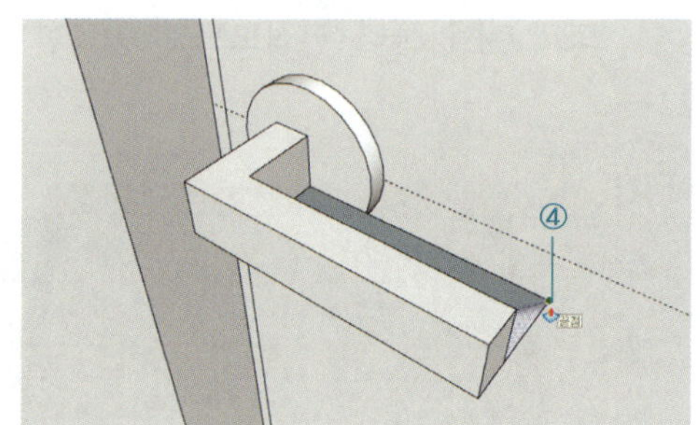

㊶ 좌측벽 약품진열장 부분을 확대하고 진열장 헤드 부분(①)을 '사각형 그리기(R)'로 스케치합니다. '밀기/끌기(P)' 도구로 ②지점까지 끌고 그룹으로 지정합니다.

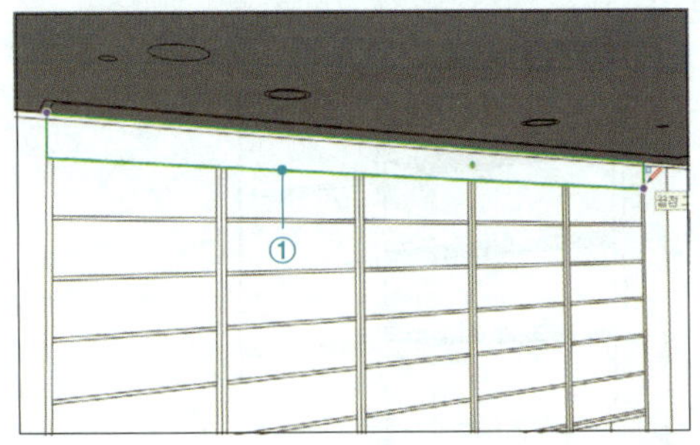

㊷ 진열장(①)을 '사각형 그리기(R)'로 스케치하고 '밀기/끌기(P)' 도구로 평면도의 ②지점까지 끌어줍니다.

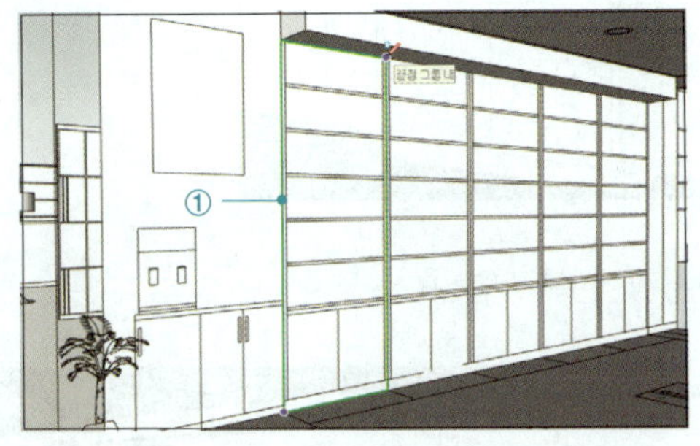
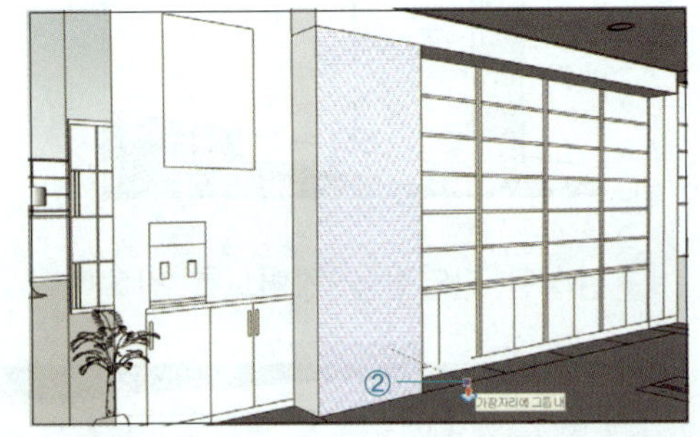

㊸ 복사해 놓은 '내부 입면도 A'를 분해합니다. 진열장의 외형선을 선택해 모델링 공간으로 복사하고 선(①)을 덧그려 면을 구분합니다.

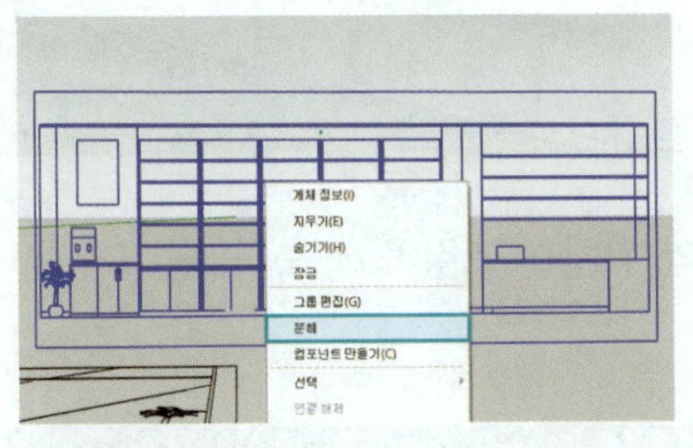
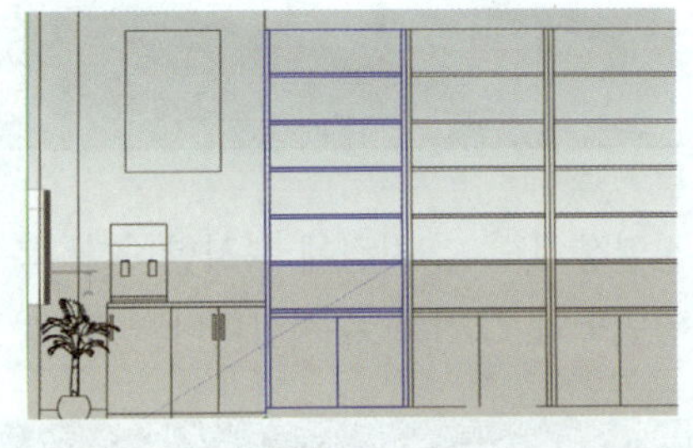
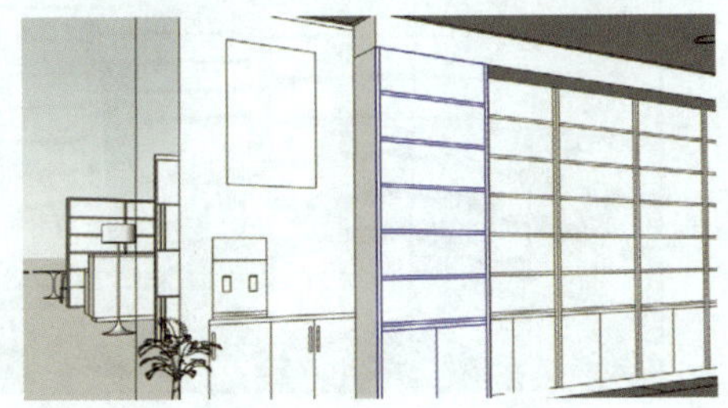
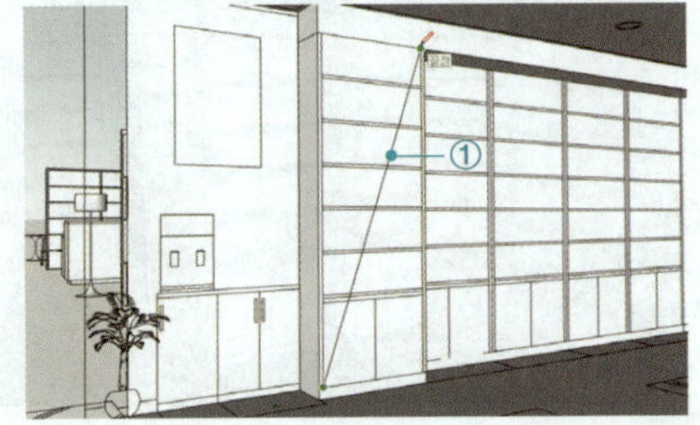

❹❹ 덧그린 선을 삭제하고 면 ①~⑥은 '밀기/끌기(P)' 도구로 280만큼 밀어냅니다. 면 ⑦, ⑧은
30만큼 밀어내고 진열장을 그룹으로 지정합니다.

 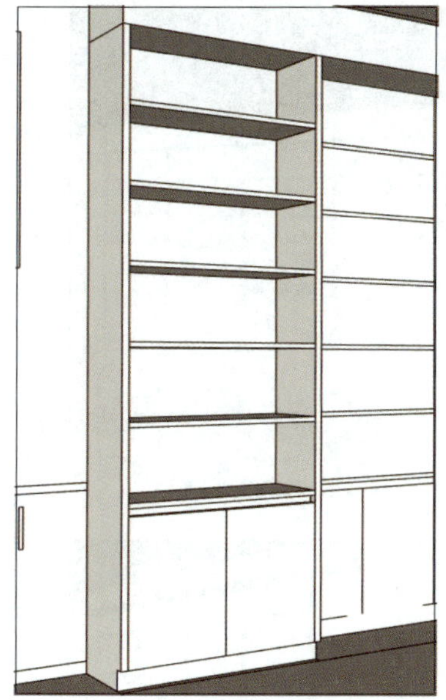

❹❺ 완성된 진열장을 평면도를 참고하여 ①~⑤지점에 복사합니다.

❹❻ 진열장 ①을 ②지점에 복사합니다. 복사한 진열장의 위치를 조정하고 '축척(S)' 도구를 사용해
평면도의 크기로 수정합니다.

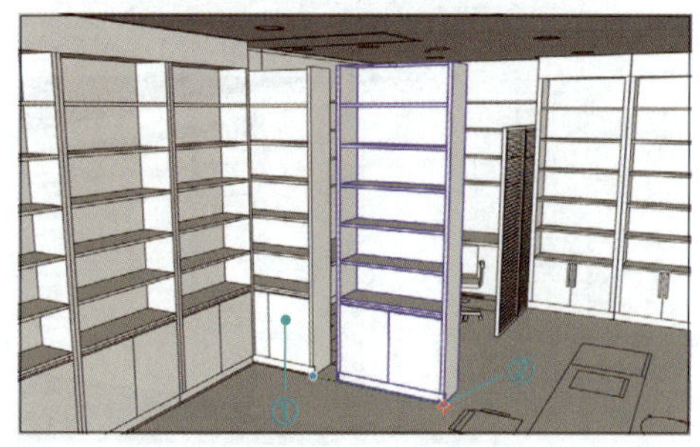 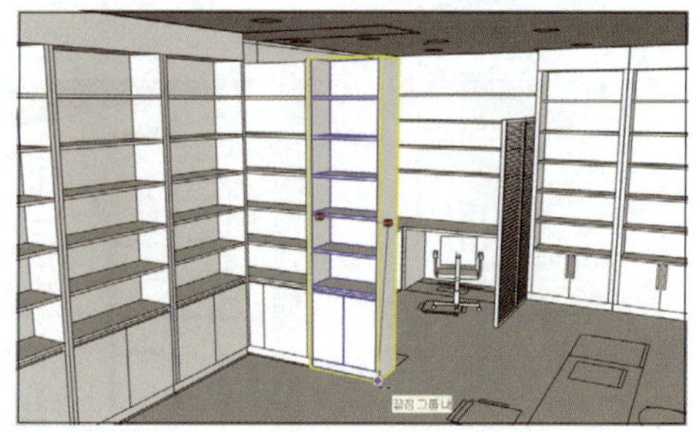

47 진열장 ①, ②를 선택하고 '대칭 이동' 도구를 클릭합니다. 대칭으로 복사하기 위해 Ctrl을 누릅니다. X축(적색) 면 ③을 클릭앤드래그로 ④지점까지 이동합니다.

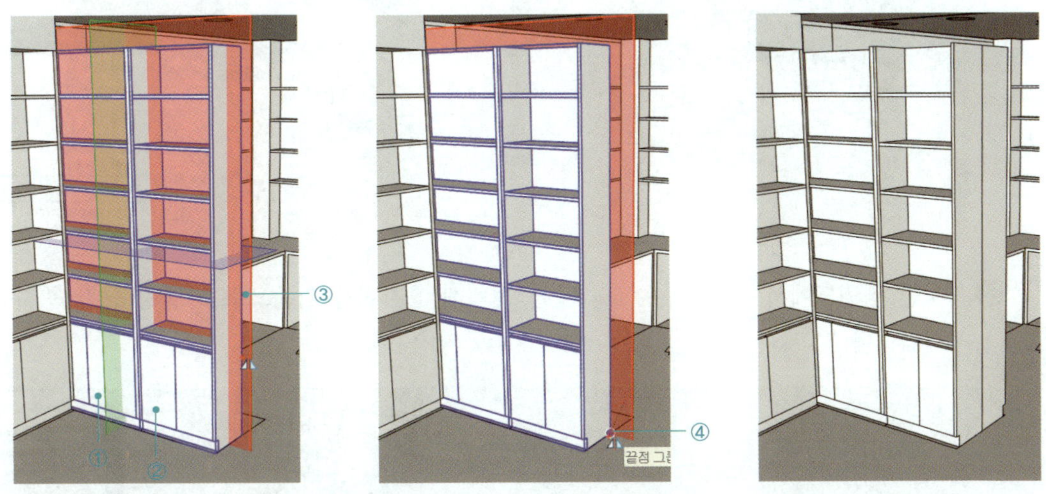

48 ①지점에서 ②지점을 클릭해 사각형을 그리고, '밀기/끌기(P)' 도구로 ③지점까지 끌어 그룹으로 지정합니다.

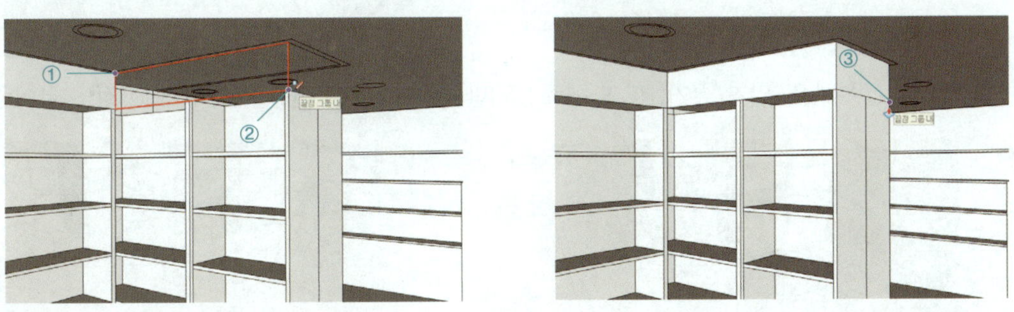

49 접수대 모양에 맞춰 선을 덧그리고, '밀기/끌기(P)' 도구로 80만큼 끌고 다시 면을 추가해 920만큼 끌어줍니다.

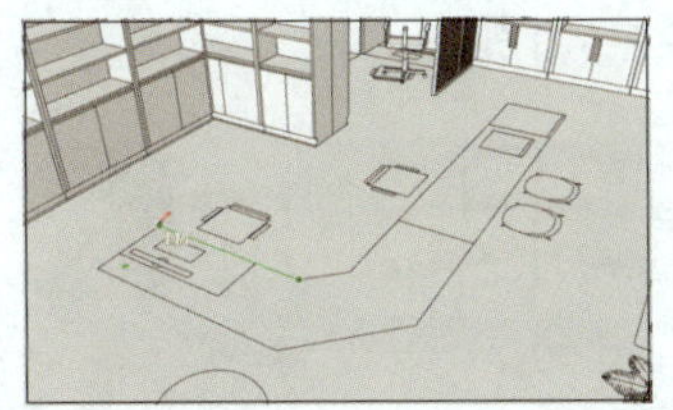

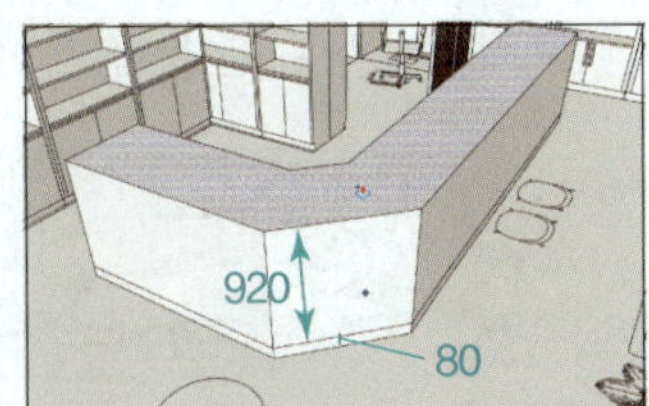

(50) 캐드 도면 평면도를 빈 공간으로 복사한 후 분해합니다.

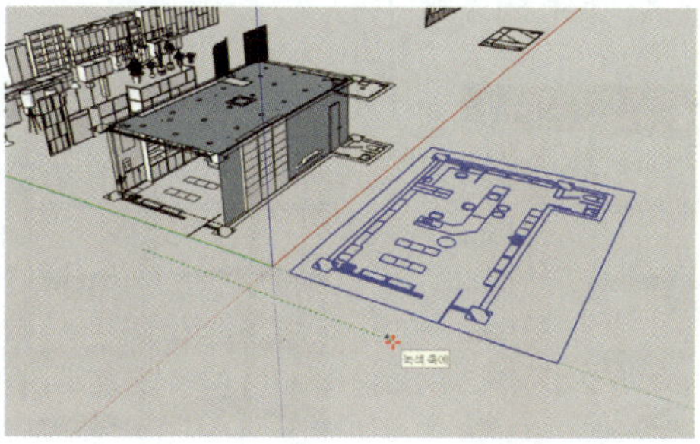

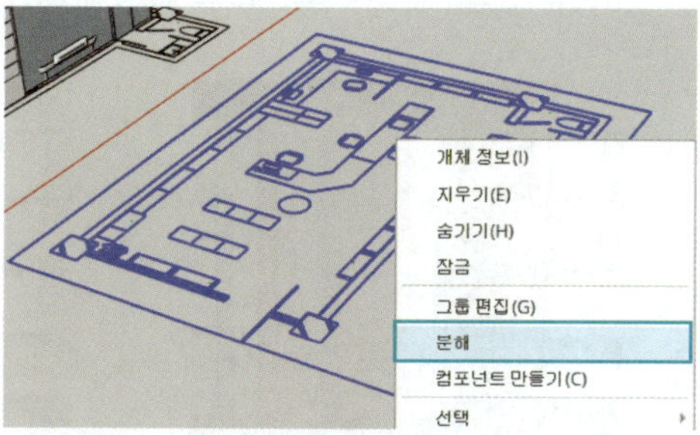

(51) 복사한 평면도에서 선 ①, ②, ③, ④를 선택해 ⑤지점을 기준으로 모델링 공간 ⑥지점으로 복사합니다.

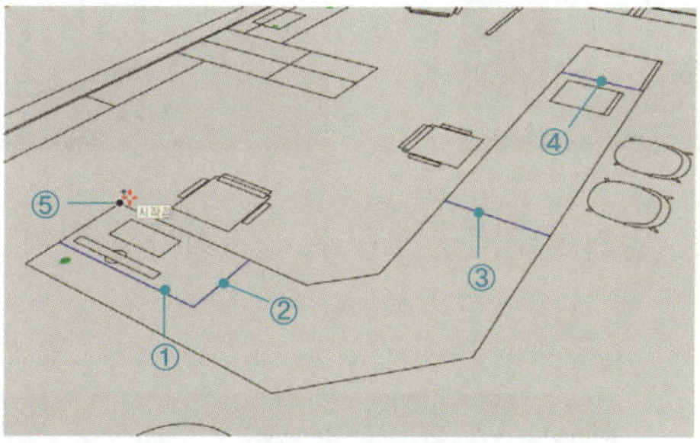

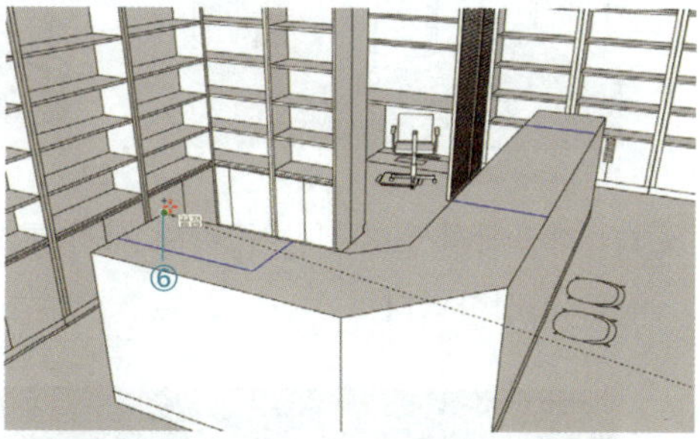

(52) 면 ①, ②부분은 '밀기/끌기(P)' 도구로 250만큼 밀고 ③은 면을 추가해 500 정도 끌어줍니다.

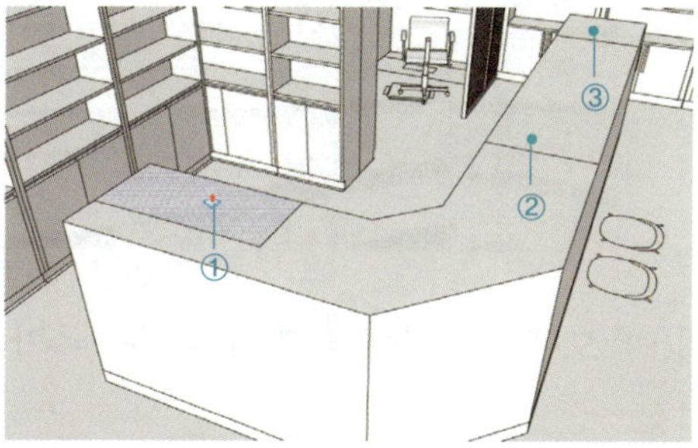

(53) 접수대의 부분별 경계선 ①, ②, ③, ④를 그리고 그룹으로 지정합니다.

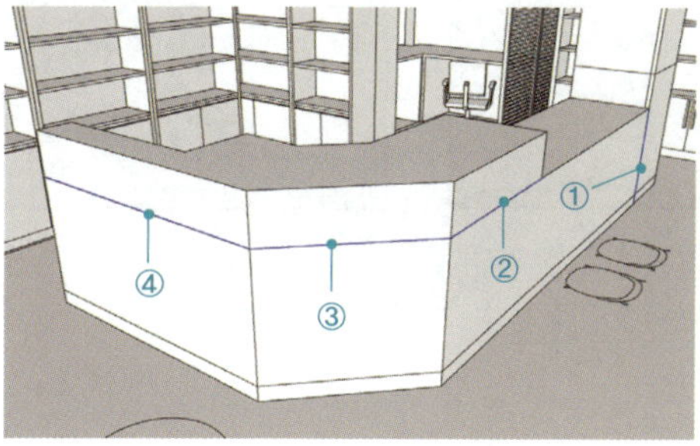

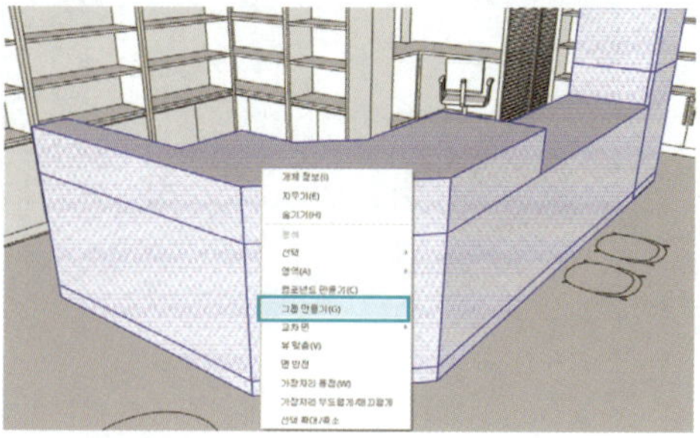

54 고객용 소파(①)를 복사해 회전 후 ②지점에 배치합니다. '축척(S)' 도구로 평면도와 비슷한 크기로 수정 후 복사합니다.

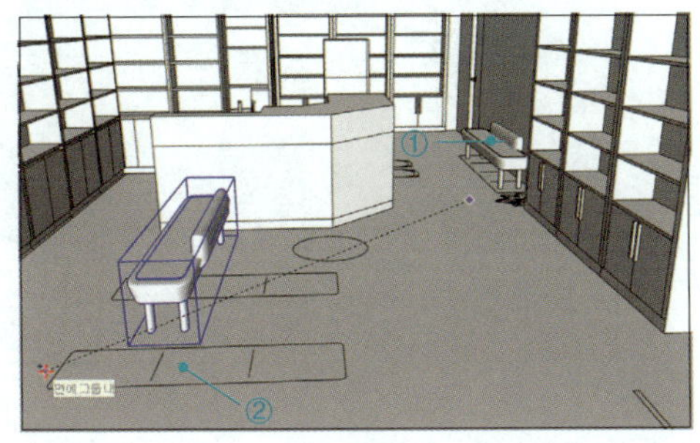
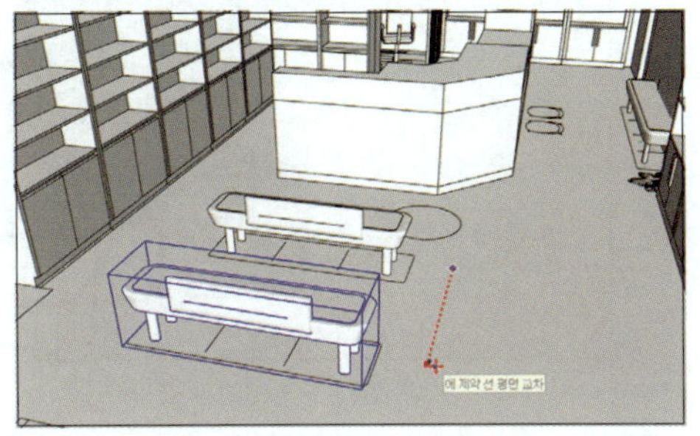

55 '3D 가구 소스'에서 상담용 의자(①)와 화분(②)을 복사한 후 자연스럽게 배치합니다.

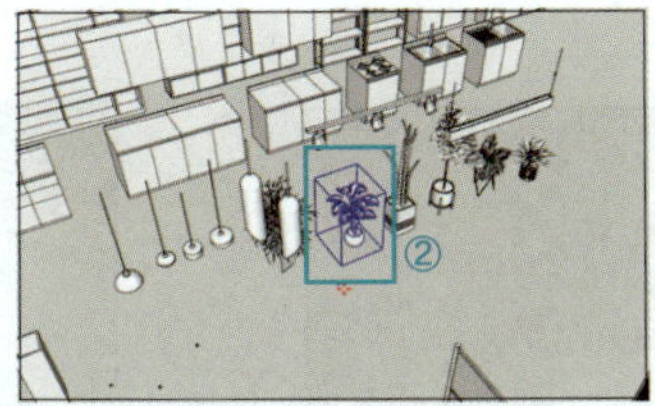
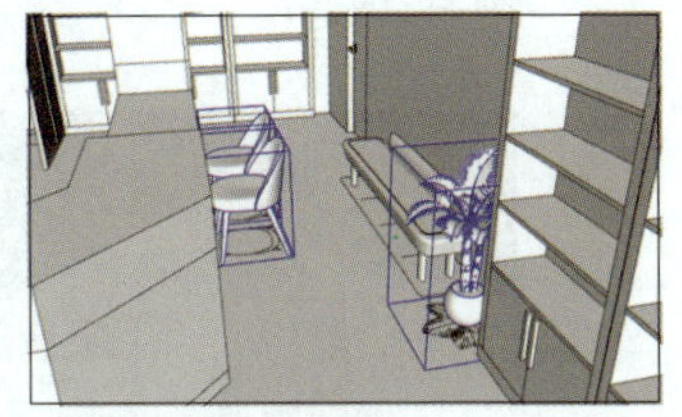

56 천장도에서 몰딩이 지나는 부분(①)을 '선 그리기(L)' 도구로 덧그립니다. 몰딩선과 직각인 면(②)에 사각형(40, 40)을 그려줍니다.

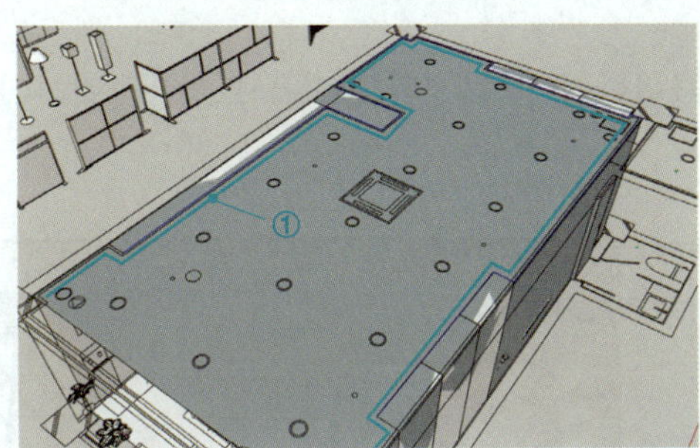

㊗ '이동(M)' 도구로 사각형을 몰딩 위치에 배치합니다.

㊽ 먼저 그린 몰딩 선 ①을 선택한 뒤 마우스 오른쪽 버튼을 클릭합니다. 선택 옵션에서 '모두 연결됨'을 클릭합니다. 이어서 Shift 를 누른 상태로 사각형만 포함 선택하여 선택 대상에서 제외합니다.

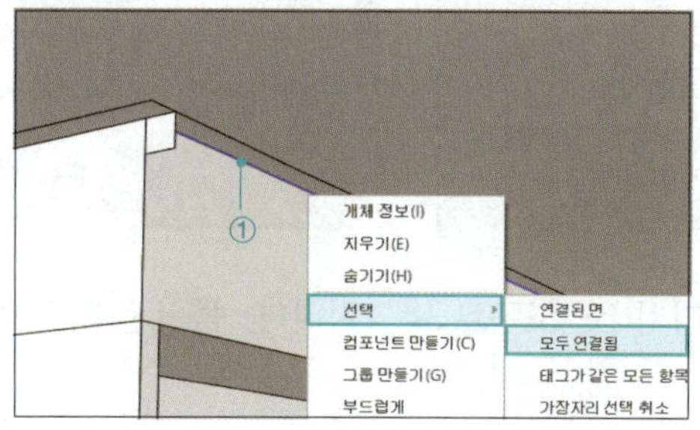

㊾ 따라가기 도구( )를 클릭하고 몰딩면 ①을 클릭합니다. 작성된 몰딩을 트리플클릭하여 그룹 으로 지정합니다.

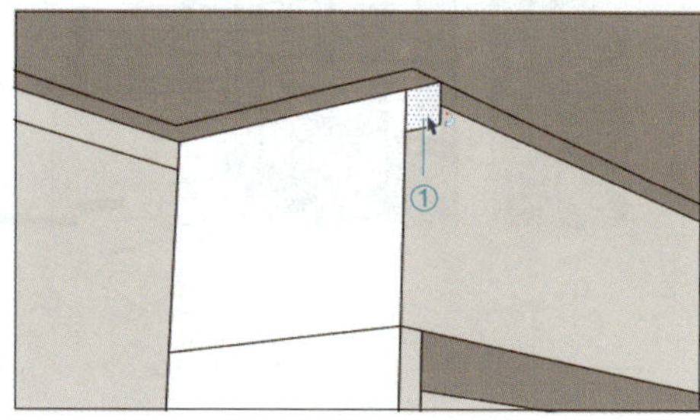

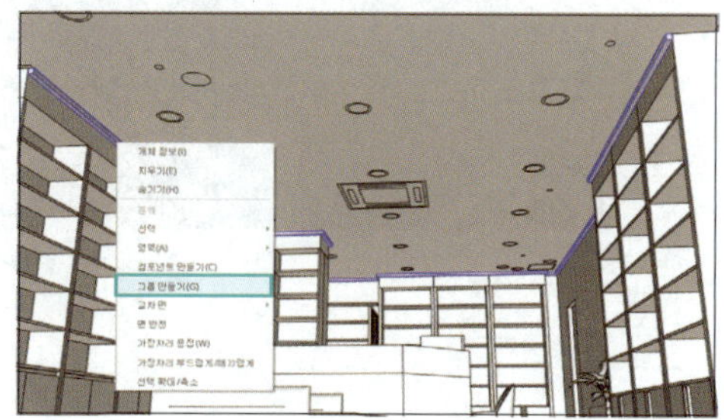

60 천장 모델링

천장의 매입등(①)을 확대하고 원 2개를 덧그립니다. 이때 도면과 정확히 맞출 필요는 없습니다.

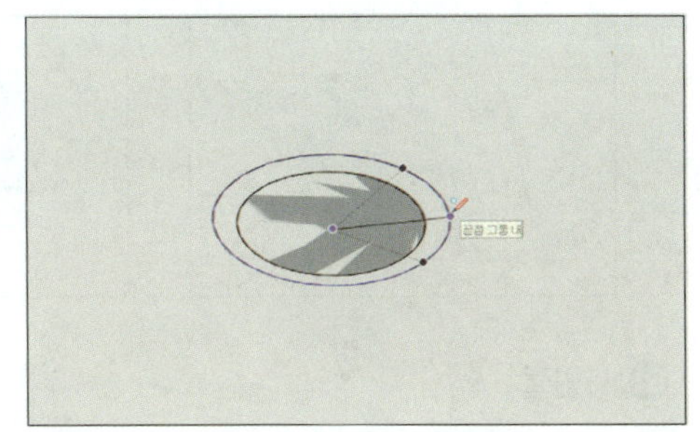

61 '밀기/끌기(P)' 도구로 안쪽은 5, 바깥쪽은 10만큼 끌어줍니다. 면이 뒷면(회색)으로 만들어지면 Ctrl을 눌러 앞면(흰색)으로 만들어줍니다. 매입등 안쪽 면에 재질을 적용하고 컴포넌트로 만듭니다.

* 조명, 테이블 등의 동일한 형태의 요소는 재질 적용이나 편집을 고려하여 그룹보다는 컴포넌트로 지정하는 것이 유리할 수 있습니다.

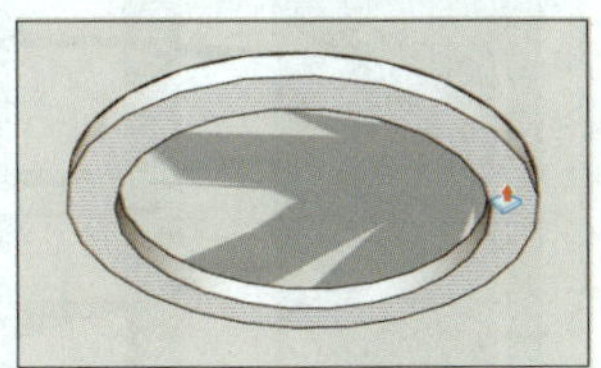
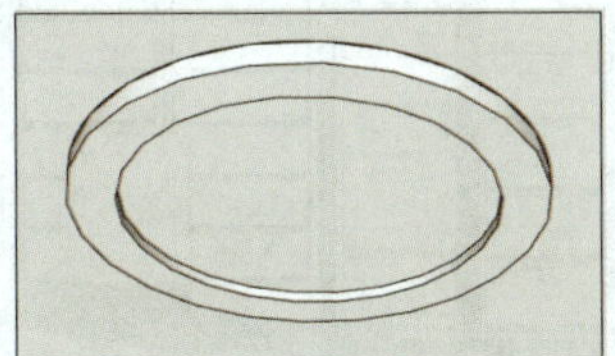
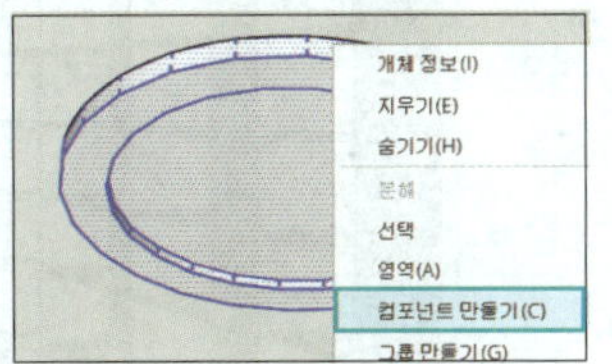

[컴포넌트로 작성]

62 완성된 매입등을 '이동(M)' 도구로 배열(1500)합니다.

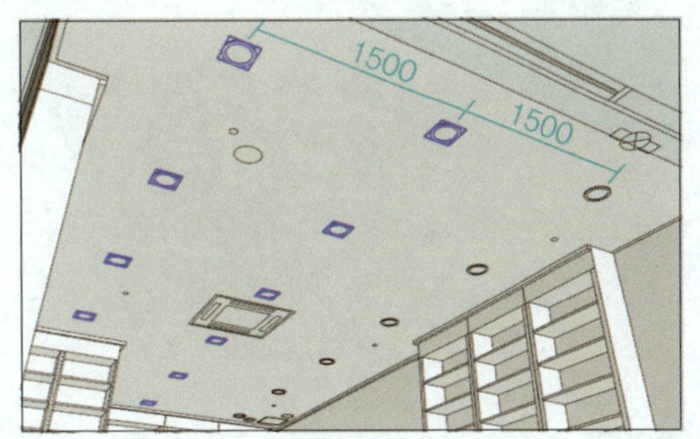

㊿ 에어컨 외형(①)을 '사각형(R) 그리기'로 덧그립니다. '밀기/끌기(P)' 도구로 10~20 정도 끌어 형태를 만들고 그룹으로 지정합니다. 스프링클러, 감지기, 스피커, 점검구는 캐드 도면의 선을 그대로 사용하거나 10~20 정도 끌어서 외형을 만들어줍니다.

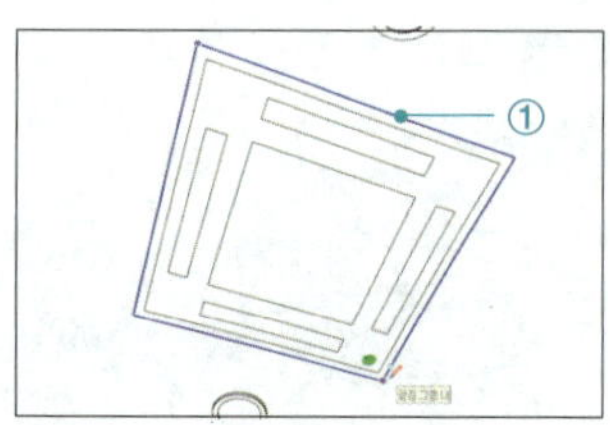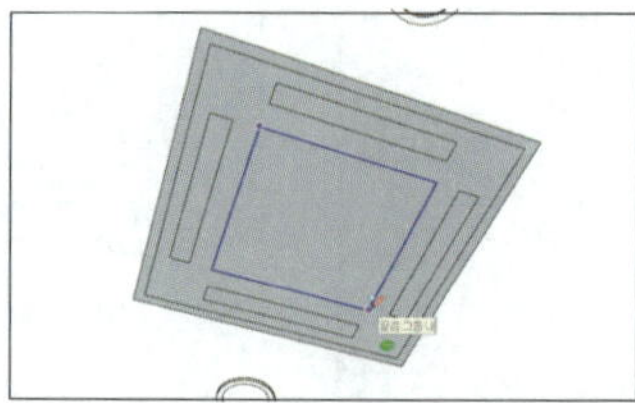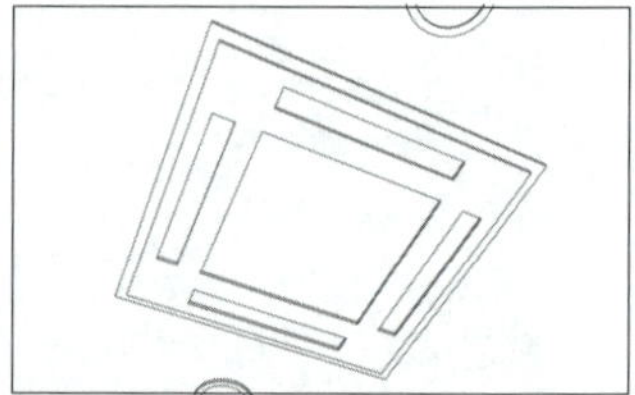

㊽ 사인물

공간의 업종을 드러내고 상품을 효과적으로 구분할 수 있는 문구를 3D 텍스트 도구를 활용해 부착합니다.

65 세부 모델링

대략적으로 완성된 모델은 남은 시간과 개인 역량에 따라 디테일을 보완하거나 진열장에 물품 등을 추가하는 것도 좋습니다. 가급적 디자인 의도와 연관되도록 수정합니다.

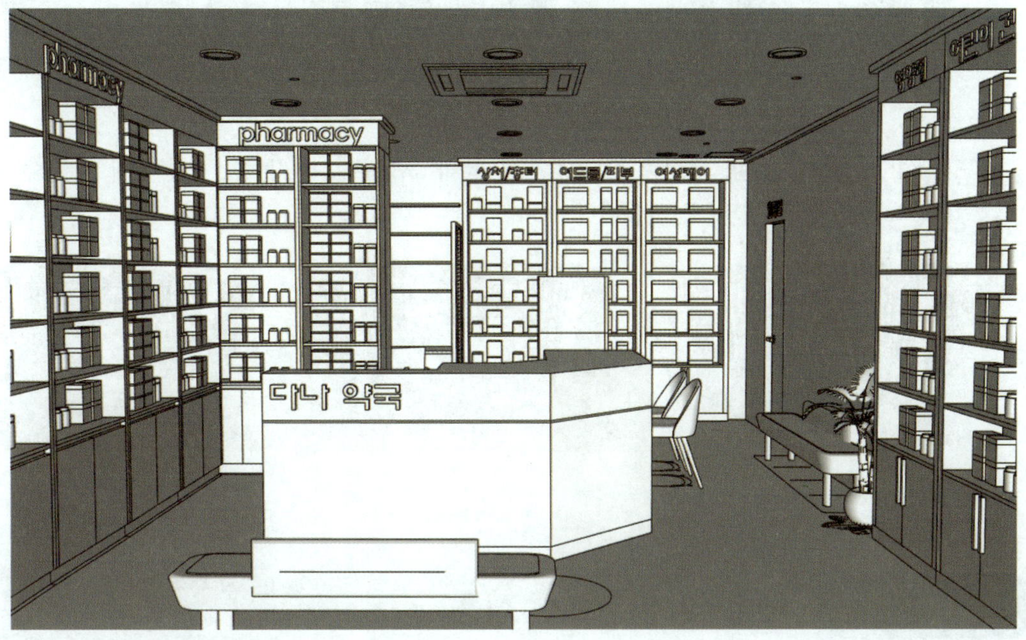

66 평면도, 내부 입면도, 천장도를 삭제하거나 태그를 모두 Off합니다. 캐드 도면을 삭제하거나 태그 Off 시점은 사용자에 따라 다를 수 있습니다.

* 스프링클러, 감지기, 스피커, 점검구를 만들지 않고 캐드 도면의 선을 그대로 사용할 경우 '천장도' 태그는 On으로 유지합니다.

67 바닥에 패턴을 만들기 위해 선(①)을 그린 후, 600 간격으로 복사합니다.

68 수직선(②)을 한 번 더 그리고 600 간격으로 복사합니다. 수직선은 수평선에 의해 분할되어 있으므로 [Shift]를 눌러 선택합니다.

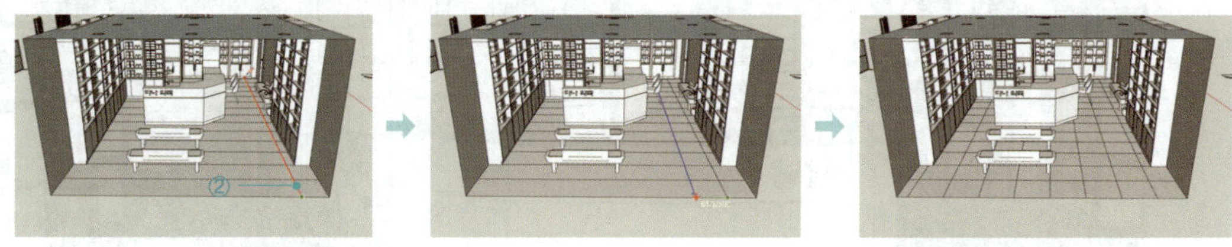

<table>
<tr><td>Section</td><td>**05**</td><td>**재질 및 환경요소 적용**</td></tr>
</table>

재질은 면적이 큰 천장, 벽, 바닥에 채도가 높지 않은 컬러를 우선 적용한 후 몰딩과 주요 가구순으로 작업을 진행합니다. 약국은 3색 배색 견본 중 심플, 모던, 단정에 해당되는 느낌으로 재질을 적용합니다.

* 재질을 적용하기 전 평면도의 '디자인 의도'를 한 번 더 확인하는 것이 좋습니다.

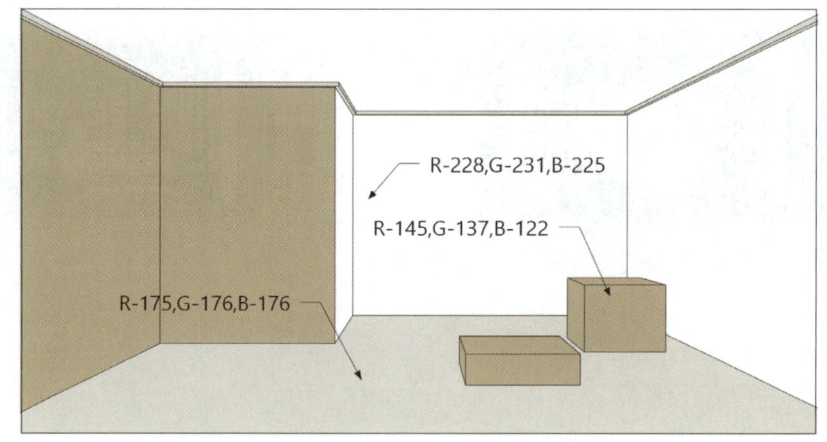

[3색 배색 견본 – 심플한, 모던한, 단정한]

❶ 천장, 벽, 가구, 바닥 재질 적용의 예

[천장, 벽: M00_Soft_Cloud]

[가구: R145_G137_B122]

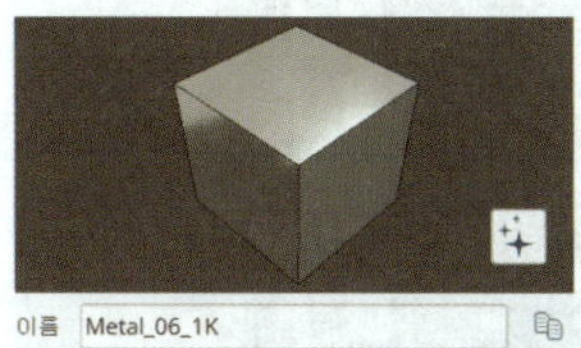

[바닥 1: Metal_06_1K]

[바닥 2: M04_Stone_Frost]

❷ 나머지 가구 및 마감 컬러는 2~3가지 정도만 사용합니다. 누락된 가구나 소품이 없는지 확인하고, 공간이 비어 보이는 곳은 이미지보드나 거울로 보완합니다.

❸ 트레이의 그림자 모드(①)를 활성화하고 남쪽으로 창이 향하도록 90° 회전합니다. 회전 방향은 시간 및 계절에 따라 다를 수 있습니다.

* 병합 메시지가 나타나면 '예'를 클릭합니다.

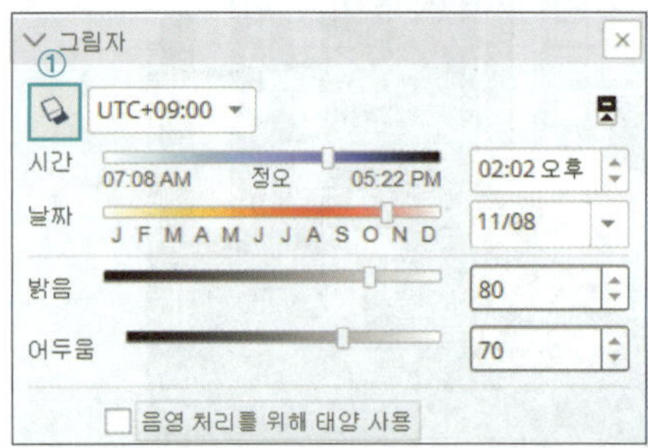

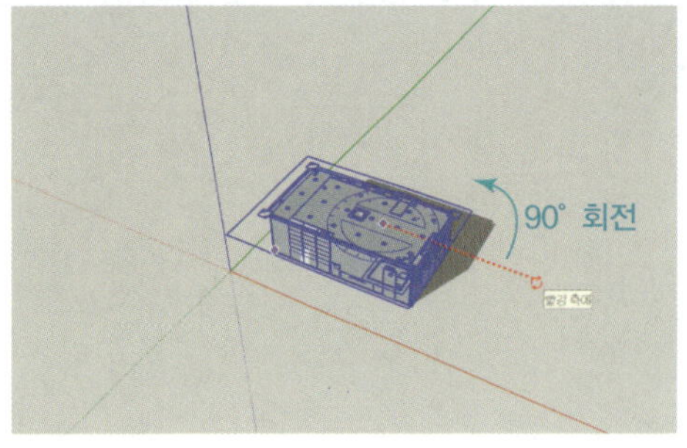

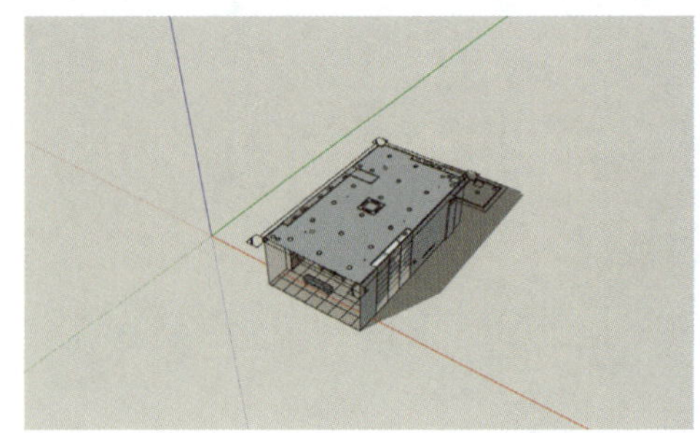

❹ 상단 메뉴의 [보기] ⇨ [면 스타일]에서 '앰비언트 오클루전'을 클릭해 음영 효과를 적용합니다.

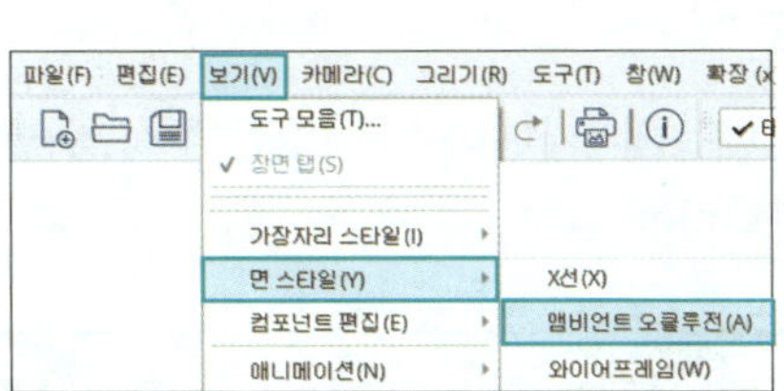

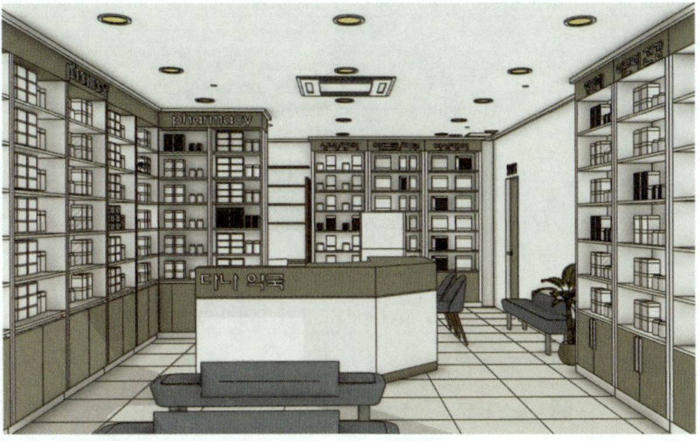

❺ 진열대의 어두운 부분을 조정하기 위해 스타일에서 편집탭을 클릭합니다. 면 설정에서 '앰비언트 오클루전'의 거리값을 줄여 음영을 조정합니다.

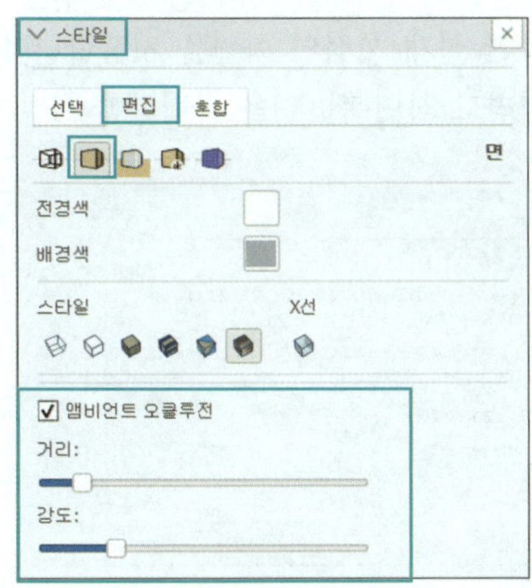

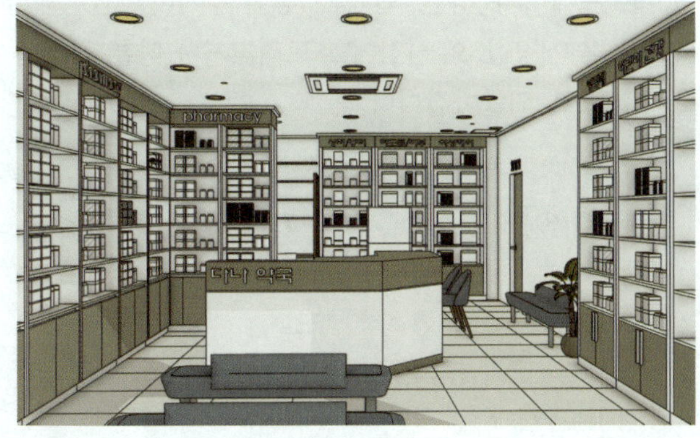

Section 06 실내투시도 이미지 추출 및 배치

실내투시도 장면을 저장하고 고해상도 이미지로 출력합니다.

❶ 완성된 실내 공간을 보기 좋은 시점으로 맞춘 후, 메뉴의 [카메라]에서 '2점 투시'를 클릭합니다. 이후 클릭 드래그로 한 번 더 화면을 조정합니다.

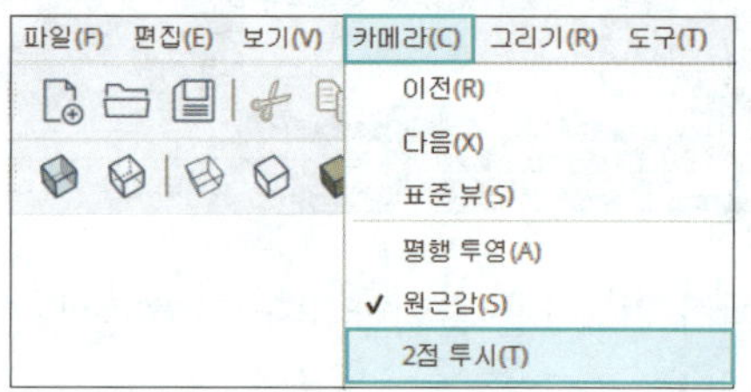

❷ 트레이의 '장면' 탭에서 '장면 추가(⊕)'(①)를 클릭하여 현재 시점의 화면을 저장합니다. 장면을 저장한 후 시점이 흐트러지거나 다른 작업을 하더라도 장면 탭(③)을 클릭하면 저장된 시점으로 되돌아갑니다.

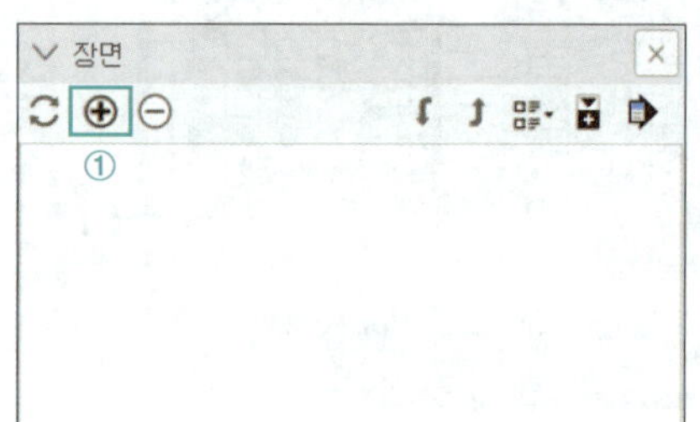
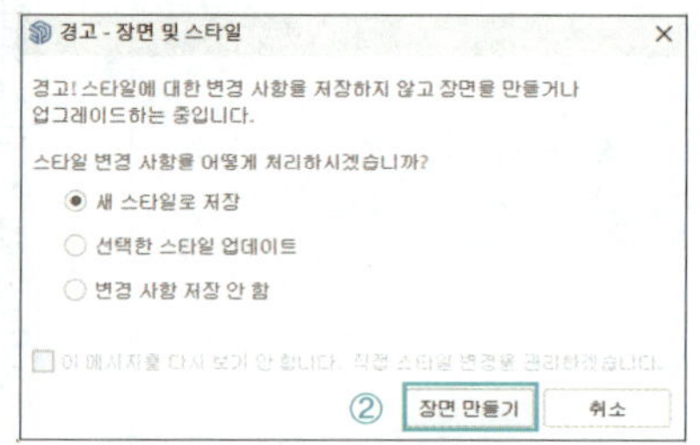

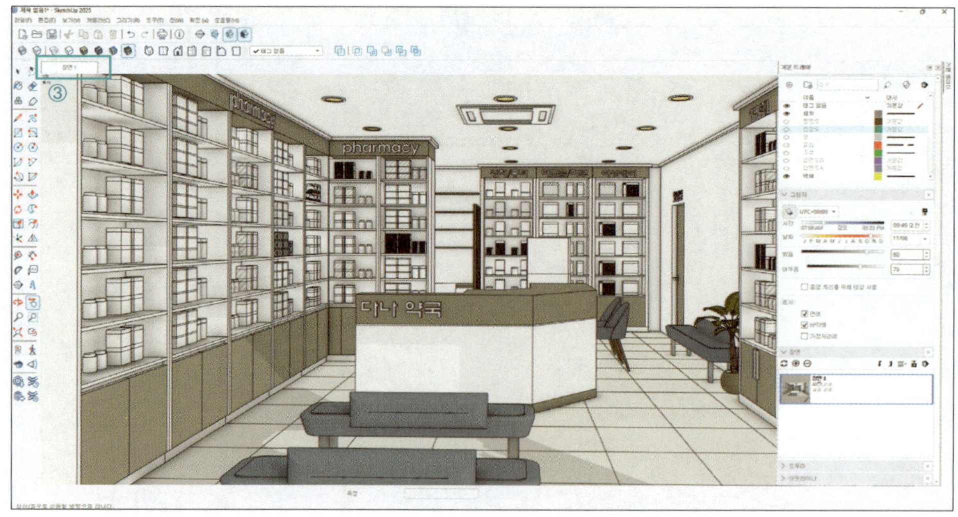

❸ 모델링에 부족한 부분이 없다면 스케치업 모델링 파일을 저장한 후, 설정한 장면을 출력하기 위해 메뉴의 [파일] ⇨ [내보내기]에서 '2D 그래픽'을 클릭합니다.

* 내보내기 전 '천장도' 태그(도면층)가 On으로 설정되어 있는지 확인합니다.

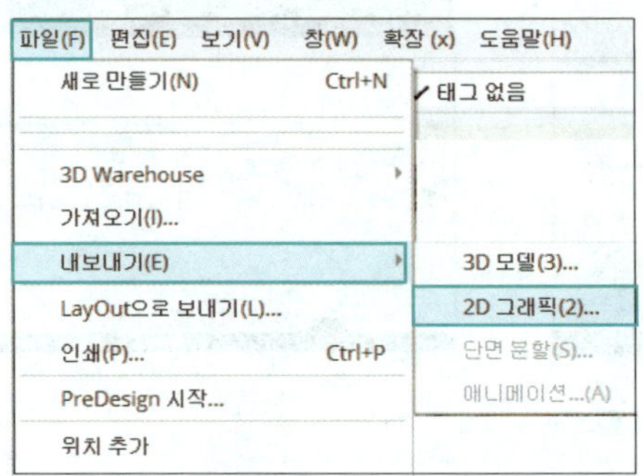

❹ 저장할 폴더를 지정한 후, 파일 이름을 '실내투시도'(①), 형식을 'tif'(②)로 설정합니다. '옵션' (③) 버튼을 클릭한 후, '뷰 크기 사용'(④)을 해제하고 픽셀값을 '3000'(⑤), 선 배율 승수를 '1'(⑥)로 설정합니다. 설정을 마친 후 확인을 클릭하고 내보내기 버튼을 누르면 실내투시도 이미지가 저장됩니다.

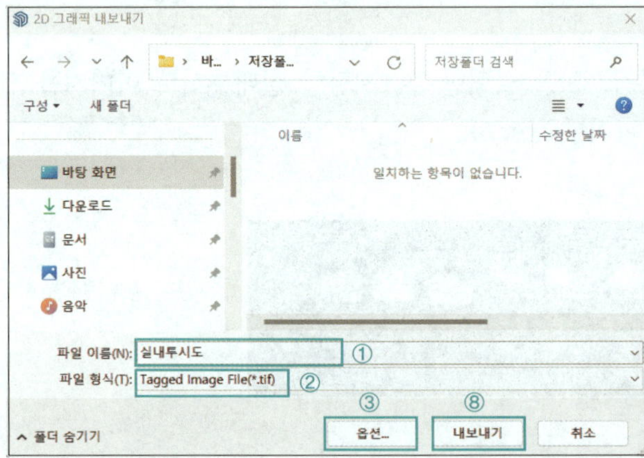
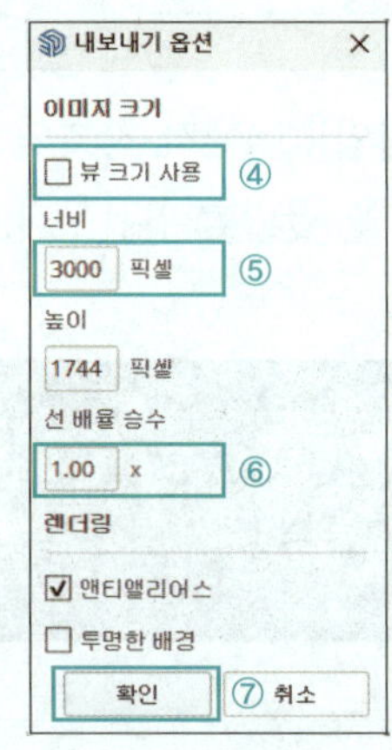

❺ 출력된 이미지의 품질을 확인한 후 캐드에서 2D 도면 작성 파일(평면도, 천장도, 내부 입면도)을 실행합니다. 완성된 입면도의 도면 양식과 도면명을 우측으로 복사합니다.

[이미지 뷰어로 확인]

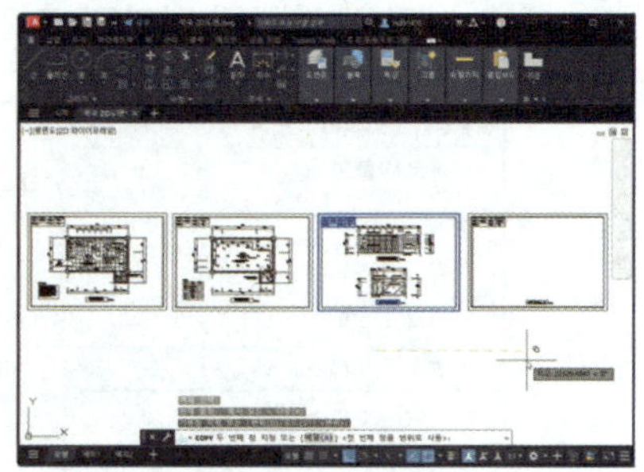

[도면 양식 복사]

❻ 표제란과 하단의 도면명과 축척을 '실내투시도', 'N.S'로 수정합니다.

수험번호	1234567890	종 목	실내건축산업기사
성 명	황 두 환	도면명	실내투시도
감독확인		축 척	N.S

❼ 메뉴의 [삽입](①)에서 참조의 '부착'(②)을 클릭한 후, 저장한 실내투시도 이미지를 선택하고 열기 버튼을 클릭합니다(부착 명령어: attach).

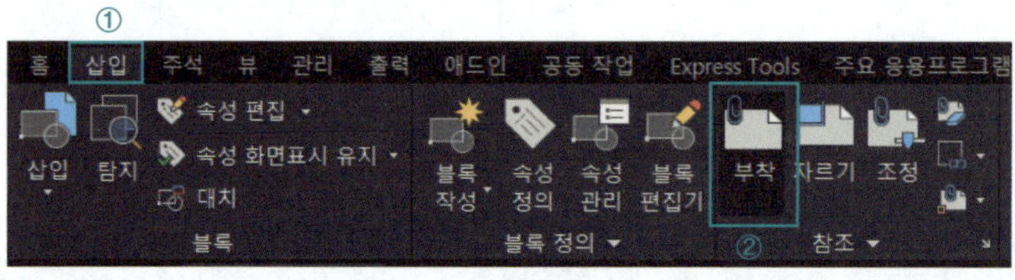

❽ 이미지 부착 설정창에서 '확인' 버튼(①)을 클릭합니다. ②지점을 클릭하고, ③지점 근처를 클릭하여 적절한 크기로 이미지를 부착합니다.

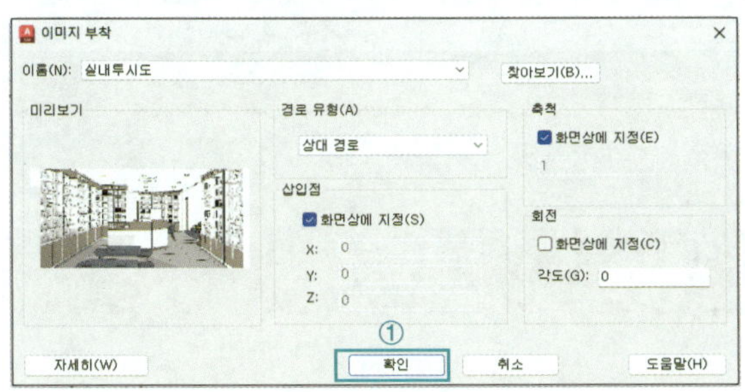
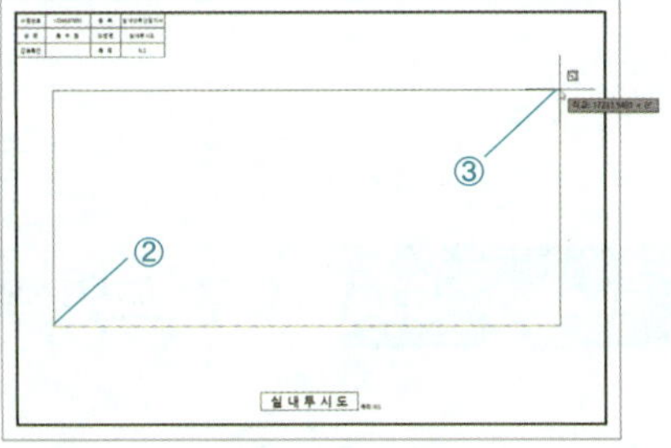

❾ 부착한 이미지와 제목을 보기 좋게 재배치하고 작업파일을 저장합니다.

학습파일 | 완성파일 \ Part05 \ Ch02 \ 약국.dwg

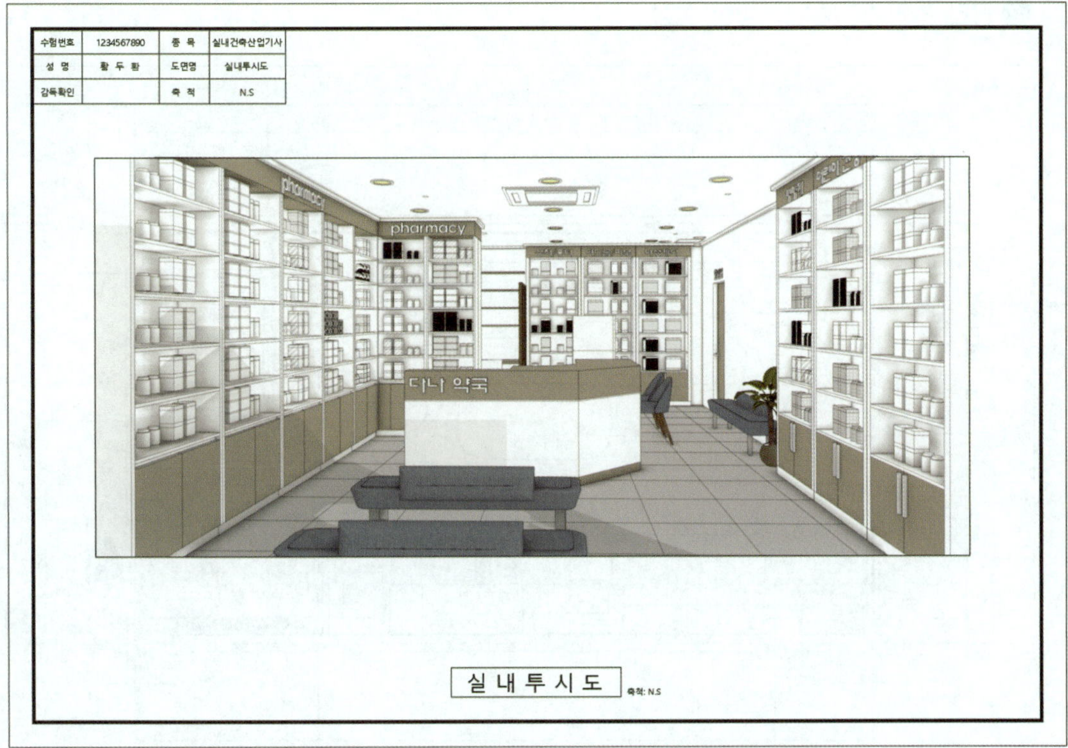

벤처사무실: 3D 모델링 및 실내투시도

요구 도면 확인

1 실내투시도 1장(축척: N.S)

- 계획의 포인트가 좋은 지점에서 1소점 또는 2소점 투시법으로 투시도를 작성합니다.
- 공간의 특징이 잘 나타날 수 있는 영역(서류 수납장, 사무용 책상 등)을 작성합니다.
- 투시도 방향은 가급적 시간적으로 유리한 내부 입면도를 작성한 방향으로 설정합니다.
- 완성된 3D 모델링을 TIF 또는 PNG 형식의 고해상도 이미지로 출력합니다.

2 공간 확인 및 투시도 방향 설정

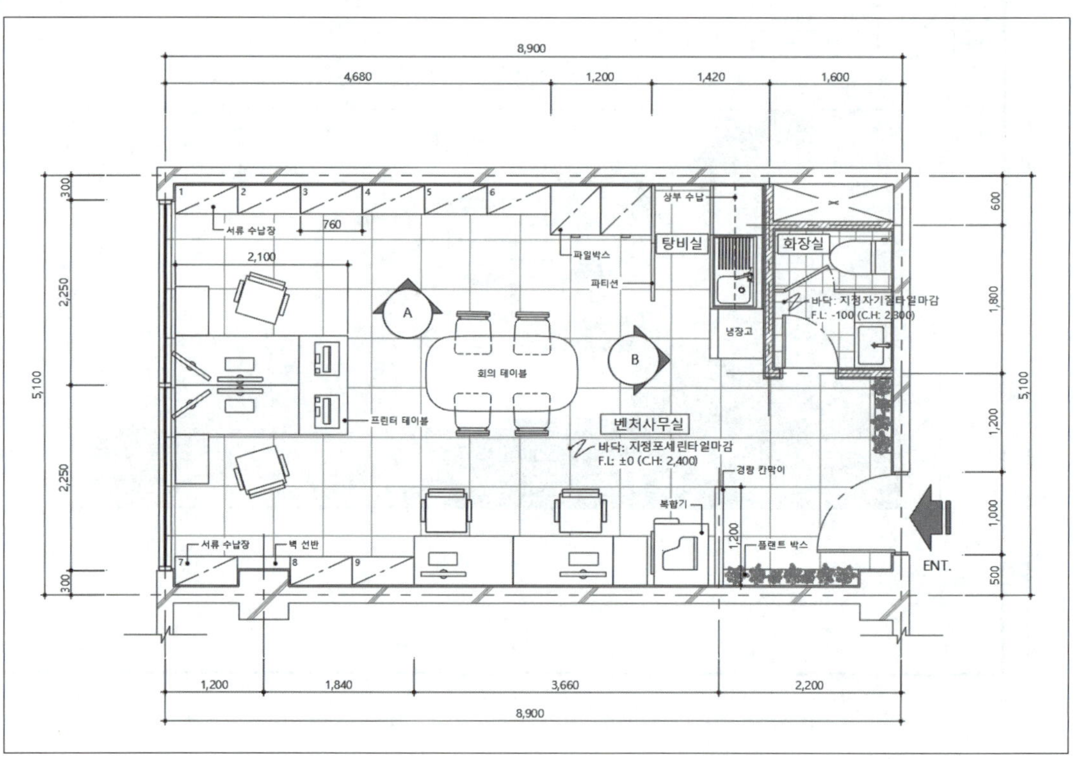

Section 02 3D 모델링 과정

❶ 완성된 평면도, 내부 입면도, 천장도를 모델링 용도로 수정합니다

❷ 완성된 2D 도면을 스케치업으로 가져와서 배치합니다.

❸ 화면에 보여지는 부분을 중심으로 모델링을 진행합니다.

❹ 재질, 그림자, 앰비언트 등 사실적인 효과를 적용합니다.

❺ 실내투시도로 추출할 화면을 장면으로 등록합니다.

❻ 등록된 장면을 고해상도 이미지 파일로 출력합니다.

❼ AutoCAD 프로그램을 실행하여 [Attach] 명령으로 실내투시도 이미지를 부착합니다.

❽ 실내투시도를 A3 용지 규격의 PDF 파일로 출력합니다.

❾ 제출 및 용지 출력을 진행합니다.

Section 03 2D 도면 수정

❶ Part 03의 Chapter 03에서 완성한 '벤처사무실' 2D 도면을 준비합니다. 도면을 수정하기 위해 바탕화면에 임시 폴더를 만들어 완성된 2D 도면 파일을 복사합니다. 이때 원본 파일이 삭제되거나 수정되는 것에 주의하고, Part 03에서 완성한 파일이 없다면 Part 05의 실습파일을 사용합니다.

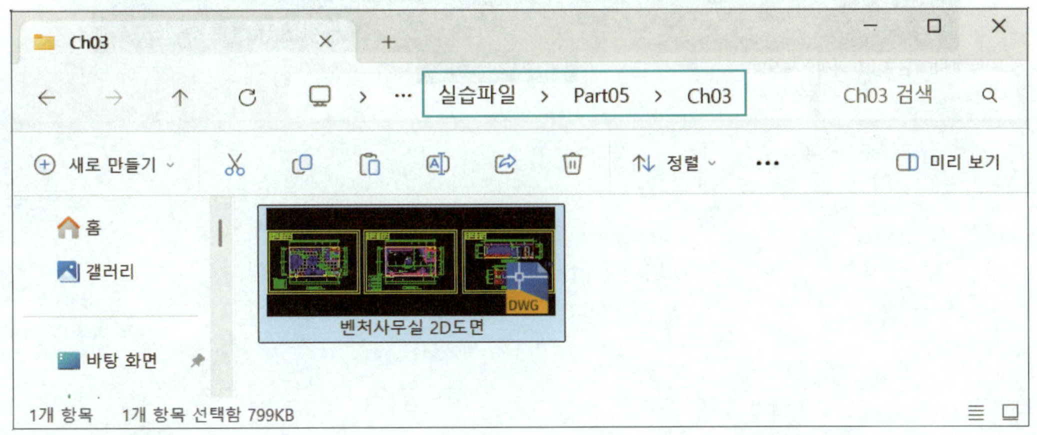

❷ AutoCAD에서 완성된 벤처사무실 2D 도면 파일을 불러옵니다. 모델링에 불필요한 도면양식, 치수 등을 모두 삭제하고 해치 패턴을 분해(X)한 후 저장합니다.

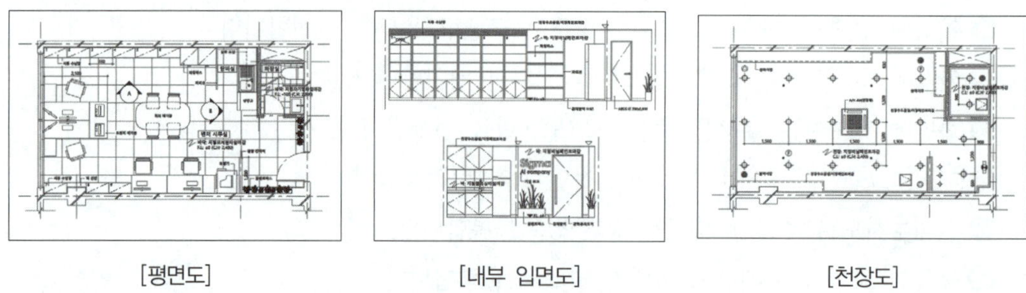

| [평면도] | [내부 입면도] | [천장도] |

* 해치 패턴은 스케치업에서 표시되지 않으므로, 모델링에 해치 패턴을 활용해야 할 경우 AutoCAD에서 해치를 분해 (×)하여 선으로 변환합니다. 위의 수정된 도면은 가시성을 고려해 검정 단색으로 변경한 이미지입니다.

TIP 문자 정보 가져오기

스케치업에서 캐드 도면을 가져오면 문자는 보이지 않습니다. 문자를 보이게 가져오기 위해서는 'Explode Text' 명령으로 표기한 문자를 분해하면 됩니다.

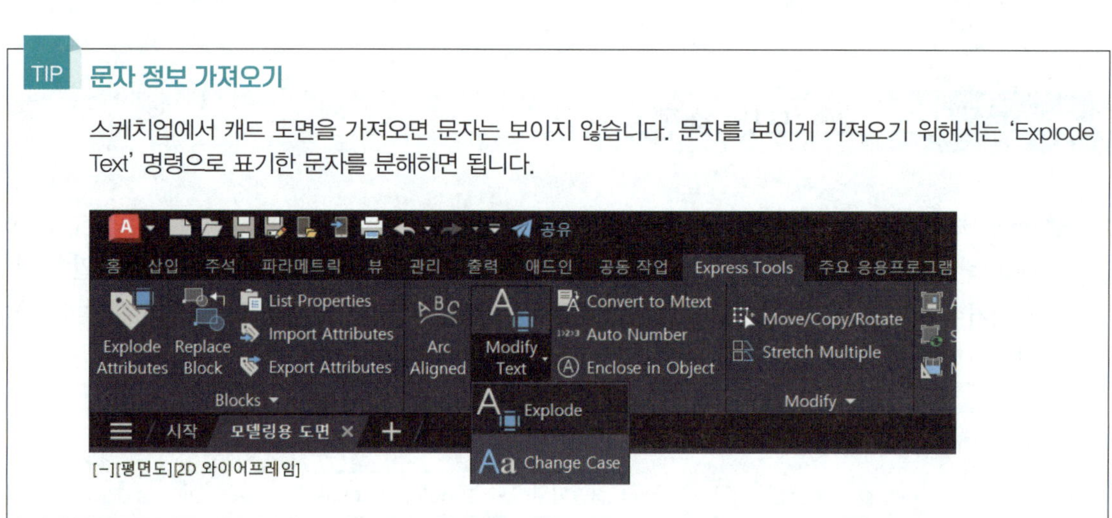

Section	04	3D 모델링

학습파일 | ▶ 동영상 \ Part05 \ Ch03 \ 벤처사무실.mp4

❶ SketchUp 환경설정 및 2D 도면 가져오기

SketchUp을 실행한 후 '건축–밀리미터' 템플릿을 선택하여 시작합니다.

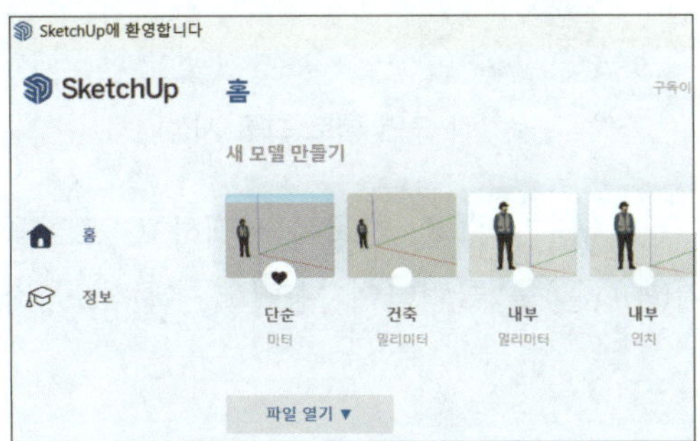

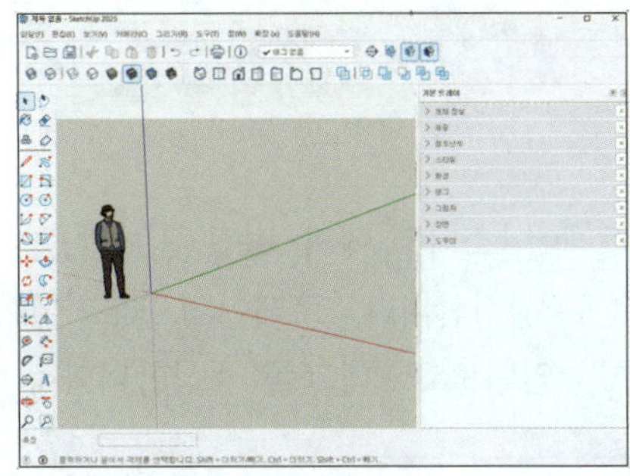

❷ 메뉴의 [파일](①)에서 '가져오기'(②)를 클릭한 뒤 수정된 평면도를 선택하고 '가져오기'를 클릭합니다. 결과 메시지창이 나오면 닫기를 클릭합니다.

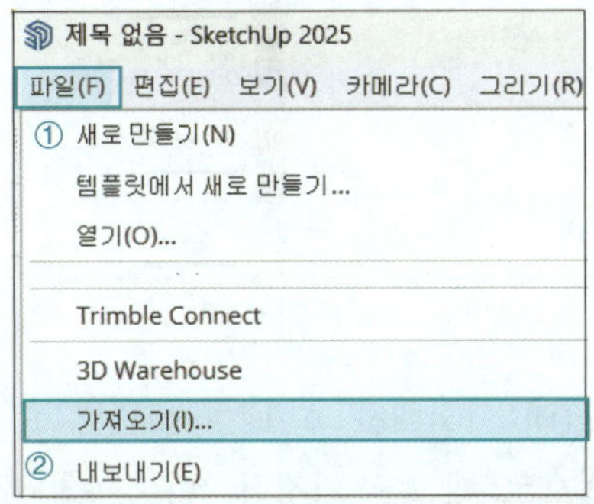

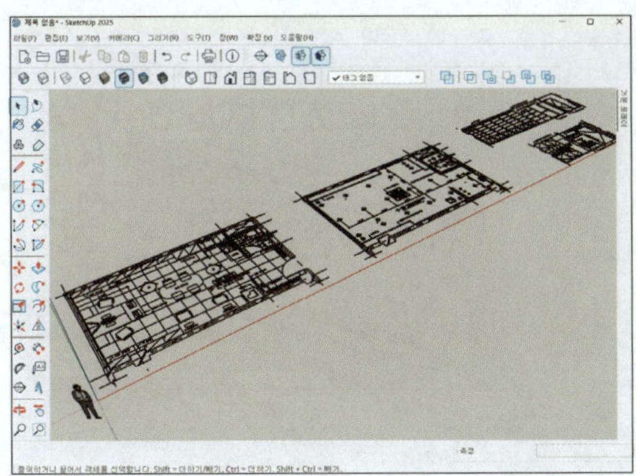

❸ 샘플 인물은 삭제하고 도면을 분해한 후 각 도면을 별도의 그룹으로 지정합니다.

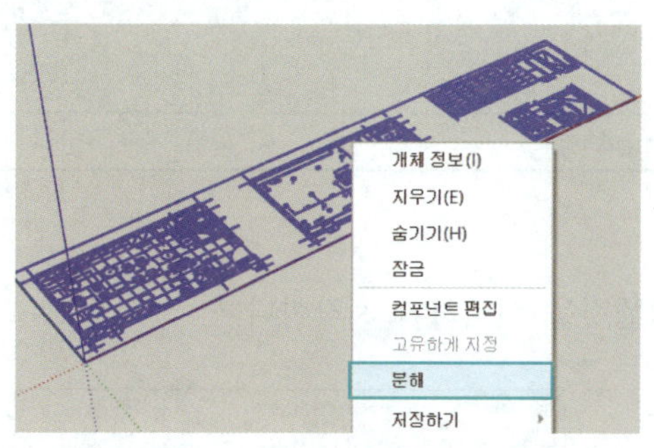

<table>
<tr><td>[도면 분해]</td><td>[각 도면 별로 그룹 지정]</td></tr>
</table>

❹ 트레이 [스타일]에서 '편집'(①) 탭을 클릭한 뒤, '가장자리'(②) 항목을 선택하고 '프로필'(③)을 '1'로 설정합니다. 트레이의 '태그'에서 '추가(⊕)'(④)를 클릭하여 '평면도', '천장도', '입면도 A', '입면도 B' 태그를 생성합니다.

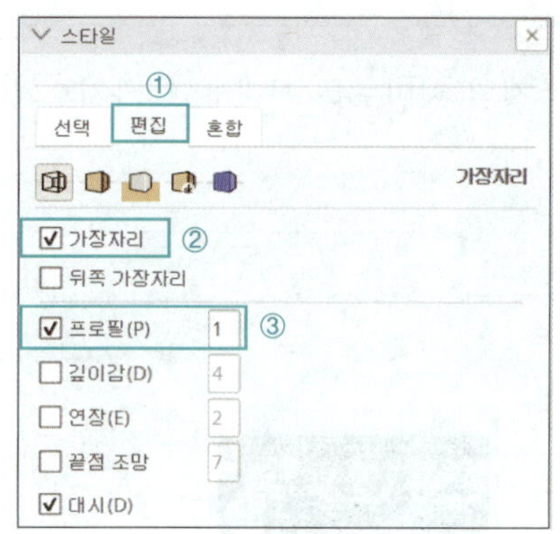

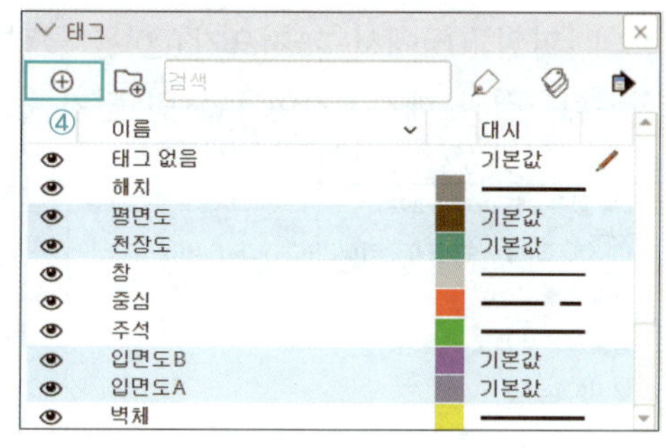

❺ 가져온 평면도에 등록한 태그를 지정합니다. 평면도(①)를 선택한 후 태그 컨트롤 패널에서 '평면도'(②) 태그를 클릭합니다. 천장도도 같은 방법으로 태그를 지정합니다.

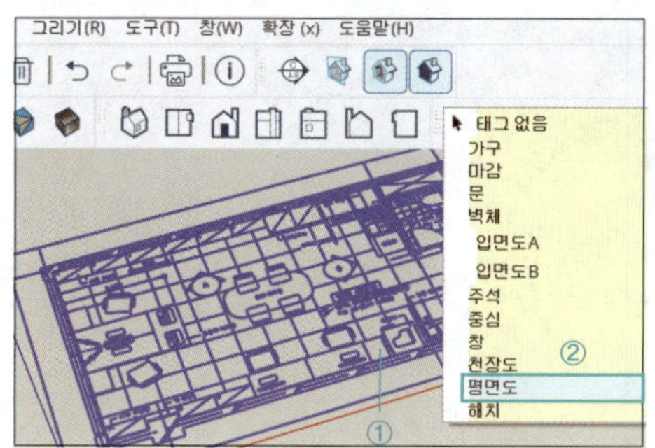

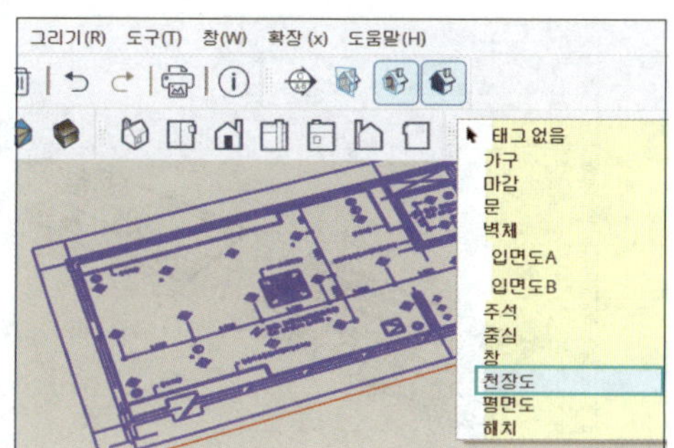

❻ 입면도 A와 B도 같은 방법으로 태그를 지정합니다.

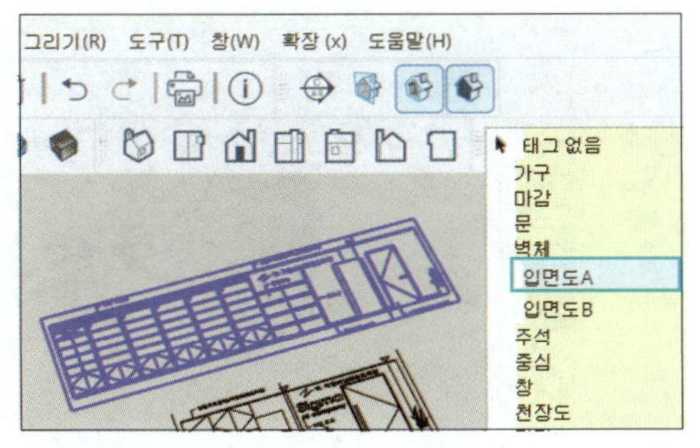
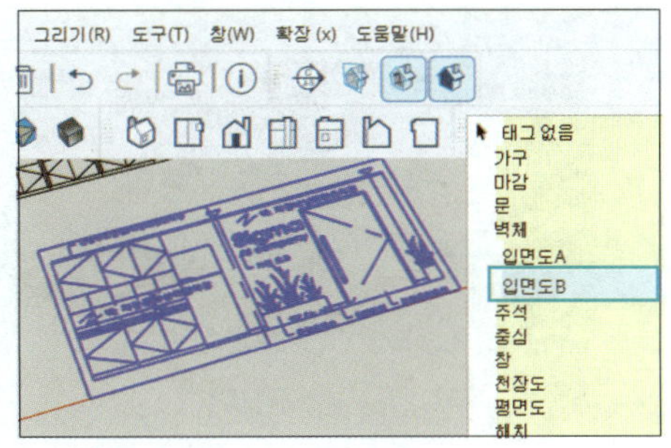

❼ 공간 구성

A방향의 벽면은 길이가 7300으로 작업범위가 넓고 탕비실 등 가구가 많아 작업시간 관리에 부담이 될 수 있습니다. 내부 입면도 자료는 없지만 출입구 반대편(커튼월)을 정면으로 모델링합니다.

평면도를 확대한 후 실내 마감선의 ①(커튼월 쪽), ②지점(복합기 쪽)을 클릭해 사각형(R)을 그립니다. 남은 부분 ③, ④지점을 클릭해 한 번 더 사각형을 그립니다.

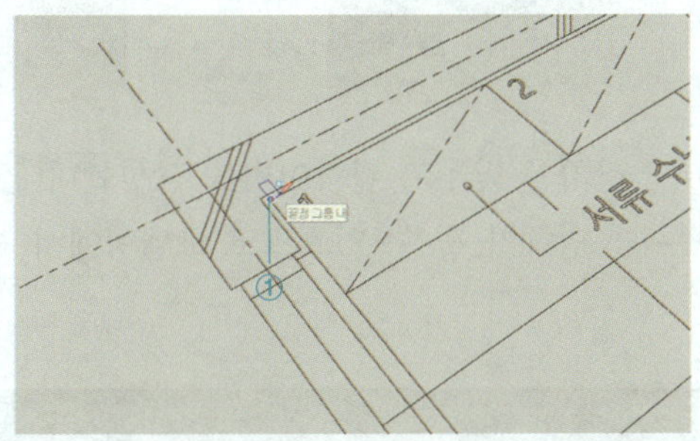
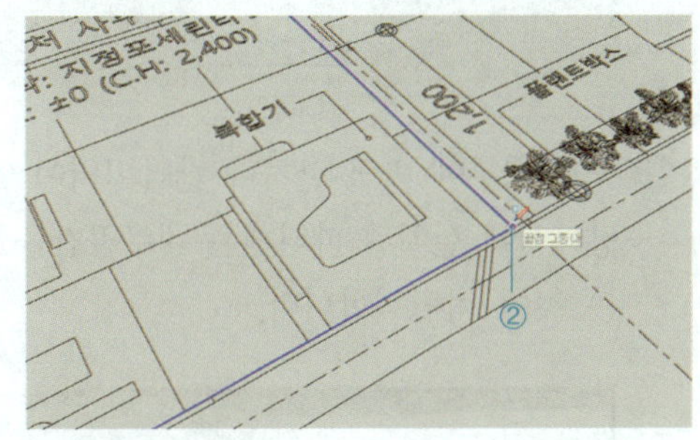

❽ 사각형을 '밀기/끌기'(P) 도구로 바닥면(①)을 '2400'만큼 올립니다.

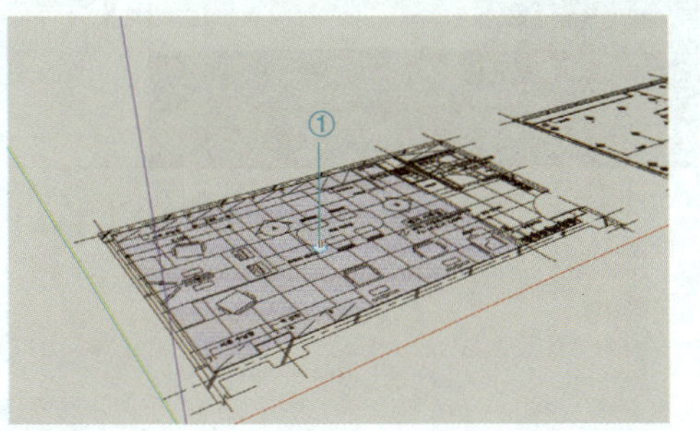
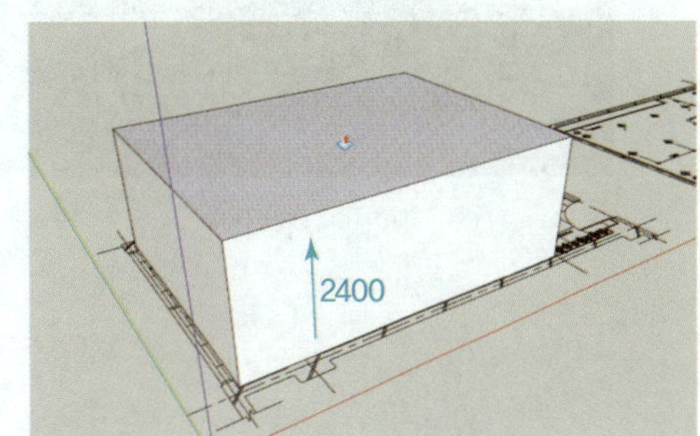

❾ 출입구 반대편(커튼월)을 정면으로 모델링하기 위해 벽면의 ①부분을 클릭하여 삭제합니다.

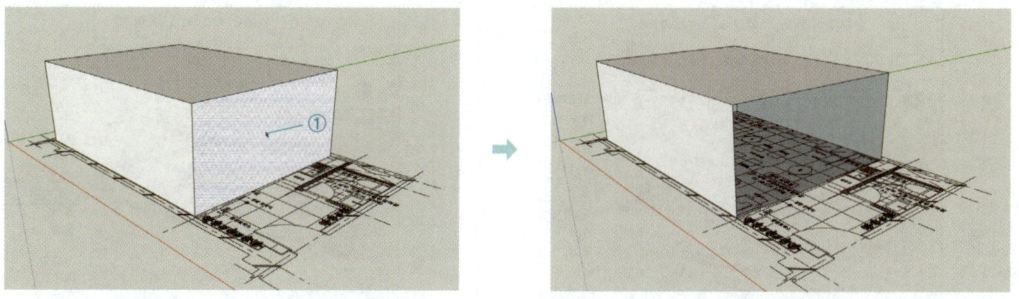

❿ 공간을 이루는 모든 면을 선택해 반전시키고 그룹으로 지정합니다.

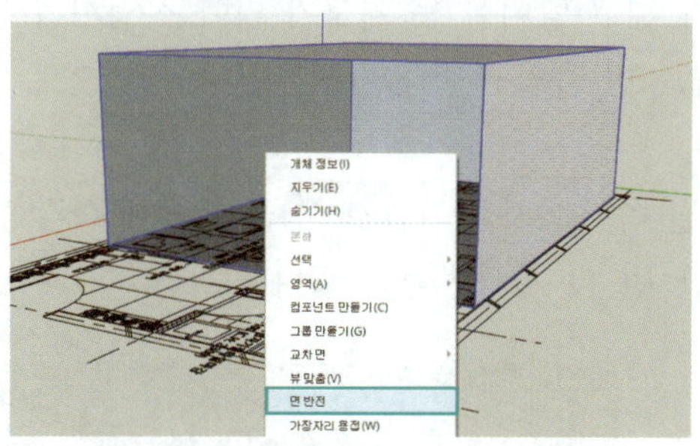
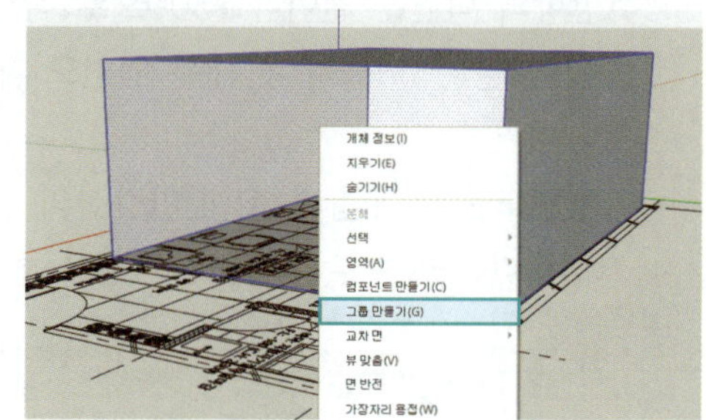

⓫ 공간 내부에 바닥 단차나 칸막이벽이 있을 경우, 단차를 맞추고 칸막이벽을 작성합니다. 다만 탕비실에 설치된 파티션은 내부공간을 표현하는 데 방해가 될 수 있으므로 모델링에서 제외하는 것이 바람직합니다.

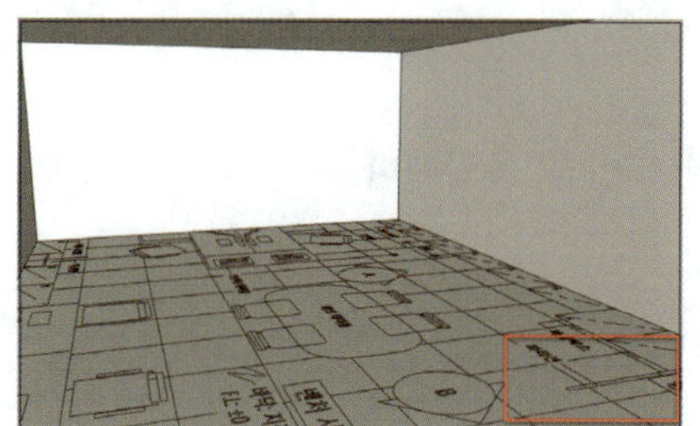

[파티션 위치]

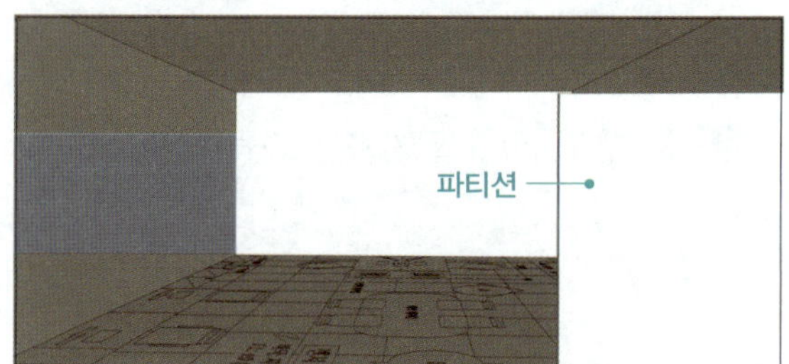

[파티션을 뷰에 포함시킬 경우]

⑫ 도면 배치

'내부 입면도 A'를 클릭한 후 '회전(Q)' 도구를 누릅니다. 오른쪽 방향키(→)를 누르고, 회전 기준점(①)을 클릭합니다. 시작 각도 위치인 ②를 클릭한 뒤 커서를 회전 방향 ③지점으로 이동시킨 상태에서 '90'을 입력하고 [Enter↵]를 누릅니다.

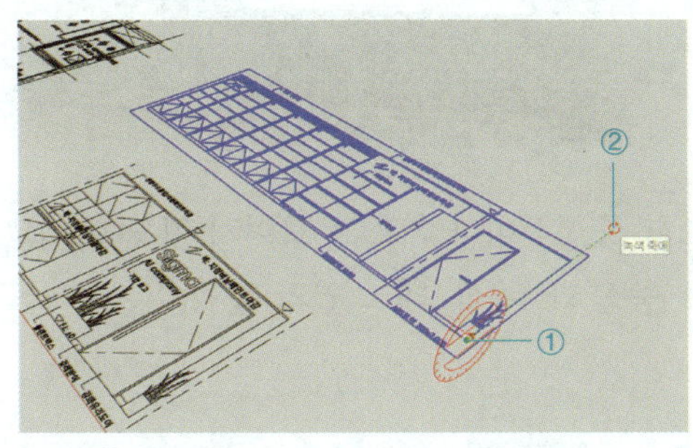
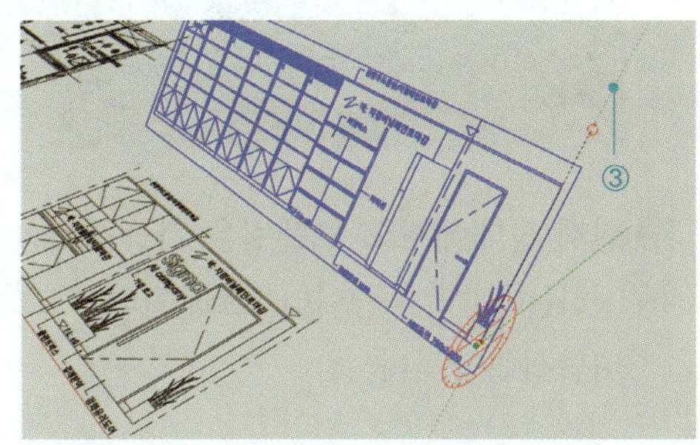

⑬ 회전된 '내부 입면도 A'를 클릭한 후 '이동(M)' 도구를 누르고, [Ctrl]을 한 번 눌러 복사 모드로 전환합니다. 복사 기준점 ①을 클릭하고 공간 내부의 ②지점을 클릭합니다. 이때 벽면에 배치하지 않은 '내부 입면도 A'는 삭제하지 말고 원본 근처에 그대로 둡니다.

* '내부 입면도 B'는 실제 모델링에 필요하지 않으므로 배치하지 않습니다.

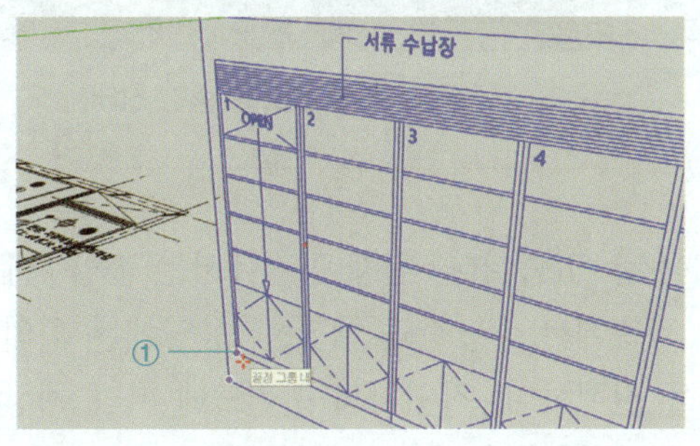

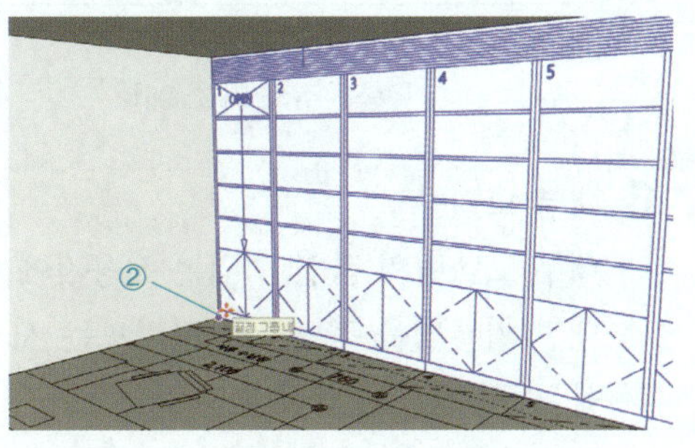

⑭ 가져온 천장도를 클릭하고 '이동(M)' 도구를 누릅니다. 마감선(①)을 기준으로 하여 천장면 ②지점에 배치합니다.

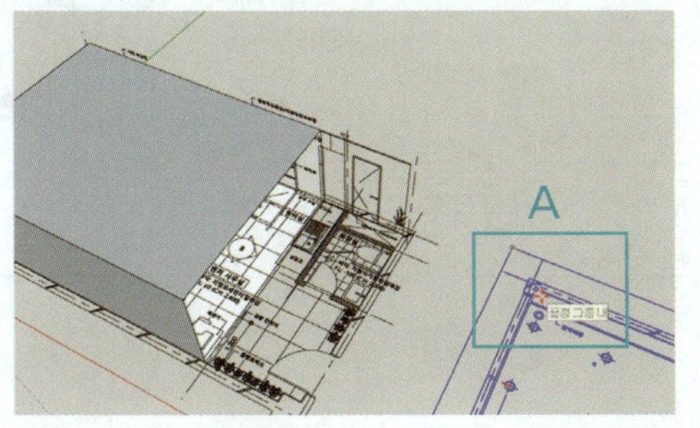

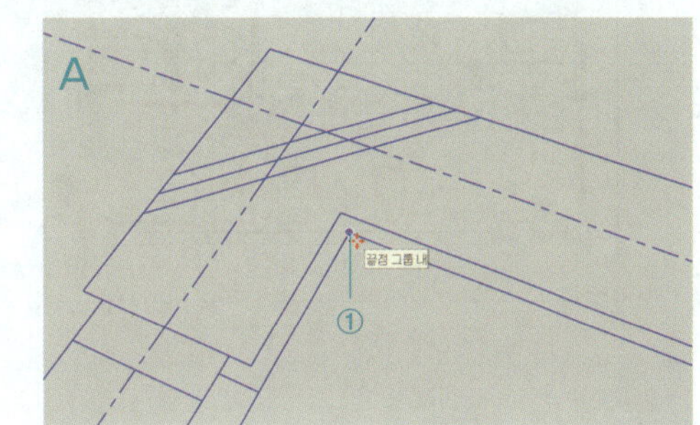

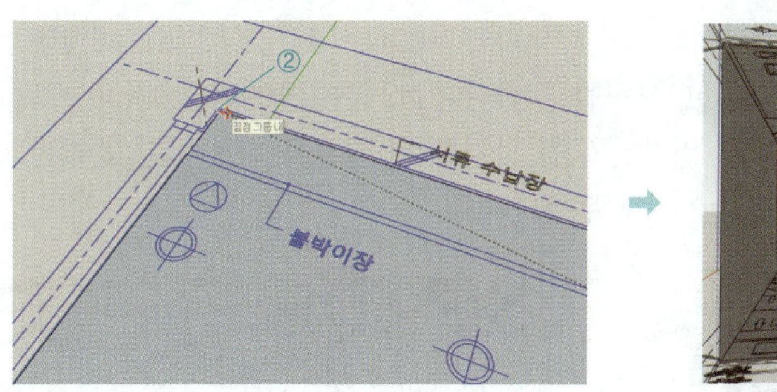

⑮ 현재 상태에서도 모델링은 가능하지만, 불필요한 중심선이나 기호가 보이지 않도록 태그를 설정하는 것이 좋습니다. 트레이의 '태그' 탭에서 '중심'과 '주석' 태그 옆의 눈 아이콘을 클릭하여 비활성화합니다.

[중심, 주석 태그 Off]

[중심, 주석 요소를 숨긴 상태]

⑯ 내부 모델링

내부 모델링의 작업 범위는 사용자에 따라 다를 수 있습니다. 현재 공간에서는 출입구에서 반대편 커튼월을 정면으로 바라보는 시점으로, 좌측에는 수납장과 책상을, 중앙에는 회의 테이블, 우측에는 수납장과 파일박스까지 모델링을 진행하며, 작업자의 숙련도에 따라 책상 위의 프린터까지 모델링할 수 있습니다.

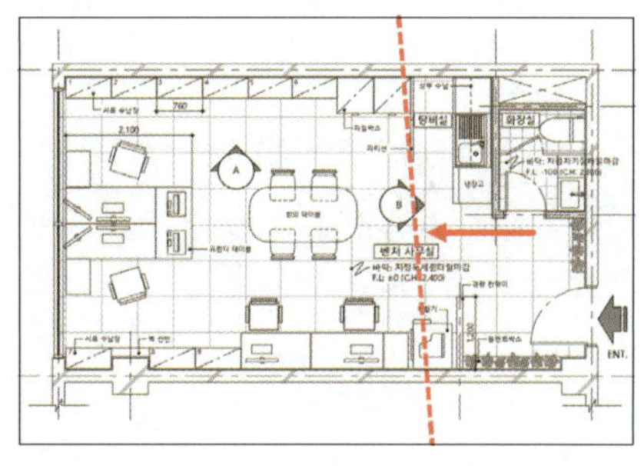

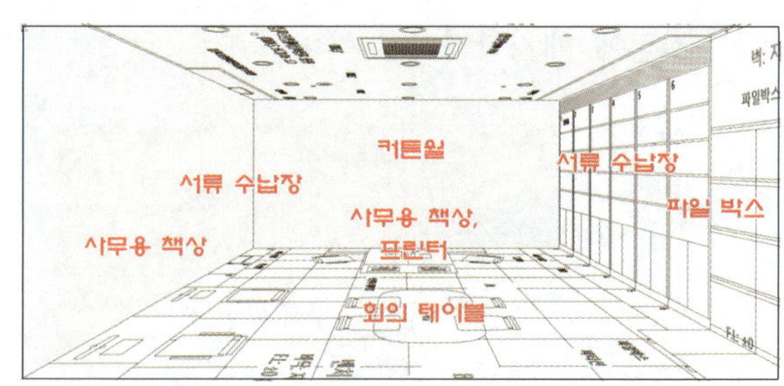

⑰ 먼저 시험용 '3D 가구 소스'를 준비합니다. 메뉴의 [파일](①)에서 '가져오기'(②)를 클릭한 뒤 '3D 가구 소스'를 선택하고 '가져오기'를 클릭합니다.

* 시험용 '3D 가구 소스'는 실제 시험장에서 제공되는 디자인과 다소 차이가 있을 수 있습니다.

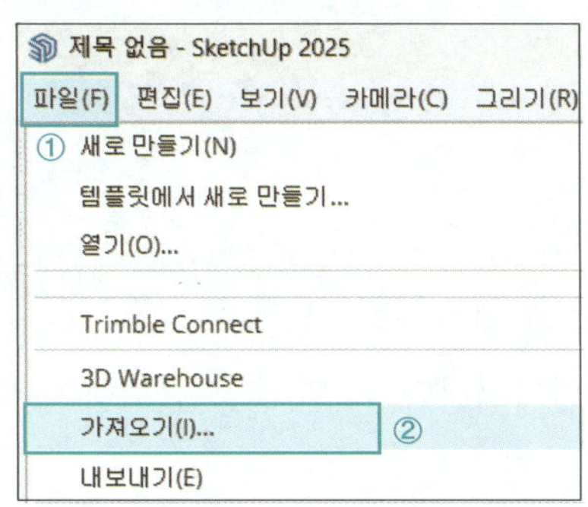
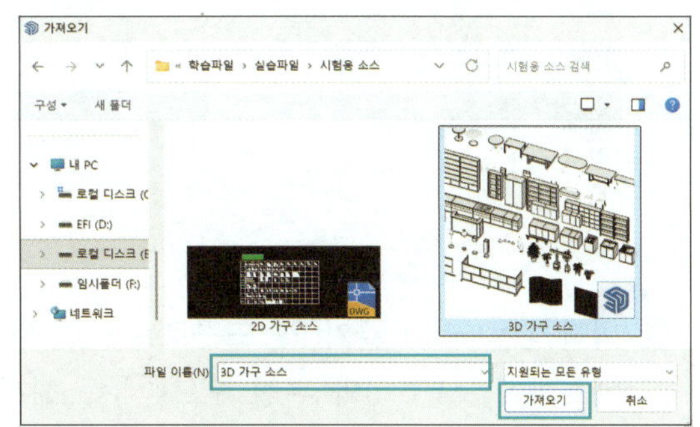

⑱ ①지점을 클릭해 배치한 후 하나씩 사용할 수 있도록 분해합니다.

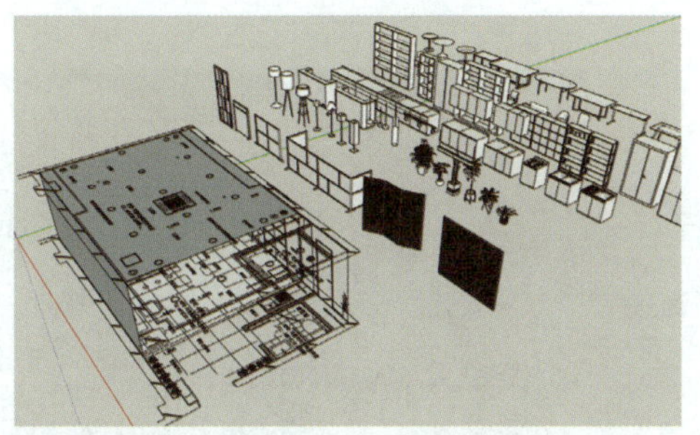
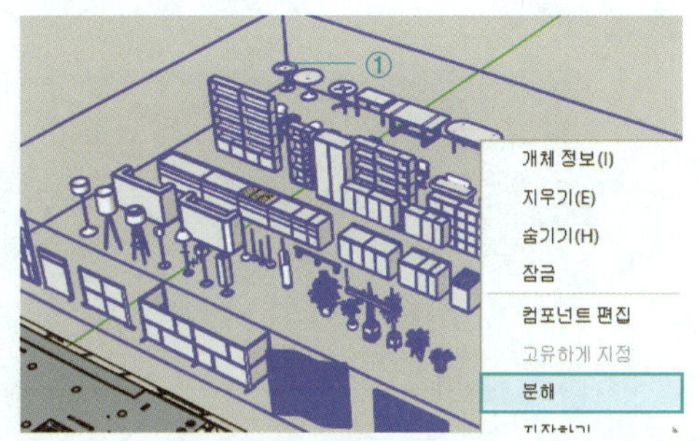

⑲ 커튼월을 만들기 위해 벽면 ①을 더블클릭하여 편집 모드로 전환합니다. 엑스레이 모드(②)를 클릭하고 창의 좌측 하단(③)을 확대합니다. 커튼월의 입면도는 작성하지 않았으므로 프레임을 직접 모델링하겠습니다.

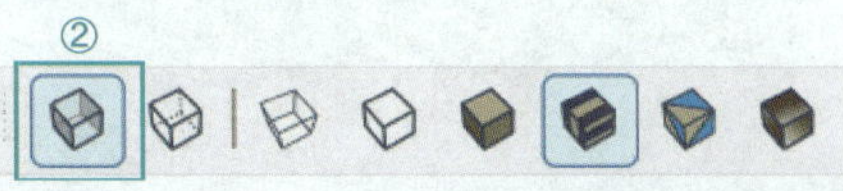

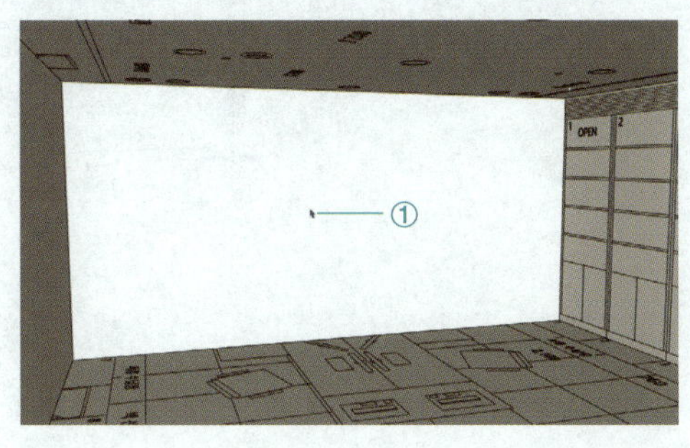
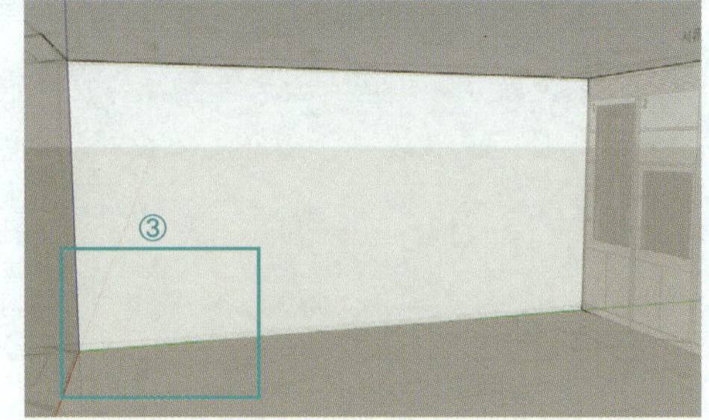

[좌측 아래 확대 표기]

㉑ '사각형(R)' 도구로 ①지점을 클릭하고 ②지점을 클릭해 커튼월의 크기를 표시합니다.

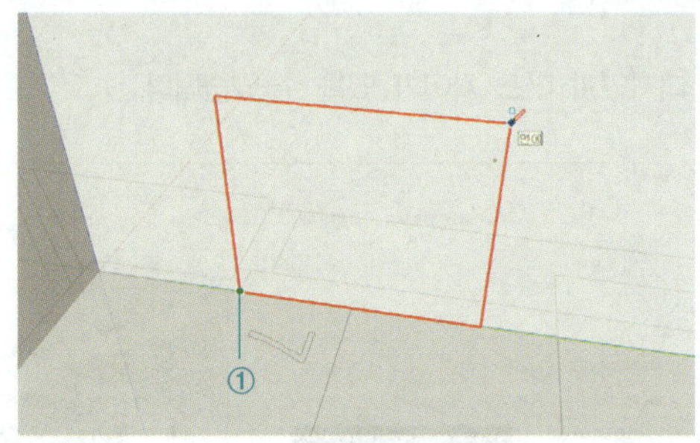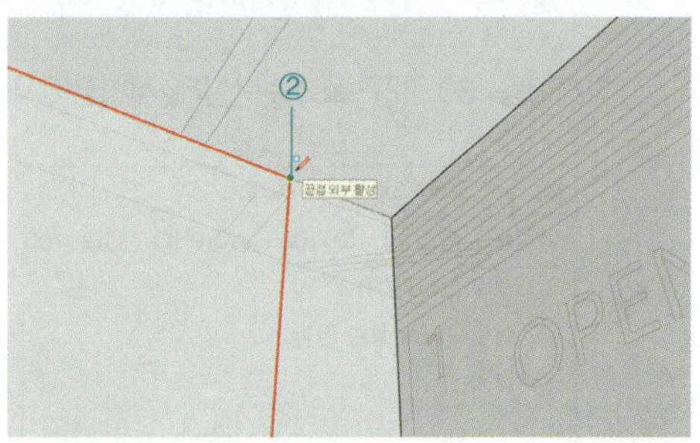

㉑ 벽면 ①을 '밀기/끌기(P)' 도구로 문틀 ②지점까지 밀어냅니다. 벽면 ①을 클릭하여 삭제한 후 엑스레이 모드(③)와 편집 모드(Esc)를 해제합니다.

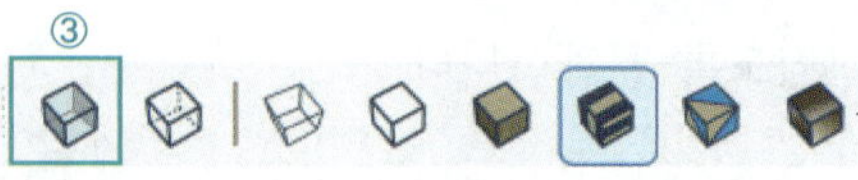

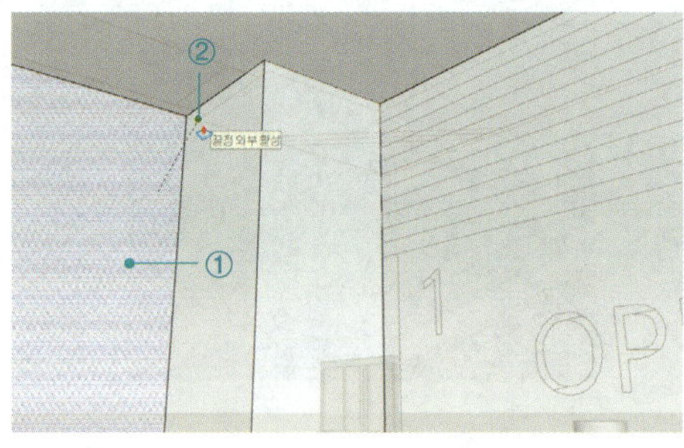

㉒ '사각형(R)' 도구로 ①지점을 클릭하고 ②지점을 클릭해 커튼월의 크기를 그립니다.

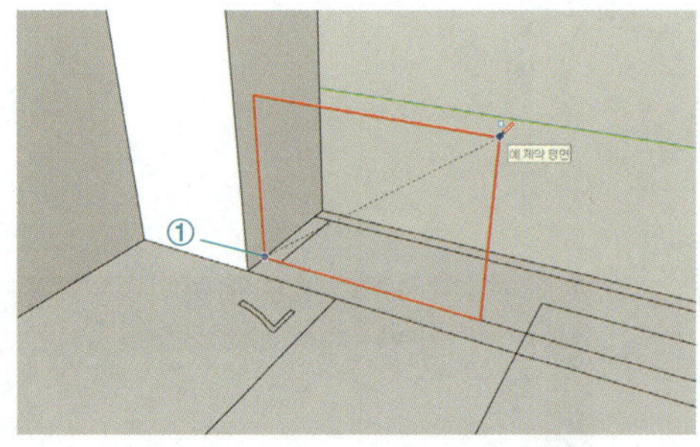

㉓ '오프셋(F)' 도구를 사용해 커튼월 프레임 50을 복사하고 중간에 선을 그려 수직 프레임(50)을 추가합니다.

* 커튼월의 수직 프레임이 마감면에 묻혀 다소 차이가 있지만 큰 차이가 없고 수납장에 가려지므로 무시합니다. 이러한 표현은 작업자의 스타일, 모델링 목적, 상세 수준에 따라 달라질 수 있으나, 시험에서는 공간 전체의 느낌을 표현하는 것이므로 작은 오차는 무시합니다.

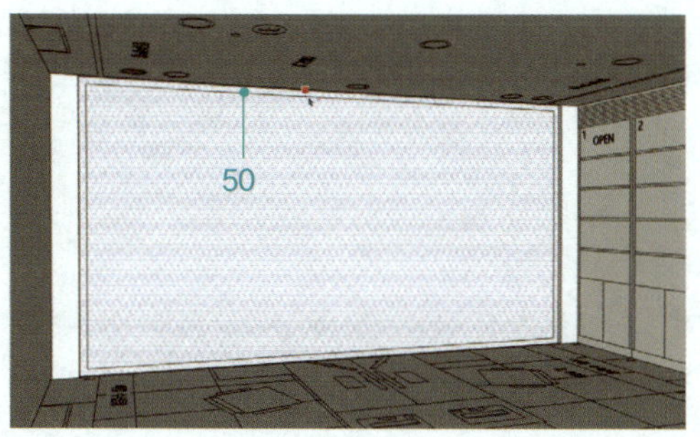
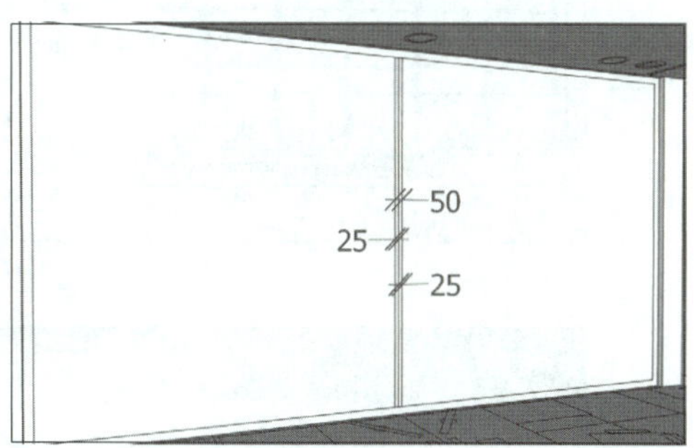

㉔ 중간 프레임(①)에서 불필요한 선을 삭제합니다. '밀기/끌기(P)' 도구로 유리패널 ②, ③을 70 정도 밀어내고 커튼월을 그룹으로 지정합니다.

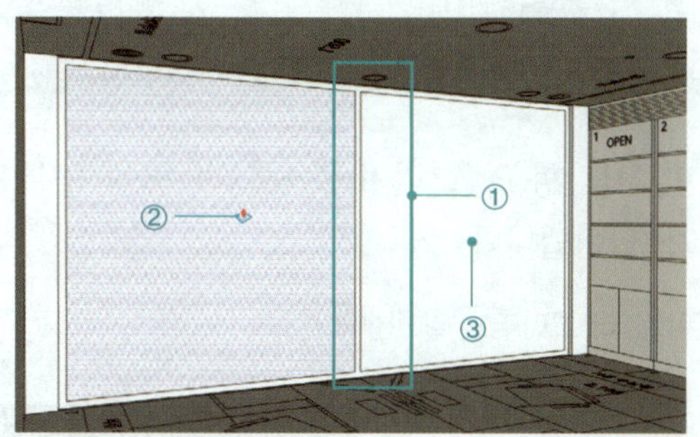

㉕ 평면도의 수납장 위치에 맞춰 사각형(①)을 그리고, 입면도의 높이로 끌어줍니다.

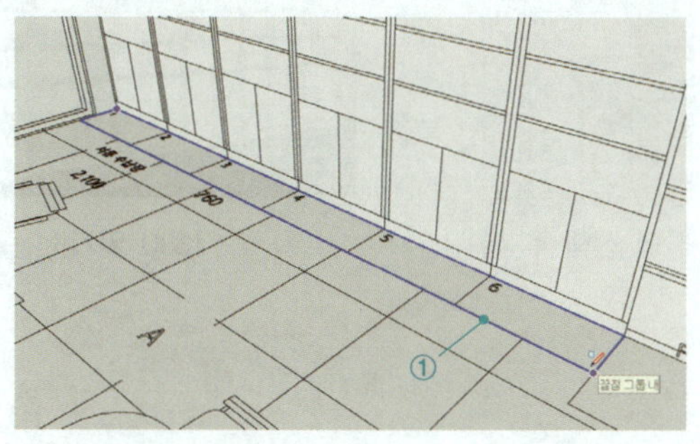
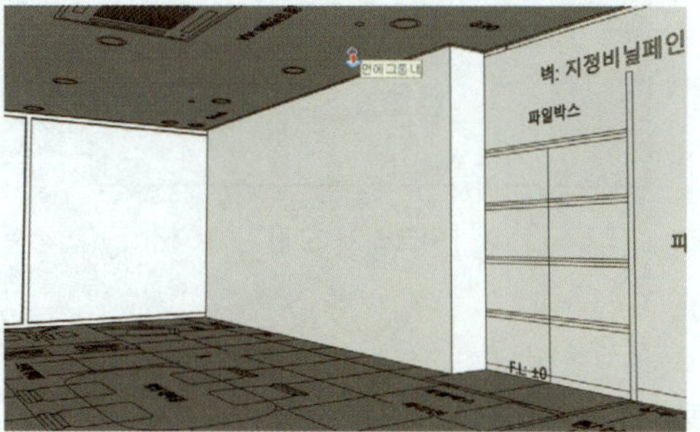

㉖ 복사해 놓은 '내부 입면도 A'를 분해합니다. 수납장의 외형선을 선택해 모델링 공간으로 복사하고 문자는 삭제합니다.

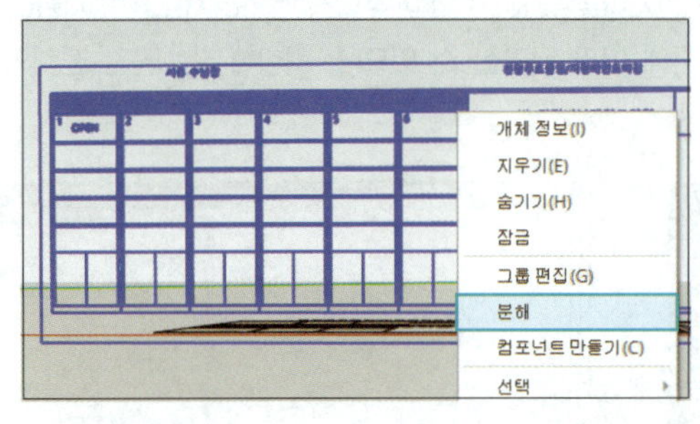
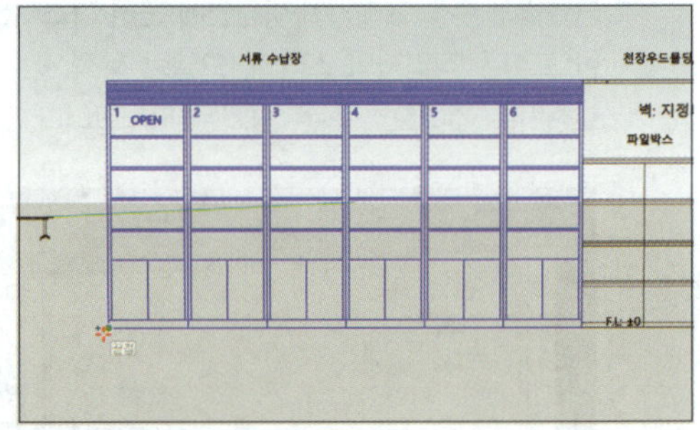
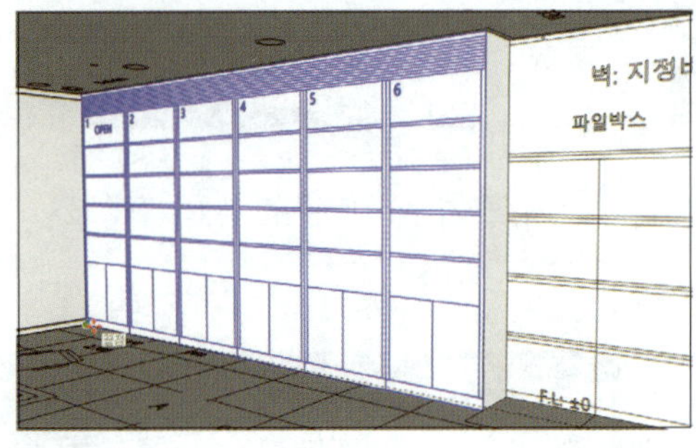

㉗ 선반이 되는 부분 ①, ②, ③, ④, ⑤부분만 '사각형(R) 그리기'로 덧그려 면을 구분합니다. 복사한 면을 '밀기/끌기(P)' 도구로 330만큼 밀어냅니다.

* 밀어낼 때 면이 구분되지 않은 부분은 사각형을 한 번 더 그려주고 밀어냅니다.

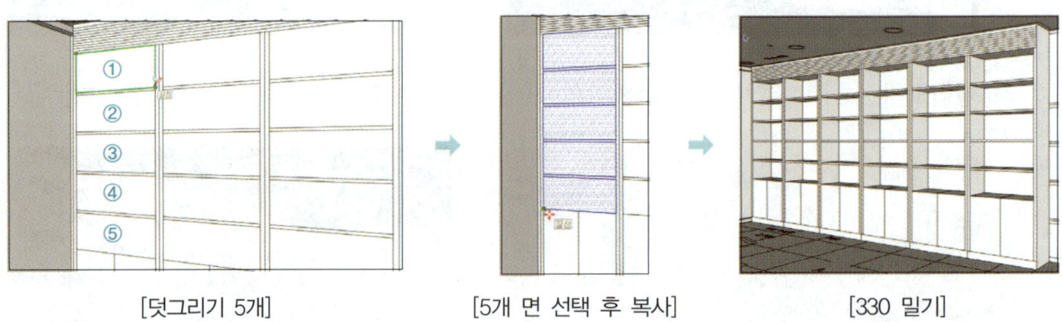

[덧그리기 5개]　　　　[5개 면 선택 후 복사]　　　　[330 밀기]

㉘ '밀기/끌기(P)' 도구로 수납장의 상부는 20, 하부는 30만큼 밀어냅니다.

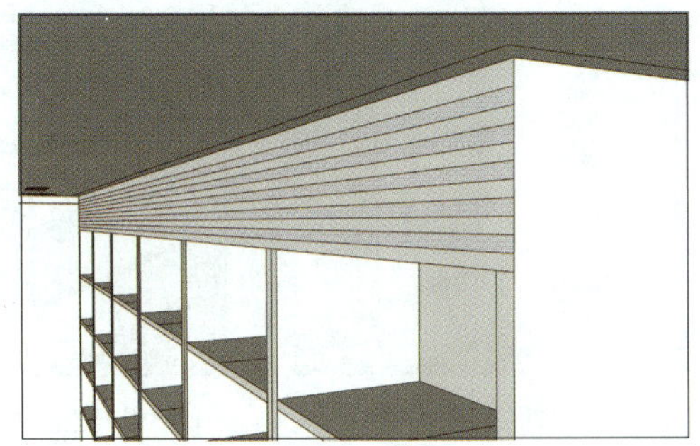

[상부 20 밀기]

[하부 30 밀기]

㉙ 선반의 불필요한 선(선반 경계) ①을 삭제하고 그룹으로 지정합니다.

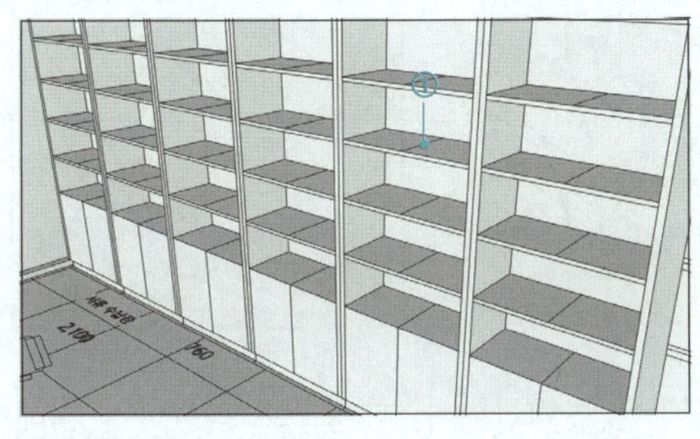
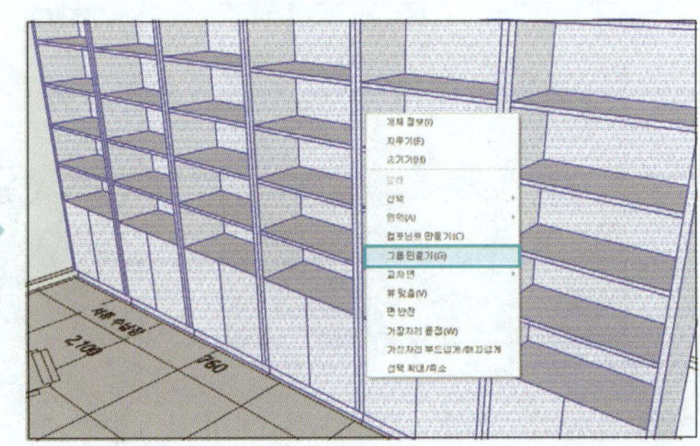

㉚ 파일 박스도 수납장과 동일한 과정으로 모델링합니다.

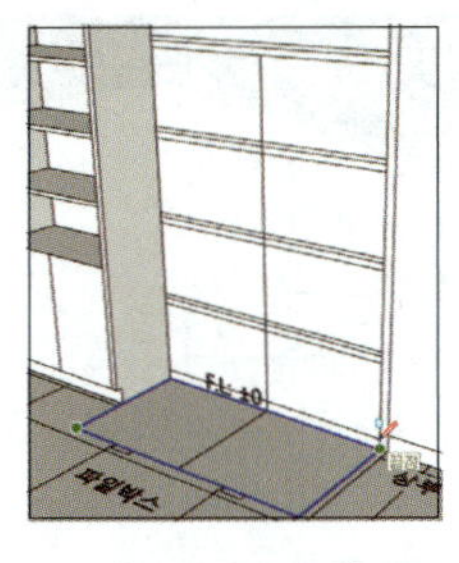 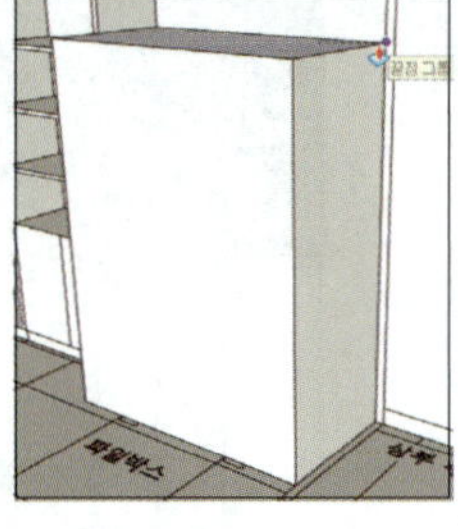  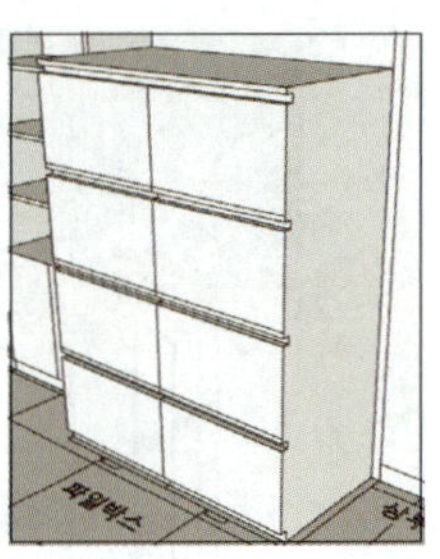

[평면 스케치]　　　　[입면까지 끌기]　　　　[캐드 도면 복사]　　　　[홈 밀기 30, 그룹]

㉛ 창업자 책상을 모델링합니다.

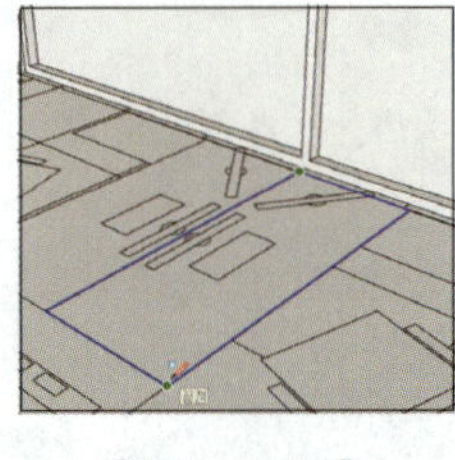 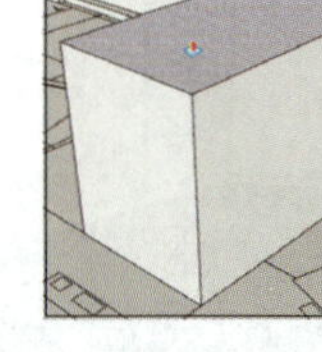 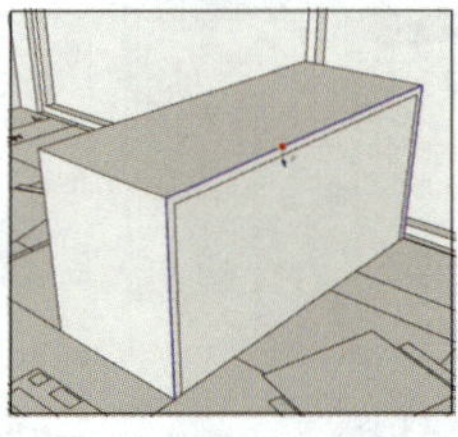 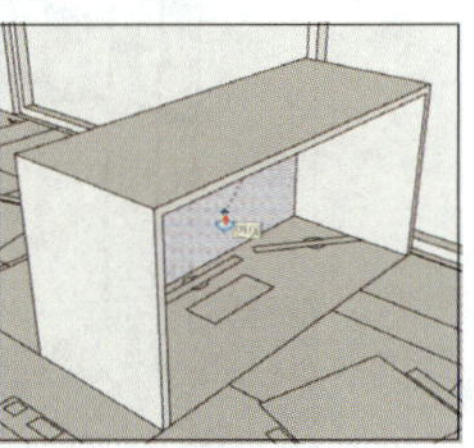

[평면 스케치]　　　　[바닥면 끌기 750]　　　　[오프셋 30]　　　　[하부 밀기, 그룹]

㉜ 보조 책상은 러프하게 모델링하고 3D 가구 소스의 사무용 의자(①)를 복사해 배치합니다. 책상, 보조 책상, 의자를 컴포넌트로 지정합니다.

 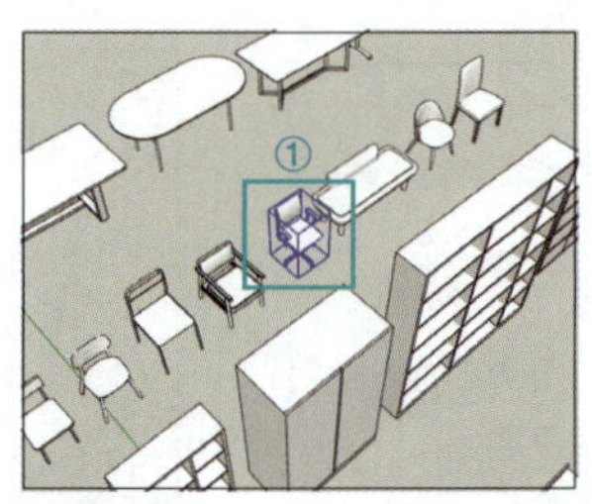 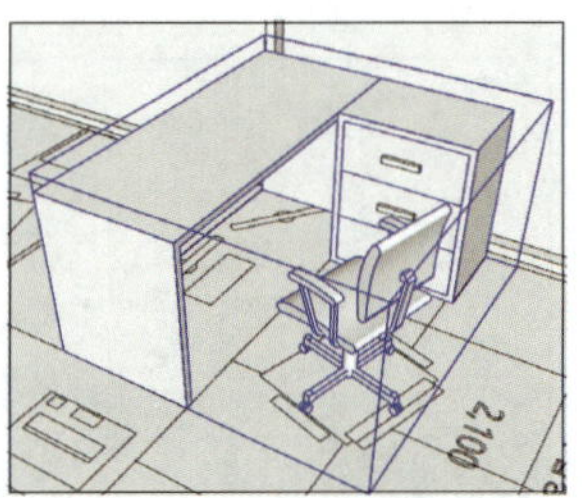

㉝ 창업자 책상 세트를 선택하고 대칭 이동 도구를 클릭합니다. 대칭으로 복사하기 위해 Ctrl 을 누릅니다. Y축(녹색) 면 ①을 클릭앤드래그로 ②지점까지 이동합니다.

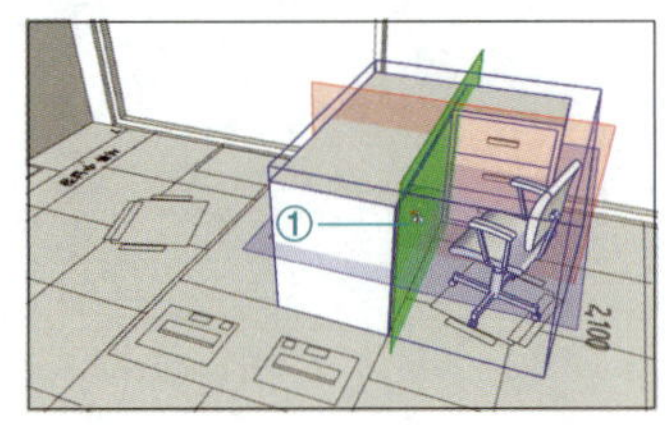 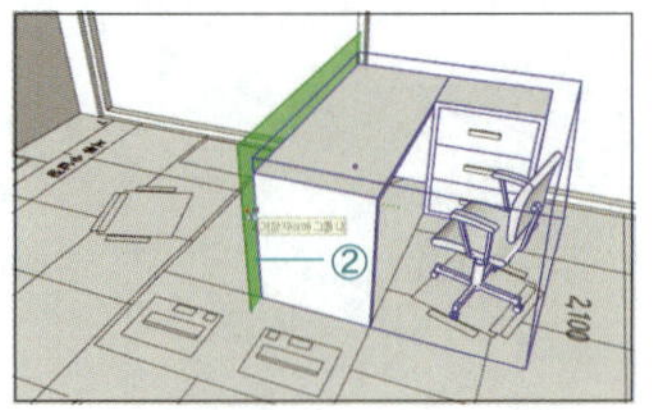 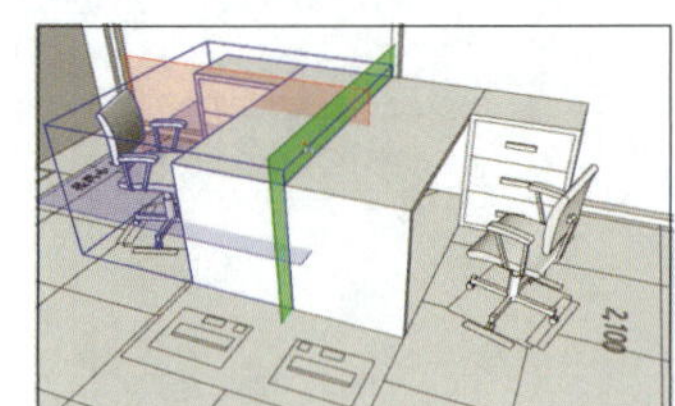

㉞ 프린터 테이블도 책상과 동일한 과정으로 모델링합니다.

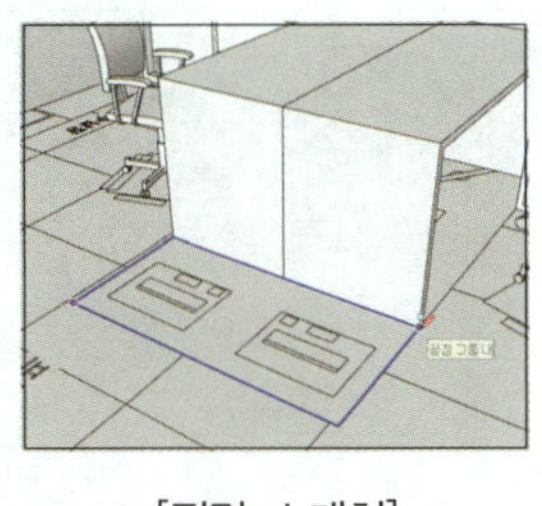

[평면 스케치]

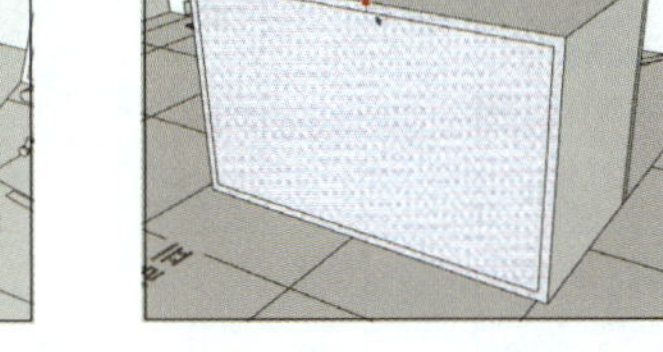

[끌기 750, 오프셋 30]

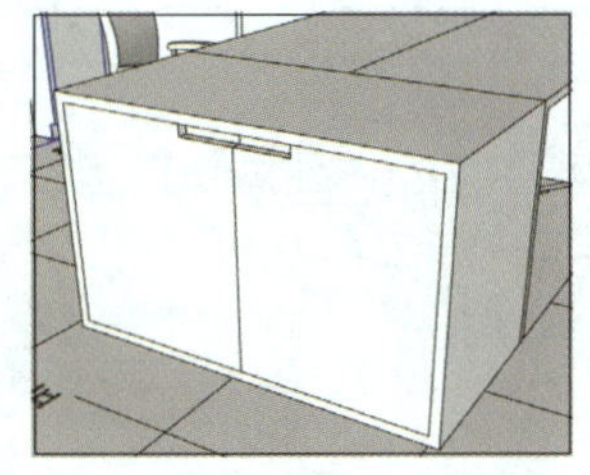

[도어 디자인, 그룹]

㉟ 9번 수납장의 평면을 스케치하고 천장까지 끌어줍니다.

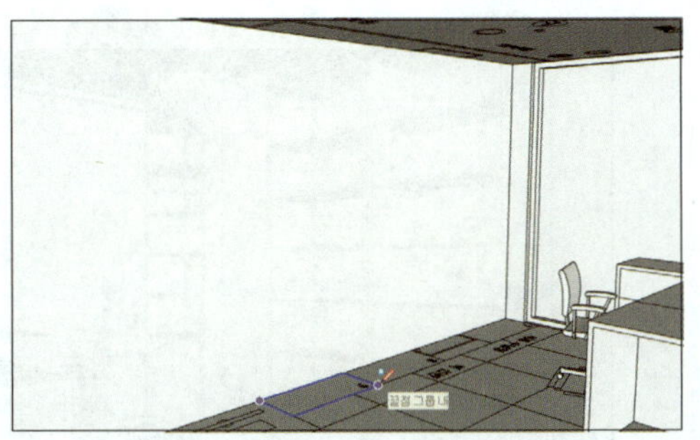

㊱ 복사해 놓은 '내부 입면도 A'의 뒤편에서 수납장의 외형선을 선택해 모델링 공간으로 복사합니다. '사각형(R) 그리기'로 덧그려 면을 구분하고 선반은 330, 하부는 30만큼 밀어냅니다.

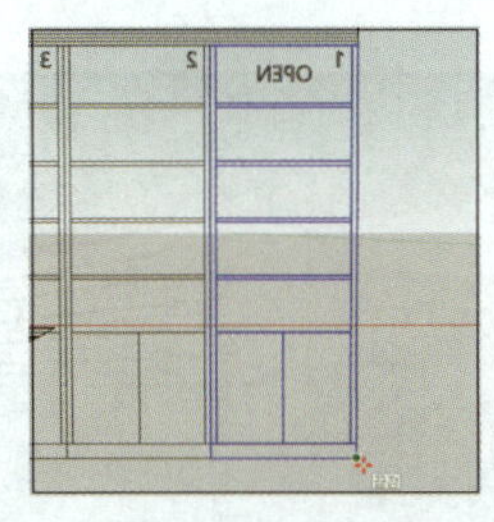

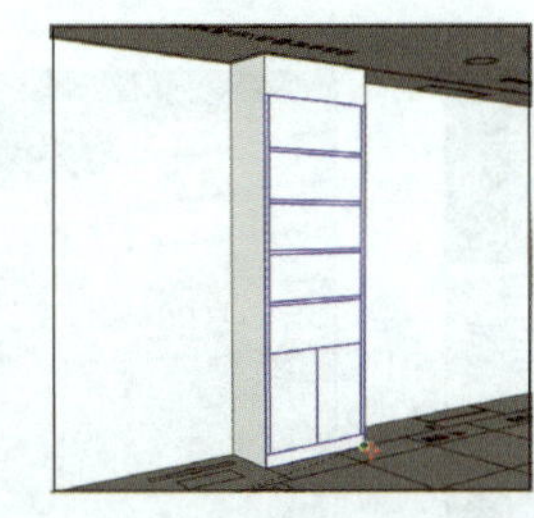

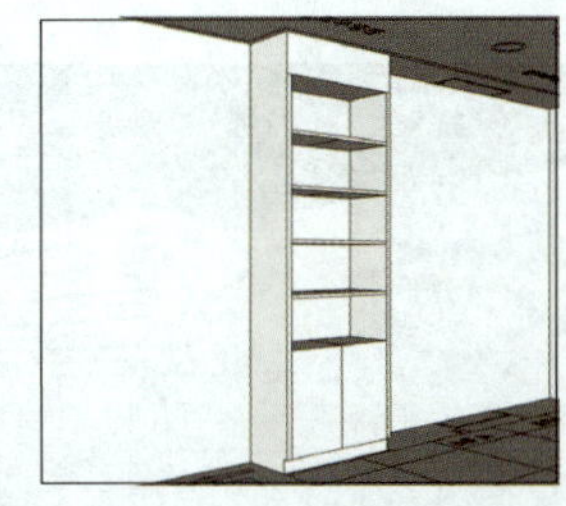

㊲ 상부의 선 ①을 20 간격으로 복사(*10)합니다. '밀기/끌기(P)' 도구로 20만큼 밀어내고 그룹으로 지정합니다.

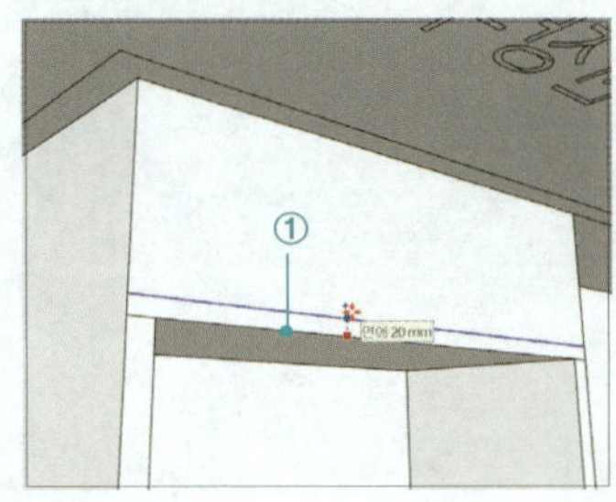

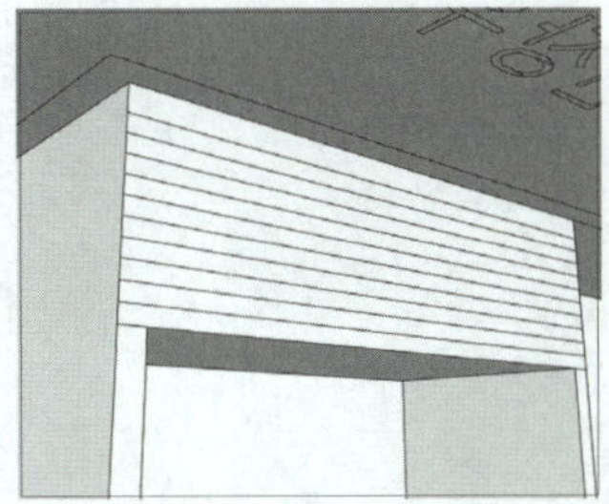

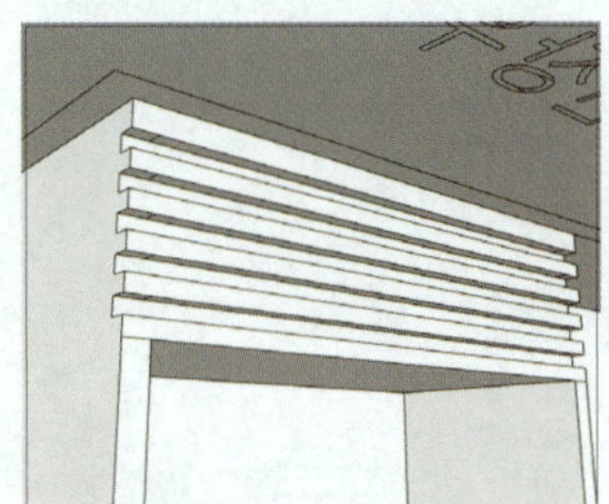

❸❽ 완성된 수납장을 평면도를 참고하여 ①, ②지점에 복사합니다.

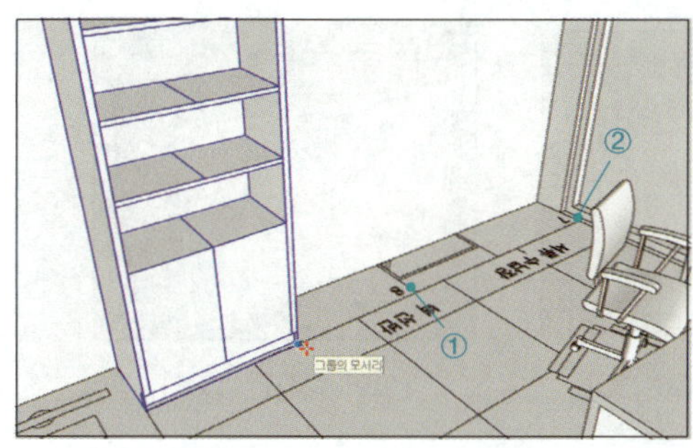

❸❾ 수납장 사이에 기둥(①)을 만들고 그룹으로 지정합니다.

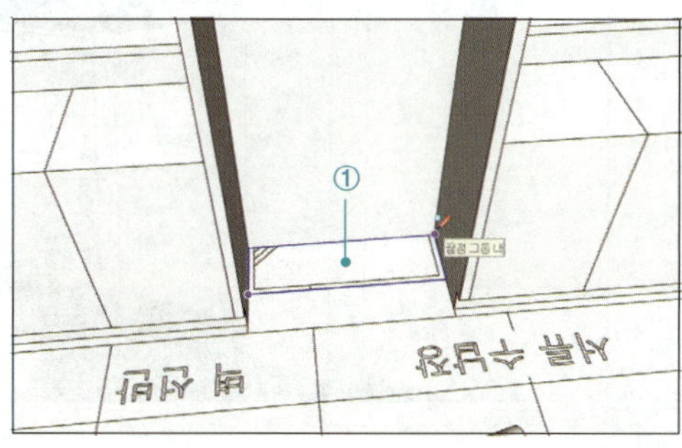

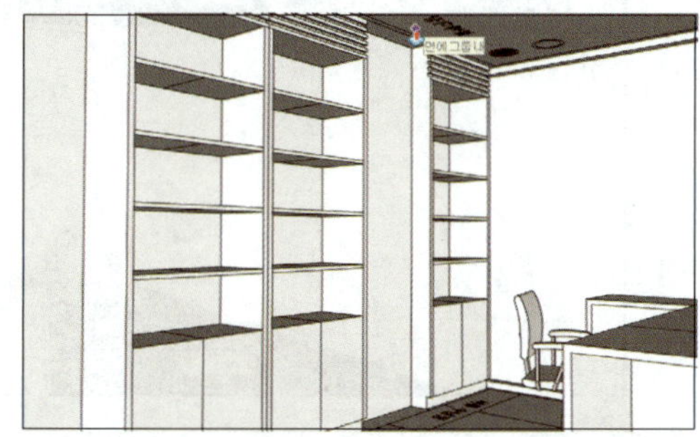

❹⓿ 7번 수납장을 더블클릭하여 편집모드로 변경합니다. '선 그리기(L)' 도구로 ①, ②, ③지점을 클릭해 면을 추가합니다.

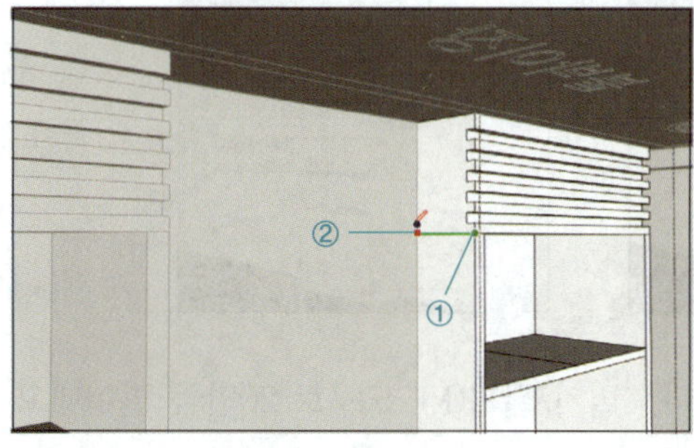

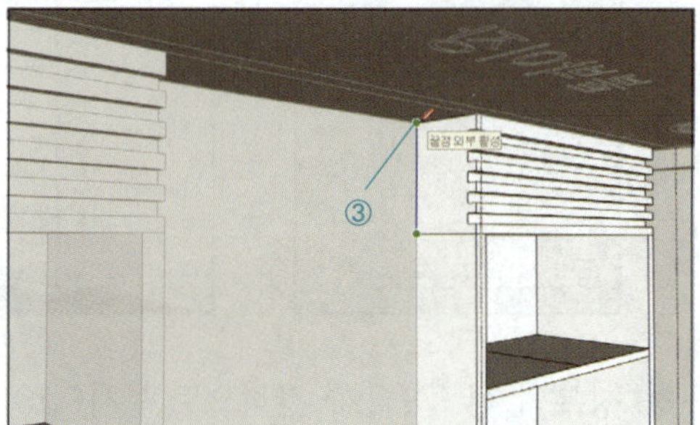

41 추가한 면 ①을 '밀기/끌기(P)' 도구로 ②지점까지 끌어주고 그룹 편집모드를 종료합니다.

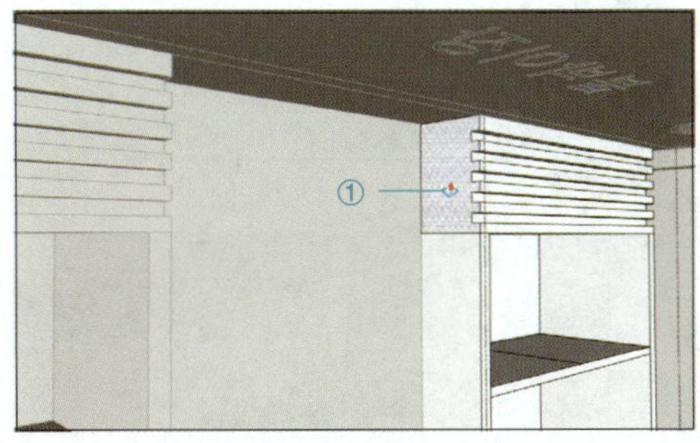
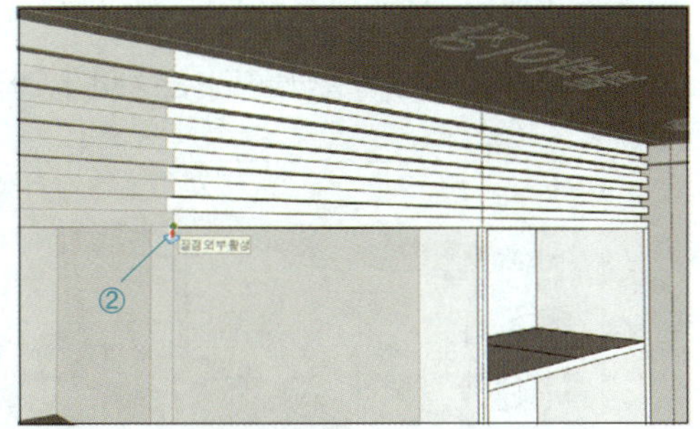

42 벽선반을 평면도를 참고해 모델링하고 수납장의 선반 높이에 맞춰 복사합니다.

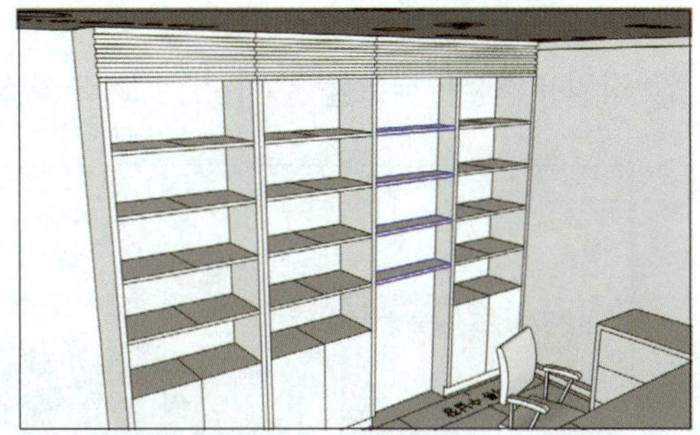

43 창업자 책상 세트를 ①부분으로 복사한 후 재배치하기 위해 분해합니다.

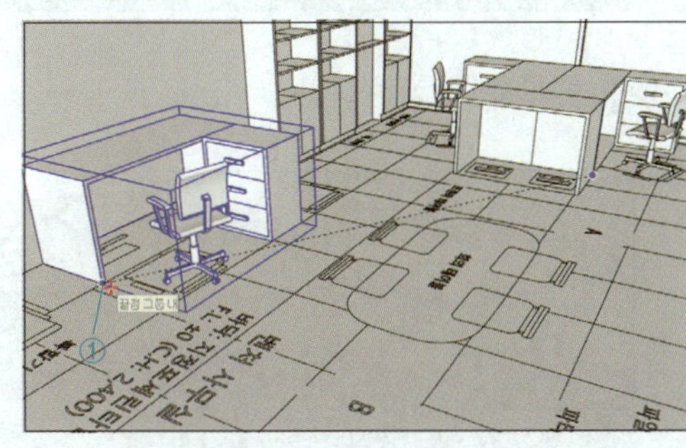
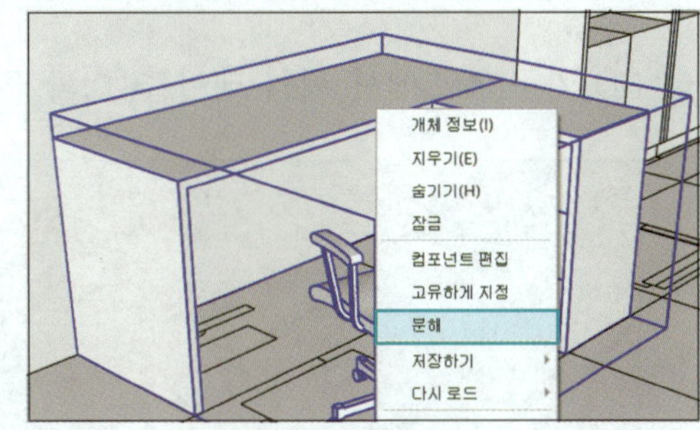

❹❹ 평면도를 참고해 보조책상의 위치를 이동합니다. 책상을 선택하고 '축척(S)' 도구를 실행합니다. 조절점 ①을 클릭하고 목적지 ②지점을 클릭합니다.

＊ 책상의 다리 두께가 줄어들지만 큰 차이가 없으므로 무시합니다.

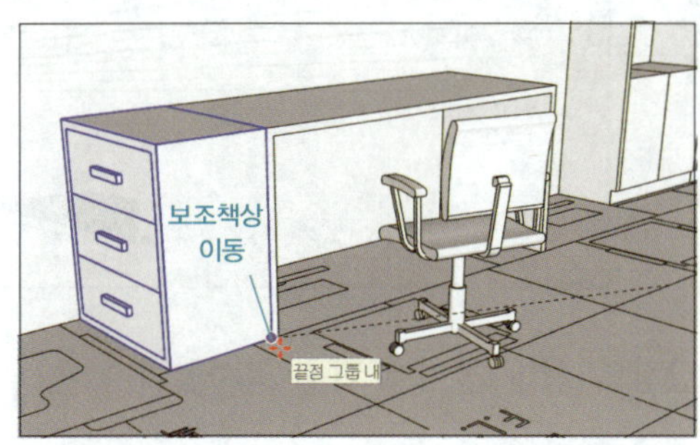

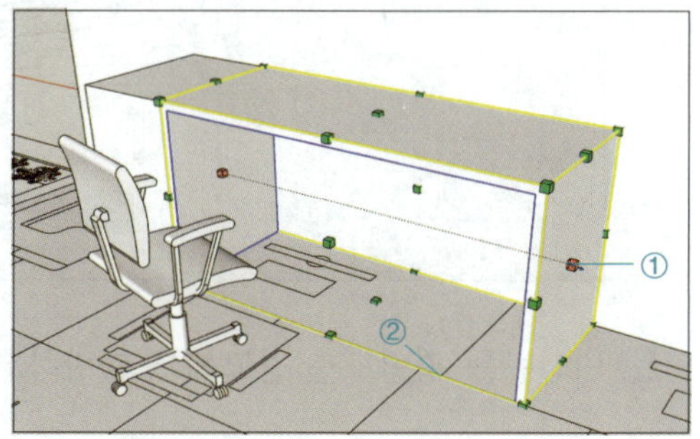

❹❺ 직원용 책상 세트를 복사하고 보조 책상의 방향 및 디자인을 수정합니다.

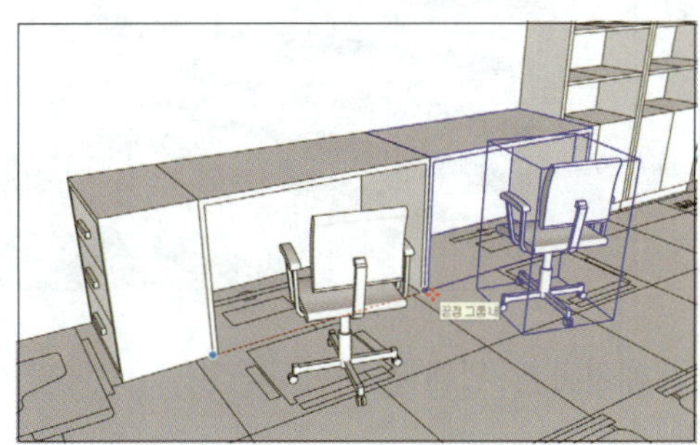

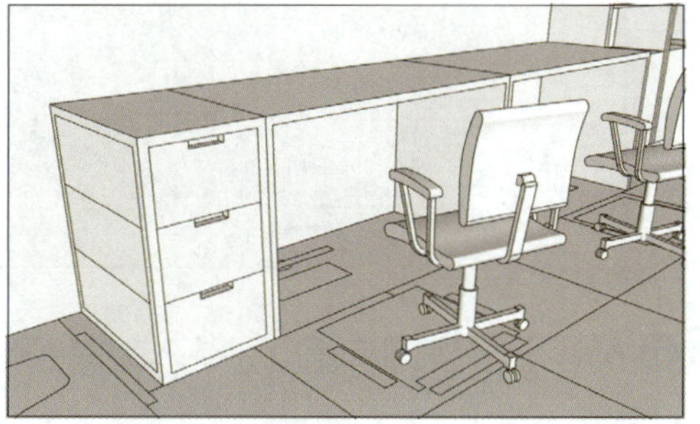

❹❻ 3D 가구 소스에서 회의 테이블(①)과 의자(②)를 복사해 배치합니다.

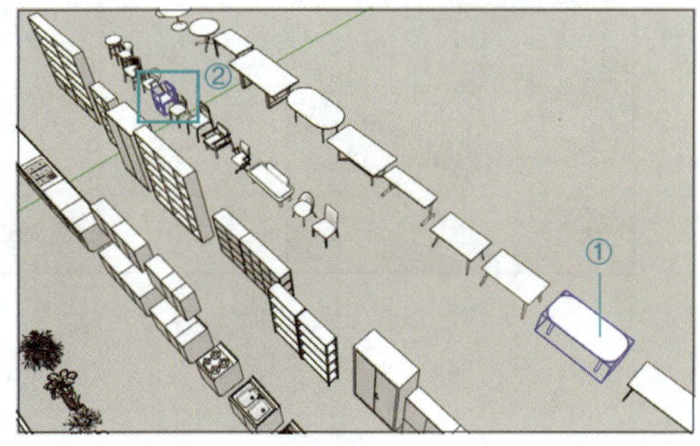

㊼ 사인물

공간의 업종 및 상호를 나타낼 수 있는 문구를 3D 텍스트 도구를 사용해 부착합니다. 2D 도면 작성에 사용한 글꼴을 확인해 동일한 글꼴을 사용하거나 가져온 '내부 입면도 B'의 캐드 선을 그대로 사용할 수 있습니다.

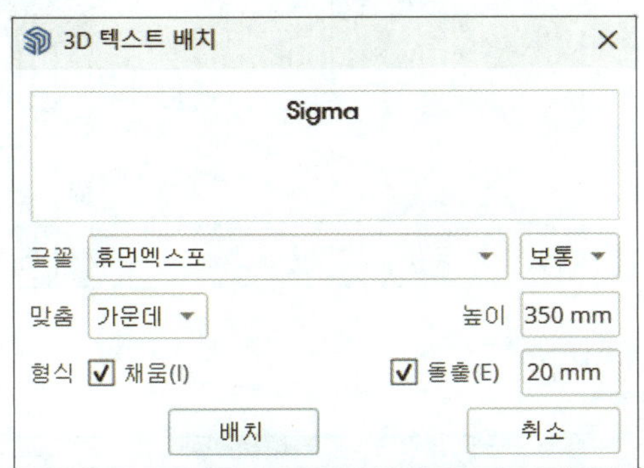

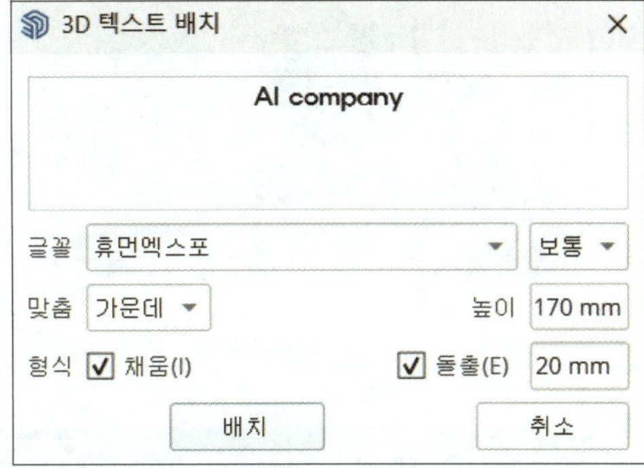

❹❽ 천장도에서 몰딩이 지나는 부분(마감선 또는 몰딩선)(①)을 '선 그리기(L)' 도구로 덧그립니다. 몰딩선과 직각인 면(②)에 사각형(40, 40)을 그려줍니다.

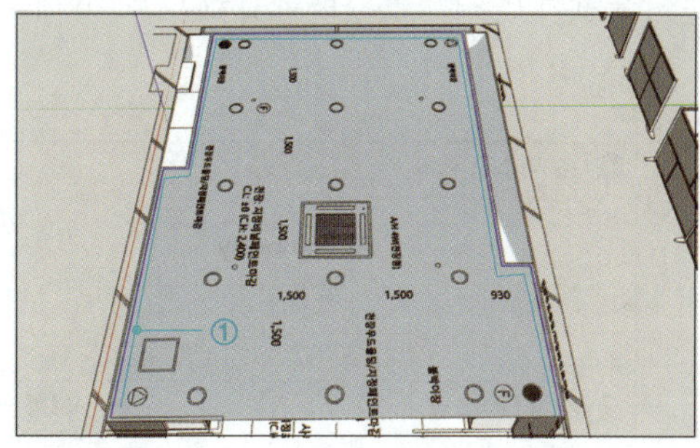
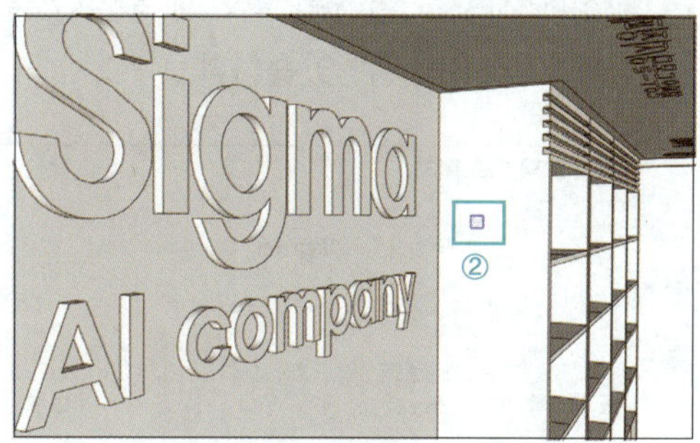

❹❾ '이동(M)' 도구로 사각형을 몰딩 위치에 배치합니다.

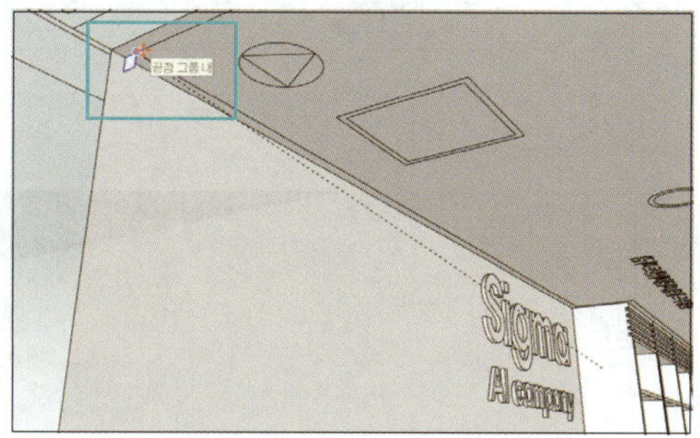

❺⓿ 앞서 그린 선 ①을 선택한 뒤 마우스 오른쪽 버튼을 클릭합니다. 선택 옵션에서 '모두 연결됨'을 클릭합니다. 이어서 Shift 를 누른 상태로 사각형만 포함 선택하여 선택 대상에서 제외합니다.

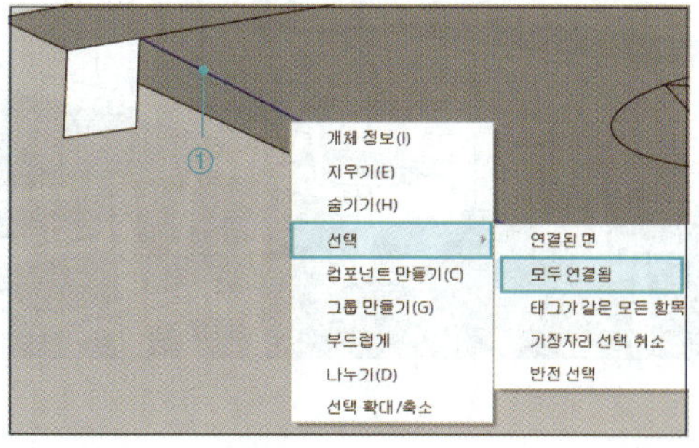
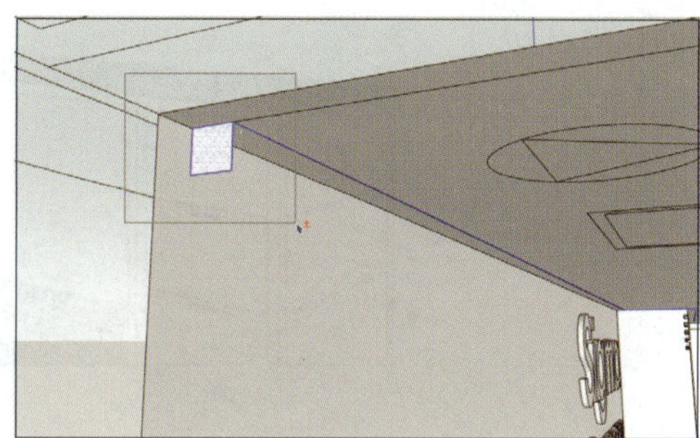

51 따라가기 도구(　)를 클릭하고 몰딩면 ①을 클릭합니다. 작성된 몰딩을 트리플클릭하여 그룹
으로 지정합니다.

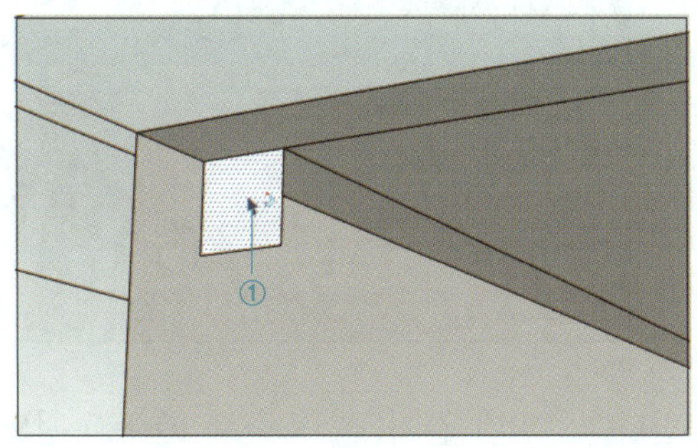

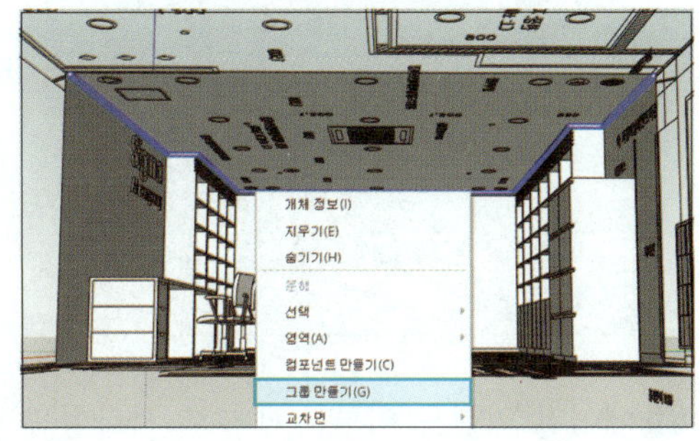

52 천장 모델링

천장의 매입등(①)을 확대하고 원 2개를 덧그립니다. 이때 도면과 정확히 맞출 필요는 없습
니다.

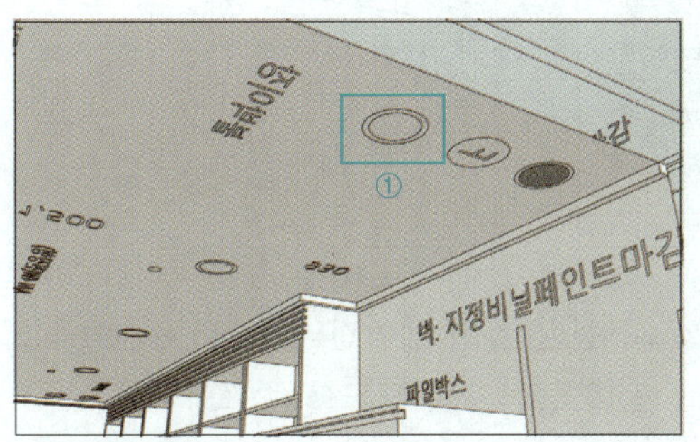

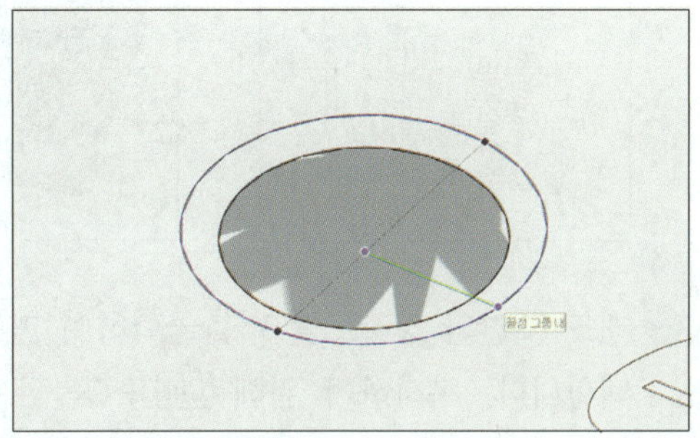

53 '밀기/끌기(P)' 도구로 안쪽은 5, 바깥쪽은 10만큼 끌어줍니다. 면이 뒷면(회색)으로 만들어지
면 Ctrl 을 눌러 앞면(흰색)으로 만들어줍니다. 매입등 안쪽 면에 재질을 적용하고 컴포넌트로
만듭니다.

* 조명, 테이블 등의 동일한 형태의 요소는 재질 적용이나 편집을 고려하여 그룹보다는 컴포넌트로 지정하는 것이
유리할 수 있습니다.

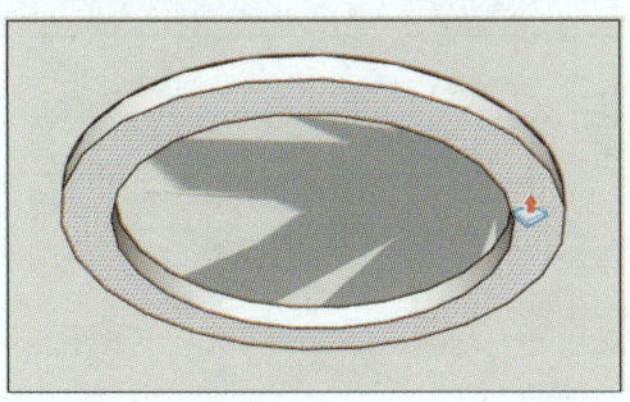

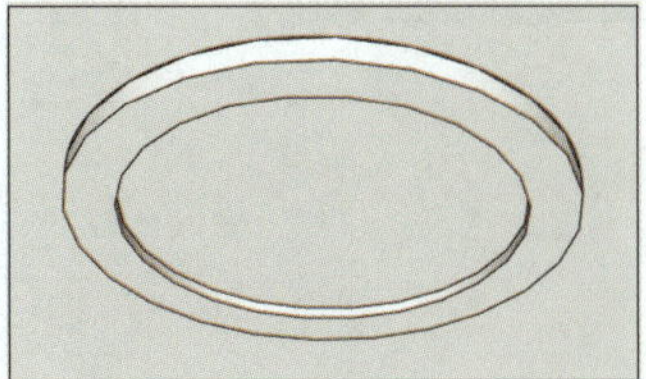

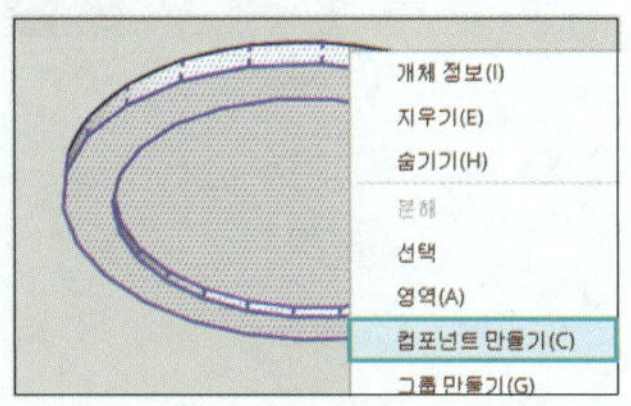

[컴포넌트로 작성]

❺❹ 완성된 매입등을 '이동(M)' 도구로 배열(1500)합니다.

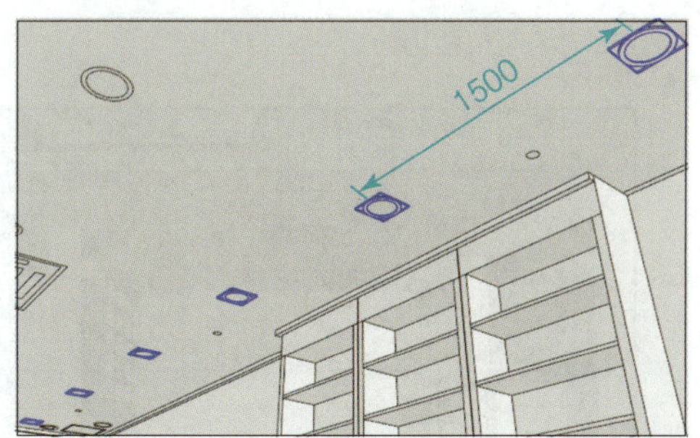

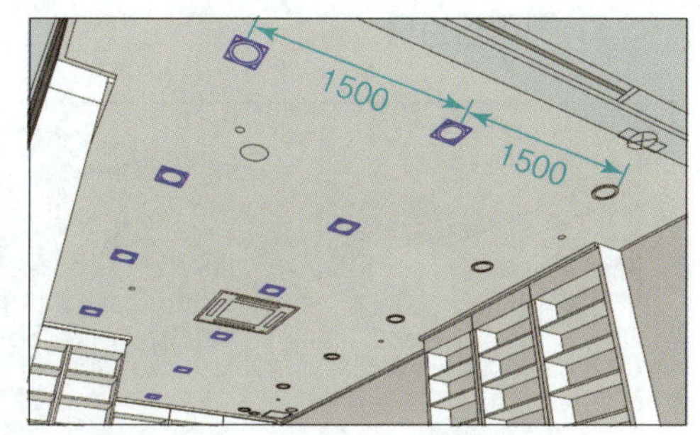

❺❺ 에어컨 외형을 이루는 ①~⑦ 사각형을 덧그립니다. '밀기/끌기(P)' 도구로 10~20 정도 끌어 형태를 만들고 그룹으로 지정합니다. 스프링클러, 감지기, 스피커, 점검구는 캐드 도면의 선을 그대로 사용하거나 10~20 정도 끌어서 외형을 만들어줍니다.

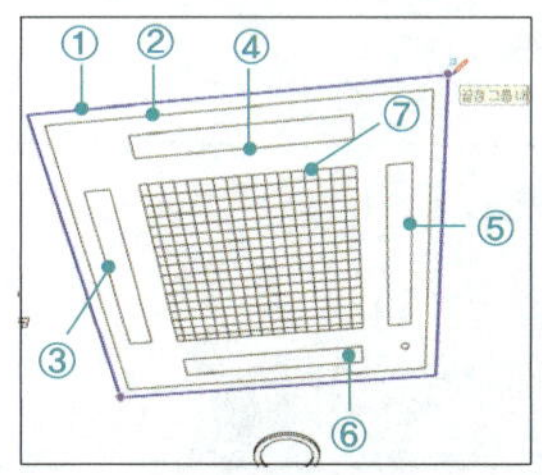

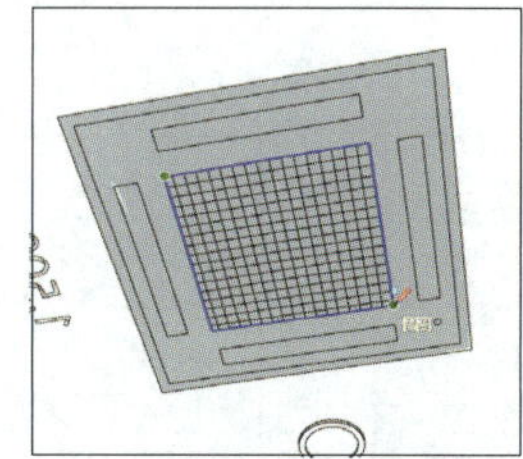

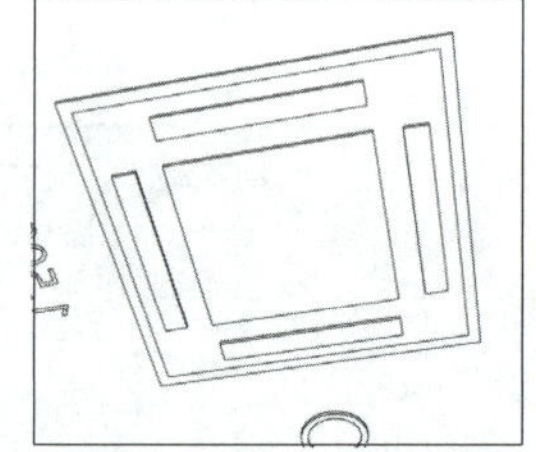

❺❻ 캐드 도면의 천장도를 더블클릭하여 편집모드로 전환한 뒤 에어컨의 필터선(해치)을 모두 선택합니다. 복사하기 위해 Ctrl + C를 누르고 Esc를 눌러 편집모드를 종료합니다.

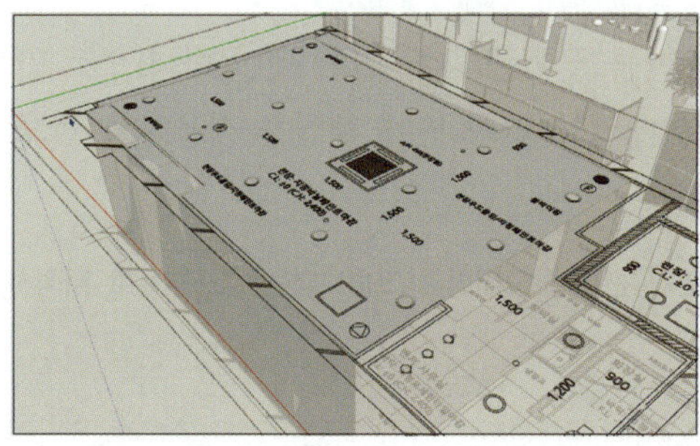

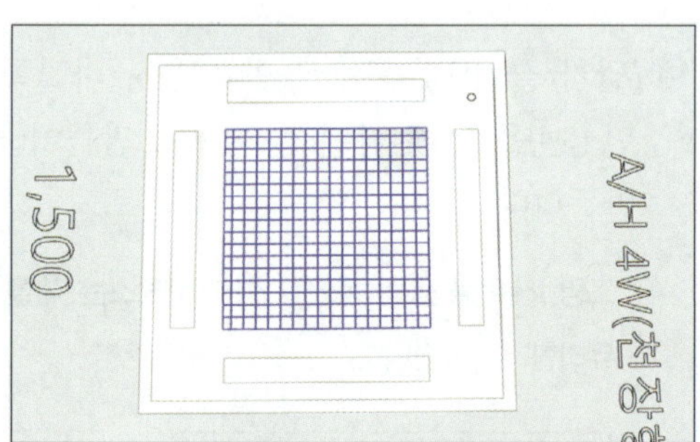

57 공간 내부에서 Ctrl + V를 누르고 ①지점을 클릭해 필터 패턴을 붙여 넣습니다. '천장도' 태그를 Off시켜 패턴이 잘 나타나는지 확인하고 다시 On으로 변경합니다.

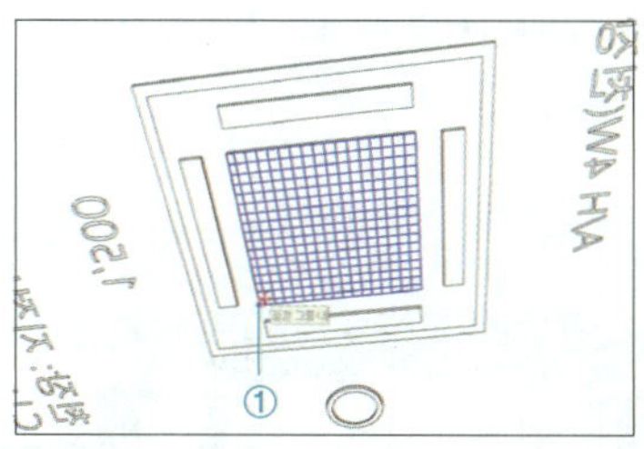

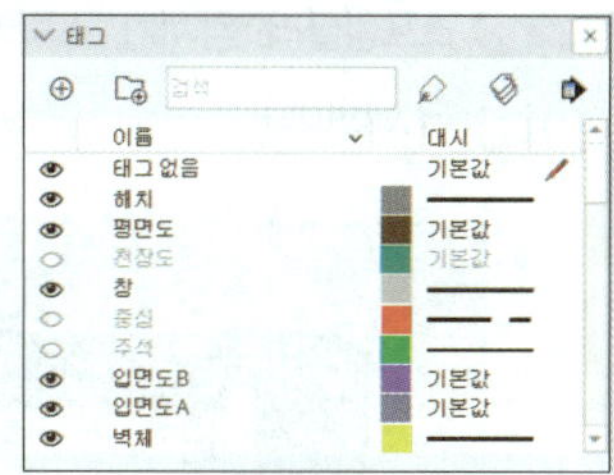

58 화재감지기, 환기구, 스프링클러, 스피커는 원을 덧그려 두께 10 정도로 끌어 배치합니다.

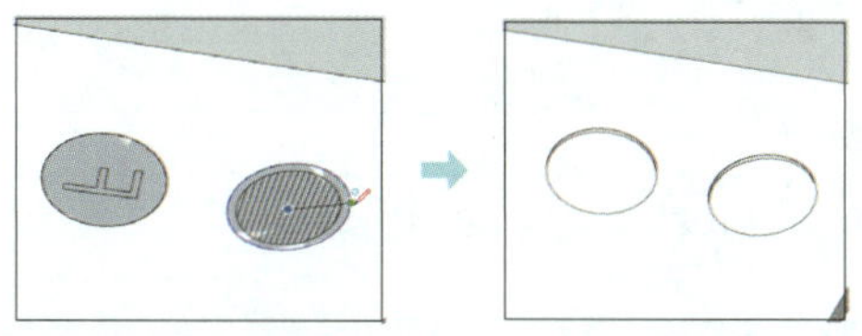
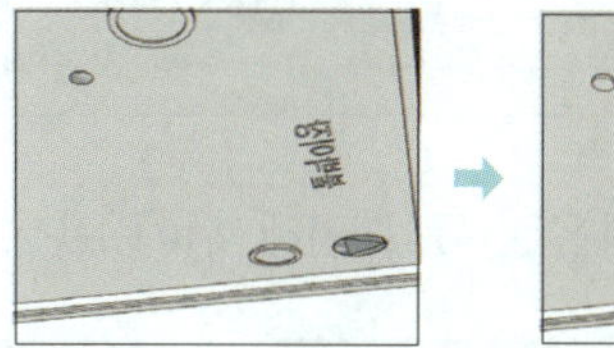
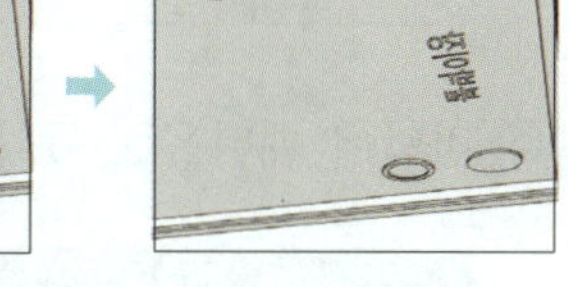

[화재감지기, 환기구]   [스프링클러, 스피커]

59 세부 모델링

대략적으로 완성된 모델은 남은 시간과 개인 역량에 따라 디테일을 보완합니다. 사무실 공간의 특징을 나타낼 수 있는 모니터와 같은 사무기기는 필수적으로 표현하는 것이 좋습니다.

❻⓿ 평면도, 내부 입면도, 천장도를 삭제하거나 태그를 모두 Off합니다. 캐드 도면을 삭제하거나 태그 Off 시점은 사용자에 따라 다를 수 있습니다.

　* 스프링클러, 감지기, 스피커, 점검구를 만들지 않고 캐드 도면의 선을 그대로 사용할 경우 '천장도' 태그는 On으로 유지합니다.

❻① 바닥에 패턴을 만들기 위해 선(①)을 그린 후, 600 간격으로 복사합니다.

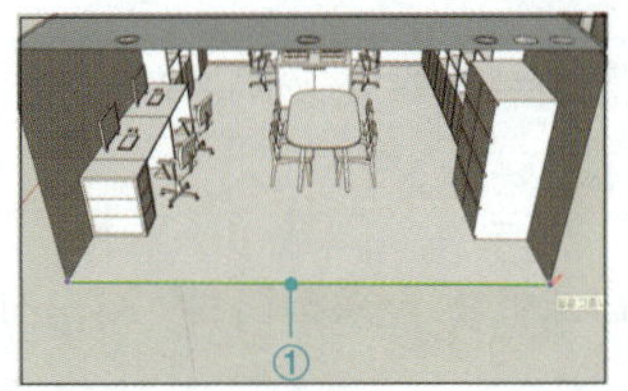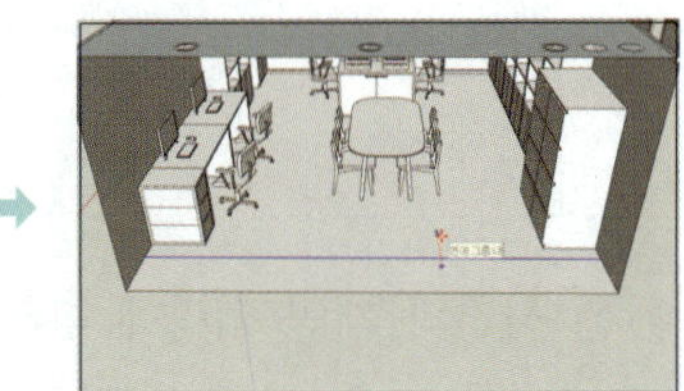

❻② 수직선(①)을 한 번 더 그리고 600 간격으로 복사합니다. 수직선은 수평선에 의해 분할되어 있으므로 Shift 를 눌러 선택합니다.

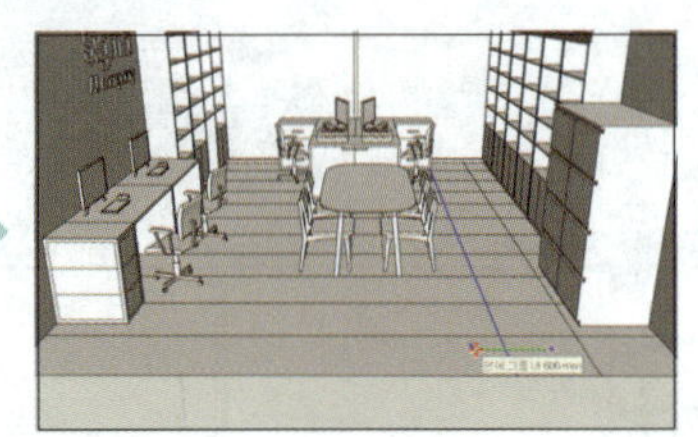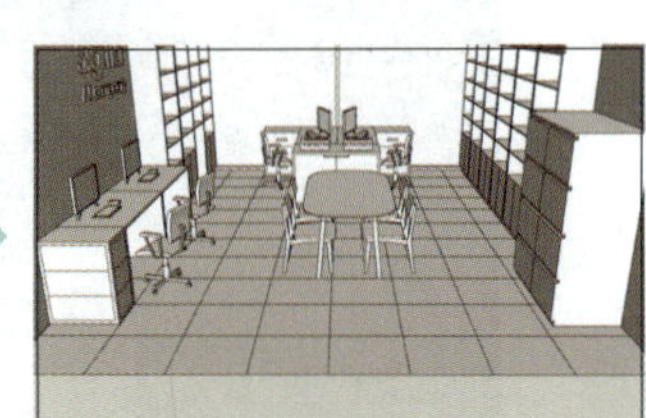

Section 05 재질 및 환경요소 적용

재질은 면적이 큰 천장, 벽, 바닥에 채도가 높지 않은 컬러를 우선 적용한 후 몰딩과 주요 가구순
으로 작업을 진행합니다. 벤처사무실은 3색 배색 견본 중 모던, 흑백, 단순에 해당되는 느낌으로
재질을 적용합니다.

* 재질을 적용하기 전 평면도의 '디자인 의도'를 한 번 더 확인하는 것이 좋습니다.

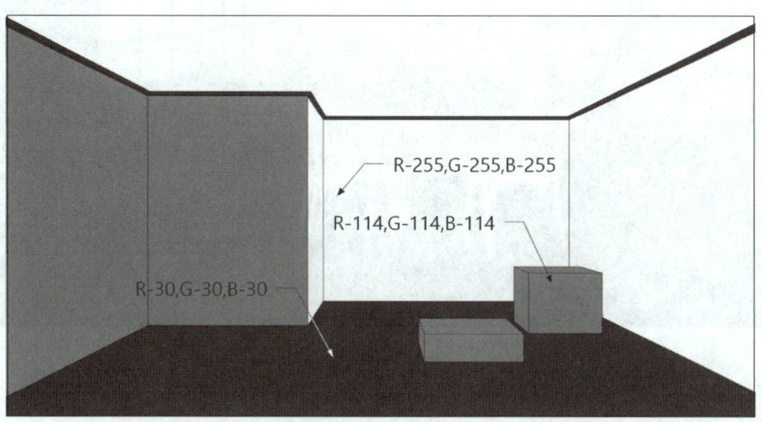

[3색 배색 견본 – 심플한, 모던한, 단정한]

❶ 천장, 벽, 가구, 바닥 재질 적용의 예

[천장, 벽 1: M00_Soft_Cloud]

[벽 2, 가구: M04_Stone_Frost]

[바닥: R30_G30_B30]

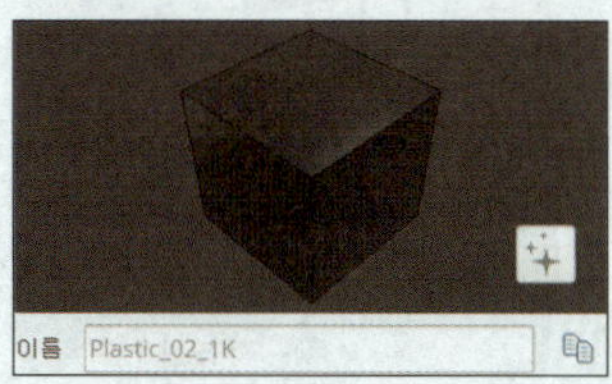

[가구 2: Plastic_02_1K]

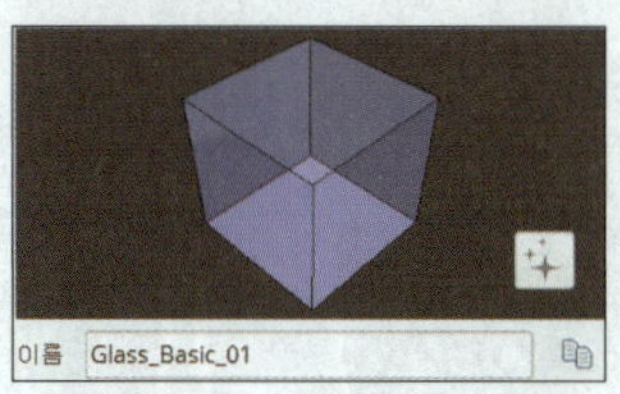

[창문: Glass_Basic_01]

❷ 나머지 가구와 마감의 컬러는 2~3가지 정도만 사용합니다. 누락된 가구나 소품이 없는지 확인하고, 공간이 비어 보이는 곳은 이미지 보드, 블라인드, 소품으로 보완합니다.

❸ 트레이의 그림자 모드(①)를 활성화하고 남쪽으로 창이 향하도록 90° 회전합니다. 회전 방향은 시간 및 계절에 따라 다를 수 있습니다.

* 병합 메시지가 나타나면 '예'를 클릭합니다.

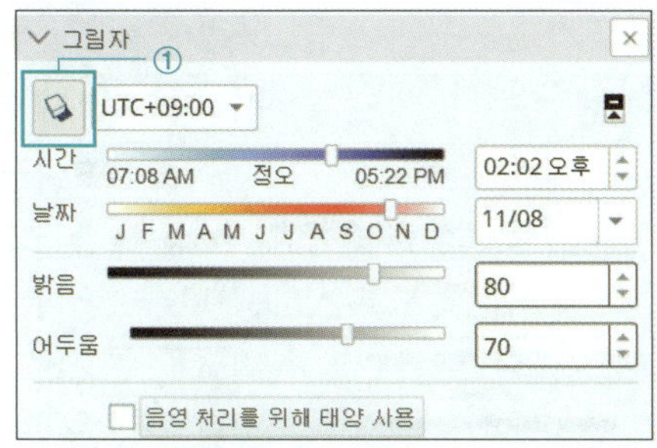

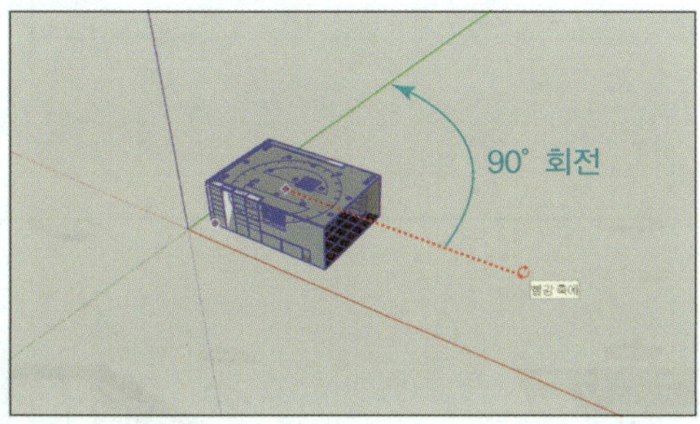

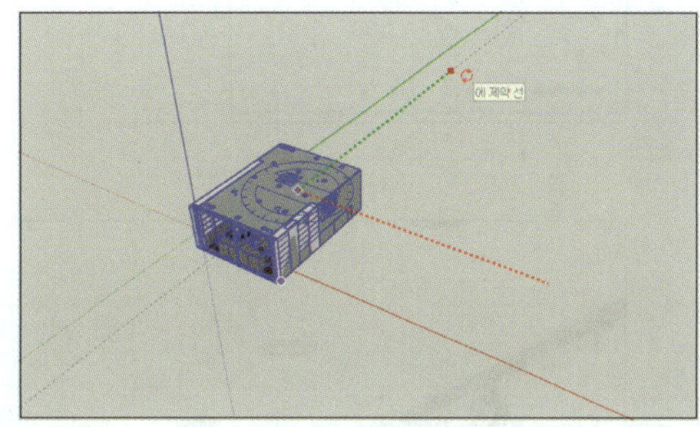

❹ 상단 메뉴의 [보기] ➡ [면 스타일]에서 '앰비언트 오클루전'을 클릭해 음영 효과를 적용합니다.

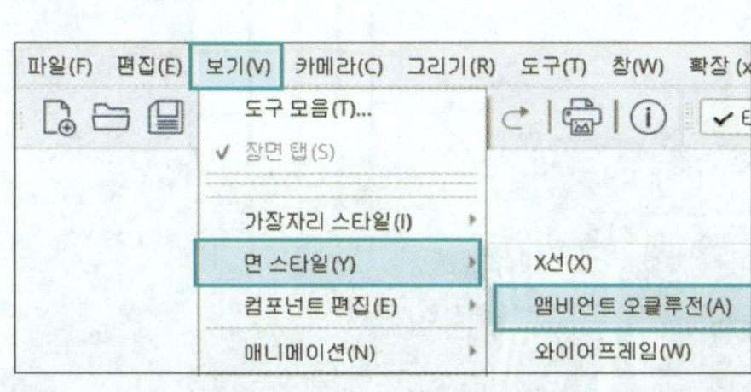

❺ 수납장의 어두운 부분을 조정하기 위해 스타일에서 편집탭을 클릭합니다. 면 설정에서 '앰비언트 오클루전'의 거리값을 줄여 음영을 조정합니다. 전체적인 밝기는 그림자 설정에서 '어두움' 값을 올려줍니다.

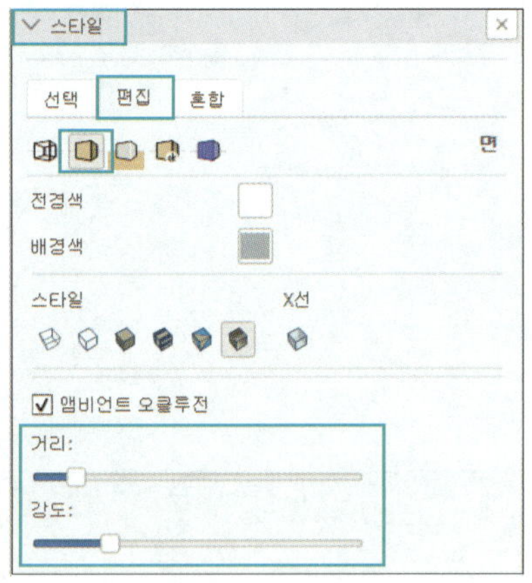

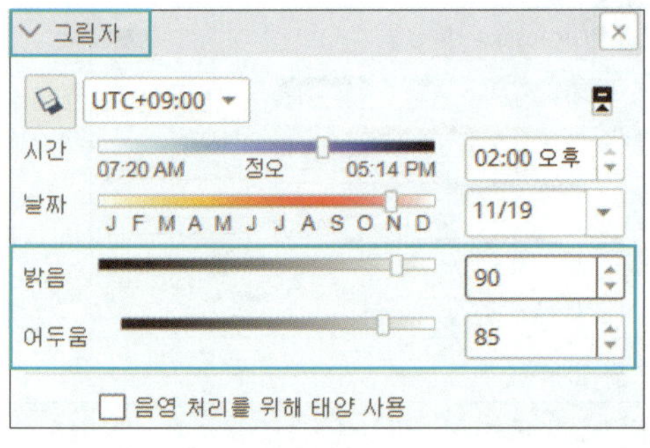

Section **06** ## 실내투시도 이미지 추출 및 배치

실내투시도 장면을 저장하고 고해상도 이미지로 출력합니다.

① 완성된 실내 공간을 보기 좋은 시점으로 맞춘 후, 메뉴의 [카메라]에서 '2점 투시'를 클릭합니다. 이후 클릭 드래그로 한 번 더 화면을 조정합니다.

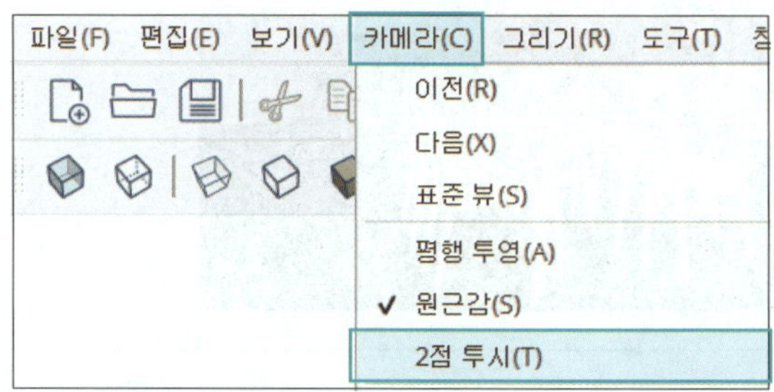

② 트레이의 '장면' 탭에서 '장면 추가(⊕)'(①)를 클릭하여 현재 시점의 화면을 저장합니다. 장면을 저장한 후 시점이 흐트러지거나 다른 작업을 하더라도 장면 탭(③)을 클릭하면 저장된 시점으로 되돌아갑니다.

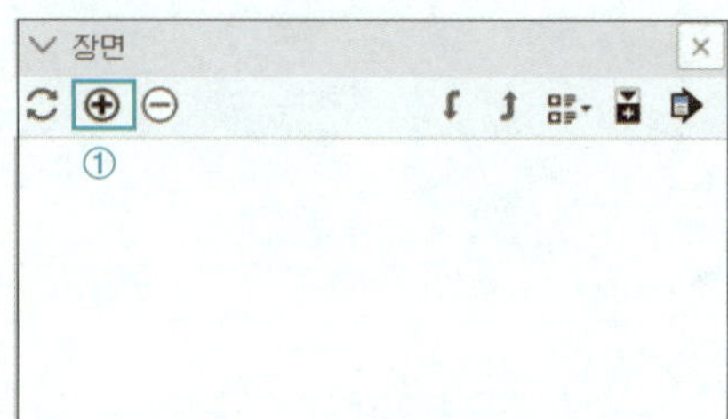

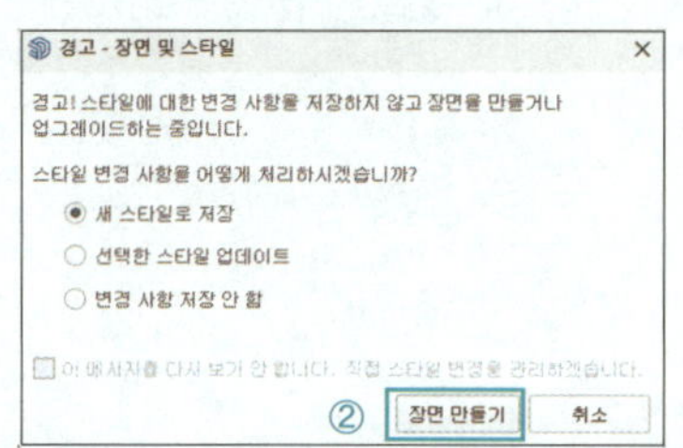

❸ 모델링에 부족한 부분이 없다면 스케치업 모델링 파일을 저장한 후, 설정한 장면을 출력하기 위해 메뉴의 [파일] ⇨ [내보내기]에서 '2D 그래픽'을 클릭합니다.

* 내보내기 전 '천장도' 태그(도면층)가 On으로 설정되어 있는지 확인합니다.

❹ 저장할 폴더를 지정한 후, 파일 이름을 '실내투시도'(①), 형식을 'tif'(②)로 설정합니다. '옵션'(③) 버튼을 클릭한 후, '뷰 크기 사용'(④)을 해제하고 픽셀값을 '3000'(⑤), 선 배율 승수를 '1'(⑥)로 설정합니다. 설정을 마친 후 확인을 클릭하고 내보내기 버튼을 누르면 실내투시도 이미지가 저장됩니다.

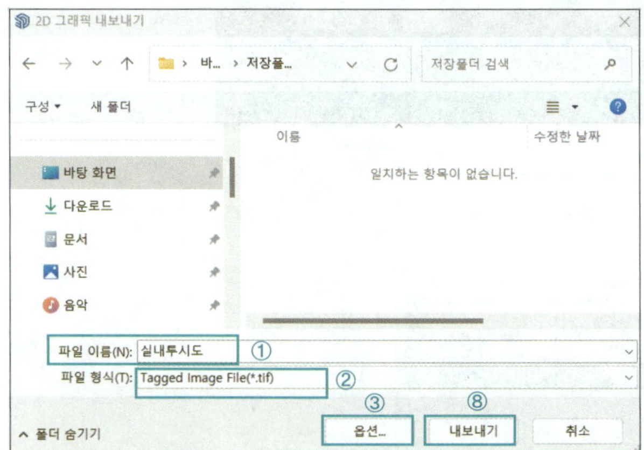
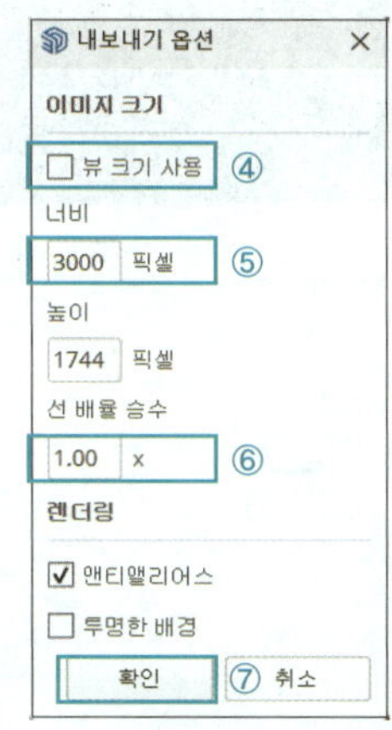

❺ 출력된 이미지의 품질을 확인한 후 캐드에서 2D 도면 작성 파일(평면도, 천장도, 내부 입면도)을 실행합니다. 완성된 입면도의 도면 양식과 도면명을 우측으로 복사합니다.

[이미지 뷰어로 확인]

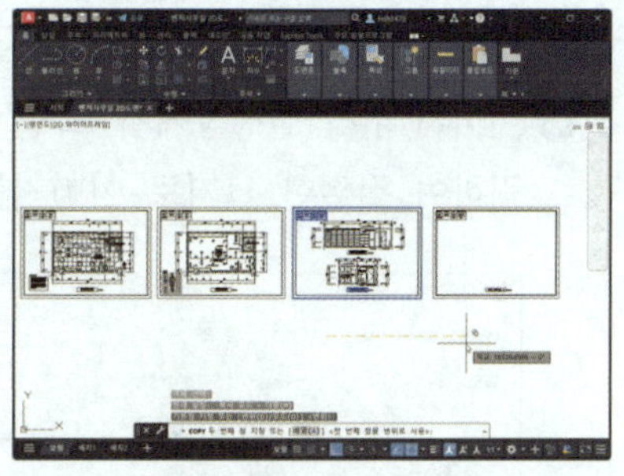

[도면 양식 복사]

❻ 표제란과 하단의 도면명과 축척을 '실내투시도', 'N.S'로 수정합니다.

수험번호	1234567890	종 목	실내건축산업기사
성 명	황 두 환	도면명	실내투시도
감독확인		축 척	N.S

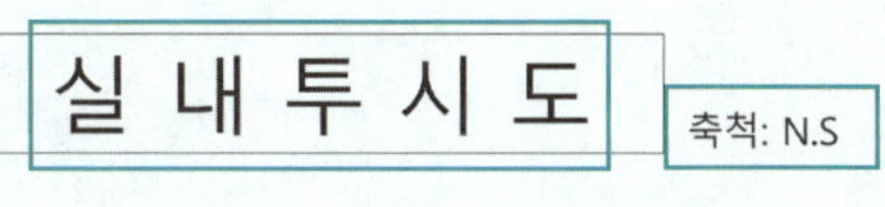

❼ 메뉴의 [삽입](①)에서 참조의 '부착'(②)을 클릭한 후, 저장한 실내투시도 이미지를 선택하고
열기 버튼을 클릭합니다(부착 명령어: attach).

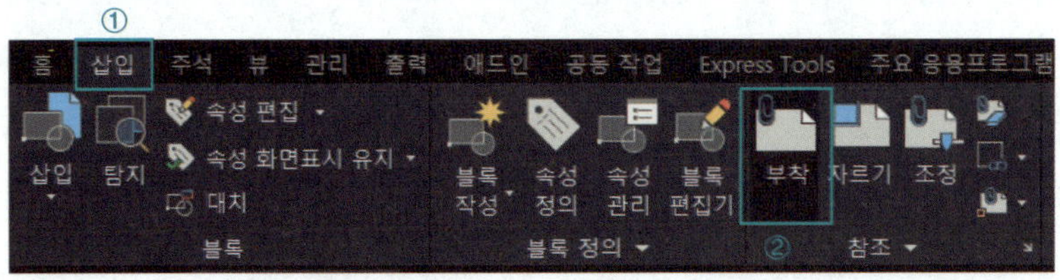

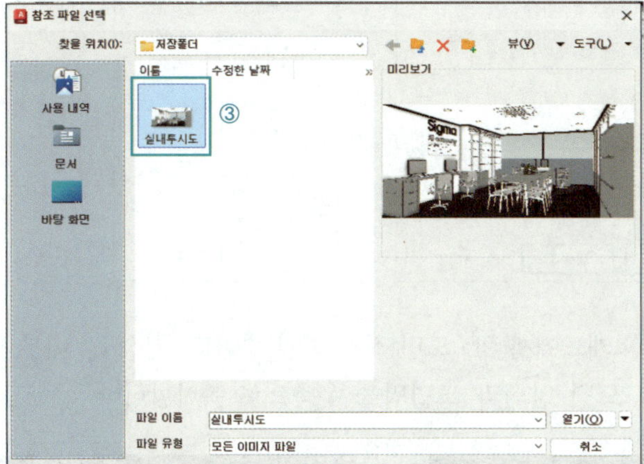

❽ 이미지 부착 설정창에서 '확인' 버튼(①)을 클릭합니다. ②지점을 클릭하고, ③지점 근처를 클
릭하여 적절한 크기로 이미지를 부착합니다.

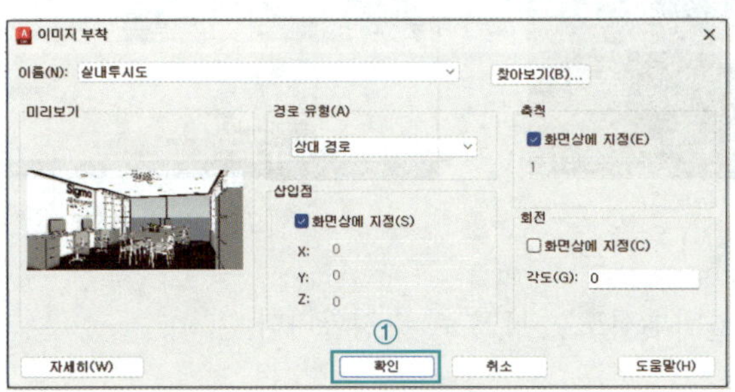

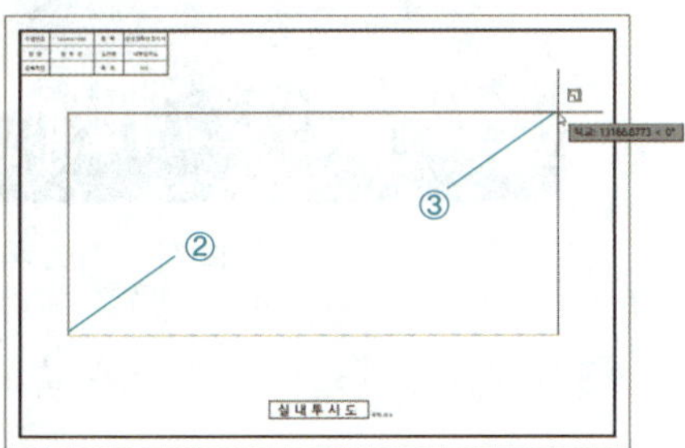

❾ 부착한 이미지와 제목을 보기 좋게 재배치하고 작업파일을 저장합니다.

학습파일 | 완성파일 \ Part05 \ Ch03 \ 벤처사무실.dwg

Chapter 04

이동통신기기 판매점:
3D 모델링 및 실내투시도

① 실내투시도 1장(축척: N.S)

- 계획의 포인트가 좋은 지점에서 1소점 또는 2소점 투시법으로 투시도를 작성합니다.
- 공간의 특징이 잘 나타날 수 있는 영역(판매공간, 전시공간 등)을 작성합니다.
- 투시도 방향은 가급적 시간적으로 유리한 내부 입면도를 작성한 방향으로 설정합니다.
- 완성된 3D 모델링을 TIF 또는 PNG 형식의 고해상도 이미지로 출력합니다.

② 공간 확인 및 투시도 방향 설정

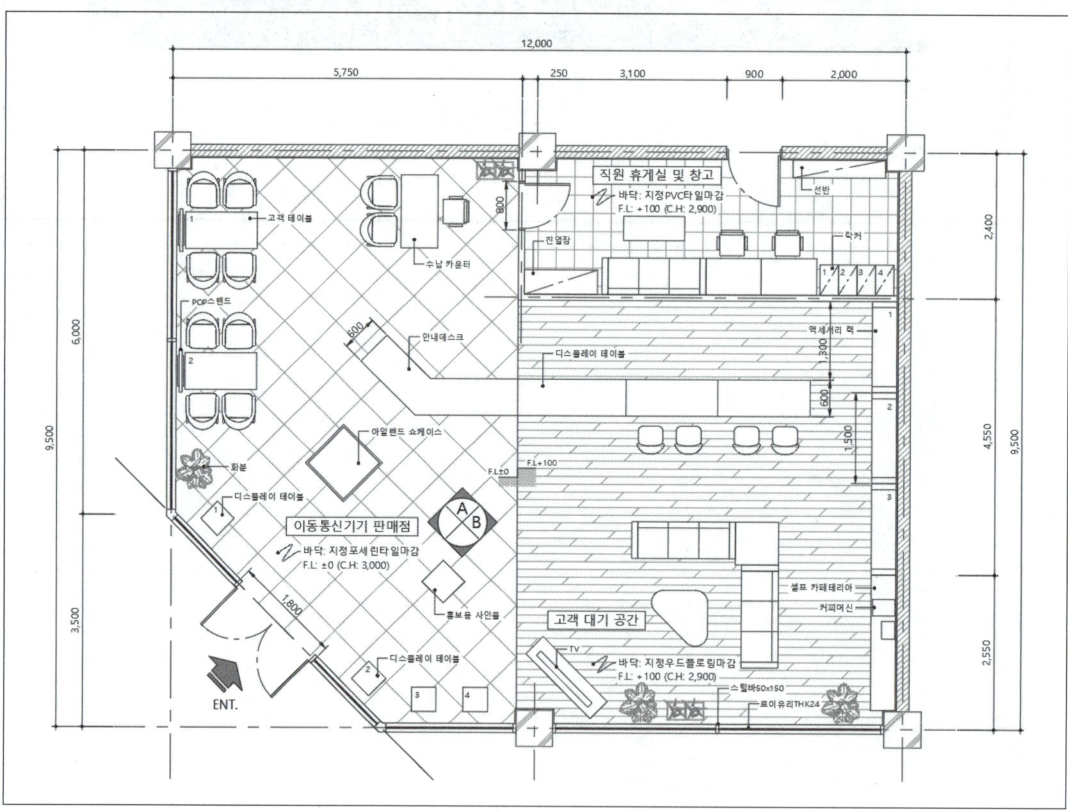

Section 02 3D 모델링 과정

❶ 완성된 평면도, 내부 입면도, 천장도를 모델링 용도로 수정합니다

❷ 완성된 2D 도면을 스케치업으로 가져와서 배치합니다.

❸ 화면에 보여지는 부분을 중심으로 모델링을 진행합니다.

❹ 재질, 그림자, 앰비언트 등 사실적인 효과를 적용합니다.

❺ 실내투시도로 추출할 화면을 장면으로 등록합니다.

❻ 등록된 장면을 고해상도 이미지 파일로 출력합니다.

❼ AutoCAD 프로그램을 실행하여 [Attach] 명령으로 실내투시도 이미지를 부착합니다.

❽ 실내투시도를 A3 용지 규격의 PDF 파일로 출력합니다.

❾ 제출 및 용지 출력을 진행합니다.

Section 03 2D 도면 수정

❶ Part 03의 Chapter 04에서 완성한 '이동통신기기 판매점' 2D 도면을 준비합니다. 도면을 수정하기 위해 바탕화면에 임시 폴더를 만들어 완성된 2D 도면 파일을 복사합니다. 이때 원본 파일이 삭제되거나 수정되는 것에 주의하고, Part 03에서 완성한 파일이 없다면 Part 05의 실습파일을 사용합니다.

❷ AutoCAD에서 완성된 오피스텔 2D 도면 파일을 불러옵니다. 모델링에 불필요한 도면양식, 치수 등을 모두 삭제하고 저장합니다.

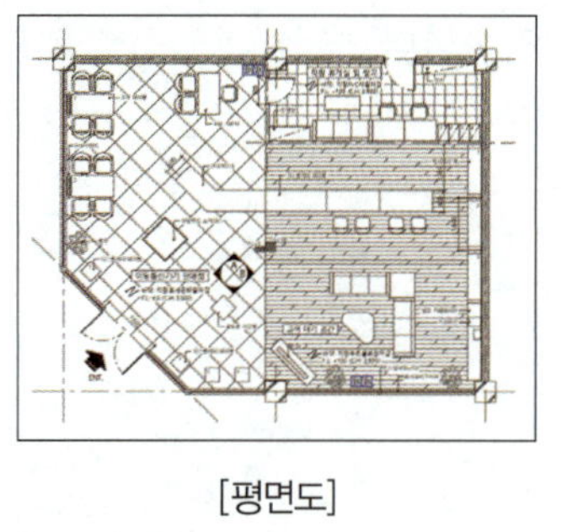

[평면도]

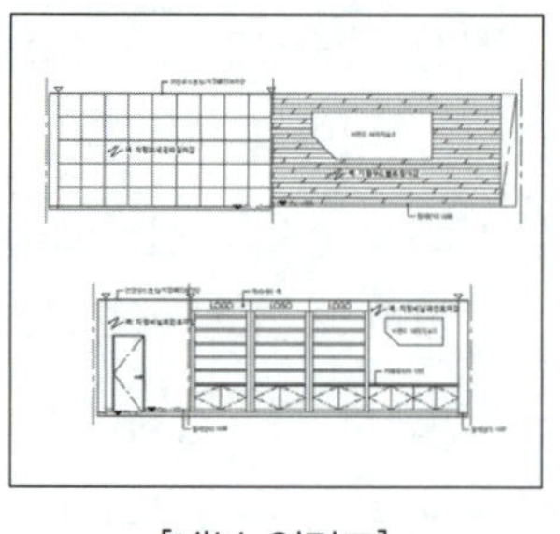

[내부 입면도]

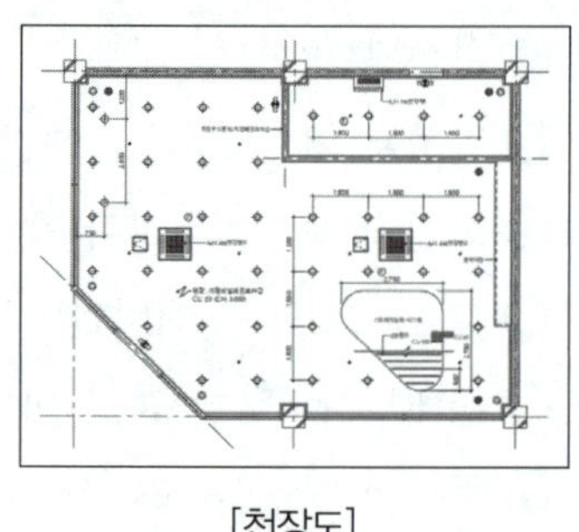

[천장도]

* 위의 수정된 도면은 가시성을 고려해 검정 단색으로 변경한 이미지입니다.

Section 04 3D 모델링

학습파일 | ▶ 동영상 \ Part05 \ Ch04\ 이동통신기기 판매점.mp4

❶ SketchUp 환경설정 및 2D 도면 가져오기

SketchUp을 실행한 후 '건축–밀리미터' 템플릿을 선택하여 시작합니다.

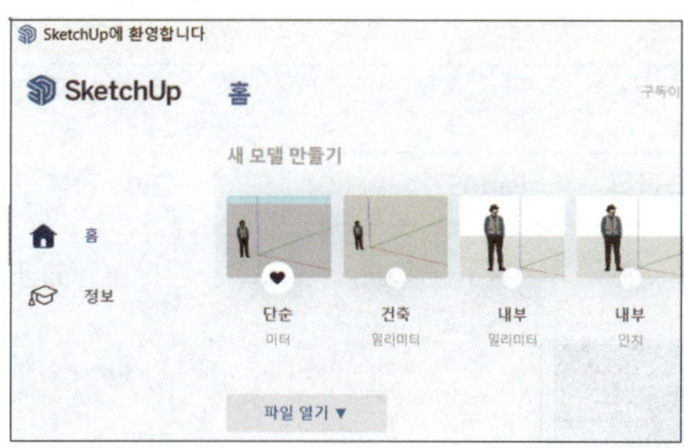

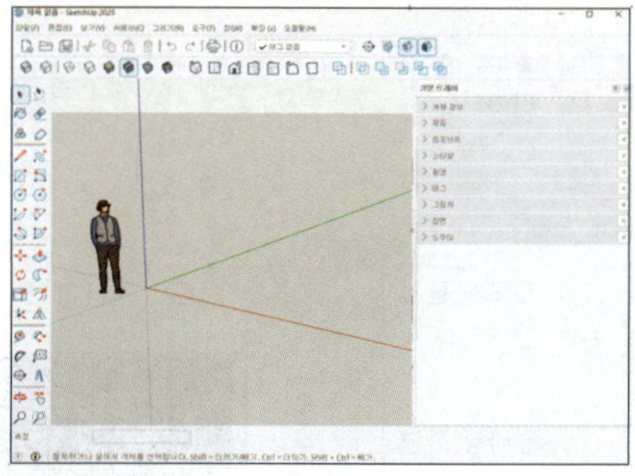

❷ 메뉴의 [파일](①)에서 '가져오기'(②)를 클릭한 뒤 수정된 평면도를 선택하고 '가져오기'를 클릭합니다. 결과 메시지창이 나오면 닫기를 클릭합니다.

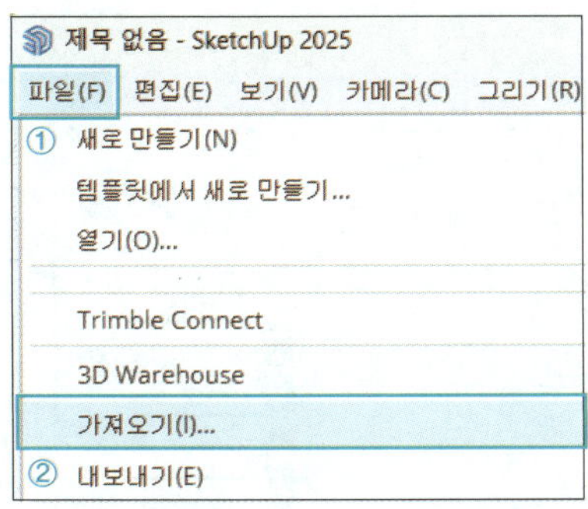

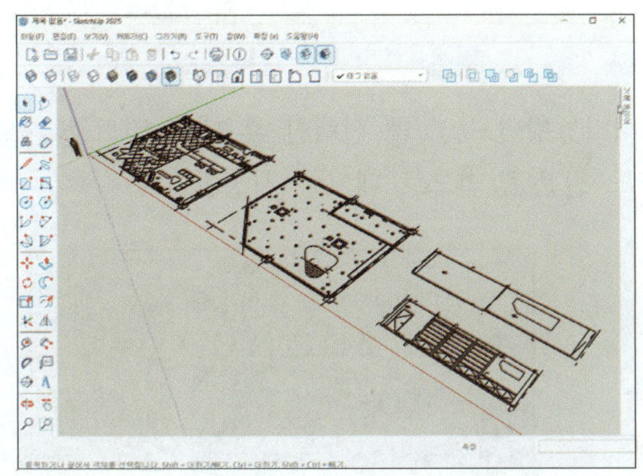

❸ 샘플 인물은 삭제하고 도면을 분해한 후 각 도면을 별도의 그룹으로 지정합니다.

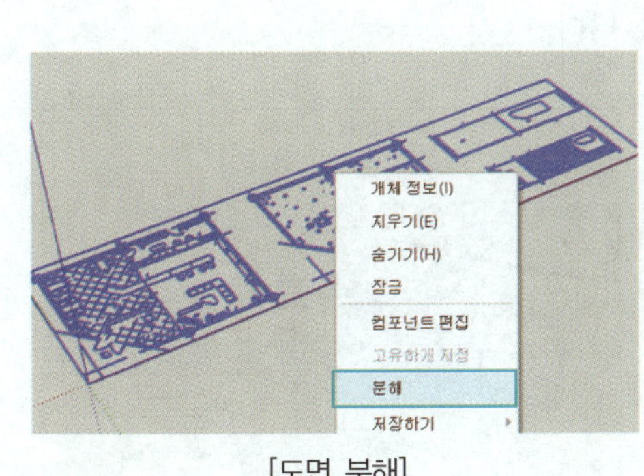

[도면 분해]

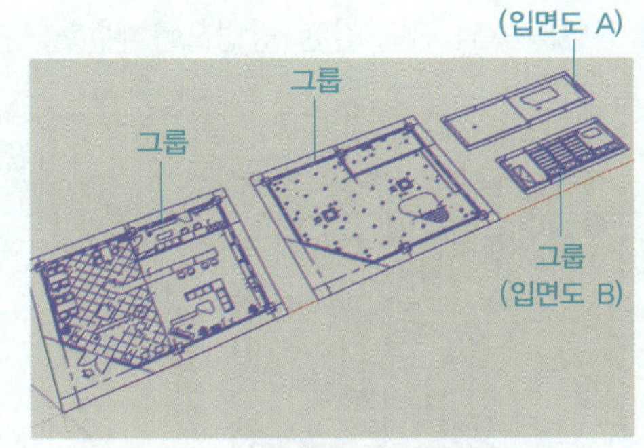

[각 도면별로 그룹 지정]

❹ 트레이 [스타일]에서 '편집'(①) 탭을 클릭한 뒤, '가장자리'(②) 항목을 선택하고 '프로필'(③)을 '1'로 설정합니다. 트레이의 '태그'에서 '추가(⊕)'(④)를 클릭하여 '평면도', '천장도', '입면도 A', '입면도 B' 태그를 생성합니다.

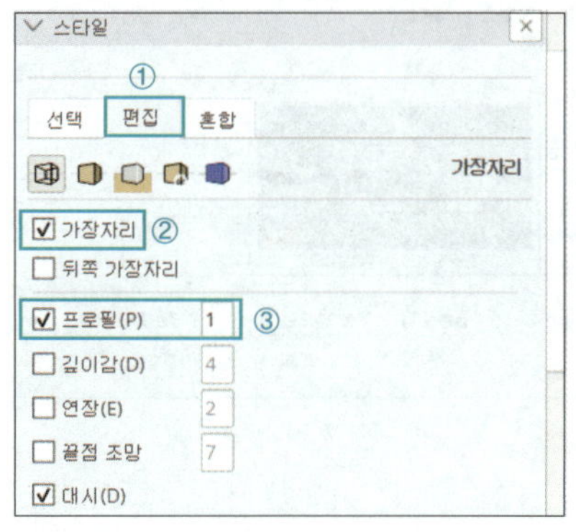
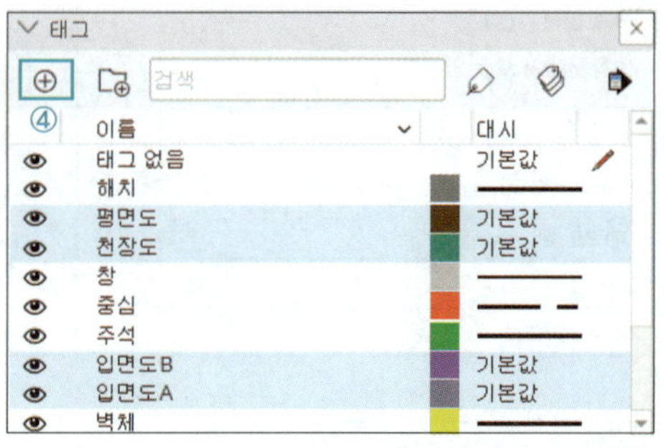

❺ 가져온 평면도에 등록한 태그를 지정합니다. 평면도(①)를 선택한 후 태그 컨트롤 패널에서 '평면도'(②) 태그를 클릭합니다. 천장도도 같은 방법으로 태그를 지정합니다.

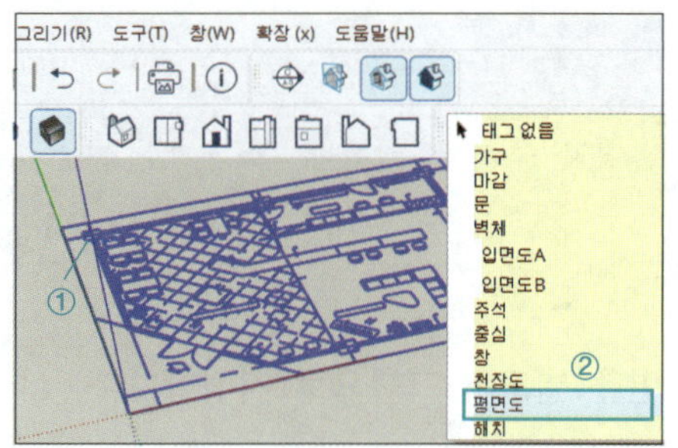
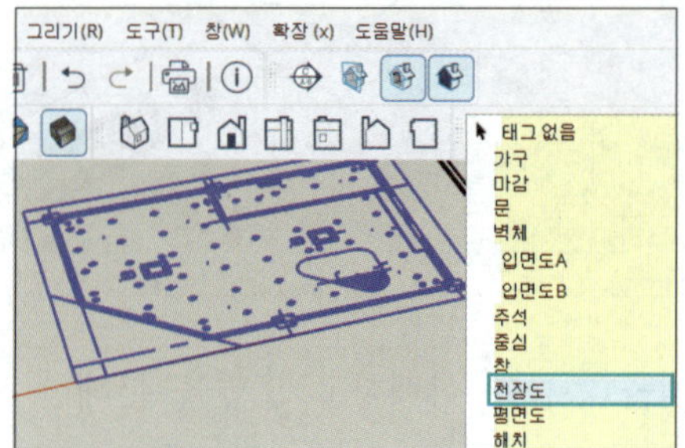

❻ 입면도 A와 B도 같은 방법으로 태그를 지정합니다.

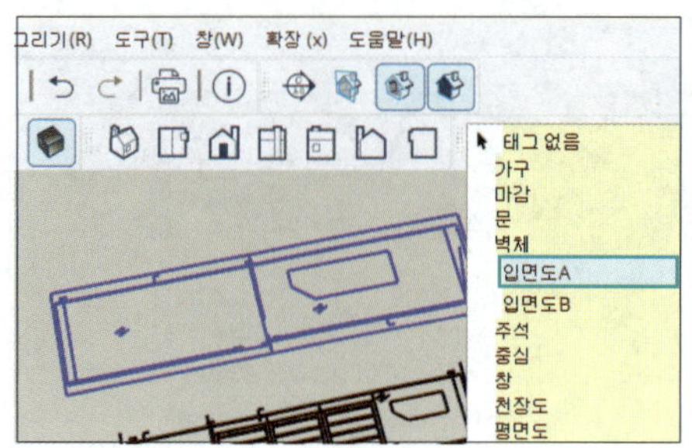
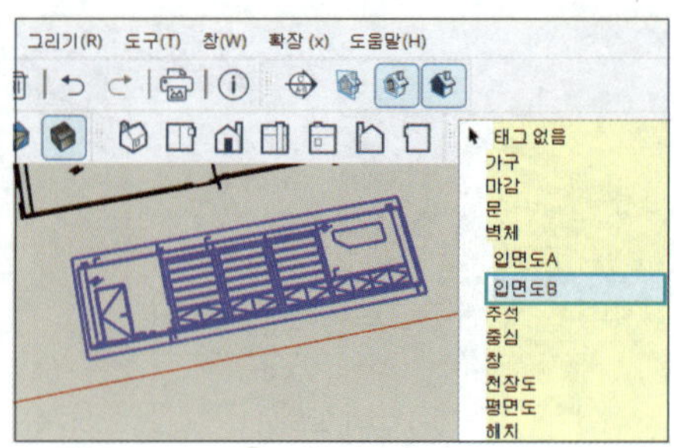

❼ 공간 구성

출입구에서 안내데스크(카운터) 방향으로 모델링합니다. 내부 입면도 A, B를 모두 활용할 수 있습니다. 평면도를 확대한 후 실내 마감선의 ①(4인 테이블 쪽), ②지점(소파 쪽)을 클릭해 사각형(R)을 그립니다.

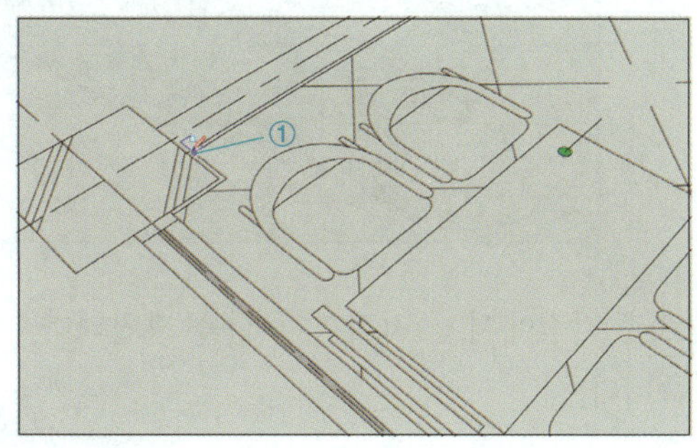
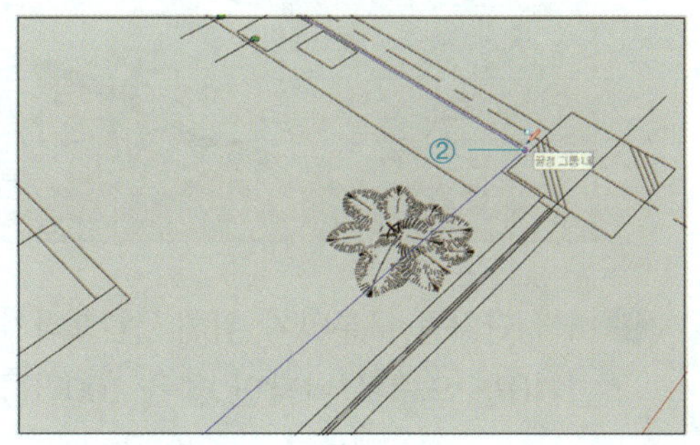

❽ 직원 휴게실을 확대합니다. 칸막이벽 ①, ②지점을 클릭해 사각형을 그리고 선 ③, ④를 삭제해 공간을 비워냅니다.

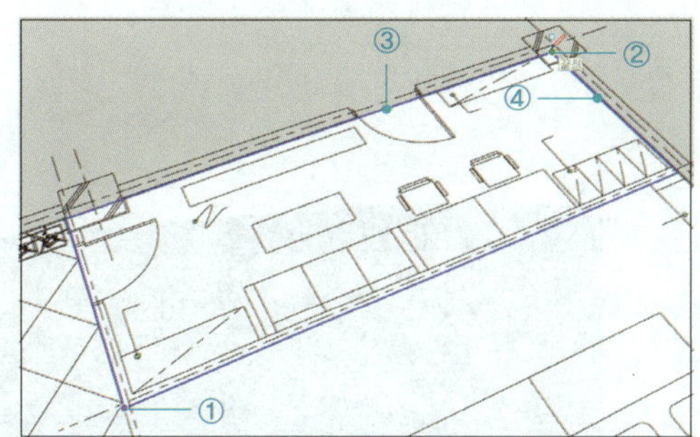
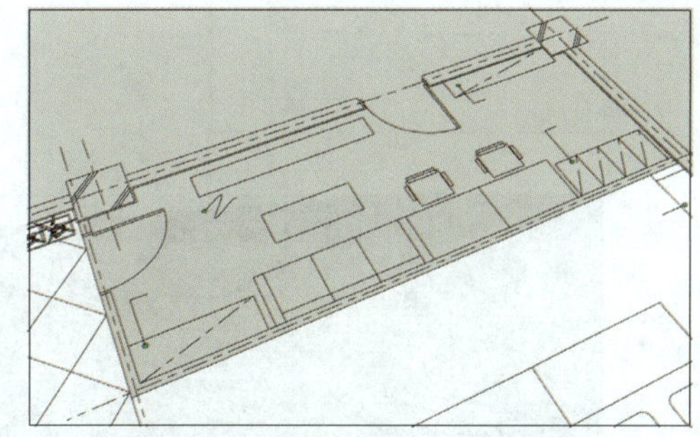

❾ 사각형을 '밀기/끌기(P)' 도구로 바닥면(①)을 '3000'만큼 올립니다.

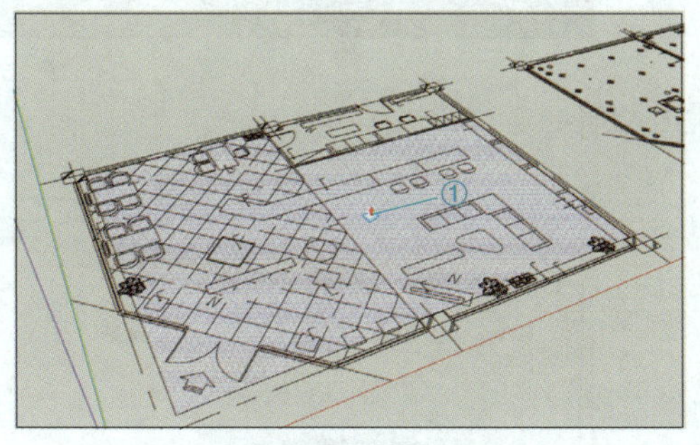
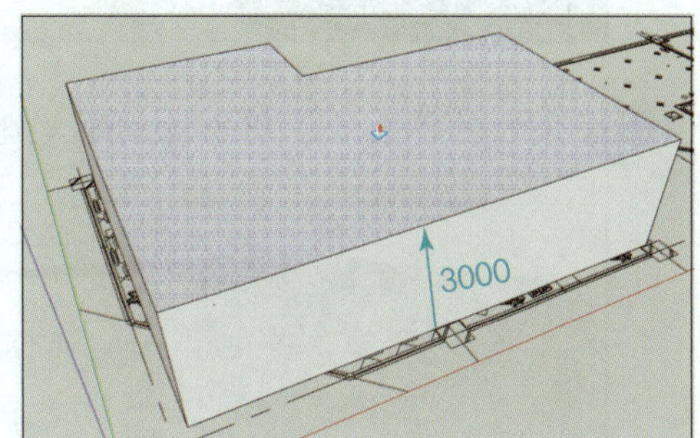

❿ 출입구 반대편(카운터) 방향을 모델링하기 위해 모서리 ①을 클릭하여 삭제합니다.

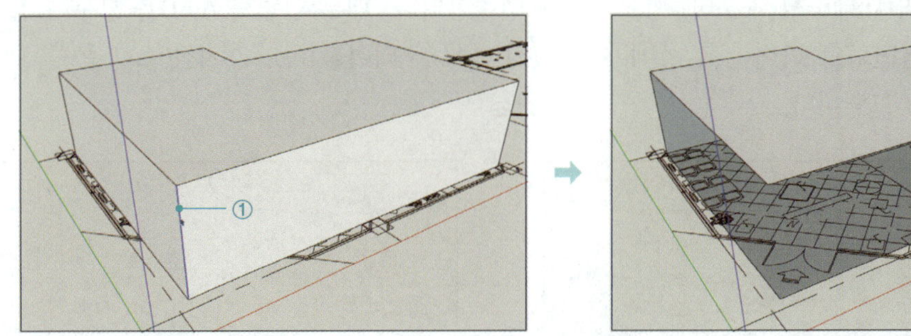

⓫ 바닥 단차를 구분하기 위해 '선 그리기' 도구로 ①지점에서 ②지점까지 선을 그립니다. '밀기/끌기(P)' 도구로 바닥면 ③을 100만큼 끌어줍니다.

* 평면도 단차 기호 확인

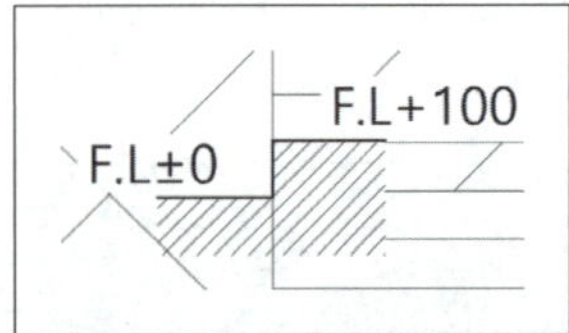

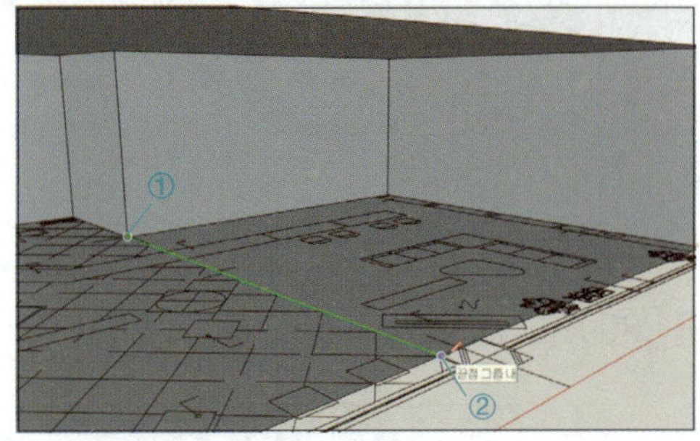
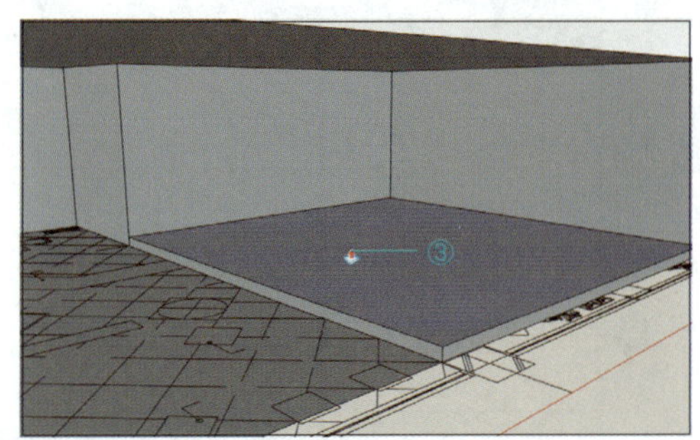

⓬ 공간을 이루는 모든 면을 선택해 반전시키고 그룹으로 지정합니다.

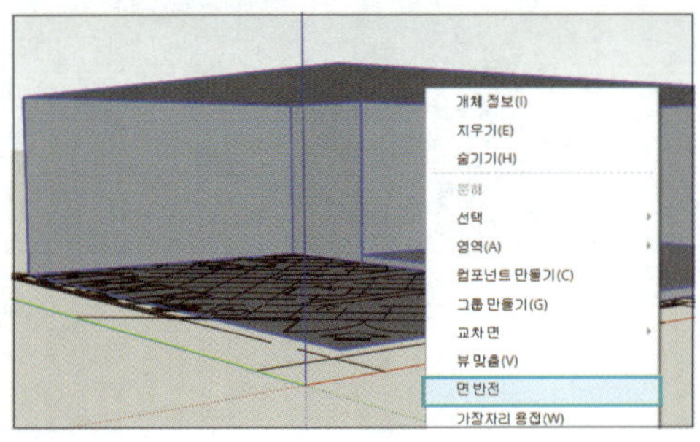

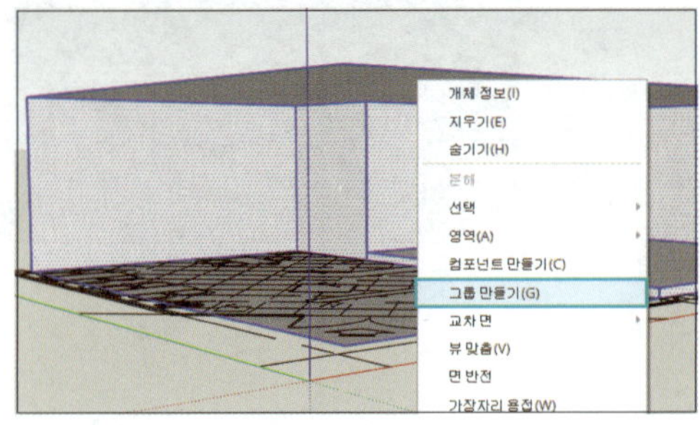

⑬ 도면 배치

내부 입면도 A를 복사합니다. '내부 입면도 A' 2개를 편집 모드에서 코너벽(선 ①)을 기준으로
좌측과 우측을 삭제하고 편집 모드를 종료합니다.

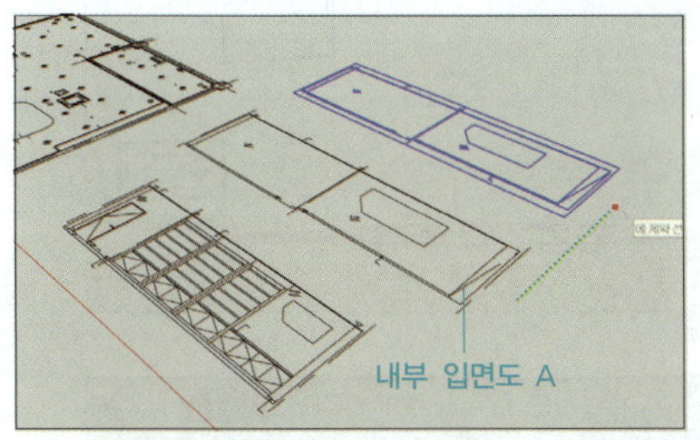

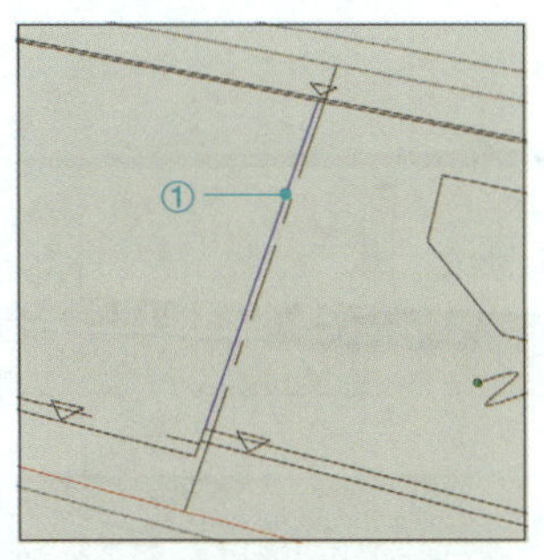

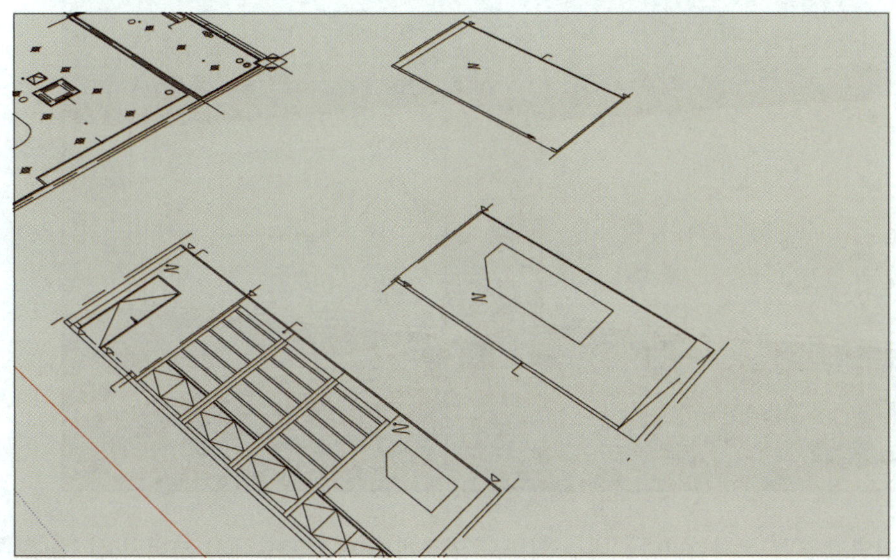

⑭ '내부 입면도 A' 2개를 클릭한 후 '회전(Q)' 도구를 누릅니다. 오른쪽 방향키(→)를 누르고, 회
전 기준점(①)을 클릭합니다. 시작 각도 위치인 ②를 클릭한 뒤 커서를 회전 방향 ③지점으로
이동시킨 상태에서 '90'을 입력하고 Enter↵ 를 누릅니다.

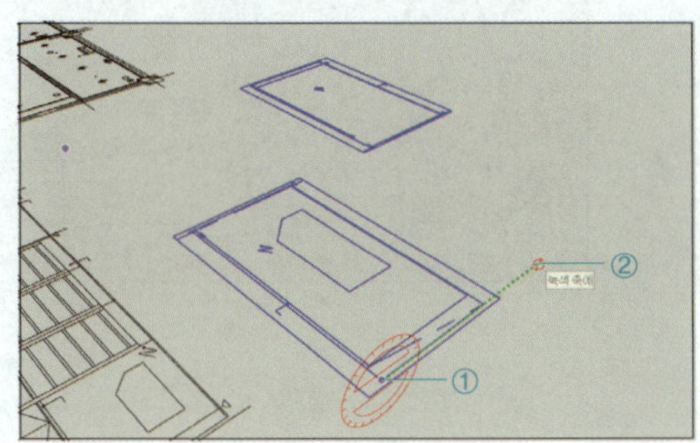

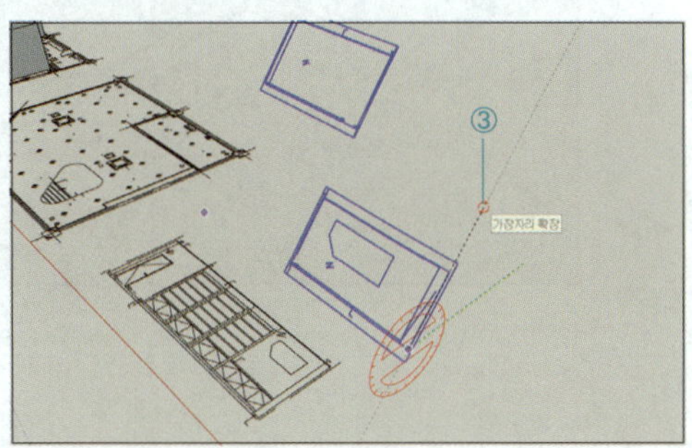

⓯ 회전된 '내부 입면도 A'를 클릭한 후 '이동(M)' 도구를 누르고, Ctrl을 한 번 눌러 복사로 변경
합니다. 복사 기준점 ①(③)을 클릭하고 공간 내부의 ②(④)지점을 클릭합니다.

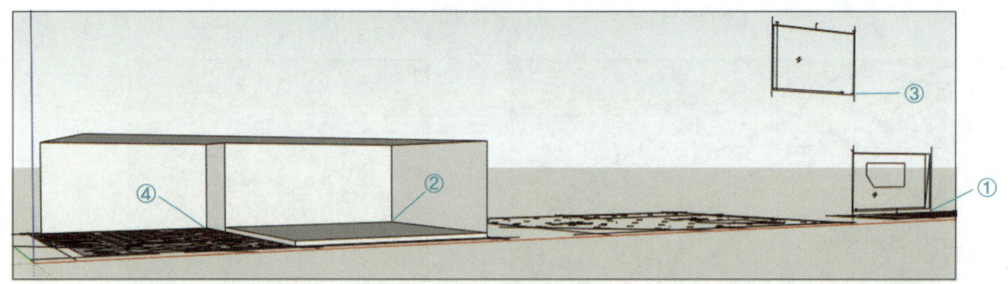

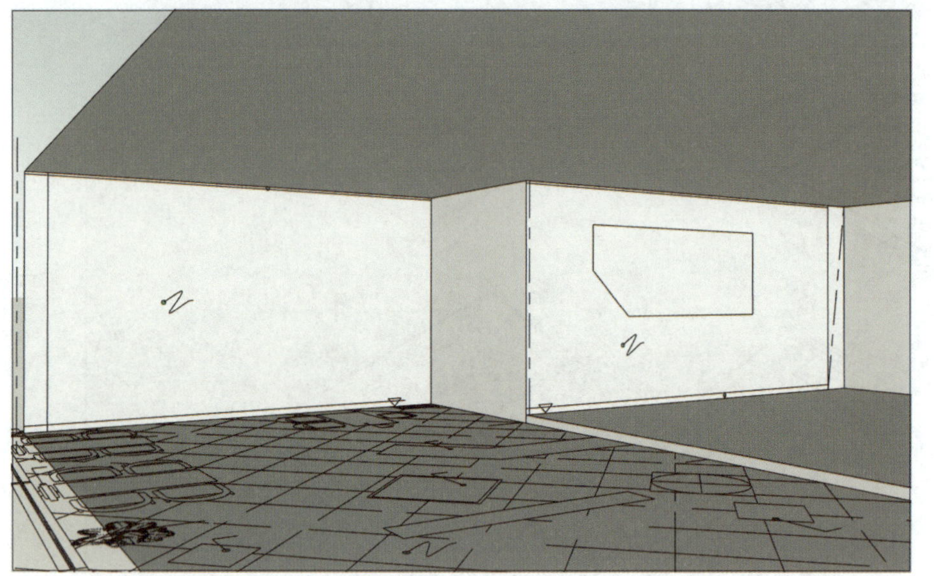

⓰ '내부 입면도 B'를 복사합니다. '내부 입면도 B' 2개를 편집 모드에서 코너벽(선 ①)을 기준으
로 좌측과 우측을 삭제하고 편집 모드를 종료합니다.

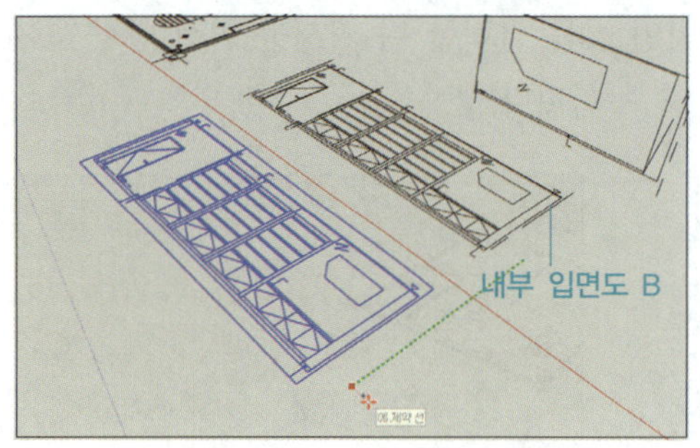

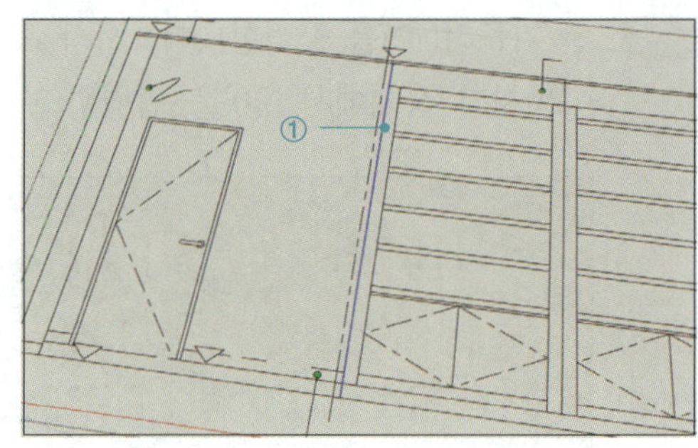

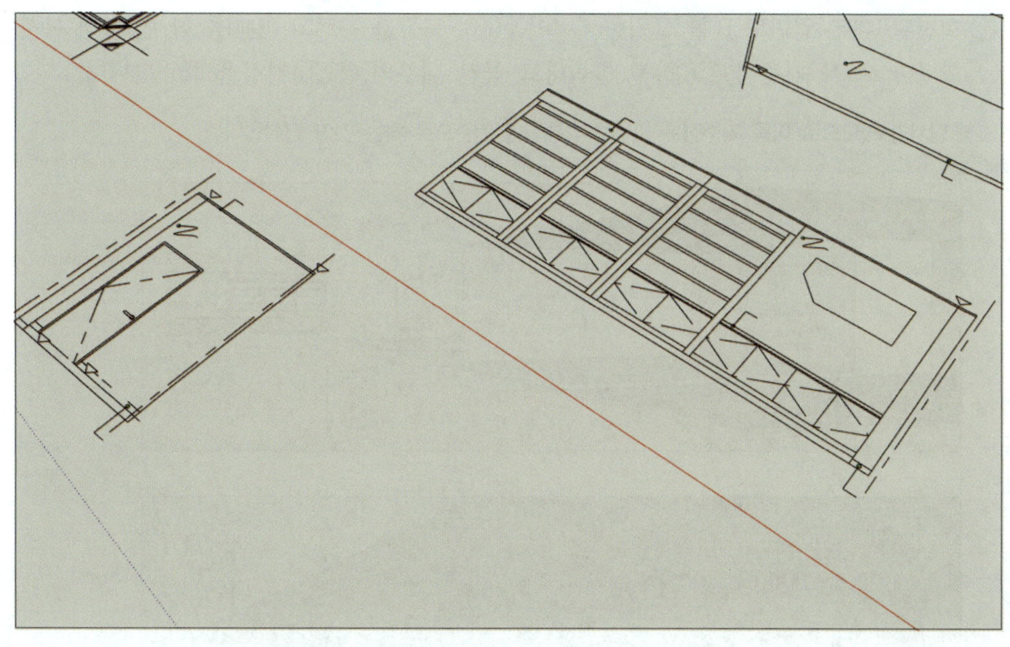

17 '내부 입면도 B' 2개를 클릭한 후 '회전(Q)' 도구를 누릅니다. 오른쪽 방향키(→)를 누르고, 회전 기준점(①)을 클릭합니다. 시작 각도 위치인 ②를 클릭한 뒤 커서를 회전 방향 ③지점으로 이동시킨 상태에서 '90'을 입력하고 Enter↵를 누릅니다.

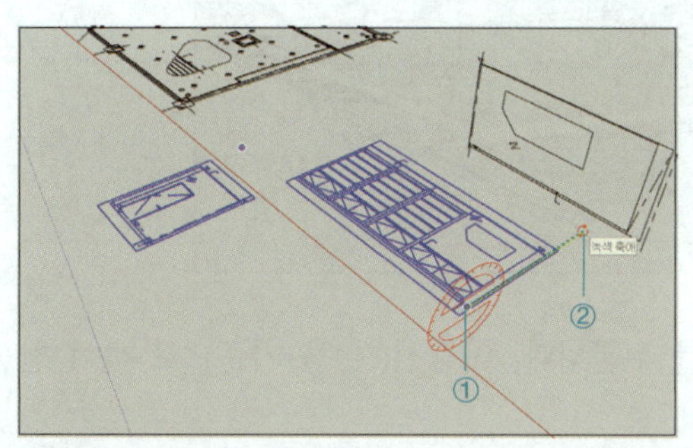
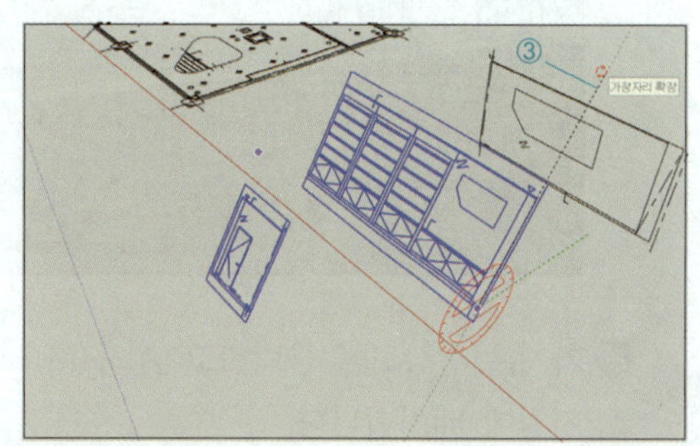

18 이어서 '내부 입면도 B'를 Z축(파랑)을 기준으로 90° 회전시킵니다.

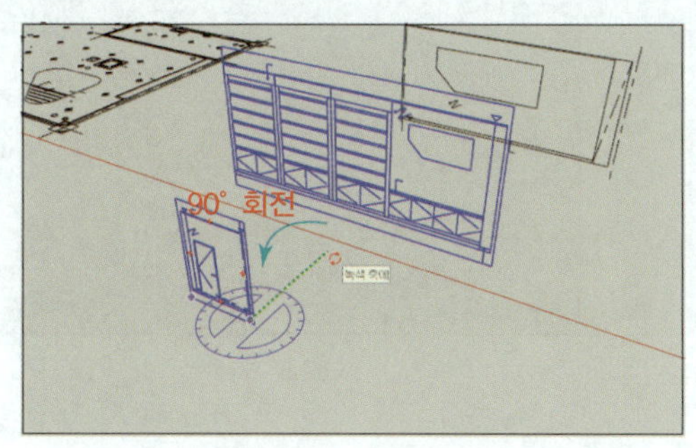

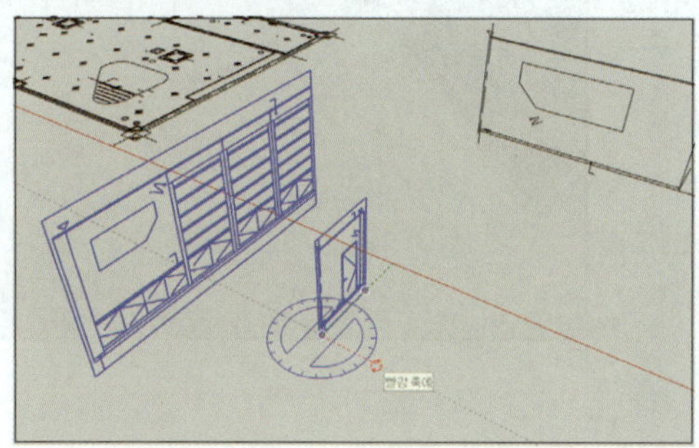

❶❾ 회전된 '내부 입면도 B'를 클릭한 후 '이동(M)' 도구를 누르고, Ctrl 을 한 번 눌러 복사로 변경합니다. 복사 기준점 ①(③)을 클릭하고 공간 내부의 ②(④)지점을 클릭합니다.

* 단차가 있으므로 이동 기준점은 바닥보다 천장을 기준으로 하는 것이 정확합니다.

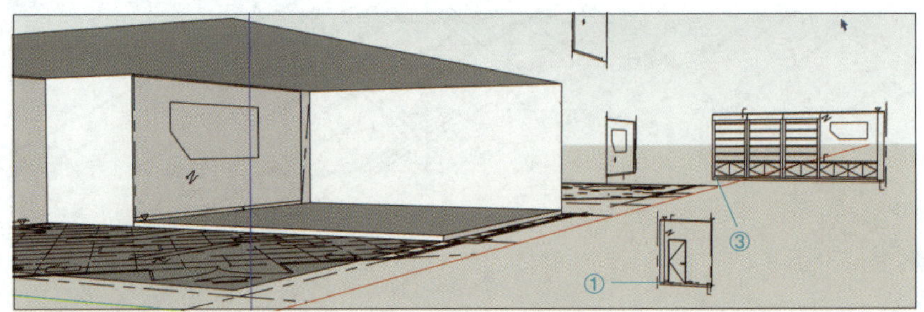

❷⓿ 가져온 천장도를 클릭하고 '이동(M)' 도구를 누릅니다. 마감선(①)을 기준으로 하여 천장면 ② 지점에 배치합니다.

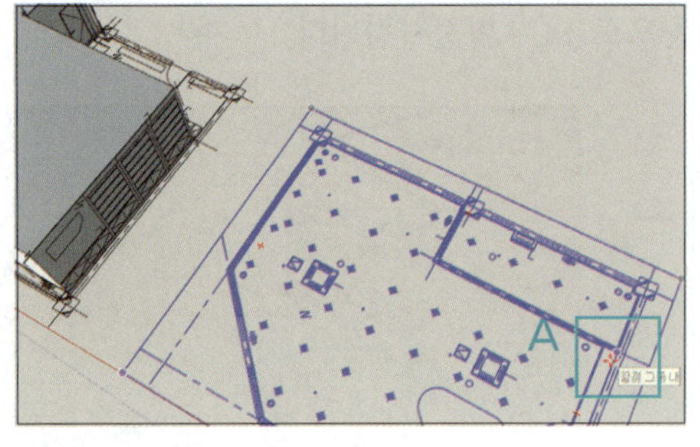

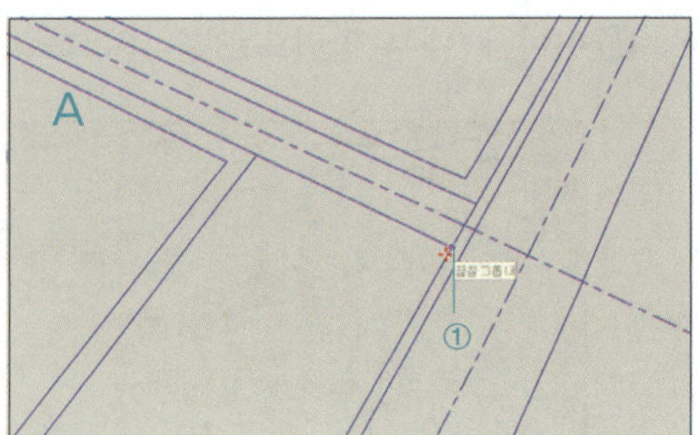

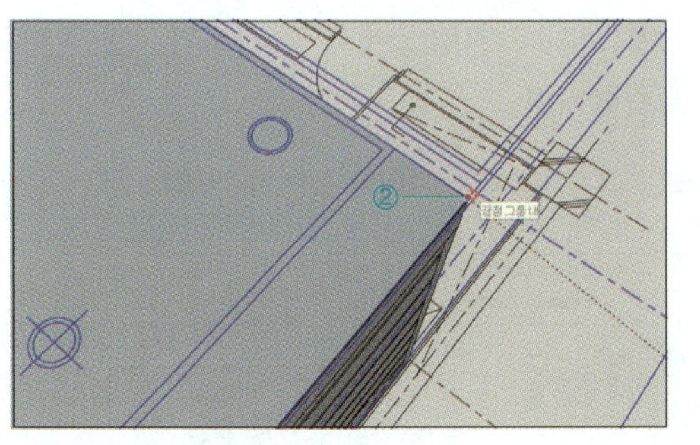

㉑ 현재 상태에서도 모델링은 가능하지만, 불필요한 중심선이나 기호가 보이지 않도록 태그를 설정하는 것이 좋습니다. 트레이의 '태그' 탭에서 '해치'와 '중심', '주석' 태그 옆의 눈 아이콘을 클릭하여 비활성화합니다.

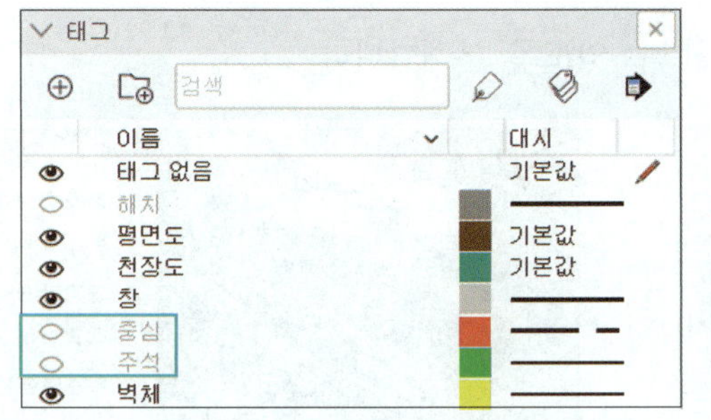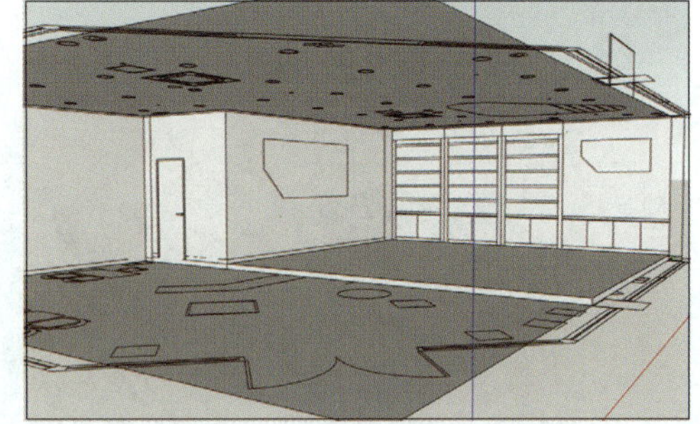

[해치, 중심, 주석 태그 Off]   [중심, 주석 요소를 숨긴 상태]

㉒ 내부 모델링

내부 모델링의 작업 범위는 사용자에 따라 다를 수 있습니다. 본 공간에서는 출입구에서 반대편 안내데스크(카운터)를 바라보는 시점을 기준으로 하며, 좌측에는 수납 카운터와 직원 휴게실 출입문, 중앙에는 안내데스크, 우측에는 고객용 소파와 카페테리아까지 모델링을 진행합니다. 또한 작업자의 숙련도에 따라 커튼월(유리벽)까지 추가로 모델링을 할 수 있습니다.

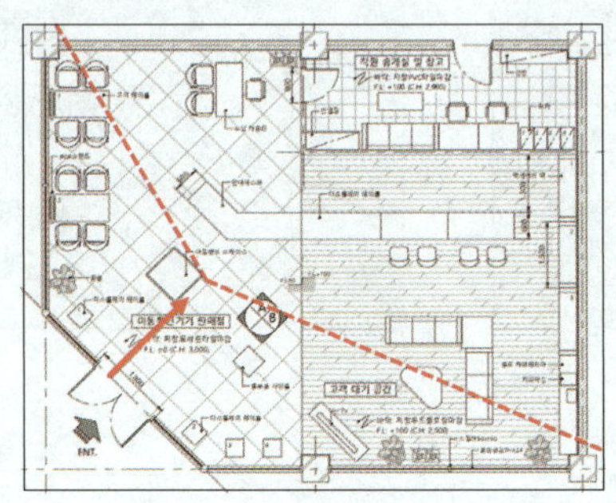

㉓ 먼저 시험용 '3D 가구 소스'를 준비합니다. 메뉴의 [파일](①)에서 '가져오기'(②)를 클릭한 뒤 '3D 가구 소스'를 선택하고 '가져오기'를 클릭합니다.

* 시험용 '3D 가구 소스' 는 실제 시험장에서 제공되는 디자인과 다소 차이가 있을 수 있습니다.

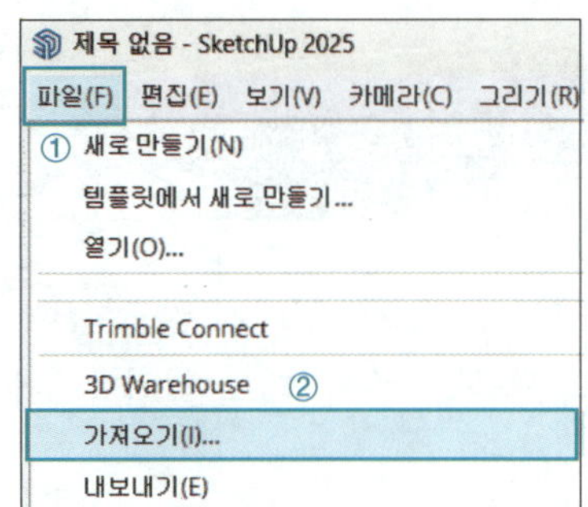
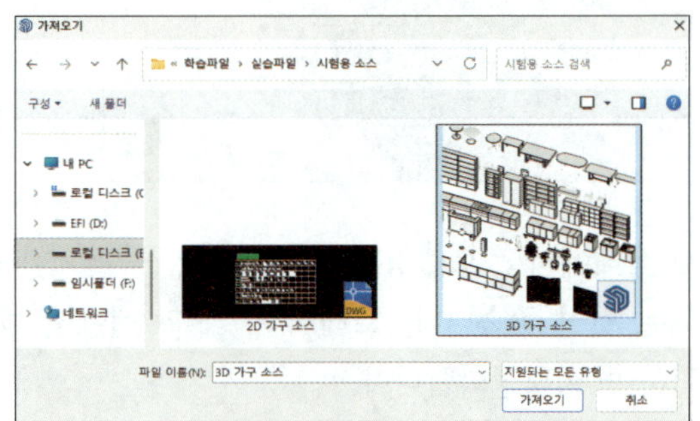

㉔ ①지점을 클릭해 배치한 후 하나씩 사용할 수 있도록 분해합니다.

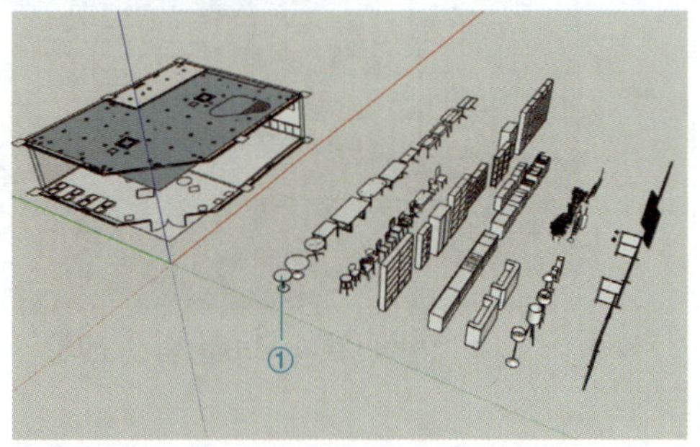
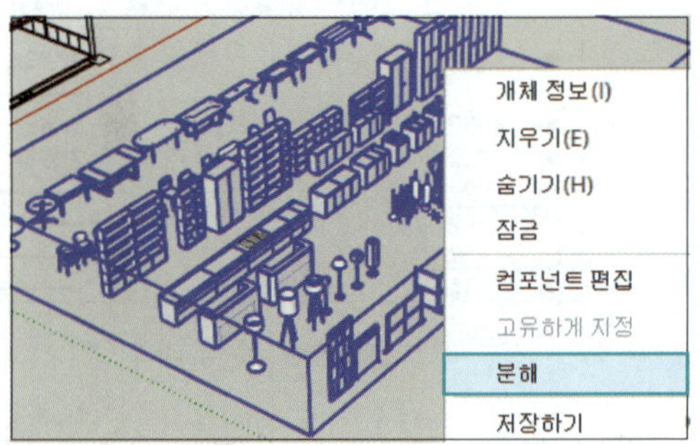

㉕ 고객 대기공간과 액세서리 코너는 바닥 단차가 있어 평면도의 정보를 활용할 수 없습니다. 배치된 평면도를 ①부분으로 복사하고 도면을 더블클릭하여 편집 모드로 전환합니다. 출입구의 ②부분을 삭제하고 편집 모드를 종료합니다.

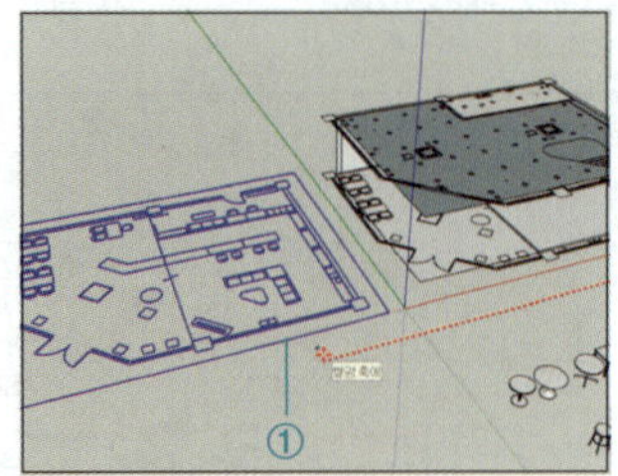
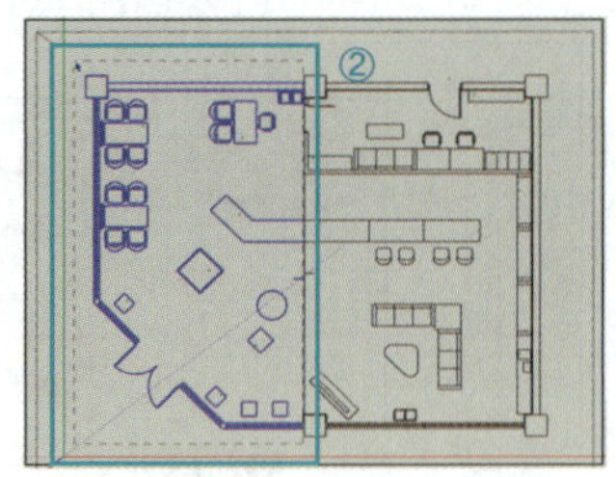
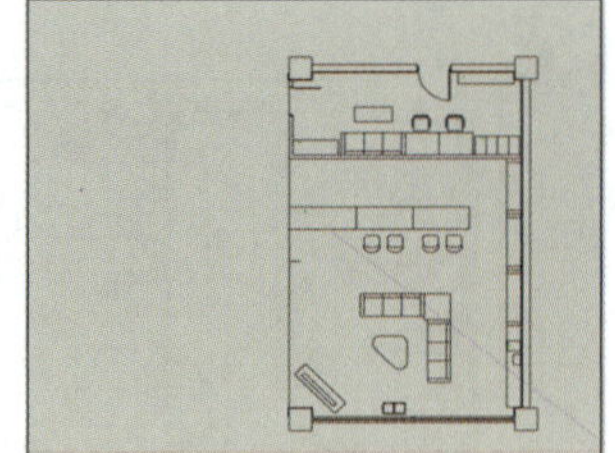

㉖ 편집된 평면도를 ①지점(기둥 마감)을 기준으로 모델링 공간 ②지점에 배치합니다.

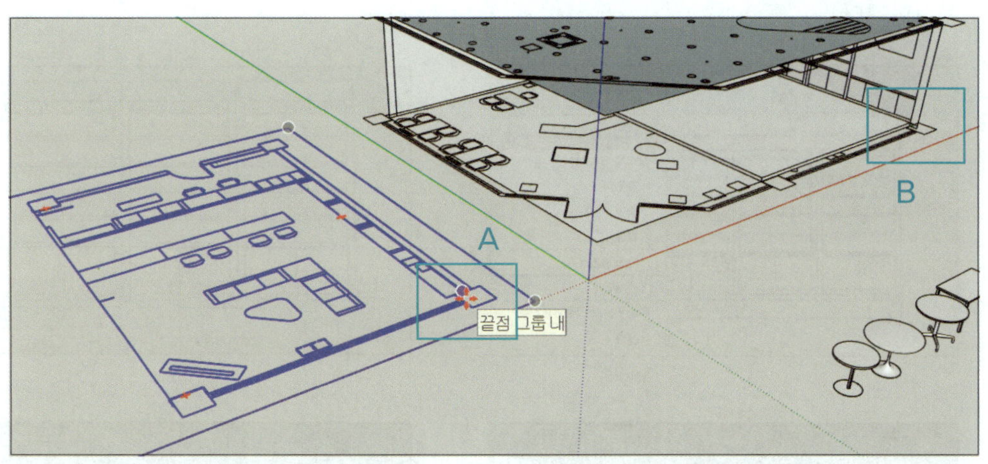

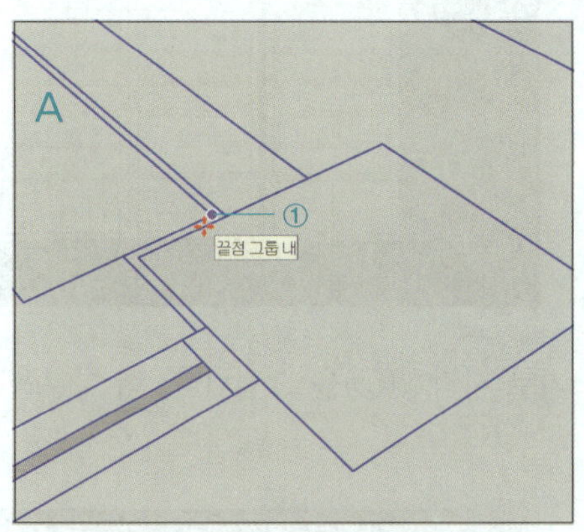

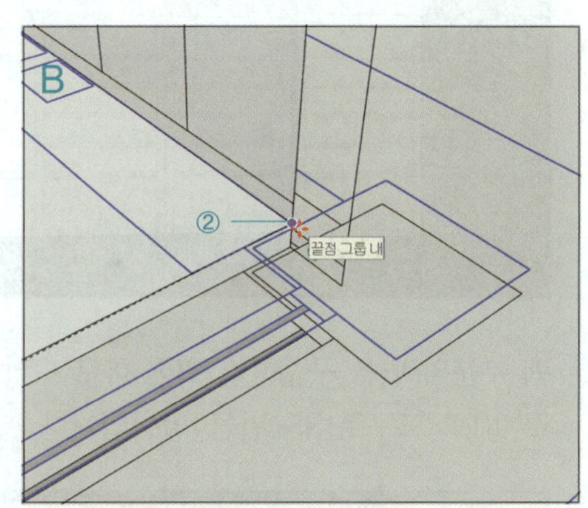

㉗ 평면도의 '액세서리 랙' 위치에 맞춰 사각형(①)을 그리고, 입면도의 높이로 끌어줍니다.

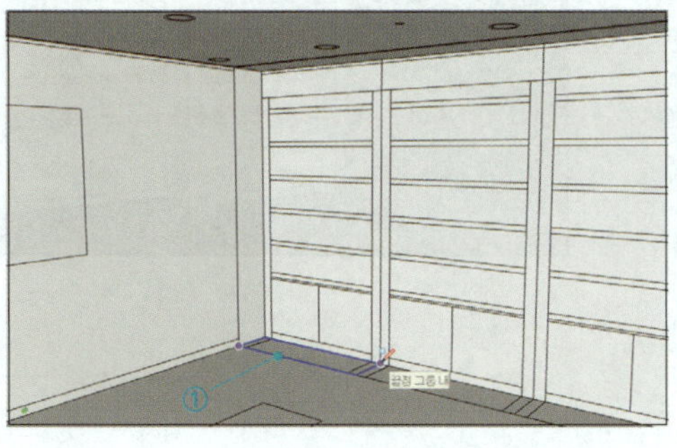

㉘ 복사해 놓은 '내부 입면도 B'를 분해합니다. '액세서리 랙'의 외형선을 선택해 모델링 공간으로 복사합니다.

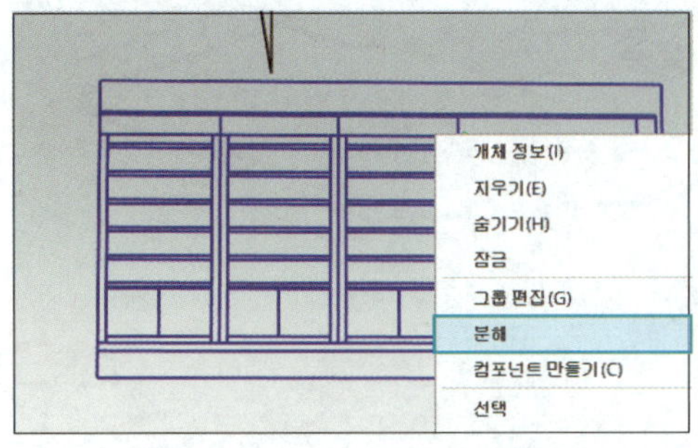

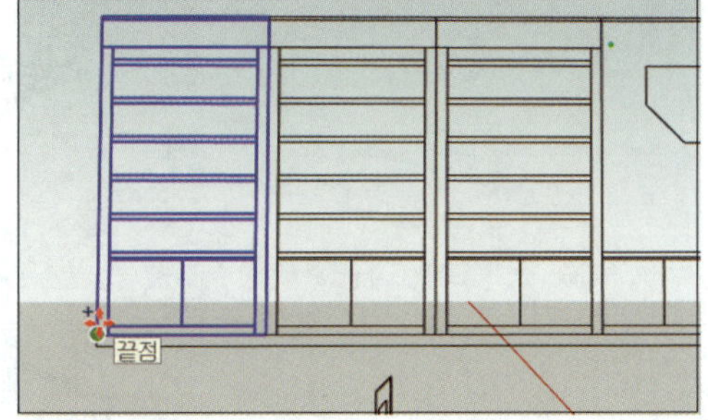

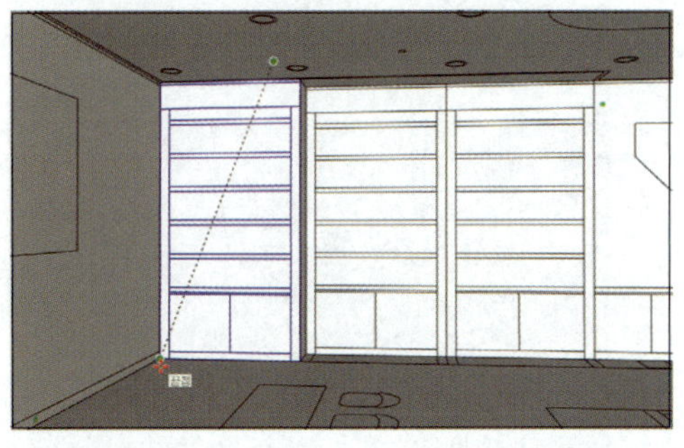

㉙ 랙 부분의 면을 구분하기 위해 하부 수납장의 크기로 사각형(①)을 그립니다. 랙 부분을 '밀기/끌기(P)' 도구로 350만큼 밀어냅니다.

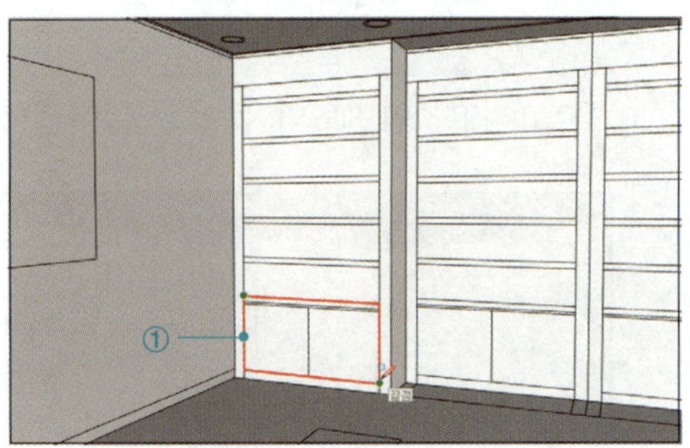

❸⓪ 하부 수납장의 ①, ②부분을 '밀기/끌기(P)' 도구로 30 정도 밀어냅니다. 액세서리 랙을 모두
선택해 그룹으로 지정하고 ③부분을 확대합니다.

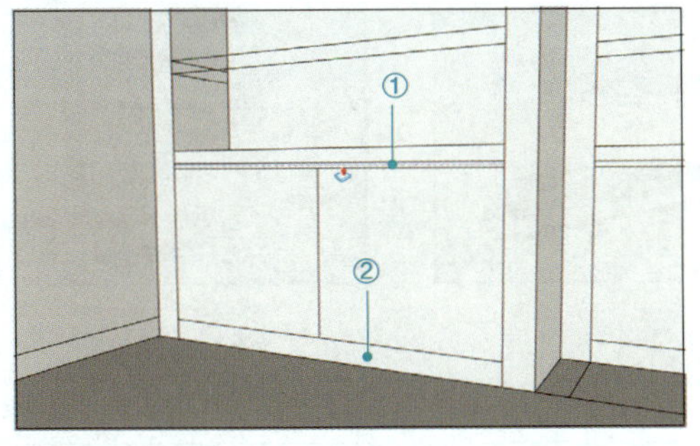

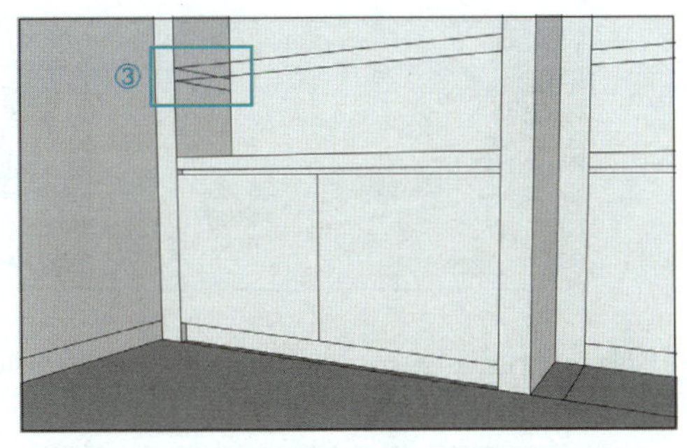

❸① '선 그리기(L)' 도구를 사용해 랙의 고리(선 ①, ②)를 대략적으로 스케치합니다. '원 그리기
(C)' 도구로 고리의 단면을 반지름 10 정도로 그려줍니다.

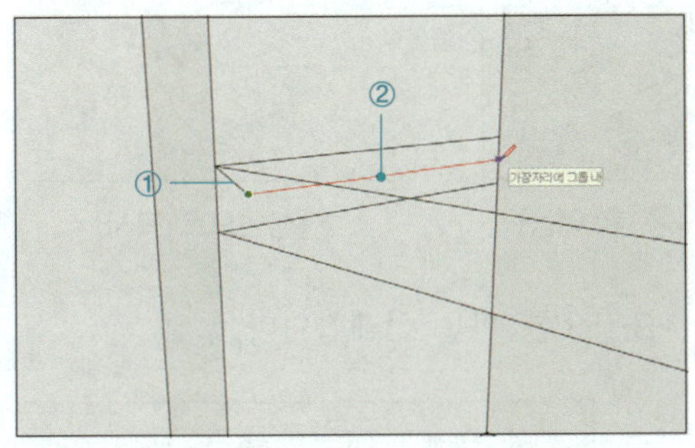

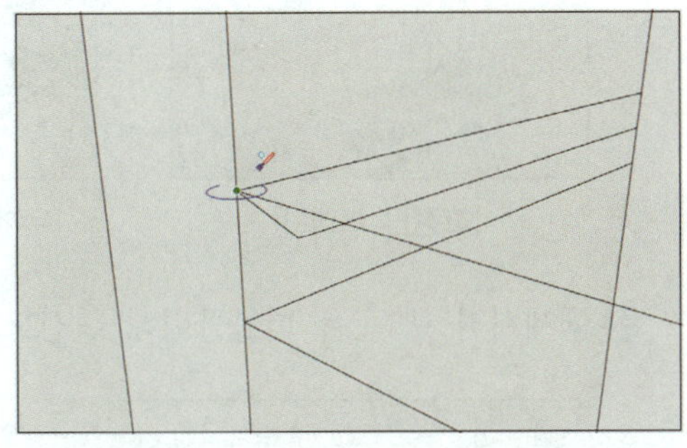

❸② 선택 도구로 선 ①, ②를 클릭합니다. 따라가기 도구 를 클릭하고 고리의 단면 ③을 클릭합
니다. 작성된 고리를 트리플클릭하여 그룹으로 지정합니다.

* 작업이 어려운 경우 꺾지 말고 일자로 모델링합니다.

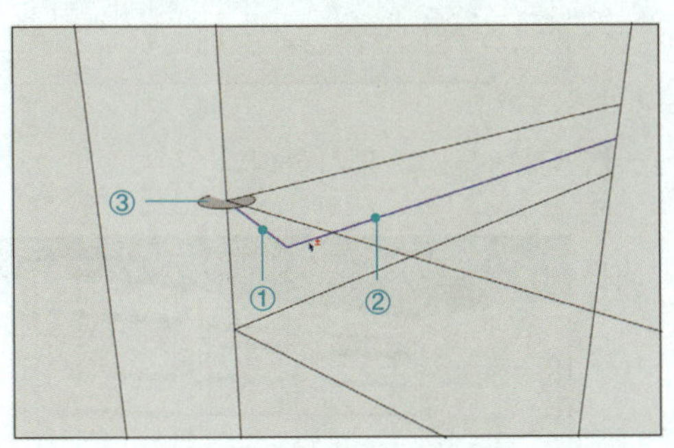

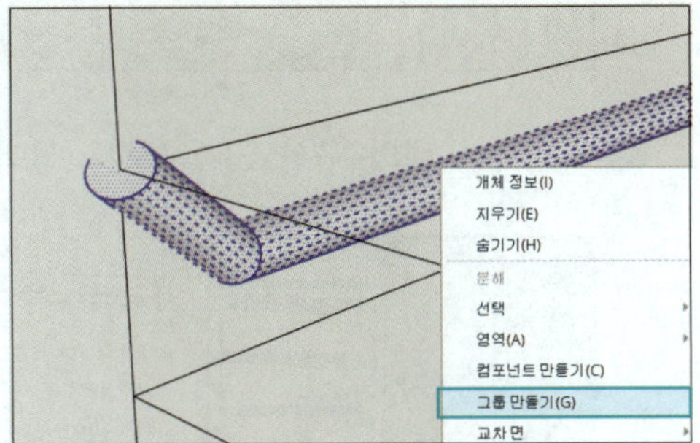

㉝ 첫 번째 고리의 위치를 100 정도 대략 이동한 후 다시 6~7개 정도 복사합니다. 고리를 모두 선택해 그룹으로 지정하고 상단으로 복사합니다.

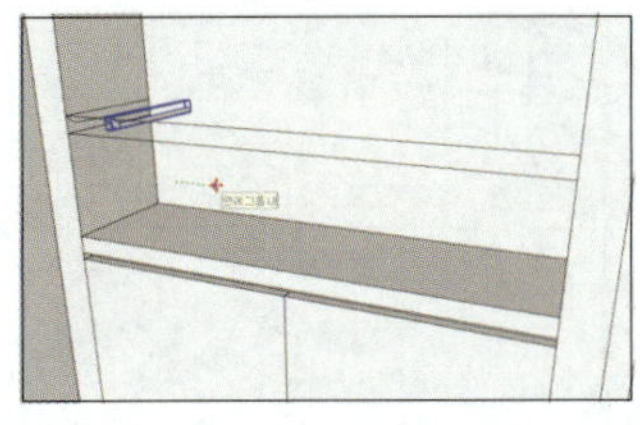 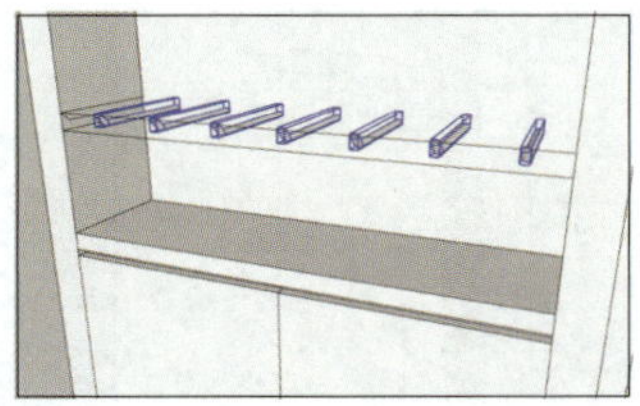 

㉞ 입면도를 참고하여 고정판을 만들고 배치합니다.

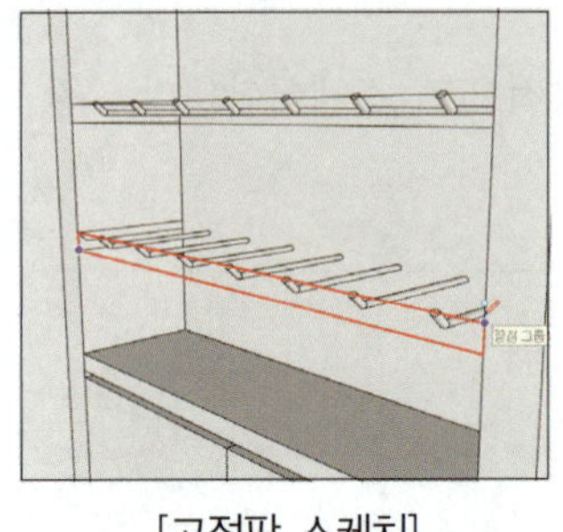  

[고정판 스케치]　　　　[두께(20) 적용 후 이동]　　　　[상단으로 복사]

㉟ 액세서리 랙 ①을 더블클릭해 편집모드에서 불필요한 선을 삭제합니다.

 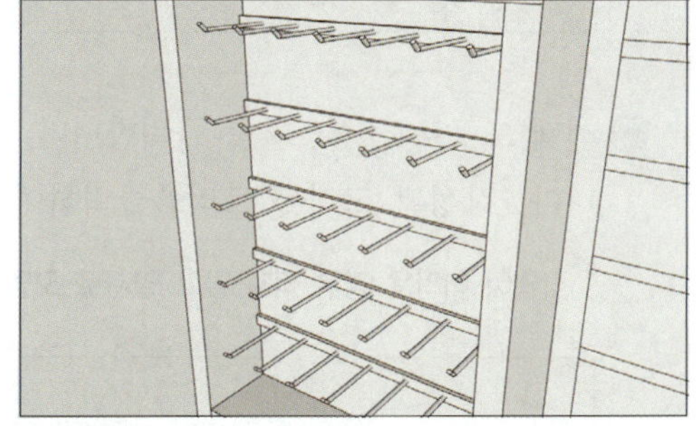

㊱ 액세서리 랙의 구성요소를 모두 선택해 컴포넌트로 만든 후 복사합니다.

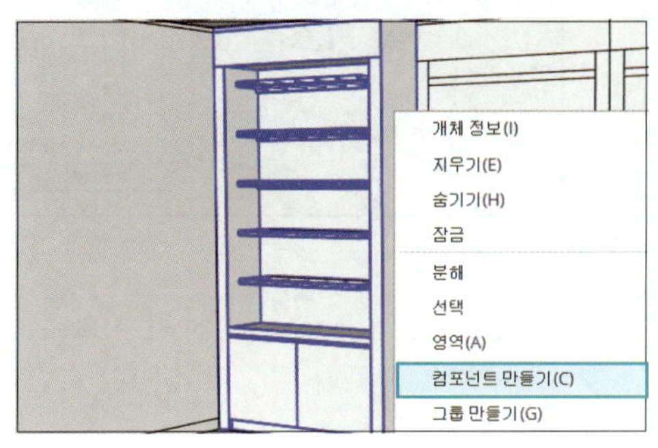

㊲ 액세서리 랙과 동일한 방법으로 셀프바 장을 모델링합니다.

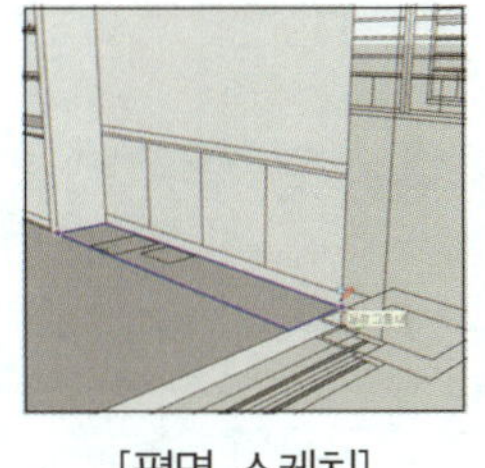 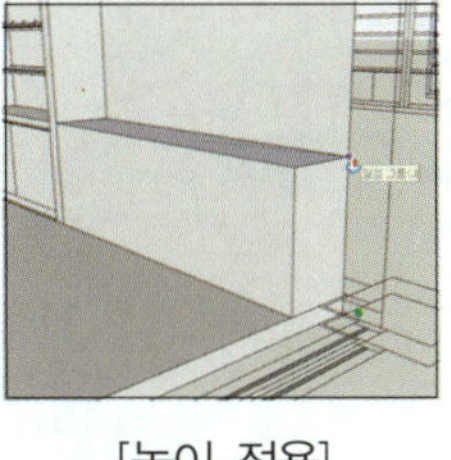 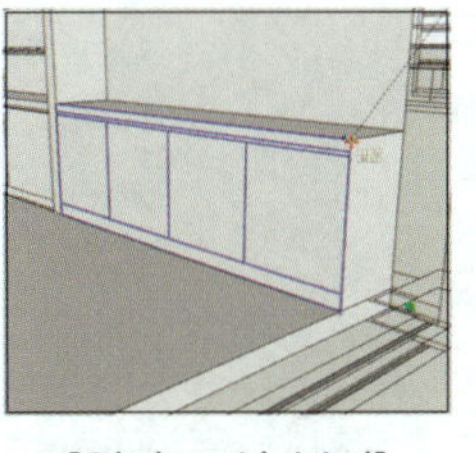 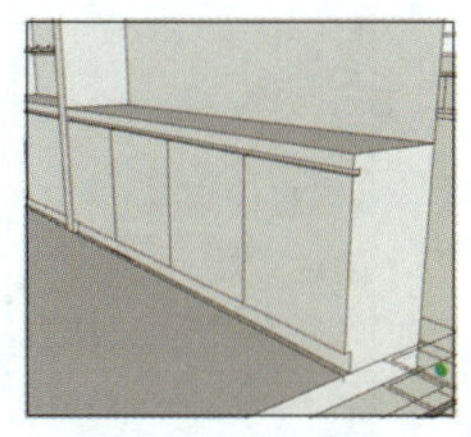

[평면 스케치]　　　　[높이 적용]　　　　[입면도 선 복사]　　　[홈 밀기(30) 후 그룹 지정]

㊳ 이미지 보드 ①, ②를 '선 그리기(L)' 도구로 스케치합니다. '밀기/끌기(P)' 도구로 100만큼 끌고 그룹으로 지정합니다.

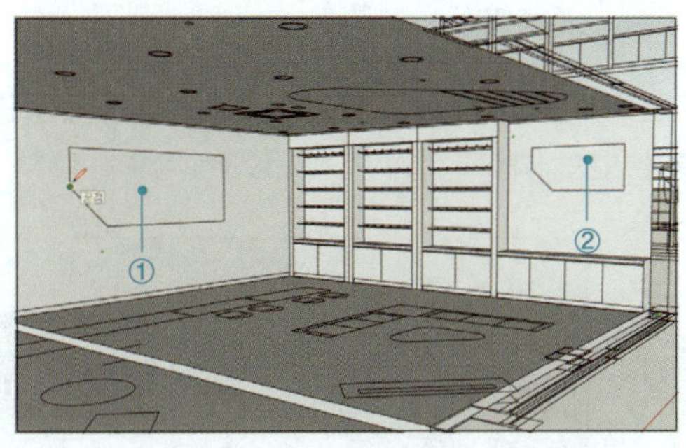 

㊴ 평면도의 안내데스크를 '선 그리기(L)' 도구로 스케치합니다. '밀기/끌기(P)' 도구로 80만큼 끌고 다시 Ctrl을 누릅니다. 계속해서 800, 20, 100 순서로 끌어주고 그룹으로 지정합니다.

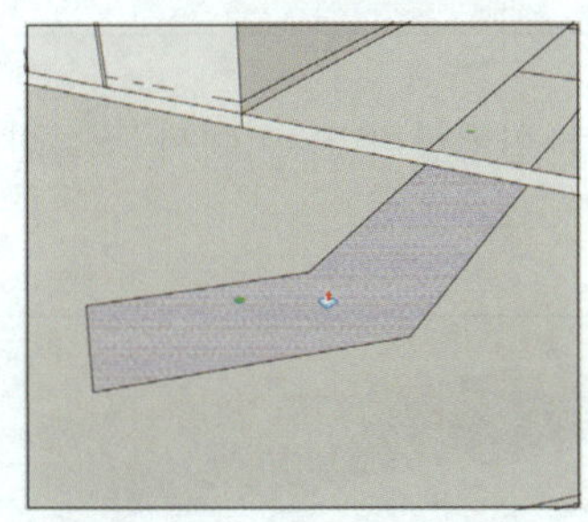 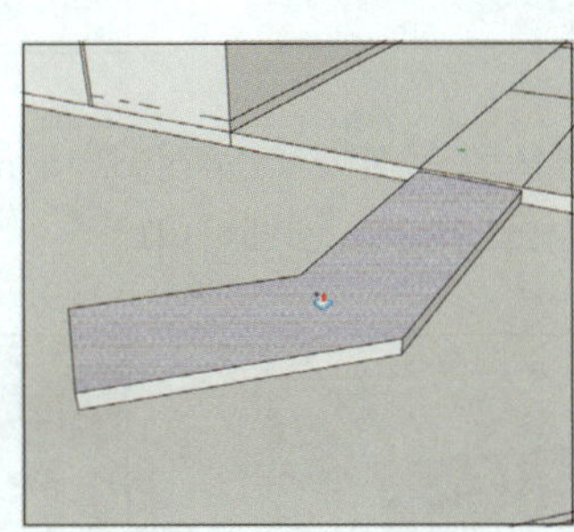 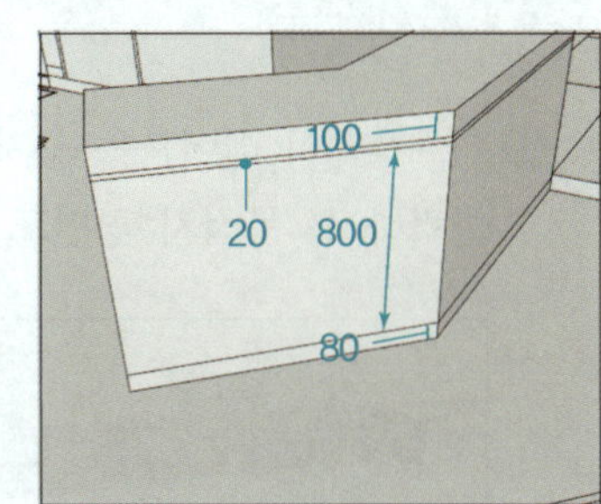

㊵ 디스플레이 및 판매 테이블은 '사각형 그리기(R)' 도구로 스케치합니다. '밀기/끌기(P)' 도구로 80만큼 끌고 다시 Ctrl을 누릅니다. 계속해서 600, 20 순서로 끌어주고 그룹으로 지정합니다.

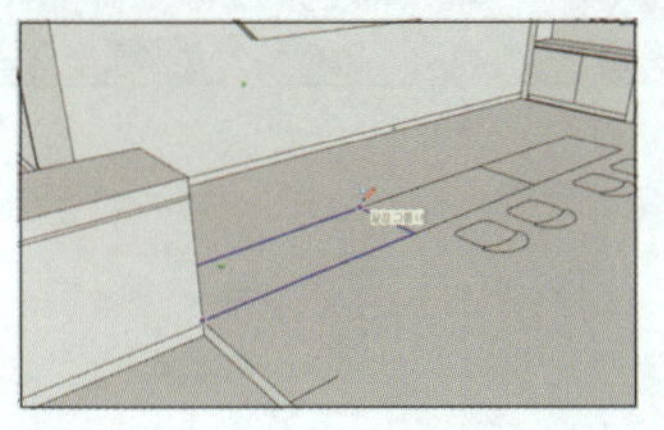  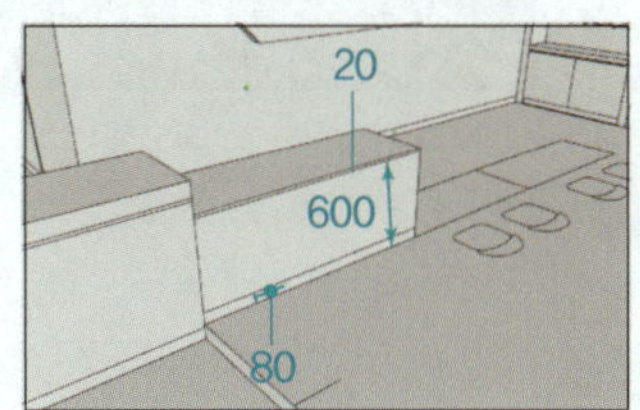

❹❶ 테이블 위로 사각형을 덧그리고 '밀기/끌기(P)' 도구로 190만큼 끌어줍니다.

 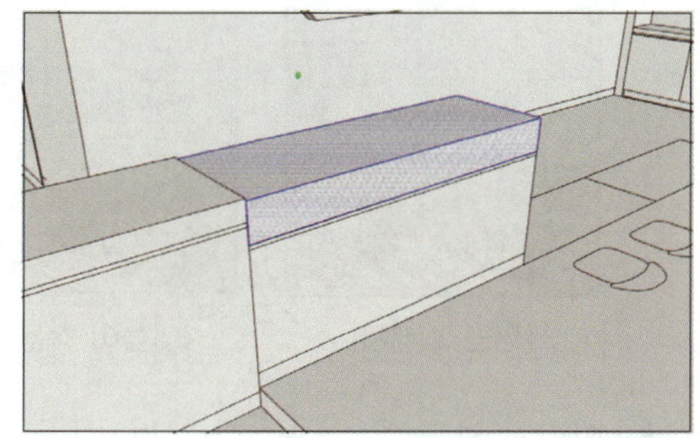

❹❷ 위쪽을 10만큼 이동시켜 좌측 데스크와 높이를 맞춥니다. 상자에 유리 재질 'Glass_Basic_01' 을 적용합니다.

＊190 높이의 상자(디스플레이 공간)를 위로 이동한 이유는 상부(유리)와 하부의 재질이 겹치는 현상을 해결하기 위함 입니다. 유리와 같은 투명 재료는 버전에 따라 다를 수 있습니다.

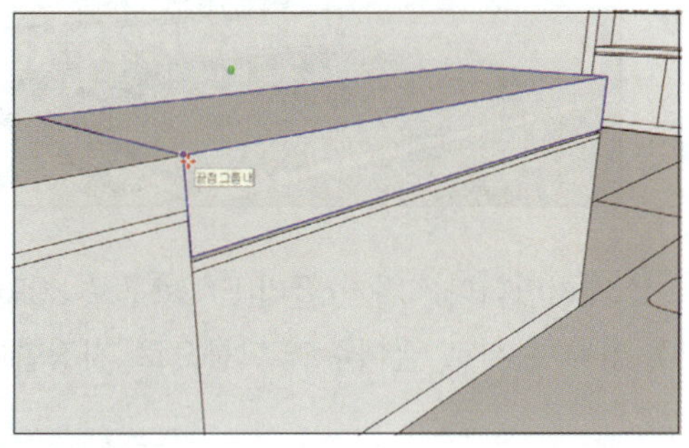 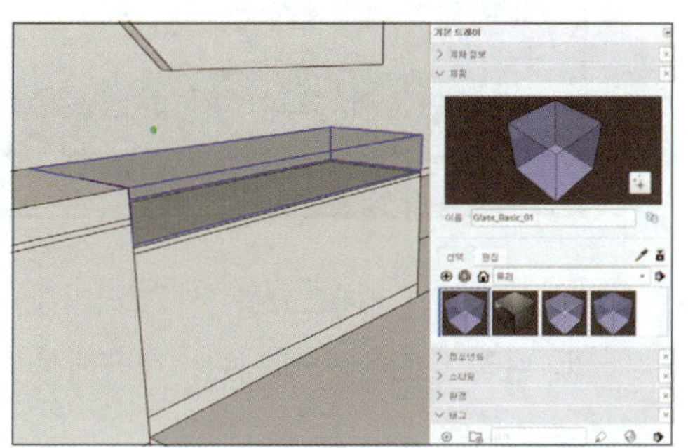

❹❸ 디스플레이 테이블을 ①지점으로 복사하고 '축척(S)' 도구를 실행합니다. 이어서 조절점 ②를 클릭하고, 목적지 평면도 ③의 위치를 선택합니다.

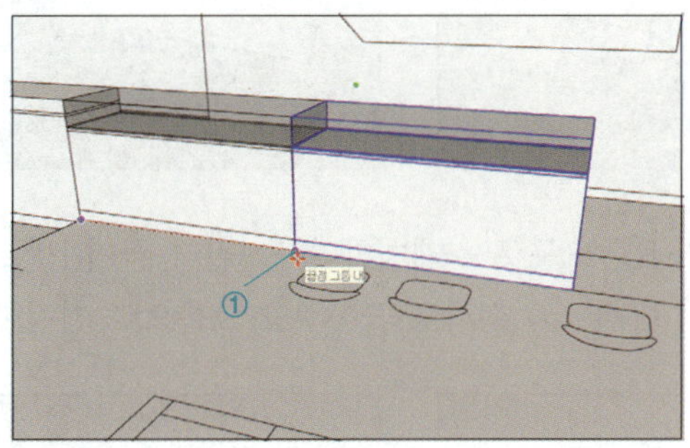 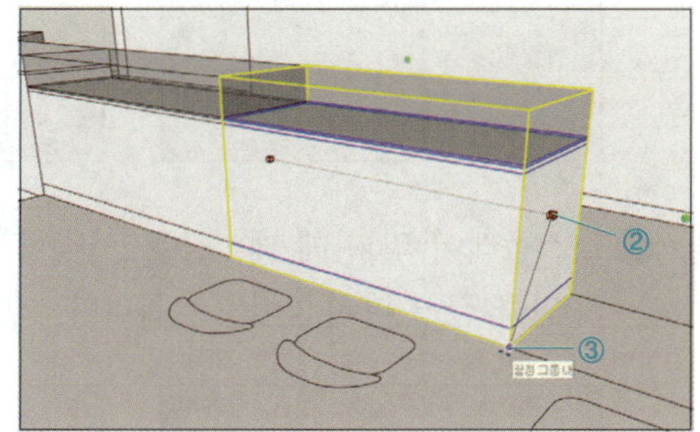

❹❹ 완성된 테이블을 ①지점에 하나 더 복사하고 3D 가구 소스의 의자 ②를 복사해 배치합니다.

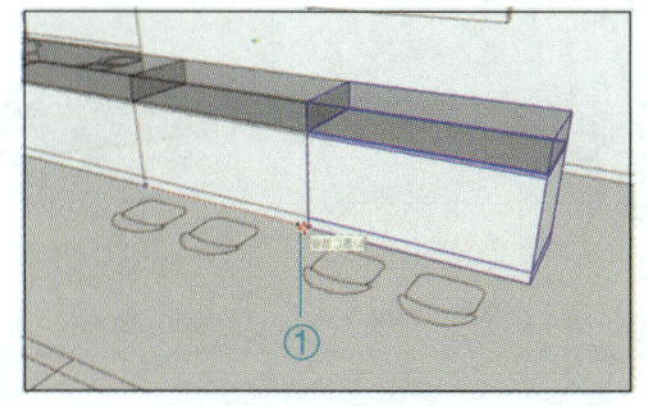 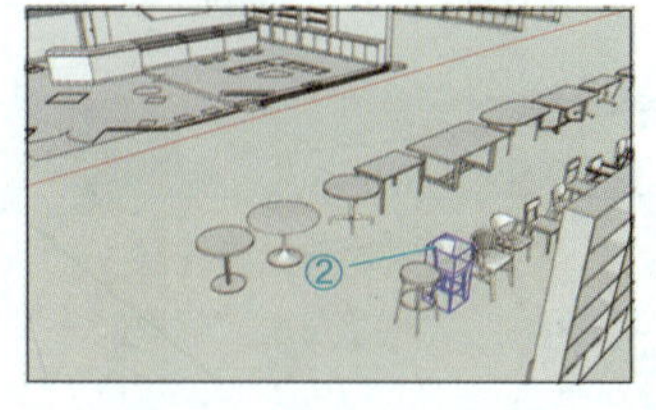 

❹❺ 평면도(①)를 더블클릭하여 편집모드로 전환합니다. 소파와 테이블을 선택한 후 Ctrl + C를 눌러 복사하고, Esc를 눌러 편집모드를 종료합니다.

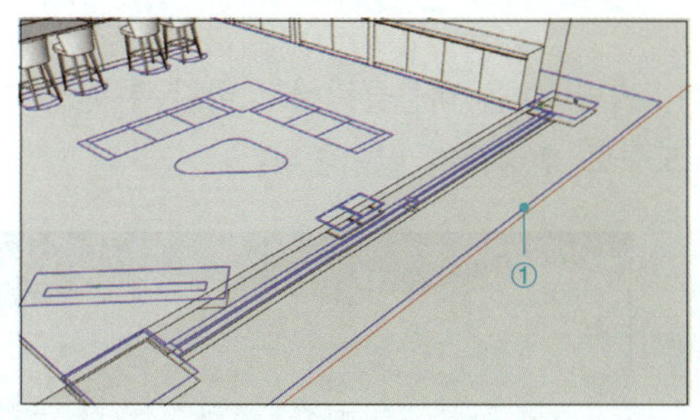 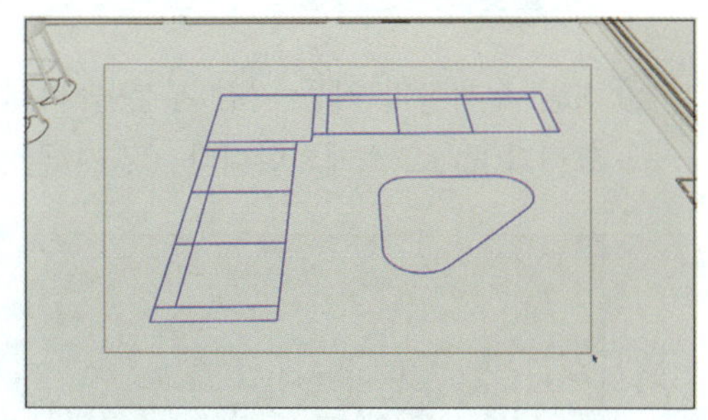

❹❻ 메뉴의 [편집]에서 '특정 위치에 붙여넣기'를 클릭합니다. 테이블에 면을 추가하기 위해 특정 부분에 선(①)을 덧그려주고 면이 추가되는지 확인합니다.

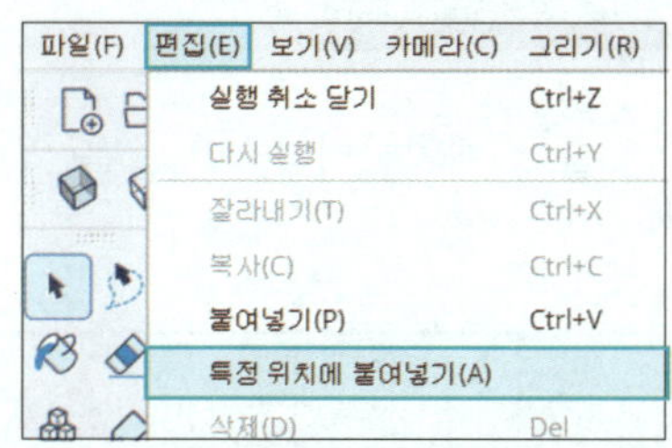 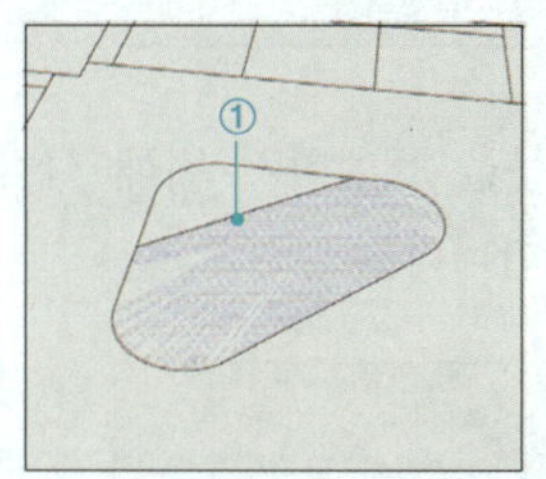 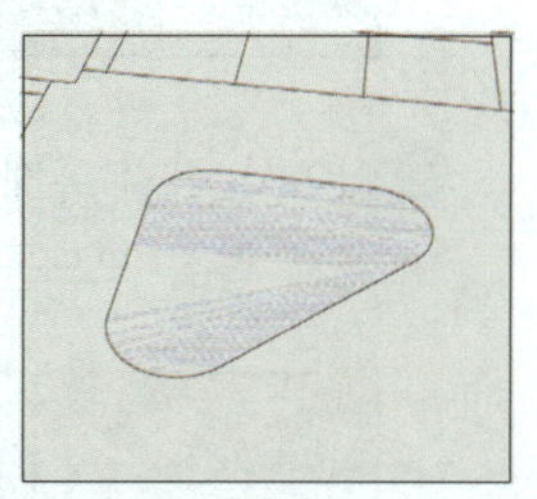

❹❼ 소파는 사각형으로 덧그려 면을 추가합니다. 소파의 경계면을 클릭해 면이 구분되는지 확인하고 구분되지 않는 부분은 경계선을 추가로 그려줍니다.

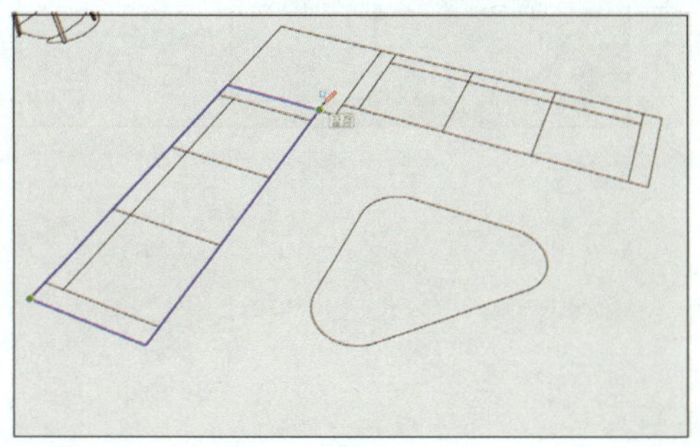 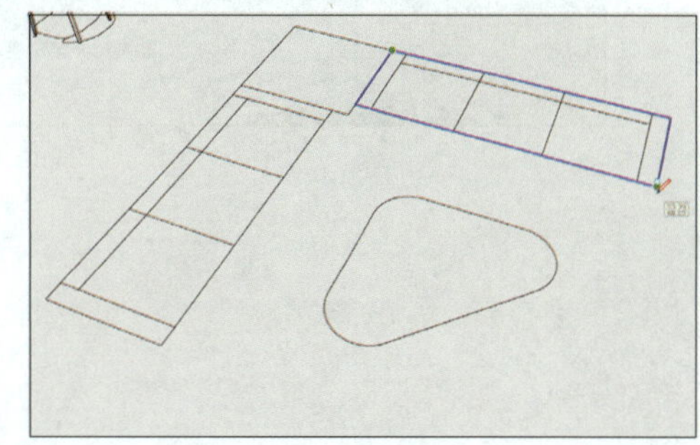

❹❽ 테이블을 300~350, 소파는 350~600 정도를 끌어올려 자유롭게 형태를 만들고 그룹으로 지정합니다. 너무 딱딱한 느낌이 나면 모서리를 둥글게 편집합니다.

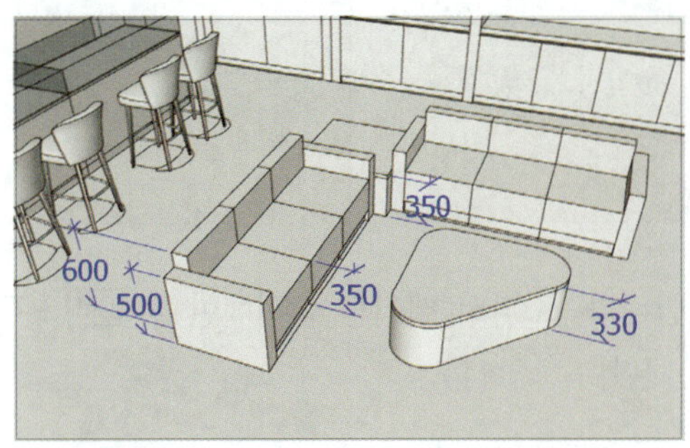

❹❾ 직원 휴게실의 기둥 마감 부분을 확대합니다. 벽면(①)을 더블클릭하고 마감 부분을 '사각형 그리기(R)'로 스케치합니다. '밀기/끌기(P)' 도구로 천장까지 끌어줍니다.

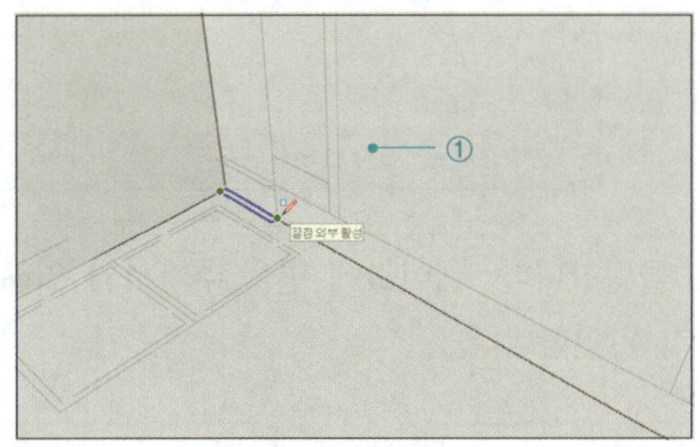
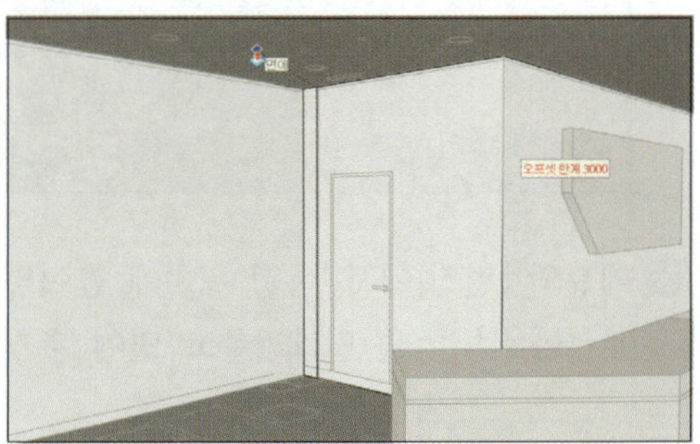

❺⓿ 이어서 직원 휴게실의 문을 표현하기 위해 사각형 ①, ②를 스케치합니다. 면 ③을 20 정도 끌고 편집 모드를 종료합니다.

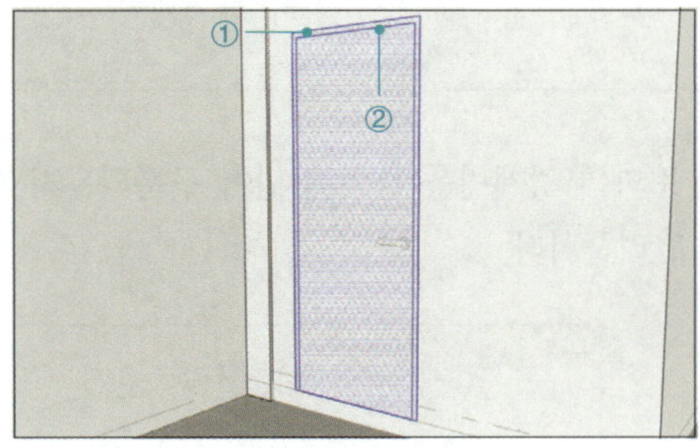
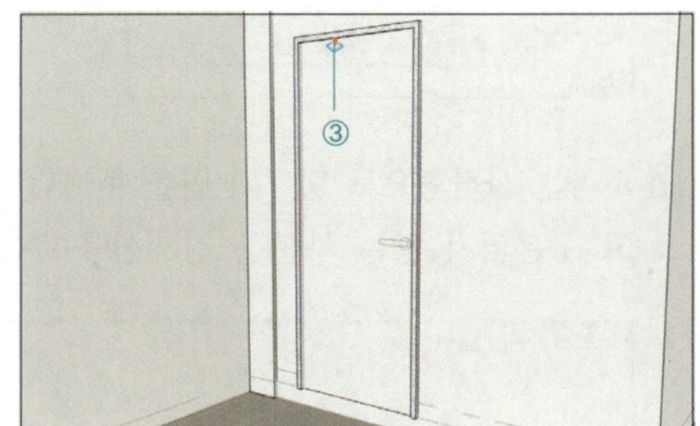

51 3D 가구 소스에서 수납 카운터에 필요한 의자, 화분, 테이블 ①, ②, ③, ④를 복사해 배치합니다. 테이블은 평면도의 크기와 비슷하게 수정합니다.

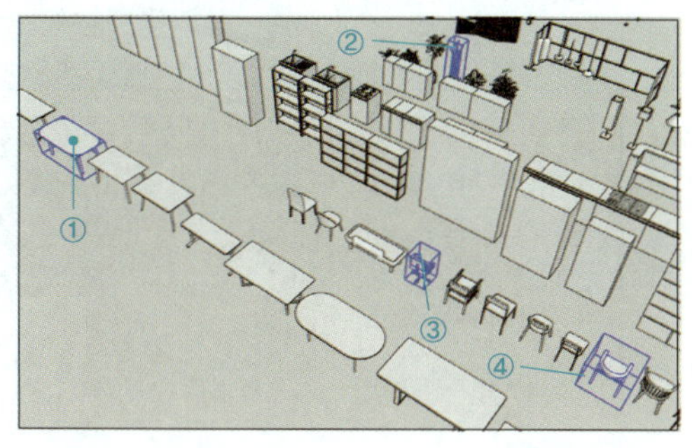
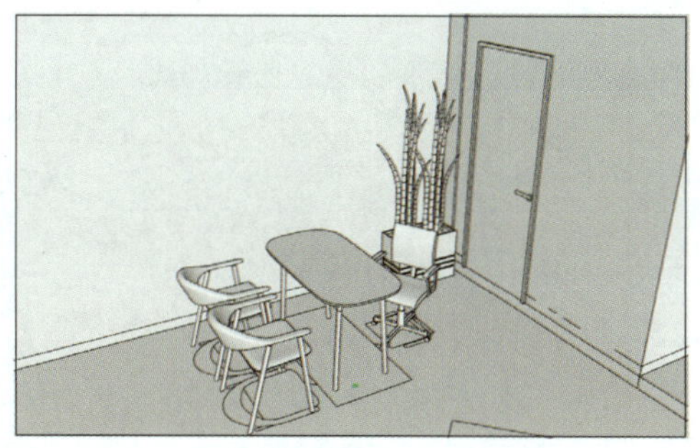

52 사인물

공간의 업종 및 상호를 나타낼 수 있는 문구를 3D 텍스트 도구를 사용해 부착합니다.

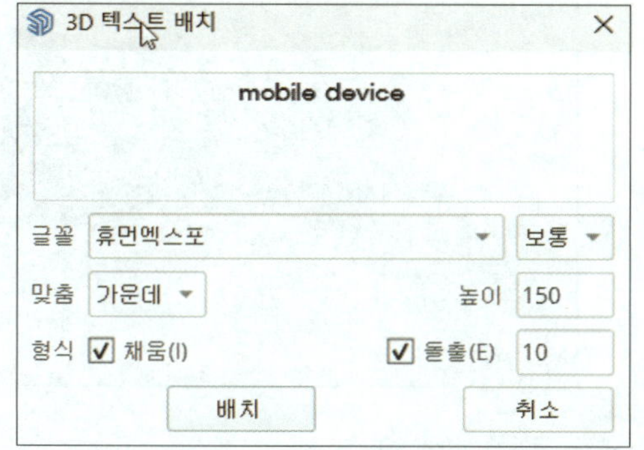

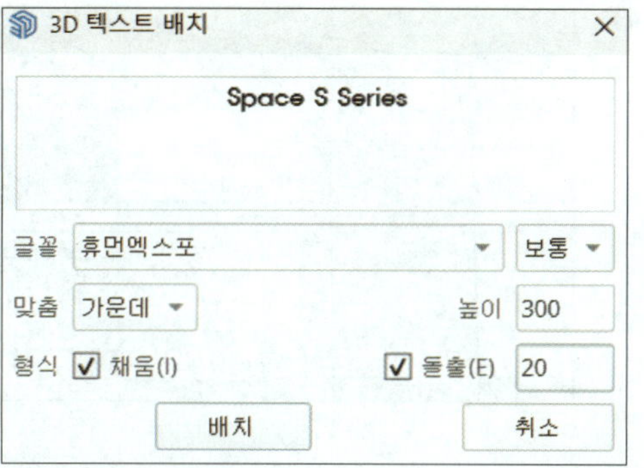

❸❸ 천장도에서 몰딩이 지나는 부분[마감선 또는 몰딩선(①~⑥)]을 '선 그리기(L)' 도구로 덧그립니다. 몰딩선과 직각 방향으로 사각형(40, 40)을 그려줍니다.

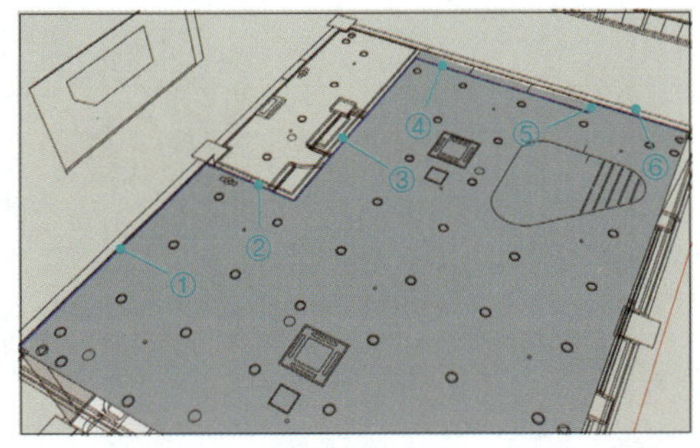
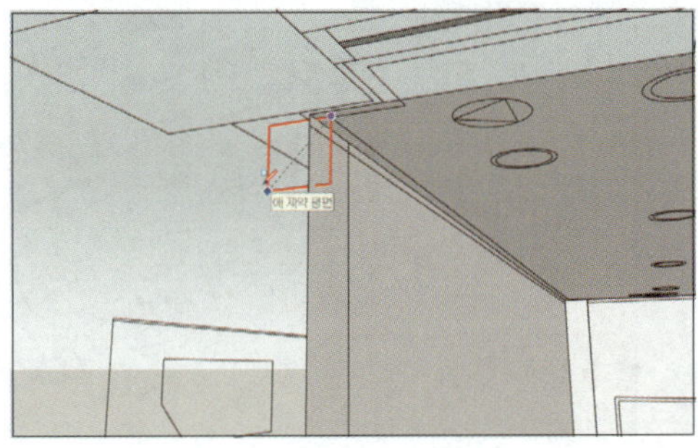

❸❹ 먼저 그린 선 ①을 선택한 뒤 마우스 오른쪽 버튼을 클릭합니다. 선택 옵션에서 '모두 연결됨'을 클릭합니다. 이어서 Shift 를 누른 상태로 사각형만 포함 선택하여 선택 대상에서 제외합니다.

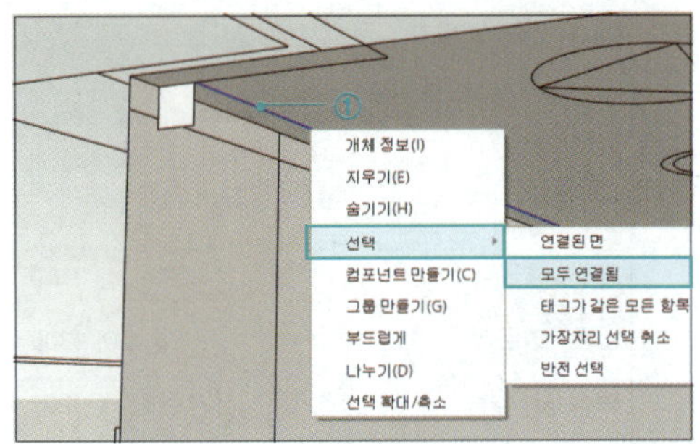
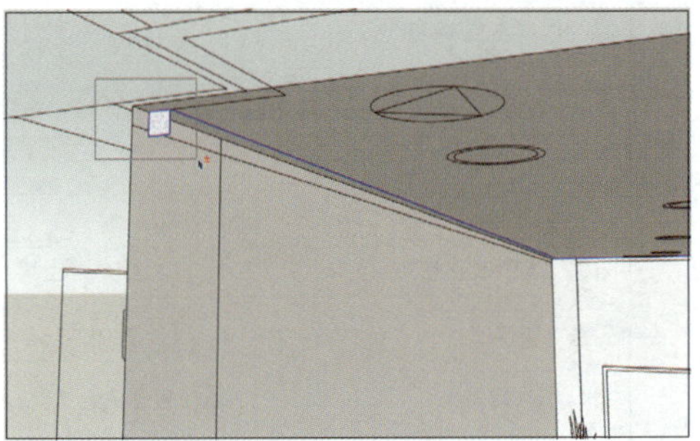

❸❺ 따라가기 도구 를 클릭하고 몰딩면(①)을 클릭합니다. 작성된 몰딩을 트리플클릭하여 그룹으로 지정합니다.

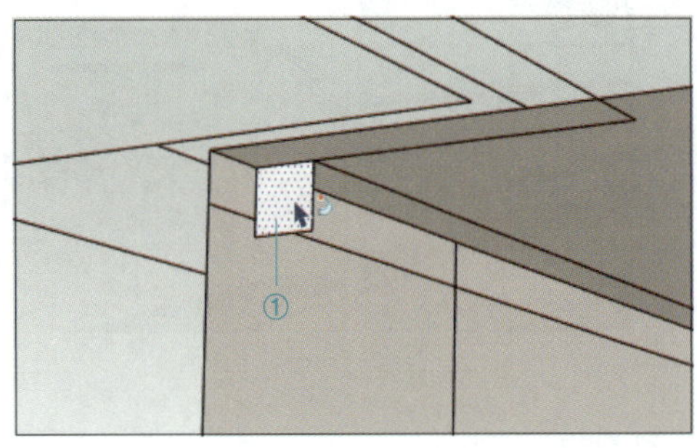
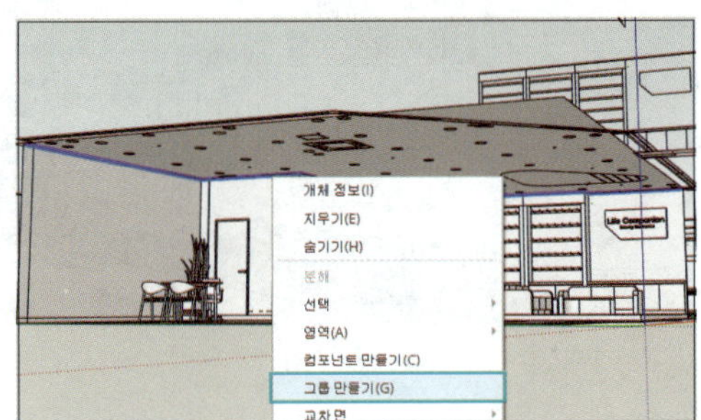

56 바닥의 걸레받이도 몰딩과 같은 방법으로 모델링합니다.

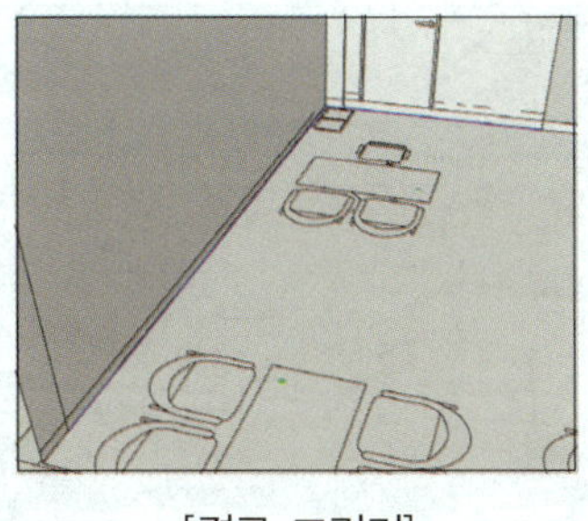

[경로 그리기]

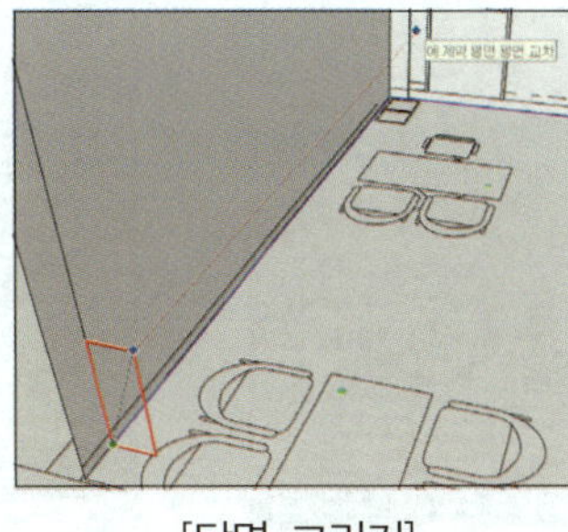

[단면 그리기]

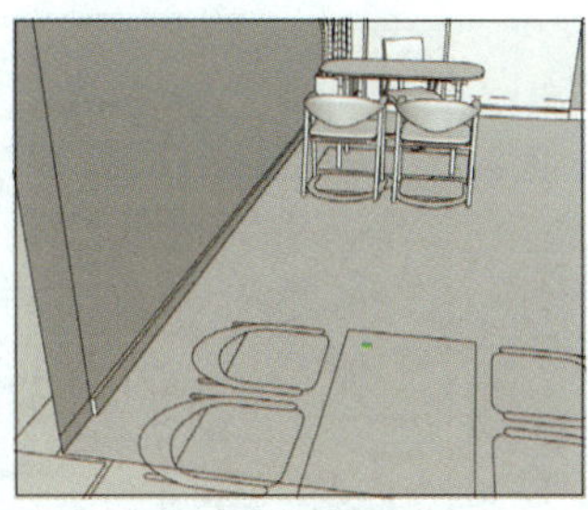

[따라가기 적용 후 그룹 지정]

57 천장 모델링

천장의 매입등(①)을 확대하고 원 2개를 덧그립니다.

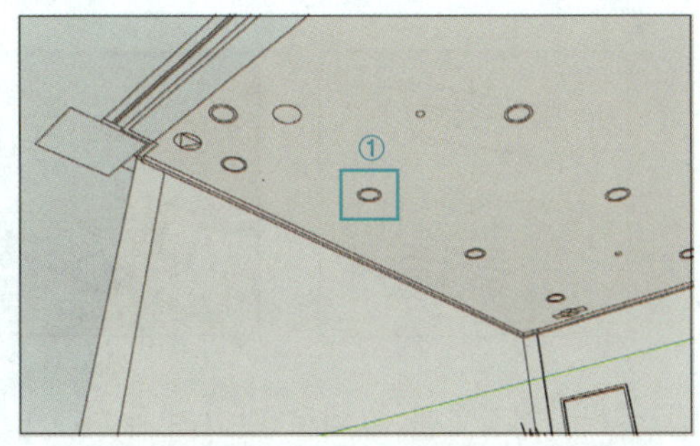

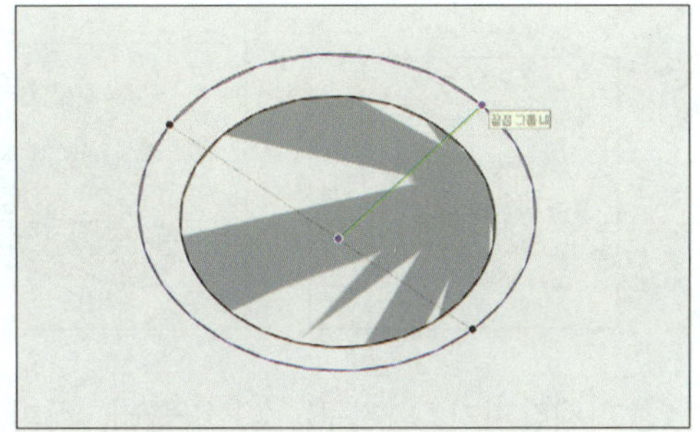

58 '밀기/끌기(P)' 도구로 안쪽은 5, 바깥쪽은 10만큼 끌어줍니다. 면이 뒷면(회색)으로 만들어지면 Ctrl 을 눌러 앞면(흰색)으로 만들어줍니다. 매입등 안쪽 면에 재질을 적용하고 컴포넌트로 만듭니다.

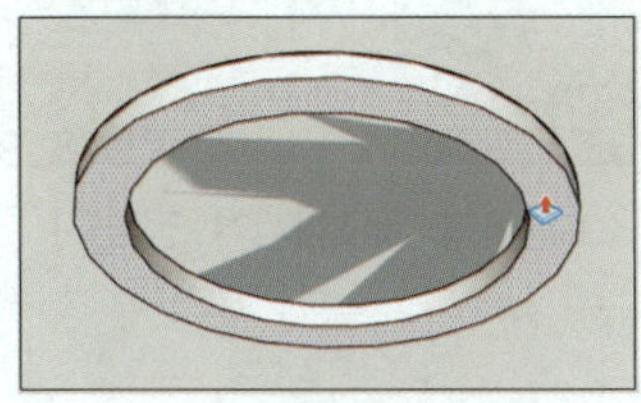

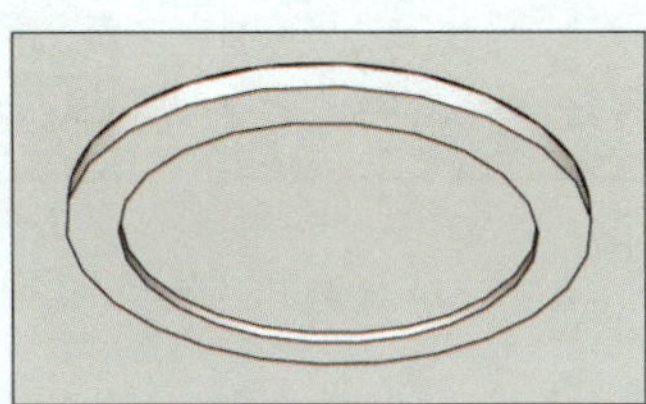

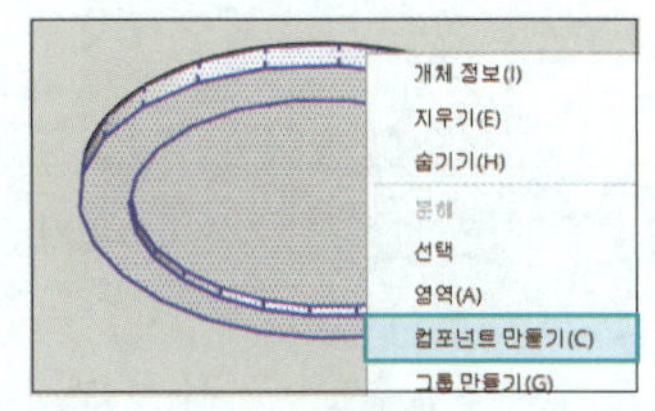

[컴포넌트로 작성]

59 완성된 매입등은 천장도를 확인하면서 '이동(M)' 도구로 배열(1500)합니다.

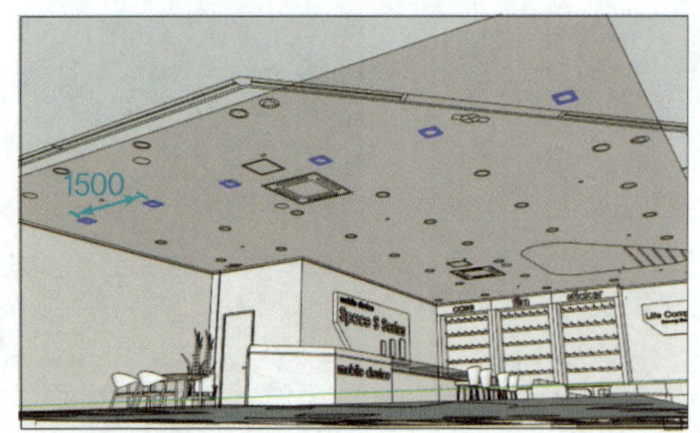

60 에어컨 외형을 이루는 ①~⑦ 사각형을 덧그립니다. '밀기/끌기(P)' 도구로 10~20 정도 끌어 평태를 만들고 그룹으로 지정합니다. 스프링클러, 감지기, 스피커, 점검구는 캐드 도면의 선을 그대로 사용하거나 10~20 정도 끌어서 외형을 만들어줍니다. 완성된 에어컨을 안쪽에 복사합니다.

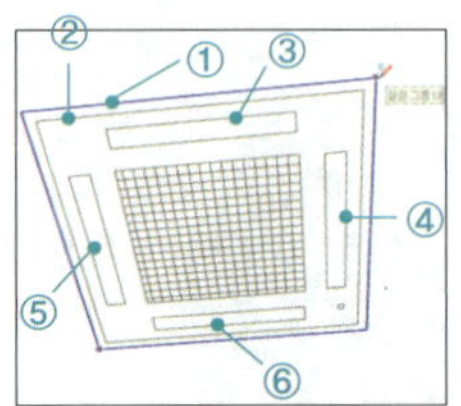
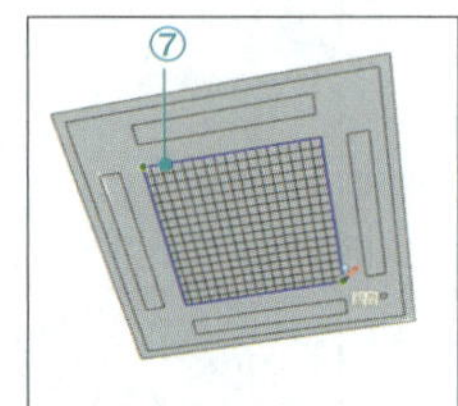
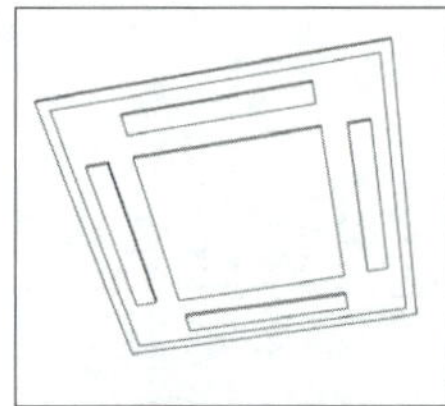

61 화재감지기, 환기구, 스프링클러, 스피커, 점검구는 천장도를 그대로 덧그려 두께 10 정도로 끌어 배치합니다.

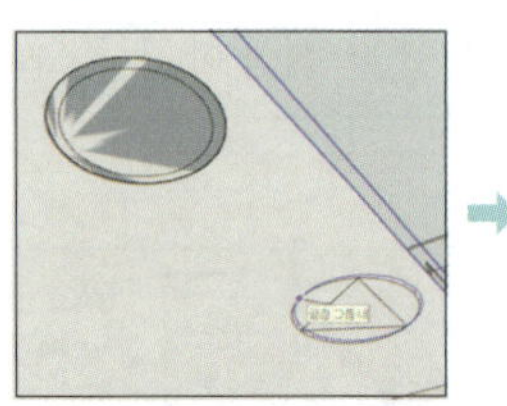
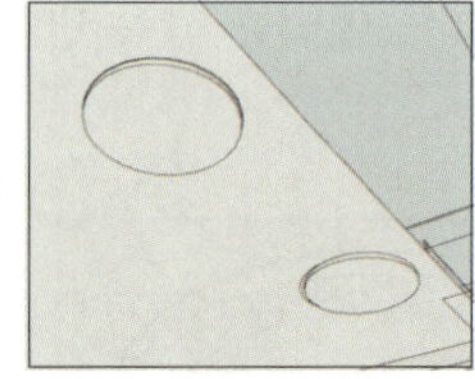

[스피커, 환기구]

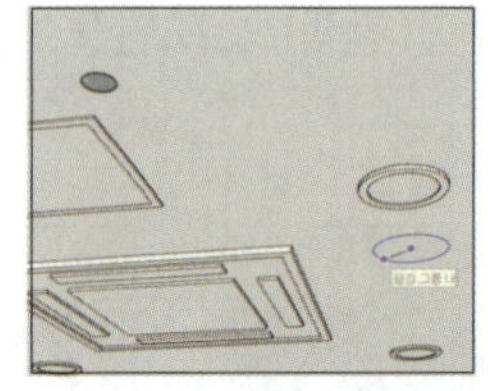
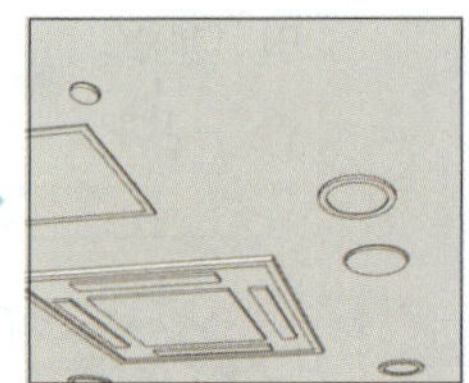

[스프링클러, 화재감지기, 점검구]

㉒ 천장도(①)를 더블클릭하여 편집모드로 전환합니다. 등박스(스트레치 실링 시스템)를 선택한 후 Ctrl + X를 눌러 잘라내고, Esc를 눌러 편집모드를 종료합니다.

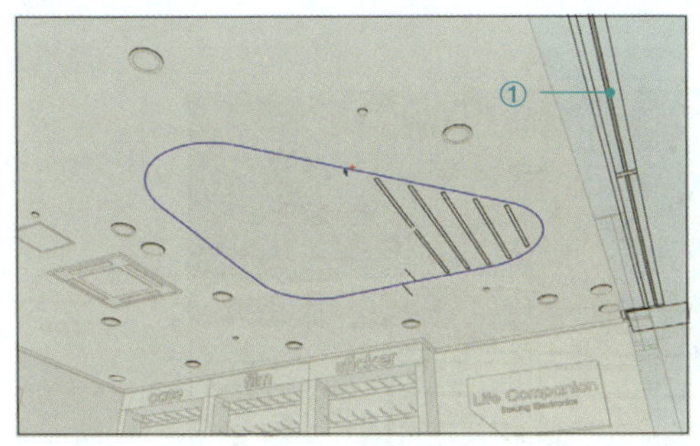

㉓ 메뉴의 [편집]에서 '특정 위치에 붙여넣기'를 클릭합니다. 테이블에 면을 추가하기 위해 특정 부분에 선(①)을 덧그려주고 면이 추가되는지 확인합니다. 이후 선(①)은 삭제합니다.

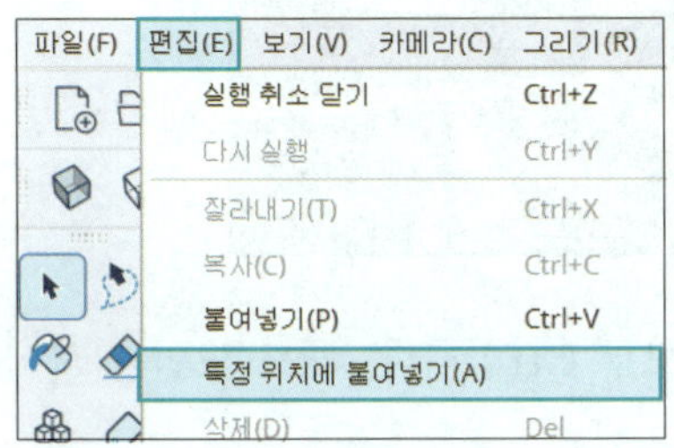

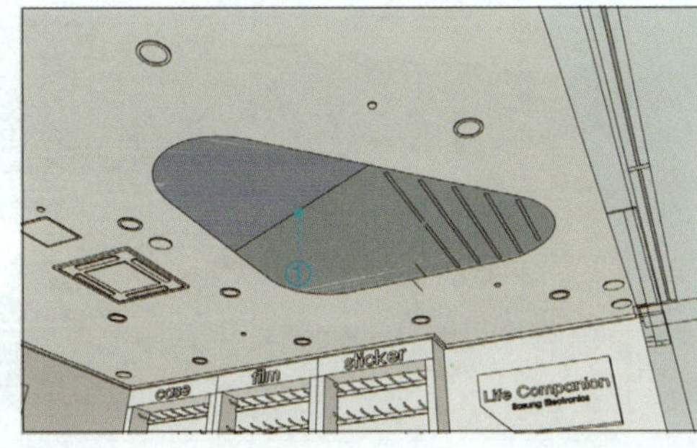

㉔ 등박스 면을 '밀기/끌기(P)' 도구로 100만큼 끌어 주고 그룹으로 지정합니다.

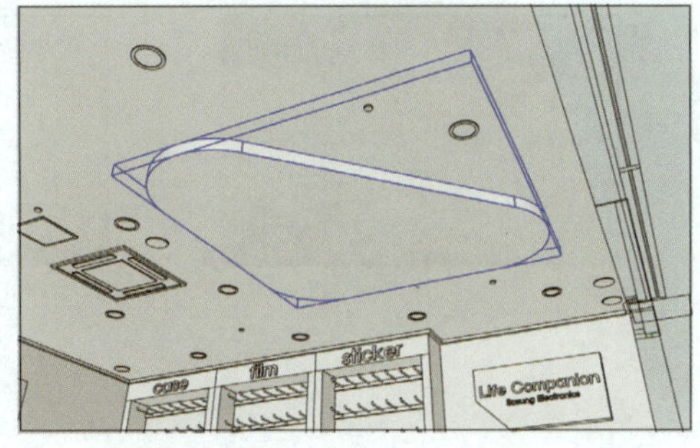

65 세부 모델링

대략적으로 완성된 모델은 남은 시간과 개인 역량에 따라 도어핸들, 단말기, 홍보용 액자, 바닥패턴 등 디테일을 보완합니다.

66 평면도, 내부 입면도, 천장도를 삭제하거나 태그를 모두 Off합니다. 캐드 도면을 삭제하거나 태그 Off 시점은 사용자에 따라 다를 수 있습니다.

67 벽에 패턴을 만들기 위해 선(①)을 그린 후, 600 간격으로 복사합니다.

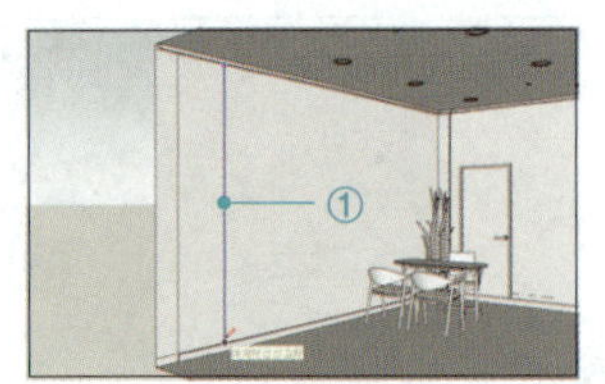

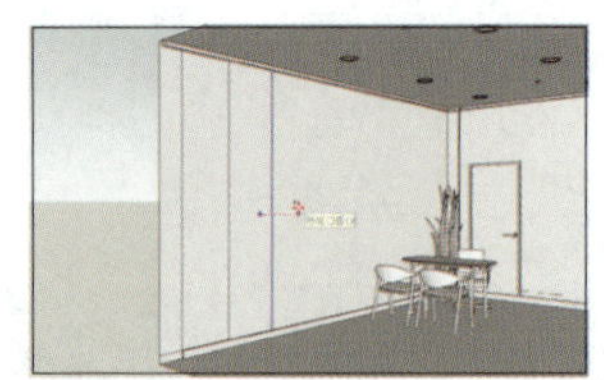
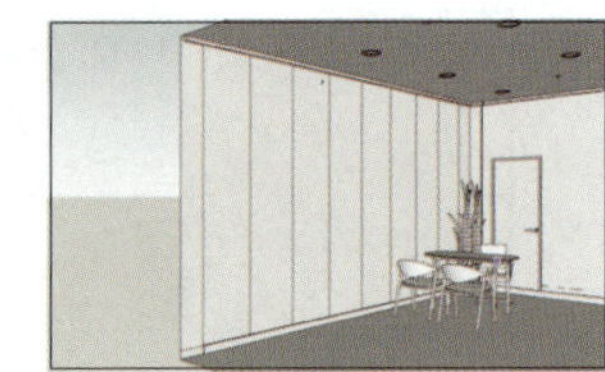

68 수직선(②)을 한 번 더 그리고 600 간격으로 복사합니다. 수직선은 수평선에 의해 분할되어 있으므로 Shift 를 눌러 선택합니다.

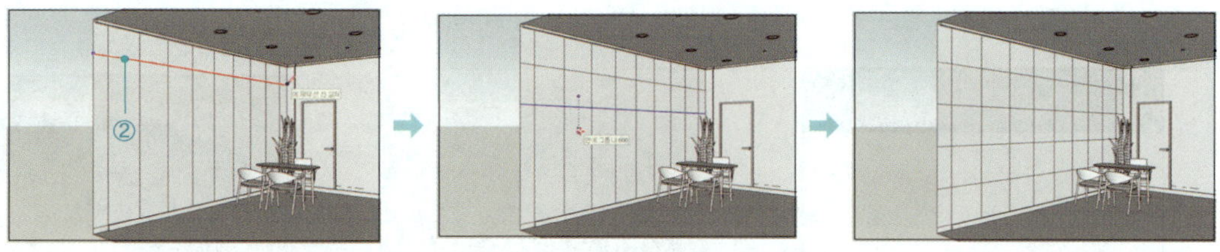

69 바닥에 사선 패턴을 만들기 위해 실내 바닥면보다 큰 사각형을 그리고 면 ①을 삭제합니다.

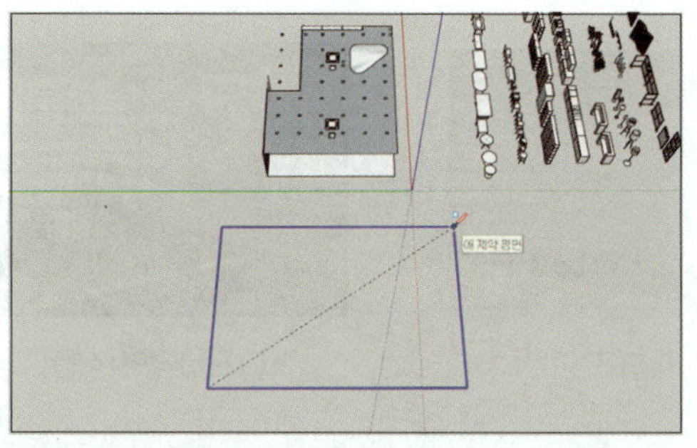
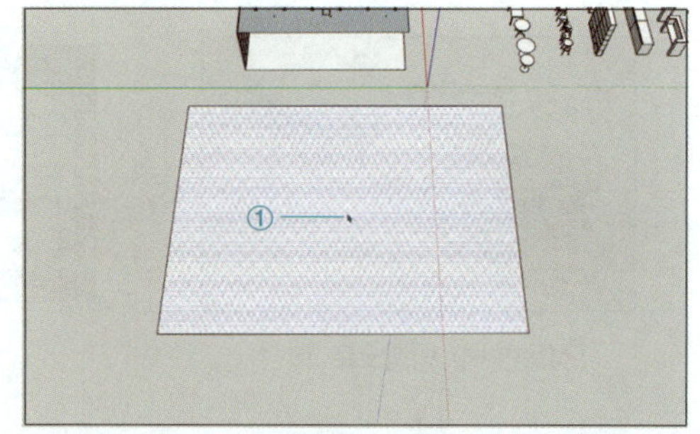

70 선(①, ②)을 600 간격으로 30개 정도 복사합니다. 가로선(②)은 세로선에 의해 분할되어 있으므로 윈도우(포함 선택)로 선택하고 600 간격으로 30개 복사합니다. 완성된 패턴을 모두 선택해 그룹으로 지정합니다.

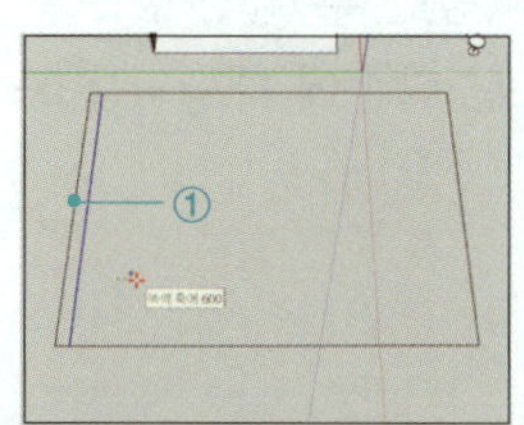

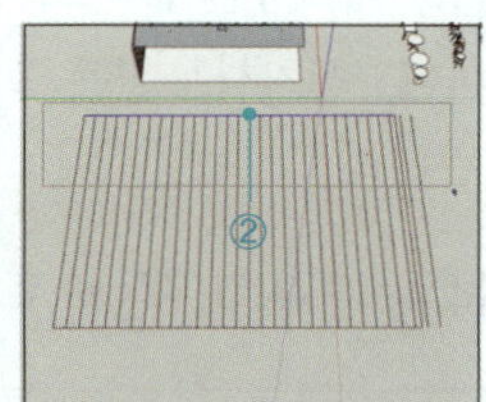
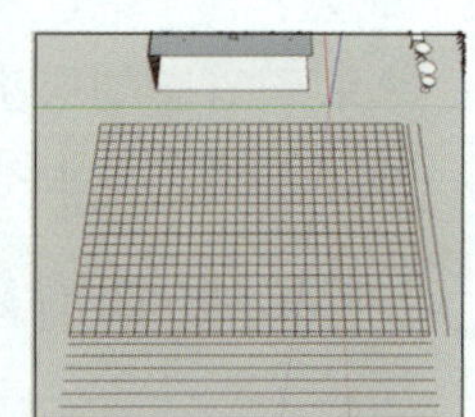

71 패턴을 45° 회전 후 내부 공간에 배치합니다.

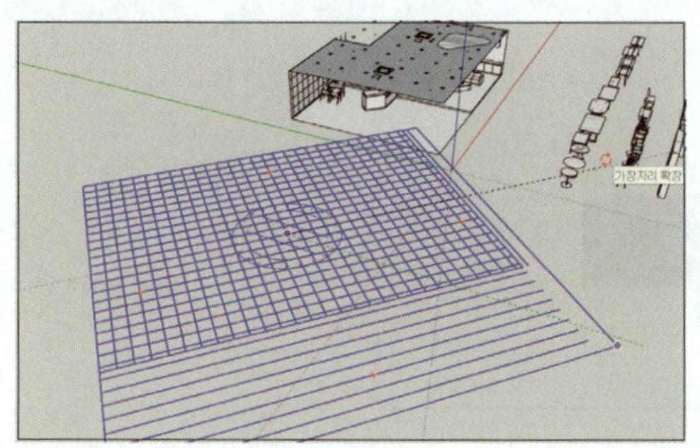
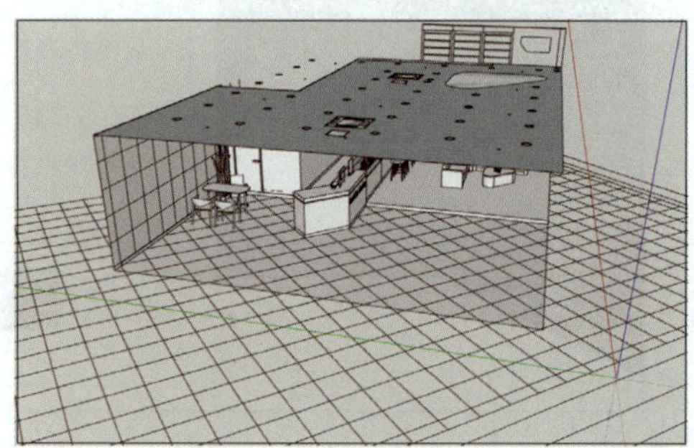

㉒ 플로링널 패턴(DOLMIT)은 캐드에서 Hatch(H) 명령으로 작성해 분해한 후 스케치업으로 가
져와서 배치합니다.

* 시간적인 여유가 없는 경우 유사한 재질을 적용하여 마무리합니다.

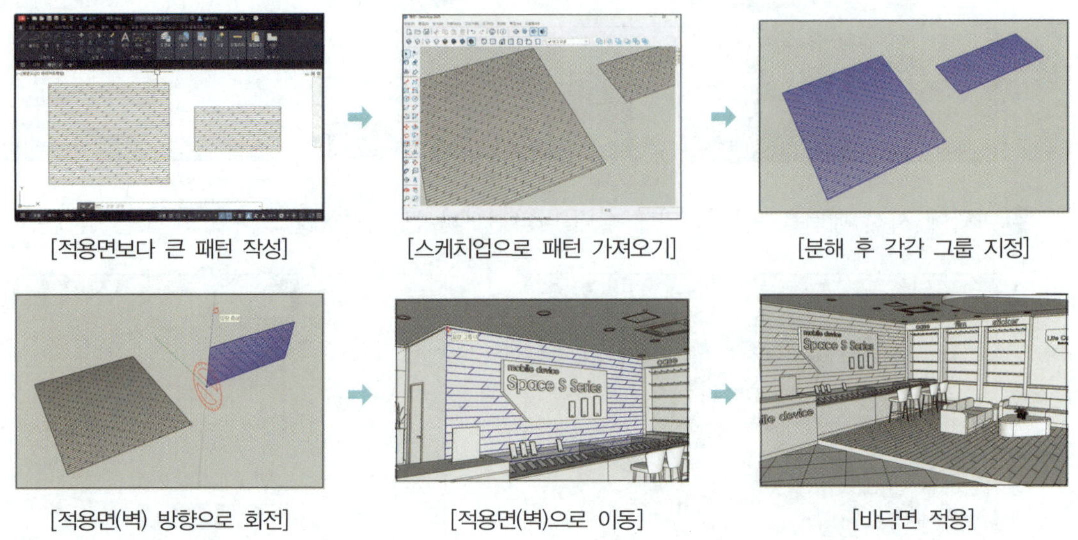

[적용면보다 큰 패턴 작성]　　　[스케치업으로 패턴 가져오기]　　　[분해 후 각각 그룹 지정]

[적용면(벽) 방향으로 회전]　　　[적용면(벽)으로 이동]　　　[바닥면 적용]

Section 05

재질 및 환경요소 적용

재질은 면적이 큰 천장, 벽, 바닥에 채도가 높지 않은 컬러를 우선 적용한 후 몰딩과 주요 가구순
으로 작업을 진행합니다. 벤처사무실은 3색 배색 견본 중 모던, 흑백, 단순에 해당되는 느낌으로
재질을 적용해 보겠습니다.

* 재질을 적용하기 전 평면도의 '디자인 의도'를 한 번 더 확인하는 것이 좋습니다.

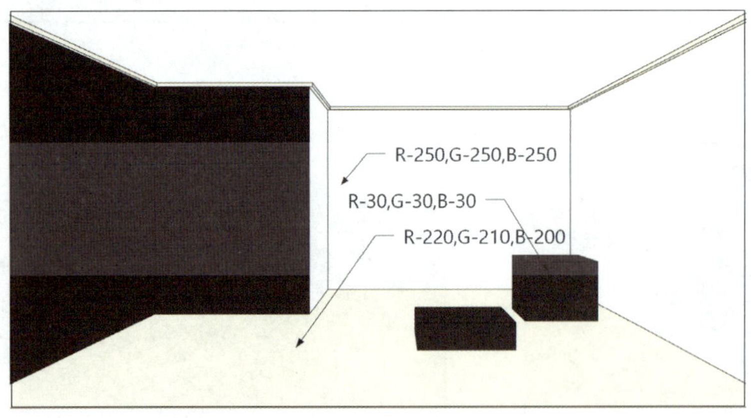

[3색 배색 견본 – 심플한, 모던한, 단정한]

❶ 천장, 벽, 가구, 바닥 재질 적용의 예

[천장, 벽 1: M00_Soft_Cloud]

[벽 2, 가구: M04_Stone_Frost]

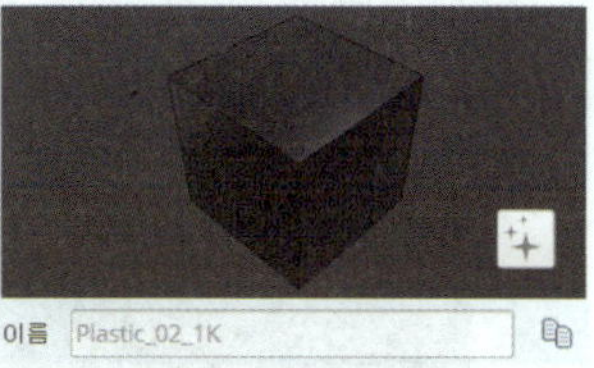

[벽 3: Plastic_02_1K]

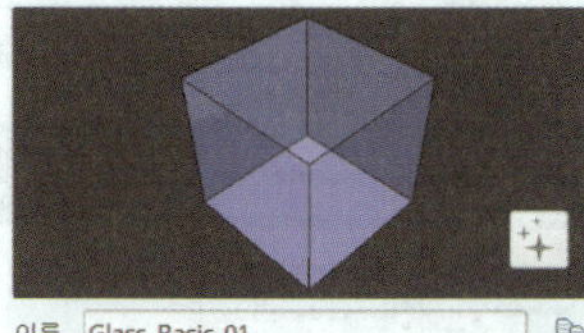

[창문: Glass_Basic_01]

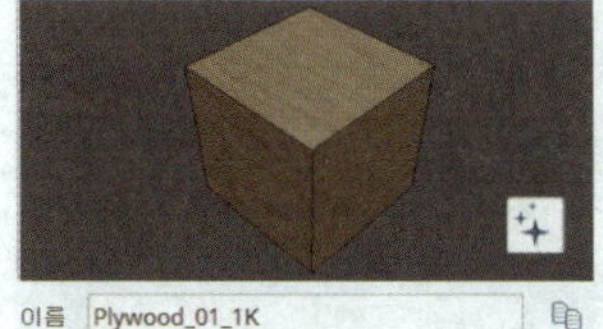

[벽 3, 바닥 2: plywood_01_1K]

[바닥 2: R220_G210_B200]

❷ 배경의 마감을 결정한 뒤, 나머지 가구와 마감의 컬러는 2~3가지 정도만 사용합니다. 누락된 가구나 소품이 없는지 확인하고, 공간이 비어 보이는 곳은 이미지 보드, 블라인드, 소품으로 보완합니다.

❸ 트레이의 그림자 모드(①)를 활성화하고, 음영의 정도를 설정합니다.

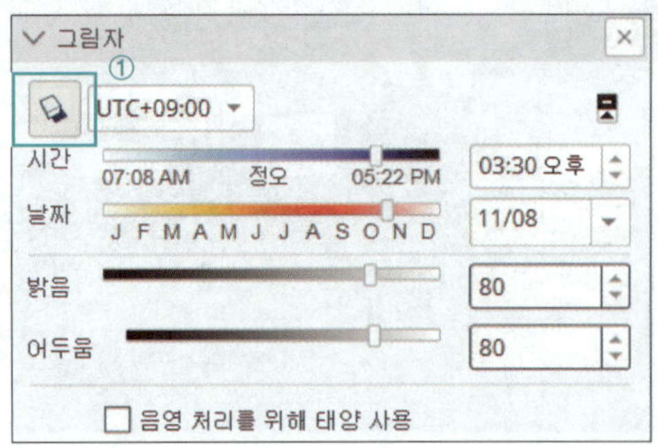

❹ 상단 메뉴의 [보기] ⇨ [면 스타일]에서 '앰비언트 오클루전'을 클릭해 음영 효과를 적용합니다.

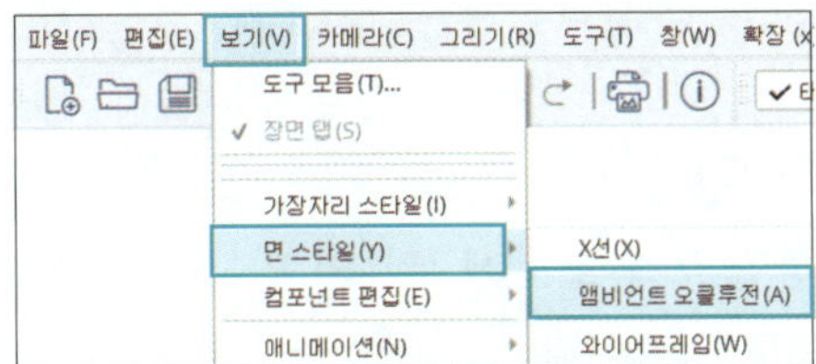

Section 06 실내투시도 이미지 추출 및 배치

실내투시도 장면을 저장하고 고해상도 이미지로 출력합니다.

❶ 완성된 실내 공간을 다음과 같은 시점으로 변경하면 우측 모서리 부분의 면이 부족합니다. 면을 늘리는 방법도 있지만 화각을 조정하는 방법도 있습니다.

　메뉴 [카메라]에서 시야(field of view)를 클릭하고 VCB창에 화각 '45'를 입력하고 Enter↵를 누릅니다.

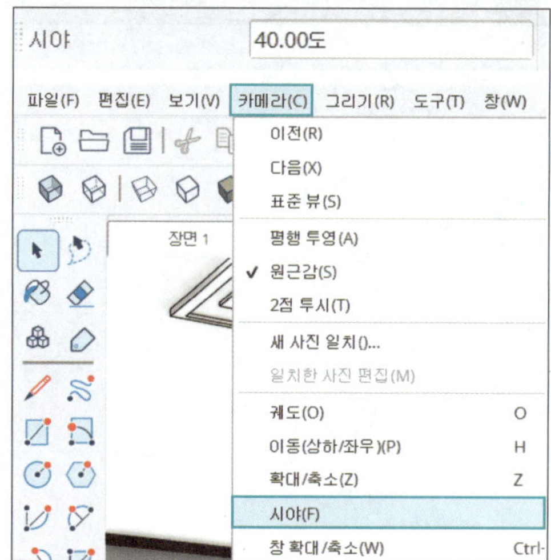

❷ 완성된 실내 공간을 보기 좋은 시점으로 맞춘 후, 메뉴의 [카메라]에서 '2점 투시'를 클릭합니다. 이후 클릭 드래그로 한 번 더 화면을 조정합니다.

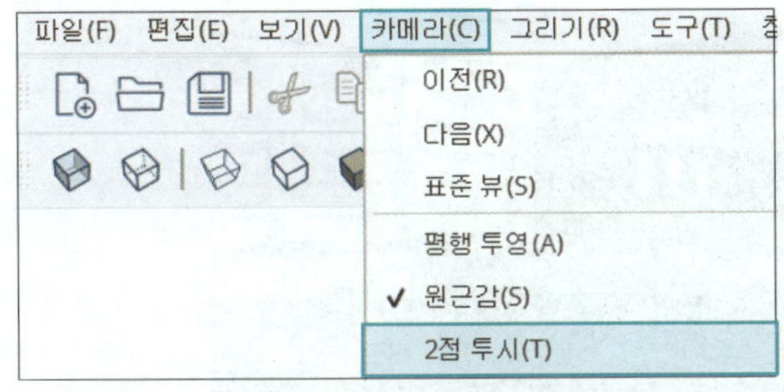

❸ 트레이의 '장면' 탭에서 '장면 추가(⊕)'(①)를 클릭하여 현재 시점의 화면을 저장합니다. 장면을 저장한 후 시점이 흐트러지거나 다른 작업을 하더라도 장면 탭(③)을 클릭하면 저장된 시점으로 되돌아갑니다.

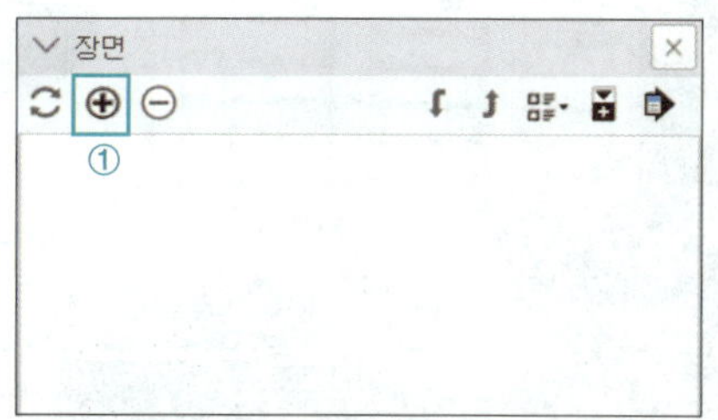

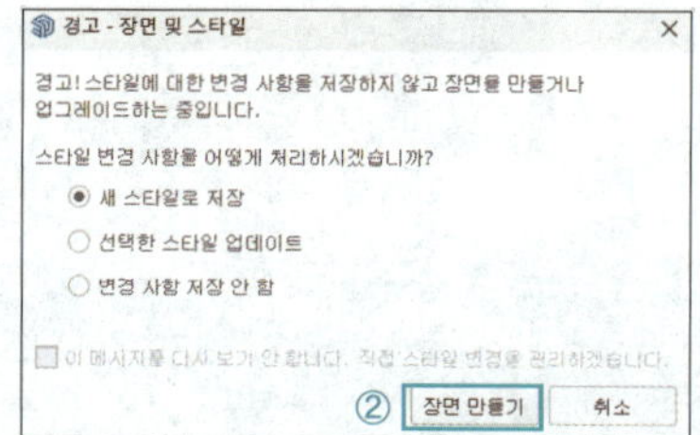

❹ 모델링에 부족한 부분이 없다면 스케치업 모델링 파일을 저장한 후, 설정한 장면을 출력하기 위해 메뉴의 [파일] ⇨ [내보내기]에서 '2D 그래픽'을 클릭합니다.

* 내보내기 전 '천장도' 태그(도면층)가 On으로 설정되어 있는지 확인합니다.

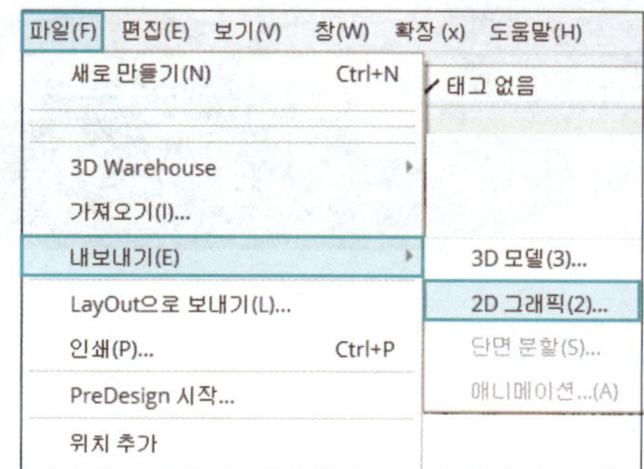

❺ 저장할 폴더를 지정한 후, 파일 이름을 '실내투시도'(①), 형식을 'tif'(②)로 설정합니다. '옵션' (③) 버튼을 클릭한 후, '뷰 크기 사용'(④)을 해제하고 픽셀값을 '3000'(⑤), 선 배율 승수를 '1'(⑥)로 설정합니다. 설정을 마친 후 확인을 클릭하고 내보내기 버튼을 누르면 실내투시도 이미지가 저장됩니다.

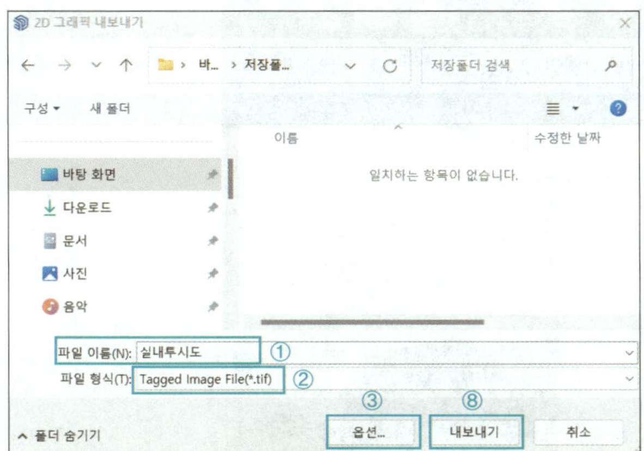
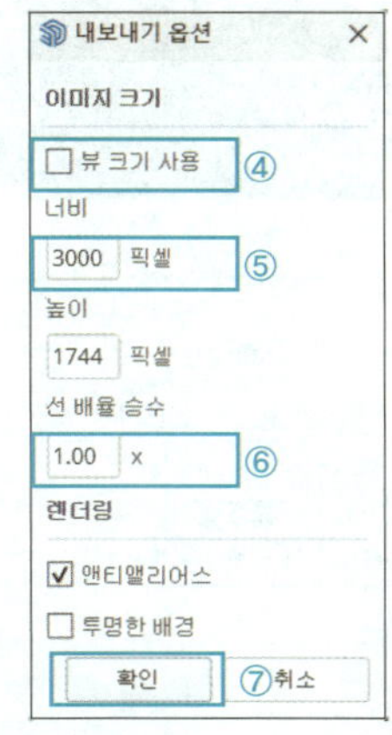

❻ 출력된 이미지의 품질을 확인한 후 캐드에서 2D 도면 작성 파일(평면도, 천장도, 내부 입면도) 을 실행합니다. 완성된 입면도의 도면 양식과 도면명을 우측으로 복사합니다.

[이미지 뷰어로 확인]

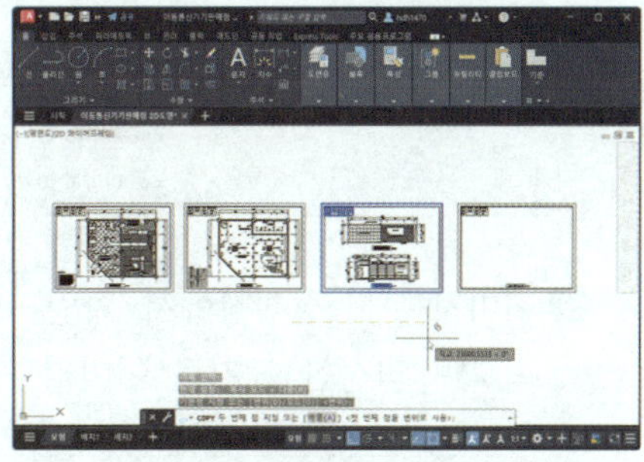

[도면 양식 복사]

❼ 표제란과 하단의 도면명과 축척을 '실내투시도', 'N.S'로 수정합니다.

수험번호	1234567890	종 목	실내건축산업기사
성 명	황 두 환	도면명	실내투시도
감독확인		축 척	N.S

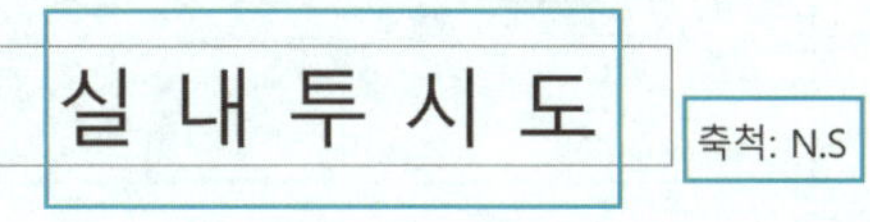

❽ 메뉴의 [삽입](①)에서 참조의 '부착'(②)을 클릭한 후, 저장한 실내투시도 이미지를 선택하고 열기 버튼을 클릭합니다(부착 명령어: attach).

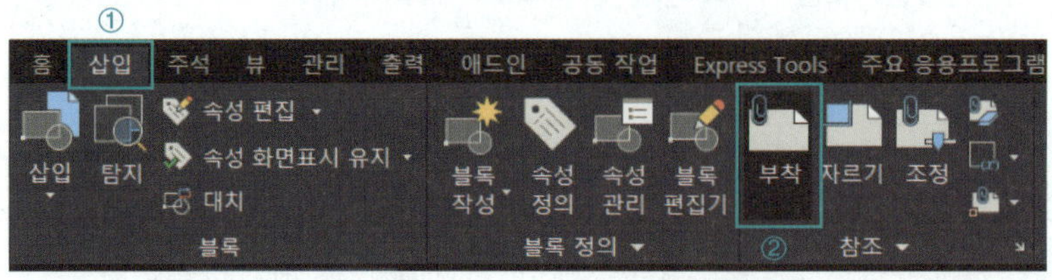

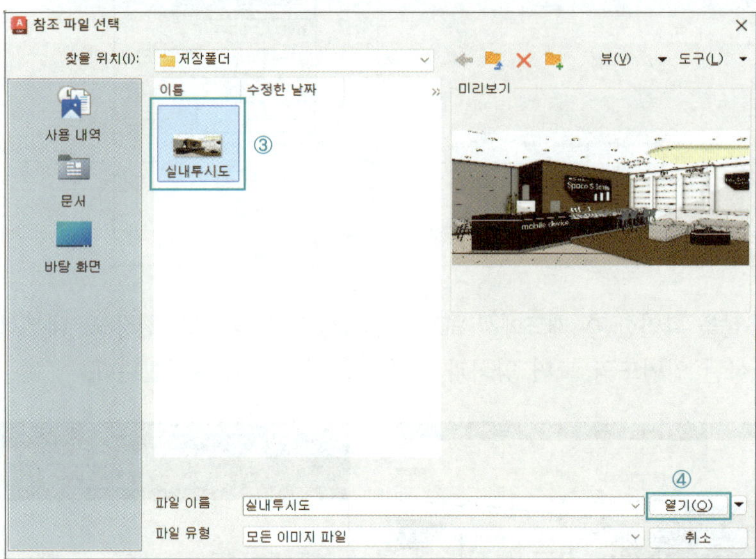

❾ 이미지 부착 설정창에서 '확인' 버튼(①)을 클릭합니다. ②지점을 클릭하고, ③지점 근처를 클릭하여 적절한 크기로 이미지를 부착합니다.

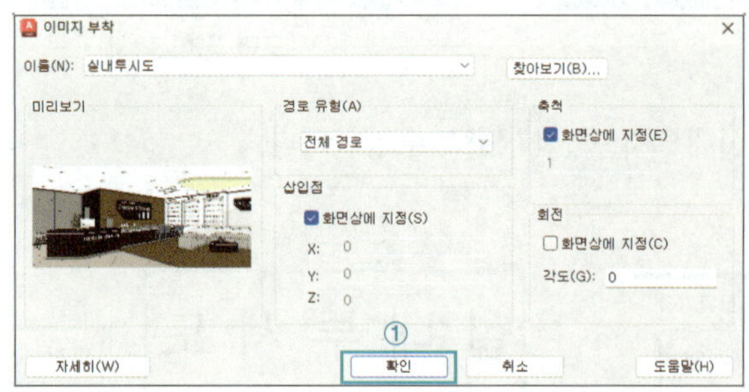

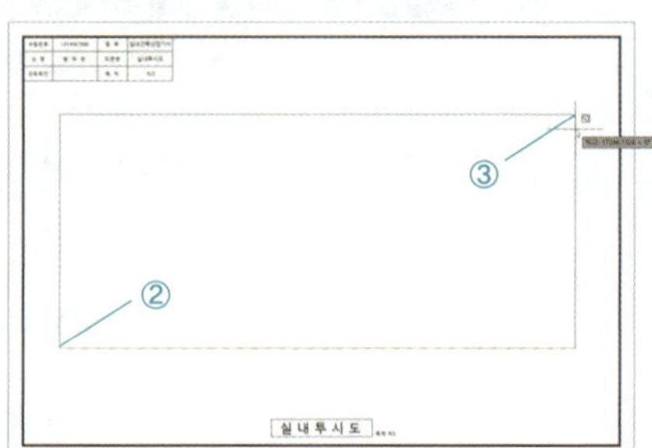

❿ 부착한 이미지와 제목을 보기 좋게 재배치하고 작업파일을 저장합니다.

학습파일 | 완성파일 \ Part05 \ Ch04 \ 이동통신기기 판매점.dwg

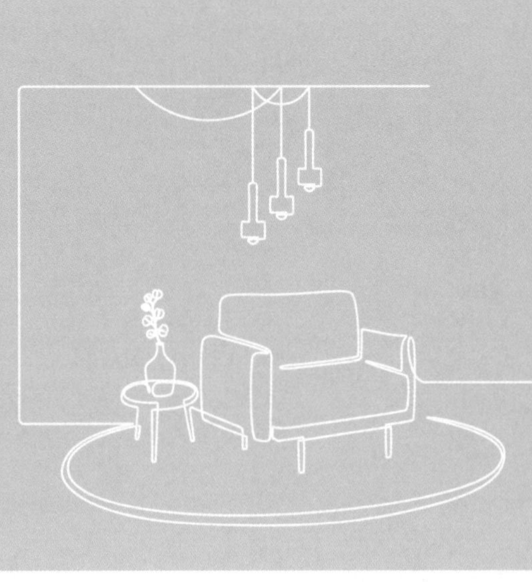

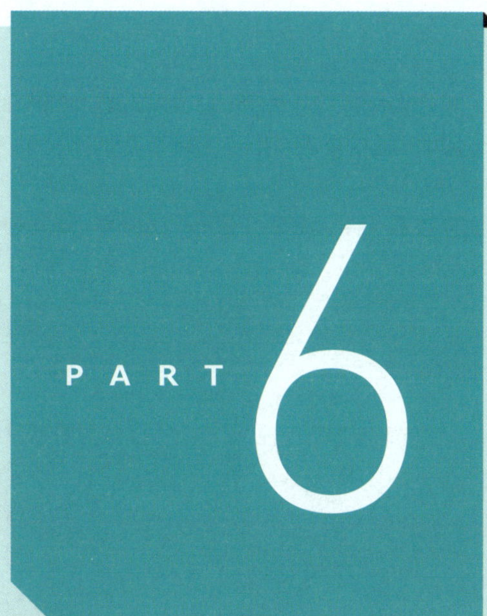

실기시험 처음부터 끝까지 따라하기

본 단원에서는 앞서 학습한 2D 도면과 3D 모델링 내용을 바탕으로, 실기시험(공개문제)의 시작부터 출력까지 전 과정을 살펴보겠습니다. 본 학습을 통해 실기시험의 전체 수행과정을 익히고, 자신감을 가질 수 있도록 합니다.

'평면도', '내부 입면도', '천장도', '실내투시도'의 완성 도면

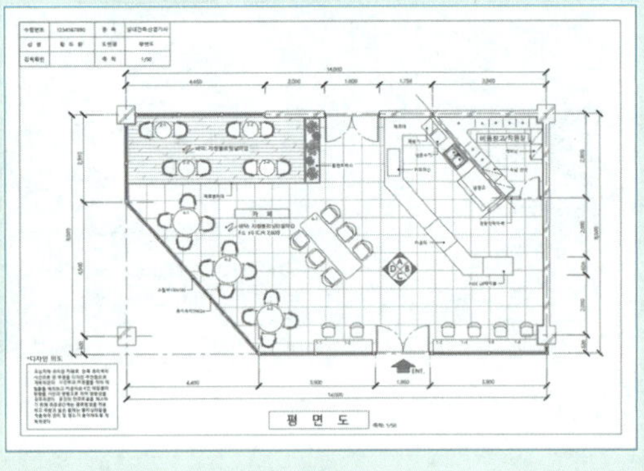

[평면도]

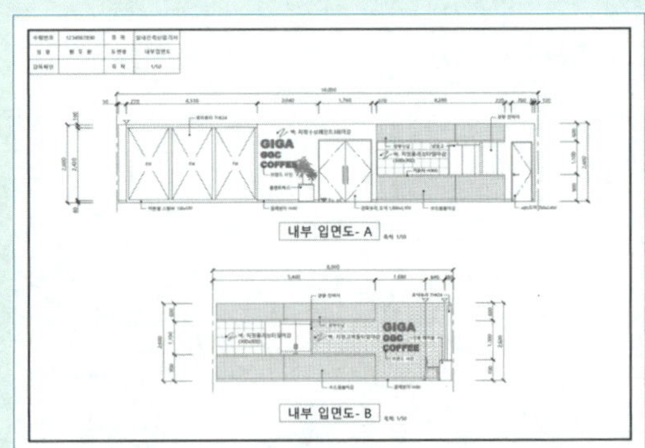

[내부 입면도]

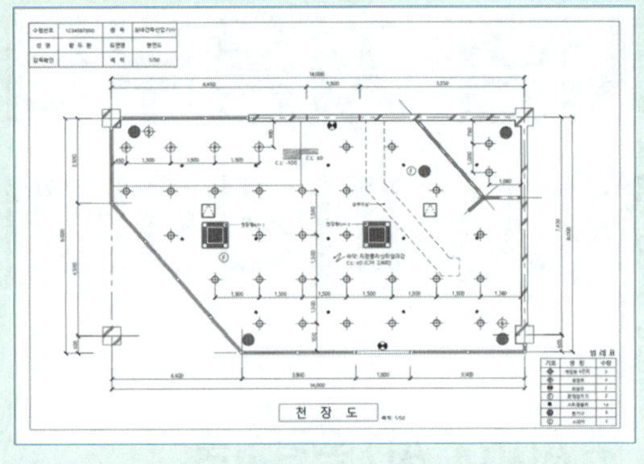

[천장도]

[실내투시도]

AutoCAD 환경설정

수험생의 실력과 연습량도 중요하지만, 시험장에 설치된 장비 또한 실기시험에 큰 영향을 줄 수 있습니다. 시험이 시작된 후 장비에 문제가 발생하면 당황하거나 기분이 좋지 않은 상태에서 작업이 진행될 수 있으므로 시험 시작 전에 장비 상태를 미리 점검하는 것이 중요합니다.

> **학습파일** | ▶ 동영상 \ Part06 \ Ch01, 02 \ 환경설정 및 도면양식.mp4

Section 01 시험 시작 전 장비(PC) 확인

마우스 휠이나 버튼, 키보드의 상태에 이상이 있거나 키캡에 문제가 있다면, 시험 담당자에게 알려 좌석을 변경하거나 장비를 교체해야 합니다. 이 모든 점검은 반드시 시험 시작 전에 완료해야 합니다.

Section 02 AutoCAD 버전에 따른 시스템 확인

❶ [STARTUP] 명령을 실행해 코드가 〈1〉로 설정되어 있는지 확인합니다.
값이 〈1〉이 아닌 경우 1로 변경한 후 [New] 명령을 실행해 새 도면을 미터법으로 시작합니다.

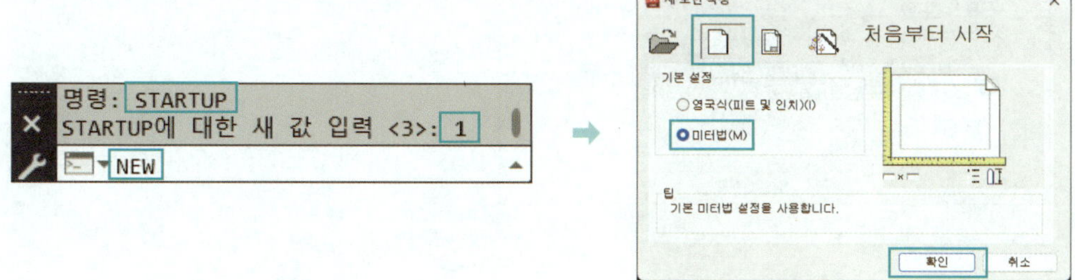

❷ AutoCAD 버전이 2021 이상인 경우, [Trim], [Extend] 명령의 모드를 확인합니다. '빠른 작업(Q)' 모드 사용자가 아니라면, '표준 작업(S)' 모드로 변경합니다.

• Trim 모드 설정 변경

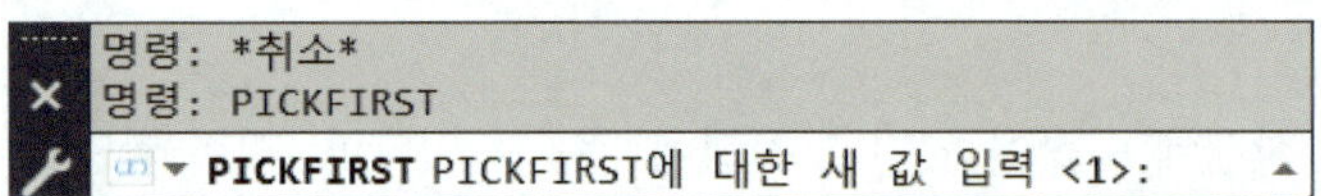

• Extend 모드 설정 변경

❸ 핵심 시스템 변수인 [PICKFIRST] 명령을 실행하여 코드가 〈1〉로 설정되어 있는지 확인합니다. 〈1〉로 설정되어 있지 않으면, Layer(도면층)가 변경되지 않거나, 더블클릭을 사용한 수정이나 Delete 키를 이용한 객체 삭제가 불가능합니다.

❹ 바탕색, 커서의 크기, 동적 입력 F12(Off), 스냅모드 F9(Off), 객체 스냅 F3(On) 등을 확인합니다.

❺ 객체 스냅 설정 상태
객체 스냅은 사용자 특성에 따라 다를 수 있습니다.

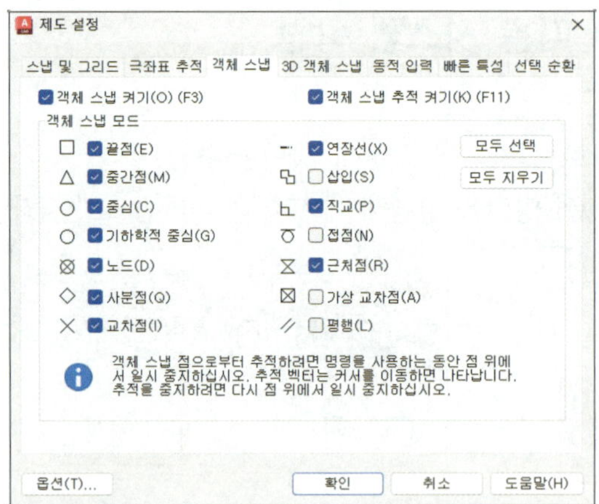

 **TIP** **AutoCAD 초기화**

1. AutoCAD 프로그램을 실행했을 때 배경, 메뉴 등의 환경이 익숙하지 않은 설정으로 되어 있다면, 프로그램을 초기화할 수 있습니다.

   Windows의 시작 버튼을 클릭한 뒤 모든 앱을 클릭합니다.

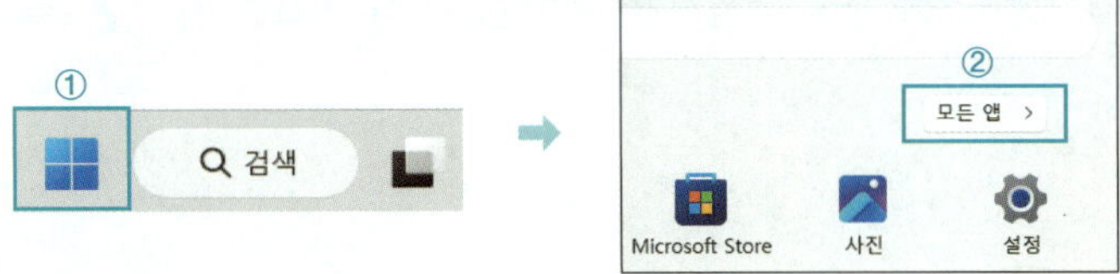

2. 현재 PC에 설치된 AutoCAD 버전의 폴더에서 '기본값으로 재설정'을 클릭합니다. '사용자 설정 재설정'을 클릭하면 설치 초기 상태로 복원됩니다

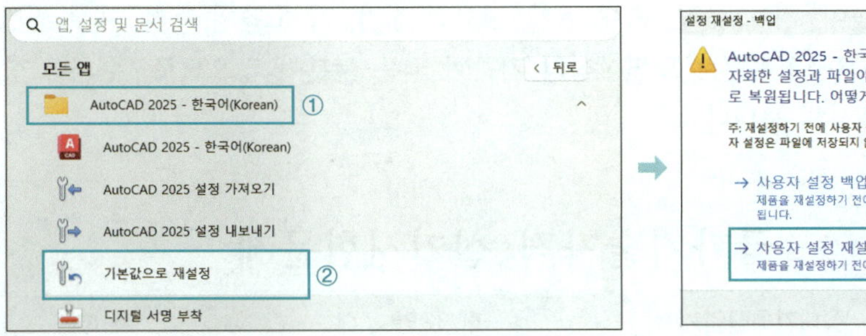

Part
6

02 시험문제 확인 및 도면 양식 작성

평면도, 요구사항, 작성조건은 시험 시작 후 5분 정도 정독해야 합니다. 작성조건을 작업 도중에 파악하거나 도면 독해가 잘못되면 큰 감점이나 오작으로 이어질 수 있습니다. 작업 전 과정에서 천장 높이, 축척, 내부 입면도 방향 등 작성조건을 확인하는 것이 가장 중요합니다.

Section 01 요구사항 확인

요구조건의 천장 높이, 창호 규격, 벽체 두께, 필요한 집기, 각 도면의 축척, 내부 입면도의 방향 등을 확인합니다. 요구조건에는 도면작성의 기준이 되는 부분이 많으므로, 수치나 항목은 눈에 잘 띄게 펜으로 표시해 둡니다.

국가기술자격 실기시험문제

자격종목	실내건축산업기사	과 제 명	카 페

※ 시험시간 : 5시간 30분

1. 요구사항

※ 요구조건에 따라 건축 설계 프로그램을 사용하여 도면을 작도하고, PDF 파일로 변환하여 출력 후 작업물과 출력물을 제출하시오.

(1) 요구조건

개 요	용도	• 근린생활시설(카페)
	인적 구성	• 상시 직원 2명, 아르바이트생 3명
제시도면 조건	설계면적	• 14,000mm×8,000mm×2,600mm(CH)
	출입문 (강화유리)	• 1,800mm×2,100mm(H)
	커튼월	• 커튼월 벽체 [100×100 스틸바 + THK 24mm 로이유리]
	벽체	• 철근콘크리트 벽체 [THK 200mm 철근콘크리트]

설계조건	천장	• 우물천장	
	내벽체	• 경량 칸막이벽체	
	바닥	• 수험자 임의 지정	
	필요 공간	• 서비스 카운터 & 계산대 • 비품 및 저장창고 • 손님용 테이블 및 좌석 　(6인용-1조), (4인용-3조), (2인용-4조), (1인용-6조),	• 주방(주방기구 일체 계획) • 실내 조경 공간

※ 위에 제시된 조건은 필수조건이며, 이외에 필요한 조건은 수험자가 임의로 추가할 수 있습니다(주어지지 않은 치수는 수험자가 임의로 설정).

2. 요구 도면

❶ 평면도(1장, 가구 배치 및 바닥마감재 표기) - 축척 S : 1/50

　• 평면도 주변의 여유 공간에 설계(디자인) 의도를 200자 이내로 서술합니다.

❷ 내부 입면도(총 2면, 1장) - 축척 S : 1/50

　• A방향 1면, B방향 1면(가구 배치 및 벽면재료 표기)

❸ 천장도(1장) - 축척 S : 1/50

　• 설비, 조명기구 배치 및 범례표 작성/천장마감재 표기

❹ 실내투시도(1장) - 축척 S : N.S

　• 계획의 포인트가 좋은 지점에서 1소점 또는 2소점 투시법으로 작성합니다.

3. 기타 사항

(1) 도곽 작성

　• 아래 예시와 같이 도곽 및 표제란을 작성합니다.

　• 도곽 안에 요구 도면이 들어가도록 작업한 후 PDF 파일로 제출 및 출력합니다(3D 작업 포함).

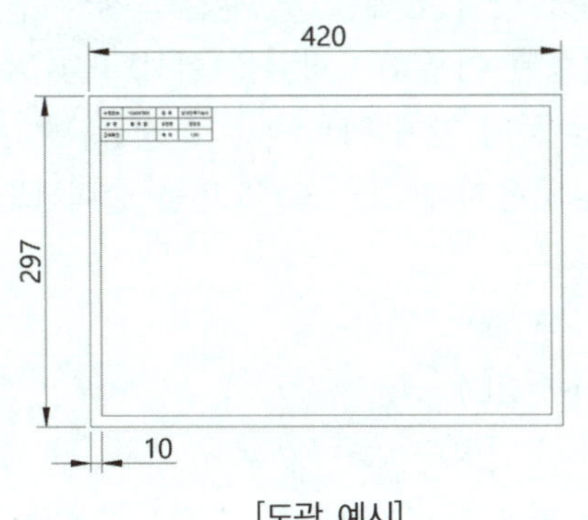

[도곽 예시]

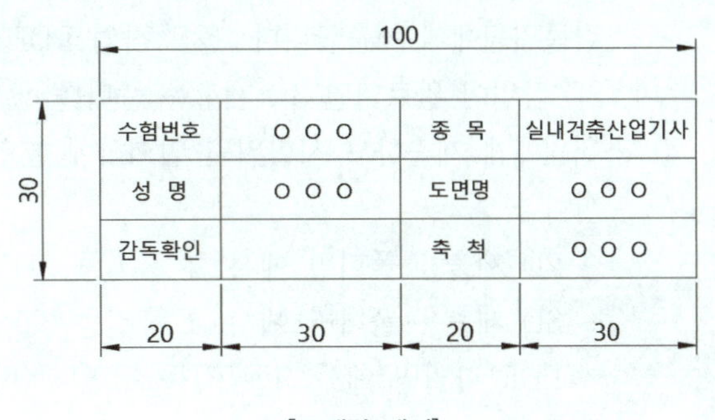

수험번호	ㅇ ㅇ ㅇ	종 목	실내건축산업기사
성 명	ㅇ ㅇ ㅇ	도면명	ㅇ ㅇ ㅇ
감독확인		축 척	ㅇ ㅇ ㅇ

[표제란 예시]

(2) 도면 배치 순서

2D 작업(흑백)			3D 작업(컬러)
첫째 장	둘째 장	셋째 장	넷째 장
평면도	내부 입면도	천장도	실내투시도

(3) 2D 작업 선 두께

빨강(1)=0.05mm	노랑(2)=0.3mm	녹색(3)=0.25mm	하늘색(4)=0.2mm
파랑(5)=0.15mm	보라(6)=0.1mm	회색 1(8)=0.05mm	회색 2(9)=0.1mm

- 선의 통일을 위해, 제시된 조건에 따라 검은색 선의 PDF 파일로 제출합니다.

Section 02 수험자 유의사항

해당 내용은 매 시험 동일하게 제시되지만, 작업 순서, 제출용 폴더의 예시 등 변경될 수 있는 부분이 있으므로 정독합니다.

2. 수험자 유의사항

※ 다음 유의사항을 고려하여 요구사항을 완성하시오.

가. 명기되지 않은 조건은 건축법, 건축구조 및 건축제도 원칙에 따릅니다.

나. 시험 시작 후 제공된 폴더명을 본인 비번호로 바꾸고, 모든 파일은 해당 폴더 안에 저장하도록 합니다.

다. 정전 및 기계 고장 등에 의한 자료 손실을 방지하기 위하여 수시로 저장합니다.

라. 2D 작업이 완료되면 2D 제출용 폴더를 생성하여 해당 폴더 안에 PDF 파일로 저장 후 감독위원에게 제출합니다. (2D 작업 PDF 제출이 완료된 이후 3D 작업을 실시)

마. 3D 작업이 완료되면 3D 제출용 폴더를 생성하여 해당 폴더 안에 PDF 파일로 저장 후 감독위원에게 제출하고 시험위원 입회하에 본인이 직접 A3 용지에 2D, 3D 도면을 출력하도록 합니다.

※ 2D 제출용 폴더명 예시: 1_홍길동_2D (비번호_이름_2D)

※ 3D 제출용 폴더명 예시: 1_홍길동_3D (비번호_이름_3D)

※ PDF 파일명 예시: 1_홍길동_평면도 (비번호_이름_도면명)

※ 출력작업 시 출력 관련된 설정 외의 도면 수정작업 등은 할 수 없으며, 수정작업 등을 한 경우 실격됩니다.

※ 수험자의 작도 잘못으로 도면이 출력이 안 되는 경우, 출력시간이 10분을 초과할 경우는 실격 처리됩니다. (출력시간은 시험시간에서 제외, 출력 기회는 2회 제공)

바. 시험장의 장비(시설) 등이 파손되거나 고장 나지 않도록 유의하여 작업하도록 합니다.

사. 다음 사항은 실격에 해당하여 채점 대상에서 제외됩니다.

① 시험시간 내에 요구사항을 완성하지 못한 경우

② 시험시간 내에 제출된 작품이라도 다음과 같은 경우
- 구조적 · 기능적으로 사용 불가능한 도면이 1개라도 있을 경우
- 주어진 조건을 지키지 않고 작도한 경우

③ 기타 채점 대상에서 제외되는 조건
- 지급된 재료 이외의 재료를 사용한 경우
- 제공된 자료 이외에 블록, 오브젝트, 프로그램(리습, 루비 등)을 별도로 사전에 지참하여 사용하는 경우
- 시험 중 시설 · 장비의 조작 또는 재료의 취급이 미숙하여 위해를 일으킬 것으로 시험위원 전원이 합의하여 판단한 경우

<table><tr><td>Section</td><td>03</td></tr></table>

Section 03   문제 도면 – 평면도

제시된 시험지(도면)에서 요구사항 페이지에 표기된 공간 구성과 필요 집기를 간략하게 스케치하고 주요 사항 등을 메모합니다.

3. 도 면

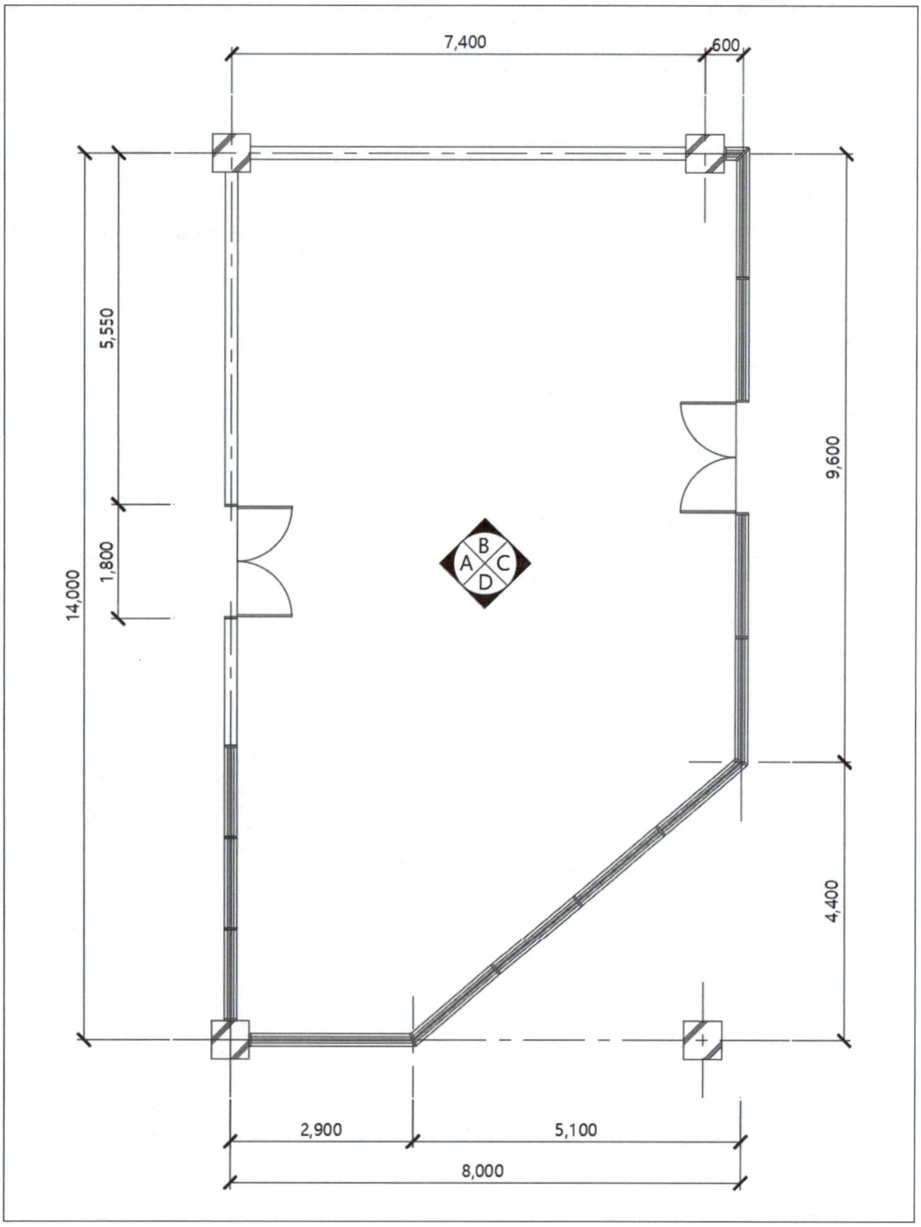

Section **04**   **선의 유형, 도면층, 글꼴, 치수의 설정**

❶ 새 도면을 시작한 후, [Linetype(LT)] 명령을 실행해 선의 유형을 설정합니다.

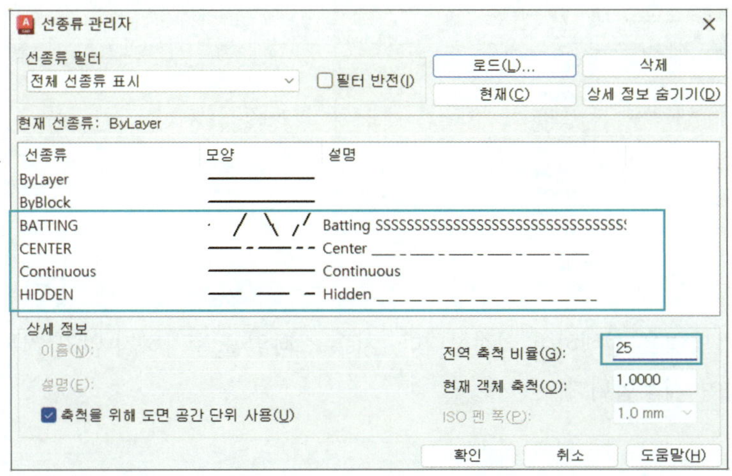

❷ 문제지에 제시된 '2D 작업 선 두께'를 기준으로, 도면층 [Layer(LA)] 명령을 실행하여 도면층을 다음과 같이 구성합니다.

* 선의 두께(가중치)와 색상은 변경될 수 있으므로 반드시 시험장에서 확인합니다. 출력 시 적용되는 선 두께 설정은 과제 작성이 완료된 후 출력 챕터에서 진행합니다.
  시험장에서 선의 두께가 공개문제와 다른 경우에는 가장 두꺼운 선을 벽체, 가장 가는 선을 해치에 적용하고, 나머지 선은 표현의 정도에 따라 도면층과 두께를 작업자가 설정합니다.

[2D 작업 선 두께]

빨강(1)=0.05mm	노랑(2)=0.3mm	녹색(3)=0.25mm	하늘색(4)=0.2mm
파랑(5)=0.15mm	보라(6)=0.1mm	회색 1(8)=0.05mm	회색 2(9)=0.1mm

❸ 사용할 글꼴은 [Style(ST)] 명령을 실행하여 설정합니다. 신규 유형을 만들지 않고 Standard 유형의 글꼴을 '맑은 고딕'으로 변경합니다.

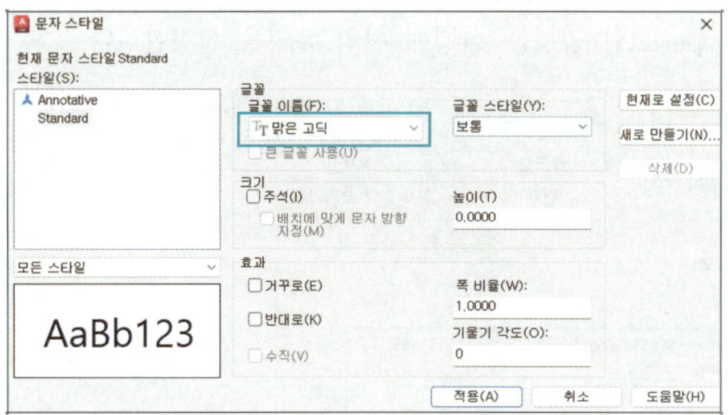

❹ 치수는 [Dimstyle(D)] 명령을 실행하여 설정합니다. 치수 스타일을 추가하지 않고 기본 스타일(ISO-25)을 수정하여 사용합니다.

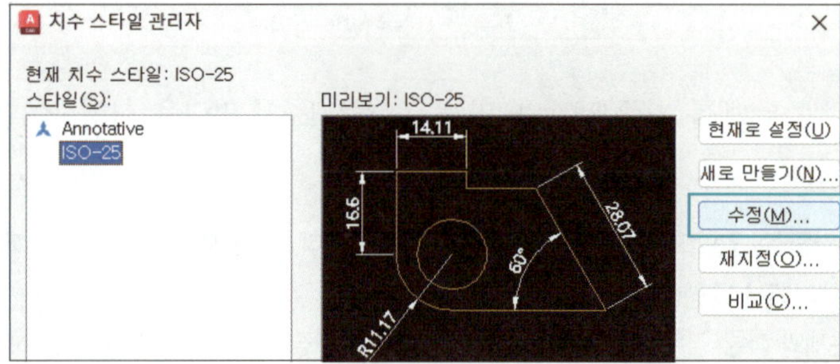

[치수 설정 항목]

- [기호 및 화살표] 탭 ⇨ 화살촉 및 지시선 모양: 건축 눈금(문제 도면과 동일)
- [맞춤] 탭 ⇨ 전체 축척 사용: 50(작성조건의 축척과 동일)
- [1차 단위] 탭 ⇨ 단위 형식: Windows 바탕화면, 정밀도: 0

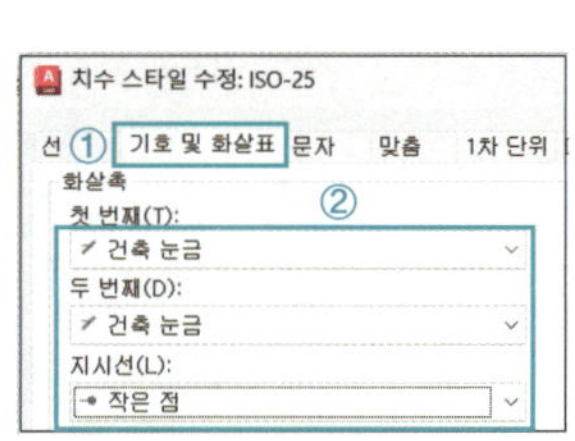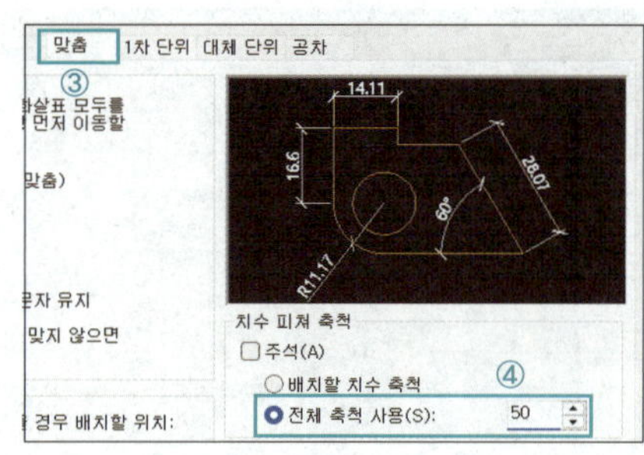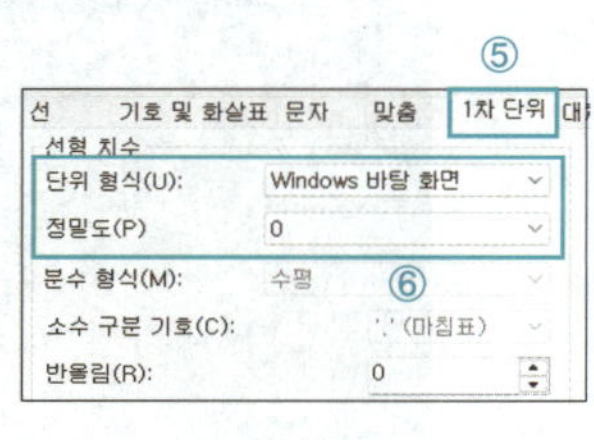

Section 05 도면 양식 작성하기

① 지정된 도면 양식을 A3 크기로 1/50 축척에 맞게 설정합니다.
(Part 02의 Chapter 02 참조)

* 도면의 축척은 변경될 수 있으므로 반드시 시험장에서 확인합니다.

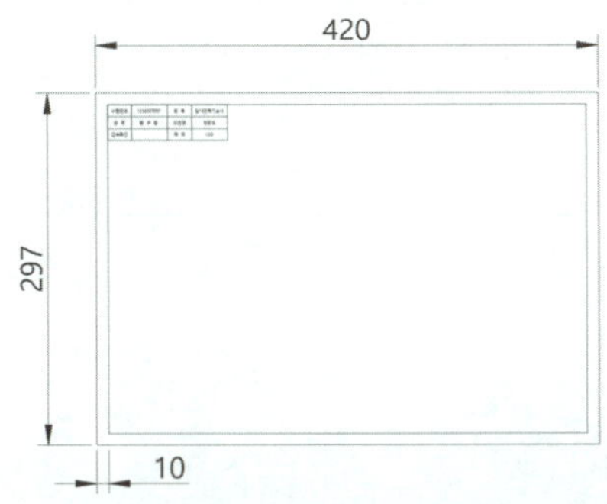

수험번호	○ ○ ○	종 목	실내건축산업기사
성 명	○ ○ ○	도면명	○ ○ ○
감독확인		축 척	○ ○ ○

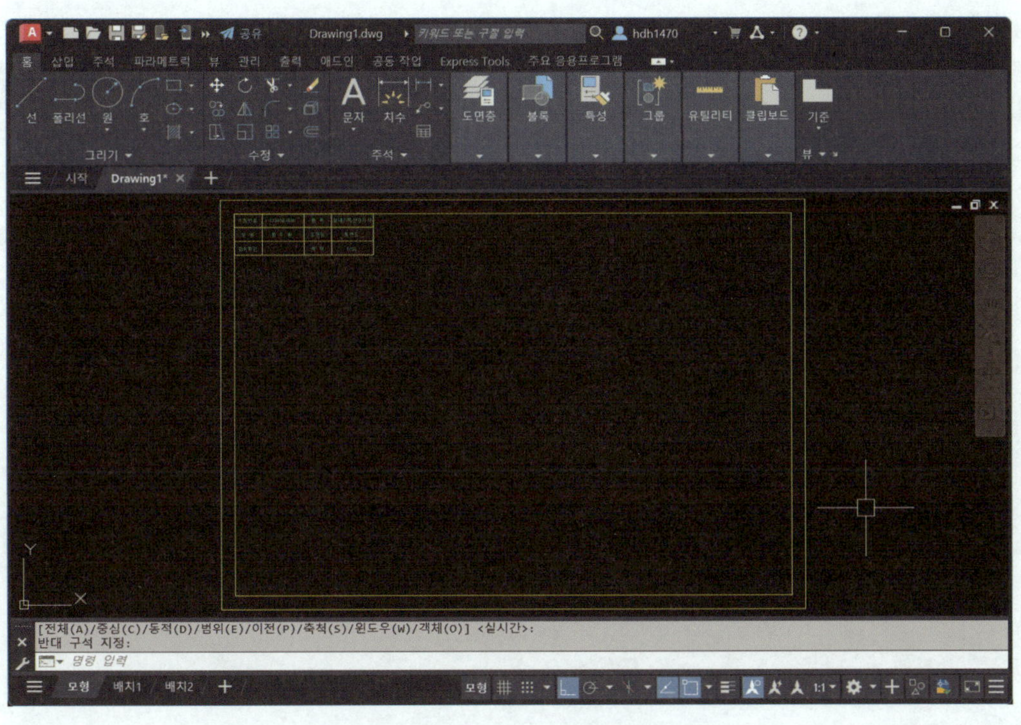

[완성된 실기시험 도면 양식]

03 평면도 작성

평면도는 배점이 높으며, 내부 입면도 · 천장도 · 실내투시도 작성을 위한 기준이 되는 가장 중요한 도면입니다. 평면도의 실제 작업시간은 2시간 30분 내외로, 이 시간 내에 도면작성을 완료해야 합니다.

학습파일 | ▶ 동영상 \ Part06 \ Ch03 \ 카페 – 평면도.mp4

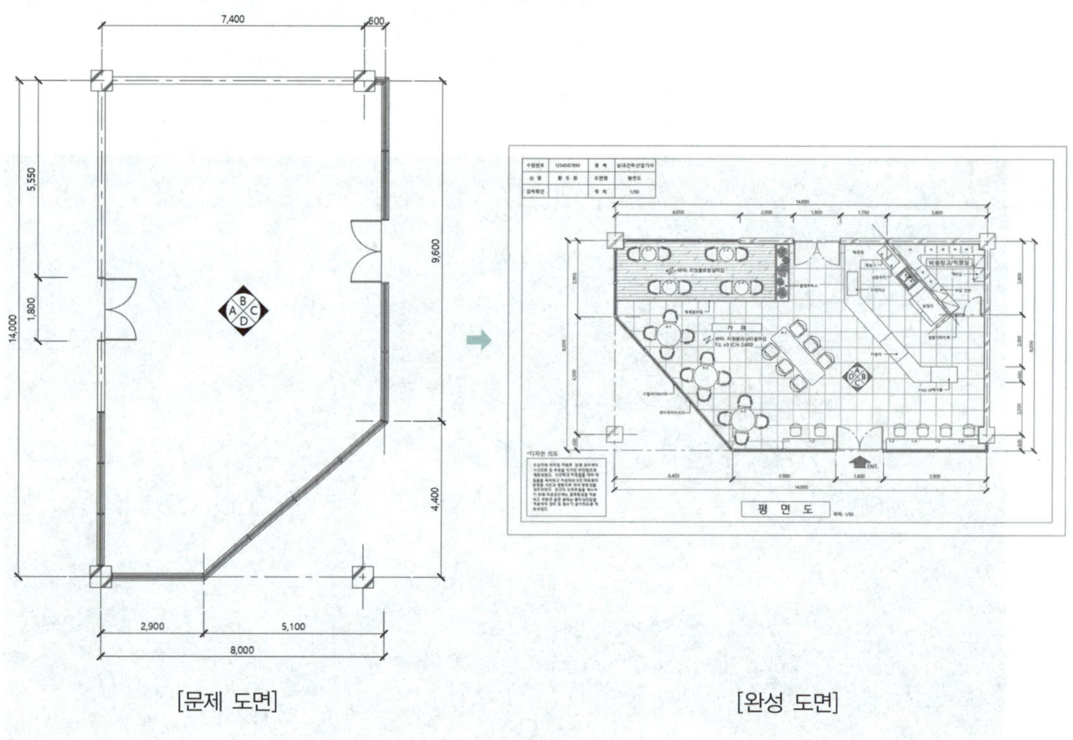

[문제 도면]   [완성 도면]

<table><tr><td>Section **01**</td><td>**벽체 작성**</td></tr></table>

❶ 제시된 문제 도면은 세로로 긴 공간입니다. A3(1/50) 도면양식에 그대로 배치할 수 없으므로 90° 회전하여 작성합니다. 현재 도면층은 '벽체'(노랑) 도면층으로 지정하고 도면요소를 작성하면서 변경해 나갑니다.

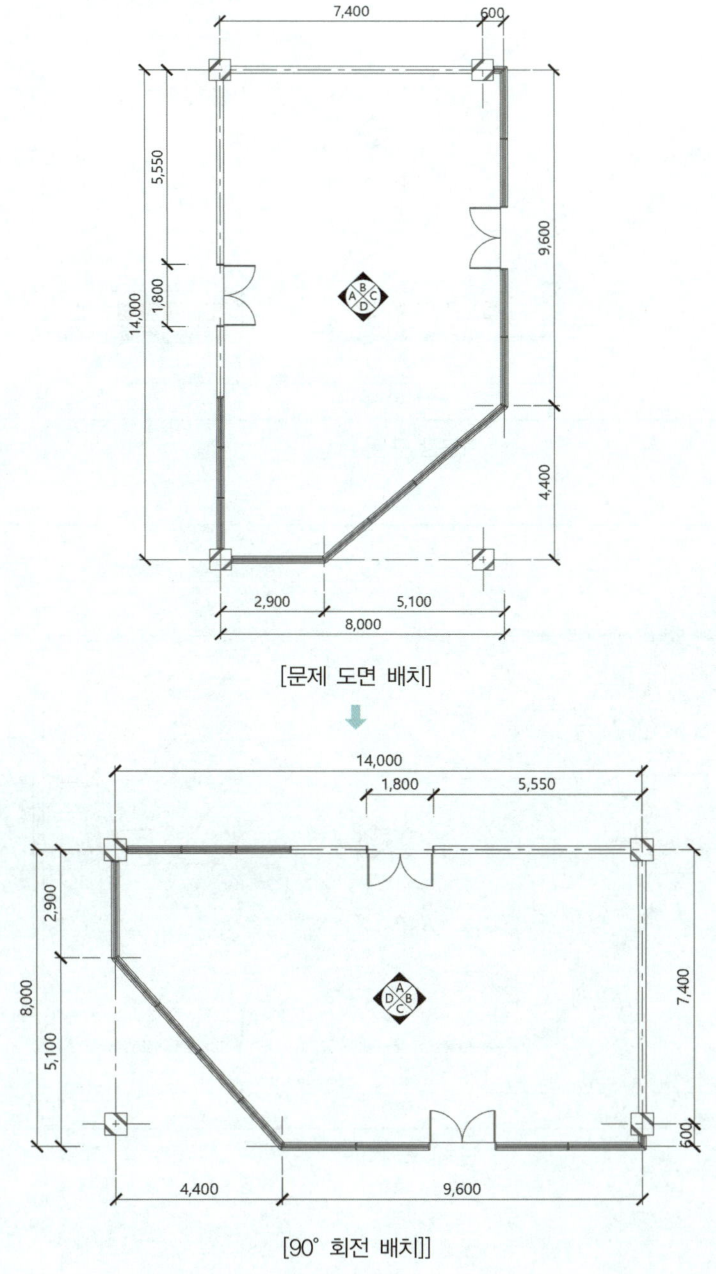

[문제 도면 배치]

[90° 회전 배치]]

❷ 교재의 문제 도면이나 노트에 '커피숍' 공간을 구상하며 스케치합니다. 시험장에서는 시험문제지에 직접 스케치하며, 작성 과정에서 공간의 성격에 따라 배치를 조정합니다.

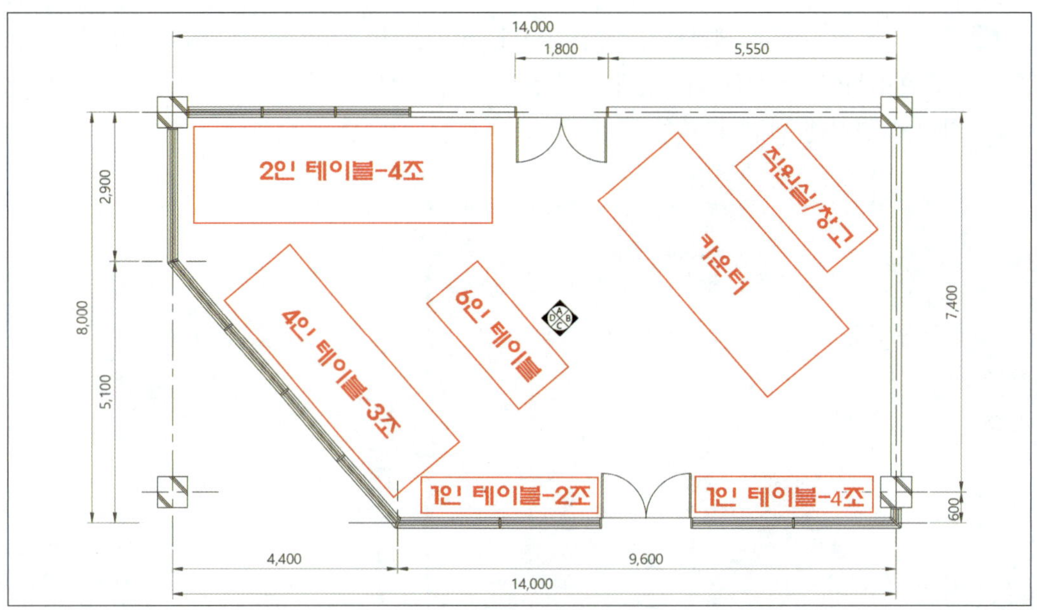

[공간 구상]

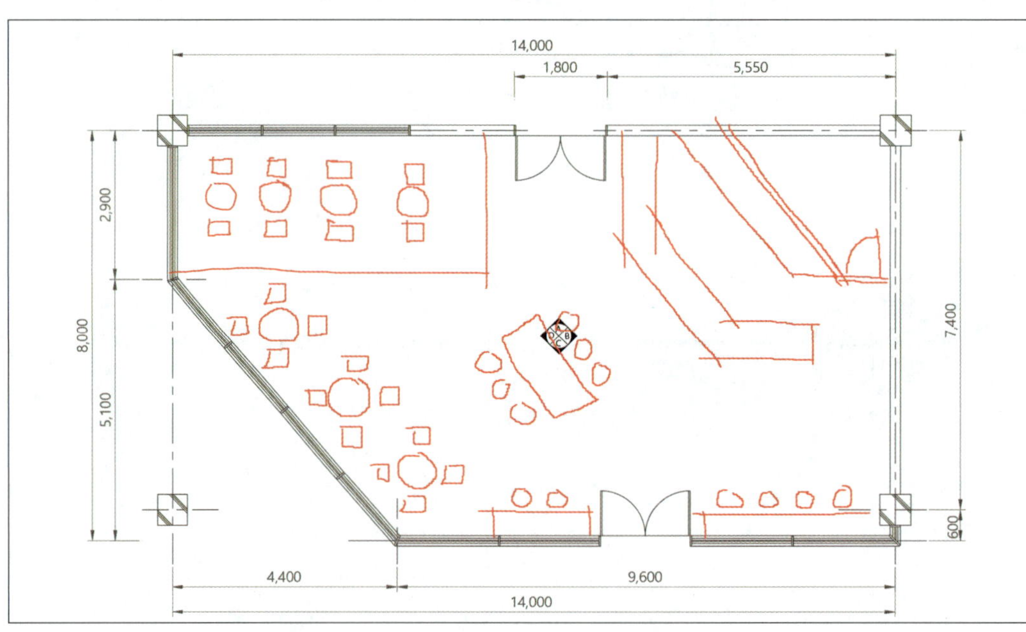

[공간 스케치]

❸ 공간 전체의 크기를 기준으로 중심선과 외벽 두께, 기둥을 표시하고, 중심선은 '중심' 도면층으로 변경합니다. 기둥처럼 제시되지 않은 조건은 주변 치수(벽두께)와 비교하여 수험자가 판단합니다.

[요구조건]

설계면적	• 14,000mm×8,000mm×2,600mm(CH)
벽체	• 철근콘크리트 벽체 [THK 200mm 철근콘크리트]

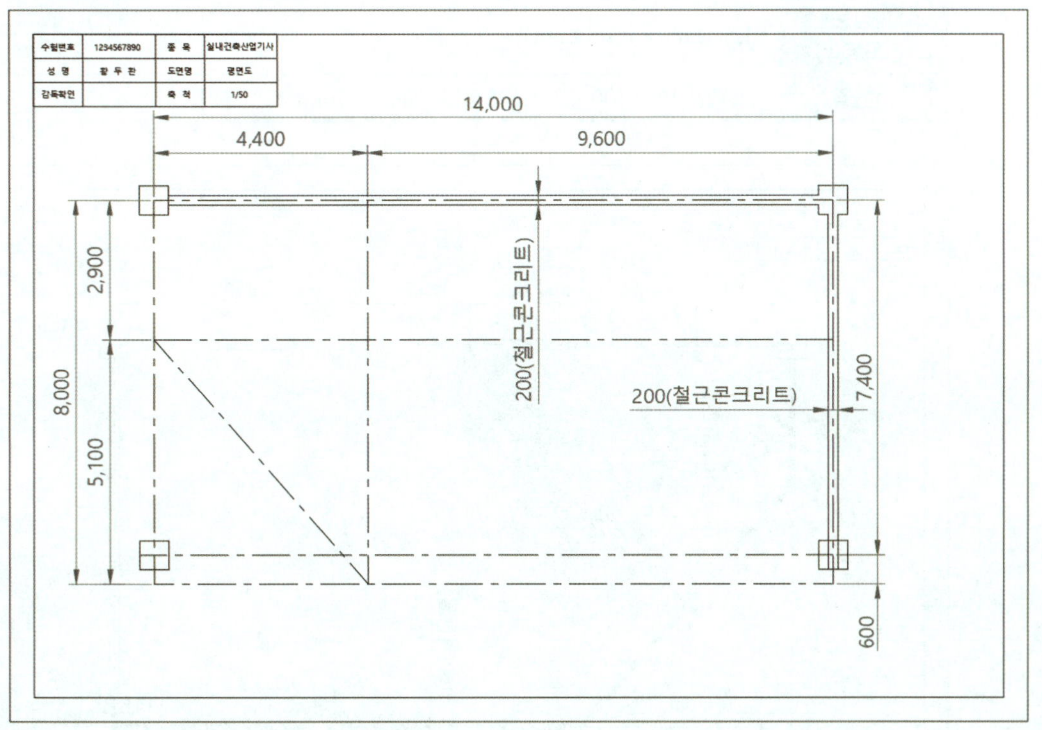

Section 02 창호 작성

❶ 커튼월과 문, 출입구의 위치를 표시하고 중심선을 제외한 모든 선은 '벽체' 도면층으로 변경합니다. 위쪽 출입문 좌측의 콘크리트벽 치수(2000)와 아래 출입문 위치는 세부 치수가 없으므로 작업자가 도면을 참고하여 계획합니다. 이는 수험자에 따라 다를 수 있습니다.

[요구조건]

출입문 (강화유리)	• 1,800mm×2,100mm(H)
커튼월	• 커튼월 벽체[100×100 스틸바 + THK 24mm 로이유리]

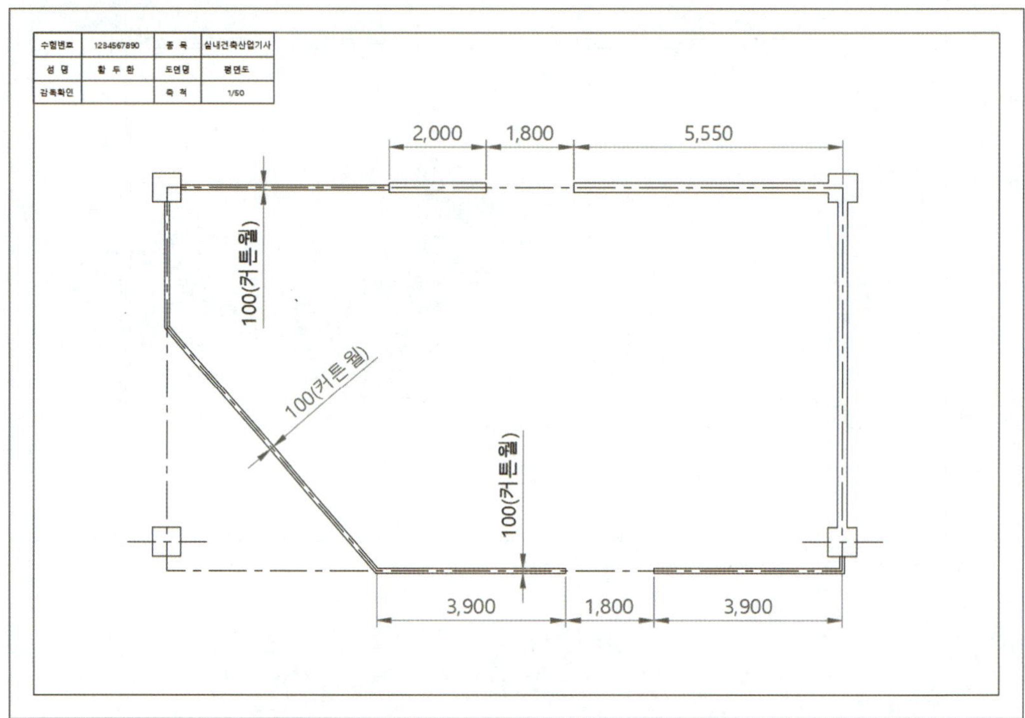

❷ 유리벽(커튼월) 사선 부분의 스틸프레임은 Mirror(MI) 대칭복사를 활용하여 그립니다.

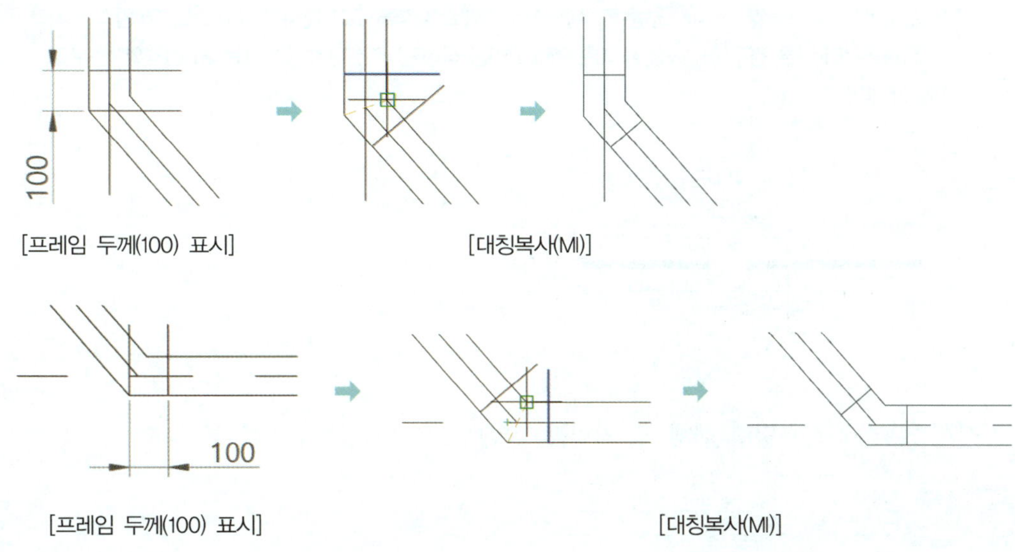

❸ 유리벽(커튼월)의 시작과 끝 부분(원으로 표시한 부분)에 스틸프레임(100×100)을 그려 배치합니다.

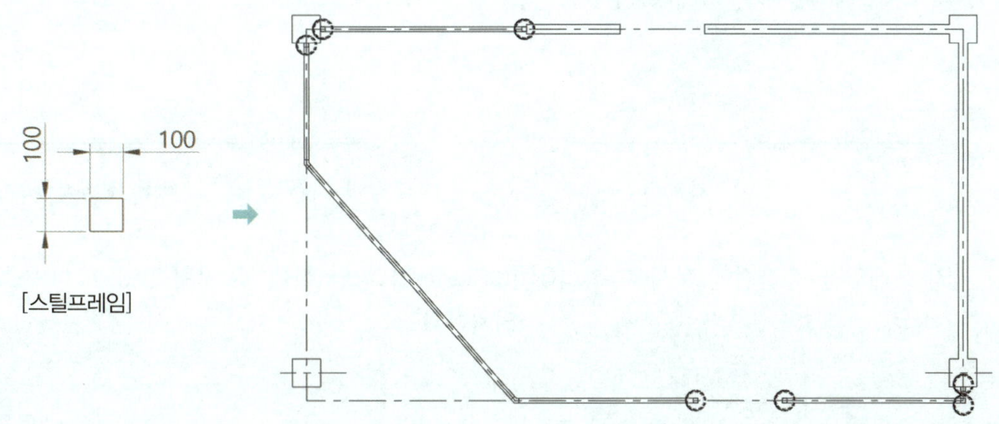

❹ 유리벽(커튼월)의 유리(THK24)와 스틸프레임 두께(100×100)를 등간격으로 표시합니다.

* 문제 도면에 스틸프레임 표시가 없는 경우 2~3m 내외로 간격을 두고 배치합니다. 스틸프레임의 크기가 문제 도면
과 작성조건이 다른 경우 작성조건을 기준으로 도면을 작성합니다. 유리의 두께는 24 간격의 선 두 줄로 작성해도
무방합니다.

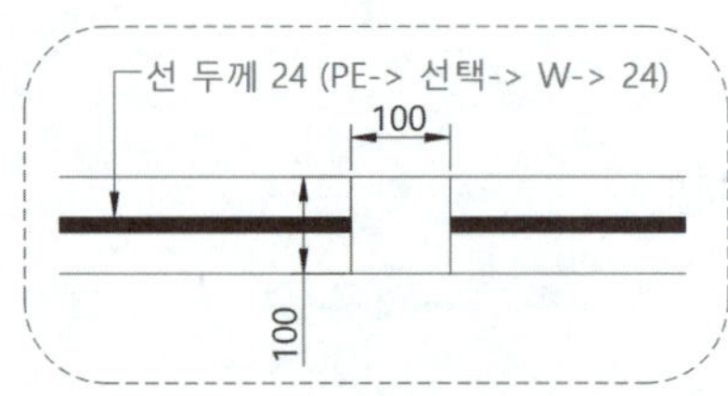

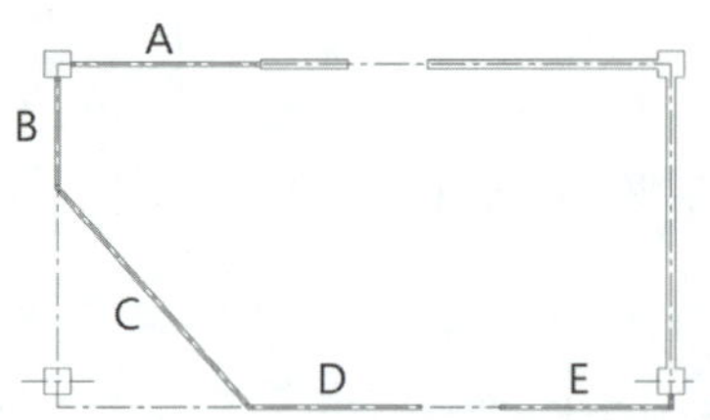

[A] [Offset(F)] 명령 실행 후 거릿값 '4350/3'을 입력해 위치를 표시

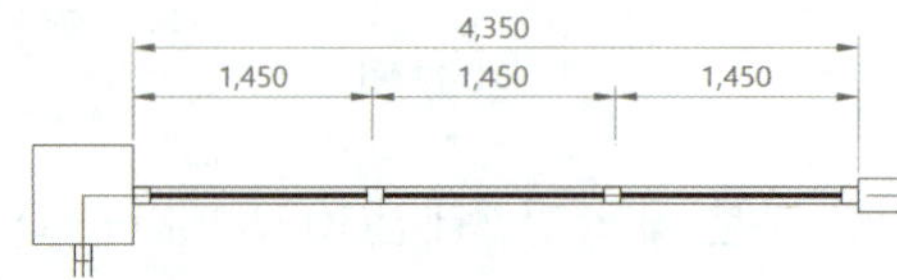

[D, E] 프레임을 중간점에 복사

[B] 프레임을 중간점에 복사 　　　[C] [Offset(F)] 명령 실행 후 거릿값 '6577/4'를 입력해
위치를 표시

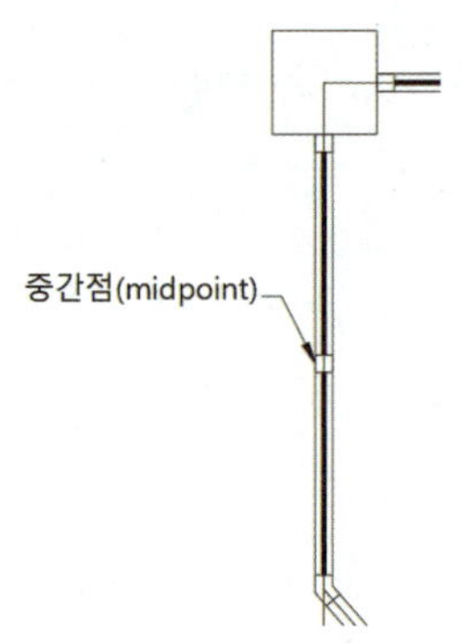

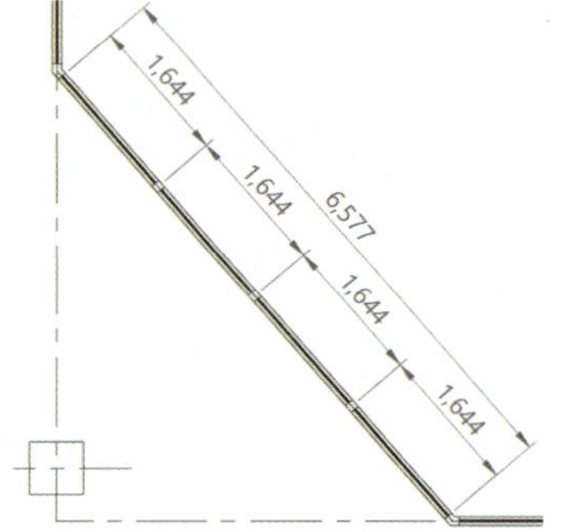

❺ 빈 공간에 출입문(1,800)을 그리고 대칭복사합니다.

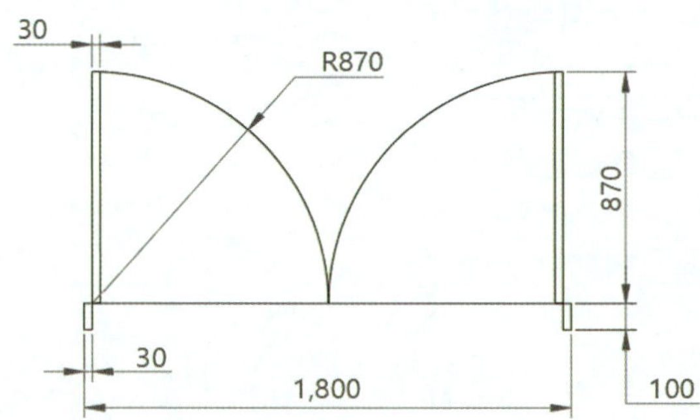

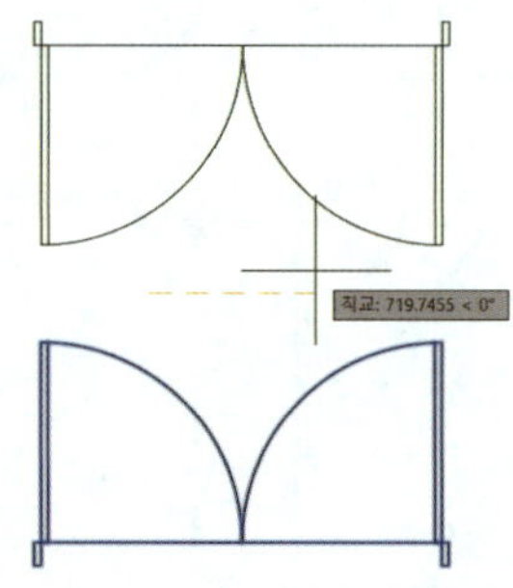

❻ 출입문의 호(개폐 범위)는 '중심'(빨강) 도면층, 나머지는 '문'(하늘색) 도면층으로 변경하고 배치합니다.

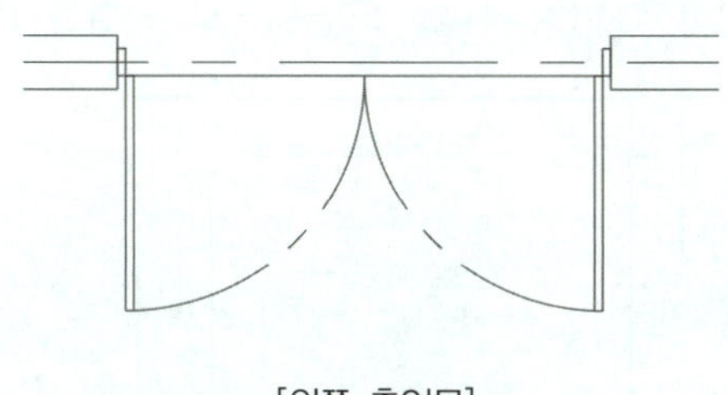

[위쪽 출입문]

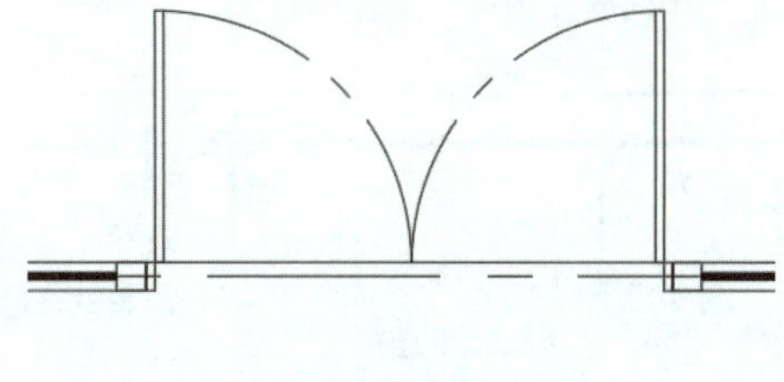

[아래쪽 출입문]

❼ 우측 상단에 '직원실/창고'의 벽체(경량칸막이)를 작성합니다. 공간의 크기를 표시하고 커튼월의 경사선(①)을 복사해 모양을 만듭니다.

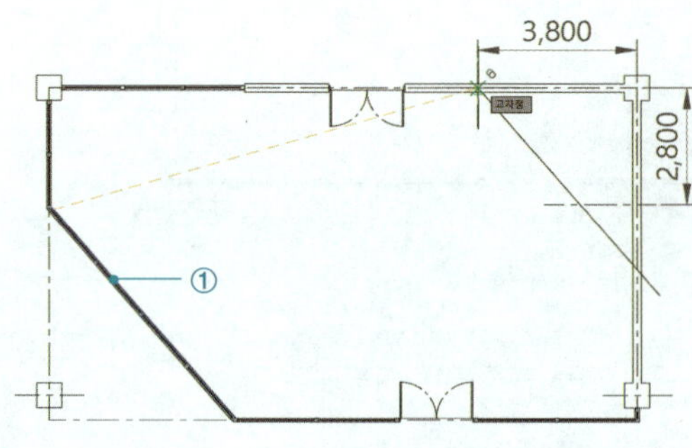

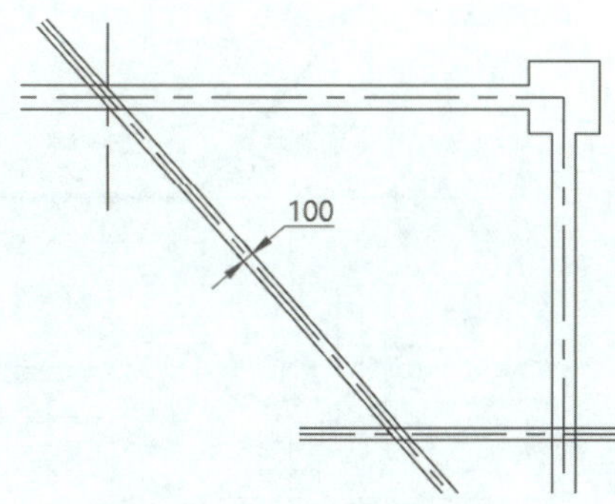

❽ 경량 칸막이를 편집하고 문을 작성해 배치합니다. 경량 칸막이는 '벽'(노랑) 도면층으로 변경합니다.

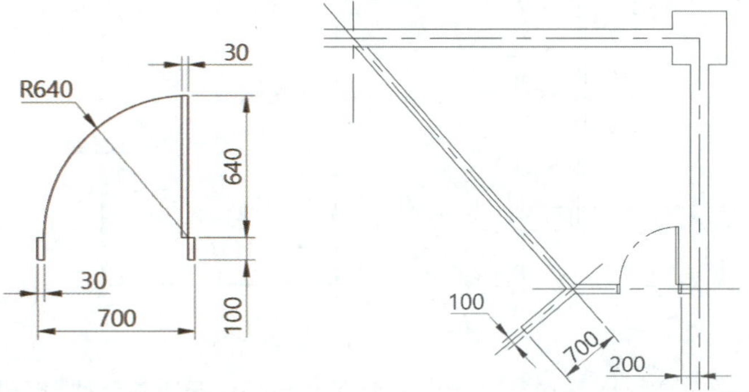

❾ 기둥과 철근콘크리트 외벽은 [Offset(O)] 명령으로 마감 두께를 20으로 그립니다. 코너 부분은 [Trim(TR)] 또는 [Fillet(F)] 명령으로 편집하고 '마감'(선홍) 도면층으로 변경합니다.

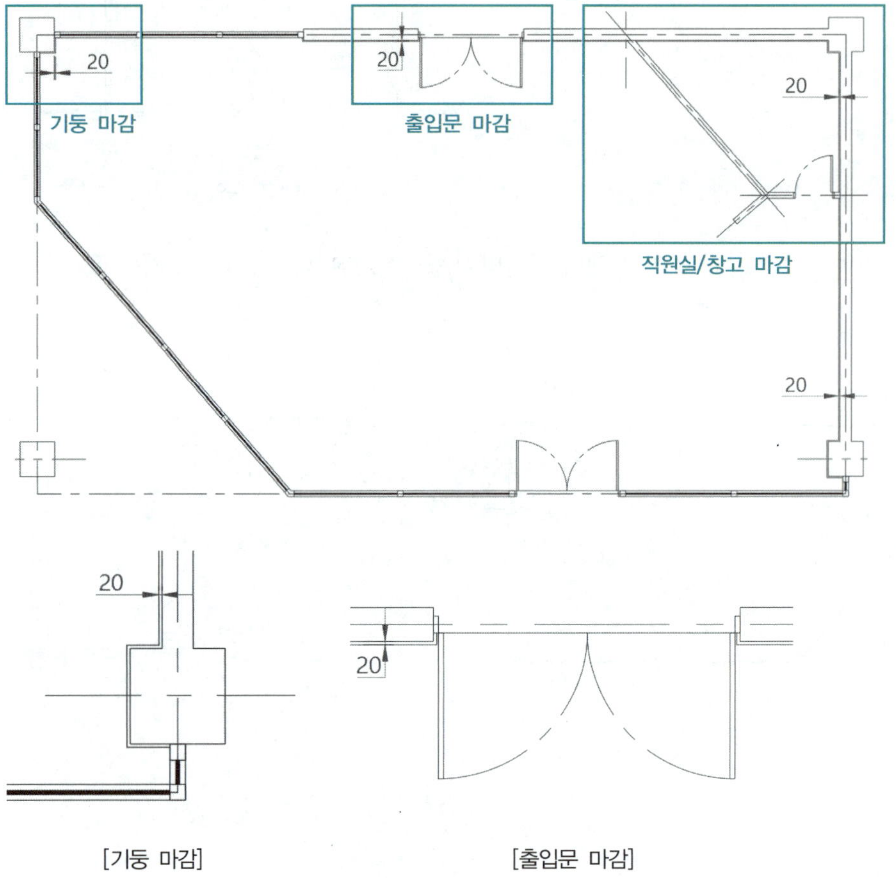

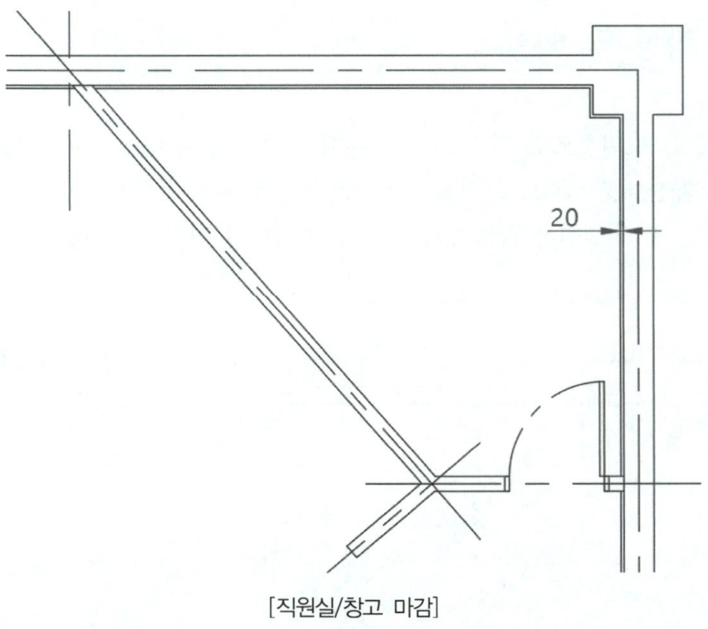

[직원실/창고 마감]

⑩ 2인 테이블 공간의 크기를 확정하고, 마감 경계선을 표시합니다. 경계선은 마감(선홍) 도면층으로 변경합니다.

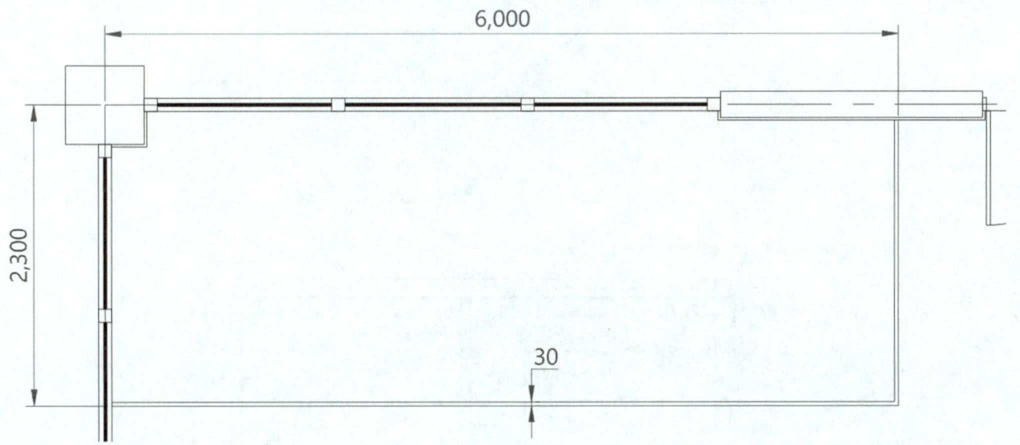

<table><tr><td>Section **03**</td><td></td></tr></table>

Section 03 가구 작성 및 배치

❶ 현재 도면층을 '가구'(파랑) 도면층으로 변경합니다. 문제 도면에 스케치한 계획을 기준으로 제작 가구인 카운터 및 계산대를 600으로 작성하고 보행동선에 문제가 없도록 1200 내외의 공간을 확보합니다. 주방 및 직원실은 작업자의 능력을 고려하여 디자인합니다.

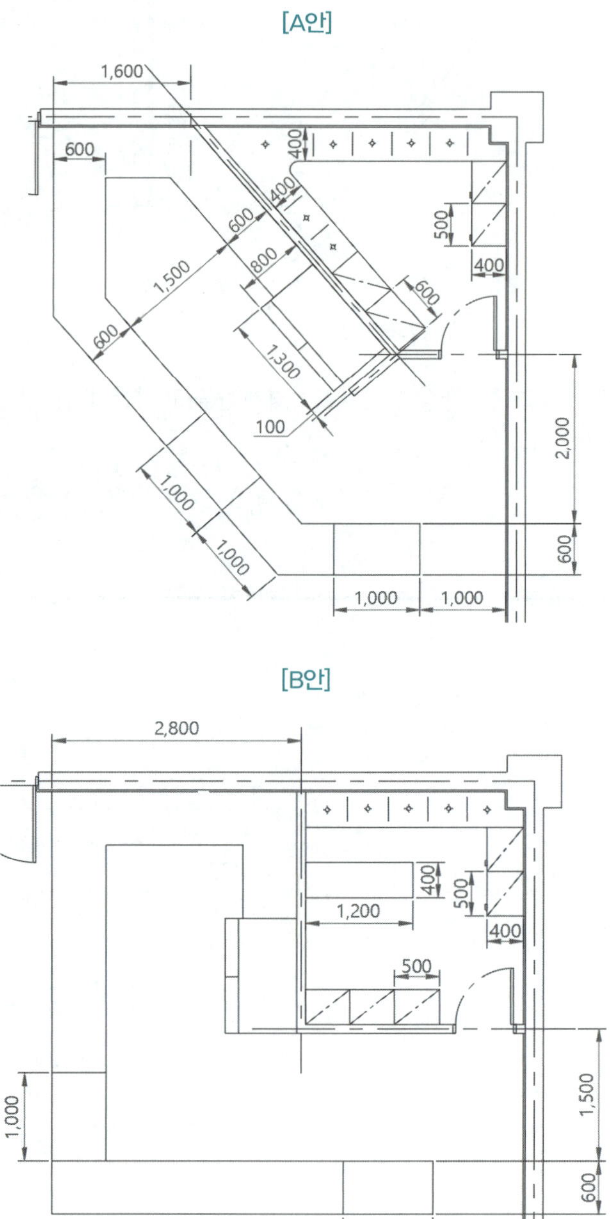

❷ 창가에 스틸바 프레임에 맞춰 1인 테이블을 작성합니다.

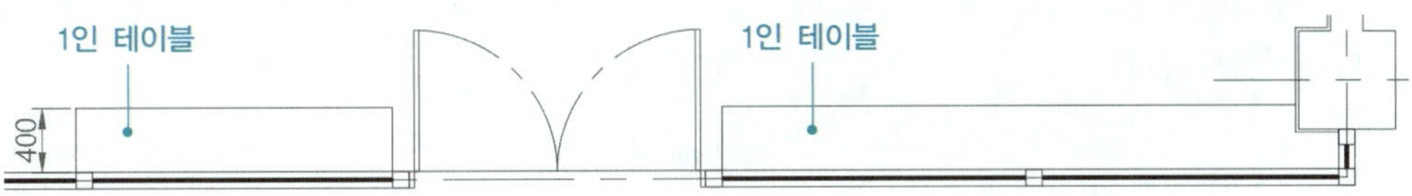

❸ 제공된 '2D 소스 파일'을 더블클릭으로 실행합니다. 여러 가구 중 테이블, 의자, 식물을 Ctrl +
C로 복사하고 작성 중인 도면에 Ctrl + V로 붙여 넣습니다. 2D 소스 파일을 복사해 붙일 때는
각 가구 간에 거리가 멀어 한 세트씩 여러 번 복사하는 것이 좋습니다. 복사 후 가급적 선택
및 관리가 용이하도록 블록(B)으로 변경합니다.

[요구조건]

필요 공간 및 집기	• 서비스 카운터 & 계산대 • 비품 및 저장창고 • 손님용 테이블 및 좌석 [6인용 – 1조], [4인용 – 3조], [2인용 – 4조], [1인용 – 6조]	• 주방(주방기구 일체 계획) • 실내 조경 공간

[2D 소스 파일]

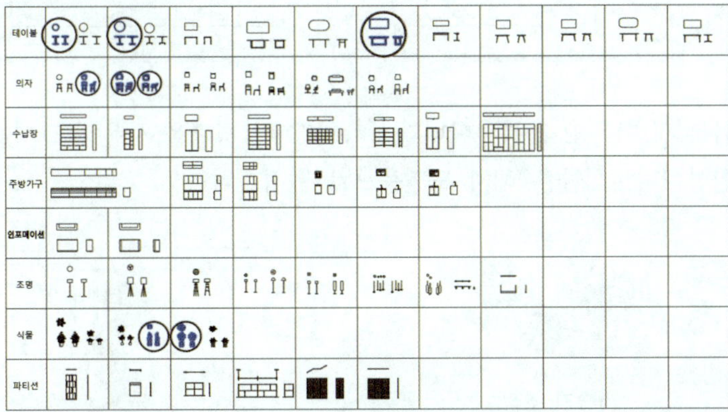

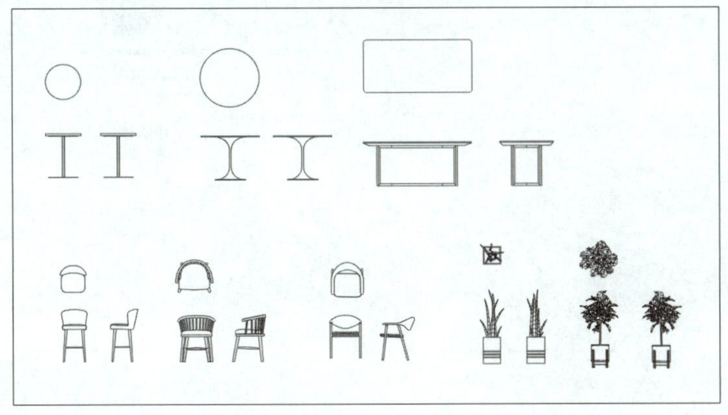

❹ 평면 형태의 테이블과 의자를 조합하여 배치합니다. 6인 테이블은 원본 캐드소스의 크기를 수
정해 배치하고 공간이 협소한 경우 테이블 세트를 [축척(SC)] 명령으로 0.8~0.9 정도로 줄여
공간을 확보합니다.

[테이블 배치]

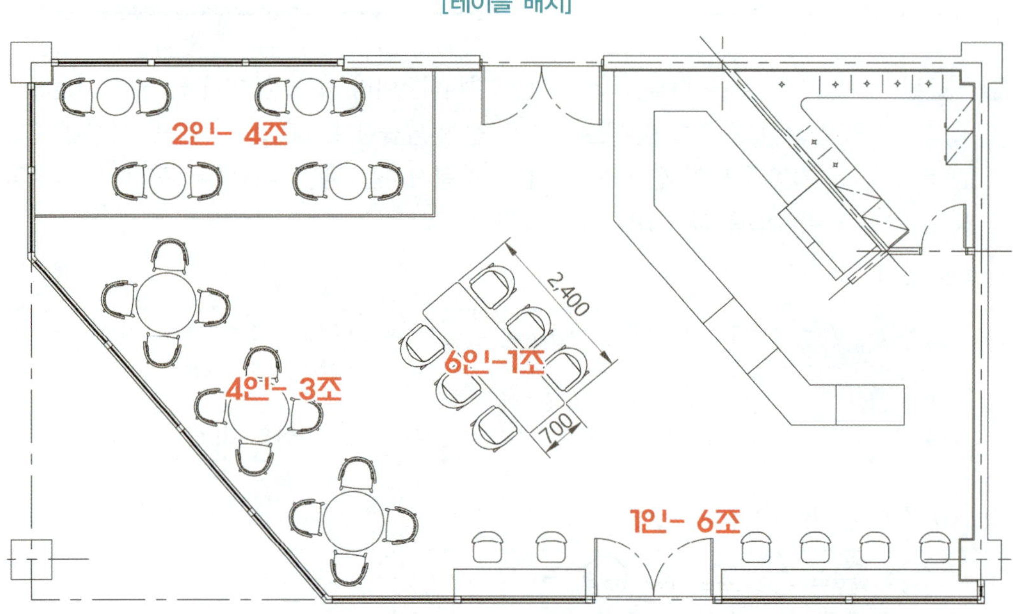

❺ 가져온 '2D 소스 파일' 화분(평면)을 2개 복사합니다. [축척(SC)] 명령을 사용해 크기를 조합
하여 플랜트 박스를 표현합니다. 식물은 해치 도면층으로 변경합니다.

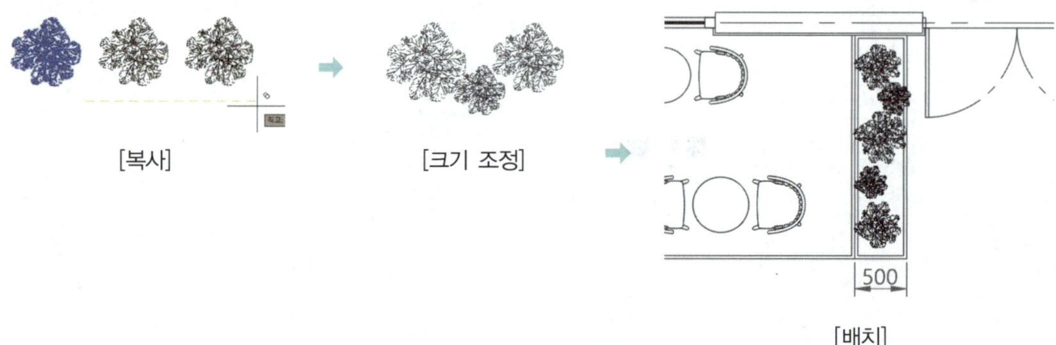

❻ 작업대의 개수대는 직접 작성하거나 '2D 소스 파일'에서 가져와 배치하고 제빙기, 냉온수기, 커피머신 등 집기의 위치를 사각형으로 표시합니다. 개수대 크기가 맞지 않으면 [축척(SC)] 명령으로 조정합니다.

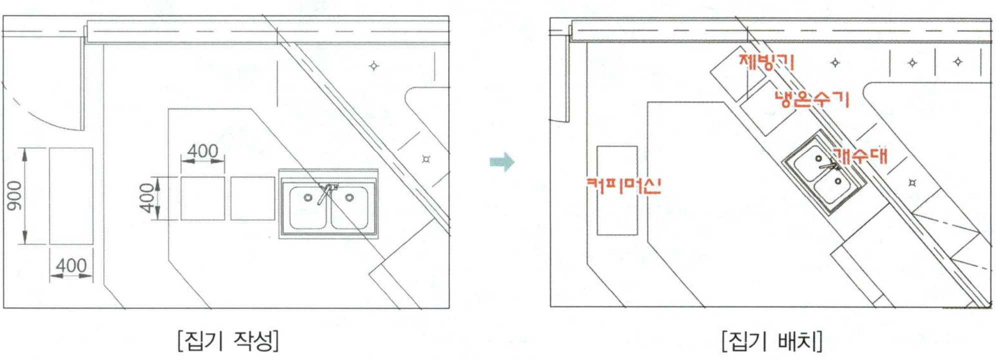

[집기 작성]   [집기 배치]

Section 04 기호 작성 및 문자 기입

❶ 현재 도면층을 '주석'(녹색) 도면층으로 변경하고 나머지 문자와 기호를 작성합니다. 지시선의 선은 [Line(L)] 명령으로, 점은 [Donut(DO), D50] 명령으로 작성합니다.

[문자 높이(도면 축척 1/50)]

가구 및 집기의: 100, 바닥마감재, 바닥레벨: 120, 실명: 150, 출입구 ENT.: 150, 도면명 평면도: 300, 축척: 120, 입면기호 문자: 200

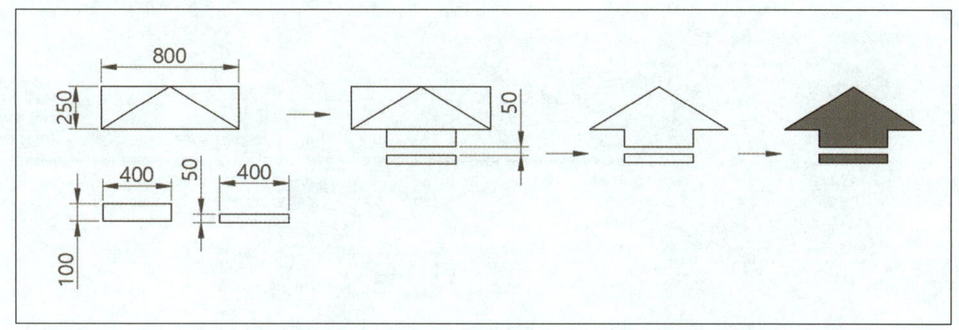

[출입구 기호]

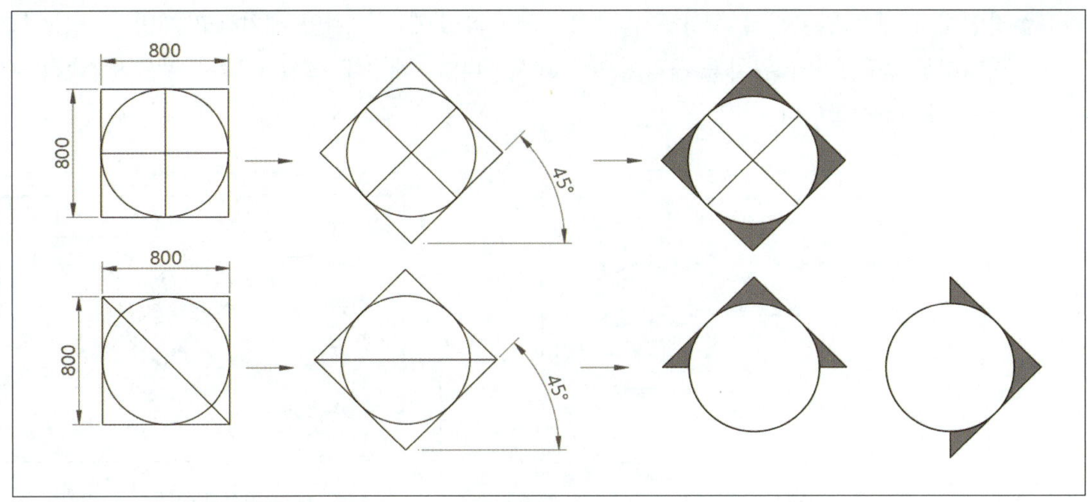

800
800
800
800
45°
45°

2-1
2-2
2-3
2-4
바닥: 지정플로링널마감
플랜트박스
재료분리대
카 페
바닥: 지정폴리싱타일마감
F.L: ±0 (C.H: 2,600)
6-1
4-1
4-2
스틸바100x100
로이유리THK24
4-3
제조대
제빙기
냉온수기
커피머신
비품창고/직원실
캐비닛
수납 선반
냉장고
경량칸막이벽
카운터
PICK UP테이블
A
D   B
C
1-1   1-2
1-3   1-4   1-5   1-6
ENT.
평 면 도
축척: 1/50

[입면기호]

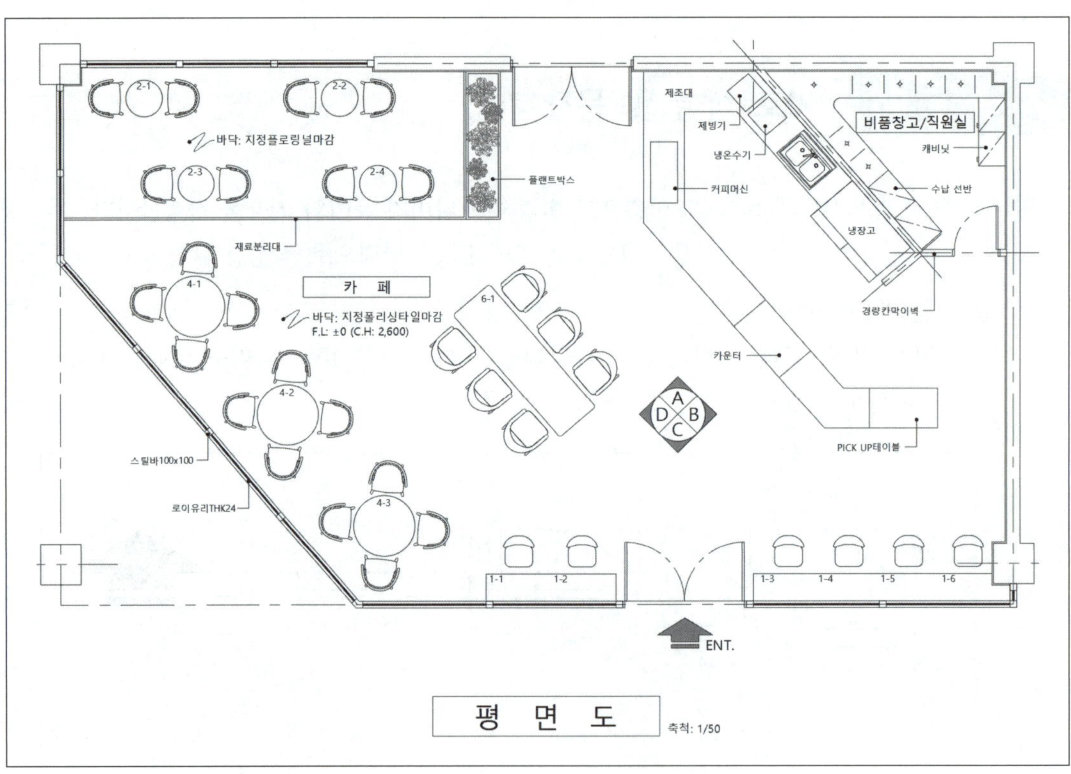

<table><tr><td>Section **05**</td><td>## 선 정리 및 해치</td></tr></table>

❶ 중심선의 길이를 정리하기 위해 사각형(①)을 그립니다. 사각형(①)까지 중심선을 연장하거나 잘라내고 사각형은 삭제합니다.

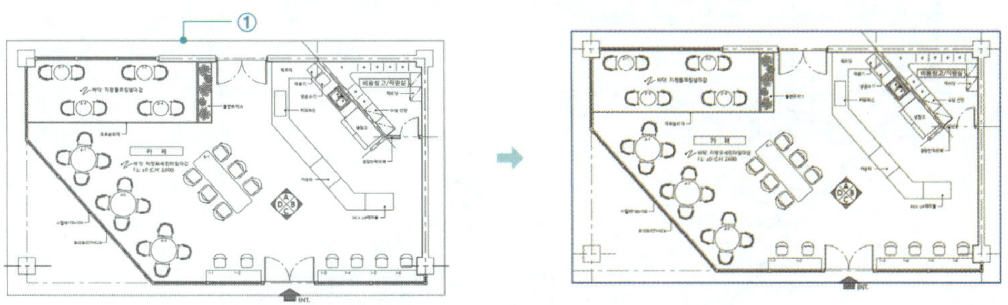

❷ [해치(H)] 명령을 사용해 바닥 패턴을 넣습니다.

- 홀/주방/직원실: '사용자 정의', 간격 600, 각도 0 '이중' 옵션 적용

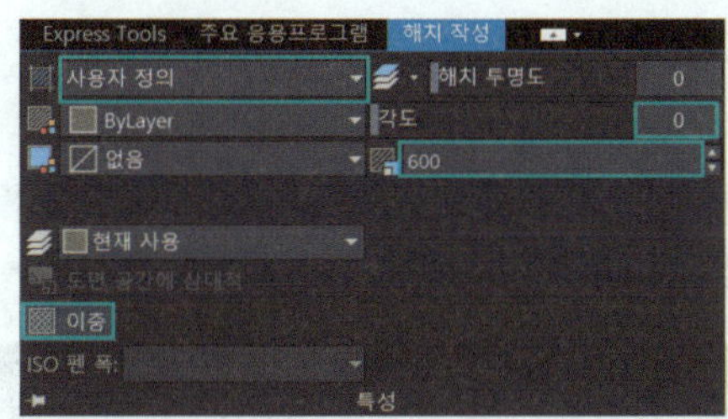

- 2인 테이블 공간: 패턴 DOLMIT, 축척 20, 각도 0

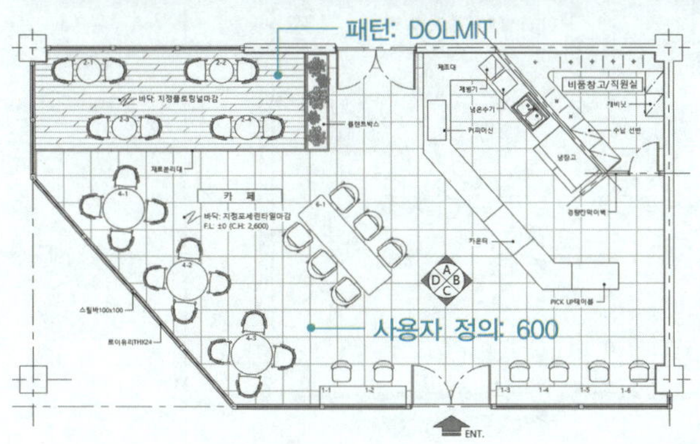

❸ 벽체의 재료표시 패턴을 넣기 위해 현재 도면층을 '해치'(회색1) 도면층으로 변경하고 '중심'(빨강) 도면층을 Off합니다. 해치 적용 후 '중심' 도면층은 다시 On으로 합니다.

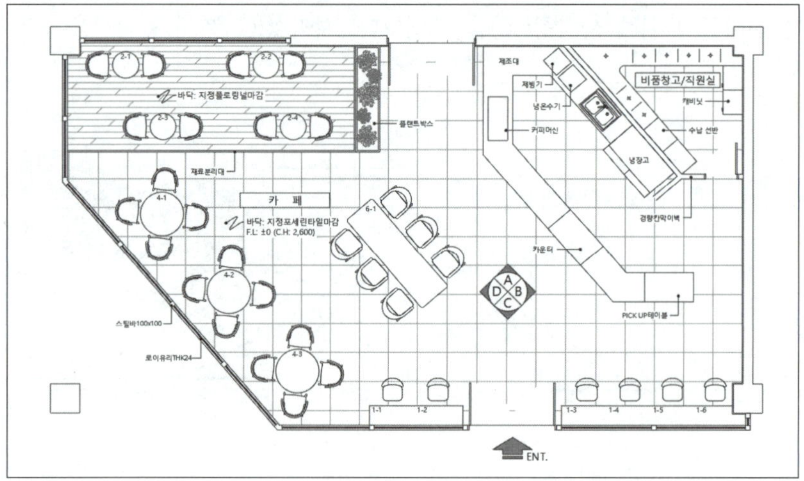

[중심선 도면층 Off]

[해치 패턴 넣기]

철근콘크리트벽/기둥: JIS_RC_18 축척 50~60

* 기둥에 해치를 넣을 때는 패턴이 보이지 않을 수 있으니 하나씩 해치를 넣는 것이 좋습니다. 하나씩 해치를 넣어도 보이지 않는 경우 원점 설정(①)을 클릭해 기둥 내부를 클릭합니다.

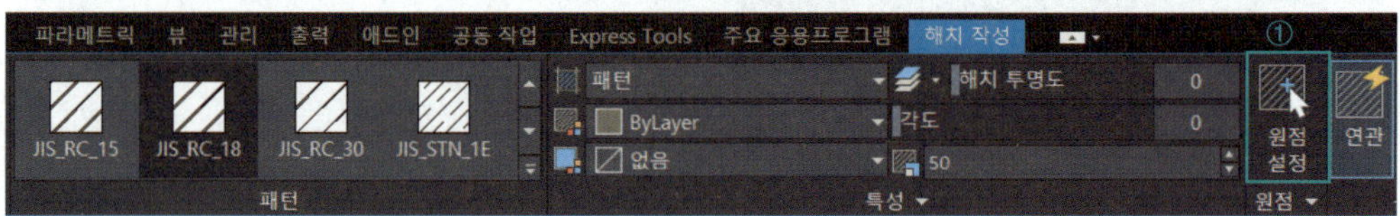

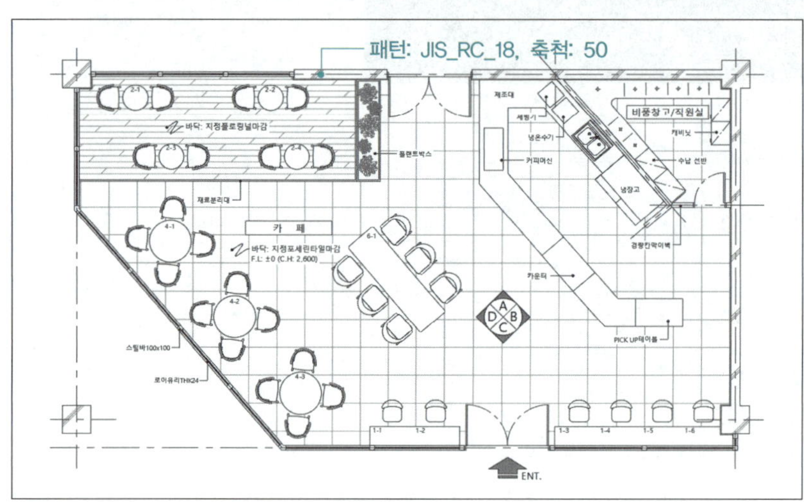

Section 06 # 치수 기입

❶ 치수를 기입하기 위해 각 구간(벽, 창호, 주요 가구)에 보조선(①)을 그립니다. 보조선은 치수 기입 후 삭제하므로 선의 종류나 유형은 아무 것이나 상관이 없습니다. 아래 그림에서는 시인성을 높이기 위해 파선으로 표시하였으며, 주요 가구의 치수 구간은 작업자에 따라 다를 수 있습니다.

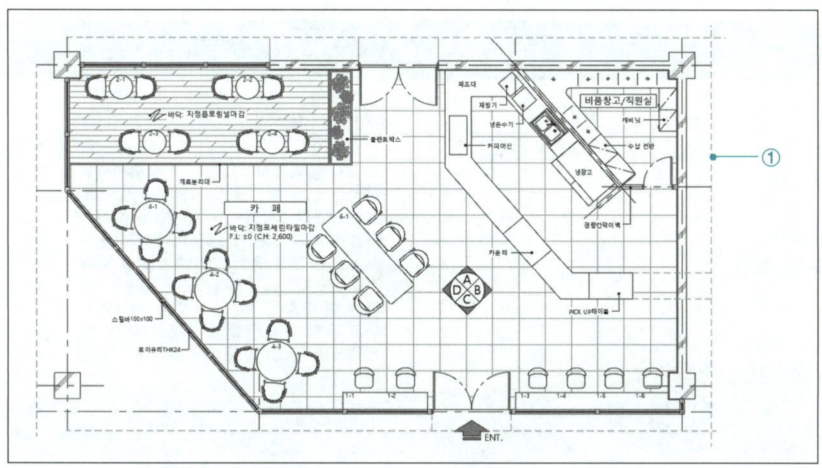

❷ 치수를 기입하기 위해 현재 도면층을 '주석'(녹색) 도면층으로 변경합니다. [선형치수(DLI)], [연속치수(DCO)], [신속치수(QDIM)] 명령 등을 사용해 치수를 기입하고 보조선은 삭제합니다. 기입된 치수의 값과 구간은 작업자의 기준 및 마감 두께에 따라 다를 수 있습니다.

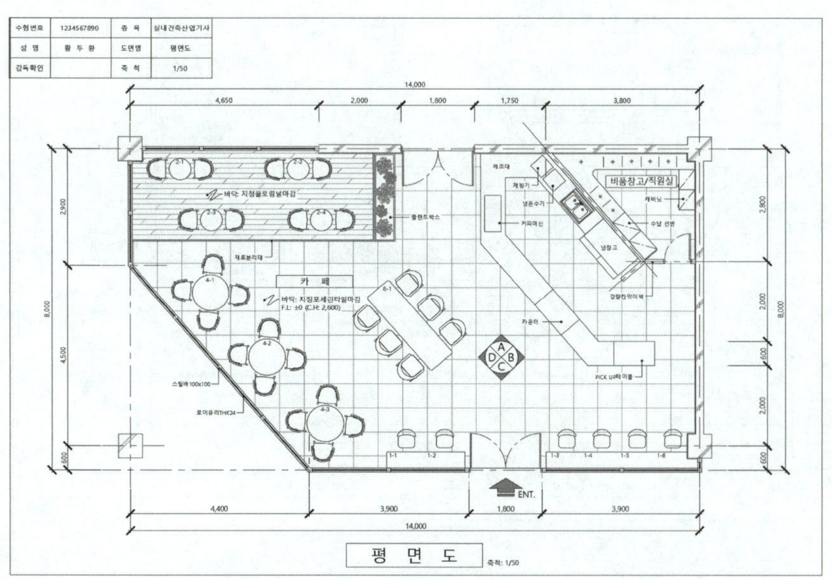

Section 07 디자인 의도

❶ 도면의 하단 빈 공간에 '디자인 의도'를 작성합니다. '디자인 의도' 문자는 높이 150, 내용은 높이 100으로 작성하여 평면도를 완성합니다. '디자인 의도'의 내용은 장문이므로 [Mtext(T)] 명령을 사용하여 작성합니다.

디자인 의도 작성

디자인 의도는 200자 이내로 서술합니다. 작업자가 계획한 마감재, 동선, 가구 배치, 색상, 조명, 디자인 콘셉트 등의 내용을 포함합니다.

1. 공간의 유형과 구조
2. 실내마감재의 종류 및 특징
3. 가구 배치의 형식이나 특징
4. 공간 구성과 동선의 특징
5. 조명 및 전체적인 분위기, 콘셉트

*디자인 의도

도심지에 위치한 카페로 한쪽 유리벽이 사선으로 된 부분을 디자인 주안점으로 계획하였다. 사선벽과 커튼월을 따라 테이블을 배치하고 카운터와 6인 테이블의 방향을 사선과 평행으로 하여 방향성을 강조하였다. 공간의 단조로움을 해소하기 위해 조경공간에는 플로링널을 적용하고 주방과 넓은 홀에는 폴리싱타일을 적용하여 관리 및 청소가 용이하도록 계획하였다.

(글자 수에 따라 조절 2,200 / 3,000)

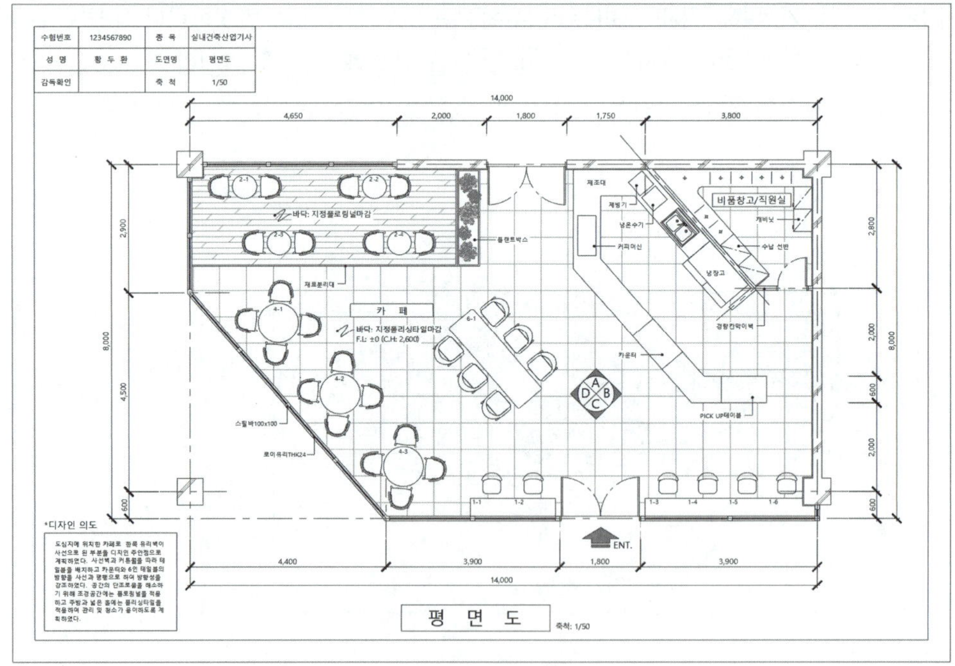

04 내부 입면도 작성

내부 입면도는 평면도를 참고하여 작성합니다. 완성된 평면도를 복사해 벽면의 폭, 중심선, 가구 위치 등 평면도의 정보를 활용합니다. 천장도를 먼저 작성해도 무방합니다.

학습파일 | ▶ 동영상 \ Part06 \ Ch04 \ 카페 – 내부 입면도.mp4

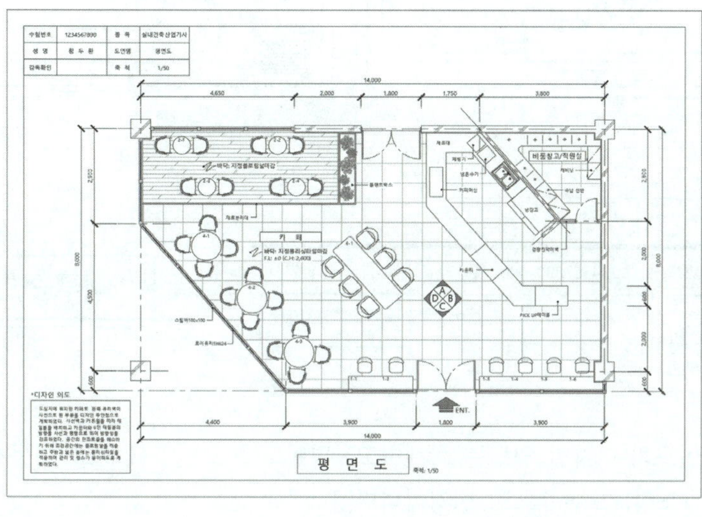

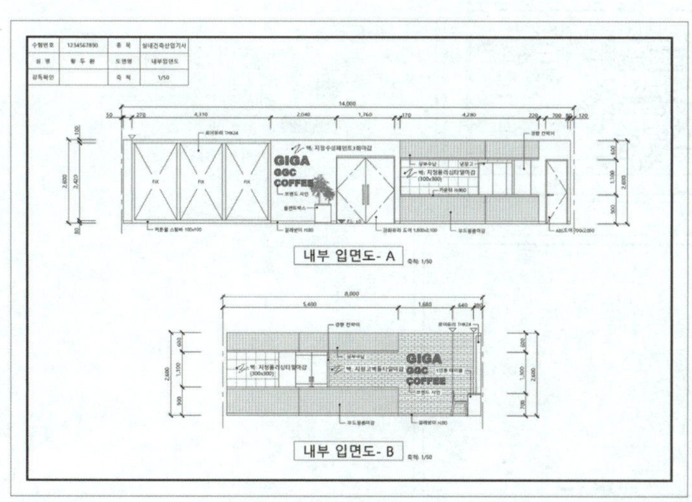

Section 01 　내부 입면도 작성 준비

❶ 완성된 평면도를 천장도 우측에 그대로 복사해 표제란의 도면명(①)과 도면 하단의 도면명(②)
을 '내부 입면도', '내부 입면도 – A'로 수정합니다.

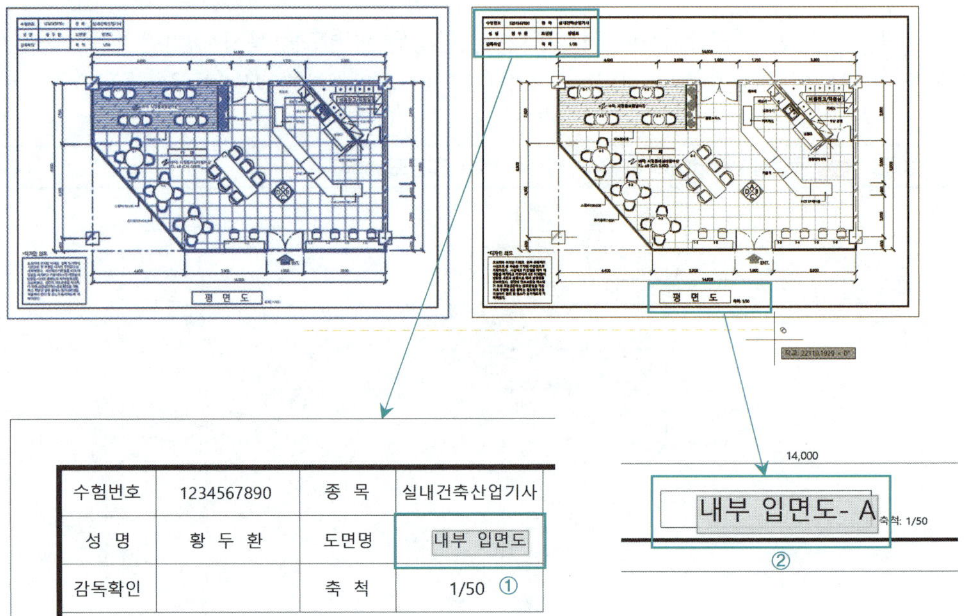

수험번호	1234567890	종 목	실내건축산업기사
성 명	황 두 환	도면명	내부 입면도
감독확인		축 척	1/50 ①

❷ 복사한 평면도의 디자인 의도는 삭제하고, 평면도를 도면양식 위로 이동시킵니다. 현재 도면
층을 '벽체'(노랑) 도면층으로 변경합니다.

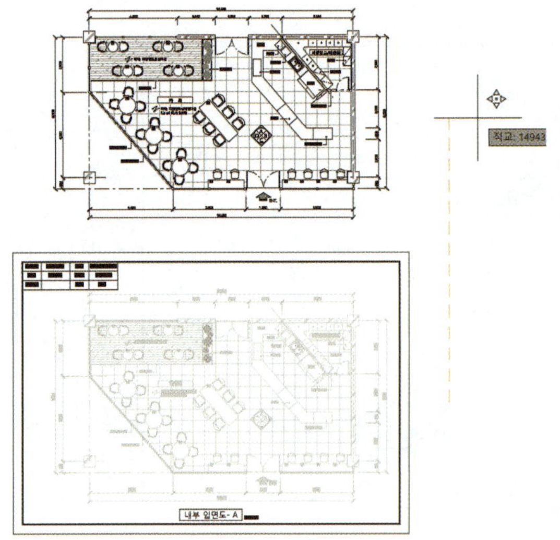

Section 02 입면 윤곽 작성

❶ [구성선(XL)] 명령의 [수직(V)] 옵션을 사용해 중심선, 마감 모서리, 가구의 위치를 표시합니다. 이때 선이 많으면 두 번에 나누어 작성해도 무방합니다.

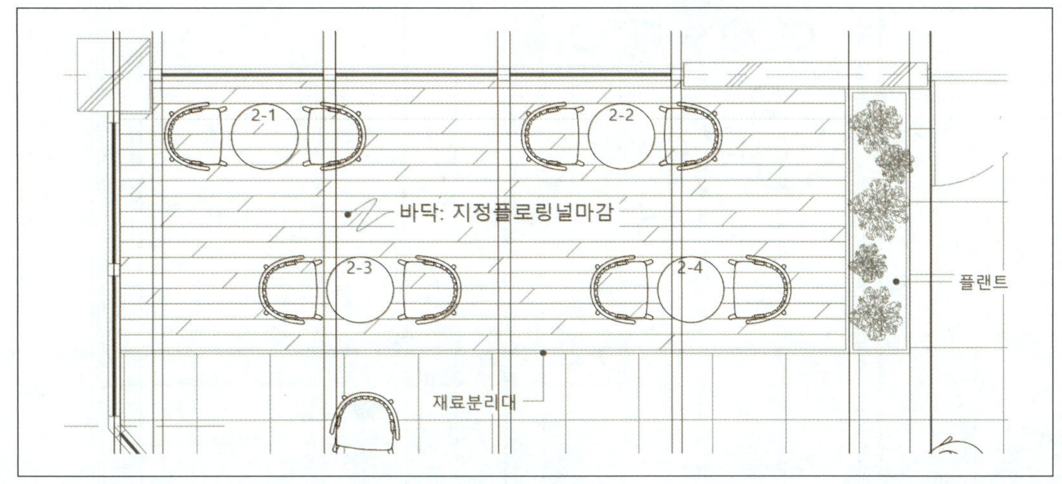

[A방향 좌측]

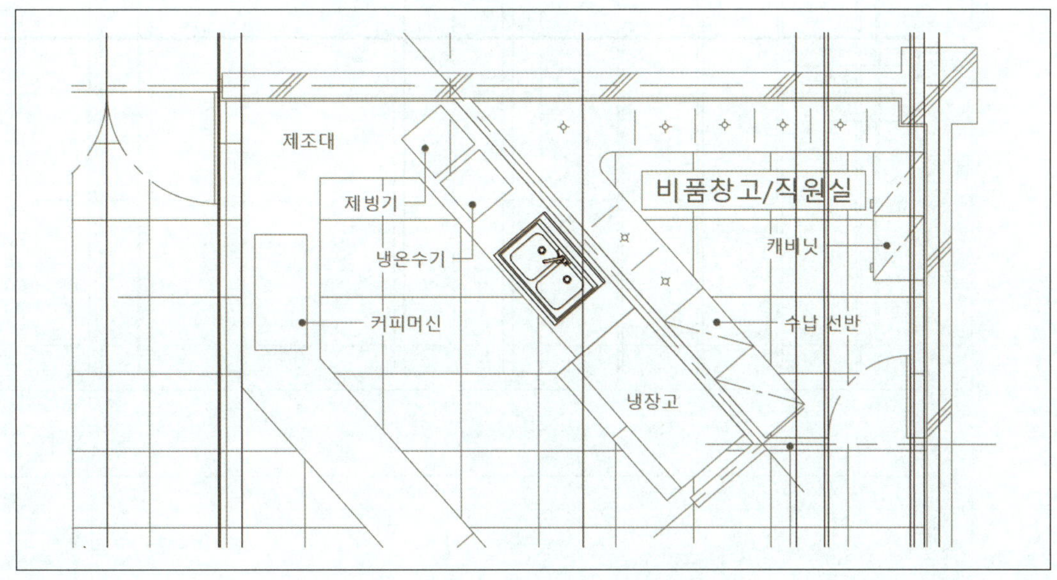

[A방향 우측]

❷ 임의의 가로선을 그려 요구조건으로 제시된 천장 높이 2,600을 표시합니다. 이후 벽면을 편집하고 중심선 ①, ②의 도면층을 변경합니다.

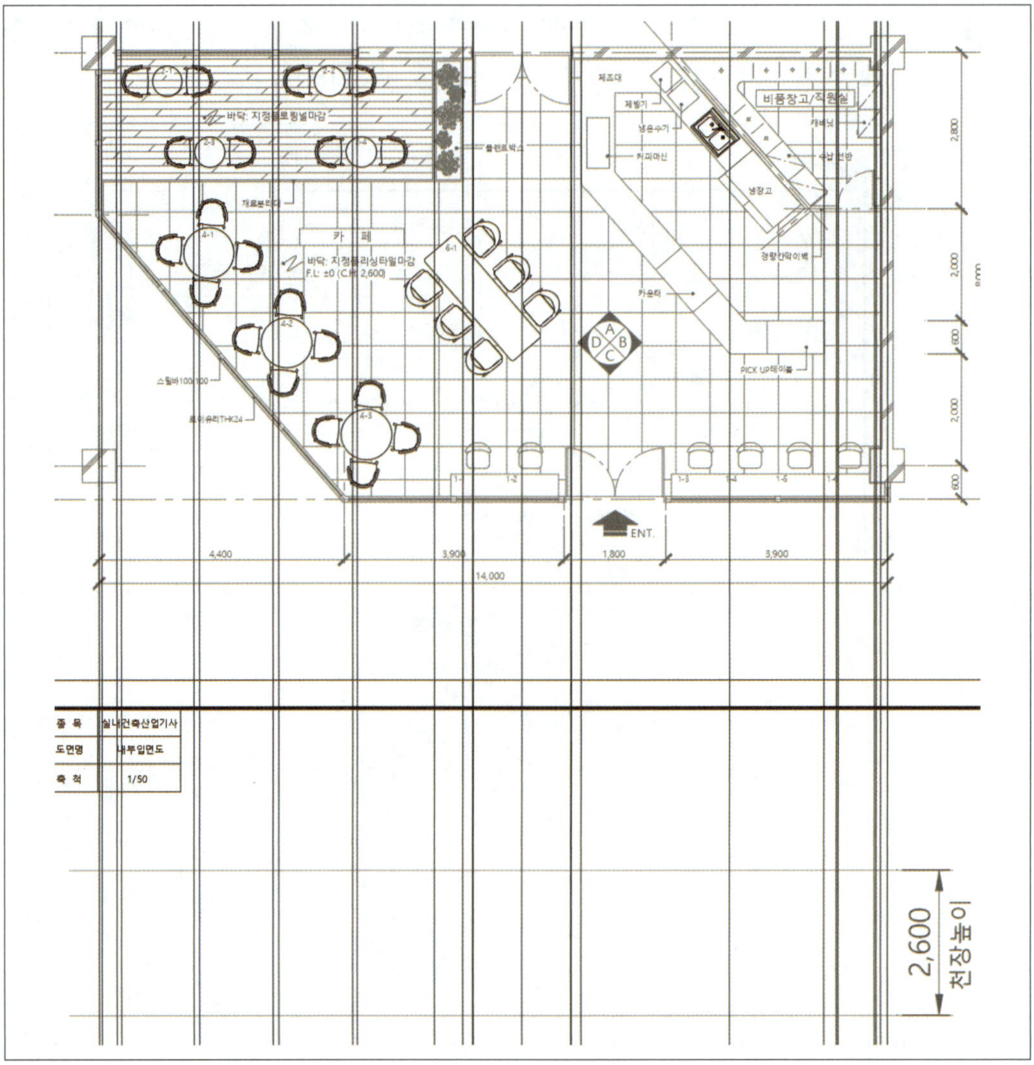

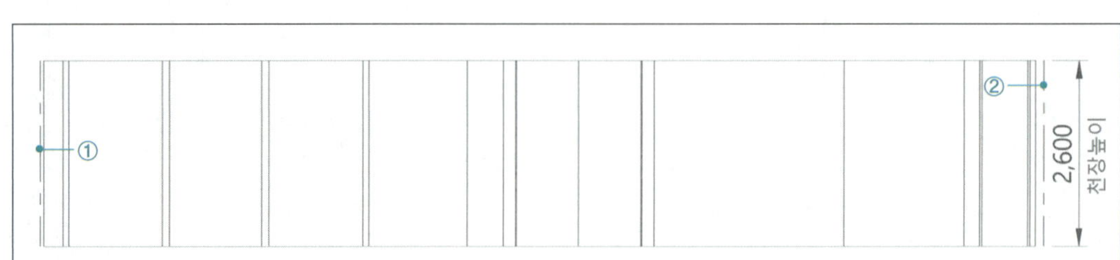

Section 03 **가구 작성**

❶ 좌측 커튼월의 스틸바, 플랜트 박스(화분), 출입문을 작성합니다.

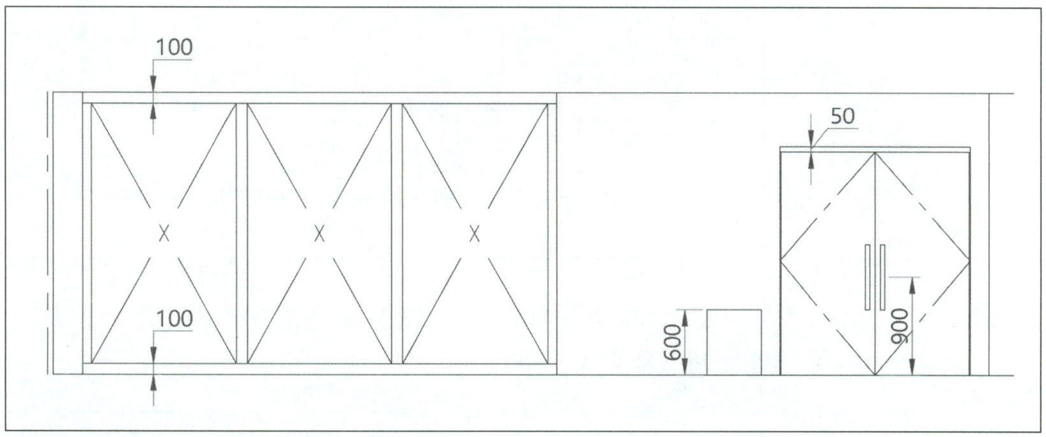

❷ 우측 카운터와 직원실 도어를 작성합니다.

❸ 카운터 뒤로 보이는 칸막이 벽체와 냉장고 위치를 추가로 표시하고 편집합니다.

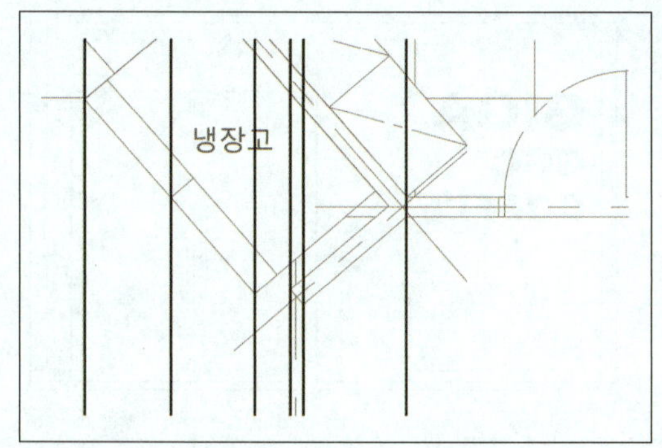

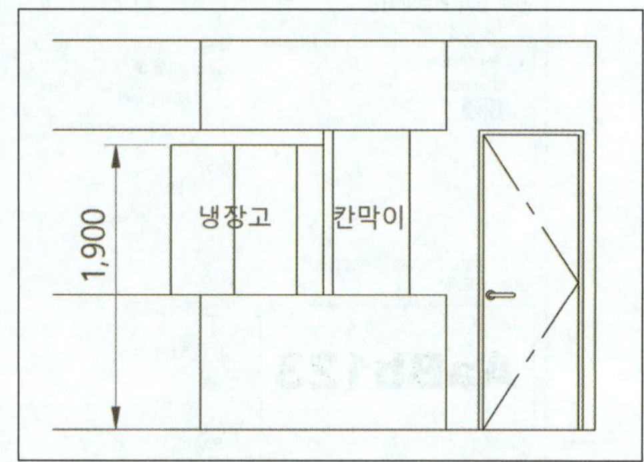

❹ 하부 걸레받이(80~100)와 카운터의 마감선(50~100)을 표시합니다.

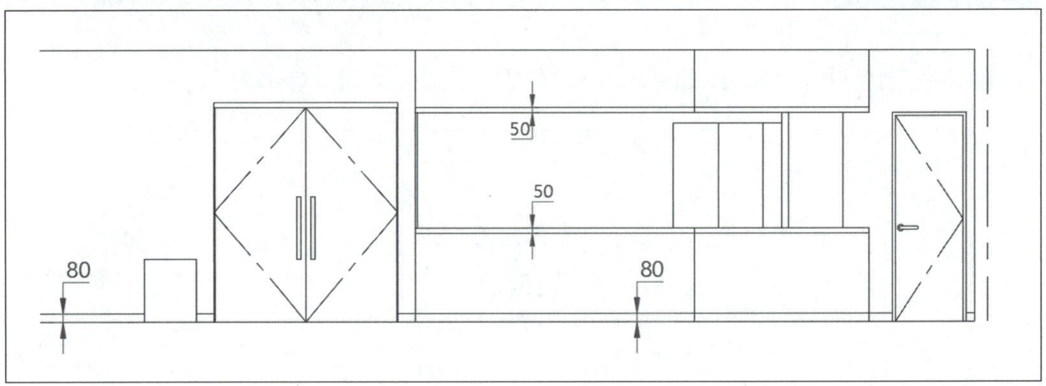

❺ 플랜트 박스의 식물은 앞서 '2D 소스 파일'에서 가져온 화분(입면)을 사용합니다. 화분의 위쪽 부분만 복사해 플랜트 박스에 배치합니다.

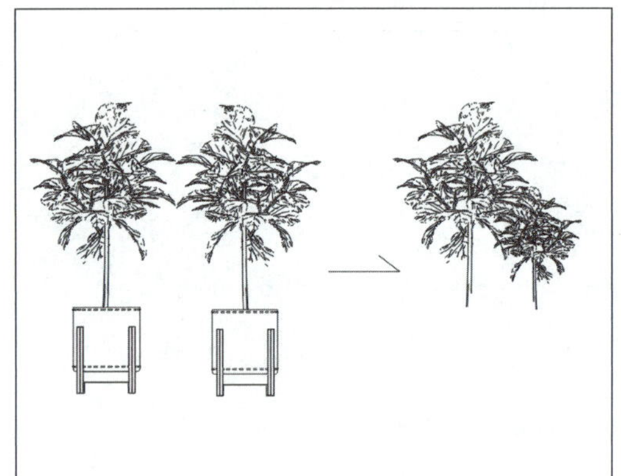

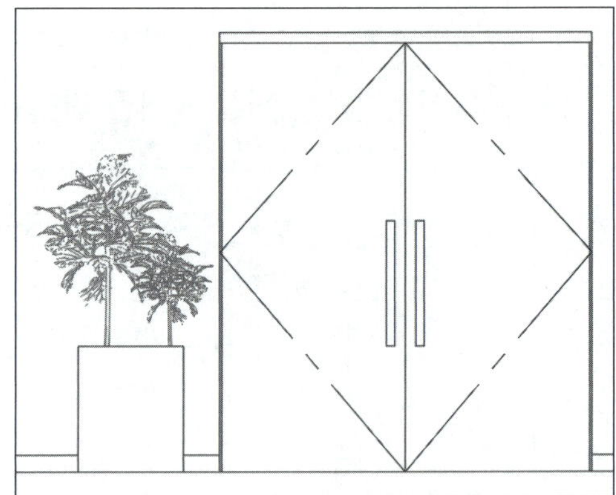

❻ 굵은 문자 스타일을 추가해 사인물을 작성합니다. 문자의 높이는 200~300 정도로 설정하여 벽면에 장식합니다.

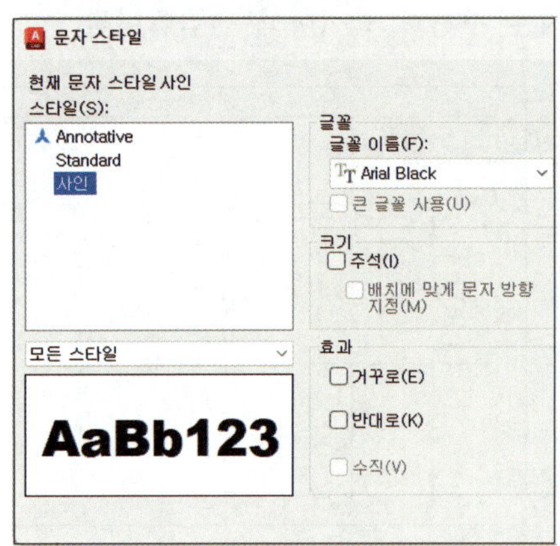

❼ 텍스트 형식을 객체 형식으로 변경하기 위해 [TXTEXP] 명령을 실행합니다. 문자를 선택하고 Enter↵를 누르면 폴리라인으로 변경됩니다. 다시 [분해(X)] 명령을 실행해 폴리라인을 분해합니다.

[TXTEXP 명령으로 분해]

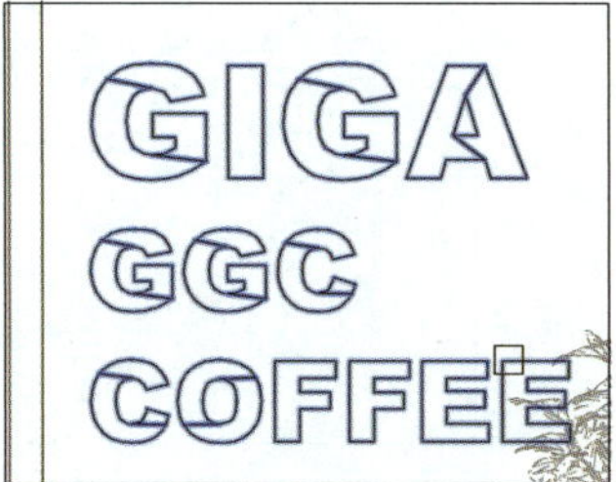

[문자 분해 결과]

[분해(X) 명령으로 분해]

❽ 안쪽의 경계선을 걸침 선택으로 모두 삭제한 후 해치를 적용합니다. 이후 벽체, 창, 문, 가구, 마감을 구분해 도면층을 변경합니다.

[안쪽 경계선 삭제]

[해치 적용]

[도면에 배치]

Part
6

Section 04 기호 및 문자 기입

❶ 기호와 문자를 작성하고 '주석'(녹색) 도면층으로 변경합니다.
- 문자 높이 – 벽 마감: 120, 가구 및 나머지: 100
- 해치 패턴 – 카운터: 50, 주방: 300×300

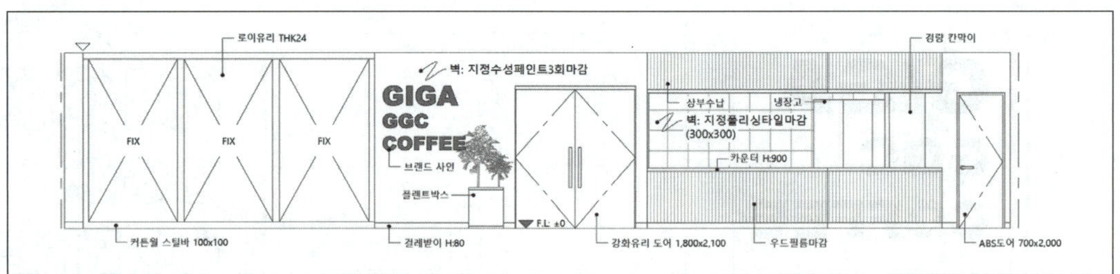

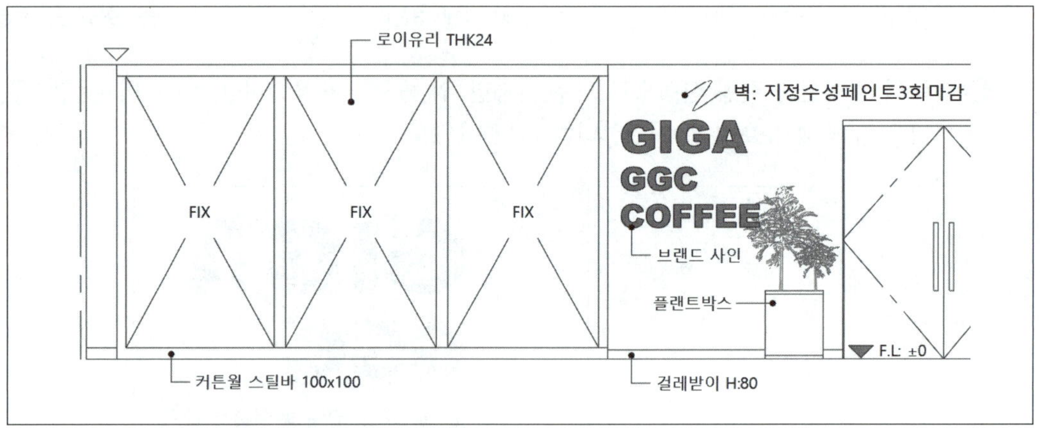

[좌측]

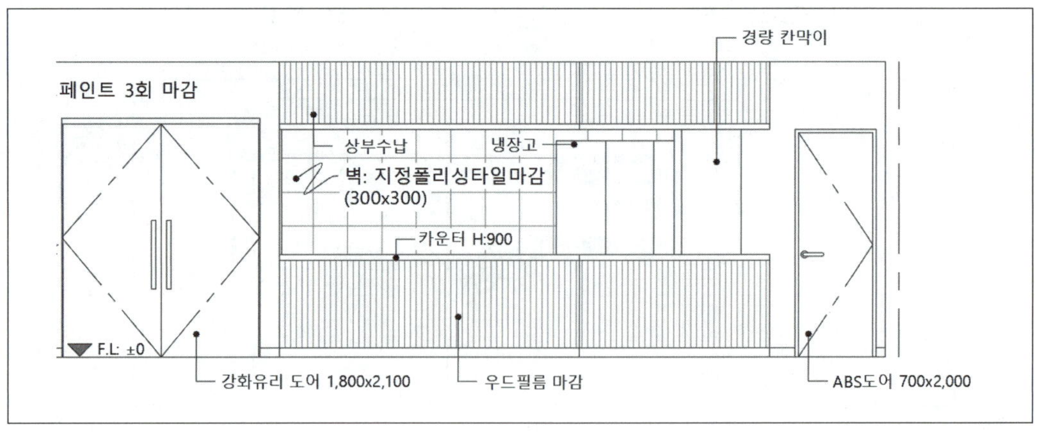

[우측]

Section 05 치수 기입

① 치수를 기입하기 위해 각 구간(벽, 커튼월, 문, 주요 가구)에 보조선을 그려줍니다. 보조선은 치수 기입 후 삭제하므로 선의 종류나 유형은 아무 것이나 상관이 없습니다. 아래 그림은 시인성을 위해 파선으로 표시하였으며, 주요 가구의 치수 구간은 작업자에 따라 달라질 수 있습니다.

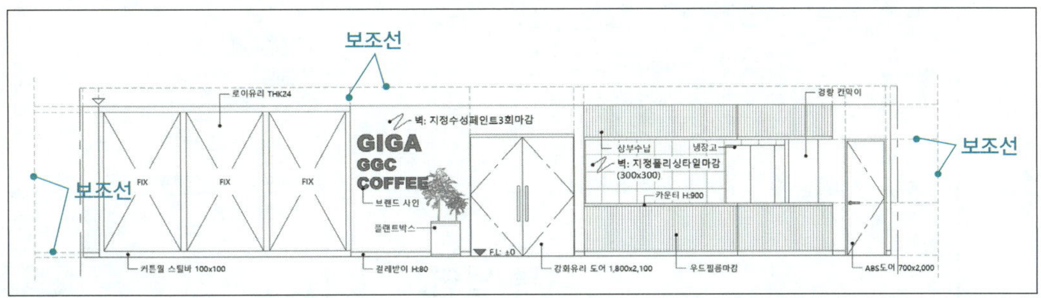

② 남은 공간을 충분히 활용해 치수를 기입하고, 누락되었거나 미흡한 부분을 보완하여 '내부 입면도-A'를 완성합니다. 도면양식 하단의 도면명과 축척을 복사해 배치합니다.

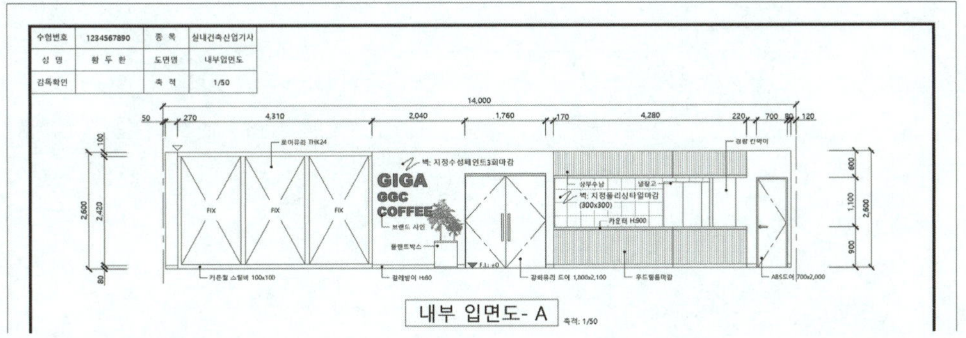

③ '내부 입면도-A'와 동일한 방법으로 '내부 입면도-B'를 작성합니다.

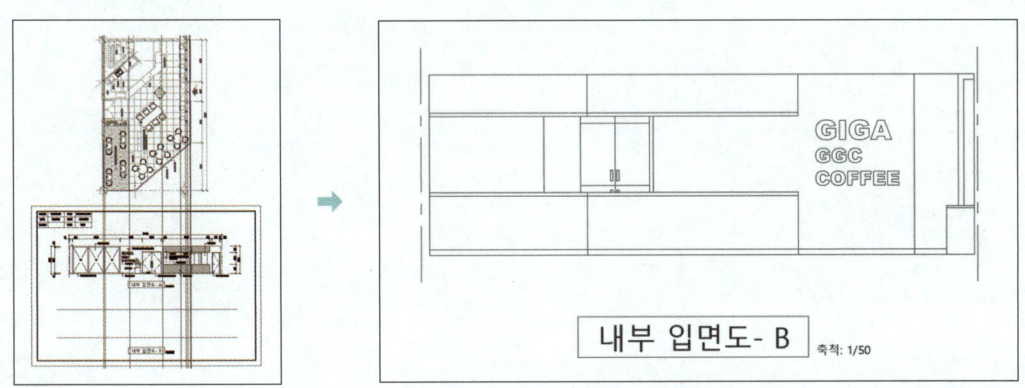

❹ 1인 좌석의 의자(①)는 '2D 소스 파일'에서 가져와 배치하고 문자, 해치, 치수를 기입해 도면을 완성합니다. (고벽돌 타일- 패턴: AR-BRSTD, 축척: 1)

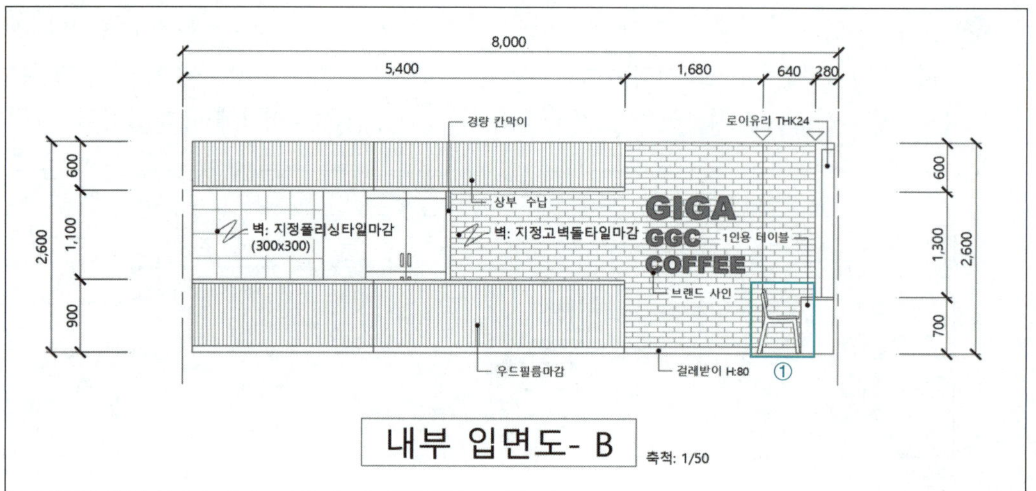

05 천장도 작성

천장도 또한 평면도를 참고하여 작성합니다. 평면도의 공간을 그대로 활용하므로 완성된 평면도를 복사한 후 불필요한 부분은 삭제하고 조명 및 설비를 배치하여 완성합니다.

학습파일 | ▶ 동영상 \ Part06 \ Ch05 \ 카페 – 천장도.mp4

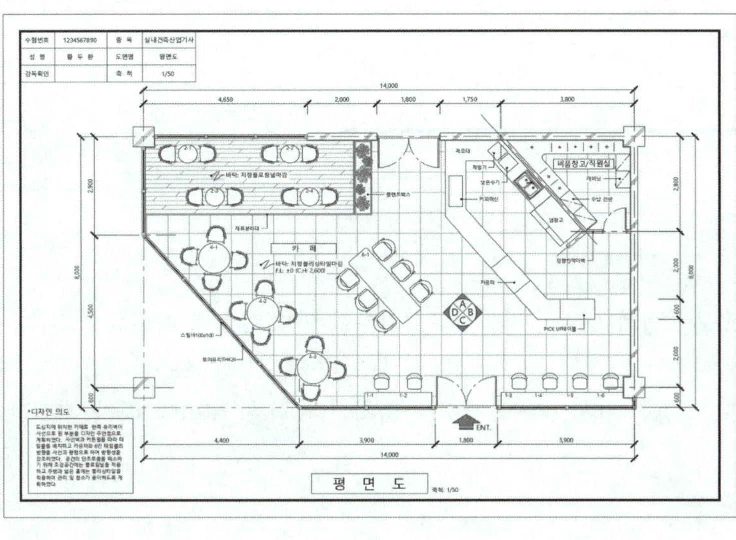

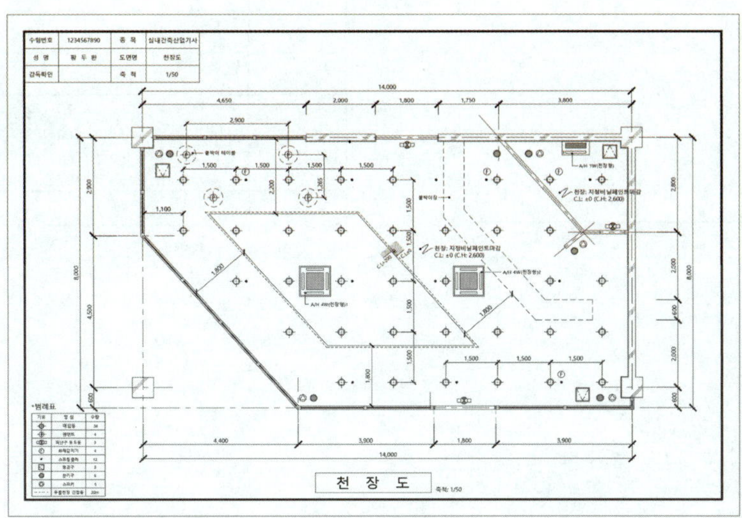

 천장도 작성 준비

❶ 완성된 평면도를 입면도 우측에 그대로 복사한 후 표제란의 도면명(①)과 도면 하단의 도면명 (②)을 천장도로 수정합니다.

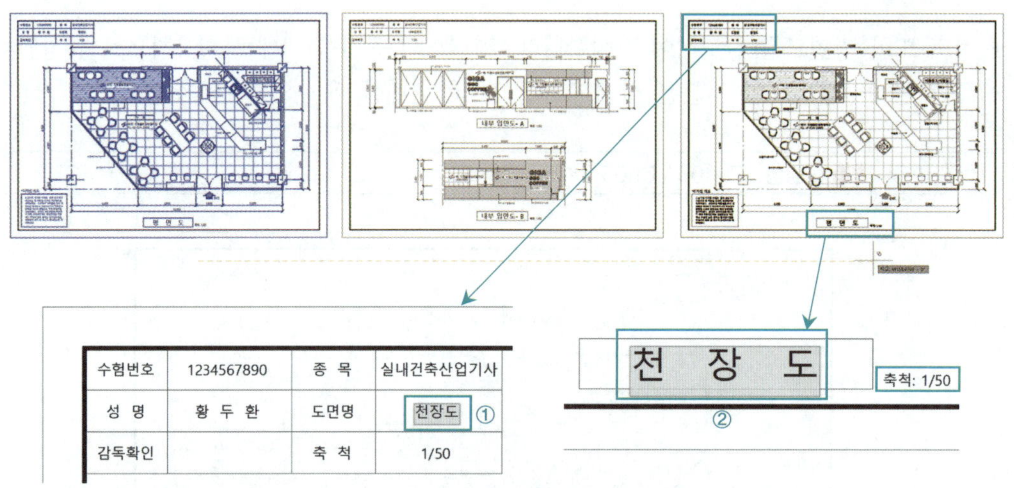

수험번호	1234567890	종 목	실내건축산업기사
성 명	황 두 환	도면명	천장도 ①
감독확인		축 척	1/50

❷ '디자인 의도'를 '범례표'로 수정합니다. '디자인 의도'의 테두리선을 분해(X)하여 [Offset(O)] 명령으로 복사하고 소제목 높이는 130, 세부 내용은 120으로 작성합니다. 숫자 1 대신 다른 내용을 써도 무방합니다. (표의 간격은 축척이나 남은 여백에 따라 적절하게 조정합니다.)

*디자인 의도

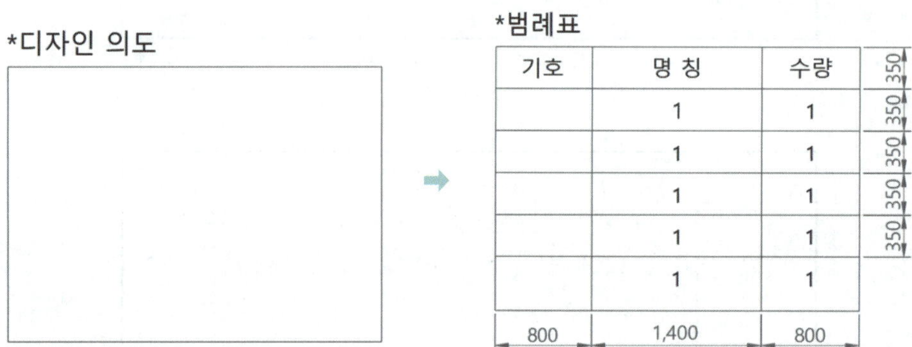

*범례표

기호	명 칭	수량	
	1	1	350 350
	1	1	350
	1	1	350 350
	1	1	350
	1	1	350
800	1,400	800	

❸ 천장도와 관련 없는 부분적인 치수는 삭제합니다. 또한 천장면에 부착되는 붙박이가구인 상부 수납장을 제외한 실내 공간의 모든 요소를 삭제합니다. 2인용 테이블은 펜던트의 위치를 확인하기 위해 분해 후 파선으로 남겨 둡니다.

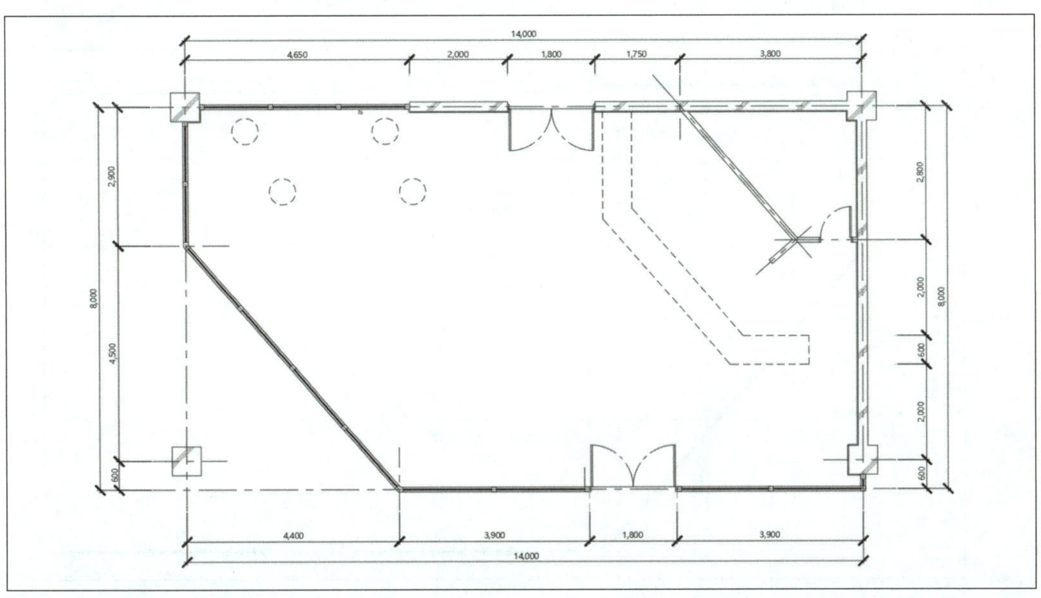

Section 02 **개구부 편집**

❶ 창과 문도 경계선을 제외한 나머지 모든 요소를 삭제합니다.

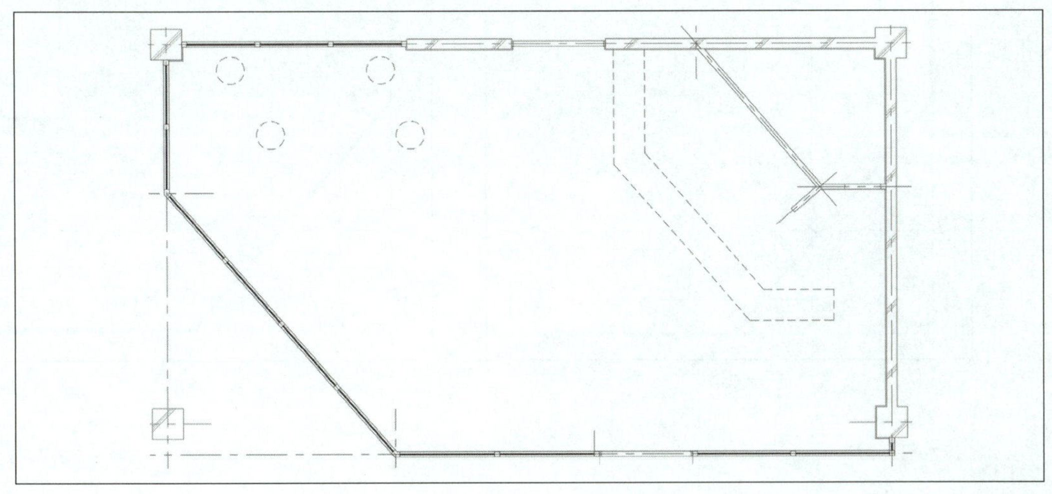

Section 03 천장 설비 및 천장 디자인(우물천장)

❶ 천장에 매입등의 위치를 간섭을 피해 1500 간격으로 표시합니다.

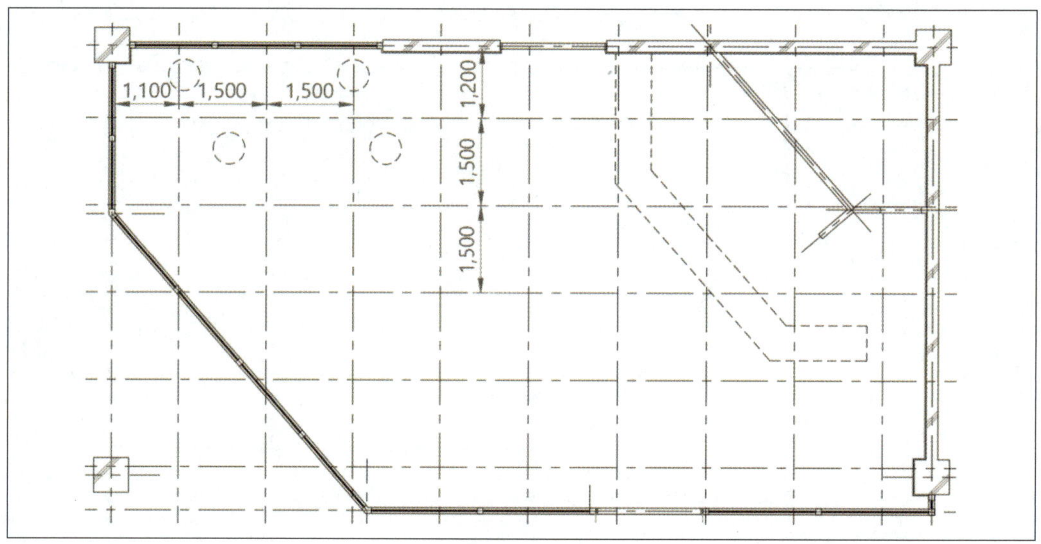

❷ 설계 조건에서 천장 디자인을 확인합니다. 작성조건에 따라 우물천장의 모양을 간단히 디자인 하고 경계를 표시합니다. (교재는 A안으로 진행합니다.)

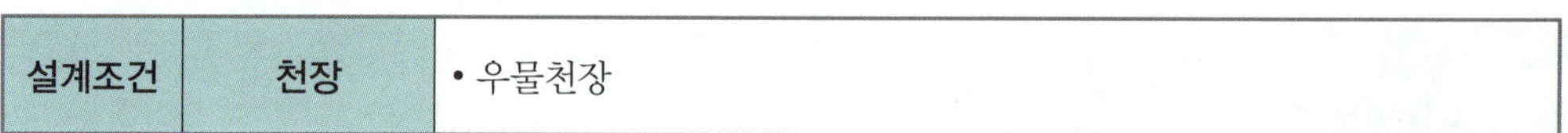

설계조건	천장	• 우물천장

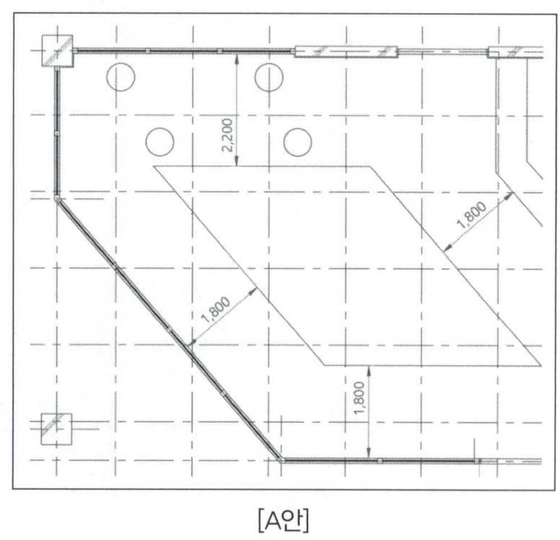

[A안]

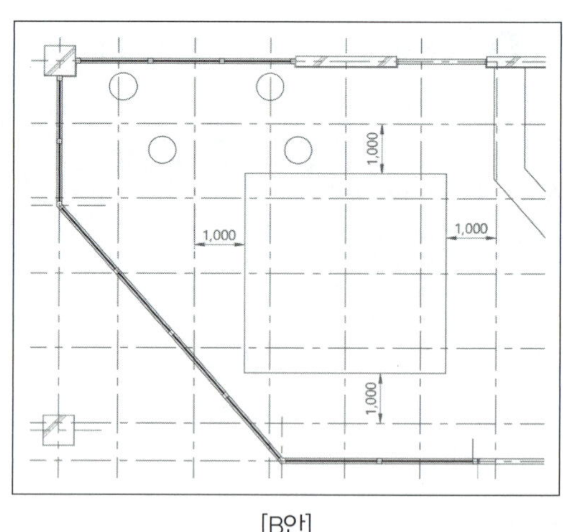

[B안]

❸ 빈 공간에는 조명 및 설비를 '가구'(선홍색) 도면층으로 작성합니다. 천장설비는 교재와 다른
위치에 배치해도 됩니다. 기호 형식으로 작성된 천장설비는 디자인과 크기를 나타내는 것이
아니므로 실제 설치되는 설비와 크기가 다를 수 있습니다.

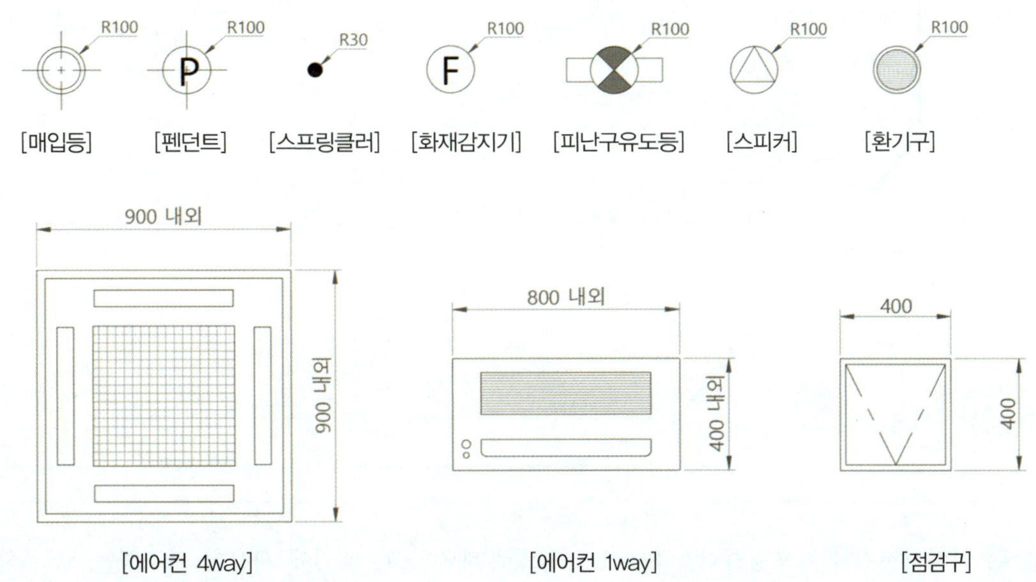

❹ 먼저 펜던트와 매입등을 배치합니다.

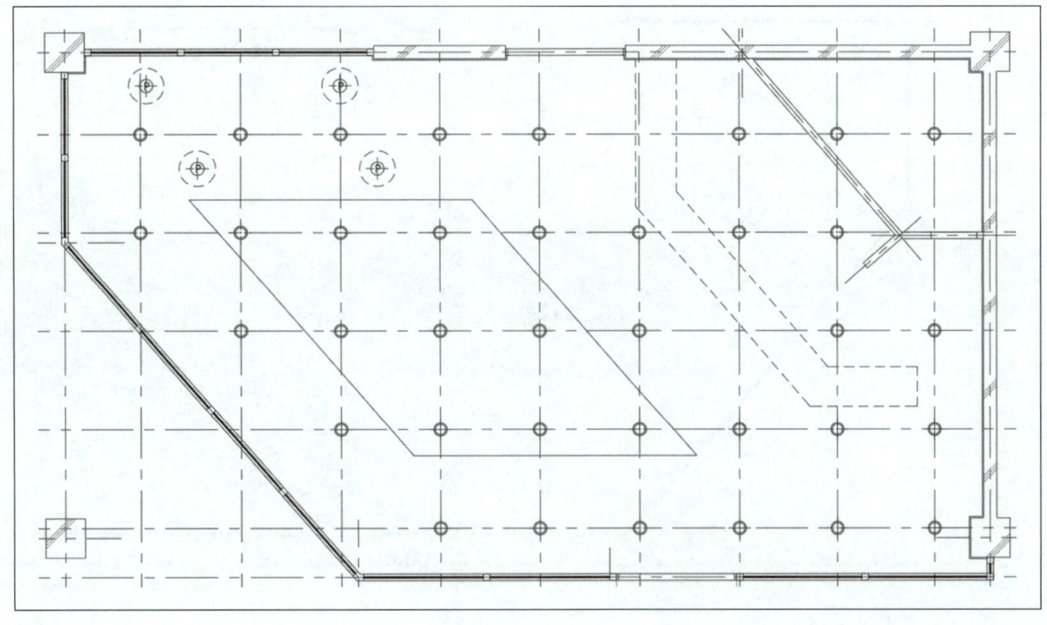

❺ 화재감지기와 스프링클러를 제외한 설비들을 적절한 위치에 배치합니다.

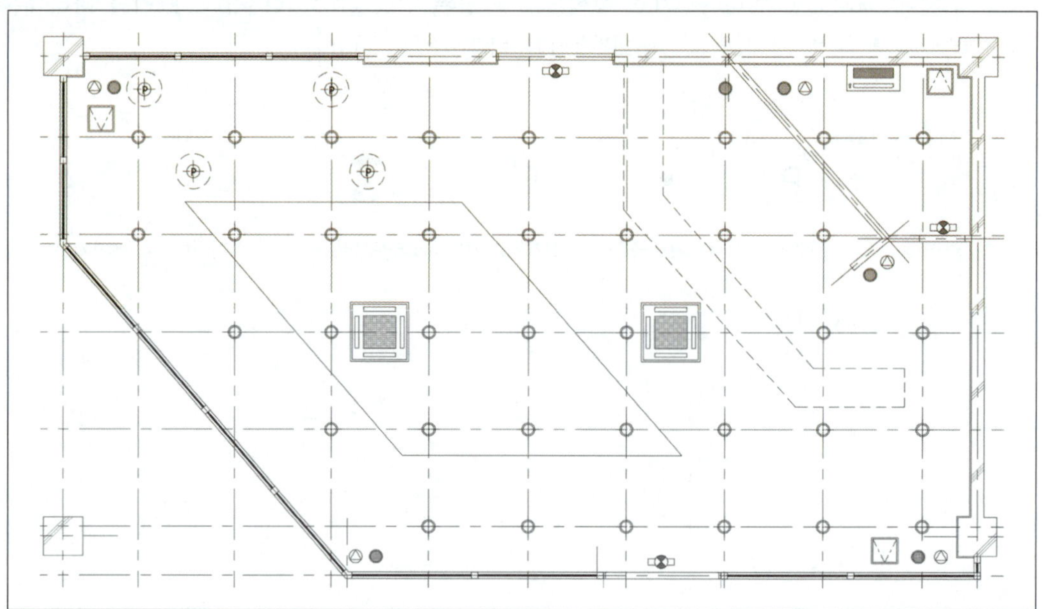

❻ 화재감지기와 스프링클러를 3000 간격으로 배치하고, 배치에 사용한 보조선을 모두 삭제합니다.

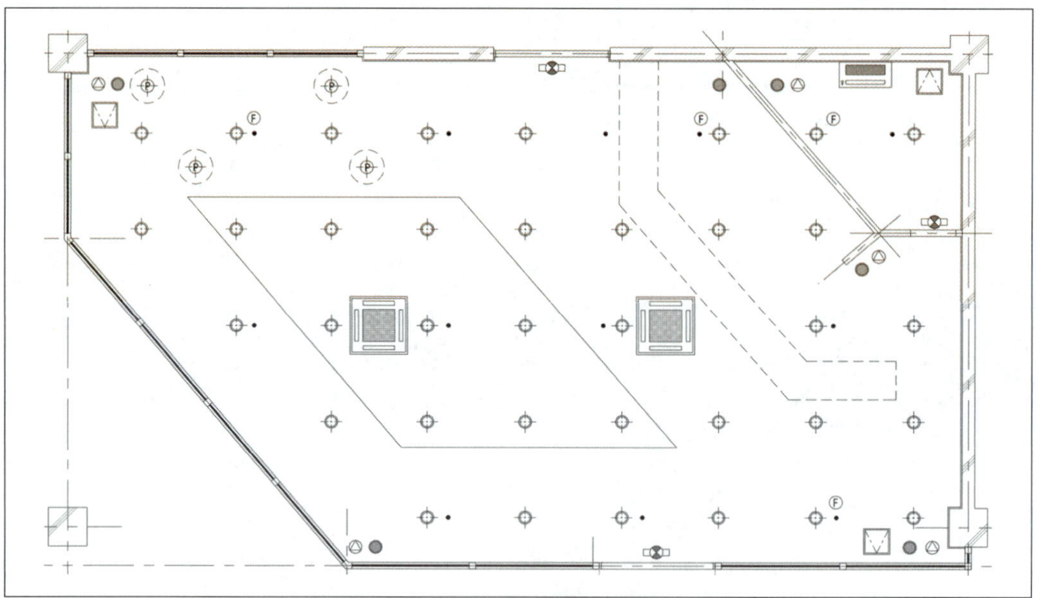

❼ 우물천장의 경계 부분에 천장 단면 기호를 작성합니다. (교재는 B안으로 진행합니다.)

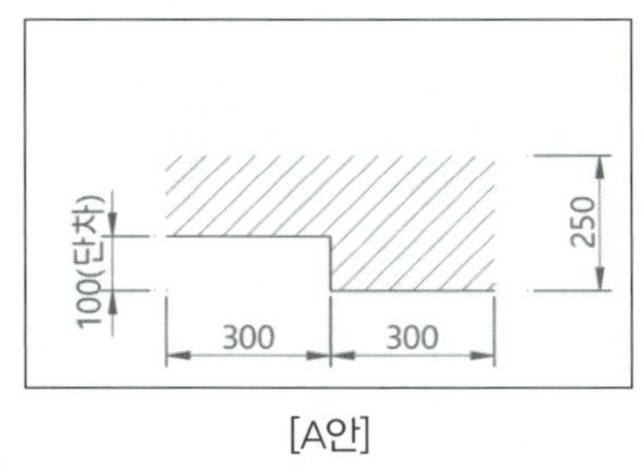

[A안]

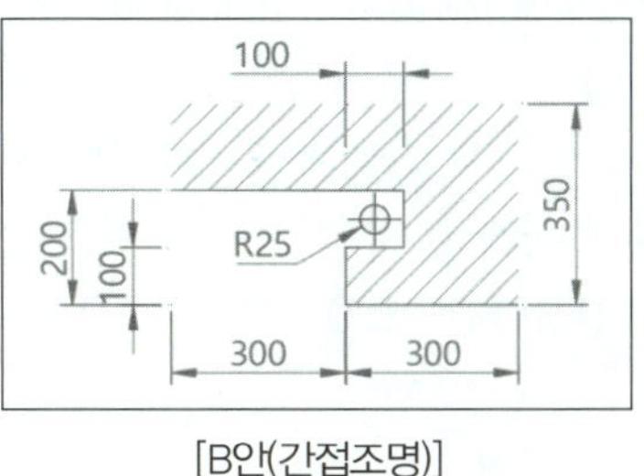

[B안(간접조명)]

❽ [정렬(AL)] 명령을 실행해 우물천장 경계선에 단면기호를 배치합니다.

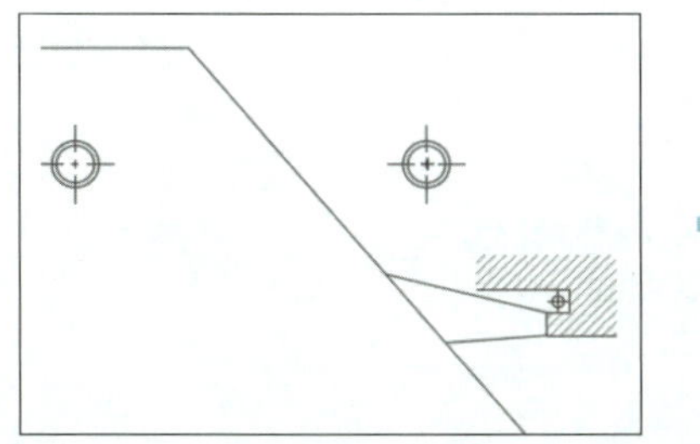

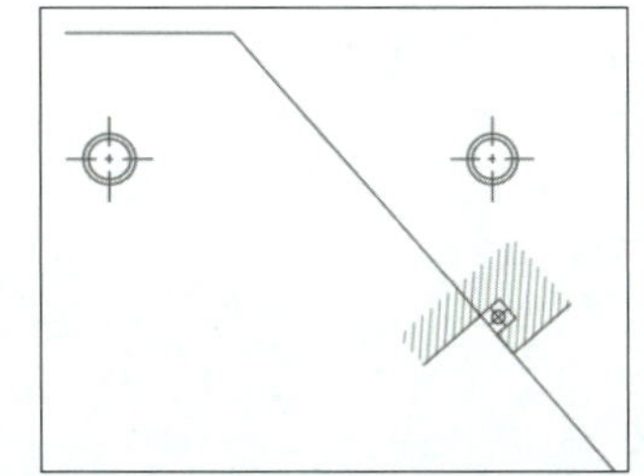

❾ 우물천장의 간접등 위치를 표시하고 촘촘한 숨은선(hidden)으로 표현합니다.

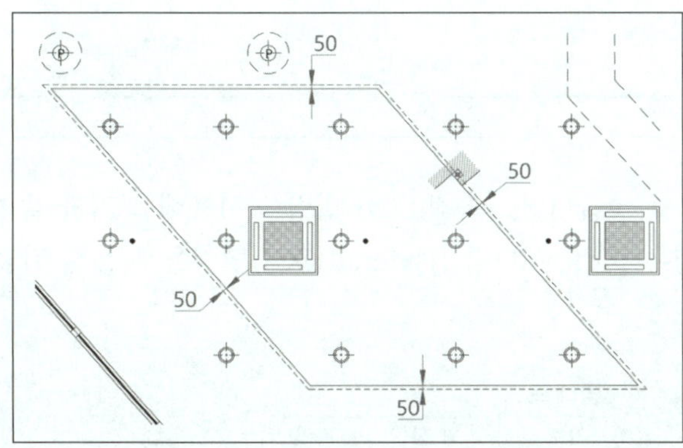

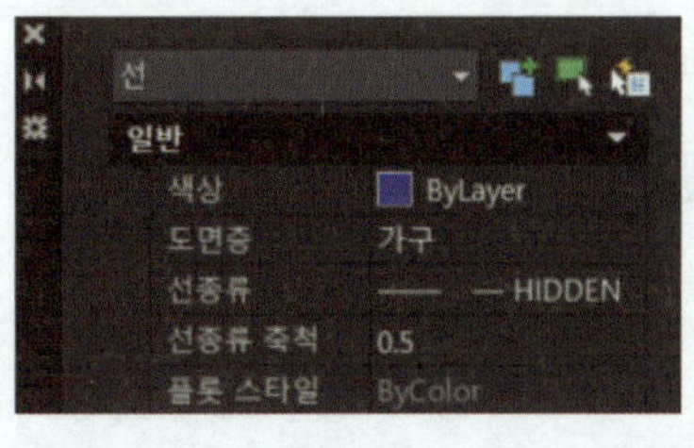

Part
6

Section 04 문자 및 치수 기입

❶ 현재 도면층을 '주석'(녹색) 도면층으로 변경합니다. 조명 및 설비의 위치를 파악할 수 있도록 치수를 기입하고 문자를 작성합니다.
(문자 높이 – 천장마감: 120, 그 외 :100)

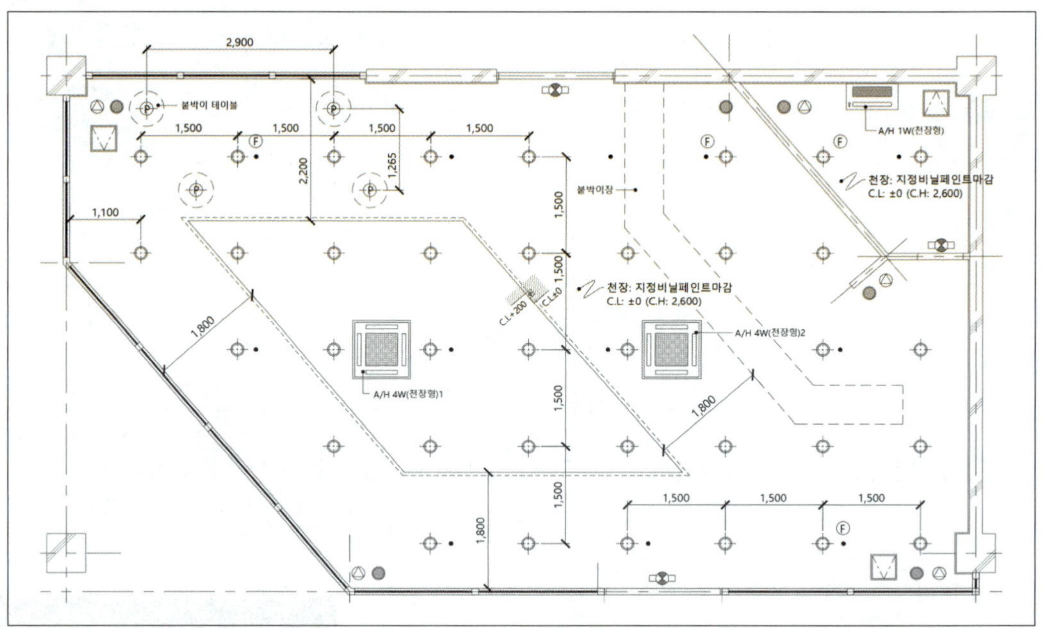

❷ 범례표 기호칸에 조명 및 설비 기호를 넣습니다. [축척(SC)] 명령을 사용해 크기를 줄여 배치합니다. 범례의 기호칸이 부족한 경우 [Offset(O)], [Extend(EX)] 명령을 사용해 칸을 추가합니다.

*범례표

기호	명 칭	수량
	1	1
	1	1
	1	1
	1	1
	1	1
	1	1

➡

*범례표

기호	명 칭	수량
	매입등	36
	펜던트	4
	피난구유도등	3
	화재감지기	4
•	스프링클러	12
	점검구	3
	환기구	6
	스피커	5
-----	우물천장 간접등	20m

TIP **문자 정렬**

표에 문자를 작성할 때 정렬 위치를 중간(middle)으로 설정하면, 문자를 수정하더라도 중간 위치를 유지합니다.

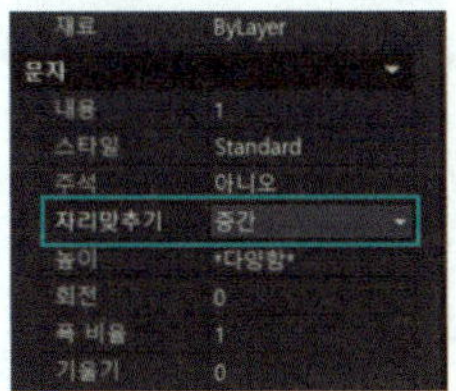

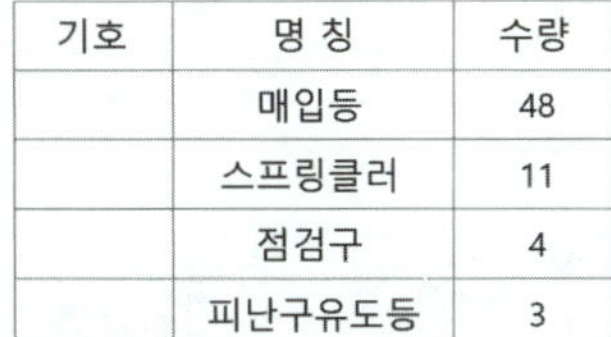

기호	명 칭	수량
	1	1
	1	1
	1	1
	1	1

➡

기호	명 칭	수량
	매입등	48
	스프링클러	11
	점검구	4
	피난구유도등	3

---

❸ 범례표 공간이 부족하므로 [축척(SC)] 명령을 실행하여 범례표의 크기를 0.7배로 수정합니다.

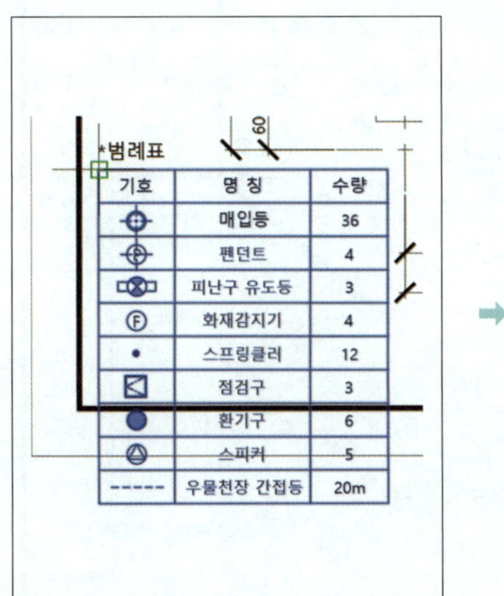

기호	명 칭	수량
	매입등	36
	펜던트	4
	피난구 유도등	3
	화재감지기	4
	스프링클러	12
	점검구	3
	환기구	6
	스피커	5
-----	우물천장 간접등	20m

➡

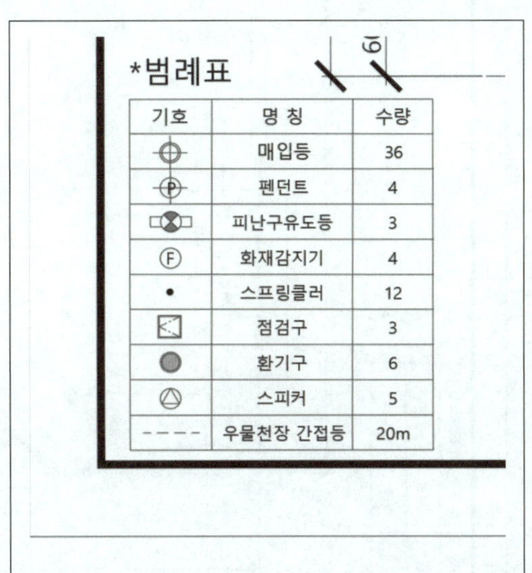

기호	명 칭	수량
	매입등	36
	펜던트	4
	피난구유도등	3
	화재감지기	4
	스프링클러	12
	점검구	3
	환기구	6
	스피커	5
-----	우물천장 간접등	20m

❹ 치수를 정리하고 누락 요소나 편집되지 않은 부분을 확인합니다.

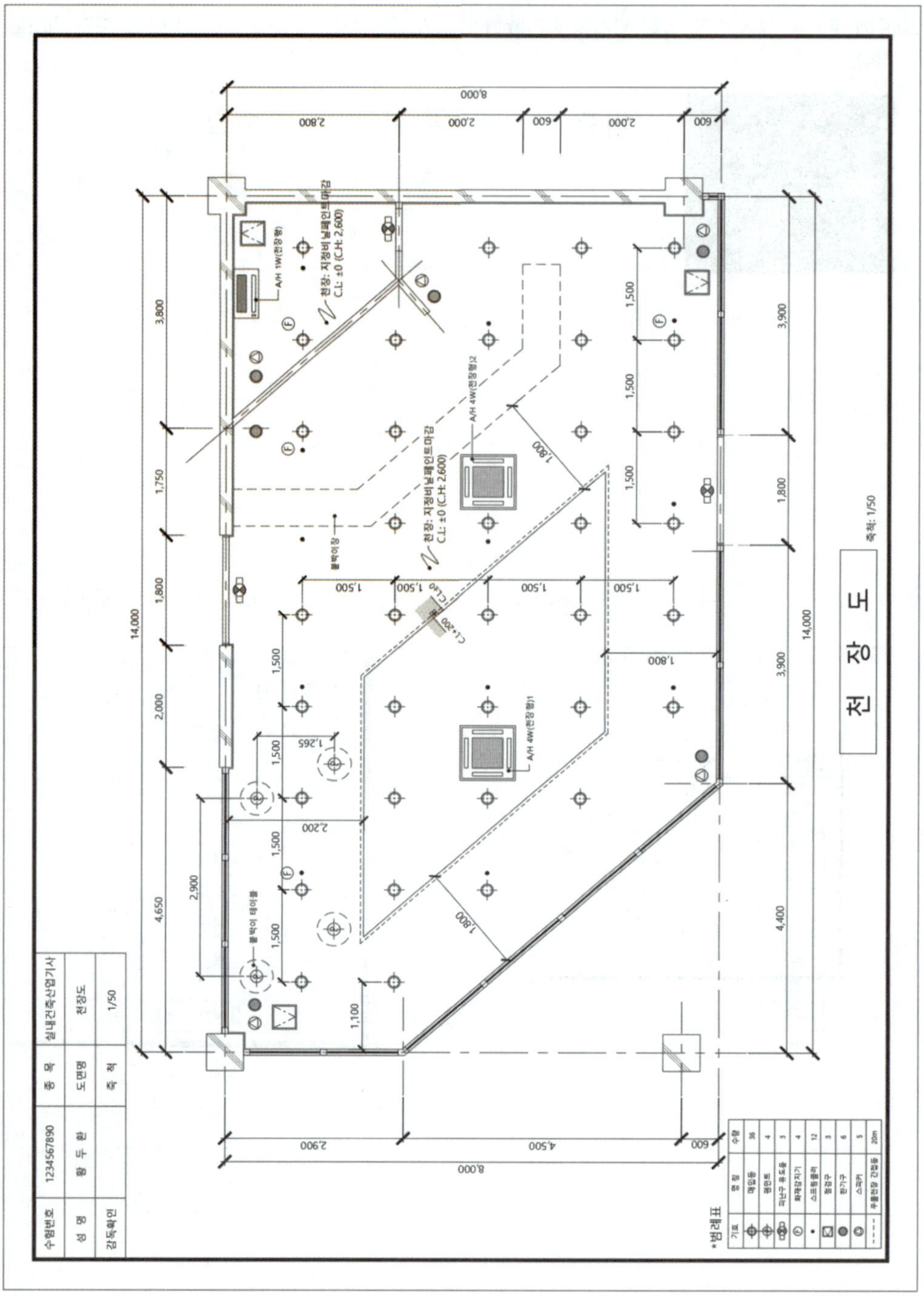

Section 05   2D 도면 저장

❶ 바탕화면에 2D 제출용 폴더를 만듭니다. 폴더 이름은 '비번호_이름_2D'로 합니다. 폴더 안에 완성된 2D 도면(AutoCAD 파일)을 저장합니다. 폴더 이름은 시험문제지의 '2. 수험자 유의사항'에서 확인할 수 있습니다. 저장 폴더의 구성 및 제출 형식은 변경될 수 있으므로, 반드시 시험장에서 확인해야 합니다.

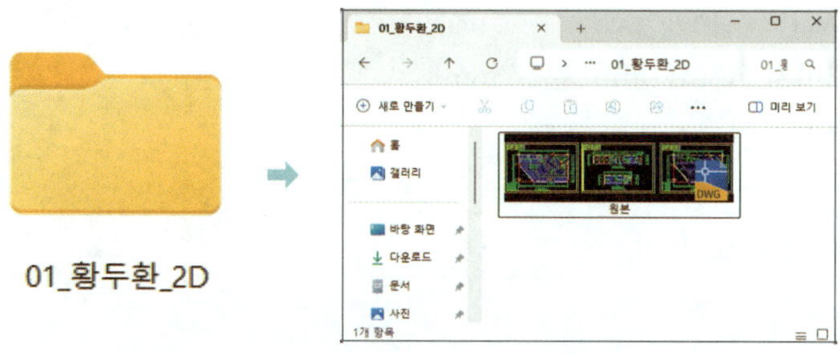

01_황두환_2D

Section 06   PDF 저장

❶ 2D 도면 과제를 완료한 후 '수험자 유의사항'의 항목 '라', '마'의 사항대로 도면을 PDF로 저장해서 감독위원에게 제출해야 합니다. 제출용 폴더명 등 유의사항은 변경될 수 있으므로 시험장에서 필히 확인합니다.

– 수험자 유의사항 '라', '마'

라. 2D 작업이 완료되면 2D 제출용 폴더를 생성하여 해당 폴더 안에 PDF 파일로 저장 후 감독위원에게 제출합니다. (2D 작업 PDF 제출이 완료된 이후 3D 작업을 실시)

마. 3D 작업이 완료되면 3D 제출용 폴더를 생성하여 해당 폴더 안에 PDF 파일로 저장 후 감독위원에게 제출하고 시험위원 입회하에 본인이 직접 A3 용지에 2D, 3D 도면을 출력하도록 합니다.

※ 2D 제출용 폴더명 예시: 1_홍길동_2D (비번호_이름_2D)

※ 3D 제출용 폴더명 예시: 1_홍길동_3D (비번호_이름_3D)

※ PDF 파일명 예시: 1_홍길동_평면도 (비번호_이름_도면명)

※ 출력작업 시 출력 관련된 설정 외의 도면 수정 작업 등은 할 수 없으며, 수정 작업 등을 한 경우 실격됩니다.

※ 수험자의 작도 잘못으로 도면이 출력이 안 되는 경우, 출력시간이 10분을 초과할 경우는 실격 처리됩니다. (출력시간은 시험시간에서 제외, 출력 기회는 2회 제공)

❷ PDF로 저장하기 위해 [Ctrl]+P를 입력하거나 플롯 아이콘(💾)을 클릭합니다.

❸ 다음 항목을 설정하고 플롯 스타일 테이블 편집 아이콘(🖼)을 클릭합니다.

• 프린터/플로터 이름: DWG To PDF.pc3
• 용지 크기: ISO 전체 페이지 A3(420mm×297mm)
• 플롯 간격 띄우기: 플롯의 중심
• 축척: 1:50(도면 축척)
• 플롯 스타일 테이블: monochrome.ctb
• 도면 방향: 가로

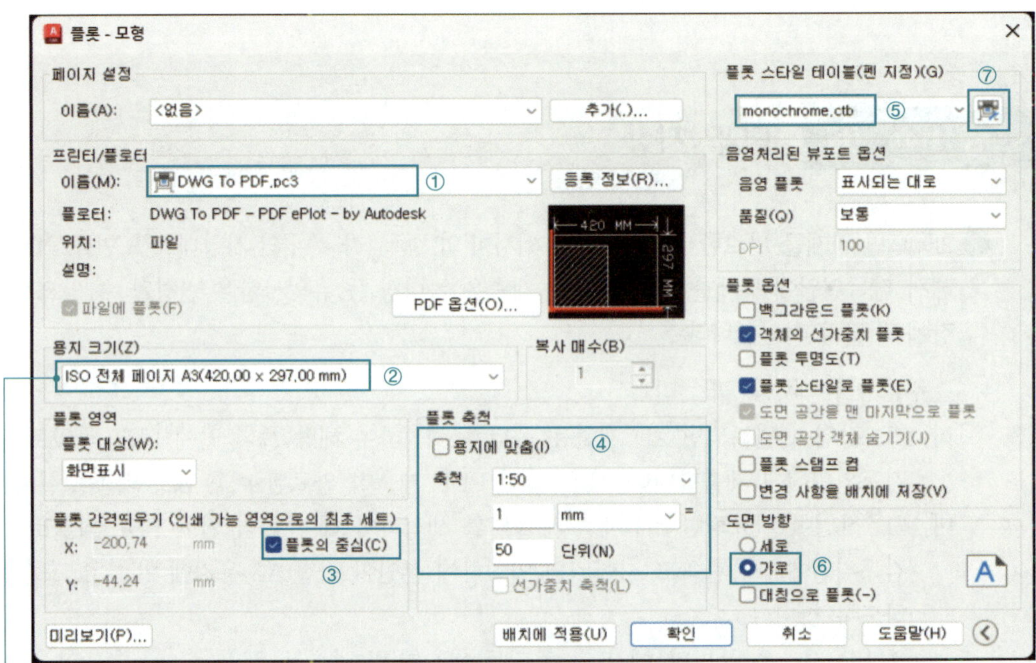

A3 용지는 선택 항목에 여러 가지가 있습니다. 필히 ISO 전체 페이지 A3를 선택해야 여백에 문제가 없습니다. 영문 버전인 경우 'ISO full beed A3(420.00×297.00mm)'를 선택합니다.

❹ 요구사항의 2D 작업 선 두께표를 참고하여 색상별 출력두께를 설정합니다. '형식 보기' 탭의 색상 1(빨강)을 클릭하고 선가중치를 '0.05'로 설정합니다. 동일한 방법으로 8개 색상을 모두 설정하고 '다른 이름으로 저장' 버튼을 클릭합니다. 파일 이름을 '시험용' 또는 수험자 이니셜 등으로 저장하고 '저장 및 닫기' 버튼을 클릭합니다.

* 시험장에서 CTB 파일명은 중복되지 않도록 비밀번호, 이니셜 등으로 설정하는 것이 좋습니다.

[요구사항의 '2D 작업 선 두께(선 가중치)]

빨강(1)=0.05mm	노랑(2)=0.3mm	녹색(3)=0.25mm	하늘색(4)=0.2mm
파랑(5)=0.15mm	보라(6)=0.1mm	회색 1(8)=0.05mm	회색 2(9)=0.1mm

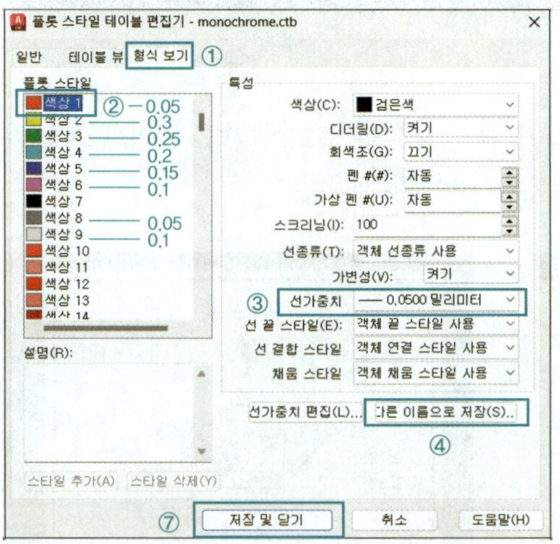
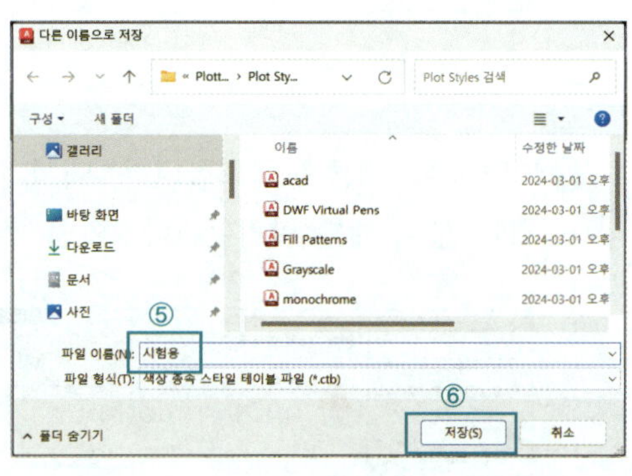

❺ 플롯 스타일 테이블을 '시험용.ctb'로 설정하고 '예'를 클릭합니다.

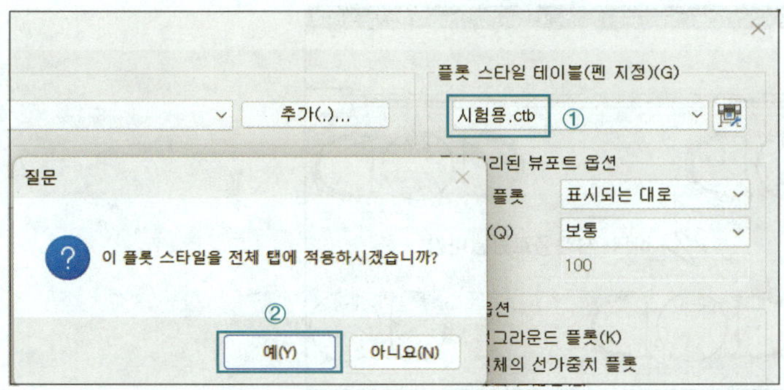

❻ 플롯 영역에서 '플롯 대상'을 '윈도우'로 설정한 뒤 평면도의 ①지점을 클릭하고 ②지점을 클릭합니다.

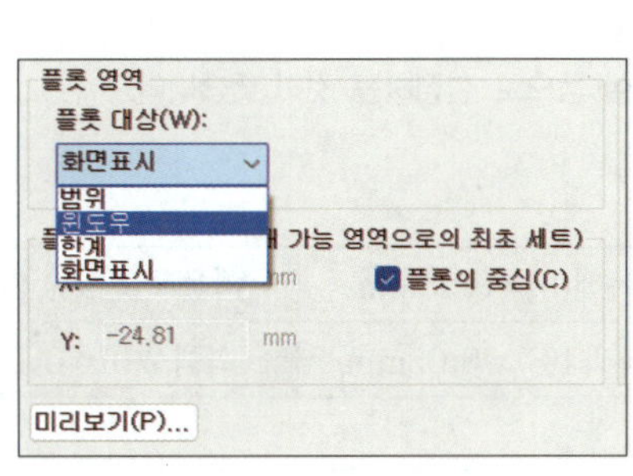

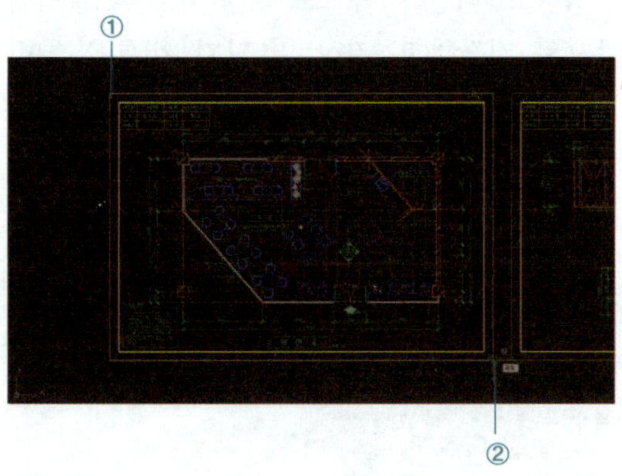

❼ '미리보기' 버튼을 클릭합니다. 메시지가 나타나면 '계속'을 클릭합니다. 미리보기에서 출력 범위와 선 두께를 확인합니다. 확인 후 Esc를 한 번만 누릅니다.

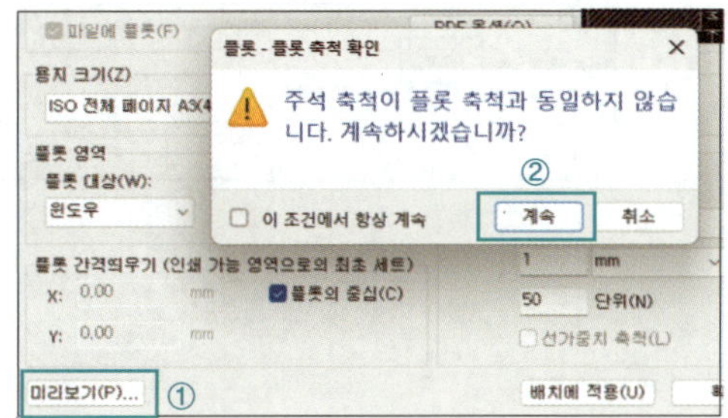

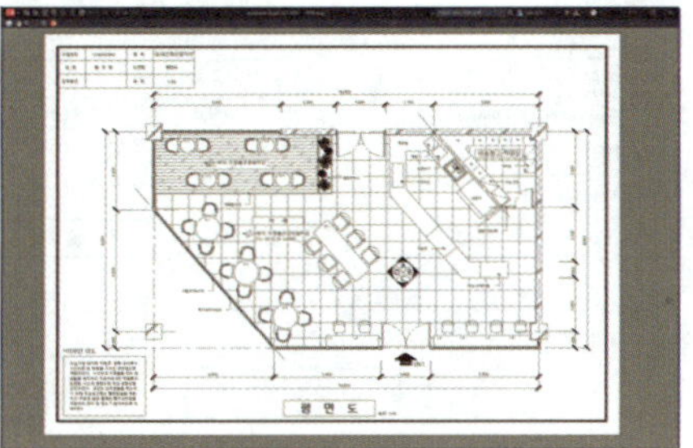

[출력 범위 확인]

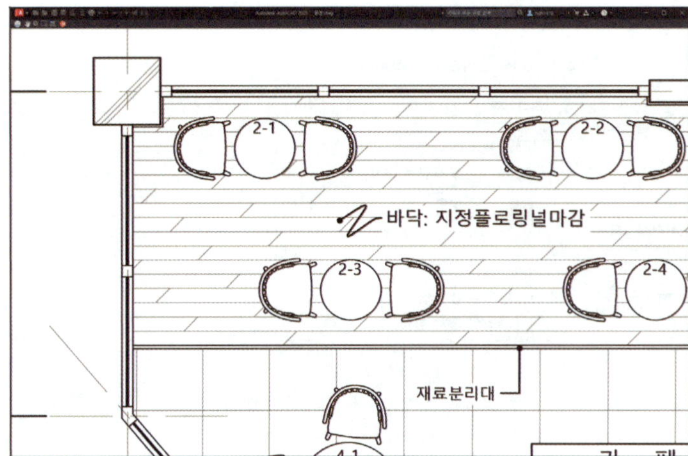

[출력 선 두께 확인(확대)]

❽ '확인' 버튼을 클릭한 후, 메시지가 나타나면 '계속'을 클릭합니다. '01_황두환_2D' 폴더에 '01_황두환_평면도' 이름으로 저장합니다. PDF 뷰어가 설치되어 있으면 자동 실행됩니다. 확인 후 뷰어는 닫습니다.

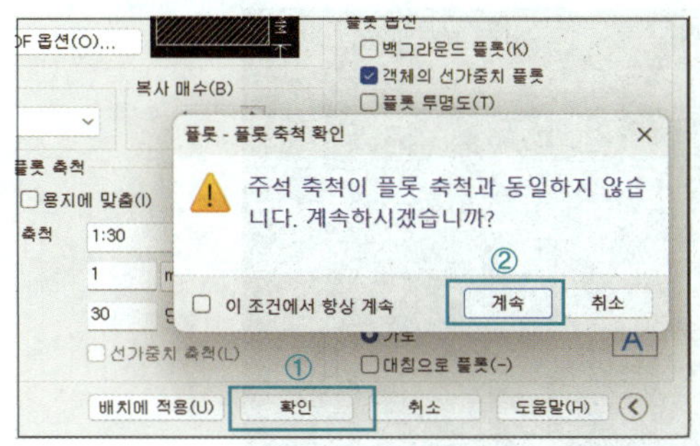 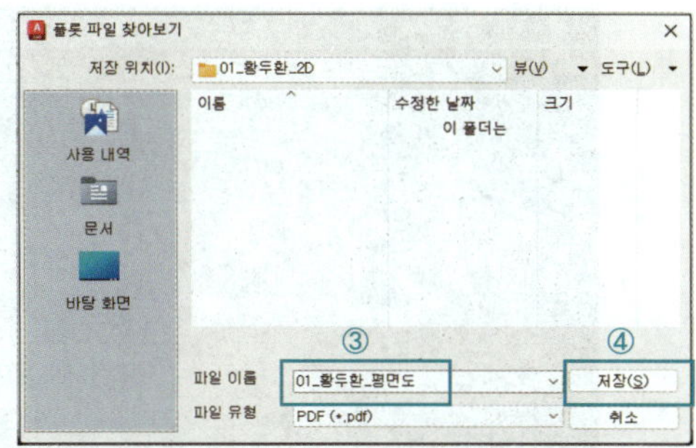

❾ 다시 Ctrl + P를 입력하거나 플롯 아이콘 📄을 클릭합니다. 평면도 출력 설정을 그대로 사용하기 위해 페이지 설정 이름에서 〈이전 플롯〉을 클릭합니다.

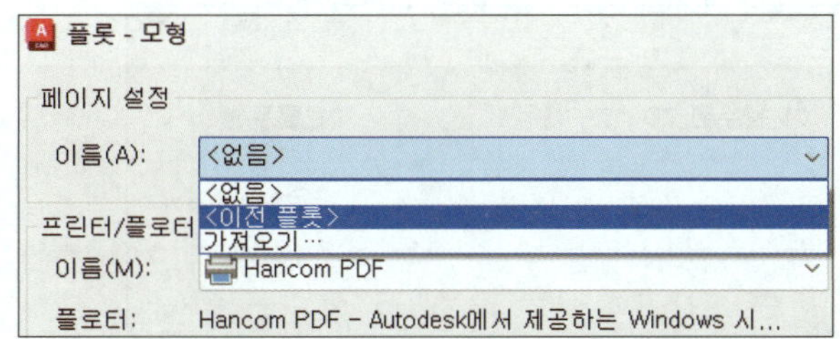

❿ 변경된 설정 항목을 확인하고 윈도우 버튼을 클릭합니다.

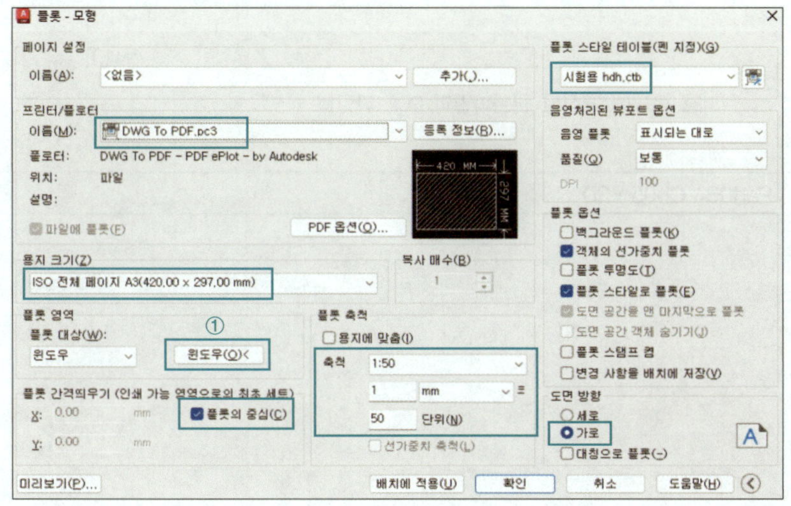

⓫ 플롯 영역의 '플롯 대상'을 윈도우로 클릭합니다. 내부 입면도의 ①지점을 클릭하고 ②지점을 클릭합니다. 미리보기로 확인 후 '01_황두환_내부 입면도' 이름으로 저장합니다. 이후 천장도도 동일한 방법으로 PDF 출력 후 감독관에게 제출합니다.

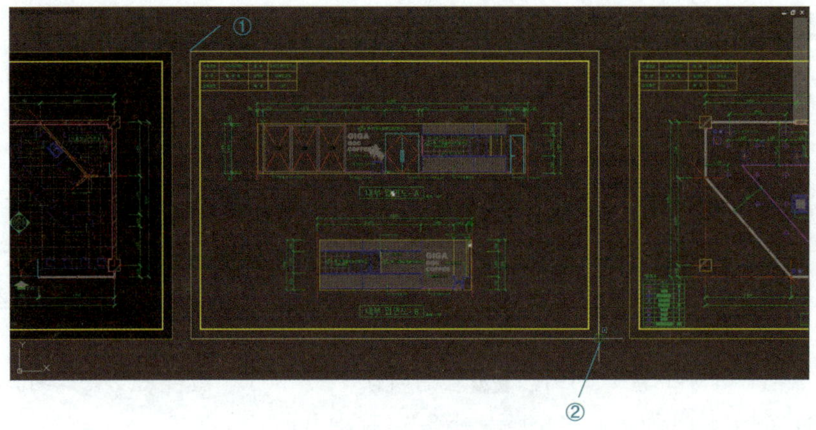

[제출 폴더에 저장된 원본파일과 PDF 파일]

학습파일 | 완성파일 \ Part06 \ Ch05 \ 2D

투시도 작성

투시도 모델링은 앞서 작성한 2D 도면(평면도, 내부 입면도, 천장도)을 참고하여 작성합니다. 원본 2D 도면이 삭제되거나 손상되지 않도록 반드시 사본을 사용하여 작업합니다.

학습파일 | ▶ 동영상 \ Part06 \ Ch06 \ 카페 - 투시도.mp4

Section 01　2D 도면 수정

❶ 도면을 수정하기 전에 임시 폴더를 만들어 완성된 2D 도면 파일을 복사합니다. 파일을 복사한 후 이름을 '모델링용'으로 변경합니다. 이때 원본 파일이 삭제되거나 수정되는 것에 주의합니다.

❷ '모델링용' 파일을 열어 모델링에 필요하지 않은 도면양식, 치수 등은 모두 삭제한 후 저장합니다.

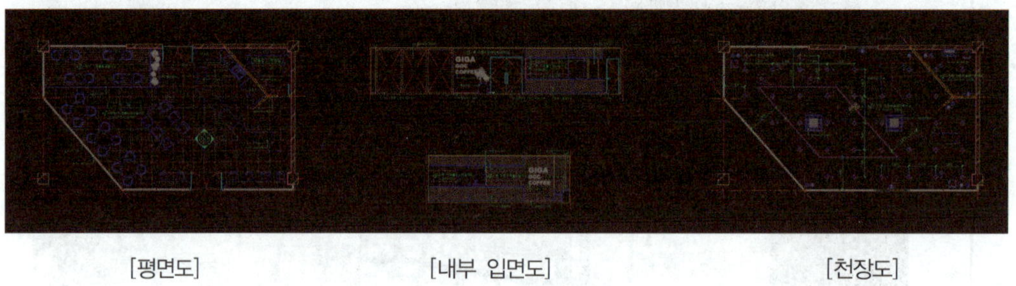

[평면도]　　　　　　　[내부 입면도]　　　　　　　[천장도]

Section **02** ## 2D 도면 정리

❶ SketchUp을 실행하고, 템플릿은 '건축-밀리미터'를 선택하여 시작합니다.

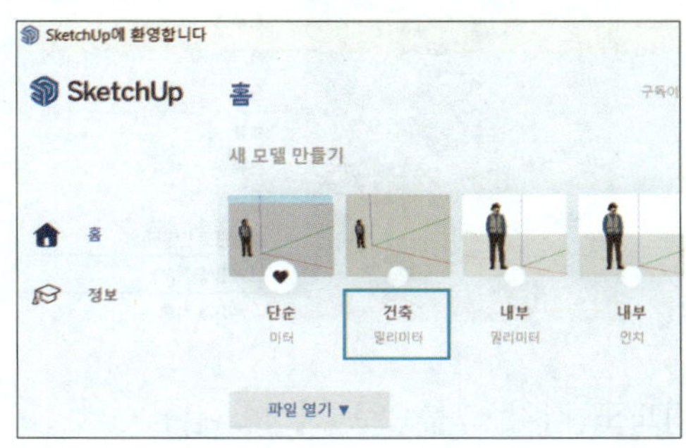
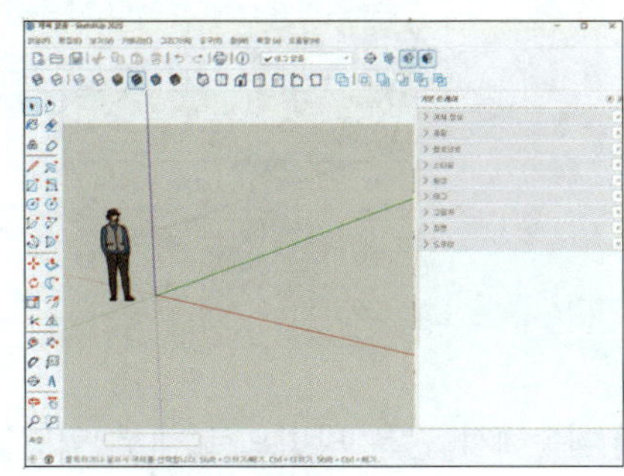

❷ 상단 메뉴에서 [파일] ⇨ [가져오기]를 클릭합니다. 수정한 모델링용 도면 파일을 선택하고 가져오기를 클릭합니다. 결과 메시지창이 뜨면 닫기를 클릭합니다.

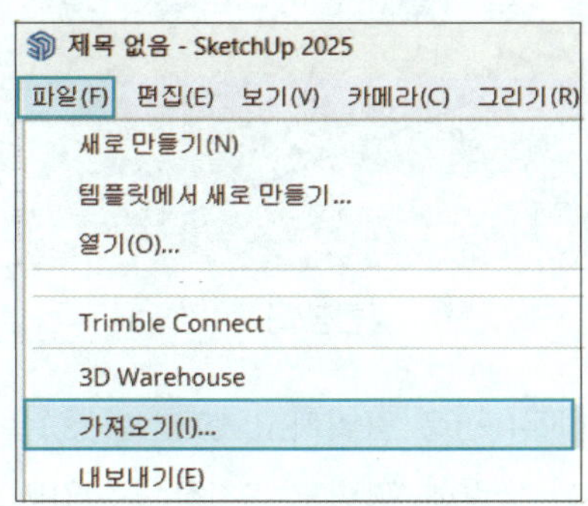

❸ 가져온 도면은 3개의 도면이 그룹으로 지정되어 있습니다. 도면별로 그룹을 지정하기 위해 도면을 마우스 오른쪽 버튼으로 클릭하고 '분해'를 선택합니다

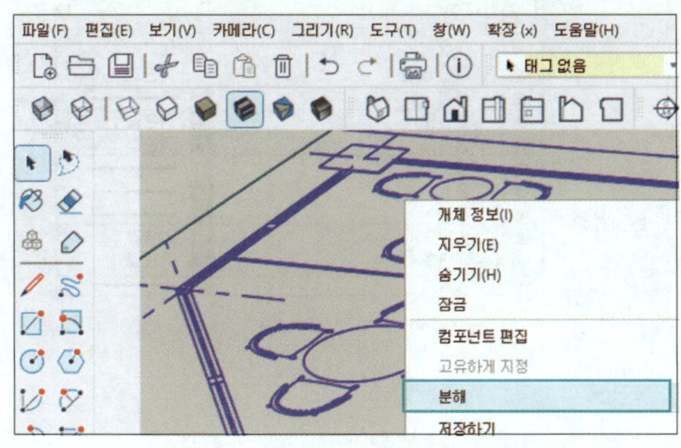

❹ 인물은 삭제하고 평면도만 포함하여 선택한 후, 마우스 오른쪽 버튼을 클릭하여 [그룹 만들기]를 선택합니다.

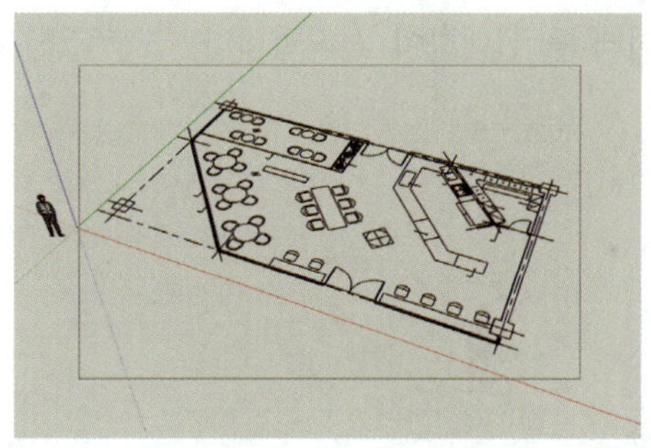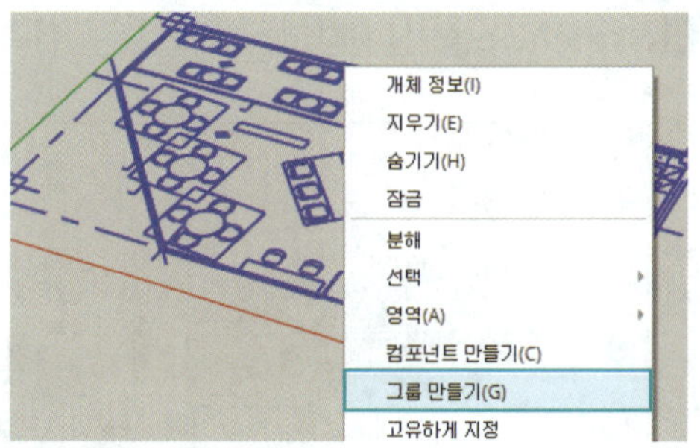

❺ 계속해서 같은 방법으로 내부 입면도와 천장도도 각각 그룹으로 지정합니다.

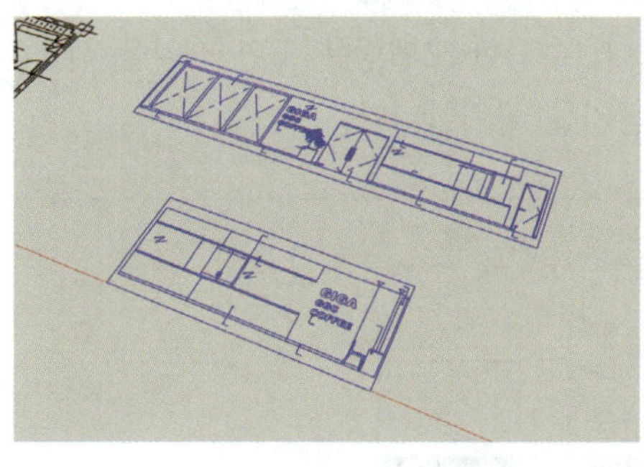

[입면도]

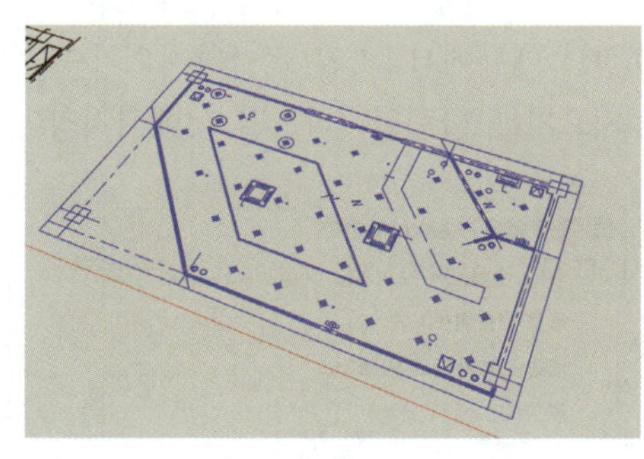

[천장도]

❻ 트레이의 [스타일] ⇨ [편집] 탭(①)에서 '가장자리' 항목(②)을 클릭하고 '프로필'(③)을 '1'로 설정합니다. 트레이의 [태그]에서 [추가(⊕)](④) 버튼을 클릭해 '평면도', '천장도', '입면도 A', '입면도 B'를 추가합니다.

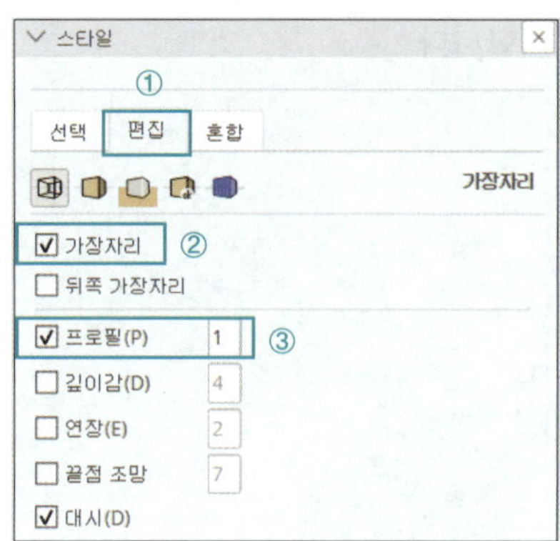

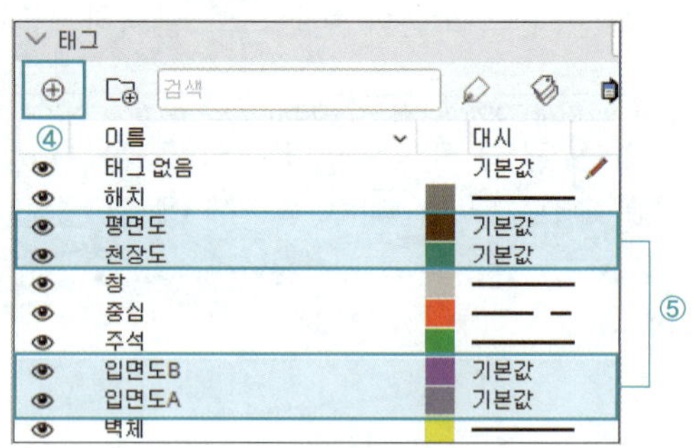

❼ 가져온 평면도를 등록한 태그로 지정합니다. 평면도 ①을 클릭하고, 태그 컨트롤 패널에서 평면도(②)를 클릭합니다. 입면도와 천장도도 같은 방법으로 각각의 태그를 지정합니다.

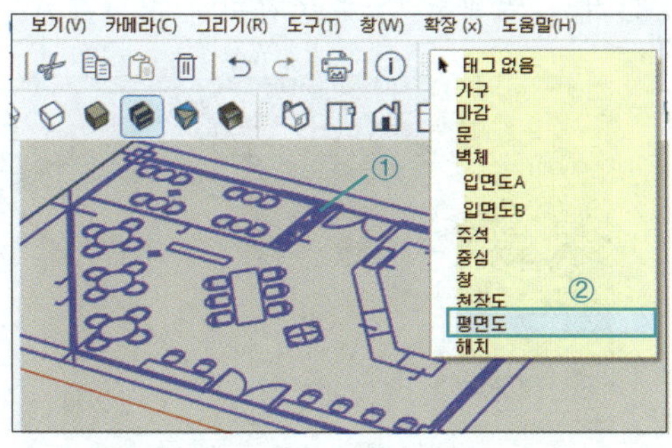
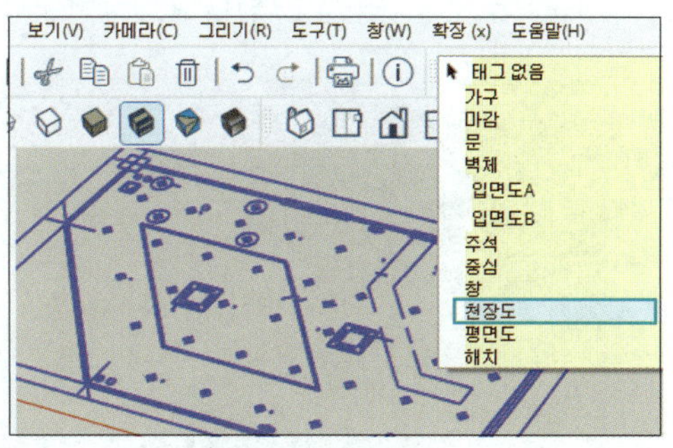

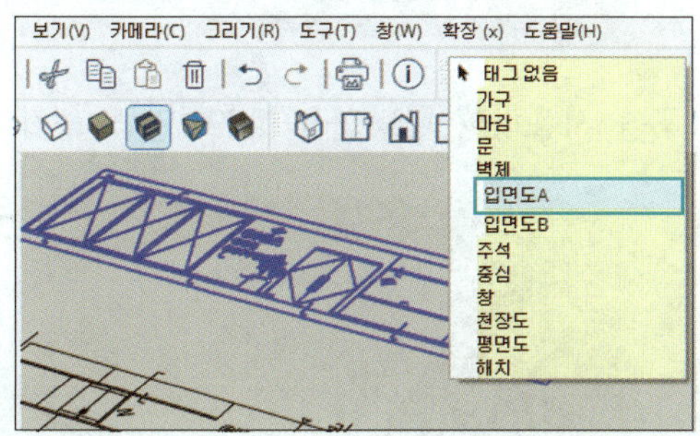
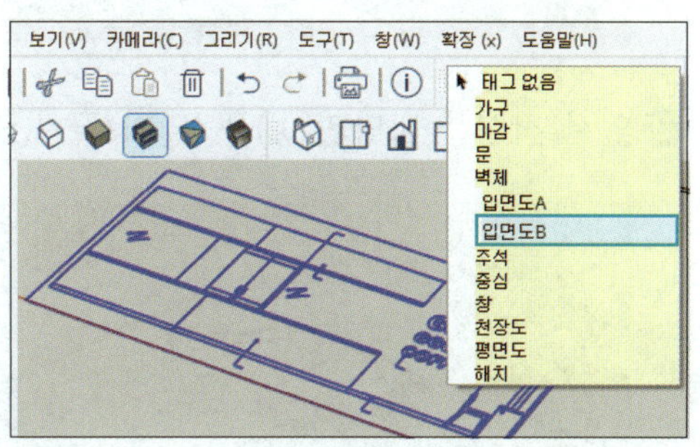

Section 03 **내부 모델링**

❶ 모델링 범위 설정

내부 입면도 B를 바라보는 방향으로 작성합니다.

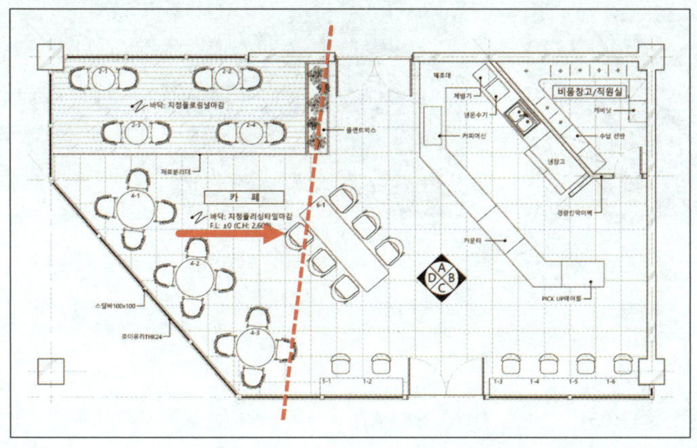

❷ 공간 구성

평면도를 확대하여 모델링에 필요한 부분만 선을 그려 면을 만듭니다. 실내 마감선 ①지점을 기준으로 바닥면을 그립니다. 직원실과 경량칸막이 벽체는 면에 포함되지 않도록 합니다.

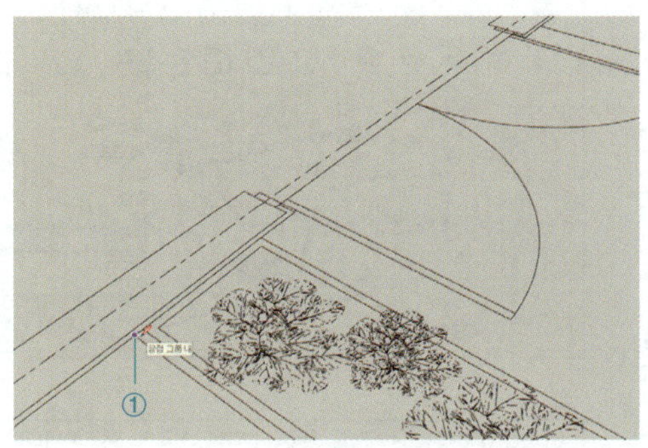
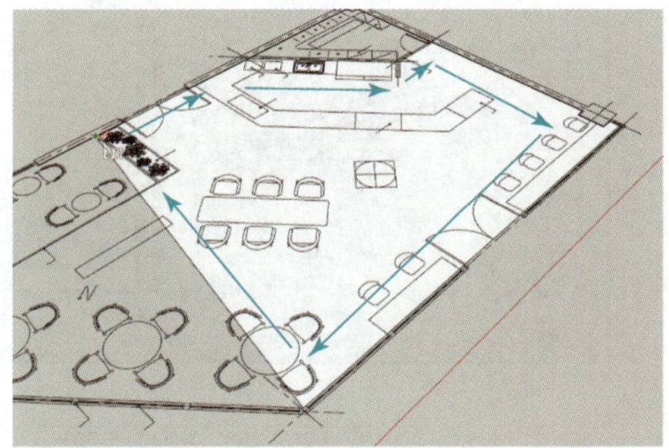

❸ 앞서 작성한 바닥면(①)을 '밀기/끌기(P)' 도구를 사용하여 바닥면을 '2600'만큼 올립니다.

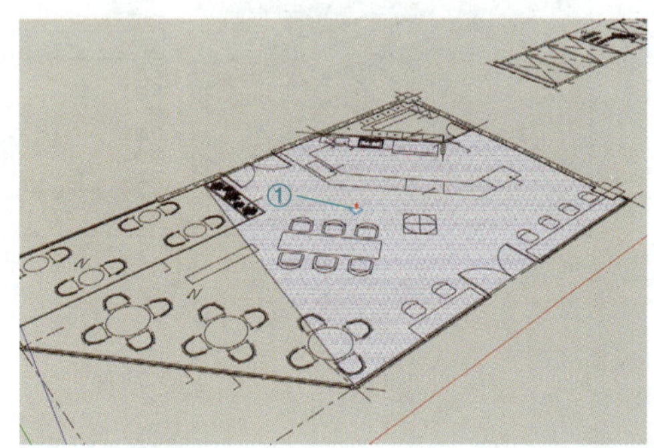
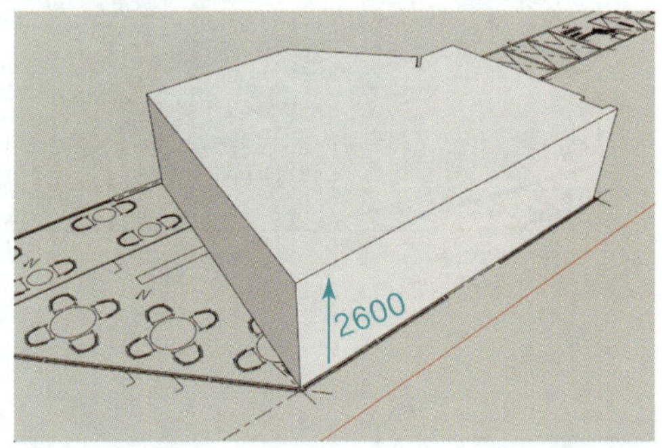

❹ 창문을 정면으로 모델링하기 위해 벽면 ①부분을 클릭하여 삭제합니다.

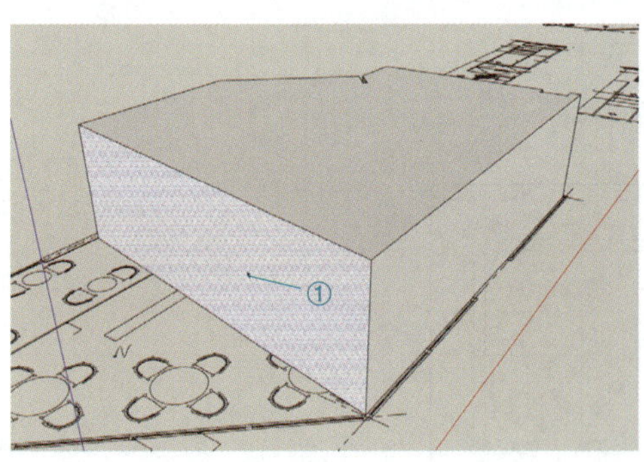
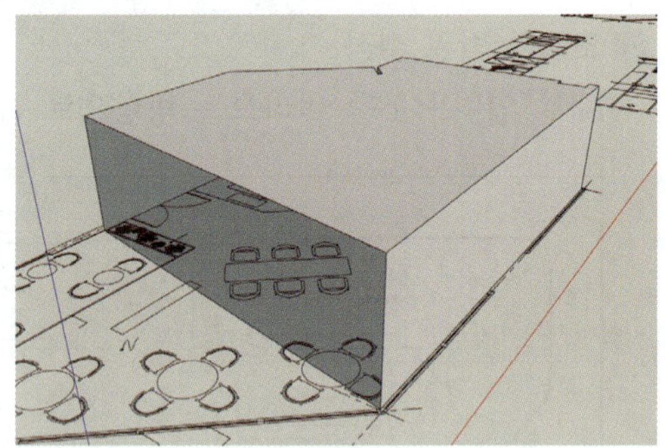

❺ 공간을 이루는 모든 면을 반전시키고 그룹으로 지정합니다.

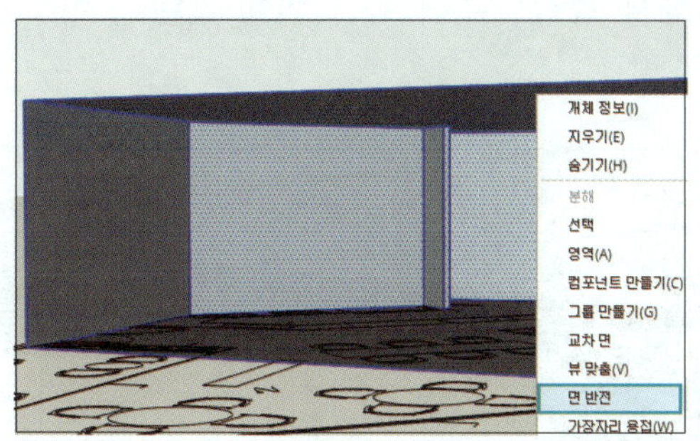
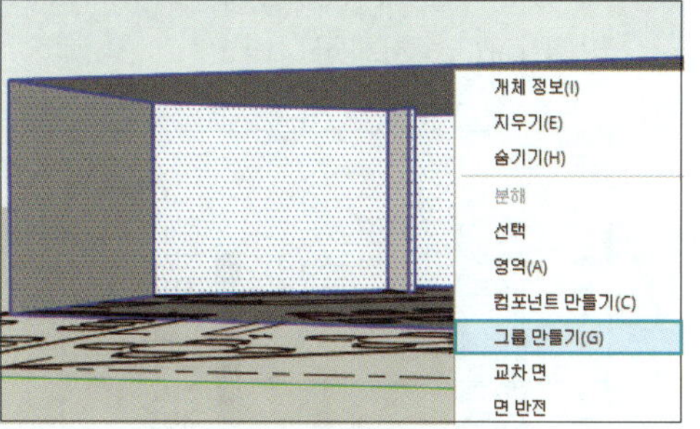

❻ 도면 배치

'회전(Q)' 도구를 사용하여 내부 입면도 A/B와 천장도를 마감선을 기준으로 배치합니다.

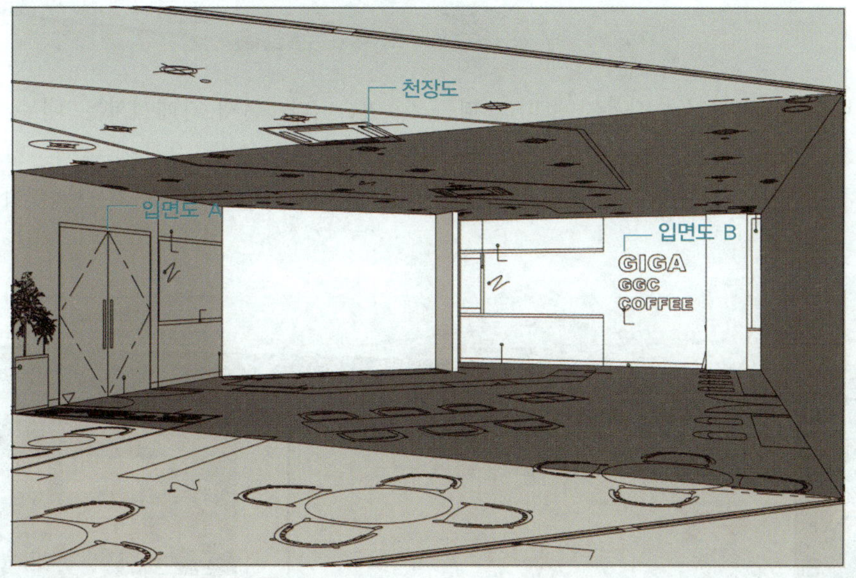

❼ 현재 상태에서도 모델링은 가능하지만, 태그를 활용해 불필요한 중심선이나 기호가 보이지 않게 설정하는 것이 좋습니다. 트레이의 태그에서 '중심', '주석' 태그 옆에 있는 눈 아이콘을 클릭해 Off로 전환합니다.

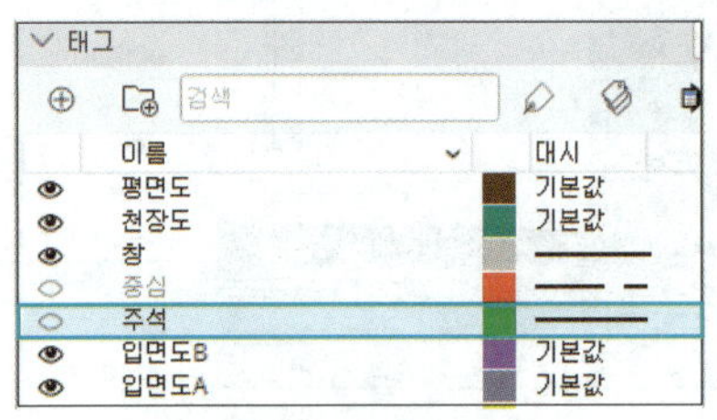

[중심, 주석 태그 Off]

❽ 내부 모델링의 작업 범위는 사용자에 따라 다를 수 있습니다. 현재 카페에서는 '내부 입면도 B'를 정면으로 바라보는 시점을 기준으로, 좌측에는 카운터와 주방, 우측에는 커튼월과 1인 테이블까지 모델링을 진행하고 작업자의 능력에 따라 벽면의 사인물 장식까지 모델링할 수 있습니다.

❾ 창호 모델링

먼저 좌측의 출입문을 모델링합니다. 문 부분을 뚫기 위해 벽면 ①을 더블클릭하여 편집 모드로 전환합니다. '사각형(R)' 도구를 사용하여 문틀의 끝 ②지점을 클릭한 후 ③지점을 클릭합니다.

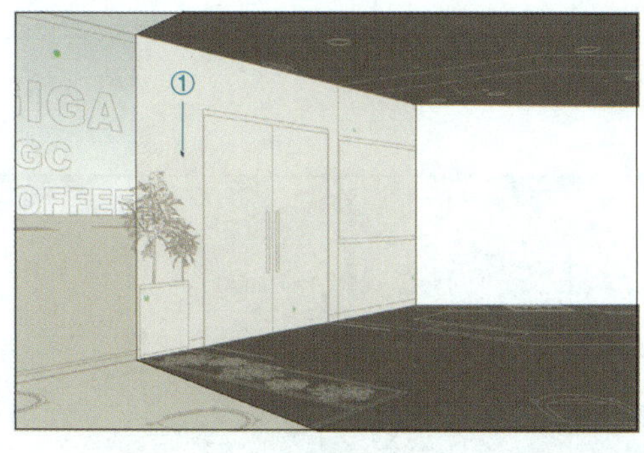
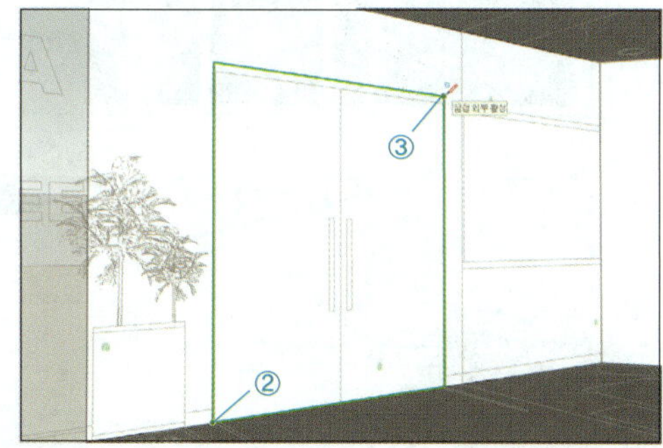

❿ 면 ①을 삭제하고 편집 모드(Esc)를 해제합니다.

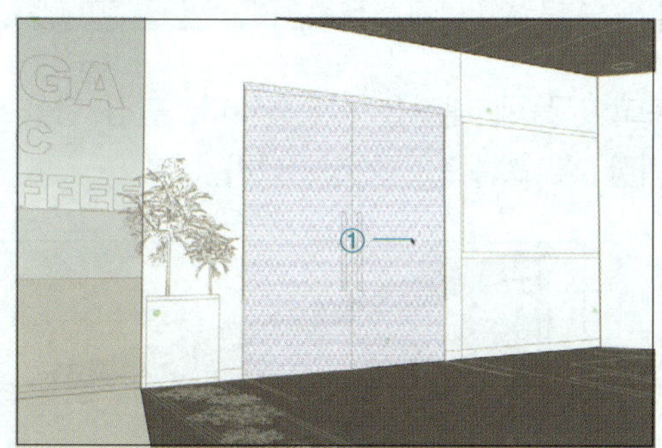
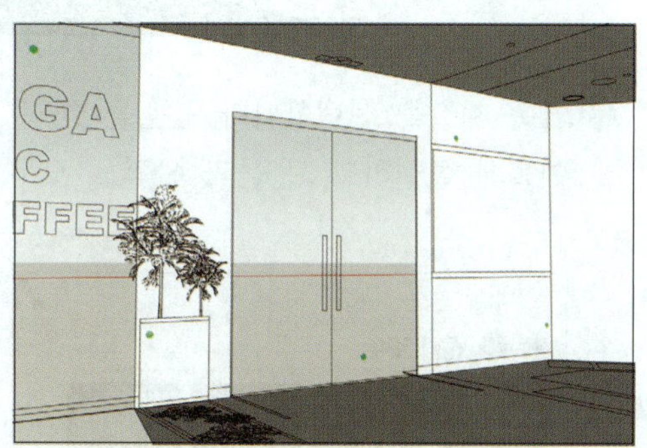

⓫ '사각형(R)' 도구를 사용해 문틀과 문짝 2개를 스케치합니다.

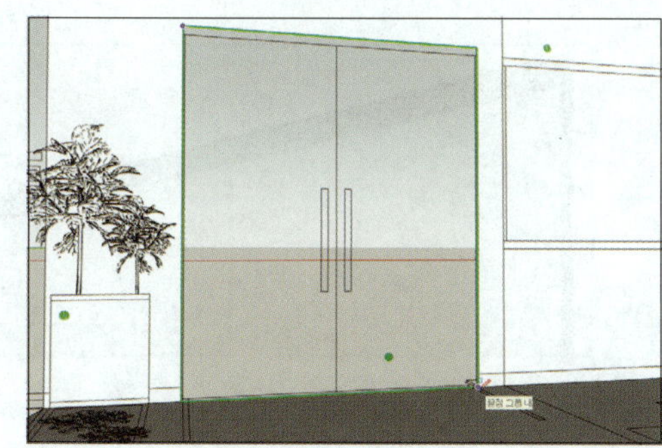

[문틀 스케치]

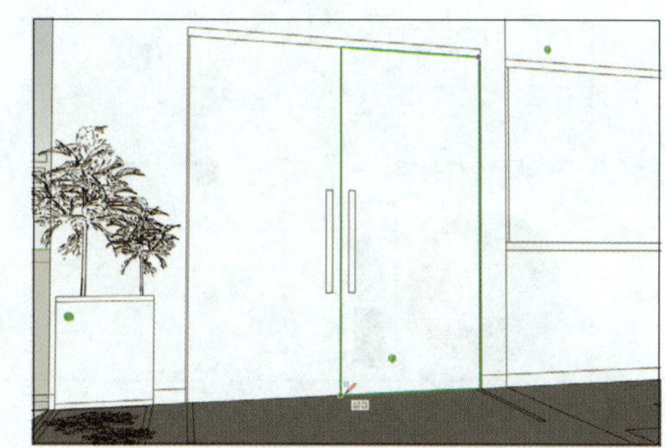

[문짝 스케치]

⓬ '밀기/끌기(P)' 도구를 사용하여 문틀 ①을 20만큼 안쪽으로 끌어주고 문짝에는 유리 재질을 적용합니다.

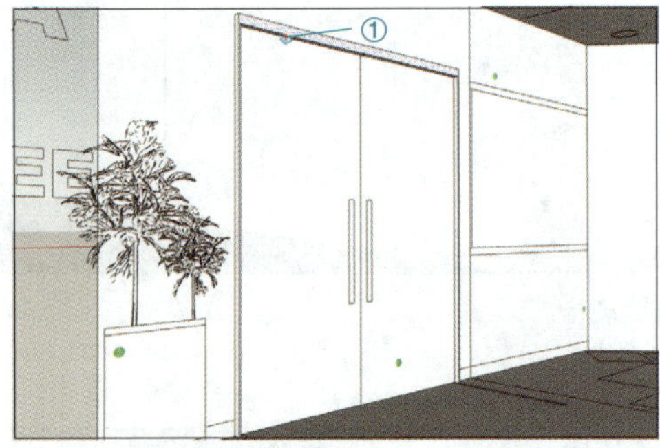
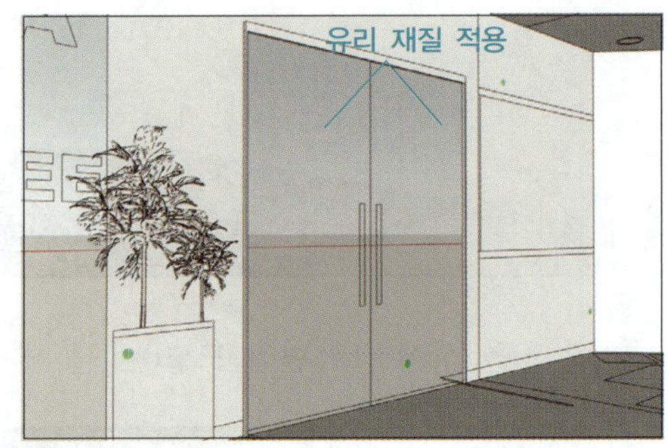

⓭ 금속 재질을 선택합니다. Ctrl을 한 번 누르고 문틀에 재질을 적용합니다. 편집 탭을 클릭해 어둡게 설정하고, 문틀과 문짝을 모두 선택한 후 그룹으로 지정합니다.

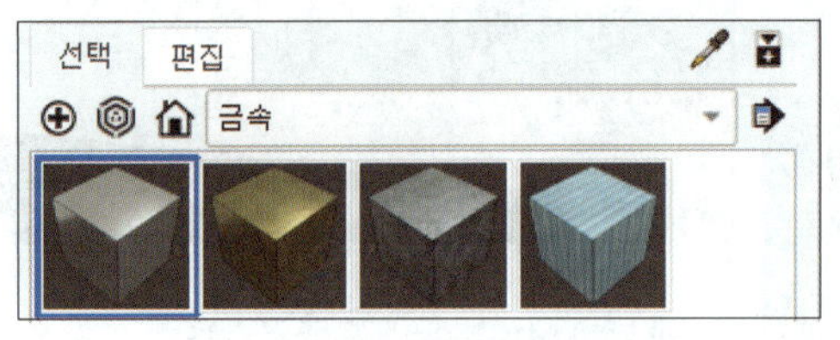
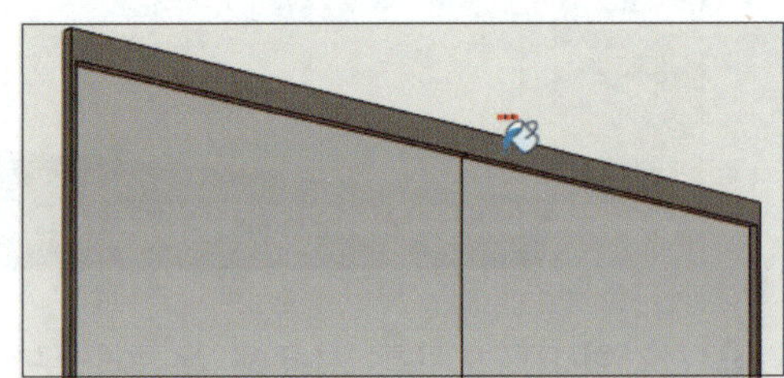

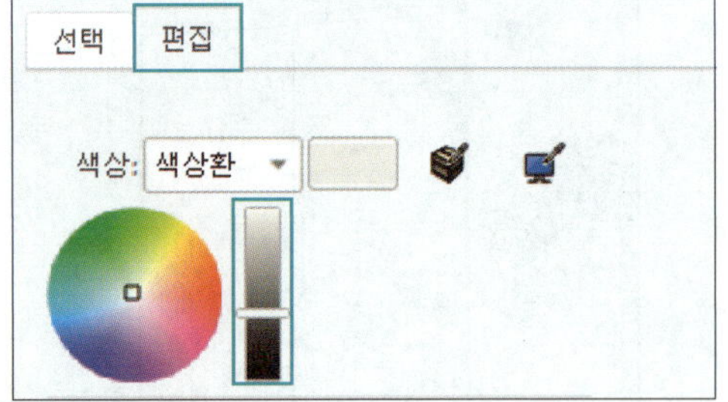
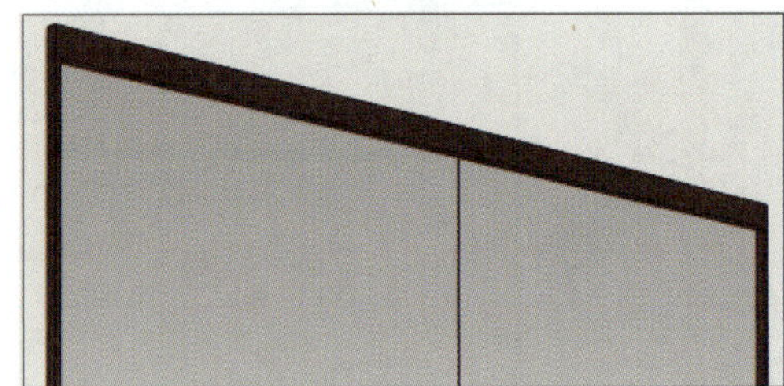

⑭ 손잡이를 만들어 그룹으로 작성하고 문틀과 동일한 재질을 적용해 배치합니다.

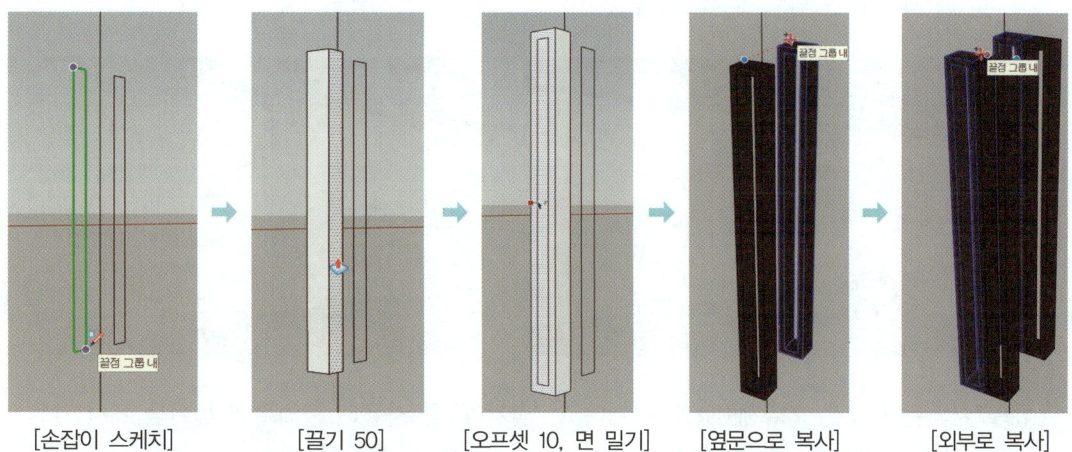

[손잡이 스케치]   [끌기 50]   [오프셋 10, 면 밀기]   [옆문으로 복사]   [외부로 복사]

⑮ 우측 커튼월을 모델링하기 위해 벽면 ①을 더블클릭합니다. 면 ②와 선 ③을 삭제하고 안쪽 코너에서 면 ④와 선 ⑤를 삭제합니다. 편집모드를 종료합니다.

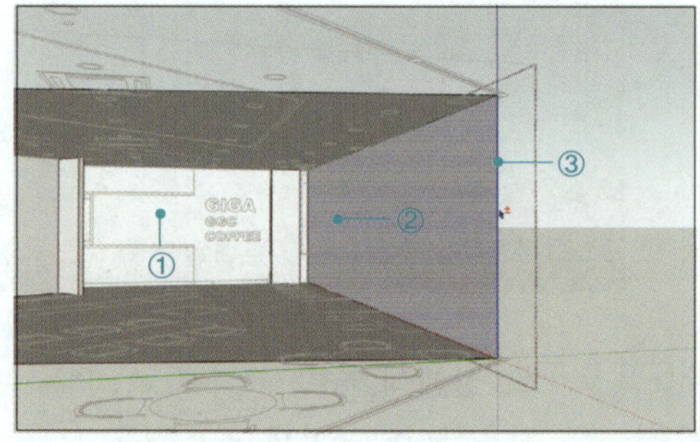

⑯ 커튼월 프레임 ①, ②지점을 기준으로 사각형(R)을 그리고 엑스레이 모드를 활성화합니다. ②지점의 위치는 생략이 되는 부분으로, 정확하지 않아도 무방합니다.

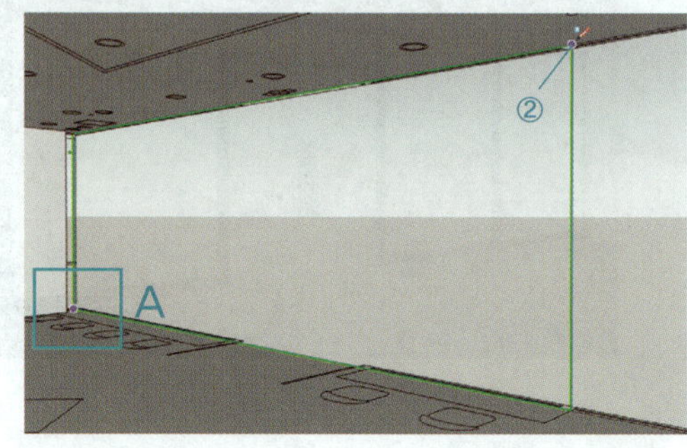
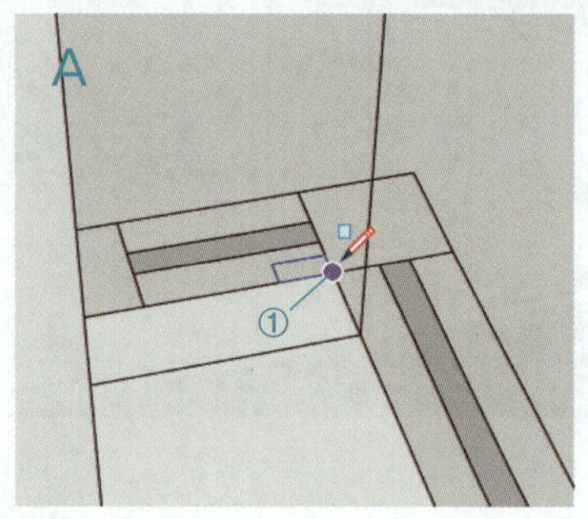

⑰ 선 ①, ②, ③을 안쪽으로 100만큼 오프셋(F)합니다. 평면도와 천장도의 프레임 위치를 확인한 후 사각형 ④, ⑤, ⑥을 그려줍니다.

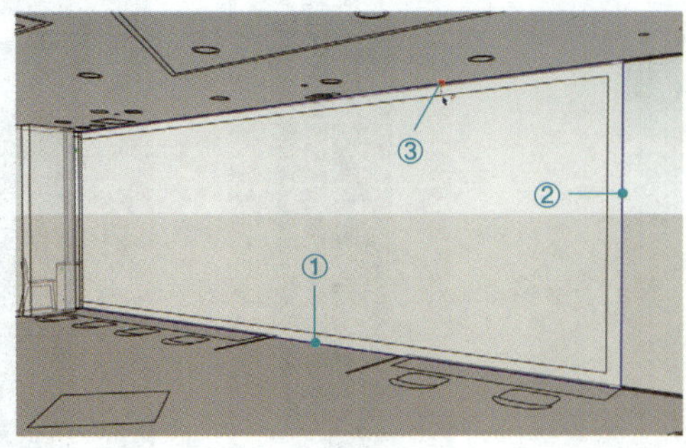 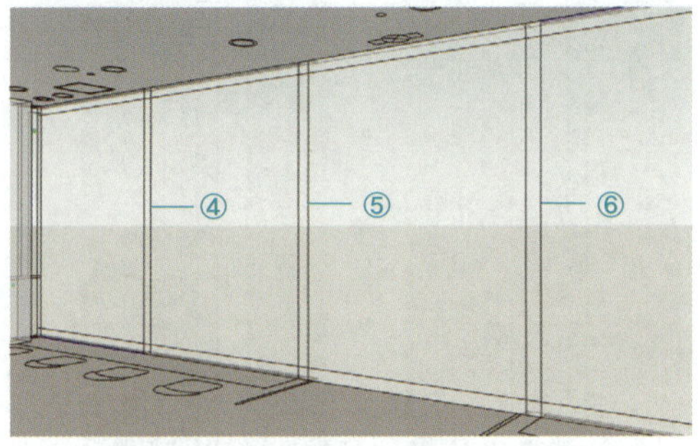

⑱ 교차되는 부분은 '지우개(E)'로 삭제하고, '줄자(T)'를 사용해 출입문의 높이를 표시합니다. 이후 '선(L)'으로 출입문의 모양을 그린 후 안내선은 삭제합니다.

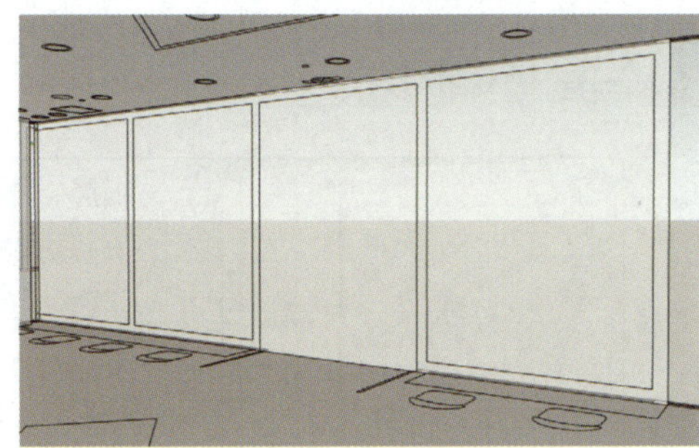 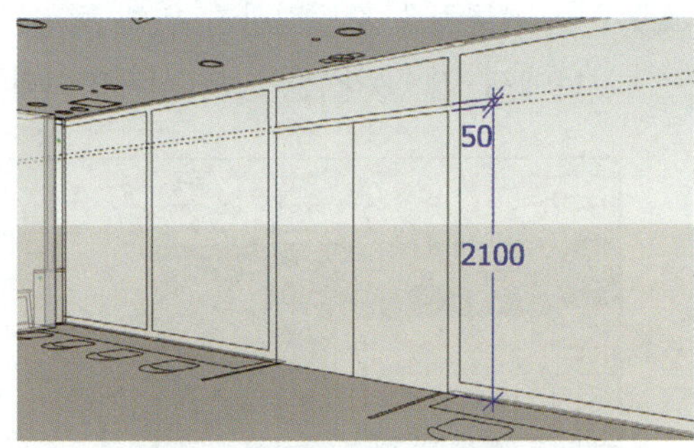

⑲ 엑스레이 모드를 비활성화합니다. '밀기/끌기(P)' 도구를 사용해 유리 ①, ②, ③, ④를 40만큼 밀어내고 반대편 출입구와 동일한 재질과 손잡이를 적용합니다. 이후 커튼월을 모두 선택해 그룹으로 지정합니다.

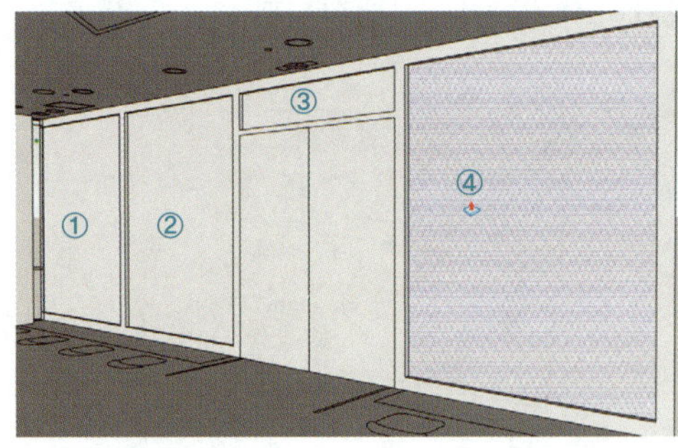 

㉑ 안쪽 구석의 커튼월 프레임 ①, ②지점을 기준으로 사각형(R)을 그립니다.

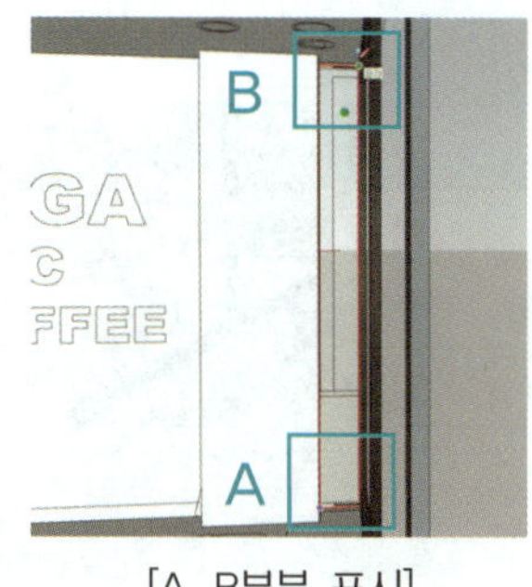
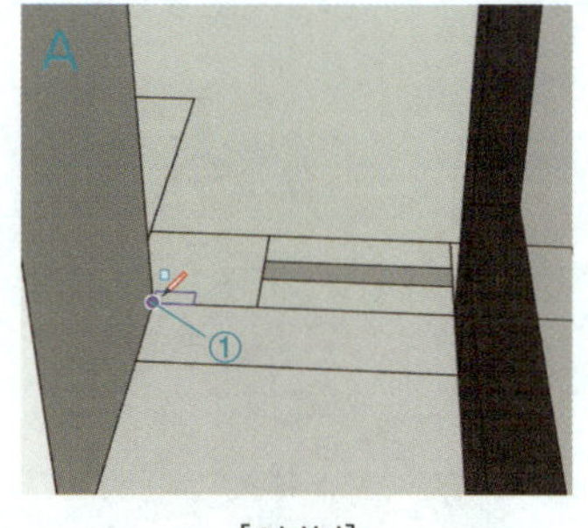
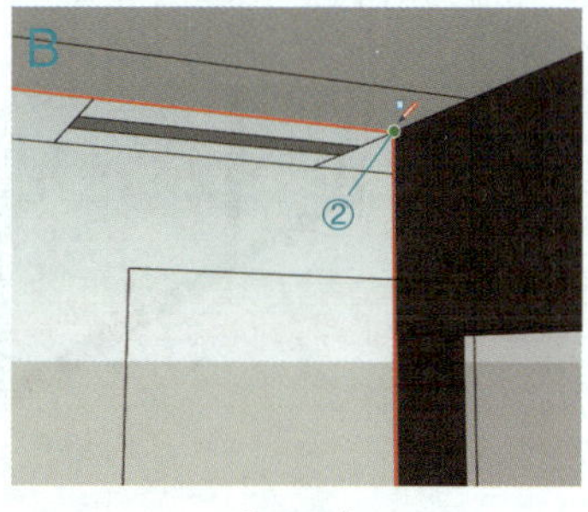

[A, B부분 표시]　　　　　　　[A부분]　　　　　　　[B부분]

㉑ 앞서 작성한 사각형의 선 ①, ②, ③을 안쪽으로 100만큼 오프셋(F)하고, 면 ④를 40만큼 밀어 냅니다. 유리와 프레임에 재질을 적용하고 그룹으로 지정합니다. 멀리 작게 보이는 부분으로, 작업시간에 따라 디테일 정도를 조정할 수 있습니다. 시간이 부족한 경우에는 면 전체를 유리 로 덮어도 큰 문제는 없습니다.

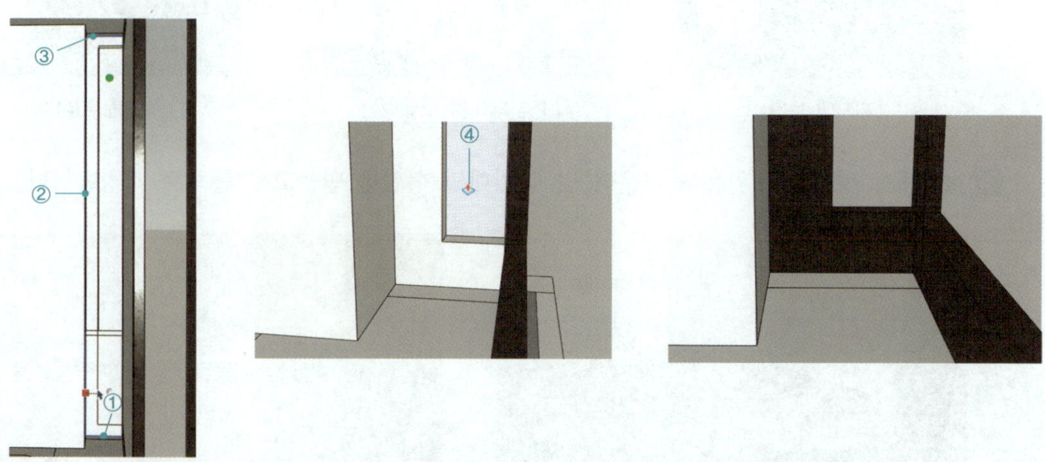

㉒ 출입문 스틸프레임의 두께 표현을 보완하기 위해 시점을 출입문 뒤편으로 조정합니다. ①지점 과 ②지점을 클릭해 사각형(R)을 그리고 재질을 적용합니다. 개인의 모델링 능력에 따라 보완 여부를 판단합니다.

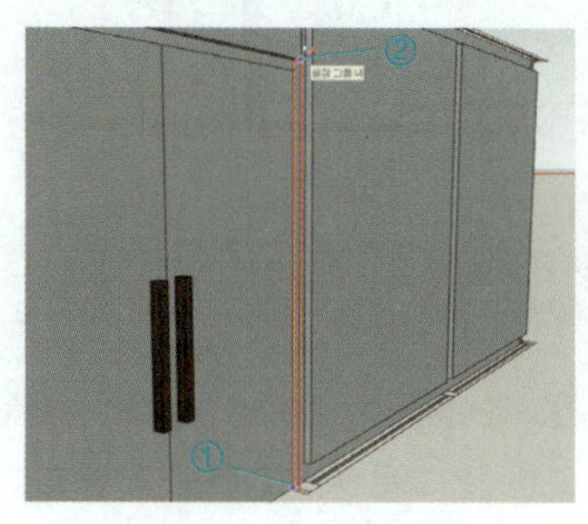
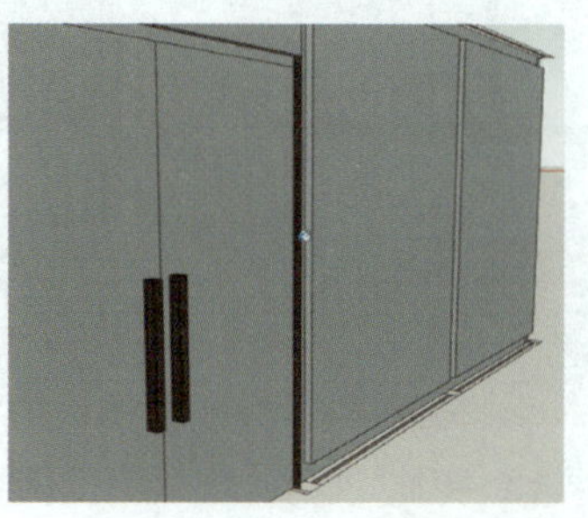

㉓ 가구 모델링

평면도를 사용해 우측 1인 테이블부터 가구의 형상을 만들고 그룹으로 지정합니다.

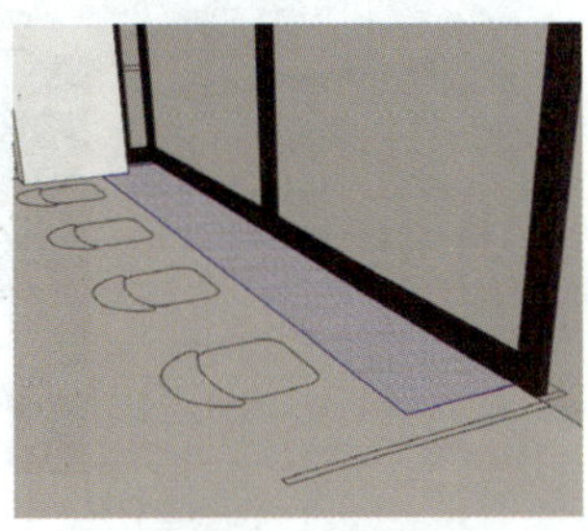

[평면 스케치]

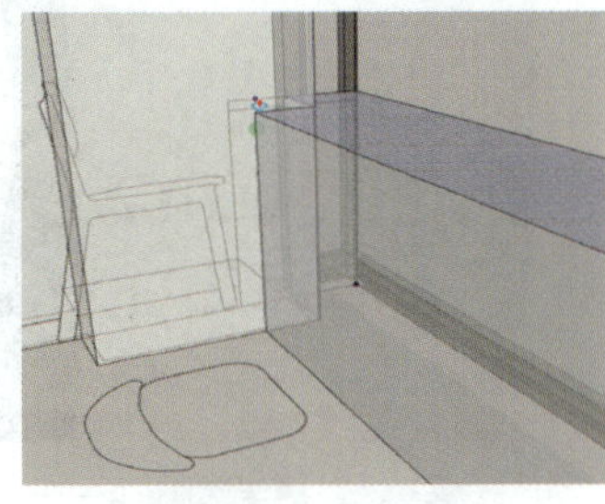

[끌기(입면도 B 참고)]

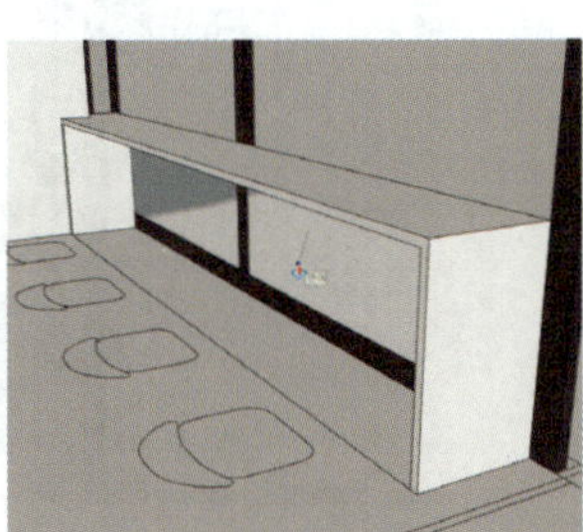

[오프셋(30) 후 밀기]

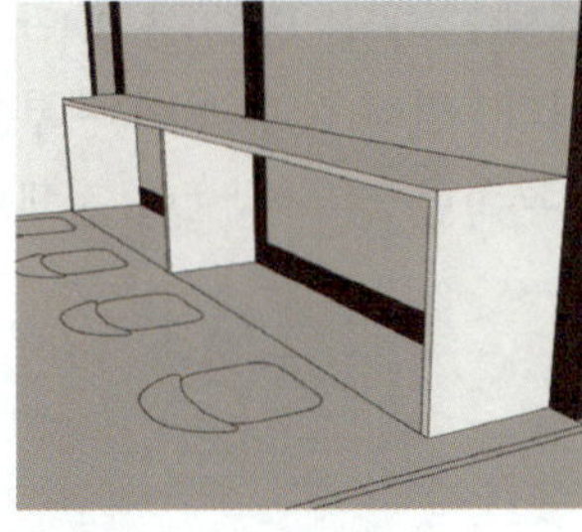

[지지대 보완]

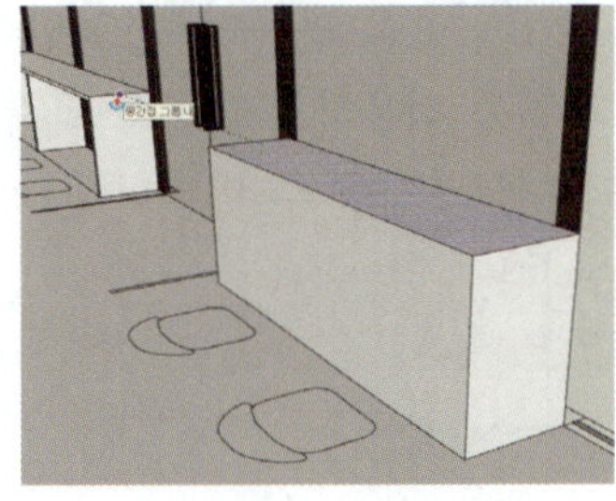

[옆 테이블 모델링]

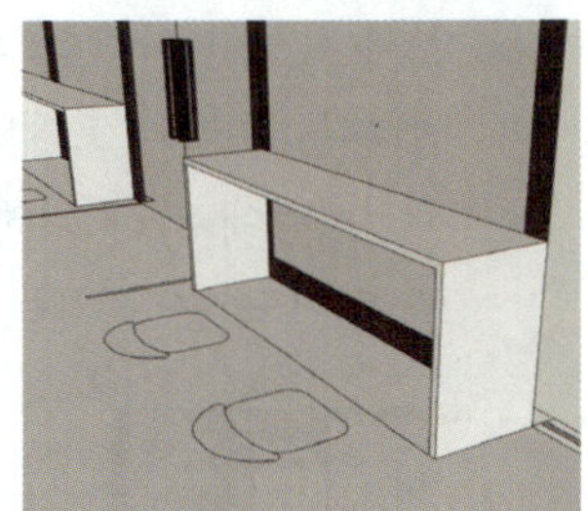

[그룹 지정]

㉔ 계속해서 평면도를 활용해 카운터 및 작업대의 형상을 만들고 그룹으로 지정합니다.

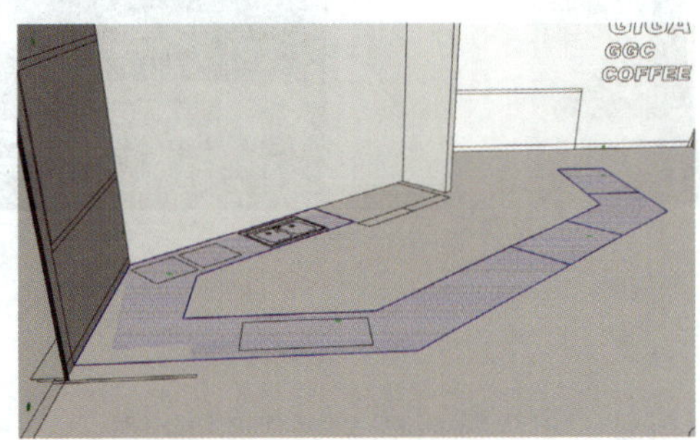

[평면 스케치]

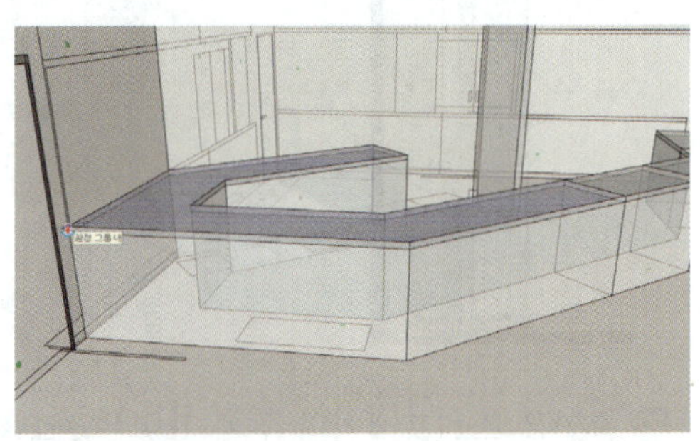

[끌기(입면도 A 참고)]

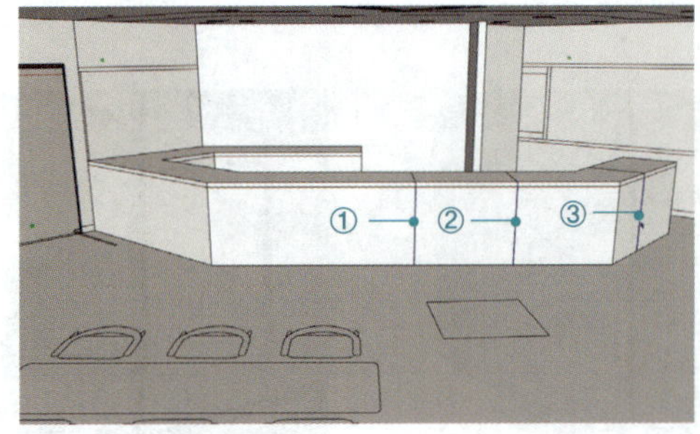

[불필요한 선 ①, ②, ③ 삭제]

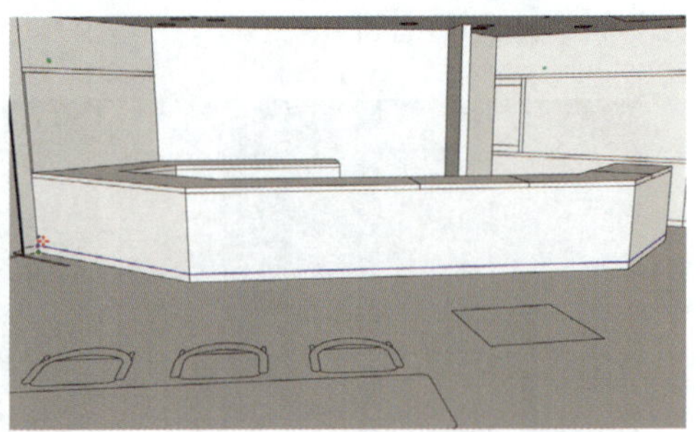

[걸레받이 표현 및 그룹 지정(입면도 A 참고)]

㉕ 카운터와 동일한 방법으로 상부 수납장과 냉장고를 모델링하고 그룹으로 지정합니다.

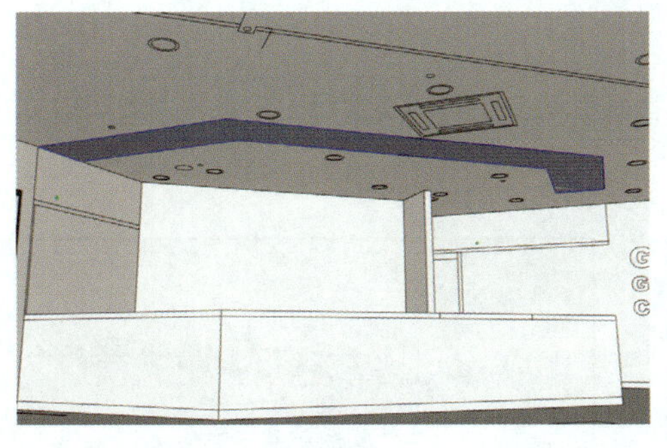 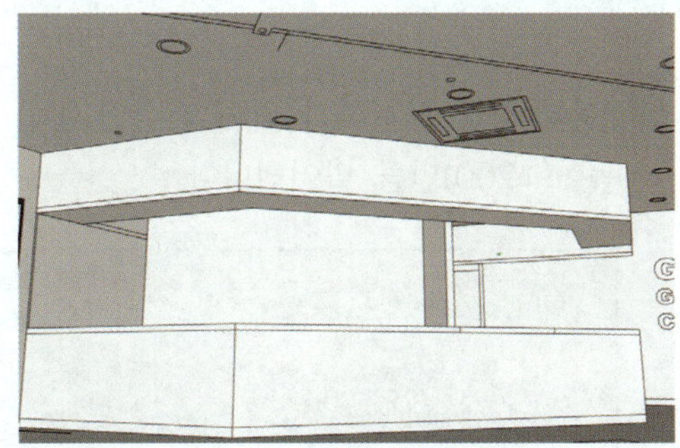

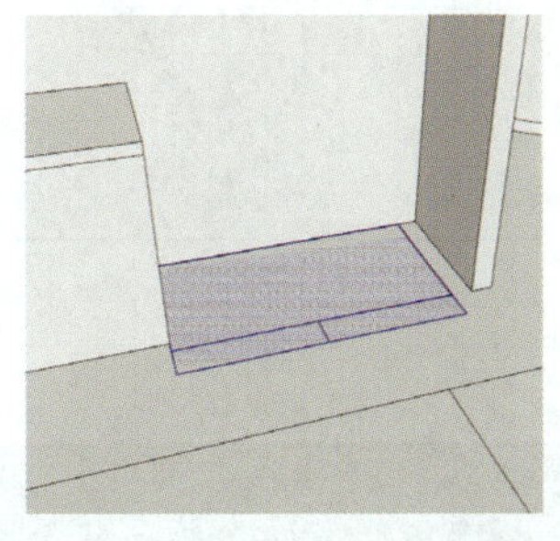 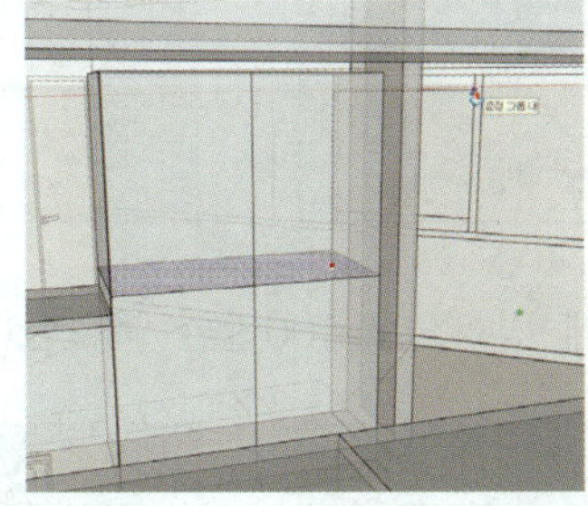 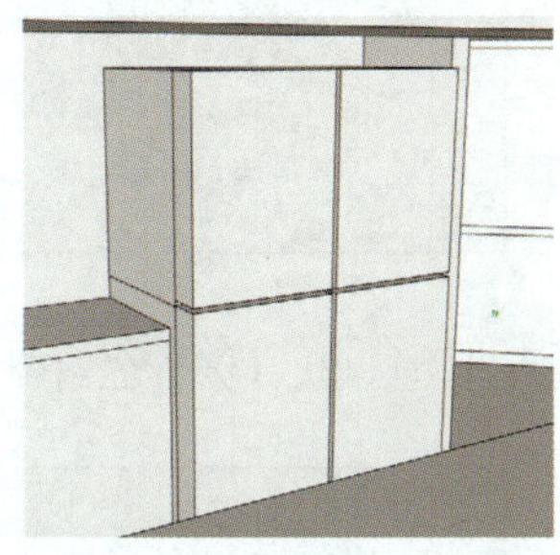

㉖ 평면도와 입면도를 활용해 플랜트 박스를 모델링한 후 그룹으로 지정합니다. (해당 작업은 투시도 외곽의 장식물로, 남은 시간에 따라 생략할 수 있습니다.)

 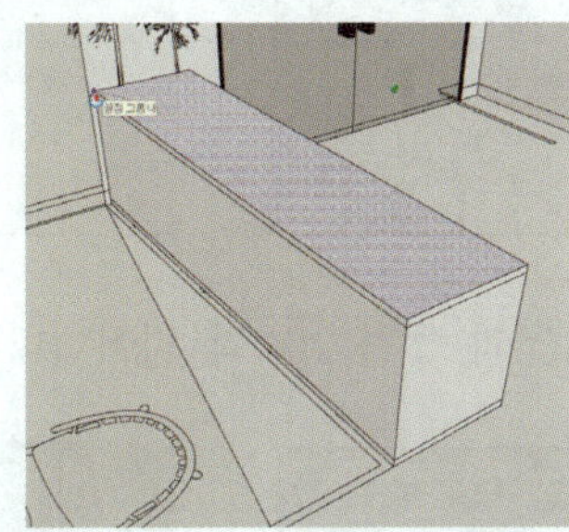 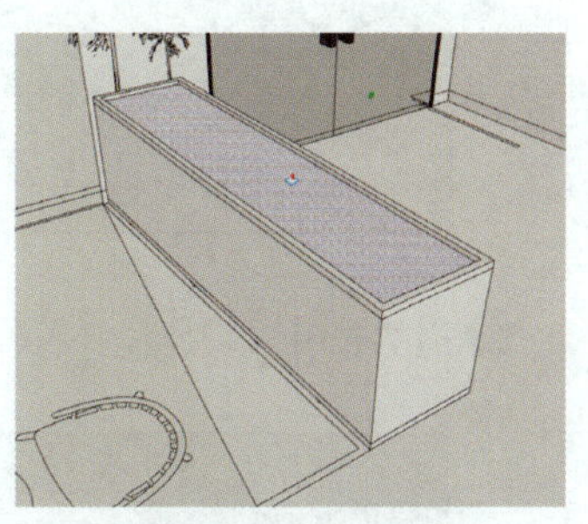

[평면 스케치]   [끌기(입면도 A 참고)]   [오프셋(30) 후 밀기(20)]

Section 04 | 천장 모델링

1 우물천장을 표현하기 위해 천장면 ①을 더블클릭하고 천장 경계 ②를 스케치합니다. 계획된 높이(+200)만큼 밀어냅니다.

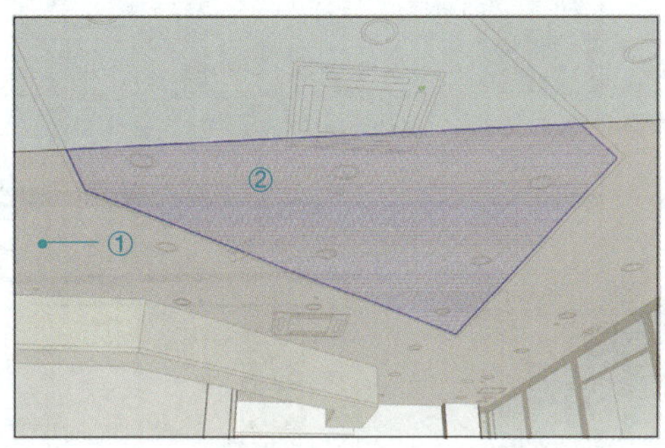
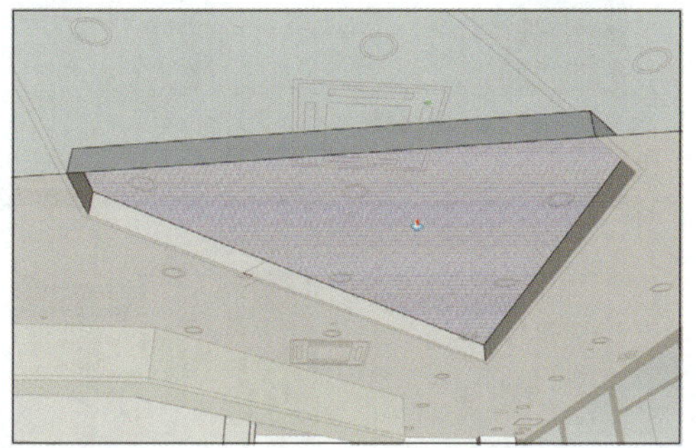

2 선 ①, ②, ③을 선택해 아래 방향으로 100만큼 복사합니다.

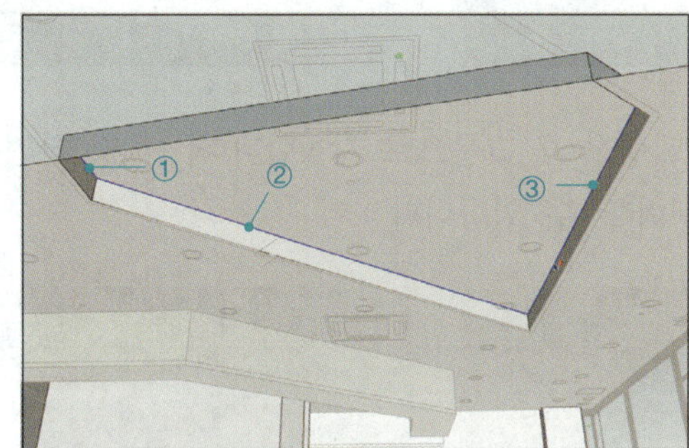
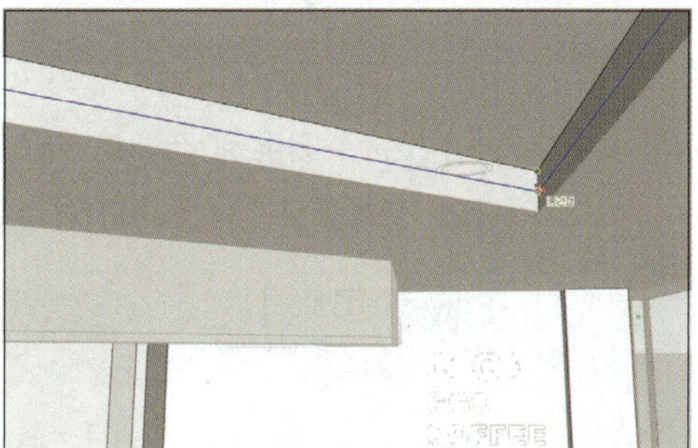

3 간접등이 설치되는 위쪽 면 ①과 ②를 100씩 밀어냅니다.

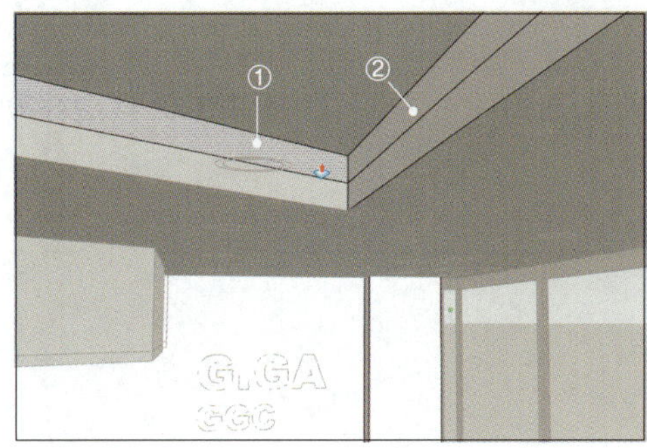

❹ 끝부분을 보완하기 위해 시점을 천장 뒤편으로 이동합니다(편집 모드 상태 유지). 이후 위, 아래 모두 연장선을 그리고, 수직선을 추가로 작성해 면을 생성합니다.

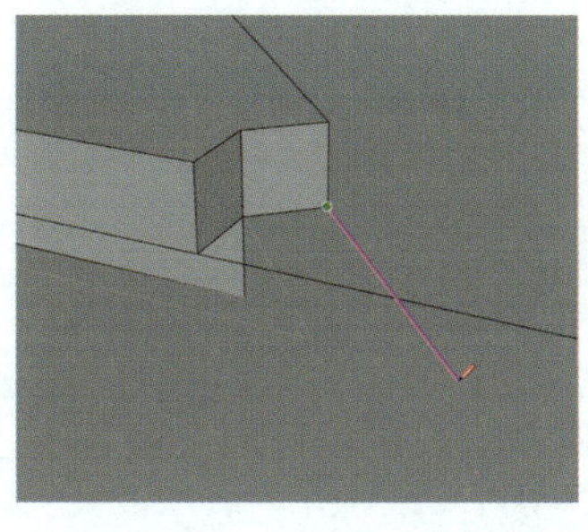
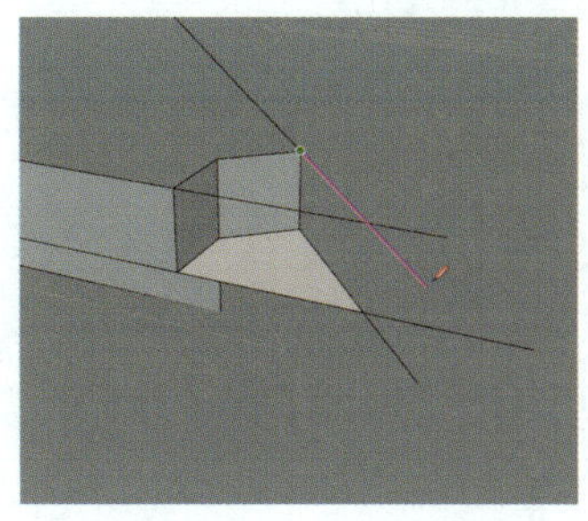
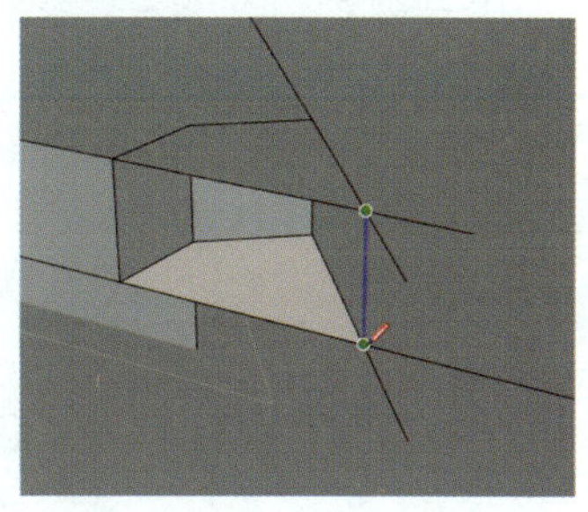

❺ 안쪽 시점으로 이동해 선 ①을 삭제하고, 나머지 불필요한 선 ②~⑦도 삭제한 후 편집 모드를 종료합니다.

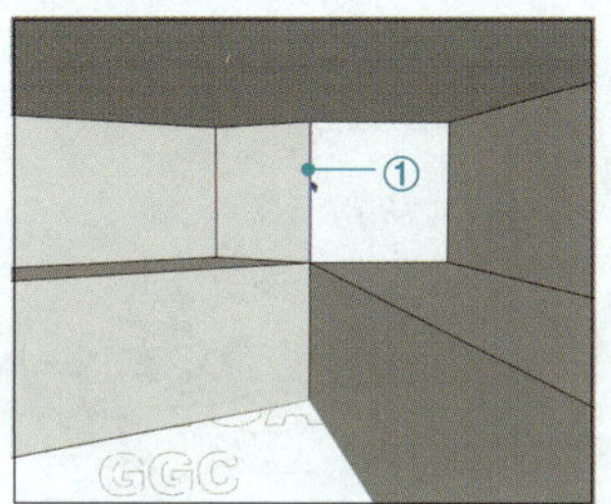
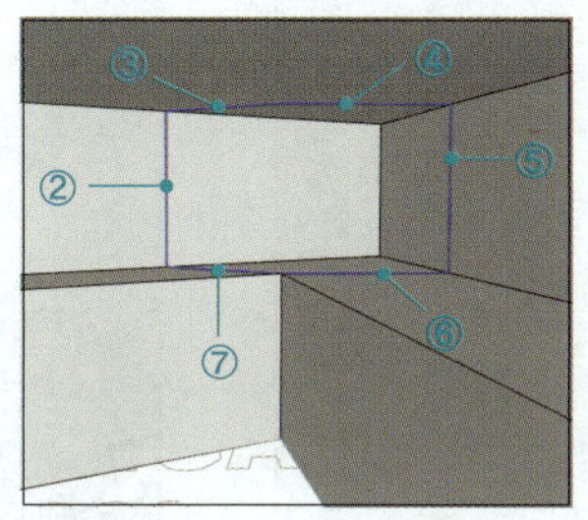

❻ 우측 안쪽의 매입등 ①을 확대하고 원 2개를 덧그립니다.

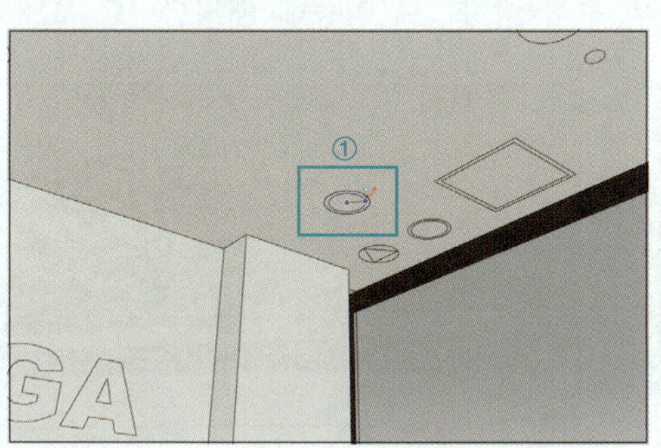
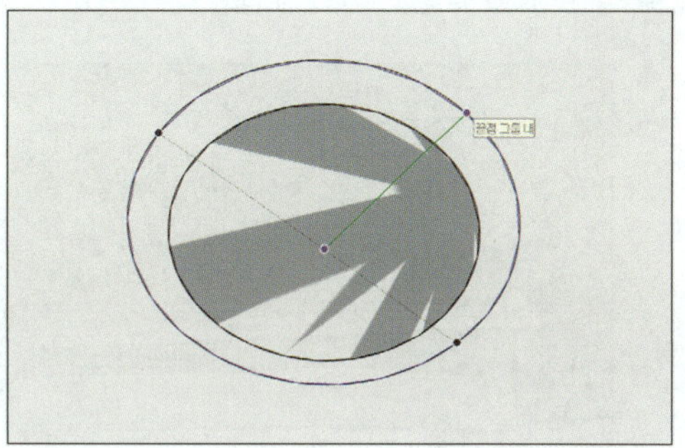

❼ '밀기/끌기(P)' 도구로 안쪽은 5, 바깥쪽은 10만큼 끌어줍니다. 면이 뒷면(푸른색)으로 만들어지면 [Ctrl]을 눌러 앞면(흰색)으로 전환합니다. 매입등 안쪽 면에 재질(E01_Mint_Frost)을 적용하고 그룹 또는 컴포넌트로 만듭니다.

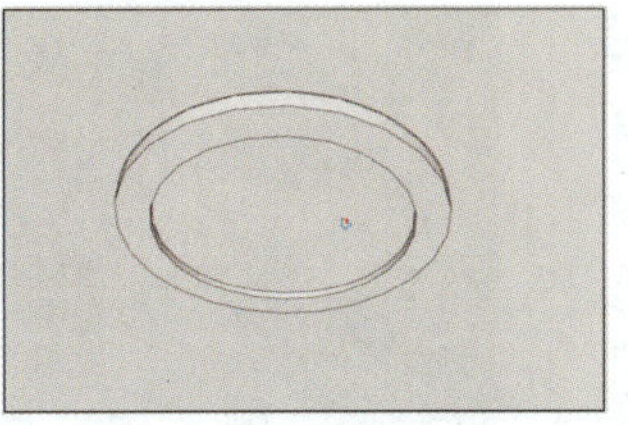
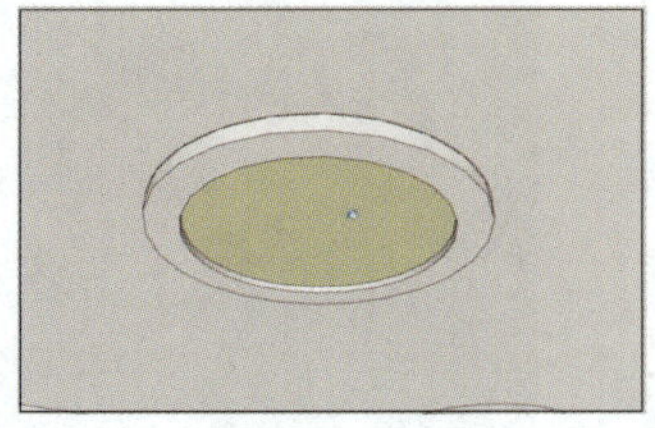
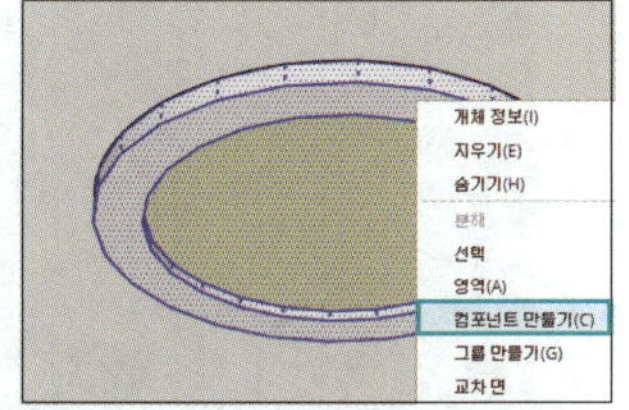

❽ 완성된 매입등을 천장도를 확인하면서 보이는 위치를 중심으로 1500 간격으로 배열합니다. 배치된 천장도의 위치와 완벽하게 일치시킬 필요는 없습니다.

❾ 우물천장에 설치된 매입등은 다시 선택한 후 수직 방향으로 이동해 배치합니다.

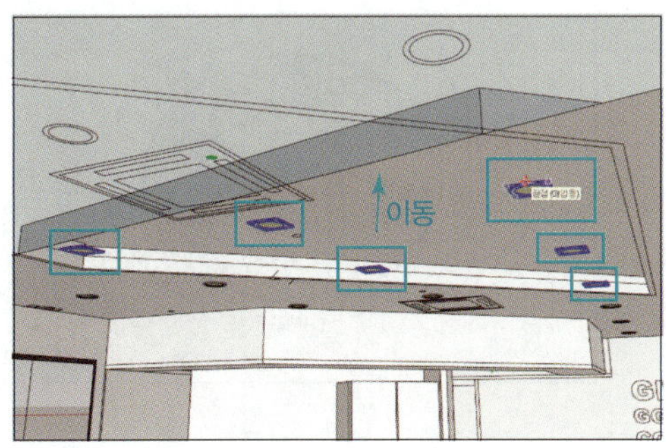

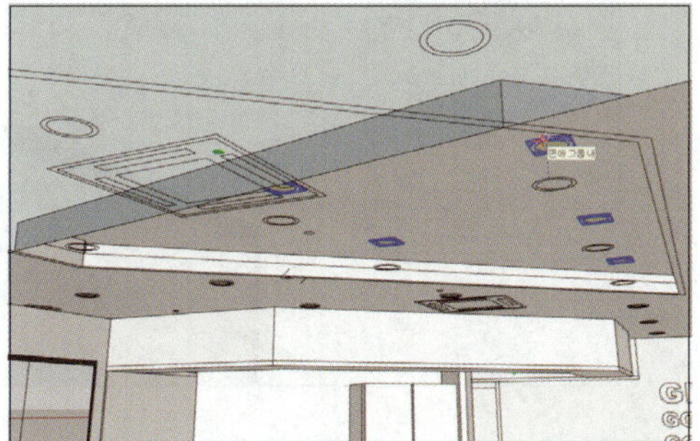

❿ 점검구, 스피커, 환기구, 스프링클러, 화재감지기, 에어컨을 덧그려 단순하게 모델링하고 그룹으로 지정한 후 배치합니다.

패턴 넣기

스피커나 에어컨이 크게 보이는 경우, '패턴' 재질을 적용하면 보다 상세한 표현이 가능합니다. 적절한 직교 패턴을 적용한 후 '편집' 탭에서 크기를 조절합니다. 패턴도 재질과 같으므로 패턴 적용 후에는 추가로 재질을 적용할 수 없습니다.

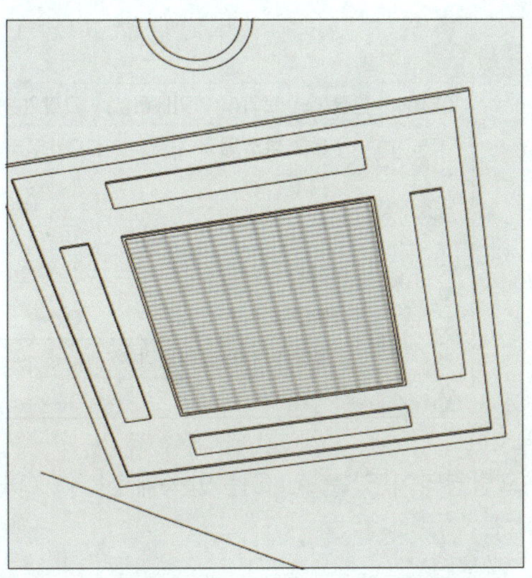

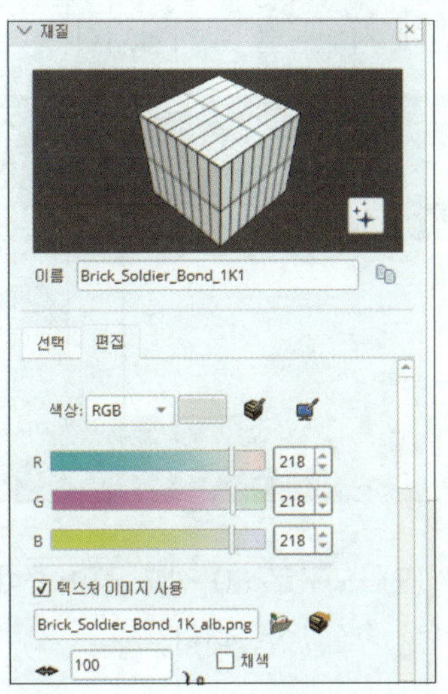

Section 05 세부 모델링 및 가구 소스 배치

❶ 작성된 내부 입면도를 기준으로 브랜드 사인물을 제작합니다. 공간의 용도를 직접적으로 표현할 수 있는 부분으로, 가급적 우선적으로 작업범위에 포함시킵니다. 내부 입면도 B를 더블클릭한 후, 캐드 도면의 문자 형상을 모두 선택하고 Ctrl + C를 눌러 복사합니다. 이후 편집 모드를 종료합니다.

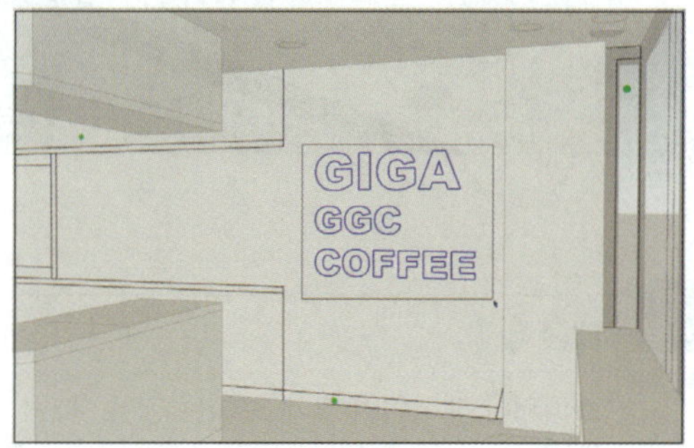

❷ 사인물이 배치된 벽면 ①을 더블클릭합니다. 메뉴의 [편집]에서 '특정 위치에 붙여넣기'를 선택하여 벽면에 사인물을 부착합니다.

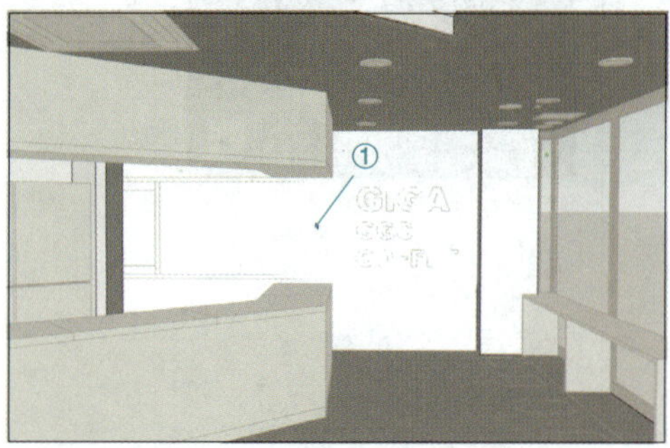

❸ '밀기/끌기(P)' 도구로 30 정도 끌어줍니다. 고립영역이 있는 A, O는 안쪽에 선 ①, ②를 그려 면을 추가한 후 끌어줍니다.

[선 ①, ② 작성]

[선 ① 삭제]

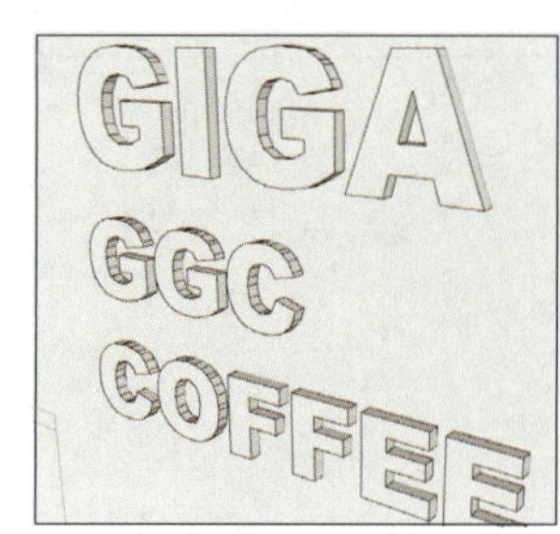

[면 끌기(30)]

❹ 문자 표면에 검정색 재질을 적용합니다. 이후 'GGC COFFEE' 표면을 선택히여 Ctrl + C를 눌러 복사하고, 편집모드를 종료합니다.

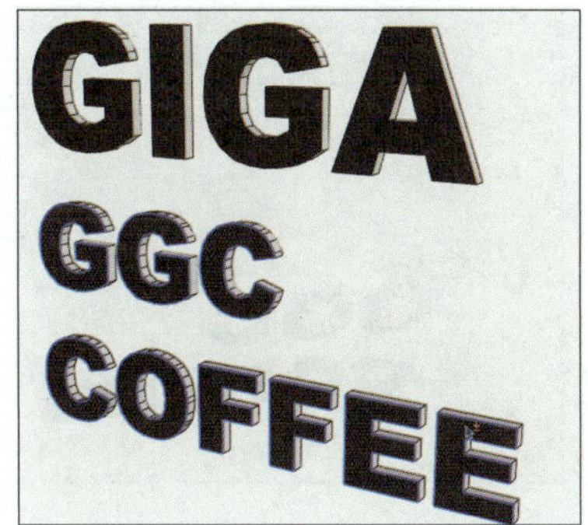

❺ Ctrl + V를 눌러 카운터 ①지점에 붙여넣습니다. '밀기/끌기(P)' 도구로 약 20 정도 두께를 적용하고 그룹으로 지정합니다.

❻ ①지점을 기준점으로 ②지점으로 이동합니다.

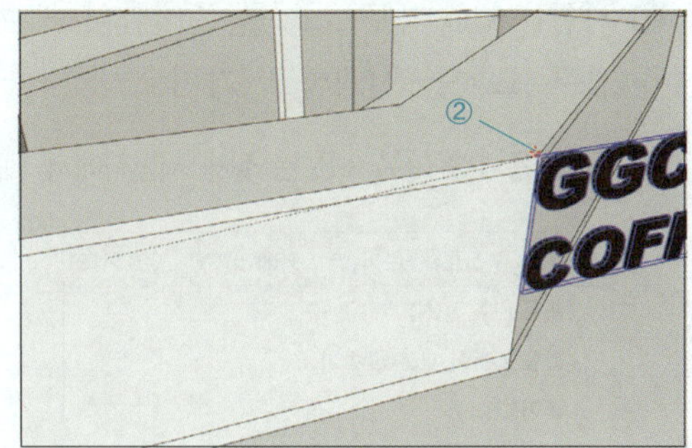

❼ '회전(Q)' 도구로 ①지점을 기준점으로 클릭합니다. ②지점을 시작 각도로 클릭한 후, ③지점을 클릭합니다.

❽ '축척(S)' 도구로 적절한 크기로 조정한 후, 보기 좋게 배치합니다.

* 3D 모델링에 사용되는 입체 문자는 2D 도면에 사용된 글꼴을 사용하여 스케치업에서 '3D 텍스트' 도구로 작성할 수 있습니다.

❾ 시험용 '3D 가구 소스'를 준비합니다. 메뉴의 [파일](①)에서 '가져오기'(②)를 클릭한 뒤, '3D 가구 소스'를 선택하고 '가져오기'를 클릭합니다.

* 시험용 '3D 가구 소스'는 실제 시험장에서 제공되는 디자인과 다소 차이가 있을 수 있습니다.

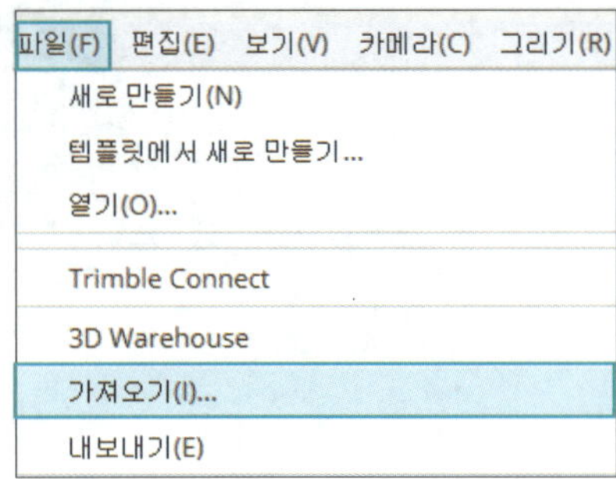

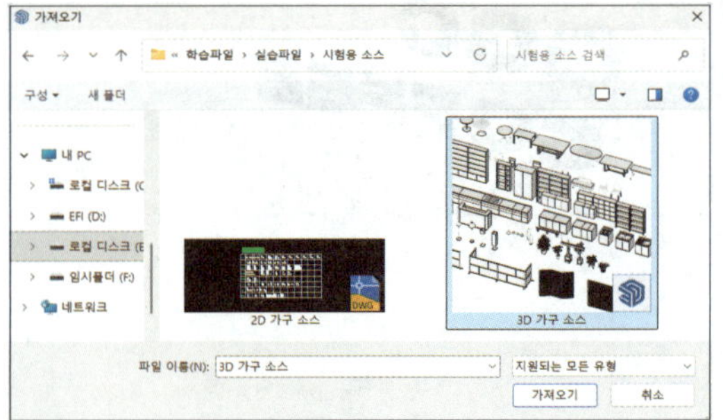

❿ ①지점을 클릭해 배치한 후 하나씩 사용할 수 있도록 분해합니다.

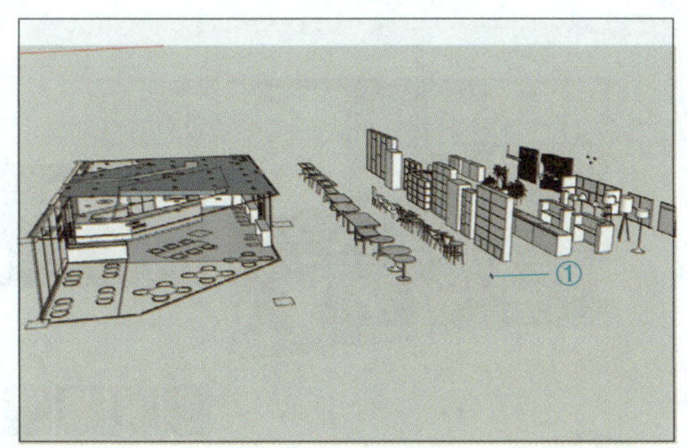
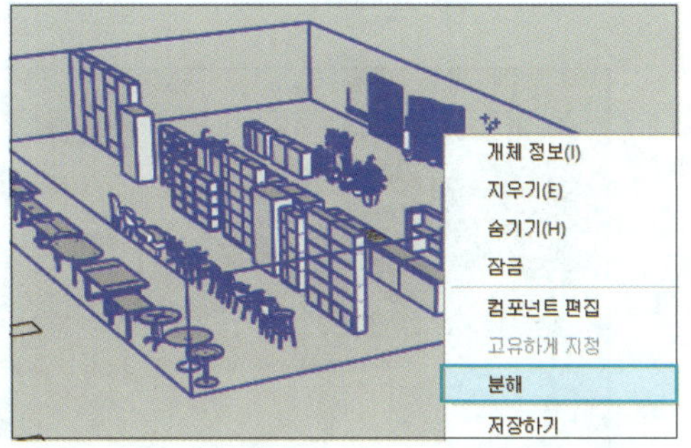

⓫ 3D 가구 소스에서 테이블 ①, 의자 ②와 ③, 화분 ④를 모델링 공간에 복사합니다. 평면도의
방향 및 크기에 맞추어 수정한 후 보기 좋게 배치합니다.

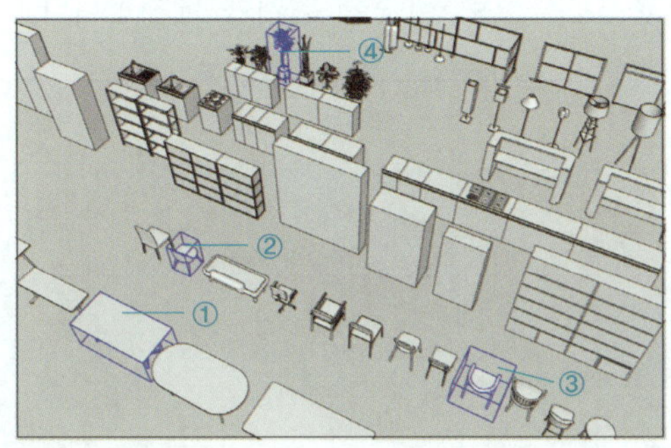

⓬ 화분을 플랜트 박스 옆으로 이동한 후 2개를 복사해 크기를 0.6, 0.7, 0.8배 정도로 수정합
니다.

Part
6

⑬ 플랜트 박스에 화분이 가려지므로 그대로 이동해 자연스럽게 배치하고 Ground의 'Soil_04_1K' 재질을 적용합니다.

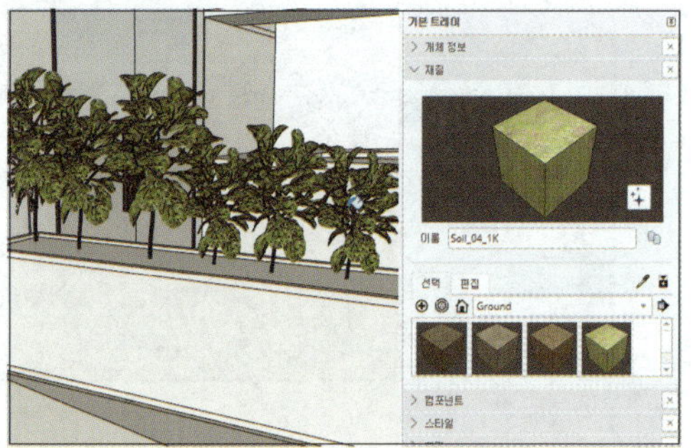

⑭ 3D 가구 소스에서 싱크대 ①을 더블클릭하고 수전과 싱크볼만 Ctrl + C로 복사합니다. 엑스레이 모드를 활성화해 개수대 위치를 확인하고 Ctrl + V로 비슷한 위치에 배치합니다.

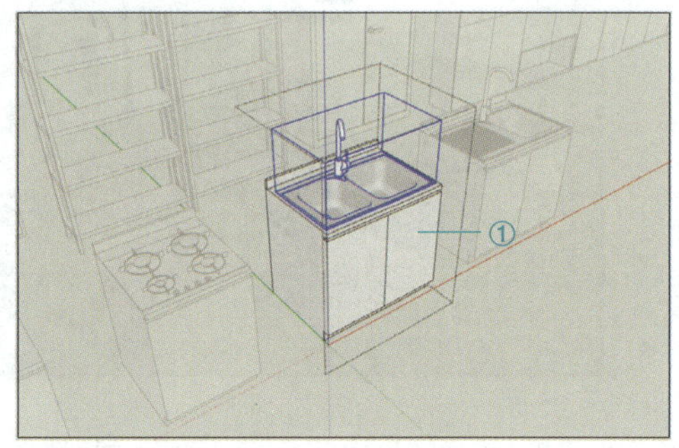

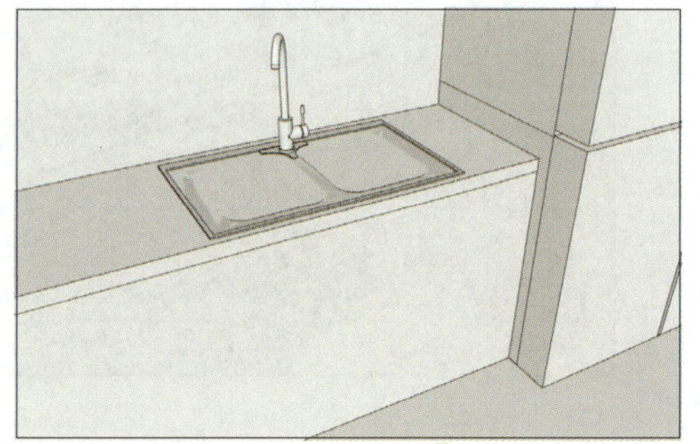

⑮ 개수대가 싱크대 상판면에 의해 가려집니다. 면을 제거하기 위해 싱크대 ①을 더블클릭해 싱크볼 테두리를 따라 경계선 ②를 '선(L)' 도구로 그리고, 면 ③, ④를 삭제합니다. 투시도 시점상 멀리 있으므로 수정하지 않아도 크게 문제가 되지는 않습니다.

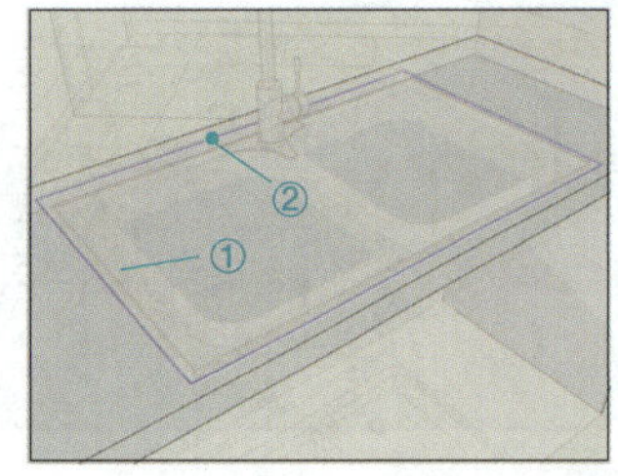

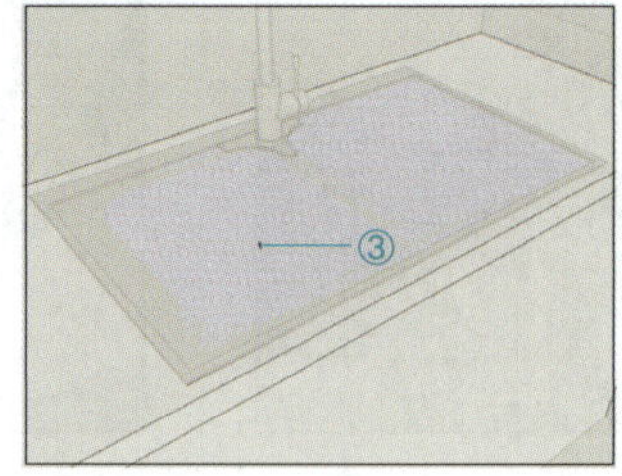

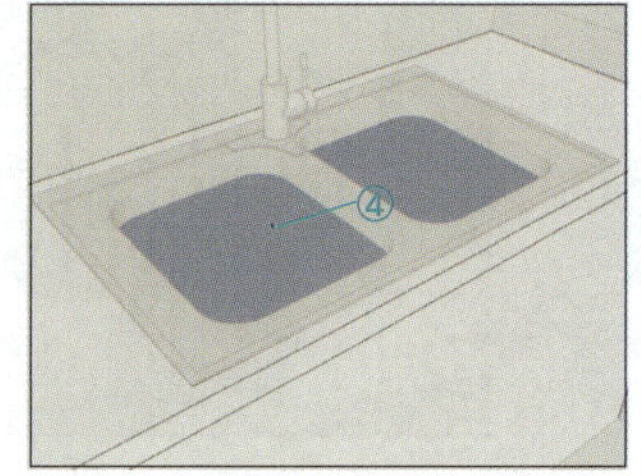

⑯ 전체적으로 완성된 모델에 남은 시간과 개인 역량에 따라 메뉴판, 커피머신, 바닥 패턴 등 디테일을 보완합니다. 모델링에 사용된 캐드도면은 삭제하거나 태그를 모두 Off합니다.

Section 06 재질 및 환경요소 적용

❶ 재질은 면적이 넓은 천장, 벽, 바닥에 채도가 높지 않은 컬러를 우선 적용하고, 이후 몰딩과 주요 가구순으로 작업을 진행합니다.

* 재질을 적용하기 전 평면도에 기재된 '디자인 의도'를 한 번 더 확인하는 것이 좋습니다.

[천장, 페인트 벽, 타일 벽: M00_Soft_Cloud]

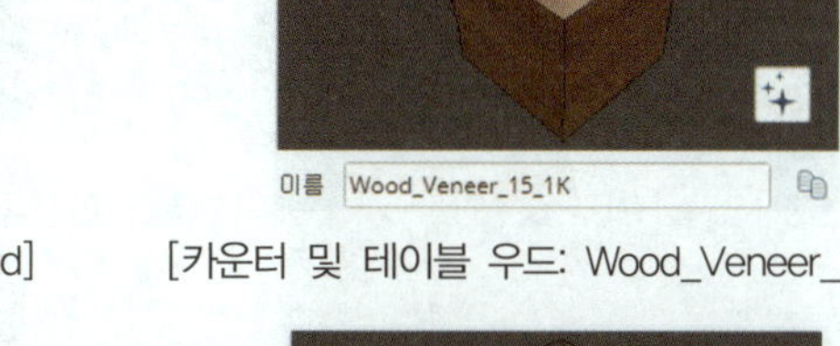

[카운터 및 테이블 우드: Wood_Veneer_15_1K]

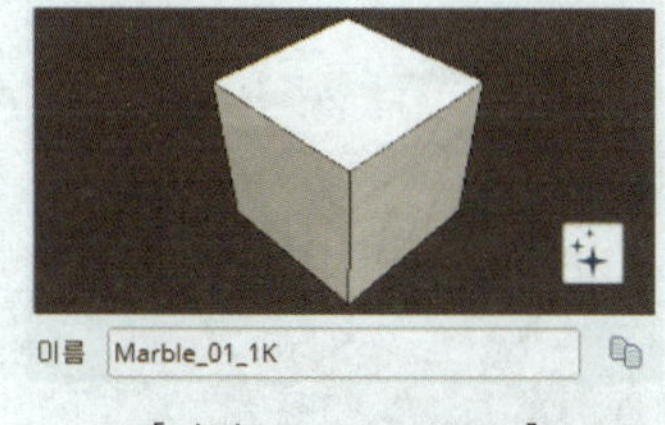

[바닥: Marble_01_1K]

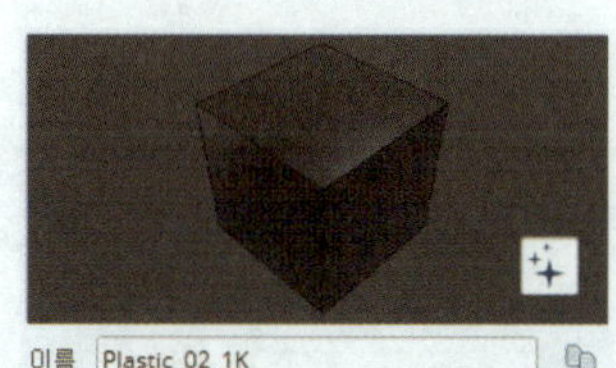

[검정띠 장식: Plastic_02_1K 고벽돌: Brick_21_1K]

[고벽돌: Brick_20_1K]

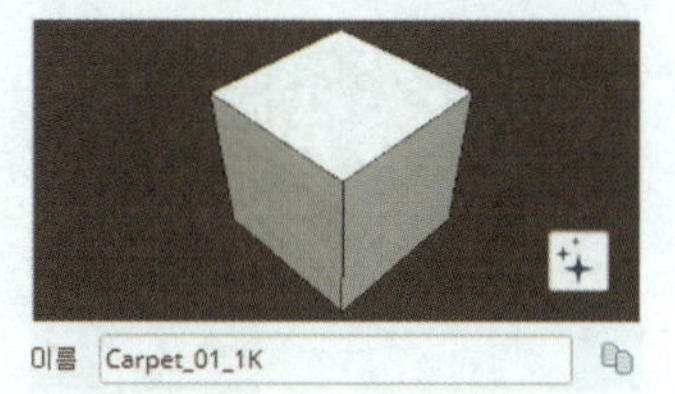

[의자 쿠션: Carpet_01_1K]

❷ 트레이의 그림자에서 '음영 처리를 위해 태양 사용'을 체크하고, 밝음과 어두움을 100으로 설정합니다. (그림자 옵션 설정은 작업자의 성향이나 공간의 성격에 따라 달라질 수 있습니다.)

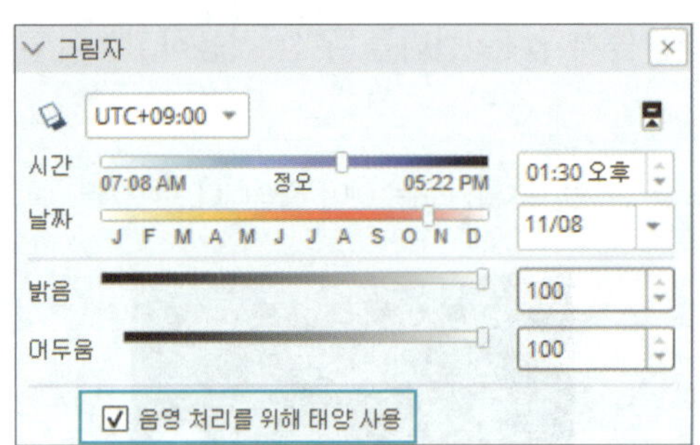 

❸ 메뉴 [보기] ⇨ [면 스타일] ⇨ [앰비언트 오클루전]을 클릭해 음영을 적용합니다.

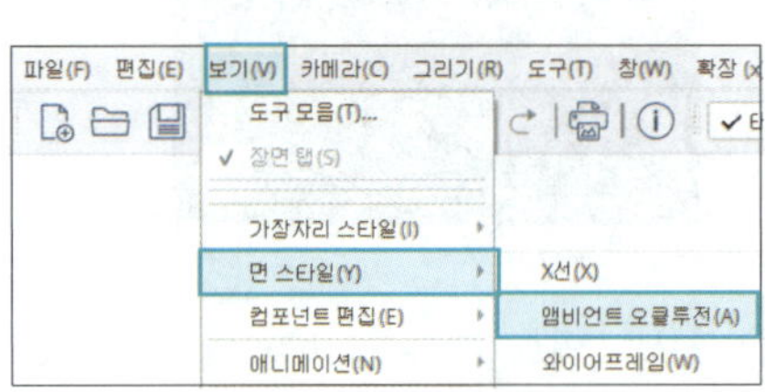 

Section 07 실내투시도 이미지 추출 및 배치

실내투시도 장면을 저장하고 고품질 이미지로 출력합니다.

학습파일 | 실습파일 \ Part06 \ Ch06 \ 카페 모델링.skp

❶ 완성된 실내 공간을 보기 좋은 시점으로 맞춘 후 메뉴 [카메라]에서 '2소점 투시'를 클릭합니다. 이후 클릭 드래그로 한 번 더 화면을 조정합니다.

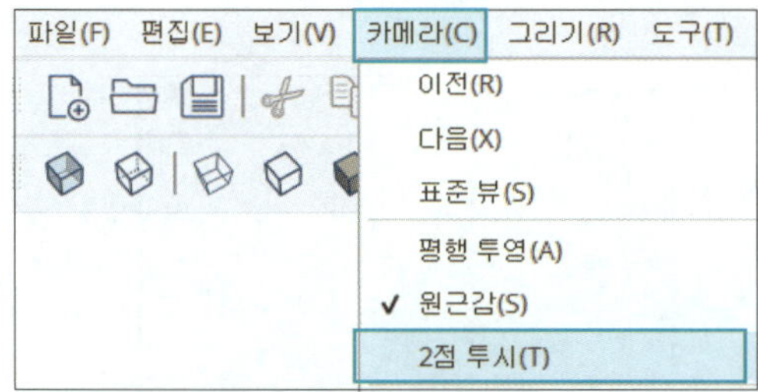

❷ 트레이의 '장면' 탭에서 '장면 추가(⊕)' ①을 클릭하여 현재 시점의 화면을 저장합니다. 장면을 저장한 후 시점이 흐트러지거나 다른 작업을 수행하더라도 장면 탭(②)을 클릭하면 저장된 시점으로 다시 돌아갈 수 있습니다.

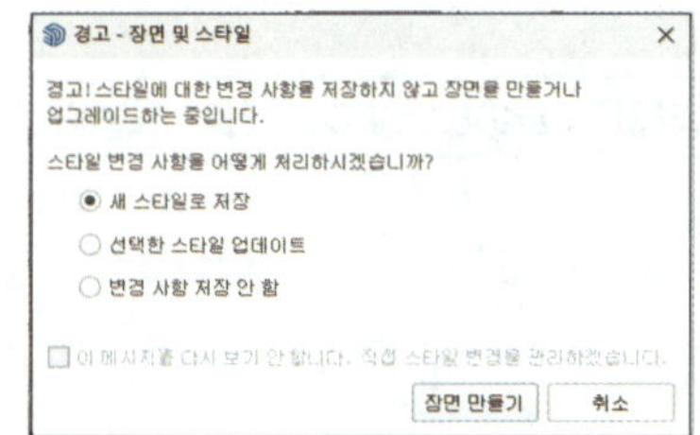

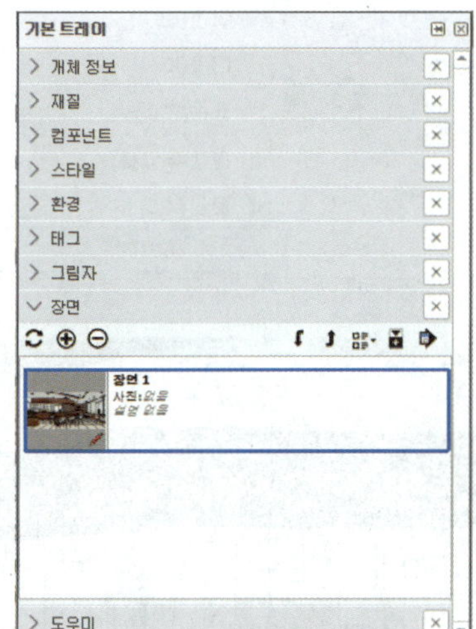

❸ 모델링에 부족한 부분이 없다면 스케치업 모델링 파일을 저장한 후 설정한 장면을 출력하기 위해 메뉴 [파일] ⇨ [내보내기(E)]에서 '2D 그래픽'을 클릭합니다.

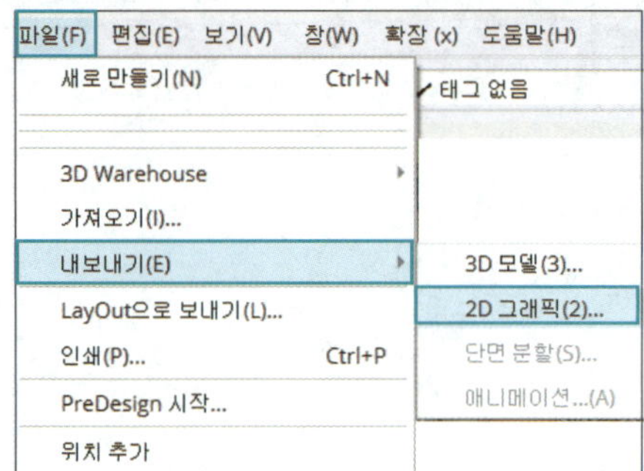

❹ 바탕화면에 만들어둔 '01_황두환_2D' 폴더 안에 파일 이름을 '실내투시도', 형식을 'tif'로 설정합니다. 옵션 버튼(①)을 클릭한 후, '뷰 크기 사용'을 해제하고 픽셀값을 '3000', 선배율 승수를 '1'로 설정합니다. 설정을 마친 후 확인을 클릭하고 내보내기 버튼을 누르면 실내투시도 이미지가 저장됩니다. (높이 픽셀값은 너비 픽셀값에 맞춰 자동으로 입력됩니다.)

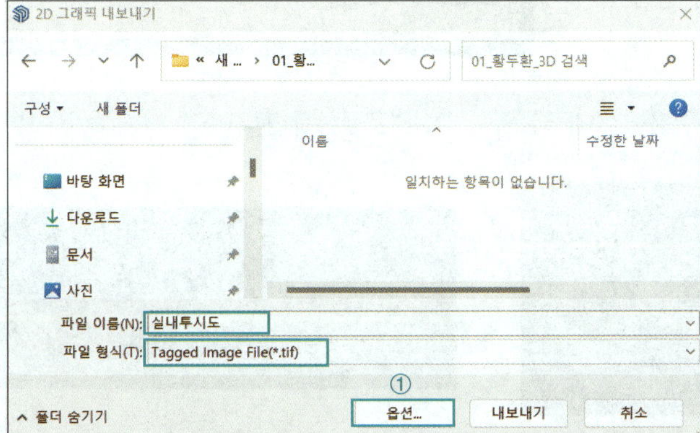
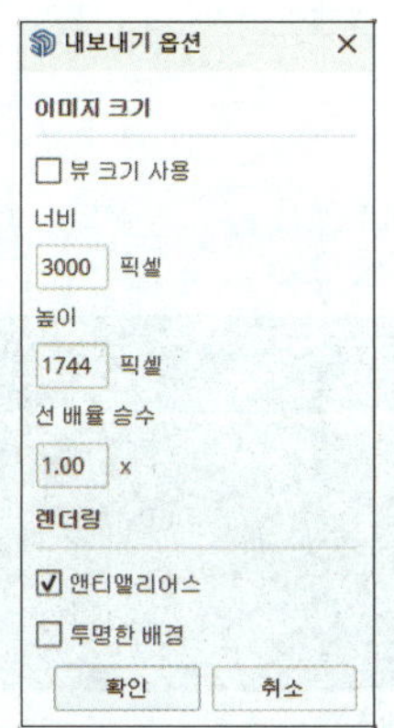

❺ 바탕화면에 '01_황두환_3D' 폴더를 만들어 3D 모델링 파일을 저장하고 스케치업을 종료합니다.

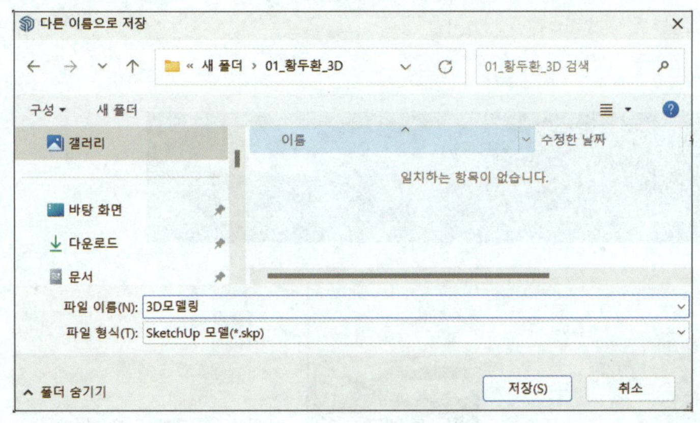

❻ 캐드를 실행합니다. '01_황두환_2D' 폴더에 있는 2D 완성 도면의 '원본' 파일을 불러옵니다. 완성된 내부 입면도의 도면양식과 도면명을 우측으로 복사합니다.

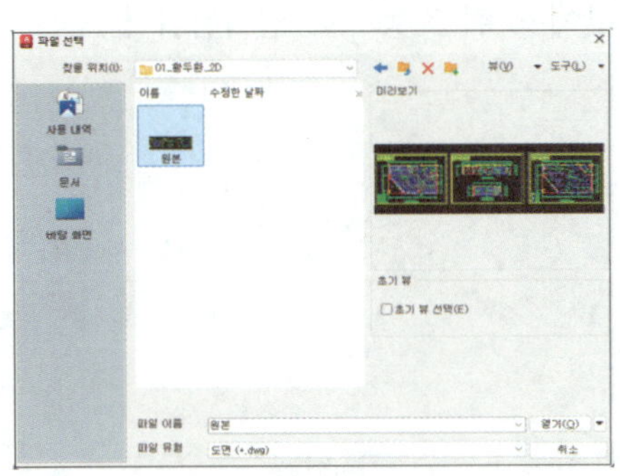 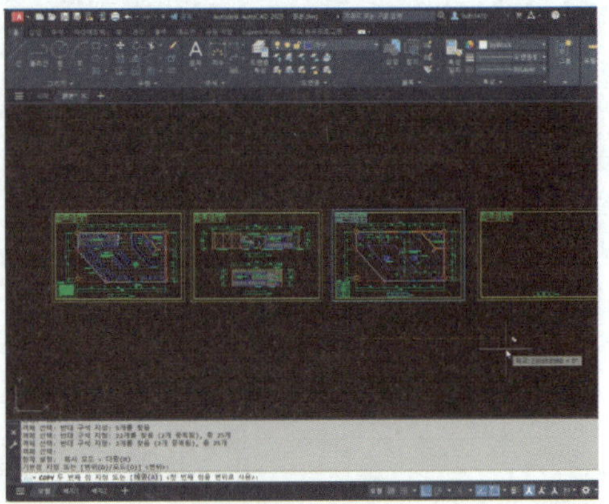

❼ 표제란과 하단의 도면명 및 축척을 '실내투시도', 'N.S'로 수정합니다.

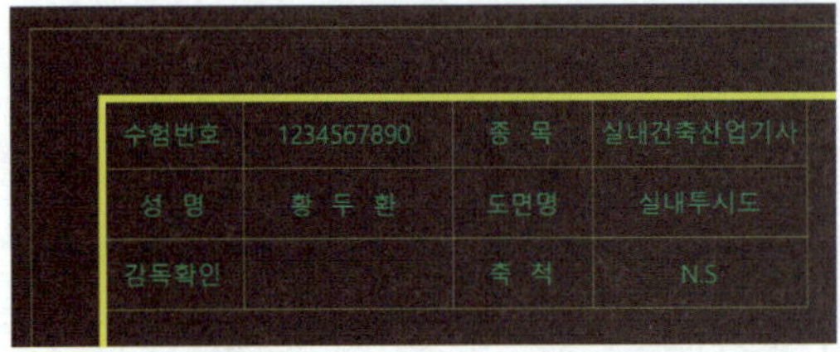 

❽ 메뉴 [삽입]에서 참조의 '부착'을 클릭합니다. 저장한 실내투시도 이미지를 선택한 뒤, 열기 버튼을 클릭합니다. 부착 설정창에서 확인을 클릭하고, ⑥, ⑦지점을 클릭해 이미지를 부착합니다(부착 명령어: attach).

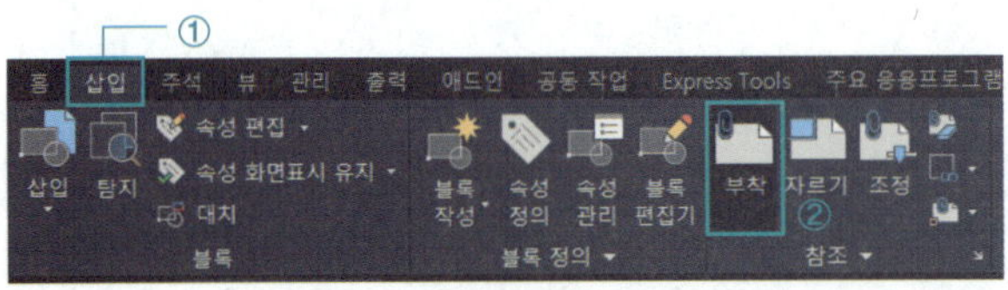

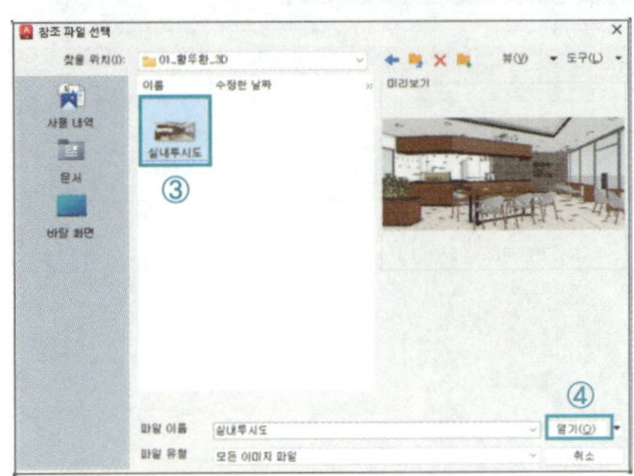 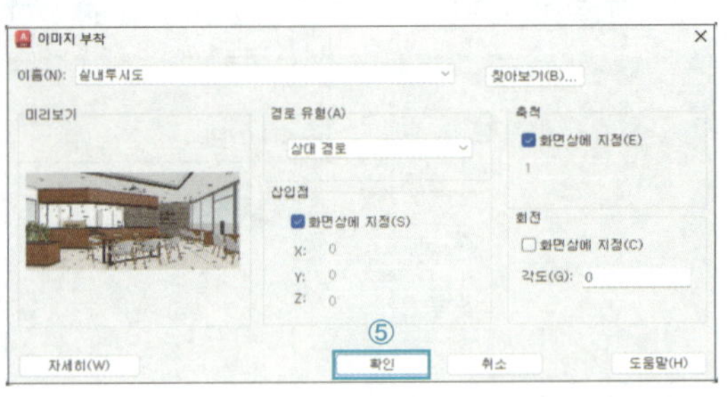

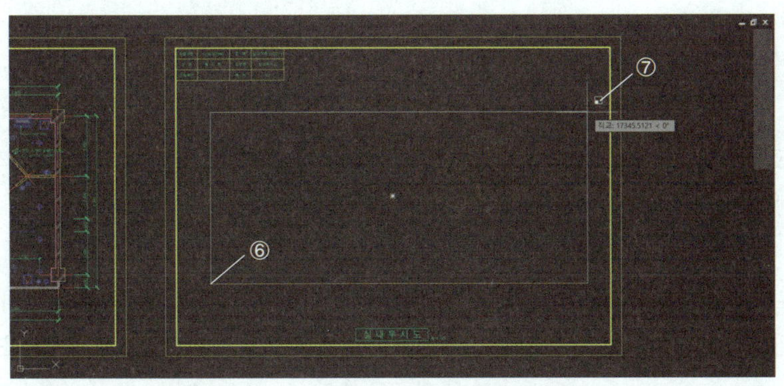

❾ 부착된 이미지를 보기 좋게 재배치하고 작업 파일을 저장합니다.

학습파일 | 완성파일 \ Part06 \ Ch06 \ 원본.dwg

Section 08 PDF 저장

❶ 3D 도면 과제를 완료한 후 '수험자 유의사항'의 항목 '마'의 사항대로 도면을 PDF로 저장해 감독위원에게 제출해야 합니다.

– 수험자 유의사항 '마'

마. 3D 작업이 완료되면 3D 제출용 폴더를 생성하여 해당 폴더 안에 PDF 파일로 저장 후 감독위원에게 제출하고 시험위원 입회하에 본인이 직접 A3 용지에 2D, 3D 도면을 출력 하도록 합니다.

    ※ 2D 제출용 폴더명 예시: 1_홍길동_2D (비번호_이름_2D)

    ※ 3D 제출용 폴더명 예시: 1_홍길동_3D (비번호_이름_3D)

    ※ PDF 파일명 예시: 1_홍길동_평면도 (비번호_이름_도면명)

    ※ 출력작업 시 출력 관련된 설정 외의 도면 수정작업 등은 할 수 없으며, 수정작업 등을 한 경우 실격 처리됩니다.

    ※ 수험자의 작도 잘못으로 도면이 출력되지 않는 경우, 출력시간이 10분을 초과할 경우 는 실격 처리됩니다. (출력시간은 시험시간에서 제외, 출력 기회는 2회 제공)

❷ PDF로 저장하기 위해 [Ctrl]+P를 입력하거나 플롯 아이콘()을 클릭합니다. 평면도 출력 설 정을 그대로 사용하기 위해 페이지 설정 이름에서 〈이전 플롯〉을 클릭합니다. (이전 플롯이 적용되지 않는 경우에는 2D 도면과 동일하게 설정합니다.)

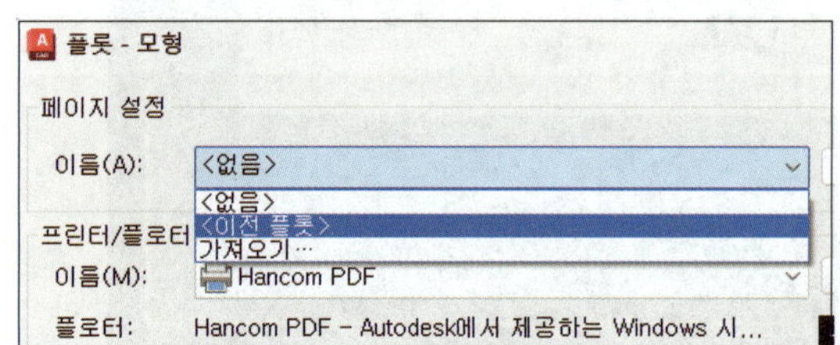

❸ 변경된 설정 항목을 확인한 후 '윈도우' 버튼(①)을 클릭합니다. 실내투시도에서 ②지점을 클릭한 다음, 이어서 ③지점을 클릭합니다. 이후 '미리보기'로 출력 영역을 확인하고 '확인' 버튼을 클릭합니다.

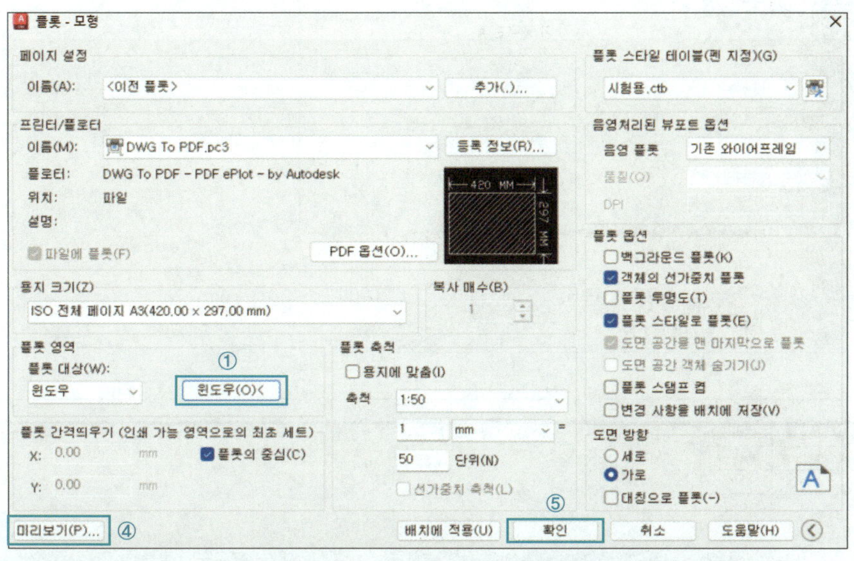

❹ 바탕화면의 '01_황두환_3D' 폴더에 '01_황두환_실내투시도' 이름으로 저장합니다.

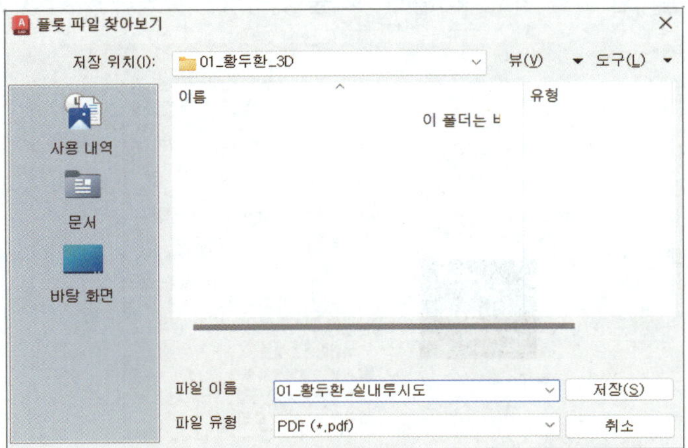

학습파일 | 완성파일 \ Part06 \ Ch06 \ 3D

<table><tr><td>Section</td><td>09</td><td>**A3 용지 출력**</td></tr></table>

❶ 3D 모델링 제출 폴더를 감독위원에게 제출한 뒤, 시험위원 입회하에 2D 도면 PDF 3장과 3D 모델링(실내투시도) PDF 1장을 A3 용지로 출력합니다. (출력 기회는 2회)
출력 과정에서는 수정이 불가하며, 출력시간은 10분입니다.

* 작업 파일의 저장, 제출, 출력 방식은 변경될 수 있으며, 시험장 환경이나 감독관에 따라 조정될 수 있습니다.

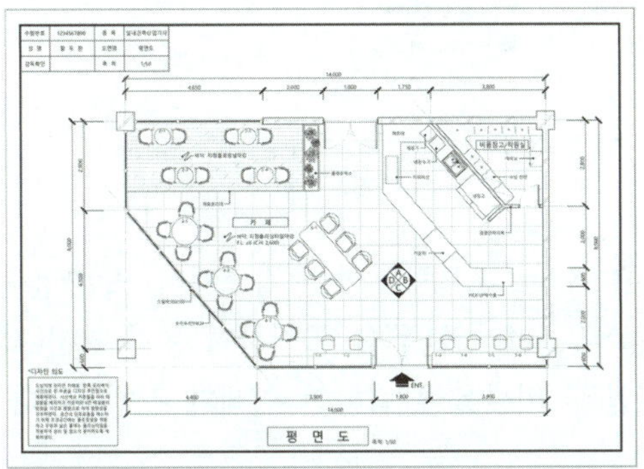

[평면도]

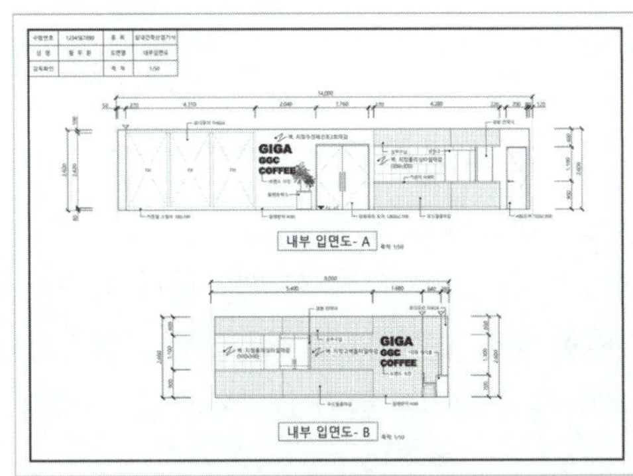

[내부 입면도 – A/B]

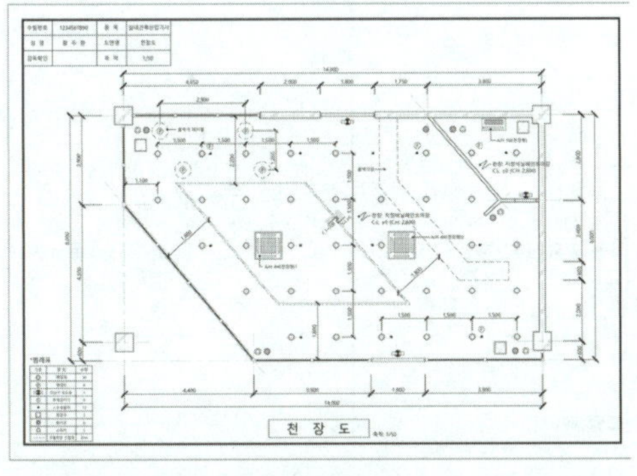

[천장도]

[실내투시도]

❷ 출력할 PDF 파일(답안 도면)을 마우스 오른쪽 버튼으로 클릭한 후 'Microsoft Edge' 또는 'Google Chrome'을 선택합니다.

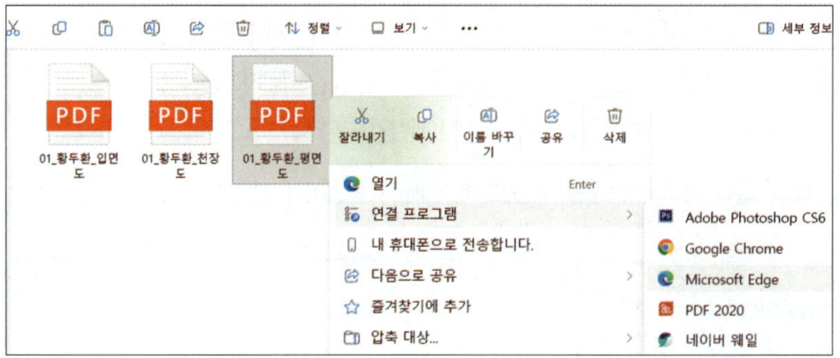

❸ 'Microsoft Edge' 설정

Ctrl + P를 눌러 출력 설정을 합니다. 'Microsoft Edge' PDF 뷰어는 좌측에서 프린터(출력 기종), 레이아웃(가로), 색(흑백)을 설정합니다. 이후 '기타 설정'을 클릭하여 용지 크기(A3), 배율(실제 크기), 품질(1200dpi)을 선택한 뒤 '인쇄' 버튼을 클릭하면 인쇄가 진행됩니다.

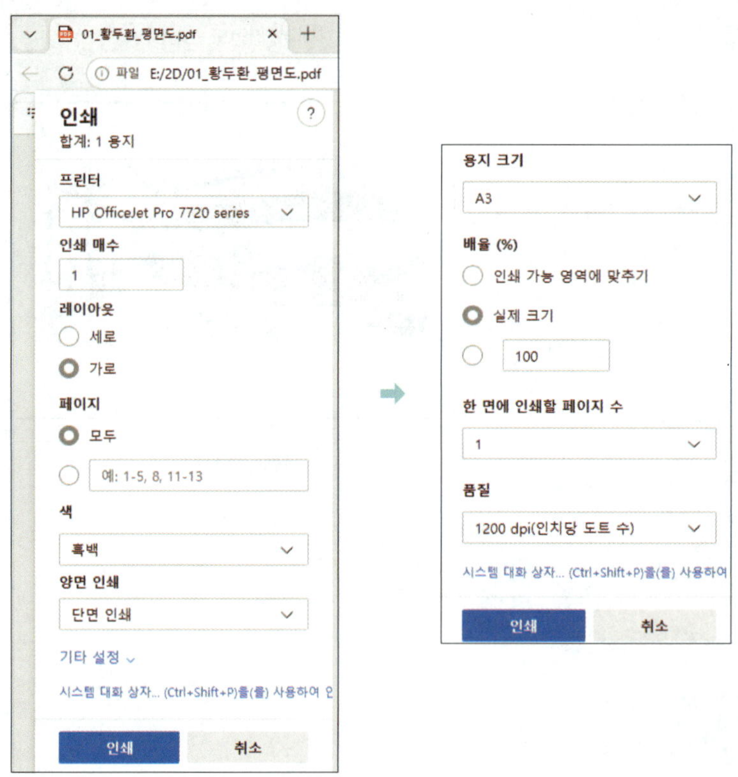

❹ 'Google Chrome' 설정

Ctrl + P를 눌러 출력 설정을 합니다. 'Google Chrome' PDF 뷰어에서는 우측에서 대상(출력 기종), 컬러(흑백)를 설정합니다. 이후 '설정 더 보기'를 클릭하여 용지 크기(A3), 품질 (1,200dpi), 배율(용지에 맞춤)을 선택한 뒤, '인쇄' 버튼을 클릭하면 인쇄가 진행됩니다.

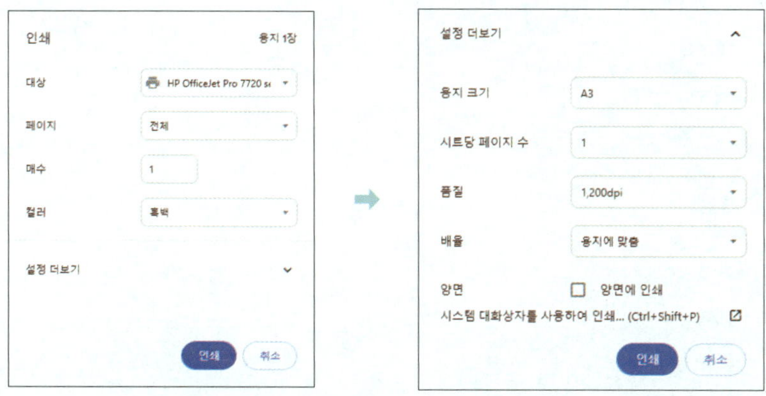

※ 주의

인쇄 버튼을 클릭하기 전에 '미리보기'에서 용지 여백이 없는지 반드시 확인합니다.

• **용지 및 배율 설정이 올바른 경우**

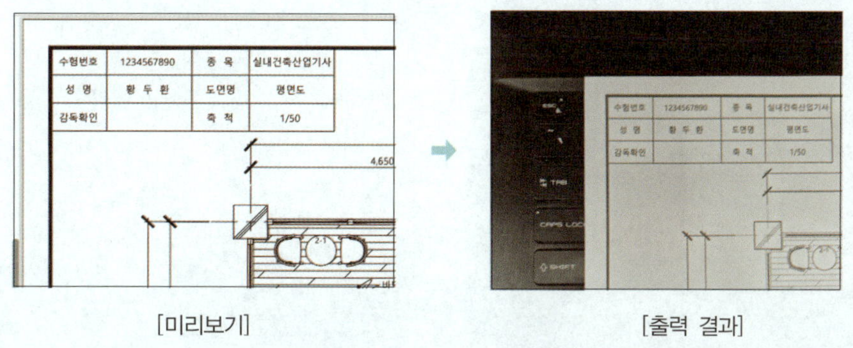

[미리보기]　　　　　　　　[출력 결과]

• **용지 및 배율 설정이 잘못된 경우**

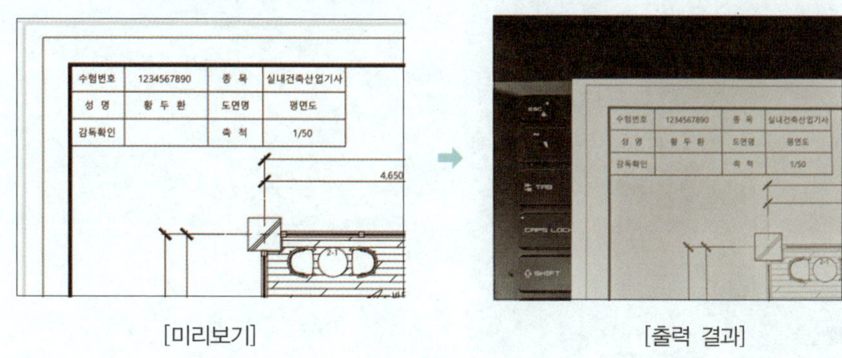

[미리보기]　　　　　　　　[출력 결과]

Industrial Engineer Interior Architecture

실내건축산업기사 실기 예상문제

예상문제 01. 오피스텔

국가기술자격 실기시험문제

자격종목	실내건축산업기사	과 제 명	오피스텔

※ 시험시간 : 5시간 30분

1. 요구사항

※ 요구조건에 따라 건축 설계 프로그램(AutoCAD/SketchUp)을 사용하여 도면을 작도하고, **PDF 파일로 변환하여 출력** 후 작업물과 출력물을 제출하시오.

(1) 요구조건

개 요	용 도	• 주거용 오피스텔(원룸형)	
	인적 구성	• 30대 남성 디자이너	
제시도면 조건	설계면적	• 4,500mm×10,700mm×2,400mm(CH)	
	출입문	• 현관문: 1,000mm×2,100mm(H) • 욕실문: 700mm×2,000mm(H)	
	이중창	• 2,400mm×2,300mm(H)	

설계조건	외벽체	• 철근콘크리트 기둥
		  [700×600]
		• 1.5B 공간쌓기 벽체
		  [내부 마감재 임의 + 1.0B 시멘트벽돌 + THK 120mm 단열재 + 0.5B
		  붉은벽돌 마감]	

	내벽체	• 시멘트벽돌 벽체 [내부 마감재 임의 + 1.0B 시멘트벽돌], [내부 마감재 임의 + 0.5B 시멘트벽돌]	
	천 장	• 평천장	
	바 닥	• 수험자 임의 지정	
	필요 공간 및 집기	• 욕실(세면대, 양변기, 샤워기) • 현관(신발장) • 다용도실(세탁기, 보일러) • 2인용 소파 세트 • 수납가구	• 주방설비 • 접이식 침대(세미더블) • 2인용 식탁 • TV/오디오 수납장 • 컴퓨터/책상 세트

※ 위 제시된 조건은 필수조건이며, 이외에 필요한 조건은 수험자가 임의로 추가할 수 있음.
  (주어지지 않은 치수는 수험자가 임의로 설정)

자격종목	실내건축산업기사	과 제 명	오피스텔

(2) 요구 도면

❶ 평면도(1장, 가구배치 및 바닥마감재 표기) – S : 1/50

- 평면도 주변의 여유 공간에 설계(디자인)의도를 200자 이내로 서술

❷ 내부 입면도(총 2면, 1장) – S : 1/50

- A방향 1면, B방향 1면(가구 배치 및 벽면재료 표기)

❸ 천장도(1장) – S : 1/50

- 설비, 조명기구 배치 및 범례표 작성/천장마감재 표기

❹ 실내투시도(1장) – S : N.S

- 계획의 포인트가 좋은 지점에서 1소점 또는 2소점 투시법으로 작성

(3) 기타 사항

❶ 도곽 작성

- 아래 예시와 같이 도곽 및 표제란을 작성
- 도곽 안에 요구 도면이 들어가도록 작업 후 PDF 파일로 제출 및 출력(3D 작업 포함)

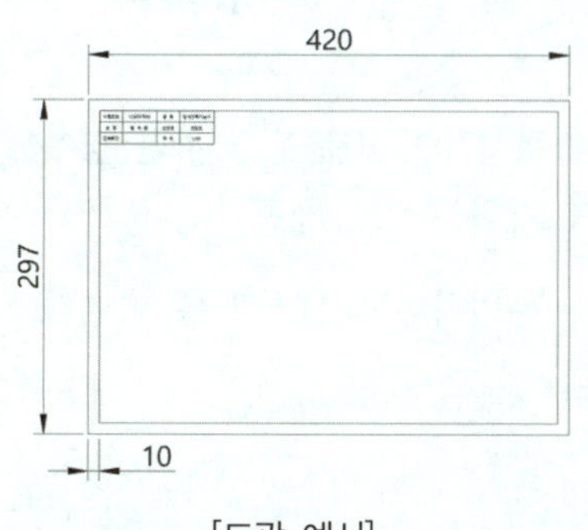

[도곽 예시]

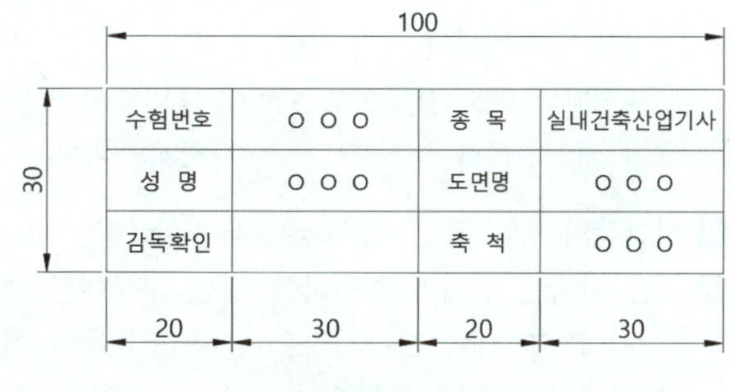

수험번호	○ ○ ○	종 목	실내건축산업기사
성 명	○ ○ ○	도면명	○ ○ ○
감독확인		축 척	○ ○ ○

[표제란 예시]

❷ 도면 배치 순서

2D 작업(흑백)			3D 작업(컬러)
첫째 장	둘째 장	셋째 장	넷째 장
평면도	내부 입면도	천장도	실내투시도

❸ 2D 작업 선 두께

빨강(1)=0.05mm	노랑(2)=0.3mm	녹색(3)=0.25mm	하늘색(4)=0.2mm
파랑(5)=0.15mm	보라(6)=0.1mm	회색 1(8)=0.05mm	회색 2(9)=0.1mm

- 선의 통일을 위해 제시된 조건으로 검은색 선의 PDF 파일로 제출

자격종목	실내건축산업기사	과 제 명	오피스텔

2. 수험자 유의사항

※ 다음 유의사항을 고려하여 요구사항을 완성하시오.

❶ 명기되지 않은 조건은 건축법, 건축구조 및 건축제도 원칙에 따릅니다.

❷ 시험 시작 후 제공된 폴더명을 본인 비번호로 바꾸고, 모든 파일은 해당 폴더 안에 저장하도록 합니다.

❸ 정전 및 기계 고장 등에 의한 자료손실을 방지하기 위하여 수시로 저장합니다.

❹ 2D 작업이 완료되면 2D 제출용 폴더를 생성하여 해당 폴더 안에 PDF 파일로 저장 후 감독위원에게 제출합니다. (2D 작업 PDF 제출이 완료된 이후 3D 작업을 실시)

❺ 3D 작업이 완료되면 3D 제출용 폴더를 생성하여 해당 폴더 안에 PDF 파일로 저장 후 감독위원에게 제출하고, 시험위원 입회하에 본인이 직접 A3 용지에 2D, 3D 도면을 출력하도록 합니다.

※ 2D 제출용 폴더명 예시: 1_홍길동_2D (비번호_이름_2D)

※ 3D 제출용 폴더명 예시: 1_홍길동_3D (비번호_이름_3D)

※ PDF 파일명 예시: 1_홍길동_평면도 (비번호_이름_도면명)

※ 출력작업 시 출력 관련된 설정 외의 도면 수정작업 등은 할 수 없으며, 수정작업 등을 한 경우 실격됩니다.

※ 수험자의 작도 잘못으로 도면이 출력되지 않는 경우, 출력시간이 10분을 초과할 경우는 실격 처리됩니다. (출력시간은 시험시간에서 제외, 출력 기회는 2회 제공)

❻ 시험장의 장비(시설) 등이 파손되거나 고장 나지 않도록 유의하여 작업하도록 합니다.

❼ 다음 사항은 실격에 해당하여 채점 대상에서 제외됩니다.

㉠ 시험시간 내에 요구사항을 완성하지 못한 경우

㉡ 시험시간 내에 제출된 작품이라도 다음과 같은 경우

• 구조적·기능적으로 사용 불가능한 도면이 1개라도 있을 경우

• 주어진 조건을 지키지 않고 작도한 경우

㉢ 기타 채점대상에서 제외되는 조건

• 지급된 재료 이외의 재료를 사용한 경우

• 제공된 자료 이외에 블록, 오브젝트, 프로그램(리습, 루비 등)을 별도로 사전에 지참하여 사용하는 경우

• 시험 중 시설·장비의 조작 또는 재료의 취급이 미숙하여 위해를 일으킬 것으로 시험위원 전원이 합의하여 판단한 경우

3. 도 면

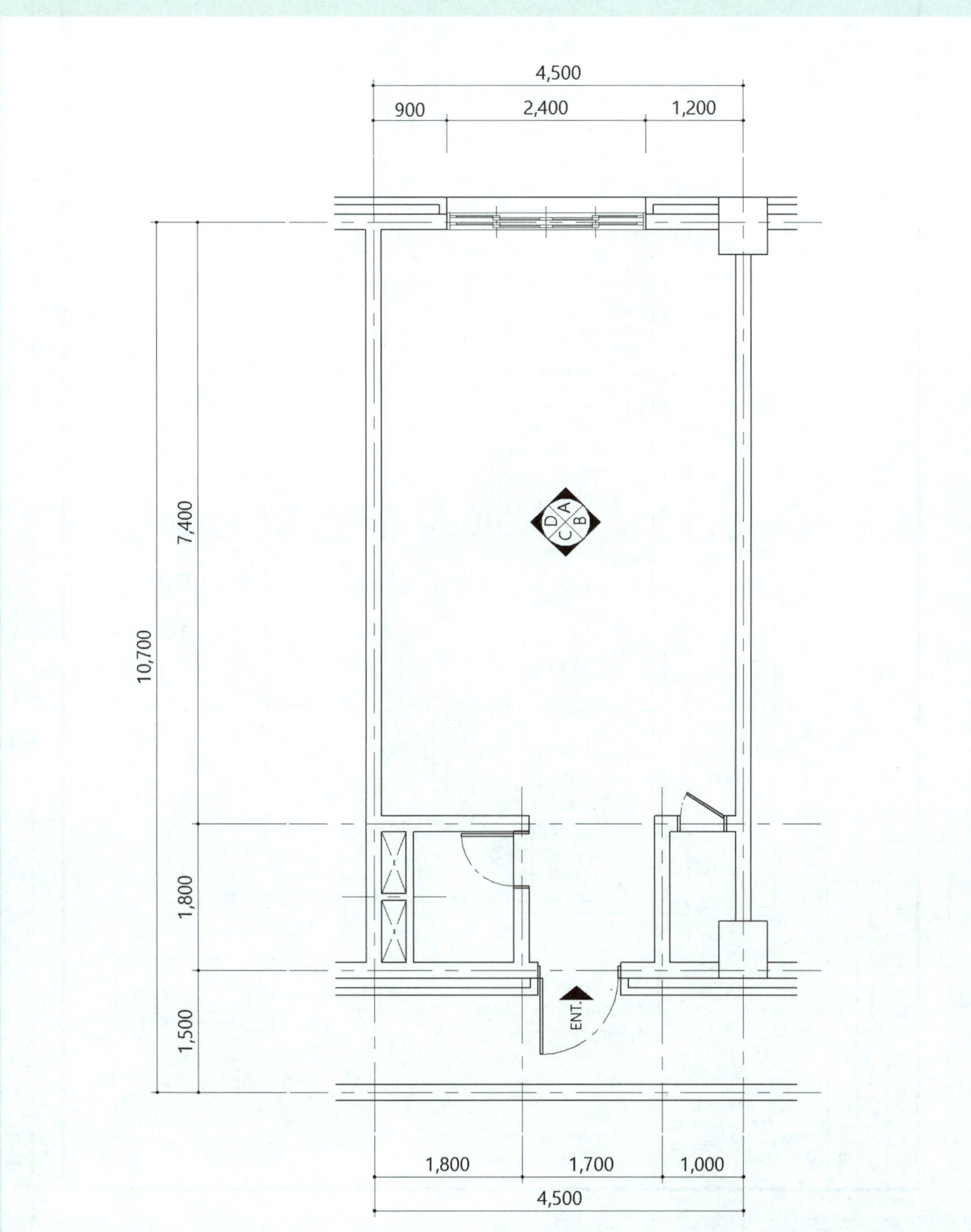

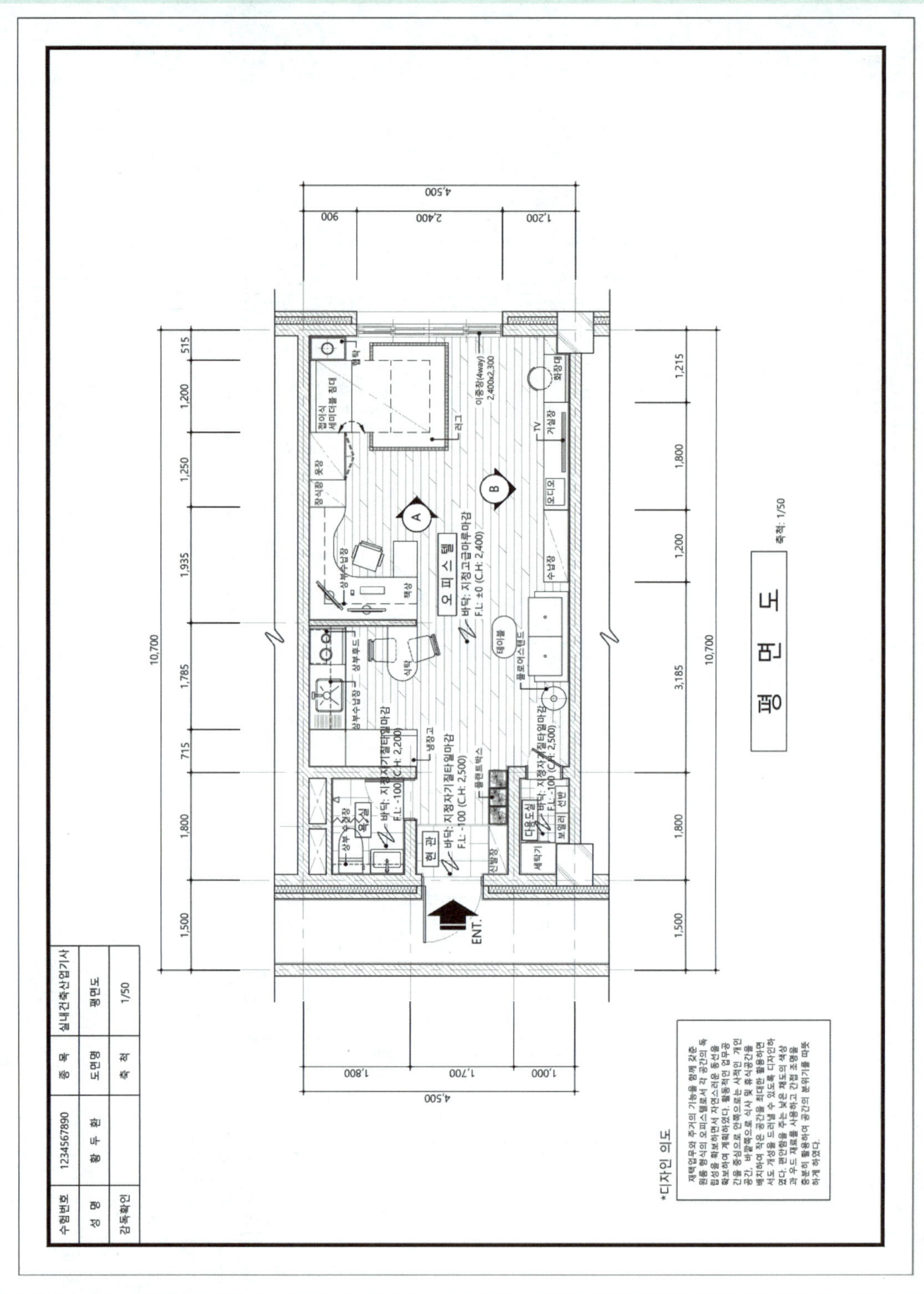

실내건축산업기사
4,500
900
2,400
1,200
515
1,200
1,250
1,935
1,785
715
1,800
1,500
10,700
1,215
1,800
1,200
3,185
1,800
1,500
10,700
축척: 1/50
평 면 도
세탁대 겸 청소
침실(더블침대)
이중창(4way)
2,400x2,300
화장대
커피장
옷장
바닥: 지정고급마루마감
F.L ±0 (C.H: 2,400)
TV
오피스텔
A
B
거실장
수납장
냉장고
드레스룸
바닥: 지정자기질타일마감
F.L -100 (C.H: 2,200)
플랜트박스
테이블
불박이식탁
바닥: 지정자기질타일마감
F.L -100 (C.H: 2,500)
다용도실
바닥: 지정자기질타일마감
F.L -100 (C.H: 2,500)
세탁기
신발장
현관
ENT.
1,800
1,700
1,000
4,500
*디자인 의도
수 험 번 호 1234567890
성 명 황 두 현
감독확인
종 목 실내건축산업기사
도면명 평면도
축 척 1/50

• 답안 도면 2 – 내부 입면도

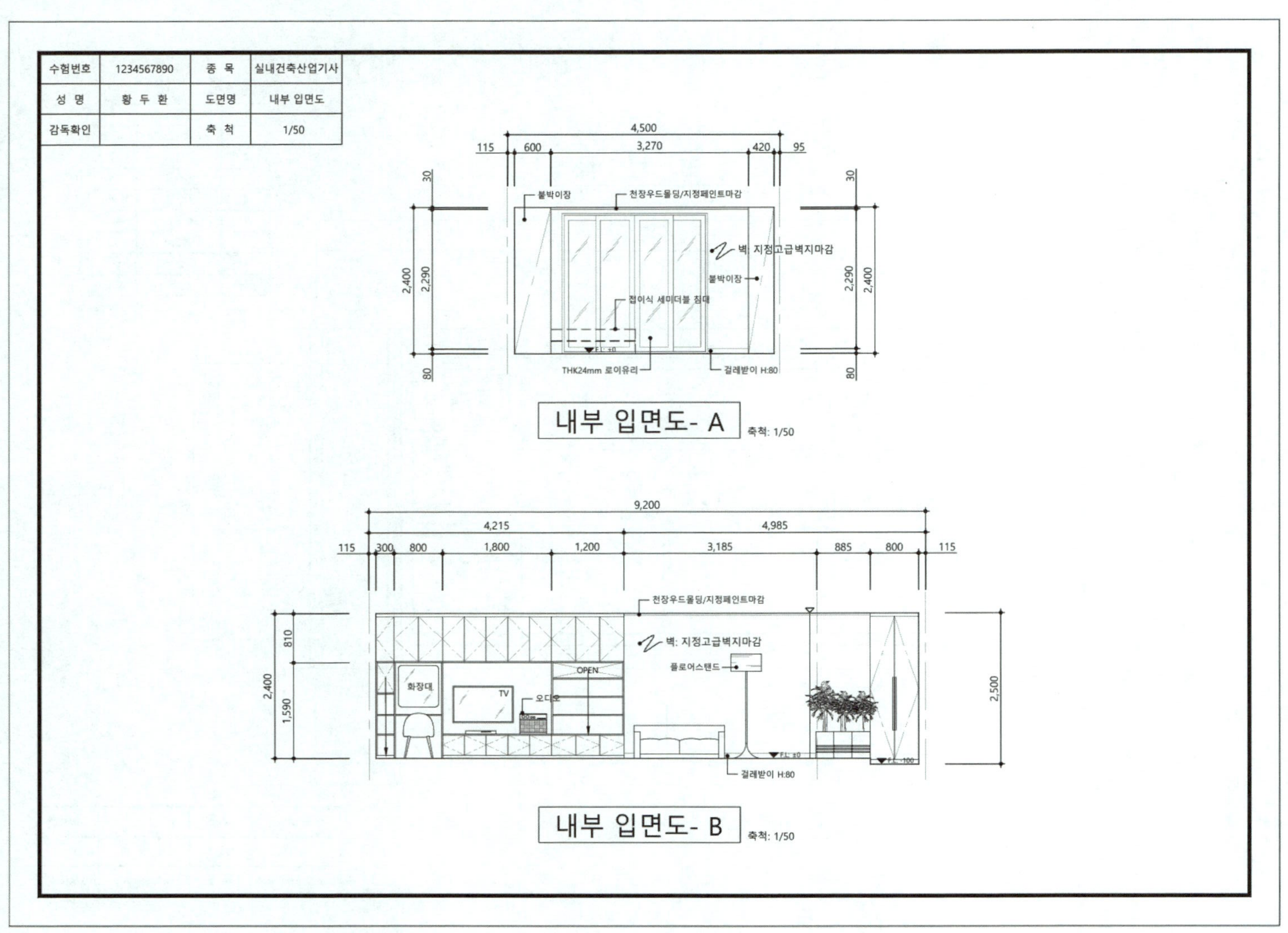

수험번호 1234567890 종 목 실내건축산업기사
성 명 황 두 환 도면명 내부 입면도
감독확인   축 척 1/50

내부 입면도- A 축척: 1/50

천장우드몰딩/지정페인트마감
벽: 지정고급벽지마감
붙박이장
접이식 세미더블 침대
THK24mm 로이유리
걸레받이 H:80

내부 입면도- B 축척: 1/50

천장우드몰딩/지정페인트마감
벽: 지정고급벽지마감
플로어스탠드
화장대
TV
오디오
OPEN
걸레받이 H:80

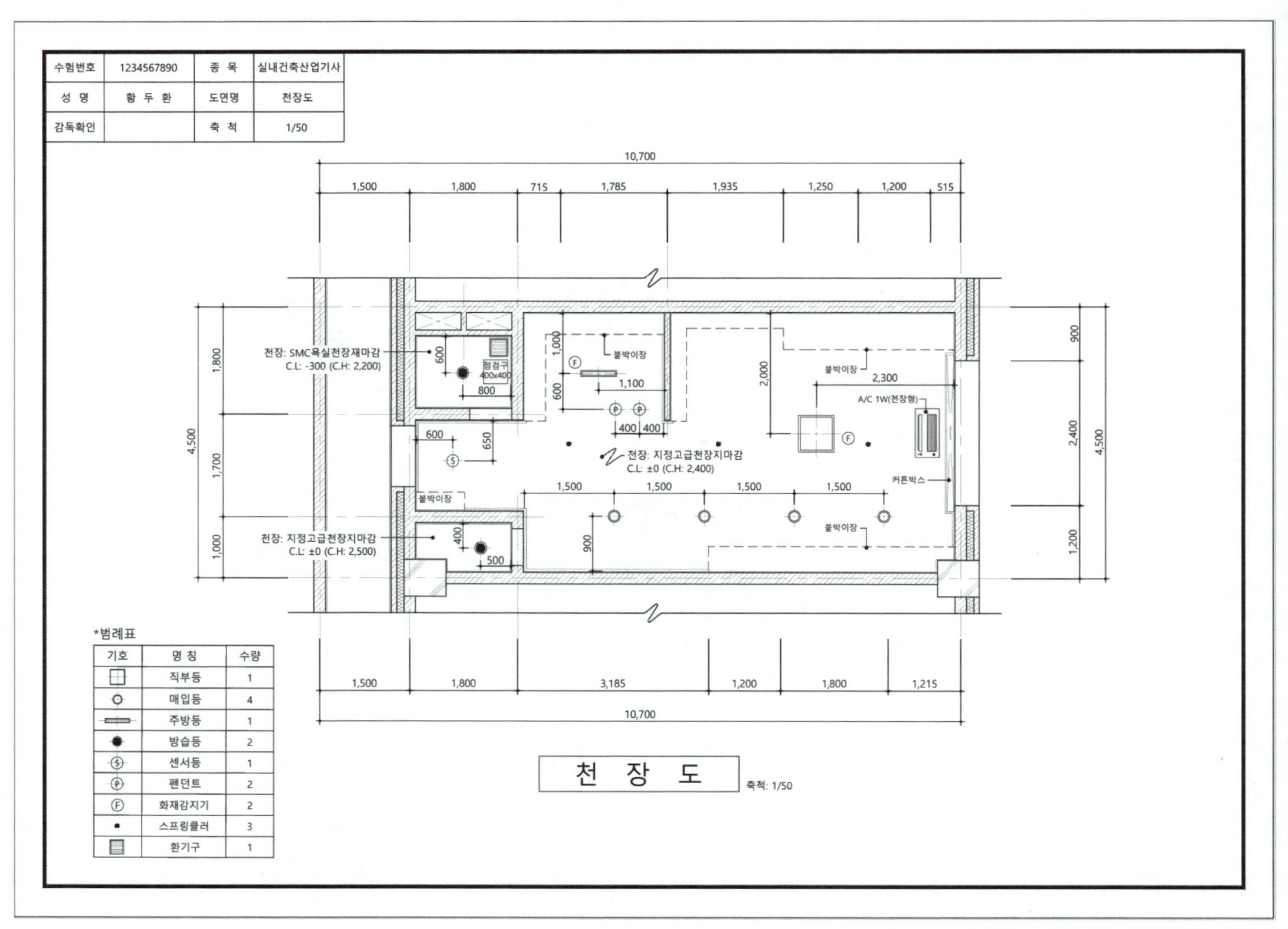
수험번호 1234567890
종 목 실내건축산업기사
성 명 황 두 환
도면명 천장도
감독확인
축 척 1/50
천장: SMC육실천장재마감 C.L: -300 (C.H: 2,200)
천장: 지정고급천장지마감 C.L: ±0 (C.H: 2,400)
천장: 지정고급천장지마감 C.L: ±0 (C.H: 2,500)
불박이장
점검구 400×400
A/C 1W(전장형)
커튼박스
천 장 도
축척: 1/50
*범례표
기호 명 칭 수량
직부등 1
매입등 4
주방등 1
방습등 2
센서등 1
펜던트 2
화재감지기 2
스프링쿨러 3
환기구 1

수험번호	1234567890	종 목	실내건축산업기사
성 명	황 두 환	도면명	실내투시도
감독확인		축 척	N.S

예상문제 02. 독신자 아파트

국가기술자격 실기시험문제

자격종목	실내건축산업기사	과 제 명	독신자 아파트

※ 시험시간 : 5시간 30분

1. 요구사항

※ 요구조건에 따라 건축 설계 프로그램(AutoCAD/SketchUp)을 사용하여 도면을 작도하고, PDF 파일로 변환하여 출력 후 작업물과 출력물을 제출하시오.

(1) 요구조건

개요	용 도	• 아파트(독신자 원룸형)
	인적 구성	• 40대 여성
제시도면 조건	설계면적	• 4,200mm×9,500mm×2,350mm(CH)
	출입문	• 현관문: 1,000mm×2,100mm(H) • 욕실문: 700mm×2,000mm(H)
	이중창	• 3,200mm×2,250mm(H)
	벽 체	• 철근콘크리트 벽체 [THK 200mm 철근콘크리트]
설계조건	내벽체	• 시멘트벽돌 벽체 [내부 마감재 임의 + 0.5B 시멘트벽돌]
	천 장	• 평천장
	바 닥	• 수험자 임의 지정
	필요 공간 및 집기	• 욕실(세면대, 양변기, 욕조)　• 주방설비 • 현관(신발장)　• 싱글침대 • 발코니(플랜트 박스)　• 2인용 식탁 • 2인용 소파 세트　• TV/거실장 • 옷장　• 화장대

※ 위 제시된 조건은 필수조건이며, 이외에 필요한 조건은 수험자가 임의로 추가할 수 있음.
　(주어지지 않은 치수는 수험자가 임의로 설정)

자격종목	실내건축산업기사	과 제 명	독신자 아파트

(2) 요구 도면

① 평면도(1장, 가구배치 및 바닥마감재 표기) – S: 1/50
  • 평면도 주변의 여유 공간에 설계(디자인)의도를 200자 이내로 서술
② 내부 입면도(총 2면, 1장) – S: 1/50
  • A방향 1면, D방향 1면(가구 배치 및 벽면재료 표기)
③ 천장도(1장) – S: 1/50
  • 설비, 조명기구 배치 및 범례표 작성/천장마감재 표기
④ 실내투시도(1장) – S: N.S
  • 계획의 포인트가 좋은 지점에서 1소점 또는 2소점 투시법으로 작성

(3) 기타 사항

① 도곽 작성
  • 아래 예시와 같이 도곽 및 표제란을 작성
  • 도곽 안에 요구 도면이 들어가도록 작업 후 PDF 파일로 제출 및 출력(3D 작업 포함)

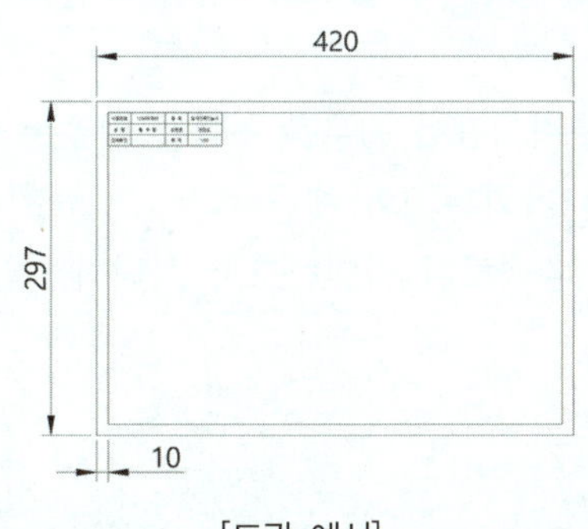

[도곽 예시]

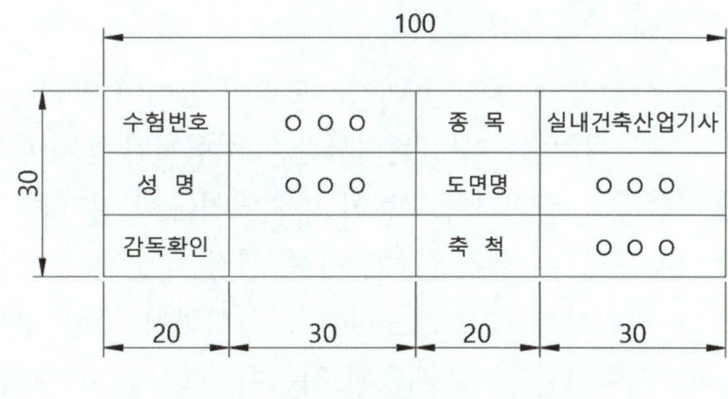

수험번호	○ ○ ○	종 목	실내건축산업기사
성 명	○ ○ ○	도면명	○ ○ ○
감독확인		축 척	○ ○ ○

[표제란 예시]

② 도면 배치 순서

2D 작업(흑백)			3D 작업(컬러)
첫째 장	둘째 장	셋째 장	넷째 장
평면도	내부 입면도	천장도	실내투시도

③ 2D 작업 선 두께

빨강(1)=0.05mm	노랑(2)=0.3mm	녹색(3)=0.25mm	하늘색(4)=0.2mm
파랑(5)=0.15mm	보라(6)=0.1mm	회색 1(8)=0.05mm	회색 2(9)=0.1mm

  • 선의 통일을 위해 제시된 조건으로 검은색 선의 PDF 파일로 제출

자격종목	실내건축산업기사	과 제 명	독신자 아파트

2. 수험자 유의사항

※ 다음 유의사항을 고려하여 요구사항을 완성하시오.

❶ 명기되지 않은 조건은 건축법, 건축구조 및 건축제도 원칙에 따릅니다.

❷ 시험시작 후 제공된 폴더명을 본인 비번호로 바꾸고, 모든 파일은 해당폴더 안에 저장하도록 합니다.

❸ 정전 및 기계 고장 등에 의한 자료손실을 방지하기 위하여 수시로 저장합니다.

❹ 2D 작업이 완료되면 2D 제출용 폴더를 생성하여 해당 폴더 안에 PDF 파일로 저장 후 감독위원에게 제출합니다. (2D작업 PDF 제출이 완료된 이후 3D 작업을 실시)

❺ 3D 작업이 완료되면 3D 제출용 폴더를 생성하여 해당 폴더 안에 PDF 파일로 저장 후 감독위원에게 제출하고 시험위원 입회하에 본인이 직접 A3 용지에 2D, 3D 도면을 출력하도록 합니다.

　※ 2D 제출용 폴더명 예시 : 1_홍길동_2D (비번호_이름_2D)

　※ 3D 제출용 폴더명 예시 : 1_홍길동_3D (비번호_이름_3D)

　※ PDF 파일명 예시 : 1_홍길동_평면도 (비번호_이름_도면명)

　※ 출력작업 시 출력 관련된 설정 외의 도면 수정 작업 등은 할 수 없으며, 수정 작업 등을 한 경우 실격됩니다.

　※ 수험자의 작도 잘못으로 도면이 출력이 안되는 경우, 출력시간이 10분을 초과할 경우는 실격 처리됩니다. (출력시간은 시험시간에서 제외, 출력 기회는 2회 제공)

❻ 시험장의 장비(시설) 등이 파손되거나 고장 나지 않도록 유의하여 작업하도록 합니다.

❼ 다음 사항은 실격에 해당하여 채점 대상에서 제외됩니다.

　㉠ 시험시간 내에 요구사항을 완성하지 못한 경우

　㉡ 시험시간 내에 제출된 작품이라도 다음과 같은 경우

　　• 구조적 · 기능적으로 사용 불가능한 도면이 1개라도 있을 경우

　　• 주어진 조건을 지키지 않고 작도한 경우

　㉢ 기타 채점대상에 제외되는 조건

　　• 지급된 재료 이외의 재료를 사용한 경우

　　• 제공된 자료 이외에 블록, 오브젝트, 프로그램(리습, 루비 등)을 별도로 사전에 지참하여 사용하는 경우

　　• 시험 중 시설 · 장비의 조작 또는 재료의 취급이 미숙하여 위해를 일으킬 것으로 시험위원 전원이 합의하여 판단한 경우

3. 도 면

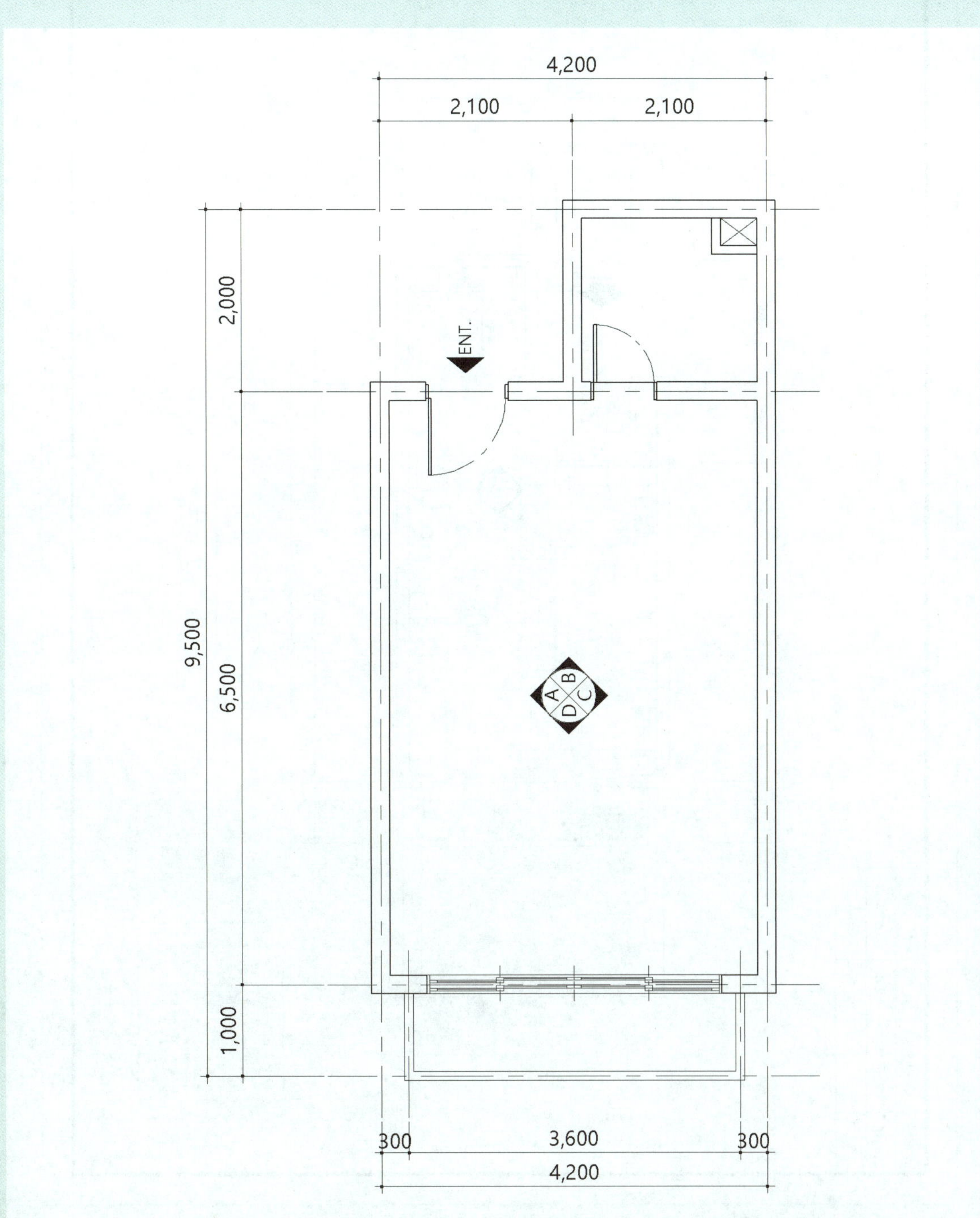

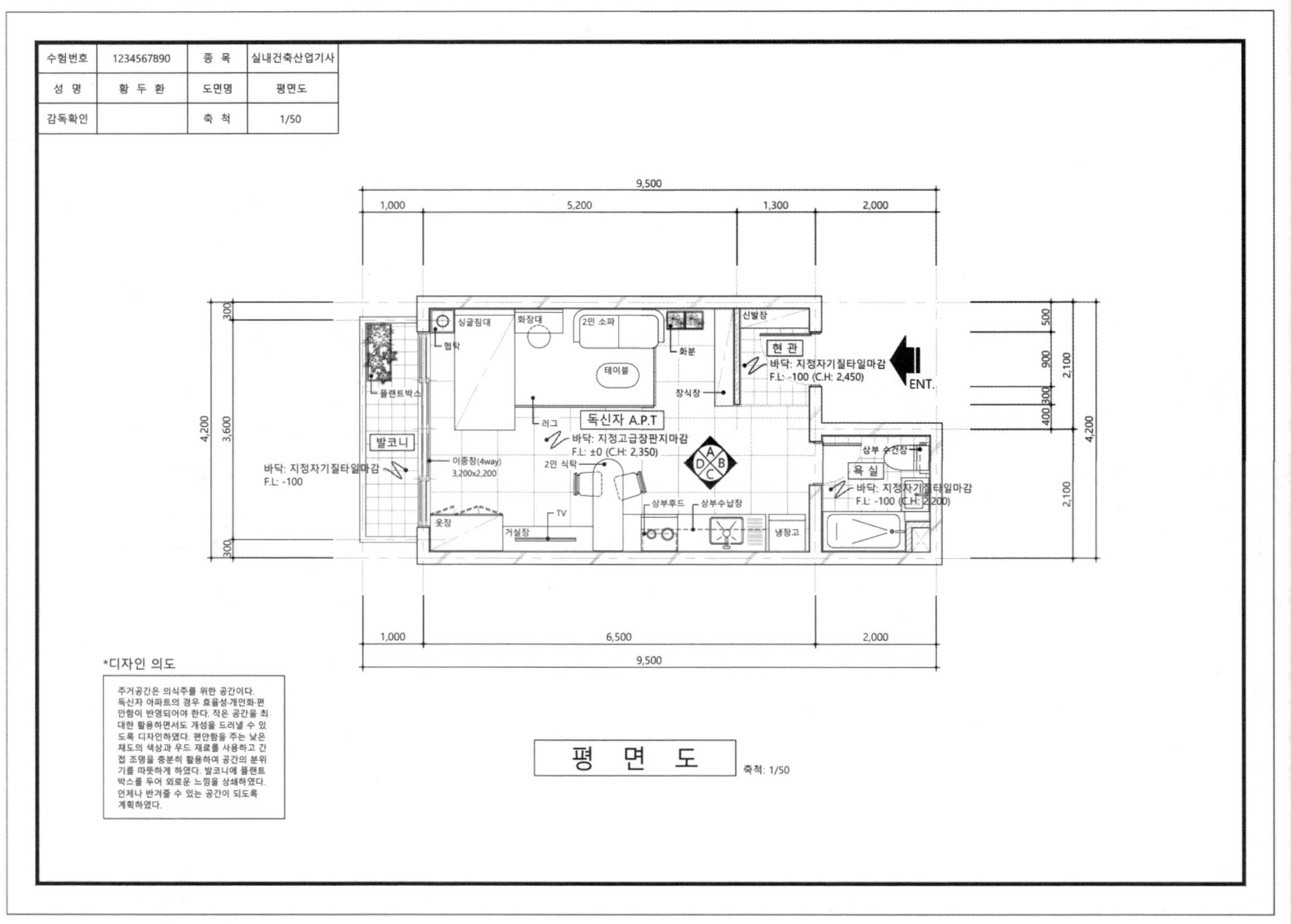
수험번호　1234567890　종 목　실내건축산업기사
성 명　황 두 환　도면명　평면도
감독확인　　　축 척　1/50
9,500
1,000　5,200　1,300　2,000
300
4,200
3,600
300
싱글침대
화장대
2인 소파
신발장
협탁
화분
테이블
현 관
바닥: 지정자기질타일마감
F.L: -100 (C.H: 2,450)
ENT.
장식장
플랜트박스
러그
독신자 A.P.T
바닥: 지정고급장판지마감
F.L: ±0 (C.H: 2,350)
발코니
바닥: 지정자기질타일마감
F.L: -100
이중창(4way)
3,200x2,200
2인 식탁
상부 수건장
욕 실
바닥: 지정자기질타일마감
F.L: -100 (C.H: 2,200)
옷장
거실장
TV
상부후드　상부수납장
냉장고
500
900
300
400
2,100
4,200
2,100
1,000　6,500　2,000
9,500
*디자인 의도
주거공간은 의식주를 위한 공간이다.
독신자 아파트의 경우 효율성·개인화·편
안함이 반영되어야 한다. 작은 공간을 최
대한 활용하면서도 개성을 드러낼 수 있
도록 디자인하였다. 편안함을 주는 낮은
채도의 색상과 우드 재료를 사용하고 간
접 조명을 충분히 활용하여 공간의 분위
기를 따뜻하게 하였다. 발코니에 플랜트
박스를 두어 외로운 느낌을 상쇄하였다.
언제나 반겨줄 수 있는 공간이 되도록
계획하였다.
평 면 도　축척: 1/50

수험번호	1234567890	종 목	실내건축산업기사
성 명	황 두 환	도면명	내부 입면도
감독확인		축 척	1/50

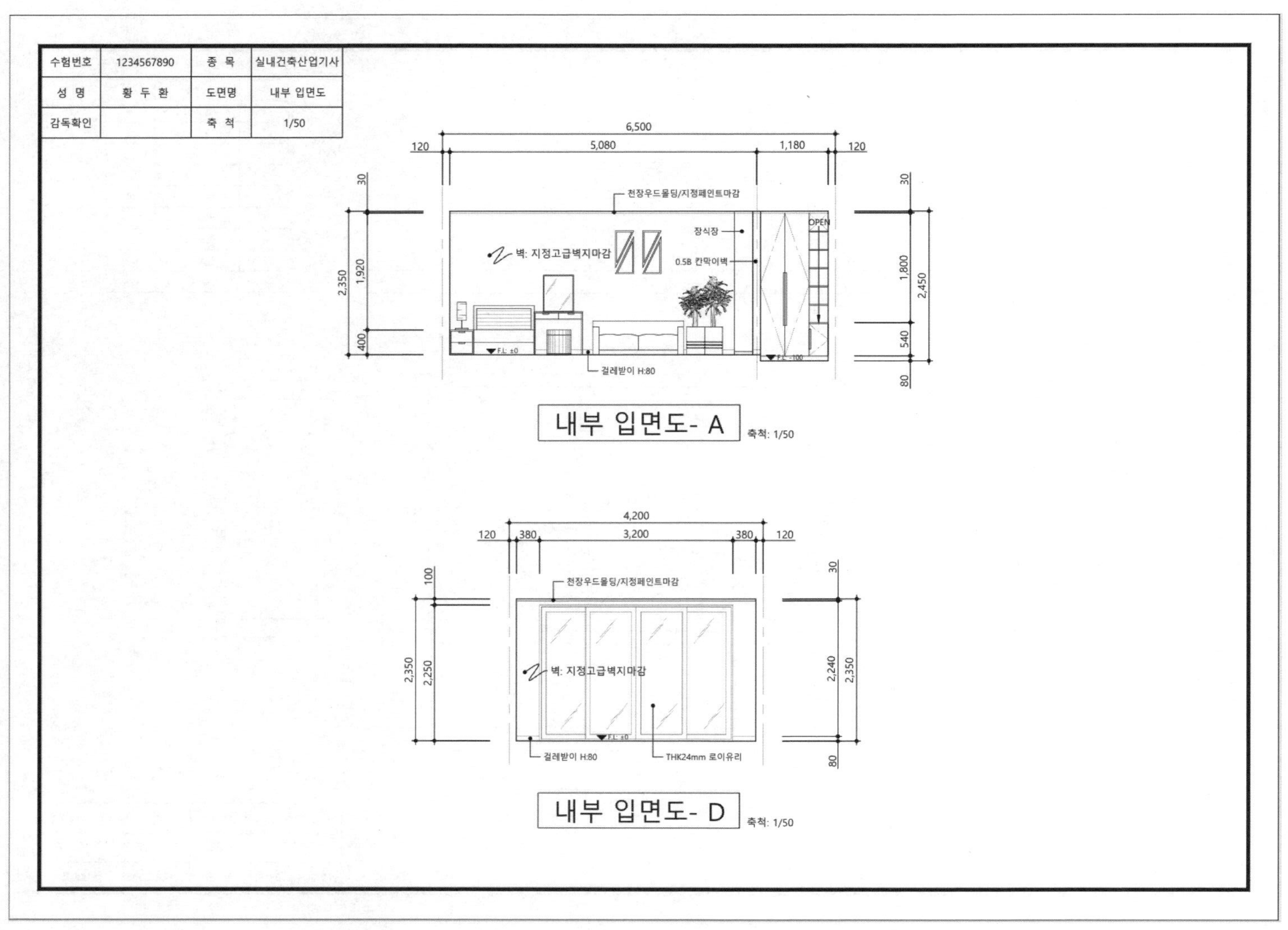

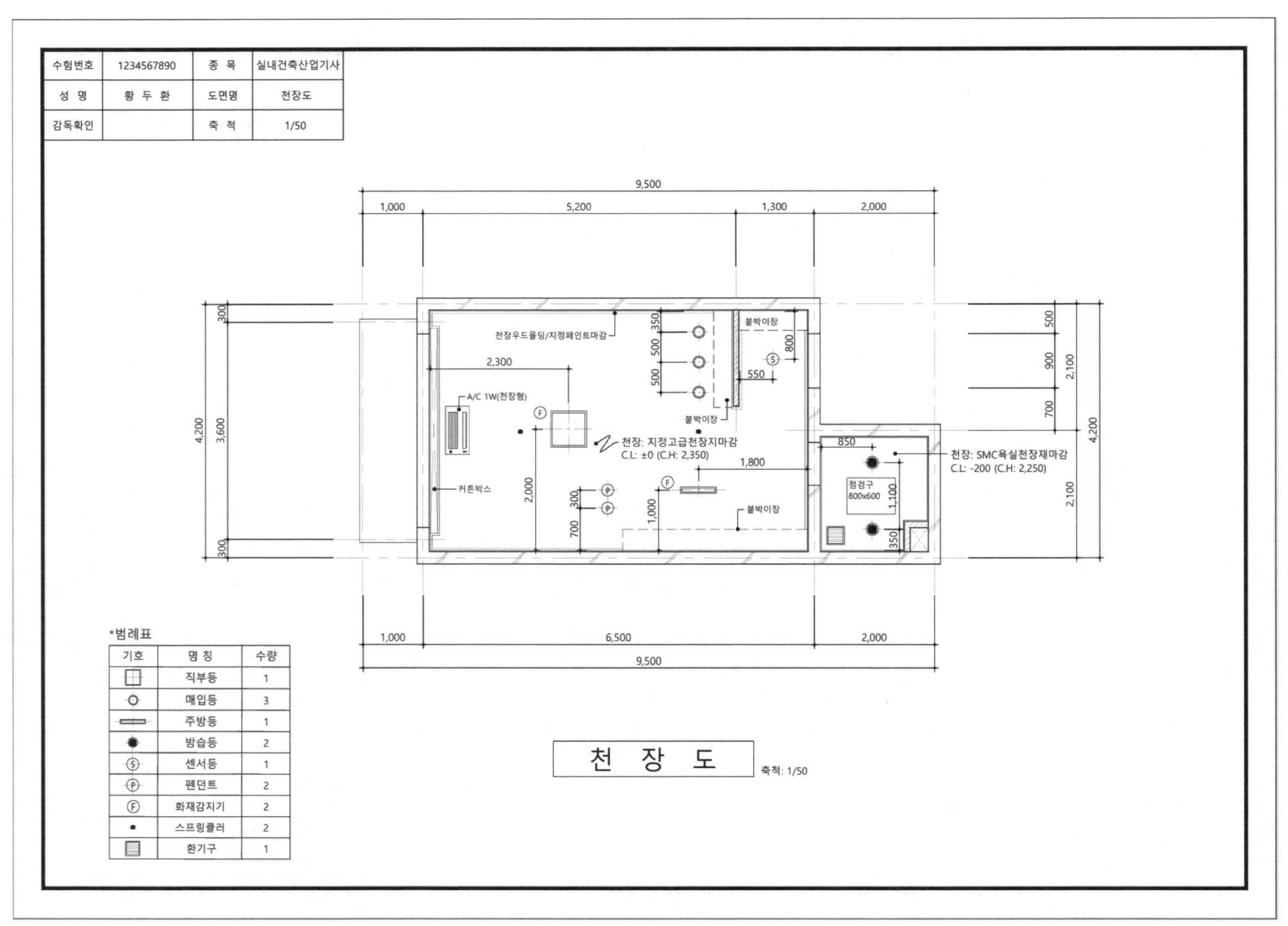
수험번호 1234567890 종 목 실내건축산업기사
성 명 황 두 환 도면명 천장도
감독확인 축 척 1/50
9,500
1,000 5,200 1,300 2,000
300 500 350 불박이장
천장우드몰딩/지정페인트마감 500 800
2,300 500 S
A/C 1W(천장형) 550
F 불박이장
천장: 지정고급천장지마감 850
C.L: ±0 (C.H: 2,350) 1,800 천장: SMC욕실천장재마감
커튼박스 C.L: -200 (C.H: 2,250)
2,000 F 점검구
700 300 1,000 800x600
불박이장 350
1,000 6,500 2,000
9,500
300 500
900 2,100
700
4,200 3,600 4,200
2,100
*범례표
기호 명 칭 수량
직부등 1
매입등 3
주방등 1
방습등 2
센서등 1
펜던트 2
화재감지기 2
스프링클러 2
환기구 1
천 장 도 축척: 1/50

수험번호	1234567890	종 목	실내건축산업기사
성 명	황 두 환	도면명	실내투시도
감독확인		축 척	N.S

실 내 투 시 도　축척: N.S

예상문제 03. 호텔 객실

국가기술자격 실기시험문제

자격종목	실내건축산업기사	과 제 명	호텔 객실

※ 시험시간: 5시간 30분

1. 요구사항

※ 요구조건에 따라 건축 설계 프로그램(AutoCAD/SketchUp)을 사용하여 도면을 작도하고, PDF 파일로 변환하여 출력 후 작업물과 출력물을 제출하시오.

(1) 요구조건

<table>
<tr><td rowspan="2">개 요</td><td>용 도</td><td colspan="2">• 호텔 객실(트윈베드룸)</td></tr>
<tr><td>인적 구성</td><td colspan="2">• 비즈니스 고객 2명</td></tr>
<tr><td rowspan="3">제시도면
조건</td><td>설계면적</td><td colspan="2">• 3,800mm×8,600mm×2,400mm(CH)</td></tr>
<tr><td>출입문</td><td colspan="2">• 현관문: 900mm×2,100mm(H)
• 욕실문: 700mm×2,000mm(H)</td></tr>
<tr><td>창 문</td><td colspan="2">• 1,800mm×1,200mm(H)</td></tr>
<tr><td rowspan="5">설계조건</td><td>외벽체</td><td colspan="2">• 철근콘크리트 벽체
[내부 마감재 임의 + THK 200mm 철근콘크리트 + THK 150mm 단열재 + THK 70mm 설치공간 + THK 30mm 화강석 마감]</td></tr>
<tr><td>내벽체</td><td colspan="2">• 시멘트벽돌 벽체
[내부 마감재 임의 + 1.0B 시멘트벽돌]</td></tr>
<tr><td>천 장</td><td colspan="2">• 우물천장</td></tr>
<tr><td>바 닥</td><td colspan="2">• 수험자 임의 지정</td></tr>
<tr><td>필요 공간 및
집기</td><td>• 욕실(세면대, 양변기, 욕조)
• 수납장
• 냉장고
• 티테이블 세트
• 옷장 2EA</td><td>• 러기지 랙
• 트윈베드 세트
• 책상
• TV
• 화장대</td></tr>
</table>

※ 위 제시된 조건은 필수조건이며, 이외에 필요한 조건은 수험자가 임의로 추가할 수 있음.
　　(주어지지 않은 치수는 수험자가 임의로 설정)

자격종목	실내건축산업기사	과 제 명	호텔 객실

(2) 요구 도면

❶ 평면도(1장, 가구배치 및 바닥마감재 표기) – S : 1/50
- 평면도 주변의 여유 공간에 설계(디자인)의도를 200자 이내로 서술

❷ 내부 입면도(총 2면, 1장) – S : 1/50
- A방향 1면, C방향 1면(가구 배치 및 벽면재료 표기)

❸ 천장도(1장) – S : 1/50
- 설비, 조명기구 배치 및 범례표 작성/천장마감재 표기

❹ 실내투시도(1장) – S : N.S
- 계획의 포인트가 좋은 지점에서 1소점 또는 2소점 투시법으로 작성

(3) 기타사항

❶ 도곽 작성
- 아래 예시와 같이 도곽 및 표제란을 작성
- 도곽 안에 요구 도면이 들어가도록 작업 후 PDF 파일로 제출 및 출력(3D 작업 포함)

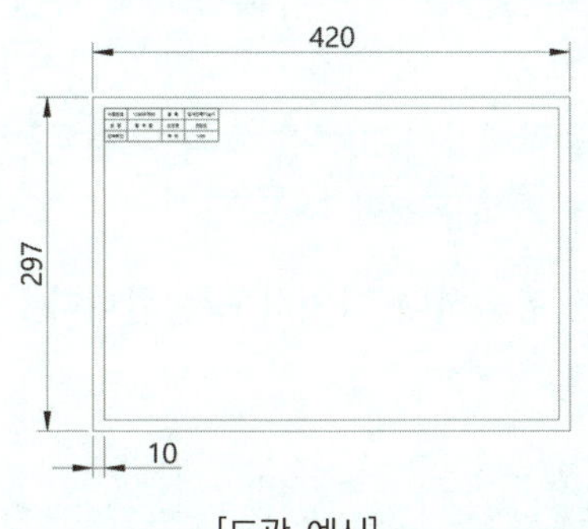

[도곽 예시]

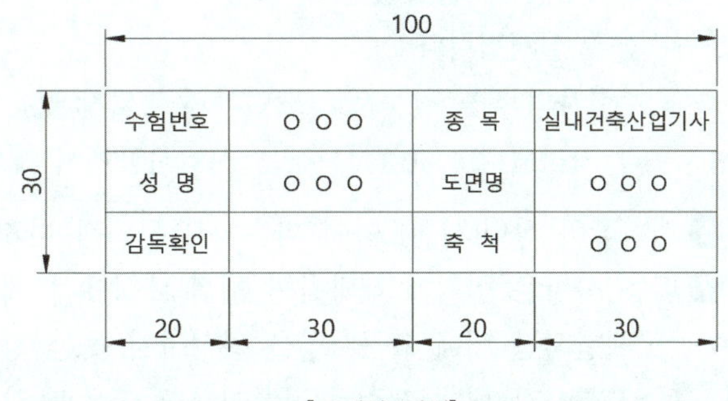

[표제란 예시]

❷ 도면 배치 순서

2D 작업(흑백)			3D 작업(컬러)
첫째 장	둘째 장	셋째 장	넷째 장
평면도	내부 입면도	천장도	실내투시도

❸ 2D 작업 선 두께

빨강(1)=0.05mm	노랑(2)=0.3mm	녹색(3)=0.25mm	하늘색(4)=0.2mm
파랑(5)=0.15mm	보라(6)=0.1mm	회색 1(8)=0.05mm	회색 2(9)=0.1mm

- 선의 통일을 위해 제시된 조건으로 검은색 선의 PDF 파일로 제출

자격종목	실내건축산업기사	과 제 명	호텔 객실

2. 수험자 유의사항

※ 다음 유의사항을 고려하여 요구사항을 완성하시오.

❶ 명기되지 않은 조건은 건축법, 건축구조 및 건축제도 원칙에 따릅니다.

❷ 시험 시작 후 제공된 폴더명을 본인 비번호로 바꾸고, 모든 파일은 해당 폴더 안에 저장하도록 합니다.

❸ 정전 및 기계 고장 등에 의한 자료손실을 방지하기 위하여 수시로 저장합니다.

❹ 2D 작업이 완료되면 2D 제출용 폴더를 생성하여 해당 폴더 안에 PDF 파일로 저장 후 감독위원에게 제출합니다. (2D 작업 PDF 제출이 완료된 이후 3D 작업을 실시)

❺ 3D 작업이 완료되면 3D 제출용 폴더를 생성하여 해당 폴더 안에 PDF 파일로 저장 후 감독위원에게 제출하고, 시험위원 입회하에 본인이 직접 A3 용지에 2D, 3D 도면을 출력하도록 합니다.

※ 2D 제출용 폴더명 예시: 1_홍길동_2D (비번호_이름_2D)

※ 3D 제출용 폴더명 예시: 1_홍길동_3D (비번호_이름_3D)

※ PDF 파일명 예시: 1_홍길동_평면도 (비번호_이름_도면명)

※ 출력작업 시 출력 관련된 설정 외의 도면 수정작업 등은 할 수 없으며, 수정작업 등을 한 경우 실격됩니다.

※ 수험자의 작도 잘못으로 도면이 출력되지 않는 경우, 출력시간이 10분을 초과할 경우는 실격 처리됩니다. (출력시간은 시험시간에서 제외, 출력 기회는 2회 제공)

❻ 시험장의 장비(시설) 등이 파손되거나 고장 나지 않도록 유의하여 작업하도록 합니다.

❼ 다음 사항은 실격에 해당하여 채점 대상에서 제외됩니다.

ㄱ 시험시간 내에 요구사항을 완성하지 못한 경우

ㄴ 시험시간 내에 제출된 작품이라도 다음과 같은 경우

• 구조적·기능적으로 사용 불가능한 도면이 1개라도 있을 경우

• 주어진 조건을 지키지 않고 작도한 경우

ㄷ 기타 채점대상에서 제외되는 조건

• 지급된 재료 이외의 재료를 사용한 경우

• 제공된 자료 이외에 블록, 오브젝트, 프로그램(리습, 루비 등)을 별도로 사전에 지참하여 사용하는 경우

• 시험 중 시설·장비의 조작 또는 재료의 취급이 미숙하여 위해를 일으킬 것으로 시험위원 전원이 합의하여 판단한 경우

3. 도 면

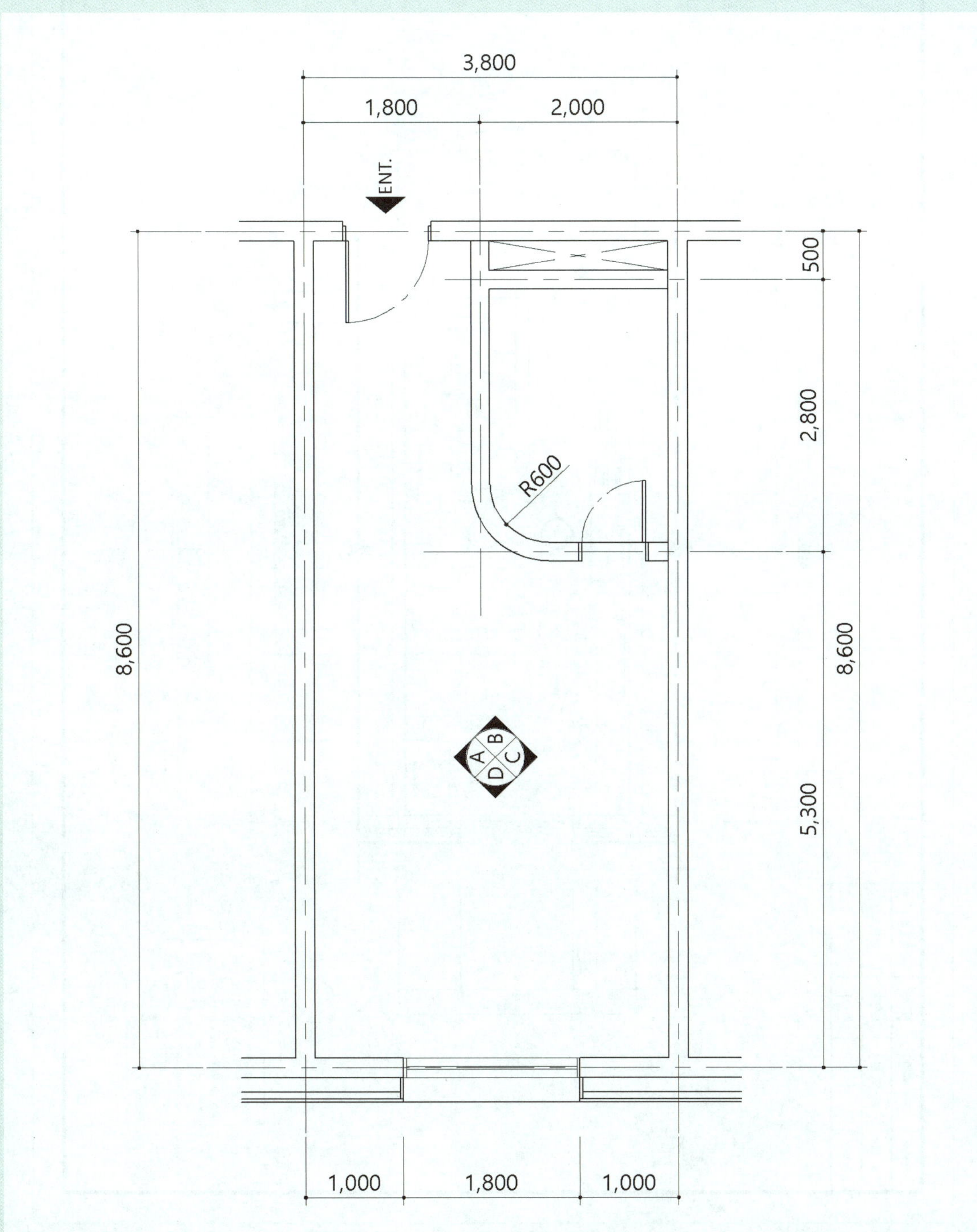

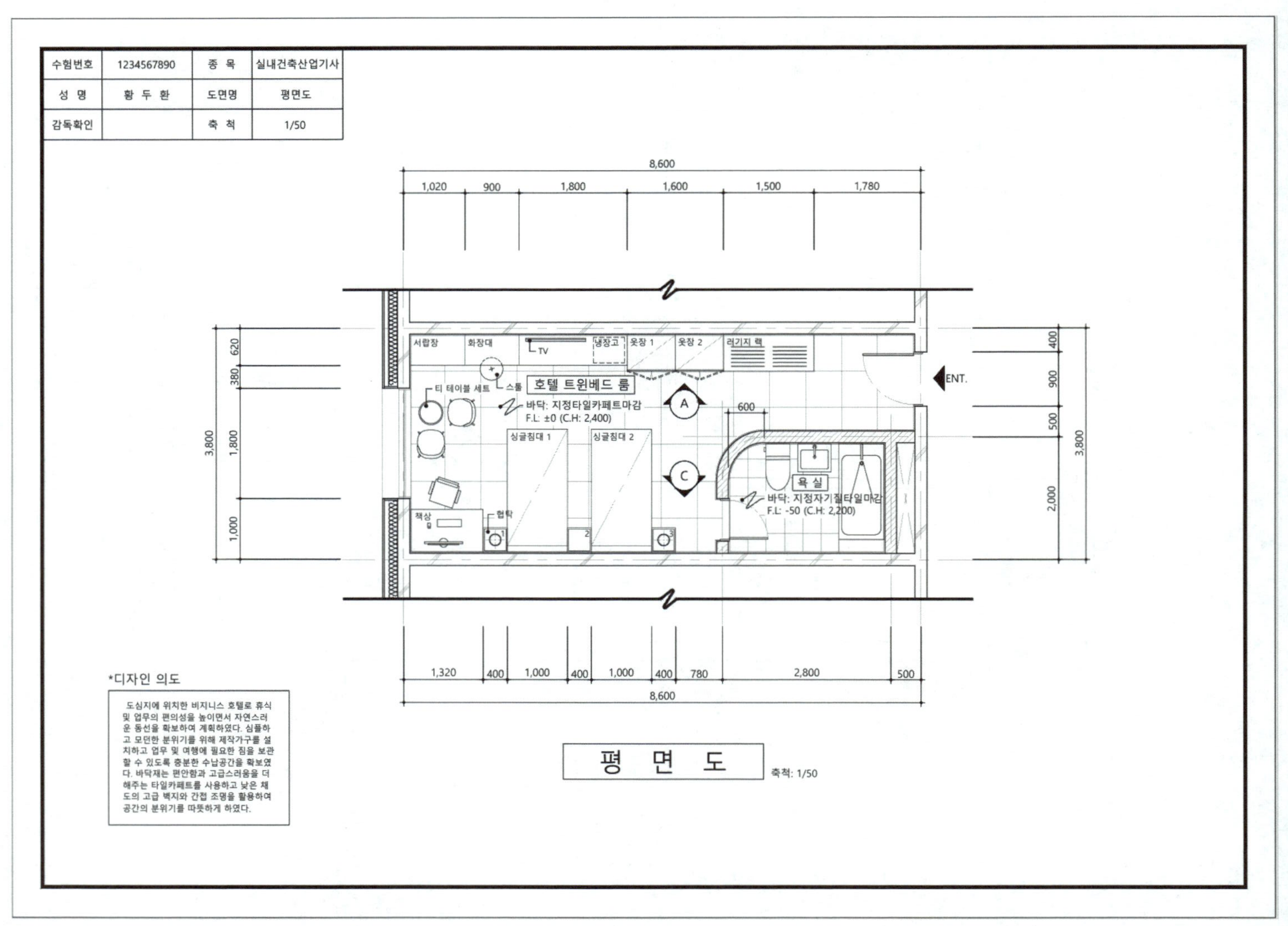
수험번호 1234567890 종 목 실내건축산업기사
성 명 황두환 도면명 평면도
감독확인   축 척 1/50
8,600
1,020 900 1,800 1,600 1,500 1,780
620 380 1,800 1,000
3,800
서랍장 화장대 TV 냉장고 옷장 1 옷장 2 러기지 랙
티 테이블 세트 스툴 호텔 트윈베드 룸
바닥: 지정타일카페트마감 F.L ±0 (C.H: 2,400)
A
싱글침대 1 싱글침대 2
C
600
욕실
바닥: 지정자기질타일마감 F.L: -50 (C.H: 2,200)
책상 협탁
ENT.
400 900 500 2,000
3,800
1,320 400 1,000 400 1,000 400 780 2,800 500
8,600
*디자인 의도
도심지에 위치한 비지니스 호텔로 휴식
및 업무의 편의성을 높이면서 자연스러
운 동선을 확보하여 계획하였다. 심플하
고 모던한 분위기를 위해 제작가구를 설
치하고 업무 및 여행에 필요한 짐을 보관
할 수 있도록 충분한 수납공간을 확보하였
다. 바닥재는 편안함과 고급스러움을 더
해주는 타일카페트를 사용하고 낮은 채
도의 고급 벽지와 간접 조명을 활용하여
공간의 분위기를 따뜻하게 하였다.
평 면 도 축척: 1/50

• 답안 도면 2 – 내부 입면도

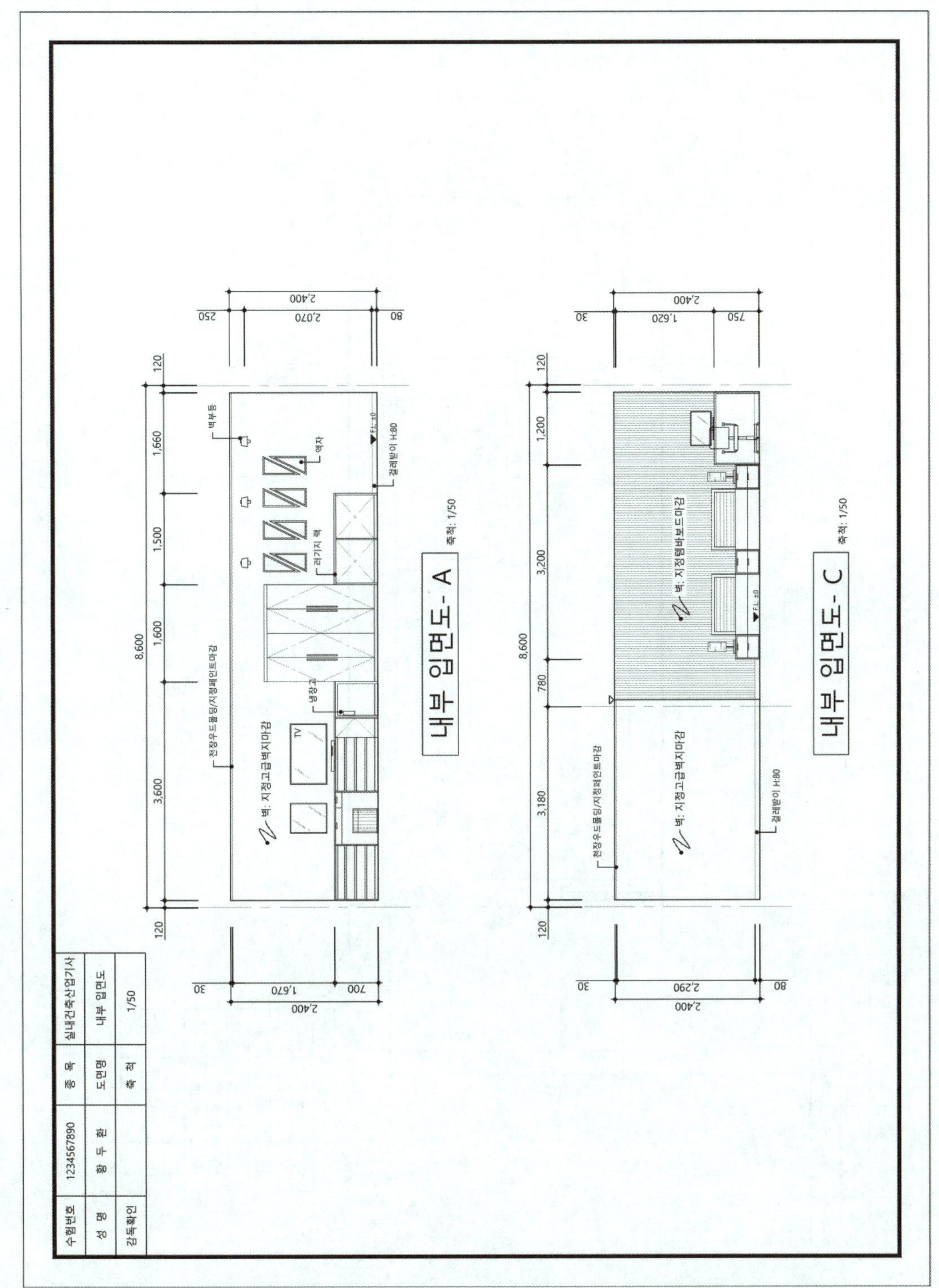

• 답안 도면 3 – 천장도

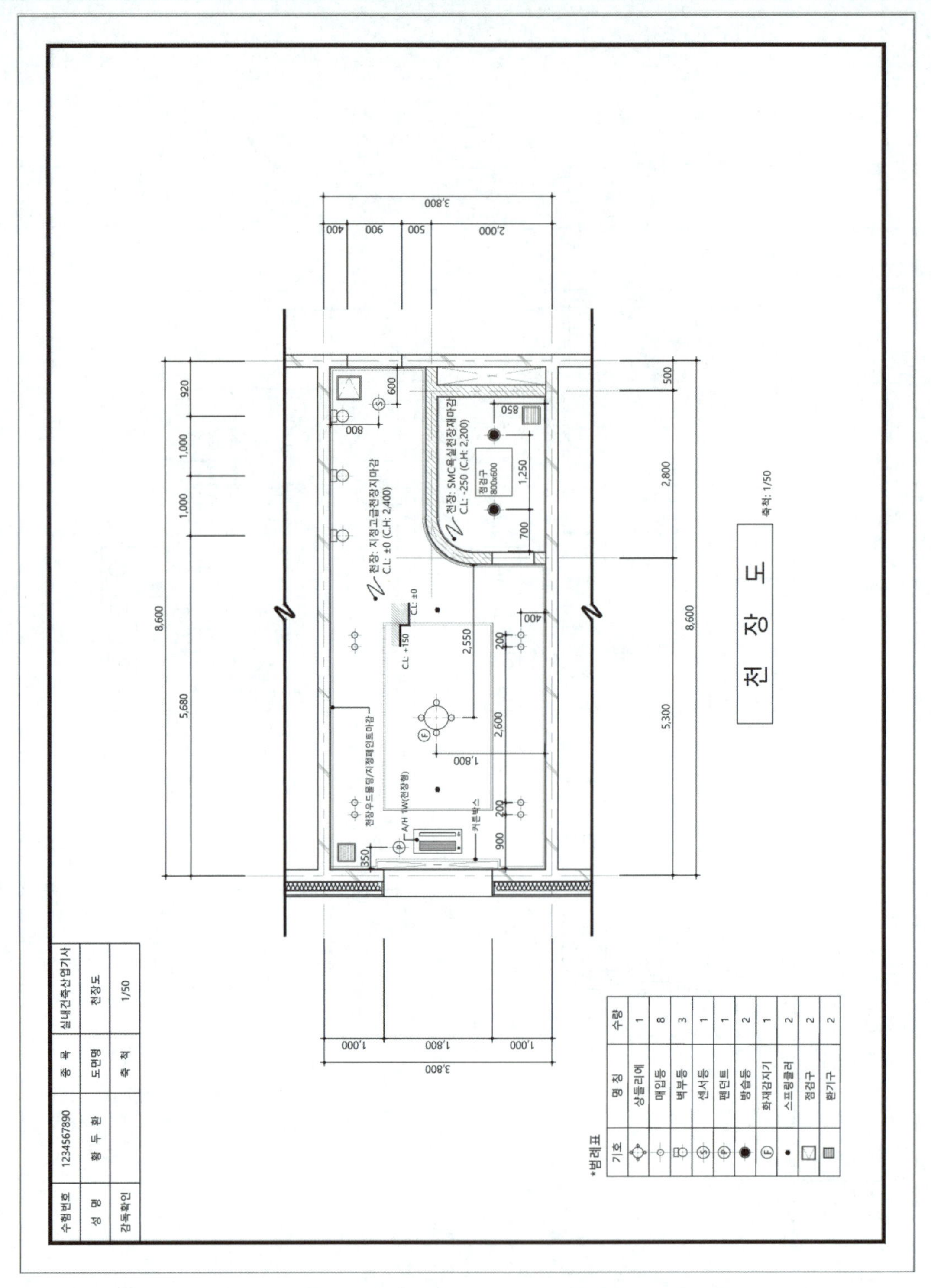

천 장 도
축척: 1/50
3,800
400
900
500
2,000
920
1,000
1,000
8,600
5,680
600
800
천장: 지정고급천장지마감
C.L: ±0 (C.H: 2,400)
C.L: ±0
C.L: +150
2,550
1,800
전용우드몰딩/지정페인트마감
A/H 1W(천장형)
350
천장: SMC흡음천장재마감
C.L: -250 (C.H: 2,200)
점검구
800x600
850
1,250
700
400
200
2,600
200
900
카운터박스
500
2,800
8,600
5,300
1,000
1,800
1,000
3,800
*범례표
기호 | 명 칭 | 수량
샹들리에 | 1
매입등 | 8
벽부등 | 3
센서등 | 1
펜던트 | 1
방습등 | 2
화재감지기 | 1
스프링클러 | 2
점검구 | 2
환기구 | 2
수험번호 | 1234567890
성 명 | 황 두 환
감독확인
종 목 | 실내건축산업기사
도면명 | 천장도
축 척 | 1/50

수험번호	1234567890	종 목	실내건축산업기사
성 명	황 두 환	도면명	실내투시도
감독확인		축 척	N.S

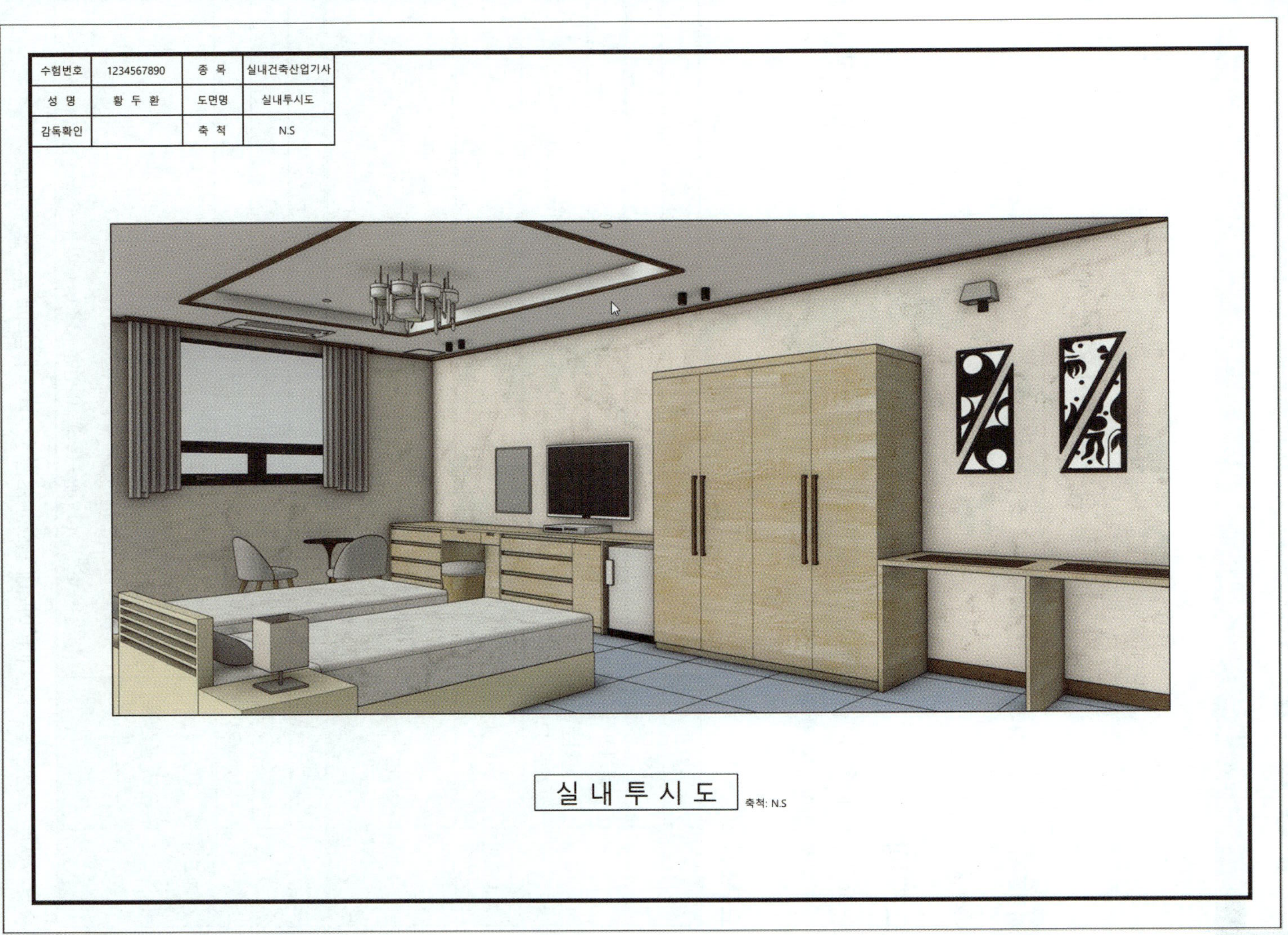

예상문제 04. 패스트푸드점

국가기술자격 실기시험문제

자격종목	실내건축산업기사	과 제 명	패스트푸드점

※ 시험시간 : 5시간 30분

1. 요구사항

※ 요구조건에 따라 건축 설계 프로그램(AutoCAD/SketchUp)을 사용하여 도면을 작도하고, PDF 파일로 변환하여 출력 후 작업물과 출력물을 제출하시오.

(1) 요구조건

개 요	용 도	• 쇼핑센터 내의 패스트푸드점
	인적 구성	• 상시 직원 3명
제시도면 조건	설계면적	• 5,600mm×9,200mm×2,800mm(CH)
	출입문 (강화유리)	• 1,800mm×2,100mm(H)[강화유리], 900mm×2,100mm(H)
	커튼월	• 커튼월 벽체 [50×100 스틸바 + THK 24mm 로이유리]
	벽 체	• 철근콘크리트 기둥 [700×600] • 1.0B 시멘트벽돌 벽체 [내부 마감재 임의 + 1.0B 시멘트벽돌]
설계조건	내벽체	• 경량 칸막이벽체
	천 장	• 수험자 임의 지정
	바 닥	• 수험자 임의 지정
	필요 공간 및 집기	• 캐셔 카운터/키오스크 • 직원실(소파, 캐비닛) • 주방(작업대, 냉장고 2EA, 오븐기, 포장대 등) • 고객용 테이블 및 좌석 (6인용-1조), (4인용-3조), (2인용-2조), (1인용-6조)

※ 위 제시된 조건은 필수조건이며, 이외에 필요한 조건은 수험자가 임의로 추가할 수 있음.
　　(주어지지 않은 치수는 수험자가 임의로 설정)

자격종목	실내건축산업기사	과 제 명	패스트푸드점

(2) 요구 도면

❶ 평면도(1장, 가구배치 및 바닥마감재 표기) – S: 1/50

  • 평면도 주변의 여유 공간에 설계(디자인)의도를 200자 이내로 서술

❷ 내부 입면도(총 2면, 1장) – S: 1/50

  • A방향 1면, C방향 1면(가구 배치 및 벽면재료 표기)

❸ 천장도(1장) – S: 1/50

  • 설비, 조명기구 배치 및 범례표 작성/천장마감재 표기

❹ 실내투시도(1장) – S: N.S

  • 계획의 포인트가 좋은 지점에서 1소점 또는 2소점 투시법으로 작성

(3) 기타 사항

❶ 도곽 작성

  • 아래 예시와 같이 도곽 및 표제란을 작성
  • 도곽 안에 요구 도면이 들어가도록 작업 후 PDF 파일로 제출 및 출력(3D 작업 포함)

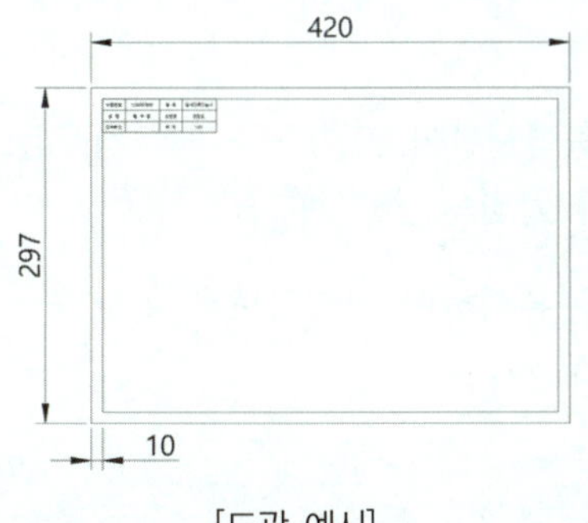

[도곽 예시]

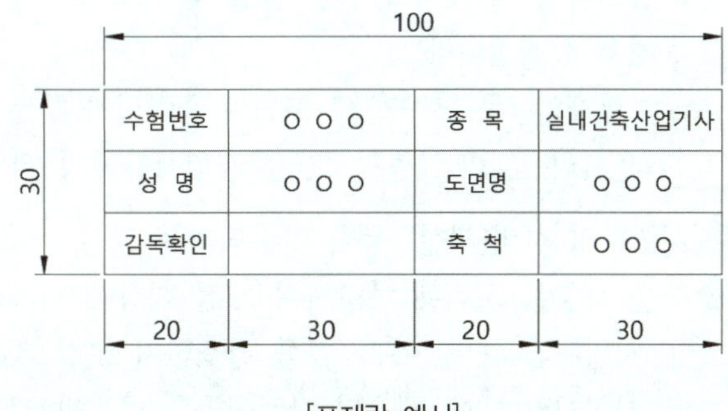

[표제란 예시]

❷ 도면 배치 순서

2D 작업(흑백)			3D 작업(컬러)
첫째 장	둘째 장	셋째 장	넷째 장
평면도	내부 입면도	천장도	실내투시도

❸ 2D 작업 선 두께

빨강(1)=0.05mm	노랑(2)=0.3mm	녹색(3)=0.25mm	하늘색(4)=0.2mm
파랑(5)=0.15mm	보라(6)=0.1mm	회색 1(8)=0.05mm	회색 2(9)=0.1mm

  • 선의 통일을 위해 제시된 조건으로 검은색 선의 PDF 파일로 제출

자격종목	실내건축산업기사	과 제 명	패스트푸드점

2. 수험자 유의사항

※ 다음 유의사항을 고려하여 요구사항을 완성하시오.

❶ 명기되지 않은 조건은 건축법, 건축구조 및 건축제도 원칙에 따릅니다.

❷ 시험 시작 후 제공된 폴더명을 본인 비번호로 바꾸고, 모든 파일은 해당 폴더 안에 저장하도록 합니다.

❸ 정전 및 기계 고장 등에 의한 자료손실을 방지하기 위하여 수시로 저장합니다.

❹ 2D 작업이 완료되면 2D 제출용 폴더를 생성하여 해당 폴더 안에 PDF 파일로 저장 후 감독위원에게 제출합니다. (2D 작업 PDF 제출이 완료된 이후 3D 작업을 실시)

❺ 3D 작업이 완료되면 3D 제출용 폴더를 생성하여 해당 폴더 안에 PDF 파일로 저장 후 감독 위원에게 제출하고, 시험위원 입회하에 본인이 직접 A3 용지에 2D, 3D 도면을 출력하도록 합니다.

※ 2D 제출용 폴더명 예시: 1_홍길동_2D (비번호_이름_2D)

※ 3D 제출용 폴더명 예시: 1_홍길동_3D (비번호_이름_3D)

※ PDF 파일명 예시: 1_홍길동_평면도 (비번호_이름_도면명)

※ 출력작업 시 출력 관련된 설정 외의 도면 수정작업 등은 할 수 없으며, 수정작업 등을 한 경우 실격됩니다.

※ 수험자의 작도 잘못으로 도면이 출력되지 않는 경우, 출력시간이 10분을 초과할 경우는 실격 처리됩니다. (출력시간은 시험시간에서 제외, 출력 기회는 2회 제공)

❻ 시험장의 장비(시설) 등이 파손되거나 고장 나지 않도록 유의하여 작업하도록 합니다.

❼ 다음 사항은 실격에 해당하여 채점 대상에서 제외됩니다.

　㉠ 시험시간 내에 요구사항을 완성하지 못한 경우

　㉡ 시험시간 내에 제출된 작품이라도 다음과 같은 경우

　　• 구조적·기능적으로 사용 불가능한 도면이 1개라도 있을 경우

　　• 주어진 조건을 지키지 않고 작도한 경우

　㉢ 기타 채점대상에서 제외되는 조건

　　• 지급된 재료 이외의 재료를 사용한 경우

　　• 제공된 자료 이외에 블록, 오브젝트, 프로그램(리습, 루비 등)을 별도로 사전에 지참하여 사용하는 경우

　　• 시험 중 시설·장비의 조작 또는 재료의 취급이 미숙하여 위해를 일으킬 것으로 시험위원 전원이 합의하여 판단한 경우

3. 도 면

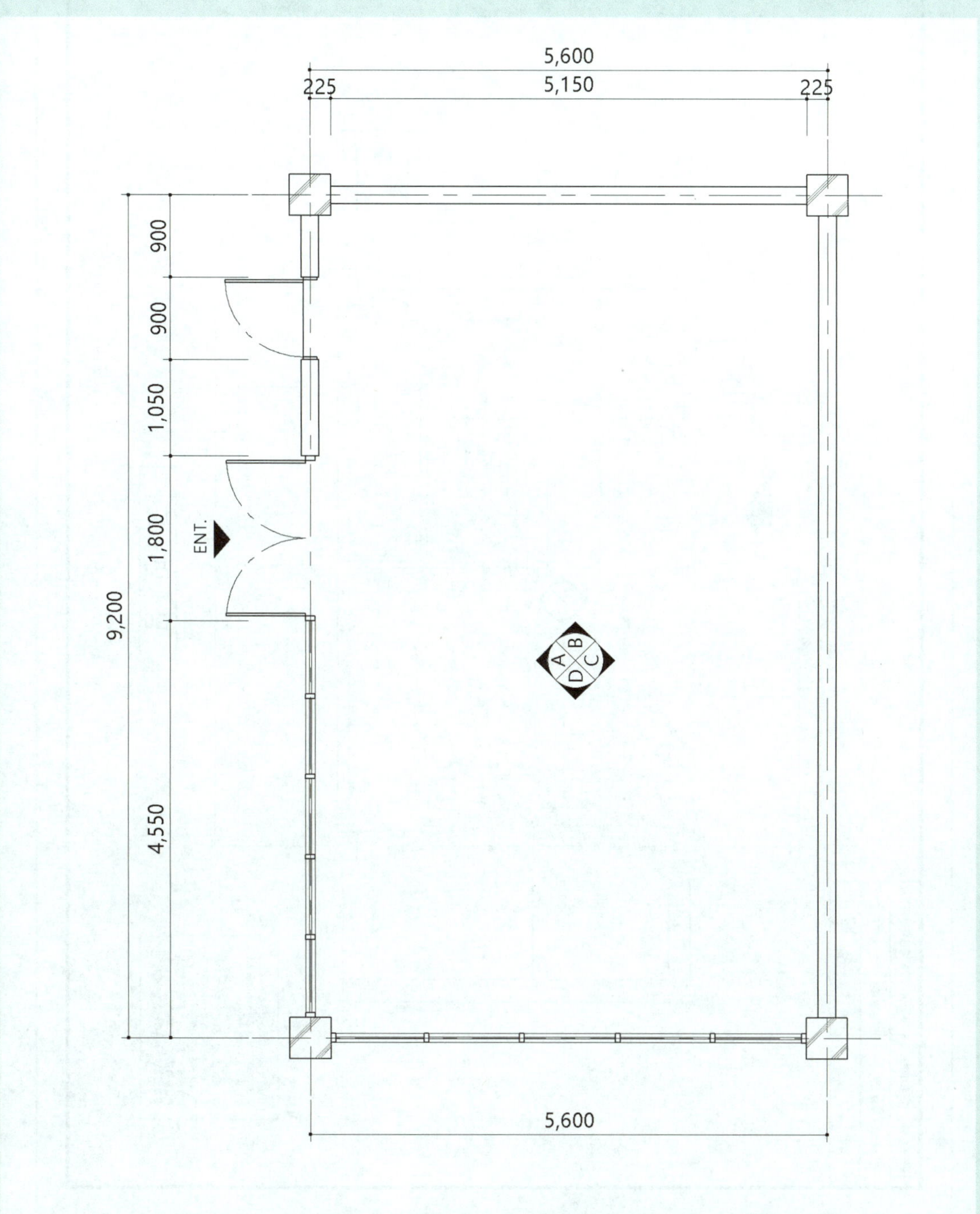

• 답안 도면 1 – 평면도

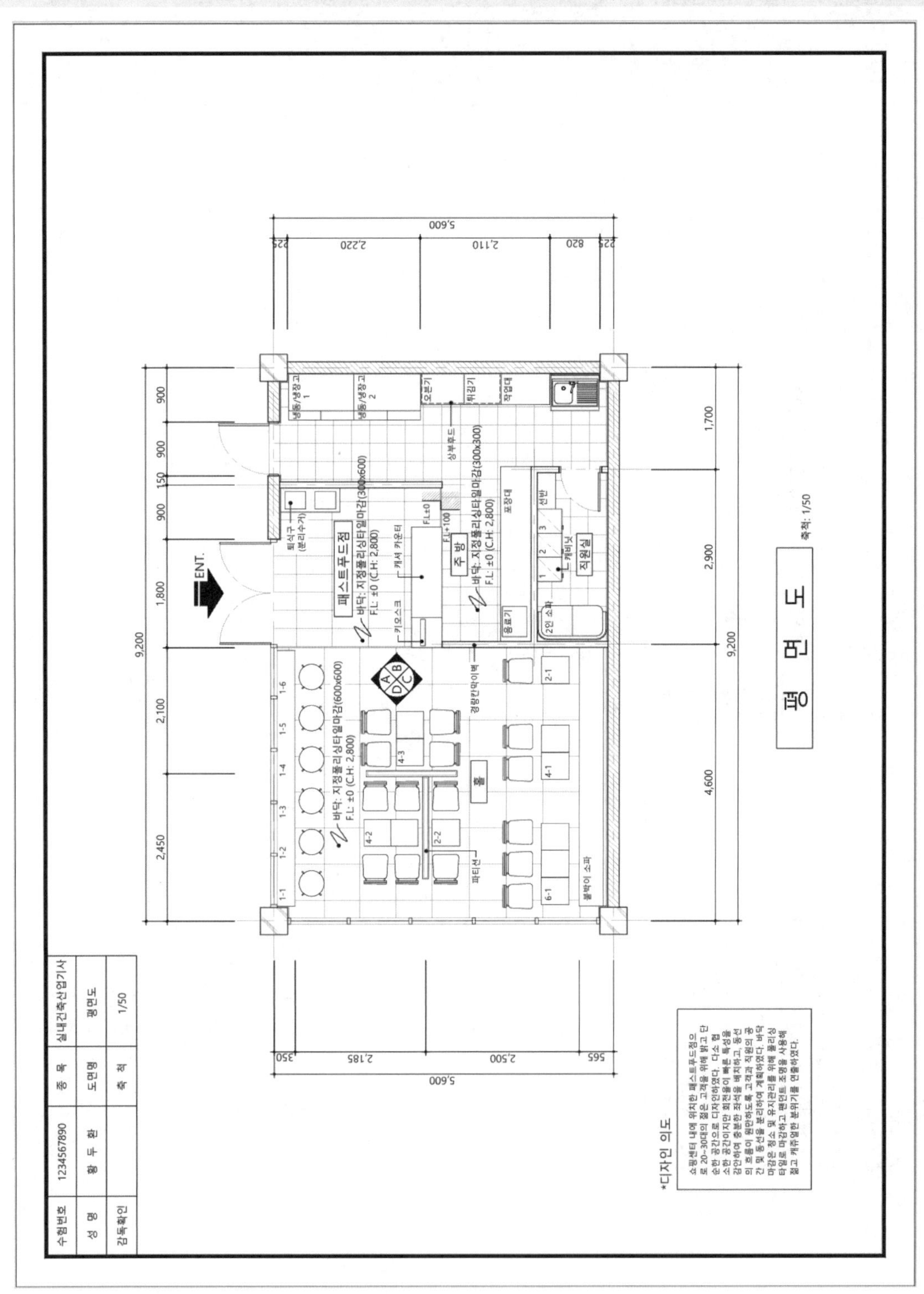

• 답안 도면 2 – 내부 입면도

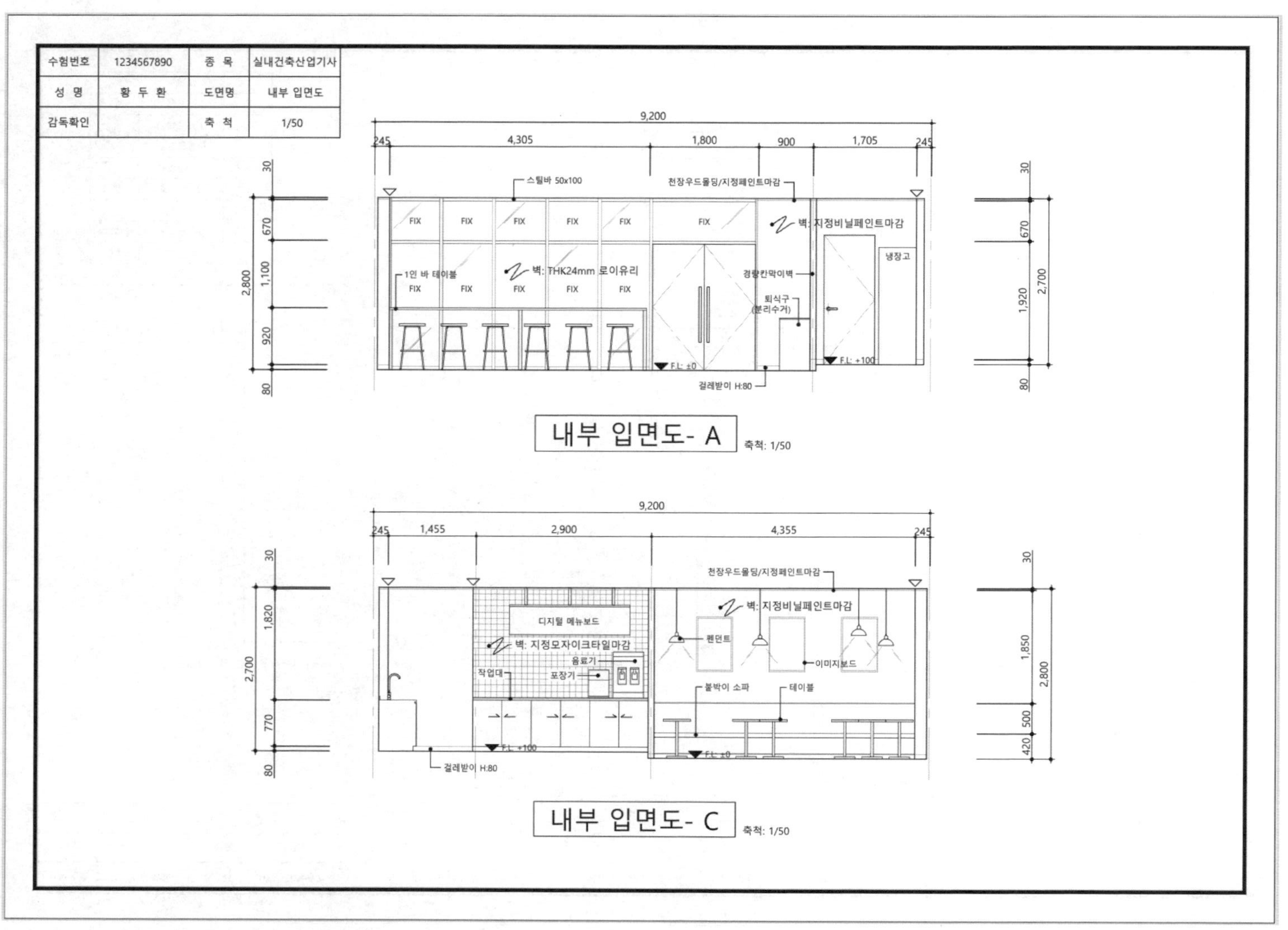

수험번호 1234567890
종 목 실내건축산업기사
성 명 황두환
도면명 내부 입면도
감독확인
축 척 1/50

9,200
245 4,305 1,800 900 1,705 245
2,800
30 670 1,100 920 80
스틸바 50x100
천장우드몰딩/지정페인트마감
벽: 지정비닐페인트마감
FIX
1인 바 테이블
벽: THK24mm 로이유리
경량칸막이벽
냉장고
퇴식구 (분리수거)
F.L: ±0
F.L: +100
걸레받이 H:80
2,700
670 1,920 80
30
내부 입면도- A 축척: 1/50

9,200
245 1,455 2,900 4,355 245
2,700
30 1,820 770 80
천장우드몰딩/지정페인트마감
벽: 지정비닐페인트마감
디지털 메뉴보드
벽: 지정모자이크타일마감
작업대
음료기
포장기
펜던트
이미지보드
볼박이 소파
테이블
F.L: +100
F.L: ±0
걸레받이 H:80
2,800
30 1,850 500 420 80
내부 입면도- C 축척: 1/50

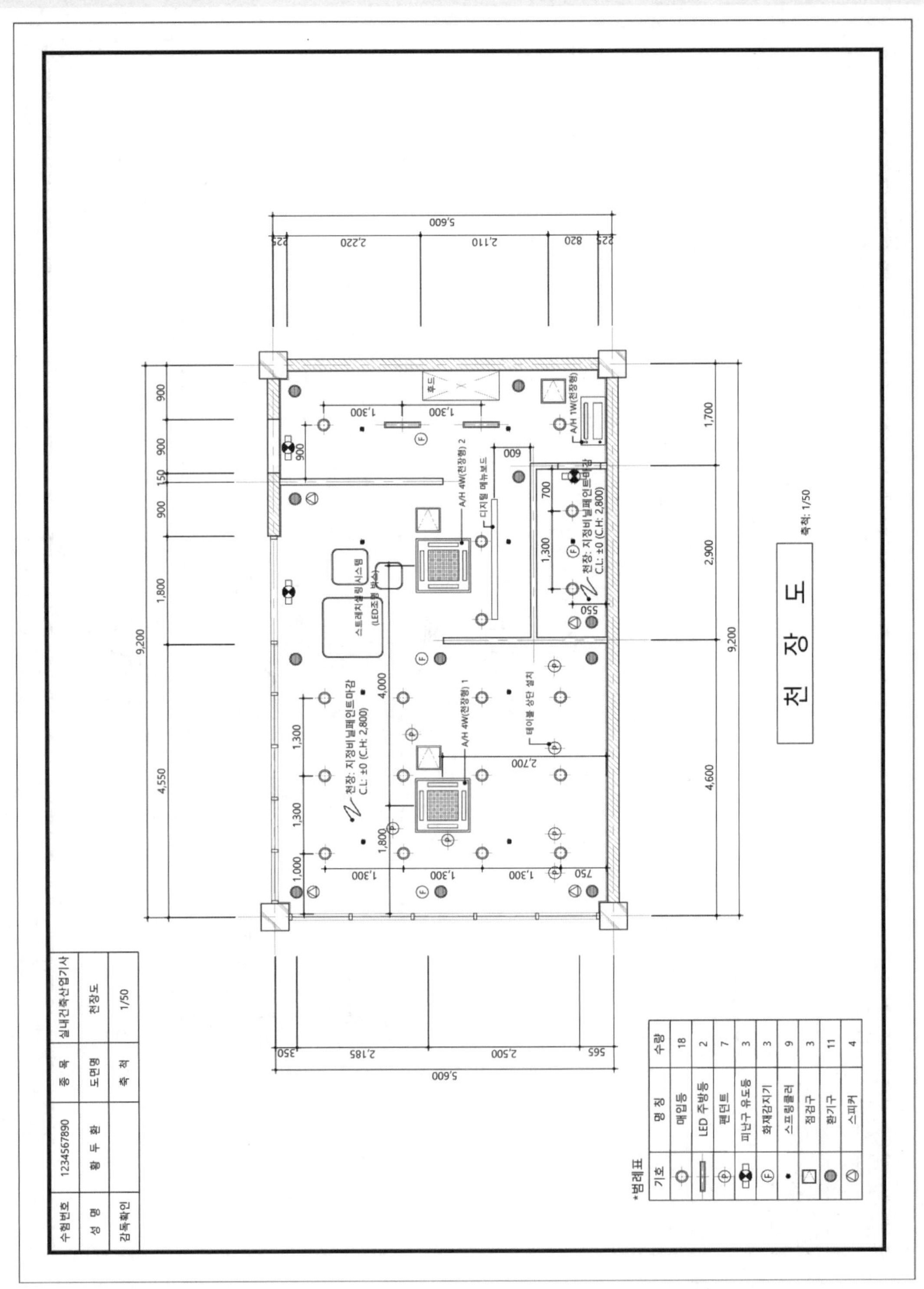

수험번호 1234567890 종 목 실내건축산업기사
성 명 황 두 환 도면명 실내투시도
감독확인 축 척 N.S
Burger Queen
BURGER QUEEN
실 내 투 시 도 축척: N.S

예상문제 05. 헤어숍

국가기술자격 실기시험문제

자격종목	실내건축산업기사	과 제 명	헤어숍

※ 시험시간 : 5시간 30분

1. 요구사항

※ 요구조건에 따라 건축 설계 프로그램(AutoCAD/SketchUp)을 사용하여 도면을 작도하고, PDF 파일로 변환하여 출력 후 작업물과 출력물을 제출하시오.

(1) 요구조건

n   k

개 요	용 도	• 근린생활지구 내의 헤어숍	
	인적 구성	• 원장 1명, 직원 3명	
제시도면 조건	설계면적	• 5,600mm×8,300mm×2,700mm(CH)	
	출입문 (강화유리)	• 900mm×2,100mm(H)	
	커튼월	• 커튼월 벽체 [100×100 스틸바 + THK 24mm 로이유리]	
	벽 체	• 철근콘크리트 벽체 [THK 200mm 철근콘크리트]	
설계조건	내벽체	• 시멘트벽돌 벽체 [내부 마감재 임의 + 0.5B 시멘트벽돌]	
	천 장	• 평천장	
	바 닥	• 수험자 임의 지정	
	필요 공간 및 집기	• 카운터 • 미용공간 • 직원 휴게실(싱크/냉장고) • 고객용 캐비닛	• 대기공간 • 샴푸실 • 물품창고

※ 위 제시된 조건은 필수조건이며, 이외에 필요한 조건은 수험자가 임의로 추가할 수 있음.
  (주어지지 않은 치수는 수험자가 임의로 설정)

자격종목	실내건축산업기사	과 제 명	헤어숍

(2) 요구 도면

❶ 평면도(1장, 가구배치 및 바닥마감재 표기) – S : 1/50

- 평면도 주변의 여유 공간에 설계(디자인)의도를 200자 이내로 서술

❷ 내부 입면도(총 2면, 1장) – S : 1/50

- A방향 1면, D방향 1면(가구 배치 및 벽면재료 표기)

❸ 천장도(1장) – S : 1/50

- 설비, 조명기구 배치 및 범례표 작성/천장마감재 표기

❹ 실내투시도(1장) – S : N.S

- 계획의 포인트가 좋은 지점에서 1소점 또는 2소점 투시법으로 작성

(3) 기타 사항

❶ 도곽 작성

- 아래 예시와 같이 도곽 및 표제란을 작성
- 도곽 안에 요구 도면이 들어가도록 작업 후 PDF 파일로 제출 및 출력(3D 작업 포함)

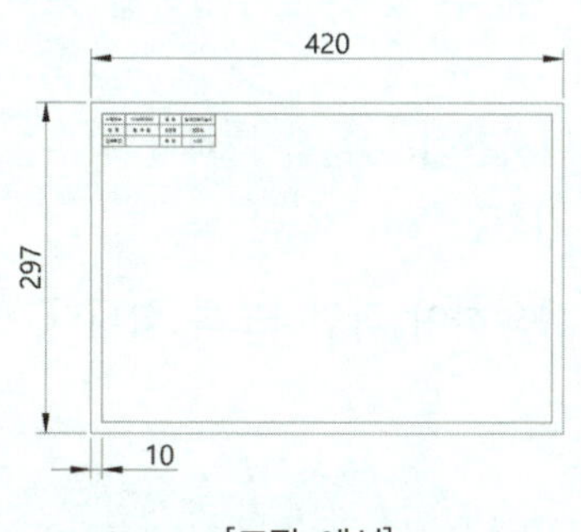

[도곽 예시]

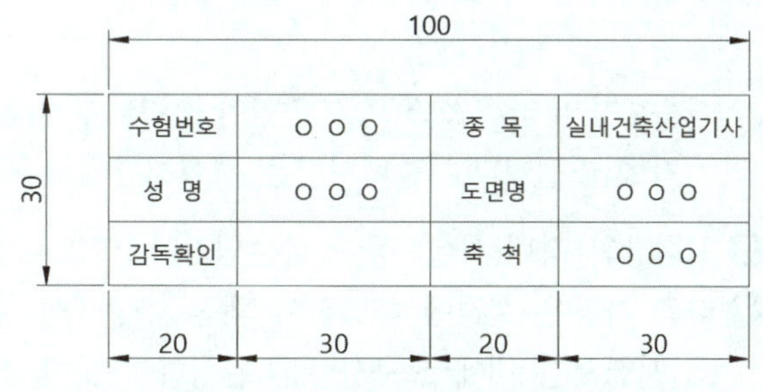

수험번호	○ ○ ○	종 목	실내건축산업기사
성 명	○ ○ ○	도면명	○ ○ ○
감독확인		축 척	○ ○ ○

[표제란 예시]

❷ 도면 배치 순서

2D 작업(흑백)			3D 작업(컬러)
첫째 장	둘째 장	셋째 장	넷째 장
평면도	내부 입면도	천장도	실내투시도

❸ 2D 작업 선 두께

빨강(1)=0.05mm	노랑(2)=0.3mm	녹색(3)=0.25mm	하늘색(4)=0.2mm
파랑(5)=0.15mm	보라(6)=0.1mm	회색 1(8)=0.05mm	회색 2(9)=0.1mm

- 선의 통일을 위해 제시된 조건으로 검은색 선의 PDF 파일로 제출

자격종목	실내건축산업기사	과 제 명	헤어숍

2. 수험자 유의사항

※ 다음 유의사항을 고려하여 요구사항을 완성하시오.

❶ 명기되지 않은 조건은 건축법, 건축구조 및 건축제도 원칙에 따릅니다.

❷ 시험 시작 후 제공된 폴더명을 본인 비번호로 바꾸고, 모든 파일은 해당 폴더 안에 저장하도록 합니다.

❸ 정전 및 기계 고장 등에 의한 자료손실을 방지하기 위하여 수시로 저장합니다.

❹ 2D 작업이 완료되면 2D 제출용 폴더를 생성하여 해당 폴더 안에 PDF 파일로 저장 후 감독위원에게 제출합니다. (2D 작업 PDF 제출이 완료된 이후 3D 작업을 실시)

❺ 3D 작업이 완료되면 3D 제출용 폴더를 생성하여 해당 폴더 안에 PDF 파일로 저장 후 감독 위원에게 제출하고, 시험위원 입회하에 본인이 직접 A3 용지에 2D, 3D 도면을 출력하도록 합니다.

※ 2D 제출용 폴더명 예시: 1_홍길동_2D (비번호_이름_2D)

※ 3D 제출용 폴더명 예시: 1_홍길동_3D (비번호_이름_3D)

※ PDF 파일명 예시: 1_홍길동_평면도 (비번호_이름_도면명)

※ 출력작업 시 출력 관련된 설정 외의 도면 수정작업 등은 할 수 없으며, 수정작업 등을 한 경우 실격됩니다.

※ 수험자의 작도 잘못으로 도면이 출력되지 않는 경우, 출력시간이 10분을 초과할 경우는 실격 처리됩니다. (출력시간은 시험시간에서 제외, 출력 기회는 2회 제공)

❻ 시험장의 장비(시설) 등이 파손되거나 고장 나지 않도록 유의하여 작업하도록 합니다.

❼ 다음 사항은 실격에 해당하여 채점 대상에서 제외됩니다.

　㉠ 시험시간 내에 요구사항을 완성하지 못한 경우

　㉡ 시험시간 내에 제출된 작품이라도 다음과 같은 경우

　　• 구조적·기능적으로 사용 불가능한 도면이 1개라도 있을 경우

　　• 주어진 조건을 지키지 않고 작도한 경우

　㉢ 기타 채점대상에서 제외되는 조건

　　• 지급된 재료 이외의 재료를 사용한 경우

　　• 제공된 자료 이외에 블록, 오브젝트, 프로그램(리습, 루비 등)을 별도로 사전에 지참하여 사용하는 경우

　　• 시험 중 시설·장비의 조작 또는 재료의 취급이 미숙하여 위해를 일으킬 것으로 시험위원 전원이 합의하여 판단한 경우

3. 도 면

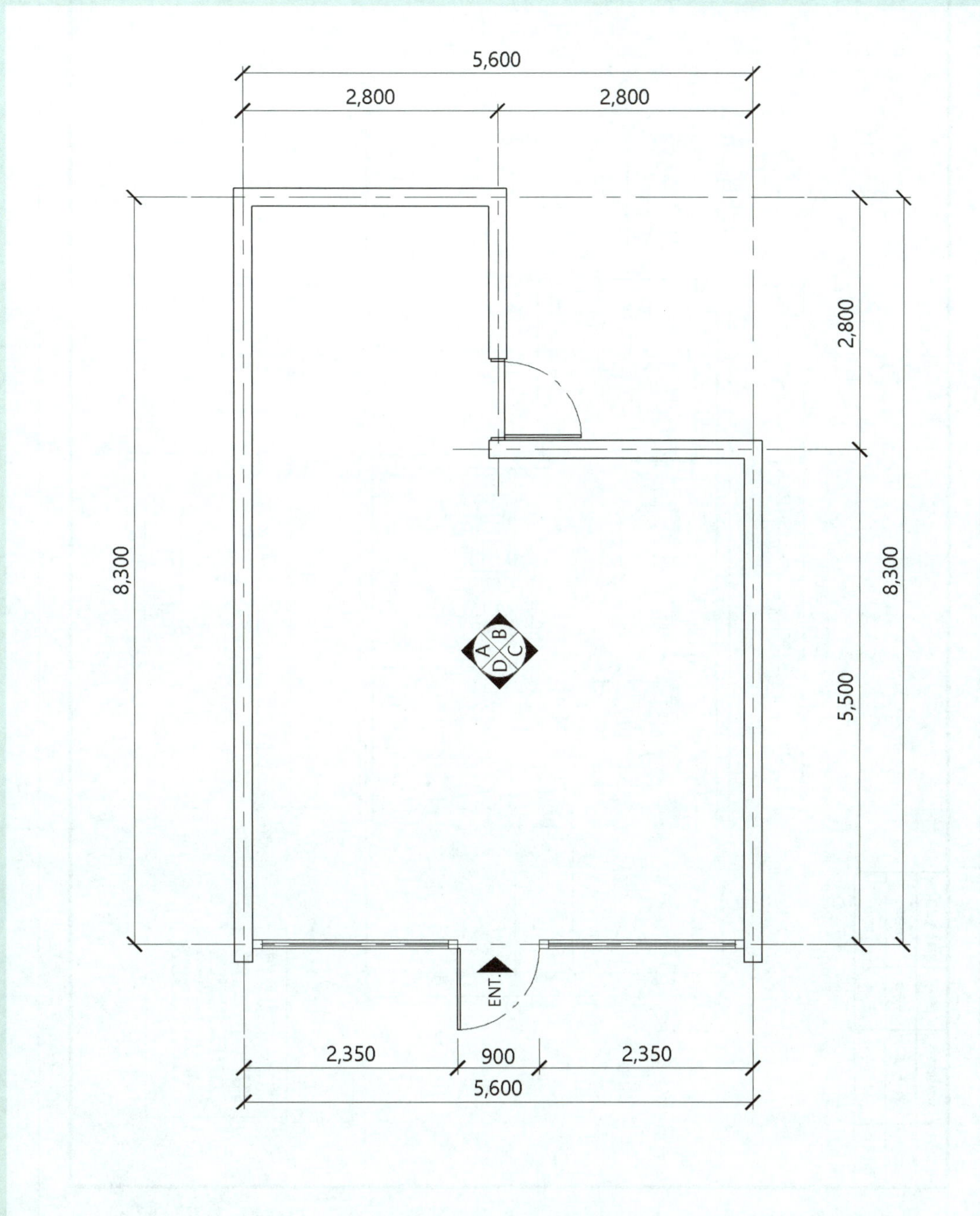

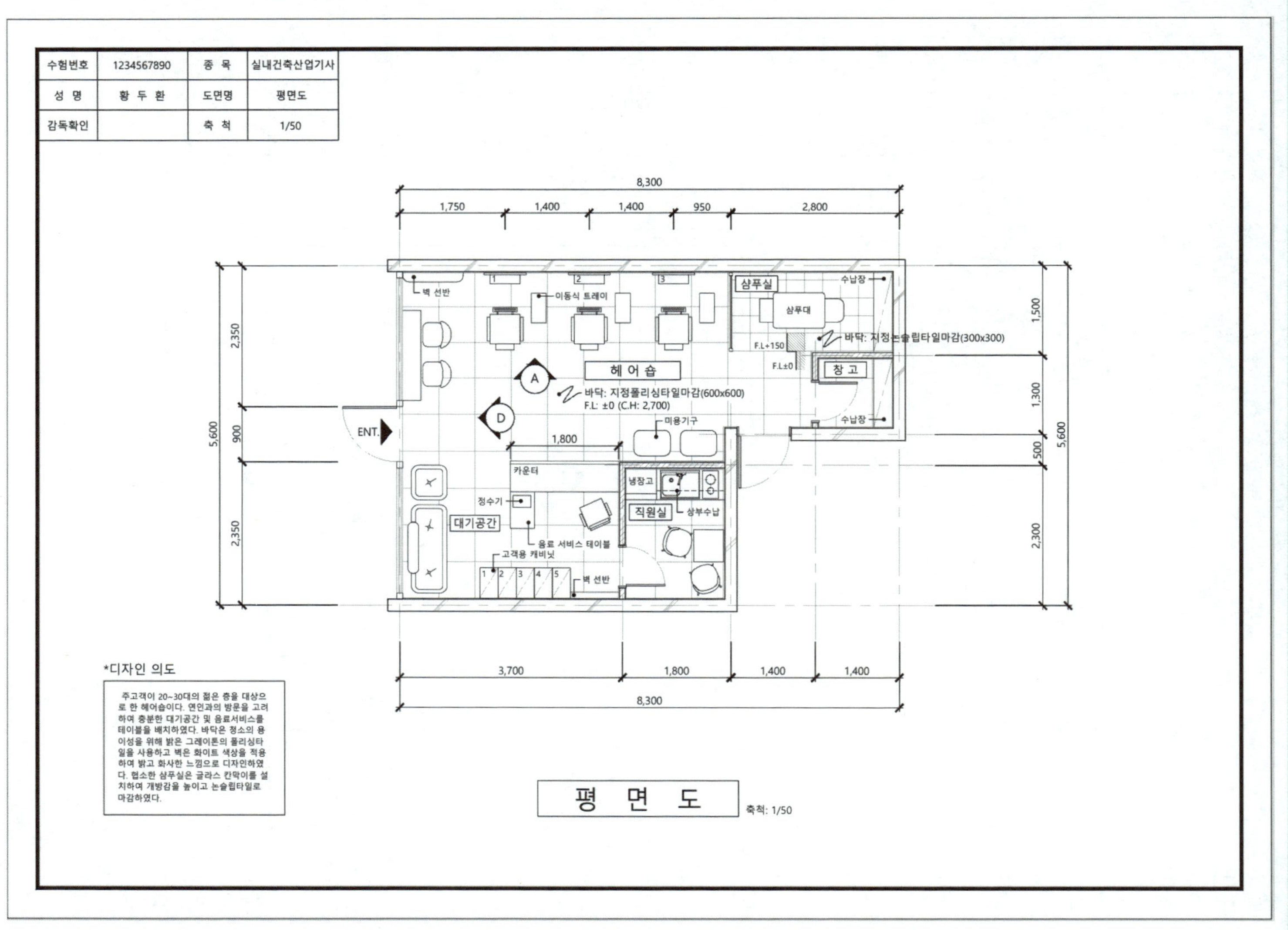
수험번호 1234567890
종 목 실내건축산업기사
성 명 황 두 환
도면명 평면도
감독확인
축 척 1/50
8,300
1,750
1,400
1,400
950
2,800
2,350
900
2,350
5,600
1,500
1,300
500
2,300
5,600
3,700
1,800
1,400
1,400
8,300
벽 선반
이동식 트레이
삼푸실
수납장
삼푸대
F.L +150
F.L±0
바닥: 지정논슬립타일마감(300x300)
창 고
수납장
헤 어 숍
바닥: 지정폴리싱타일마감(600x600)
F.L: ±0 (C.H: 2,700)
A
D
ENT.
미용기구
1,800
카운터
냉장고
직원실
상부수납
정수기
대기공간
음료 서비스 테이블
고객용 캐비닛
벽 선반
*디자인 의도
주고객이 20~30대의 젊은 층을 대상으로 한 헤어숍이다. 연인과의 방문을 고려하여 충분한 대기공간 및 음료서비스를 테이블을 배치하였다. 바닥은 청소의 용이성을 위해 밝은 그레이톤의 폴리싱타일을 사용하고 벽은 화이트 색상을 적용하여 밝고 화사한 느낌으로 디자인하였다. 협소한 삼푸실은 글라스 칸막이를 설치하여 개방감을 높이고 논슬립타일로 마감하였다.
평 면 도 축척: 1/50

• 답안 도면 2 - 내부 입면도

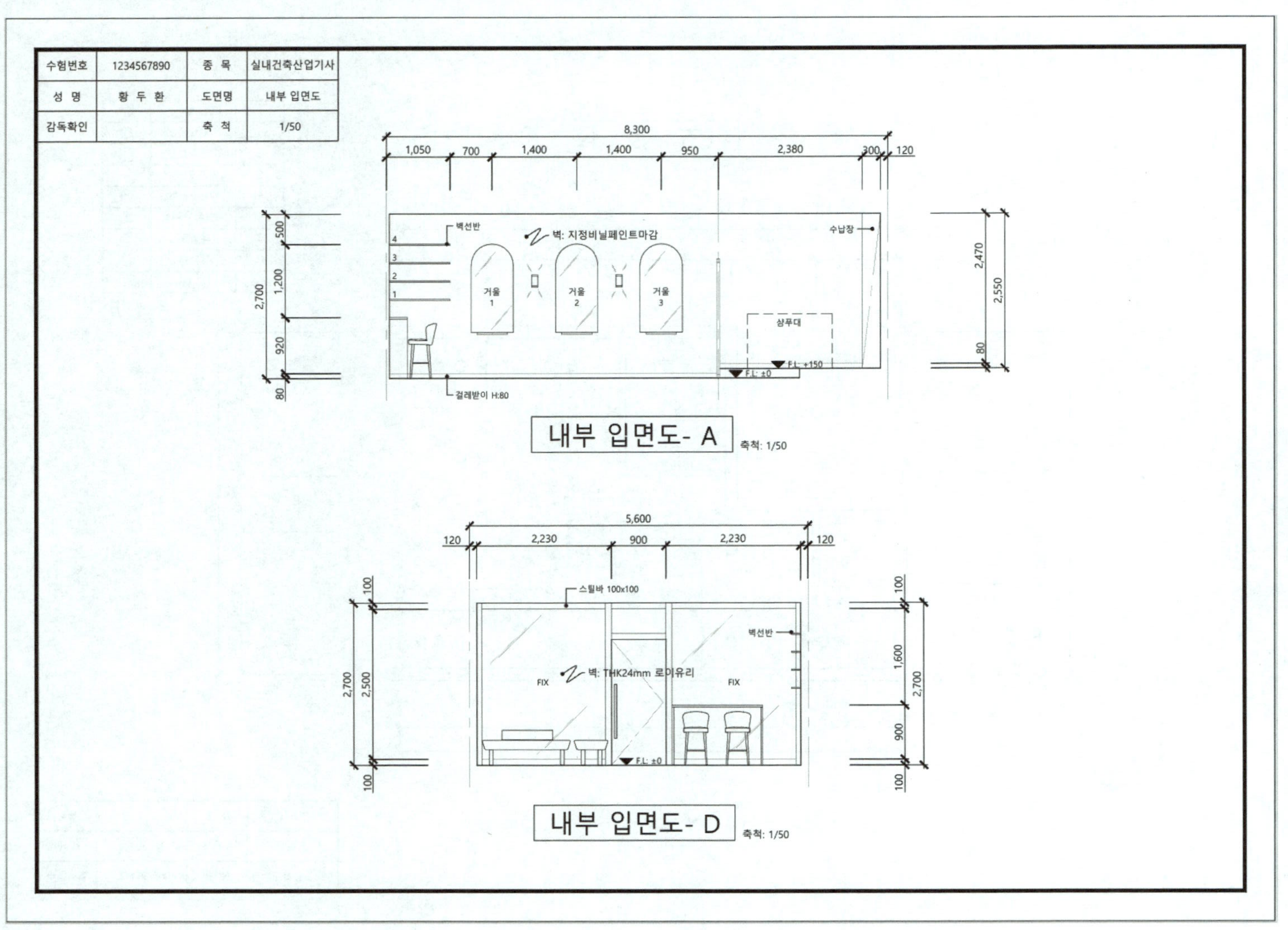

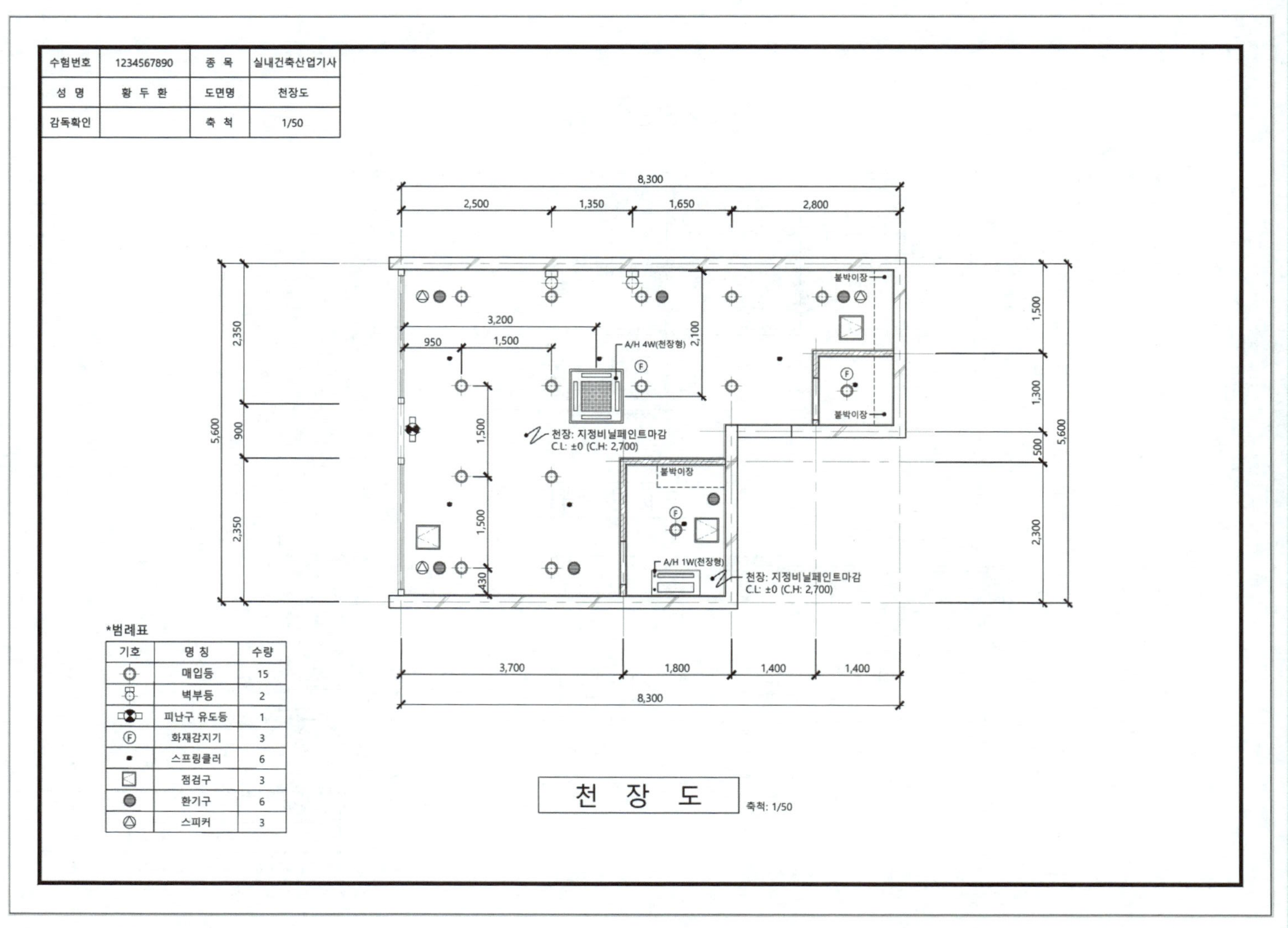
수험번호
1234567890
종 목
실내건축산업기사
성 명
황 두 환
도면명
천장도
감독확인
축 척
1/50
8,300
2,500
1,350
1,650
2,800
2,350
2,100
3,200
950
1,500
A/H 4W(천장형)
1,500
천장: 지정비닐페인트마감
C.L: ±0 (C.H: 2,700)
불박이장
불박이장
1,500
1,500
430
A/H 1W(천장형)
천장: 지정비닐페인트마감
C.L: ±0 (C.H: 2,700)
2,350
900
2,350
5,600
1,500
1,300
500
2,300
5,600
3,700
1,800
1,400
1,400
8,300
불박이장
*범례표
기호
명 칭
수량
매입등
15
벽부등
2
피난구 유도등
1
화재감지기
3
스프링쿨러
6
점검구
3
환기구
6
스피커
3
천 장 도
축척: 1/50

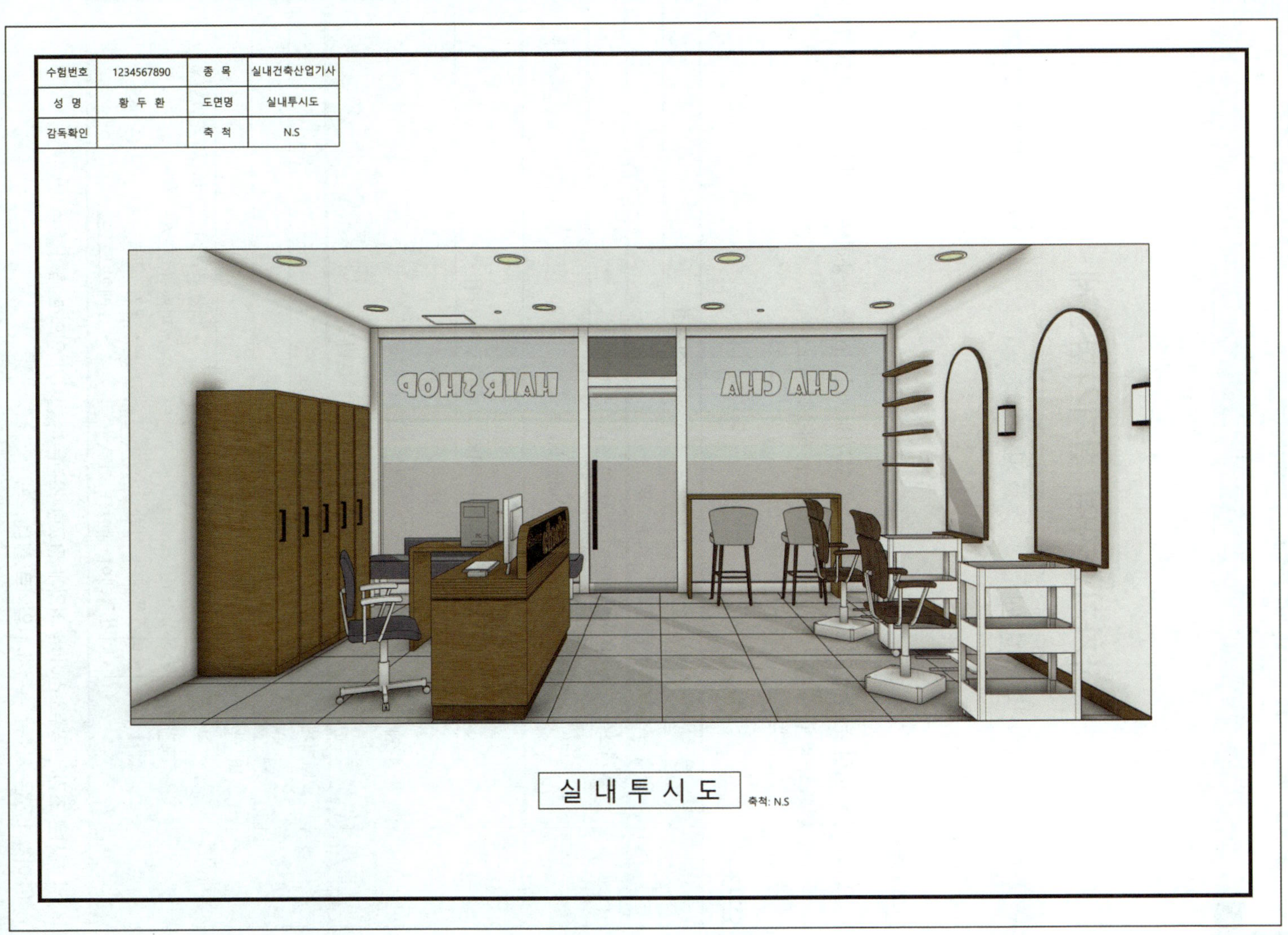

수험번호	1234567890	종 목	실내건축산업기사
성 명	황 두 환	도면명	실내투시도
감독확인		축 척	N.S

예상문제 06. 스포츠 의류매장

국가기술자격 실기시험문제

자격종목	실내건축산업기사	과 제 명	스포츠 의류매장

※ 시험시간 : 5시간 30분

1. 요구사항

※ 요구조건에 따라 건축 설계 프로그램(AutoCAD/SketchUp)을 사용하여 도면을 작도하고, PDF 파일로 변환하여 출력 후 작업물과 출력물을 제출하시오.

(1) 요구조건

개 요	용 도	• 복합상업시설 내의 스포츠 의류 전문점	
	인적 구성	• 점장 1명, 직원 1명	
제시도면 조건	설계면적	• 9,500mm×7,500mm×2,700mm(CH)	
	출입문 (강화유리)	• 1,000mm×2,100mm(H)	
	커튼월	• 커튼월 벽체 [50×150 스틸바 + THK 24mm 로이유리]	
	벽 체	• 철근콘크리트 기둥 [φ600 철근콘크리트] • 시멘트벽돌 벽체 [내부 마감재 임의 + 1.0B 시멘트벽돌]	
설계조건	내벽체	• 경량 칸막이벽체	
	천 장	• 수험자 임의 지정	
	바 닥	• 수험자 임의 지정	
	필요 공간 및 집기	• 카운터 • 물품창고 • 디스플레이 선반 • 디스플레이 테이블 4EA	• 디스플레이 스테이지(쇼윈도우) • 피팅룸 2EA • 행거 4EA • 쇼케이스 2EA

※ 위 제시된 조건은 필수조건이며, 이외에 필요한 조건은 수험자가 임의로 추가할 수 있음.
   (주어지지 않은 치수는 수험자가 임의로 설정)

자격종목	실내건축산업기사	과 제 명	스포츠 의류매장

(2) 요구 도면

❶ 평면도(1장, 가구배치 및 바닥마감재 표기) – S : 1/50

- 평면도 주변의 여유 공간에 설계(디자인)의도를 200자 이내로 서술

❷ 내부 입면도(총 2면, 1장) – S : 1/50

- A방향 1면, D방향 1면(가구 배치 및 벽면재료 표기)

❸ 천장도(1장) – S : 1/50

- 설비, 조명기구 배치 및 범례표 작성/천장마감재 표기

❹ 실내투시도(1장) – S : N.S

- 계획의 포인트가 좋은 지점에서 1소점 또는 2소점 투시법으로 작성

(3) 기타 사항

❶ 도곽 작성

- 아래 예시와 같이 도곽 및 표제란을 작성
- 도곽 안에 요구 도면이 들어가도록 작업 후 PDF 파일로 제출 및 출력(3D 작업 포함)

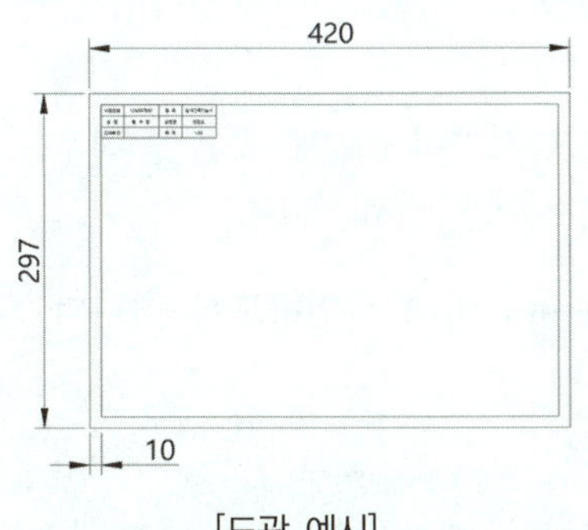

[도곽 예시]

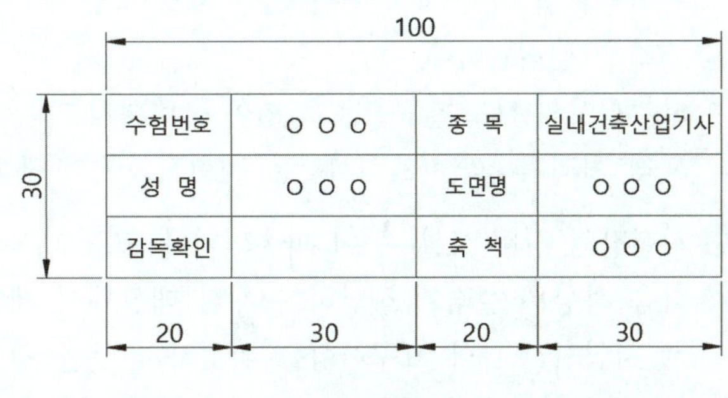

수험번호	○ ○ ○	종 목	실내건축산업기사
성 명	○ ○ ○	도면명	○ ○ ○
감독확인		축 척	○ ○ ○

[표제란 예시]

❷ 도면 배치 순서

2D 작업(흑백)			3D 작업(컬러)
첫째 장	둘째 장	셋째 장	넷째 장
평면도	내부 입면도	천장도	실내투시도

❸ 2D 작업 선 두께

빨강(1)=0.05mm	노랑(2)=0.3mm	녹색(3)=0.25mm	하늘색(4)=0.2mm
파랑(5)=0.15mm	보라(6)=0.1mm	회색 1(8)=0.05mm	회색 2(9)=0.1mm

- 선의 통일을 위해 제시된 조건으로 검은색 선의 PDF 파일로 제출

자격종목	실내건축산업기사	과 제 명	스포츠 의류매장

2. 수험자 유의사항

※ 다음 유의사항을 고려하여 요구사항을 완성하시오.

❶ 명기되지 않은 조건은 건축법, 건축구조 및 건축제도 원칙에 따릅니다.

❷ 시험 시작 후 제공된 폴더명을 본인 비번호로 바꾸고, 모든 파일은 해당 폴더 안에 저장하도록 합니다.

❸ 정전 및 기계 고장 등에 의한 자료손실을 방지하기 위하여 수시로 저장합니다.

❹ 2D 작업이 완료되면 2D 제출용 폴더를 생성하여 해당 폴더 안에 PDF 파일로 저장 후 감독위원에게 제출합니다. (2D 작업 PDF 제출이 완료된 이후 3D 작업을 실시)

❺ 3D 작업이 완료되면 3D 제출용 폴더를 생성하여 해당 폴더 안에 PDF 파일로 저장 후 감독위원에게 제출하고, 시험위원 입회하에 본인이 직접 A3 용지에 2D, 3D 도면을 출력하도록 합니다.

※ 2D 제출용 폴더명 예시: 1_홍길동_2D (비번호_이름_2D)

※ 3D 제출용 폴더명 예시: 1_홍길동_3D (비번호_이름_3D)

※ PDF 파일명 예시: 1_홍길동_평면도 (비번호_이름_도면명)

※ 출력작업 시 출력 관련된 설정 외의 도면 수정작업 등은 할 수 없으며, 수정작업 등을 한 경우 실격됩니다.

※ 수험자의 작도 잘못으로 도면이 출력되지 않는 경우, 출력시간이 10분을 초과할 경우는 실격 처리됩니다. (출력시간은 시험시간에서 제외, 출력 기회는 2회 제공)

❻ 시험장의 장비(시설) 등이 파손되거나 고장 나지 않도록 유의하여 작업하도록 합니다.

❼ 다음 사항은 실격에 해당하여 채점 대상에서 제외됩니다.

㉠ 시험시간 내에 요구사항을 완성하지 못한 경우

㉡ 시험시간 내에 제출된 작품이라도 다음과 같은 경우

• 구조적·기능적으로 사용 불가능한 도면이 1개라도 있을 경우

• 주어진 조건을 지키지 않고 작도한 경우

㉢ 기타 채점대상에서 제외되는 조건

• 지급된 재료 이외의 재료를 사용한 경우

• 제공된 자료 이외에 블록, 오브젝트, 프로그램(리습, 루비 등)을 별도로 사전에 지참하여 사용하는 경우

• 시험 중 시설·장비의 조작 또는 재료의 취급이 미숙하여 위해를 일으킬 것으로 시험위원 전원이 합의하여 판단한 경우

3. 도 면

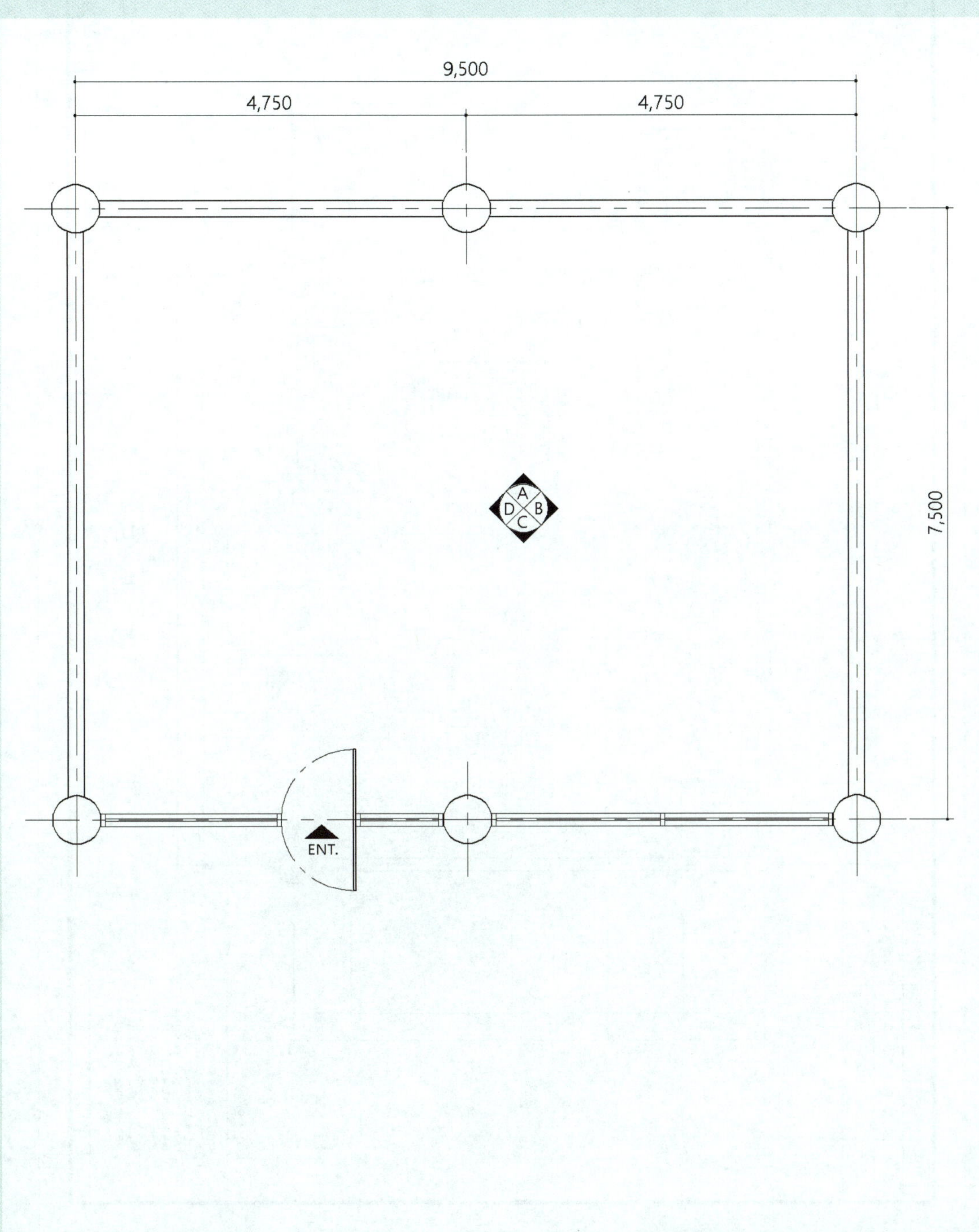

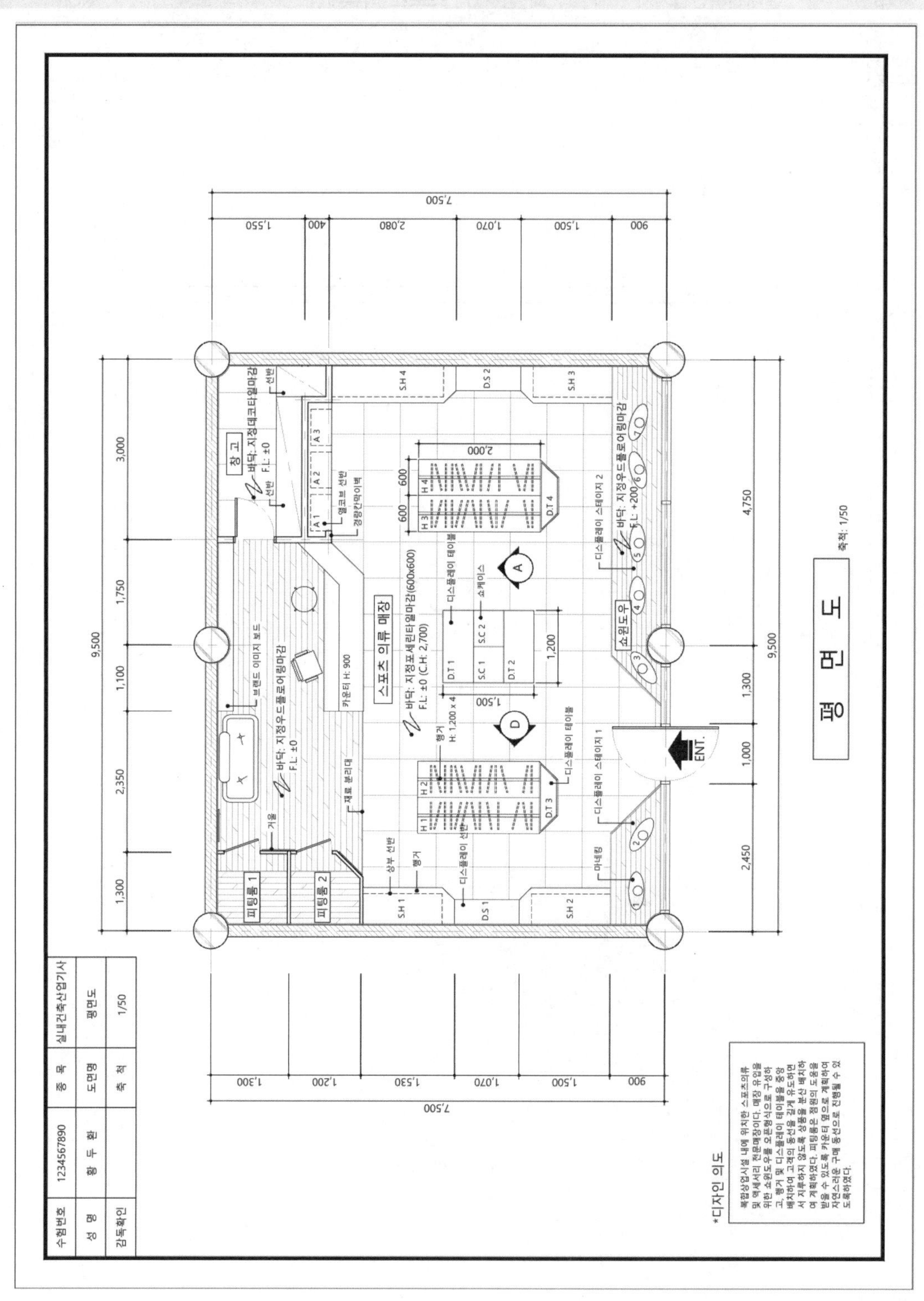

• 답안 도면 2 – 내부 입면도

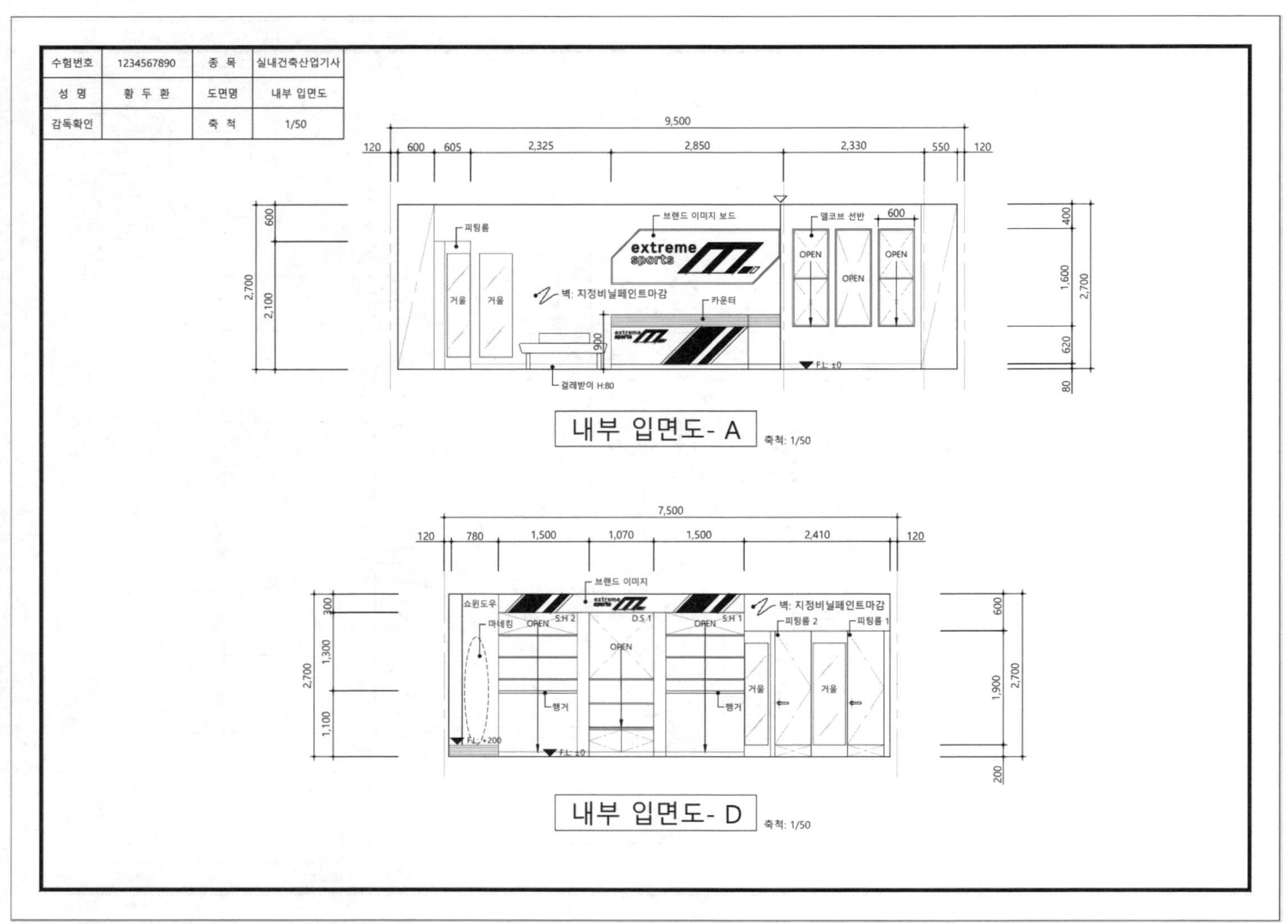

수험번호 1234567890 종 목 실내건축산업기사
성 명 황 두 환 도면명 내부 입면도
감독확인 축 척 1/50
브랜드 이미지 보드
앨코브 선반
피팅룸
extreme sports
벽: 지정비닐페인트마감
카운터
거울
거울
OPEN
OPEN
OPEN
FL ±0
걸레받이 H:80
내부 입면도 - A
축척: 1/50
브랜드 이미지
쇼윈도우
마네킹
벽: 지정비닐페인트마감
피팅룸 2
피팅룸 1
OPEN S.H 2
OPEN S.H 1
D.S.1
OPEN
행거
행거
거울
거울
FL -200
FL ±0
내부 입면도 - D
축척: 1/50

• 답안 도면 3 – 천장도

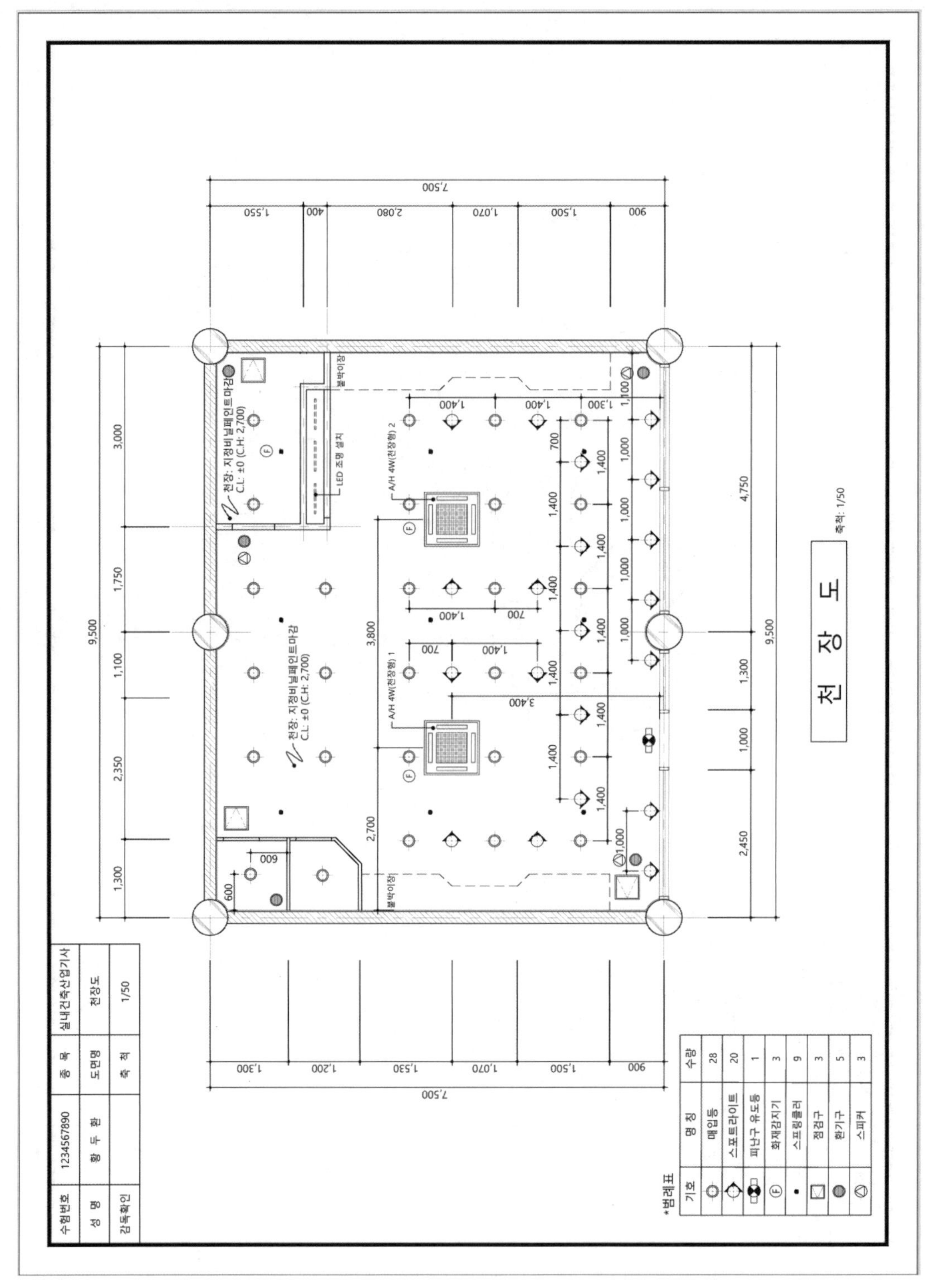

• 답안 도면 4 − 실내투시도

수험번호	1234567890	종 목	실내건축산업기사
성 명	황 두 환	도면명	실내투시도
감독확인		축 척	N.S

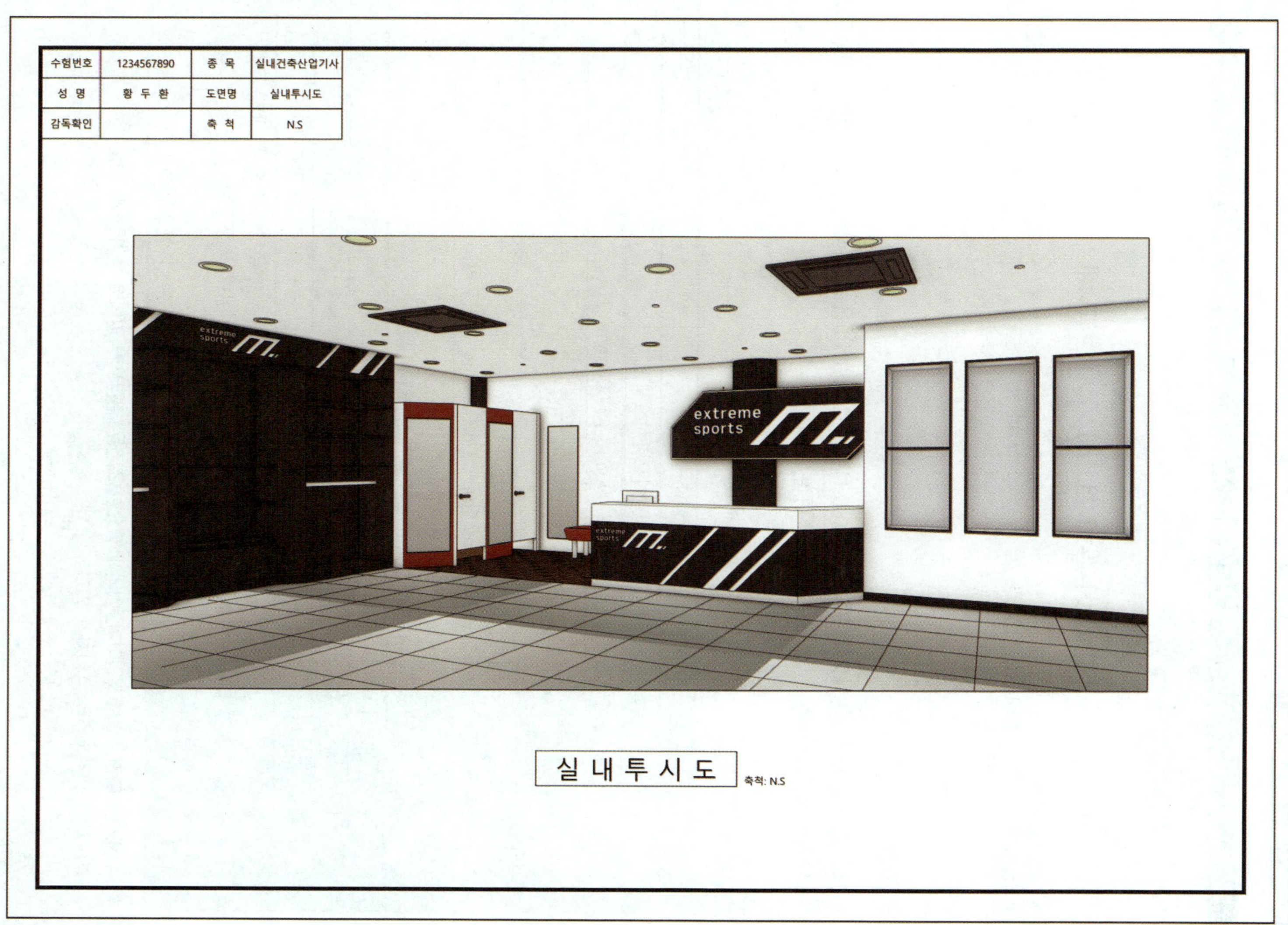

실 내 투 시 도 축척: N.S

예상문제 07. 카 페

국가기술자격 실기시험문제

자격종목	실내건축산업기사	과 제 명	카 페

※ 시험시간 : 5시간 30분

1. 요구사항

※ 요구조건에 따라 건축 설계 프로그램(AutoCAD/SketchUp)을 사용하여 도면을 작도하고, PDF 파일로 변환하여 출력 후 작업물과 출력물을 제출하시오.

(1) 요구조건

개 요	용 도	• 근린생활시설(카페)
	인적 구성	• 상시 직원 2명, 아르바이트생 3명
제시도면 조건	설계면적	• 14,000mm×8,000mm×2,600 mm(CH)
	출입문 (강화유리)	• 1,800mm×2,100mm(H)
	커튼월	• 커튼월 벽체 [100×100 스틸바 + THK 24mm 로이유리]
	벽 체	• 철근콘크리트 벽체 [THK 200mm 철근콘크리트]
설계조건	내벽체	• 경량 칸막이벽체
	천 장	• 우물천장
	바 닥	• 수험자 임의 지정
	필요 공간 및 집기	• 서비스 카운터 & 계산대 • 주방(주방기구 일체 계획) • 비품 및 저장창고 • 실내 조경 공간 • 손님용 테이블 및 좌석 (6인용−1조), (4인용−3조), (2인용−4조), (1인용−6조)

※ 위 제시된 조건은 필수조건이며, 이외에 필요한 조건은 수험자가 임의로 추가할 수 있음.
　(주어지지 않은 치수는 수험자가 임의로 설정)

자격종목	실내건축산업기사	과 제 명	카 페

(2) 요구 도면

① 평면도(1장, 가구배치 및 바닥마감재 표기) − S : 1/50

- 평면도 주변의 여유 공간에 설계(디자인)의도를 200자 이내로 서술

② 내부 입면도(총 2면, 1장) − S : 1/50

- A방향 1면, B방향 1면(가구 배치 및 벽면재료 표기)

③ 천장도(1장) − S : 1/50

- 설비, 조명기구 배치 및 범례표 작성/천장마감재 표기

④ 실내투시도(1장) − S : N.S

- 계획의 포인트가 좋은 지점에서 1소점 또는 2소점 투시법으로 작성

(3) 기타 사항

① 도곽 작성

- 아래 예시와 같이 도곽 및 표제란을 작성
- 도곽 안에 요구 도면이 들어가도록 작업 후 PDF 파일로 제출 및 출력(3D 작업 포함)

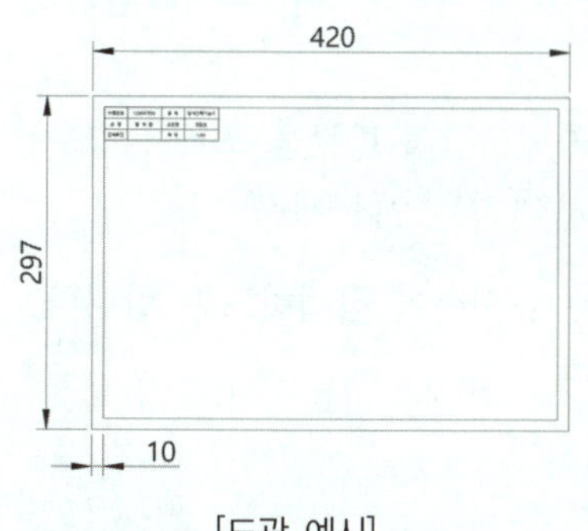

[도곽 예시]

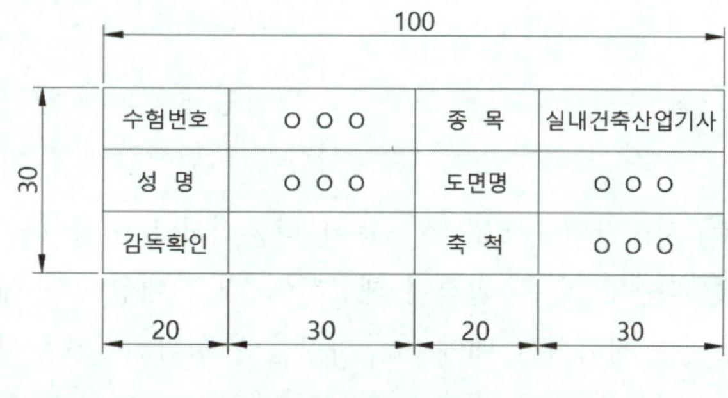

수험번호	○ ○ ○	종 목	실내건축산업기사
성 명	○ ○ ○	도면명	○ ○ ○
감독확인		축 척	○ ○ ○

[표제란 예시]

② 도면 배치 순서

2D 작업(흑백)			3D 작업(컬러)
첫째 장	둘째 장	셋째 장	넷째 장
평면도	내부 입면도	천장도	실내투시도

③ 2D 작업 선 두께

빨강(1)=0.05mm	노랑(2)=0.3mm	녹색(3)=0.25mm	하늘색(4)=0.2mm
파랑(5)=0.15mm	보라(6)=0.1mm	회색 1(8)=0.05mm	회색 2(9)=0.1mm

- 선의 통일을 위해 제시된 조건으로 검은색 선의 PDF 파일로 제출

자격종목	실내건축산업기사	과 제 명	카 페

2. 수험자 유의사항

※ 다음 유의사항을 고려하여 요구사항을 완성하시오.

❶ 명기되지 않은 조건은 건축법, 건축구조 및 건축제도 원칙에 따릅니다.

❷ 시험 시작 후 제공된 폴더명을 본인 비번호로 바꾸고, 모든 파일은 해당 폴더 안에 저장하도록 합니다.

❸ 정전 및 기계 고장 등에 의한 자료손실을 방지하기 위하여 수시로 저장합니다.

❹ 2D 작업이 완료되면 2D 제출용 폴더를 생성하여 해당 폴더 안에 PDF 파일로 저장 후 감독위원에게 제출합니다. (2D 작업 PDF 제출이 완료된 이후 3D 작업을 실시)

❺ 3D 작업이 완료되면 3D 제출용 폴더를 생성하여 해당 폴더 안에 PDF 파일로 저장 후 감독위원에게 제출하고, 시험위원 입회하에 본인이 직접 A3 용지에 2D, 3D 도면을 출력하도록 합니다.

※ 2D 제출용 폴더명 예시: 1_홍길동_2D (비번호_이름_2D)

※ 3D 제출용 폴더명 예시: 1_홍길동_3D (비번호_이름_3D)

※ PDF 파일명 예시: 1_홍길동_평면도 (비번호_이름_도면명)

※ 출력작업 시 출력 관련된 설정 외의 도면 수정작업 등은 할 수 없으며, 수정작업 등을 한 경우 실격됩니다.

※ 수험자의 작도 잘못으로 도면이 출력되지 않는 경우, 출력시간이 10분을 초과할 경우는 실격 처리됩니다. (출력시간은 시험시간에서 제외, 출력 기회는 2회 제공)

❻ 시험장의 장비(시설) 등이 파손되거나 고장 나지 않도록 유의하여 작업하도록 합니다.

❼ 다음 사항은 실격에 해당하여 채점 대상에서 제외됩니다.

　㉠ 시험시간 내에 요구사항을 완성하지 못한 경우

　㉡ 시험시간 내에 제출된 작품이라도 다음과 같은 경우

　　• 구조적 · 기능적으로 사용 불가능한 도면이 1개라도 있을 경우

　　• 주어진 조건을 지키지 않고 작도한 경우

　㉢ 기타 채점대상에서 제외되는 조건

　　• 지급된 재료 이외의 재료를 사용한 경우

　　• 제공된 자료 이외에 블록, 오브젝트, 프로그램(리습, 루비 등)을 별도로 사전에 지참하여 사용하는 경우

　　• 시험 중 시설 · 장비의 조작 또는 재료의 취급이 미숙하여 위해를 일으킬 것으로 시험위원 전원이 합의하여 판단한 경우

3. 도 면

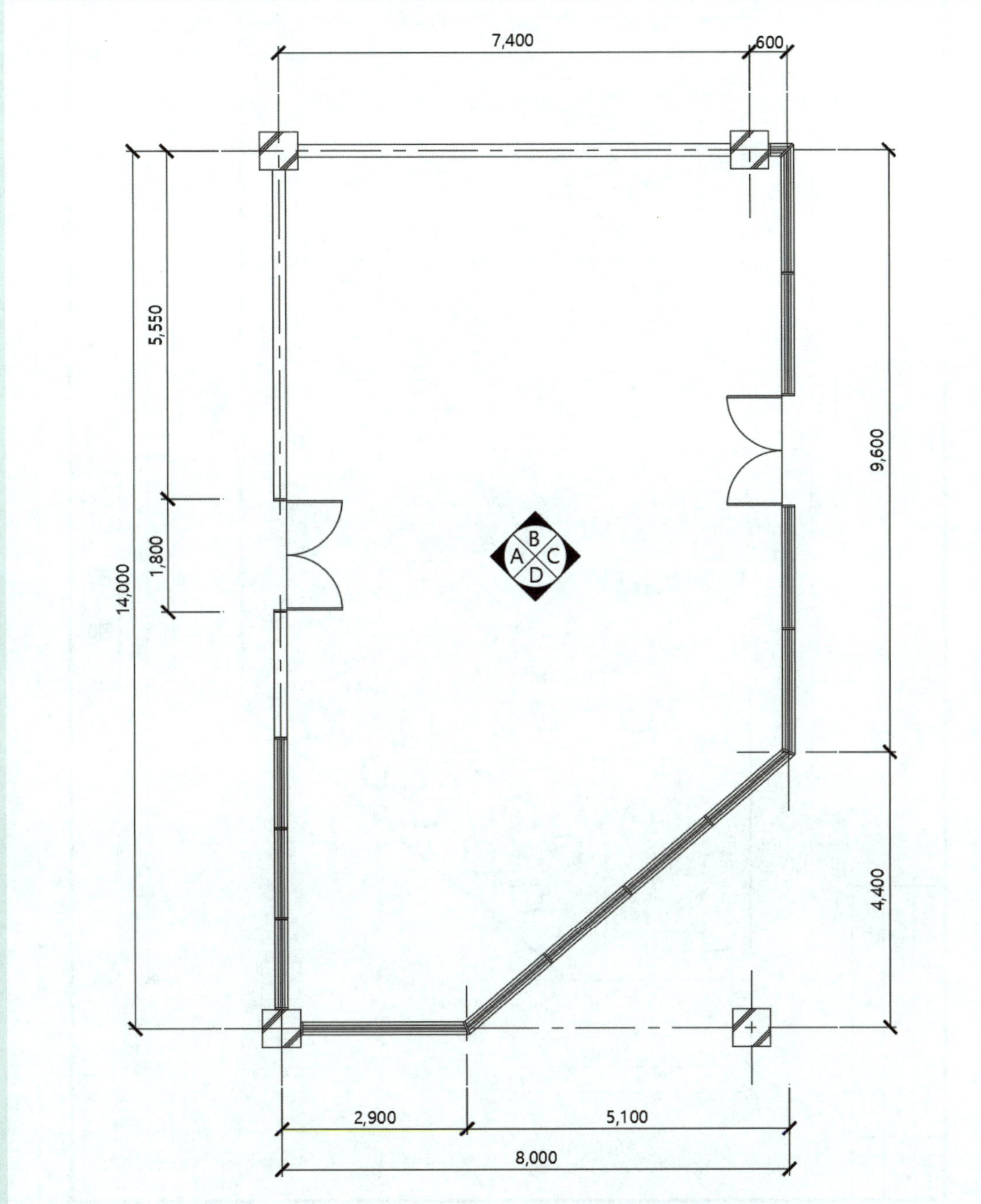

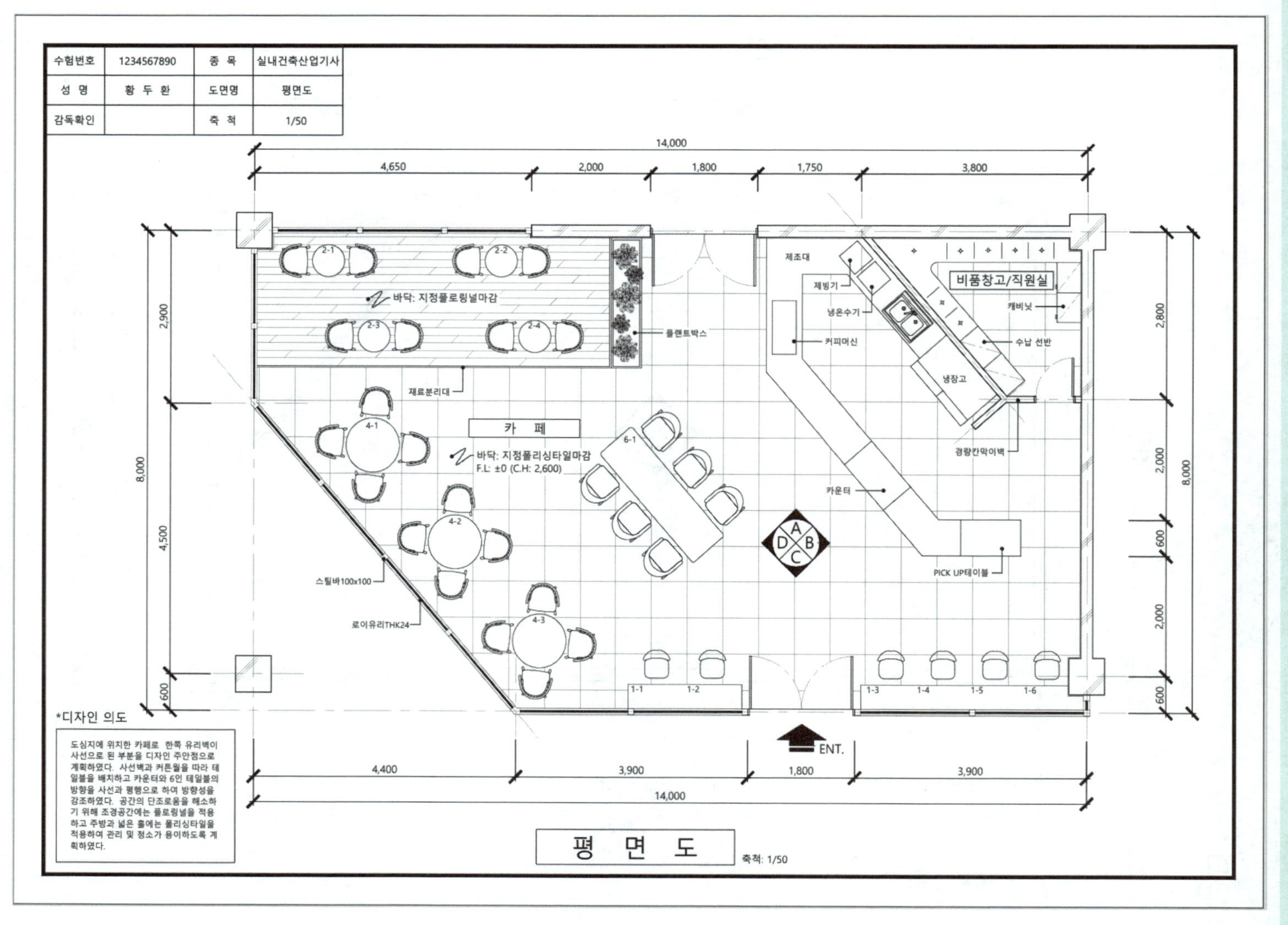
수험번호	1234567890	종 목	실내건축산업기사
성 명	황 두 환	도면명	평면도
감독확인		축 척	1/50
비품창고/직원실
캐비닛
수납 선반
경량칸막이벽
제조대
제빙기
냉온수기
커피머신
냉장고
PICK UP테이블
카운터
카 페
바닥: 지정폴리싱타일마감
F.L ±0 (C.H: 2,600)
바닥: 지정플로링널마감
플랜트박스
재료분리대
스틸바100x100
로이유리THK24
ENT.
평 면 도
축척: 1/50
14,000
4,650
2,000
1,800
1,750
3,800
2,900
8,000
4,500
600
2,800
2,000
600
2,000
600
8,000
4,400
3,900
1,800
3,900
14,000
1-1
1-2
1-3
1-4
1-5
1-6
2-1
2-2
2-3
2-4
4-1
4-2
4-3
6-1
A
B
C
D
*디자인 의도
도심지에 위치한 카페로 한쪽 유리벽이
사선으로 된 부분을 디자인 주안점으로
계획하였다. 사선벽과 커튼월을 따라 테
일불을 배치하고 카운터와 6인 테일불의
방향을 사선과 평행으로 하여 방향성을
강조하였다. 공간의 단조로움을 해소하
기 위해 조경공간에는 플로링널을 적용
하고 주방과 넓은 홀에는 폴리싱타일을
적용하여 관리 및 청소가 용이하도록 계
획하였다.

• 답안 도면 2 – 내부 입면도

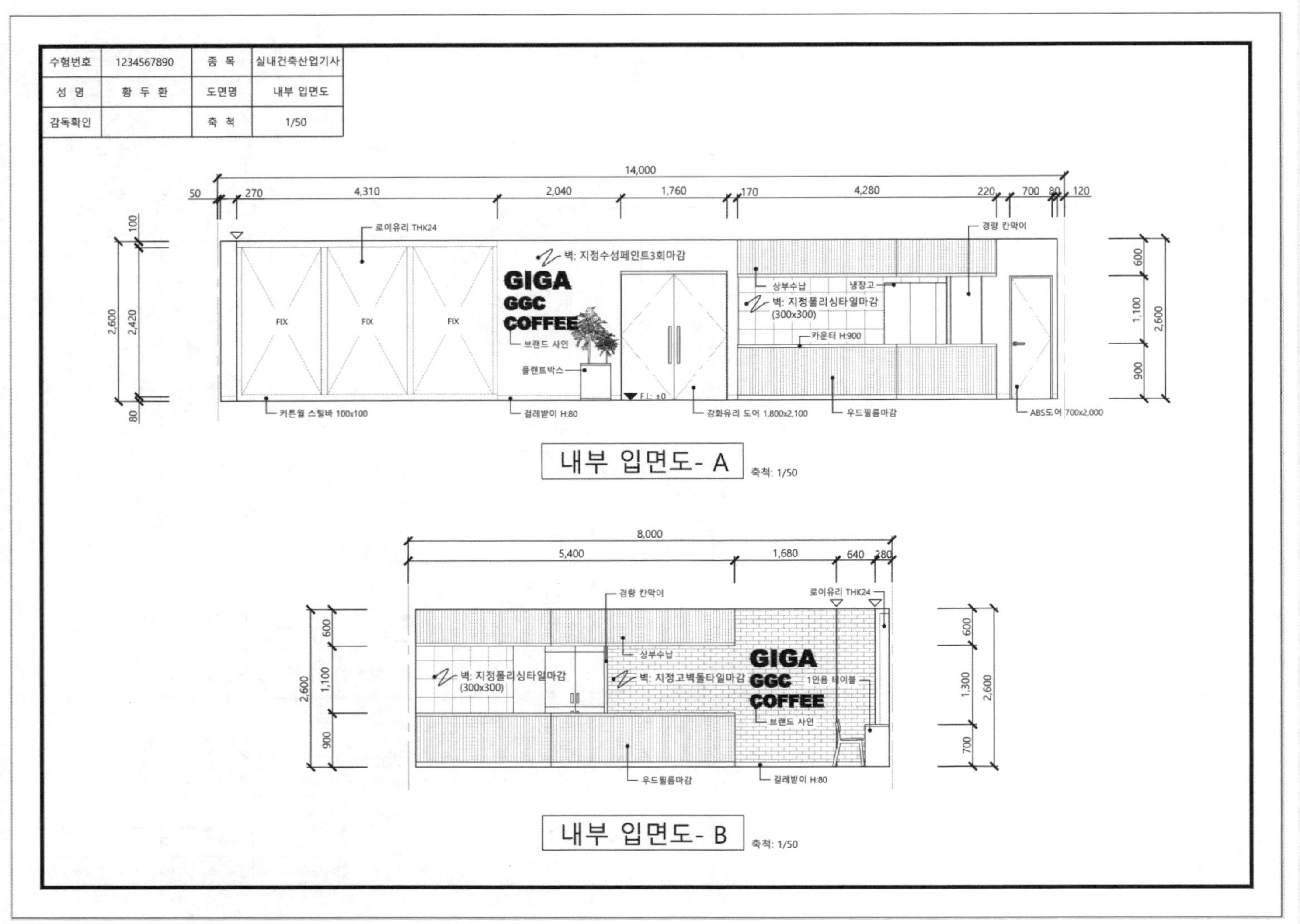

수험번호 1234567890 종 목 실내건축산업기사
성 명 황두환 도면명 내부 입면도
감독확인 축 척 1/50
14,000
50 270 4,310 2,040 1,760 170 4,280 220 700 80 120
100 2,600 2,420 80
로이유리 THK24
벽: 지정수성페인트3회마감
경량 칸막이
상부수납 냉장고
벽: 지정폴리싱타일마감 (300x300)
카운터 H:900
600 1,100 900 2,600
GIGA GGC COFFEE
브랜드 사인
플랜트박스
FIX FIX FIX
커튼월 스틸바 100x100
걸레받이 H:80
FL ±0
강화유리 도어 1,800x2,100
우드필름마감
ABS도어 700x2,000
내부 입면도- A 축척: 1/50
8,000
5,400 1,680 640 280
경량 칸막이
로이유리 THK24
2,600 1,100 900
상부수납
벽: 지정폴리싱타일마감 (300x300)
벽: 지정고벽돌타일마감
GIGA GGC COFFEE
1인용 테이블
브랜드 사인
600 1,300 700 2,600
우드필름마감
걸레받이 H:80
내부 입면도- B 축척: 1/50

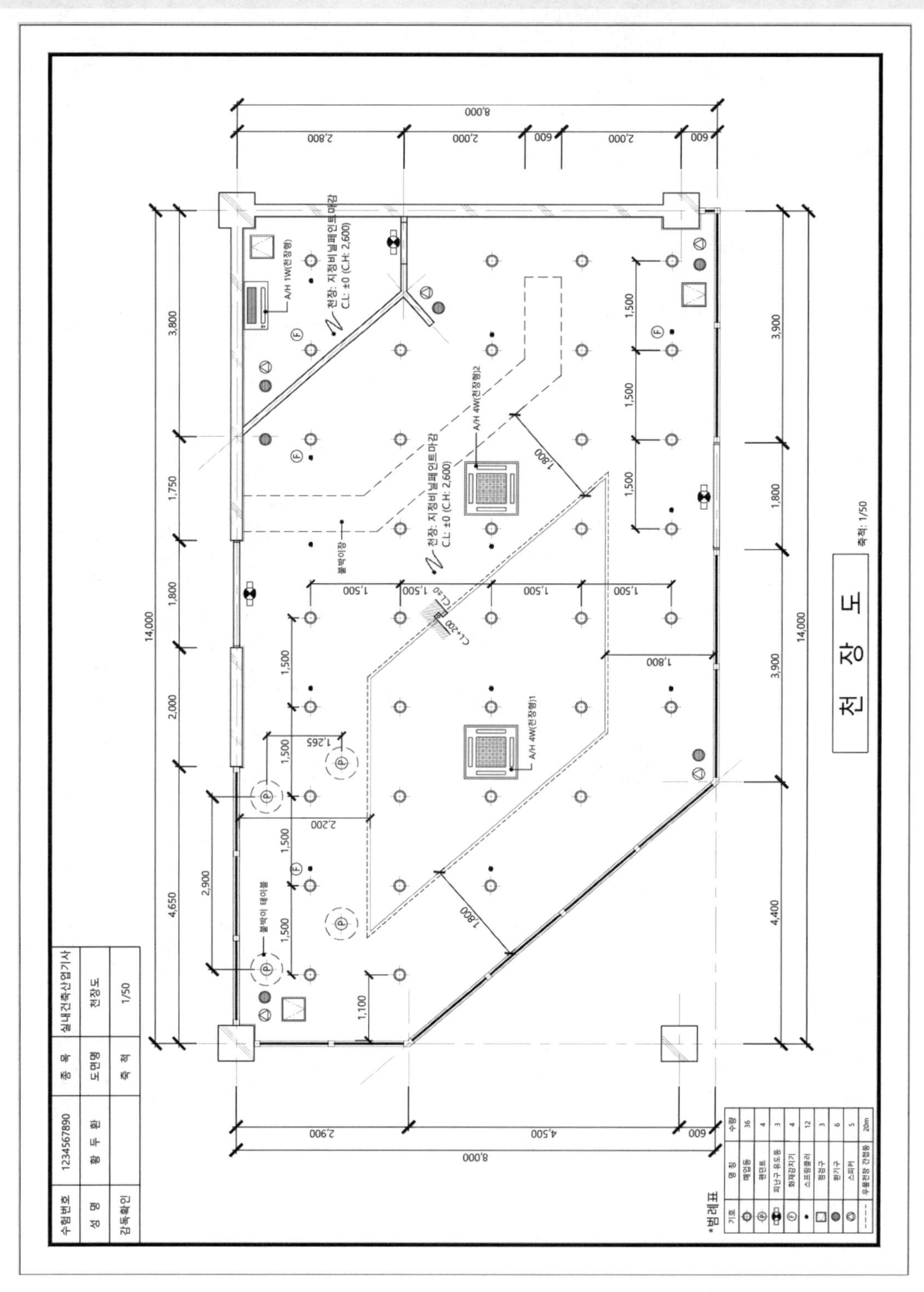

GIGA
GGC
COFFEE
GGC COFFEE
COFFEE MACHINE
실 내 투 시 도
축척: N.S
수험번호 1234567890
종 목 실내건축산업기사
성 명 홍 길 동
도면명 실내투시도
축 척 N.S
감독확인

예상문제 08. 베이커리 카페

국가기술자격 실기시험문제

자격종목	실내건축산업기사	과 제 명	베이커리 카페

※ 시험시간 : 5시간 30분

1. 요구사항

※ 요구조건에 따라 건축 설계 프로그램(AutoCAD/SketchUp)을 사용하여 도면을 작도하고, PDF 파일로 변환하여 출력 후 작업물과 출력물을 제출하시오.

(1) 요구조건

개 요	용 도	• 상업지역에 위치한 베이커리 카페
	인적 구성	• 점장 1명, 직원 1명, 아르바이트생 1명
제시도면 조건	설계면적	• 6,800mm×10,600mm×3,000mm(CH)
	출입문 (강화유리)	• 1,800mm×2,100mm(H), 900mm×2,100mm(H)
	커튼월	• 커튼월 벽체 [50×100 스틸바 + THK 24mm 로이유리]
	벽 체	• 철근콘크리트 기둥 [400×400] • 1.0B 시멘트벽돌 벽체 [내부 마감재 임의 + 1.0B 시멘트벽돌]
설계조건	내벽체	• 0.5B 시멘트벽돌 벽체 [내부 마감재 임의 + 0.5B 시멘트벽돌]
	천 장	• 평천장
	바 닥	• 수험자 임의 지정
	필요 공간 및 집기	• 캐셔 카운터 · 테이크아웃 카운터 • 비품창고/직원실(컴퓨터) · 화장실(남/녀 공용) • 주방시설 · 디스플레이 테이블 • 실내조경 · 쇼케이스 • 고객용 테이블 및 좌석(1인용, 2인용, 4인용)

※ 위 제시된 조건은 필수조건이며, 이외에 필요한 조건은 수험자가 임의로 추가할 수 있음.
　 (주어지지 않은 치수는 수험자가 임의로 설정)

자격종목	실내건축산업기사	과 제 명	베이커리 카페

(2) 요구 도면

❶ 평면도(1장, 가구배치 및 바닥마감재 표기) − S : 1/50
- 평면도 주변의 여유 공간에 설계(디자인)의도를 200자 이내로 서술

❷ 내부 입면도(총 2면, 1장) − S : 1/50
- A방향 1면, D방향 1면(가구 배치 및 벽면재료 표기)

❸ 천장도(1장) − S : 1/50
- 설비, 조명기구 배치 및 범례표 작성/천장마감재 표기

❹ 실내투시도(1장) − S : N.S
- 계획의 포인트가 좋은 지점에서 1소점 또는 2소점 투시법으로 작성

(3) 기타 사항

❶ 도곽 작성
- 아래 예시와 같이 도곽 및 표제란을 작성
- 도곽 안에 요구 도면이 들어가도록 작업 후 PDF 파일로 제출 및 출력(3D 작업 포함)

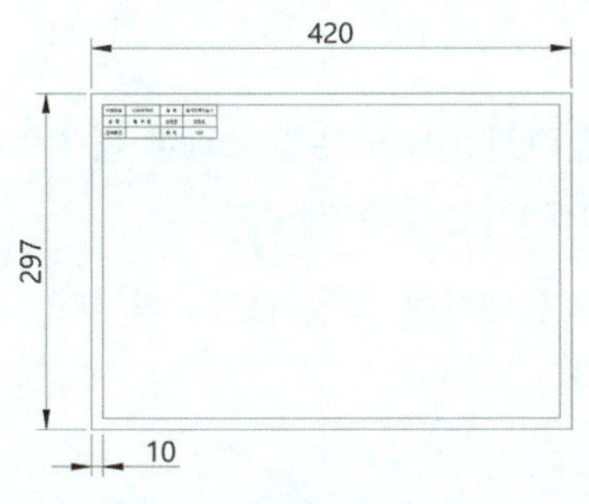

[도곽 예시]

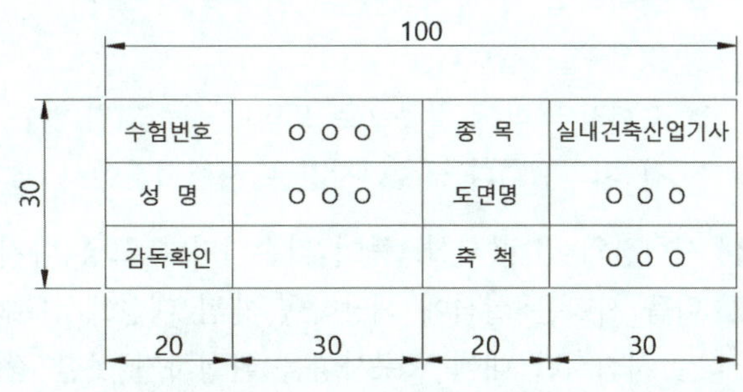

수험번호	○ ○ ○	종 목	실내건축산업기사
성 명	○ ○ ○	도면명	○ ○ ○
감독확인		축 척	○ ○ ○

[표제란 예시]

❷ 도면 배치 순서

2D 작업(흑백)			3D 작업(컬러)
첫째 장	둘째 장	셋째 장	넷째 장
평면도	내부 입면도	천장도	실내투시도

❸ 2D 작업 선 두께

빨강(1)=0.05mm	노랑(2)=0.3mm	녹색(3)=0.25mm	하늘색(4)=0.2mm
파랑(5)=0.15mm	보라(6)=0.1mm	회색1(8)=0.05mm	회색2(9)=0.1mm

- 선의 통일을 위해 제시된 조건으로 검은색 선의 PDF 파일로 제출

자격종목	실내건축산업기사	과 제 명	베이커리 카페

2. 수험자 유의사항

※ 다음 유의사항을 고려하여 요구사항을 완성하시오.

❶ 명기되지 않은 조건은 건축법, 건축구조 및 건축제도 원칙에 따릅니다.

❷ 시험 시작 후 제공된 폴더명을 본인 비번호로 바꾸고, 모든 파일은 해당 폴더 안에 저장하도록 합니다.

❸ 정전 및 기계 고장 등에 의한 자료손실을 방지하기 위하여 수시로 저장합니다.

❹ 2D 작업이 완료되면 2D 제출용 폴더를 생성하여 해당 폴더 안에 PDF 파일로 저장 후 감독위원에게 제출합니다. (2D 작업 PDF 제출이 완료된 이후 3D 작업을 실시)

❺ 3D 작업이 완료되면 3D 제출용 폴더를 생성하여 해당 폴더 안에 PDF 파일로 저장 후 감독위원에게 제출하고, 시험위원 입회하에 본인이 직접 A3 용지에 2D, 3D 도면을 출력하도록 합니다.

※ 2D 제출용 폴더명 예시: 1_홍길동_2D (비번호_이름_2D)

※ 3D 제출용 폴더명 예시: 1_홍길동_3D (비번호_이름_3D)

※ PDF 파일명 예시: 1_홍길동_평면도 (비번호_이름_도면명)

※ 출력작업 시 출력 관련된 설정 외의 도면 수정작업 등은 할 수 없으며, 수정작업 등을 한 경우 실격됩니다.

※ 수험자의 작도 잘못으로 도면이 출력되지 않는 경우, 출력시간이 10분을 초과할 경우는 실격 처리됩니다. (출력시간은 시험시간에서 제외, 출력 기회는 2회 제공)

❻ 시험장의 장비(시설) 등이 파손되거나 고장 나지 않도록 유의하여 작업하도록 합니다.

❼ 다음 사항은 실격에 해당하여 채점 대상에서 제외됩니다.

　㉠ 시험시간 내에 요구사항을 완성하지 못한 경우

　㉡ 시험시간 내에 제출된 작품이라도 다음과 같은 경우

　　• 구조적·기능적으로 사용 불가능한 도면이 1개라도 있을 경우

　　• 주어진 조건을 지키지 않고 작도한 경우

　㉢ 기타 채점대상에서 제외되는 조건

　　• 지급된 재료 이외의 재료를 사용한 경우

　　• 제공된 자료 이외에 블록, 오브젝트, 프로그램(리습, 루비 등)을 별도로 사전에 지참하여 사용하는 경우

　　• 시험 중 시설·장비의 조작 또는 재료의 취급이 미숙하여 위해를 일으킬 것으로 시험위원 전원이 합의하여 판단한 경우

3. 도 면

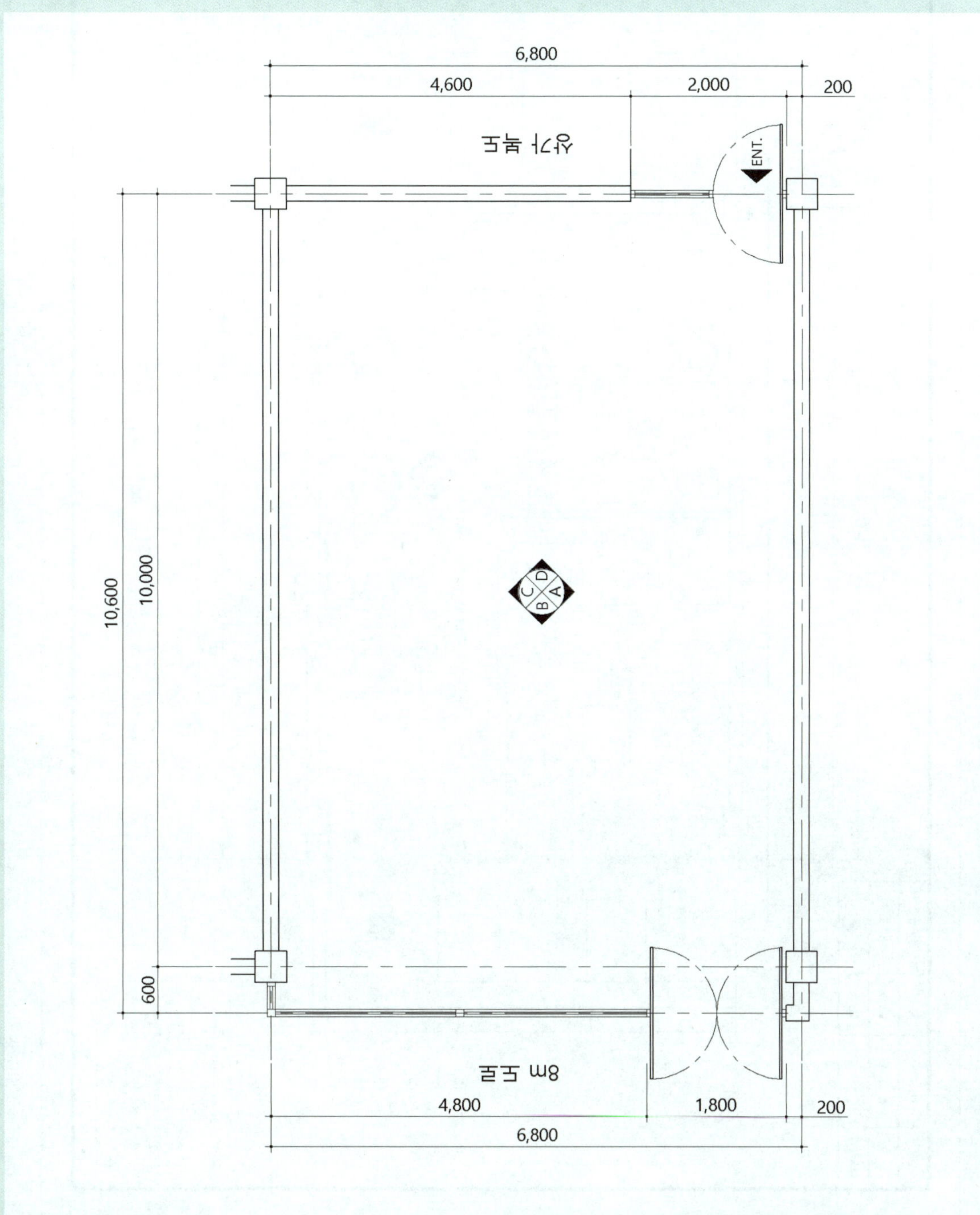

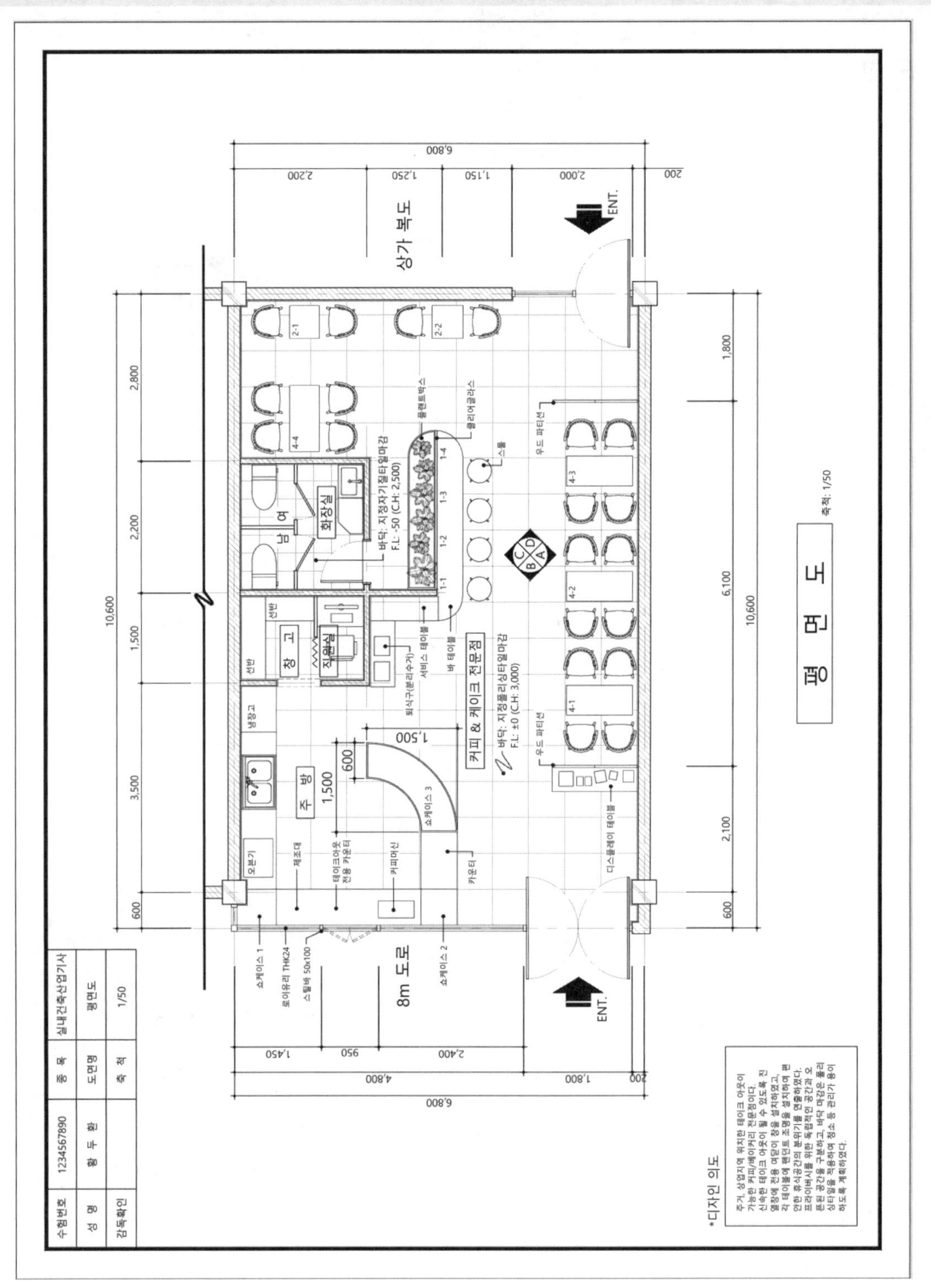
실내건축산업기사
평면도
축적: 1/50
6,800
2,200
1,250
1,150
2,000
200
ENT.
상가 복도
2,800
2-1
2-2
4-4
4-3
플랜트박스
컬러유리스
우드 파티션
스툴
여
남
화장실
바닥: 지정자기질타일위마감
F.L: -50 (C.H: 2,500)
1-4
1-3
1-2
1-1
4-2
10,600
2,200
1,500
창고
전실
탈의실
선반
퇴식구(분리수거)
서비스 테이블
바 테이블
C
D
B
A
커피 & 케이크 전문점
바닥: 지정롤리성타일위마감
F.L: ±0 (C.H: 3,000)
우드 파티션
4-1
냉장고
3,500
주방
1,500
600
600
1,500
쇼케이스 3
6,100
10,600
제조대
테이크아웃
전용 카운터
커피머신
카운터
디스플레이 테이블
2,100
오븐기
600
쇼케이스 1
로어유리 THK24
스틸발 50x100
쇼케이스 2
8m 도로
1,450
950
2,400
4,800
1,800
200
6,800
ENT.
수험번호 1234567890
성 명 황 두 환
감독확인
종 목 실내건축산업기사
도면명 평면도
축 척 1/50

*디자인 의도

주거, 상업지역 위치한 테이크 아웃이
가능한 커피/케이크 전문점이다.
신세대 테이크 아웃이 될 수 있도록, 진
열장에 전용 여닫이 창을 설치하였고,
각 테이블에 밴드는 조명을 설치하여, 편
안한 휴식공간의 분위기를 연출하였다.
프라이버시를 위한 독립적인 공간고, 오
픈된 공간을 구분하고, 바닥 마감을 롤리
성타일을 적용하여 청소 관리가 용이
하도록 계획하였다.

• 답안 도면 2 – 내부 입면도

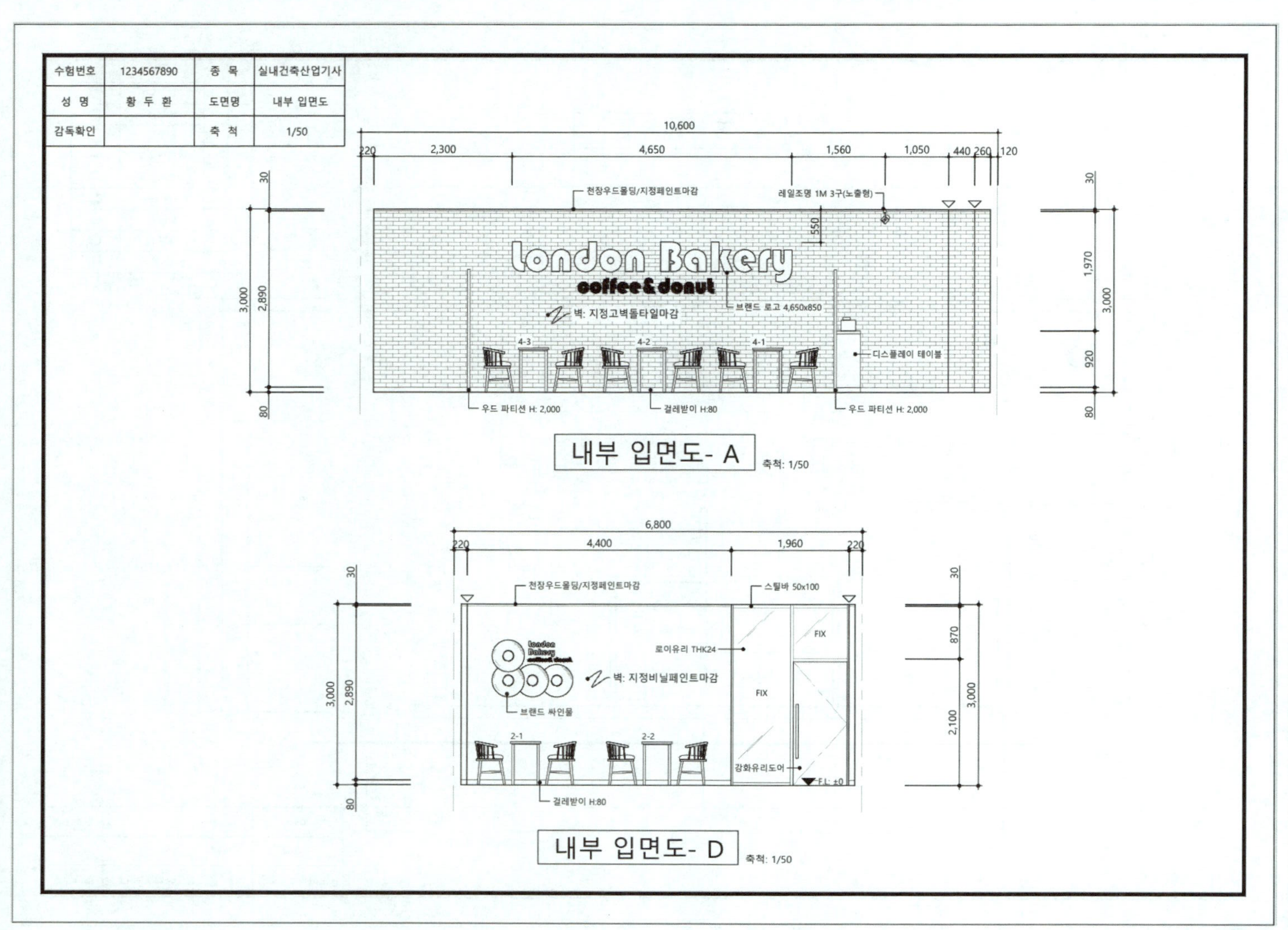

수험번호　1234567890　종 목　실내건축산업기사
성 명　황 두 환　도면명　내부 입면도
감독확인　축 척　1/50
10,600
220　2,300　4,650　1,560　1,050　440　260　120
천장우드몰딩/지정페인트마감
레일조명 1M 3구(노출형)
550
3,000
2,890
London Bakery
coffee & donut
벽: 지정고벽돌타일마감
브랜드 로고 4,650x850
4-3　4-2　4-1
디스플레이 테이블
우드 파티션 H: 2,000
걸레받이 H:80
우드 파티션 H: 2,000
30
1,970
3,000
920
80
내부 입면도- A　축척: 1/50
6,800
220　4,400　1,960　220
천장우드몰딩/지정페인트마감
스틸바 50x100
로이유리 THK24
FIX
3,000
2,890
벽: 지정비닐페인트마감
FIX
브랜드 싸인물
2-1　2-2
강화유리도어
F.L: ±0
걸레받이 H:80
30
870
3,000
2,100
80
내부 입면도- D　축척: 1/50

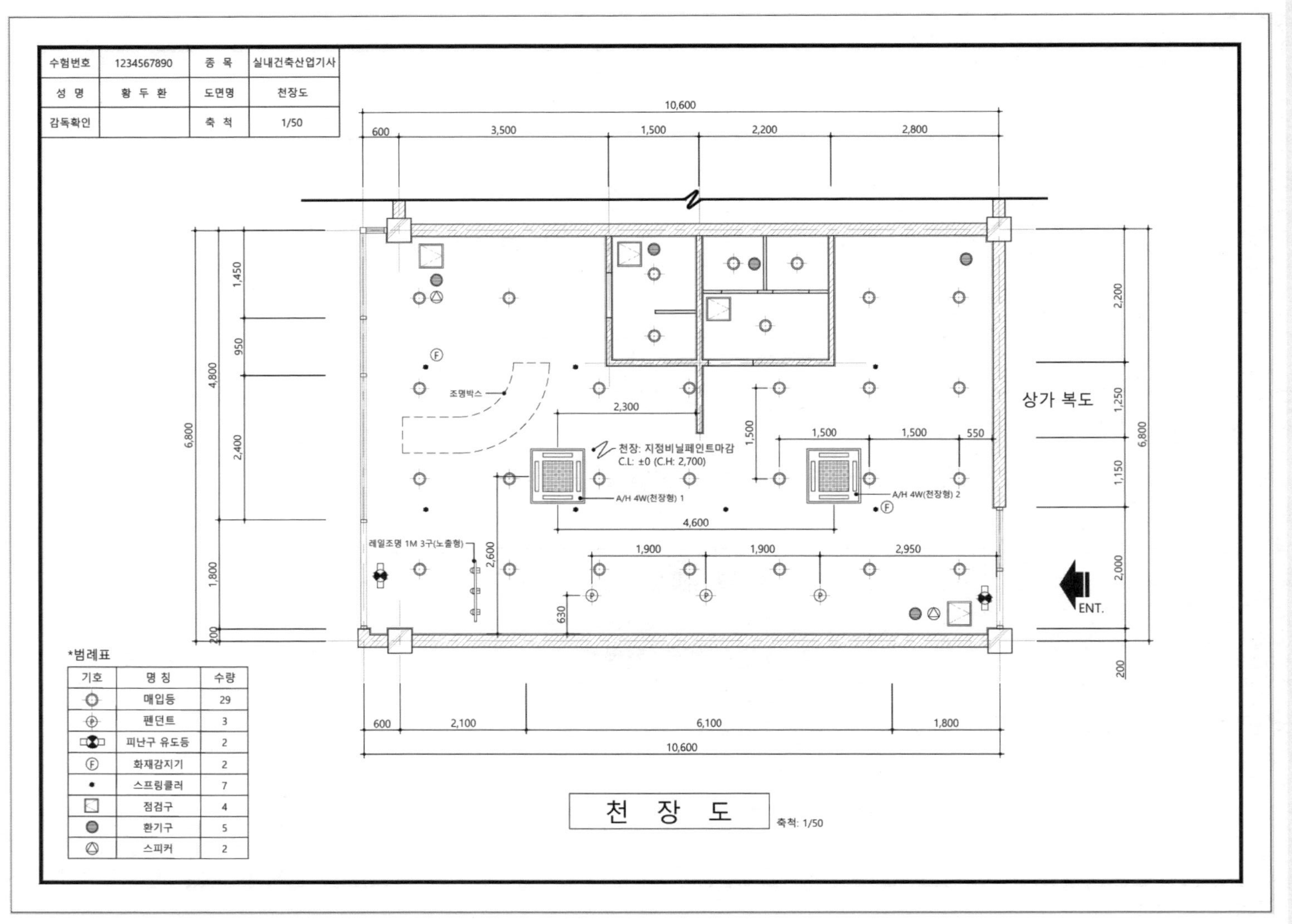

*범례표		
기호	명 칭	수량
매입등		29
펜던트		3
피난구 유도등		2
화재감지기		2
스프링쿨러		7
점검구		4
환기구		5
스피커		2

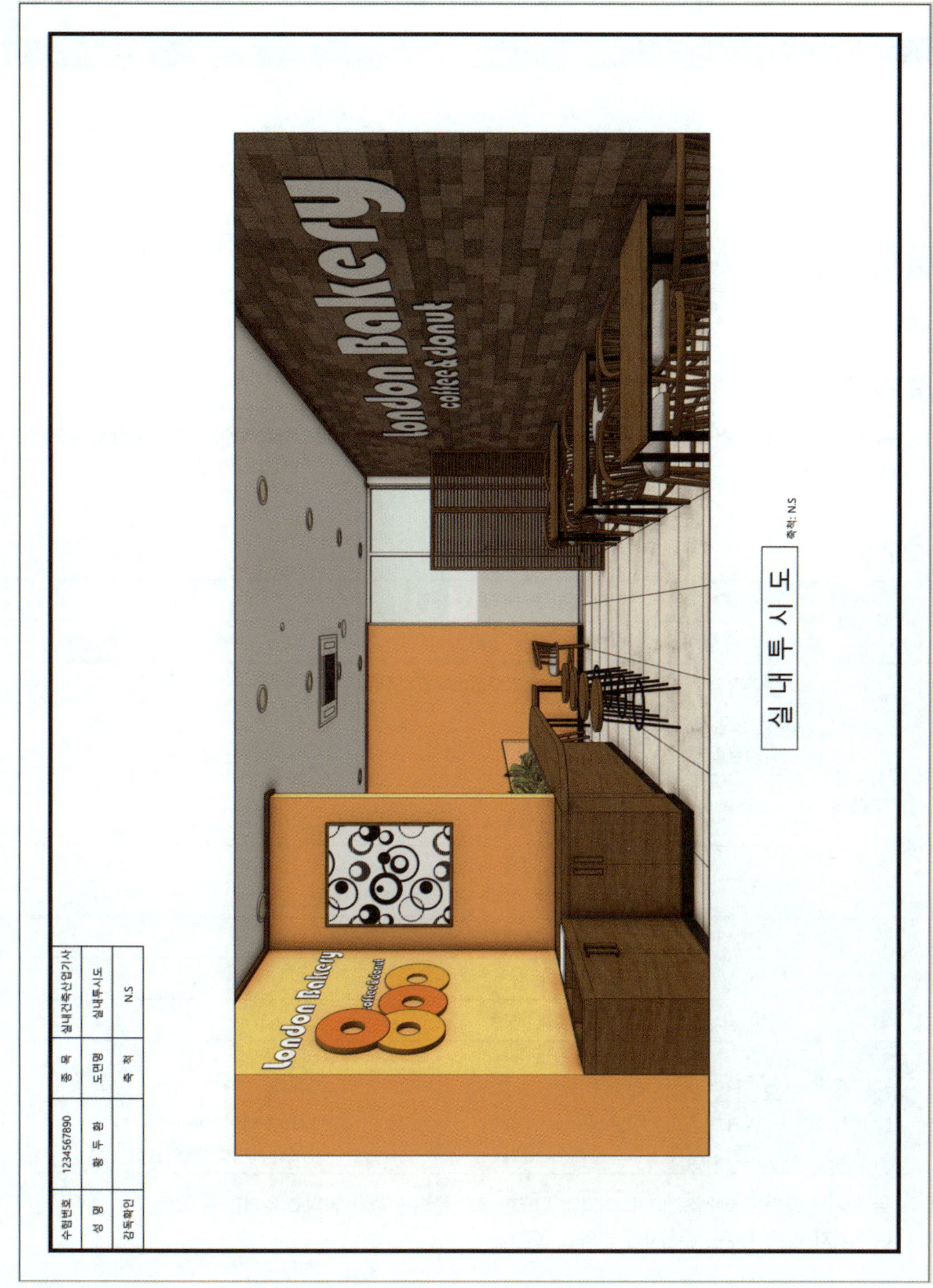
london Bakery
coffee&donut
london Bakery
coffee&donut
실내투시도
출처: N.S
수험번호 1234567890
종 목 건축기사
축 척 N.S
현 수 향
성 명
감독확인
실내건축산업기사

예상문제 09. 안경점

국가기술자격 실기시험문제

자격종목	실내건축산업기사	과 제 명	안경점

※ 시험시간 : 5시간 30분

1. 요구사항

※ 요구조건에 따라 건축 설계 프로그램(AutoCAD/SketchUp)을 사용하여 도면을 작도하고, PDF 파일로 변환하여 출력 후 작업물과 출력물을 제출하시오.

(1) 요구조건

개 요	용 도	• 근린생활지구 내의 안경점	
	인적 구성	• 점장 1명, 직원 2명	
제시도면 조건	설계면적	• 8,200mm×7,300mm×2,800mm(CH)	
	출입문 (강화유리)	• 1,900mm×2,100mm(H)	
	커튼월	• 커튼월 벽체 [50×150 스틸바 + THK 24mm 로이유리]	
	벽 체	• 시멘트벽돌 벽체 [내부 마감재 임의 + 1.0B 시멘트벽돌]	
설계조건	내벽체	• 경량 칸막이벽체	
	천 장	• 수험자 임의 지정	
	바 닥	• 수험자 임의 지정	
	필요 공간 및 집기	• 카운터 • 대기공간 • 상담실 • 디스플레이 선반	• 작업실 • 검안실 • 디스플레이 테이블 • 음료 서비스 테이블

※ 위 제시된 조건은 필수조건이며, 이외에 필요한 조건은 수험자가 임의로 추가할 수 있음.
   (주어지지 않은 치수는 수험자가 임의로 설정)

자격종목	실내건축산업기사	과 제 명	안경점

(2) 요구 도면

① 평면도(1장, 가구배치 및 바닥마감재 표기) – S : 1/50
- 평면도 주변의 여유 공간에 설계(디자인)의도를 200자 이내로 서술

② 내부 입면도(총 2면, 1장) – S : 1/50
- A방향 1면, D방향 1면(가구 배치 및 벽면재료 표기)

③ 천장도(1장) – S : 1/50
- 설비, 조명기구 배치 및 범례표 작성/천장마감재 표기

④ 실내투시도(1장) – S : N.S
- 계획의 포인트가 좋은 지점에서 1소점 또는 2소점 투시법으로 작성

(3) 기타 사항

① 도곽 작성
- 아래 예시와 같이 도곽 및 표제란을 작성
- 도곽 안에 요구 도면이 들어가도록 작업 후 PDF 파일로 제출 및 출력(3D 작업 포함)

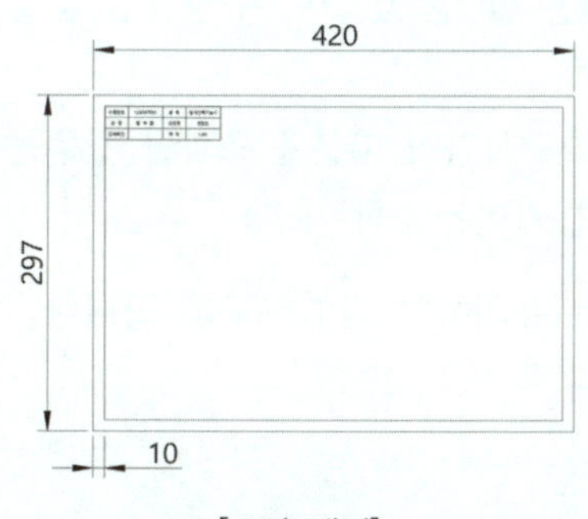

[도곽 예시]

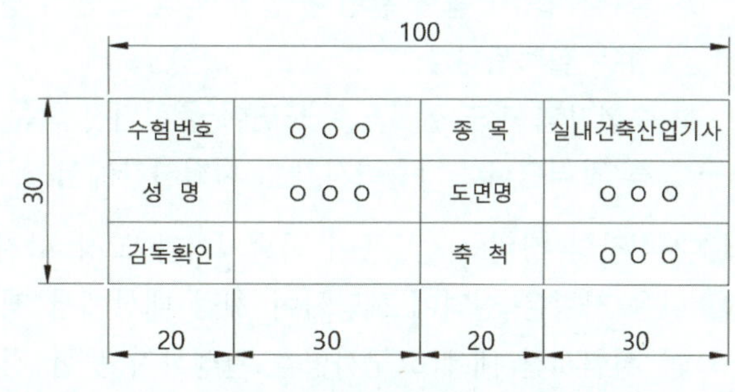

수험번호	○ ○ ○	종 목	실내건축산업기사
성 명	○ ○ ○	도면명	○ ○ ○
감독확인		축 척	○ ○ ○

[표제란 예시]

② 도면 배치 순서

2D 작업(흑백)			3D 작업(컬러)
첫째 장	둘째 장	셋째 장	넷째 장
평면도	내부 입면도	천장도	실내투시도

③ 2D 작업 선 두께

빨강(1)=0.05mm	노랑(2)=0.3mm	녹색(3)=0.25mm	하늘색(4)=0.2mm
파랑(5)=0.15mm	보라(6)=0.1mm	회색 1(8)=0.05mm	회색 2(9)=0.1mm

- 선의 통일을 위해 제시된 조건으로 검은색 선의 PDF 파일로 제출

자격종목	실내건축산업기사	과 제 명	안경점

2. 수험자 유의사항

※ 다음 유의사항을 고려하여 요구사항을 완성하시오.

❶ 명기되지 않은 조건은 건축법, 건축구조 및 건축제도 원칙에 따릅니다.

❷ 시험 시작 후 제공된 폴더명을 본인 비번호로 바꾸고, 모든 파일은 해당 폴더 안에 저장하도록 합니다.

❸ 정전 및 기계 고장 등에 의한 자료손실을 방지하기 위하여 수시로 저장합니다.

❹ 2D 작업이 완료되면 2D 제출용 폴더를 생성하여 해당 폴더 안에 PDF 파일로 저장 후 감독위원에게 제출합니다. (2D 작업 PDF 제출이 완료된 이후 3D 작업을 실시)

❺ 3D 작업이 완료되면 3D 제출용 폴더를 생성하여 해당 폴더 안에 PDF 파일로 저장 후 감독위원에게 제출하고, 시험위원 입회하에 본인이 직접 A3 용지에 2D, 3D 도면을 출력하도록 합니다.

   ※ 2D 제출용 폴더명 예시: 1_홍길동_2D (비번호_이름_2D)

   ※ 3D 제출용 폴더명 예시: 1_홍길동_3D (비번호_이름_3D)

   ※ PDF 파일명 예시: 1_홍길동_평면도 (비번호_이름_도면명)

   ※ 출력작업 시 출력 관련된 설정 외의 도면 수정작업 등은 할 수 없으며, 수정작업 등을 한 경우 실격됩니다.

   ※ 수험자의 작도 잘못으로 도면이 출력되지 않는 경우, 출력시간이 10분을 초과할 경우는 실격 처리됩니다. (출력시간은 시험시간에서 제외, 출력 기회는 2회 제공)

❻ 시험장의 장비(시설) 등이 파손되거나 고장 나지 않도록 유의하여 작업하도록 합니다.

❼ 다음 사항은 실격에 해당하여 채점 대상에서 제외됩니다.

   ㉠ 시험시간 내에 요구사항을 완성하지 못한 경우

   ㉡ 시험시간 내에 제출된 작품이라도 다음과 같은 경우
- 구조적·기능적으로 사용 불가능한 도면이 1개라도 있을 경우
- 주어진 조건을 지키지 않고 작도한 경우

   ㉢ 기타 채점대상에서 제외되는 조건
- 지급된 재료 이외의 재료를 사용한 경우
- 제공된 자료 이외에 블록, 오브젝트, 프로그램(리습, 루비 등)을 별도로 사전에 지참하여 사용하는 경우
- 시험 중 시설·장비의 조작 또는 재료의 취급이 미숙하여 위해를 일으킬 것으로 시험위원 전원이 합의하여 판단한 경우

3. 도 면

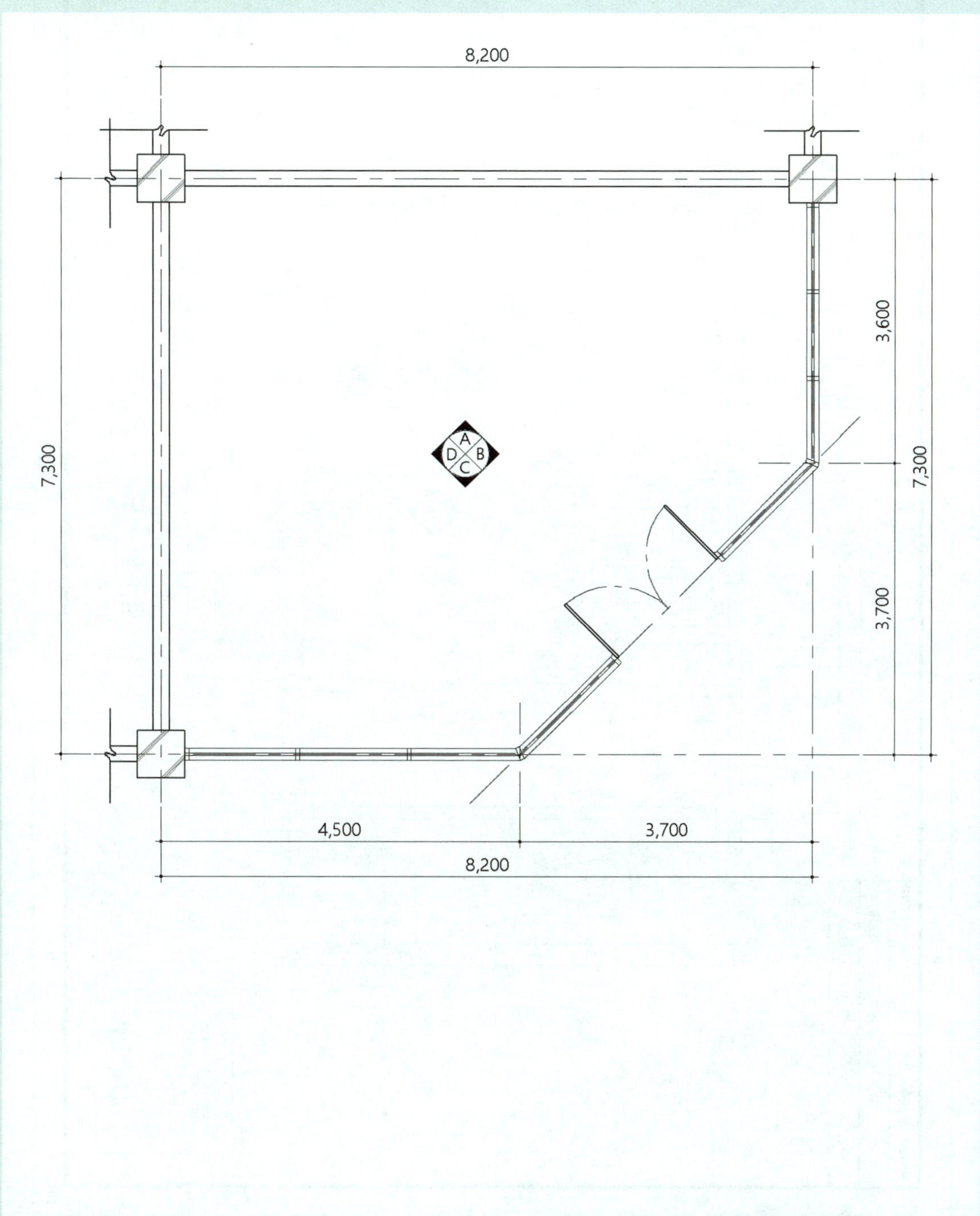

• 답안 도면 1 - 평면도

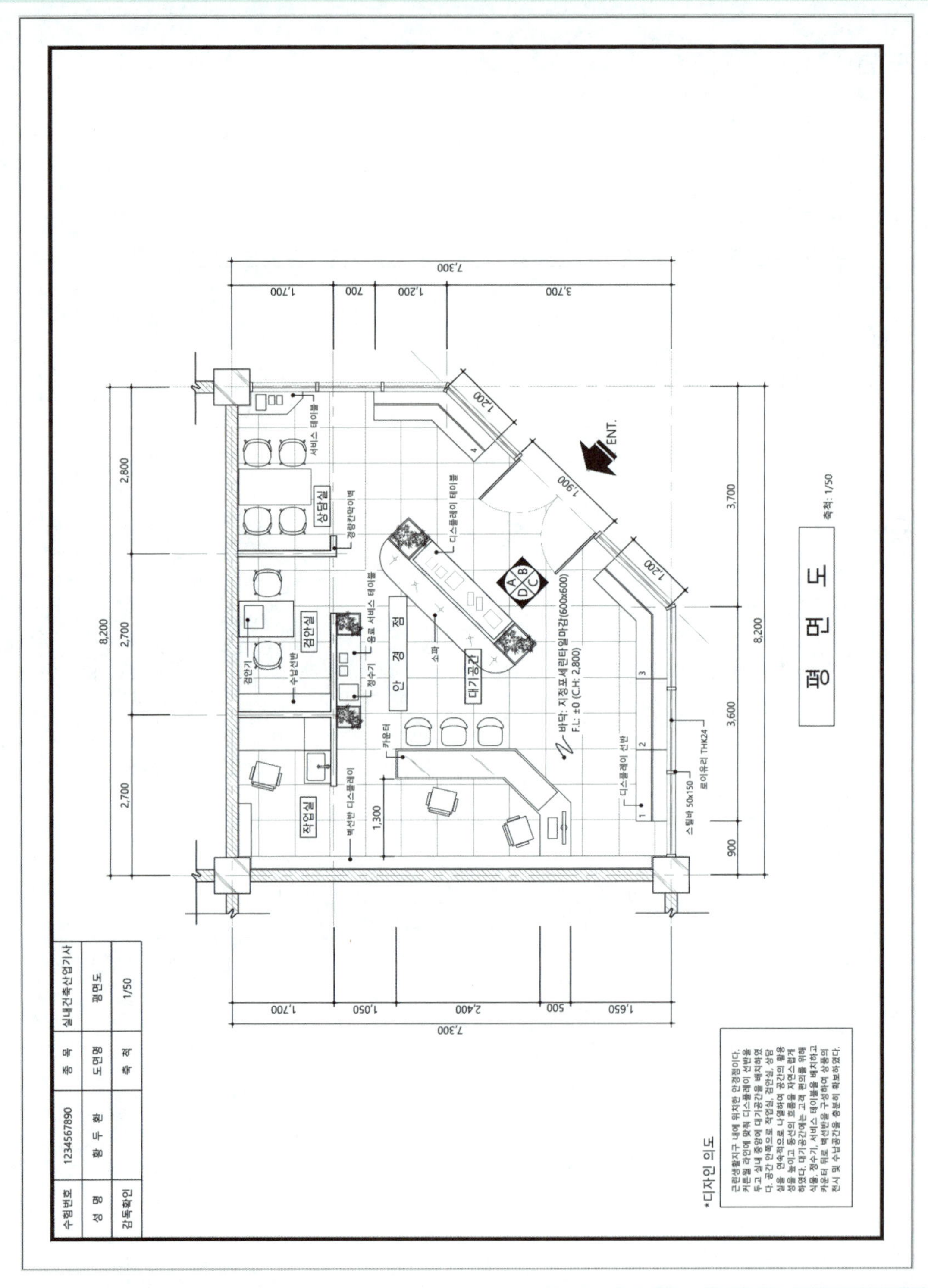

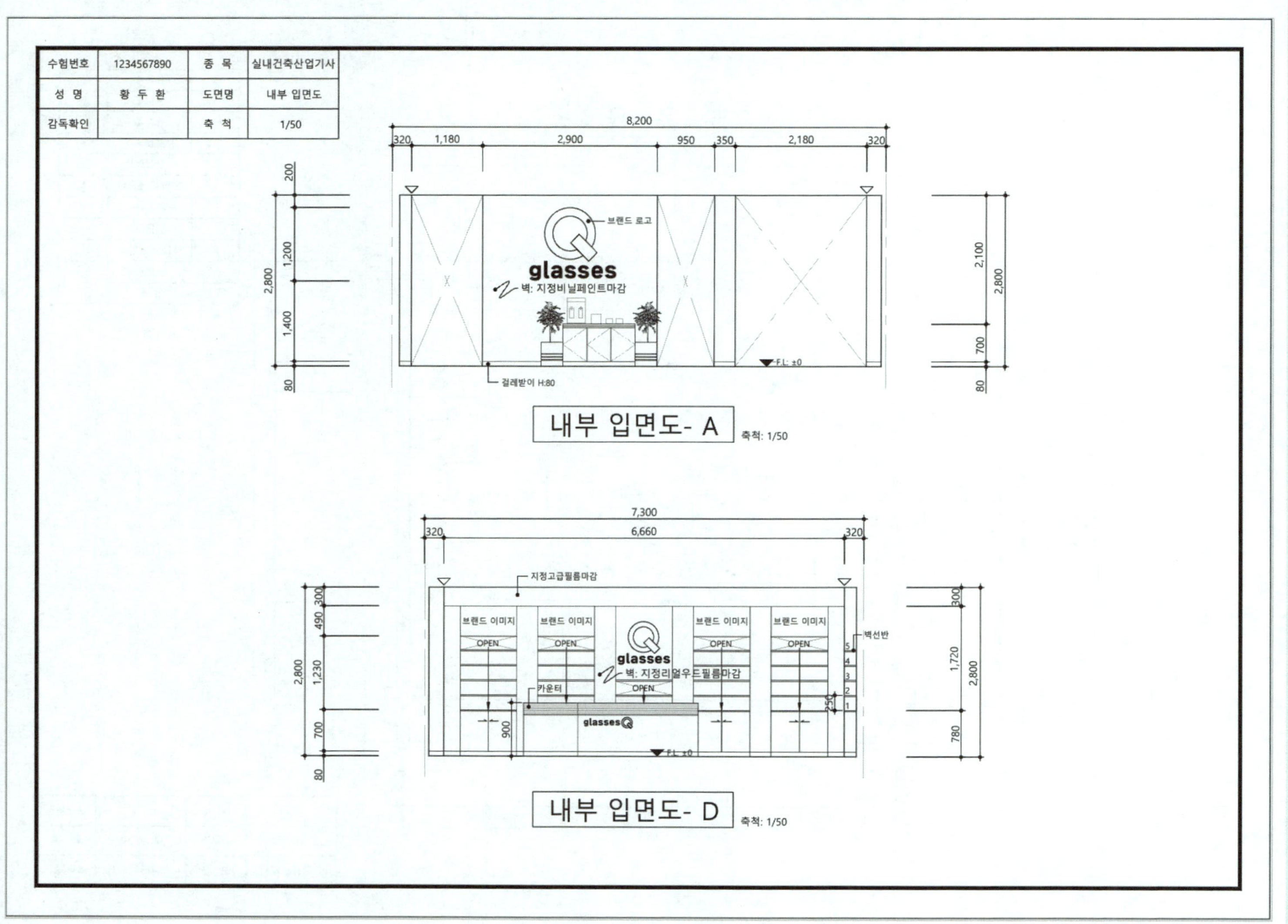
수험번호 1234567890 종 목 실내건축산업기사
성 명 황 두 환 도면명 내부 입면도
감독확인   축 척 1/50
브랜드 로고
glasses
벽: 지정비닐페인트마감
걸레받이 H:80
F.L ±0
내부 입면도- A 축척: 1/50
지정고급필름마감
브랜드 이미지 브랜드 이미지 브랜드 이미지 브랜드 이미지
OPEN OPEN OPEN OPEN
glasses
벽: 지정리얼우드필름마감
카운터
OPEN
glasses
벽선반
F.L ±0
내부 입면도- D 축척: 1/50

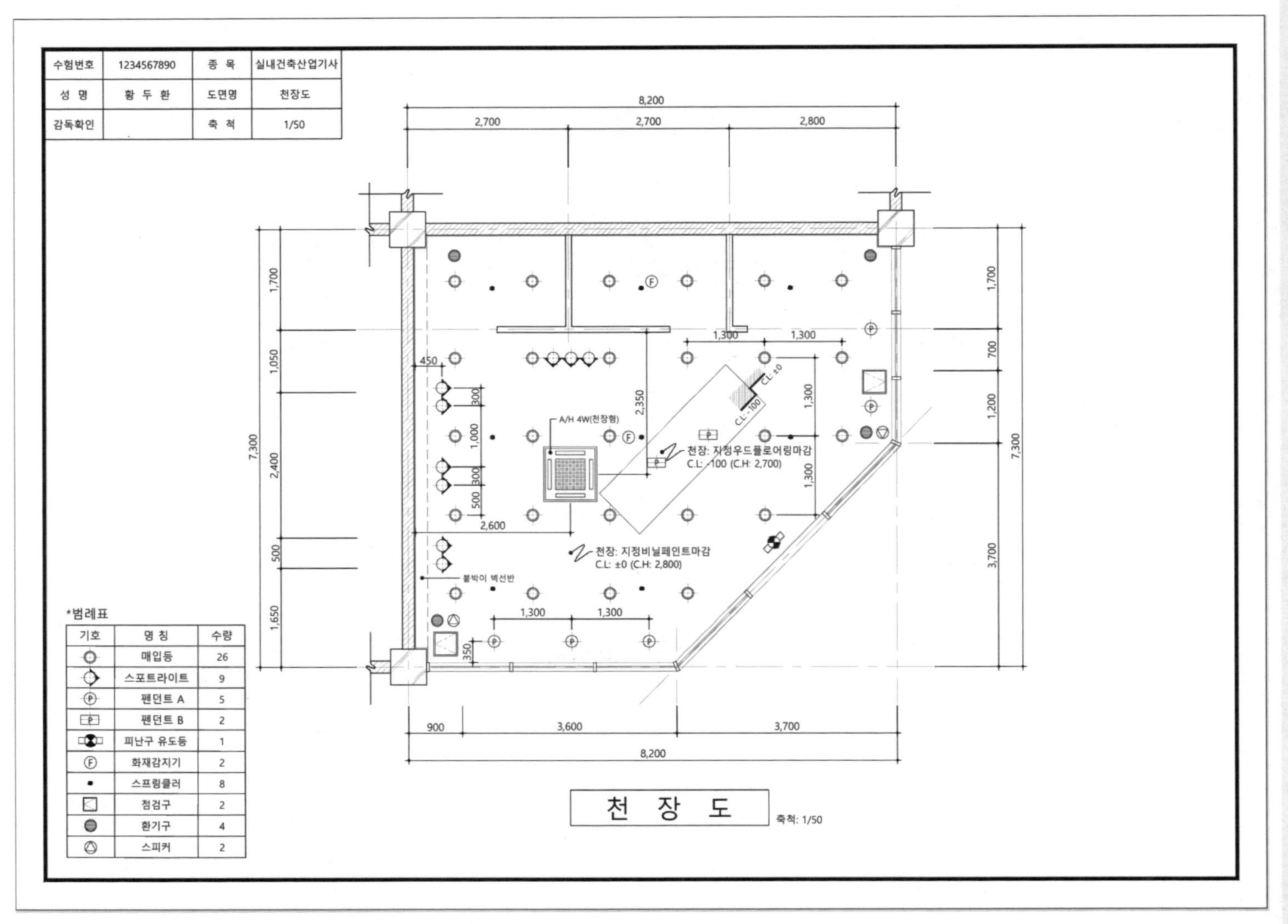
수험번호 1234567890   종 목 실내건축산업기사
성 명 황 두 환   도면명 천장도
감독확인   축 척 1/50
A/H 4W(천장형)
천장: 자정우드플로어링마감 C.L: -100 (C.H: 2,700)
천장: 지정비닐페인트마감 C.L: ±0 (C.H: 2,800)
불박이 벽선반
천 장 도
축척: 1/50
*범례표
기호 명 칭 수량
매입등 26
스포트라이트 9
펜던트 A 5
펜던트 B 2
피난구 유도등 1
화재감지기 2
스프링클러 8
점검구 2
환기구 4
스피커 2

• 답안 도면 4 – 실내투시도

수험번호	1234567890	종 목	실내건축산업기사
성 명	황 두 환	도면명	실내투시도
감독확인		축 척	N.S

실 내 투 시 도 축척: N.S

Part
7

예상문제 10. 아이스크림 전문점

국가기술자격 실기시험문제

자격종목	실내건축산업기사	과 제 명	아이스크림 전문점

※ 시험시간 : 5시간 30분

1. 요구사항

※ 요구조건에 따라 건축 설계 프로그램(AutoCAD/SketchUp)을 사용하여 도면을 작도하고, PDF 파일로 변환하여 출력 후 작업물과 출력물을 제출하시오.

(1) 요구조건

개 요	용 도	• 상업중심지역에 위치한 아이스크림 전문점	
	인적 구성	• 상시 직원 2명	
제시도면 조건	설계면적	• 5,900mm×8,200mm×2,700mm(CH)	
	출입문 (강화유리)	• 1,000mm×2,100mm(H)	
	커튼월	• 커튼월 벽체 [50×100 스틸바 + THK 24mm 로이유리]	
	벽 체	• 철근콘크리트 기둥 [600×600] • 시멘트벽돌 벽체 [내부 마감재 임의 + 1.0B 시멘트벽돌]	
설계조건	내벽체	• 수험자 임의 지정	
	천 장	• 우물천장	
	바 닥	• 수험자 임의 지정	
	필요 공간 및 집기	• 카운터 • 케이크 쇼케이스 • 키오스크 • 고객용 테이블 및 좌석	• 주방(작업대, 제빙기, 포장대, 냉장고 등) • 아이스크림 쇼케이스 2EA • 디스플레이 선반

※ 위 제시된 조건은 필수조건이며, 이외에 필요한 조건은 수험자가 임의로 추가할 수 있음.
　(주어지지 않은 치수는 수험자가 임의로 설정)

자격종목	실내건축산업기사	과 제 명	아이스크림 전문점

2) 요구 도면

❶ 평면도(1장, 가구배치 및 바닥마감재 표기) – S : 1/50

- 평면도 주변의 여유 공간에 설계(디자인)의도를 200자 이내로 서술

❷ 내부 입면도(총 2면, 1장) – S : 1/50

- A방향 1면, B방향 1면(가구 배치 및 벽면재료 표기)

❸ 천장도(1장) – S : 1/50

- 설비, 조명기구 배치 및 범례표 작성/천장마감재 표기

❹ 실내투시도(1장) – S : N.S

- 계획의 포인트가 좋은 지점에서 1소점 또는 2소점 투시법으로 작성

(3) 기타 사항

❶ 도곽 작성

- 아래 예시와 같이 도곽 및 표제란을 작성
- 도곽 안에 요구 도면이 들어가도록 작업 후 PDF 파일로 제출 및 출력(3D 작업 포함)

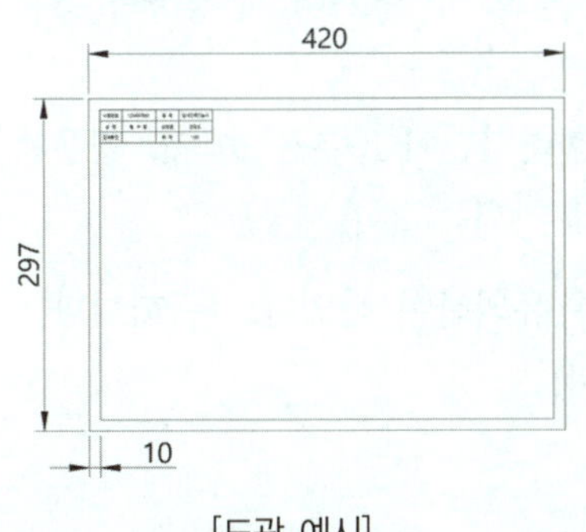

[도곽 예시]

	100		
수험번호	○ ○ ○	종 목	실내건축산업기사
성 명	○ ○ ○	도면명	○ ○ ○
감독확인		축 척	○ ○ ○
20	30	20	30

[표제란 예시]

❷ 도면 배치 순서

2D 작업(흑백)			3D 작업(컬러)
첫째 장	둘째 장	셋째 장	넷째 장
평면도	내부 입면도	천장도	실내투시도

❸ 2D 작업 선 두께

빨강(1)=0.05mm	노랑(2)=0.3mm	녹색(3)=0.25mm	하늘색(4)=0.2mm
파랑(5)=0.15mm	보라(6)=0.1mm	회색 1(8)=0.05mm	회색 2(9)=0.1mm

- 선의 통일을 위해 제시된 조건으로 검은색 선의 PDF 파일로 제출

자격종목	실내건축산업기사	과 제 명	아이스크림 전문점

2. 수험자 유의사항

※ 다음 유의사항을 고려하여 요구사항을 완성하시오.

❶ 명기되지 않은 조건은 건축법, 건축구조 및 건축제도 원칙에 따릅니다.

❷ 시험 시작 후 제공된 폴더명을 본인 비번호로 바꾸고, 모든 파일은 해당 폴더 안에 저장하도록 합니다.

❸ 정전 및 기계 고장 등에 의한 자료손실을 방지하기 위하여 수시로 저장합니다.

❹ 2D 작업이 완료되면 2D 제출용 폴더를 생성하여 해당 폴더 안에 PDF 파일로 저장 후 감독위원에게 제출합니다. (2D 작업 PDF 제출이 완료된 이후 3D 작업을 실시)

❺ 3D 작업이 완료되면 3D 제출용 폴더를 생성하여 해당 폴더 안에 PDF 파일로 저장 후 감독위원에게 제출하고, 시험위원 입회하에 본인이 직접 A3 용지에 2D, 3D 도면을 출력하도록 합니다.

> ※ 2D 제출용 폴더명 예시: 1_홍길동_2D (비번호_이름_2D)
> ※ 3D 제출용 폴더명 예시: 1_홍길동_3D (비번호_이름_3D)
> ※ PDF 파일명 예시: 1_홍길동_평면도 (비번호_이름_도면명)
> ※ 출력작업 시 출력 관련된 설정 외의 도면 수정작업 등은 할 수 없으며, 수정작업 등을 한 경우 실격됩니다.
> ※ 수험자의 작도 잘못으로 도면이 출력되지 않는 경우, 출력시간이 10분을 초과할 경우는 실격 처리됩니다. (출력시간은 시험시간에서 제외, 출력 기회는 2회 제공)

❻ 시험장의 장비(시설) 등이 파손되거나 고장 나지 않도록 유의하여 작업하도록 합니다.

❼ 다음 사항은 실격에 해당하여 채점 대상에서 제외됩니다.

　㉠ 시험시간 내에 요구사항을 완성하지 못한 경우

　㉡ 시험시간 내에 제출된 작품이라도 다음과 같은 경우
　　• 구조적·기능적으로 사용 불가능한 도면이 1개라도 있을 경우
　　• 주어진 조건을 지키지 않고 작도한 경우

　㉢ 기타 채점대상에서 제외되는 조건
　　• 지급된 재료 이외의 재료를 사용한 경우
　　• 제공된 자료 이외에 블록, 오브젝트, 프로그램(리습, 루비 등)을 별도로 사전에 지참하여 사용하는 경우
　　• 시험 중 시설·장비의 조작 또는 재료의 취급이 미숙하여 위해를 일으킬 것으로 시험위원 전원이 합의하여 판단한 경우

3. 도 면

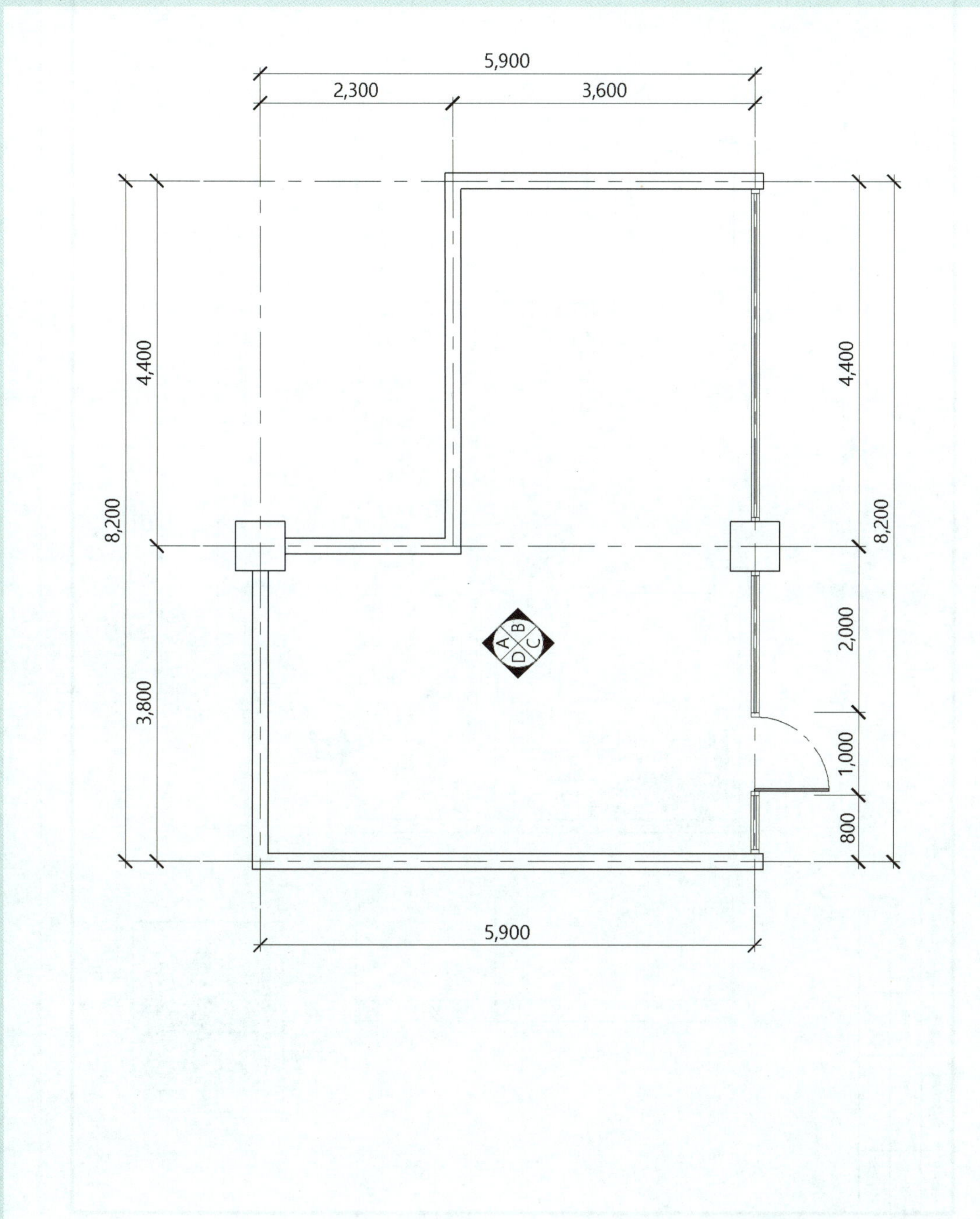

5,900
2,300
3,600
4,400
8,200
4,400
8,200
2,000
3,800
1,000
800
5,900
A
B
C
D

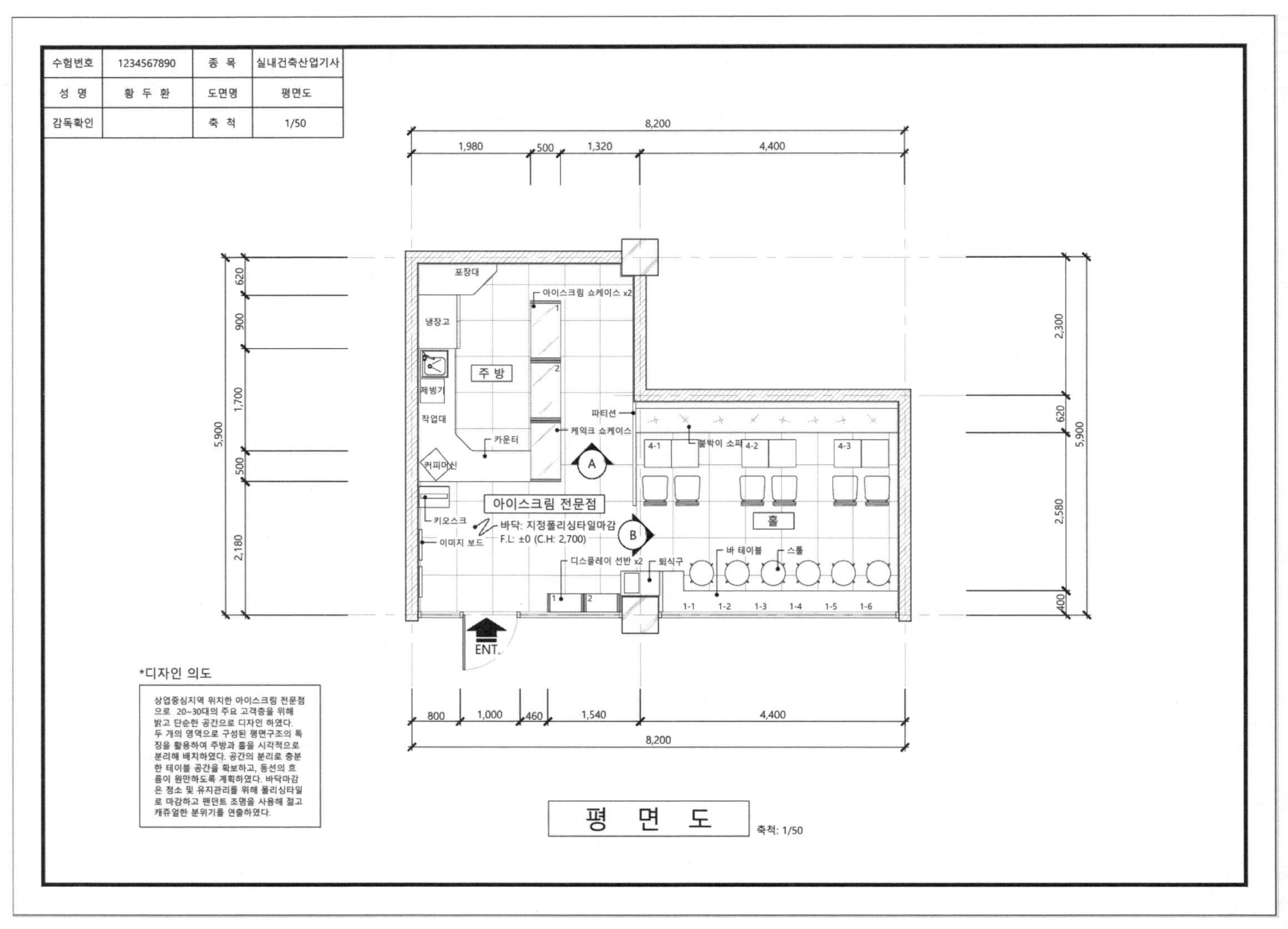
수험번호 1234567890
종 목 실내건축산업기사
성 명 황 두 환
도면명 평면도
감독확인
축 척 1/50
포장대
냉장고
제빙기
작업대
주 방
카운터
커피머신
키오스크
이미지 보드
아이스크림 쇼케이스 x2
파티션
케익크 쇼케이스
아이스크림 전문점
바닥: 지정폴리싱타일마감
F.L ±0 (C.H: 2,700)
A
B
ENT.
폴박이 소파
4-1 4-2 4-3
홀
바 테이블 스툴
디스플레이 선반 x2 퇴식구
1-1 1-2 1-3 1-4 1-5 1-6
8,200
1,980 500 1,320 4,400
5,900
620 900 1,700 500 2,180
2,300 620 2,580 400
5,900
800 1,000 460 1,540 4,400
8,200
*디자인 의도
상업중심지역 위치한 아이스크림 전문점
으로 20~30대의 주요 고객층을 위해
밝고 단순한 공간으로 디자인 하였다.
두 개의 영역으로 구성된 평면구조의 특
징을 활용하여 주방과 홀을 시각적으로
분리해 배치하였다. 공간의 분리로 충분
한 테이블 공간을 확보하고, 동선의 흐
름이 원만하도록 계획하였다. 바닥마감
은 청소 및 유지관리를 위해 폴리싱타일
로 마감하고 팬던트 조명을 사용해 젊고
캐쥬얼한 분위기를 연출하였다.
평 면 도
축척: 1/50

• 답안 도면 2 – 내부 입면도

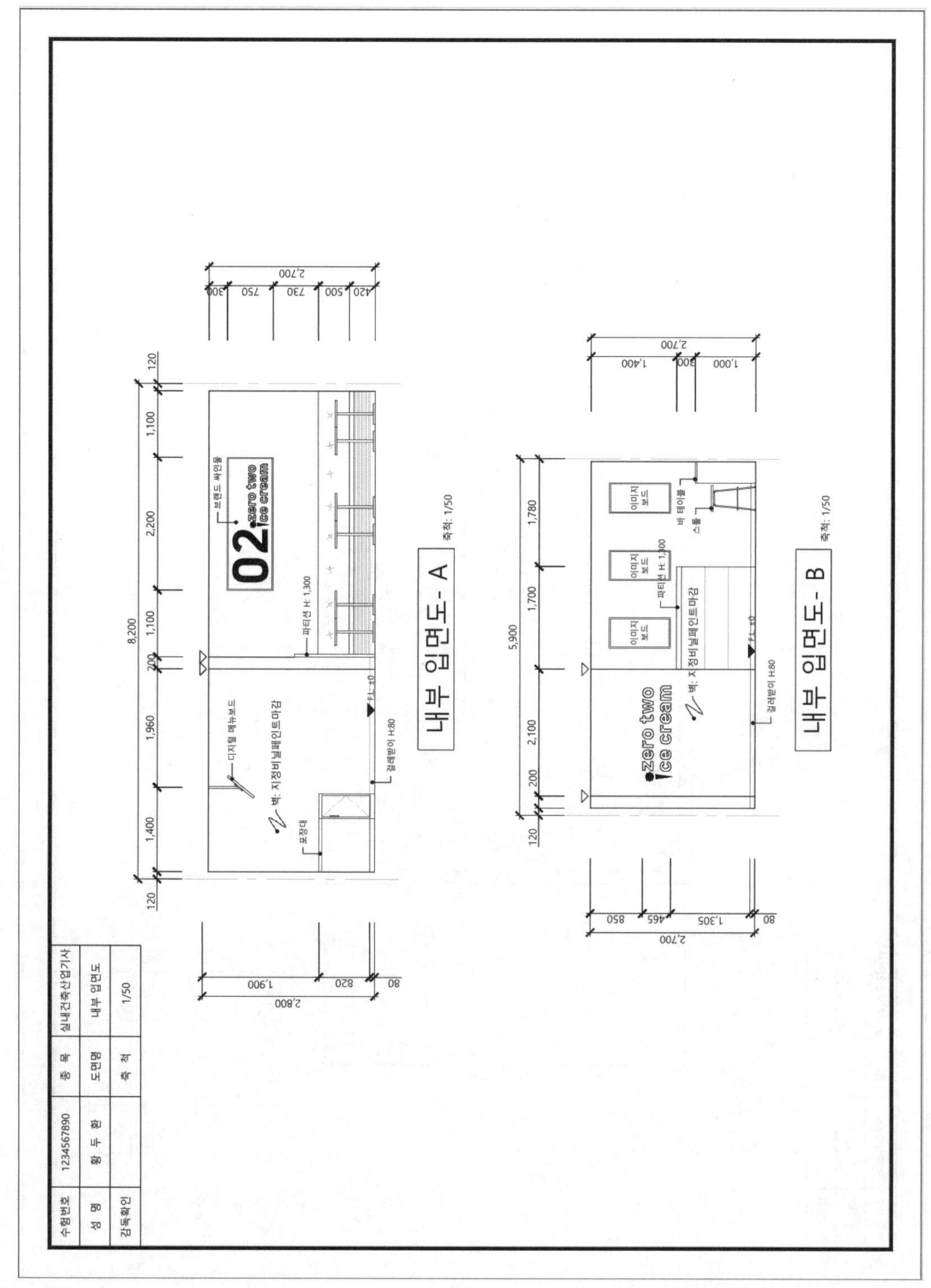

• 답안 도면 3 – 천장도

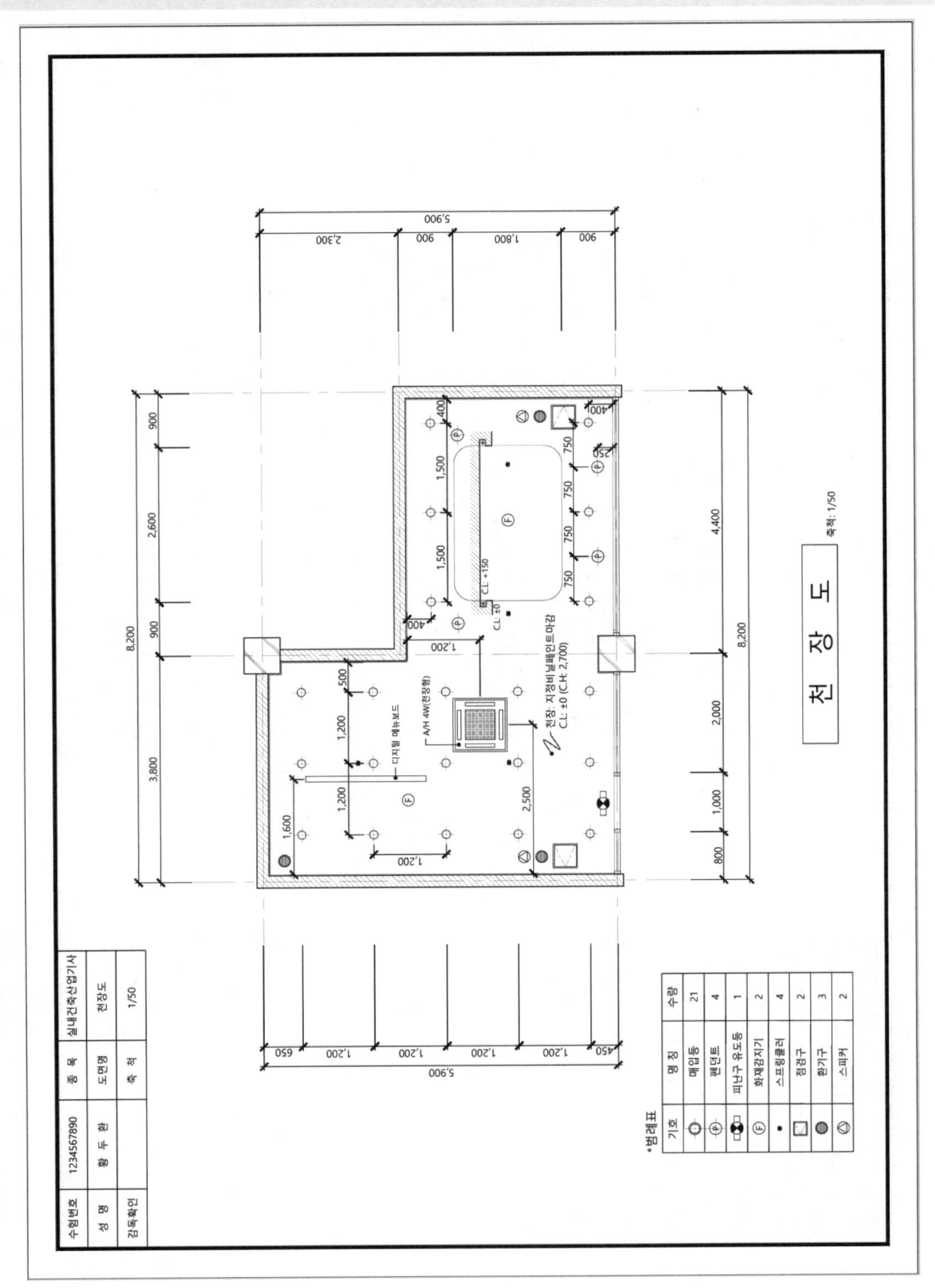

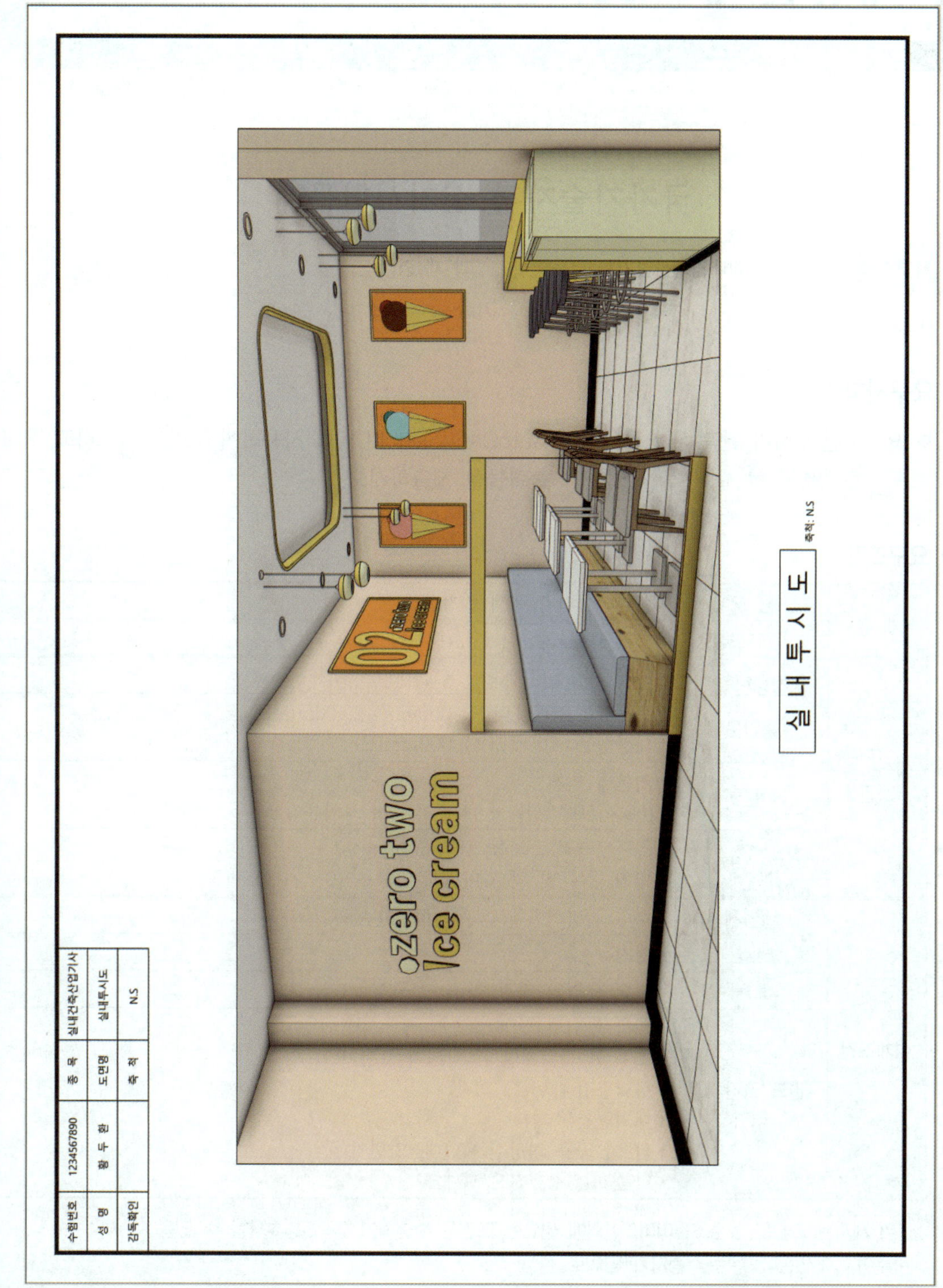
수험번호 1234567890
종 목 실내건축산업기사
성 명 황두환
도면명 실내투시도
축 척 N.S
감독확인
zero two
ice cream
02
실내투시도
축척: N.S

예상문제 11. 약 국

국가기술자격 실기시험문제

자격종목	실내건축산업기사	과 제 명	약 국

※ 시험시간 : 5시간 30분

1. 요구사항

※ 요구조건에 따라 건축 설계 프로그램(AutoCAD/SketchUp)을 사용하여 도면을 작도하고, PDF 파일로 변환하여 출력 후 작업물과 출력물을 제출하시오.

(1) 요구조건

개 요	용 도	• 상업중심지역 내에 위치한 약국
	인적 구성	• 약사 1명, 전산원 1명, 판매원 1명
제시도면 조건	설계면적	• 9,200mm×6,800mm×2,700mm(CH)
	출입문	• 주출입문(강화유리): 1,000mm×2,100mm(H) 화장실문: 700mm×2,000mm(H)
	커튼월	• 커튼월 벽체 [50×150 스틸바 + THK 24mm 로이유리]
	기둥/벽체	• 철근콘크리트 기둥[600×600] • 벽체[내부 및 외부 마감재 임의 + 1.0B 시멘트벽돌]
설계조건	내벽체	• 경량 칸막이벽체 또는 0.5B 시멘트벽돌
	천 장	• 평천장
	바 닥	• 수험자 임의 지정
	필요 공간 및 집기	• 의약품 전시 및 판매공간 • 조제실(약품 진열장, 약포지 포장기) • 상담공간(테이블, 의자) • 대기공간(소파) • 남/여 공용 화장실(세면대, 양변기) • 약품 진열장, 전시 판매대

※ 위 제시된 조건은 필수조건이며, 이외에 필요한 조건은 수험자가 임의로 추가할 수 있음.
(주어지지 않은 치수는 수험자가 임의로 설정)

자격종목	실내건축산업기사	과 제 명	약 국

(2) 요구 도면

❶ 평면도(1장, 가구배치 및 바닥마감재 표기) – S : 1/50

- 평면도 주변의 여유 공간에 설계(디자인)의도를 200자 이내로 서술

❷ 내부 입면도(총 2면, 1장) – S : 1/50

- A방향 1면, D방향 1면(가구 배치 및 벽면재료 표기)

❸ 천장도(1장) – S : 1/50

- 설비, 조명기구 배치 및 범례표 작성/천장마감재 표기

❹ 실내투시도(1장) – S : N.S

- 계획의 포인트가 좋은 지점에서 1소점 또는 2소점 투시법으로 작성

(3) 기타 사항

❶ 도곽 작성

- 아래 예시와 같이 도곽 및 표제란을 작성
- 도곽 안에 요구 도면이 들어가도록 작업 후 PDF 파일로 제출 및 출력(3D 작업 포함)

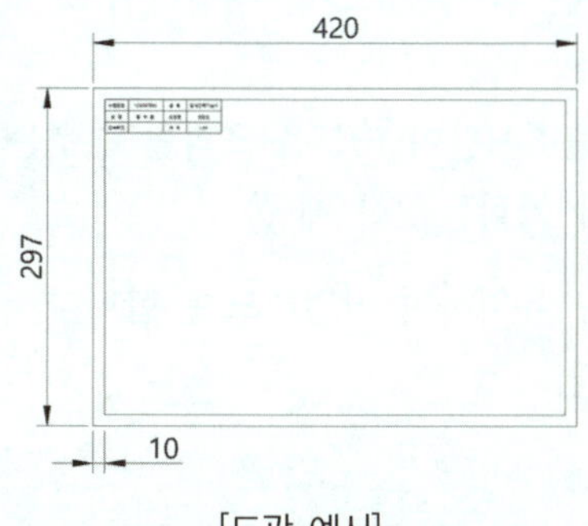

[도곽 예시]

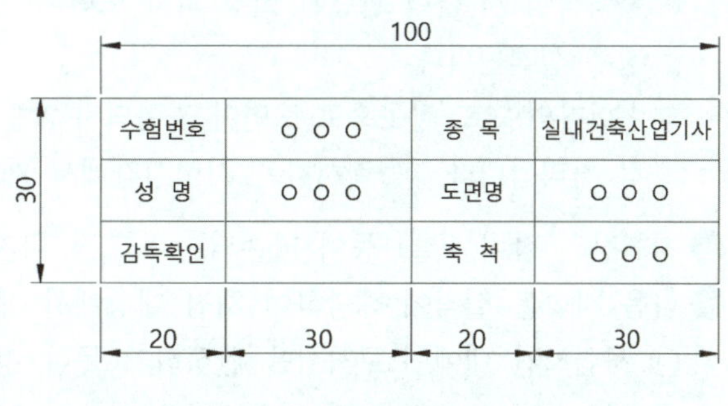

수험번호	○ ○ ○	종 목	실내건축산업기사
성 명	○ ○ ○	도면명	○ ○ ○
감독확인		축 척	○ ○ ○

[표제란 예시]

❷ 도면 배치 순서

2D 작업(흑백)			3D 작업(컬러)
첫째 장	둘째 장	셋째 장	넷째 장
평면도	내부 입면도	천장도	실내투시도

❸ 2D 작업 선 두께

빨강(1)=0.05mm	노랑(2)=0.3mm	녹색(3)=0.25mm	하늘색(4)=0.2mm
파랑(5)=0.15mm	보라(6)=0.1mm	회색 1(8)=0.05mm	회색 2(9)=0.1mm

- 선의 통일을 위해 제시된 조건으로 검은색 선의 PDF 파일로 제출

Part
7

자격종목	실내건축산업기사	과 제 명	약 국

2. 수험자 유의사항

※ 다음 유의사항을 고려하여 요구사항을 완성하시오.

❶ 명기되지 않은 조건은 건축법, 건축구조 및 건축제도 원칙에 따릅니다.

❷ 시험 시작 후 제공된 폴더명을 본인 비번호로 바꾸고, 모든 파일은 해당 폴더 안에 저장하도록 합니다.

❸ 정전 및 기계 고장 등에 의한 자료손실을 방지하기 위하여 수시로 저장합니다.

❹ 2D 작업이 완료되면 2D 제출용 폴더를 생성하여 해당 폴더 안에 PDF 파일로 저장 후 감독위원에게 제출합니다. (2D 작업 PDF 제출이 완료된 이후 3D 작업을 실시)

❺ 3D 작업이 완료되면 3D 제출용 폴더를 생성하여 해당 폴더 안에 PDF 파일로 저장 후 감독위원에게 제출하고, 시험위원 입회하에 본인이 직접 A3 용지에 2D, 3D 도면을 출력하도록 합니다.

※ 2D 제출용 폴더명 예시: 1_홍길동_2D (비번호_이름_2D)

※ 3D 제출용 폴더명 예시: 1_홍길동_3D (비번호_이름_3D)

※ PDF 파일명 예시: 1_홍길동_평면도 (비번호_이름_도면명)

※ 출력작업 시 출력 관련된 설정 외의 도면 수정작업 등은 할 수 없으며, 수정작업 등을 한 경우 실격됩니다.

※ 수험자의 작도 잘못으로 도면이 출력되지 않는 경우, 출력시간이 10분을 초과할 경우는 실격 처리됩니다. (출력시간은 시험시간에서 제외, 출력 기회는 2회 제공)

❻ 시험장의 장비(시설) 등이 파손되거나 고장 나지 않도록 유의하여 작업하도록 합니다.

❼ 다음 사항은 실격에 해당하여 채점 대상에서 제외됩니다.

  ㉠ 시험시간 내에 요구사항을 완성하지 못한 경우

  ㉡ 시험시간 내에 제출된 작품이라도 다음과 같은 경우

    • 구조적·기능적으로 사용 불가능한 도면이 1개라도 있을 경우

    • 주어진 조건을 지키지 않고 작도한 경우

  ㉢ 기타 채점대상에서 제외되는 조건

    • 지급된 재료 이외의 재료를 사용한 경우

    • 제공된 자료 이외에 블록, 오브젝트, 프로그램(리습, 루비 등)을 별도로 사전에 지참하여 사용하는 경우

    • 시험 중 시설·장비의 조작 또는 재료의 취급이 미숙하여 위해를 일으킬 것으로 시험위원 전원이 합의하여 판단한 경우

3. 도 면

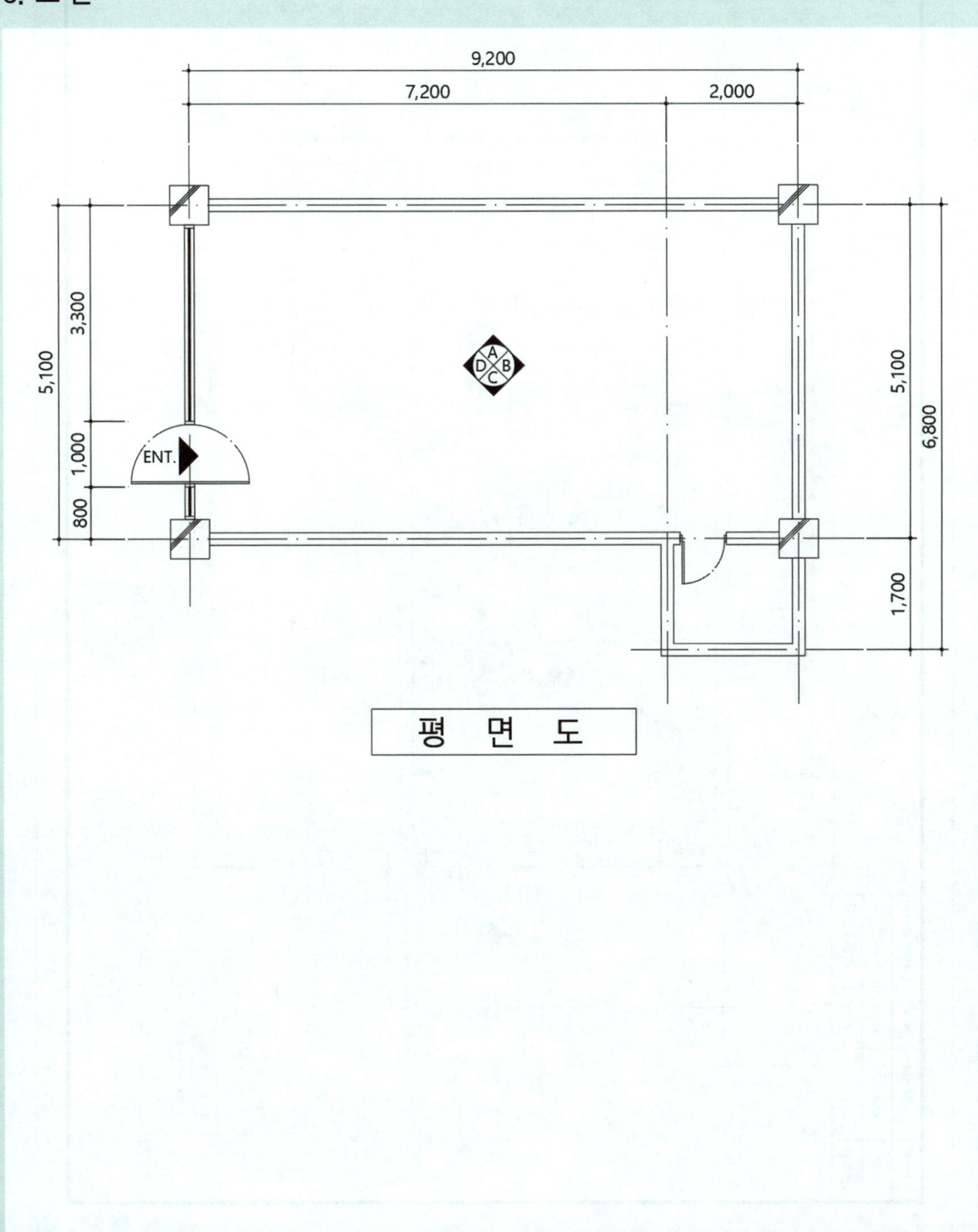

평 면 도

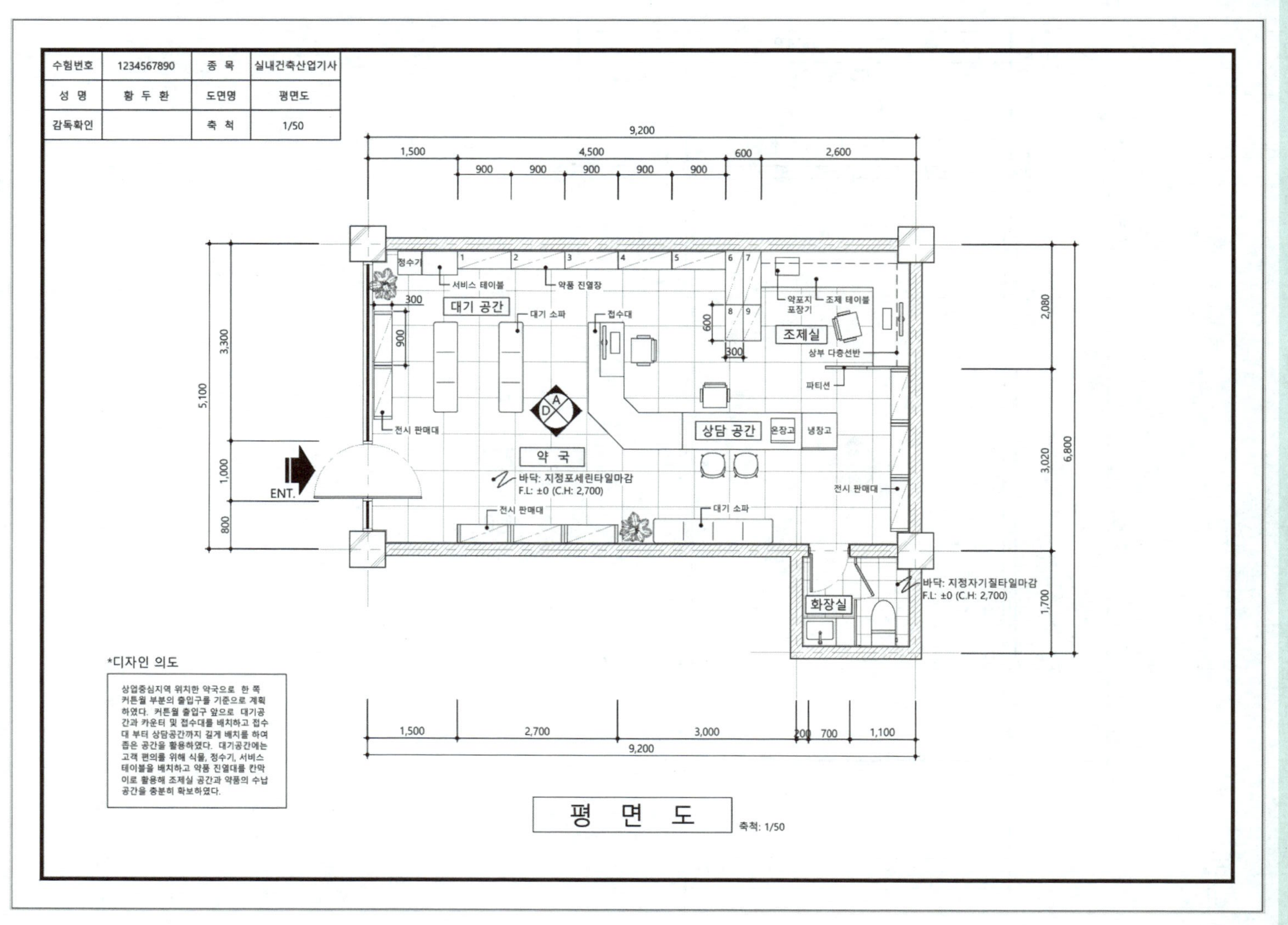
수험번호 1234567890 종 목 실내건축산업기사
성 명 황 두 환 도면명 평면도
감독확인 축 척 1/50

정수기
서비스 테이블
약품 진열장
대기 공간
대기 소파
접수대
약포지 포장기
조제 테이블
조제실
상부 다층선반
파티션
온장고 냉장고
상담 공간
전시 판매대
약 국
바닥: 지정포세린타일마감
F.L: ±0 (C.H: 2,700)
전시 판매대
대기 소파
ENT.
바닥: 지정자기질타일마감
F.L: ±0 (C.H: 2,700)
화장실

*디자인 의도
상업중심지역 위치한 약국으로 한 쪽
커튼월 부분의 출입구를 기준으로 계획
하였다. 커튼월 출입구 앞으로 대기공
간과 카운터 및 접수대를 배치하고 접수
대 부터 상담공간까지 걸게 배치를 하여
좁은 공간을 활용하였다. 대기공간에는
고객 편의를 위해 식물, 정수기, 서비스
테이블을 배치하고 약품 진열대를 칸막
이로 활용해 조제실 공간과 약품의 수납
공간을 충분히 확보하였다.

평 면 도 축척: 1/50

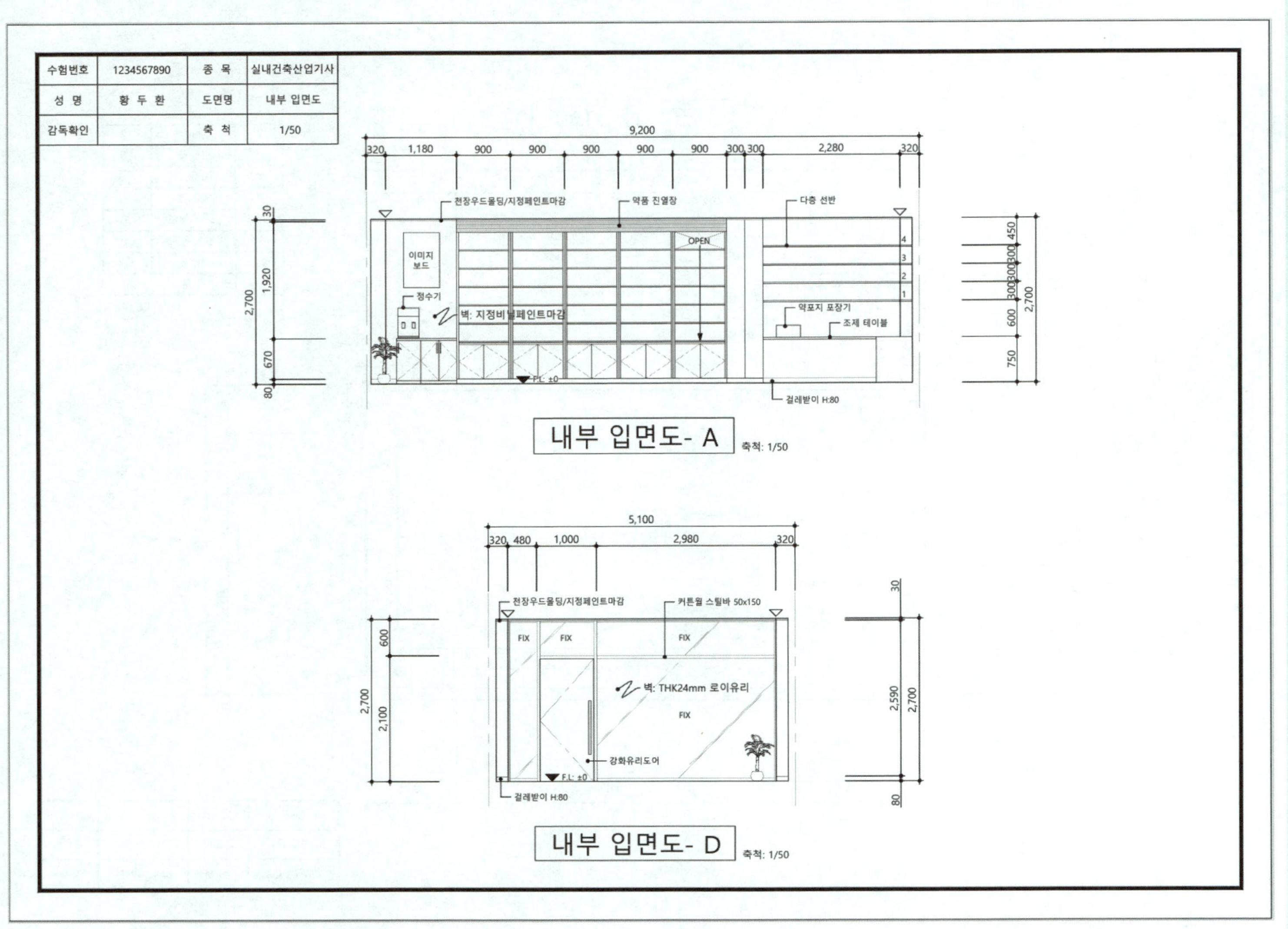
수험번호 1234567890 종 목 실내건축산업기사
성 명 황 두 환 도면명 내부 입면도
감독확인 축 척 1/50
9,200
320 1,180 900 900 900 900 300 300 2,280 320
천장우드몰딩/지정페인트마감
약품 진열장
다층 선반
OPEN
4
3
2
1
이미지 보드
정수기
벽: 지정비닐페인트마감
약포지 포장기
조제 테이블
걸레받이 H:80
F.L ±0
30 1,920 670 80
2,700
450 300 300 300 600 750
2,700
내부 입면도- A 축척: 1/50
5,100
320 480 1,000 2,980 320
천장우드몰딩/지정페인트마감
커튼월 스틸바 50x150
FIX FIX FIX
벽: THK24mm 로이유리
FIX
강화유리도어
걸레받이 H:80
F.L ±0
600 2,100
2,700
30 2,590 80
2,700
내부 입면도- D 축척: 1/50

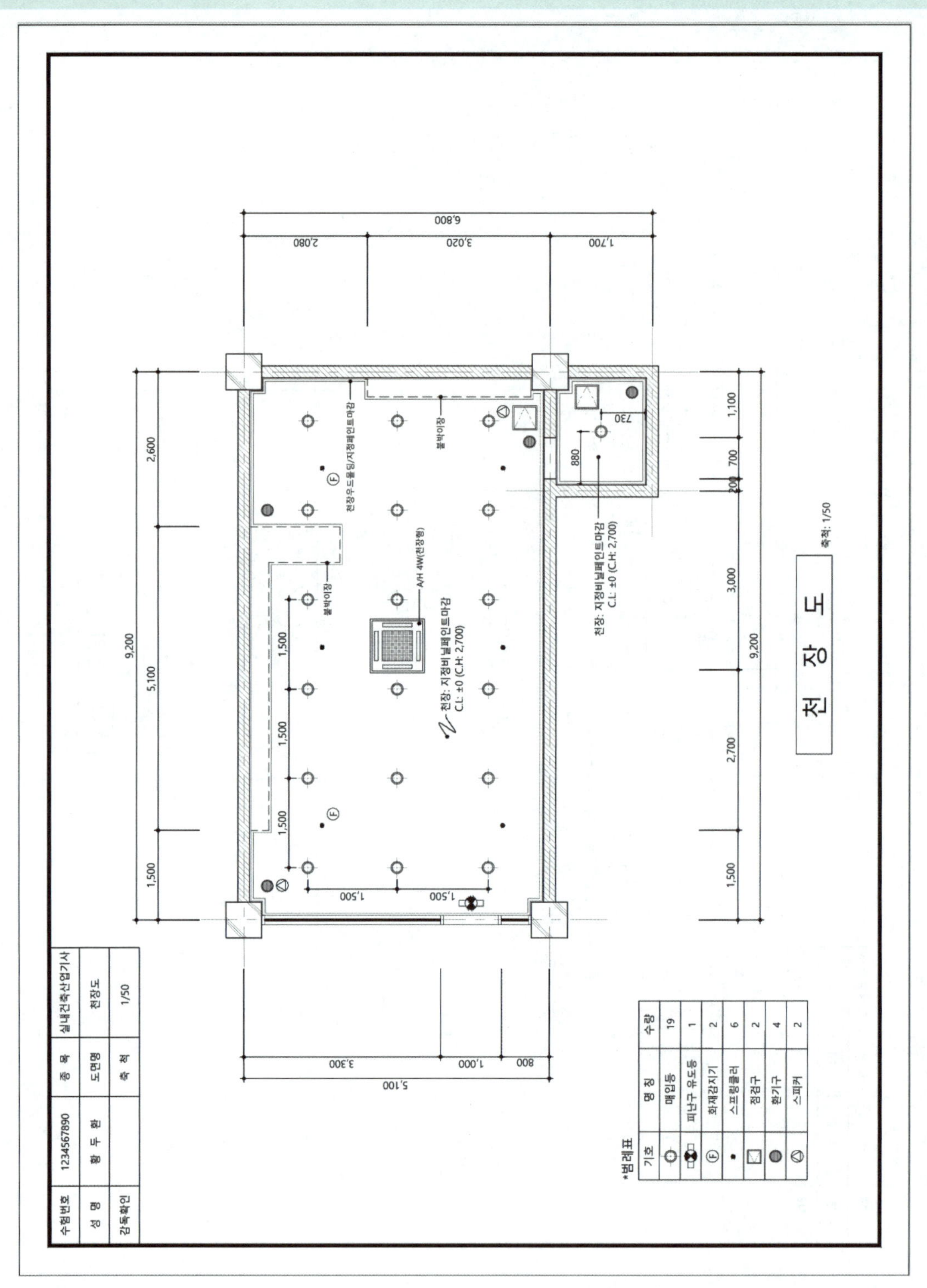

실내건축산업기사
종 목
도면명 천장도
축 척 1/50
수험번호 1234567890
성 명 황 두 현
감독확인

*범례표

기호	명칭	수량
	매입등	19
	피난구유도등	1
	화재감지기	2
	스프링클러	6
	점검구	2
	환기구	4
	스피커	2

수험번호	1234567890	종 목	실내건축산업기사
성 명	황 두 환	도면명	실내투시도
감독확인		축 척	N.S

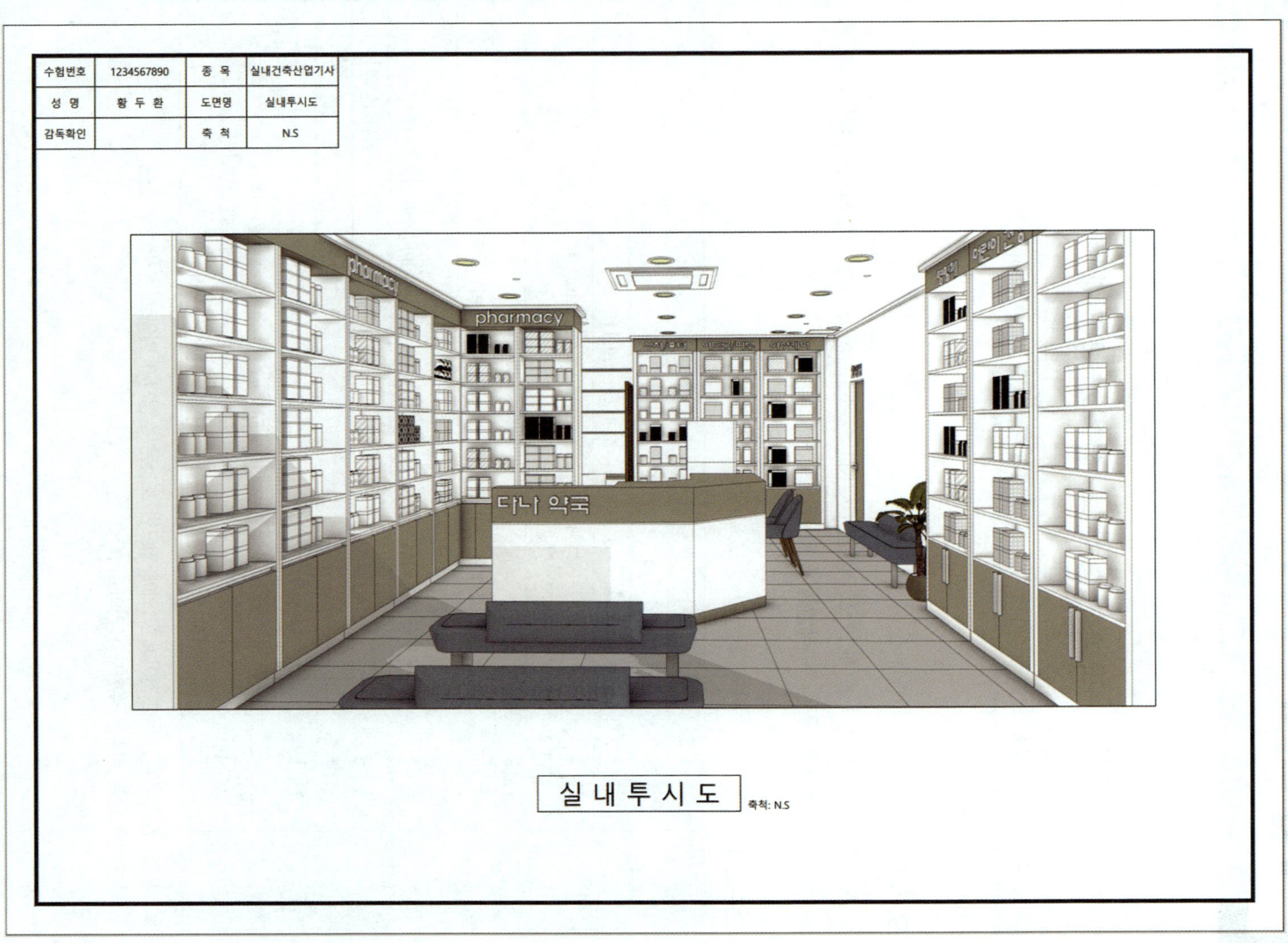

실 내 투 시 도 축척: N.S

예상문제 12. 벤처사무실

국가기술자격 실기시험문제

자격종목	실내건축산업기사	과 제 명	벤처사무실

※ 시험시간 : 5시간 30분

1. 요구사항

※ 요구조건에 따라 건축 설계 프로그램(AutoCAD/SketchUp)을 사용하여 도면을 작도하고, PDF 파일로 변환하여 출력 후 작업물과 출력물을 제출하시오.

(1) 요구조건

개 요	용 도	• 상업지역 내에 위치한 벤처사무실	
	인적 구성	• 창업자 2명, 직원 2명	
제시도면 조건	설계면적	• 8,900mm×5,100mm×2,400mm(CH)	
	출입문	• 주출입문(강화유리): 1,000mm×2,100mm(H) • 화장실문: 700mm×2,000mm(H)	
	커튼월	• 커튼월 벽체 [50×150 스틸바 + THK 24mm 로이유리]	
	벽 체	• 철근콘크리트 기둥[600×600] • 철근콘크리트 벽체 THK 200[내부 및 외부 마감재 임의]	
설계조건	내벽체	• 경량 칸막이벽체 또는 0.5B 시멘트벽돌[내부 및 외부 마감재 임의]	
	천 장	• 평천장	
	바 닥	• 수험자 임의 지정	
	필요 공간 및 집기	• 사무용 테이블 세트(임의 수량) • 탕비실 • 책장 및 수납장	• 회의 테이블 세트 • 화장실(세면대, 양변기) • 사무기기(프린터, 복사기)

※ 위 제시된 조건은 필수조건이며, 이외에 필요한 조건은 수험자가 임의로 추가할 수 있음.
  (주어지지 않은 치수는 수험자가 임의로 설정)

자격종목	실내건축산업기사	과 제 명	벤처사무실

(2) 요구 도면

❶ 평면도(1장, 가구배치 및 바닥마감재 표기) – S : 1/40
  - 평면도 주변의 여유 공간에 설계(디자인)의도를 200자 이내로 서술
❷ 내부 입면도(총 2면, 1장) – S : 1/40
  - A방향 1면, B방향 1면(가구 배치 및 벽면재료 표기)
❸ 천장도(1장) – S : 1/40
  - 설비, 조명기구 배치 및 범례표 작성/천장마감재 표기
❹ 실내투시도(1장) – S : N.S
  - 계획의 포인트가 좋은 지점에서 1소점 또는 2소점 투시법으로 작성

(3) 기타 사항

❶ 도곽 작성
  - 아래 예시와 같이 도곽 및 표제란을 작성
  - 도곽 안에 요구 도면이 들어가도록 작업 후 PDF 파일로 제출 및 출력(3D 작업 포함)

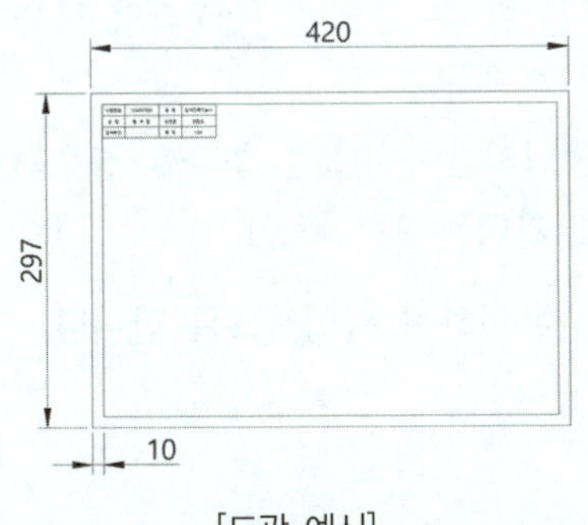

[도곽 예시]

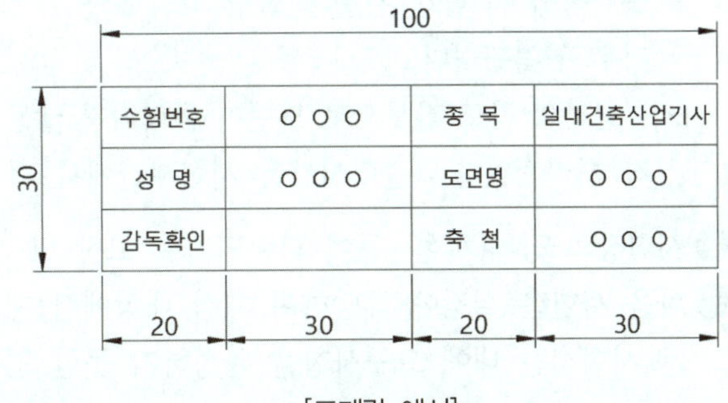

수험번호	○ ○ ○	종 목	실내건축산업기사
성 명	○ ○ ○	도면명	○ ○ ○
감독확인		축 척	○ ○ ○

[표제란 예시]

❷ 도면 배치 순서

2D 작업(흑백)			3D 작업(컬러)
첫째 장	둘째 장	셋째 장	넷째 장
평면도	내부 입면도	천장도	실내투시도

❸ 2D 작업 선 두께

빨강(1)=0.05mm	노랑(2)=0.3mm	녹색(3)=0.25mm	하늘색(4)=0.2mm
파랑(5)=0.15mm	보라(6)=0.1mm	회색 1(8)=0.05mm	회색 2(9)=0.1mm

  - 선의 통일을 위해 제시된 조건으로 검은색 선의 PDF 파일로 제출

자격종목	실내건축산업기사	과 제 명	벤처사무실

2. 수험자 유의사항

※ 다음 유의사항을 고려하여 요구사항을 완성하시오.

❶ 명기되지 않은 조건은 건축법, 건축구조 및 건축제도 원칙에 따릅니다.

❷ 시험 시작 후 제공된 폴더명을 본인 비번호로 바꾸고, 모든 파일은 해당 폴더 안에 저장하도록 합니다.

❸ 정전 및 기계 고장 등에 의한 자료손실을 방지하기 위하여 수시로 저장합니다.

❹ 2D 작업이 완료되면 2D 제출용 폴더를 생성하여 해당 폴더 안에 PDF 파일로 저장 후 감독위원에게 제출합니다. (2D 작업 PDF 제출이 완료된 이후 3D 작업을 실시)

❺ 3D 작업이 완료되면 3D 제출용 폴더를 생성하여 해당 폴더 안에 PDF 파일로 저장 후 감독 위원에게 제출하고, 시험위원 입회하에 본인이 직접 A3 용지에 2D, 3D 도면을 출력하도록 합니다.

  ※ 2D 제출용 폴더명 예시: 1_홍길동_2D (비번호_이름_2D)

  ※ 3D 제출용 폴더명 예시: 1_홍길동_3D (비번호_이름_3D)

  ※ PDF 파일명 예시: 1_홍길동_평면도 (비번호_이름_도면명)

  ※ 출력작업 시 출력 관련된 설정 외의 도면 수정작업 등은 할 수 없으며, 수정작업 등을 한 경우 실격됩니다.

  ※ 수험자의 작도 잘못으로 도면이 출력되지 않는 경우, 출력시간이 10분을 초과할 경우는 실격 처리됩니다. (출력시간은 시험시간에서 제외, 출력 기회는 2회 제공)

❻ 시험장의 장비(시설) 등이 파손되거나 고장 나지 않도록 유의하여 작업하도록 합니다.

❼ 다음 사항은 실격에 해당하여 채점 대상에서 제외됩니다.

  ㉠ 시험시간 내에 요구사항을 완성하지 못한 경우

  ㉡ 시험시간 내에 제출된 작품이라도 다음과 같은 경우
  • 구조적·기능적으로 사용 불가능한 도면이 1개라도 있을 경우
  • 주어진 조건을 지키지 않고 작도한 경우

  ㉢ 기타 채점대상에서 제외되는 조건
  • 지급된 재료 이외의 재료를 사용한 경우
  • 제공된 자료 이외에 블록, 오브젝트, 프로그램(리습, 루비 등)을 별도로 사전에 지참하여 사용하는 경우
  • 시험 중 시설·장비의 조작 또는 재료의 취급이 미숙하여 위해를 일으킬 것으로 시험위 원 전원이 합의하여 판단한 경우

3. 도 면

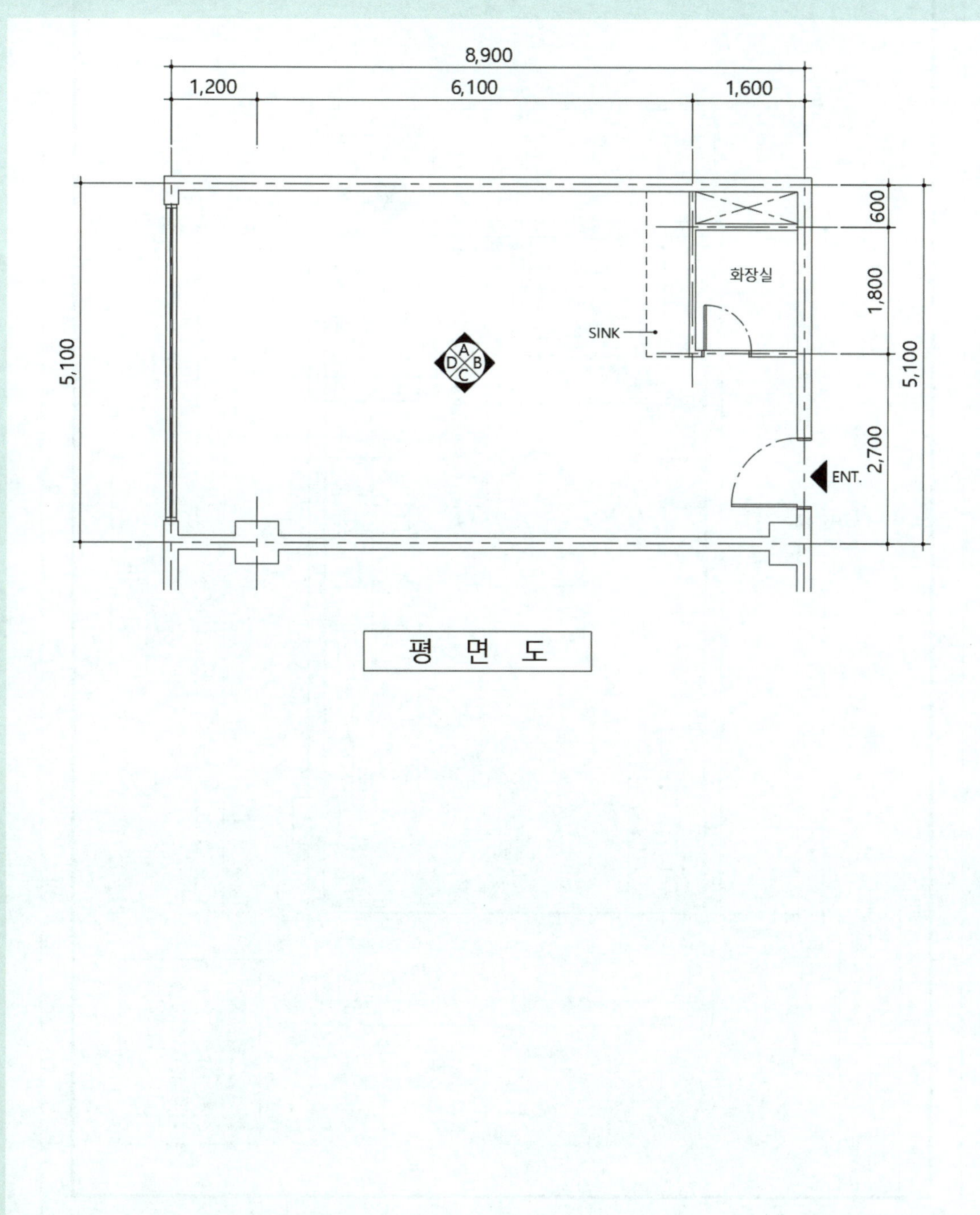

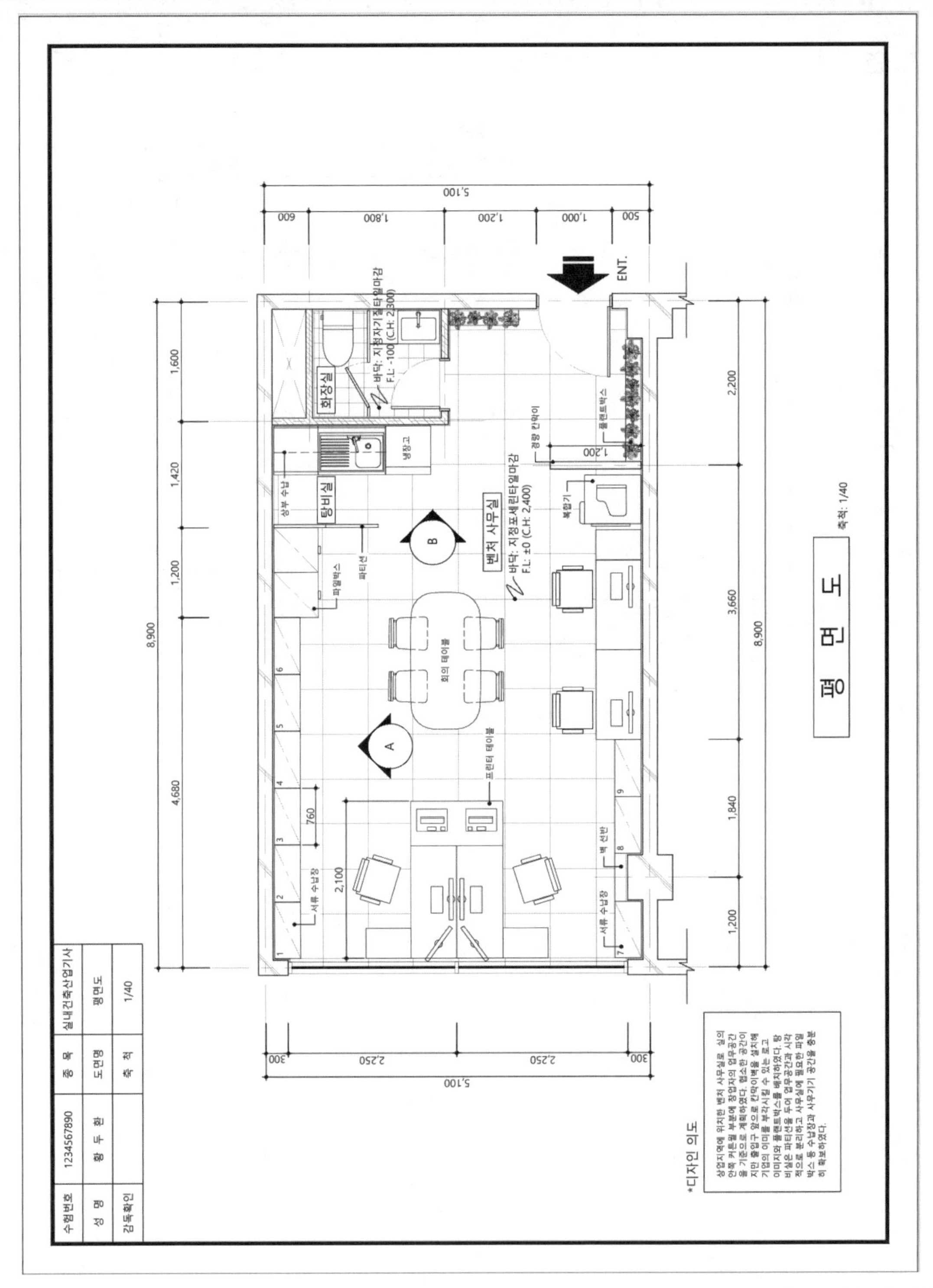
ENT.
화장실
탕비실
벤처 사무실
회의 테이블
프린터 테이블
서류 수납장
서류 수납장
벽 선반
냉장고
복합기
파티션
파테션
플랜트박스
경량 칸막이
바닥: 자청자기질 타일마감 F.L -100 (C.H: 2,300)
바닥: 자청포세린타일마감 F.L ±0 (C.H: 2,400)
축척: 1/40
평 면 도
A
B
5,100
600
1,800
1,200
1,000
500
8,900
1,600
1,420
1,200
4,680
760
2,100
2,200
1,200
3,660
1,840
8,900
1,200
300
2,250
2,250
300
5,100
*디자인 의도

• 답안 도면 2 – 내부 입면도

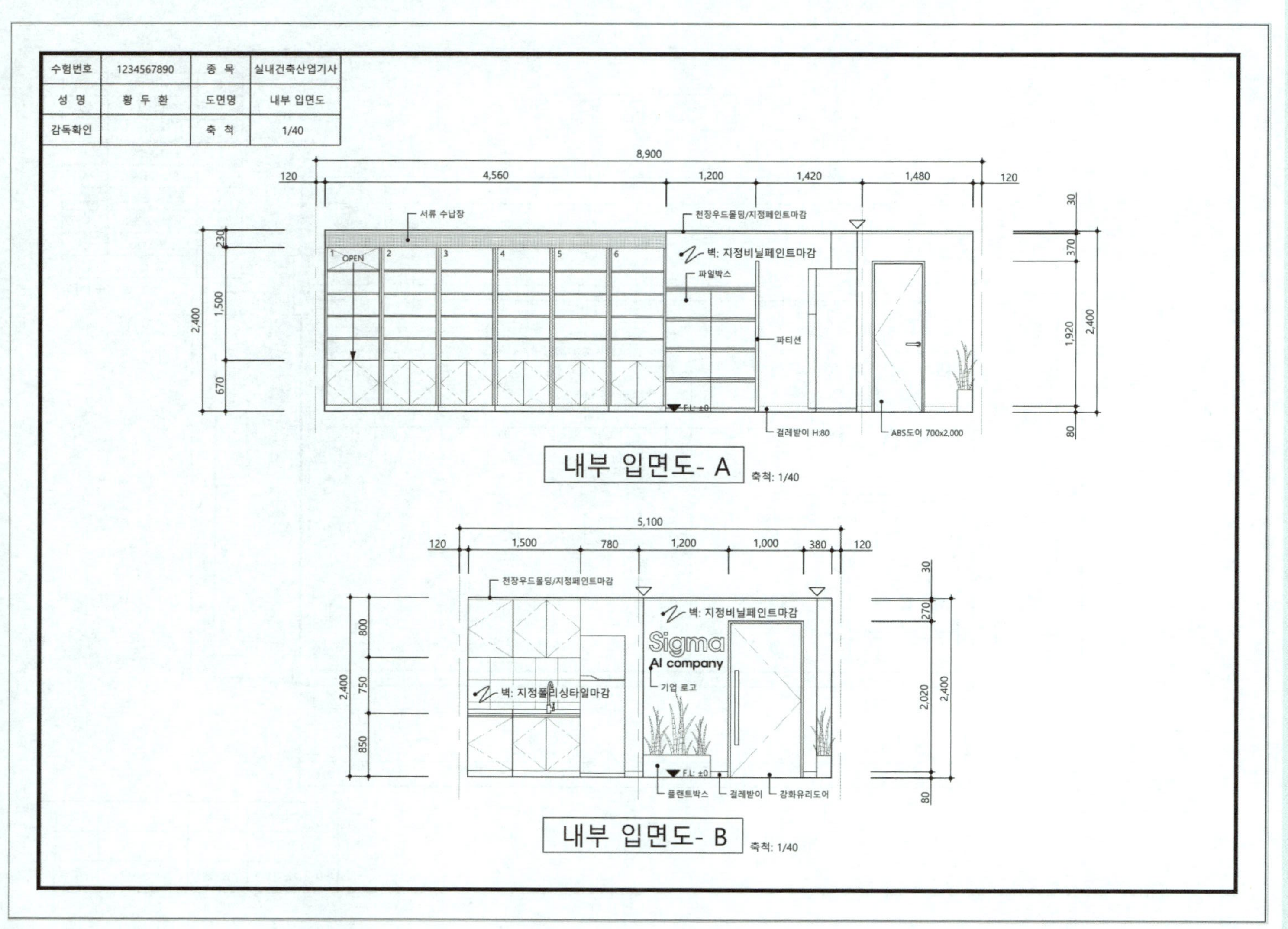

수험번호　1234567890
종 목　실내건축산업기사
성 명　황 두 환
도면명　내부 입면도
감독확인
축 척　1/40
8,900
120　4,560　1,200　1,420　1,480　120
서류 수납장
천장우드몰딩/지정페인트마감
벽: 지정비닐페인트마감
파일박스
파티션
OPEN
걸레받이 H:80
ABS도어 700x2,000
2,400　1,500　670　230
30　370　1,920　2,400　80
내부 입면도- A
축척: 1/40
5,100
120　1,500　780　1,200　1,000　380　120
천장우드몰딩/지정페인트마감
벽: 지정비닐페인트마감
Sigma
AI company
기업 로고
벽: 지정폴리싱타일마감
플랜트박스
걸레받이
강화유리도어
2,400　800　750　850
30　270　2,020　2,400　80
내부 입면도- B
축척: 1/40

• 답안 도면 3 – 천장도

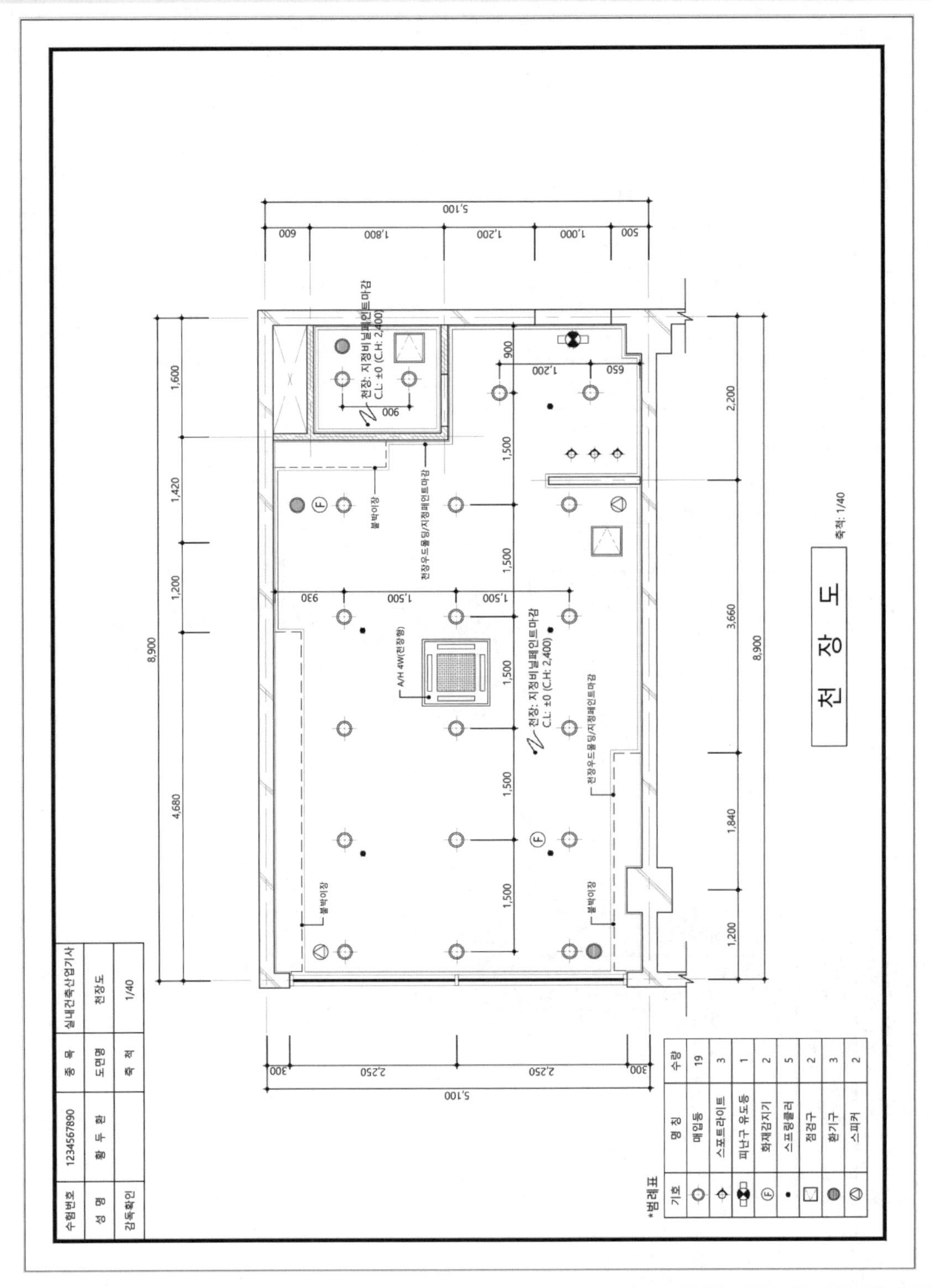

수험번호	1234567890	종 목	실내건축산업기사
성 명	황 두 환	도면명	실내투시도
감독확인		축 척	N.S

실 내 투 시 도   축척: N.S

예상문제 13. 네일아트숍

국가기술자격 실기시험문제

자격종목	실내건축산업기사	과 제 명	네일아트숍

※ 시험시간 : 5시간 30분

1. 요구사항

※ 요구조건에 따라 건축 설계 프로그램(AutoCAD/SketchUp)을 사용하여 도면을 작도하고, PDF 파일로 변환하여 출력 후 작업물과 출력물을 제출하시오.

(1) 요구조건

개 요	용 도	• 근린생활지구 내의 네일아트숍
	인적 구성	• 원장 1명, 직원 2명, 아르바이트생 2명
제시도면 조건	설계면적	• 9,200mm×6,300mm×2,700mm(CH)
	출입문 (강화유리)	• 900mm×2,100mm(H)
	커튼월	• 커튼월 벽체 [50×100 스틸바 + THK 24mm 로이유리]
	기둥/벽체	• 철근콘크리트 기둥[600×600] • 1.0B 시멘트벽돌[내부 및 외부 마감재 임의]
설계조건	내벽체	• 경량 칸막이벽체 또는 0.5B 시멘트벽돌[내부 및 외부 마감재 임의]
	천 장	• 수험자 임의 지정
	바 닥	• 수험자 임의 지정
	필요 공간 및 집기	• 카운터 • 대기공간(소파 세트) • 상담공간 • 네일아트 공간 • 패디큐어 공간 • 세탁기/건조기 • 디스플레이 선반 • 직원 휴게실(싱크/냉장고/소파/캐비닛)

※ 위 제시된 조건은 필수조건이며, 이외에 필요한 조건은 수험자가 임의로 추가할 수 있음.

(주어지지 않은 치수는 수험자가 임의로 설정)

자격종목	실내건축산업기사	과 제 명	네일아트숍

(2) 요구 도면

❶ 평면도(1장, 가구배치 및 바닥마감재 표기) – S : 1/50

- 평면도 주변의 여유 공간에 설계(디자인)의도를 200자 이내로 서술

❷ 내부 입면도(총 2면, 1장) – S : 1/50

- C방향 1면, D방향 1면(가구 배치 및 벽면재료 표기)

❸ 천장도(1장) – S : 1/50

- 설비, 조명기구 배치 및 범례표 작성/천장마감재 표기

❹ 실내투시도(1장) – S : N.S

- 계획의 포인트가 좋은 지점에서 1소점 또는 2소점 투시법으로 작성

(3) 기타 사항

❶ 도곽 작성

- 아래 예시와 같이 도곽 및 표제란을 작성
- 도곽 안에 요구 도면이 들어가도록 작업 후 PDF 파일로 제출 및 출력(3D 작업 포함)

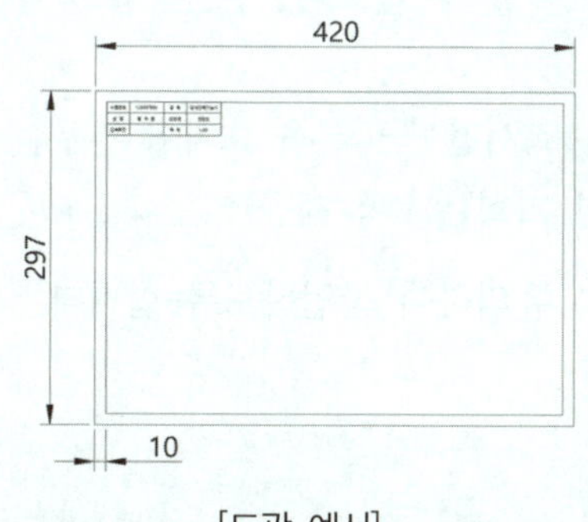

[도곽 예시]

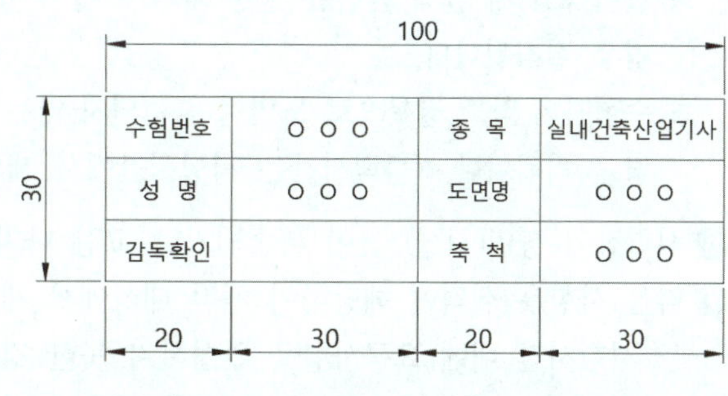

수험번호	○ ○ ○	종 목	실내건축산업기사
성 명	○ ○ ○	도면명	○ ○ ○
감독확인		축 척	○ ○ ○

[표제란 예시]

❷ 도면 배치 순서

2D 작업(흑백)			3D 작업(컬러)
첫째 장	둘째 장	셋째 장	넷째 장
평면도	내부 입면도	천장도	실내투시도

❸ 2D 작업 선 두께

빨강(1)＝0.05mm	노랑(2)＝0.3mm	녹색(3)＝0.25mm	하늘색(4)＝0.2mm
파랑(5)＝0.15mm	보라(6)＝0.1mm	회색 1(8)＝0.05mm	회색 2(9)＝0.1mm

- 선의 통일을 위해 제시된 조건으로 검은색 선의 PDF 파일로 제출

자격종목	실내건축산업기사	과 제 명	네일아트숍

2. 수험자 유의사항

※ 다음 유의사항을 고려하여 요구사항을 완성하시오.

❶ 명기되지 않은 조건은 건축법, 건축구조 및 건축제도 원칙에 따릅니다.

❷ 시험 시작 후 제공된 폴더명을 본인 비번호로 바꾸고, 모든 파일은 해당 폴더 안에 저장하도록 합니다.

❸ 정전 및 기계 고장 등에 의한 자료손실을 방지하기 위하여 수시로 저장합니다.

❹ 2D 작업이 완료되면 2D 제출용 폴더를 생성하여 해당 폴더 안에 PDF 파일로 저장 후 감독위원에게 제출합니다. (2D 작업 PDF 제출이 완료된 이후 3D 작업을 실시)

❺ 3D 작업이 완료되면 3D 제출용 폴더를 생성하여 해당 폴더 안에 PDF 파일로 저장 후 감독위원에게 제출하고, 시험위원 입회하에 본인이 직접 A3 용지에 2D, 3D 도면을 출력하도록 합니다.

　※ 2D 제출용 폴더명 예시: 1_홍길동_2D (비번호_이름_2D)

　※ 3D 제출용 폴더명 예시: 1_홍길동_3D (비번호_이름_3D)

　※ PDF 파일명 예시: 1_홍길동_평면도 (비번호_이름_도면명)

　※ 출력작업 시 출력 관련된 설정 외의 도면 수정작업 등은 할 수 없으며, 수정작업 등을 한 경우 실격됩니다.

　※ 수험자의 작도 잘못으로 도면이 출력되지 않는 경우, 출력시간이 10분을 초과할 경우는 실격 처리됩니다. (출력시간은 시험시간에서 제외, 출력 기회는 2회 제공)

❻ 시험장의 장비(시설) 등이 파손되거나 고장 나지 않도록 유의하여 작업하도록 합니다.

❼ 다음 사항은 실격에 해당하여 채점 대상에서 제외됩니다.

　㉠ 시험시간 내에 요구사항을 완성하지 못한 경우

　㉡ 시험시간 내에 제출된 작품이라도 다음과 같은 경우
- 구조적·기능적으로 사용 불가능한 도면이 1개라도 있을 경우
- 주어진 조건을 지키지 않고 작도한 경우

　㉢ 기타 채점대상에서 제외되는 조건
- 지급된 재료 이외의 재료를 사용한 경우
- 제공된 자료 이외에 블록, 오브젝트, 프로그램(리습, 루비 등)을 별도로 사전에 지참하여 사용하는 경우
- 시험 중 시설·장비의 조작 또는 재료의 취급이 미숙하여 위해를 일으킬 것으로 시험위원 전원이 합의하여 판단한 경우

3. 도 면

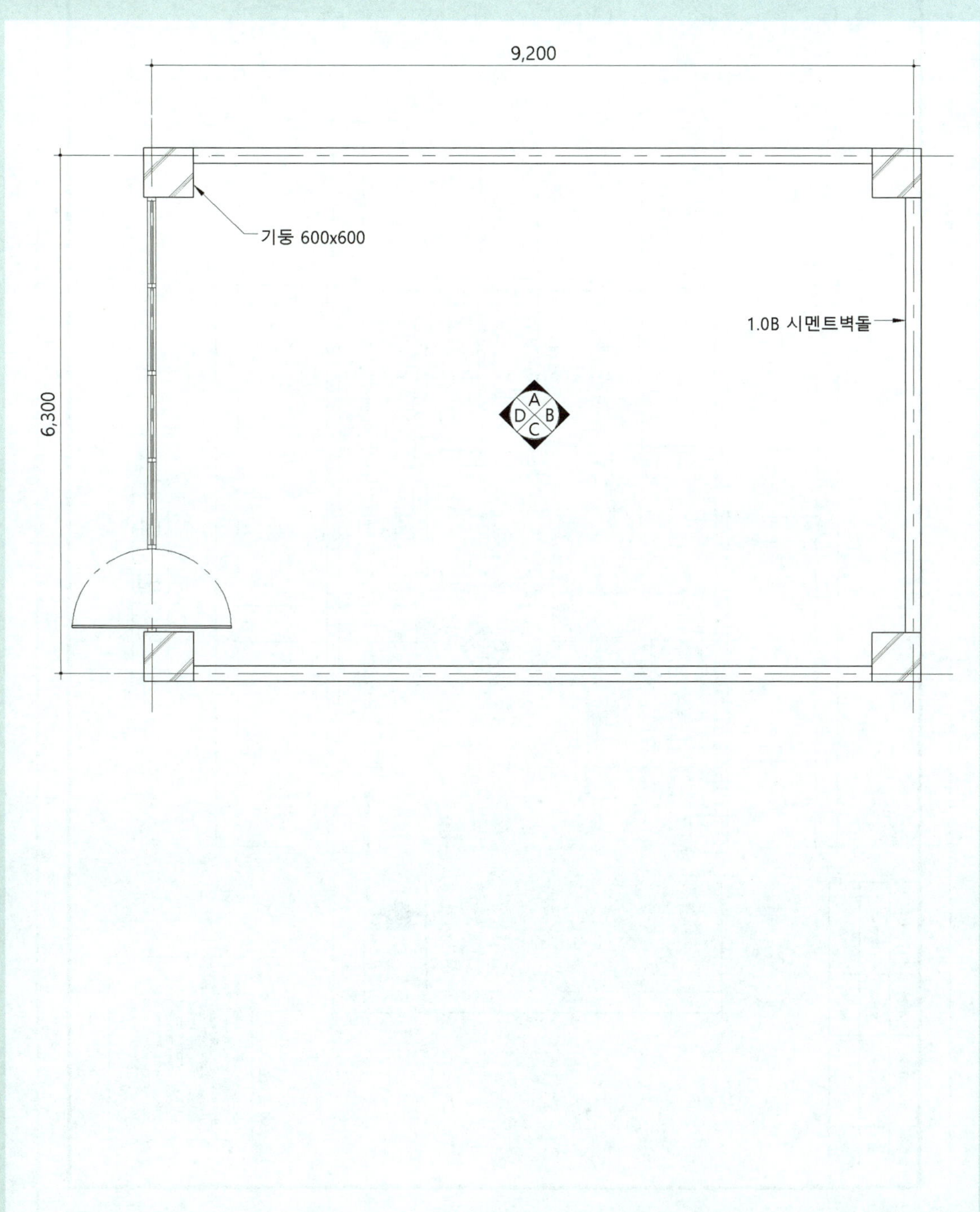

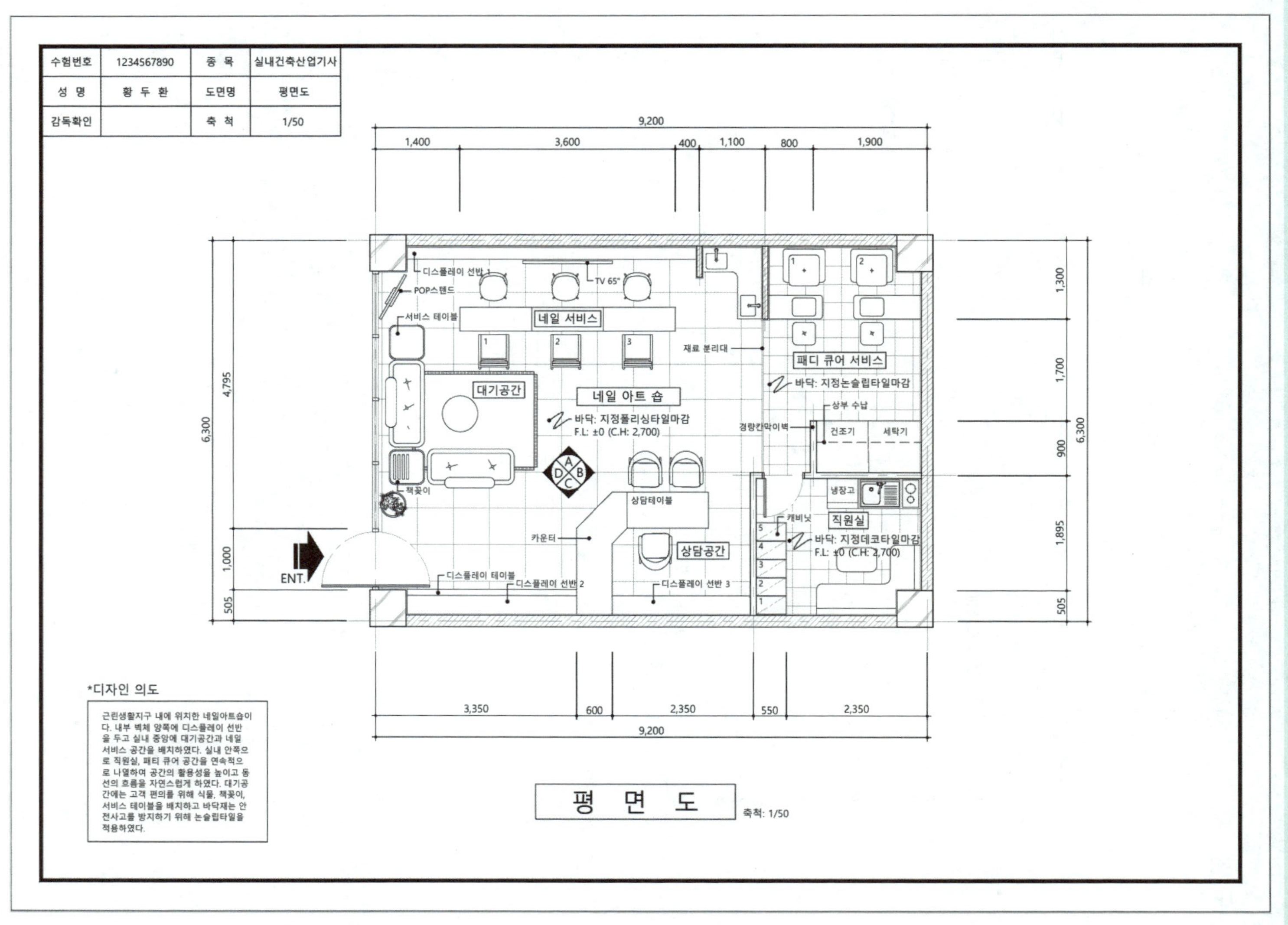

수험번호 1234567890
종 목 실내건축산업기사
성 명 황두환
도면명 평면도
감독확인
축 척 1/50
9,200
1,400 3,600 400 1,100 800 1,900
디스플레이 선반 1
POP스텐드
서비스 테이블
TV 65"
네일 서비스
1 2 3
재료 분리대
패디 큐어 서비스
바닥: 지정논슬립타일마감
대기공간
네일 아트 숍
바닥: 지정폴리싱타일마감
F.L: ±0 (C.H: 2,700)
상부 수납
경량칸막이벽
건조기 세탁기
A B C D
책꽂이
상담테이블
카운터
냉장고
캐비닛
직원실
바닥: 지정데코타일마감
F.L: ±0 (C.H: 2,700)
ENT.
디스플레이 테이블
디스플레이 선반 2
상담공간
디스플레이 선반 3
5 4 3 2 1
6,300
4,795 1,000 505
1,300 1,700 900 1,895 505
6,300
3,350 600 2,350 550 2,350
9,200
*디자인 의도
근린생활지구 내에 위치한 네일아트숍이
다. 내부 벽체 양쪽에 디스플레이 선반
을 두고 실내 중앙에 대기공간과 네일
서비스 공간을 배치하였다. 실내 안쪽으
로 직원실, 페티 큐어 공간을 연속적으
로 나열하여 공간의 활용성을 높이고 동
선의 흐름을 자연스럽게 하였다. 대기공
간에는 고객 편의를 위해 식물, 책꽂이,
서비스 테이블을 배치하고 바닥재는 안
전사고를 방지하기 위해 논슬립타일을
적용하였다.
평 면 도
축척: 1/50

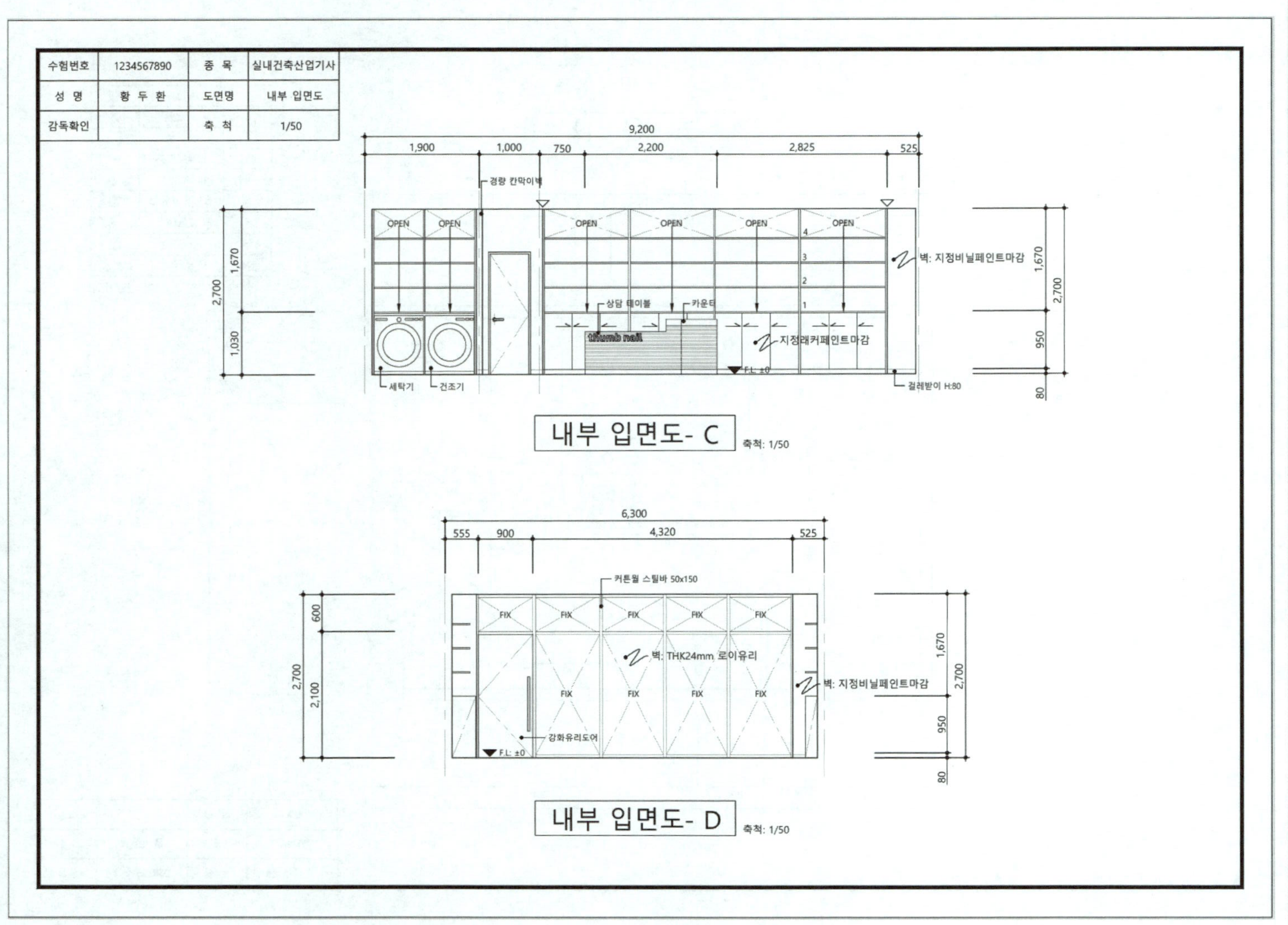
수험번호   1234567890   종 목   실내건축산업기사
성 명   황 두 환   도면명   내부 입면도
감독확인   축 척   1/50
9,200
1,900   1,000   750   2,200   2,825   525
경량 칸막이벽
OPEN   OPEN   OPEN   OPEN   OPEN   OPEN
4
3
2
1
벽: 지정비닐페인트마감
상담 테이블   카운터
thumb nail
지정래커페인트마감
F.L ±0
세탁기   건조기
걸레받이 H:80
1,670
2,700
950
80
2,700
1,670
1,030
내부 입면도- C   축척: 1/50
6,300
555   900   4,320   525
커튼월 스틸바 50x150
FIX   FIX   FIX   FIX   FIX
벽: THK24mm 로이유리
FIX   FIX   FIX   FIX
벽: 지정비닐페인트마감
강화유리도어
F.L: ±0
600
2,700
2,100
1,670
2,700
950
80
내부 입면도- D   축척: 1/50

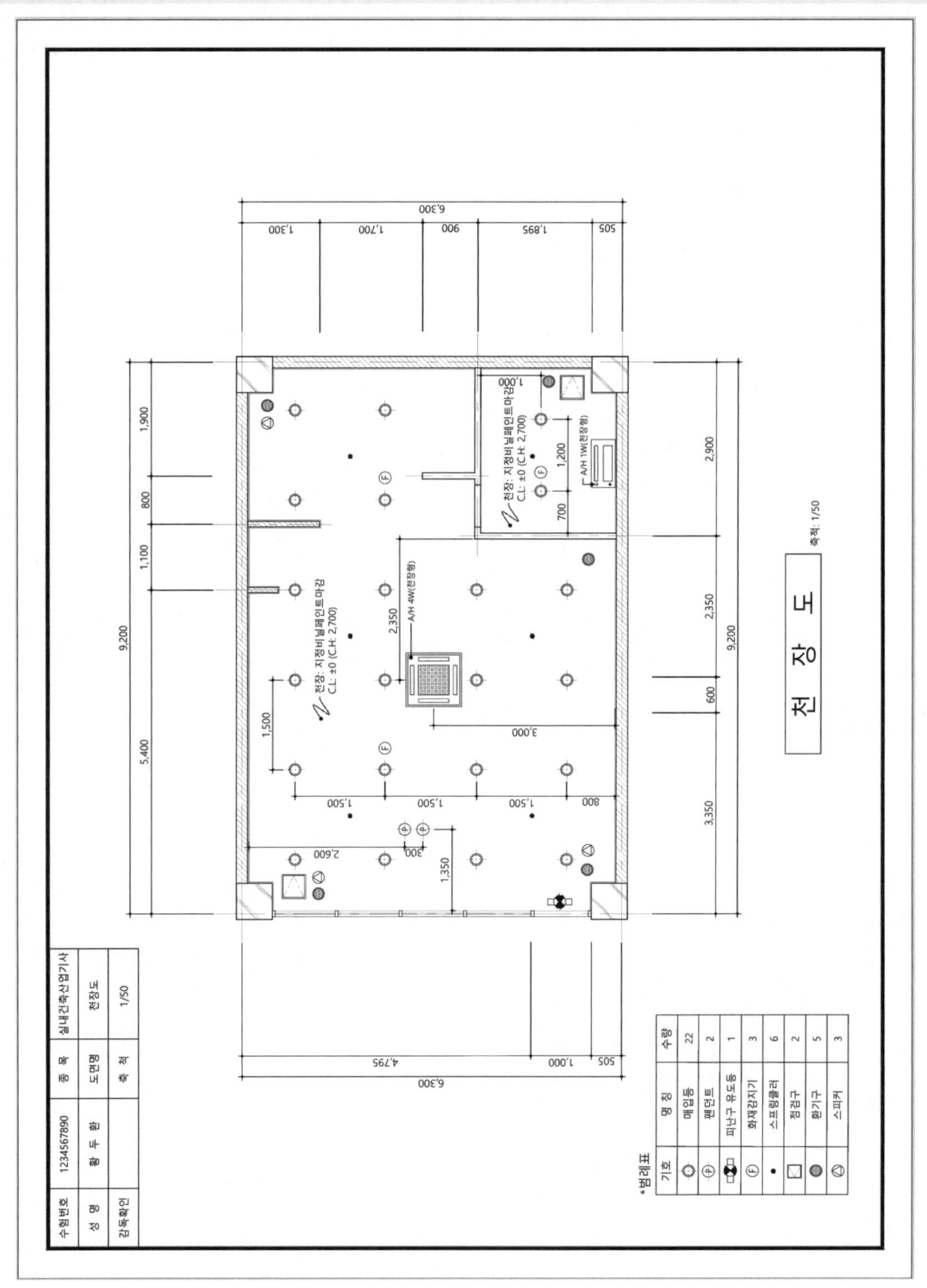
천 장 도
축척: 1/50
천장: 지정비닐페인트마감
C.L ±0 (C.H. 2,700)
A/H 1W(천장형)
A/H 4W(천장형)
6,300
9,200
*범례표

수험번호	1234567890	종 목	실내건축산업기사
성 명	황 두 환	도면명	실내투시도
감독확인		축 척	N.S

실 내 투 시 도   축척: N.S

예상문제 14. 이동통신기기 판매점

국가기술자격 실기시험문제

자격종목	실내건축산업기사	과 제 명	이동통신기기 판매점

※ 시험시간 : 5시간 30분

1. 요구사항

※ 요구조건에 따라 건축 설계 프로그램(AutoCAD/SketchUp)을 사용하여 도면을 작도하고, PDF 파일로 변환하여 출력 후 작업물과 출력물을 제출하시오.

(1) 요구조건

개 요	용 도	• 도심지에 위치한 이동통신기기 판매점
	인적 구성	• 상시 직원 2명, 아르바이트생 1명
시도면 조건	설계면적	• 12,000mm×9,500mm×3,000mm(CH)
	출입문	• 주출입문(강화유리): 1,800mm×2,100mm(H) • 보조출입문: 900mm×2,100mm(H)
	커튼월	• 커튼월 벽체 [50×150 스틸바 + THK 24mm 로이유리]
	기둥/벽체	• 철근콘크리트 기둥[600×600] • 벽체[내부 및 외부 마감재 임의 + 1.0B 시멘트벽돌]
설계조건	내벽체	• 경량 칸막이벽체 또는 0.5B 시멘트벽돌
	천 장	• 평천장
	바 닥	• 수험자 임의 지정
	필요 공간 및 집기	• 휴대폰 판매공간(카운터 및 쇼케이스, 아일랜드형 쇼케이스 별도 구성) • 휴대폰 전시공간(홍보용 사인물 계획, 디스플레이 테이블) • 고객 대기공간(커피 제조가 가능한 음료집기, 소파, TV) • 직원 휴게실 및 창고(락커, 진열장, 소파)

※ 위 제시된 조건은 필수조건이며, 이외에 필요한 조건은 수험자가 임의로 추가할 수 있음.
   (주어지지 않은 치수는 수험자가 임의로 설정)

자격종목	실내건축산업기사	과 제 명	이동통신기기 판매점

(2) 요구 도면

❶ 평면도(1장, 가구배치 및 바닥마감재 표기) – S: 1/50
- 평면도 주변의 여유 공간에 설계(디자인)의도를 200자 이내로 서술

❷ 내부 입면도(총 2면, 1장) – S: 1/50
- A방향 1면, B방향 1면(가구 배치 및 벽면재료 표기)

❸ 천장도(1장) – S: 1/50
- 설비, 조명기구 배치 및 범례표 작성/천장마감재 표기

❹ 실내투시도(1장) – S: N.S
- 계획의 포인트가 좋은 지점에서 1소점 또는 2소점 투시법으로 작성

(3) 기타 사항

❶ 도곽 작성
- 아래 예시와 같이 도곽 및 표제란을 작성
- 도곽 안에 요구 도면이 들어가도록 작업 후 PDF 파일로 제출 및 출력(3D 작업 포함)

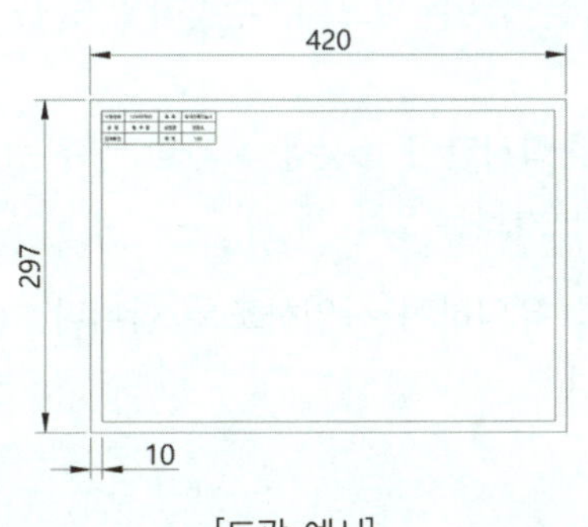

[도곽 예시]

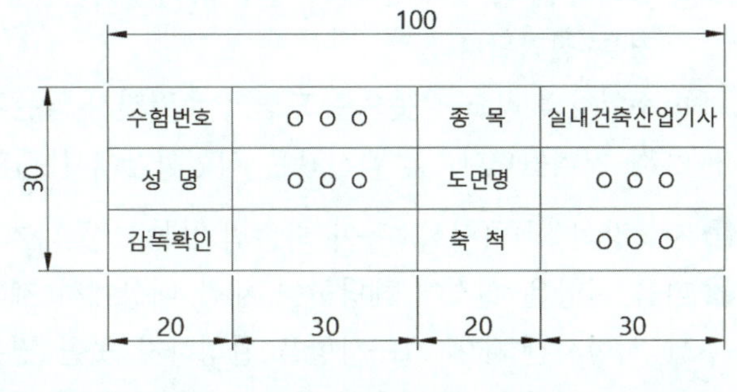

[표제란 예시]

❷ 도면 배치 순서

2D 작업(흑백)			3D 작업(컬러)
첫째 장	둘째 장	셋째 장	넷째 장
평면도	내부 입면도	천장도	실내투시도

❸ 2D 작업 선 두께

빨강(1)=0.05mm	노랑(2)=0.3mm	녹색(3)=0.25mm	하늘색(4)=0.2mm
파랑(5)=0.15mm	보라(6)=0.1mm	회색 1(8)=0.05mm	회색 2(9)=0.1mm

- 선의 통일을 위해 제시된 조건으로 검은색 선의 PDF 파일로 제출

자격종목	실내건축산업기사	과 제 명	이동통신기기 판매점

2. 수험자 유의사항

※ 다음 유의사항을 고려하여 요구사항을 완성하시오.

❶ 명기되지 않은 조건은 건축법, 건축구조 및 건축제도 원칙에 따릅니다.

❷ 시험 시작 후 제공된 폴더명을 본인 비번호로 바꾸고, 모든 파일은 해당 폴더 안에 저장하도록 합니다.

❸ 정전 및 기계 고장 등에 의한 자료손실을 방지하기 위하여 수시로 저장합니다.

❹ 2D 작업이 완료되면 2D 제출용 폴더를 생성하여 해당 폴더 안에 PDF 파일로 저장 후 감독위원에게 제출합니다. (2D 작업 PDF 제출이 완료된 이후 3D 작업을 실시)

❺ 3D 작업이 완료되면 3D 제출용 폴더를 생성하여 해당 폴더 안에 PDF 파일로 저장 후 감독위원에게 제출하고, 시험위원 입회하에 본인이 직접 A3 용지에 2D, 3D 도면을 출력하도록 합니다.

    ※ 2D 제출용 폴더명 예시: 1_홍길동_2D (비번호_이름_2D)

    ※ 3D 제출용 폴더명 예시: 1_홍길동_3D (비번호_이름_3D)

    ※ PDF 파일명 예시: 1_홍길동_평면도 (비번호_이름_도면명)

    ※ 출력작업 시 출력 관련된 설정 외의 도면 수정작업 등은 할 수 없으며, 수정작업 등을 한 경우 실격됩니다.

    ※ 수험자의 작도 잘못으로 도면이 출력되지 않는 경우, 출력시간이 10분을 초과할 경우는 실격 처리됩니다. (출력시간은 시험시간에서 제외, 출력 기회는 2회 제공)

❻ 시험장의 장비(시설) 등이 파손되거나 고장 나지 않도록 유의하여 작업하도록 합니다.

❼ 다음 사항은 실격에 해당하여 채점 대상에서 제외됩니다.

    ㉠ 시험시간 내에 요구사항을 완성하지 못한 경우

    ㉡ 시험시간 내에 제출된 작품이라도 다음과 같은 경우

        • 구조적·기능적으로 사용 불가능한 도면이 1개라도 있을 경우

        • 주어진 조건을 지키지 않고 작도한 경우

    ㉢ 기타 채점대상에서 제외되는 조건

        • 지급된 재료 이외의 재료를 사용한 경우

        • 제공된 자료 이외에 블록, 오브젝트, 프로그램(리습, 루비 등)을 별도로 사전에 지참하여 사용하는 경우

        • 시험 중 시설·장비의 조작 또는 재료의 취급이 미숙하여 위해를 일으킬 것으로 시험위원 전원이 합의하여 판단한 경우

3. 도 면

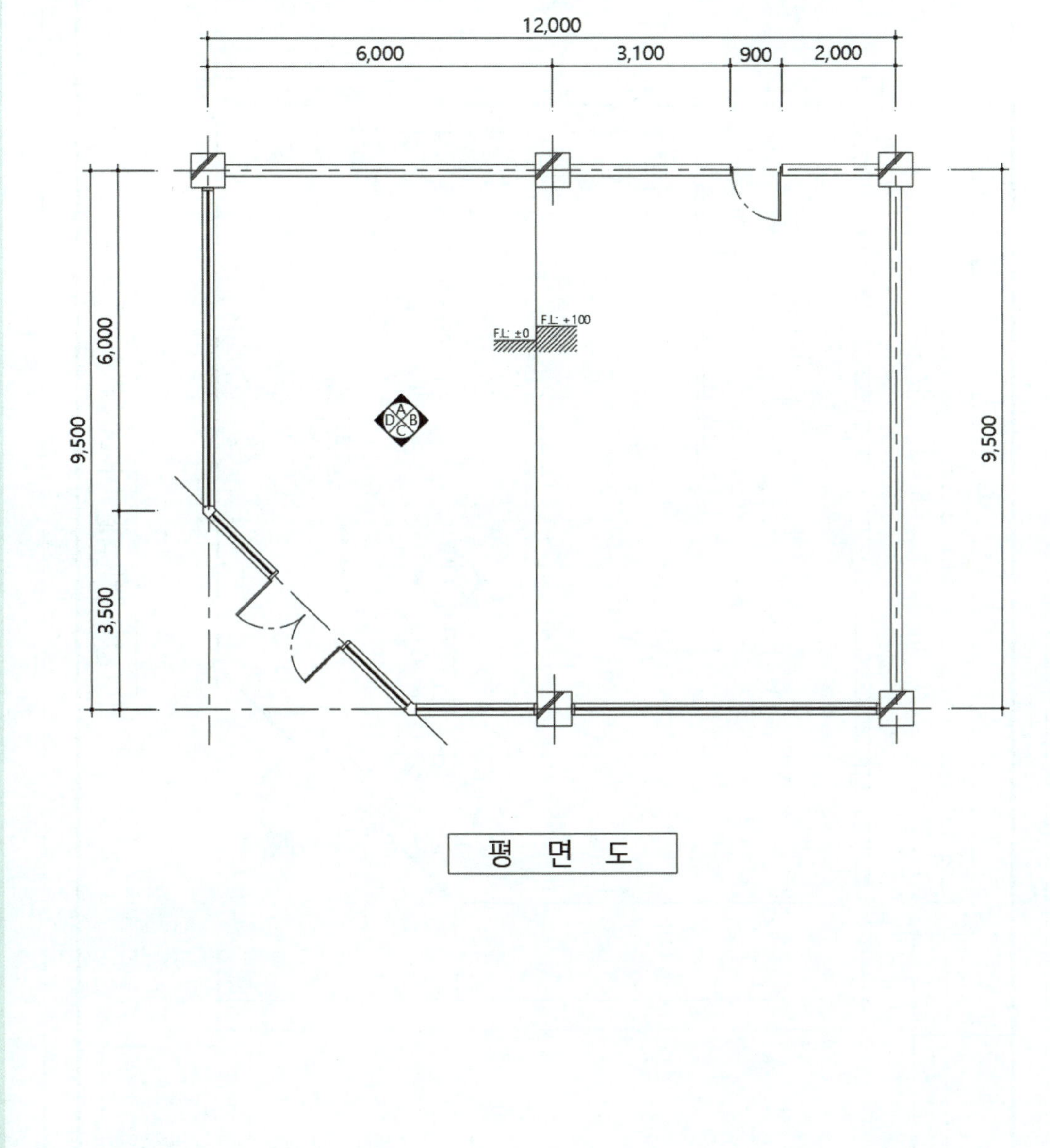

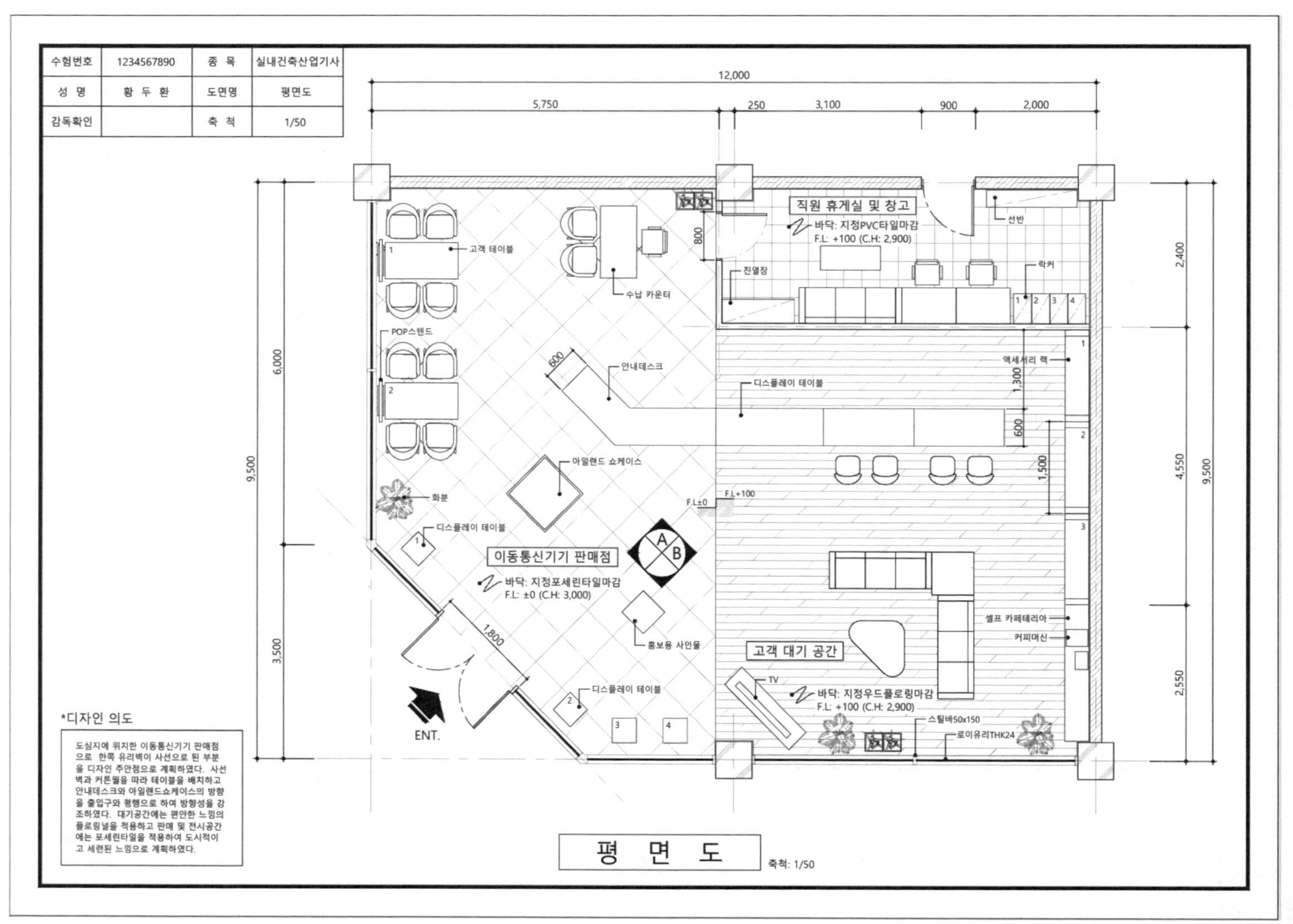
수험번호　1234567890　종 목　실내건축산업기사
성 명　황두환　도면명　평면도
감독확인　　축 척　1/50
12,000
5,750　250　3,100　900　2,000
9,500
2,400
4,550
2,550
6,000
3,500
9,500
800
직원 휴게실 및 창고
바닥: 지정PVC타일마감
F.L: +100 (C.H: 2,900)
선반
락커
진열장
1 2 3 4
액세서리 랙
1,300
600
1,500
고객 테이블
수납 카운터
디스플레이 테이블
1
2
3
POP스텐드
안내데스크
600
아일랜드 쇼케이스
화분
디스플레이 테이블
1
F.L±0　F.L +100
이동통신기기 판매점
바닥: 지정포세린타일마감
F.L: ±0 (C.H: 3,000)
A
B
홍보용 사인물
셀프 카페테리아
커피머신
고객 대기 공간
TV
바닥: 지정우드플로링마감
F.L: +100 (C.H: 2,900)
스틸바50x150
로이유리THK24
디스플레이 테이블
2
3　4
1,800
ENT.
*디자인 의도
도심지에 위치한 이동통신기기 판매점
으로 한쪽 유리벽이 사선으로 된 부분
을 디자인 주안점으로 계획하였다. 사선
벽과 커튼월을 따라 테이블을 배치하고
안내데스크와 아일랜드쇼케이스의 방향
을 출입구와 평행으로 하여 방향성을 강
조하였다. 대기공간에는 편안한 느낌의
플로링널을 적용하고 판매 및 전시공간
에는 포세린타일을 적용하여 도시적이
고 세련된 느낌으로 계획하였다.
평 면 도
축척: 1/50

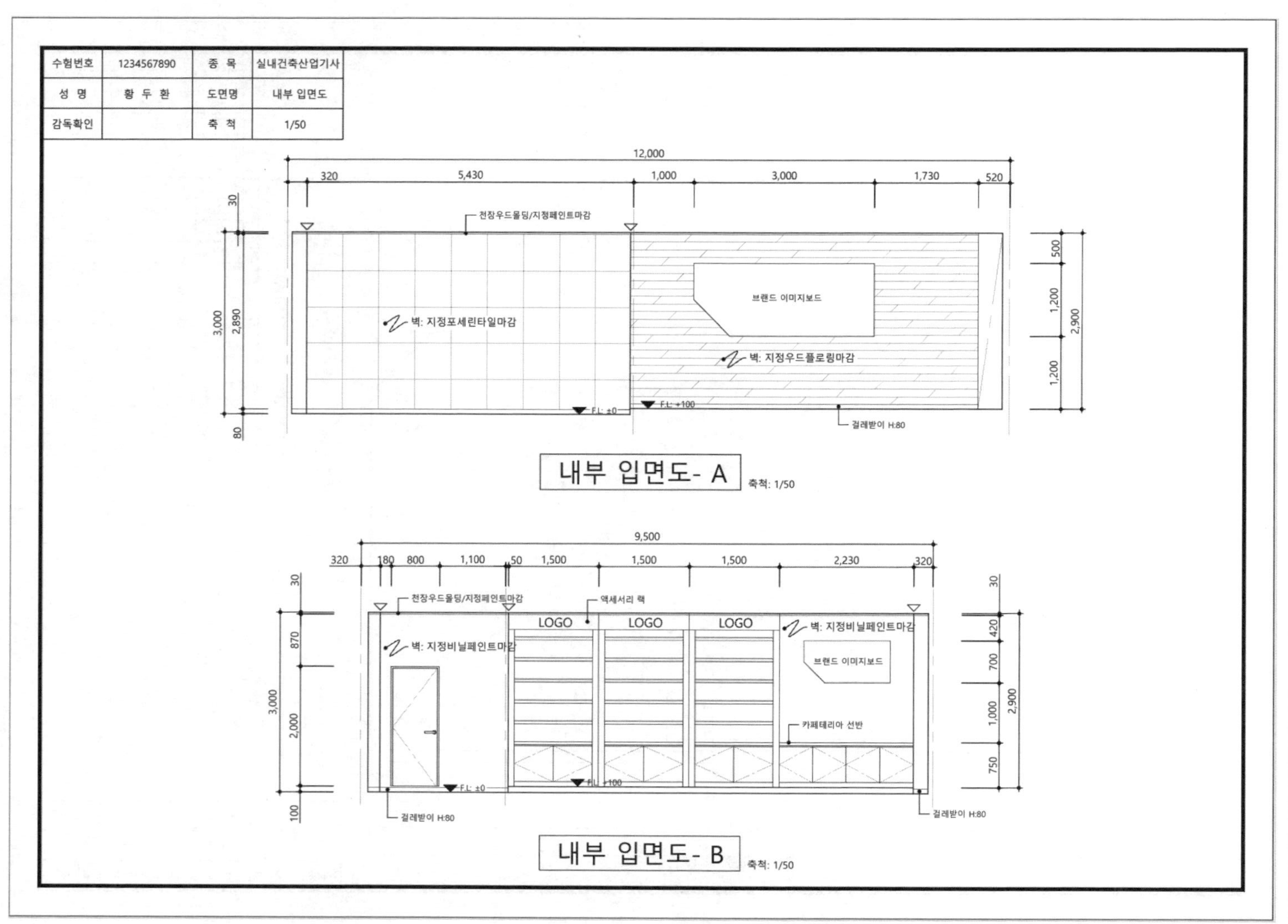

수험번호 1234567890
종 목 실내건축산업기사
성 명 황 두 환
도면명 내부 입면도
감독확인
축 척 1/50
12,000
320 5,430 1,000 3,000 1,730 520
30
3,000
2,890
80
전장우드몰딩/지정페인트마감
500
1,200
2,900
1,200
브랜드 이미지보드
벽: 지정포세린타일마감
벽: 지정우드플로링마감
F.L: ±0
F.L: +100
걸레받이 H:80
내부 입면도- A 축척: 1/50
9,500
320 180 800 1,100 50 1,500 1,500 1,500 2,230 320
30
3,000
870
2,000
100
전장우드몰딩/지정페인트마감
액세서리 랙
LOGO LOGO LOGO
벽: 지정비닐페인트마감
벽: 지정비닐페인트마감
30
420
700
1,000
2,900
750
브랜드 이미지보드
카페테리아 선반
걸레받이 H:80
걸레받이 H:80
F.L: ±0
F.L: +100
내부 입면도- B 축척: 1/50

• 답안 도면 3 – 천장도

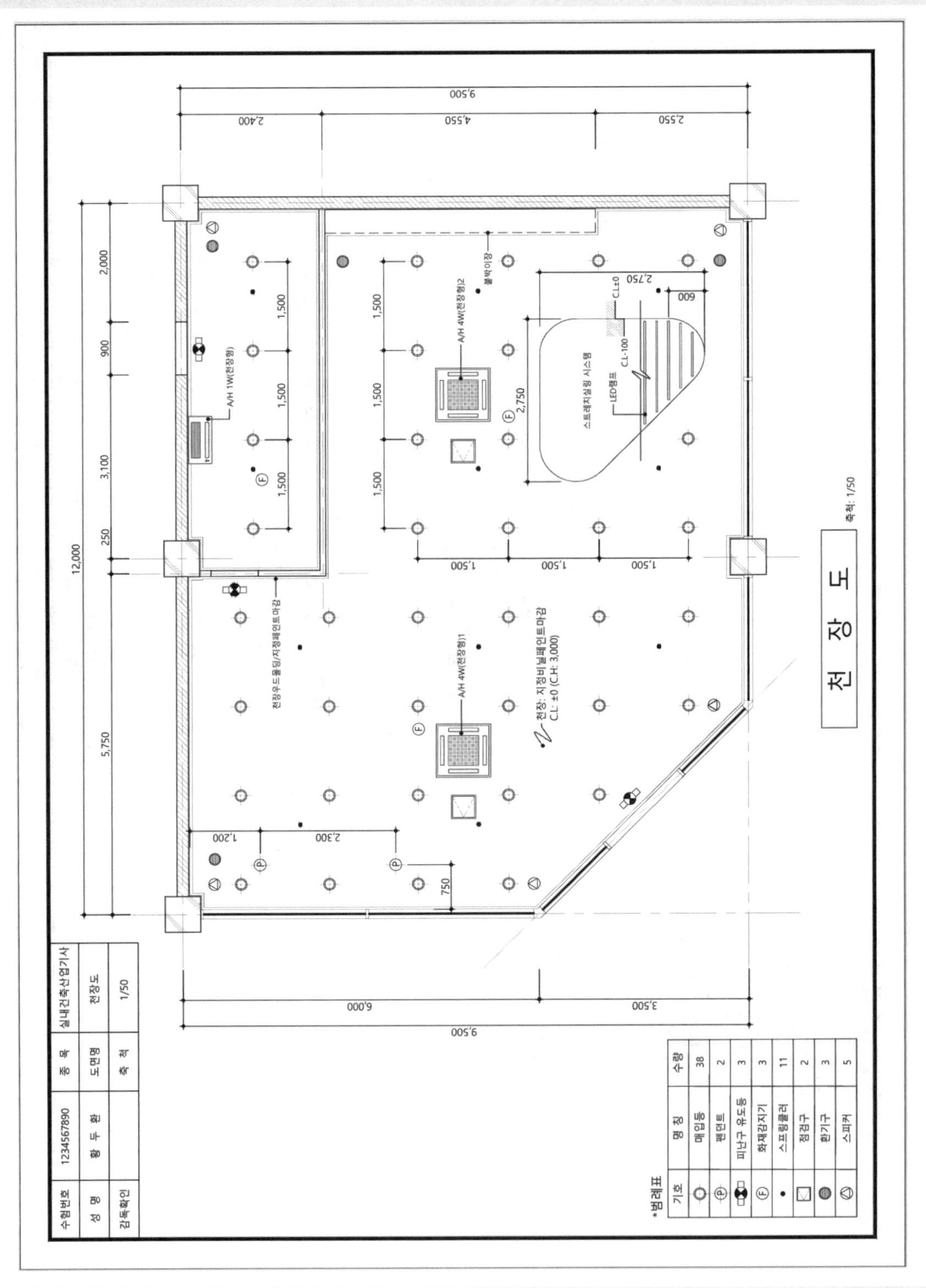

9,500
2,400
4,550
2,550
2,000
1,500
900
1,500
1,500
3,100
1,500
250
1,500
5,750
12,000
A/H 1W(전장형)
A/H 4W(전장형)2
A/H 4W(전장형)1
천장우드몰딩/직영페인트마감
천장·지정비닐페인트마감
C.L ±0 (C.H 3,000)
1,500
1,500
1,500
1,500
2,300
1,200
750
1,500
6,000
3,500
9,500
스프레쿠지설형 시스템
LED램프
C.L ±0
C.L-100
2,750
600
2,750
블락아경
블락아경
축척: 1/50
천 장 도
수험번호 1234567890
종 목 실내건축산업기사
성 명 황 두 환
도면명 천장도
감독확인
축 척 1/50
*범례표
기호 명 칭 수량
매입등 38
펜던트 2
피난구유도등 3
화재감지기 3
· 11
스프링쿨러 2
점검구 3
환기구 5
스피커

수험번호 1234567890 종 목 실내건축산업기사
성 명 황 두 환 도면명 실내투시도
감독확인   축 척 N.S
mobile device
Space S Series
case
film
sticker
Life Comp
mobile device
실 내 투 시 도
축척: N.S

Industrial Engineer Interior Architecture

부록

실내건축기사 단면상세도
(구조 형식에 따른 답안 작성 예시)

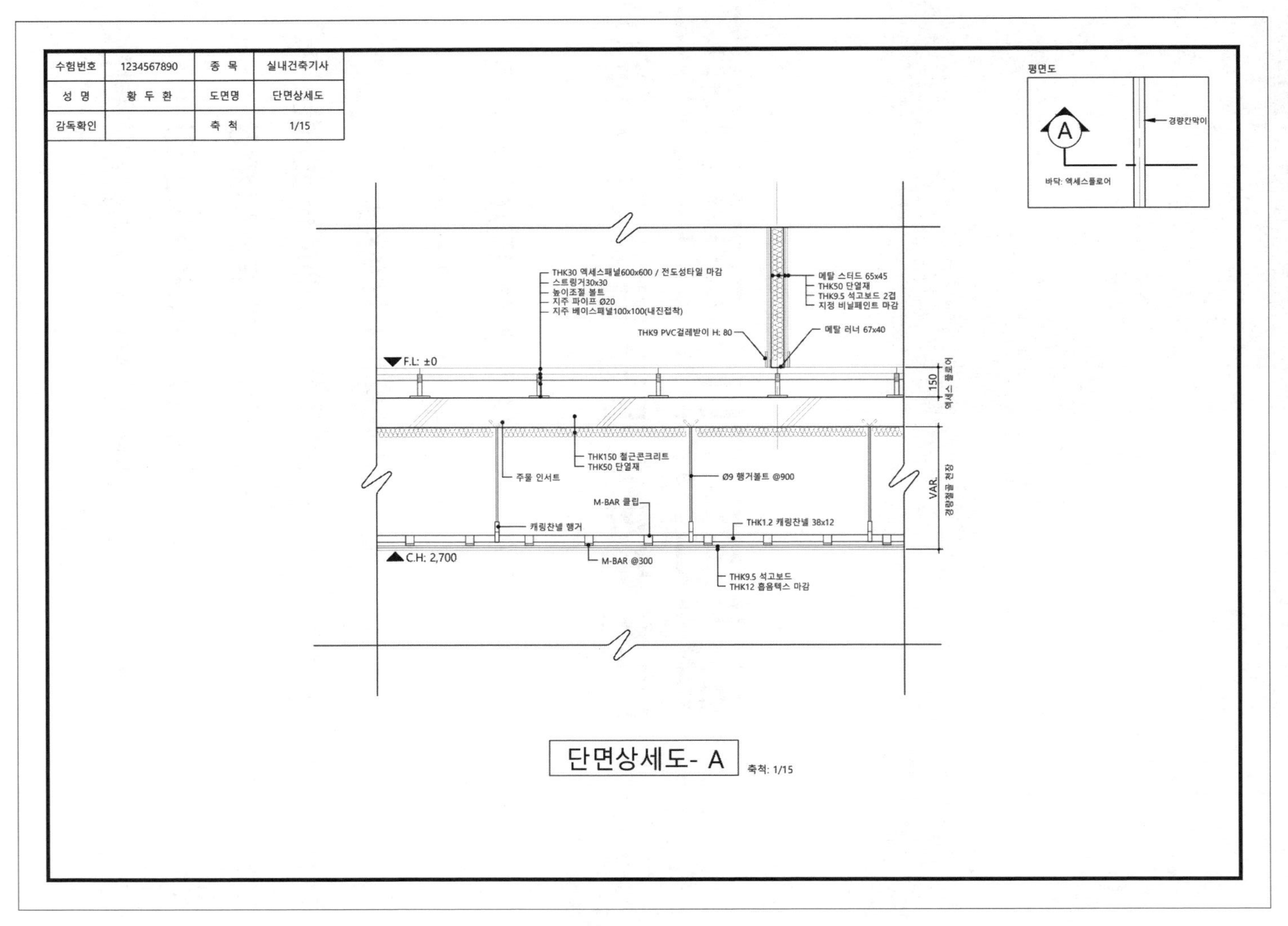
수험번호   1234567890   종 목   실내건축기사
성 명   황 두 환   도면명   단면상세도
감독확인   축 척   1/15
평면도
A
경량칸막이
바닥: 액세스플로어
THK30 액세스패널600x600 / 전도성타일 마감
스트링거30x30
높이조절 볼트
지주 파이프 Ø20
지주 베이스패널100x100(내진접착)
THK9 PVC걸레받이 H: 80
메탈 스터드 65x45
THK50 단열재
THK9.5 석고보드 2겹
지정 비닐페인트 마감
메탈 러너 67x40
F.L: ±0
150
액세스플로어
THK150 철근콘크리트
THK50 단열재
주물 인서트
Ø9 행거볼트 @900
M-BAR 클립
캐링찬넬 행거
THK1.2 캐링찬넬 38x12
C.H: 2,700
M-BAR @300
THK9.5 석고보드
THK12 흡음텍스 마감
VAR.
경량천장 전 높이
단면상세도- A   축척: 1/15

수험번호	1234567890	종 목	실내건축기사
성 명	황 두 환	도면명	단면상세도
감독확인		축 척	1/15

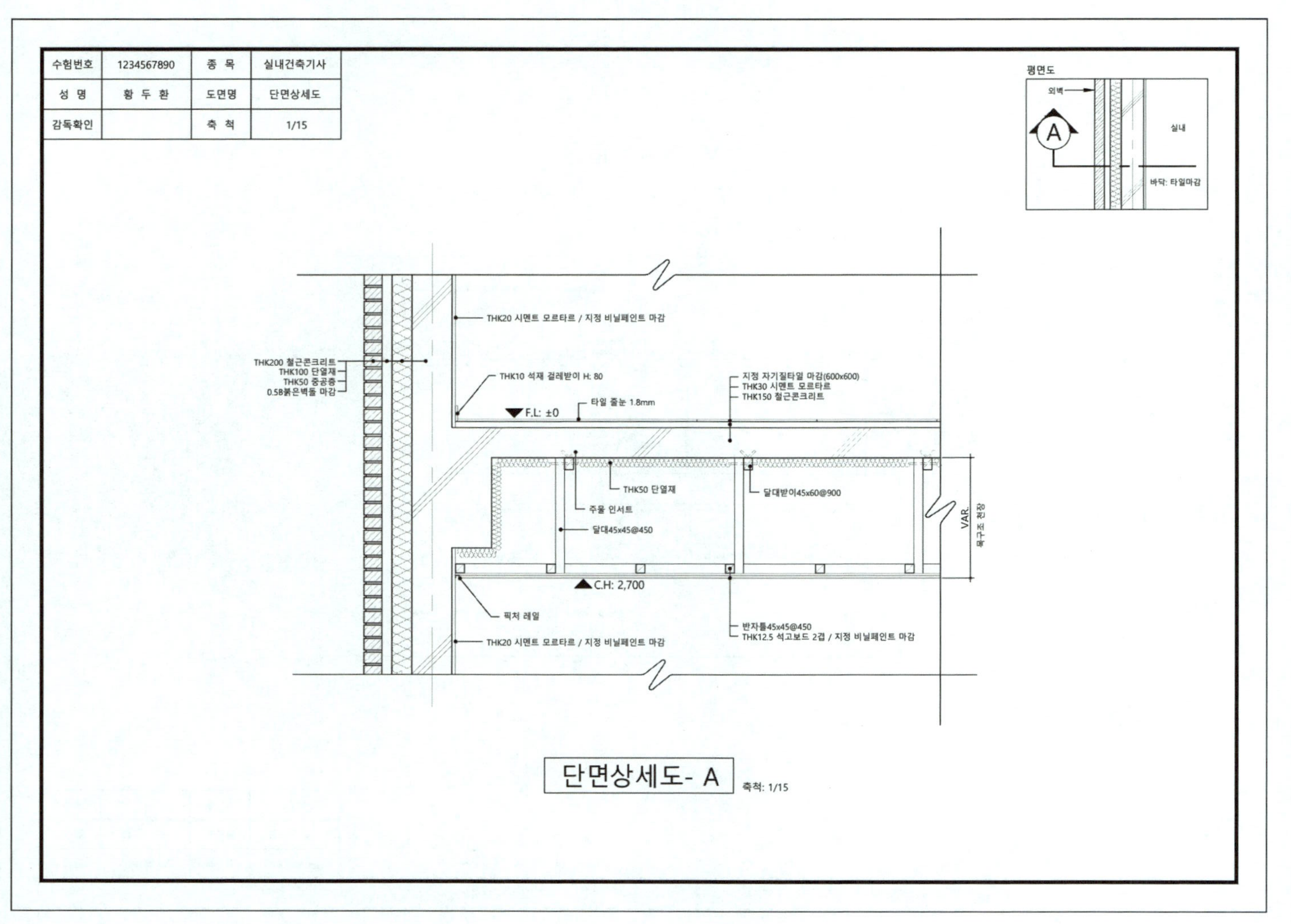

3. 외벽 + 타일바닥 + 경량천장

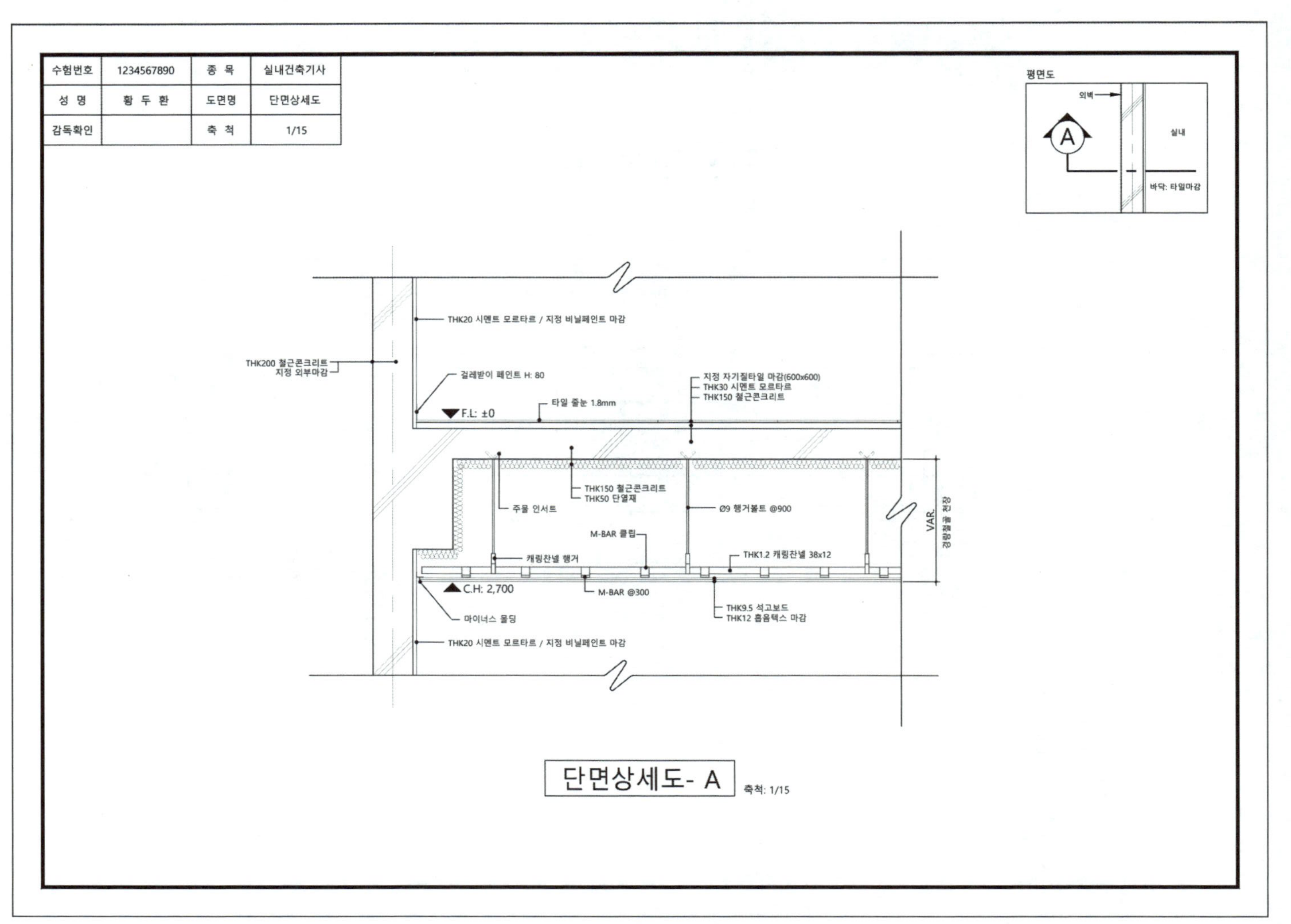

수험번호	1234567890	종 목	실내건축기사
성 명	황 두 환	도면명	단면상세도
감독확인		축 척	1/15

수험번호	1234567890	종 목	실내건축기사
성 명	황 두 환	도면명	단면상세도
감독확인		축 척	1/15

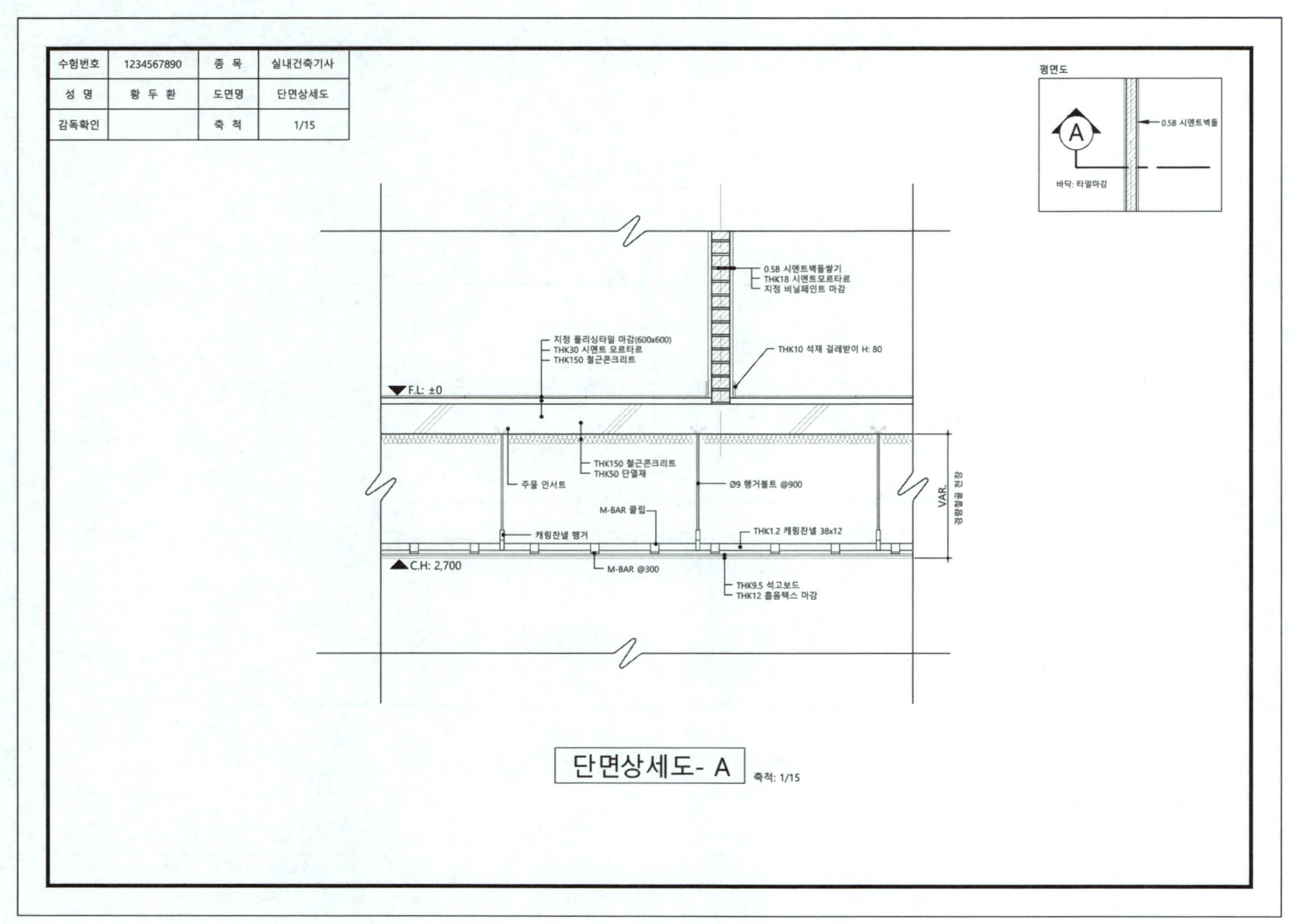

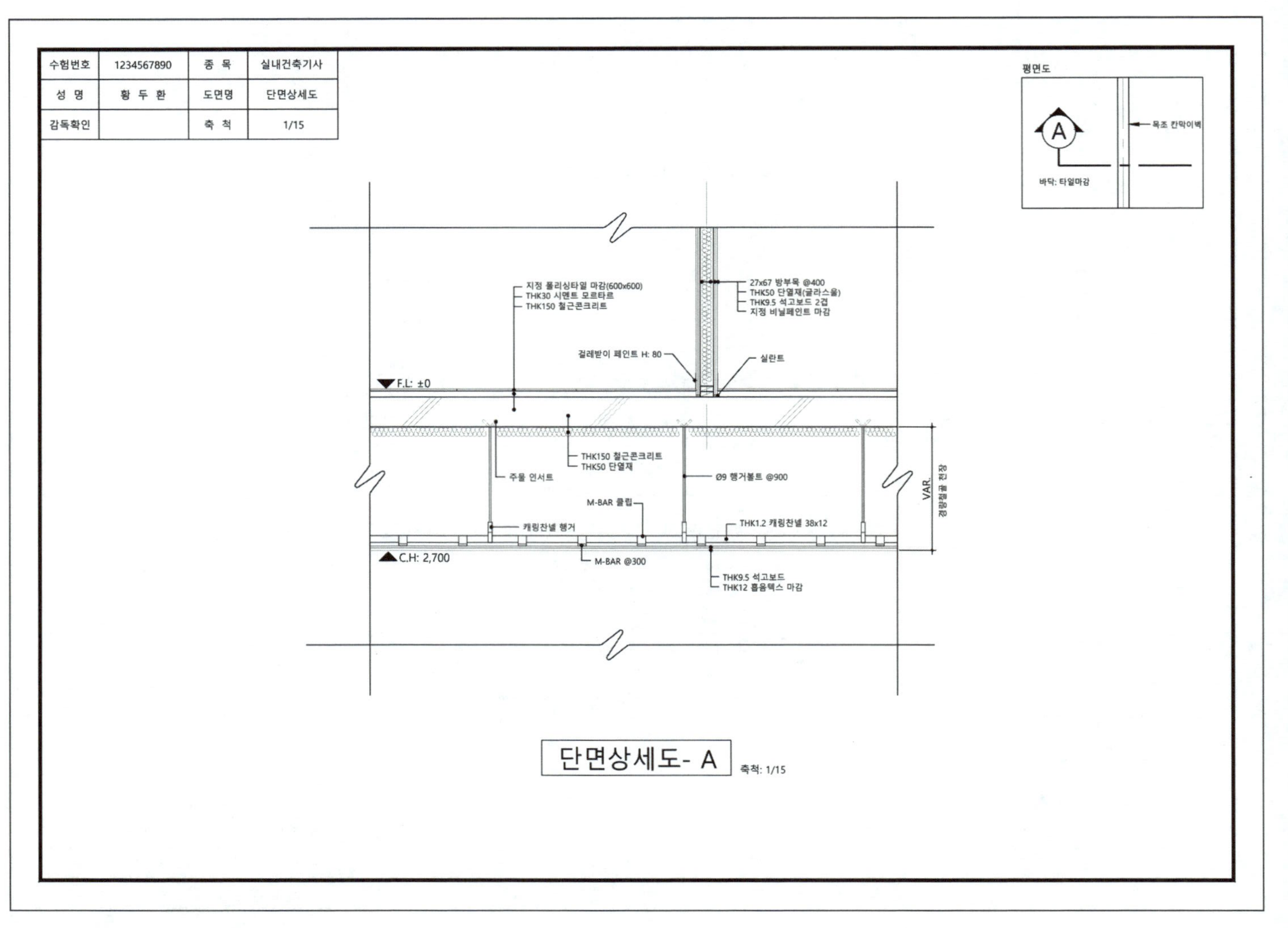

수험번호   1234567890   종 목   실내건축기사
성 명   황 두 환   도면명   단면상세도
감독확인   축 척   1/15
평면도
A
목조 칸막이벽
바닥: 타일마감
지정 폴리싱타일 마감(600x600)
THK30 시멘트 모르타르
THK150 철근콘크리트
27x67 받부목 @400
THK50 단열재(글라스울)
THK9.5 석고보드 2겹
지정 비닐페인트 마감
걸레받이 페인트 H: 80
실란트
F.L: ±0
THK150 철근콘크리트
THK50 단열재
주물 인서트
Ø9 행거볼트 @900
M-BAR 클립
캐링찬넬 행거
THK1.2 캐링찬넬 38x12
C.H: 2,700
M-BAR @300
THK9.5 석고보드
THK12 흡음텍스 마감
VAR
경량천장 천정
단면상세도- A   축척: 1/15

6. 목조칸막이 + 타일바닥 + 목조천장

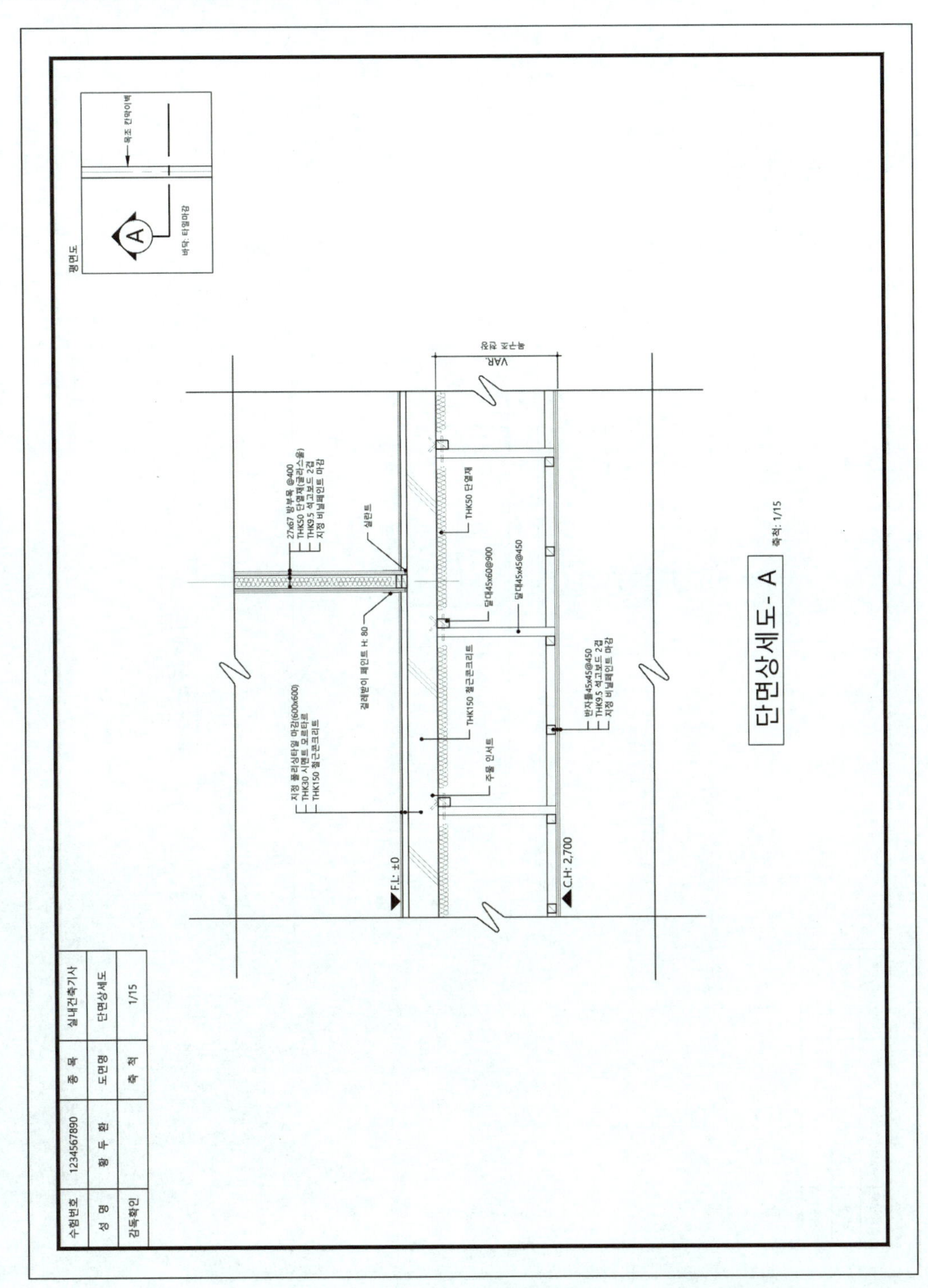

수험번호	1234567890	종목	실내건축기사
성명		도면명	단면상세도
감독확인	황두환	축척	1/15

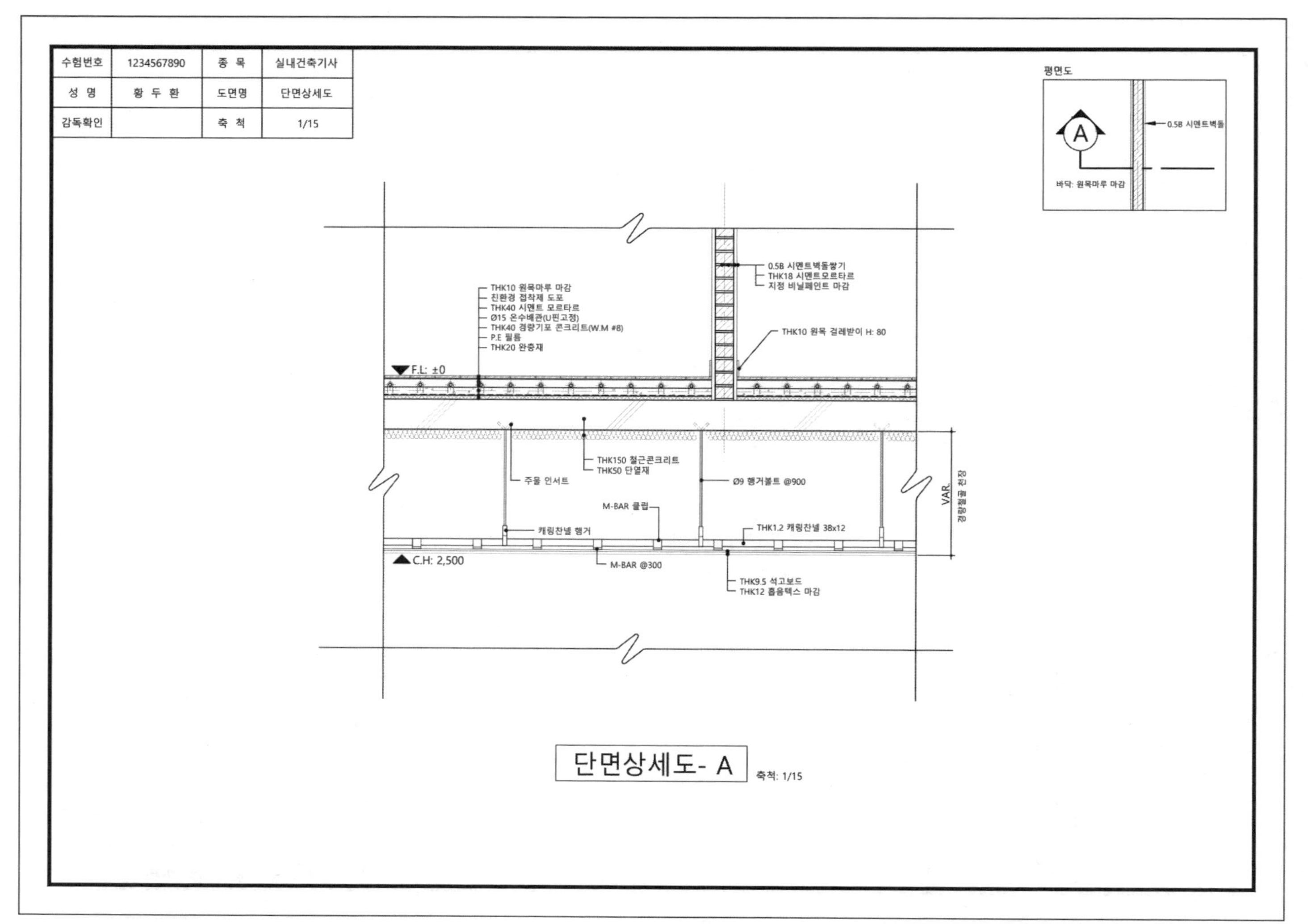

수험번호	1234567890	종 목	실내건축기사
성 명	황 두 환	도면명	단면상세도
감독확인		축 척	1/15

"

마우스 클릭 소리가

당신의 새로운 설계 언어가 됩니다.

제도판 앞의 열정은 이제

모니터 속에서 더 정교하게 피어납니다.

익숙지 않은 툴과 씨름하며 보낸 시간은 결코 헛되지 않을

당신만의 '디지털 자산'이 될 것입니다.

마지막 프린트 명령을 누르는 순간,

합격의 기쁨이 함께하길 바랍니다.

"

SMART

실내건축산업기사 작업형 실기

2026. 4. 1. 초 판 1쇄 인쇄
2026. 4. 8. 초 판 1쇄 발행

저자와의
협의하에
검인생략

지은이 | 황두환
펴낸이 | 이종춘
펴낸곳 | **BM** ㈜도서출판 **성안당**
주소 | 04032 서울시 마포구 양화로 127 첨단빌딩 3층(출판기획 R&D 센터)
| 10881 경기도 파주시 문발로 112 파주 출판 문화도시(제작 및 물류)
전화 | 02) 3142-0036
| 031) 950-6300
팩스 | 031) 955-0510
등록 | 1973. 2. 1. 제406-2005-000046호
출판사 홈페이지 | **www.cyber.co.kr**
ISBN | 978-89-315-1242-7 (13540)
정가 | 37,000원

이 책을 만든 사람들
책임 | 최옥현
진행 | 이희영
표지 디자인 | 박현정
본문 디자인 | 민혜조
홍보 | 김계향, 임진성, 김주승, 김도희
국제부 | 이선민, 조혜란
마케팅 | 구본철, 차정욱, 오영일, 나진호, 강호묵
마케팅 지원 | 장상범
제작 | 김유석